Wiederholen und Überprüfen

Mit den **Test**-Aufgaben prüfen Sie, ob Sie den neuen Stoff verstanden haben. (*Lösungen* finden Sie am Ende des Buches.)

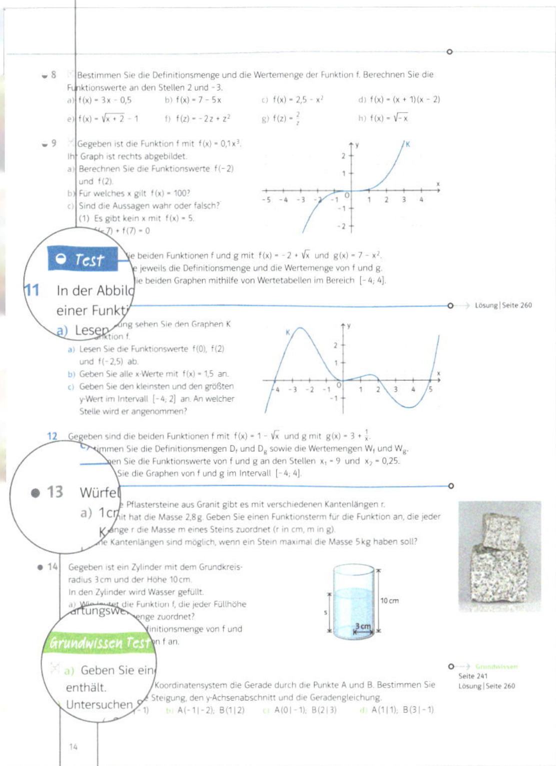

Prüfen Sie mit **Grundwissen Test**, ob der Stoff aus früheren Kapiteln oder Klassen noch sitzt. (*Lösungen* finden Sie am Ende des Buches.)

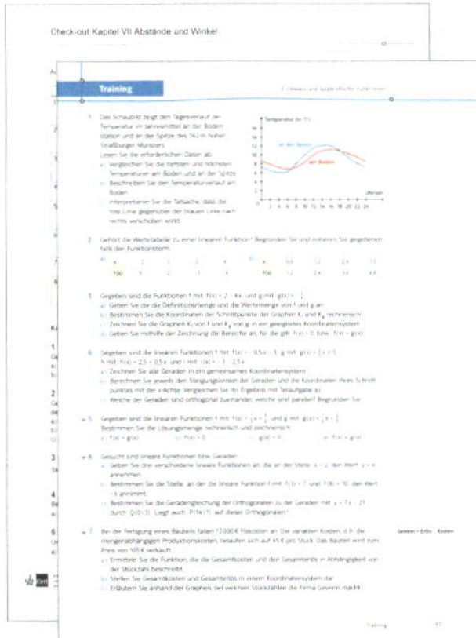

Check-out
Überprüfen Sie, welche Kompetenzen Sie im Kapitel erworben haben.

Training
Sie können alle Inhalte des Kapitels wiederholen und trainieren.

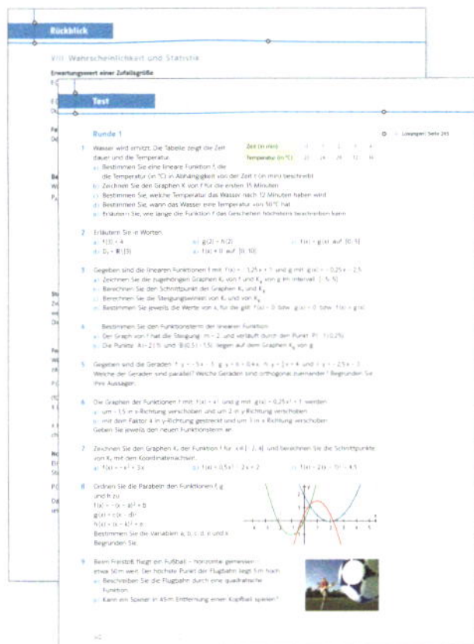

Rückblick
Zum schnellen Nachschlagen, was im Kapitel gemacht wurde.

Test
Zwei Tests bereiten auf Klassenarbeiten vor. Für jede Testrunde haben Sie etwa 45 Minuten Zeit. (*Lösungen* finden Sie am Ende des Buches.)

Grundwissen si...

...ches ... den Stoff aus ...eren Klassen zum Nachschlagen und Wiederholen sowie weitere Aufgaben zum Üben. (*Lösungen* finden Sie am Ende des Buches.)

Differenzierung

Die Symbole vor den Aufgaben kennzeichnen unterschiedliche Niveaustufen.
○ einfach ◒ mittel ● schwierig

weitere Symbole

⌧ ohne Hilfsmittel bearbeiten

Zusatzmaterialien zu diesem Band für Schülerinnen und Schüler:
- Trainingsheft Lambacher Schweizer Eingangsklasse (ISBN 978-3-12-735355-6)
- Lösungen (ISBN 978-3-12-735353-2)

Dr. Theophil Lambacher (13.04.1899 – 14.12.1981) und **Wilhelm Schweizer** (11.11.1901 – 23.07.1990) lehrten beide Mathematik an der Schule. Theophil Lambacher wurde danach Oberschulamtspräsident und Ministerialrat am Kultusministerium, Wilhelm Schweizer arbeitete als Schulleiter, Fachleiter am Seminar und Dozent an der Universität. Der erste Band des Lambacher Schweizer erschien 1946: Lambacher Schweizer Mathematik für höhere Schulen, Mittelstufe 1. Teil enthielt auf 91 Seiten Algebra und Geometrie für die Klasse 7.

1. Auflage 1 5 4 3 2 | 25 24 23 22

Autorinnen und Autoren: Manfred Baum, Martin Bellstedt, Dr. Dieter Brandt, Heidi Buck (†),Prof. Rolf Dürr, Dr. Sigrid Flath, Prof. Hans Freudigmann, Inga Giersemehl, Herbert Götz, Dieter Greulich, PD Dr. Frieder Haug, Edmund Herd, Dr. Jörg Heuß, Heike Jacoby-Schäfer, Thomas Jörgens, Thorsten Jürgensen-Engl, Christine Kestler, Dr. Stefan Knorr, Ingrid Kolupa, Andreas König, Ulrike Kopizenski, Hans-Georg Kosuch, Carsten Kreutz, Prof. Dr. Detlef Lind, Dr. Johannes Novotný, Claudia Pils, Marion Rauscher, Prof. Rolf Reimer, Dr. Günther Reinelt, Dr. Ute Reinhardt, Dr. Wolfgang Riemer, Rüdiger Sandmann, Prof. Torsten Schatz, Prof. Reinhard Schmitt-Hartmann, Siegfried Schwehr, Dr. Maximilian Selinka, Raphaela Sonntag, Dr. Markus Spiegel, Heike Spielmans, Michael Stanzel, Prof. Jörg Stark, Andrea Stühler, Barbara Sy, Thomas Thiessen, Dr. Heike Tomaschek, Dr. Thomas Weber, Prof. Dr. Ingo Weidig, Alexander Wollmann, Dr. Peter Zimmermann, Prof. Manfred Zinser, Arnold Zitterbart

Entstanden in Zusammenarbeit mit dem Projektteam des Verlages.

Gestaltung: Petra Michel, Amberg
Titelbild: **U1.1** Adobe Stock (Natalya Guskova), Dublin; **U1.2** Adobe Stock (bygimmy), Dublin;
Satz: tiff.any GmbH, Berlin
Druck: PASSAVIA Druckservice GmbH & Co. KG, Passau

Printed in Germany
ISBN 978-3-12-735351-8

9 783127 353518

Lambacher Schweizer

Mathematik Eingangsklasse

Baden-Württemberg
Berufliches Gymnasium

bearbeitet von

Ingrid Kolupa
Carsten Kreutz
Claudia Pils
Ute Reinhardt
Siegfried Schwehr
Markus Spiegel
Thomas Weber

Ernst Klett Verlag
Stuttgart · Leipzig

I Lineare und quadratische Funktionen

II Potenzfunktionen

III Polynomfunktionen

IV Exponentialfunktionen

V Änderungsrate und grafisches Differenzieren

VI Vektoren

Gesamtübersicht der Codes im Buch
hm6f26

I Lineare und quadratische Funktionen

Fahrschulformel für den Bremsweg eines Autos:

Die angezeigte Geschwindigkeit x (in km/h) wird durch 10 geteilt und das Ergebnis quadriert.

$$f(x) = \left(\frac{x}{10}\right)^2 = \frac{1}{100}x^2$$

Das können Sie schon

- Terme umformen und Gleichungen lösen
- Geraden zeichnen und Geradengleichungen aufstellen
- Parabeln zeichnen und Parabelgleichungen zuordnen
- Lineare Gleichungssysteme mit zwei Unbekannten lösen

Das können Sie bald

- Den Funktionsbegriff erläutern
- Verschiedene Darstellungen von Funktionen angeben
- Die besondere Lage von Geraden bestimmen
- Die Eigenschaften von Parabeln erkennen
- Reale Situationen mathematisch modellieren

Check-in

So geht's:

(1) Checkliste übertragen oder über Code herunterladen.
(2) Fähigkeiten selbst einschätzen.
(3) Einschätzung mithilfe der Aufgaben überprüfen und gegebenenfalls Lerntipps beachten.

Schätzen Sie sich mithilfe der Checkliste ein.

	☺	😐	☹
1. Ich kann Terme umformen.	☐	☐	☐
2. Ich kann lineare Gleichungen lösen.	☐	☐	☐
3. Ich kann Punkte aus einer Wertetabelle in ein Koordinatensystem übertragen.	☐	☐	☐
4. Ich kann eine Gerade mithilfe ihrer Gleichung in ein Koordinatensystem einzeichnen.	☐	☐	☐
5. Ich kann zu einer Geraden ihre Gleichung bestimmen.	☐	☐	☐
6. Ich kann den Schnittpunkt zweier Geraden zeichnerisch und rechnerisch bestimmen.	☐	☐	☐
7. Ich kann quadratische Gleichungen lösen.	☐	☐	☐
8. Ich kann eine Parabel mithilfe einer Wertetabelle in ein Koordinatensystem einzeichnen.	☐	☐	☐
9. Ich kann einer Parabel ihre Gleichung zuordnen.	☐	☐	☐
10. Ich kann ein lineares Gleichungssystem mit zwei Unbekannten lösen.	☐	☐	☐

Lerntipps

zu 1. **Grundwissen**, Seiten 244–245
zu 2. **Grundwissen**, Seite 246
zu 3. **Grundwissen**, Seite 238
zu 4. **Grundwissen** Seiten 240–241
zu 5. **Grundwissen** Seiten 240–241
zu 6. **Grundwissen** Seite 248
zu 7. **Grundwissen** Seite 247
zu 8. **Grundwissen** Seiten 242–243
zu 9. **Grundwissen**, Seiten 242–243
zu 10. **Grundwissen** Seiten 248–249

Überprüfen Sie Ihre Einschätzungen.

○ **1 Terme umformen**

Formen Sie den Term so weit wie möglich um.

a) $-2(x + 3) + 4$ b) $\frac{1}{2}x(3x - 5) + \frac{3}{4}x$ c) $(x - 7)(x + 1)$

d) $-\frac{3}{5}(x + 10)\left(-\frac{1}{2}x + 5\right)$ e) $-x + (8 - x)^2 - 4$ f) $\frac{1}{3}(x + 3)^2 - \frac{9}{4}$

○ **2 Lineare Gleichungen lösen**

Lösen Sie die Gleichung.

a) $2x - 4 = 3x + 2$ b) $6a - 3 + a - 0{,}5 = 0$

c) $x - 1 = 2(x + 1)$ d) $\frac{1}{2}x - 1 = -(2x + 1{,}5)$

e) $(2 - 3t) \cdot 5 + (8 - t) \cdot (-4) = 0$ f) $(x - 3)(x - 1) = (x + 1)(x - 9)$

○ **3 Punkte einzeichnen**

Tragen Sie die Punkte in ein Koordinatensystem ein. Verbinden Sie die Punkte zu einem Fünfeck.

x	−3	−3	0	3	3
y	−2	4	−1	4	−2

○ **4 Geraden zeichnen**

Gegeben sind die Geraden g: $y = 2x + 3$ und h: $y = 2{,}5 - x$.

a) Geben Sie jeweils die Werte für die Steigung m und den y-Achsenabschnitt b an.
b) Zeichnen Sie die Geraden g und h in ein Koordinatensystem.

→ Kopiervorlage Checkliste 42ki59
→ Lösungen | Seite 258

5 Geradengleichung bestimmen

Bestimmen Sie die Gleichung der Geraden g.

a) Die Gerade g hat die Steigung 2,3 und den y-Achsenabschnitt 1,8.

b) Die Gerade g geht durch den Punkt $P(3|4)$ und hat die Steigung -2.

c) Entnehmen Sie die notwendigen Informationen aus dem Schaubild.

(1)

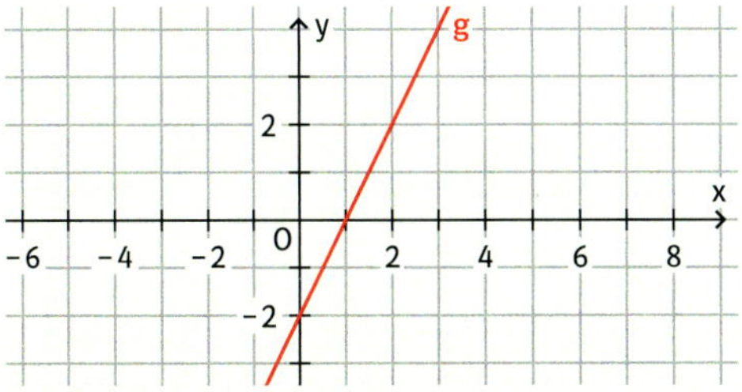

(2)

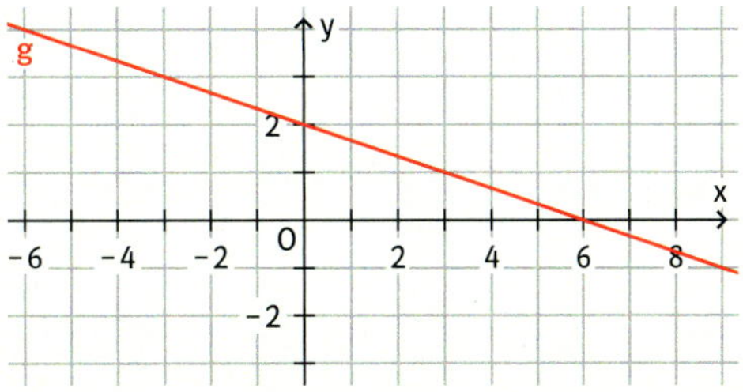

6 Schnittpunkt von zwei Geraden bestimmen

Zeichnen Sie die beiden Geraden in ein Koordinatensystem. Lesen Sie den Schnittpunkt ab. Überprüfen Sie Ihr Ergebnis durch eine Rechnung.

a) $g: y = -x + 2$ und $h: y = 2x - 4$

b) $g: y = 3x - 1$ und $h: y = x + 3$

c) $g: y = -\frac{1}{2}x + 1$ und $h: y = 2x - \frac{3}{2}$

d) $g: y = \frac{2}{3}x - \frac{2}{3}$ und $h: y = -\frac{3}{2}x + \frac{3}{2}$

7 Quadratische Gleichungen lösen

Lösen Sie die quadratische Gleichung.

a) $x^2 = 9$

b) $3x^2 + 4 = 79$

c) $36x^2 - 1 = 48$

d) $x^2 + 8x + 16 = 0$

e) $x^2 - 4x + 4 = 9$

f) $x^2 - 2x = 2x(x + 1)$

8 Parabeln zeichnen

Erstellen Sie eine Wertetabelle für $-3 \le x \le 4$ und zeichnen Sie die Parabel mit der angegebenen Gleichung. Bestimmen Sie mithilfe der Zeichnung die Koordinaten der Schnittpunkte mit den Koordinatenachsen und des Scheitels der Parabel.

a) $y = x^2 - 4x$

b) $y = -0{,}5x^2 + 4{,}5$

c) $y = -x^2 + 2x + 3$

9 Parabelgleichung zuordnen

Ordnen Sie den Parabeln die passenden Gleichungen zu.

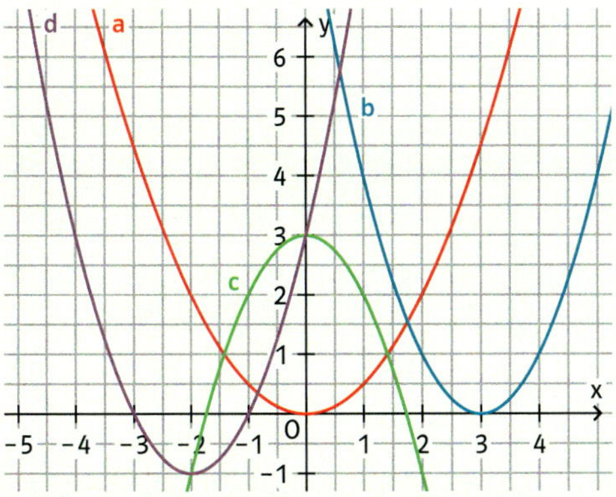

1 $y = 2x^2$

2 $y = -x^2 + 3$

4 $y = 0{,}5x^2$

3 $y = (x + 3)^2$

6 $y = (x + 2)^2 - 1$

5 $y = (x - 3)^2$

10 Lineare Gleichungssysteme lösen

Lösen Sie das lineare Gleichungssystem mit einem geeigneten Lösungsverfahren.

a) $y = 4x + 1$
$y = -x + 3{,}5$

b) $x + 3y = -4$
$-2x - 3y = 10$

c) $2x + 3y = 2$
$x = 2y + 8$

1 Zusammenhänge darstellen und interpretieren

Die Grafik zeigt die Entwicklung der Stromerzeugung aus erneuerbaren Energien seit dem Jahr 2000.

a) Bestimmen Sie, wie viele Gigawattstunden (GWh) in den Jahren 2000, 2006, 2012 und 2018 durch die verschiedenen Möglichkeiten der Energiegewinnung erzeugt wurden.

b) Schätzen Sie, wie viele GWh Strom aus erneuerbaren Energien 2030 erwartet werden können.

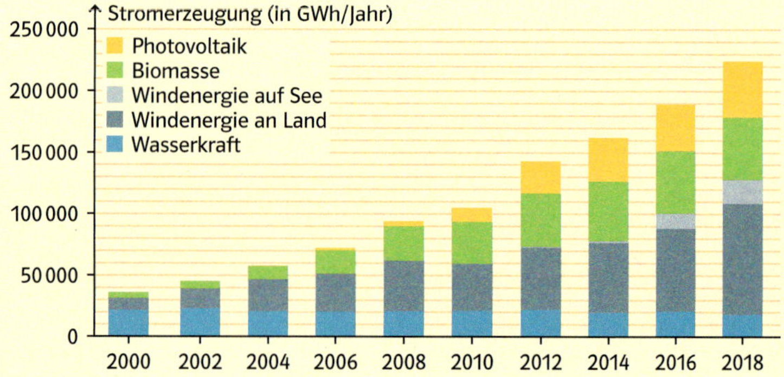

Der Zusammenhang zwischen zwei Größen kann unterschiedlich dargestellt werden.
Nach Daten der Weltgesundheitsorganisation (WHO), wiegt ein 2-jähriges Kind durchschnittlich 11,5 kg. Sein Körpergewicht steigt jährlich um ca. 2,3 kg. Ein 5-jähriges Kind wiegt demnach ca. 18,4 kg.
Das Schaubild zeigt die Verteilung des Gewichts von 2- bis 5-jährigen Kleinkindern in Abhängigkeit vom Alter.
Mithilfe dieser Grafik kann überprüft werden, ob sich das Körpergewicht eines Kleinkindes altersgemäß entwickelt.

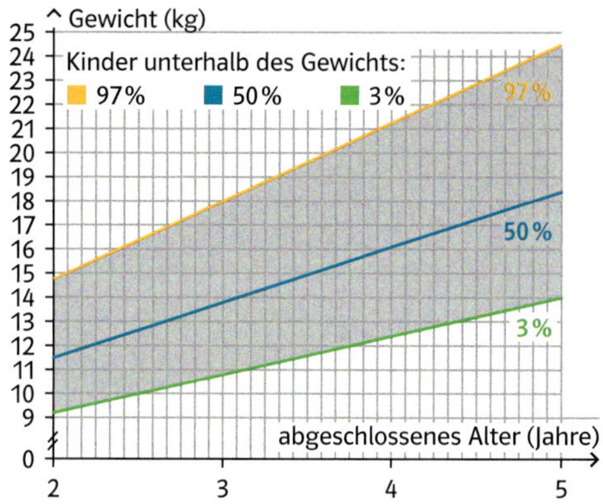

Gewicht eines Kindes (in kg)

Alter	3 %	50 %	97 %
2	9,1	11,5	14,7
3	11,0	13,8	17,9
4	12,6	16,1	21,1
5	14,0	18,4	24,4

So liegt ein 4-jähriges Kind mit einem Gewicht von 18 kg im Normbereich. Ein knapp 3-jähriges Kind mit einem Gewicht von 17 kg ist für sein Alter relativ schwer. In diesem Fall ist es wichtig, die weitere Entwicklung des Kindes zu beobachten.
Der Zusammenhang zwischen dem Alter und dem mittleren Körpergewicht von Kleinkindern kann auch durch eine Gleichung mathematisch beschrieben werden. Es gilt dann für das mittlere Körpergewicht y (in kg): $y = 2{,}3(x - 2) + 11{,}5$, wobei x das Alter in Jahren angibt.

Zusammenhänge zwischen zwei Größen werden häufig in einer **Tabelle** dokumentiert, durch eine **Grafik** veranschaulicht, mit **Worten** beschrieben oder mit einer **Gleichung** ausgedrückt. Damit kann man Werte ablesen oder berechnen, den Verlauf interpretieren oder Prognosen erstellen.

Beispiel 1 Verkauf von Grillwürsten

Eine Klasse plant, beim Schulfest Grillwürste zu verkaufen. Sie möchte sich vorher einen Überblick über den möglichen Gewinn verschaffen. Der Einkaufspreis für eine Wurst mit Brötchen beträgt 1,00 €. Die Miete für Grill, Geschirr und übrige Kosten beläuft sich auf insgesamt 80,00 €. Der Verkaufspreis für eine Wurst im Brötchen soll 1,50 € betragen.

a) Stellen Sie Einnahmen und Ausgaben in einer Wertetabelle und in einem Schaubild dar, wenn 0, 50, 100, 150 oder 200 Würste verkauft werden.

b) Bestimmen Sie die Ausgaben, wenn 120 Würste verkauft werden. Prüfen Sie, ob dabei ein Gewinn oder ein Verlust erzielt wird. Wie hoch ist dieser?

c) Stellen Sie die Einnahmen und die Ausgaben in einer Gleichung dar.

d) Ab wie vielen verkauften Grillwürsten macht die Klasse Gewinn?

Lösung

a) Die Anzahl der verkauften Grillwürste wird mit x bezeichnet.

Anzahl x	0	50	100	150	200
Einnahmen (in €)	0	75	150	225	300
Kosten (in €)	80	130	180	230	280

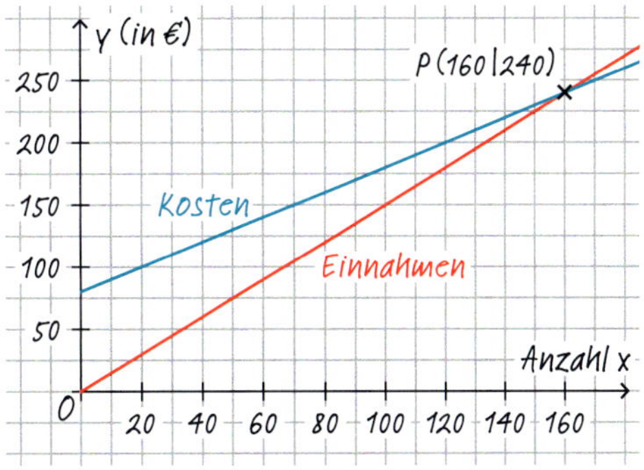

b) Im Schaubild sieht man, dass die Kosten bei 120 Grillwürsten 200 € betragen. Da die Einnahmen nur 180 € betragen, wird ein Verlust von 20 € gemacht.

c) Gleichung für die Einnahmen: $y = 1{,}5x$
Gleichung für die Kosten: $y = 1x + 80$

d) Ein Gewinn wird erzielt, wenn die Einnahmen größer sind als die Kosten. Im Schaubild schneiden sich die Geraden bei $x = 160$. Lösen der Gleichung $1{,}5x = 1x + 80$ ergibt $x = 160$. Erst bei mehr als 160 verkauften Grillwürsten macht die Klasse Gewinn.

Aufgaben

○ **1** Die Körpertemperatur eines gesunden erwachsenen Menschen wurde einen Tag lang aufgezeichnet. Jeder Uhrzeit ist eine Körpertemperatur zugeordnet.

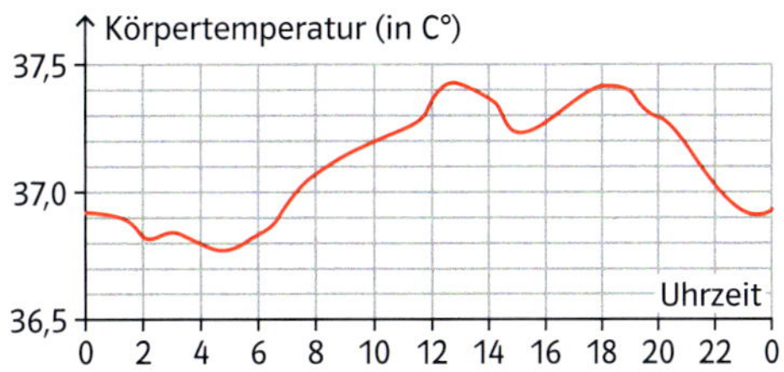

a) Geben Sie die Körpertemperaturen um 4 Uhr und um 20 Uhr an.
b) Bestimmen Sie, wann die Körpertemperatur am niedrigsten war. Wie hoch war sie?
c) Bestimmen Sie den Zeitpunkt, an dem die Körpertemperatur am stärksten anstieg.
d) Benennen Sie die Uhrzeiten, an denen die Körpertemperatur genau 37 °C betrug.

○ **2** Die Wertetabelle rechts zeigt die Bevölkerungsentwicklung der Bundesrepublik Deutschland seit der Wiedervereinigung im Jahr 1990 laut Statistischem Bundesamt.
a) Stellen Sie die Zahlen in einem Diagramm dar. Ergänzen Sie neuere Zahlen.
b) Bestimmen Sie die ungefähre Anzahl der Einwohner im Jahr 2017.
c) Beschreiben Sie die langfristig zu erwartende Entwicklung der Bevölkerungszahlen.

zu Aufgabe 2:

Jahresende	Bevölkerung (in Mio.)
1990	79,8
1992	81,0
1994	81,5
1996	82,0
1998	82,0
2000	82,3
2002	82,5
2004	82,5
2006	82,3
2008	82,0
2010	81,8
2012	80,5
2014	81,2
2016	82,5
2018	83,0

○ **3** In der Seeschifffahrt ist für Entfernungen die übliche Einheit die Seemeile, kurz sm. Dabei gilt 1 sm = 1852 m.
a) Geben Sie eine Gleichung für die Umrechnung von Kilometer in Seemeilen an.
b) Erstellen Sie ein Schaubild, aus dem zu einer gegebenen Kilometerangabe die zugehörige Maßzahl für Seemeilen abgelesen werden kann.

O Test

Lösungen | Seite 258

4 Ein Verein plant eine Veranstaltung mit Live-Musik. Die Ausgaben für Hallenmiete, Werbung und Dekoration betragen 640 €. Die Musiker verlangen 550 € und zusätzlich für jeden Besucher 1 €. Der Verein kalkuliert mit einem Eintrittspreis von 8 €.
a) Stellen Sie die Ausgaben und die Einnahmen des Vereins in einer Wertetabelle und in einer Grafik dar, wenn mit bis zu 250 Personen gerechnet wird.
b) Stellen Sie die Ausgaben und die Einnahmen jeweils in einer Gleichung dar.
c) Ermitteln Sie die Anzahl der Personen, die mindestens Eintritt bezahlen müssen, damit der Verein keinen Verlust macht.

5 Eine Mountainbike-Tour im spanischen El-Ports-Gebirge hat das dargestellte Höhenprofil. Bestimmen Sie,

a) wie hoch man nach 20 gefahrenen km ist.
b) nach wie vielen Kilometern man sich in einer Höhe von 800 m befindet.
c) wie viele Höhenmeter beim ersten Anstieg zu überwinden sind.
d) wie groß der gesamte Anstieg bei der Tour ist.
e) Zur Quelle Canaleta führt eine Sackgasse. Beschreiben Sie, woran man dies erkennt.

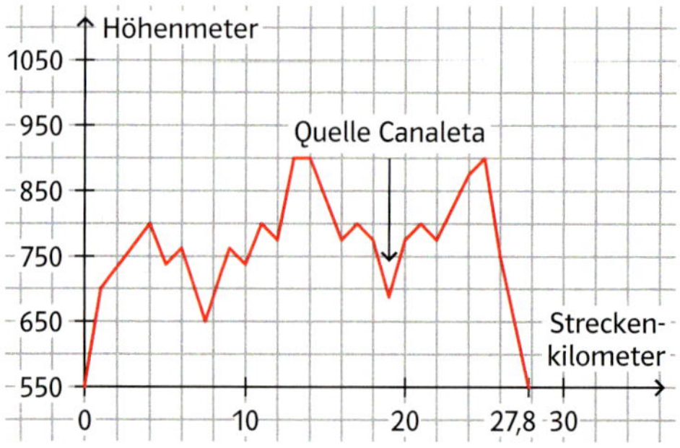

Test

Lösung | Seite 259

6 Der Zusammenhang zwischen der Geschwindigkeit und dem Kraftstoffverbrauch eines Pkws ist bei jedem Gang verschieden.

a) Geben Sie an, bei welchen Gängen und Geschwindigkeiten der Verbrauch 10 l pro 100 km beträgt.
b) Bestimmen Sie, bei welcher Geschwindigkeit der Verbrauch im 4. Gang am geringsten ist. Wie hoch ist dieser Verbrauch?
c) Bestimmen Sie, um wie viel der Verbrauch sinkt, wenn man bei 60 $\frac{km}{h}$ im 4. Gang statt im 3. Gang fährt.

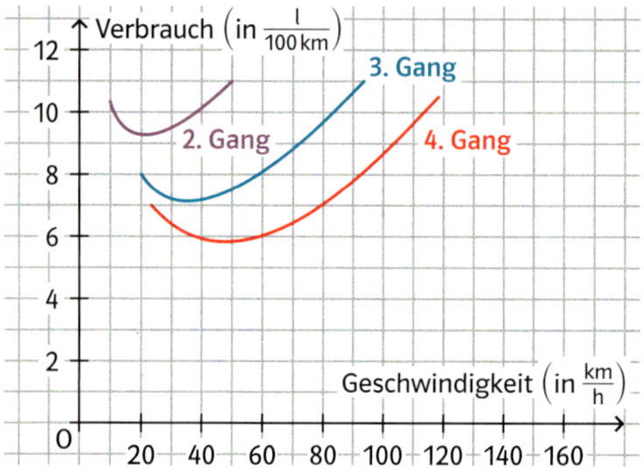

7 a) Berechnen Sie Umfang und Flächeninhalt der Figur rechts, wenn alle Seiten 4 cm lang sind.
b) Bestimmen Sie jeweils die Gleichung, mit der der Umfang u und der Flächeninhalt A in Abhängigkeit von der Seitenlänge x berechnet werden kann.

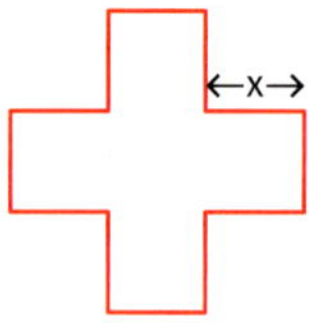

8 Ein Rechteck vom Umfang 20 cm hat eine Seitenlänge x.

a) Skizzieren Sie ein mögliches Rechteck und bezeichnen Sie die Seiten.
b) Erklären Sie die Bedeutung des Terms $0{,}5 \cdot (20 - 2x)$ in diesem Zusammenhang.
c) Geben Sie den Flächeninhalt A des Rechtecks in Abhängigkeit von x an.

9 Ein Sparguthaben von 5000 € wird mit jährlich 1,5 % verzinst. Die Zinsen werden diesem Konto jährlich gutgeschrieben.

a) Erstellen Sie eine Wertetabelle für die ersten 5 Jahre.
b) Geben Sie das Guthaben als Gleichung in Abhängigkeit von der Laufzeit an.
c) Berechnen Sie, ab welchem Jahr das Guthaben mehr als 5500 € beträgt.

Grundwissen Test

Grundwissen
Seite 228
Lösung | Seite 260

10 Entscheiden Sie, für welche Werte von $x \in \mathbb{R}$ die folgenden Terme definiert sind. Geben Sie Ihr Ergebnis in der Mengenschreibweise an.

a) $2x$ b) $\sqrt{x}$ c) $\sqrt{x+2}$ d) $\sqrt{x} + 2$ e) $\frac{1}{x}$ f) $\frac{1}{x-1}$

g) x^2 h) $\frac{1}{x^2}$ i) $\frac{5}{x-3}$ j) $\frac{25}{x(x-2)}$ k) $\frac{1}{x^2-x}$ l) $\frac{1}{\sqrt{x}-3}$

2 Der Begriff der Funktion

Zwei Gartenteiche werden mit Wasser befüllt.

a) Bestimmen Sie jeweils die Wasseroberfläche, wenn der Teich bis zu einer Höhe von 0,5 m befüllt wird.

b) Bestimmen Sie die Höhe des Wasserstands, wenn die Wasseroberfläche $4\,m^2$ beträgt.

c) Das Volumen V des Wassers im Teich lässt sich durch $V_1 = 4x$ bzw. $V_2 = \frac{4}{3}x^3$ berechnen. Ordnen Sie die Gleichungen den Teichen zu.

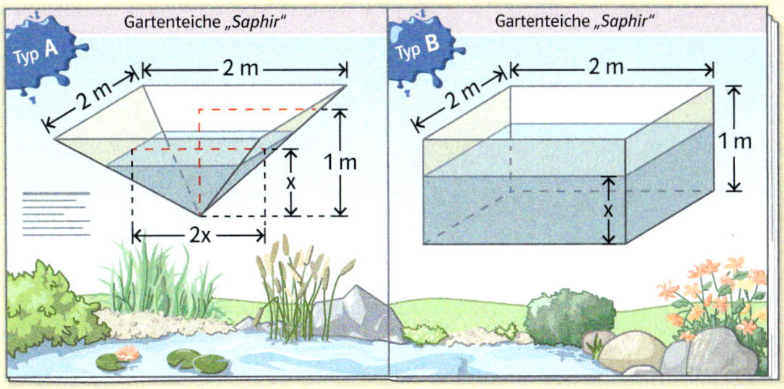

Mathematische Beschreibungen realer Sachverhalte ergeben oft Zusammenhänge zwischen zwei Größen. Will man z. B. an einem bestimmten Ort den Temperaturverlauf beschreiben, kann man das mithilfe der **Zuordnung** *Uhrzeit ↦ Temperatur* (Fig. 1) tun. Diese Zuordnung ist **eindeutig**, da es zu jeder Uhrzeit genau eine bestimmte Temperatur gibt. Eindeutige Zuordnungen nennt man **Funktionen**.

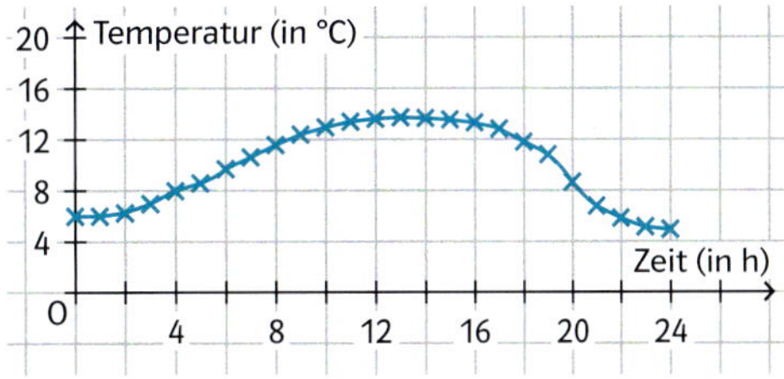

Fig. 1

Die umgekehrte Zuordnung *Temperatur ↦ Uhrzeit* (Fig. 2) ist jedoch nicht eindeutig, da es zu verschiedenen Uhrzeiten gleich warm sein kann. Einer Temperatur werden dann mehrere Uhrzeiten zugeordnet. Eine solche Zuordnung ist nicht eindeutig und somit auch keine Funktion.

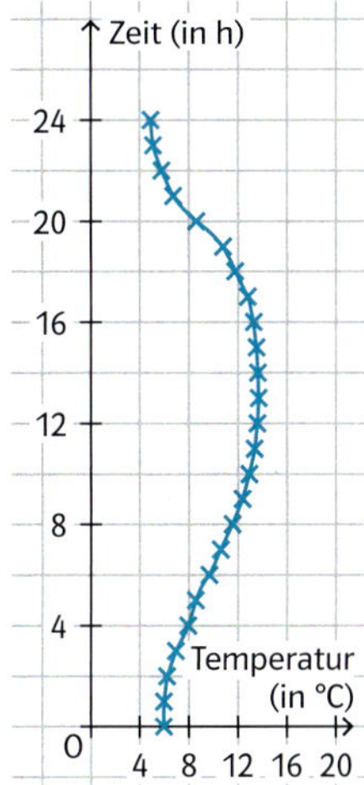

Fig. 2

Viele Vorgänge kann man durch Funktionen mathematisch beschreiben.
Tankt man z. B. 20 l Kraftstoff zu einem Preis von 1,50 € je Liter so kostet dies 1,50 € · 20 = 30,00 €. Wird der 60 l-Tank eines Autos gefüllt und das Auto auch noch für 10 € gewaschen, so kann man jeder Tankmenge x (in l) eindeutig einen Gesamtpreis y (in €) zuordnen.
Die Zuordnung *Kraftstoff ↦ Preis* ist eine Funktion f, die durch eine Tabelle, ein Schaubild oder eine Gleichung beschrieben werden kann. Dabei schreibt man statt $y = 1{,}5x + 10$ häufig $f(x) = 1{,}5x + 10$. Der Rechenausdruck $1{,}5x + 10$ heißt **Funktionsterm**.
Wählt man z. B. $x = 40$, so ist $f(40) = 1{,}5 \cdot 40 + 10 = 70$. $f(40)$ heißt **Funktionswert** an der Stelle $x = 40$. Der Funktionswert an der Stelle $x = 60$ ist $f(60) = 1{,}5 \cdot 60 + 10 = 100$.
Dies ergibt im Schaubild die Punkte $P_1(40\,|\,70)$ und $P_2(60\,|\,100)$. Zeichnet man alle Zahlenpaare $(x\,|\,y)$ als Punkte in ein Koordinatensystem ein, so ergibt dies das Schaubild, den sogenannten **Graph K_f** der Funktion f.

Da der Tank 60 l umfasst, kann x nicht größer als 60 sein. Die **Definitionsmenge D** der Funktion f besteht aus allen x-Werte zwischen 0 und 60.
Die Preise für Tanken und Waschen liegen zwischen $f(0) = 10$ € und $f(60) = 100$ €.
Die **Wertemenge W** der Funktion f umfasst alle Funktionswerte zwischen 10 und 100.
Da der zu bezahlende Betrag $y = f(x)$ abhängig von der getankten Menge x ist, nennt man y auch **abhängige Variable** und x **unabhängige Variable**.

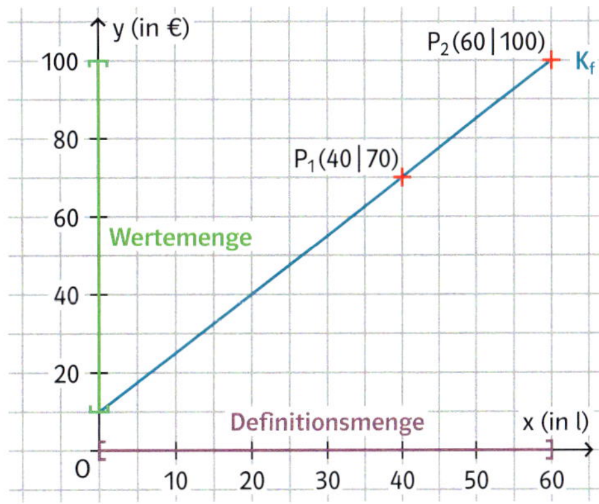

Statt von Definitionsmenge und Wertemenge spricht man auch von **Definitionsbereich** und **Wertebereich**.

Eine **Funktion f** ist eine Zuordnung, die jedem Element **x** der Definitionsmenge D von **f** genau ein Element **f(x)** (lies: **f** von **x**) der Wertemenge W zuordnet.
Die Punkte $P(x\,|\,y)$ mit $y = f(x)$ bilden den Graphen von f.

Funktions-name | Funktions-term
$f(x) = 3x^2 + 5$
Funktionsgleichung

Folgende Schreibweisen sind üblich:

f, g, h usw.	sind Bezeichnungen für Funktionen.
D_f	ist die Menge aller Werte, die für die Funktionsvariable eingesetzt werden dürfen. Sie heißt **Definitionsmenge** von f.
$f(x_0)$	ist der **Funktionswert an der Stelle x_0**, also derjenige Wert, der der Zahl x_0 durch die Funktion f zugeordnet wird.
W_f	ist die Menge aller Funktionswerte. Sie heißt **Wertemenge** von f.
$f: x \mapsto 3x^2 + 5$	ist die **Funktionsvorschrift**, welche ausdrückt, dass jedem Wert für x die Summe aus 5 und dem Dreifachen des Quadrates von x zugeordnet wird. Man nennt $3x^2 + 5$ den **Funktionsterm**.
$f(x) = 3x^2 + 5$	ist die **Funktionsgleichung**, mithilfe derer man zu jedem Wert x_0 der Definitionsmenge den zugehörigen Funktionswert $f(x_0)$ berechnen kann.

Beispiel 1 **Schreibweise f(x), Definitionsmenge und Wertemenge, Graph zeichnen**

Gegeben ist die Funktion f mit $f(x) = \frac{1}{x^2}$.
a) Berechnen Sie $f(-5)$ und den Funktionswert von f an der Stelle $x = \frac{1}{20}$.
b) Erstellen Sie eine Wertetabelle für $x \in [-3; 3]$ und zeichnen Sie den Graphen von f.
c) Geben Sie begründet die Definitionsmenge von f und die Wertemenge von f an.

Lösung

a) $f(-5) = \frac{1}{(-5)^2} = \frac{1}{25} = 0{,}04$

$f\left(\frac{1}{20}\right) = \frac{1}{\left(\frac{1}{20}\right)^2} = \frac{1}{\frac{1}{400}} = 400$

b) Zum Beispiel:

x	−3	−2	−1	$-\frac{1}{2}$	$\frac{1}{2}$	1	2	3
f(x)	$\frac{1}{9}$	$\frac{1}{4}$	1	4	4	1	$\frac{1}{4}$	$\frac{1}{9}$

Graph siehe rechts.

c) Der Nenner des Bruchs darf nicht den Wert 0 annehmen, also gilt: $D_f = \mathbb{R}\setminus\{0\}$. $W_f = \mathbb{R}_+$, weil x^2 für alle Werte von D_f positiv ist.

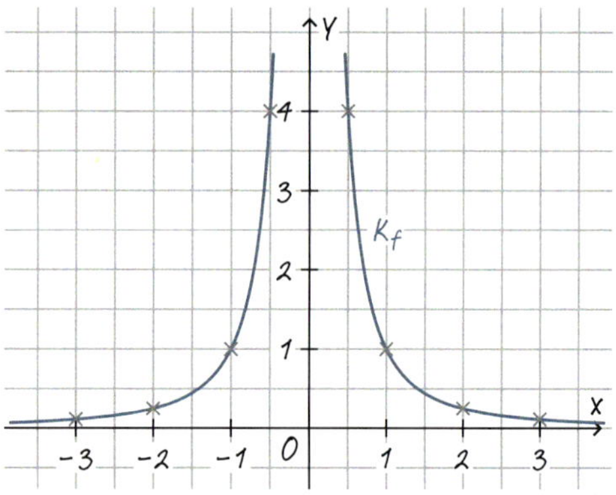

Beispiel 2 **Bezeichnungen und Symbole**

Formulieren Sie mithilfe mathematischer Symbole.
a) Der Funktionswert von f an der Stelle 5 ist 7.
b) Die Funktion g ordnet jeder Zahl ihr Doppeltes zu.
c) Die Definitionsmenge von h besteht aus allen positiven reellen Zahlen.
d) g und h haben an der Stelle $x = -1$ verschiedene Werte.
e) An der Stelle a ist der Funktionswert von f kleiner als der Funktionswert von g.

Lösung

a) $f(5) = 7$ b) $g(x) = 2x$ c) $D_h = \mathbb{R}_+$ d) $g(-1) \neq h(-1)$ e) $f(a) < g(a)$

Aufgaben

○ **1** Entscheiden Sie, ob der Graph zu einer Funktion gehört. Begründen Sie.

a)

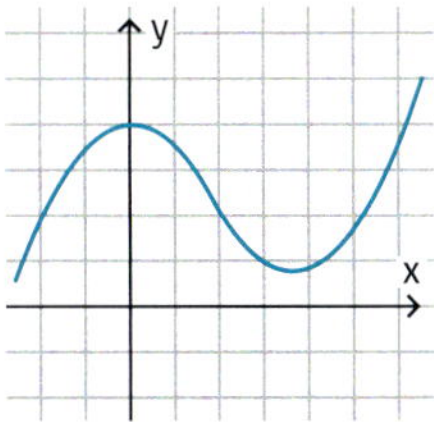

b)

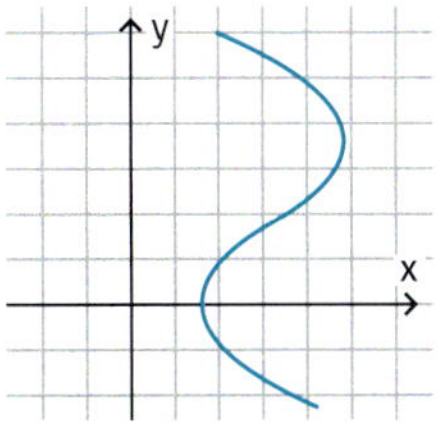

c)

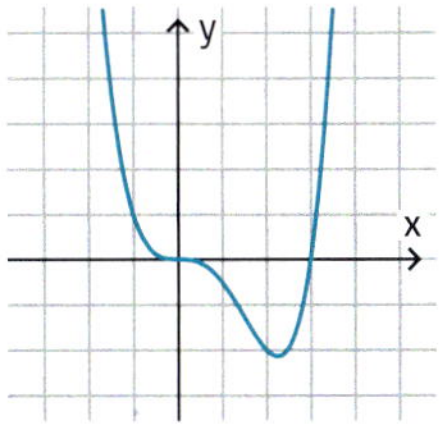

d)

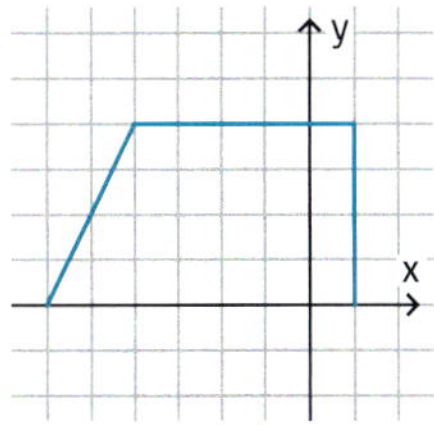

zu Aufgabe 1:

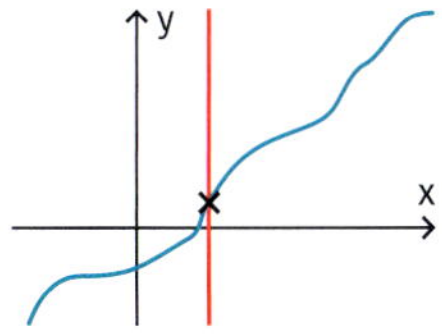

Graph einer Funktion

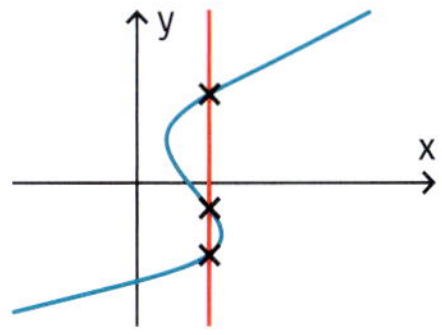

kein Funktionsgraph

○ **2** Gegeben ist die Funktion f mit $f(x) = \sqrt{x}$.
Ergänzen Sie im Heft die Wertetabelle und zeichnen Sie den Graphen von f.

x	0	$\frac{1}{4}$	$\frac{1}{2}$	1	2	3	4	5	6	7	8	9
f(x)												

○ **3** Formulieren Sie mithilfe mathematischer Symbole.
a) Der Funktionswert an der Stelle 3 ist 10.
b) Die Funktion g ordnet jeder Zahl einen Wert zu, der um 1 größer ist als ihr Dreifaches.
c) Die Zahl 3 gehört nicht zur Definitionsmenge der Funktion f.
d) Die Funktionen f und g haben an der Stelle 2 denselben Funktionswert.

○ **4** Formulieren Sie die Aussage der mathematischen Symbole in Worten.
a) $f(4) = 6$ b) $D_f = \mathbb{R}\setminus\{0\}$ c) $f(a) = g(a)$ d) $h(x) = 1 - 4x$

○ Test

Lösungen | Seite 260

5 Formulieren Sie mithilfe mathematischer Symbole.
a) Der Wert der Funktion g an der Stelle −2 ist 7.
b) Für jede Zahl ist 7 der Funktionswert von f.
c) Die Funktion g ordnet jeder Zahl einen Wert zu, der 4 weniger als ihr Quadrat ist.
d) Die Funktionswerte von f sind an jeder Stelle größer als die von g.
e) Die Wertemenge von f besteht aus allen reellen Zahlen außer 0

◒ **6** Gegeben sind die Funktionen f mit $f(x) = 5 - 3x$, g mit $g(x) = 3 - x^2$ und h mit $h(x) = 3 + \sqrt{x}$.
Bearbeiten Sie die Teilaufgaben a) bis c) für jede der drei Funktionen.
a) Geben Sie die Definitionsmenge der Funktion an.
b) Berechnen Sie die Funktionswerte an den Stellen $x_1 = 2$, $x_2 = 0{,}01$ und $x_3 = -7$.
c) Zeichnen Sie den Graphen mithilfe einer Wertetabelle. Geben Sie die Wertemenge an.
d) Prüfen Sie, ob es gemeinsame Punkte der Graphen gibt.

◒ **7** Welche Aussage ist richtig, welche Aussage ist falsch? Begründen Sie Ihre Antwort.
a) Eine Parallele zur x-Achse kann nicht Graph einer Funktion sein.
b) Eine Parallele zur y-Achse kann nicht Graph einer Funktion sein.
c) Jede Parallele zur x-Achse hat mit dem Graphen einer beliebigen Funktion höchstens einen Punkt gemeinsam.
d) Jede Parallele zur y-Achse hat mit dem Graphen einer beliebigen Funktion höchstens einen Punkt gemeinsam.

8 Bestimmen Sie die Definitionsmenge und die Wertemenge der Funktion f. Berechnen Sie die Funktionswerte an den Stellen 2 und −3.

a) $f(x) = 3x - 0{,}5$ b) $f(x) = 7 - 5x$ c) $f(x) = 2{,}5 - x^2$ d) $f(x) = (x + 1)(x - 2)$

e) $f(x) = \sqrt{x + 2} - 1$ f) $f(z) = -2z + z^2$ g) $f(z) = \frac{2}{z}$ h) $f(x) = \sqrt{-x}$

9 Gegeben ist die Funktion f mit $f(x) = 0{,}1x^3$. Ihr Graph ist rechts abgebildet.

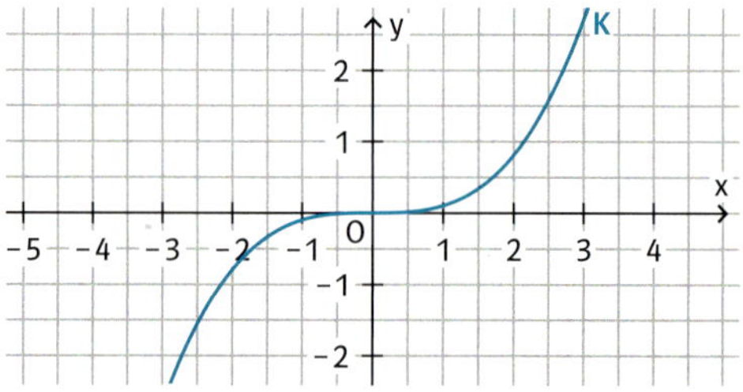

a) Berechnen Sie die Funktionswerte $f(-2)$ und $f(2)$.
b) Für welches x gilt $f(x) = 100$?
c) Sind die Aussagen wahr oder falsch?
(1) Es gibt kein x mit $f(x) = 5$.
(2) $f(-7) + f(7) = 0$

10 Gegeben sind die beiden Funktionen f und g mit $f(x) = -2 + \sqrt{x}$ und $g(x) = 7 - x^2$.

a) Bestimmen Sie jeweils die Definitionsmenge und die Wertemenge von f und g.
b) Zeichnen Sie die beiden Graphen mithilfe von Wertetabellen im Bereich $[-4; 4]$.

Test

Lösung | Seite 260

11 In der Abbildung sehen Sie den Graphen K einer Funktion f.

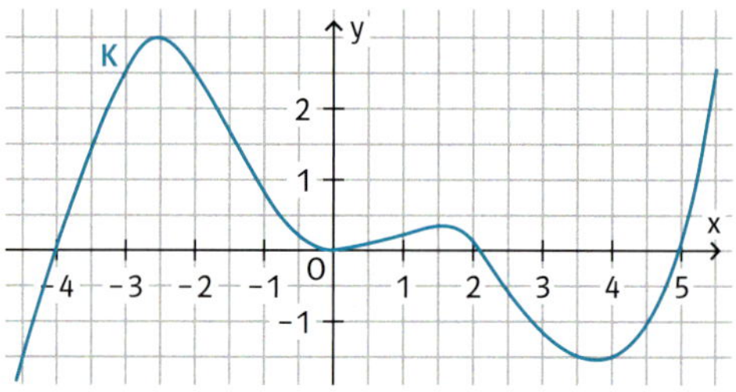

a) Lesen Sie die Funktionswerte $f(0)$, $f(2)$ und $f(-2{,}5)$ ab.
b) Geben Sie alle x-Werte mit $f(x) = 1{,}5$ an.
c) Geben Sie den kleinsten und den größten y-Wert im Intervall $[-4; 2]$ an. An welcher Stelle wird er angenommen?

12 Gegeben sind die beiden Funktionen f mit $f(x) = 1 - \sqrt{x}$ und g mit $g(x) = 3 + \frac{1}{x}$.

a) Bestimmen Sie die Definitionsmengen D_f und D_g sowie die Wertemengen W_f und W_g.
b) Berechnen Sie die Funktionswerte von f und g an den Stellen $x_1 = 9$ und $x_2 = 0{,}25$.
c) Zeichnen Sie die Graphen von f und g im Intervall $[-4; 4]$.

13 Würfelförmige Pflastersteine aus Granit gibt es mit verschiedenen Kantenlängen r.

a) $1\,cm^3$ Granit hat die Masse 2,8 g. Geben Sie einen Funktionsterm für die Funktion an, die jeder Kantenlänge r die Masse m eines Steins zuordnet (r in cm, m in g).
b) Welche Kantenlängen sind möglich, wenn ein Stein maximal die Masse 5 kg haben soll?

14 Gegeben ist ein Zylinder mit dem Grundkreisradius 3 cm und der Höhe 10 cm. In den Zylinder wird Wasser gefüllt.

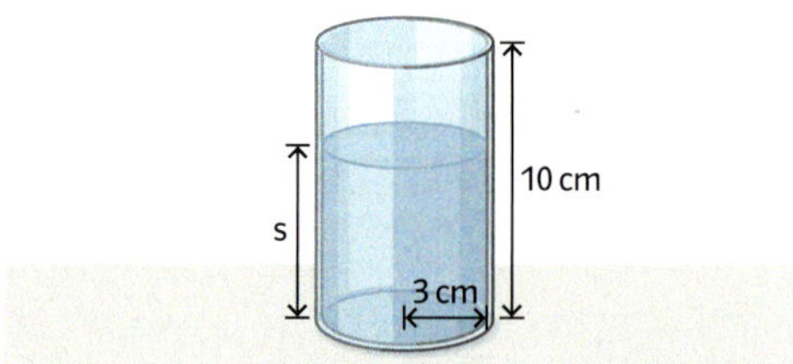

a) Wie lautet die Funktion f, die jeder Füllhöhe s die Wassermenge zuordnet?
b) Geben Sie die Definitionsmenge von f und die Wertemenge von f an.

Grundwissen Test

Grundwissen Seite 241
Lösung | Seite 260

15 Zeichnen Sie in ein Koordinatensystem die Gerade durch die Punkte A und B. Bestimmen Sie zu jeder Geraden die Steigung, den y-Achsenabschnitt und die Geradengleichung.

a) A(−2 | 3); B(0 | −1) b) A(−1 | −2); B(1 | 2) c) A(0 | −1); B(2 | 3) d) A(1 | 1); B(3 | −1)

3 Lineare Funktionen

Bei einer 5-tägigen Klassenfahrt sind pro Person 80 € für die Busfahrt und für jede Übernachtung 35 € zu bezahlen.

a) Berechnen Sie, wie viel Euro die 5-tägige Fahrt pro Person kostet.

b) Bestimmen Sie die Funktionsgleichung, mit der die Kosten für eine x-tägige Fahrt berechnet werden können.

Wird ein Swimmingpool mit 25 Liter Wasser pro Minute gefüllt, fließen in der Zeit x (in Minuten) $25 \cdot x$ Liter Wasser in das Becken. Ein solches Wachstum einer bestimmten Größe kann durch eine Funktion beschrieben werden: Die Funktion f, die die Wassermenge im Becken in Abhängigkeit von der Zeit beschreibt, kann durch ihre Funktionsgleichung $f(x) = 25x$, die zugehörige Wertetabelle oder den Graphen von f dargestellt werden.

In der Wertetabelle ist zu erkennen, dass in der doppelten (k-fachen) Zeit die doppelte (k-fache) Menge Wasser hinzufließt. Z. B. fließen in 20 min gleichmäßig 500 l Wasser ins Becken bzw. 1000 l in 40 min. Das Verhältnis der Zuflussmenge zur benötigten Zeit ist konstant. Die Zuflussrate ist daher $\frac{500\,l}{20\,min} = \frac{1000\,l}{40\,min} = 25\,\frac{l}{min}$. Der Graph ist eine **Gerade**, die durch den Ursprung verläuft. Steigt die Zuflussrate z. B. auf $40\,\frac{l}{min}$, so wird die Gerade steiler. Man nennt die Zahlen $m = 25$ bzw. $m = 40$ die Steigungen der Geraden.

Wertetabelle zu $f(x) = 25x$

x (in min)	0	20	40	60
f(x) (in Litern)	0	500	1000	1500

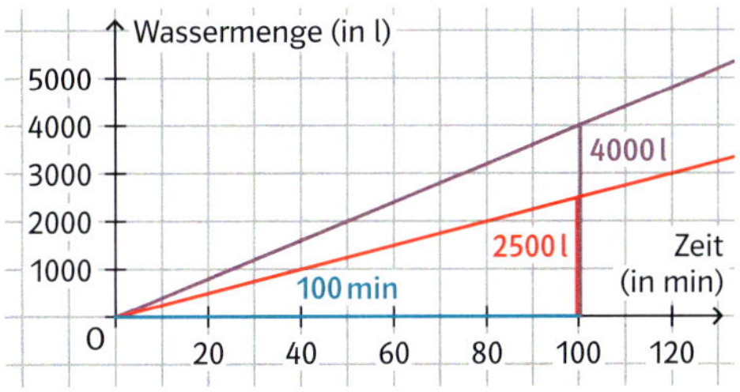

Tipp
Eine Zuordnung der Form $x \mapsto a \cdot x$ heißt **proportional**.

Sind bereits 3000 l Wasser im Becken und es beginnt dann ein erneuter Füllvorgang, so sind nach x Minuten $g(x) = 25 \cdot x + 3000$ Liter Wasser im Becken.
Eine solche Funktion g der Form $g(x) = m \cdot x + b$ nennt man **lineare Funktion**. Ihr Graph ist eine Gerade. Zu jedem Funktionswert f(x) der oberen Wertetabelle wird die vorhandene Wassermenge von 3000 l addiert. Die Gerade verschiebt sich dadurch parallel um 3000 in y-Richtung.
Da auch hier 25 Liter pro Minute hinzufließen, bleibt die Steigung $m = 25$ gleich.

Wertetabelle zu $g(x) = 25x + 3000$

x (in min)	0	20	40	60
g(x) (in Litern)	3000	3500	4000	4500

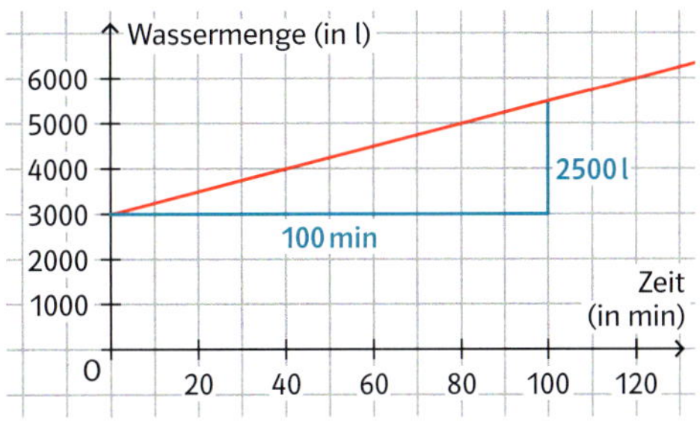

Eine Funktion f mit $f(x) = m \cdot x + b$ heißt **lineare Funktion**.
Der Graph einer linearen Funktion ist eine Gerade mit **Steigung m** und **y-Achsenabschnitt b**.
Ist $b = 0$, so nennt man die Gerade auch **Ursprungsgerade**.

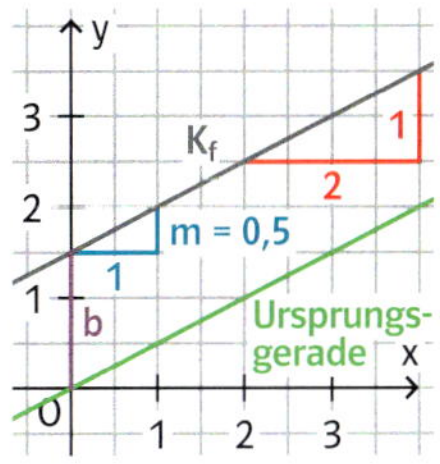

Der Graph der linearen Funktion f mit $f(x) = 0{,}75x - 1{,}5$ ist eine Gerade, die die y-Achse bei $-1{,}5$ schneidet. Sie hat somit den y-Achsenabschnitt $b = -1{,}5$. Die Steigung ist $m = 0{,}75$.
Liegen die Punkte $P(2\,|\,0)$ und $Q(6\,|\,3)$ auf der Geraden, so berechnet man die Steigung auch mithilfe des **Differenzenquotienten**
$m = \frac{\Delta y}{\Delta x} = \frac{y_Q - y_P}{x_Q - x_P} = \frac{3-0}{6-2} = 0{,}75.$

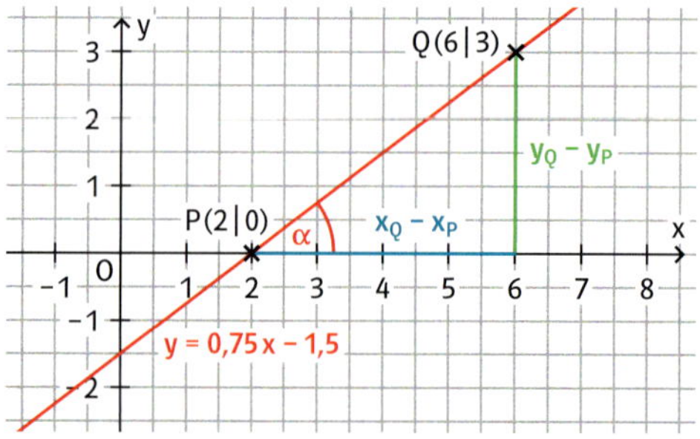

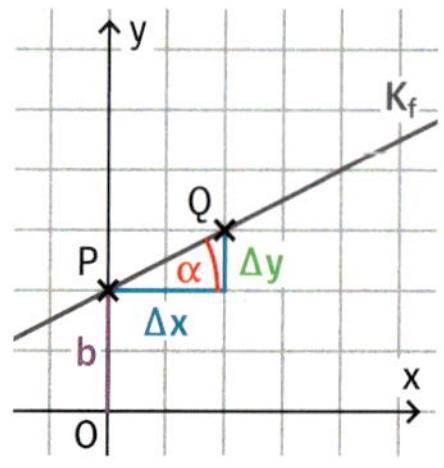

Das Symbol Δ steht für eine Differenz.

Die Gerade schließt mit der x-Achse einen Winkel α ein. Für diesen **Steigungswinkel** α gilt
$\tan(\alpha) = \frac{\text{Gegenkathete von } \alpha}{\text{Ankathete von } \alpha} = m = \frac{3}{4}$. Die Umkehrung $\tan^{-1}$ liefert $\alpha \approx 36{,}9°$.

Die Steigung der Geraden g mit der Gleichung $y = -2x + 4$ ist negativ. Für den Steigungswinkel α gilt: $\tan(\alpha) = -2$.
Dies ergibt $\alpha_1 \approx -63{,}43°$.
Dies entspricht dem im Uhrzeigersinn gemessenen Winkel α_1.
Der entgegen dem Uhrzeigersinn gemessene Winkel α_2 beträgt somit
$\alpha_2 \approx 180° - 63{,}43° = 116{,}57°$.

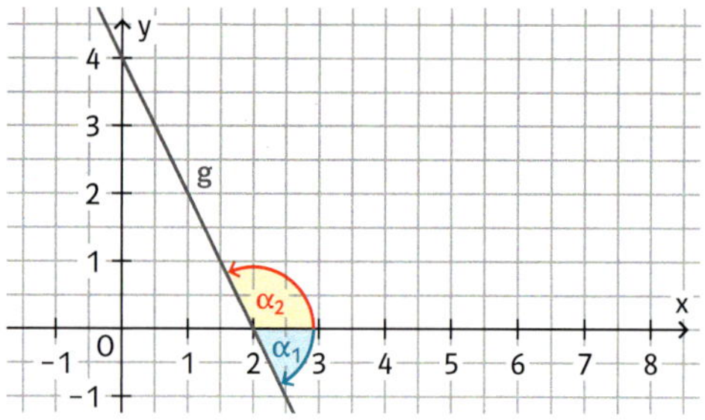

Steigungswinkel werden von der x-Achse aus gemessen. Winkel entgegen dem Uhrzeigersinn zählt man positiv, Winkel im Uhrzeigersinn zählt man negativ.

Liegen zwei Punkte $P(x_P\,|\,y_P)$ und $Q(x_Q\,|\,y_Q)$ auf einer Geraden, so ist die Steigung m durch den **Differenzenquotienten** gegeben: $m = \frac{\Delta y}{\Delta x} = \frac{y_Q - y_P}{x_Q - x_P}$; für $x_P \neq x_Q$.
Für den **Steigungswinkel α** gilt: $\tan(\alpha) = m$.

Beispiel 1 Geradengleichung und Graph

a) Bestimmen Sie die Geradengleichungen zu den Geraden unten.
b) Zeichnen Sie die Graphen der linearen Funktionen f mit $f(x) = 0{,}25x - 2$ und g mit $g(x) = -x + 4$.

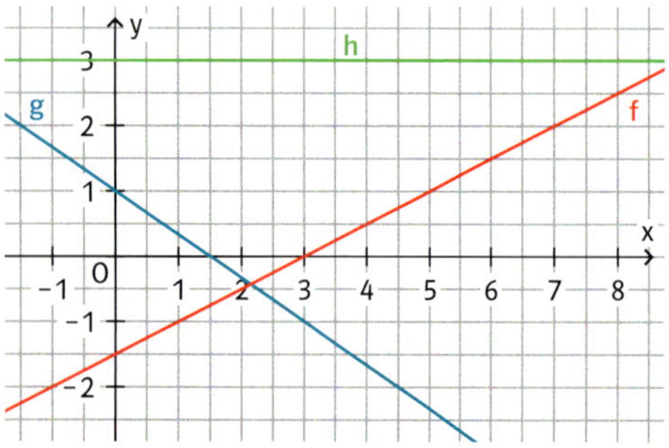

Lösung

a) Die Gerade f schneidet die y-Achse bei $-1{,}5$. Also ist $b = -1{,}5$. Wählt man die Punkte $P(0\,|\,-1{,}5)$ und $Q(1\,|\,-1)$, so gilt für die Steigung $m = \frac{-1-(-1{,}5)}{1-0} = 0{,}5$.
Also ist $f(x) = 0{,}5x - 1{,}5$.
Die Gerade g hat den y-Achsenabschnitt $b = 1$.
Mit $P(0\,|\,1)$ und $Q(3\,|\,-1)$ ist
$m = \frac{-1-1}{3-0} = -\frac{2}{3}$. Also ist $g(x) = -\frac{2}{3}x + 1$.
Für die Gerade h gilt $b = 3$. Sie ist waagerecht und hat somit die Steigung $m = 0$.
Folglich ist $h(x) = 0 \cdot x + 3 = 3$.

b) Siehe unten.

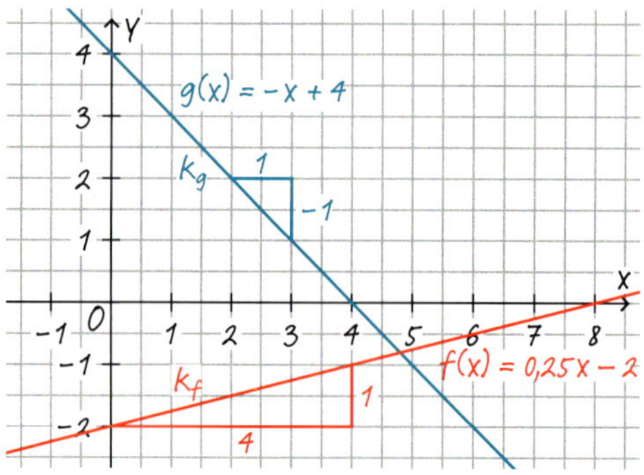

Beispiel 2 **Bestimmen des Funktionsterms**

Bestimmen Sie den zugehörigen Funktionsterm.

a) Der Graph der linearen Funktion g hat die Steigung 3; er geht durch den Punkt $P(2\,|-3)$.

b) Die Punkte $Q(-2\,|\,1)$ und $R(4\,|\,3)$ liegen auf dem Graphen der linearen Funktion h.

Lösung

a) Die Funktionsgleichung von g hat die Form $g(x) = 3x + b$. Der Graph verläuft durch den Punkt $P(2\,|-3)$. Somit ist $g(2) = -3$ bzw. $-3 = 3 \cdot 2 + b$. Umformen ergibt $b = -9$. Der zugehörige Funktionsterm ist $g(x) = 3x - 9$.

b) Die Steigung von h ist $m = \frac{3-1}{4-(-2)} = \frac{2}{6} = \frac{1}{3}$. Also ist $h(x) = \frac{1}{3} \cdot x + b$. Es ist $h(4) = 3$, d.h. $3 = \frac{1}{3} \cdot 4 + b$. Umformen ergibt $b = \frac{5}{3}$. Der zugehörige Funktionsterm ist $h(x) = \frac{1}{3}x + \frac{5}{3}$.

Hauptform:
$y = m \cdot x + b$

Punkt-Steigungs-Form:
$y = m \cdot (x - x_P) + y_P$

Beispiel 3 **Punktprobe, Steigungswinkel, Stelle, Funktionswert**

Gegeben ist die lineare Funktion f mit $f(x) = 1{,}5x - 3$. Ihr Graph ist K.

a) Überprüfen Sie rechnerisch, ob der Punkt $P(7\,|\,9)$ auf dem Graphen K liegt.

b) Bestimmen Sie den Steigungswinkel von K.

c) Berechnen Sie f(0) und die Stelle, an der die Funktion den Funktionswert 0 hat. Welche Punkte des Graphen von f werden damit berechnet?

d) Geben Sie $f(-2)$ an. An welcher Stelle hat f den Funktionswert 3?

Lösung

a) Punktprobe: Einsetzen von $x = 7$ in den Funktionsterm ergibt: $f(7) = 1{,}5 \cdot 7 - 3 = 7{,}5 \neq 9$. Der Punkt $P(7\,|\,9)$ liegt nicht auf K.

b) Wegen $m = 1{,}5$ gilt $\tan(\alpha) = 1{,}5$. Dies ergibt $\alpha \approx 56{,}3°$.

c) $f(0) = 1{,}5 \cdot 0 - 3 = -3$. Es soll gelten $f(x) = 0$, also $1{,}5x - 3 = 0$. Dies ergibt $x = 2$, d.h. $f(2) = 0$.
$f(0) = -3$ entspricht dem Schnittpunkt mit der y-Achse $S_y(0\,|-3)$.
$f(2) = 0$ entspricht dem Schnittpunkt mit der x-Achse $N(2\,|\,0)$.

d) $f(-2) = 1{,}5 \cdot (-2) - 3 = -6$.
Es soll gelten $f(x) = 3$, also $1{,}5 \cdot x - 3 = 3$. Dies ergibt $x = 4$, das heißt $f(4) = 3$.

Taschenrechner:
$\tan^{-1}(1{,}5) \approx 56{,}3°$

Beispiel 4 **Steigungswinkel bei negativer Steigung**

Bestimmen Sie den Steigungswinkel der Geraden g mit $y = -x + 3$.

Lösung

Es gilt $\tan(\alpha) = -1$. Dies ergibt $\alpha_1 = -45°$.
Dies entspricht dem im Uhrzeigersinn gemessenen Winkel α_1. Für den entgegen dem Uhrzeigersinn gemessenen Steigungswinkel α_2 gilt daher: $\alpha_2 = 180° - 45° = 135°$.

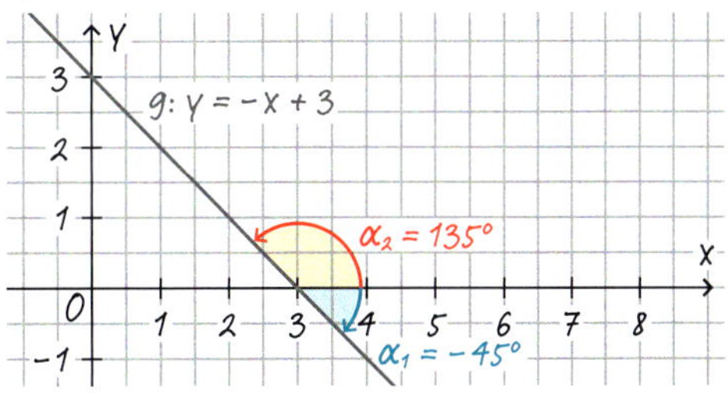

Aufgaben

○ **1** Zeichnen Sie den Graphen der linearen Funktion in Ihr Heft.

a) $f_1(x) = 3x + 2$ b) $f_2(x) = 1{,}5x - 4$ c) $f_3(x) = -2x - 3$

d) $f_4(x) = x$ e) $f_5(x) = 3$ f) $f_6(x) = \frac{5}{2}(x + 2) - \frac{3}{2}$

○ **2** Bestimmen Sie die Gleichungen der linearen Funktionen in Fig. 1.

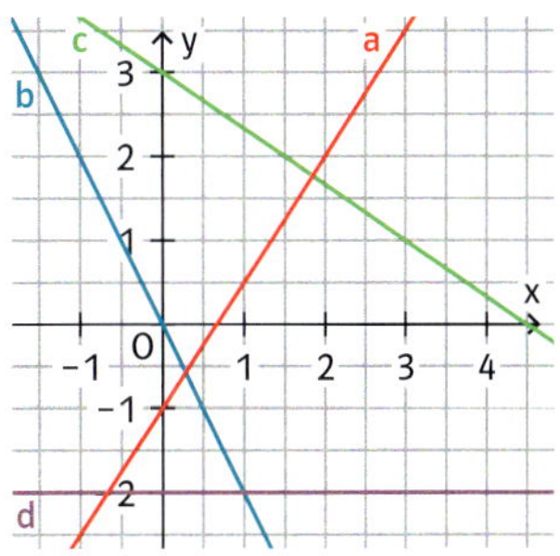

Fig. 1

○ **3** Gegeben ist die lineare Funktion f. Bestimmen Sie f(0), die Stelle mit dem Funktionswert 0 und den Steigungswinkel des Graphen von f.

a) $f(x) = 0{,}5x - 2$ b) $f(x) = -x + 4$ c) $f(x) = \frac{3}{4}x - \frac{1}{2}$

○ **4** Bestimmen Sie den Term einer linearen Funktion f mit $f(x) = mx + b$ mit den angegebenen Eigenschaften und zeichnen Sie den Graphen K der Funktion.

a) Die Steigung ist $m = 3$ und der Punkt $P(2|13)$ liegt auf dem Graphen K.
b) Der Graph K schneidet die y-Achse bei $-1{,}5$ und hat die Steigung 0.
c) Der Steigungswinkel beträgt 30° und der y-Achsenabschnitt ist $b = -1{,}5$.
d) Der Graph hat den y-Achsenabschnitt 3 und den Funktionswert $f(5) = -2$.
e) Der Graph K verläuft durch die Punkte $A(-2|0)$ und $B(3|7{,}5)$.

○ **5** Geben Sie den Term der linearen Funktion f an, zu der die Wertetabelle gehört. Übertragen Sie die Tabelle in Ihr Heft und ergänzen Sie sie.

a)

x	−2	0	4	5		
f(x)	1,3		3,1		2,2	0,4

b)

x	−3	−1,5	0	1,5	2	
f(x)	$-\frac{6}{5}$		$-\frac{1}{5}$			$\frac{14}{5}$

○ Test

Lösung | Seite 260

6 Fig. 1 zeigt Graphen linearer Funktionen.

a) Entscheiden Sie, welche dieser Graphen zu einer Funktionsgleichung passen.

(1) $g(x) = x - 1$ (2) $g(x) = -3x + 6$
(3) $g(x) = 6x + 2$ (4) $g(x) = 2$
(5) $g(x) = 6 - 0{,}5x$ (6) $g(x) = -3 + 2{,}5x$

b) Zeichnen Sie die Graphen der übrigen Funktionen in Ihr Heft.

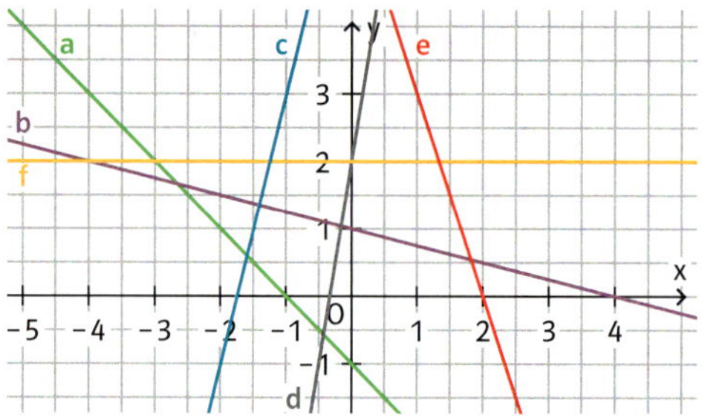

Fig. 1

7 Bestimmen Sie die Funktionsgleichung der linearen Funktion f.

a) Der Graph von f hat die Steigung $m = 0{,}3$ und verläuft durch den Punkt $P(2|-3)$.
b) Es ist $f(-4) = 3$ und $f(1) = -2$.
c) Der Graph von f hat den y-Achsenabschnitt 1,5 und den Steigungswinkel 45°.

◒ **8** Der Graph K_f einer linearen Funktion f verläuft durch die Punkte $P(-2|2{,}5)$ und $Q(1|1)$.

a) Bestimmen Sie den zugehörige Funktionsterm.
b) Berechnen Sie die Schnittpunkte von K_f mit den Koordinatenachsen.
c) Berechnen Sie den Steigungswinkel α von K_f.
d) Bestimmen Sie den Term einer linearen Funktion g, deren Graph durch den Punkt $R(2|4)$ verläuft und dieselbe Steigung wie K_f hat.

◒ **9** Die Autovermietung Citywagen verlangt 0,35 € pro Kilometer und 45 € Tagespauschale. Stadtcar will pro gefahrenen Kilometer 0,25 € und 60 € Tagespauschale.

a) Herr Mey möchte an einem Tag 250 km fahren. Entscheiden Sie, welche Autovermietung günstiger ist.
b) Frau Mayer möchte das Auto eine Woche lang mieten. Entscheiden Sie, wann sie einen Wagen von Citywagen nehmen sollte, wann einen von Stadtcar.

◒ **10** In einer Klinik wird ein Patient um 9:10 Uhr an den „Tropf“ gelegt. Ihm wird aus einer Infusionsflasche (Inhalt 0,5 l) Kochsalzlösung sehr langsam und gleichmäßig in die Blutbahn eingeträufelt. Um 9:25 Uhr stellt der Krankenpfleger fest, dass noch 0,35 l in der Flasche sind.

a) Bestimmen Sie eine Funktion, die den Vorgang der Infusion beschreibt (modelliert).
b) Wie viel Liter Kochsalzlösung sind nach 30 Minuten ins Blut gelangt?
c) Wie lange dauert es, bis die Flasche leer ist?
d) Nach welcher Zeit sind noch 75 % der Lösung in der Flasche?

11 Der Broca-Index wird zur einfachen Ermittlung des Idealgewichts von Personen herangezogen. Das Idealgewicht von Männern (in kg) in Abhängigkeit von der Körpergröße x (in cm) kann demnach mit der Funktion g mit $g(x) = 0{,}9 \cdot (x - 100)$ berechnet werden.

a) Bestimmen Sie, wie schwer ein 1,80 m großer Mann mit Idealgewicht sein sollte.

b) Bestimmen Sie, wie groß ein 80 kg bzw. 130 kg schwerer Mann mit Idealgewicht wäre.

12 Bei Straßen wird die Steigung in Prozent angegeben. Die steilsten Teilstücke der San Bernardino-Passstraße haben 15 % Steigung. Bestimmen Sie den Steigungswinkel α bei diesen Teilstücken.

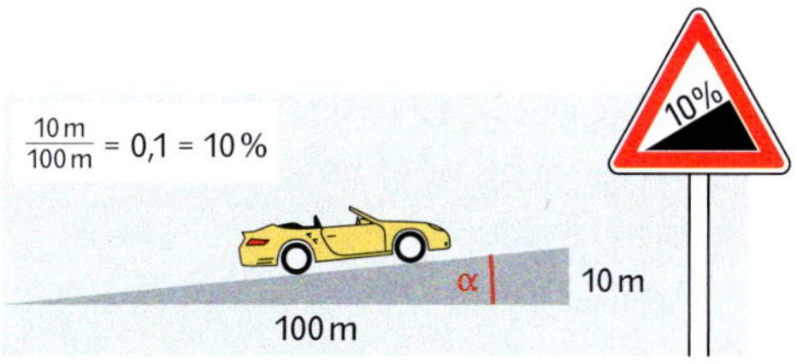

13 Übertragen Sie die Grafiken in Ihr Heft und vervollständigen Sie diese.

a) Bestimmen Sie die Gleichung der Geraden g.

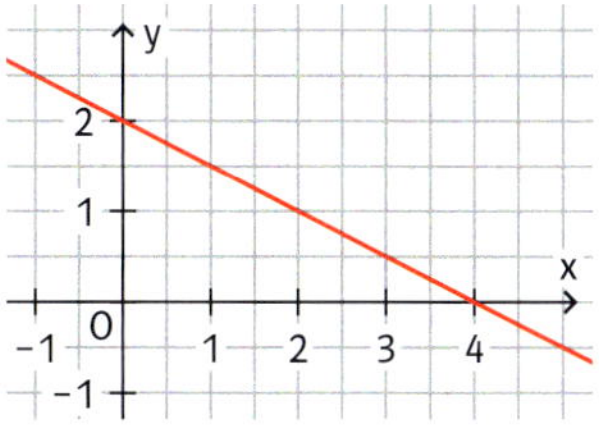

b) Es ist $f(x) = 6 - x$. Skalieren Sie die Achsen.

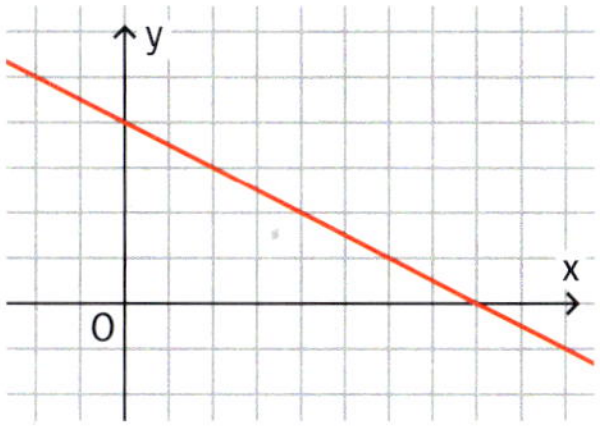

c) Es ist $f(x) = 7 - 2 \cdot x$. Skalieren Sie die Achsen.

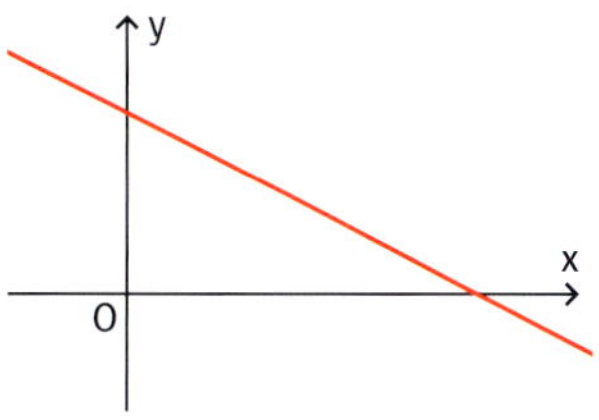

Test

Lösung | Seite 261

14 Bei Autoreifen nimmt die Profiltiefe mit den gefahrenen Kilometern gleichmäßig ab. Deshalb überprüft ein Autofahrer die Profiltiefe von Zeit zu Zeit. Nach 20 000 km betrug die Profiltiefe noch 4 mm; nach 32 000 km waren es nur noch 3 mm.

a) Wie viele km kann der Autofahrer mit diesen Reifen noch fahren, wenn mindestens eine Profiltiefe von 1,6 mm vorgeschrieben ist?

b) Um wie viele mm nimmt die Profiltiefe alle 10 000 km ab?

c) Welche Profiltiefe hatten die Reifen beim Kauf?

15 Die Punkte $P(0\,|\,0)$; $Q(4\,|\,1)$ und $R(0\,|\,t)$ bilden für jedes $t > 0$ ein Dreieck. Der Flächeninhalt A dieser Dreiecke ist eine Funktion von t.

a) Zeichnen Sie die Dreiecke für $t = 0{,}5$, $t = 2$ und $t = 5$ in ein gemeinsames Koordinatensystem.

b) Berechnen Sie die Flächeninhalte dieser drei Dreiecke.

c) Zeigen Sie, dass $y = 0{,}25(1 - t) \cdot x + t$ die Gleichung der Geraden durch Q und R ist.

d) Ermitteln Sie den Funktionsterm für A als Funktion von t.

e) Welches dieser Dreiecke hat einen Flächeninhalt von 13?

Grundwissen Test

Grundwissen
Seiten 248–249
Lösung | Seite 261

16 Bestimmen Sie die Lösung des linearen Gleichungssystems.

a) $4x + 7y = 21$
$3x - 4y = 25$

b) $2x - 6y = 3$
$3x - 4y = 12$

c) $7x + 3y = 69$
$5x - 2y = 12$

d) $-5x + 2y = 25$
$3x - 5y = 23$

4 Lage von Geraden

Dies ist ein Ausschnitt des Stadtplans von Heilbronn.
Beschreiben Sie die gegenseitige Lage der verschiedenen Verkehrswege der Stadt.

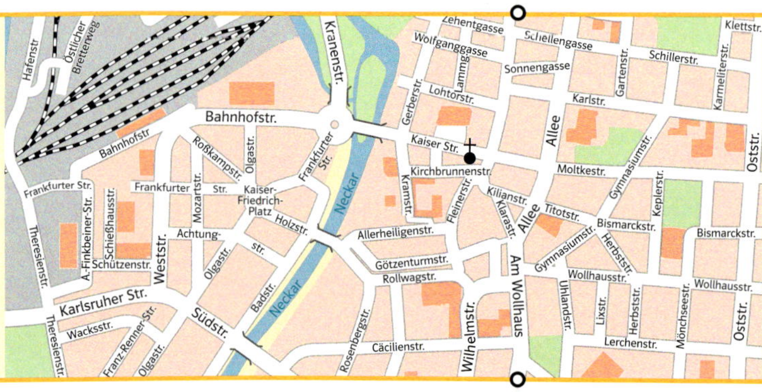

Zwei Geraden können verschiedene Lagen zueinander haben. Sie können

sich schneiden,

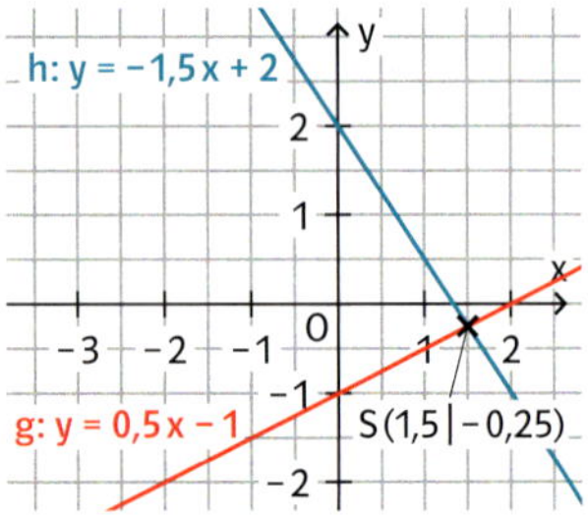

identisch sein oder

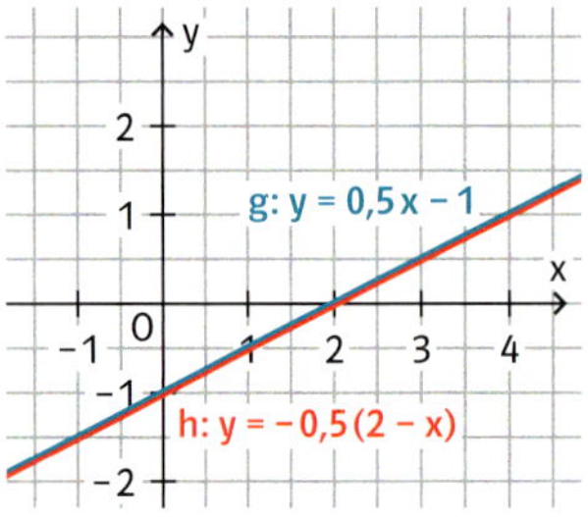

parallel zueinander liegen, aber nicht identisch sein.

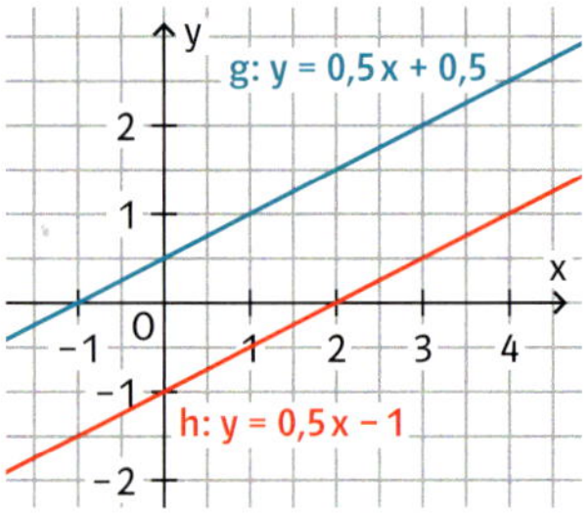

Die Lage von zwei Geraden zueinander lässt sich rechnerisch durch Gleichsetzen der Funktionsterme feststellen.

$g(x) = h(x)$
$0{,}5x - 1 = -1{,}5x + 2 \quad | +1$
$0{,}5x = -1{,}5x + 3 \quad | +1{,}5x$
$2x = 3 \quad | :2$
$x = 1{,}5$
$g(1{,}5) = 0{,}5 \cdot 1{,}5 - 1 = -0{,}25$
Die Geraden haben den Schnittpunkt $S(1{,}5 \mid -0{,}25)$.

$g(x) = h(x)$
$0{,}5x - 1 = -0{,}5(2 - x)$
$0{,}5x - 1 = -1 + 0{,}5x$
Die Aussage ist für alle x richtig. Die Geraden sind identisch.

$g(x) = h(x)$
$0{,}5x + 0{,}5 = 0{,}5x - 1 \quad | -0{,}5x$
$0{,}5 = -1$
Das ist falsch. Die Geraden haben keinen Schnittpunkt, sie sind parallel.

Betrachtet man diese drei Fälle, so erkennt man:
- Sind zwei Geraden parallel, so haben sie dieselbe Steigung m.
- Identische Geraden haben die gleiche Steigung m und den gleichen y-Achsenabschnitt b.
- Schneiden sich zwei Geraden, bilden sie zwei Paare jeweils gleich großer Winkel. Im Sonderfall sind alle vier Winkel gleich groß. Der Schnittwinkel der Geraden beträgt dann 90°, die Geraden schneiden einander **orthogonal**.
  In diesem Fall gibt es einen einfachen Zusammenhang zwischen den Steigungen. Da sich die Steigungen von Geraden beim Verschieben nicht ändern, genügt es die Überlegungen an Ursprungsgeraden durchzuführen. Das Steigungsdreieck der Geraden h ergibt sich durch Drehung um 90° aus dem Steigungsdreieck der Geraden g. Für die Steigung der Geraden g in der Grafik gilt: $\tan(\alpha_g) = \frac{b}{a}$.
  Für die Steigung der zu g orthogonalen Geraden h gilt $\tan(\alpha_h) = \frac{a}{-b}$. Daraus folgt $m_g \cdot m_h = \frac{b}{a} \cdot \left(-\frac{a}{b}\right) = -1$.

Orthogonale Geraden:

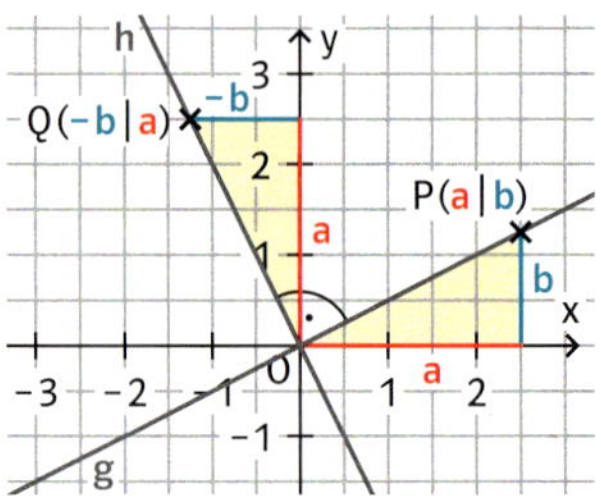

Gegeben sind zwei Geraden g und h mit den Steigungen m_g und m_h.
- g und h sind **parallel** zueinander, wenn sie gleiche Steigung haben, d.h. $m_g = m_h$.
- g und h sind **identisch**, wenn sie gleiche Steigung und gleichen y-Achsenabschnitt haben.
- g und h sind **orthogonal** zueinander (d.h. die Geraden schneiden sich rechtwinklig), wenn für ihre Steigungen gilt $m_g \cdot m_h = -1$ bzw. $m_g = -\frac{1}{m_h}$.

Sonderfall:

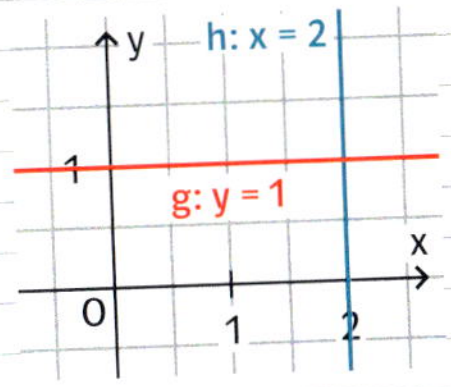

Die vertikale Gerade h und die horizontale Gerade g sind orthogonal zueinander.

Beispiel 1 **Parallele und orthogonale Geraden**

Gegeben sind die Geraden g: $y = -\frac{3}{8}x + 1$, h: $y = -0{,}375x$ und k: $y = \frac{8}{3}x + 2$. Untersuchen Sie die gegenseitige Lage der Geraden mithilfe der Steigungen.

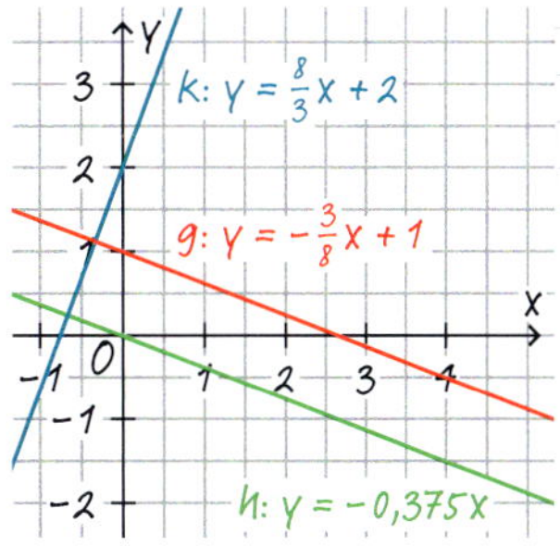

Lösung

Da $m_g = -\frac{3}{8} = -0{,}375 = m_h$ sind die Geraden g und h parallel.
Die Steigungen von g und k sind $m_g = -\frac{3}{8}$ und $m_k = \frac{8}{3}$.
Da $m_g \cdot m_k = -\frac{3}{8} \cdot \frac{8}{3} = -1$ ist die Gerade k orthogonal zur Geraden g und zur Geraden h.

Beispiel 2 **Koordinaten des Schnittpunktes von zwei Graphen linearer Funktionen**

Berechnen Sie den Schnittpunkt S der Graphen der linearen Funktionen g mit $g(x) = -2x + 4$ und h mit $h(x) = -3x + 2$.

Lösung

Gleichsetzen von g(x) und h(x) ergibt: $-2x + 4 = -3x + 2$.
Durch Umformen der Gleichung erhält man $x = -2$
Einsetzen in g(x): $g(-2) = -2 \cdot (-2) + 4 = 8$
Der Schnittpunkt der Graphen der linearen Funktionen g und h ist $S(-2\,|\,8)$.

Beispiel 3 **Besondere Geraden, 1. und 2. Winkelhalbierende**

a) Ermitteln Sie die Gleichungen der 1. und 2. Winkelhalbierenden in Fig. 1.
b) Eine Gerade h ist parallel zur x-Achse und geht durch $P(-3\,|\,2)$. Die Gerade i ist parallel zur y-Achse und geht ebenfalls durch P. Geben Sie die Gleichungen von h und i an.

Lösung

a) Die 1. Winkelhalbierende hat die Steigung 1 und somit die Gleichung w_1: $y = x$.
Die 2. Winkelhalbierende hat die Steigung −1 und somit die Gleichung w_2: $y = -x$.
b) Eine Parallele zur x-Achse hat die Steigung $m = 0$. Da sie durch $P(-3\,|\,2)$ verläuft, haben alle Punkte auf ihr den y-Wert 2. Die Gleichung der Geraden h ist h: $y = 2$.
Die Punkte auf i haben alle den x-Wert −3. Die Gleichung der Geraden i ist i: $x = -3$.

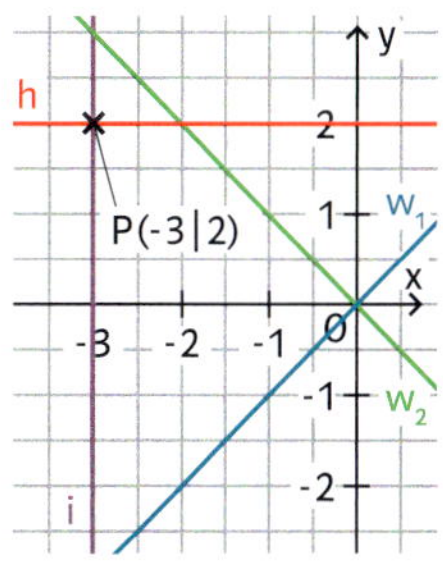

Fig. 1

1. Winkelhalbierende
2. Winkelhalbierende
Die Gerade i ist nicht Graph einer Funktion.

Aufgaben

○ **1** Bestimmen Sie die Gleichungen der Geraden g, h, i, j und k in Fig. 2 und beschreiben Sie ihre gegenseitige Lage.

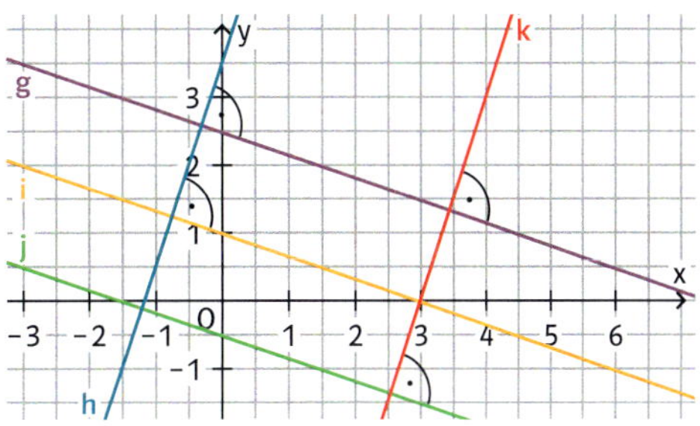

Fig. 2

○ **2** Bestimmen Sie die gegenseitige Lage der beiden Geraden und ggf. den Schnittpunkt.

a) g: $y = 2x - 3$ und h: $y = -\frac{1}{2}x + 2$
b) g: $4y - 3x = 20$ und h: $4x - 3y = -15$
c) g: $y = -0{,}6x + 3$ und h: $y = -\frac{3}{5}x + 2$
d) g: $x = 3$ und h: $y = 5$

Tipp zu Aufgabe 2b): Formen Sie die Geradengleichung zuerst in die Hauptform der Geradengleichung um.

Test (Lösung | Seite 261)

3 Bestimmen Sie die gegenseitige Lage der beiden Geraden.

a) Graph von g mit $g(x) = 2x - 3$
Graph von h mit $h(x) = -x + 3$

b) $g: y = 1{,}5x + 18$
$h: y = 5 - \frac{4}{6}x$

c) $g: 2y - 4x + 1 = 0$
$h: 10x - 5y = 3$

4 Berechnen Sie Schnittpunkt P und die Steigungswinkel α der beiden Geraden.

a) $g: y = 3x - 2$
$h: y = x + 4$

b) $g: 3x - 4y = 27$
$h: x - y = 8$

c) Graph von g mit $g(x) = 2x + 1$
Graph von h mit $h(x) = -x + 2$

5 Entscheiden Sie rechnerisch.

a) Liegt der Punkt $A(10\,|\,18)$ auf der Ursprungsgeraden f durch den Punkt $B(-15\,|\,-27)$?

b) Welche Gleichung hat die Orthogonale g zur Geraden mit $y = 3x - 4$ durch $Q(3\,|\,4)$?

c) Sind die Geraden h mit $y = \frac{3}{7}x - \frac{1}{2}$ und i mit $3y + 7x = 4$ orthogonal zueinander?

6 Gegeben sind die Funktionen f mit $f(x) = 3 - 1{,}25x$ und g mit $g(x) = 0{,}75x + 1$.

a) Zeichnen Sie die Graphen K_f und K_g der Funktionen f und g.

b) Geben Sie die Gleichung einer Funktion an, deren Graph orthogonal zu K_f bzw. zu K_g ist.

c) Berechnen Sie den Wert von x mit $f(x) = g(x)$. Bestimmen Sie den Schnittpunkt.

d) Für welche x-Werte verläuft K_f oberhalb von K_g?

7 a) Zeichnen Sie die 1. und 2. Winkelhalbierende und die Geraden $g: y = 1$ und $h: x = -1$.

b) Bestimmen Sie den Steigungswinkel der 1. und 2. Winkelhalbierenden und der Geraden g.

c) Bestimmen Sie alle Schnittpunkte der gezeichneten Geraden.

Test (Lösung | Seite 262)

8 Die Graphen der linearen Funktionen f mit $f(x) = \frac{2}{3}x - 4$, g mit $g(x) = -1{,}5x + 9$ und h mit $h(x) = -0{,}2x - 1{,}4$ begrenzen ein Dreieck.

a) Zeichnen Sie das Dreieck in ein Koordinatensystem.

b) Bestimmen Sie die Kooordinaten der Eckpunkte A, B und C des Dreiecks.

c) Überprüfen Sie rechnerisch, ob das Dreieck ABC rechtwinklig ist.

9 Wenn sich zwei Geraden schneiden, bilden sie zwei Paare jeweils gleich großer Winkel. Der kleinere Winkel heißt **Schnittwinkel δ** der Geraden g und h mit $0° \le \delta \le 90°$.

a) Erläutern Sie, wie man den Schnittwinkel zweier Geraden rechnerisch bestimmen kann.

b) Bestimmen Sie den Schnittwinkel der Geraden $g: y = 0{,}5x + 1$ und $h: y = 1{,}5x - 1$.

c) Bestimmen Sie den Schnittwinkel der Geraden $k: y = -0{,}5x + 3$ und $l: y = 1{,}25x - 0{,}5$.

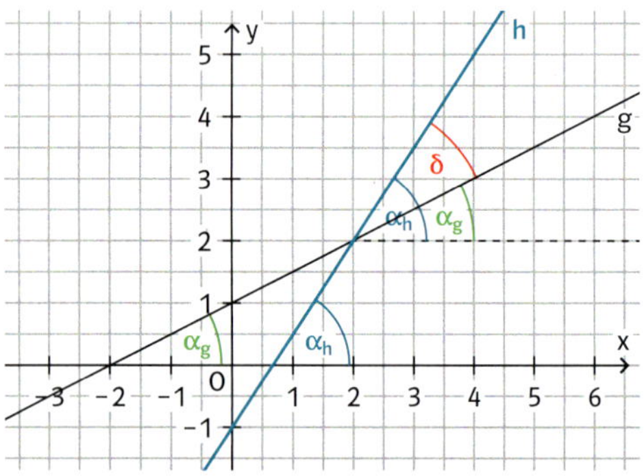

zu Aufgabe 9:

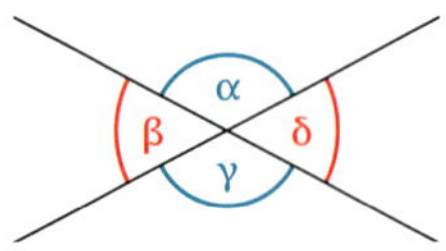

$\alpha = \gamma;\ \beta = \delta$

Strategie | Seite 218
1. Veranschaulichung durch Skizze/Zeichnung

Strategie | Seite 223
6. Rückwärtsarbeiten

Grundwissen Test

Grundwissen Seite 229
Lösung | Seite 262

10 Zeichnen Sie eine Zahlengerade. Markieren Sie die Zahlen auf der Zahlengeraden. Schreiben Sie sie geordnet nach der Größe mithilfe des Symbols < auf, z. B. $2 < 2{,}5 < 3$.

a) −1; −0,5; 1

b) −3; −2; −3,2

c) 1,7; 1,5; 1,9

d) −1,7; −1,5; −1,9

5 Ungleichungen

Sina möchte in ihrem viertägigen Kurzurlaub windsurfen. Sie erkundigt sich beim Surfcenter über die Höhe der Leihgebühren für die Ausrüstung:
Das Ausleihen eines Boards mit Rigg kostet pro Stunde 20 €. Die Leihgebühren für einen Tag betragen 65 €, für eine Woche 250 €.
Vergleichen Sie die Angebote.

Werden zwei Terme durch ein Ungleichheitszeichen (<, ≤, >, ≥) verbunden, entsteht eine **Ungleichung**. Ungleichungen löst man wie Gleichungen durch Äquivalenzumformungen.

Symbol	Bedeutung
<	kleiner als
≤	kleiner oder gleich
>	größer als
≥	größer oder gleich

Werden die Seiten einer Ungleichung vertauscht, muss auch das Ungleichheitszeichen umgedreht werden: aus < wird >, aus ≤ wird ≥.

Dabei darf man auf beiden Seiten den gleichen Term addieren/subtrahieren oder mit einer positiven Zahl multiplizieren/dividieren.

$3 - x < 2(x + 3)$ | ausmulitiplizieren
$3 - x < 2x + 6$ | + x | − 6
$-3 < 3x$ | : 3
$-1 < x$ bzw. $x > -1$

Das Multiplizieren und Dividieren beider Seiten mit einer negativen Zahl ist nur dann eine Äquivalenzumformung, wenn gleichzeitig das **Ungleichheitszeichen** (auch Relationszeichen genannt) **umgedreht** wird.

$3 - x < 2x + 6$ | − 3 | − 2x
$-3x < 3$ | : (−3)
$x > -1$
$L = \{x \in \mathbb{R} \mid x > -1\}$ bzw. $L =]-1; \infty[$

Eine Ungleichung kann grafisch gelöst werden, indem man die beiden Seiten der Ungleichung jeweils als Term einer linearen Funktion betrachtet und die zugehörigen Graphen zeichnet.
Fig. 1 zeigt, dass der Graph der linearen Funktion f mit $f(x) = 3 - x$ für $x > -1$ unterhalb des Graphen von g mit $g(x) = 2(x + 3)$ liegt.
D.h. für $x > -1$ nimmt $3 - x$ kleinere Werte an als der Term $2(x + 3)$.

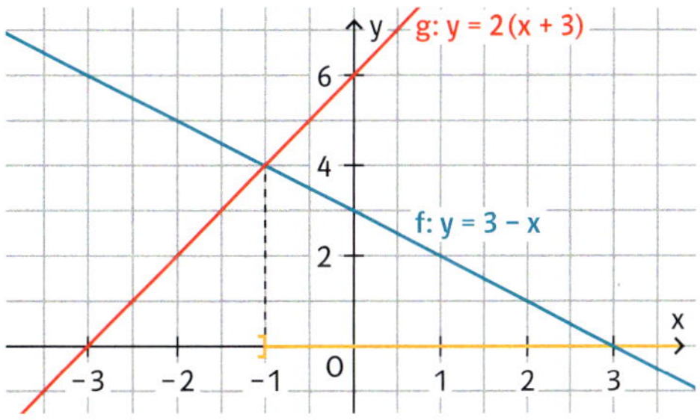

Fig. 1

Ungleichungen bestehen aus zwei Termen, die durch eines der Ungleichheitszeichen <, ≤, >, ≥ verbunden sind.
Ungleichungen können mit Äquivalenzumformungen gelöst werden.
Wird eine Ungleichung mit einer negativen Zahl multipliziert oder dividiert, muss das Ungleichheitszeichen umgedreht werden.

Beispiel 1 Ungleichung rechnerisch lösen, Lösungsmenge grafisch darstellen
Lösen Sie die Ungleichung $6x - 5 \leq 9x + 7$ und stellen Sie die Lösung an der Zahlengerade dar.
Lösung
$6x - 5 \leq 9x + 7$ | + 5 | − 9x
$-3x \leq 12$ | : (−3)
$x \geq -4$
$L = [-4; \infty[$

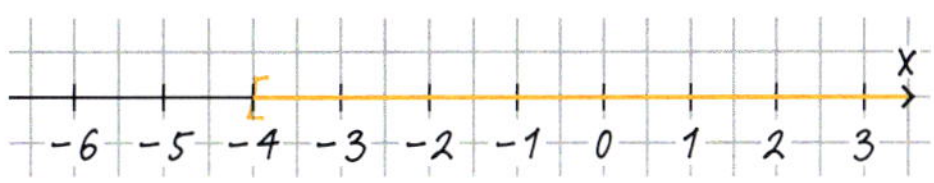

Beispiel 2 **Ungleichung grafisch lösen**
Bestimmen Sie die Lösungsmenge der Ungleichung $-2x + 4 \geq \frac{1}{2}x + \frac{3}{2}$ grafisch.
Lösung
Man zeichnet die Geraden g und h, bestimmt deren Schnittpunkt und markiert die Schnittstelle auf der x-Achse. Man entscheidet, ob die Lösung größer oder kleiner ist: ≥ bedeutet, dass die Gerade g oberhalb der Geraden h liegt, also ist $L = \{x \in \mathbb{R} \mid x \leq 1\}$ bzw. $L =]\infty; 1]$.

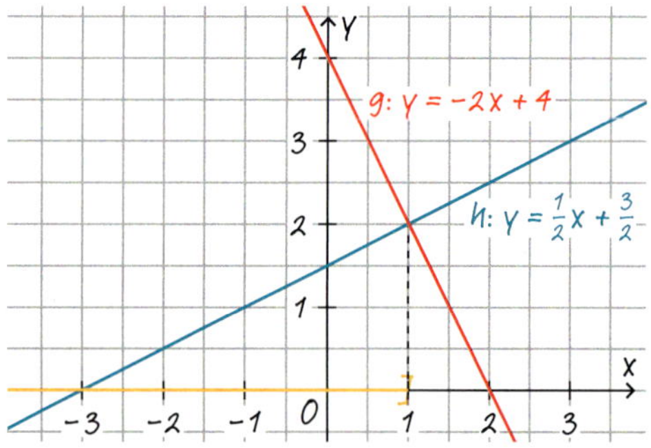

Aufgaben

○ **1** Lösen Sie die Ungleichung und stellen Sie die Lösungsmenge an der Zahlengerade dar.
a) $x - 1 < 5$ b) $3x - 5 \geq 16$ c) $-x \leq -0{,}5$ d) $-5x + 18 > -7$

○ **2** Bestimmen Sie die Lösungsmenge rechnerisch und grafisch.
a) $2x + 5 < 3x + 6$ b) $10 - 4x \leq 2x + 4$ c) $-3x - 3 > -0{,}5x + 2$
d) $\frac{1}{2}x - 1 \geq \frac{2}{3} + x$ e) $\frac{1}{3}x - 0{,}5 < 2(x - 1{,}5)$ f) $3(2 - x) - (x + 2) > 0$

Tipp
Falls möglich zuerst den Term vereinfachen, dann zeichnen.

○ Test

Lösung | Seite 262

3 Bestimmen Sie die Lösungsmenge rechnerisch und grafisch.
a) $5x - 2 > x + 2$ b) $\frac{1}{2} - x \leq 1 - \frac{1}{2}x$ c) $-3x + 3{,}5 > -2{,}5$

◒ **4** Eine Hebebühne kann bei einer Grundgebühr von 100 € für 12 € pro Stunde gemietet werden. Vergleichen Sie die Kosten mit einem zweiten Vermieter, der 60 € Grundgebühr und 20 € je Stunde verlangt.

◒ **5** Thomas bestellt für eine Party Zwiebelkuchen und Pizzataschen. Er benötigt 100 Stück und hat 280 € zur Verfügung. Ein Stück Zwiebelkuchen kostet 2,50 €, eine Pizzatasche kostet 3 €. Wie viele Pizzataschen darf Thomas höchstens bestellen?

◒ Test

Lösung | Seite 262

6 Das Unternehmen Radfix baut Fahrräder. Dabei entstehen fixe Kosten in Höhe von 4000 €. Die variablen Kosten je Fahrrad betragen 230 €. Jedes Fahrrad wird für 350 € verkauft.
a) Bestimmen Sie die Verkaufsmengen, ab der der Hersteller Gewinn macht.
b) Zu welchem Preis muss der Hersteller die Fahrräder verkaufen, wenn er ab 20 verkauften Fahrrädern Gewinn machen möchte?

● **7** Bestimmen Sie die Lösungsmenge. Welche der Ungleichungen ist allgemeingültig, welche unlösbar?
a) $3x - 6 < 3x - 5$ b) $3x - 6 \geq 3x - 5$ c) $-6x \leq -8x$ d) $-8t - 2 < -8t$

Grundwissen Test

Grundwissen Seite 240
Lösung | Seite 263

8 Prüfen Sie, ob die Punkte auf dem Graphen von f liegen.
a) A(2 | 1); B(−1 | 5)
$f(x) = -x^2 + 3x - 1$
b) A(−2 | 17); B(2 | 1)
$f(x) = -(x - 2)^2 + 1$
c) A(3 | 0); B(1 | −6)
$f(x) = (x + 2) \cdot (x - 3)$

6 Quadratische Funktionen

Zum Schutz vor Wind wurden Nadelbäume um quadratisch angeordnete Apfelbäume gepflanzt.

a) Welche Funktionsterme beschreiben für diese Muster die Anzahl der Apfel- und der Nadelbäume in Abhängigkeit von n?

b) Welcher Gesamtbetrag ergibt sich für die Bepflanzung, wenn ein Apfelbaum 15 € und ein Nadelbaum 12 € kostet?

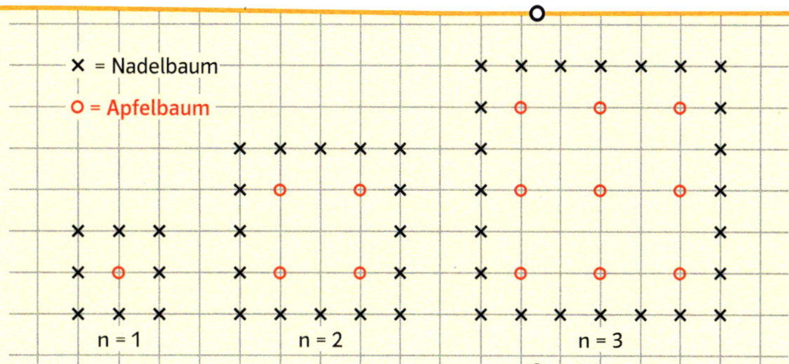

Der Flächeninhalt A eines Quadrats mit Seitenlänge x $(x \in \mathbb{R}^+)$ lässt sich mathematisch als Funktion A mit $A(x) = x^2$ beschreiben. Da die Variable x mit der Hochzahl 2 vorkommt, handelt es sich bei dieser Funktion um eine **quadratische Funktion**. Der Graph der Funktion A ist der positive Ast einer Normalparabel. Ihr tiefster Punkt $S(0|0)$ heißt **Scheitel** der Parabel (Fig. 1).

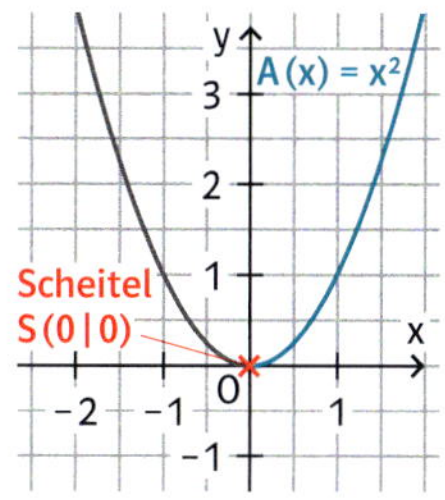

Fig. 1

Den Scheitel nennt man auch **Scheitelpunkt**.

In der Fahrschule lernt man folgende Abschätzung für den Bremsweg:
Die angezeigte Geschwindigkeit x $\left(\text{in } \frac{km}{h}\right)$ wird durch 10 geteilt und das Ergebnis quadriert.

Die Funktionsgleichung für den Bremsweg (in m) lautet $f(x) = \left(\frac{x}{10}\right)^2 = \frac{1}{100} \cdot x^2$.

Diese Funktion ist ebenfalls eine quadratische Funktion. Mithilfe einer Wertetabelle lässt sich der Graph zeichnen.

Geschwindigkeit (in km/h)	10	20	30	40	50
Bremsweg (in m)	1	4	9	16	25

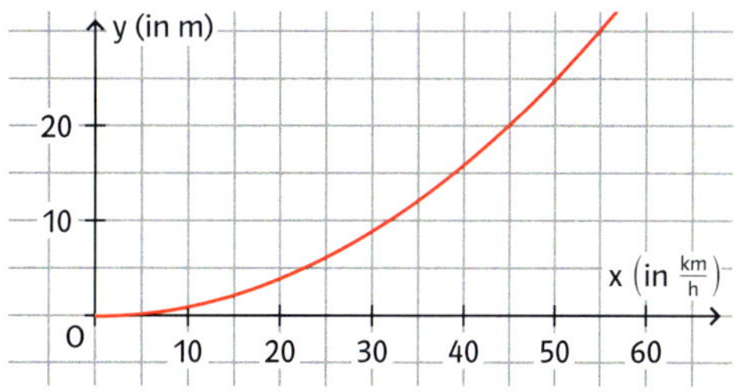

Fig. 2

Berücksichtigt man jedoch, dass der Fahrer zuvor eine gewisse Reaktionszeit benötigt, bis er auf das Bremspedal tritt, so kommt der dabei zurückgelegte Weg zum Bremsweg hinzu. Dieser Reaktionsweg (in m) kann angenähert werden durch die Geschwindigkeit x $\left(\text{in } \frac{km}{h}\right)$ multipliziert mit 0,3. D.h. der Reaktionsweg ist $\frac{3}{10}x$. Damit erhält man für den Anhalteweg (vom Erkennen des Hindernisses bis zum Stillstand des Fahrzeugs) den Funktionsterm $g(x) = \frac{1}{100}x^2 + \frac{3}{10}x$.

Man spricht auch dann noch von einer quadratischen Funktion, wenn ein linearer Term addiert wird, ebenso bei der Addition eines konstanten Terms.

Eine Funktion f, deren Funktionsgleichung sich in der Form $f(x) = ax^2 + bx + c$ $(x \in \mathbb{R};\ a, b, c \in \mathbb{R},\ a \neq 0)$, schreiben lässt, heißt **quadratische Funktion**.
Die Form $f(x) = ax^2 + bx + c$ wird auch **allgemeine Form** oder **Hauptform der quadratischen Funktion** genannt. Den Graphen einer quadratischen Funktion nennt man **Parabel**.

Beispiel 1 Graph, Scheitel, Achsenschnittpunkte, Wertemenge, Punktprobe
Gegeben ist die Funktion f mit $f(x) = 0{,}5x^2 - 2x + 1{,}5$.

a) Erstellen Sie eine Wertetabelle für $x \in [0; 4]$ und zeichnen Sie den Graphen von f.
b) Lesen Sie die Koordinaten des Scheitels ab und geben Sie die Wertemenge von f an.
c) Geben Sie die Koordinaten der Schnittpunkte mit den Koordinatenachsen an.
d) Prüfen Sie rechnerisch, ob der Punkt $P(5|4)$ auf dem Graphen von f liegt.

Lösung

a)

x	0	1	2	3	4
f(x)	1,5	0	−0,5	0	1,5

b) Der Scheitel ist $S(2\,|\,-0{,}5)$. Daher umfasst die Wertemenge von f alle reellen Zahlen, die größer oder gleich −0,5 sind, also $W = [-0{,}5;\ \infty[$.

c) Die Schnittpunkte mit der x-Achse sind $N_1(1\,|\,0)$ und $N_2(3\,|\,0)$, der Schnittpunkt mit der y-Achse ist $S_y(0\,|\,1{,}5)$.

d) Punktprobe mit $P(5\,|\,4)$: $f(5) = 0{,}5 \cdot 5^2 - 2 \cdot 5 + 1{,}5 = 4$
d.h. der Punkt $P(5\,|\,4)$ liegt auf dem Graphen von f.

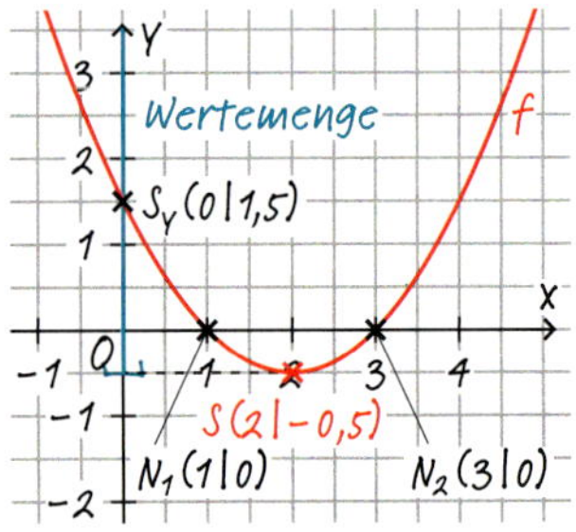

Fig. 1

Aufgaben

○ **1** Gegeben ist die Funktionsgleichung einer quadratischen Funktion f. Formen Sie die Funktionsgleichung in die Hauptform $f(x) = ax^2 + bx + c$ um und geben Sie a, b und c an.
Prüfen Sie, ob die Punkte $A(0\,|\,3)$ bzw. $B(-2\,|\,8)$ auf dem Graphen K_f von f liegen.
a) $f(x) = \frac{1}{4}(x^2 - 8x + 12)$ b) $f(x) = 0{,}5(x-2)^2 + 1$ c) $f(x) = -2x(x+4)$

Tipp
Multiplizieren Sie ggf. den Funktionsterm aus, um ihn in der Hauptform darzustellen.

○ **2** Zeichnen Sie mithilfe einer Wertetabelle den Graphen von f für $-2 \le x \le 2$ (Schrittweite 0,5). Geben Sie die Koordinaten des Scheitels an. Bestimmen Sie die Wertemenge.
a) $f(x) = x^2 - 3$ b) $f(x) = -2x^2 + 4$ c) $f(x) = -0{,}5x^2 - x + 1$

○ *Test*

Lösungen | Seite 263

3 Erstellen Sie eine Wertetabelle für $x \in [-3;\ 3]$. Zeichnen Sie den Graphen.
Lesen Sie die Koordinaten des Scheitels ab und geben Sie die Wertemenge an.
a) $f(x) = -\frac{1}{2}x^2 - 1$ b) $g(x) = x^2 - 2x$ c) $h(x) = -x^2 + x + 3{,}75$

◒ **4** Zeichnen Sie den Graphen der Funktion f in ein Koordinatensystem (1 LE = 2 cm). Bestimmen Sie die Koordinaten des Scheitels und der Schnittpunkte mit den Koordinatenachsen.
a) $f(x) = -\frac{1}{2}x^2 + x + 1{,}5$ für $x \in [-2;\ 4]$
b) $f(x) = (x-2)^2 - 1$ für $x \in [0;\ 4]$
c) $f(x) = (x+2)(x-1)$ für $x \in [-2{,}5;\ 1{,}5]$

1 LE = 1 Längeneinheit

◒ *Test*

Lösung | Seite 263

5 Gegeben sind die Funktionen f mit $f(x) = -\frac{1}{4}x^2 + x + 3$, g mit $g(x) = -\frac{1}{4}(x-2)^2 + 4$ und h mit $h(x) = -\frac{1}{4}(x+2)(x-6)$.
a) Zeichnen Sie für $-4 \le x \le 8$ die Graphen der Funktionen f, g und h.
b) Geben Sie jeweils die Koordinaten des Scheitels und der Schnittpunkte mit den Koordinatenachsen an. Vergleichen Sie diese mit den Funktionstermen. Was fällt Ihnen auf?
c) Prüfen Sie, ob der Punkt $P(10\,|\,-8)$ auf dem Graphen von f liegt.

Grundwissen Test

Grundwissen
Seite 245
Lösung | Seite 263

6 Ordnen Sie die Funktionsgleichungen den passenden Kärtchen zu.

$f_1(x) = x^2 - 6x + 9$
$f_2(x) = x^2 + 4x + 4$
$f_3(x) = 0{,}5x^2 - 4x + 8$
$f_4(x) = 2x^2 - 4x + 2$
$f_5(x) = 2x^2 - 20x + 50$
$f_6(x) = 0{,}5x^2 - 8x + 32$

A $f(x) = 2(x-5)^2$
B $f(x) = 2(x-1)^2$
C $f(x) = (x-3)^2$
G $f(x) = (x+2)^2$
E $f(x) = 0{,}5(x-4)^2$
D $f(x) = (x-2)^2$
H $f(x) = 0{,}5(x-8)^2$

7 Strecken und Verschieben von Parabeln

Die Schaubilder zeigen Parabeln.

a) Beschreiben Sie, wie man die schwarze Parabel p auf die Parabeln p_1, p_2 und p_3 im linken Schaubild abbilden kann.
Lesen Sie jeweils den Scheitel ab. Was fällt Ihnen dabei auf?

b) Wie entstehen die Parabeln p_4 und p_5 im rechten Schaubild aus der schwarzen Parabel p?

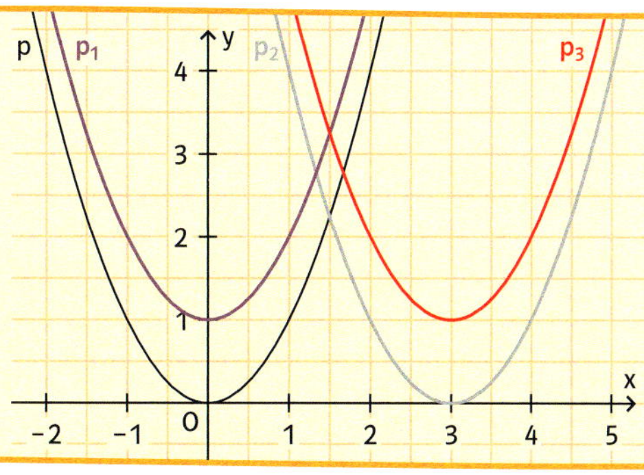

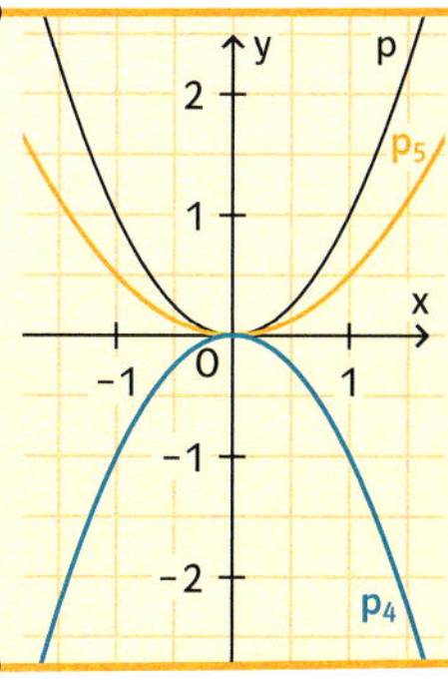

Betrachtet man die Funktion g mit $g(x) = x^2$ und multipliziert den Funktionsterm mit einer Zahl $a \in \mathbb{R}^*$, so wird die Form der Parabel verändert. Man erhält Funktionen vom Typ $f(x) = a \cdot x^2$. Ist z.B. $a = 2$, so werden alle Funktionswerte verdoppelt. Die Parabel wird steiler. Man sagt, sie wird in **y-Richtung mit dem Faktor 2 gestreckt**. Der Faktor a wird auch **Streckfaktor** genannt.

x	−2	−1	0	1	2
x^2	4	1	0	1	4
$2 \cdot x^2$	8	2	0	2	8
$0{,}5 \cdot x^2$	2	0,5	0	0,5	2
$-2 \cdot x^2$	−8	−2	0	−2	−8

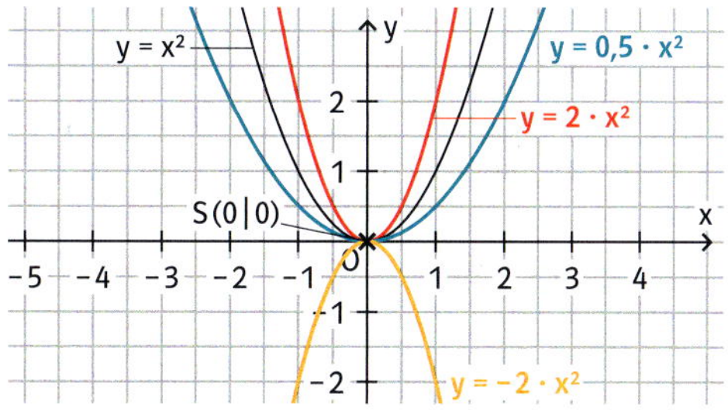

Je nach Streckfaktor a entstehen unterschiedliche Parabeln.
$a = 1$ Normalparabel
$a > 0$ nach oben offen
$a < 0$ nach unten offen

Man erkennt: Der Scheitel ist $S(0\,|\,0)$.
Für $a = 1$ liegt eine Normalparabel vor.
Ist $a > 1$, z.B. $a = 2$, wird die Parabel steiler. Ist $0 < a < 1$, z.B. $a = 0{,}5$, wird die Parabel flacher. Ist $a = -1$, wird die Normalparabel an der x-Achse gespiegelt. Ist z.B. $a = -2$, also $a < 0$, wird die Parabel mit dem Faktor 2 gestreckt und an der x-Achse gespiegelt.

Simulation
Parabeln strecken
42ki59

Will man eine (gestreckte) Parabel **in y-Richtung verschieben**, addiert man eine Konstante y_S (neue y-Koordinate des Scheitels) zu den Funktionswerten. Man erhält Funktionen vom Typ $f(x) = a \cdot x^2 + y_S$.

x	−2	−1	0	1	2
$0{,}5 \cdot x^2$	2	0,5	0	0,5	2
$0{,}5 \cdot x^2 + 1$	3	1,5	1	1,5	3
$0{,}5 \cdot x^2 - 2$	0	−1,5	−2	−1,5	0

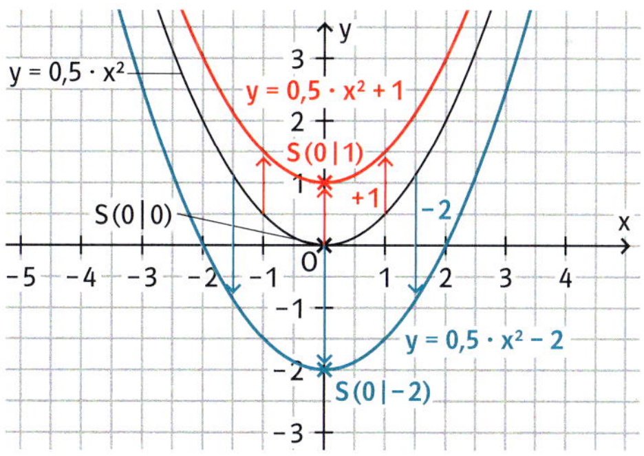

Simulation
Parabeln verschieben
42ki59

Der Scheitel hat die Koordinaten $S(0\,|\,y_S)$.

Will man eine (gestreckte) Parabel in x-Richtung verschieben, ersetzt man die Stelle x durch $(x - x_S)$ und erhält somit eine Funktion vom Typ $f(x) = a \cdot (x - x_S)^2$.

x	−2	−1	0	1	2
$0{,}5 \cdot x^2$	2	0,5	0	0,5	2
$0{,}5 \cdot (x + 1)^2$	0,5	0	0,5	2	4,5
$0{,}5 \cdot (x - 2)^2$	8	4,5	2	0,5	0

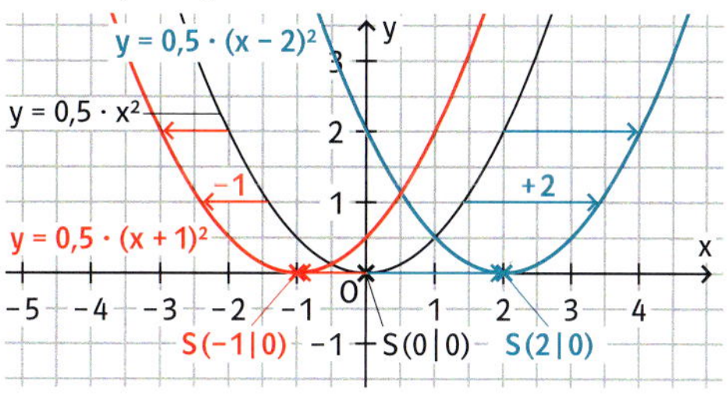

Der Scheitel $S(x_S\,|\,0)$ liegt auf der x-Achse.

Betrachtet man beide Verschiebungen gleichzeitig, z.B. um 2 in x-Richtung und um 1 in y-Richtung (siehe Fig. 1), so erhält man eine Funktion f der Form $f(x) = 0{,}5(x - 2)^2 + 1$. An dieser Form kann man direkt die Koordinaten des neuen Scheitels $S(2|1)$ ablesen. Man nennt sie deshalb **Scheitelform der Parabelgleichung**.

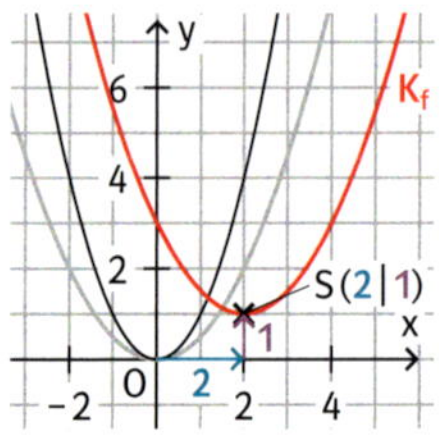

Fig. 1

Der Graph der Funktion f mit $f(x) = a \cdot (x - x_S)^2 + y_S$ geht aus der Normalparabel hervor durch

1) Streckung mit Faktor a in y-Richtung
2) Verschiebung um x_S in x-Richtung
3) Verschiebung um y_S in y-Richtung

Der Graph von f ist eine Parabel mit dem Scheitel $S(x_S|y_S)$.
Die Darstellungsform $f(x) = a \cdot (x - x_S)^2 + y_S$ heißt **Scheitelform** der Parabelgleichung.

Bemerkung: Beim Strecken und Verschieben von Parabeln ist die Reihenfolge zu beachten.

Beispiel 1 Verschiebung und Streckung der Normalparabel

a) Beschreiben Sie, wie der Graph der Funktion f mit $f(x) = -3 \cdot (x - 5)^2 - 4$ aus der Normalparabel entsteht.

b) Eine Normalparabel wird mit dem Faktor 2 in y-Richtung gestreckt und an der x-Achse gespiegelt. Danach wird sie um −3 in x-Richtung und um 1,5 in y-Richtung verschoben. Geben Sie die zugehörige Parabelgleichung an. Skizzieren Sie die Parabel.

Lösung

a) Die Normalparabel wird mit dem Faktor −3 in y-Richtung gestreckt. D.h. sie wird mit dem Faktor 3 in y-Richtung gestreckt und an der x-Achse gespiegelt. Diese Parabel wird dann um 5 in x-Richtung (nach rechts) und um −4 in y-Richtung (nach unten) verschoben.

b) Eine Streckung der Normalparabel mit dem Faktor 2 und Spiegelung an der x-Achse entspricht einer Streckung mit dem Faktor −2 in y-Richtung. Somit ist $f_1(x) = -2 \cdot x^2$ (Fig. 2).
Verschiebung um −3 in x-Richtung ergibt $f_2(x) = -2 \cdot (x - (-3))^2 = -2 \cdot (x + 3)^2$ (Fig. 3).
Verschiebung um 1,5 in y-Richtung ergibt $f_3(x) = -2 \cdot (x + 3)^2 + 1{,}5$ (Fig. 4).

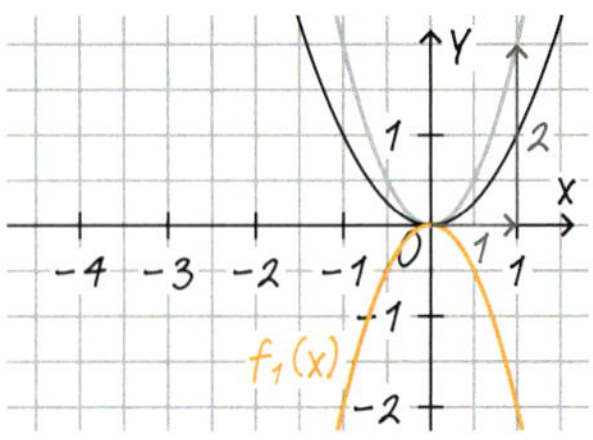

Fig. 2

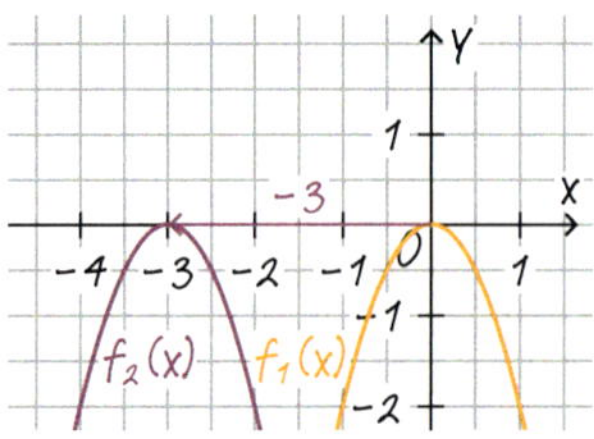

Fig. 3

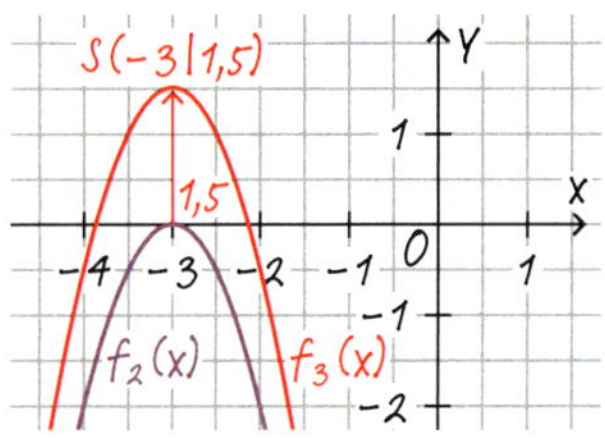

Fig. 4

Beispiel 2 Bestimmen der Parabelgleichung aus dem Graphen

a) Lesen Sie im Schaubild rechts jeweils den Scheitel und den Streckfaktor der Parabeln ab.

b) Bestimmen Sie zu den Graphen K_f und K_g jeweils die Gleichung in der Scheitelform und in der Hauptform.

c) Ermitteln Sie h(x) in der Hauptform.

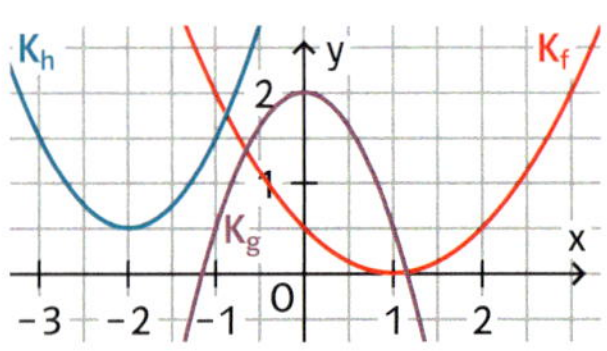

Lösung

a) Siehe Abbildung rechts.

b) $f(x) = 0{,}5(x - 1)^2$ (Scheitelform)
$f(x) = 0{,}5(x^2 - 2x + 1) = 0{,}5x^2 - x + 0{,}5$ (Hauptform)
$g(x) = -1{,}5 \cdot (x - 0)^2 + 2 = -1{,}5x^2 + 2$.
Scheitelform und Hauptform von g stimmen überein.

c) $h(x) = (x + 2)^2 + 0{,}5 = x^2 + 4x + 4{,}5$

Aufgaben

○ **1** Beschreiben Sie, wie der Graph der Funktion f aus der Normalparabel entsteht. Skizzieren Sie den Graphen.

a) $f(x) = -x^2 + 3$ b) $f(x) = -0{,}5x^2 - 1$ c) $f(x) = (x + 3)^2 - 1{,}5$

d) $f(x) = -\frac{3}{2}(x - 1)^2$ e) $f(x) = 4\left(x + \frac{1}{2}\right)^2 - \frac{1}{3}$ f) $f(x) = 2 + (x - 5)^2$

○ **2** Bestimmen Sie den Funktionsterm der quadratischen Funktion f, deren Graph aus der Normalparabel entsteht, indem man sie

a) mit dem Faktor 2 in y-Richtung streckt und um 2,5 in x-Richtung verschiebt.

b) mit dem Faktor −0,5 in y-Richtung streckt, um −4 in x-Richtung und um 2,5 in y-Richtung verschiebt.

O Test

Lösung | Seite 263

3 Skizzieren Sie die Parabel und beschreiben Sie, wie sie aus der Nomalparabel hervorgeht.

a) $f(x) = -2(x - 1)^2 + 1$ b) $g(x) = \frac{1}{2}(x + 2)^2 - 1$ c) $h(x) = -(x + 1{,}5)^2$

4 Die Normalparabel wird an der x-Achse gespiegelt, mit dem Faktor $\frac{1}{3}$ in y-Richtung gestreckt, um 2 in x-Richtung und um $\frac{3}{2}$ in y-Richtung verschoben. Geben Sie die Parabelgleichung an.

◒ **5** a) Beschreiben Sie, wie die Parabel aus der Normalparabel entsteht.

b) Geben Sie die Parabelgleichung in der Scheitelgleichung und in der Hauptform an.

c) Prüfen Sie Ihr Ergebnis mit einer Punktprobe von P.

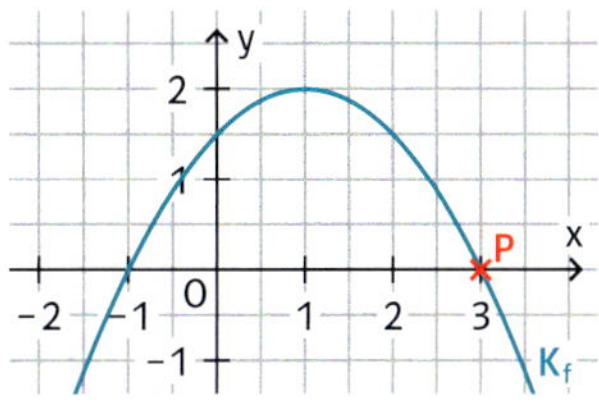

Fig. 1

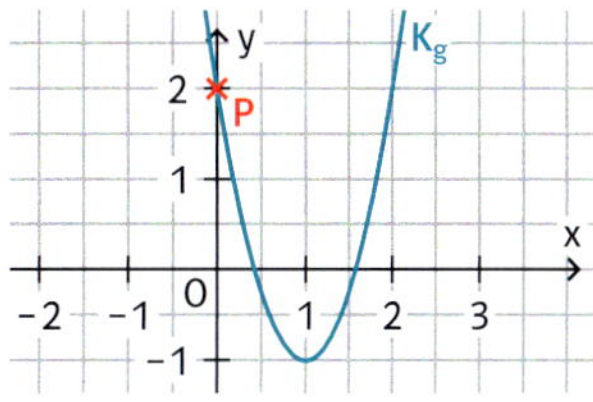

Fig. 2

◒ **6** Gegeben sind die Graphen der beiden quadratischen Funktionen in Fig. 3. Bestimmen Sie jeweils einen zugehörigen Funktionsterm mithilfe der Scheitelform und der Punktprobe.

◒ **7** Eine Parabel hat ihren Scheitel in S und geht durch A. Bestimmen Sie den zugehörigen Funktionsterm in der Scheitelform und in der Hauptform.

a) S(−1 | 4) und A(0 | 3)

b) S(2 | −1) und A(4 | 0)

c) S(−1 | −1) und A(1 | 1)

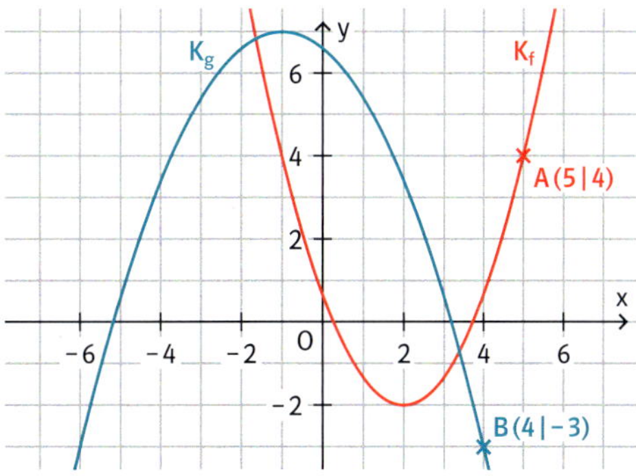

Fig. 3

◒ **8** Die Graphen der Funktionen f mit $f(x) = x^2$, g mit $g(x) = x^2 + 2$ und h mit $h(x) = 0{,}5x^2 + 2$ werden

a) um 4 in x-Richtung verschoben.

b) mit dem Faktor 4 in y-Richtung gestreckt.

c) an der x-Achse gespiegelt und danach um −4 in y-Richtung verschoben.

d) in y-Richtung um −4 verschoben und danach an der x-Achse gespiegelt.

Bestimmen Sie jeweils die neuen Funktionsterme.

Test

Lösung | Seite 264

9 Gegeben sind vier Parabeln. Bestimmen Sie jeweils einen passenden Funktionsterm und geben Sie ihn in der Hauptform an.

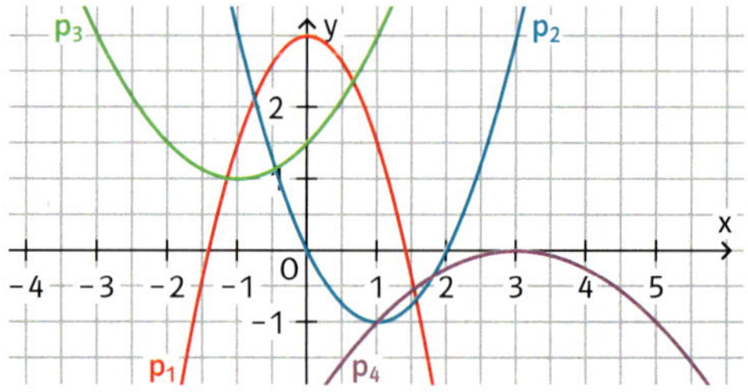

10 Übertragen Sie die Graphen der quadratischen Funktionen in Ihr Heft.

a) Bestimmen Sie einen Funktionsterm von f.

b) Die Funktionsgleichung ist $g(x) = -0{,}5(x+3)^2 + 2$. Skalieren Sie die Achsen.

c) Die Funktionsgleichung ist $h(x) = 2(x-1)^2 - 2$. Skalieren Sie die Achsen.

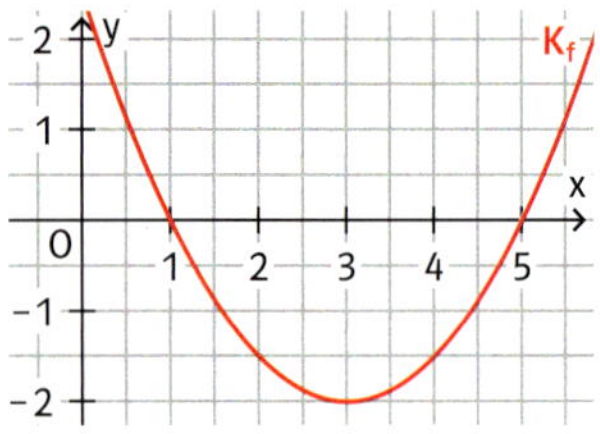

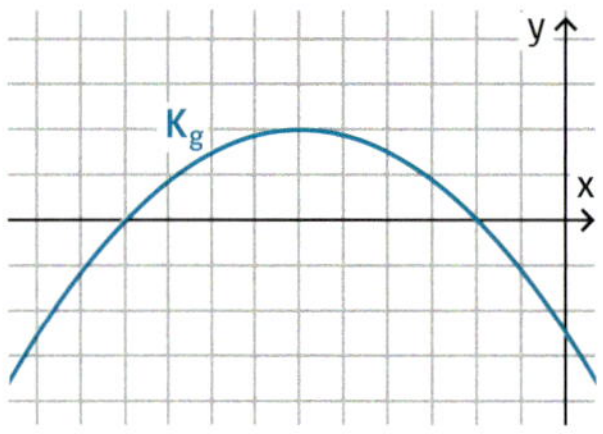

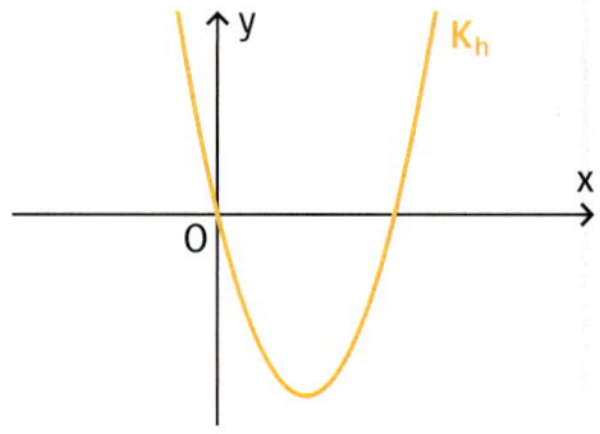

11 Der Graph einer Funktion f geht aus der Normalparabel hervor durch

- A Streckung mit dem Faktor 0,5 in y-Richtung
- B Spiegelung an der x-Achse
- C Verschiebung um 3 in x-Richtung
- D Verschiebung um −1,5 in y-Richtung

a) Skizzieren Sie den Graphen von f, wenn Streckung, Spiegelung und Verschiebungen in der Reihenfolge A – B – C – D erfolgen: Geben Sie einen zugehörigen Funktionsterm an.

b) Skizzieren Sie den Graphen der Funktion, wenn die Verschiebungen, die Streckung und die Spiegelung in folgender Reihenfolge ausgeführt werden.
(1) D – C – B – A (2) A – C – B – D (3) C – B – D – A Was fällt Ihnen auf?

c) Bestimmen Sie zu den Graphen aus Teilaufgabe b) jeweils den Funktionsterm.

12 a) Beschreiben Sie, wie die Parabeln aus der Normalparabel hervorgehen, indem Sie die Kärtchen in der entsprechenden Reihenfolge anordnen.

- A Streckung mit Faktor −0,25 in y-Richtung
- B Verschiebung um −3 in x-Richtung
- C Verschiebung um 2 in y-Richtung

b) Bestimmen Sie die Parabelgleichungen.

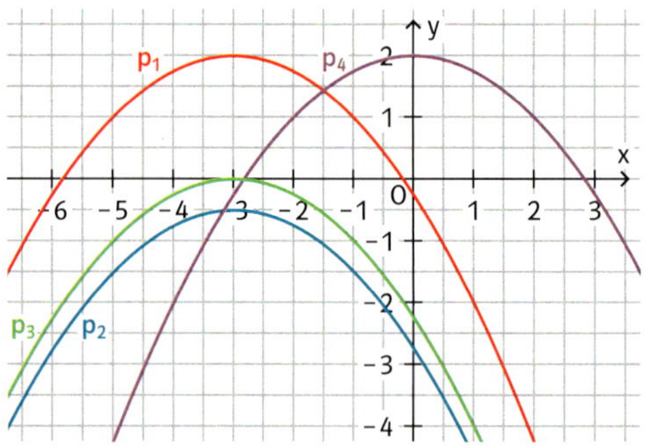

Grundwissen Test

Grundwissen
Seite 244
Lösung | Seite 264

13 Formen Sie den Term in eine Summe um.

a) $(2x - 5) \cdot (3 - x)$ b) $\left(\frac{1}{2}x - 2\right) \cdot (2x - 1)$ c) $(2p - q) \cdot (3 - p)$

d) $2 \cdot \left(\frac{2}{3}k - 1\right) \cdot (3 - k)$ e) $(2x - 3y) \cdot (7 - x)$ f) $(r - 3s) \cdot (s - r)$

8 Nullstellen und Produktform

Beim Abstoß wird ein Fußball schräg nach oben geschossen. Die parabelförmige Flugbahn kann mit der quadratischen Funktion f mit $f(x) = -0{,}016x^2 + x$ beschrieben werden.
Wo kommt der Ball wieder auf den Boden auf?

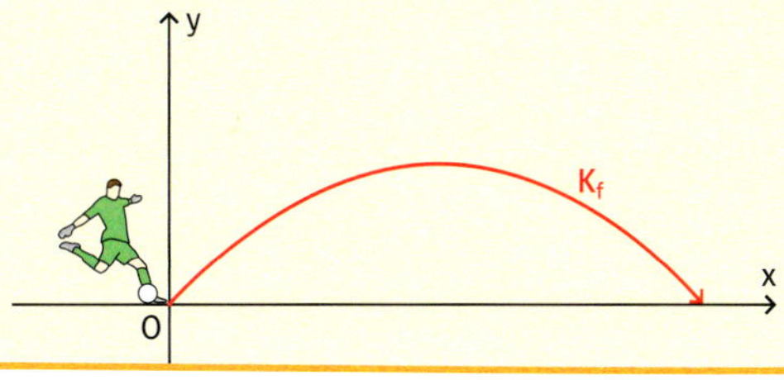

Häufig tritt bei einer Funktion f mit $f(x) = ax^2 + bx + c$ die Frage auf, für welche Stellen x die Funktion f den Wert 0 annimmt. Eine Zahl x_0 mit $f(x_0) = 0$ heißt **Nullstelle** der Funktion. Je nach Funktionsterm kann man diese Gleichungen auf unterschiedliche Weise lösen:

(1) $b = 0$ d.h. $f(x) = ax^2 + c$: Nullstelle bestimmen durch Wurzelziehen

$f(x) = x^2 - 7$

$x^2 - 7 = 0 \quad | +7$

$x^2 = 7 \quad | \pm\sqrt{\ }$

$x_1 = \sqrt{7}$; $x_2 = -\sqrt{7}$ bzw. $x_{1,2} = \pm\sqrt{7}$

(2) $c = 0$ d.h. $f(x) = ax^2 + bx$: Lösen durch Faktorisieren und Satz vom Nullprodukt

a) $f(x) = x^2 - 7x$

$x^2 - 7x = 0 \quad$ | x ausklammern

$x(x - 7) = 0 \quad$ | Satz v. Nullprodukt (SNP)

$x_1 = 0$ und $x_2 = 7$

b) $f(x) = (x - 4)^2$

$(x - 4)^2 = 0 \quad$ | binom. Formel

$(x - 4)(x - 4) = 0 \quad$ | SNP

$x_{1,2} = 4$ ist doppelte Lösung der Gleichung.
Man sagt $x_{1,2} = 4$ ist **doppelte Nullstelle**.

Satz vom Nullprodukt (SNP):
Ein Produkt $a \cdot b$ ergibt genau dann null, wenn einer der Faktoren null ist: $a \cdot b = 0$ genau dann, wenn $a = 0$ oder $b = 0$.
Denn $0 \cdot b = 0$ oder $a \cdot 0 = 0$.

(3) $f(x) = ax^2 + bx + c$: Lösen entweder mithilfe

der pq-Formel mit $0 = x^2 + px + q$ oder

$x_{1,2} = -\frac{p}{2} \pm \sqrt{\left(\frac{p}{2}\right)^2 - q}$

$0{,}5x^2 - 7{,}5x + 28 = 0 \quad | \cdot 2$

$x^2 - 15x + 56 = 0 \quad (p = -15;\ q = 56)$

$x_{1,2} = 7{,}5 \pm \sqrt{(-7{,}5)^2 - 56}$

$x_{1,2} = 7{,}5 \pm 0{,}5$ ergibt $x_1 = 8$ und $x_2 = 7$.

der abc-Formel mit $0 = ax^2 + bx + c$

$x_{1,2} = \frac{-b \pm \sqrt{b^2 - 4ac}}{2a}$

$3x^2 - 7x + 2 = 0 \quad (a = 3,\ b = -7,\ c = 2)$

$x_{1,2} = \frac{7 \pm \sqrt{(-7)^2 - 4 \cdot 3 \cdot 2}}{2 \cdot 3}$

$x_{1,2} = \frac{7 \pm \sqrt{25}}{6}$ ergibt $x_1 = 2$ und $x_2 = \frac{1}{3}$.

Ob es keine, eine oder zwei Lösungen gibt, hängt entscheidend vom Vorzeichen des Terms unter der Wurzel ab. Man nennt ihn auch **Diskriminante D**.

$D = \left(\frac{p}{2}\right)^2 - q \qquad\qquad D = b^2 - 4ac$

Eine quadratische Funktion hat

zwei Nullstellen, wenn $D > 0$.

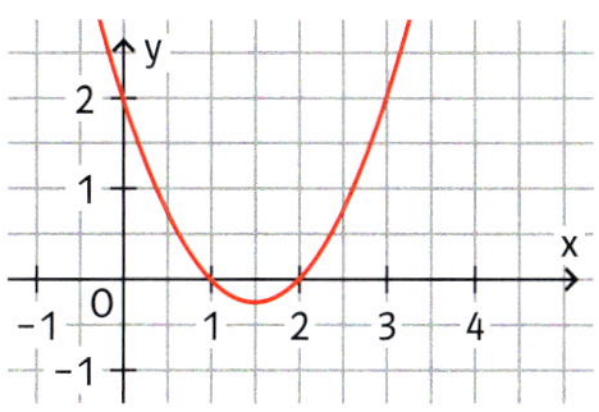

Fig. 1

eine (doppelte) Nullstelle, wenn $D = 0$.

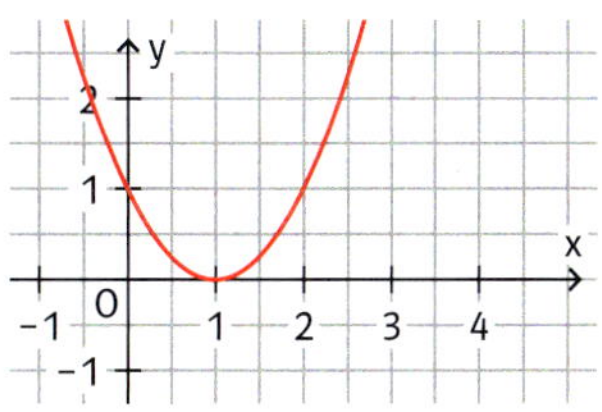

Fig. 2

keine Nullstellen, wenn $D < 0$.

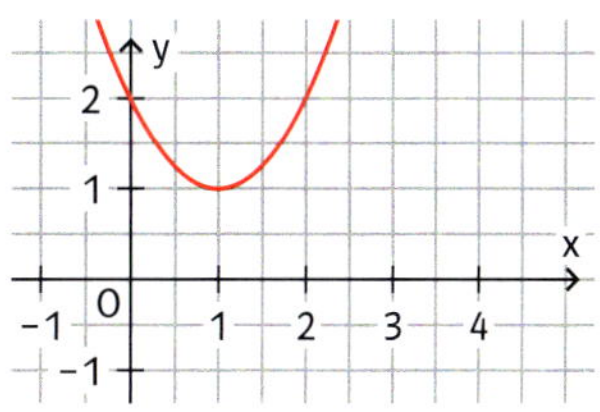

Fig. 3

Eine doppelte Nullstelle heißt auch **Berührstelle**, denn dort berührt der Graph von f die x-Achse.

Quadratische Funktionen erhält man auch, wenn der Funktionsterm ein Produkt aus zwei Linearfaktoren enthält. Z.B. ist die Funktion f mit $f(x) = 3\left(x - \frac{1}{3}\right)(x - 2)$ eine quadratische Funktion, denn Ausmultiplizieren ergibt $f(x) = 3x^2 - 7x + 2$.
Ist ein Funktionsterm in der **Produktform (Linearfaktorzerlegung)** gegeben, lassen sich die Nullstellen besonders leicht bestimmen. Aus der Gleichung $0 = 3\left(x - \frac{1}{3}\right)(x - 2)$ liest man durch Anwendung des Satzes vom Nullprodukt die Nullstellen $x_1 = \frac{1}{3}$ und $x_2 = 2$ ab.

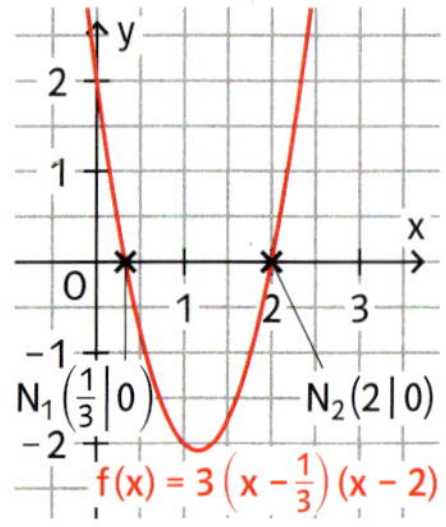

Hat eine quadratische Funktion die beiden Nullstellen x_1 und x_2, so kann man die Funktionsgleichung auch in der **Produktform** $\mathbf{f(x) = a(x - x_1)(x - x_2)}$ schreiben.
Fallen die beiden Nullstellen zusammen, d.h. $x_1 = x_2$, so spricht man von einer **doppelten Nullstelle**. In diesem Fall berührt die Parabel die x-Achse und die Funktionsgleichung ist $f(x) = a(x - x_1)^2$.
Hat eine Funktion f keine Nullstellen, kann sie nicht in der Produktform dargestellt werden.

Die Faktoren $(x - x_1)$ und $(x - x_2)$ nennt man auch **Linearfaktoren**.

Gegenseitige Lage von Geraden und Parabeln
Eine Parabel und eine Gerade können verschiedene Lagen zueinander haben. Um die gegenseitige Lage zu untersuchen, prüft man, ob es gemeinsame Punkte gibt.
Dazu setzt man die zugehörigen Funktionsterme von Parabel und Gerade gleich.
Das folgende Beispiel veranschaulicht drei Möglichkeiten, die vorkommen können.

a) Die Gerade $g: y = x + 2$ schneidet die Parabel $K_f: y = -\frac{1}{2}x^2 - x + 2$ der quadratischen Funktion f in zwei Punkten:

$f(x) = g(x)$

$-\frac{1}{2}x^2 - x + 2 = x + 2 \quad | -x \quad | -2$

$-\frac{1}{2}x^2 - 2x = 0 \quad |$ x ausklammern

$x \cdot \left(-\frac{1}{2}x - 2\right) = 0$

Dies ergibt $x_1 = 0$ und $x_2 = -4$.
Einsetzen in g:
$g(0) = 2$ und $g(-4) = -2$.
Der Graph K_f und die Gerade g haben zwei Schnittpunkte $S_1(0|2)$ und $S_2(-4|-2)$.

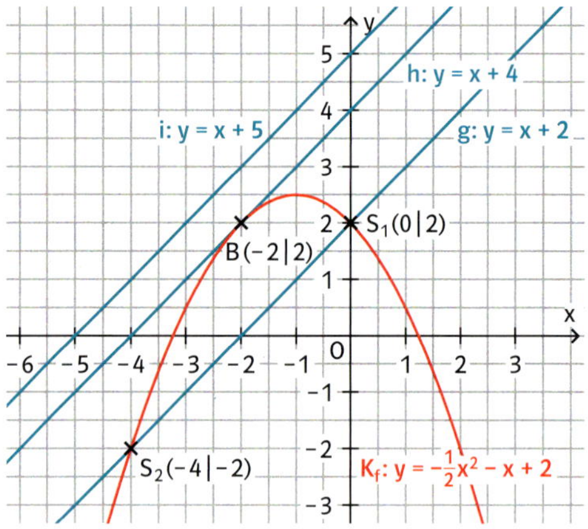

b) Die Gerade $h: y = x + 4$ berührt den Graphen K_f in einem Punkt:

$f(x) = h(x)$

$-\frac{1}{2}x^2 - x + 2 = x + 4 \quad | -x - 4$

$-\frac{1}{2}x^2 - 2x - 2 = 0 \quad |$ abc-Formel

$x_{1,2} = \frac{2 \pm \sqrt{(-2)^2 - 4 \cdot \left(-\frac{1}{2}\right) \cdot (-2)}}{2 \cdot \left(-\frac{1}{2}\right)} = \frac{2 \pm \sqrt{0}}{-1} = -2.$

Die Diskriminante ist 0, die Gleichung hat eine doppelte Lösung.
Einsetzen von $x = -2$ in $h: h(-2) = 2$.
Die Gerade berührt die Parabel in $B(-2|2)$.

c) Die Gerade $i: y = x + 5$ hat keine gemeinsamen Punkte mit K_f:

$f(x) = i(x)$

$-\frac{1}{2}x^2 - x + 2 = x + 5 \quad | -x - 5$

$-\frac{1}{2}x^2 - 2x - 3 = 0 \quad |$ abc-Formel

$x_{1,2} = \frac{2 \pm \sqrt{(-2)^2 - 4 \cdot \left(-\frac{1}{2}\right) \cdot (-3)}}{2 \cdot \left(-\frac{1}{2}\right)} = \frac{2 \pm \sqrt{-2}}{-1}.$

Die Diskriminante ist negativ, die Gleichung $f(x) = i(x)$ hat keine Lösung.

Schneidet eine Gerade eine Parabel in zwei verschiedenen Punkten, so heißt diese Gerade **Sekante**; die beiden Punkte nennt man **Schnittpunkte**. Berührt eine Gerade eine Parabel in einem Punkt, so heißt diese Gerade **Tangente**; den gemeinsamen Punkt nennt man **Berührpunkt**. Haben Gerade und Parabel keinen gemeinsamen Punkt, heißt die Gerade **Passante**.

Beispiel 1 **Berechnung von Nullstellen**

Berechnen Sie die Nullstellen der Funktion f.

a) $f(x) = -\frac{1}{2}x^2 + 3$ b) $f(x) = 4x^2 - 6x$ c) $f(x) = x^2 + 4x - 5$

Lösung

a) $-\frac{1}{2}x^2 + 3 = 0 \quad | -3$
$-\frac{1}{2}x^2 = -3 \quad | \cdot (-2)$
$x^2 = 6 \quad | \pm\sqrt{\ }$
$x_1 = \sqrt{6}$ und $x_2 = -\sqrt{6}$

b) $4x^2 - 6x = 0$
$x(4x - 6) = 0 \quad$ | SNP
$x_1 = 0$ und $4x_2 - 6 = 0$
Umformen ergibt $x_2 = \frac{3}{2}$

c) $x^2 + 4x - 5 = 0$
z.B. mit pq-Formel
$x_{1,2} = -2 \pm \sqrt{(2)^2 - (-5)}$
$= -2 \pm \sqrt{4 + 5}$
$x_1 = 1$ und $x_2 = -5$

Beispiel 2 **Von der Hauptform zur Produktform, Scheitelbestimmung, Skizze**

Strategie | Seite 226
8. Symmetrieprinzip

Bestimmen Sie die Nullstellen der Funktion f mit $f(x) = -0{,}5x^2 - x + 1{,}5$ und geben Sie die Funktionsgleichung in der Produktform an. Für welche Werte von x ist $f(x) > 0$?
Berechnen Sie die Scheitelkoordinaten und skizzieren Sie den Graphen K_f von f.

Lösung

Die Nullstellen berechnet man z.B mit der abc-Formel:

$x_{1,2} = \frac{-(-1) \pm \sqrt{(-1)^2 - 4 \cdot (-0{,}5) \cdot 1{,}5}}{2 \cdot (-0{,}5)} = \frac{1 \pm \sqrt{1 + 3}}{-1}$ ergibt

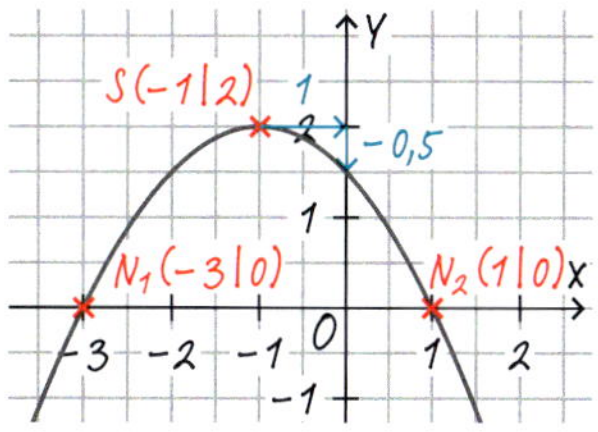

$x_1 = -3$ und $x_2 = 1$. Der Streckfaktor ist $a = -0{,}5$.
Die Produktform ist somit $f(x) = -0{,}5(x + 3)(x - 1)$.
$f(x) > 0$ d.h. K_f liegt oberhalb der x-Achse für $-3 < x < 1$.
Schnittpunkte mit der x-Achse sind $N_1(-3|0)$ und $N_2(1|0)$.
Die x-Koordinate des Scheitels liegt in der Mitte der beiden Nullstellen bei $x_S = \frac{-3+1}{2} = -1$. y-Wert des Scheitels: $f(-1) = -0{,}5(-1 + 3)(-1 - 1) = 2$. Der Scheitel ist somit $S(-1|2)$.

Beispiel 3 **Anzahl der Nullstellen**

a) Bestimmen Sie die Anzahl der Nullstellen der Funktion f mit $f(x) = -3x^2 + \frac{4}{3}x - \frac{1}{3}$.

b) Bestimmen Sie die Anzahl der Nullstellen der Funktion g mit $g(x) = \frac{1}{2}x^2 - \frac{3}{2}x + q$ in Abhängigkeit von q.

Lösung

a) Die Diskriminante ist $D = \left(\frac{4}{3}\right)^2 - 4 \cdot (-3) \cdot \left(-\frac{1}{3}\right) = \frac{16}{9} - 4 = -\frac{20}{9} < 0$, f hat keine Nullstelle.

b) $D = \left(-\frac{3}{2}\right)^2 - 4 \cdot \frac{1}{2} \cdot q = \frac{9}{4} - 2q$. Die Diskriminante $D = \frac{9}{4} - 2q$ wird 0 für $q = \frac{9}{8}$. Somit hat g eine (doppelte) Nullstelle für $q = \frac{9}{8}$, zwei Nullstellen für $q < \frac{9}{8}$ und keine Nullstelle für $q > \frac{9}{8}$.

Beispiel 4 **Bestimmung des Funktionsterms**

a) Der Graph einer quadratischen Funktion hat mit der x-Achse die Schnittpunkte $N_1(-5|0)$ und $N_2(2|0)$ und schneidet die y-Achse bei 2,5. Bestimmen Sie den Funktionsterm.

b) Bestimmen Sie zu der Parabel in Fig. 1 einen passenden Funktionsterm.

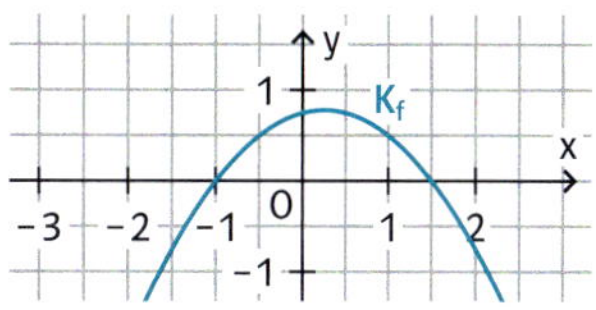

Fig. 1

Lösung

a) Da die Nullstellen der Funktion bekannt sind, eignet sich als Ansatz die Produktform $f(x) = a \cdot (x + 5)(x - 2)$.
Bestimmung des Steckfaktors a durch Punktprobe mit $S_y(0|2{,}5)$ d.h. $a \cdot (0 + 5)(0 - 2) = 2{,}5$.
Dies ergibt $a \cdot (-10) = 2{,}5$ und somit $a = -0{,}25$. Damit ist $f(x) = -0{,}25 \cdot (x + 5)(x - 2)$.

b) Bei der Parabel können die Schnittpunkte mit der x-Achse abgelesen werden: $N_1(-1|0)$ und $N_2(1{,}5|0)$. Daher eignet sich als Ansatz die Produktform $f(x) = a \cdot (x + 1)(x - 1{,}5)$.
Einsetzen von z.B. $A(1|0{,}5)$ ergibt $0{,}5 = a \cdot (1 + 1)(1 - 1{,}5)$ und somit $a = -0{,}5$.
Also ist $f(x) = -0{,}5 \cdot (x + 1)(x - 1{,}5)$.

Aufgaben

○ **1** Lösen Sie die quadratische Gleichung.

a) $x^2 - 10x - 11 = 0$ b) $x^2 - 22x + 72 = 0$ c) $x^2 - 4x + 4 = 0$
d) $2x^2 + 12x + 10 = 0$ e) $3x^2 + 9x - 84 = 0$ f) $\frac{1}{2}x^2 - x - 4 = 0$
g) $x^2 + 2{,}5x = -1$ h) $5x^2 - 120 = 25x$ i) $-2x^2 = 12x + 10$

○ **2** Bestimmen Sie die Nullstellen ohne Verwendung einer Lösungsformel.

a) $f(x) = x^2 - 5x$ b) $f(x) = -x^2 - 2x$ c) $f(x) = -2x^2 + 5x$
d) $f(x) = x^2 - 25$ e) $f(x) = 2x^2 - 18$ f) $f(x) = -0{,}5x^2 + 4$

○ **3** Finden Sie die passende Lösungskarte und bilden Sie ein Lösungswort.

a) $f(x) = -x^2 - 2x + 15$ b) $f(x) = 2x^2 - 5x - 42$ c) $f(x) = 3x^2 - 4x - 4$
d) $f(x) = -x^2 + 5x - 6$ e) $f(x) = 2x^2 + 2x - 12$ f) $f(x) = 3x^2 - 6x + 3$

T $f(x) = 3(x-2)^2$
G $f(x) = 2(x-2)(x+3)$
I $f(x) = 3(x-2)\left(x+\frac{2}{3}\right)$
E $f(x) = -(x+5)(x-3)$
N $f(x) = 3(x-1)^2$
A $f(x) = 2(x-6)(x-3)$
N $f(x) = 2(x-6)(x+3{,}5)$
W $f(x) = -(x-2)(x-3)$

○ **4** Untersuchen Sie anhand der Diskriminante, wie viele Nullstellen die Funktion f hat.

a) $f(x) = x^2 + 6x + 5$ b) $f(x) = -2x^2 - 5x - 4$ c) $f(x) = -\frac{1}{5}x^2 + 6x - 45$
d) $f(x) = -\frac{1}{4}x^2 + 10x - 100$ e) $f(x) = 2x^2 - 3x + 2$ f) $f(x) = -3x^2 - 9x - \frac{27}{4}$

O Test

Lösung | Seite 264

5 Berechnen Sie die Nullstellen der Funktion f. Schreiben Sie die Lösung mithilfe von Wurzeln.

a) $f(x) = x^2 - 2x - 4$ b) $f(x) = -\frac{1}{4}x^2 + 2x - 2$
c) $f(x) = -2x^2 + x + 0{,}5$ d) $f(x) = \frac{1}{3}x^2 + 4x + 6$

6 Schreiben Sie die Funktionsgleichung in Produktform und geben Sie die Nullstellen an. Skizzieren Sie die Parabel und bestimmen Sie ihren Scheitel.

a) $f(x) = -x^2 + 3x$ b) $g(x) = x^2 + 6x + 9$ c) $h(x) = x^2 - 4$

◒ **7** Bestimmen Sie die Parabelgleichung.

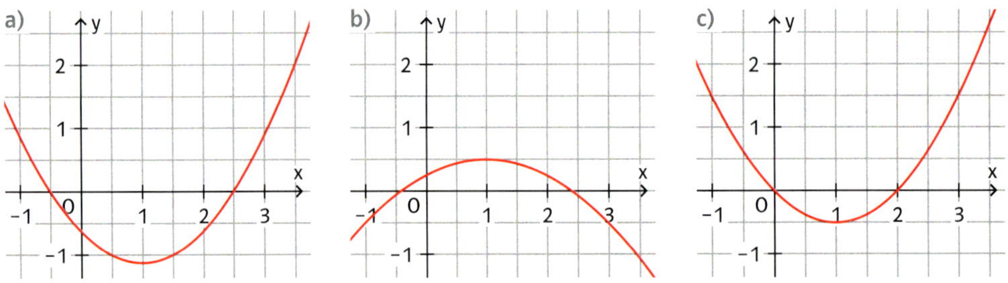

◒ **8** Der Graph einer quadratischen Funktion f schneidet die x-Achse an den Stellen x_1 und x_2. Er geht durch den Punkt P. Bestimmen Sie den Funktionsterm und formen Sie diesen in die Hauptform um.

a) $x_1 = 1;\ x_2 = 4;\ P(3\,|\,1)$ b) $x_1 = -2;\ x_2 = 1;\ P(2\,|\,8)$ c) $x_1 = -1;\ x_2 = 4;\ P(1\,|\,6)$

◒ **9** Bestimmen Sie jeweils den Funktionsterm für die quadratische Funktion mit

a) Punkt $P(2\,|\,8)$; Nullstellen -3 und $+1$. b) Punkt $Q(-1\,|\,-5)$; doppelte Nullstelle 4.
c) Nullstellen -2 und 6; Punkt $R(3\,|\,8)$. d) Nullstelle 3; Scheitel $S(4\,|\,\sqrt{3})$

10 Ein Pinguin springt von einer Eisscholle. Seine Flugbahn entspricht ungefähr einer Parabel. Die Höhe h (in m) beschreibt die Funktion h mit $h(x) = -\frac{2}{3}x^2 + 2x + 3$. Dabei ist x die horizontale Entfernung zum Absprungpunkt (in m).

Strategie | Seite 226
8. Symmetrieprinzip

a) Bestimmen Sie die Höhe, aus der der Pinguin springt.
b) Berechnen Sie die horizontale Entfernung in der er ins Wasser eintaucht.
c) Bestimmen Sie die größte Höhe während des Sprungs.
d) Geben Sie einen Funktionsterm an, für einen Sprung aus 5 m (7 m und 10 m) Höhe.

11 Bei den Bundesjugendspielen hat eine Schülergruppe in einem Projekt die Flugbahnen der Bälle beim Ballweitwurf gefilmt und ausgewertet. Die Flugbahn eines Balles kann mit der Funktion $f(x) = -0{,}044x^2 + 0{,}88x + 1{,}7$ beschrieben werden. Dabei ist x die Entfernung vom Abwurfpunkt (in m) und f(x) die Höhe des Balls (in m).
a) Geben Sie die Abwurfhöhe des Balles an.
b) Zeichnen Sie die Flugbahn in ein geeignetes Koordinatensystem.
c) Berechnen Sie die Weite und die maximale Höhe des Wurfs.

zu den Aufgaben 11 und 12:

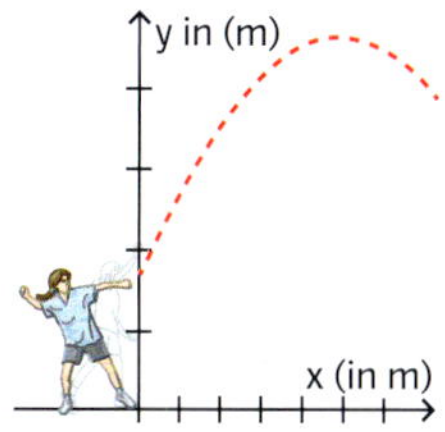

12 Eine Sportfestdisziplin ist der Ballweitwurf. Die Flugbahn eines Balls ist etwa parabelförmig. Saskia wirft ihn in 2 m Höhe ab. Der Scheitel der Wurfparabel liegt bei S(18 | 8), siehe rechts.
a) Geben Sie den Funktionsterm der zugehörigen quadratischen Funktion an.
b) Berechnen Sie, wie weit Saskia den Ball wirft.

13 Über einen Fluss soll eine Brücke gebaut werden. In der Skizze der Brücke liegt die x-Achse auf Höhe der Straße. Der Brückenbogen wird durch die Funktion f mit $f(x) = -0{,}01x^2 + 0{,}45x$ beschrieben (x in m, f(x) in m).
a) Wie lang ist die Brücke? Wie hoch ist die Brücke?
b) Für die Stabilität der Brücke sorgen Streben, die im Abstand von 5 m errichtet werden. Wie lang sind diese?

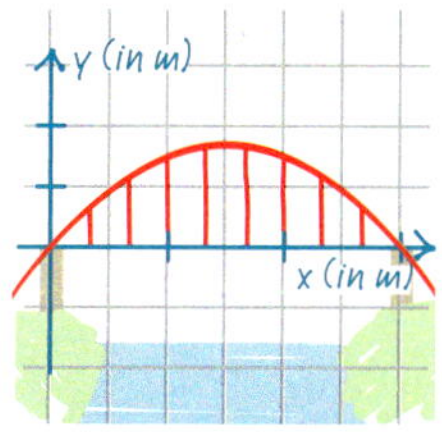

14 Das Gebäude Masia Freixa in Terrassa, Spanien, ist aus vielen Parabelbögen gebaut. Der große Torbogen ist 11 m breit und 1 m vom Rand entfernt 2 m hoch.
a) Bestimmen Sie einen Funktionsterm, der die Form des großen Parabelbogens beschreibt.
b) Berechnen Sie die größte Höhe des Parabelbogens.
c) In welcher Entfernung vom Rand ist der Parabelbogen 4,8 m hoch?

15 Eine Gewinnfunktion gibt die Höhe des Gewinns G (in Geldeinheiten) in Abhängigkeit der verkauften Menge x an. Berechnen Sie die Nutzenschwelle, die Nutzengrenze und den maximal möglichen Gewinn für die folgenden quadratischen Gewinnfunktionen. Skizzieren Sie, wie im Beispiel rechts, den jeweiligen Graphen der Gewinnfunktion G und markieren Sie alle berechneten Größen.

a) $G(x) = -x^2 + 10x - 16$
b) $G(x) = -\frac{1}{2}x^2 + \frac{19}{2}x - \frac{217}{8}$
c) $G(x) = -0{,}1x^2 + 6x - 50$
d) $G(x) = -2x^2 + 60x - 400$
e) $G(x) = -3x^2 + 51x - 180$
f) $G(x) = -0{,}5x^2 + 13{,}5x - 55$

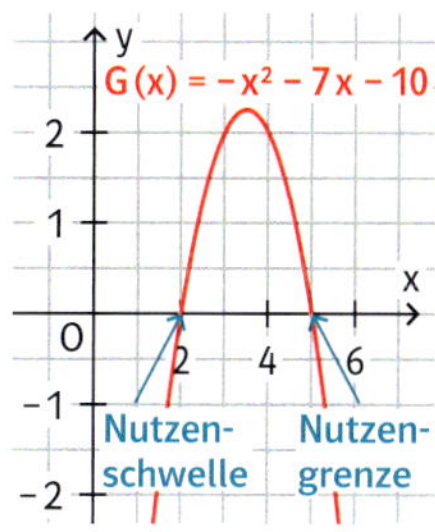

Test

Lösung | Seite 264

16 a) Bestimmen Sie zu den Parabeln rechts einen passenden Funktionsterm.
b) Der Graph einer quadratischen Funktion schneidet die x-Achse in $N_1(-4|0)$ und $N_2(4|0)$ und verläuft durch $P(-2|-3)$. Bestimmen Sie den Funktionsterm.

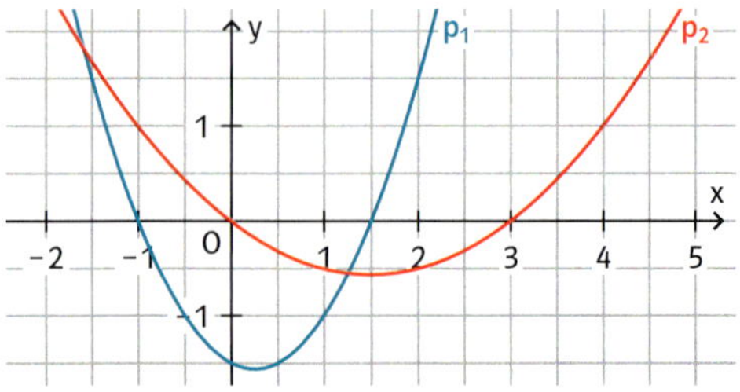

17 Bestimmen Sie die Werte von t, für die die Funktion f genau eine Nullstelle besitzt. Berechnen Sie dazu die Diskriminante. Wie muss t gewählt werden, dass es keine Nullstelle gibt?

a) $f(x) = x^2 - 8x + t$　b) $f(x) = -x^2 - 6x + t$　c) $f(x) = 2x^2 - 4x + t$
d) $f(x) = 0{,}5x^2 - tx + 2$　e) $f(x) = -x^2 + tx - 4$　f) $f(x) = 3x^2 + 2tx + 3$

zu Aufgabe 17:
Betrachten Sie die Diskriminante D als Funktion in Abhängigkeit von t, also D(t).

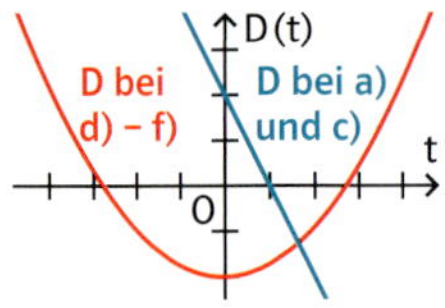

18 Entscheiden Sie, ob folgende Aussagen wahr oder falsch sind. Begründen Sie.
a) Wenn die Funktion f mit $f(x) = x^2 + 8x + q$ zwei Nullstellen besitzt, dann hat auch die Funktion g mit $g(x) = -x^2 + 8x - q$ zwei Nullstellen.
b) Wenn die Funktion f mit $f(x) = x^2 + 8x + q$ zwei Nullstellen besitzt, dann hat die Funktion g mit $g(x) = x^2 + 8x - q$ keine Nullstellen.
c) Wenn bei der Funktion f mit $f(x) = x^2 + 8x + q$ der Parameter q negativ ist, so hat die Funktion zwei Nullstellen.

Strategie | Seite 220
3. Orientieren an einem Beispiel

19 Ein Eisenbahntunnel hat die Form einer Parabel mit 8 m Breite und 6 m Höhe.
a) Bestimmen Sie eine quadratische Funktion f, deren Graph die Tunneleinfahrt beschreibt.
b) Zeichnen Sie die Tunneleinfahrt im Maßstab 1 : 100 in Ihr Heft.
c) Es wird ein neues Zugmodell entwickelt. Die Waggons sind 3,2 m breit und 3,5 m hoch. Berechnen Sie, wie weit die Schienenmitte vom rechten Tunnelrand für dieses Zugmodell mindestens entfernt sein muss.

Strategie | Seite 218
1. Veranschaulichung durch Skizze/Zeichnung

20 Zeichnen Sie die Graphen der Funktionen und berechnen Sie die gemeinsamen Punkte von Parabel und Gerade.
a) $f(x) = \frac{1}{2}x^2 + 2x$ und $g(x) = 2x + 2$　b) $f(x) = x^2 + x - 2$ und $g(x) = 2x - 3$
c) $f(x) = 2x^2 - 4x + 8$ und $g(x) = 8x - 10$　d) $f(x) = \frac{1}{4}x^2 - 3x$ und $g(x) = -x - 4$

21 Bestimmen Sie die gegenseitige Lage der Graphen von f und g in Abhängigkeit von t.
a) $f(x) = 0{,}5x^2 - 2$; $g(x) = x + t$　b) $f(x) = -\frac{1}{3}x^2 + 2x$; $g(x) = 3x + t$

Grundwissen Test

Grundwissen
Seite 235
Lösung | Seite 264

22 Vereinfachen Sie die folgenden Terme.
a) $2^3 \cdot 2^5$　b) $a^4 \cdot a^6$　c) $3^5 : 3^2$　d) $b^7 : b^3$　e) $2^6 \cdot 5^6$　f) $2^4 \cdot b^4$
g) $6^5 : 2^5$　h) $a^5 : b^5$　i) $(3^5)^2$　j) $(x^3)^3$　k) $6^4 + 3^4$　l) $10^5 + 5^5$

○ **1** Das Schaubild zeigt den Tagesverlauf der Temperatur im Jahresmittel an der Bodenstation und an der Spitze des 142 m hohen Straßburger Münsters.
Lesen Sie die erforderlichen Daten ab.

a) Vergleichen Sie die tiefsten und höchsten Temperaturen am Boden und an der Spitze.

b) Beschreiben Sie den Temperaturverlauf am Boden.

c) Interpretieren Sie die Tatsache, dass die rote Linie gegenüber der blauen Linie nach rechts verschoben wirkt.

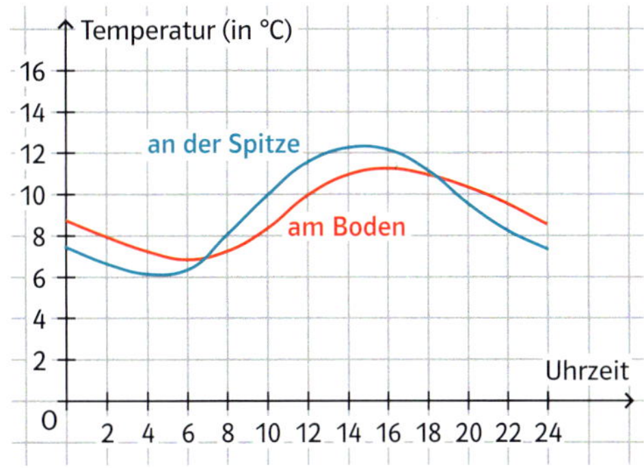

○ **2** Gehört die Wertetabelle zu einer linearen Funktion? Begründen Sie und notieren Sie gegebenenfalls den Funktionsterm.

a)

x	−2	0	2	4
f(x)	5	2	−1	−4

b)

x	0,6	1,2	2,4	3,0
f(x)	1,2	2,4	3,6	4,8

○ **3** Gegeben sind die Funktionen f mit $f(x) = 2 - 4x$ und g mit $g(x) = -\frac{2}{x}$.

a) Geben Sie die die Definitionsmenge und die Wertemenge von f und g an.

b) Bestimmen Sie die Koordinaten der Schnittpunkte der Graphen K_f und K_g rechnerisch.

c) Zeichnen Sie die Graphen K_f von f und K_g von g in ein geeignetes Koordinatensystem.

d) Geben Sie mithilfe der Zeichnung die Bereiche an, für die gilt $f(x) > 0$ bzw. $f(x) > g(x)$.

○ **4** Gegeben sind die linearen Funktionen f mit $f(x) = -0{,}5x - 1$, g mit $g(x) = \frac{2}{5}x + 1$, h mit $h(x) = 2{,}5 - 0{,}5x$ und i mit $i(x) = -3 - 2{,}5x$.

a) Zeichnen Sie alle Geraden in ein gemeinsames Koordinatensystem.

b) Berechnen Sie jeweils den Steigungswinkel der Geraden und die Koordinaten ihres Schnittpunktes mit der x-Achse. Vergleichen Sie Ihr Ergebnis mit Teilaufgabe a).

c) Welche der Geraden sind orthogonal zueinander, welche sind parallel? Begründen Sie.

◒ **5** Gegeben sind die linearen Funktionen f mit $f(x) = \frac{1}{3}x + \frac{5}{6}$ und g mit $g(x) = \frac{1}{6}x + \frac{2}{3}$.
Bestimmen Sie die Lösungsmenge rechnerisch und zeichnerisch.

a) $f(x) = g(x)$ b) $f(x) > 0$ c) $g(x) < 0$ d) $f(x) \geq g(x)$

◒ **6** Gesucht sind lineare Funktionen bzw. Geraden.

a) Geben Sie drei verschiedene lineare Funktionen an, die an der Stelle $x = 2$ den Wert $y = 4$ annehmen.

b) Bestimmen Sie die Stelle, an der die lineare Funktion f mit $f(3) = 7$ und $f(8) = 10$ den Wert -6 annimmt.

c) Bestimmen Sie die Geradengleichung der Orthogonalen zu der Geraden mit $y = 7x - 21$ durch $Q(0\,|\,3)$. Liegt auch $P(14\,|\,1)$ auf dieser Orthogonalen?

◒ **7** Bei der Fertigung eines Bauteils fallen 12 000 € Fixkosten an. Die variablen Kosten, d.h. die mengenabhängigen Produktionskosten, belaufen sich auf 45 € pro Stück. Das Bauteil wird zum Preis von 105 € verkauft.

Gewinn = Erlös − Kosten

a) Ermitteln Sie die Funktion, die die Gesamtkosten und den Gesamterlös in Abhängigkeit von der Stückzahl beschreibt.

b) Stellen Sie Gesamtkosten und Gesamterlös in einem Koordinatensystem dar.

c) Erläutern Sie anhand der Graphen, bei welchen Stückzahlen die Firma Gewinn macht.

8 Bei der Celsius-Skala ist 0 °C (Grad Celsius) der Schmelzpunkt von Eis und 100 °C der Siedepunkt von Wasser. Die entsprechenden Werte bei der Fahrenheit-Skala sind 32 °F (Grad Fahrenheit) bzw. 212 °F.
a) Um wie viel Grad Fahrenheit steigt die Temperatur, wenn sie um 1 °C zunimmt?
b) Durch welchen Term wird die Abhängigkeit der Temperatur in °F von der in °C beschrieben?
c) Eine Person hat Fieber von 40 °C. Welchem Fahrenheit-Wert entspricht dies?

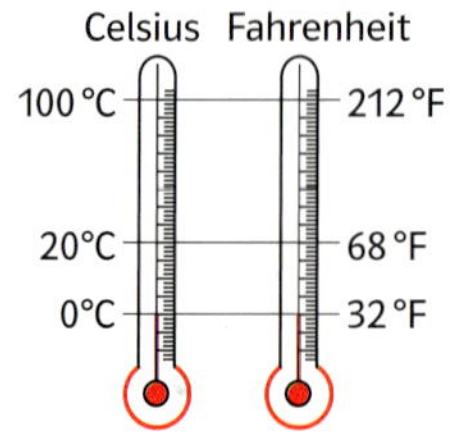

9 Eine Eisdiele kann ihr Eis maschinell oder in Handarbeit herstellen. Bei der maschinellen Herstellung betragen die Fixkosten 300 €, die variablen Kosten 1,20 €/kg. Produziert die Eisdiele in Handarbeit, betragen die Fixkosten 250 €, die variablen Kosten 2,00 €/kg. Unabhängig vom Herstellungsverfahren beträgt der Verkaufserlös 1,10 € je 50 g-Kugel.
a) Bestimmen Sie für jedes Herstellungsverfahren eine lineare Funktion f, die den Gewinn (in €) in Abhängigkeit von der produzierten Eismenge beschreibt.
b) Berechnen Sie, bei welchen Produktionsmengen jeweils Gewinn erzielt wird und bei welchen Produktionsmengen Handarbeit empfehlenswert ist.

10 Bestimmen Sie die Schnittpunkte mit den Koordinatenachsen und den Scheitel des Graphen K_f. Zeichnen Sie die drei Graphen in ein gemeinsames Koordinatensystem. Was fällt Ihnen auf?
a) $f(x) = x^2 - 4x + 3$ b) $f(x) = 2x^2 - 8x + 6$ c) $f(x) = -0{,}5x^2 + 2x - 1{,}5$

11 a) Zeigen Sie rechnerisch, dass die 1. und 2. Winkelhalbierende orthogonal zueinander liegen.
b) Berechnen Sie den Schnittwinkel zwischen der 2. Winkelhalbierenden und dem Graphen der linearen Funktion f mit $f(x) = 0{,}5x + 5$. Prüfen Sie den Schnittwinkel zeichnerisch.

zu Aufgabe 11:
Eine ähnliche Aufgabe finden Sie auf Seite 30, Aufgabe 9.

12 Der Graph einer quadratischen Funktion f geht durch die angegebenen Punkte. Bestimmen Sie den Funktionsterm von f und geben Sie diesen in der Hauptform an.
a) Scheitel $S(2|7)$ und $A(5|-2)$ b) $N_1(2|0)$; $N_2(-1|0)$ und $A(5|-2)$
c) $S_y(0|2)$; $A(1|3)$ und $B(-1|-3)$ d) Scheitel $S(1|-0{,}5)$; $S_y(0|-1)$

13 Bestimmen Sie zu den Graphen in Fig. 1 jeweils einen passenden Funktionsterm.

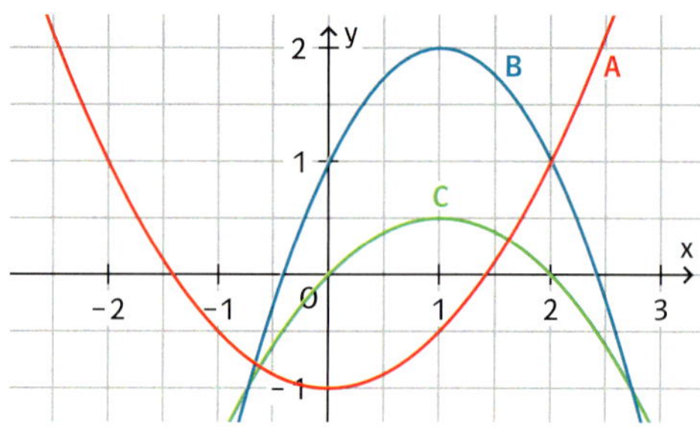

Fig. 1

14 Geben Sie jeweils den Funktionsterm in der Scheitelform und in der Hauptform an. Skizzieren Sie die Graphen.
a) Die Normalparabel wird mit dem Faktor 2 in y-Richtung gestreckt, an der x-Achse gespiegelt, dann um −1 in x-Richtung und um 1,5 in y-Richtung verschoben.
b) Die Normalparabel wird um −1 in x-Richtung verschoben, mit dem Faktor 2 in y-Richtung gestreckt, um 1,5 in y-Richtung verschoben und an der x-Achse gespiegelt.

15 Zeigen Sie, dass der Graph der Funktion g eine Tangente an den Graphen der Funktion f ist. Bestimmen Sie die Koordinaten des Berührpunktes und zeichnen Sie die Graphen.
a) $f(x) = \frac{1}{2}x^2 - 2x$ und $g(x) = 2x - 8$ b) $f(x) = \frac{1}{2}x^2 - 3x - 1$ und $g(x) = 3x - 19$

16 Ein Schüler schreibt folgenden Lösungsansatz auf. Interpretieren Sie diesen grafisch und geben Sie dazu eine passende Aufgabenstellung an. Lösen Sie die Gleichung.
a) $2 = -(x-2)(x+1)$ b) $2x = \frac{1}{2}(x-1)^2 + 2$ c) $-\frac{1}{2}x^2 + 2 = \frac{1}{2}x^2 - 2$

17 Bestimmen Sie mithilfe der Diskriminante die Werte von k, für die die Funktion f keine Nullstellen hat. Zeichnen Sie dazu den Graphen der Diskriminante.
a) $f(x) = x^2 - 4x + 2k$ b) $f(x) = -x^2 + kx - 4$ c) $f(x) = -2x^2 - 2kx - 18$

Test

Kopiervorlage
Check-out
42ki59

I Lineare und quadratische Funktionen

Funktionsterm, Tabelle, Graph

Abhängigkeiten zwischen zwei Größen können durch Tabellen dokumentiert, durch Graphen veranschaulicht, mit Worten beschrieben oder durch eine Gleichung ausgedrückt werden.

$f(x) = 2 + \sqrt{x}$

x	0	1	2	3	…
f(x)	2	3	3,4	3,7	…

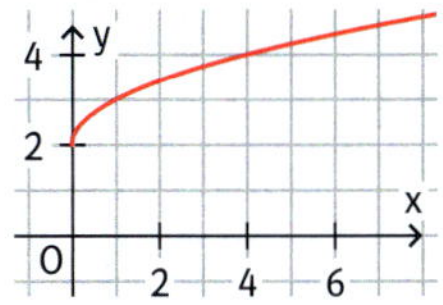

Funktionen, Bezeichnungen

Eine **Funktion f** ordnet jedem x-Wert genau einen y-Wert zu.
Der **Funktionsterm** wird mit f(x) bezeichnet.
$f(x_0)$ ist der **Funktionswert** (y-Wert) an der **Stelle** x_0.
Die **Definitionsmenge D** ist die Menge aller zulässigen x-Werte.
Die **Wertemenge W** ist die Menge aller Funktionswerte f(x).
Der **Graph K_f von f** sind alle Punkte $P(x\,|\,y)$ mit $y = f(x)$.

$f(x) = 2 + \sqrt{x}$
$D = [0; \infty[$ und $W = [2; \infty[$
Punktprobe mit $P(9\,|\,5)$:
$f(9) = 2 + \sqrt{9} = 2 + 3 = 5$
Also liegt der Punkt $P(9\,|\,5)$ auf dem Graphen von f.

Lineare Funktion, Gerade, Steigungswinkel einer Geraden

Eine Funktion f mit $f(x) = m \cdot x + b$ **heißt lineare Funktion.**
Der Graph einer linearen Funktion ist eine **Gerade** mit der **Steigung m** und mit dem **y-Achsenabschnitt b.**
Für $b = 0$ nennt man diese Gerade **Ursprungsgerade**.
Liegen zwei Punkte $P(x_P\,|\,y_P)$ und $Q(x_Q\,|\,y_Q)$ auf einer Geraden, so gilt für die Steigung $m = \frac{\Delta y}{\Delta x} = \frac{y_Q - y_P}{x_Q - x_P}$ (für $x_P \neq x_Q$).
Für den **Steigungswinkel** α gilt: $\tan(\alpha) = m$.

$f(x) = 0{,}5x + 1{,}5$
K_f hat die Steigung $m = 0{,}5$ und den y-Achsenabschnitt $b = 1{,}5$.
Der Graph von g mit $g(x) = 0{,}5x$ ist eine Ursprungsgerade.
Mit $P(2\,|\,2{,}5)$ und $Q(4\,|\,3{,}5)$: $m = \frac{3{,}5 - 2{,}5}{4 - 2} = 0{,}5$
Steigungswinkel: $\tan(\alpha) = 0{,}5$; $\alpha \approx 26{,}57°$

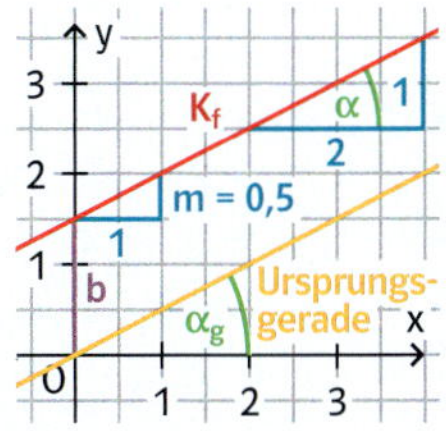

Lage von Geraden

Zwei Geraden g und h sind zueinander **parallel**, wenn sie dieselbe Steigung haben: $m_g = m_h$.
g und h heißen **orthogonal** zueinander, wenn sie sich rechtwinklig schneiden. Für ihre Steigungen gilt $m_g \cdot m_h = -1$.

f: $y = 0{,}5x + 1{,}5$; g: $y = 0{,}5x$; h: $y = -2x + 1$
f und g sind parallel, denn $m_f = m_g = 0{,}5$.
h ist orthogonal zu f und g, denn
$m_f \cdot m_h = 0{,}5 \cdot (-2) = -1$.

Besondere Geraden

Die Gleichung $y = b$ beschreibt eine Parallele zur x-Achse,
die Gleichung $x = a$ beschreibt eine Parallele zur y-Achse.
Die Gerade mit der Gleichung $y = x$ heißt **1. Winkelhalbierende**.
Die Gerade mit der Gleichung $y = -x$ heißt **2. Winkelhalbierende**.

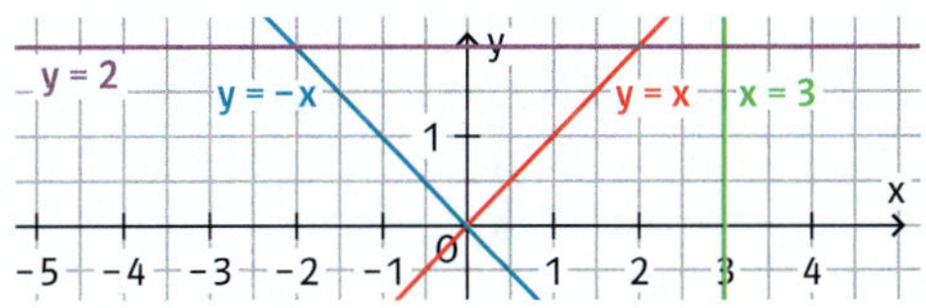

Ungleichungen

Ungleichungen können mit Äquivalenzumformungen gelöst werden.
Wird eine Ungleichung mit einer negativen Zahl multipliziert oder dividiert, muss das Ungleichheitszeichen umgedreht werden.

$3 - x < 2x + 6 \quad | -3 \quad | -2x$
$-3x < 3 \quad | : (-3)$
$x > -1 \quad L =]-1; \infty[$

Quadratische Funktionen; Streckung und Verschiebung

Eine Funktion f mit $f(x) = ax^2 + bx + c$ $(a \neq 0)$ heißt **quadratische Funktion**. Ihr Graph ist eine Parabel.
Mithilfe des Scheitels $S(x_S\,|\,y_S)$ kann der Funktionsterm in der **Scheitelform** dargestellt werden: $f(x) = a \cdot (x - x_S)^2 + y_S$.
Die zugehörige Parabel geht aus der Normalparabel hervor durch Streckung in y-Richtung mit Faktor a, Verschiebung um x_S in x-Richtung und Verschiebung um y_S in y-Richtung.
Hat eine quadratische Funktion f die beiden Nullstellen x_1 und x_2, so kann man den Funktionsterm auch in der Produktform
$f(x) = a \cdot (x - x_1)(x - x_2)$ schreiben.
Ist $x_1 = x_2$, so spricht man von einer **doppelten Nullstelle**.
Es ist $f(x) = a \cdot (x - x_1)^2$. Der Scheitel der Parabel liegt auf der x-Achse.

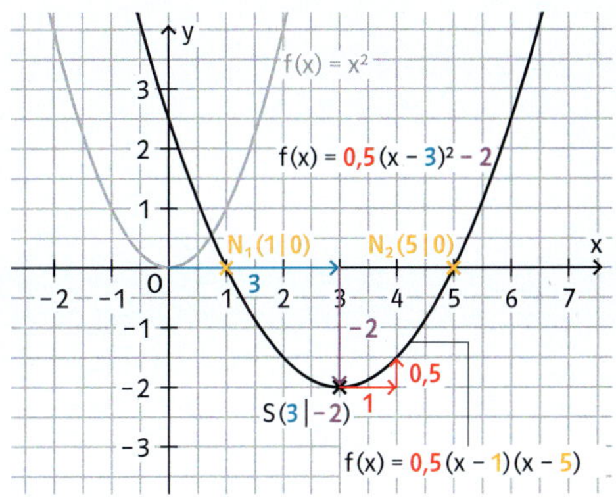

Runde 1

Lösungen | Seite 265

1 Wasser wird erhitzt. Die Tabelle zeigt die Zeitdauer und die Temperatur.

Zeit (in min)	0	1	2	3	4
Temperatur (in °C)	20	24	28	32	36

a) Bestimmen Sie eine lineare Funktion f, die die Temperatur (in °C) in Abhängigkeit von der Zeit t (in min) beschreibt.
b) Zeichnen Sie den Graphen K von f für die ersten 15 Minuten.
c) Bestimmen Sie, welche Temperatur das Wasser nach 12 Minuten haben wird.
d) Bestimmen Sie, wann das Wasser eine Temperatur von 50 °C hat.
e) Erläutern Sie, wie lange die Funktion f das Geschehen höchstens beschreiben kann.

2 Erläutern Sie in Worten.
a) $f(3) = 4$
b) $g(2) > h(2)$
c) $f(x) < g(x)$ auf $[0; 5]$
d) $D_f = \mathbb{R}\setminus\{3\}$
e) $f(x) \neq 0$ auf $]0; 10]$

3 Gegeben sind die linearen Funktionen f mit $f(x) = -1{,}25x + 1$ und g mit $g(x) = -0{,}25x - 2{,}5$.
a) Zeichnen Sie die zugehörigen Graphen K_f von f und K_g von g im Intervall $[-5; 5]$.
b) Berechnen Sie den Schnittpunkt der Graphen K_f und K_g.
c) Berechnen Sie die Steigungswinkel von K_f und von K_g.
d) Bestimmen Sie jeweils die Werte von x, für die gilt $f(x) > 0$ bzw. $g(x) < 0$ bzw. $f(x) \le g(x)$.

4 Bestimmen Sie den Funktionsterm der linearen Funktion.
a) Der Graph von f hat die Steigung $m = 2$ und verläuft durch den Punkt $P(-1\,|\,0{,}25)$.
b) Die Punkte $A(-2\,|\,1)$ und $B(0{,}5\,|\,-1{,}5)$ liegen auf dem Graphen K_g von g.

5 Gegeben sind die Geraden f: $y = -5x - 1$; g: $y = 6 + 0{,}4x$; h: $y = \frac{2}{5}x + 4$ und i: $y = -2{,}5x - 3$.
Welche der Geraden sind parallel? Welche Geraden sind orthogonal zueinander? Begründen Sie Ihre Aussagen.

6 Die Graphen der Funktionen f mit $f(x) = x^2$ und g mit $g(x) = 0{,}25x^2 + 1$ werden
a) um $-1{,}5$ in x-Richtung verschoben und um 2 in y-Richtung verschoben.
b) mit dem Faktor 4 in y-Richtung gestreckt und um 3 in x-Richtung verschoben.
Geben Sie jeweils den neuen Funktionsterm an.

7 Zeichnen Sie den Graphen K_f der Funktion f für $x \in [-2; 4]$ und berechnen Sie die Schnittpunkte von K_f mit den Koordinatenachsen.
a) $f(x) = -x^2 + 3x$
b) $f(x) = 0{,}5x^2 - 2x + 2$
c) $f(x) = 2(x - 1)^2 - 4{,}5$

8 Ordnen Sie die Parabeln den Funktionen f, g und h zu.
$f(x) = -(x - a)^2 + b$
$g(x) = c(x - d)^2$
$h(x) = (x - k)^2 + e$
Bestimmen Sie die Variablen a, b, c, d, e und k. Begründen Sie.

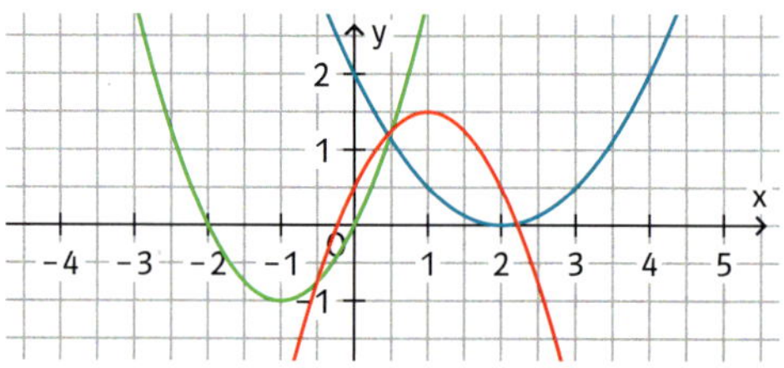

9 Beim Freistoß fliegt ein Fußball – horizontal gemessen – etwa 50 m weit. Der höchste Punkt der Flugbahn liegt 5 m hoch.
a) Beschreiben Sie die Flugbahn durch eine quadratische Funktion.
b) Kann ein Spieler in 45 m Entfernung einen Kopfball spielen?

Runde 2

Lösungen | Seite 266

1 Eine Funktion g ist gegeben durch die Funktionsgleichung $g(x) = 10 - \sqrt{x+1}$.

a) Bestimmen Sie die Definitionsmenge D_g und die Wertemenge W_g.

b) Zeichnen Sie den Graphen von g mithilfe einer Wertetabelle im Intervall $[-2; 8]$.

c) Berechnen Sie $g(1{,}25)$ und $g(-0{,}75)$. Für welchen Wert von x ist $g(x) = 6$?

2 Die Grafik rechts zeigt die Geraden g und h.

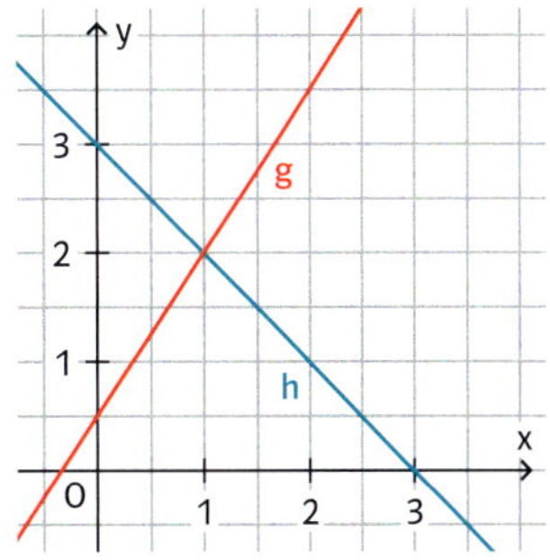

a) Bestimmen Sie anhand der Grafik die Funktionsterme von g und h.

b) Bestimmen Sie rechnerisch die Werte von x, für die gilt $g(x) > h(x)$.

c) Berechnen Sie die Steigungswinkel der Geraden g und h.

d) Überprüfen Sie durch Rechnung, ob die Gerade h orthogonal zur 1. Winkelhalbierenden verläuft.

e) Bestimmen Sie die Gleichung der Geraden k, die parallel zur y-Achse durch den Schnittpunkt von g und h verläuft.

3 Entscheiden Sie, ob die Aussage wahr oder falsch ist. Begründen Sie Ihre Antwort.

a) Jede Parallele zur x-Achse hat mit dem Graphen einer beliebigen Funktion höchstens einen Punkt gemeinsam.

b) Jede Parallele zur y-Achse hat mit dem Graphen einer beliebigen Funktion höchstens einen Punkt gemeinsam.

c) Der Punkt $P(10\,|\,9)$ liegt auf der Ursprungsgeraden durch den Punkt $Q(0{,}25\,|\,0{,}2)$.

4 ☒ Ermitteln Sie die Funktionsgleichung der quadratischen Funktion f in der Produktform und in der Scheitelform.

a) $f(x) = x^2 - 4x$ b) $f(x) = -x^2 + 3x + 4$ c) $f(x) = 0{,}5x^2 - x - 1{,}5$

5 Bestimmen Sie jeweils die Funktionsgleichung zu K_1, K_2 und K_3.

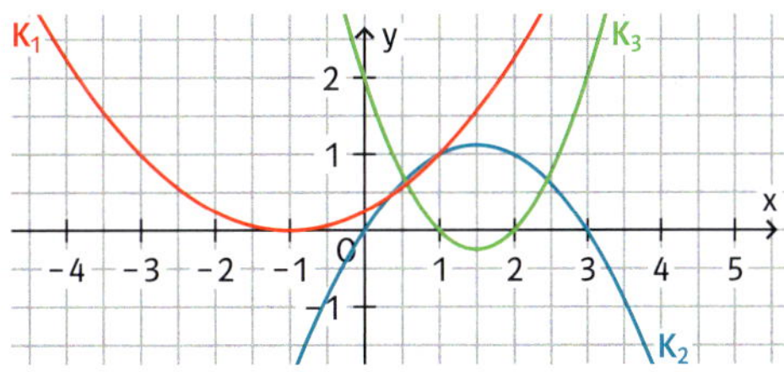

a) Geben Sie die Funktionsgleichung in der Scheitelform und in der Hauptform an .

b) Beschreiben Sie für jede Parabel, wie sie aus der Normalparabel entsteht.

c) Wie entsteht K_3 aus K_1?

6 a) Wenn der Ursprung des Koordinatensystems im Punkt A liegt, kann der Graph der Funktion f durch $f(x) = 0{,}25x^2$ beschrieben werden. Die Einheit der x-Achse beträgt 2 Kästchen. Entscheiden Sie, welche Einheit für die y-Achse gewählt werden muss.

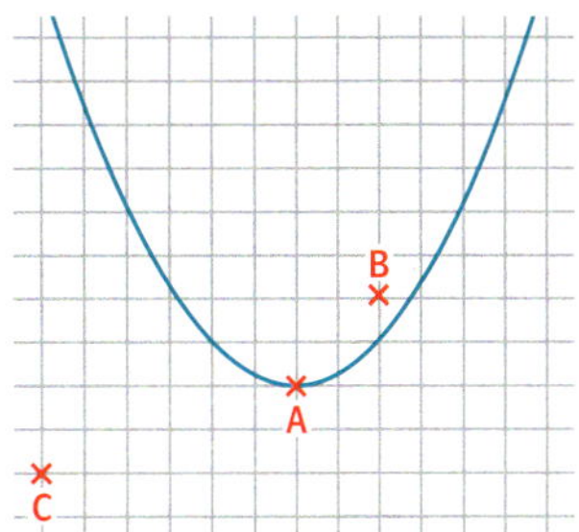

b) Wählen Sie für die Skalierung aus Teilaufgabe a) nun B bzw. C als Ursprung. Geben Sie die Funktionsgleichungen an.

c) Bestimmen Sie, wo der Ursprung liegt, wenn die Funktionsgleichung $f(x) = 0{,}25x^2 - x - 2$ lautet.

7 Bestimmen Sie die Anzahl der Schnittpunkte der zu f und g gehörenden Graphen. Für welche Bereiche gilt jeweils $f(x) \geqq g(x)$?

a) $f(x) = -x^2 + 3x + 2;\ g(x) = x + 2$ b) $f(x) = \frac{1}{4}x^2 + x + 1;\ g(x) = -x - 3$

c) $f(x) = 2x^2 + 3x - 4;\ g(x) = 2x - 4{,}5$ d) $f(x) = 0{,}5x^2 - 2x + 2;\ g(x) = 2x - 6$

II Potenzfunktionen

Transformationen:
- Spiegelung
- Streckung
- Verschiebung

Das können Sie schon

- Einfache Wurzeln berechnen
- Terme, die Potenzen mit natürlichen Exponenten enthalten, mithilfe der Potenzgesetze vereinfachen
- Quadratische Gleichungen lösen
- Parabeln strecken und verschieben
- Streckungen und Verschiebungen von Parabeln aus deren Funktionsgleichungen ablesen
- Quadratische Funktionsterme bestimmen

„Hyperbolisches Schema“:
Die Landschaft wird durch gegenläufige Hyperbelformen konstruiert.

Caspar David Friedrich:
Kreidefelsen auf Rügen, 1819

Das können Sie bald

- Mit Potenzen mit rationalem Exponenten rechnen
- Grundlegende Eigenschaften von Potenzfunktionen und ihrer Graphen angeben
- Funktionsgraphen strecken und verschieben
- Potenzgleichungen lösen

Check-in

So geht's:

(1) Checkliste übertragen oder über Code herunterladen.
(2) Fähigkeiten selbst einschätzen.
(3) Einschätzung mithilfe der Aufgaben überprüfen und gegebenenfalls Lerntipps beachten.

Schätzen Sie sich mithilfe der Checkliste ein.

	☺	😐	☹
1. Ich kann Zahlen in Terme einsetzen und deren Wert berechnen.	☐	☐	☐
2. Ich kann Wertetabellen erstellen und Funktionsgraphen zeichnen.	☐	☐	☐
3. Ich kann Graphen von linearen Funktionen skizzieren.	☐	☐	☐
4. Ich kann Graphen von quadratischen Funktionen skizzieren.	☐	☐	☐
5. Ich kann quadratische Gleichungen lösen.	☐	☐	☐
6. Ich kann Potenzen und Wurzeln berechnen.	☐	☐	☐
7. Ich kann Terme, die Potenzen mit natürlichen Exponenten enthalten, mithilfe der Potenzgesetze vereinfachen.	☐	☐	☐
8. Ich kann Parabeln strecken und verschieben und die zugehörigen Funktionsgleichungen angeben.	☐	☐	☐
9. Ich kann Streckungen und Verschiebungen von Parabeln aus deren Funktionsgleichungen ablesen.	☐	☐	☐
10. Ich kann zu vorgegebenen Bedingungen quadratische Funktionsterme bestimmen.	☐	☐	☐

Lerntipps

zu 1. **Grundwissen,** Seite 242
zu 2. **Grundwissen,** Seite 242
zu 3. **Grundwissen,** Seiten 240–241
zu 4. **Grundwissen,** Seiten 242–243
zu 5. **Grundwissen** Seite 247
zu 6. **Grundwissen** Seiten 235–237
zu 7. **Grundwissen** Seite 235
zu 8. **Grundwissen** Seiten 242–243
zu 9. **Grundwissen** Seiten 242–243
zu 10. **Grundwissen** Seiten 242–243

Kopiervorlage Checkliste
83xn6g

Lösungen | Seite 268

Überprüfen Sie Ihre Einschätzungen.

○ **1 Termwerte berechnen**
Setzen Sie für x die Werte 0; 1; −2 und $\frac{1}{3}$ ein und berechnen Sie den Wert des Terms.

a) $6x + 3$ b) $9x^2 - 2$ c) $(3x - 2)^2 + 2$ d) $(1 - x)^2 - 1$

○ **2 Wertetabellen erstellen und Funktionsgraphen zeichnen**
Erstellen Sie für die Funktion f eine Wertetabelle und zeichnen Sie ihren Graphen. Bestimmen Sie die Koordinaten der Schnittpunkte mit den Koordinatenachsen mithilfe des Graphen.
a) $f(x) = x^2 - 4$ b) $f(x) = 0{,}5 \cdot (x - 2)^2 - 1$ c) $f(x) = -1{,}5x^2 - 3x + 2$

○ **3 Graphen von linearen Funktionen skizzieren**
Skizzieren Sie den Graphen der linearen Funktion f.

a) $f(x) = -2x$ b) $f(x) = \frac{1}{2}x + 1$ c) $f(x) = 2 - \frac{3}{4}x$ d) $f(x) = -1$

○ **4 Graphen quadratischer Funktionen skizzieren**
Skizzieren Sie den Graphen der quadratischen Funktion f.

a) $f(x) = x^2 - 2$ b) $f(x) = -\frac{1}{2}x^2 + 5$ c) $f(x) = (x - 3)^2 - 2$ d) $f(x) = \frac{1}{4}(x - 4)(x + 2)$

○ **5 Quadratische Gleichungen lösen**
Lösen Sie die quadratische Gleichung. Welche Lösungen können auch ohne Lösungsformel bestimmen werden?
a) $x^2 - 18 = 0$ b) $x^2 - 4x = 0$ c) $x^2 = -3x$
d) $3x^2 + 3 = 6x$ e) $0 = 5x^2 - 25x + 30$ f) $x^2 - x - 1 = 0$

○ 6 Potenzen und Wurzeln berechnen

a) Berechnen Sie ohne Taschenrechner.

(1) $2^2 \cdot 2^3$ (2) $10^3 \cdot 10^2 \cdot 10$ (3) $3^6 \cdot 3^4 : 3^8$ (4) $(2^2)^3$

(5) $\sqrt{64}$ (6) $\sqrt{\frac{4}{9}}$ (7) $\sqrt{625}$ (8) $\sqrt{0{,}04}$

b) Richtig oder falsch? Entscheiden Sie ohne Taschenrechner.

(1) $\sqrt{16 \cdot 9} = \sqrt{16} \cdot \sqrt{9}$ (2) $\sqrt{3^2 + 4^2} = 3 + 4$ (3) $\sqrt{2^6} = 8$

(4) $\sqrt{16} + 2\sqrt{16} = 3\sqrt{16}$ (5) $\sqrt{(-4)^2} = -4$ (6) $(3^2)^4 = 3^6$

(7) $3^4 \cdot 2^2 = 18^2$ (8) $2^6 : 4^3 = 1$ (9) $\sqrt{-4} = -2$

c) Bestimmen Sie ohne Taschenrechner, zwischen welchen aufeinanderfolgenden natürlichen Zahlen die Zahlen $\sqrt{5}$, $\sqrt{10}$, $\sqrt{33{,}5}$ und $\sqrt{96}$ liegen.

○ 7 Potenzen mithilfe der Potenzgesetze vereinfachen

Vereinfachen Sie den Term mithilfe der Potenzgesetze.

a) $x^3 \cdot x^5$ b) $\frac{a^7}{a^4}$ c) $\frac{p^3 \cdot p^4}{p^6}$ d) $(z^3)^7$

e) $(2r)^3$ f) $\frac{2^9 \cdot 3^9}{6^7}$ g) $(u^2 \cdot v)^3 \cdot (u \cdot v^3)^2$ h) $\frac{(a^2 \cdot b)^7}{b^6 \cdot a^{10}}$

○ 8 Parabeln strecken und verschieben und die jeweiligen Funktionsterme angeben

Ermitteln Sie jeweils den Funktionsterm des sich daraus ergebenden Graphen der Funktion g. Der Graph der Funktion f mit $f(x) = x^2$ wird

a) an der x-Achse gespiegelt und anschließend um −3 in y-Richtung verschoben.

b) in y-Richtung mit dem Faktor −3 gestreckt und danach in x-Richtung um 2 verschoben.

c) um 2 in in x-Richtung verschoben und danach mit dem Faktor 0,5 in y-Richtung gestreckt.

d) mit dem Faktor 2 in y-Richtung gestreckt und anschließend um −3 in x-Richtung und um 5 in y-Richtung verschoben.

e) an der x-Achse gespiegelt, in y-Richtung mit dem Faktor 2 gestreckt und danach um 2 in x-Richtung und um −3 in y-Richtung verschoben.

○ 9 Streckungen und Verschiebungen von Parabeln aus Funktionsgleichungen ablesen

Beschreiben Sie, wie der Graph der Funktion f aus der Normalparabel hervorgeht.

a) $f(x) = x^2 - 5$ b) $f(x) = 4 - x^2$ c) $f(x) = -4x^2$

d) $f(x) = (x + 2)^2$ e) $f(x) = 2(x - 3)^2$ f) $f(x) = -2(x + 1)^2 - 3$

○ 10 Quadratische Funktionsterme bestimmen

a) Ermitteln Sie zu den folgenden Angaben den Term der quadratischen Funktion.

(1) Der Graph von f mit $f(x) = ax^2$ geht durch den Punkt $P(4\,|\,32)$.

(2) Der Graph von f mit $f(x) = x^2 + c$ schneidet die x-Achse an der Stelle $x = -3$.

b) Bestimmen Sie zu den Graphen K_g und K_h in Fig. 1 den Funktionsterm.

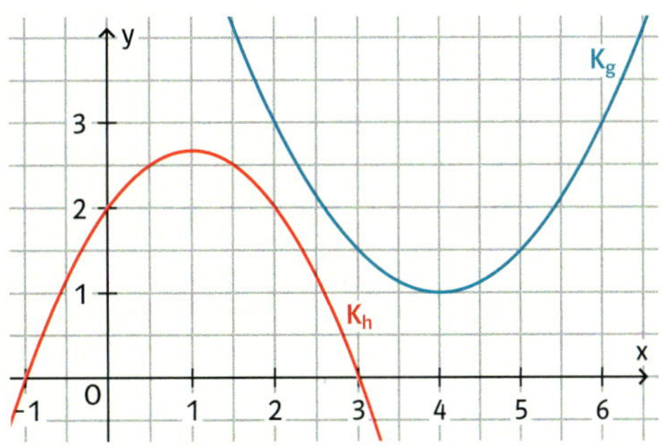

Fig. 1

1 Potenzen mit ganzzahligen Exponenten

a) Übertragen Sie die Tabelle in Ihr Heft. Vervollständigen Sie die erste Zeile mithilfe von Brüchen.
b) Schreiben Sie in der zweiten Zeile alle Zahlen mithilfe von 2er-Potenzen.

: 2   : 2   : 2   : 2   : 2   : 2

▢	▢	▢	▢	2	4	8
▢	▢	▢	▢	2^1	2^2	2^3

· 2   · 2   · 2   · 2   · 2   · 2

Bei Potenzen mit positiven Exponenten macht eine Beschreibung wie „Ein Produkt besteht aus 4 gleichen Faktoren, die alle 3 sind." für die Potenz 3^4 Sinn. Gibt es auch eine sinnvolle Definition für Potenzen mit negativem Exponenten, wie z. B. 3^{-4} oder mit dem Exponenten Null, wie z. B. 3^0?

Exponent/Hochzahl
Basis $3^4 = 81$
Potenz Potenzwert

Die Potenzgesetze für positive Exponenten $m, n \in \mathbb{N}^*$ sind für eine gleiche Basis $a \in \mathbb{R}$:

P1: $a^m \cdot a^n = a^{m+n}$

P2: $\frac{a^m}{a^n} = a^{m-n}$ $(m > n;\ a \neq 0)$

P3: $(a^m)^n = a^{m \cdot n}$

Potenzgesetze für positive Exponenten: Grundwissen | Seite 235.

und für gleiche Exponenten $n \in \mathbb{N}^*$ und unterschiedliche Basen $a, b \in \mathbb{R}$:

P4: $a^n \cdot b^n = (a \cdot b)^n$

P5: $\frac{a^n}{b^n} = \left(\frac{a}{b}\right)^n$ $(b \neq 0)$

Eine Erweiterung des Potenzbegriffs für Potenzen mit beliebigen ganzzahligen Exponenten ist möglich.

Die Potenz a^0 kann für $a \neq 0$ festgelegt werden, indem gefordert wird, dass das Potenzgesetz P2 auch für $m = n$ gelten soll. Wählt man in P2 $m = 3$ und $n = 3$ ergibt sich $\frac{a^3}{a^3} = a^{3-3} = a^0$.
Da im linken Term Zähler und Nenner gleich sind, hat der Term den Wert 1.
Festgelegt wird $\mathbf{a^0 = 1}$. Potenzen mit Exponent null haben den Wert 1.

Die Potenz a^{-2} wird ebenso mithilfe der Forderung festgelegt, dass P2 auch für $m < n$ gelten soll. Setzt man $m = 1$ und $n = 3$ in P2 ein, so ergibt dies $\frac{a^1}{a^3} = a^{1-3} = a^{-2}$.
Andererseits ist nach den Regeln des Bruchrechnens $\frac{a^1}{a^3} = \frac{a}{a \cdot a \cdot a} = \frac{1}{a \cdot a} = \frac{1}{a^2}$.
Deshalb wird die Potenz a^{-2} als Bruch $\frac{1}{a^2}$ festgelegt, d. h. $\mathbf{a^{-2} = \frac{1}{a^2}}$.

Einsetzen von $m = 0$ in P2 ergibt $\frac{a^0}{a^n} = a^{0-n} = a^{-n}$. Mit $a^0 = 1$ führt dies zu $\frac{1}{a^n} = a^{-n}$.
Es ist somit sinnvoll, a^{-n} mit $n \in \mathbb{N}^*$ und $a \neq 0$ als Bruch $\frac{1}{a^n}$ festzulegen, d. h. $\mathbf{a^{-n} = \frac{1}{a^n}}$.
Mit $a^{-n} = \frac{1}{a^n}$ lässt sich der Kehrwert von a^{-n} einfacher schreiben: $\frac{1}{a^{-n}} = \frac{1}{\frac{1}{a^n}} = 1 \cdot \frac{a^n}{1} = a^n$.
Für $n = 1$ gilt insbesondere $\frac{1}{a^{-1}} = a$ und $a^{-1} = \frac{1}{a}$.

Bei einem Minus im Exponenten „wandert" die Potenz auf die andere Seite des Bruchstrichs, das Minus fällt weg.

Beispiel: $\frac{2^{-3}}{1} = \frac{1}{2^3}$

Ist die Basis a ein Bruch $\frac{c}{d}$ $(c, d \in \mathbb{R}^*)$, dann gilt $\left(\frac{c}{d}\right)^{-1} = \frac{1}{\frac{c}{d}} = \frac{d}{c}$.
Potenziert man einen Bruch mit −1, so erhält man seinen Kehrwert.

Für jede natürliche Zahl $n \in \mathbb{N}^*$ wird definiert $a^{-n} = \frac{1}{a^n}$ mit $a \neq 0$.
Potenzen mit Exponent null haben den Wert 1 d. h. $a^0 = 1$ mit $a \neq 0$.

Aus diesen Definitionen folgt: $\frac{1}{a^{-n}} = a^n$ sowie $\left(\frac{c}{d}\right)^{-1} = \frac{d}{c}$ mit $c, d \neq 0$.

Für die Erweiterung des Potenzbegriffs auf ganzzahlige Exponenten wurde hier nur das Potenzgesetz P2 verwendet. Nach dieser Erweiterung gelten aber alle fünf Potenzgesetze weiter.

Dass bekannte Rechengesetze ihre Gültigkeit behalten, ist auch ein wesentliches Strukturelement bei Zahlbereichserweiterungen und wird dort **Permanenzprinzip** genannt.

Das Potenzgesetz P1 liefert z.B. für den Term $2^7 \cdot 2^{-4}$ das Ergebnis $2^7 \cdot 2^{-4} = 2^{7+(-4)} = 2^3$.
Die Umformung $2^{-4} = \frac{1}{2^4}$ ergibt dasselbe Ergebnis wie P1: $2^7 \cdot 2^{-4} = 2^7 \cdot \frac{1}{2^4} = \frac{2^7}{2^4} = 2^{7-4} = 2^3$.
Allgemein gilt für $a \neq 0$ und $m > n > 0$: $a^m \cdot a^{-n} = a^m \cdot \frac{1}{a^n} = \frac{a^m}{a^n} = a^{m-n}$.
Das Potenzgesetz P1 liefert dasselbe Ergebnis: $a^m \cdot a^{-n} = a^{m+(-n)} = a^{m-n}$.

Ebenso verhält es sich bei den anderen Potenzgesetzen.

Die Potenzgesetze P1 bis P5 gelten auch für ganzzahlige Exponenten $m, n \in \mathbb{Z}$.

Beispiel 1 Potenzen mit negativen Exponenten umformen und berechnen
Berechnen Sie die Potenz ohne Taschenrechner. Vereinfachen Sie den Term so weit, dass alle Potenzen positive Exponenten haben. Bestimmen Sie dann den Wert des Terms.
a) 5^{-2} b) $(-2)^{-3}$ c) $\frac{1}{3^{-4}} - 3^2 + 3^0$ d) $\left(\frac{2}{3}\right)^{-1} - \left(\frac{2}{3}\right)^0$

Lösung
a) $5^{-2} = \frac{1}{5^2} = \frac{1}{25} = 0{,}04$
b) $(-2)^{-3} = \frac{1}{(-2)^3} = \frac{1}{-8} = -\frac{1}{8} = -0{,}125$
c) $\frac{1}{3^{-4}} - 3^2 + 3^0 = 3^4 - 9 + 1 = 73$
d) $\left(\frac{2}{3}\right)^{-1} - \left(\frac{2}{3}\right)^0 = \frac{3}{2} - 1 = \frac{1}{2} = 0{,}5$

Beispiel 2 Potenzterme mithilfe der Potenzgesetze umformen
Vereinfachen Sie mithilfe der Potenzgesetze. Geben Sie die verwendeten Potenzgesetze an.
a) $x^2 \cdot x^{-7}$ b) $(a \cdot b)^3 : a^{-2}$
c) $(y^3)^4 \cdot (z^{-2})^{-5}$ d) $\frac{c^{-3}}{(2c)^{-3}}$

Lösung
a) $x^2 \cdot x^{-7} \overset{P1}{=} x^{2+(-7)} = x^{-5}$
b) $\frac{(a \cdot b)^3}{a^{-2}} \overset{P4}{=} \frac{a^3 \cdot b^3}{a^{-2}} \overset{P2}{=} a^{3-(-2)} \cdot b^3 = a^5 \cdot b^3$
c) $(y^3)^4 \cdot (z^{-2})^{-5} \overset{P3}{=} y^{12} \cdot z^{10}$
d) $\frac{c^{-3}}{(2c)^{-3}} \overset{P5}{=} \left(\frac{c}{2c}\right)^{-3} = \left(\frac{1}{2}\right)^{-3} \overset{P5}{=} \frac{1^{-3}}{2^{-3}} = \frac{2^3}{1^3} = 2^3$

Aufgaben

1 Vereinfachen Sie den Term so weit, dass alle Potenzen positive Exponenten haben. Bestimmen Sie dann den Wert des Terms.
a) 2^{-5} b) $(-5)^{-2}$ c) $4^{-2} + 2^{-4}$ d) $\frac{1}{5^{-3}} - \frac{1}{5^{-2}}$
e) $\frac{3^{-6}}{3^{-7}} \cdot \frac{2^{-7}}{2^{-6}}$ f) $\left(\frac{5}{2}\right)^{-1}$ g) $\frac{2^{-8}}{2^{-7}} \cdot \left(\frac{1}{2}\right)^{-1}$ h) $\frac{5^{-4}}{5^{-6}} : \left(\frac{1}{25}\right)^{-1}$

2 Vereinfachen Sie mithilfe der Potenzgesetze. Geben Sie die verwendeten Potenzgesetze an.
a) $5^0 \cdot 5^2 \cdot 5^{-4}$ b) $3^{-5} : 3^{-7}$ c) $(2^3)^4 - (2^{-6})^{-2}$ d) $(-2)^{-3} \cdot (-2)^4$
e) $\left(\frac{1}{2}\right)^{-1} \cdot \left(\frac{1}{2}\right)^{-3}$ f) $\left(\frac{4}{3}\right)^{-9} \cdot \left(\frac{3}{4}\right)^{-9}$ g) $\frac{4^{-5}}{2^{-5}} \cdot \left(\frac{1}{2}\right)^{-5}$ h) $\frac{4^{-2}}{4^{-5}} \cdot 0{,}5^3$

Test → Lösungen | Seite 270

3 Vereinfachen Sie so weit, dass alle Potenzen positive Exponenten haben. Geben Sie die verwendeten Potenzgesetze an. Bestimmen Sie den Wert der Potenz.
a) $2^{-2} - 2^0$ b) $3^4 \cdot 3^5 \cdot 3^{-7}$ c) $\frac{3^8 \cdot 5^8}{15^6}$ d) $\frac{5^{-10}}{5^{-12}} \cdot \frac{(-2)^{-6}}{(-2)^{-7}}$

4 Welche Terme in Fig. 1 sind gleichwertig? Begründen Sie durch Umformungen.

18^a | $2^a : \left(\frac{1}{2}\right)^a$ | $16a^2 : \left(\frac{1}{2}\right)^{-2}$ | 4^a | $3^a \cdot 6^a$ | a^4 | $\left(\frac{2}{a}\right)^3$ | $a^{-3} : \frac{1}{8}$ | $(2a)^2$ | $\frac{1}{3^a}$ | $18^{-a} : 6^{-a}$ | $(a^{-2})^{-2}$

Fig. 1

5 Vereinfachen Sie mithilfe der Potenzgesetze.

a) $a^8 \cdot a^{-5}$ b) $\frac{x^5}{x^{-3}}$ c) $\frac{a^{-1}}{a^{-4}} \cdot a^{-2}$ d) $(x^2)^3 \cdot x^{-2}$

e) $2^{k+1} \cdot 2^{2-k}$ f) $((x^{-k})^3)^{-4}$ g) $\frac{a^k}{a^{-k}}$ h) $\frac{y^{1-k}}{y^{k-1}}$

i) $(a^3b^{-4})^{-2k}$ j) $\frac{a^{2k} \cdot a^{-k+1}}{a^{k-1}}$ k) $\left(\frac{a^{1-k}b^{-2k}}{c^k}\right)^{-3}$ l) $\frac{(a-b)^9(a+b)^9}{(a^2-b^2)^9}$

Test

Lösungen | Seite 270

6 Vereinfachen Sie mithilfe der Potenzgesetze.

a) $(x^2y)^{-1} \cdot x^3y^{-2}$ b) $\frac{x^4yz^2}{x^2y^{-4}z^3}$ c) $\frac{(u^2-v^2)^8}{(u-v)^8}$ d) $(a^{6-2n} \cdot a^{3(n-2)})^2$

7 Kai stellt Merle die Aufgabe 4^{3^2} zu berechnen. Merle sagt: „Da fehlt aber noch eine Klammer! Ich weiß ja nicht, ob ich zuerst 4^3 oder 3^2 berechnen soll.“ Kai antwortet: „Das ist doch egal!“ Nehmen Sie Stellung und suchen Sie möglichst viele Zahlenbeispiele, bei denen Kai Recht hat.

Strategie | Seite 220
3. Orientieren an einem Beispiel

Info

Aufgabe 8

Zehnerpotenzen: Die Lichtgeschwindigkeit beträgt ungefähr $c = 300\,000\,000\,\frac{m}{s}$, der Atomradius von Wasserstoff beträgt $r = 0{,}000\,000\,000\,032\,m$. Um diese sehr großen bzw. sehr kleinen Zahlen übersichtlicher zu schreiben, zerlegt man sie in das Produkt einer Zahl zwischen 1 und 10 und einer Zehnerpotenz. Man nennt dies die **wissenschaftliche Schreibweise**, die auch bei Taschenrechnern verwendet wird.

$300\,000\,000 = 3 \cdot 100\,000\,000 = 3 \cdot 10^8$.

Die Lichtgeschwindigkeit beträgt $c = 3 \cdot 10^8\,\frac{m}{s}$.

$0{,}000\,000\,000\,032 = 3{,}2 \cdot 0{,}000\,000\,000\,01 = \frac{3{,}2}{100\,000\,000\,000} = \frac{3{,}2}{10^{11}} = 3{,}2 \cdot 10^{-11}$

Der Atomradius von Wasserstoff beträgt $r = 3{,}2 \cdot 10^{-11}\,m$.

Die Hochzahl der Zehnerpotenz zeigt dabei an, um wie viele Stellen das Komma nach rechts (positive Hochzahl) bzw. nach links (negative Hochzahl) verschoben wird.

Oft verwendet man für Zehnerpotenzen auch Abkürzungen, z. B.

Wellenlänge λ von UV-B-Strahlung:

$\lambda \approx 3 \cdot 10^{-7}\,m = 300 \cdot 10^{-9}\,m = 300\,nm$ (Nanometer),

Leistung P einer großen Windenergieanlage:

$P = 1{,}1 \cdot 10^7\,W = 11 \cdot 10^6\,W = 11\,MW$ (Megawatt).

Der Exponent der Zehnerpotenz gibt an, um wie viele Stellen das Komma nach rechts bzw. nach links verschoben wird.

Große Zahlen:

Kilo (k): 10^3
Mega (M): 10^6
Giga (G): 10^9
Tera (T): 10^{12}
Peta (P): 10^{15}
z. B. 8 Gigabyte $= 8\,GB = 8 \cdot 10^9$ Byte

Kleine Zahlen:

Dezi (d): 10^{-1}
Zenti (c): 10^{-2}
Milli (m): 10^{-3}
Mikro (μ): 10^{-6}
Nano (n): 10^{-9}
Piko (p): 10^{-12}
z. B. 2 Mikrogramm $= 2\,\mu g = 2 \cdot 10^{-6}$ Gramm

8 Schreiben Sie in der in Klammern angegebenen Einheit (wissenschaftliche Schreibweise).

a) Entfernung Erde – Sonne $1{,}5 \cdot 10^8\,km$ (in m) b) Virendurchmesser 100 nm (in m)

c) Haarwachstum $3\,\frac{mm}{Woche}$ (in $\frac{m}{s}$) d) Masse einer Waldameise 10 mg (in kg)

e) Masse eines Sandkorns 250 μg (in g) f) Masse eines Elektrons $9{,}11 \cdot 10^{-31}\,kg$ (in g)

g) Schulstunde 45 min (in s) h) Schulstunde 45 min (in Jahren)

i) Masse der Erde $5{,}974 \cdot 10^{21}\,t$ (in mg) j) Alter Universum $13{,}8 \cdot 10^9$ Jahre (in min)

Tipp zu Aufgabe 8 h), 8 j): Ein Jahr hat 365,26 Tage.

Grundwissen Test

Grundwissen
Seite 236
Lösung | Seite 270

9 Ordnen Sie die passenden Karten zu. Verwenden Sie keinen Taschenrechner.

a) $\frac{\sqrt{36}}{\sqrt{16}}$ b) $\frac{\sqrt{256}}{\sqrt{64}}$ c) $\frac{\sqrt{324}}{\sqrt{36}}$ d) $\frac{\sqrt{64}}{\sqrt{196}}$ e) $\frac{\sqrt{81}}{\sqrt{144}}$ f) $\frac{\sqrt{625}}{\sqrt{225}}$

$\frac{4}{7}$ | 2 | $\frac{3}{2}$ | $\frac{5}{3}$ | $\frac{3}{4}$ | 3

2 Rechnen mit Wurzeln

Hamida rechnet an der Tafel vor.
Wie hat sie die Werte der Terme im Kopf berechnet?

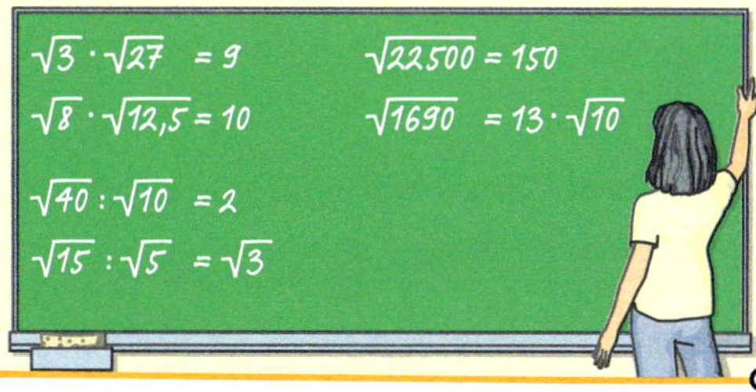

Bisher wurden Wurzeln nur berechnet. Jetzt geht es um Rechenregeln, mit denen sich Terme, die Wurzeln enthalten, umformen lassen.
Zwischen Wurzelziehen und Quadrieren besteht ein enger Zusammenhang, z. B. ergibt Wurzel aus 49 die Zahl 7. Sucht man jedoch diejenige Zahl, deren Quadrat 49 ergibt, so gibt es zwei Lösungen, die beiden Zahlen 7 und −7. Es gilt $7^2 = 49$ und $(-7)^2 = 49$.
Für die Wurzel aus 49 nimmt man nur die positive Lösung: $\sqrt{49} = 7$.
Somit ist für eine Zahl $a \geq 0$ das Wurzelziehen die Umkehrung des Quadrierens, denn es gilt $\sqrt{a^2} = a$. Das Quadrieren ist die Umkehrung des Wurzelziehens, denn es gilt $(\sqrt{a})^2 = a$.

Die Gleichung $x^2 = 49$ hat die beiden Lösungen $x_1 = \sqrt{49}$; $x_2 = -\sqrt{49}$ bzw. $x_1 = 7$; $x_2 = -7$.

Für einige Wurzelterme gibt es Rechenregeln, mit denen diese Terme vereinfacht werden können. Es gilt zum Beispiel:
$\sqrt{25} \cdot \sqrt{4} = \sqrt{25 \cdot 4}$, denn $\sqrt{25} \cdot \sqrt{4} = 5 \cdot 2 = 10$ und $\sqrt{25 \cdot 4} = \sqrt{100} = 10$,
$\sqrt{100} : \sqrt{4} = \sqrt{100 : 4}$, denn $\sqrt{100} : \sqrt{4} = 10 : 2 = 5$ und $\sqrt{100 : 4} = \sqrt{25} = 5$.

Für die Quadratwurzel $\sqrt{a}$ aus $a \geq 0$ gilt: $(\sqrt{a})^2 = a$ und $\sqrt{a^2} = a$.
Es gilt $\sqrt{a} \cdot \sqrt{b} = \sqrt{a \cdot b}$ $(a, b \geq 0)$ und $\frac{\sqrt{a}}{\sqrt{b}} = \sqrt{\frac{a}{b}}$ $(a \geq 0$ und $b > 0)$.

Die Umkehrung des Potenzierens mit dem Exponenten 3 nennt man **dritte Wurzel ziehen** und schreibt dafür das Symbol $\sqrt[3]{}$. So gilt zum Beispiel $\sqrt[3]{125} = 5$, da $5^3 = 125$.
Auch für Potenzen mit einer beliebigen natürlichen Zahl $n > 2$ als Exponent können Wurzeln zum Umkehren der Rechenoperation festgelegt werden.
So führt z. B. $2^4 = 16$ zur **vierten Wurzel** aus 16 d. h. $\sqrt[4]{16} = \sqrt[4]{2^4} = 2$.
Auch das Potenzieren der Zahl 2 mit einem beliebigen Exponenten n kann durch **Ziehen der n-ten Wurzel** rückgängig gemacht werden d. h. $\sqrt[n]{2^n} = 2$.

$\sqrt[3]{125}$ liest man „dritte Wurzel aus 125“.

Für eine beliebige Zahl $a \geq 0$ und $n \geq 2$ gilt somit: $\sqrt[n]{a^n} = a$ und $(\sqrt[n]{a})^n = a$.
Die Rechenregeln für Quadratwurzeln können auf n-te Wurzeln übertragen werden.

Für $\sqrt[n]{a}$, die n-te Wurzel aus $a \geq 0$ mit $n \geq 2$, gilt: $(\sqrt[n]{a})^n = a$ und $\sqrt[n]{a^n} = a$.
Es gilt $\sqrt[n]{a} \cdot \sqrt[n]{b} = \sqrt[n]{a \cdot b}$ $(a, b \geq 0)$ und $\frac{\sqrt[n]{a}}{\sqrt[n]{b}} = \sqrt[n]{\frac{a}{b}}$ $(a \geq 0$ und $b > 0)$.

Die 2-te Wurzel $(n = 2)$ ist die bekannte **Quadratwurzel** d. h. $\sqrt[2]{3} = \sqrt{3}$.

Beispiel 1 **Produkte und Quotienten von Wurzeln berechnen**

Schreiben Sie unter eine einzige Wurzel und berechnen Sie ohne Taschenrechner.
a) $\sqrt{12} \cdot \sqrt{3}$ b) $\sqrt{27} : \sqrt{3}$ c) $\sqrt[3]{16} : \sqrt[3]{2}$

Lösung
a) $\sqrt{12} \cdot \sqrt{3} = \sqrt{36} = 6$
b) $\sqrt{27} : \sqrt{3} = \sqrt{27 : 3} = \sqrt{9} = 3$
c) $\sqrt[3]{16} : \sqrt[3]{2} = \sqrt[3]{16 : 2} = \sqrt[3]{8} = 2$

Beispiel 2 Teilweises Wurzelziehen

Formen Sie durch teilweises Wurzelziehen um. Verwenden Sie keinen Taschenrechner.

a) $\sqrt{12}$ b) $\sqrt{98}$

Lösung

a) $\sqrt{12} = \sqrt{4 \cdot 3} = \sqrt{4} \cdot \sqrt{3} = 2 \cdot \sqrt{3}$ b) $\sqrt{98} = \sqrt{49 \cdot 2} = \sqrt{49} \cdot \sqrt{2} = 7 \cdot \sqrt{2}$

Beispiel 3 Terme mithilfe der Rechenregeln für Wurzeln vereinfachen

Formen Sie durch teilweises Wurzelziehen um.

a) $\sqrt{a^2 b} \cdot \sqrt{b}$ b) $\sqrt[3]{ba} : \sqrt[3]{a}$ c) $\sqrt[4]{a^5} : \sqrt[4]{a}$

Lösung

a) $\sqrt{a^2 b} \cdot \sqrt{b} = \sqrt{a^2 b^2} = ab$ b) $\sqrt[3]{ba} : \sqrt[3]{a} = \sqrt[3]{ba : a} = \sqrt[3]{b}$ c) $\sqrt[4]{a^5} : \sqrt[4]{a} = \sqrt[4]{a^5 : a} = \sqrt[4]{a^4} = a$

Steht ein Produkt einer Quadratzahl und einer weiteren Zahl unter einer Quadratwurzel, so lässt sich der Term als Produkt einer ganzen Zahl und einer Wurzel darstellen, z. B. $\sqrt{75} = \sqrt{25 \cdot 3} = \sqrt{25} \cdot \sqrt{3} = 5 \cdot \sqrt{3}$.
Man nennt dies **teilweises Wurzelziehen**.

Aufgaben

○ **1** Schreiben Sie unter eine Wurzel, berechnen Sie ohne Taschenrechner.

a) $\sqrt{2} \cdot \sqrt{32}$ b) $\sqrt{48} \cdot \sqrt{3}$ c) $\sqrt{50} \cdot \sqrt{0{,}5}$ d) $\sqrt{160} : \sqrt{10}$

e) $\sqrt[3]{32} \cdot \sqrt[3]{2}$ f) $\sqrt[3]{500} : \sqrt[3]{4}$ g) $\sqrt[4]{27} \cdot \sqrt[4]{3}$ h) $\sqrt[4]{512} : \sqrt[4]{2}$

○ **2** Formen Sie durch teilweises Wurzelziehen um. Verwenden Sie keinen Taschenrechner.

a) $\sqrt{50}$ b) $\sqrt{48}$ c) $\sqrt{128}$ d) $\sqrt{500}$ e) $\sqrt{150}$ f) $\sqrt{0{,}75}$

○ Test

Lösungen | Seite 270

3 Vereinfachen Sie und berechnen Sie ohne Taschenrechner.

a) $\sqrt{3} \cdot \sqrt{27}$ b) $\sqrt{5} \cdot \sqrt{45}$ c) $\sqrt{490} : \sqrt{10}$ d) $\sqrt{18} : \sqrt{0{,}5}$

e) $\sqrt[3]{4} \cdot \sqrt[3]{16}$ f) $\sqrt[3]{250} : \sqrt[3]{2}$ g) $\sqrt[4]{20} \cdot \sqrt[4]{2} \cdot \sqrt[4]{0{,}4}$ h) $\sqrt[5]{3^6} : \sqrt[5]{3}$

◒ **4** Vereinfachen Sie so weit wie möglich (a, b, x, y > 0).

a) $\sqrt{16 \cdot b} \cdot \sqrt{b}$ b) $a \cdot \sqrt{8a^2 + a^2}$ c) $\sqrt[3]{8b^3}$ d) $\sqrt[3]{a} \cdot \sqrt[3]{a^2 \cdot b^3}$

e) $\sqrt{\frac{a^2}{4}}$ f) $\frac{\sqrt{a^2 b}}{\sqrt{b}}$ g) $\frac{\sqrt[3]{x^5}}{\sqrt[3]{x^2}}$ h) $\sqrt[4]{x} \cdot \sqrt[4]{y^4 \cdot x^3}$

◒ Test

Lösung | Seite 270

5 Vereinfachen Sie so weit wie möglich (a, b > 0).

a) $\sqrt{25 \cdot b^2 \cdot a^2}$ b) $\sqrt{b} \cdot \sqrt{4 \cdot b \cdot a^2}$ c) $\sqrt[3]{27 \cdot b^3 \cdot c^3}$ d) $\sqrt[4]{8 \cdot a^3} \cdot \sqrt[4]{2 \cdot a}$

e) $\sqrt{\frac{a^3}{ab^2}}$ f) $\sqrt{\frac{b^2}{81}}$ g) $\frac{\sqrt[3]{30a^4 - 3a^4}}{\sqrt[3]{a}}$ h) $\sqrt[7]{b^4} \cdot \sqrt[7]{b^2} \cdot \sqrt[7]{b}$

6 Kai behauptet: „Es gilt immer $\sqrt{a} + \sqrt{b} = \sqrt{a + b}$." Merle widerspricht. Kai sagt: „Ich habe aber viele Zahlenbeispiele, bei denen es stimmt!". Nehmen Sie Stellung und suchen Sie möglichst viele Zahlenbeispiele, bei denen Kai Recht hat.

Strategie | Seite 220
3. Orientieren an einem Beispiel

● **7** Beschreiben Sie mit Worten eine Regel für das teilweise Wurzelziehen aus Beispiel 2. Wie kann diese Regel mithilfe der Variablen a und b mathematisch formuliert werden?

Grundwissen Test

Grundwissen
Seiten 232–233, 244
Lösung | Seite 270

8 Berechnen Sie.

a) $\frac{5}{8} - \frac{1}{4} + \frac{1}{2}$ b) $\left(\frac{5}{6} - \frac{1}{2}\right) \cdot \frac{1}{3}$ c) $\frac{5}{6} + \frac{1}{4} - \frac{1}{3} \cdot 3$ d) $\frac{4}{7} \cdot \frac{14}{6} - \frac{3}{7}$

e) $\left(\frac{4}{5} - \frac{5}{7}\right) \cdot 5$ f) $\frac{7}{5} : \frac{21}{55} \cdot 3$ g) $-\frac{1}{2} : \left(\frac{2}{3} - \frac{3}{2}\right)$ h) $\frac{12}{5} : \left(\frac{4}{3} \cdot \frac{5}{2}\right)$

3 Potenzen mit rationalen Exponenten

„Das ist ja einfach“, beschwert sich Johann. Hier ist ein neues Rätsel: Um wie viele Leute, Katzen, Mäuse und Ähren geht es, wenn die Lösung 1024 ist?

Aus dem Papyrus Rhind:

7 Leute haben je 7 Katzen,
jede Katze fängt 7 Mäuse,
jede Maus frisst 7 Ähren,
jede Ähre hat 7 Körner.

Wie viele Körner haben die Katzen vor den Mäusen bewahrt?

Potenzen mit ganzzahligen Exponenten sind Kurzschreibweisen für Produkte mit gleichen Faktoren, wie z. B. $3^4 = 3 \cdot 3 \cdot 3 \cdot 3$. Auch Potenzen mit einem Bruch als Exponent, wie z. B. $3^{\frac{1}{2}}$, kann man als sinnvolle Schreibweise verwenden, wenn man fordert, dass die Potenzgesetze P1 bis P5 in gleicher Weise gelten sollen wie bei ganzzahligen Exponenten.

Quadriert man die Zahl $3^{\frac{1}{2}}$, so führt die Anwendung des Potenzgesetzes P3 (Siehe Seite 46.) zu $\left(3^{\frac{1}{2}}\right)^2 = 3^{\frac{1}{2} \cdot 2} = 3^1 = 3$. Somit ist $3^{\frac{1}{2}}$ eine Zahl, deren Quadrat gleich 3 ist. Also kann $3^{\frac{1}{2}}$ als andere Schreibweise für $\sqrt{3}$ aufgefasst werden. Es gilt $3^{\frac{1}{2}} = \sqrt{3}$.
Betrachtet man die Zahl $3^{\frac{1}{5}}$ und bildet deren 5-te Potenz, so erhält man $\left(3^{\frac{1}{5}}\right)^5 = 3^{\frac{1}{5} \cdot 5} = 3^1 = 3$. Somit ist $3^{\frac{1}{5}}$ eine Zahl, deren 5-te Potenz gleich 3 ist. Also kann $3^{\frac{1}{5}}$ als andere Schreibweise für $\sqrt[5]{3}$ (lies: „fünfte Wurzel aus 3“) aufgefasst werden. Es gilt $3^{\frac{1}{5}} = \sqrt[5]{3}$.

Alternative Rechenwege:
$3^{\frac{1}{2}} \cdot 3^{\frac{1}{2}} = 3^{\frac{1}{2}+\frac{1}{2}} = 3^1 = 3$
$(\sqrt{3})^2 = 3$

Alternative Rechenwege:
$3^{\frac{1}{5}} \cdot 3^{\frac{1}{5}} \cdot 3^{\frac{1}{5}} \cdot 3^{\frac{1}{5}} \cdot 3^{\frac{1}{5}}$
$= 3^{\frac{1}{5}+\frac{1}{5}+\frac{1}{5}+\frac{1}{5}+\frac{1}{5}} = 3^1 = 3$
$\left(\sqrt[5]{3}\right)^5 = 3$

Allgemein erhält man für $a^{\frac{1}{n}}$ mit einer beliebigen positiven Zahl a und $n \in \mathbb{N}^*$ mithilfe von P3: $\left(a^{\frac{1}{n}}\right)^n = a^{\frac{1}{n} \cdot n} = a^1 = a$. Somit ist $a^{\frac{1}{n}}$ eine Zahl, deren n-te Potenz gleich a ist. Also kann $a^{\frac{1}{n}}$ als andere Schreibweise für $\sqrt[n]{a}$ (lies: „n-te Wurzel aus a“) aufgefasst werden.

> Die n-te Wurzel $(n \in \mathbb{N}^*)$ aus $a \geq 0$ lässt sich als Potenz $a^{\frac{1}{n}}$ schreiben: $a^{\frac{1}{n}} = \sqrt[n]{a}$.

Die folgenden Umformungen von $3^{\frac{2}{5}}$ zeigen, wie man Potenzen mit beliebigen rationalen Exponenten stets auf zwei Weisen deuten kann.

$3^{\frac{2}{5}} = 3^{2 \cdot \frac{1}{5}} = (3^2)^{\frac{1}{5}} = \sqrt[5]{3^2}$ oder $3^{\frac{2}{5}} = 3^{\frac{1}{5} \cdot 2} = \left(3^{\frac{1}{5}}\right)^2 = \left(\sqrt[5]{3}\right)^2$.

Diese Umformungen sind auch für Potenzen mit negativen rationalen Exponenten möglich.

$4^{-\frac{2}{3}} = 4^{\frac{-2}{3}} = 4^{-2 \cdot \frac{1}{3}} = (4^{-2})^{\frac{1}{3}} = \sqrt[3]{4^{-2}}$ oder $4^{-\frac{2}{3}} = 4^{\frac{1}{3} \cdot (-2)} = \left(4^{\frac{1}{3}}\right)^{(-2)} = \left(\sqrt[3]{4}\right)^{-2}$.

$\left(\sqrt[3]{4}\right)^{-2}$, sprich 3-te Wurzel aus 4 hoch −2.
$\sqrt[3]{4^{-2}}$, sprich 3-te Wurzel aus 4 hoch −2.

Für $a^{\frac{m}{n}}$ mit einer beliebigen positiven Zahl a, $n \in \mathbb{N}^*$ und $m \in \mathbb{Z}$ erhält man mithilfe der Potenzgesetze:

$a^{\frac{m}{n}} = a^{m \cdot \frac{1}{n}} = (a^m)^{\frac{1}{n}} = \sqrt[n]{a^m}$ oder $a^{\frac{m}{n}} = a^{\frac{1}{n} \cdot m} = \left(a^{\frac{1}{n}}\right)^m = \left(\sqrt[n]{a}\right)^m$.

> Für eine beliebige positive reelle Zahl a, $n \in \mathbb{N}^*$ und $m \in \mathbb{Z}$ legt man fest:
>
> $a^{\frac{m}{n}} = \sqrt[n]{a^m}$ $\qquad$ $a^{\frac{m}{n}} = \left(\sqrt[n]{a}\right)^m$

Die Potenzgesetze P1 bis P5 von Seite 46 gelten auch für Potenzen mit rationalen Exponenten.

Die Verwendung von nicht ganzzahligen Exponenten ist nur bei positiver Basis a sinnvoll, da ansonsten Widersprüche entstehen können.
Man könnte z. B. bei der Basis −8 so rechnen:
$(-8)^{\frac{2}{6}} = (-8)^{\frac{1}{3}} = \sqrt[3]{-8} = \sqrt[3]{(-2)^3} = -2.$
Andererseits müsste jedoch auch die folgende Rechnung gültig sein:
$(-8)^{\frac{2}{6}} = (-8)^{2\cdot\frac{1}{6}} = \sqrt[6]{(-8)^2} = \sqrt[6]{64} = 2.$
Daraus würde eine falsche Rechnung folgen: $-2 = 2$. Das stellt einen Widerspruch dar.

Beispiel 1 Rechnen mit rationalen Exponenten

Berechnen bzw. vereinfachen Sie.

a) $81^{\frac{1}{4}}$
b) $0{,}000\,001^{\frac{1}{3}}$
c) $a^{\frac{1}{4}} \cdot a^{\frac{3}{4}}$
d) $\frac{a^{\frac{1}{2}}}{a^{\frac{1}{3}}}$
e) $\left(\frac{b^{\frac{1}{3}}}{b^{\frac{1}{2}}}\right)^6$
f) $\left(a^{\frac{1}{4}} \cdot b^{-\frac{1}{2}}\right)^8$

Lösung

a) $81^{\frac{1}{4}} = (3^4)^{\frac{1}{4}} = 3^{4\cdot\frac{1}{4}} = 3^1 = 3$
b) $0{,}000\,001^{\frac{1}{3}} = (0{,}1^6)^{\frac{1}{3}} = 0{,}1^{6\cdot\frac{1}{3}} = 0{,}1^2 = 0{,}01$
c) $a^{\frac{1}{4}} \cdot a^{\frac{3}{4}} = a^{\frac{1}{4}+\frac{3}{4}} = a^1 = a$
d) $\frac{a^{\frac{1}{2}}}{a^{\frac{1}{3}}} = a^{\frac{1}{2}-\frac{1}{3}} = a^{\frac{3}{6}-\frac{2}{6}} = a^{\frac{1}{6}}$
e) $\left(\frac{b^{\frac{1}{3}}}{b^{\frac{1}{2}}}\right)^6 = \left(b^{\frac{1}{3}-\frac{1}{2}}\right)^6 = \left(b^{-\frac{1}{6}}\right)^6 = b^{-\frac{1}{6}\cdot 6} = b^{-1}$
f) $\left(a^{\frac{1}{4}} \cdot b^{-\frac{1}{2}}\right)^8 = \left(a^{\frac{1}{4}}\right)^8 \cdot \left(b^{-\frac{1}{2}}\right)^8 = a^2 \cdot b^{-4}$

Beispiel 2 Wurzelterme mithilfe der Potenzgesetze umformen

Vereinfachen Sie mithilfe der Potenzgesetze.

a) $\sqrt[6]{5^4} \cdot \sqrt[3]{5}$
b) $\frac{\sqrt{a}}{\sqrt[6]{a^4}}$
c) $\sqrt[6]{\sqrt{x^3}}$
d) $\frac{b}{\sqrt{b} \cdot \sqrt[3]{b} \cdot \sqrt[6]{b}}$

Lösung

a) $\sqrt[6]{5^4} \cdot \sqrt[3]{5} = 5^{\frac{4}{6}} \cdot 5^{\frac{1}{3}} = 5^{\frac{2}{3}} \cdot 5^{\frac{1}{3}} = 5^{\frac{2}{3}+\frac{1}{3}} = 5$
b) $\frac{\sqrt{a}}{\sqrt[6]{a^4}} = \frac{a^{\frac{1}{2}}}{a^{\frac{4}{6}}} = a^{\frac{1}{2}-\frac{4}{6}} = a^{\frac{3}{6}-\frac{4}{6}} = a^{-\frac{1}{6}}$
c) $\sqrt[6]{\sqrt{x^3}} = \left(x^{\frac{3}{2}}\right)^{\frac{1}{6}} = x^{\frac{3}{2}\cdot\frac{1}{6}} = x^{\frac{1}{4}}$
d) $\frac{b}{\sqrt{b} \cdot \sqrt[3]{b} \cdot \sqrt[6]{b}} = \frac{b}{b^{\frac{1}{2}} \cdot b^{\frac{1}{3}} \cdot b^{\frac{1}{6}}} = \frac{b}{b^{\frac{1}{2}+\frac{1}{3}+\frac{1}{6}}} = \frac{b}{b} = 1$

Tipp zu Lösung b):
$a^{-\frac{1}{6}} = \left(\sqrt[6]{a}\right)^{-1} = \frac{1}{\sqrt[6]{a}}$

Tipp zu Lösung c):
$x^{\frac{1}{4}} = \sqrt[4]{x}$

Aufgaben

1 Berechnen Sie ohne Taschenrechner.
a) $16^{\frac{1}{4}}$
b) $1000^{\frac{1}{3}}$
c) $0{,}000\,01^{\frac{1}{5}}$
d) $1{,}44^{\frac{1}{2}}$
e) $16^{\frac{5}{4}}$
f) $64^{\frac{2}{3}}$
g) $16^{-\frac{1}{4}}$
h) $10\,000^{-\frac{1}{4}}$
i) $8^{-\frac{2}{3}}$
j) $125^{-\frac{2}{3}}$

2 Vereinfachen Sie.
a) $b^{\frac{1}{3}} \cdot b^{\frac{2}{3}}$
b) $a^{\frac{9}{4}} \cdot a^{-\frac{1}{4}}$
c) $x^{\frac{3}{2}} : x^{\frac{1}{4}}$
d) $\left(a^{\frac{1}{2}} : a^{\frac{1}{3}}\right)^3$
e) $\left(c^{\frac{1}{6}} \cdot c^{-\frac{1}{4}}\right)^8$
f) $\sqrt[4]{b} \cdot \sqrt{b}$
g) $\sqrt{a} \cdot \sqrt[9]{a^3}$
h) $\frac{\sqrt{b}}{\sqrt[10]{b^5}}$
i) $\sqrt[5]{\sqrt{x^5}}$
j) $\frac{a}{\sqrt{a} \cdot \sqrt[4]{a} \cdot \sqrt[8]{a}}$

3 Setzen Sie die fehlenden Ziffern ein und bilden Sie das Lösungswort.
a) $\sqrt{\square 44} = 2^2 \cdot 3$
b) $\sqrt{2\square 6} = 8\sqrt{4}$
c) $\sqrt{\square 1} \cdot \sqrt{49} = 8^2 - 1$
d) $\sqrt{361} - 14 = \sqrt{1\square 5} : \sqrt{5}$
e) $\sqrt{1\square 5} : \sqrt{35} = \sqrt{3}$
f) $\sqrt{484} - \sqrt{28\square} = 2 \cdot \sqrt{4} + 1$
g) $\sqrt{196} - \sqrt{\square 6} \cdot \sqrt{4} = 2$
h) $3\sqrt{\square} \cdot \sqrt{24} = 6^2$

Test

Lösung | Seite 270

4 Berechnen Sie ohne Taschenrechner.

a) $32^{\frac{3}{5}}$ b) $10\,000^{\frac{1}{4}}$ c) $0{,}81^{\frac{1}{2}}$ d) $25^{-\frac{1}{2}}$ e) $16^{-\frac{3}{4}}$

5 Vereinfachen Sie.

a) $b^{\frac{1}{4}} \cdot b^{\frac{5}{4}}$ b) $x^{\frac{3}{2}} : x^{\frac{1}{2}}$ c) $a \cdot a^{\frac{5}{2}} \cdot a^{-\frac{3}{4}}$ d) $\left(\sqrt{a^3} \cdot \sqrt[4]{a^5}\right)^8$ e) $\left(\frac{\sqrt{b}}{\sqrt[4]{b^3}}\right)^4$

6 Welche Terme haben den gleichen Wert?

$\sqrt[4]{\sqrt{16}}$ $\sqrt{\sqrt{\sqrt{256}}}$ 2 $\sqrt{2}$ $\sqrt{\sqrt[3]{64}}$ $\sqrt{\sqrt[4]{16}}$

7 Vereinfachen Sie.

a) $\sqrt{u^3 v^{-1}} \cdot \sqrt[4]{u^{-2} v^2}$ b) $p^{\frac{3}{2}} : p^{\frac{1}{6}}$ c) $(x^4 y)^{\frac{1}{4}} \cdot \sqrt{x^{-3} y^{\frac{1}{2}}}$ d) $\sqrt{b^{n+7} \cdot b^{3n-1}}$

e) $\left(a^{\frac{m}{3}} \cdot a^{\frac{m}{6}}\right) : a^{\frac{m}{4}}$ f) $\sqrt[3]{a^5 \cdot b} \cdot \sqrt[3]{a \cdot b^2}$ g) $\sqrt[7]{x \sqrt{y^{14} \cdot x^5}}$ h) $\frac{x^5}{\sqrt[4]{y}} : \frac{x^2}{y^{\frac{5}{4}}}$

Test

Lösung | Seite 271

8 Vereinfachen Sie.

a) $\sqrt[3]{x^2 \cdot y^5} \cdot \sqrt[3]{x \cdot y^7}$ b) $\frac{a^3 b c^{\frac{5}{2}}}{a^5 b^{-3} \sqrt{c}}$ c) $\left(q^{\frac{1}{3}} p^{\frac{1}{3}}\right)^2 \cdot \sqrt{p^{\frac{1}{3}} q^{-\frac{2}{3}}}$ d) $\sqrt{u^{8-2n} \cdot v^{4n-2}}$

9 Eine aus drei miteinander verbundenen Würfeln zusammengesetzte Betonskulptur soll vollständig mit Farbe eingefärbt werden. Das Volumen des mittleren Würfels ist halb so groß wie das Volumen des großen Würfels und doppelt so groß wie das Volumen des kleinen Würfels.

a) Die Kantenlänge des mittleren Würfels beträgt $a = 2\,\text{m}$. Berechnen Sie die insgesamt einzufärbende Oberfläche O und berücksichtigen Sie, dass die Standfläche nicht eingefärbt wird.

b) Geben Sie einen möglichst einfachen Term für die einzufärbende Oberfläche in Abhängigkeit der Kantenlänge a des mittleren Würfels an.

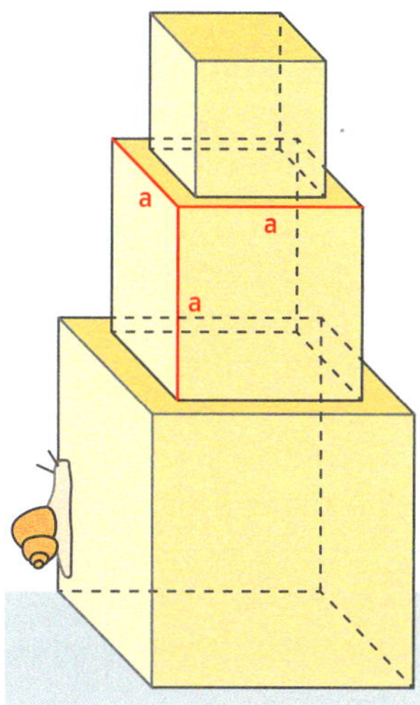

Strategie | Seite 222
5. Vorwärtsarbeiten

10

Jan Louis: *„a^n ist immer größer als a und $\sqrt[n]{a}$ ist immer kleiner als a."*

Karim: *„Wenn n größer wird, wird a^n größer und $\sqrt[n]{a}$ wird kleiner."*

Nehmen Sie zu beiden Behauptungen Stellung und begründen Sie Ihre Meinung.

Strategie | Seite 220
3. Orientieren an einem Beispiel

Strategie | Seite 226
9. Fallunterscheidung

Grundwissen Test

Grundwissen
Seite 242
Lösung | Seite 271

11 Erstellen Sie eine Wertetabelle und zeichnen Sie die Graphen der Funktionen f mit $f(x) = x^2$ und g mit $g(x) = x^3$

a) im Bereich $[-1; 1]$ mit $1\,\text{LE} = 0{,}2\,\text{cm}$. b) im Bereich $[-3; 3]$ mit $1\,\text{LE} = 1\,\text{cm}$.

4 Potenzfunktionen mit natürlichen Exponenten

Tinas Bruder Nick hat ein Radladermodell im Maßstab 1 : 25. Das Modell seines Freundes Hendrik ist im Maßstab 1 : 50 gebaut. Nick meint stolz: „Mein Radlader ist doppelt so groß wie der von Hendrik. Damit kann ich doppelt so viel Sand aufladen wie er." Tina findet, dass ihr Bruder ein Angeber ist. Sie kann sich trotzdem ein Schmunzeln nicht verkneifen. Wie viel Sand kann Nicks Radlader wirklich aufladen, wenn Hendriks Radlader $12\,cm^3$ schafft?

Bei einem Würfel der Kantenlänge x wird das Volumen V mithilfe des Terms x^3 berechnet (Fig. 1). Allgemein heißt eine Funktion f mit einer Funktionsgleichung wie z. B. $f(x) = 2x^3$, $f(x) = -5x^3$ oder $f(x) = \frac{3}{4}x^3$ **Potenzfunktion dritten Grades.** Dabei bestimmt der Exponent von x den Grad. Entsprechend gibt es auch Potenzfunktionen vierten, fünften und höheren Grades.

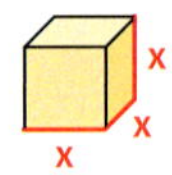

Fig. 1

Eine Funktion f, deren Funktionsgleichung sich in der Form $f(x) = a \cdot x^n$ ($n \in \mathbb{N}^*$, $a \in \mathbb{R}^*$) schreiben lässt, heißt **Potenzfunktion n-ten Grades.**

Die Zahlen a und n nennt man auch **Parameter**.

Der Einfluss des Exponenten n auf den Graphen

Um den Einfluss von n leichter erkennen zu können, werden nur Potenzfunktionen mit dem Parameter $a = 1$ betrachtet. Die Funktionsgleichung lautet also $f(x) = x^n$ ($n \in \mathbb{N}^*$).

Potenzfunktionen mit geraden Exponenten

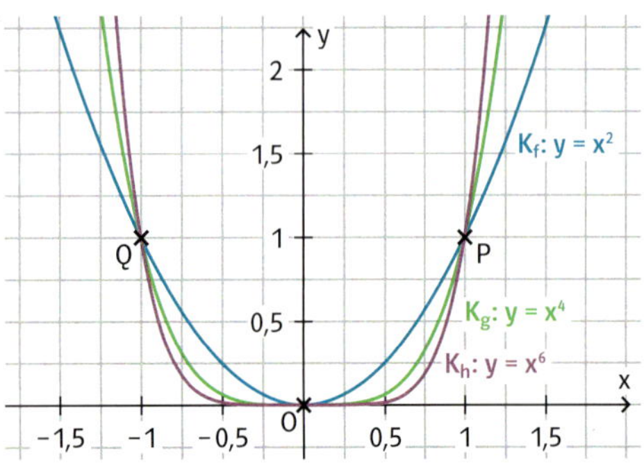

x	−1,5	−1	−0,5	0	0,5	1	1,5
$f(x) = x^2$	2,25	1	0,25	0	0,25	1	2,25
$g(x) = x^4$	5,06	1	0,06	0	0,06	1	5,06
$h(x) = x^6$	11,4	1	0,02	0	0,02	1	11,4

Für alle Graphen K gilt:

1. Die Punkte $O(0\,|\,0)$, $P(1\,|\,1)$, $Q(-1\,|\,1)$ liegen auf dem Graphen K.
2. K verläuft vom II. in den I. Quadranten.
3. K ist **achsensymmetrisch** zur y-Achse, es gilt $f(-x) = f(x)$ für alle $x \in \mathbb{R}$.

Potenzfunktionen mit ungeraden Exponenten

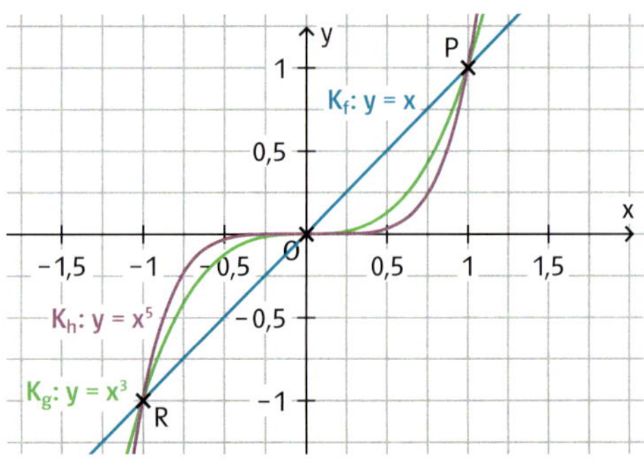

x	−1,5	−1	−0,5	0	0,5	1	1,5
$f(x) = x^1$	−1,5	−1	−0,5	0	0,5	1	1,5
$g(x) = x^3$	−3,4	−1	−0,13	0	0,13	1	3,4
$h(x) = x^5$	−7,6	−1	−0,03	0	0,03	1	7,6

Für alle Graphen K gilt:

1. Die Punkte $O(0\,|\,0)$, $P(1\,|\,1)$, $R(-1\,|\,-1)$ liegen auf dem Graphen K.
2. K verläuft vom III. in den I. Quadranten.
3. K ist **punktsymmetrisch** zum Ursprung, es gilt $f(-x) = -f(x)$ für alle $x \in \mathbb{R}$.

Der Einfluss des Parameters a auf den Graphen

In Fig. 1 wird gezeigt, wie sich der Graph der Funktion h mit $h(x) = 2 \cdot x^3$ durch eine Streckung in y-Richtung aus dem Graphen von g mit $g(x) = x^3$ ergibt.

Betrachtet man allgemein $f(x) = a \cdot x^3$, so ergeben sich die gleichen Erkenntnisse wie bei quadratischen Funktionen:

- Für $|a| > 1$ wird der Graph steiler.
- Für $0 < |a| < 1$ wird der Graph flacher.
- Ein negativer Faktor a beinhaltet eine Spiegelung des Graphen an der x-Achse. Dies zeigt der Graph von i mit $i(x) = -0{,}5x^3$.

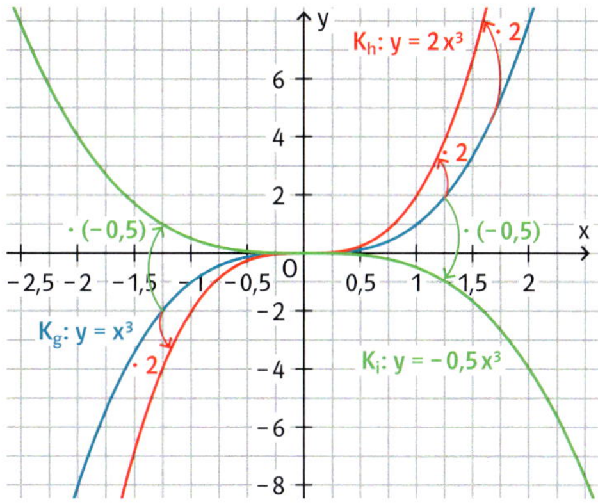

Fig. 1

Der **Betrag |a|** einer Zahl a ist ihr Abstand zur 0 auf der Zahlengeraden.
Beispiel:
$|-2| = 2$; $|2| = 2$

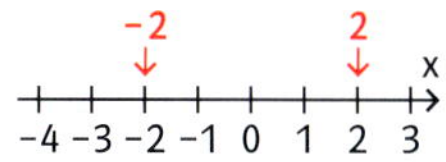

$|-100| = 100$; $|100| = 100$
Somit sind 100 und −100 **betragsmäßig gleich groß**.

Das **globale Verhalten** beschreibt den Verlauf des Graphen für betragsmäßig große x-Werte.

Für jede Potenzfunktion f mit $f(x) = a \cdot x^n$ $(a \neq 0;\ n \in \mathbb{N}^*)$ gilt:

- Der Graph K von f verläuft durch den Ursprung, $x = 0$ ist die einzige Nullstelle von f.
- Ist n gerade, so ist K achsensymmetrisch zur y-Achse.
- Ist n ungerade, so ist K punktsymmetrisch zum Ursprung.

Für $a > 0$ erhält man für den Graphen K folgendes globale Verhalten:

- Ist n gerade, so kommt K von links oben und geht nach rechts oben.
- Ist n ungerade, so kommt K von links unten und geht nach rechts oben.

Für $a < 0$ wird das globale Verhalten unten und oben umgekehrt, da die Graphen noch zusätzlich an der x-Achse gespiegelt werden.

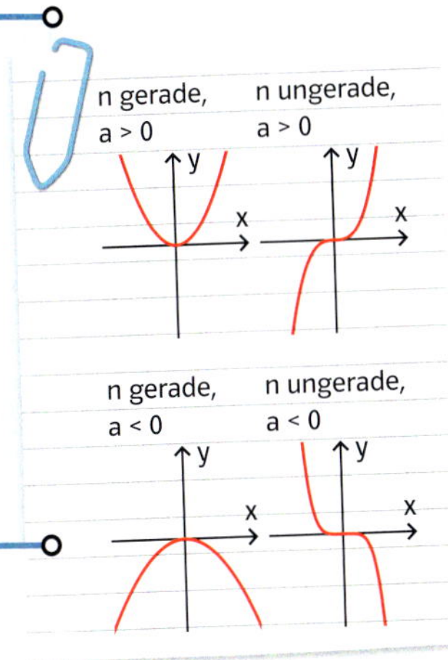

Beispiel 1 **Graph einer Potenzfunktion zeichnen**

Zeichnen Sie für $x \in [-3; 3]$ den Graphen der Funktion. Beschreiben Sie sein globales Verhalten.

a) $f(x) = 0{,}5x^3$ b) $g(x) = -2x^4$

Lösung

Für eine sinnvolle Skalierung der y-Achse bestimmt man den kleinsten und größten Funktionswert im Intervall $[-3; 3]$.

a) $f(-3) = -13{,}5$; $f(3) = 13{,}5$
Eine Skalierung der y-Achse von 1 cm für 5 LE ist sinnvoll. Der Platzbedarf beträgt oberhalb und unterhalb der x-Achse 3 cm.
Wegen des ungeraden Exponenten $n = 3$ und des Vorfaktors $a > 0$ verläuft der Graph von links unten nach rechts oben.

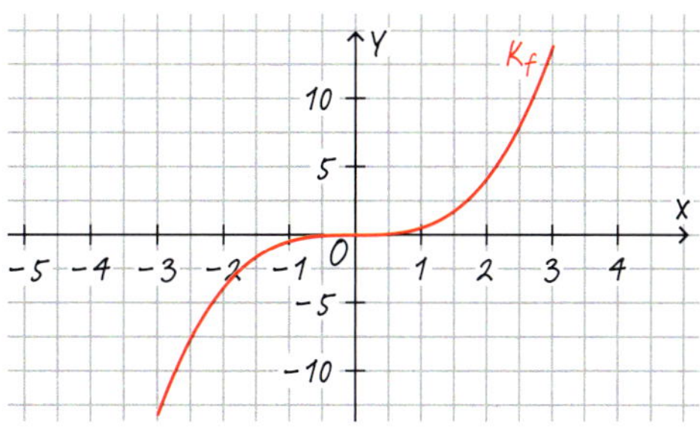

x	f(x)	g(x)
−3	−13,5	−162
−2	−4	−32
−1	−0,5	−2
0	0	0
1	0,5	−2
2	4	−32
3	13,5	−162

b) $g(-3) = -162 = g(3)$
Der größte Funktionswert von g ist $g(0) = 0$.
Damit ist eine Skalierung der y-Achse von 1 cm für 50 LE sinnvoll und unterhalb der x-Achse werden 4 cm Platz benötigt.
Wegen des geraden Exponenten $n = 4$ und $a < 0$ verläuft der Graph von links unten nach rechts unten.

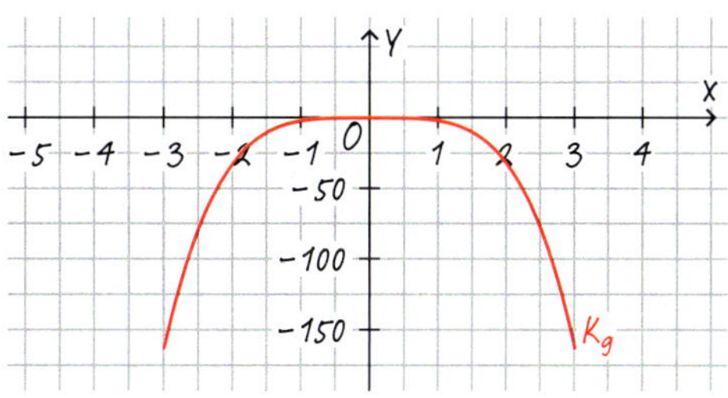

Beispiel 2 **Parameter a und n aus Graphen bestimmen, Punktprobe durchführen**

Ermitteln Sie mithilfe der Graphen und den eingezeichneten Punkten in der Zeichnung rechts die Parameter a und n der Potenzfunktion

a) f mit $f(x) = a \cdot x^n$ mit Graph K_f.   b) g mit $g(x) = a \cdot x^n$ mit Graph K_g.

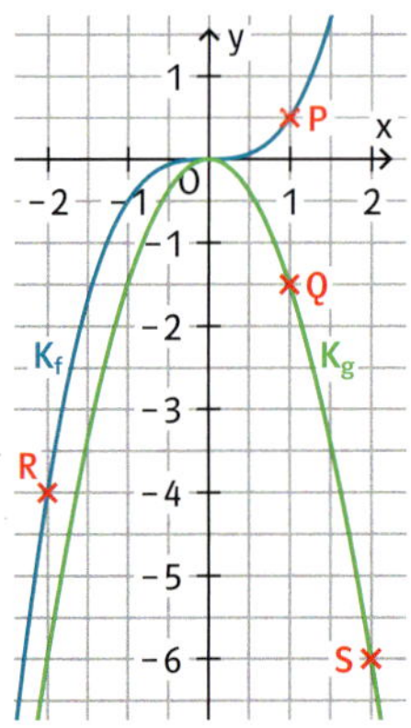

Lösung

a) Für jede Potenzfunktion f gilt $f(1) = a \cdot 1^n = a$. Deshalb kann man den Parameter a direkt bestimmen, indem man den y-Wert des Graphen an der Stelle $x = 1$ abliest. $P(1|0{,}5)$ führt zu $a = 0{,}5$. Einsetzen von $a = 0{,}5$ in den Ansatz ergibt: $f(x) = 0{,}5 \cdot x^n$.
Setzt man die Koordinaten von $R(-2|-4)$ ein, ergibt die Punktprobe: $-4 = 0{,}5 \cdot (-2)^n$.
Daraus folgt $-8 = (-2)^n$, also $n = 3$.

b) $Q(1|-1{,}5)$ führt zu $a = -1{,}5$. Einsetzen von $a = -1{,}5$ in den Ansatz ergibt: $g(x) = -1{,}5 \cdot x^n$.
Setzt man die Koordinaten von $S(2|-6)$ ein, ergibt die Punktprobe: $-6 = -1{,}5 \cdot 2^n$. Daraus folgt $4 = 2^n$, also $n = 2$.

Beispiel 3 **Funktionsgleichungen bei zwei vorgegebenen Punkten bestimmen**

Der Graph einer Potenzfunktion mit geradem Exponenten geht durch die beiden Punkte $P(-1|3)$ und $Q(2|48)$.

a) Bestimmen Sie den Funktionsterm.

b) Prüfen Sie, ob der Punkt $R(4|768)$ auf dem Graphen von f liegt.

Lösung

a) Ansatz:	$f(x) = a \cdot x^n$.
Die Punktprobe mit $P(-1|3)$ ergibt:	$3 = a \cdot (-1)^n$.
Für jedes gerade n gilt $(-1)^n = 1$, daher ist	$a = 3$.
Einsetzen von $a = 3$ in den Ansatz liefert:	$f(x) = 3 \cdot x^n$
Die Punktprobe mit $Q(2|48)$ ergibt:	$48 = 3 \cdot 2^n$.
Daraus folgt $16 = 2^n$, also	$n = 4$.
Der gesuchte Funktionsterm lautet	$f(x) = 3 \cdot x^4$.

b) Damit der Punkt $R(4|768)$ auf dem Graphen der Funktion f liegt, müssen die Koordinaten dieses Punktes die Gleichung $f(4) = 768$ erfüllen. Die Punktprobe $f(4) = 3 \cdot 4^4 = 3 \cdot 256 = 768$ zeigt, dass $R(4|768)$ auf dem Graphen von f liegt.

Aufgaben

○ **1** Zeichnen Sie für $x \in [-3; 3]$ den Graphen der Funktion. Berechnen Sie zusätzlich die Funktionswerte $f(0{,}1)$; $f(10)$ und $f(-100)$. Beschreiben Sie das globale Verhalten des Graphen.

a) $f(x) = 0{,}2x^4$ b) $f(x) = -0{,}4x^3$ c) $f(x) = -0{,}1x^6$

○ **2** Der Punkt Q liegt auf dem Graphen der Potenzfunktion f mit $f(x) = x^5$. Ergänzen Sie die fehlende Koordinate.

a) $Q(3|\square)$ b) $Q(-3|\square)$ c) $Q(\square|-32)$ d) $Q(\square|7^{10})$

○ **3** Prüfen Sie, ob der Punkt P auf dem Graphen von f mit $f(x) = x^6$ oder auf dem Graphen von g mit $g(x) = x^7$ oder auf beiden Graphen liegt.

a) $P(0{,}1|0{,}000\,001)$ b) $P(3|2187)$ c) $P(-5|-78\,125)$ d) $P(1|1)$

○ **4** Zeichnen Sie die Graphen der Potenzfunktionen f mit $f(x) = a \cdot x^4$ für $a = 1$, $a = -2$ und $a = 0{,}25$ in ein gemeinsames Koordinatensystem. Erläutern Sie, welche Auswirkung der Parameter a auf die Form und den Verlauf des Graphen hat.

○ **5** Der Graph der Funktion f mit $f(x) = a \cdot x^4$ verläuft durch den Punkt $P(2|8)$.

a) Bestimmen Sie den Wert von a.

b) Prüfen Sie, ob die Punkte $Q\left(-\frac{1}{2}\middle|\frac{1}{8}\right)$ und $R(4|128)$ auf dem Graphen von f liegen.

○ Test

Lösung | Seite 271

6 Die Punkte $P(2|p)$, $Q(-1|q)$, $R(r|0{,}000\,02)$ und $S(s|-64)$ liegen auf dem Graphen der Potenzfunktion f mit $f(x) = 2x^5$. Bestimmen Sie jeweils die fehlende Koordinate. Beschreiben Sie das globale Verhalten des Graphen von f.

7 Bestimmen Sie jeweils den Funktionsterm der Potenzfunktion f mit $f(x) = ax^4$, deren Graph durch den Punkt P verläuft. Welche dieser Graphen haben dasselbe globale Verhalten?
a) $P(4|4)$ b) $P(-2|80)$ c) $P(10|-10)$ d) $P(-0{,}5|2)$

8 Ordnen Sie jedem Graphen eine Funktionsgleichung zu. Begründen Sie, warum drei der Gleichungen keinem Graphen zugeordnet werden können.

$f(x) = 0{,}01x^4$ $g(x) = -0{,}5x^3$ $h(x) = 8x^8$ $i(x) = -x^{10}$ $j(x) = x^{11}$ $k(x) = 0{,}4x^3$ $l(x) = x^{10}$

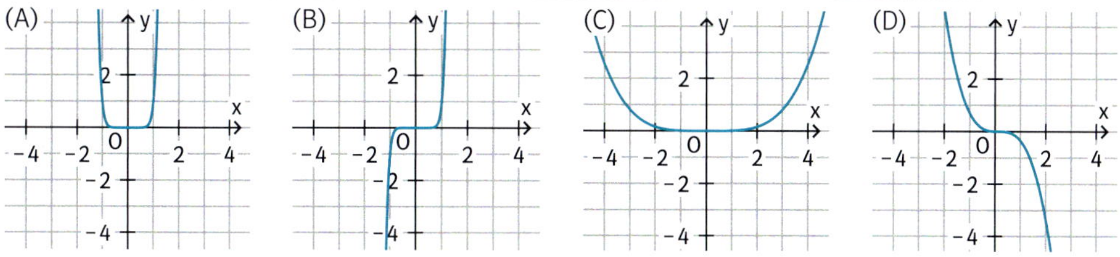

9 Geben Sie Gleichungen von zwei Potenzfunktionen an, zu denen die Aussage passt.
a) Der zugehörige Graph ist symmetrisch zur y-Achse.
b) Der zugehörige Graph verläuft durch den Punkt $P(1|3)$.
c) Keiner der zugehörigen Funktionswerte ist positiv.
d) Der zugehörige Graph verläuft durch den Punkt $Q(-1|-2)$.

10 Die Funktionen f und g haben die Funktionsgleichungen $f(x) = x^4$ und $g(x) = x^3$.
Bestimmen Sie die x-Werte, für die gilt:
a) Die Funktionswerte von g und f sind gleich groß.
b) Die Funktionswerte von g sind größer als die Funktionswerte von f.
c) Die Funktionswerte von g sind kleiner als die Funktionswerte von f.

◐ Test

Lösung | Seite 272

11 Beschreiben Sie Gemeinsamkeiten und Unterschiede in Form und Verlauf der Graphen von f, g, h und i mit $f(x) = x^2$, $g(x) = x^4$, $h(x) = x^6$, $i(x) = x^3$.

12 Ordnen Sie den Graphen in Fig. 1 die Funktionsgleichungen $f(x) = 0{,}01x^4$, $g(x) = 0{,}5x^7$ und $h(x) = -0{,}5x^7$ zu.

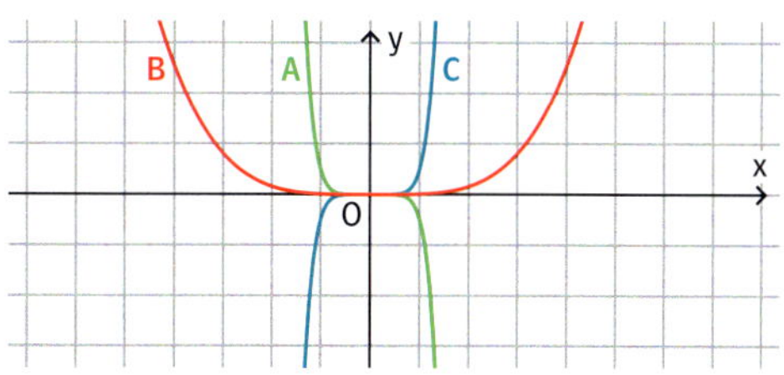

Fig. 1

13 Beurteilen Sie, ob die folgende Aussage „immer", „nie" oder „unter bestimmten Bedingungen" zutrifft. Geben Sie gegebenfalls die Bedingung an.
a) Der Graph der Funktion f mit $f(x) = ax^n$ geht durch den Punkt $P\left(\frac{1}{2}\middle|\frac{1}{2}a\right)$.
b) Der Graph der Funktion f mit $f(x) = ax^n$ verläuft von links oben nach rechts unten.
c) Der Graph der Funktion f mit $f(x) = ax^2$ geht durch den Punkt $P(2|1)$.
d) Der Graph von f mit $f(x) = -4x^n$ für gerades n verläuft von links unten nach rechts unten.
e) Die Graphen von f mit $f(x) = ax^2$ und g mit $g(x) = ax^4$ schneiden sich in zwei Punkten.

14 a) Wie verändert sich das Gewicht eines Holzwürfels, wenn man seine Kantenlänge verdoppelt? Begründen Sie.

b) Das Gewicht eines Holzwürfels soll verdoppelt werden. Wie verändert sich dabei die Kantenlänge? Begründen Sie.

15 Bei einem Windrad lässt sich die Leistung P (in Watt) bei der Windgeschwindigkeit v (in $\frac{m}{s}$) mit der Formel $P = 1000 \cdot v^3$ berechnen.

a) Stellen Sie den Graphen der Funktion P in einem geeigneten Koordinatensystem dar.

b) Lesen Sie am Graphen ab, bei welcher Windgeschwindigkeit die Leistung P den Wert $5 \cdot 10^5\,W$ hat.

c) Überlegen Sie sich mithilfe des Graphen und der Funktionsgleichung drei Aufgaben und stellen Sie diese Ihrem Nachbarn. Kontrollieren Sie Ihre Ergebnisse anschließend gemeinsam.

d) Wo liegen aus Ihrer Sicht die Vorteile und die Nachteile der Windenergie gegenüber anderen Energieträgern?

16 Eine Studie zum Schwerlastverkehr hat ergeben, dass das Gewicht eines Lkw mit der vierten Potenz in das Maß der Straßenschädigung eingeht.

a) Wie erhöht sich die Schädigung der Straße für den Fall, dass das Gewicht eines Lkw verdoppelt wird?

b) Früher war in Deutschland bei einem Lkw eine Achslast von 100 000 N (N: Newton) erlaubt. Heute beträgt der zulässige Wert 115 000 N. Um wie viel Prozent stiegen die Schädigungen durch die vorgenommene Erhöhung der Achslast?

c) Welche Erhöhung der Achslast darf man höchstens vornehmen, wenn man die Schädigung auf das Doppelte des ursprünglichen Wertes begrenzen will?

17 a) Jana sagt: „Bei einer linearen Funktion der Form $f(x) = m \cdot x$ kann ich anhand einiger Funktionswerte in der Wertetabelle den Funktionsterm bestimmen. Die x-Werte müssen aber aufeinanderfolgende ganze Zahlen sein." Eric gibt ihr folgenden Ausschnitt aus der Wertetabelle:

Strategie | Seite 224
7. Invarianzprinzip

x	□	□	□	□	□
f(x)	6	7,5	9	10,5	12

b) Eric grübelt eine Weile und sagt dann: „Das kann ich auch mit einer quadratischen Funktion der Form $g(x) = a \cdot x^2$!" Jana schreibt ihm folgende Werte auf:

x	□	□	□	□	□
g(x)	0,8	1,8	3,2	5	7,2

c) Nachdem Jana herausgefunden hat, wie Eric das macht, probiert sie höhere Potenzen aus und behauptet: „Ich kann das auch mit Potenzfunktionen der Form $h(x) = a \cdot x^n$. Ich finde sogar den Grad n der Potenzfunktion heraus! Allerdings brauche ich dazu mindestens $n + 2$ Funktionswerte." Eric denkt sich eine Funktion aus und schreibt folgende Werte auf:

x	□	□	□	□	□	□	□
h(x)	4,86	20,48	62,5	155,52	336,14	655,36	1180,98

Grundwissen Test

Grundwissen
Seite 242
Lösung | Seite 272

18 Übertragen Sie die Wertetabellen in Ihr Heft und berechnen Sie die Funktionswerte der Funktionen f und g. Zeichnen Sie jeweils die beiden Graphen in ein gemeinsames Koordinatensystem.

a)

x	−1,0	−0,5	−0,2	−0,1	0,1	0,2	0,5	1,0
$f(x) = \frac{1}{x}$								
$g(x) = \frac{1}{x^2}$								

b)

x	−4	−3	−2	−1	−0,5	0,5	1	2	3	4
$f(x) = \frac{1}{x}$										
$g(x) = \frac{1}{x^2}$										

Bei den olympischen Spielen von Mexiko im Jahr 1968 wurden beim 100-m-Lauf zum ersten Mal für 100 m weniger als 10 s benötigt, nämlich 9,95 s (Jim Hines).

a) Berechnen Sie die durchschnittliche Geschwindigkeit von Jim Hines.

b) Berechnen Sie die für 100 m erforderliche durchschnittliche Geschwindigkeit für 10 s, 12 s, 14 s, 16 s, 18 s und 20 s. Stellen Sie die Ergebnisse in einer Tabelle dar.

c) Zeichnen Sie ein v-t-Diagramm.

Bei der Funktion f mit $f(x) = \frac{100}{x}$ handelt es sich ebenfalls um eine **Potenzfunktion**, da man sie in der Form $f(x) = 100 \cdot x^{-1}$ schreiben kann. Auch alle anderen Funktionen mit ganzzahlig negativem Exponenten, wie z. B. $f(x) = 3x^{-4}$, zählt man zu den Potenzfunktionen.

Auch eine Funktion f, deren Funktionsgleichung sich in der Form $f(x) = a \cdot \frac{1}{x^n} = a \cdot x^{-n}$ mit $n \in \mathbb{N}^*$ und $a \in \mathbb{R}^*$ schreiben lässt, ist eine **Potenzfunktion**. Für sie gilt: $D = \mathbb{R}^*$.

Da man durch null nicht teilen darf, darf hier für x nicht null eingesetzt werden.

Der Einfluss des Exponenten n auf den Graphen einer Potenzfunktion

Um den Einfluss von n leichter erkennen zu können, werden hier Potenzfunktionen mit dem Parameter $a = 1$ betrachtet. Die Funktionsgleichung lautet also $f(x) = x^{-n}$ $(n \in \mathbb{N}^*)$.

Der Graph einer Funktion f mit $f(x) = \frac{a}{x}$ wird auch **Hyperbel** genannt.

Potenzfunktionen mit geradem Exponenten

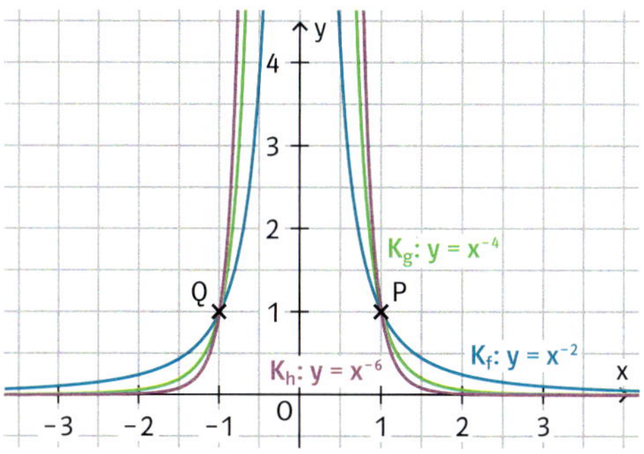

Fig. 1

x	−2	−1	−0,75	0,75	1	2
$f(x) = x^{-2}$	0,25	1	1,8	1,8	1	0,25
$g(x) = x^{-4}$	0,06	1	3,2	3,2	1	0,06
$h(x) = x^{-6}$	0,02	1	5,6	5,6	1	0,02

Für alle Graphen K gilt:
1. Die Punkte P(1 | 1), Q(−1 | 1) liegen auf K.
2. K verläuft im I. und II. Quadranten.
3. K ist **achsensymmetrisch** zur y-Achse, es gilt: $f(-x) = f(x)$ für alle x.

Potenzfunktionen mit ungeradem Exponenten

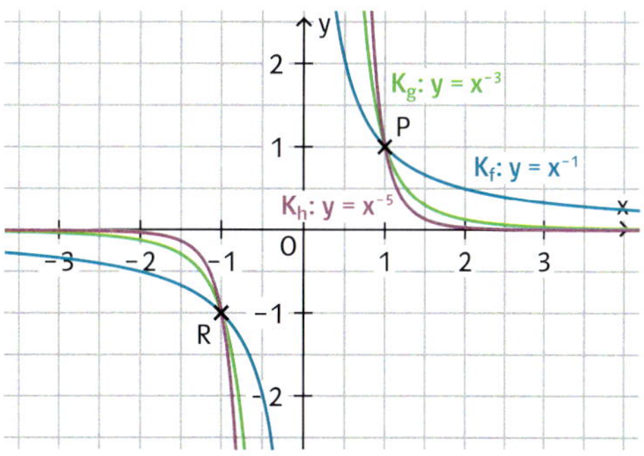

Fig. 2

x	−2	−1	−0,75	0,75	1	2
$f(x) = x^{-1}$	−0,5	−1	−1,3	1,3	1	0,5
$g(x) = x^{-3}$	−0,1	−1	−2,4	2,4	1	0,1
$h(x) = x^{-5}$	−0,03	−1	−4,2	4,2	1	0,03

Für alle Graphen K gilt:
1. Die Punkte P(1 | 1), R(−1 | −1) liegen auf K.
2. K verläuft im I. und III. Quadranten.
3. K ist **punktsymmetrisch** zum Ursprung, es gilt: $f(-x) = -f(x)$ für alle x.

Achsensymmetrie zur y-Achse
$f(-x) = f(x)$

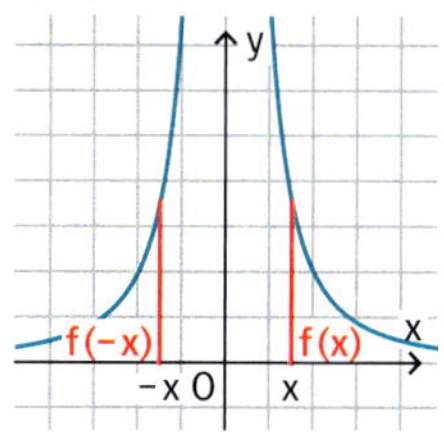

Punktsymmetrie zum Ursprung
$f(-x) = -f(x)$

Alle Graphen von Potenzfunktionen mit negativem Exponenten bestehen aus zwei Teilen, die nicht zusammenhängen. Da für $x = 0$ kein Funktionswert berechnet werden kann, enthält die Definitionsmenge D die Stelle $x = 0$ nicht. $x = 0$ nennt man auch **Definitionslücke**.

Verlauf des Graphen für gerade n:

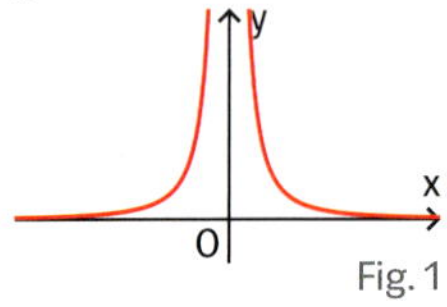

Fig. 1

Verlauf des Graphen für ungerade n:

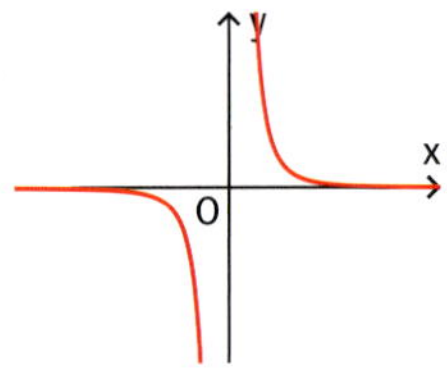

Fig. 2

Für jede Potenzfunktion f mit $f(x) = x^{-n}$ bzw. $f(x) = \frac{1}{x^n}$ $(n \in \mathbb{N}^*)$ gilt:
- f hat an der Stelle $x = 0$ eine Definitionslücke: $D = \mathbb{R}^*$.
- Der Punkt $P(1 \mid 1)$ liegt auf dem Graphen von f.
- Ist n gerade, so ist der Graph von f achsensymmetrisch zur y-Achse und alle Funktionswerte sind positiv (Fig. 1).
- Ist n ungerade, so ist der Graph von f punktsymmetrisch zum Ursprung. Das Vorzeichen der Funktionswerte wechselt an der Stelle $x = 0$ von – zu + (Fig. 2).

Das Verhalten für betragsmäßig große x-Werte

Das Verhalten der Graphen der Potenzfunktionen f mit $f(x) = \frac{1}{x}$ für sehr große und sehr kleine, d.h. betragsmäßig große x-Werte, kann man mithilfe von Wertetabellen veranschaulichen.

Für sehr große x-Werte ergibt dies:

x	1	10	100	1000	10 000	100 000
$f(x) = \frac{1}{x}$	1	0,1	0,01	0,001	0,0001	0,000 01

Mit zunehmenden x-Werten nähern sich die Funktionswerte immer mehr der Zahl Null an.
Dafür sagt man: Für x gegen ∞ (sprich: „unendlich") geht $\frac{1}{x}$ gegen 0.
Formal schreibt man dafür auch: Für $x \to \infty$ gilt $\frac{1}{x} \to 0$ (Für den Pfeil sagt man „gegen").
Dies lässt sich auch mit der **Limesschreibweise** ausdrücken: $\lim\limits_{x \to \infty} \frac{1}{x} = 0$.

lim ist die Abkürzung für limes = Grenzwert (lat.)

Für sehr kleine x-Werte ergibt dies:

x	–1	–10	–100	–1000	–10 000	–100 000
$f(x) = \frac{1}{x}$	–1	–0,1	–0,01	–0,001	–0,0001	–0,000 01

Man erkennt: Für x gegen $-\infty$ geht $\frac{1}{x}$ gegen 0.

Formal ausgedrückt: Für $x \to -\infty$ gilt $\frac{1}{x} \to 0$, bzw. $\lim\limits_{x \to -\infty} \frac{1}{x} = 0$.

Zusammenfassende Schreibweise:
$\lim\limits_{x \to \pm\infty} \frac{1}{x} = 0$

Somit nähert sich der Graph der Funktion f für betragsmäßig große x-Werte der x-Achse an.
Eine Gerade, an die sich der Graph einer Funktion anschmiegt, heißt **Asymptote** des Graphen.
Für den Graphen der Funktion f mit $f(x) = \frac{1}{x}$ ist die x-Achse horizontale Asymptote.

asympiptein (griech.): nicht zusammenfallen

Das Verhalten für x-Werte nahe null

Für kleine positive x-Werte gilt:

x	1	0,1	0,01	0,001	0,0001	0,000 01
$f(x) = \frac{1}{x}$	1	10	100	1000	10 000	100 000

Nähern sich die x-Werte von rechts auf der Zahlengerade immer mehr der Zahl Null, so werden die Funktionswerte immer größer. Anders ausgedrückt: Geht x (für $x > 0$) gegen null, gehen die Funktionswerte gegen $+\infty$. Man schreibt auch: Für $x > 0$ und $x \to 0$ gilt $\frac{1}{x} \to +\infty$.

Da ∞ keine Zahl ist, darf die Limesschreibweise nicht verwendet werden.

Nähern sich die x-Werte von links $(x < 0)$ auf der Zahlengerade der Zahl Null, werden wegen $\frac{1}{x} < 0$ die Funktionswerte immer kleiner. Für $x < 0$ und $x \to 0$ gilt $\frac{1}{x} \to -\infty$.
Somit nähert sich der Graph der Funktion f aus beiden Richtungen für x gegen null der y-Achse.
Die y-Achse ist vertikale Asymptote des Graphen der Funktion f mit $f(x) = \frac{1}{x}$.

Der Einfluss des Parameters a auf den Graphen einer Potenzfunktion

Der Graph K_g einer Funktion g mit $g(x) = a \cdot x^{-n}$ geht aus dem Graphen K_f einer Funktion f mit $f(x) = x^{-n}$ durch **Streckung mit dem Faktor a** in y-Richtung hervor. Für $a < 0$ beinhaltet dies eine Spiegelung an der x-Achse.
Auf die Lage der beiden Asymptoten $(x = 0$ und $y = 0)$ hat der Parameter a keinen Einfluss.

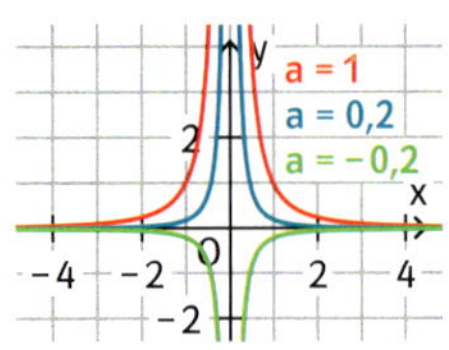

Für eine Potenzfunktion f mit $f(x) = a \cdot x^{-n}$ $(a \neq 0,\ n \in \mathbb{N}^*)$ gilt:
- Die x-Achse ist eine **horizontale Asymptote** des Graphen von f, da $\lim\limits_{x \to \pm\infty} f(x) = 0$.
- Die y-Achse ist eine **vertikale Asymptote** des Graphen von f, da für $x \to 0$ gilt $f(x) \to \pm\infty$.
- Der Parameter a hat keinen Einfluss auf die Lage der Asymptoten.

$f(x) \to \pm\infty$ bedeutet:
$f(x) \to +\infty$ oder
$f(x) \to -\infty$

Der Parameter a lässt sich – wie bei den Potenzfunktionen mit positivem Exponenten – mithilfe des Punktes $P(1\,|\,a)$ auf dem Graphen K_f bestimmen.

$P(1\,|\,a)$ liegt auf K_f, denn $f(1) = a \cdot 1^{-n} = a$.

Beispiel 1 **Graphen mithilfe einer Funktionsgleichung skizzieren und beschreiben**

Bestimmen Sie die Definitionsmenge D und die Wertemenge W der Funktion f. Skizzieren Sie den Graphen K_f und beschreiben Sie seinen Verlauf.

a) $f(x) = 5 \cdot \frac{1}{x^6}$ b) $f(x) = -4 \cdot \frac{1}{x^3}$

Lösung

a) $\frac{1}{x^6} = x^{-6}$. Weil der Exponent negativ ist, gilt $D = \mathbb{R}^*$.
Weil $n = 6$ gerade ist, ist der Graph (Fig. 1) symmetrisch zur y-Achse. Weil $a = 5$ positiv ist, gilt $W = \mathbb{R}^*_+$.
Der Graph nähert sich für $x \to 0$ im I. und II. Quadranten asymptotisch der y-Achse.
Sowohl für $x \to \infty$ als auch für $x \to -\infty$ nähert sich der Graph asymptotisch von oben der x-Achse.

b) $\frac{1}{x^3} = x^{-3}$. Weil der Exponent negativ ist, gilt $D = \mathbb{R}^*$. Weil $n = 3$ ungerade ist, ist der Graph (Fig. 2) punktsymmetrisch zum Ursprung. Es gilt $W = \mathbb{R}^*$. Wegen $a = -4$ verläuft der Graph im II. und IV. Quadranten.
Der Graph nähert sich im jeweiligen Quadranten für $x \to 0$ asymptotisch der y-Achse. Für $x \to +\infty$ nähert er sich von unten und für $x \to -\infty$ von oben asymptotisch der x-Achse.

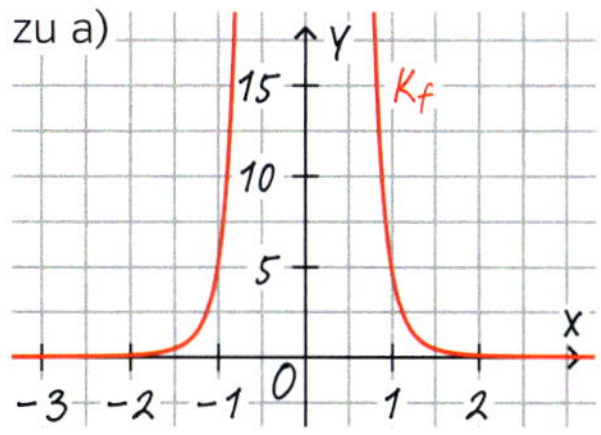

Fig. 1

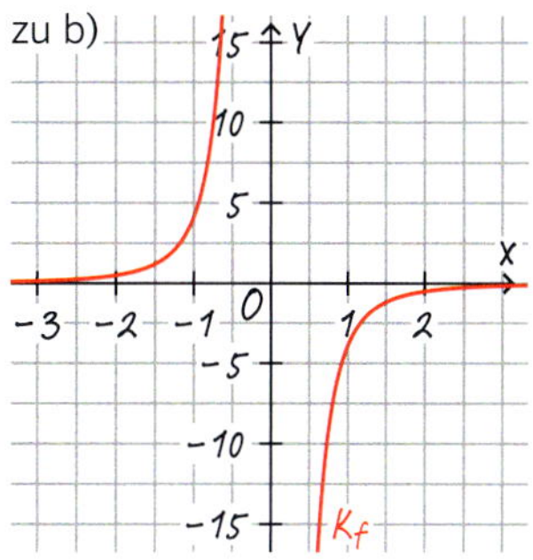

Fig. 2

Beispiel 2 **Funktionsterm bestimmen**

Ermitteln Sie zu dem Graphen in Fig. 3 den Funktionsterm der Form $f(x) = a \cdot x^{-n}$.

Lösung

Die Punkte $P(1\,|\,0{,}5)$ und $Q(0{,}5\,|\,2)$ liegen auf dem Graphen.
Punktprobe mit $P(1\,|\,0{,}5)$ ergibt $0{,}5 = a \cdot 1^{-n}$.
Weil $1^{-n} = 1$ für jedes n gilt, ist $a = 0{,}5$.
Einsetzen von $a = 0{,}5$ in den Funktionsterm liefert $f(x) = 0{,}5 \cdot x^{-n}$.
Die Punktprobe mit $Q(0{,}5\,|\,2)$ ergibt $2 = 0{,}5 \cdot 0{,}5^{-n}$.
Nach einigen Umformungen erhält man $0{,}5^n = 0{,}5^2$.
Ein Vergleich der Exponenten liefert $n = 2$.
Der Funktionsterm lautet $f(x) = 0{,}5 \cdot x^{-2}$.

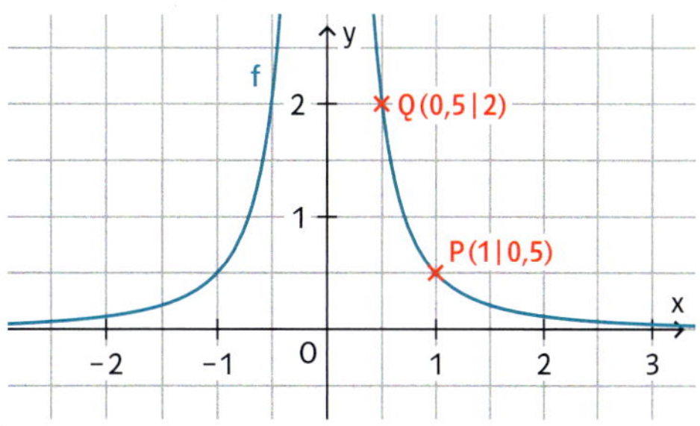

Fig. 3

Tipp
$0{,}5^{-n} \cdot 0{,}5^n$
$= 0{,}5^{-n+n} = 0{,}5^0 = 1$

Aufgaben

○ 1 Zeichnen Sie die Graphen der Funktionen f und g in ein gemeinsames Koordinatensystem. Beschreiben Sie Gemeinsamkeiten und Unterschiede.

a) $f(x) = \frac{1}{x}$, $g(x) = \frac{1}{x^3}$ b) $f(x) = x^{-2}$, $g(x) = x^{-4}$ c) $f(x) = \left(\frac{1}{x}\right)^2$, $g(x) = x^{-3}$

○ **2** Ordnen Sie jedem Graphen eine Funktionsgleichung zu. Begründen Sie Ihre Wahl.

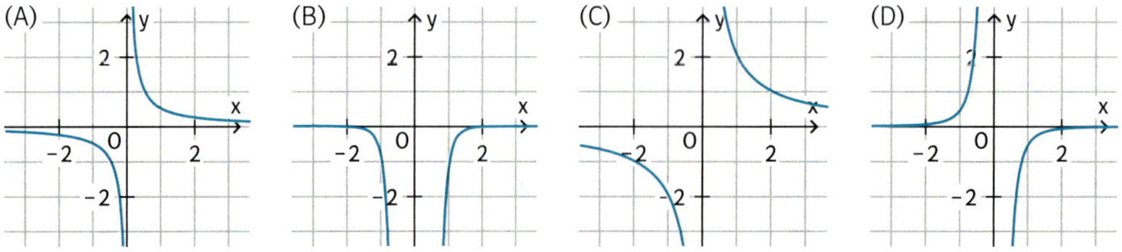

$f(x) = -0{,}5x^{-3}$

$g(x) = 2x^{-1}$

$h(x) = 0{,}5x^{-1}$

$i(x) = -x^{-6}$

○ **3** Prüfen Sie, ob der Punkt P auf dem Graphen von f mit $f(x) = 2x^{-3}$ liegt.

a) $P(1|2)$ b) $P\left(2\left|\frac{1}{8}\right.\right)$ c) $P(0{,}5|16)$ d) $P\left(-2\left|-\frac{1}{4}\right.\right)$

○ **4** Der Punkt Q liegt auf dem Graphen von f mit $f(x) = -0{,}5x^{-2}$. Ergänzen Sie die fehlende Koordinate.

a) $Q(2|\square)$ b) $Q(-3|\square)$ c) $Q\left(\square\left|-\frac{1}{32}\right.\right)$ d) $Q\left(\square\left|-\frac{1}{4}\right.\right)$

○ Test Lösung | Seite 272

5 Gegeben ist die Funktion f mit $f(x) = 3x^{-3}$.

a) Überprüfen Sie, ob die Punkte $P\left(3\left|\frac{1}{9}\right.\right)$ und $Q\left(-2\left|-\frac{1}{2}\right.\right)$ auf dem Graphen von f liegen.

b) Der Punkt $R(2|\square)$ liegt auf dem Graphen von f. Berechnen Sie die fehlende Koordinate.

◒ **6** a) Ermitteln Sie den Funktionsterm der Potenzfunktion f mit $f(x) = a \cdot x^{-n}$, deren Graph durch die Punkte $P(1|-2)$ und $Q\left(2\left|-\frac{1}{16}\right.\right)$ verläuft. Beschreiben Sie das asymptotische Verhalten.

b) Die Punkte $P(-2|p)$ und $Q(0{,}5|128)$ liegen auf dem Graphen der Funktion f mit $f(x) = a \cdot x^{-4}$. Bestimmen Sie a und p.

◒ **7** Bestimmen Sie mithilfe geeigneter Punkte die Funktionsterme der Form $f(x) = a \cdot x^{-n}$ zu den rechts abgebildeten Graphen.

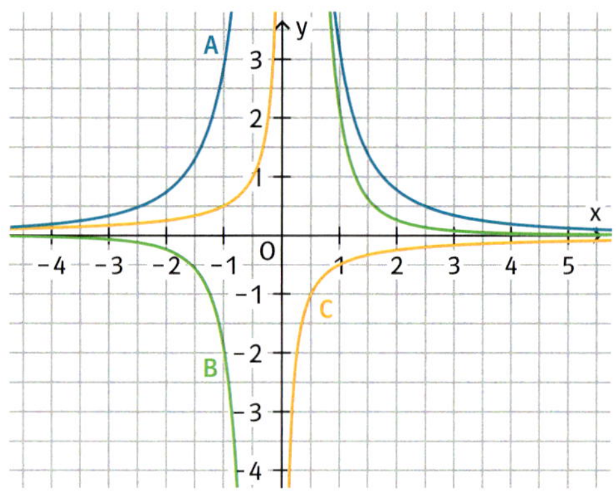

◒ Test Lösung | Seite 272

8 Bestimmen Sie den Funktionsterm der Funktion f mit $f(x) = a \cdot x^{-n}$, deren Graph K_f durch die Punkte $P(1|2{,}5)$ und $Q\left(2\left|\frac{5}{16}\right.\right)$ verläuft.

● **9** Geben Sie jeweils zwei Funktionsgleichungen der Form $f(x) = a \cdot x^{-n}$ mit der Eigenschaft an.

a) Der Graph von f ist punktsymmetrisch zum Ursprung $O(0|0)$.

b) Der Punkt $P(1|-5)$ liegt auf dem Graphen von f.

c) Halbiert man den Wert für x, so wird der zugehörige Funktionswert f(x) viermal so groß.

d) Für alle $x \neq 0$ gilt: $f(-x) = f(x)$.

Grundwissen Test Grundwissen Seiten 236–237 Lösung | Seite 273

10 Ziehen Sie die Wurzeln ohne Verwendung des Taschenrechners.

a) $\sqrt{49}$ b) $\sqrt{0{,}49}$ c) $\sqrt{25}$ d) $\sqrt{2500}$ e) $\sqrt{225}$ f) $\sqrt{2{,}25}$

g) $\sqrt{121}$ h) $\sqrt{0{,}0121}$ i) $\sqrt[3]{8}$ j) $\sqrt[3]{0{,}008}$ k) $\sqrt[3]{1000}$ l) $\sqrt[3]{216}$

6 Wurzelfunktionen

Jedem Flächeninhalt x einer quadratischen Kachel ist die zugehörige Kantenlänge y eindeutig zugeordnet.
Gibt man x zum Beispiel in cm^2 und y in cm an, so ergibt dies eine Funktion $x \mapsto y$.
An welchen Graphen erinnert der Graph dieser Funktion?

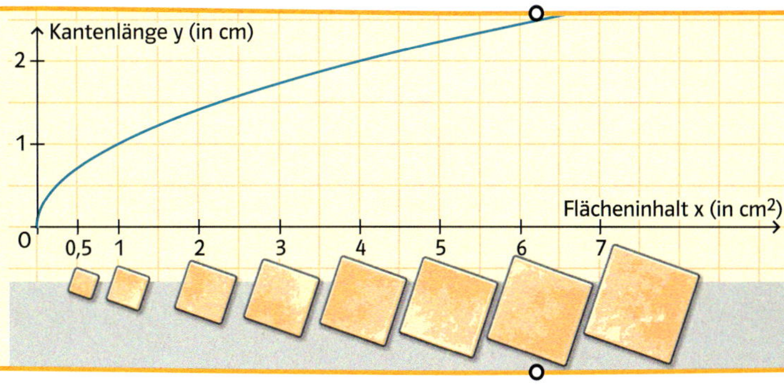

Mithilfe einer Wertetabelle (Fig. 1) kann man den Graphen der Funktion f mit $f(x) = \sqrt{x}$ zeichnen (Fig. 2).
Wegen der Wurzel darf man für x keine negativen Werte einsetzen. Die Definitionsmenge der Funktion f ist daher $D_f = \mathbb{R}_+$.
Wurzeln können auch als Potenzen dargestellt werden. So hat die Quadratwurzel $\sqrt{x}$ die Potenzschreibweise $x^{\frac{1}{2}}$. Deshalb kann man die Funktion f als spezielle Potenzfunktion mit dem Bruch $\frac{1}{2}$ als Exponenten ansehen.

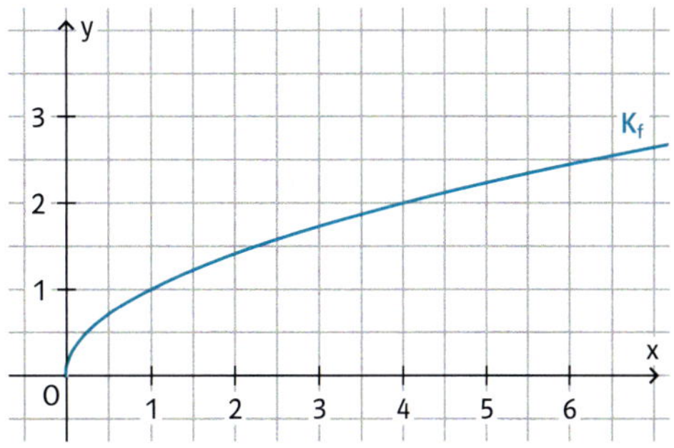

Fig. 2

x	$f(x) = \sqrt{x}$
0	0
1	1
2	$\sqrt{2} \approx 1{,}41$
3	$\sqrt{3} \approx 1{,}73$
4	2
5	$\sqrt{5} \approx 2{,}24$
6	$\sqrt{6} \approx 2{,}45$

Fig. 1

Allgemein sind für nicht-negative Zahlen $x \geq 0$ Potenzen der Form $x^{\frac{1}{n}}$ $(n \in \mathbb{N}^*)$ definiert.
Bei $x^{\frac{1}{n}}$ handelt es sich um eine andere Schreibweise für $\sqrt[n]{x}$. Somit sind alle Wurzelfunktionen auch als Potenzfunktionen mit einem Bruch als Exponenten anzusehen.

Eine Funktion f, deren Funktionsgleichung sich in der Form $f(x) = x^{\frac{1}{n}}$ bzw. $f(x) = \sqrt[n]{x}$ mit $n \in \mathbb{N} \setminus \{0; 1\}$ schreiben lässt, heißt **Wurzelfunktion**.
Die Definitionsmenge D der Funktion ist $D = \mathbb{R}_+$.

Bemerkung Die Punkte $O(0\,|\,0)$ und $P(1\,|\,1)$ liegen auf den Graphen jeder Wurzelfunktion.
Für $n = 2$ ist der Graph ein „waagerecht liegender Parabelast".

Beispiel 1 Graph einer Wurzelfunktion zeichnen; Punktprobe

a) Zeichnen Sie den Graphen der Funktion f mit $f(x) = \sqrt[3]{x}$.
b) Prüfen Sie, ob die Punkte $P(8\,|\,2)$ und $Q(3{,}5\,|\,1{,}5)$ auf dem Graphen K_f von f liegen.

Lösung

a) Mithilfe einer Wertetabelle (Fig. 3) kann man den Graphen von f zeichnen (Fig. 4).
b) $f(8) = 2$; $f(3{,}5) = \sqrt[3]{3{,}5} \approx 1{,}518 \neq 1{,}5$
P liegt auf dem Graphen von f, Q nicht.

Fig. 4

x	$f(x) = \sqrt[3]{x}$
0	0
1	1
2	$\sqrt[3]{2} \approx 1{,}26$
3	$\sqrt[3]{3} \approx 1{,}44$
4	$\sqrt[3]{4} \approx 1{,}59$
5	$\sqrt[3]{5} \approx 1{,}71$
6	$\sqrt[3]{6} \approx 1{,}82$

Fig. 3

Beispiel 2 **Funktionsterm einer Wurzelfunktion bestimmen**

Die Punkte A(1 | 1) und B(16 | 2) liegen auf dem Graphen der Funktion f mit $f(x) = x^{\frac{1}{n}}$.
Bestimmen Sie den Funktionsterm von f.

Lösung

Punktprobe mit A(1 | 1) ergibt: $1 = 1^{\frac{1}{n}}$. Dies ist für alle Exponenten eine wahre Aussage und enthält deshalb keine Information über den gesuchten Exponenten n.
Punktprobe mit B(16 | 2) führt zur Gleichung $2 = 16^{\frac{1}{n}}$. Potenzieren mit n führt zu $2^n = 16$.
Durch Probieren erkennt man, dass n = 4 diese Gleichung erfüllt. Es handelt sich also um die Wurzelfunktion f mit $f(x) = x^{\frac{1}{4}}$ bzw. $f(x) = \sqrt[4]{x}$.

Umformung:
$\left(16^{\frac{1}{n}}\right)^n = 16^{\frac{1}{n} \cdot n} = 16$

Aufgaben

○ **1** Zeichnen Sie den Graphen der Funktion im angegebenen Intervall.

a) $f(x) = x^{\frac{1}{2}}$; $0 \le x \le 9$ b) $g(x) = \sqrt[3]{x}$; $0 \le x \le 27$ c) $h(x) = x^{\frac{1}{4}}$; $0 \le x \le 16$

○ **2** Überprüfen Sie, ob die Punkte auf dem Graphen der Funktion f mit $f(x) = \sqrt[4]{x}$ liegen.

a) P(16 | 2) b) Q(8 | 1) c) $R\left(\frac{81}{16} \middle| 1{,}5\right)$ d) S(−1 | 1)

○ **3** Ordnen Sie jedem Graphen eine Funktionsgleichung zu. Begründen Sie Ihre Entscheidung.

$f(x) = x^{\frac{1}{4}}$ $g(x) = x^{-1}$ $h(x) = x^2$ $i(x) = \sqrt[10]{x}$

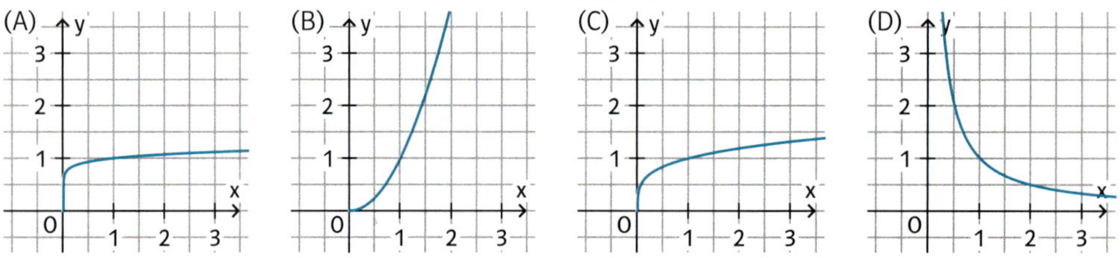

Test Lösung | Seite 273

4 Zeichnen Sie den Graphen der Funktion f im angegebenen Intervall.

a) $f(x) = \sqrt{x}$; $0 \le x \le 25$ b) $f(x) = x^{\frac{1}{3}}$; $0 \le x \le 27$ c) $f(x) = \sqrt[4]{x}$; $0 \le x \le 81$

5 Überprüfen Sie, ob die Punkte auf dem Graphen der Funktion f mit $f(x) = x^{\frac{1}{5}}$ liegen.

a) P(0,000 32 | 0,2) b) Q(16 | 2) c) R(−32 | 2) d) $S\left(\frac{243}{32} \middle| 1{,}5\right)$

6 Ordnen Sie jedem Graphen eine Funktionsgleichung zu. Begründen Sie Ihre Entscheidung.

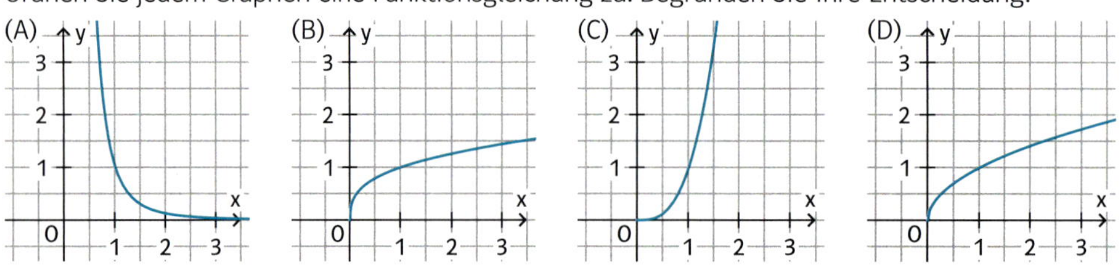

$f(x) = \sqrt[3]{x}$ $g(x) = x^3$ $h(x) = x^{0,5}$ $i(x) = x^{-3}$

Tipp
$x^{0,5} = x^{\frac{1}{2}}$

◒ **7** Die Punkte A(1 | a), B(64 | b) und C(c | 2) liegen auf dem Graphen der Wurzelfunktion f.
Bestimmen Sie die jeweils fehlenden Koordinaten a, b und c.

a) $f(x) = x^{\frac{1}{2}}$ b) $f(x) = x^{\frac{1}{6}}$ c) $f(x) = \sqrt[3]{x}$ d) $f(x) = x^{\frac{1}{4}}$

8 Der Graph einer Wurzelfunktion f mit $f(x) = x^{\frac{1}{n}}$ geht durch den Punkt P. Bestimmen Sie den zugehörigen Funktionsterm. Skizzieren Sie den Graphen.
a) $P(25\,|\,5)$ b) $P(8\,|\,2)$ c) $P\left(10^{-6}\,\middle|\,\frac{1}{10}\right)$

9 Zeichnen Sie die Graphen der Funktionen f mit $f(x) = x$; g mit $g(x) = x^{\frac{1}{2}}$; h mit $h(x) = x^{\frac{1}{3}}$ und i mit $i(x) = x^{\frac{1}{4}}$ für $0 \le x \le 10$ in ein gemeinsames Koordinatensystem. Erläutern Sie die Gemeinsamkeiten dieser Graphen.

Test

Lösung | Seite 273

10 Die Punkte $A(1\,|\,a)$, $B(4\,|\,b)$ und $C(c\,|\,8)$ liegen auf dem Graphen der Funktion f mit $f(x) = x^{\frac{1}{3}}$. Bestimmen Sie die fehlenden Koordinaten a, b und c.

11 Der Graph einer Wurzelfunktion f mit $f(x) = x^{\frac{1}{n}}$ geht durch den Punkt P. Bestimmen Sie den zugehörigen Funktionsterm. Skizzieren Sie den Graphen.
a) $P(81\,|\,3)$ b) $P(10^7\,|\,10)$ c) $P(0{,}000\,32\,|\,0{,}2)$

12 Gegeben ist der Graph K_f der Wurzelfunktion f mit $f(x) = \sqrt{x}$.
a) Beschreiben Sie, wie die Graphen K_g, K_h, K_i, und K_j der Funktionen g, h, i und j aus dem Graphen K_f der Funktion f entsteht.
b) Geben Sie für die Funktionen g, h, i und j jeweils eine Funktionsgleichung an. Geben Sie jeweils die Definitionsmenge der Funktion an.

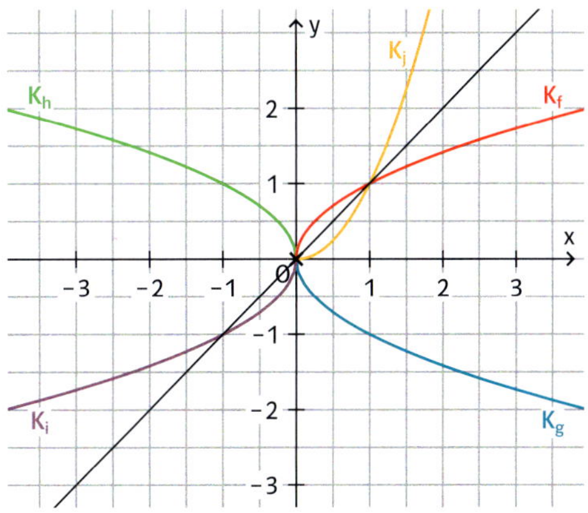

13 Zeichnen Sie den Graphen der Funktion f mit $f(x) = x^{\frac{1}{3}}$. Spiegeln Sie den Graphen
a) an der x-Achse. b) an der y-Achse.
c) an der x-Achse und danach an der y-Achse. d) an der y-Achse und danach an der x-Achse.
Geben Sie jeweils zu dem durch die Spiegelung entstandenen Graphen die Funktionsgleichungen an. Auf welchem Bereich sind die Werte für x dabei eingeschränkt? Begründen Sie.

Grundwissen Test

Grundwissen Seiten 242 und 243
Lösung | Seite 273

14 Der Graph der Funktion f mit $f(x) = x^2$ wurde gestreckt, gespiegelt und verschoben. Geben Sie die zugehörigen Funktionsgleichungen für f_1, f_2 und f_3 an.

a)
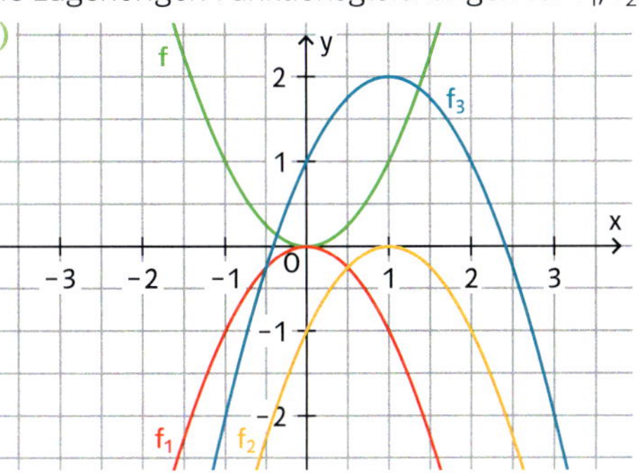

b)
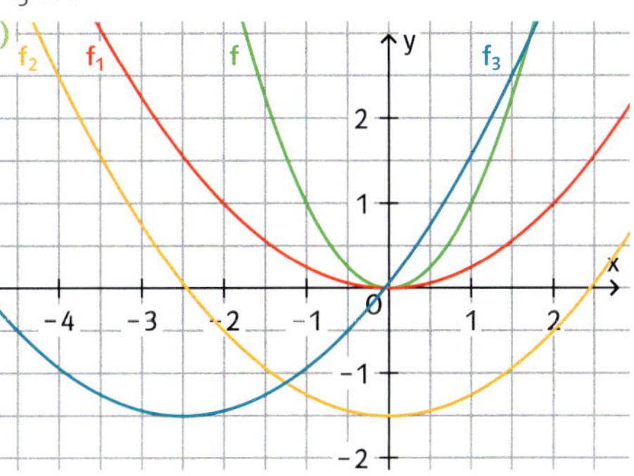

7 Transformationen von Funktionsgraphen

a) Beschreiben Sie, wie die Graphen K_1, K_2 und K_3 aus dem Graphen K_f der Funktion f mit $f(x) = x^3$ entstanden sind.
b) Ordnen Sie den Graphen die Funktionsgleichungen zu. Begründen Sie Ihre Entscheidung.

$g(x) = (x - 1)^3$

$h(x) = x^3 + 1$

$i(x) = 0{,}5 \cdot x^3$

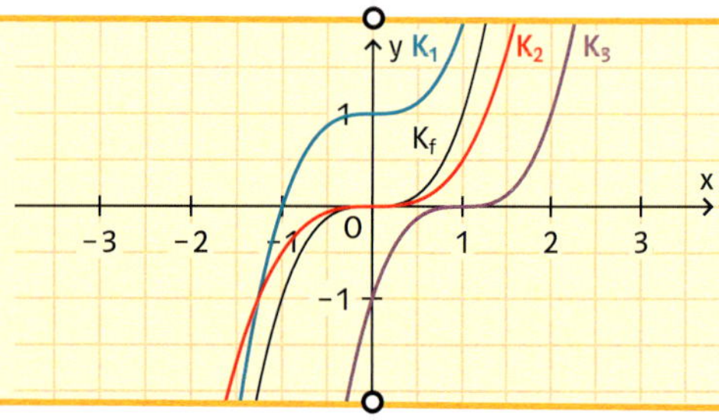

Veränderungen des Terms einer Funktion verändern auch den zugehörigen Graphen. Hier wird der Term $\sqrt{x}$ der Funktion f verändert und die Wirkung auf den Graphen K_f betrachtet:

Zum Funktionsterm von f wird 1 addiert.
$g(x) = \sqrt{x} + 1$

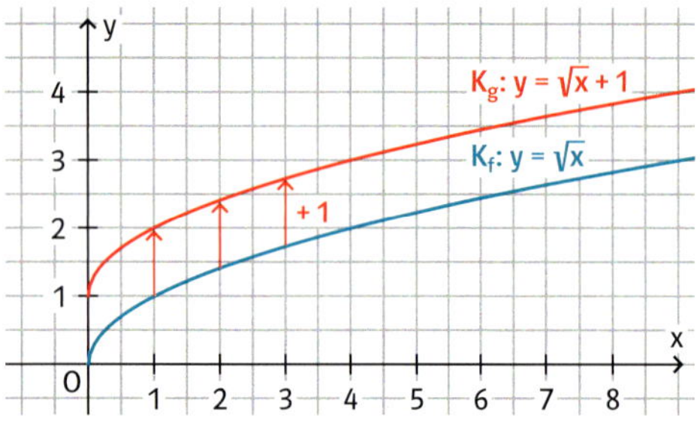

K_f wird um 1 in y-Richtung verschoben.

Im Funktionsterm von f wird die Variable x durch $x - 2$ ersetzt.
$h(x) = \sqrt{x - 2}$

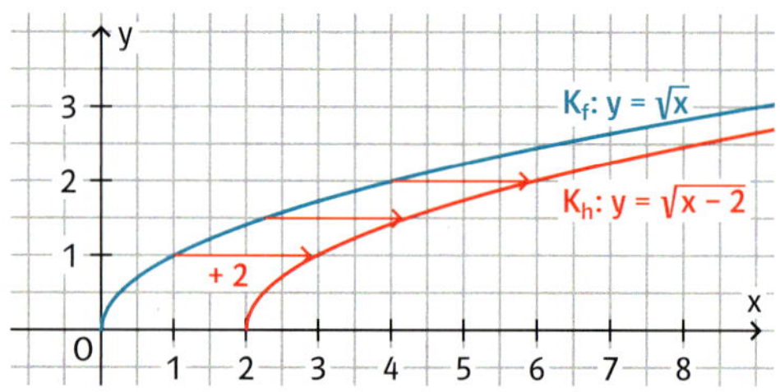

K_f wird um 2 in x-Richtung verschoben.

zu $h(x) = \sqrt{x - 2}$:

x	0	1	2	3
f(x)	0	1	$\sqrt{2}$	$\sqrt{3}$
l(x)	–	–	0	1

Der Term von f wird mit 2 multipliziert.
$i(x) = 2 \cdot \sqrt{x}$

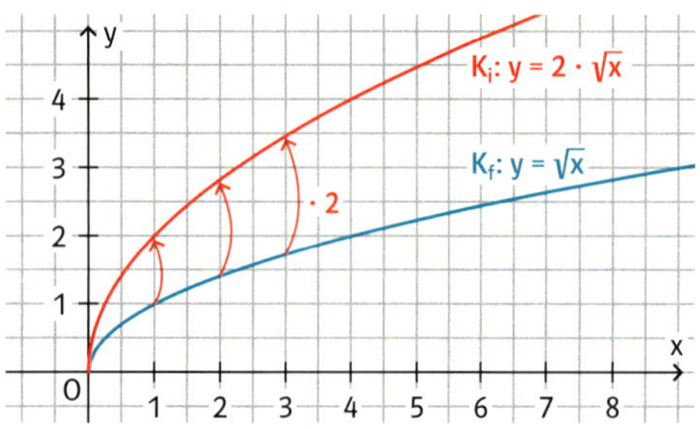

K_f wird mit Faktor 2 in y-Richtung gestreckt.

Der Term von f wird mit –1 multipliziert.
$j(x) = -\sqrt{x}$

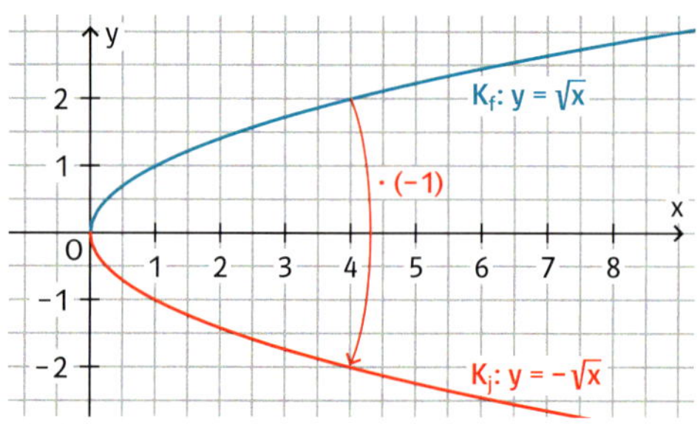

K_f wird an der x-Achse gespiegelt.

Eine **Spiegelung an der x-Achse** ist eine Streckung in y-Richtung mit dem Faktor –1.

Veränderungen können auch kombiniert werden. Bei einer Multiplikation des Terms von f mit –2 lautet die neue Funktionsgleichung $k(x) = -2 \cdot \sqrt{x}$. Die Multiplikation mit dem negativen Faktor –2 bewirkt, dass K_f sowohl mit dem Faktor 2 in y-Richtung gestreckt wird, als auch an der x-Achse gespiegelt wird.

Streckungen, Spiegelungen und Verschiebungen von Graphen nennt man auch **Transformationen**. Verändert man den Funktionsterm einer Funktion f, wirkt sich das auf den Graphen von f wie folgt aus:

$g(x) = \mathbf{f(x) + d}$	Der Graph von f wird **um d in y-Richtung verschoben.**
$h(x) = \mathbf{f(x - c)}$	Der Graph von f wird **um c in x-Richtung verschoben.**
$i(x) = \mathbf{a \cdot f(x)}$	Der Graph von f wird **mit dem Faktor a in y-Richtung gestreckt.**
	a < 0 beinhaltet eine **Spiegelung** des Graphen an der x-Achse.

$f(x + 2)$ bedeutet eine Verschiebung des Graphen um 2 nach links ($c = -2$).

Besitzt der Graph K_f einer Funktion f Asymptoten, wie z. B. bei $f(x) = \frac{1}{x}$, so werden diese durch eine Verschiebung des Graphen mitverschoben. Dies zeigen Fig. 1 und 2.

$h(x) = f(x) + 2 = \frac{1}{x} + 2$:

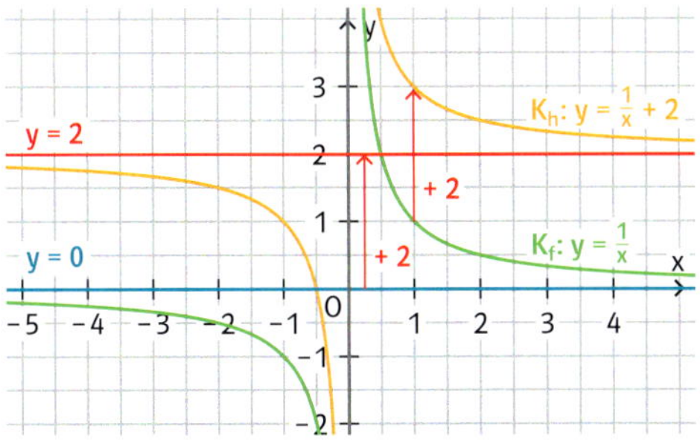

Fig. 1

Bei der Verschiebung in y-Richtung wird die horizontale Asymptote von $y = 0$ nach $y = 2$ verschoben. Die Asymptote $x = 0$ bleibt erhalten.

$j(x) = f(x - 3) = \frac{1}{x-3}$:

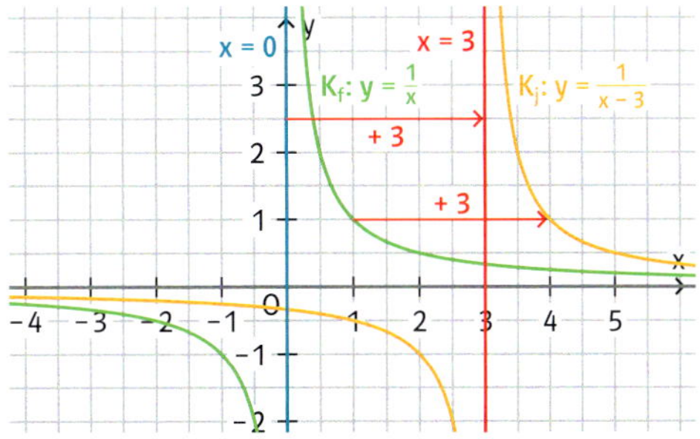

Fig. 2

Bei der Verschiebung in x-Richtung wird die vertikale Asymptote von $x = 0$ nach $x = 3$ verschoben. Die Asymptote $y = 0$ bleibt erhalten.

Merke:
Bei einer Verschiebung in y-Richtung bleibt die vertikale Asymptote unverändert.
Bei einer Verschiebung in x-Richtung bleibt die horizontale Asymptote unverändert.

Werden mehrere Transformationen hintereinander ausgeführt, so kann ihre Reihenfolge eine Rolle spielen. Es entstehen beispielsweise unterschiedliche Funktionen je nachdem, ob der Graph K_f der Funktion f mit $f(x) = \frac{1}{x}$ zuerst mit dem Faktor 0,5 in y-Richtung gestreckt und dann um 3 in y-Richtung verschoben wird oder ob diese beiden Transformationen in umgekehrter Reihenfolge durchgeführt werden.
Der erste Fall führt zu der Funktion v mit $v(x) = 0{,}5 \cdot \frac{1}{x} + 3$.
Der zweite Fall führt zur Funktion w mit $w(x) = 0{,}5\left(\frac{1}{x} + 3\right) = 0{,}5 \cdot \frac{1}{x} + 1{,}5$.
Somit handelt es sich bei w und v um unterschiedliche Funktionen.

Transformationen können nicht beliebig vertauscht werden. Es ist darauf zu achten, welcher Graph jeweils transformiert wird.

Streckung von K_f in y-Richtung, danach Verschiebung in y-Richtung

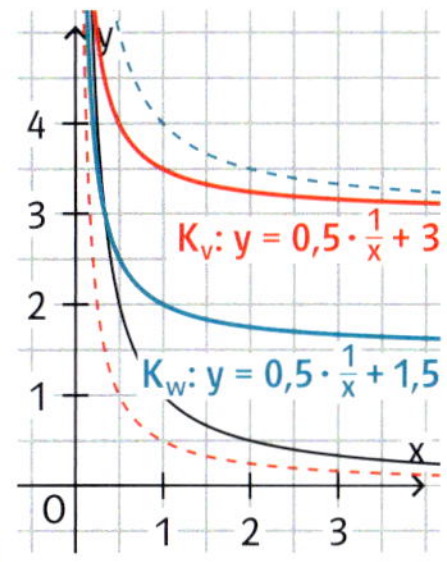

Verschiebung von K_f in y-Richtung, danach Streckung in y-Richtung

Die Reihenfolge von Transformationen spielt eine wichtige Rolle.

Beispiel 1 Funktionsgleichung nach einer Transformation des Graphen angeben
Beschreiben Sie, wie der Graph K_g der Funktion g aus dem Graphen K_f der Funktion f mit $f(x) = \frac{1}{x^2}$ entstanden ist. Geben Sie eine Funktionsgleichung für die Funktion g an.

a)
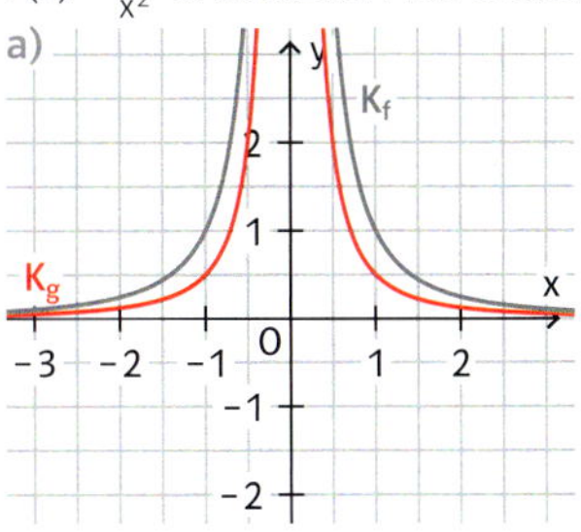

b)
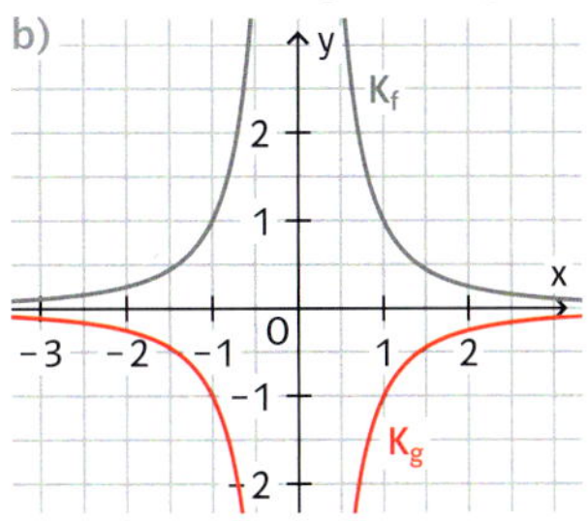

c)
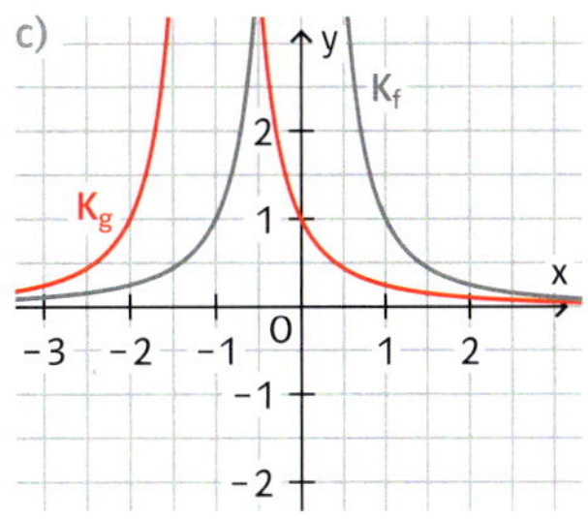

Lösung
a) Der Graph K_g geht durch $P(1|0{,}5)$. Dies ergibt den Streckfaktor $a = 0{,}5$. K_g entsteht aus K_f durch Streckung mit dem Faktor $a = 0{,}5$ in y-Richtung. Funktionsgleichung: $g(x) = 0{,}5 \cdot \frac{1}{x^2}$.
b) $P(1|-1)$ ergibt $a = -1$. K_g entsteht aus K_f durch Spiegelung an der x-Achse. $g(x) = -\frac{1}{x^2}$.
c) K_g entsteht aus K_f durch Verschiebung um −1 in x-Richtung. Dabei verschiebt sich die vertikale Asymptote von $x = 0$ nach $x = -1$. Funktionsgleichung: $g(x) = \frac{1}{(x-(-1))^2} = \frac{1}{(x+1)^2}$.

Bei den Teilaufgaben a) und b) kann der Faktor a durch Ablesen des y-Wertes des Punktes $P(1|a)$ auf dem Graphen K_g an der Stelle $x = 1$ bestimmt werden.

Beispiel 2 Einen transformierten Graphen skizzieren und die Transformationen angeben

Skizzieren Sie den Graphen von g mit $g(x) = \frac{1}{4}(x-1)^3 - 2$. Gehen Sie dabei vom Graph der Funktion f mit $f(x) = x^3$ aus und skizzieren Sie die Graphen, die nach den einzelnen Transformationen entstehen. Geben Sie diese Transformationen an.

Lösung

1. Graphen K_1 von f mit $f(x) = x^3$ skizzieren.
2. K_2 entsteht durch Strecken von K_1 mit dem Faktor $\frac{1}{4}$ in y-Richtung. Aus dem Punkt $P(2|8)$ auf K_1 wird der Punkt $Q(2|2)$ auf K_2.
3. K_3 entsteht aus K_2 durch Verschieben von K_2 um 1 in x-Richtung. Aus dem Punkt $Q(2|2)$ auf K_2 wird der Punkt $R(3|2)$ auf K_3.
4. K_4 ist der Graph von g. Er entsteht aus K_3 durch Verschieben von K_3 um −2 in y-Richtung. Aus dem Punkt $S(3|2)$ auf K_3 wird der Punkt $T(3|0)$ auf K_4.

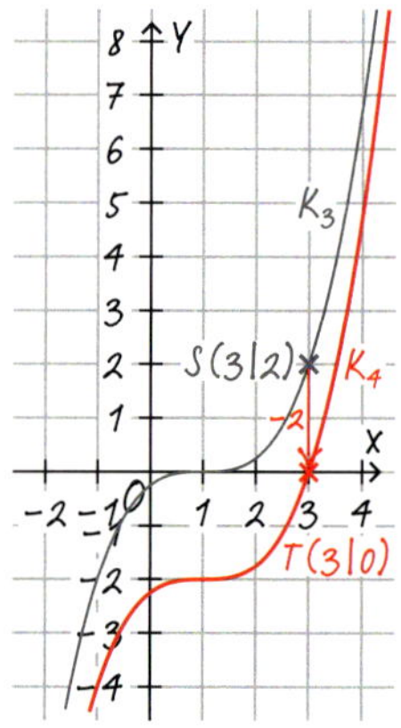

Aufgaben

○ **1** Geben Sie die jeweiligen Transformationen in Bezug auf den Graphen der Funktion f an.

a) $f(x) = x^2$	$g_1(x) = -4 \cdot x^2$	$g_2(x) = x^2 - 3$	$g_3(x) = (x+4)^2$
b) $f(x) = x^3$	$g_1(x) = x^3 + 2$	$g_2(x) = (x-2)^3$	$g_3(x) = 0{,}2 \cdot x^3$
c) $f(x) = \frac{1}{x}$	$g_1(x) = \frac{1}{x+3}$	$g_2(x) = \frac{3}{x}$	$g_3(x) = \frac{1}{x} - 1$
d) $f(x) = \sqrt{x}$	$g_1(x) = -3 \cdot \sqrt{x}$	$g_2(x) = \sqrt{x} - 2$	$g_3(x) = \sqrt{x-4}$

○ **2** Geben Sie den Funktionsterm des Graphen K_g an.

a) K_g entsteht durch Strecken des Graphen K_f mit $f(x) = x^3$ mit dem Faktor −0,5 in y-Richtung

b) K_g entsteht durch Verschieben des Graphen K_f mit $f(x) = \sqrt{x}$ um −2 in y-Richtung.

c) K_g entsteht durch Spiegeln des Graphen K_f mit $f(x) = \sqrt[3]{x}$ an der x-Achse.

d) K_g entsteht durch Verschieben des Graphen K_f mit $f(x) = x^{-4}$ um 3 in x-Richtung.

○ **3** Beschreiben Sie, wie der Graph K_g der Funktion g aus dem Graphen K_f der Funktion f mit $f(x) = \sqrt[3]{x}$ entstanden ist. Geben Sie einen Funktionsterm für g an.

a)
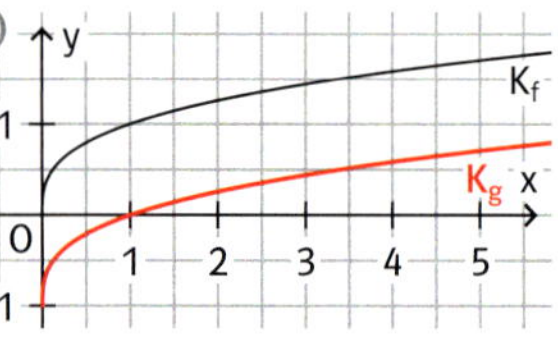

b)
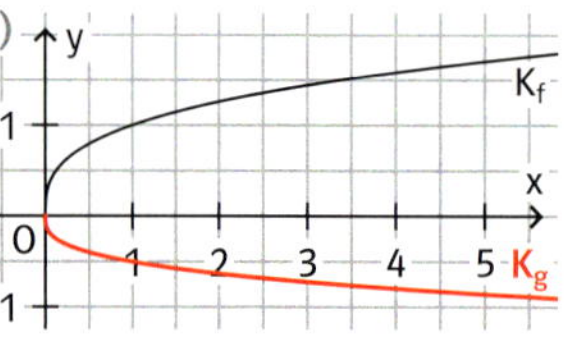

c)
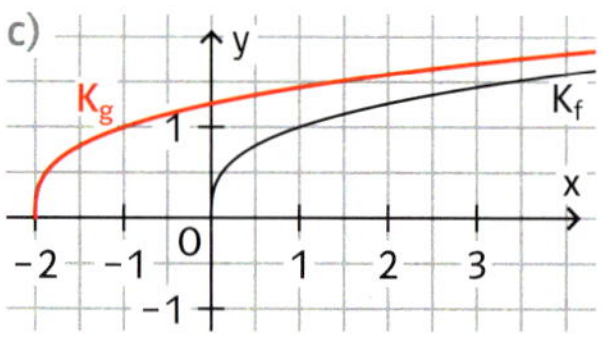

○ **4** Skizzieren Sie die Graphen der Funktionen in ein gemeinsames Koordinatensystem. Geben Sie die jeweiligen Transformationen in Bezug auf den Graphen der Funktion f an. Geben Sie gegebenenfalls die Asymptoten an.

a) $f(x) = x^3$	$g_1(x) = -x^3$	$g_2(x) = x^3 + 1$	$g_3(x) = (x-2)^3$
b) $f(x) = x^4$	$g_1(x) = -0{,}25 \cdot x^4$	$g_2(x) = (x-1)^4$	$g_3(x) = x^4 - 2$
c) $f(x) = \frac{1}{x}$	$g_1(x) = \frac{-2}{x}$	$g_2(x) = \frac{1}{x+2}$	$g_3(x) = \frac{1}{x} - 2$
d) $f(x) = \frac{1}{x^4}$	$g_1(x) = \frac{1}{x^4} - 1$	$g_2(x) = \frac{2}{x^4}$	$g_3(x) = \frac{1}{(x-2)^4}$
e) $f(x) = \sqrt{x}$	$g_1(x) = -1{,}5 \cdot \sqrt{x}$	$g_2(x) = \sqrt{x} + 1$	$g_3(x) = \sqrt{x+1}$

Test

Lösungen | Seite 274

5 Gegeben ist die Funktion f mit $f(x) = \sqrt{x}$.
Wie erhält man die Graphen von g und von h in Fig. 1 aus dem Graphen der Funktion f? Geben Sie Funktionsgleichungen für g und h an.

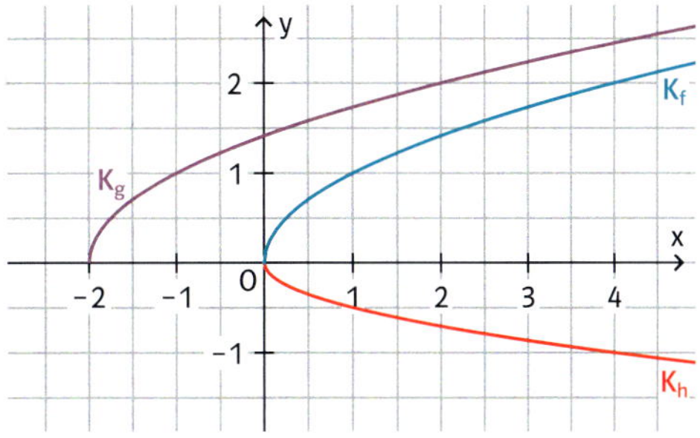

Fig. 1

6 Skizzieren Sie in ein gemeinsames Koordinatensystem die Graphen der Funktionen mit
$f(x) = \frac{1}{x^2}$, $g_1(x) = \frac{1}{x^2} - 1$ und $g_2(x) = \frac{1}{(x-2)^2}$.
Geben Sie jeweils die Gleichungen der Asymptoten der drei Graphen an.

7 Skizzieren Sie den Graphen der Funktion g, indem Sie ausgehend vom Graphen der Funktion f die nach jeder Transformation entstehenden Graphen skizzieren. Geben Sie diese Transformationen an.

a) $f(x) = x^4$
$g(x) = -(x-2)^4 - 16$

b) $f(x) = \frac{1}{x}$
$g(x) = \frac{1}{x+3} + 2$

c) $f(x) = \sqrt{x}$
$g(x) = -\sqrt{x-1} + 3$

8 Die Graphen der Funktionen u mit $u(x) = x^4$, v mit $v(x) = \sqrt[3]{x}$ und w mit $w(x) = x^{-2}$ werden
a) mit dem Faktor 2 in y-Richtung gestreckt und danach um 5 in x-Richtung verschoben.
b) an der x-Achse gespiegelt und danach um 3 in y-Richtung verschoben.
c) in y-Richtung um −2 verschoben und danach an der x-Achse gespiegelt.
d) mit dem Faktor −0,5 in y-Richtung gestreckt, in y-Richtung um 1 verschoben und danach um −2 in x-Richtung verschoben.
Bestimmen Sie jeweils den neuen Funktionsterm.

9 Geben Sie geeignete Transformationen an, durch die der Graph der Funktion g aus dem Graphen der Funktion f entsteht. Bestimmen Sie den neuen Funktionsterm von g.

a) $f(x) = x^2$

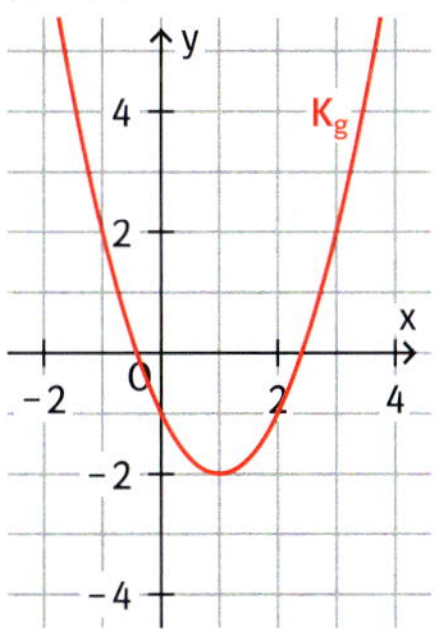

b) $f(x) = x^3$

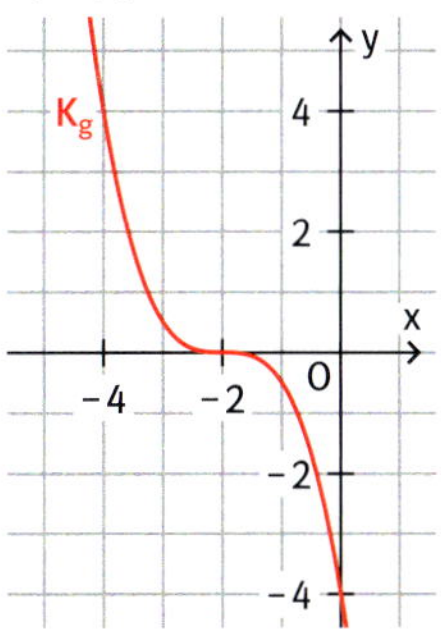

c) $f(x) = \frac{1}{x}$

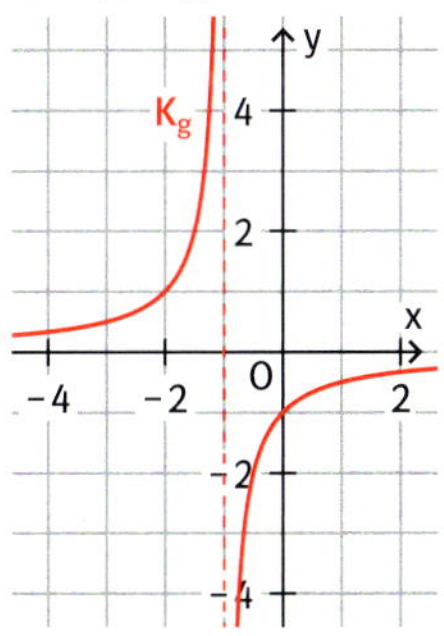

d) $f(x) = \frac{1}{x^2}$

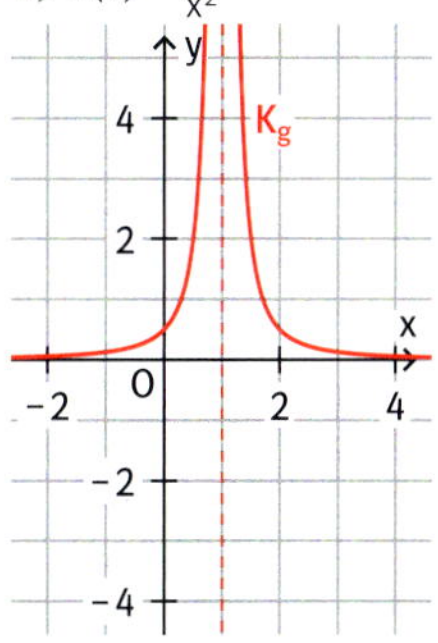

10 Ordnen Sie jedem Graphen eine Funktionsgleichung zu.

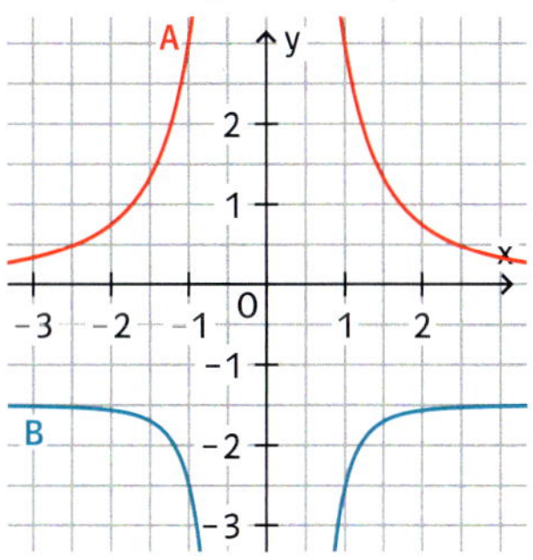

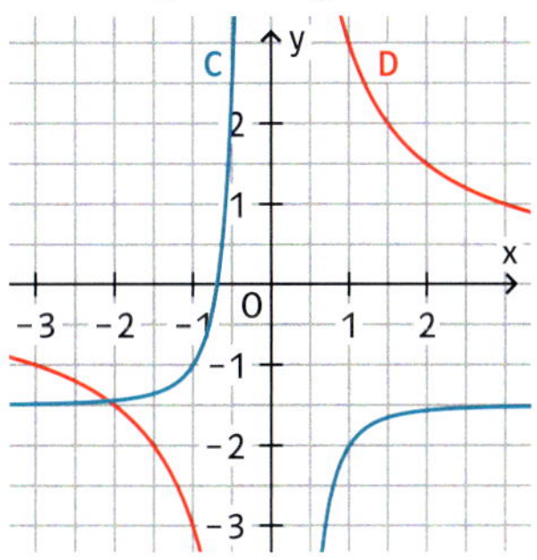

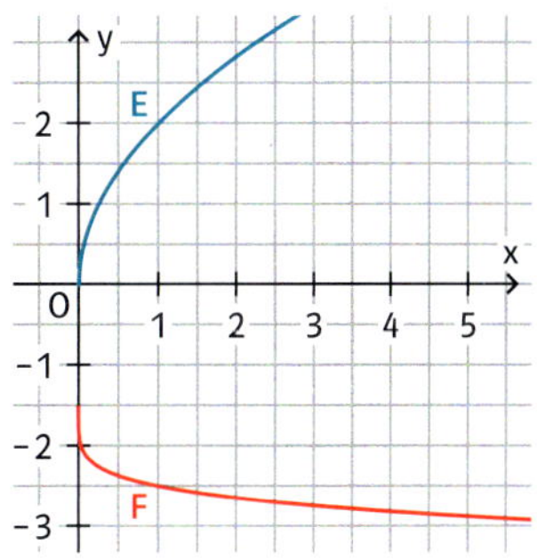

$f_1(x) = 3 \cdot x^{-1}$

$f_2(x) = -x^{0,2} - 1,5$

$f_3(x) = -x^{-4} - 1,5$

$f_4(x) = 3 \cdot x^{-2}$

$f_5(x) = 2 \cdot x^{0,5}$

$f_6(x) = -0,5 \cdot x^{-3} - 1,5$

11 Ordnen Sie die Graphen A, B und C den Funktionen f, g und h zu und bestimmen Sie jeweils die Parameter a, b und c.

$f(x) = a \cdot (x - c)^4 + d$ | $g(x) = a \cdot (x - c)^3 + d$ | $h(x) = \frac{a}{x - c} + d$

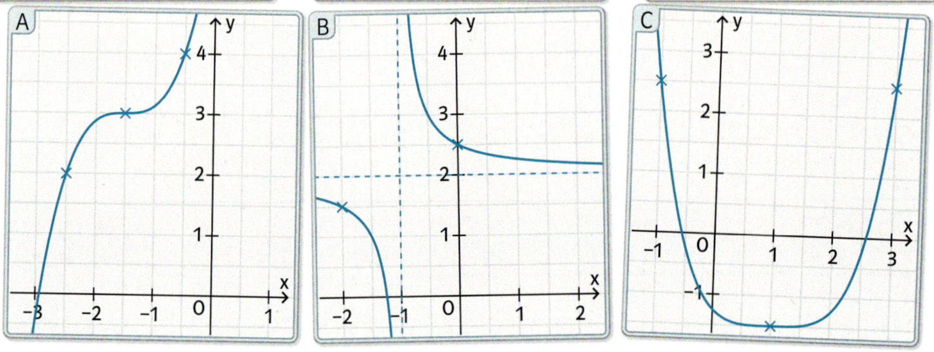

Test

Lösung | Seite 274

12 Beschreiben Sie, wie der Graph der Funktion g in Fig. 1 aus dem Graphen der Funktion f entsteht, und geben Sie eine Funktionsgleichung von g an.

(1) $f(x) = x^3$ (2) $f(x) = \frac{1}{x}$

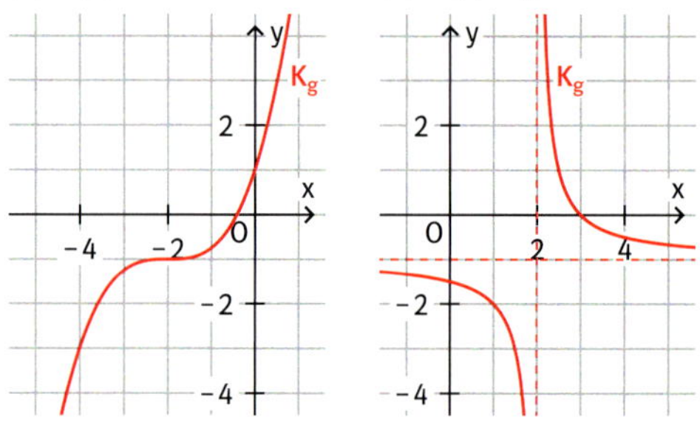

Fig. 1

13 Der Graph der Funktion f mit $f(x) = \sqrt{x}$ wird mit dem Faktor −1,5 in y-Richtung gestreckt und danach in x-Richtung um 3 verschoben. Skizzieren Sie die nach jeder Transformation entstandenen Graphen und bestimmen Sie den zugehörigen Funktionsterm.

14 a) Beschreiben Sie, wie die Graphen in Fig. 2 aus dem Graphen der Funktion f mit $f(x) = x^4$ hervorgehen, indem Sie die Kärtchen in der richtigen Reihenfolge anordnen.

A Verschiebung um −4 in y-Richtung

B Verschiebung um 3 in x-Richtung

C Streckung mit dem Faktor $\frac{1}{8}$ in y-Richtung

b) Bestimmen Sie die Funktionsgleichungen.

c) Welche Kärtchen können vertauscht werden, ohne das Ergebnis zu ändern?

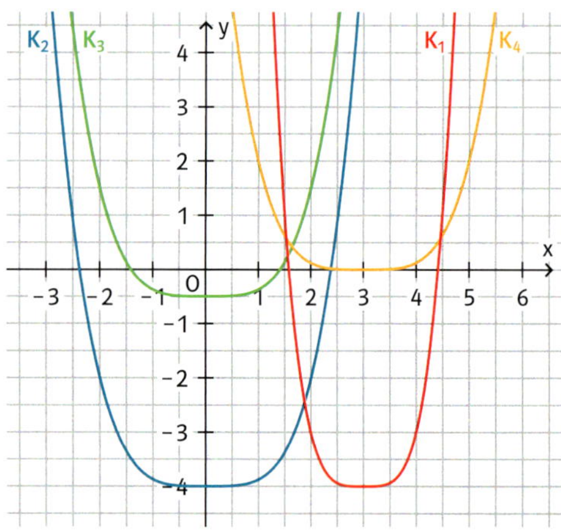

Fig. 2

Grundwissen Test

Grundwissen
Seiten 235, 46–48
Lösung | Seite 274

15 Setzen Sie eine passende Potenz ein.

a) $2^3 \cdot \square = 2^7$ b) $3^4 \cdot \square = 3$ c) $5^3 \cdot \square = \frac{1}{5}$ d) $2^5 \cdot \square = 256$

e) $a^2 \cdot \square = a^5$ f) $a^6 \cdot \square = 1$ g) $x^{-5} \cdot \square = x$ h) $x^4 \cdot \square = \frac{1}{x^2}$

i) $2^4 \cdot \square = 6^4$ j) $5^4 \cdot \square = \left(\frac{1}{2}\right)^4$ k) $a^n \cdot \square = (2ab)^n$ l) $x^{2n} \cdot \square = \left(\frac{x}{4}\right)^n$

8 Potenzgleichungen

Der abgebildete Würfel hat ein Volumen von 125 Litern.

a) Wie groß ist seine Kantenlänge a?

b) Geben Sie einen Term zur Berechnung der Kantenlänge a(V) bei gegebenem Volumen V an.

Gleichungen der Form $x^n = a$, bei denen die Basis x gesucht ist, heißen **Potenzgleichungen**.
Im Folgenden geht es um das Lösen von Potenzgleichungen unter Berücksichtigung der Anzahl der Lösungen. Die Anzahl der Lösungen kann man am Graphen der Funktion f mit $f(x) = x^n$ ablesen, indem man ermittelt, an wie vielen Stellen die Funktion den Wert a annimmt.
An dem Graphen der Potenzfunktion f mit $f(x) = x^4$ in Fig. 1 erkennt man, dass der Term x^4 für $x \in \mathbb{R}$ jeden Wert größer oder gleich null annehmen kann. Somit ist die Potenzgleichung $x^4 = a$ für $a \geq 0$ lösbar.
Für $a > 0$ hat die Gleichung $x^4 = a$ zwei Lösungen. In Fig. 1 wird dies für $a = 3$ gezeigt:
Die Gleichung $x^4 = 3$ hat die beiden Lösungen $x_1 = \sqrt[4]{3} \approx 1{,}3$ und $x_2 = -\sqrt[4]{3} \approx -1{,}3$.
Für $a < 0$ hat die Gleichung $x^4 = a$ keine Lösung.
Allgemein haben Gleichungen $x^n = a$ mit geraden Exponenten n für $a > 0$ zwei Lösungen, für $a = 0$ eine Lösung, nämlich $x = 0$, und für $a < 0$ keine Lösung.

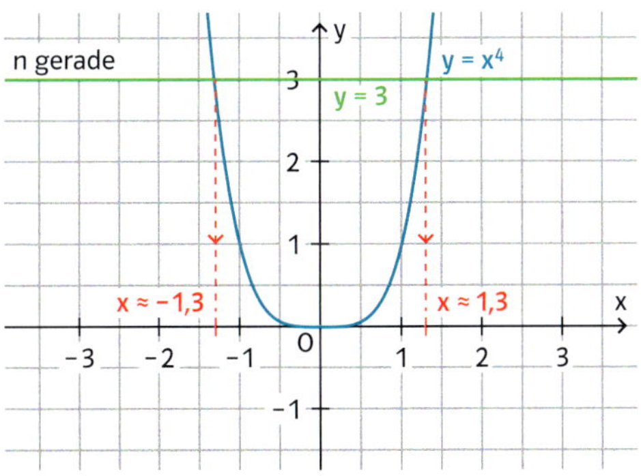

Fig. 1

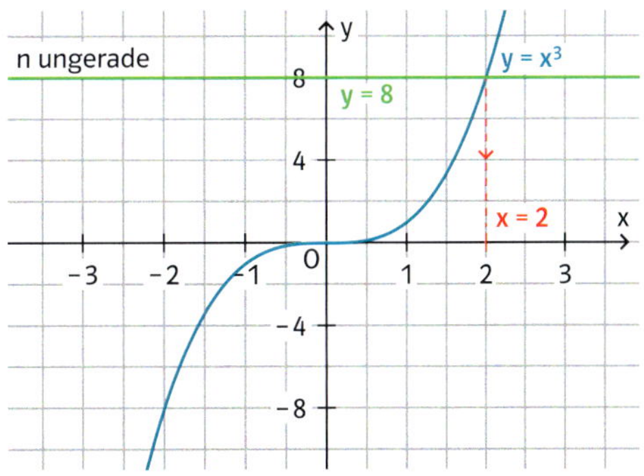

Fig. 2

Aus dem Graphen K_f einer Funktion f lassen sich die Lösungen der Gleichung $f(x) = a$ näherungsweise ablesen, indem die Schnittstellen des Graphen K_f mit der Geraden $y = a$ bestimmt werden.

Gleichungen $x^n = a$ mit einem ungeraden Exponenten n, z. B. $x^3 = a$, haben immer genau eine Lösung. Fig. 2 zeigt, dass jeder y-Wert von genau einem x-Wert angenommen wird. Für $a = 8$ hat die Gleichung $x^3 = 8$ die Lösung $x = 2$.
Die Anzahl der Lösungen einer Potenzgleichung hängt also vom Vorzeichen von a ab sowie davon, ob der Exponent n gerade oder ungerade ist.

Eine Potenzgleichung der Form $x^n = a$ mit natürlichem Exponenten $n \neq 0$ hat entweder zwei Lösungen, eine Lösung oder keine Lösung.

	n gerade	n ungerade
$a > 0$	zwei Lösungen: $\sqrt[n]{a}$; $-\sqrt[n]{a}$	eine Lösung: $\sqrt[n]{a}$
$a < 0$	keine Lösung	eine Lösung: $-\sqrt[n]{-a}$
$a = 0$	eine Lösung	$x = 0$

Eine Potenzgleichung mit negativem Exponenten wie z.B. $9 = x^{-2}$ lässt sich in eine Potenzgleichung mit natürlichem Exponenten umformen: $9 = \frac{1}{x^2}$ bzw. $x^2 = \frac{1}{9}$ mit Lösungen $x = \pm\frac{1}{3}$.
Eine Gleichung mit einem Wurzelterm wie z.B. $\sqrt[3]{x} = 2$ kann durch Potenzieren mit 3 gelöst werden: $x = 2^3 = 8$.
Zum Lösen von Gleichungen mit Wurzeltermen gehört eine Kontrolle, ob das ermittelte Ergebnis tatsächlich eine Lösung der Gleichung ist. So führt das Quadrieren der Gleichung $\sqrt{x} = -3$ zu $x = (-3)^2 = 9$. Einsetzen von $x = 9$ in $\sqrt{x} = -3$ ergibt $\sqrt{9} = -3$. Diese Aussage ist falsch. Somit ist $x = 9$ keine Lösung dieser Gleichung.

Beispiel **Potenzgleichungen lösen**

Bestimmen Sie die Lösungen der Potenzgleichung.

a) $x^4 = 81$ b) $x^7 = 128$ c) $16 = x^{-2}$
d) $x^6 = -64$ e) $-11 = x^5$ f) $\sqrt[5]{x} = 2$

Lösung

a) $x_{1;\,2} = \pm\sqrt[4]{81} = \pm 3$ b) $x = \sqrt[7]{128} = 2$ c) $x^2 = \frac{1}{16}$; $x_{1;\,2} = \pm\frac{1}{4}$
d) $\sqrt[6]{-64}$ ist nicht definiert. Es gibt keine Lösung. e) $x = -\sqrt[5]{-(-11)} = -\sqrt[5]{11}$ f) Umformung: $x^{\frac{1}{5}} = 2$; $x = 2^5 = 32$

Aufgaben

○ **1** Bestimmen Sie die Lösungen der Potenzgleichung.
a) $x^8 = 256$ b) $x^3 = -216$ c) $x^5 = 243$ d) $x^{10} = -1024$
e) $x^4 = \frac{1}{81}$ f) $x^6 + \frac{1}{6} = 0$ g) $\frac{27}{216} = x^3$ h) $\frac{1}{81} = x^8$

○ **2** Bestimmen Sie die Lösungen der Gleichung.
a) $x^3 - 25 = 100$ b) $73 - x^4 = 37$ c) $0 = 73 + x^{37}$
d) $5x^3 - 20 = 7 - 3x^3$ e) $3000 - 2x^4 = 3x^4 - 125$ f) $1{,}2x^5 + 243 = 0{,}2x^5$

○ *Test* → Lösung | Seite 274

3 Bestimmen Sie die Lösungen der Gleichung.
a) $x^4 = 16$ b) $9x^3 = x^3 + 125$ c) $x^5 + 7 = 4$ d) $137x^4 + 1 = 0$

◒ **4** Bestimmen Sie die Lösungen.
a) $x^{-2} = 121$ b) $x^{-4} = \frac{16}{625}$ c) $x^{-3} = 216$ d) $x^{-5} = -32$
e) $\sqrt{x} = 9$ f) $\sqrt[3]{x} - 5 = 0$ g) $\sqrt{x - 1} = 3$ h) $\sqrt{x - 1} = -1$

◒ **5** Verdeutlichen Sie anhand einer Skizze, wie viele Lösungen die Gleichung $x^6 = a$ hat.
a) $a = 5$ b) $a = -6$ c) $a = 0$ d) $a = 10^{60}$

◒ *Test* → Lösung | Seite 274

6 Bestimmen Sie die Lösungen.
a) $x^{-4} = \frac{81}{16}$ b) $x^{-3} + 64 = 0$ c) $\sqrt{x} - 1 = 0$ d) $\sqrt[3]{x - 3} - 2 = 0$

Grundwissen Test → **Grundwissen** Seiten 54–55 Lösung | Seite 274

7 Ordnen Sie den Funktionen das globale Verhalten ihres Graphen zu. (li = links; re = rechts)

$f_1(x) = x^3$ | $f_2(x) = -x^4$ | $f_3(x) = 0{,}2x^5$ | $f_4(x) = -x^9$ | $f_5(x) = 0{,}2x^{12}$ | $f_6(x) = -0{,}1x^{99}$

von li unten nach re oben | von li oben nach re oben | von li unten nach re unten | von li oben nach re unten

Umkehrfunktion

Bei einem Würfel kann man zu jedem Volumen V die zugehörige Kantenlänge k berechnen. Die Zuordnung von Volumen zur Kantenlänge $V \mapsto k$ lässt sich als Funktion in Wurzel- oder in Potenzschreibweise angeben: Ihre Funktionsgleichung lautet $k(V) = \sqrt[3]{V} = V^{\frac{1}{3}}$.
Die Zuordnung $V \mapsto k$ kann also als Potenzfunktion mit dem Exponenten $\frac{1}{3}$ geschrieben werden. Man nennt sie **Umkehrfunktion** der Zuordnung $k \mapsto V$ mit der Funktionsgleichung $V(k) = k^3$, weil sie diese Zuordnung „rückgängig" macht.

Zur Erinnerung: Die Zuordnung $k \mapsto V$ ist die kubische Funktion mit der Funktionsgleichung $V(k) = k^3$.

Zuordnung $k \mapsto V$	Zuordnung $V \mapsto k$
(k in cm; V in cm³)	
$0 \to 0$	$0 \to 0$
$0{,}5 \to 0{,}125$	$0{,}125 \to 0{,}5$
$1 \to 1$	$1 \to 1$
$\sqrt[3]{2} \to 2$	$2 \to \sqrt[3]{2}$
$\sqrt[3]{5} \to 5$	$5 \to \sqrt[3]{5}$
$2 \to 8$	$8 \to 2$
$3 \to 27$	$27 \to 3$

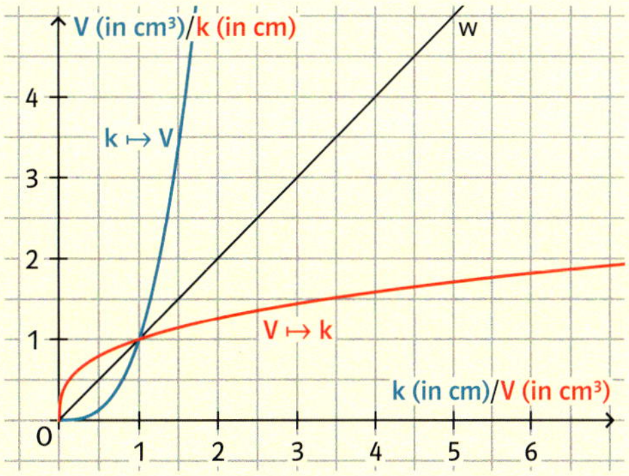

Fig. 1

In Fig. 1 sind die Wertepaare der Zuordnungen $k \mapsto V$ und $V \mapsto k$ in dasselbe Koordinatensystem eingetragen.
Die Umkehrung der Zuordnungsrichtung bewirkt einen Tausch der Koordinaten jedes Punktes, der auf dem Graphen der Zuordnung $k \mapsto V$ liegt. Der Punkt wird dadurch an der Winkelhalbierenden w des Koordinatensystems gespiegelt.
Die Graphen von Funktion und Umkehrfunktion liegen folglich spiegelbildlich zu w.

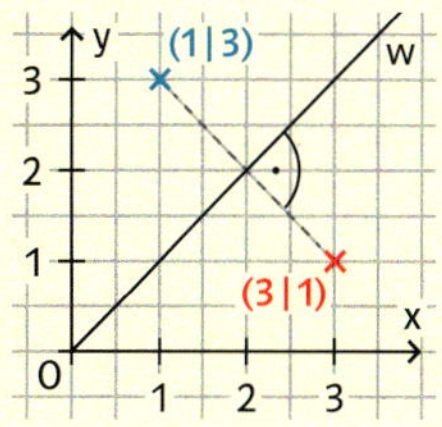

In gleicher Weise kann zu jeder Potenzfunktion $f(x) = x^z$ mit ganzzahligem Exponenten z $(z \neq 0)$ eine Umkehrfunktion entwickelt werden. Dabei wird für die Funktion f die Menge zulässiger x-Werte für $z > 0$ auf $x \geq 0$ und für $z < 0$ auf $x > 0$ beschränkt.
Diese Beschränkung ist für gerade Exponenten z notwendig, weil andernfalls ein und derselbe Funktionswert zu verschiedenen x-Werten auftritt. Eine Umkehrfunktion im Sinne der Eindeutigkeit kann dann nicht gebildet werden.
Obwohl bei ungeraden Exponenten z die Umkehrung auch ohne Beschränkung der Werte für x eindeutig ist, schließt man hier negative Werte für x ebenfalls aus.
Diese Beschränkung ist zwar nicht zwingend erforderlich, im Sinne einer vereinfachten Darstellung jedoch hilfreich. Verzichtete man auf eine Beschränkung der Werte für x, so müsste die Umkehrfunktion durch unterschiedliche Funktionsterme beschrieben werden.

Einschränkung schafft auch für die Umkehrung eindeutige Verhältnisse:

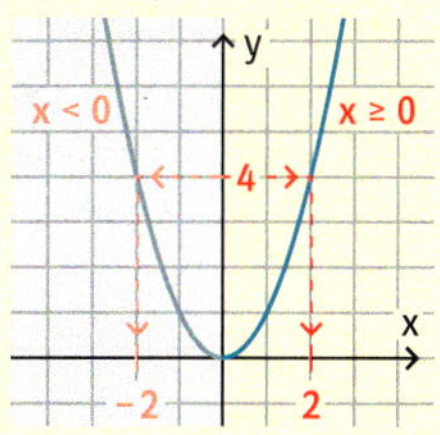

Man erhält die Umkehrfunktion g zu einer gegebenen Funktion f mit der Gleichung $y = f(x)$, indem man die Variablen x und y vertauscht. Die entstehende Gleichung wird nach y aufgelöst und y durch g(x) ersetzt.
Auf diese Weise ergibt dies zum Beispiel zur Funktion f mit $f(x) = x^{-2}$ $(x > 0)$ die Umkehrfunktion g mit $g(x) = x^{-\frac{1}{2}}$ $(x > 0)$.
Der Graph von g kann durch Spiegeln des Graphen von f an der Geraden w mit der Gleichung $y = x$ gezeichnet werden (Fig. 2).

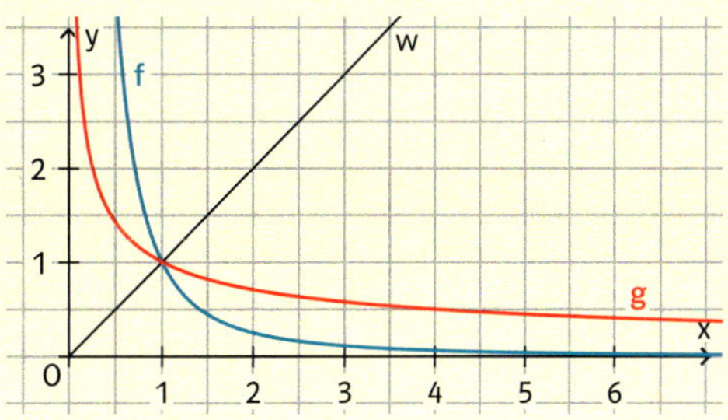

Fig. 2

$y = x^{-2}$

$x = y^{-2} \quad |()^{-\frac{1}{2}}$

$x^{-\frac{1}{2}} = y$

$\frac{1}{\sqrt{x}} = y = g(x)$

Exkursion

Jede auf $x > 0$ beschränkte Potenzfunktion f mit $f(x) = a \cdot x^q$ $(a > 0;\ q \in \mathbb{Q},\ q \neq 0)$ ist umkehrbar. Die Umkehrfunktion ist g mit $g(x) = \left(\frac{x}{a}\right)^{\frac{1}{q}}$. Die Graphen von f und g liegen spiegelbildlich zur ersten Winkelhalbierenden w mit der Gleichung $y = x$.

Zur Funktion f mit $f(x) = \frac{1}{8}x^3$ $(x \geq 0)$ soll die Gleichung der Umkehrfunktion g bestimmt werden und danach berechnet werden, in welchen Punkten sich die Graphen von f und g schneiden.

$y = \frac{1}{8}x^3$ *Gleichung von f angeben*

$x = \frac{1}{8}y^3$ *Variablen x, y tauschen*

$8x = y^3 \quad |\,(\ )^{\frac{1}{3}}$ *nach y auflösen*

$(8x)^{\frac{1}{3}} = y$, also $y = 2x^{\frac{1}{3}} = 2\sqrt[3]{x} = g(x)$

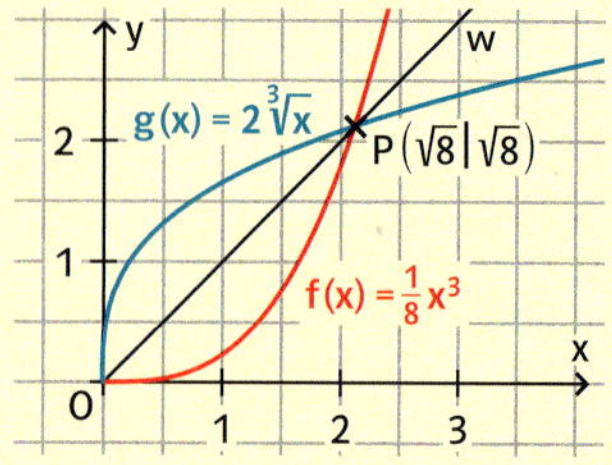

Die Schnittpunkte der Graphen von f und g liegen auf der 1. Winkelhalbierenden w mit der Gleichung $y = x$.
Folglich ist $\frac{1}{8}x^3 = x$, also $x^3 = 8x$ oder $x^3 - 8x = x(x^2 - 8) = 0$.
Die Lösungen dieser Gleichung sind 0, $\sqrt{8}$ und $-\sqrt{8}$.
Die gesuchten Schnittpunkte liegen bei $O(0\,|\,0)$ und $P(\sqrt{8}\,|\,\sqrt{8})$.

Ein Produkt ist genau dann gleich null, wenn einer der beiden Faktoren null ist.

1 Bestimmen Sie zur gegebenen Funktion f die Gleichung der Umkehrfunktion g. Zeichnen Sie die Graphen von f und g.
a) $f(x) = x^2,\ x \geq 0$
b) $f(x) = -8 \cdot x^3,\ x \geq 0$
c) $f(x) = x^{\frac{1}{4}},\ x \geq 0$
d) $f(x) = 4 \cdot x^{\frac{1}{2}},\ x \geq 0$

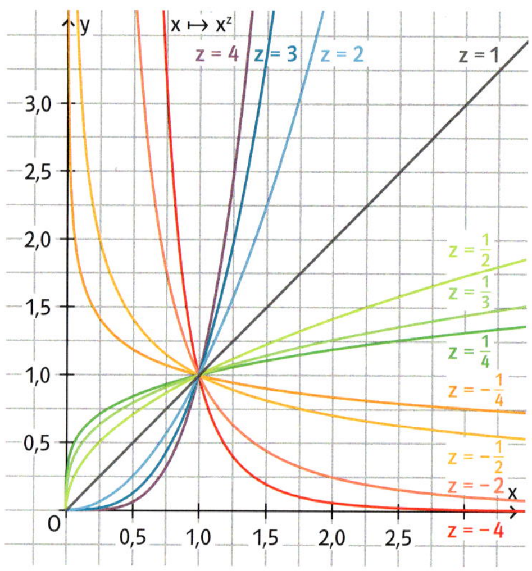

2 In der Abbildung sind für verschiedene Exponenten z die Graphen der Funktionen $x \mapsto x^z$ im I. Quadranten gezeichnet.
a) Welche der Funktionen sind Umkehrfunktionen zueinander?
b) Warum schneiden sich die Graphen der Funktionen auf der 1. Winkelhalbierenden? Begründen Sie.

3 Bestimmen Sie zur gegebenen Funktion f die Gleichung der Umkehrfunktion g. Zeichnen Sie die Graphen von f und g mithilfe eines digitalen Mathematikwerkzeugs. Beschreiben Sie die gemeinsamen Punkte der Graphen von f und g.
a) $f(x) = x^{\frac{1}{3}},\ x \geq 0$ b) $f(x) = x^{-1},\ x > 0$ c) $f(x) = \frac{1}{2}x^3,\ x \geq 0$ d) $f(x) = 8x^{-3},\ x > 0$

4 **Umkehrfunktionen bei linearen Funktionen**
a) Geben Sie Ihrer Banknachbarin oder Ihrem Banknachbarn die Gleichung einer linearen Funktion und lassen Sie sie oder ihn die Gleichung der zugehörigen Umkehrfunktion bestimmen.
b) Zeichnen Sie die Graphen beider Funktionen in ein Koordinatensystem. Können Sie so überprüfen, ob die Gleichung der Umkehrfunktion richtig bestimmt ist?
c) Tauschen Sie die Rolle und betrachten Sie weitere Beispiele. Bestimmen Sie dann allgemein zur linearen Funktion f mit $f(x) = mx + b$ $(m \neq 0)$ die Gleichung der Umkehrfunktion g.

Bei linearen Funktionen ist eine Beschränkung der für x zulässigen Werte nicht erforderlich.

1 Vereinfachen Sie so weit wie möglich.

a) $2^3 \cdot 5^3 \cdot 10^3$ b) $\frac{28^5 \cdot 3^5}{6^5 \cdot 7^5}$ c) $\sqrt{5} \cdot \sqrt{15} \cdot \sqrt{3}$ d) $\frac{\sqrt{180}}{\sqrt{5}}$

e) $\sqrt[4]{0{,}3} \cdot \sqrt[4]{90} \cdot \sqrt[4]{3}$ f) $0{,}49^{\frac{1}{2}}$ g) $5^0 - \left(\frac{1}{5}\right)^{-3} \cdot 5^{-2}$ h) $64^{-\frac{1}{3}}$

i) $z^{\frac{11}{4}} \cdot z^{-\frac{3}{4}}$ j) $y^3 \cdot \frac{y}{y^{-2}}$ k) $b^{\frac{6}{5}} \cdot b^{-\frac{2}{5}} \cdot \sqrt[5]{b}$ l) $\left(\sqrt{a^{-1}} \cdot \sqrt[4]{a^2}\right)^4$

2 Gegeben ist die Funktion f mit $f(x) = 2x^{-2}$.

a) Überprüfen Sie, ob die Punkte $P(-3\,|\,0{,}2)$ und $Q\left(3\,\middle|\,\frac{2}{9}\right)$ auf dem Graphen von f liegen.

b) Der Punkt $R\left(\frac{1}{2}\,\middle|\,c\right)$ liegt auf dem Graphen von f. Berechnen Sie die fehlende Koordinate.

3 Bestimmen Sie den Funktionsterm der Potenzfunktion f mit $f(x) = ax^5$, deren Graph durch den Punkt P verläuft. Welche dieser Graphen haben dasselbe globale Verhalten?

a) $P\left(1\,\middle|\,\frac{1}{2}\right)$ b) $P\left(-1\,\middle|\,\frac{2}{3}\right)$ c) $P(2\,|\,1)$ d) $P(10\,|\,-1000)$

4 Bestimmen Sie zur Funktion f die Definitionsmenge und die Wertemenge. Für welche Zahl b liegt der Punkt $P(-2\,|\,b)$ auf dem Graphen von f?

a) $f(x) = 0{,}1x^4$ b) $f(x) = \frac{3}{x}$ c) $f(x) = \sqrt{x+3}$ d) $f(x) = \frac{1}{2}x^2$

5 Skizzieren Sie den Graphen der Funktion f.

a) $f(x) = x^3$ b) $f(x) = \frac{1}{x}$ c) $f(x) = \sqrt{x}$

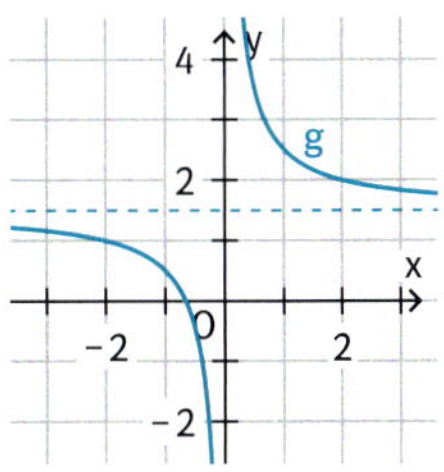

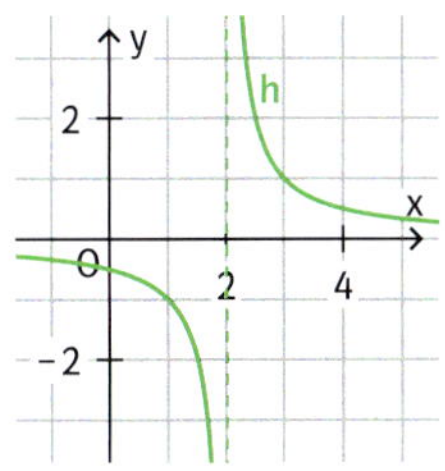

6 Die Graphen von g und von h sind aus dem Graphen von f mit $f(x) = \frac{1}{x}$ entstanden. Bestimmen Sie einen Funktionsterm der Funktion g bzw. der Funktion h.

7 Skizzieren Sie die Graphen von f, g und h in ein gemeinsames Koordinatensystem.

a) $f(x) = x^2,\ g(x) = \frac{1}{2}x^2 - 2,\ h(x) = -(x+3)^2$ b) $f(x) = x^3,\ g(x) = -x^3 - 1,\ h(x) = 0{,}5(x+2)^3$

c) $f(x) = \sqrt{x},\ g(x) = 2\sqrt{x} + 1,\ h(x) = -\sqrt{x-1}$ d) $f(x) = \frac{1}{x},\ g(x) = -\frac{2}{x},\ h(x) = \frac{1}{x+3}$

8 In der Abbildung sind die Graphen von drei Potenzfunktionen der Form $f(x) = x^z,\ z \in \mathbb{Z}$ gezeichnet.

a) Ordnen Sie die Punkte den Graphen zu.

b) Ordnen Sie jedem Graphen den passenden Exponenten z zu.

c) Welche Aussagen lassen sich für die Graphen von Potenzfunktionen mit ungeradem Exponenten aus der Abbildung ablesen? Begründen Sie.

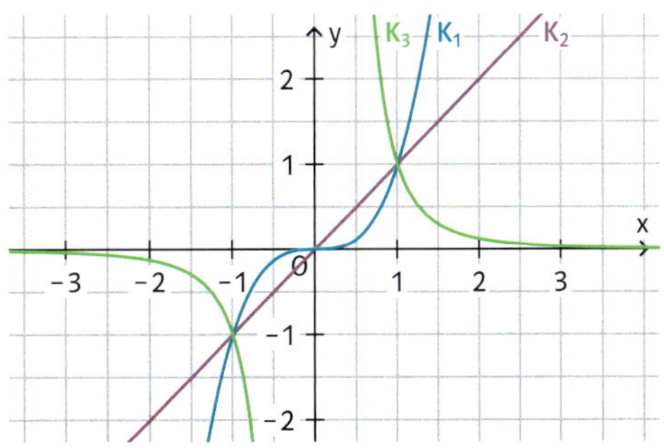

$P\left(2\,\middle|\,\frac{1}{8}\right)$

$Q\left(-\frac{3}{2}\,\middle|\,-\frac{3}{2}\right)$

$R\left(-\frac{1}{2}\,\middle|\,-\frac{1}{8}\right)$

9 Gegeben ist der Graph der Funktion g mit $g(x) = \frac{1}{4}x^3$. Bestimmen Sie den Funktionsterm des Graphen, der entsteht durch

a) Spiegelung an der x-Achse, b) Spiegelung an der y-Achse,

c) Streckung in y-Richtung mit dem Faktor 2 d) Verschiebung um 3 in x-Richtung.

10 Der Graph der Funktion f mit $f(x) = ax^n$ verläuft durch die Punkte A und B. Bestimmen Sie den Funktionsterm.

a) $A(1\,|\,4)$, $B(2\,|\,32)$ b) $A(3\,|\,-27)$, $B\left(1\,\middle|\,-\frac{1}{3}\right)$ c) $A(-1\,|\,2)$, $B(2\,|\,128)$ d) $A(2\,|\,-16)$, $B\left(-1\,\middle|\,\frac{1}{2}\right)$

11 Geben Sie jeweils zwei Beispiele für eine Potenzfunktion mit dieser Eigenschaft an.

a) Der Graph ist punktsymmetrisch zum Ursprung und verläuft durch den Punkt $P(1|2)$.

b) Der Graph ist achsensymmetrisch zur y-Achse und verläuft durch den Punkt $Q(2|1)$.

12 Geben Sie die Transformationen in Bezug auf den Graphen der Funktion f an. Skizzieren Sie die Graphen der Funktionen f, g und h in ein gemeinsames Koordinatensystem. Geben Sie ggf. die Gleichungen der Asymptoten der Graphen an.

a) $f(x) = x^4$	$g(x) = -x^4 + 3$	$h(x) = (x-2)^4 - 2$
b) $f(x) = x^{-2}$	$g(x) = (x+2)^{-2} + 1{,}5$	$h(x) = 1 - x^{-2}$
c) $f(x) = \frac{1}{x^3}$	$g(x) = 1 + \frac{2}{x^3}$	$h(x) = -\frac{1}{(x-1)^3} + 1{,}5$
d) $f(x) = \sqrt{x}$	$g(x) = 2 - \sqrt{x}$	$h(x) = 2\sqrt{x} - 3$
e) $f(x) = \sqrt[3]{x}$	$g(x) = -\sqrt[3]{x+2}$	$h(x) = \sqrt[3]{x-2} - 1$

13 Das Volumen einer Kugel mit Radius r beträgt $V = \frac{4}{3}\pi r^3$, der Oberflächeninhalt beträgt $O = 4\pi r^2$.

a) Ermitteln Sie die Gleichung der Funktion, mit der man zu einem gegebenen Volumen V einer Kugel den Oberflächeninhalt O berechnen kann.
Zeichnen Sie den Graphen dieser Funktion für $0 \le V \le 20$.

b) Nehmen Sie zu folgender Aussage Stellung: Wird das Volumen verfünffacht, so wird der Inhalt der Kugeloberfläche ungefähr verdreifacht.

14 Die Graphen in der Abbildung rechts sind durch Transformationen aus dem Graphen der Funktion f mit $f(x) = \frac{1}{x^2}$ entstanden. Bestimmen Sie jeweils einen Funktionsterm zu diesen Graphen.

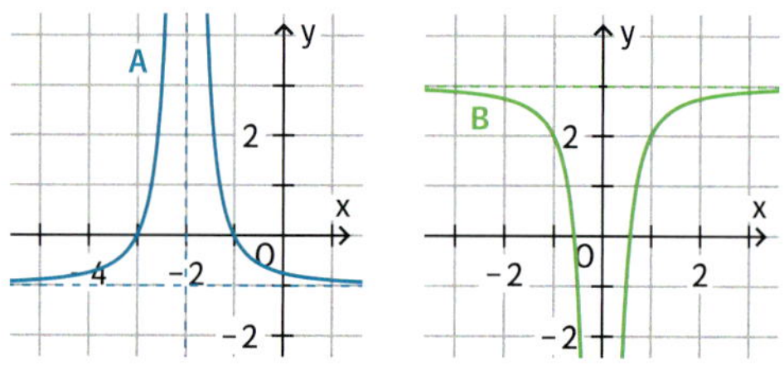

15 Die Graphen der Funktionen g und h sind aus dem Graphen der Funktion f entstanden.

a) Bestimmen Sie die Funktionsgleichungen für die Funktionen g und h.

b) Kontrollieren Sie Ihre Ergebnisse mit einem digitalen Mathematikwerkzeug.

(1) $f(x) = x^2$

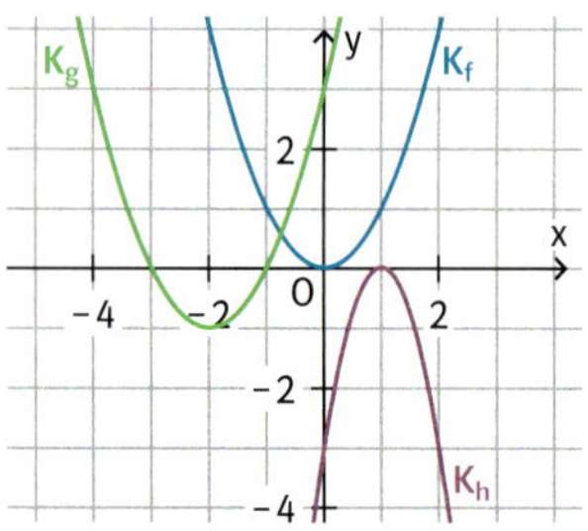

(2) $f(x) = x^3$

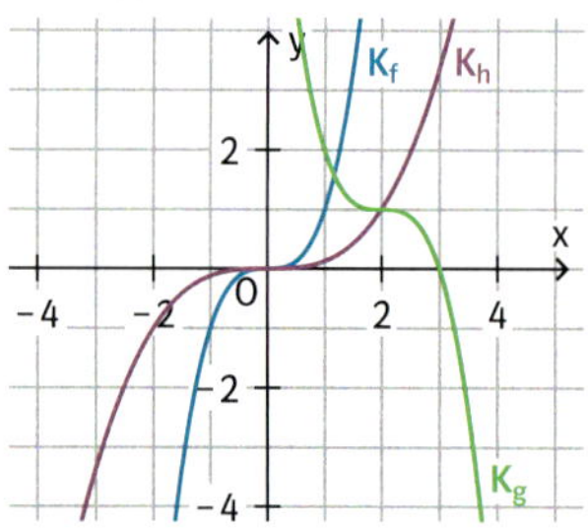

(3) $f(x) = x^4$

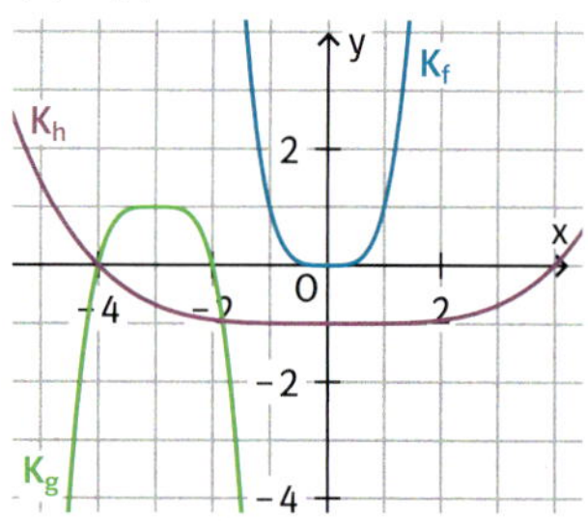

(4) $f(x) = \frac{1}{x}$

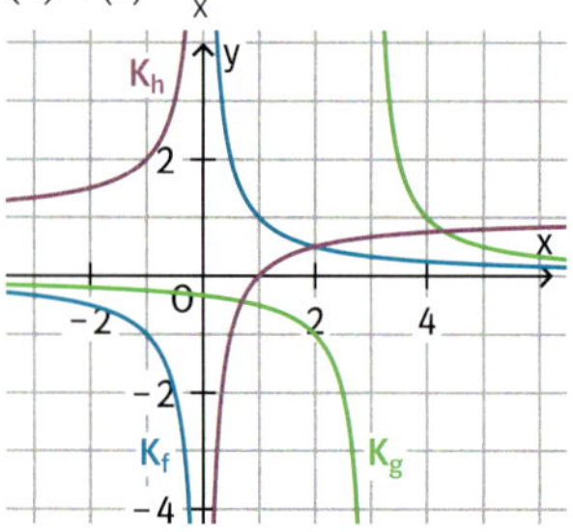

(5) $f(x) = x^{-2}$

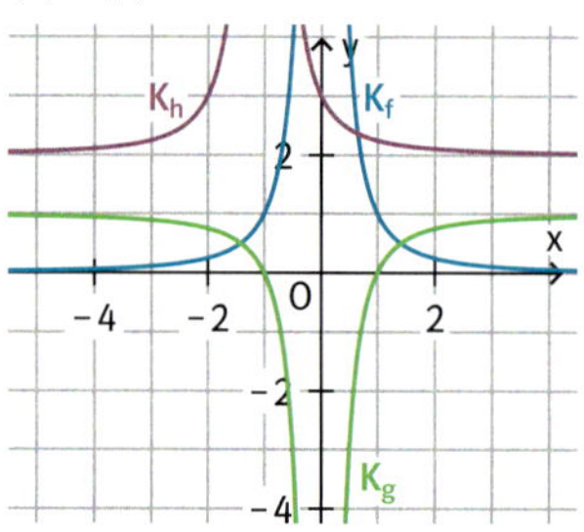

(6) $f(x) = \frac{1}{x^3}$

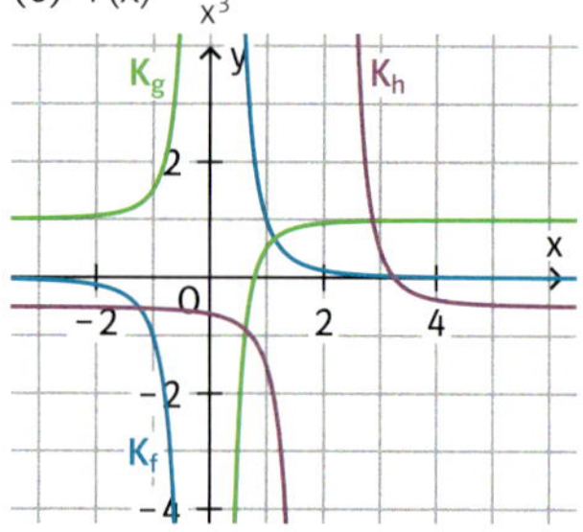

16 Skizzieren Sie den Graphen der Funktion f.

a) $f(x) = 0{,}5(x-2)^3$ b) $f(x) = \frac{3}{2}\sqrt{x+1}$ c) $f(x) = \frac{2}{x-3}$ d) $f(x) = \frac{1}{3x} + 2$

17 Bestimmen Sie mithilfe selbstgewählter Punkte die Funktionsgleichungen der Graphen.

a) $f(x) = \square(x - \square)^3 + \square$ b) $f(x) = \square(x - \square)^{-2} + \square$ c) $f(x) = \square(x - \square)^{-1} + \square$

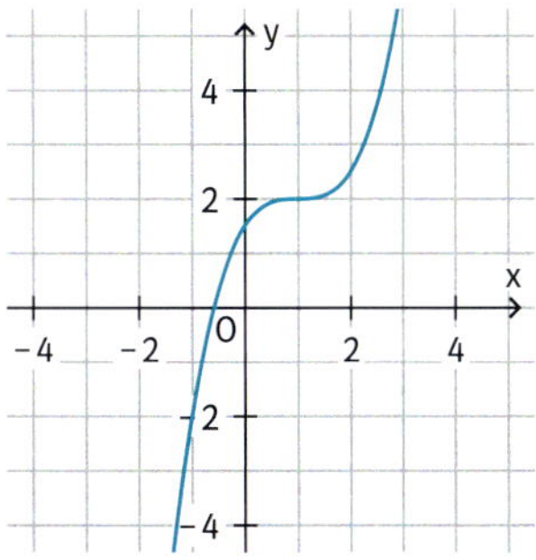

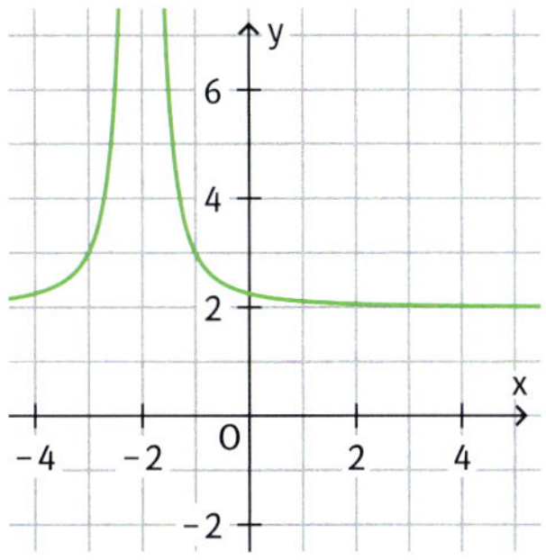

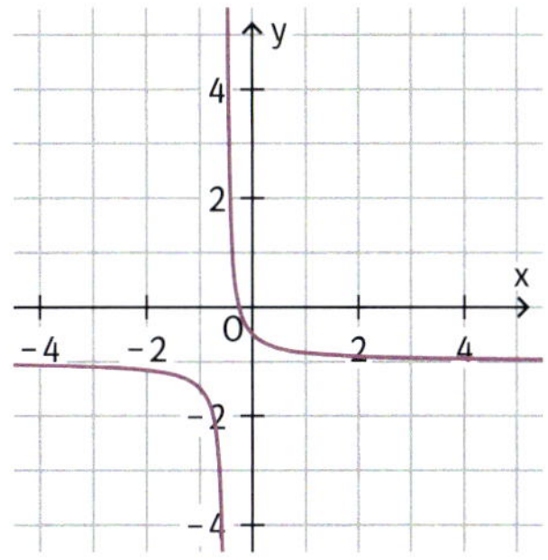

18 Bestimmen Sie die Lösungen der Gleichung.

a) $x^3 = 216$ b) $6x^6 - 320 = x^6$ c) $x^5 + 15 = 5$ d) $80 = x^4 - 1$

e) $x^{-4} = \frac{16}{81}$ f) $\frac{1}{x^3} = 125$ g) $70 - \frac{1}{x^2} = 6$ h) $\frac{1}{(x-4)^3} = 8$

i) $\sqrt[4]{x} = 2$ j) $\sqrt[3]{x} = 5$ k) $-2 = \sqrt[3]{x}$ l) $\sqrt[4]{x-3} = 2$

19 Ein frei fallender Körper erreicht mit zunehmender Fallhöhe eine immer größere Geschwindigkeit. Lässt man den Einfluss der Luftreibung unberücksichtigt, so kann man die Geschwindigkeit v (in $\frac{m}{s}$) mit der Gleichung $v = \sqrt{2g \cdot h}$ berechnen $\left(g = 9{,}81\text{: Fallbeschleunigung } \left(\text{in } \frac{m}{s^2}\right)\text{; h: Fallhöhe (in m)}\right)$.

a) Welche Endgeschwindigkeit kann bei einem 71 m hohen „Drop-Tower" erreicht werden? Geben Sie das Ergebnis auch in $\frac{km}{h}$ an.

b) Aus welcher Höhe ist eine Birne gefallen, die mit der Geschwindigkeit $15\,\frac{m}{s}$ auf dem Boden aufschlägt?

20 Unter der Blutstromstärke I versteht man das Blutvolumen, das pro Zeiteinheit durch einen Venenquerschnitt fließt. Für I gilt näherungsweise das Gesetz von Hagen-Poiseuille:
$I = k \cdot (p_1 - p_2) \cdot r^4$ (k ist eine Konstante).
Dabei ist p_1 bzw. p_2 der Druck an den Venenenden und r der Venenradius.

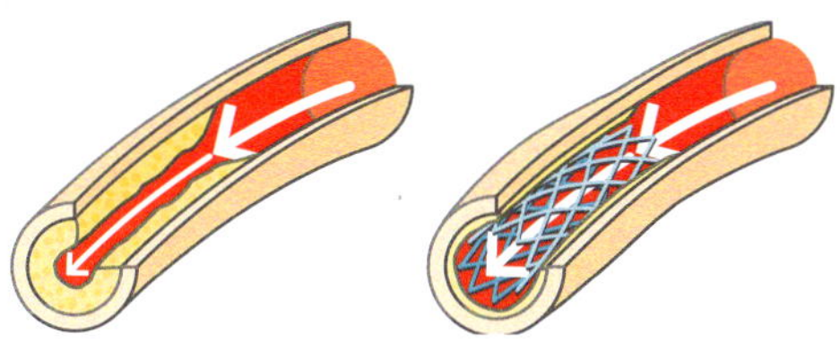

Der deutsche Ingenieur Gotthilf Hagen (1797–1884) und der französische Physiologe und Physiker Jean Léonard Marie Poiseuille (1797–1869) untersuchten zeitgleich (ca. 1840) die Strömungen von Flüssigkeiten durch Rohre bzw. die Blutbewegung in den Venen.

a) Berechnen Sie für eine mittelgroße Vene mit 3 mm Radius die Blutstromstärke I in $\frac{\text{Liter}}{s}$. Gehen Sie von einer Druckdifferenz $\Delta p = p_2 - p_1 = 10^3 \left(\text{in } \frac{kg}{m \cdot s^2}\right)$ aus. Die Konstante k hat den Wert $250\,\frac{s}{kg}$.

b) Wie wirkt es sich auf die Blutstromstärke I aus, wenn sich der Durchmesser einer Vene auf ein Viertel verringert?

c) Um wie viel Prozent muss der Durchmesser einer Ader z. B. durch einen Stent, d. h. eine Gefäßstütze, erweitert werden, um eine Verdoppelung der Blutstromstärke zu erreichen?

Test

Kopiervorlage Check-out 83xn6g

II Potenzfunktionen

Potenzen mit nicht-positiven Exponenten
Für die Potenz a^{-n} mit $a \neq 0$ und $n \in \mathbb{N}^*$ gilt: $a^{-n} = \frac{1}{a^n}$.
Potenzen mit Exponent null haben den Wert 1: $a^0 = 1$.

$5^{-3} = \frac{1}{5^3} = \frac{1}{125}$; $\quad (-4)^{-2} = \frac{1}{(-4)^2} = \frac{1}{16}$
$5^0 = 1$; $\quad (-4)^0 = 1$

Potenzen mit rationalen Exponenten
Ist der Exponent einer Potenz ein Bruch $\frac{m}{n}$ ($n \in \mathbb{N}^*$, $m \in \mathbb{Z}$), so gilt:
$a^{\frac{m}{n}} = \sqrt[n]{a^m} = \left(\sqrt[n]{a}\right)^m$. Sonderfall ist $a^{\frac{1}{n}} = \sqrt[n]{a}$.

$8^{\frac{5}{3}} = \sqrt[3]{8^5} = \left(\sqrt[3]{8}\right)^5 = 2^5 = 32$
$243^{-\frac{2}{5}} = 243^{\frac{-2}{5}} = \left(\sqrt[5]{243}\right)^{-2} = 3^{-2} = \frac{1}{9}$

Potenzgesetze für allgemeine Exponenten $p, q \in \mathbb{Q}$
P1: $a^p \cdot a^q = a^{p+q}$; P2: $\frac{a^p}{a^q} = a^{p-q}$; P3: $(a^p)^q = a^{p \cdot q}$;
P4: $a^p \cdot b^p = (a \cdot b)^p$; P5: $\frac{a^p}{b^p} = \left(\frac{a}{b}\right)^p$ mit $b \neq 0$.

$x^{\frac{4}{3}} \cdot x^{\frac{2}{3}} = x^{\frac{4}{3}+\frac{2}{3}} = x^2$; $\frac{y^2}{y^{-3}} = y^5$; $(z^{-2})^{-3} = z^6$
$12^{\frac{3}{2}} \cdot 3^{\frac{3}{2}} = 36^{\frac{3}{2}} = 216$; $\frac{c^{-4}}{d^{-4}} = \left(\frac{c}{d}\right)^{-4} = \left(\frac{d}{c}\right)^4$; $c, d \neq 0$

Potenzfunktionen mit natürlichem Exponenten $n \in \mathbb{N}^*$
Eine Funktion f mit $f(x) = a \cdot x^n$ und $a \neq 0$ heißt **Potenzfunktion**.

Globales Verhalten des Graphen K von f für $a > 0$:
- n gerade: K kommt von links oben und geht nach rechts oben.
- n ungerade: K kommt von links unten, geht nach rechts oben.

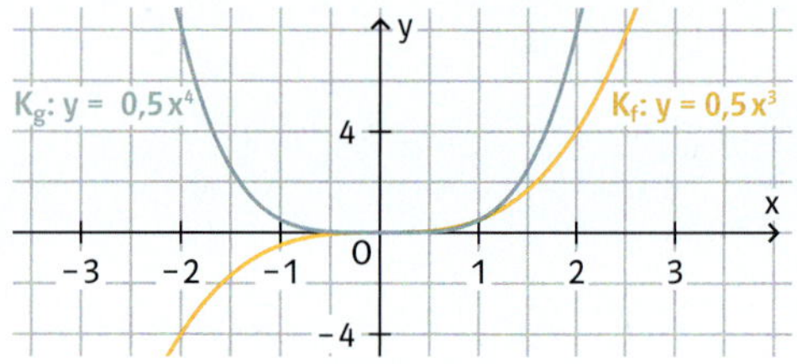

Potenzfunktionen mit negativem Exponenten
Eine Funktion f mit $f(x) = a \cdot \frac{1}{x^n}$ bzw. $f(x) = a \cdot x^{-n}$ ($n \in \mathbb{N}^*$, $a \neq 0$) heißt ebenfalls **Potenzfunktion**.
f hat an der Stelle $x = 0$ eine **Definitionslücke**, d.h. $D = \mathbb{R}^*$.
Der Graph von f hat
- die vertikale Asymptote $x = 0$, wegen $f(x) \to \pm\infty$ für $x \to 0$ und
- die horizontale Asymptote $y = 0$, wegen $f(x) \to 0$ für $x \to \pm\infty$.

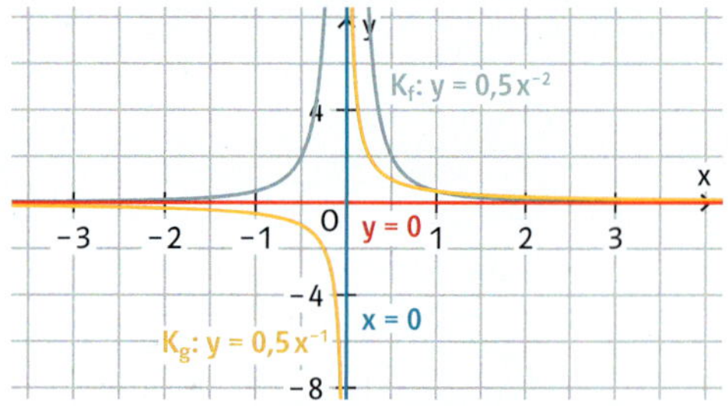

Symmetrieeigenschaft bei ganzzahligem Exponenten $z \in \mathbb{Z}^*$
Für den Graphen K der Funktion f mit $f(x) = a \cdot x^z$ ($a \neq 0$) gilt:
- Ist z gerade, so ist K achsensymmetrisch zur y-Achse.
- Ist z ungerade, so ist K punktsymmetrisch zum Ursprung.

Wurzelfunktionen
Eine Funktion f mit $f(x) = x^{\frac{1}{n}}$ bzw. $f(x) = \sqrt[n]{x}$ ($n \in \mathbb{N} \setminus \{0; 1\}$) heißt **Wurzelfunktion**. $D = \mathbb{R}_+$.
Die Punkte $O(0|0)$ und $P(1|1)$ liegen auf dem Graphen von f.

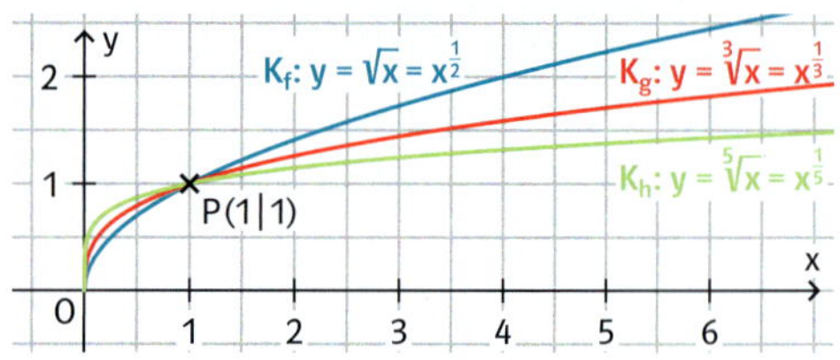

Transformationen von Funktionsgraphen
Streckungen, Spiegelungen und Verschiebungen von Graphen werden **Transformationen** genannt. Wird der Funktionsterm einer Funktion f verändert, wirkt sich das auf den Graphen K aus:

$g(x) = a \cdot f(x)$ — Streckung von K mit Faktor a in y-Richtung. $a < 0$ beinhaltet Spiegelung an der x-Achse.
$h(x) = f(x) + d$ — Verschiebung von K um d in y-Richtung.
$i(x) = f(x - c)$ — Verschiebung von K um c in x-Richtung.

Bei der Hintereinanderausführung spielt die Reihenfolge der Transformationen eine Rolle.

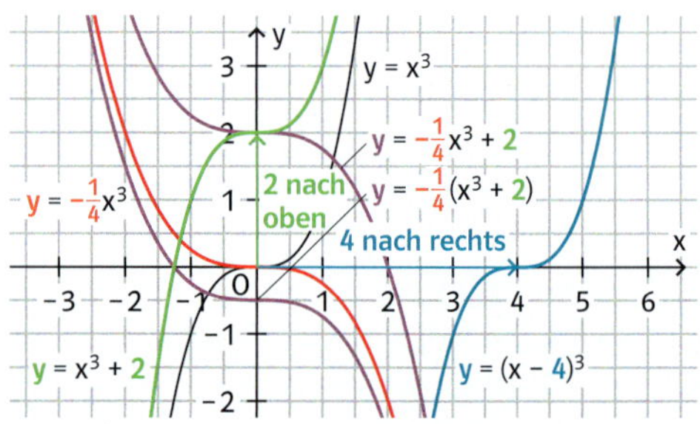

Potenzgleichungen mit natürlichem Exponenten $n \neq 0$
Die Gleichung $x^n = a$ hat entweder zwei, eine oder keine Lösung.

	n gerade	n ungerade
$a > 0$	$x = \pm\sqrt[n]{a}$	$x = \sqrt[n]{a}$
$a < 0$	keine Lösung	$x = -\sqrt[n]{-a}$

Für $a = 0$ hat die Gleichung $x^n = 0$ die Lösung $x = 0$.

	n gerade	n ungerade
$a > 0$	$x^4 = 3$ $x = \pm\sqrt[4]{3}$	$x^5 = 3$ $x = \sqrt[5]{3}$
$a < 0$	$x^4 = -3$ keine Lösung	$x^5 = -3$ $x = -\sqrt[5]{3}$

Runde 1

Lösungen | Seite 275

1 Vereinfachen und berechnen Sie ohne Taschenrechner.

a) $\frac{20^6}{2^6 \cdot 5^6}$ b) $100\,000^{\frac{1}{5}}$ c) $32^{\frac{3}{5}}$ d) $81^{-\frac{1}{4}}$

e) $\sqrt{6{,}4} \cdot \sqrt{10}$ f) $\frac{\sqrt[3]{16}}{\sqrt[3]{2}}$ g) $\left(\frac{1}{3}\right)^{-4} \cdot 3^{-2} - 3^0$ h) $\sqrt[4]{40} \cdot \sqrt[4]{2} \cdot \sqrt[4]{0{,}2}$

2 Bestimmen Sie den Funktionsterm der Potenzfunktion f mit $f(x) = ax^3$, deren Graph durch den Punkt P verläuft. Welche beiden Graphen haben dasselbe globale Verhalten?

a) $P\left(1\,\middle|\,\frac{1}{8}\right)$ b) $P\left(-1\,\middle|\,\frac{1}{8}\right)$ c) $P\left(2\,\middle|\,-\frac{1}{8}\right)$

3 Bestimmen Sie, ausgehend von der Funktion f mit $f(x) = x^4$, zu jedem Graphen in der Abbildung rechts einen Funktionsterm.

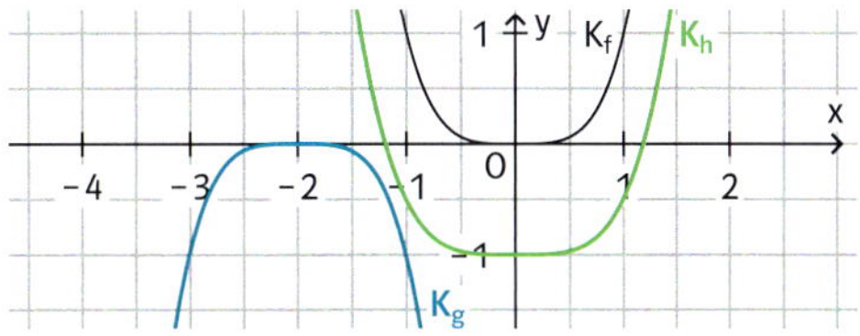

4 Für welche Zahl a liegt der Punkt $P(-4\,|\,4)$ auf dem Graphen von f mit $f(x) = \frac{a}{x^2}$?

5 Ordnen Sie jedem Graphen eine Funktionsgleichung zu. Begründen Sie Ihre Entscheidung.

$f(x) = \sqrt[3]{x}$ $g(x) = x^{-4}$ $h(x) = \frac{1}{x^2}$ $i(x) = \sqrt{x}$ $j(x) = x^3$

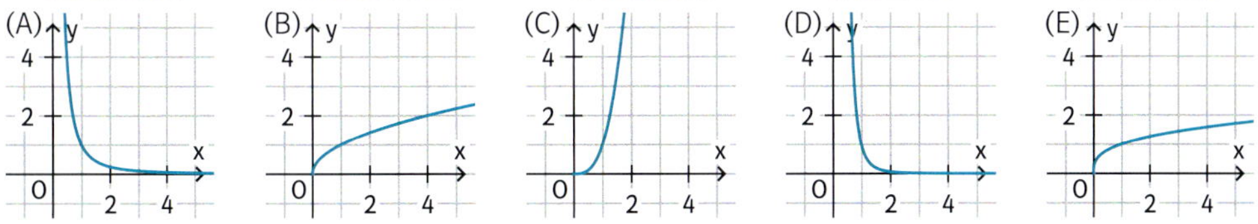

Runde 2

1 Vereinfachen Sie so weit wie möglich.

a) $b^{\frac{3}{2}} \cdot b^{-\frac{3}{4}} \cdot b^{\frac{1}{4}}$ b) $\frac{x}{x^{-3}} \cdot x^2$ c) $(b^3 a)^{-2} \cdot b^6 a$ d) $\frac{u^3 v w^4}{u^2 v^{-4} w^3}$

2 Skizzieren Sie den Graphen von f mit $f(x) = \frac{1}{4} \cdot (x-3)^4 - 2$ und g mit $g(x) = -0{,}5 \cdot \frac{1}{x^3} + 1$.

3 Bestimmen Sie den Funktionsterm der Potenzfunktion f mit $f(x) = a \cdot x^{-n}$, deren Graph durch die Punkte $P(1\,|\,2)$ und $Q\left(2\,\middle|\,\frac{1}{16}\right)$ verläuft. Beschreiben Sie den Verlauf des Graphen.

4 Der Graph K_f der Funktion f mit $f(x) = \sqrt{x}$ wird mit dem Faktor $-0{,}5$ in y-Richtung gestreckt und danach in y-Richtung um 2 verschoben. Skizzieren Sie K_f und die nach den einzelnen Transformationen entstandenen Graphen, geben Sie die zugehörigen Funktionsterme an.

5 Beschreiben Sie, wie der Graph der Funktion g in der Abbildung rechts aus dem Graphen der Funktion f entsteht. Geben Sie den Funktionsterm von g an. Geben Sie ggf. die Asymptote des Graphen von g an.

a) $f(x) = \frac{1}{x^2}$ b) $f(x) = x^3$

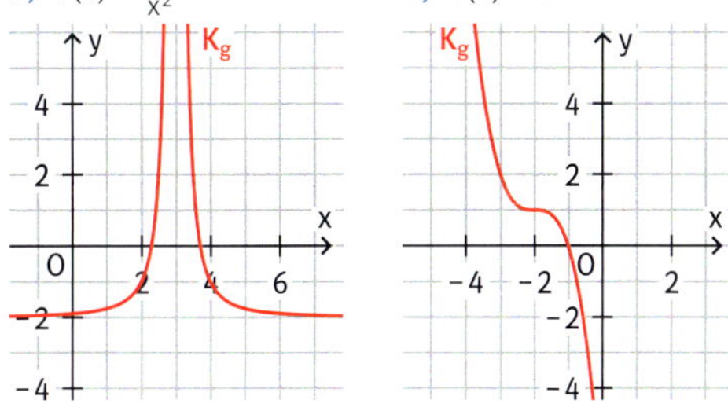

6 Bestimmen Sie die Lösungen der Gleichung.

a) $5x^3 = x^3 - 32$ b) $x^{-2} = 25$

c) $\sqrt[3]{x} = 5$ d) $\sqrt{x-1} = 7$

III Polynomfunktionen

$g(x) = -0{,}25x^3$

$f(x) = 0{,}2x^4 - 1{,}6x^2 + 4{,}2$

$h(x) = \frac{1}{x^2}$

$i(x) = x(x-1)(x-3)$

Welcher Term passt zu welchem Graphen?

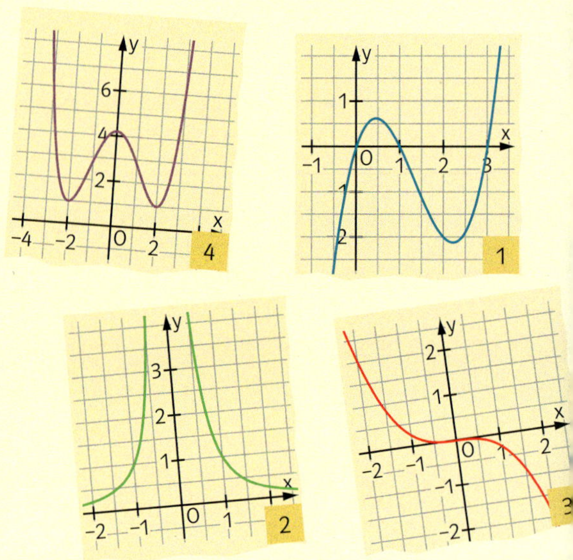

Das können Sie schon

- Das globale Verhalten von Potenzfunktionen beschreiben
- Quadratische Gleichungen lösen
- Terme von quadratischen Funktionen und von Potenzfunktionen ermitteln
- Graphen von Potenzfunktionen skizzieren

Das können Sie bald

- Das globale Verhalten von Polynomfunktionen bestimmen
- Polynomgleichungen mit verschiedenen Methoden lösen
- Terme von Polynomfunktionen ermitteln
- Nullstellen von Polynomfunktionen ermitteln
- Graphen von Polynomfunktionen skizzieren
- Optimierungsprobleme lösen

Check-in

So geht's:

(1) Checkliste übertragen oder über Code herunterladen.
(2) Fähigkeiten selbst einschätzen.
(3) Einschätzung mithilfe der Aufgaben überprüfen und gegebenenfalls Lerntipps beachten.

Schätzen Sie sich mithilfe der Checkliste ein.

	☺	😐	☹
1. Ich kann Funktionsgraphen mithilfe von Wertetabellen zeichnen.	☐	☐	☐
2. Ich kann Nullstellen quadratischer Funktionen bestimmen.	☐	☐	☐
3. Ich kann Terme quadratischer Funktionen mit vorgegebenen Nullstellen angeben.	☐	☐	☐
4. Ich kann Graphen von Potenzfunktionen skizzieren.	☐	☐	☐
5. Ich kann Terme von Potenzfunktionen ermitteln.	☐	☐	☐
6. Ich kann das globale Verhalten von Potenzfunktionen bestimmen.	☐	☐	☐
7. Ich kann die Symmetrie bei Graphen von Potenzfunktionen angeben.	☐	☐	☐
8. Ich kann Terme quadratischer Funktionen bestimmen.	☐	☐	☐

Lerntipps

zu 1. **Grundwissen**, Seite 242
zu 2. **Beispiel 1**, Seite 33
zu 3. **Beispiel 4**, Seite 33
zu 4. **Beispiel 1**, Seite 55
zu 5. **Beispiel 2**, Seite 56
zu 6. **Beispiel 1**, Seite 55
zu 7. **Merkkasten**, Seite 60
zu 8. **Beispiel 4**, Seite 33

Überprüfen Sie Ihre Einschätzungen.

○ **1 Funktionsgraphen mithilfe von Wertetabellen zeichnen**

a) Erstellen Sie für die Funktionen f mit $f(x) = -\frac{1}{3}x^2 + 3$ und g mit $g(x) = x^2 + 2x - 3$ jeweils eine Wertetabelle und zeichnen Sie ihren Graphen. Bestimmen Sie mithilfe des Graphen die Schnittstellen mit den Koordinatenachsen.

b) Zeichnen Sie den Graphen der Funktion h mit der angegebenen Wertetabelle.

x	−0,5	0	0,5	1	1,5	2	2,5	3	3,5	4	4,5
h(x)	−5,6	0	2,6	3,0	1,9	0	−1,9	−3,0	−2,6	0	5,6

Kopiervorlage Checkliste 72gm2u
Lösungen | Seite 276

○ **2 Nullstellen quadratischer Funktionen bestimmen**

a) $f(x) = x^2 - 9$
b) $f(x) = -x^2 + 5$
c) $f(x) = x^2 + 3$
d) $f(x) = -x(x - 4)$
e) $f(x) = x^2 - 6x$
f) $f(x) = (x + 3)(x - 4)$
g) $f(x) = x^2 - 2x - 8$
h) $f(x) = x^2 + 6x + 9$
i) $f(x) = 3x^2 + 6x - 15$
j) $f(x) = 20x^2 + x - 1$
k) $f(x) = 2x^2 + x - 4$
l) $f(x) = 5x^2 + 2x + 4$

○ **3 Quadratische Funktionen mit vorgegebenen Nullstellen angeben**

Geben Sie jeweils zwei Terme einer quadratischen Funktion mit den vorgegebenen Nullstellen an.

a) $x_1 = 2;\ x_2 = 5$
b) $x_1 = 0;\ x_2 = 3$
c) $x_1 = x_2 = -4$
d) $x_{1/2} = \pm\sqrt{5}$
e) Die Funktion hat keine Nullstellen.

○ **4 Graphen von Potenzfunktionen skizzieren**

Skizzieren Sie den Graphen der Potenzfunktion.

a) $f(x) = x^2$
b) $f(x) = -x^3$
c) $f(x) = \frac{1}{2}x^5$
d) $f(x) = -\frac{1}{32}x^6$

○ **5** **Terme von Potenzfunktionen bestimmen**

Bestimmen Sie die Parameter der Potenzfunktion so, dass ihr Graph durch den angegebenen Punkt bzw. die angegebenen Punkte geht.

a) $f(x) = a\,x^3$; $P(2\,|\,16)$ b) $f(x) = a\,x^n$; $P(1\,|\,3)$; $Q(4\,|\,192)$

○ **6** **Globales Verhalten von Potenzfunktionen bestimmen**

a) Beschreiben Sie das globale Verhalten der Potenzfunktion.

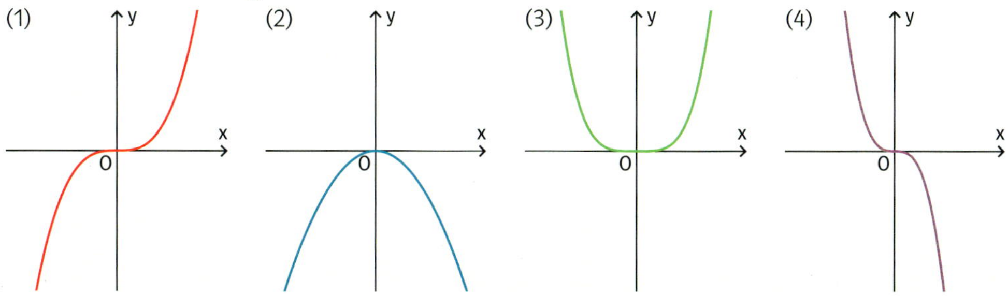

b) Die Graphen aus Teilaufgabe a) werden an der x-Achse gespiegelt. Geben Sie das globale Verhalten der zugehörigen neuen Funktionen an.

c) Welche der angegebenen Funktionen haben dasselbe globale Verhalten?

$f(x) = -x^3$ $g(x) = 3x^2$ $h(x) = 2x^5$ $i(x) = 3x$ $j(x) = -4x^5$ $k(x) = 0{,}02x^7$ $l(x) = 0{,}8x^4$

d) Ein globales Verhalten fehlt in Teilaufgabe c). Geben Sie hierfür zwei Beispiele an.

○ **7** **Symmetrie bei Graphen von Potenzfunktionen angeben**

a) Untersuchen Sie, ob der Graph symmetrisch ist.

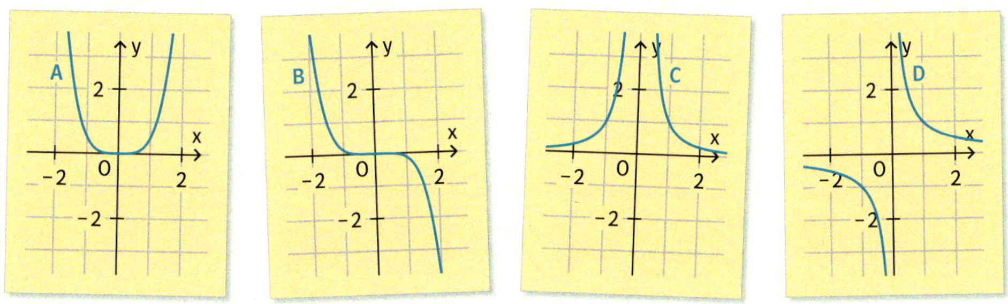

b) Die Graphen in Teilaufgabe a) werden an der y-Achse gespiegelt. Geben Sie die Symmetrieeigenschaften der neuen Graphen an.

○ **8** **Terme quadratischer Funktionen bestimmen**

Bestimmen Sie zu den folgenden Angaben den Term der quadratischen Funktion.

a) Die Funktion f mit $f(x) = x^2 + c$ hat bei $x = 4$ eine Nullstelle.

b) Die Funktion f mit $f(x) = x^2 + bx$ hat bei $x = -3$ eine Nullstelle.

c) Der Graph der Funktion f mit $f(x) = a\,x^2 - x$ geht durch den Punkt $P(2\,|\,10)$.

d)

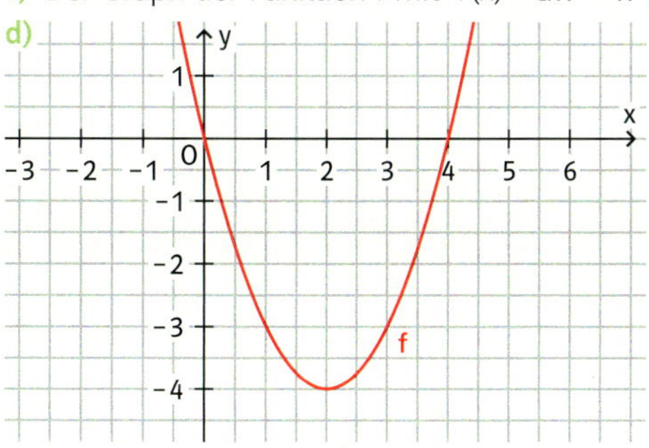

e)

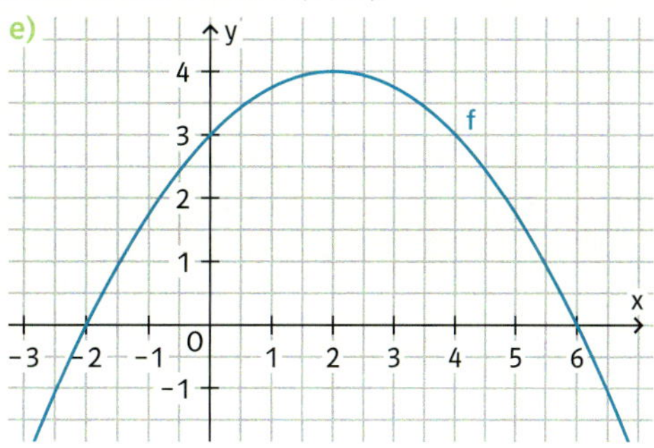

1 Polynomfunktionen und ihr globales Verhalten

Ordnen Sie den Funktionen den passenden Graphen zu. Erläutern Sie Ihren Vorschlag.

$f(x) = \frac{1}{5}x^4 + \frac{3}{10}x^3 - \frac{9}{5}x^2 - \frac{17}{10}x + 3$

$g(x) = -0{,}25x^3 - 0{,}5x^2 + 1{,}25x + 1{,}5$

$h(x) = -x^2 + 2x + 3$

$i(x) = -\frac{1}{4}(x+3)(x+1)(x-2)$

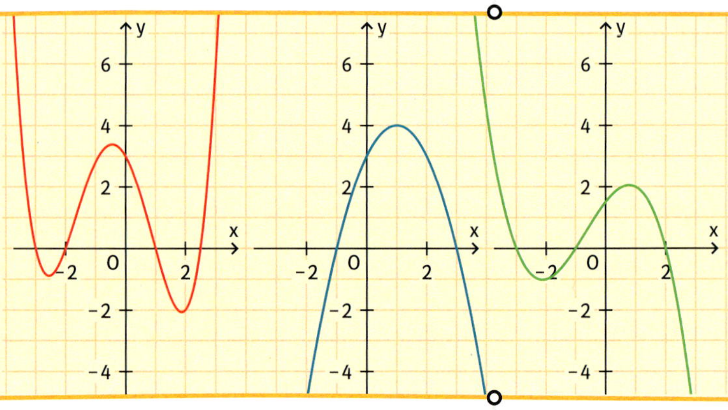

Funktionsterme wie $2x^3 - 8x^2 + 7x + 5$ heißen **Polynome**. Der Exponent der größten Potenz von x, hier also 3, heißt **Grad** des Polynoms. Die Zahlen 2; −8; 7 und 5 vor den Potenzen von x bezeichnet man als **Koeffizienten** des Polynoms. Der Koeffizient ohne x, hier also die Zahl 5, heißt **Absolutglied**.
Eine Funktion wie f mit $f(x) = 2x^3 - 8x^2 + 7x + 5$ wird als **Polynomfunktion** bezeichnet.
Die Begriffe Grad, Koeffizient und Absolutglied werden auch bei Polynomfunktionen verwendet.
Auch eine Funktion g mit $g(x) = 2x(4x-5)(x^2+3)$ ist eine Polynomfunktion, denn es ist $2x(4x-5)(x^2+3) = 8x^4 - 10x^3 + 24x^2 - 30x$.
Polynomfunktionen werden auch als **ganzrationale Funktionen** bezeichnet.

Lineare Funktionen sind Polynomfunktionen vom Grad 1, quadratische Funktionen sind Polynomfunktionen vom Grad 2, Potenzfunktionen n-ten Grades $(n \in \mathbb{N})$ sind Polynomfunktionen vom Grad n. Konstante Funktionen f mit $f(x) = a$, $a \neq 0$, haben den Grad 0, da $a = a \cdot x^0$.
Der Nullfunktion f mit $f(x) = 0$ (für alle reellen x) wird kein Grad zugeordnet.
Die Definitionsmenge einer Polynomfunktion ist $D = \mathbb{R}$.

Ähnlich wie man sich im letzten Kapitel ein Bild vom Verlauf des Graphen einer Potenzfunktion gemacht hat kann man sich anhand des Funktionsterms ein ungefähres Bild vom globalen Verlauf des Graphen einer Polynomfunktion machen. Dazu wird untersucht, wie sich die Funktion für sehr große und sehr kleine Werte von x verhält.

Verhalten des Graphen für $x \to \pm\infty$
Die folgende Wertetabelle zeigt zu der Polynomfunktion f mit $f(x) = x^3 - 2x^2 - 1{,}5x + 1$ und der Vergleichsfunktion g mit $g(x) = x^3$ Funktionswerte zu großen x-Werten:

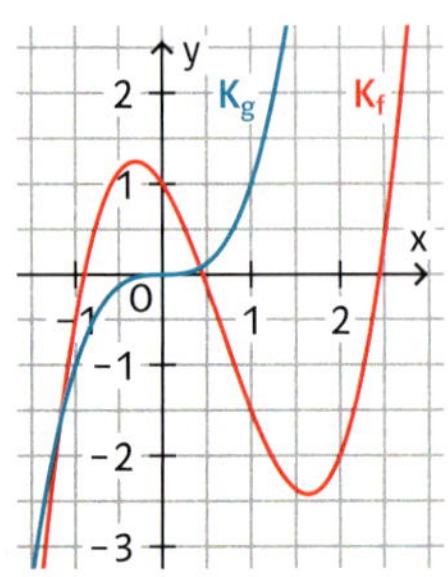

x	1	5	10	100	1000	10 000	100 000
f(x)	−1,5	68,5	786	979 851	997 998 501	$9{,}98 \cdot 10^{11}$	$9{,}998 \cdot 10^{14}$
g(x)	1	125	1000	1 000 000	1 000 000 000	10^{12}	10^{15}

Für sehr große Werte von x scheint f(x) „nur wenig" von g(x) abzuweichen.
Eine Termumformung zeigt: $f(x) = x^3 - 2x^2 - 1{,}5x + 1 = x^3 \cdot \left(1 - \frac{2}{x} - \frac{1{,}5}{x^2} + \frac{1}{x^3}\right)$ für $x \neq 0$. Beim zweiten Faktor $1 - \frac{2}{x} - \frac{1{,}5}{x^2} + \frac{1}{x^3}$ nähern sich die drei Brüche für sehr große x-Werte immer weiter der Zahl 0 an, sodass der gesamte Faktor sich der Zahl 1 nähert.
Da für immer größer werdende x-Werte der Wert von $g(x) = x^3$ beliebig groß wird, gilt dies auch für f(x).

Strategie | Seite 219
2. Systematisches Probieren
Strategie | Seite 224
7. Invarianzprinzip

Man schreibt dafür: „Für $x \to \infty$ gilt $f(x) \to \infty$" und sagt: „Für x gegen unendlich strebt f(x) gegen unendlich". Man sagt auch: „Der Graph von f geht nach rechts oben".
Diese Überlegungen gelten auch für sehr kleine Werte von x, d.h. für $x \to -\infty$.
Das Verhalten einer Polynomfunktion für $x \to \pm\infty$ wird damit insgesamt vom Summanden mit dem größten Exponenten von x, bei der Funktion f also x^3, bestimmt.

Die Beispiele zeigen die vier möglichen Fälle für den Verlauf des Graphen.

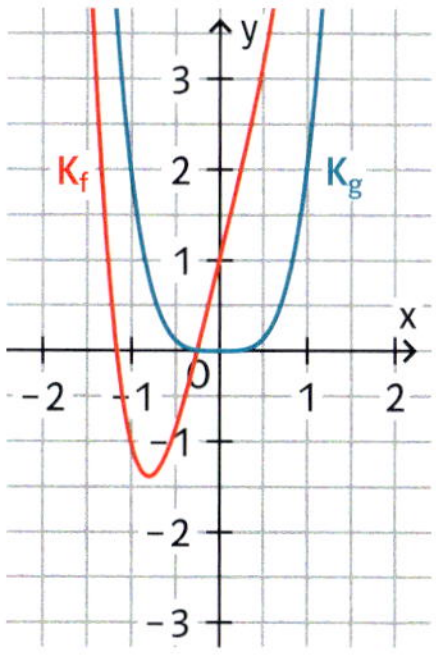

$f(x) = 2x^4 + 4x + 1$
$g(x) = 2x^4$
Der Graph von f kommt von links oben und geht nach rechts oben.

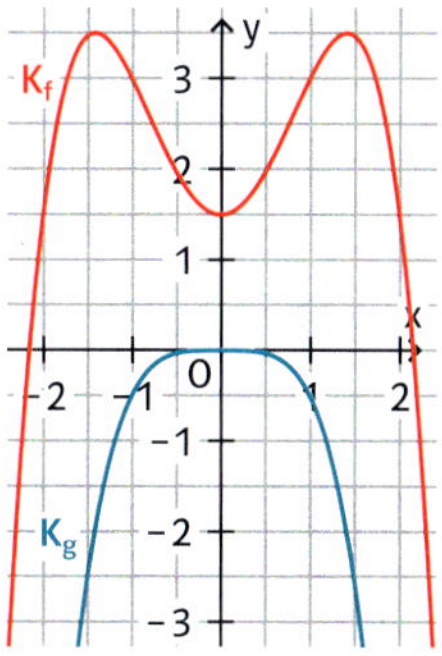

$f(x) = -0{,}5x^4 + 2x^2 + 1{,}5$
$g(x) = -0{,}5x^4$
Der Graph von f kommt von links unten und geht nach rechts unten

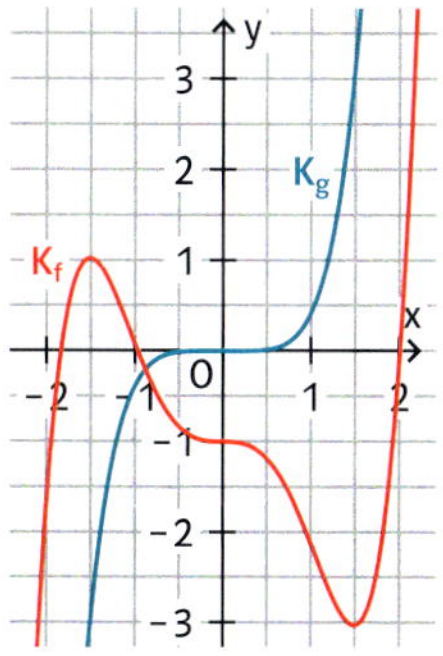

$f(x) = 0{,}4x^5 - 1{,}5x^3 - 1$
$g(x) = 0{,}4x^5$
Der Graph von f kommt von links unten und geht nach rechts oben.

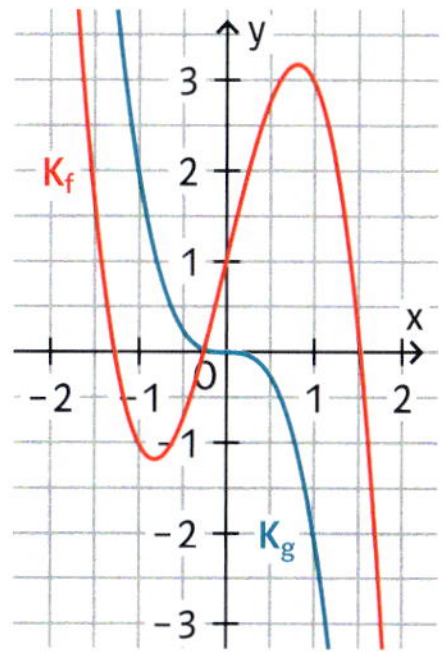

$f(x) = -2x^3 + 4x + 1$
$g(x) = -2x^3$
Der Graph von f kommt von links oben und geht nach rechts unten.

Diese möglichen vier Fälle bei Polynomfunktionen entsprechen genau den vier Fällen, die auf S. 55 für Potenzfunktionen beschrieben wurden.

Diese Überlegungen gelten entsprechend für alle Polynomfunktionen.

Eine Funktion f, deren Funktionsgleichung man in der Form
$f(x) = a_n x^n + a_{n-1} x^{n-1} + \ldots + a_2 x^2 + a_1 x + a_0$ schreiben kann, heißt **Polynomfunktion n-ten Grades**. Die reellen Zahlen $a_n;\ a_{n-1};\ \ldots\ a_2;\ a_1;\ a_0$ $(a_n \neq 0;\ n \in \mathbb{N})$ heißen **Koeffizienten**.

Für $x \to \pm\infty$ wird das Verhalten einer Polynomfunktion vom Summanden mit dem größten Exponenten bestimmt. Der Graph von f verhält sich wie Graph der Vergleichsfunktion g mit $g(x) = a_n x^n$, wobei n der Grad von f ist.

Bei den Graphen von Polynomfunktionen unterscheidet man vier Fälle:

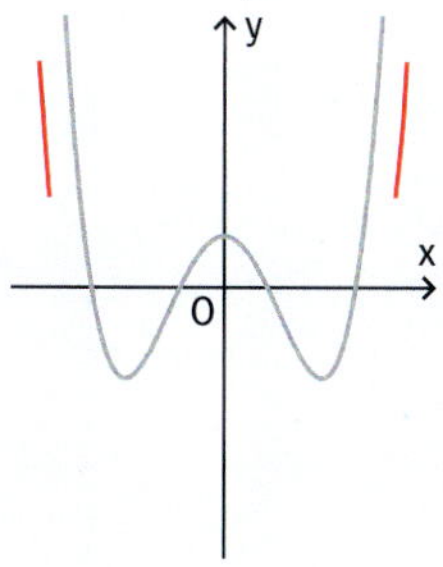

Für $x \to \pm\infty$ gilt $f(x) \to +\infty$.
Der Graph von f kommt von links oben und geht nach rechts oben.

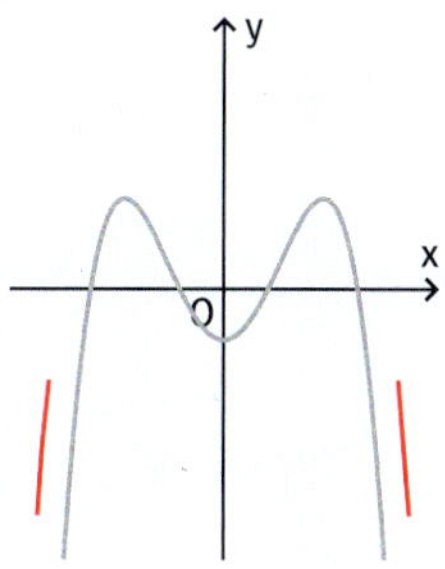

Für $x \to \pm\infty$ gilt $f(x) \to -\infty$.
Der Graph von f kommt von links unten und geht nach rechts unten.

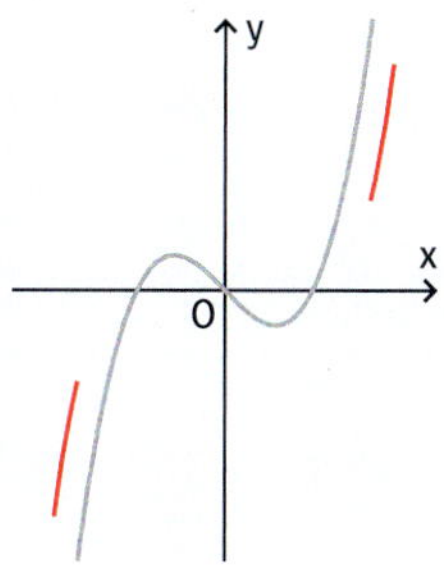

Für $x \to -\infty$ gilt $f(x) \to -\infty$.
Für $x \to +\infty$ gilt $f(x) \to +\infty$.
Der Graph von f kommt von links unten und geht nach rechts oben.

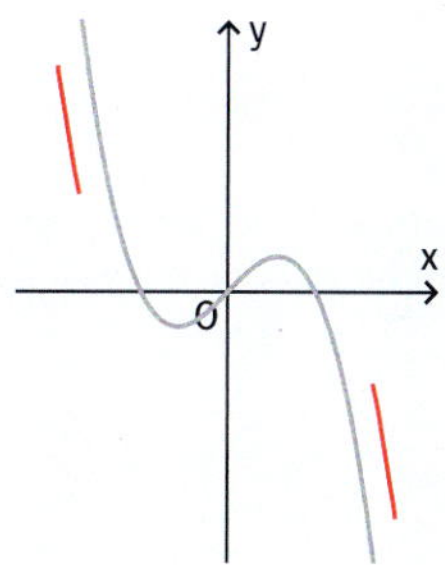

Für $x \to -\infty$ gilt $f(x) \to +\infty$.
Für $x \to +\infty$ gilt $f(x) \to -\infty$.
Der Graph von f kommt von links oben und geht nach rechts unten.

Beispiel 1 **Globales Verhalten einer Polynomfunktion darstellen**

Gegeben ist die Funktion f mit $f(x) = 2x^5 - 2x^2 + 5x + 2$.

a) Zeichnen Sie den Graphen von f.

b) Geben Sie eine Vergleichsfunktion g für f an. Zeichnen Sie Ihren Graphen in dasselbe Koordinatensystem.

c) Beschreiben Sie, wie sich der Graph von f für $x \to \pm\infty$ verhält.

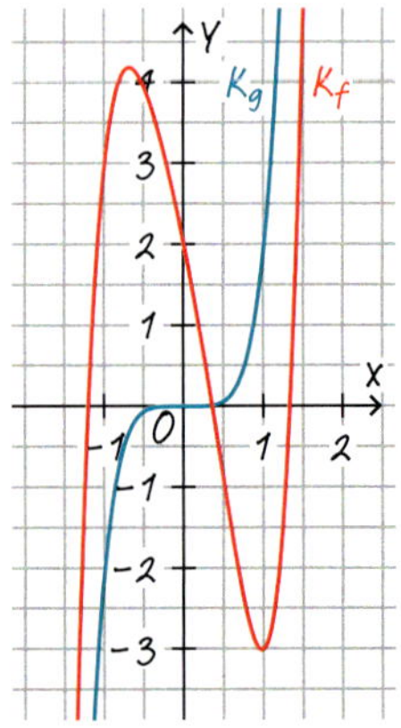

Lösung

a) Graph von f siehe Abbildung rechts.

b) $g(x) = 2x^5$

Graph von g siehe Abbildung rechts.

c) Für $x \to \pm\infty$ verhält sich der Graph von f wie der Graph von g.
Der Grad von g ist ungerade, der Koeffizient 2 ist positiv.
Also gilt: Der Graph von f kommt von links unten und geht nach rechts oben.

Beispiel 2 **Globales Verhalten einer Polynomfunktion beschreiben**

Geben Sie das globale Verhalten der Funktionen g, h und i an und ordnen Sie ihnen den richtigen Graphen zu.

$g(x) = 0{,}5x^4 - 2x^2 + x$

$h(x) = -3x^3 + 6x$

$i(x) = 0{,}5x(x^2 - 4)$

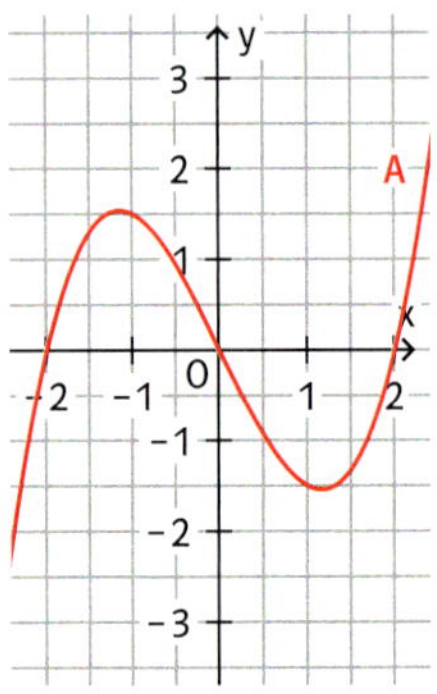

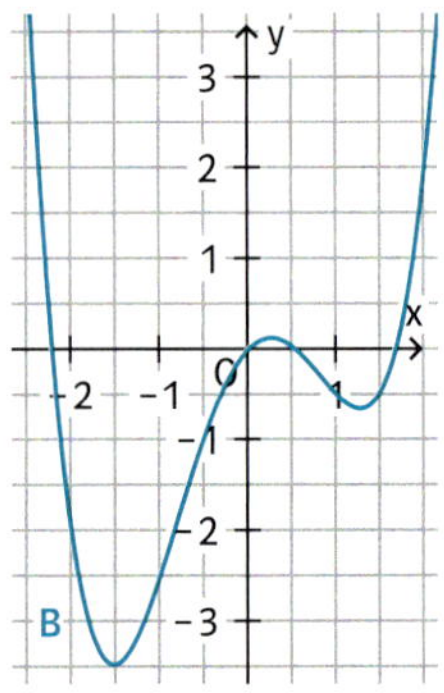

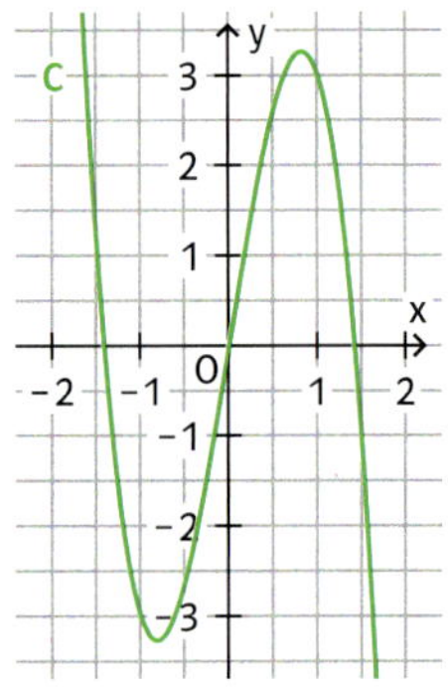

Lösung

Es genügt jeweils, den Summanden mit dem höchsten Exponenten zu betrachten.
Bei g(x) wird $0{,}5x^4$ betrachtet. Für $x \to +\infty$ und für $x \to -\infty$ gilt $g(x) \to +\infty$. Zu Funktion g gehört Graph B.
Bei h(x) wird $-3x^3$ betrachtet. Für $x \to +\infty$ gilt $h(x) \to -\infty$, für $x \to -\infty$ gilt $h(x) \to +\infty$.
Zu Funktion h gehört Graph C.
Es ist $i(x) = 0{,}5x(x^2 - 4) = 0{,}5x^3 - 2x$. Bei i(x) wird $0{,}5x^3$ betrachtet. Für $x \to +\infty$ gilt $i(x) \to \infty$, für $x \to -\infty$ gilt $i(x) \to +\infty$. Zu Funktion i gehört Graph A.

Aufgaben

○ **1** Geben Sie von der Polynomfunktion f den Grad, die Koeffizienten und das Absolutglied an.

a) $f(x) = 2x^3 - 5x^2 + 4x + 6$
b) $f(x) = -8x^4 + x^3 - 2x$
c) $f(x) = x^6 + x^4 + x^2 + 1$
d) $f(x) = x(x^2 - 3x + 4)$
e) $f(x) = 3(x + 2)(x - 4)^2$
f) $f(x) = -2x(x - 3)(x - 4)(x - 5)$

○ **2** Geben Sie zu den Koeffizienten den Funktionsterm der Polynomfunktion f an.

a) $a_2 = -1,\ a_1 = a_0 = 2$
b) $a_2 = 1,\ a_1 = a_0 = 0$
c) $a_3 = \sqrt{2},\ a_2 = a_1 = 0,\ a_0 = -10$
d) $a_4 = a_3 = \ldots = a_0 = -1$

○ **3** Geben Sie das globale Verhalten der Funktion f an. Zeichnen Sie den Graphen von f sowie den Graphen einer Vergleichsfunktion g mit $g(x) = a \cdot x^n$ in ein gemeinsames Koordinatensystem.

a) $f(x) = 1{,}5x^4 - x^2 + x - 2$
b) $f(x) = 0{,}5x^4 - 1{,}5x^2 + 2x + 1$
c) $f(x) = -0{,}5x(x^2 - 5)$

○ **4** Ordnen Sie aufgrund des Verhaltens für $x \to \pm\infty$ jedem Graphen die passende Funktion zu.

$f(x) = -0{,}4x^3 + x^2$ $g(x) = 0{,}3x^4 - x^3 - 2$

$h(x) = 0{,}4x^5 - 2x^3$ $i(x) = -0{,}4x^4 + 3x^2$

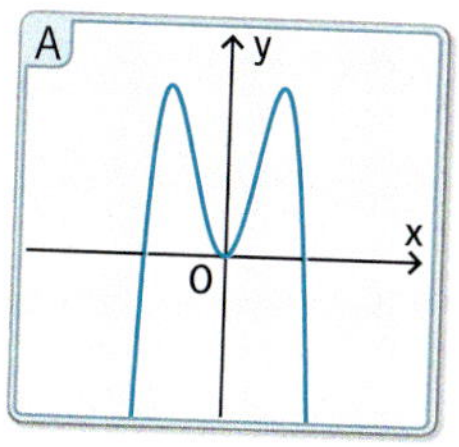

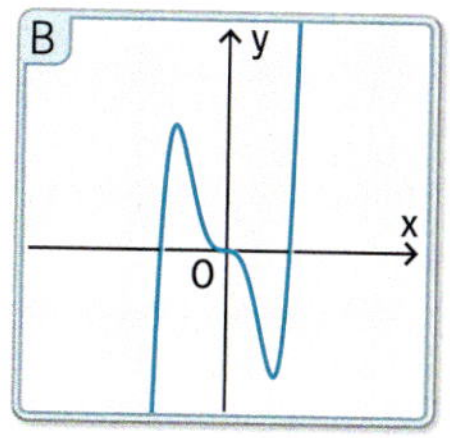

○ **5** Beschreiben Sie den Verlauf des Graphen von f. Geben Sie eine Funktion g mit $g(x) = a \cdot x^n$ an, die dasselbe globale Verhalten aufweist wie f.

a) $f(x) = -x^2 + 4x$ b) $f(x) = x^3 + x^2 + x + 1$ c) $f(x) = 5x^4 - x^3$ d) $f(x) = -0{,}01x^5$
e) $f(x) = x(x^2 + 1)$ f) $f(x) = -x^2(x^3 - 2x^2)$ g) $f(x) = -(x^2 - 1)(x^2 + 1)$ h) $f(x) = \frac{1}{8}(x - 1) \cdot x^3$

○ Test

Lösungen | Seite 277

6 Beschreiben Sie das globale Verhalten der Funktion f.

a) $f(x) = 8x^3 - x^2$ b) $f(x) = -x^4 + x^3 - 10$ c) $f(x) = -0{,}2x^5 + x^2$ d) $f(x) = -\frac{1}{1000}x^4$

◒ **7** Die Skizze zeigt das Verhalten einer Polynomfunktion für $x \to \pm\infty$. Geben Sie jeweils zwei Beispiele für Polynomfunktionen mit diesem Verhalten an.

a)
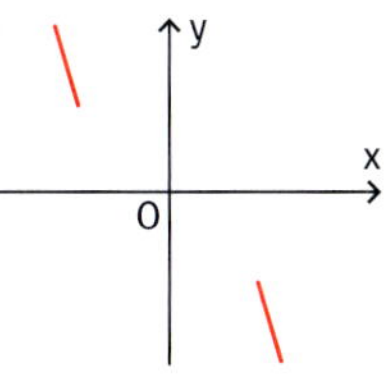

b)
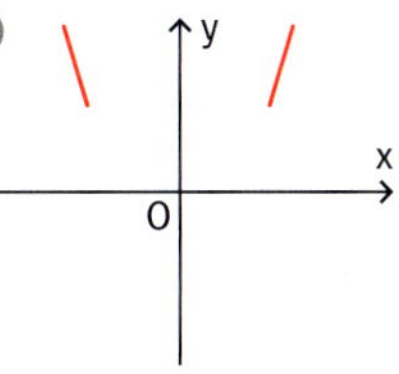

c)
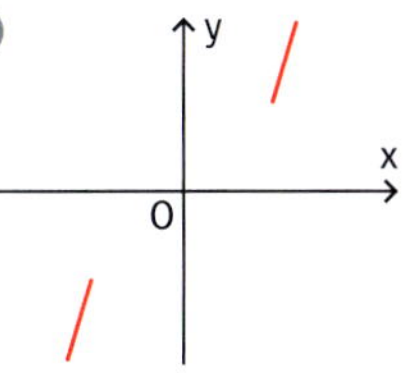

d)
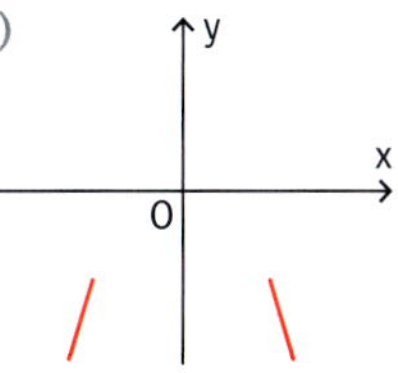

◒ **8** Geben Sie ein Polynomfunktion f an, die den angegebenen Bedingungen genügt.

a) Für $x \to +\infty$ gilt $f(x) \to -\infty$, für $x \to -\infty$ gilt $f(x) \to +\infty$, f ist vom Grad 3.
b) Für $x \to +\infty$ gilt $f(x) \to -\infty$, für $x \to -\infty$ gilt $f(x) \to -\infty$, f ist vom Grad 4.
c) Für $x \to +\infty$ gilt $f(x) \to +\infty$, für $x \to -\infty$ gilt $f(x) \to +\infty$, der Grad von f ist größer als 4.
d) Für $x \to +\infty$ gilt $f(x) \to +\infty$, für $x \to -\infty$ gilt $f(x) \to -\infty$, der Grad von f ist größer als 4.

◒ **9** Gegeben ist die Funktion f mit $f(x) = a \cdot x^n + 2x - 1$ $(a \neq 0;\ n \geq 2)$.

a) Es ist $n = 4$. Geben Sie drei Werte von a so an, dass gilt: Der Graph von f kommt von links oben und geht nach rechts oben.
b) Geben Sie drei Paare a und n so an, dass der Graph von links oben nach rechts unten verläuft.

◒ Test

Lösung | Seite 277

10 Geben Sie Werte für a und n der Polynomfunktion f mit $f(x) = ax^n + 8x^3$ an, für die gilt: Für $x \to +\infty$ gilt $f(x) \to -\infty$, für $x \to -\infty$ gilt $f(x) \to -\infty$.

● **11** Skizzieren Sie mithilfe einer Wertetabelle für $-3 \leq x \leq 3$ den Graphen von f mit $f(x) = 0{,}1x^3 + 20x^2$. Welche wesentliche Eigenschaft zeigt die Skizze nicht?

Grundwissen Test

Grundwissen
Seite 54
Lösung | Seite 277

12 a) Erstellen Sie für die Funktion f mit $f(x) = x^2 + 1$ eine Wertetabelle mit Bereich $[-4; 4]$. Vergleichen Sie die Funktionswerte f(a) mit f(−a) innerhalb der Wertetabelle. Welche Auswirkungen hat das auf den Graphen? Zeichnen Sie den Graphen.
b) Führen Sie dieselben Überlegungen für die Funktion g mit $g(x) = -2x$ aus. Vergleichen Sie.

2 Symmetrie

Ergänzen Sie die Wertetabellen in Ihrem Heft. Beschreiben Sie, aufgrund welcher Eigenschaften der Graphen Sie die Werte in der Tabelle bestimmt haben.

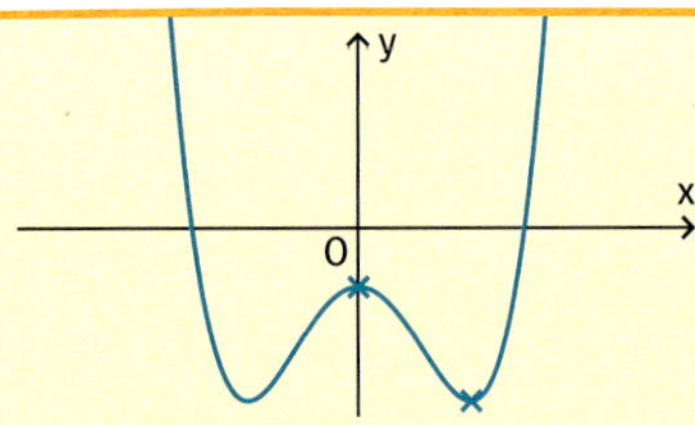

x	−a	−2	0	2	a
f(x)			−1	−3	f(a)

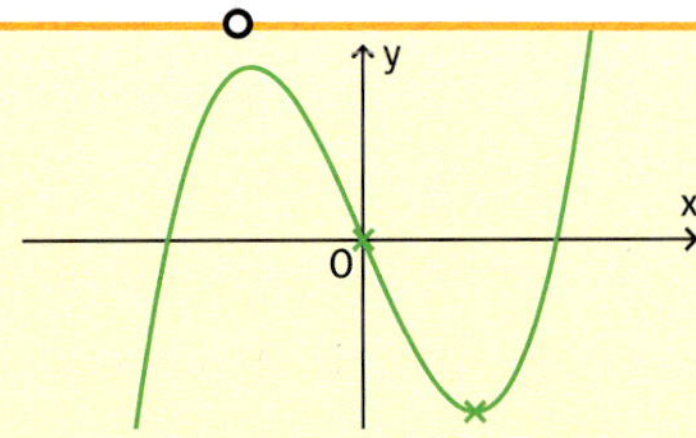

x	−a	−2	0	2	a
f(x)			0	−3	f(a)

Eine besondere Eigenschaft geometrischer Figuren ist die Achsen- bzw. Punktsymmetrie. Diese kann, wie im Kapitel zu Potenzfunktionen bereits angesprochen wurde, auch bei Funktionsgraphen auftreten. Diese geometrischen Eigenschaften lassen sich dabei mithilfe der Funktionsterme auch algebraisch beschreiben.

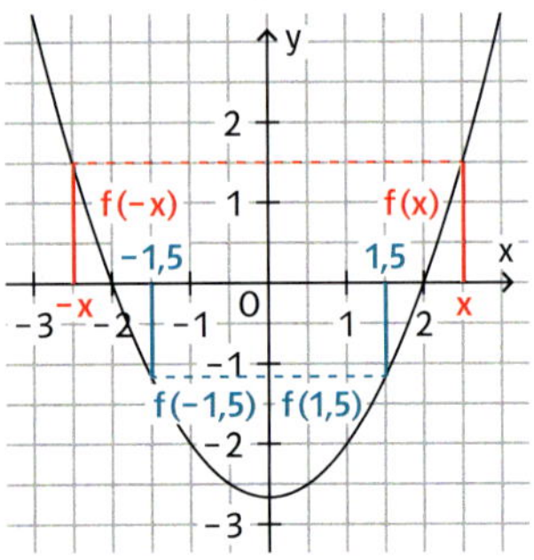

Der Graph ist **achsensymmetrisch zur y-Achse**. Die Funktionswerte f(−x) und f(x) sind für jedes x gleich, d.h. $f(-x) = f(x)$.

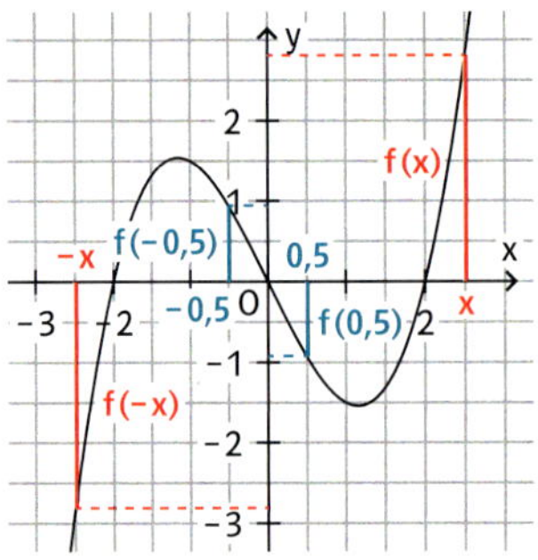

Der Graph ist **punktsymmetrisch** zum Ursprung. Die Funktionswerte f(−x) und f(x) sind für jedes x bis auf das Vorzeichen gleich, d.h. $f(-x) = -f(x)$.

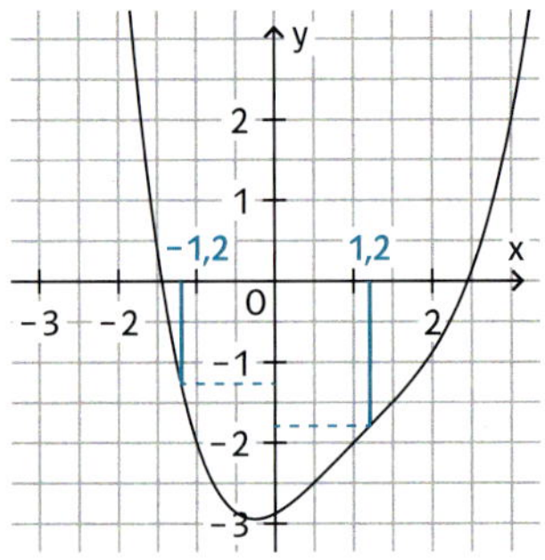

Der Graph zeigt keine dieser Symmetrien.
Z.B. ist $f(-1{,}2) \approx -1{,}3$;
dagegen ist $f(1{,}2) \approx 1{,}8$.

Der Graph einer Funktion f ist genau dann
- **achsensymmetrisch zur y-Achse**, wenn für alle $x \in D$ gilt: $\mathbf{f(-x) = f(x)}$,
- **punktsymmetrisch zum Ursprung**, wenn für alle $x \in D$ gilt: $\mathbf{f(-x) = -f(x)}$.

Um anhand des Terms einer Funktion zu überprüfen, ob der Graph eine dieser Symmetrieeigenschaften aufweist, kann man diese Bedingungen verwenden. Man bezeichnet sie daher auch als **Prüfbedingungen**.

Untersucht werden die Funktionen f, g und h auf Symmetrie.

$f(x) = \frac{1}{2}(x^2 - 4)(x^2 - 1)$

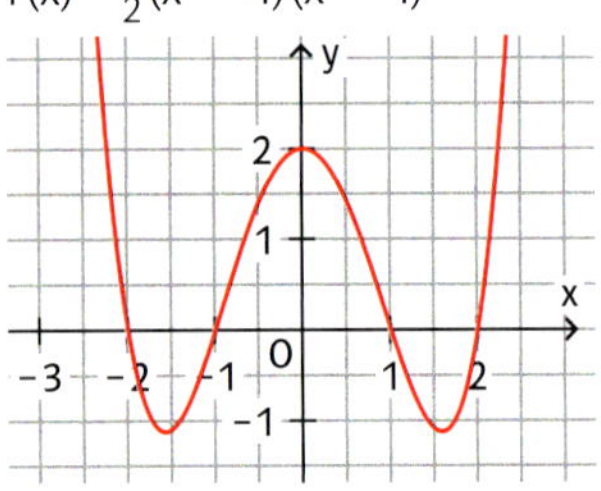

$g(x) = \frac{1}{4}\left(x + \frac{1}{x}\right)$

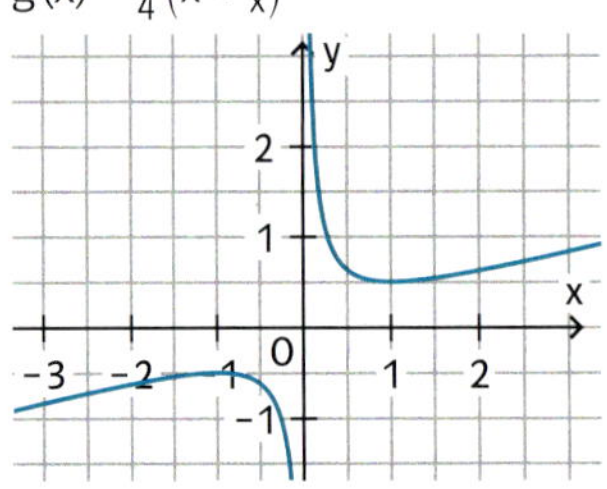

$h(x) = x^4 + \frac{1}{10}x^3 + 1$

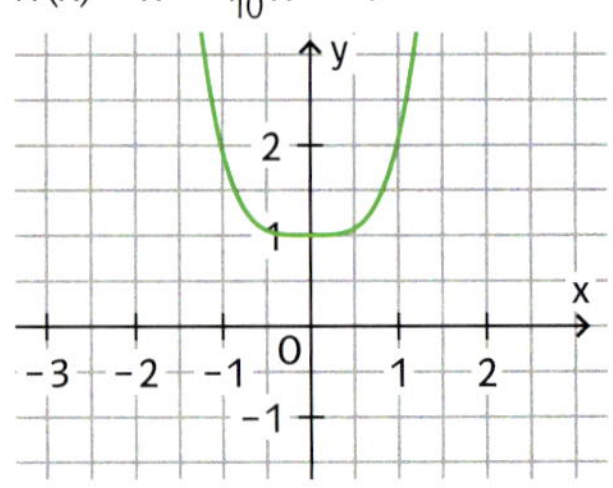

Die Graphen der Funktionen legen nahe, dass jeweils eine Symmetrie vorliegt.

Ob dies stimmt, muss jedoch noch rechnerisch anhand der Prüfbedingungen überprüft werden. Dafür setzt man jeweils $-x$ in den Funktionsterm ein und vergleicht mit dem ursprünglichen Term.

Funktion f: $f(-x) = \frac{1}{2}((-x)^2 - 4)((-x)^2 - 1) = \frac{1}{2}(x^2 - 4)(x^2 - 1) = f(x)$.

Weil gilt $f(-x) = f(x)$, ist der Graph von f achsensymmetrisch zur y-Achse.

Funktion g: $g(-x) = \frac{1}{4}\left((-x) + \frac{1}{(-x)}\right) = -\frac{1}{4}\left(x + \frac{1}{x}\right) = -g(x)$.

Weil gilt $g(-x) = -g(x)$, ist der Graph von g punktsymmetrisch zum Ursprung.

Funktion h: $h(-x) = (-x)^4 + \frac{1}{10}(-x)^3 + 1 = x^4 - \frac{1}{10}x^3 + 1$.

Weil hier weder $h(-x) = h(x)$ noch $h(-x) = -h(x)$ gilt, liegt weder eine Achsensymmetrie zur y-Achse noch eine Punktsymmetrie zum Ursprung vor.

Bei Polynomfunktionen wie $f(x) = x^4 - 3x^2 + 5$, bei denen nur x-Potenzen mit geraden Exponenten vorkommen, liegt Achsensymmetrie zur y-Achse vor:
$f(-x) = (-x)^4 - 3(-x)^2 + 5 = x^4 - 3x^2 + 5 = f(x)$.
Bei Polynomfunktionen wie $f(x) = x^5 + 8x^3 - 2x$, bei denen nur x-Potenzen mit ungeraden Exponenten vorkommen, liegt Punktsymmetrie zum Ursprung vor:
$f(-x) = (-x)^5 + 8(-x)^3 - 2(-x) = -x^5 - 8x^3 + 2x = -(x^5 + 8x^3 - 2x) = -f(x)$.

Es ist $5 = 5 \cdot x^0$, deswegen gilt 5 als Summand mit geradem Exponent.

Diese Aussagen gelten allgemein, denn es ist $(-x)^k = x^k$, wenn k eine gerade Zahl ist, und $(-x)^k = -x^k$, wenn k eine ungerade Zahl ist.
Man kann auch umgekehrt zeigen: Ist f eine Polynomfunktion und gilt $f(-x) = f(x)$ bzw. $f(-x) = -f(x)$ für alle x, dann kommen im Funktionsterm von f nur x-Potenzen mit geraden bzw. ungeraden Exponenten vor.

Der Graph einer Polynomfunktion f mit $f(x) = a_n x^n + a_{n-1} x^{n-1} + \ldots + a_2 x^2 + a_1 x + a_0$ $(a_n \neq 0)$ ist genau dann
- **achsensymmetrisch zur y-Achse**, wenn alle vorkommenden Exponenten **gerade** sind,
- **punktsymmetrisch zum Ursprung**, wenn alle vorkommenden Exponenten **ungerade** sind.

Treten sowohl gerade als auch ungerade Exponenten auf, liegt keine dieser Symmetrien vor.

Allgemein bezeichnet man eine beliebige Funktion als **gerade Funktion**, wenn ihr Graph achsensymmetrisch zur y-Achse verläuft, und als **ungerade Funktion**, wenn ihr Graph punktsymmetrisch zum Ursprung ist.

Hinweis:
Treten gerade und ungerade Exponenten der x-Potenzen auf, so sind verschiedene Fälle möglich, z.B.:

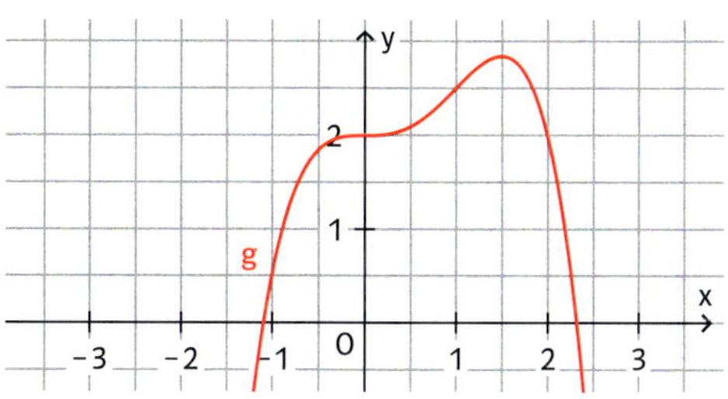

(1) Der Graph zeigt keine Symmetrie.
Beispiel: $g(x) = -0{,}5x^4 + x^3 + 2$.

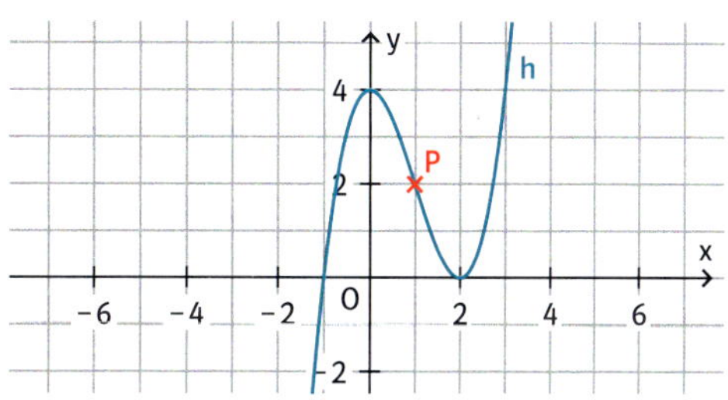

(2) Der Graph zeigt eine andere Symmetrie.
Beispiel: $h(x) = x^3 - 3x^2 + 4$.
Der Graph ist punktsymmetrisch zu $P(1|2)$.

Beispiel 1 **Symmetrieuntersuchung durch Betrachtung der Exponenten**

Untersuchen Sie, ob der Graph der Funktion f achsensymmetrisch zur y-Achse oder punktsymmetrisch zum Ursprung ist.

a) $f(x) = 3x^4 - 5x^2 + 7$ b) $f(x) = 2x(x^2 + 4)$ c) $f(x) = -x^3 + 7x^2 + 9$

Lösung

a) Im Term der Polynomfunktion f kommen nur x-Potenzen mit geraden Exponenten vor. Folglich ist der Graph achsensymmetrisch zur y-Achse.

b) Es ist $f(x) = 2x(x^2 + 4) = 2x^3 + 8x$. Im Term der Polynomfunktion f kommen also nur x-Potenzen mit ungeraden Exponenten vor. Folglich ist der Graph punktsymmetrisch zum Ursprung.

c) Im Term der Polynomfunktion f kommen sowohl x-Potenzen mit geraden als auch x-Potenzen mit ungeraden Exponenten vor. Somit ist der Graph weder achsensymmetrisch zur y-Achse noch punktsymmetrisch zum Ursprung.

Beispiel 2 **Symmetrieuntersuchung mithilfe der Prüfbedingungen**

Untersuchen Sie mithilfe der Prüfbedingungen, ob der Graph der Funktion f achsensymmetrisch zur y-Achse oder punktsymmetrisch zum Ursprung ist.

a) $f(x) = x^3 - \frac{4}{x}$ b) $f(x) = x^3(x^4 - 2)^5$ c) $f(x) = (4x^2 - 3)(x^2 + 5)$

Lösung

a) $f(-x) = (-x)^3 - \frac{4}{(-x)} = -x^3 + \frac{4}{x} = -\left(x^3 - \frac{4}{x}\right) = -f(x)$.

Der Graph ist folglich punktsymmetrisch zum Ursprung.

b) $f(-x) = (-x)^3((-x)^4 - 2)^5 = -x^3(x^4 - 2)^5 = -f(x)$.

Der Graph ist folglich punktsymmetrisch zum Ursprung.

c) $f(-x) = (4(-x)^2 - 3)((-x)^2 + 5) = (4x^2 - 3)(x^2 + 5) = f(x)$.

Der Graph ist folglich achsensymmetrisch zur y-Achse.

Aufgaben

○ **1** Untersuchen Sie, ob eine Symmetrie vorliegt.

a) $f(x) = x^4 - x^2 + 1$ b) $f(x) = 0{,}5x^3 + 4x$ c) $f(x) = -2x^3 + x - 2$

d) $f(x) = x(x^3 - 2x)$ e) $f(x) = x^2(x^2 + 1)^7$ f) $f(x) = -x^2(x^5 + 2x)^3$

g) $f(x) = \frac{1}{x^3}$ h) $f(x) = x - \frac{2}{x^2}$ i) $f(x) = x + \frac{1}{x}$

○ **2** Ordnen Sie jeder Funktion den passenden Graphen zu. Geben Sie Ihre Argumente an.

1 $f(x) = -x^4 + 2x^3$ 2 $g(x) = x^5 - 3x^3 + 2x$ 3 $h(x) = -x^4 + 3x^2$ 4 $k(x) = -x^4 + 2x^2 + 1$

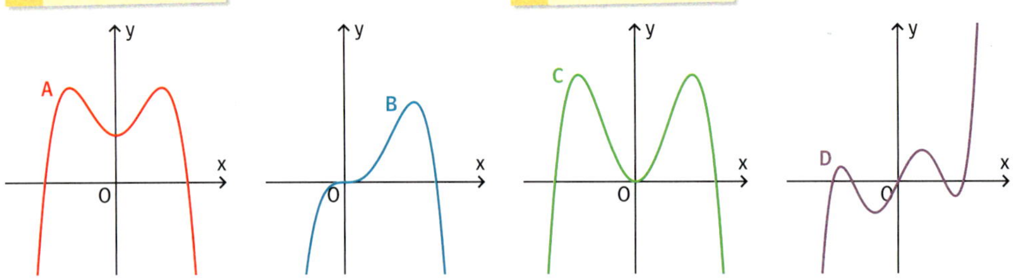

○ **3** Erstellen Sie für die Funktion f eine Wertetabelle für $0 \le x \le 3$ und zeichnen Sie mithilfe der Wertetabelle den Graphen in diesen Bereich. Ergänzen Sie Ihre Zeichnung für $-3 \le x \le 0$ aufgrund der Symmetrie des Graphen.

a) $f(x) = 0{,}25x^4 - 2x^2$ b) $f(x) = 0{,}25x^3 - 2x$

Test

Lösungen | Seite 278

4 Ordnen Sie den Graphen jeweils eine der Funktionen zu. Begründen Sie Ihre Wahl.

$f(x) = x^4 + x^2$ | $g(x) = x^5 - x$ | $h(x) = x^4 + 1{,}5x^3$ | $k(x) = -x^5 + 2x^3$

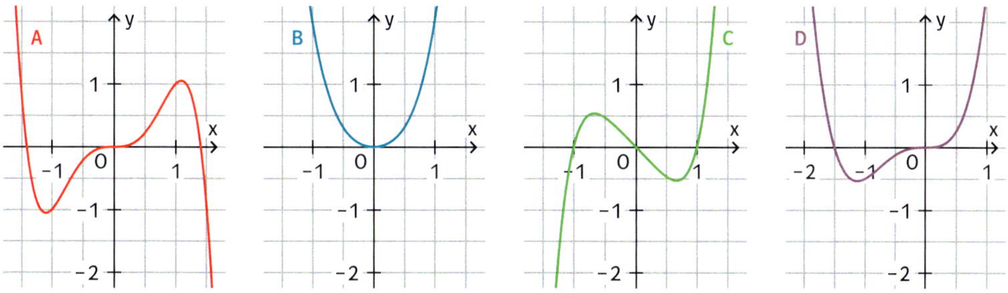

5 Für die Polynomfunktion f soll gelten $f(2) = 3$. Entscheiden Sie, ob die folgende Aussage wahr, falsch oder nicht entscheidbar ist. Begründen Sie Ihre Entscheidung.

a) Wenn f ungerade ist, dann gilt $f(-2) = -3$.

b) Wenn auch $f(-2) = 3$ gilt, dann ist f eine gerade Funktion.

c) Ist f weder gerade noch ungerade, dann gilt $f(-2) \neq -3$.

6 Geben Sie anhand der abgebildeten Graphen an, welche Aussagen für die Polynomfunktionen f und g zutreffen und welche nicht.

(A) Der Graph ist symmetrisch zur y-Achse.

(B) Im Funktionsterm kommen x-Potenzen mit geraden und ungeraden Exponenten vor.

(C) Im Funktionsterm ist der Koeffizient vor dem größten Exponenten negativ.

(D) Der Grad der Funktion ist mindestens 3.

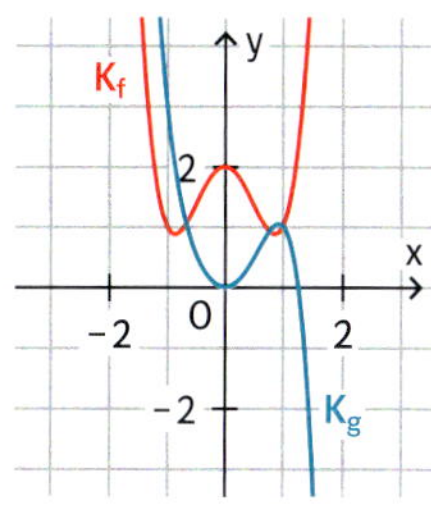

7 Geben Sie für den Parameter b zwei verschiedene Werte an. Begründen Sie Ihre Wahl.

a) Der Graph der Funktion f mit $f(x) = x^4 + 3x^b$ ist achsensymmetrisch zur y-Achse.

b) Der Graph der Funktion f mit $f(x) = x^b - 2x$ ist punktsymmetrisch zum Ursprung.

Test

Lösung | Seite 278

8 Gegeben ist die Funktion f mit $f(x) = a \cdot x^b + x^c$. Geben Sie mit Begründung passende Zahlen für a, b und c an, sodass gilt:

a) f ist eine gerade Funktion und der Punkt $P(1|-2)$ liegt auf dem Graphen von f.

b) f ist eine ungerade Funktion und es gilt $f(x) \to -\infty$ für $x \to \infty$.

9 Gegeben sind die Funktionen f, g, h und k mit $f(x) = x^3 - x$, $g(x) = x^2 + 2$, $h(x) = x^4 - 3x^2$ und $k(x) = x^5 + x^3$. Wählen Sie je zwei dieser Funktionen aus, sodass die Aussage gilt:

a) Die Summe der Funktionen ist eine gerade Funktion.

b) Die Differenz von zwei Funktionen ist eine ungerade Funktion.

c) Der Graph des Produkts von zwei Funktionen ist achsensymmetrisch zur y-Achse.

Strategie | Seite 219
2. Systematisches Probieren

Grundwissen Test

Grundwissen
Seite 247
Lösung | Seite 278

10 Lösen Sie die Gleichungen mit einem geeigneten Verfahren.

a) $x^2 - 2{,}25 = 0$ b) $4x^2 - 4 = 0$ c) $x^2 - 5x = 0$ d) $-x^2 + 2x = 0$

e) $-x^2 + 6{,}25 = 0$ f) $x^2 + 2x - 15 = 0$ g) $\frac{1}{2}x^2 + 4x + 8 = 0$ h) $\frac{1}{2}x^2 + 3x - 8 = 0$

3 Nullstellen von Polynomfunktionen

Eine Polynomfunktion hat die rechts angegebenen Nullstellen.
Skizzieren Sie einen möglichen Graphen, wenn
a) der Graph der Funktion von links oben kommt und nach rechts unten geht,
b) der Graph von links unten kommt und nach rechts oben geht,
c) die Funktion noch die weitere Nullstelle $x_4 = 6$ hat.

$x_1 = -2$

$x_2 = 1$

$x_3 = 4$

Wie bei den bisher behandelten Funktionen heißt eine Zahl x_0 **Nullstelle** einer Funktion f, wenn $f(x_0) = 0$ gilt. Der Graph von f hat dann mit der x-Achse den Punkt $P(x_0 | 0)$ gemeinsam. So wie man bei linearen Funktionen mithilfe der Steigung und des y-Achsenabschnitts den Graphen der Funktion skizzieren kann, sind bei Polynomfunktionen höheren Grades die Nullstellen oft hilfreich beim Skizzieren des Funktionsgraphen.

Gegeben ist die Funktion f mit $f(x) = x^3 - 2x^2 - 2x + 1$. Die Wertetabelle von f für das Intervall $[-2{,}5; 3]$ zeigt, dass die Funktion in diesem Intervall drei Nullstellen hat.

x	-2,5	-2	-1,5	-1	-0,5	0	0,5	1	1,5	2	2,5	3
y	-22,1	-11	-3,88	0	1,375	1	-0,38	-2	-3,13	-3	-0,88	4

Die Nullstelle $x_1 = -1$ kann unmittelbar aus der Tabelle abgelesen werden. Dass es außerdem zwischen 0 und 0,5 sowie zwischen 2,5 und 3 jeweils (mindestens) eine Nullstelle geben muss, kann man anhand der Wertetabelle am Vorzeichenwechsel der Funktionswerte erkennen.

Man kann die Nullstellen der Funktion näherungsweise an ihrem Graphen ablesen.
Dem Graphen entnimmt man den schon in der Wertetabelle angegebenen Wert $x_1 = -1$.
Für die beiden anderen Nullstellen erhält man $x_2 \approx 0{,}4$ und $x_3 \approx 2{,}6$.

Um die Nullstellen einer Funktion zu berechnen ist, die Gleichung $f(x) = 0$ zu lösen.

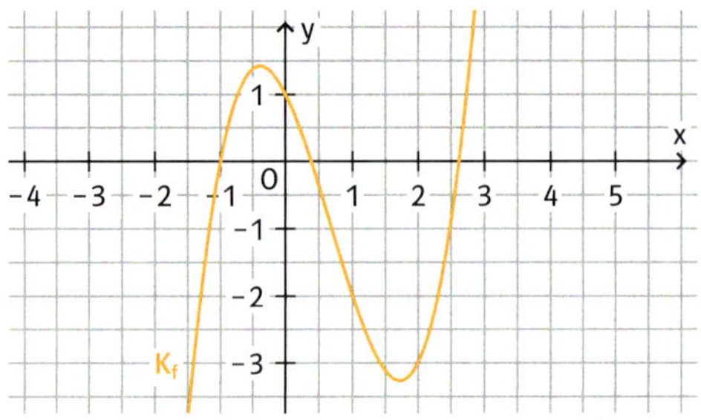

Bei Polynomfunktionen ersten bzw. zweiten Grades hat man also lineare bzw. quadratische Gleichungen zu lösen. Die Nullstellen von Polynomfunktionen **höheren Grades** kann man in der Regel nicht mit einer algebraischen Formel lösen, ähnlich wie es sie für quadratische Gleichungen gibt. Man kann aber in einigen Fällen durch Umformungen das „schwierige" Problem auf bereits bekannte Probleme zurückführen.

Der Norweger Niels Henrik Abel (1802 – 1829) wies nach, dass es für Gleichungen ab dem Grad fünf keine Lösungsformel gibt.

In einfachen Fällen, wenn im Funktionsterm nur eine Potenz von x vorkommt, lassen sich die Nullstellen durch einfaches **Umformen und** anschließendes **Wurzelziehen** berechnen.

Für f mit $f(x) = 8x^4 - 50$
erhält man die Gleichung $8x^4 - 50 = 0$.
Nach x umgestellt ergibt sich $x^4 = 6{,}25$.
Die Lösungen sind $x_1 = -\sqrt[4]{6{,}25}$; $x_2 = \sqrt[4]{6{,}25}$.

Die Nullstellen von f sind $x_1 = -\sqrt[4]{6{,}25}$ und $x_2 = \sqrt[4]{6{,}25}$.

Besteht der Funktionsterm aus einem Produkt von **Linearfaktoren** wie z. B. bei $f(x) = 3(x + 3)(x - 2)(x - 4)$, so kann man die Nullstellen aus dieser Darstellung ablesen. Die Nullstellen sind $x_1 = -3$, $x_2 = 2$ und $x_3 = 4$.

Eine weitere Strategie besteht im **Ausklammern** einer Potenz von x.

Für die Funktion f mit $f(x) = x^4 - 3x^3 - 10x^2$
erhält man die Gleichung $x^4 - 3x^3 - 10x^2 = 0$.
Ausklammern von x^2 führt auf $x^2(x^2 - 3x - 10) = 0$.
Nach dem Satz vom Nullprodukt hat man die beiden „einfacheren" Gleichungen zu lösen. $x^2 = 0$ oder $x^2 - 3x - 10 = 0$.
Die Lösungen sind $x_1 = 0$, $x_2 = -2$ und $x_3 = 5$.

Die Nullstelle von f sind somit $x_1 = 0$, $x_2 = -2$ und $x_3 = 5$.

Eine weitere Methode ist die Nullstellenbestimmung durch **Substitution**.

Für die Funktion f mit $f(x) = x^4 - 7x^2 + 12$
erhält man die Gleichung $x^4 - 7x^2 + 12 = 0$.

Man ersetzt, d. h. substituiert, x^2 durch z.
Damit führt man die schwierige Gleichung 4. Grades über in zwei einfachere Gleichungen 2. Grades.

Durch die Substitution $z = x^2$
erhält man die quadratische Gleichung $z^2 - 7z + 12 = 0$.
Deren Lösungen sind $z = 3$ oder $z = 4$.
Die Resubstitution $x^2 = z$ führt auf $x^2 = 3$ oder $x^2 = 4$.
Als Lösungen ergeben sich $x_1 = -\sqrt{3}$; $x_2 = \sqrt{3}$; $x_3 = -2$; $x_4 = 2$.

Die Nullstellen von f sind damit $x_1 = -\sqrt{3}$, $x_2 = \sqrt{3}$, $x_3 = -2$ und $x_4 = 2$.

substituere (lat.): ersetzen, auswechseln

Strategie | Seite 220
4. Auf Bekanntes zurückführen

Eine Gleichung dieser Form wird **biquadratische Gleichung** genannt.

Nullstellen von Polynomfunktionen kann man, je nachdem, in welcher Form der Funktionsterm gegeben ist, mit unterschiedlichen Verfahren bestimmen:
- durch einfaches Umformen und Wurzelziehen — z. B. bei $f(x) = x^2 - 16$
- durch Ablesen der Nullstellen aus den Linearfaktoren — z. B. bei $f(x) = 2(x + 7)(x - 1)(x - 6)$
- durch Ausklammern von Potenzen von x — z. B. bei $f(x) = x^5 - 5x^2 = x^2(x^3 - 5)$
- durch Substitution von x^2 durch z — z. B. bei $f(x) = x^4 - 3x^2 + 2$

Bisher wurden Gleichungen mithilfe algebraischer Methoden wie z. B. Umformungen, Lösungsformeln oder Substitution exakt gelöst. Dies ist jedoch nicht bei jeder Gleichung möglich. Es gibt auch Gleichungen, die nur näherungsweise gelöst werden können. In solchen Fällen ist es hilfreich, die Gleichung als Nullstellenproblem einer zugehörigen Funktion zu interpretieren.

So betrachtet man zum Lösen der Gleichung (*) $x^3 + 2{,}5x^2 - 1{,}5 = 0$ die zugehörige Funktion f mit $f(x) = x^3 + 2{,}5x^2 - 1{,}5$. Die Nullstellen dieser Funktion sind die Lösungen der Gleichung.
Die Funktion f ist eine Polynomfunktion dritten Grades, der Koeffizient von x^3 ist die positive Zahl 1. Somit kommt der Graph von f von links unten und geht nach rechts oben, d. h. er schneidet mindestens einmal die x-Achse. Folglich hat f mindestens eine Nullstelle.

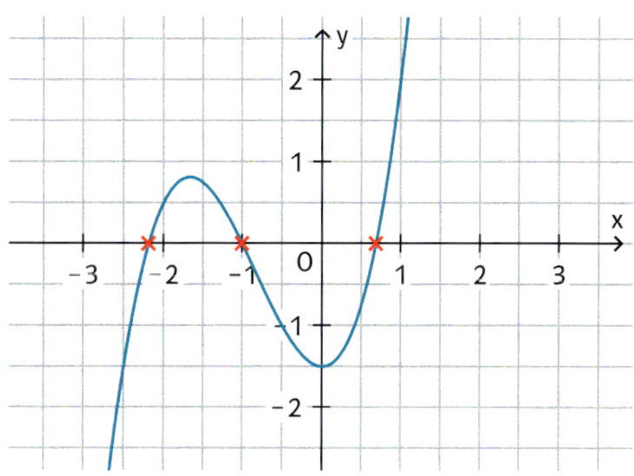

Mit dem Taschenrechner kann man eine Wertetabelle (Schrittweite 1,0) erzeugen. Sie bringt einen ersten Überblick über den Verlauf des Graphen der Funktion:

x	-4	-3	-2	-1	0	1	2	3
y	-25,5	-6	0,5	0	-1,5	2	16,5	48

Unmittelbar ist zu sehen, dass $f(-1) = 0$ gilt, d.h. -1 ist eine Nullstelle von f. Die erste Lösung der Gleichung (*) ist somit gefunden: $x_1 = -1$.
Zwischen $x = -3$ und $x = -2$ sowie zwischen $x = 0$ und $x = 1$ wechseln die Funktionswerte von f ihr Vorzeichen. In diesen Intervallen muss f also jeweils eine Nullstelle haben.
Das weitere Vorgehen wird anhand der Nullstelle von f im Intervall $[0; 1]$ gezeigt.

Die Wertetabelle wird zur genaueren Bestimmung der Nullstelle verfeinert (Schrittweite 0,1). Dieses Verfahren kann man deshalb als **Intervallverfeinerungsverfahren** bezeichnen.

Strategie | Seite 219
2. Systematisches Probieren

x	0	0,1	0,2	0,3	0,4	0,5	0,6	0,7	0,8	0,9	1
y	-1,5	-1,5	-1,4	-1,2	-1,0	-0,8	-0,4	0,1	0,6	1,3	2,0

Der oben beobachtete Vorzeichenwechsel kann nun genauer eingegrenzt werden: Er findet im Intervall $[0,6; 0,7]$ statt. In diesem Intervall liegt folglich die gesuchte Nullstelle von f.
Mit einer weiteren Verfeinerung (Schrittweite 0,01) kann man die gesuchte Nullstelle von f noch genauer eingrenzen:

x	0,6	0,61	0,62	0,63	0,64	0,65	0,66	0,67	0,68	0,69	0,7
y	-0,38	-0,34	-0,30	-0,26	-0,21	-0,17	-0,12	-0,08	-0,03	0,02	0,07

Ein Vorzeichenwechsel ist nun im Intervall $[0,68; 0,69]$ zu finden, in diesem Intervall liegt folglich die gesuchte Nullstelle von f.

Dieses Verfahren kann man immer weiter fortsetzen, begrenzt durch die Genauigkeit des verwendeten Rechenwerkzeugs.

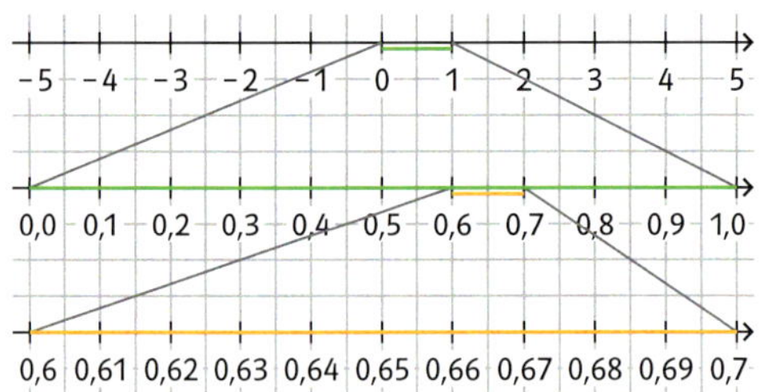

Einen Näherungswert für die Nullstelle kann man folgendermaßen festlegen: Die Tabelle zeigt, dass der Funktionswert an der Stelle 0,69 näher bei null liegt als der Funktionswert an der Stelle 0,68. Somit nimmt man 0,69 als Näherungswert für die Nullstelle.
Auf dieselbe Weise ergibt sich für die dritte Nullstelle der Näherungswert $x_3 \approx -2,19$.

Um die Qualität dieses Verfahrenes zu untersuchen, werden die Lösungen der Gleichung (*) mit einen digitalen Mathematikwerkzeug berechnet.
Es ergibt sich $x_1 = -1$; $x_2 = \frac{3}{4} + \frac{1}{4}\sqrt{33} = 0,6861\ldots$ und $x_3 = \frac{3}{4} - \frac{1}{4}\sqrt{33} = -2,18614\ldots$. Rundet man diese Werte für x_2 und x_3 auf zwei Stellen nach dem Komma, erhält man genau die mit dem Intervallverfeinerungsverfahren gewonnenen Nullstellen.

Das Intervallverfeinerungsverfahren
Gilt für eine auf dem Intervall $[a; b]$ definierte stetige Funktion f, dass die Funktionswerte f(a) und f(b) verschiedene Vorzeichen haben, so hat f in diesem Intervall eine Nullstelle.
Der Wert dieser Nullstelle lässt sich genauer bestimmen, indem man die Wertetabelle für das Intervall $[a; b]$ verfeinert und dasjenige Teilintervall sucht, in dem die Funktion f einen Vorzeichenwechsel hat. Eine solche Verfeinerung kann zur Erhöhung der Genauigkeit mehrfach hintereinander ausgeführt werden.

Man bezeichnet eine auf einem Intervall [a; b] definierte Funktion f als **stetig**, wenn man ihren Graphen am Stück durchzeichnen kann.

Beispiel 1 **Nullstellen bestimmen durch Umformen und Wurzelziehen**
Bestimmen Sie die Koordinaten der Schnittpunkte des Graphen mit den Koordinatenachsen.

a) $f(x) = 2x^4 - 12$
b) $f(x) = -2x^3 - 54$
c) $f(x) = x^4 + 2$

Lösung

a) $2x^4 - 12 = 0$
$x^4 = 6$
$x_1 = -\sqrt[4]{6}$ und $x_2 = \sqrt[4]{6}$
Nullstellen von f: $\pm\sqrt[4]{6}$
Schnittpunkte mit den Koordinatenachsen:
$N_1\left(-\sqrt[4]{6} \mid 0\right)$; $N_2\left(\sqrt[4]{6} \mid 0\right)$.
$P(0 \mid -12)$.

b) $-2x^3 - 54 = 0$
$x^3 = -27$
$x = -3$
Die Nullstelle von f ist -3
Schnittpunkte mit den Koordinatenachsen:
$N(-3 \mid 0)$; $P(0 \mid -54)$.

c) $x^4 + 2 = 0$
$x^4 = -2$
unlösbar
f hat keine Nullstellen.
Schnittpunkt mit den Koordinatenachsen:
$P(0 \mid 2)$.

Beispiel 2 **Nullstellen bestimmen mithilfe des Satzes vom Nullprodukt**
Bestimmen Sie die Nullstellen der Funktion f mit $f(x) = (x^3 - 125)(x^2 - 2x - 63)$.

Lösung

Gleichung aufstellen	$(x^3 - 125)(x^2 - 2x - 63) = 0$
Mit dem Satz vom Nullprodukt ergibt sich	$x^3 - 125 = 0$ oder $x^2 - 2x - 63 = 0$

Die erste Gleichung $x^3 = 125$ hat die Lösung $x_1 = 5$.
Die zweite Gleichung $x^2 - 2x - 63 = 0$ hat die Lösungen $x_2 = -7$ und $x_3 = 9$.
Die Funktion f hat die Nullstellen $x_1 = 5$, $x_2 = -7$ und $x_3 = 9$.

Beispiel 3 **Nullstellen bestimmen durch Ausklammern und Substituieren**
Bestimmen Sie die Nullstellen der Funktion f mit $f(x) = x^5 - 4x^3 - 5x$.

Strategie | Seite 220
4. Auf Bekanntes zurückführen

Lösung

Gleichung aufstellen	$x^5 - 4x^3 - 5x = 0$
Ausklammern von x ergibt	$x(x^4 - 4x^2 - 5) = 0$
Mit dem Satz vom Nullprodukt folgt	$x = 0$ oder $x^4 - 4x^2 - 5 = 0$
Die erste Gleichung hat die Lösung	$x_1 = 0$.
Die zweite Gleichung	$x^4 - 4x^2 - 5 = 0$
löst man mithilfe der Substitution $z = x^2$	$z^2 - 4z - 5 = 0$
Diese Gleichung hat die Lösungen	$z = 5$ oder $z = -1$.
Nach der Resubstition sind die Gleichungen	$x^2 = 5$ und $x^2 = -1$ zu lösen.
Die Lösungen von	$x^2 = 5$ sind $x_2 = -\sqrt{5}$ und $x_3 = \sqrt{5}$.
Die Gleichung	$x^2 = -1$ hat keine Lösung.

Die Nullstellen von f sind $x_1 = 0$, $x_2 = -\sqrt{5}$ und $x_3 = \sqrt{5}$.

Beispiel 4 **Schnittpunkte von zwei Graphen ermitteln**
Gegeben sind die Funktionen f und g mit $f(x) = 0{,}5x^3 + x^2 - 4x$ und $g(x) = 1{,}5x^2 + 2x$.
Bestimmen Sie die Koordinaten der Schnittpunkte der beiden Graphen.

Lösung

Gleichsetzen der Funktionsterme	$0{,}5x^3 + x^2 - 4x = 1{,}5x^2 + 2x$
Umformen der Gleichung führt auf	$x^3 - x^2 - 12x = 0$.
Ausklammern von x ergibt	$x(x^2 - x - 12) = 0$.
Mit dem Satz vom Nullprodukt folgt	$x = 0$ oder $x^2 - x - 12 = 0$.
Die erste Gleichung hat die Lösung	$x_1 = 0$.
Die zweite Gleichung	$x^2 - x - 12 = 0$
hat die Lösungen	$x_2 = -3$; $x_3 = 4$.
Die y-Koordinaten der Schnittpunkte sind	$g(0) = 0$; $g(-3) = 7{,}5$; $g(4) = 32$.

Die Schnittpunkte der Graphen von f und g sind $S_1(0 \mid 0)$, $S_2(-3 \mid 7{,}5)$ und $S_3(4 \mid 32)$.

Aufgaben

○ **1** Prüfen Sie, ob x_1 bzw. x_2 eine Nullstelle der Funktion ist.

a) $f(x) = 3x^3 - 6x^2 + 9;\ x_1 = -1;\ x_2 = 2$
b) $f(x) = x^2(x^2 - 6);\ x_1 = \sqrt{6};\ x_2 = \sqrt{3}$
c) $f(x) = 2x^3 - 4x^2 + x + 34;\ x_1 = -2$
d) $f(x) = -0{,}5x^5 - 1{,}5x^3 + x;\ x_1 = -\frac{2}{3}$

○ **2** Geben Sie die Nullstellen der Funktion an

a) $f(x) = 3(x + 4)(x - 2)(x - 5)$
b) $f(x) = -x(x + 1{,}5)(x - 1{,}5)(x + 5)$
c) $f(x) = x(x^2 + 3)$
d)

x	−3	−2,5	−2	−1,5	−1
y	1,75	0	0	−0,5	−2,25

x	−0,5	0	0,5	1
y	−4,5	−5	0	15,75

e)
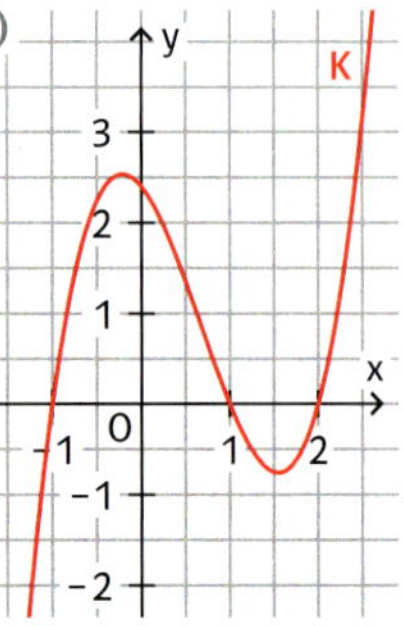

f)
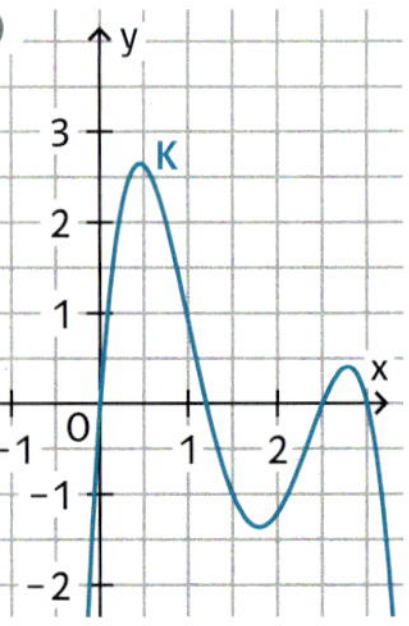

○ **3** Geben Sie anhand der Tabelle an, wie viele Nullstelle die Funktion mindestens hat.

a)

x	−2	−1	0	1	2	3	4	5	6
y	−4,8	0	1,6	1,2	0	−0,8	0	3,6	11,2

b)

x	−3	−2	−1	0	1	2	3	4	5
y	−3,94	2,63	4,69	3,75	1,31	−1,13	−2,06	0	6,56

○ **4** Ermitteln Sie die Koordinaten der Schnittpunkte mit den Koordinatenachsen.

a) $f(x) = x^4 - 81$
b) $f(x) = 2x^3 - 54$
c) $f(x) = -1{,}5x^3 + 12$
d) $f(x) = -5x^4 - 100$
e) $f(x) = 1 - \frac{1}{25}x^4$
f) $f(x) = (x - 2)(x^4 + 16)$

○ **5** Berechnen Sie die Nullstellen der Funktion.

a) $f(x) = x^3 - 16x$
b) $f(x) = -2x^4 + 18x^2$
c) $f(x) = \frac{1}{2}x^3 - x$
d) $f(x) = 3x^3 + 3x^2 - 18x$
e) $f(x) = x^5 - 10x^4 + 25x^3$
f) $f(x) = -4x^3 + 32x^2 - 36x$

○ **6** Lösen Sie die Gleichung mithilfe einer geeigneten Substitution.

a) $x^4 - 20x^2 + 64 = 0$
b) $2x^4 - 8x^2 - 90 = 0$
c) $3x^4 + 9x^2 - 162 = 0$
d) $x^4 + \frac{4}{9}x^2 - \frac{13}{9} = 0$
e) $x^6 - 10x^3 + 9 = 0$
f) $x^8 - 97x^4 + 1296 = 0$

○ **7** Gegeben ist die Funktion f mit $f(x) = 0{,}5x^3 - 2{,}5x^2 + x + 2$.

a) Begründen Sie mithilfe einer Wertetabelle, dass diese Funktion drei Nullstellen im Intervall $[-2; 5]$ hat.
b) Berechnen Sie die mittlere der drei Nullstellen auf eine Stelle nach dem Komma genau.

○ Test

Lösungen | Seite 278

8 Berechnen Sie die Koordinaten der Achsenschnittpunkte der Funktion.

a) $f(x) = 2x^4 - 12$
b) $f(x) = x^3 - 4x$
c) $f(x) = -7x^3 + 6x^2 - 9x$
d) $f(x) = x(x + 2)(x^2 - 3)$
e) $f(x) = x^4 - 83x^2 + 162$
f) $f(x) = (x^2 + 2)(x^4 + 3)$
g) $f(x) = (x + 5)(x - 1)(x - 4)$

9 Bestimmen Sie die Nullstelle der Funktion f mit $f(x) = -0{,}5x^5 + 4x^2 + 3$ auf zwei Stellen nach dem Komma genau.

10 Bestimmen Sie die Schnittpunkte der Graphen von f und g.
a) $f(x) = -x^3$; $g(x) = 2x^2 - 8x$
b) $f(x) = x^4 - 4x^2$; $g(x) = -3$
c) $f(x) = 0{,}1x^3 - 0{,}9x$; $g(x) = 0{,}25x^2$
d) $f(x) = 2x^2 - 1$; $g(x) = x^4 - x^2 - 5$

11 Bestimmen Sie für die Funktion f die Anzahl der Nullstellen in Abhängigkeit von t.
a) $f(x) = x^3 - tx^2$
b) $f(x) = x^3 - tx$
c) $f(x) = x(x - 2)(x - t)$

Strategie | Seite 226
9. Fallunterscheidung

Test

Lösungen | Seite 279

12 Bestimmen Sie die Schnittpunkte der Graphen von f und g.
a) $f(x) = x^3 - 4x + 2$; $g(x) = 2$
b) $f(x) = x^4 - 11x^2 + 16$; $g(x) = 2x^2 - 20$

13 Bestimmen Sie für die Funktion f alle Werte von t, für die f mehr als eine Nullstelle hat.
a) $f(x) = x^3 - tx$
b) $f(x) = x^3 - t^2x^2$
c) $f(x) = (x - 1)(x + 2)(x - t)$

Strategie | Seite 226
9. Fallunterscheidung

14 Gegeben ist eine Polynomfunktion, welche mindestens die Nullstellen $x_1 = -3$ und $x_2 = 2$ hat. Skizzieren Sie einen möglichen Graphen, wenn
a) der Graph von links oben kommt, nach rechts unten geht und durch den Ursprung verläuft,
b) die Funktion gerade ist,
c) der Graph der Funktion punktsymmetrisch zum Ursprung ist.

15 Beurteilen Sie, ob die folgenden Aussagen „immer zutreffen", „nie zutreffen", oder „unter bestimmten Bedingungen zutreffen". Geben Sie gegebenenfalls die Bedingungen an.
a) Eine Polynomfunktion vom Grad 1 hat immer eine Nullstelle.
b) Eine Polynomfunktion vom Grad 3 hat immer mindestens eine Nullstelle.
c) Eine gerade Funktion hat ein gerade Anzahl von Nullstellen.
d) Eine Polynomfunktion fünften Grades hat genau fünf Nullstellen.
e) Wenn eine ungerade Funktion die Nullstelle 2 besitzt, dann besitzt sie auch die Nullstelle −2.

16 Das Profil des abgebildeten Werkstücks wird durch die Funktion f mit $f(x) = \frac{1}{324}(x^2 - 36)^2$ beschrieben. Die Breite beträgt $b = 12\,cm$ und die Länge $l = 15\,cm$. Der obere Teil soll auf halber Höhe an der abgebildeten Linie abgetrennt werden. Berechnen Sie den Flächeninhalt der dadurch entstehenden rechteckigen Schnittfläche.

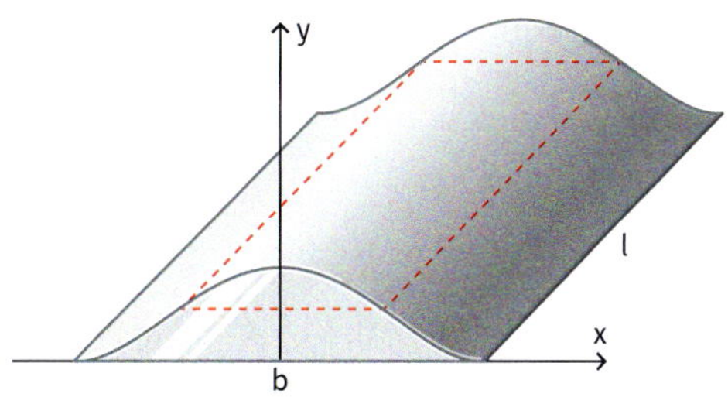

17 Der Querschnitt einer Schale kann mithilfe einer Funktion f mit $f(x) = -\frac{1}{16}x^4 + \frac{1}{2}x^2 - 1$ (x und f(x) in dm) zwischen den beiden Nullstellen von f modelliert werden.
a) Bestimmen Sie den Radius R der Schale.
b) Ermitteln Sie, wie tief die Schale ist.

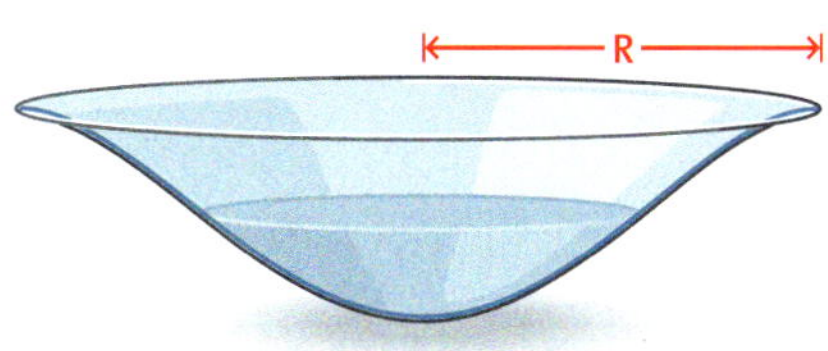

Grundwissen Test

Grundwissen
Seite 243, 247
Lösung | Seite 279

18 Bestimmen Sie die Nullstellen. Skizzieren Sie den Graphen von f.
a) $f(x) = (x - 2)(x + 2)$
b) $f(x) = (x + 1)(4 - x)$
c) $f(x) = (x - 3)^2$
d) $f(x) = x(x - 1)$
e) $f(x) = \frac{1}{2}x(1 - x)$
f) $f(x) = 2x^2 - 8$
g) $f(x) = 1 - x^2$
h) $f(x) = 6x - 3x^2$
i) $f(x) = (1 - x)^2$

4 Mehrfache Nullstellen

Bestimmen Sie die Anzahl der Nullstellen der Funktionen.
Wie gehen Sie vor?
Was fällt Ihnen auf?

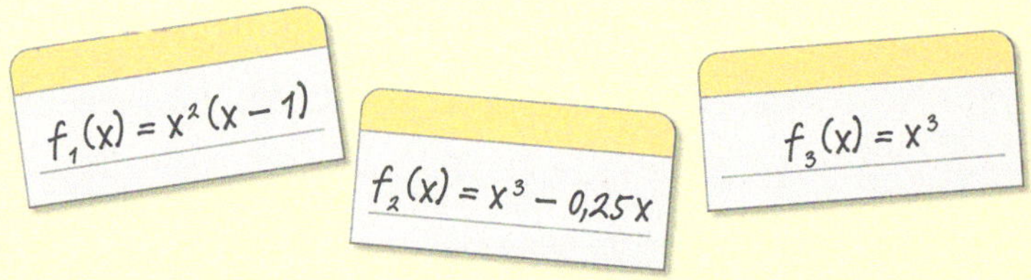

Liegt der Funktionsterm einer Polynomfunktion in **Produktdarstellung** vor, kann man anhand des Funktionsterms Aussagen über das Verhalten der Funktion in der Umgebung der Nullstellen machen. Von besonderem Interesse sind hierbei mehrfach auftretende Faktoren.

Das typische Verhalten der Graphen an solchen Stellen zeigen die folgenden Beispiele.

$f(x) = 1{,}5(x-0{,}5)(x-2)$

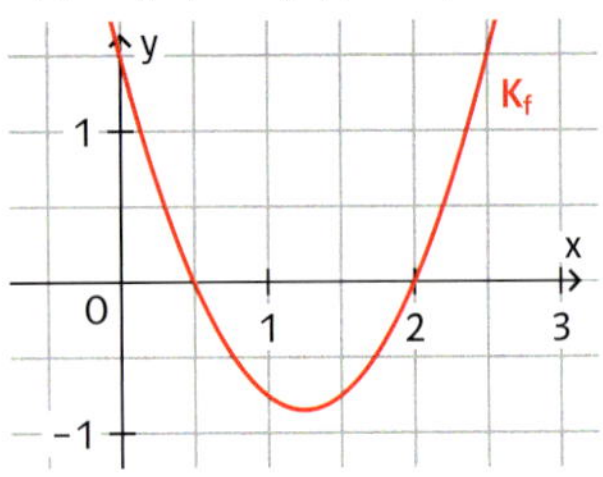

$g(x) = 1{,}5(x-0{,}5)(x-2)^2$

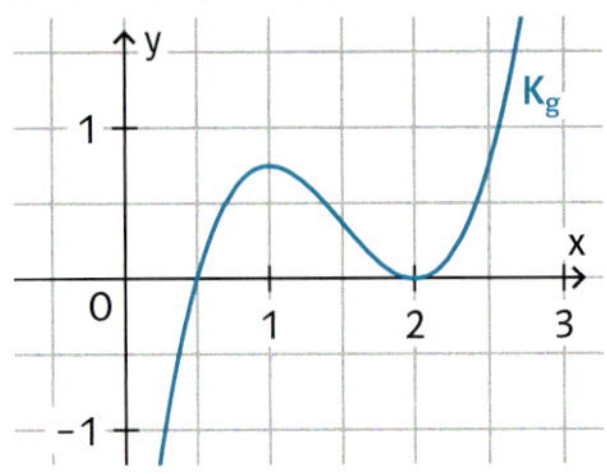

$h(x) = 1{,}5(x-0{,}5)(x-2)^3$

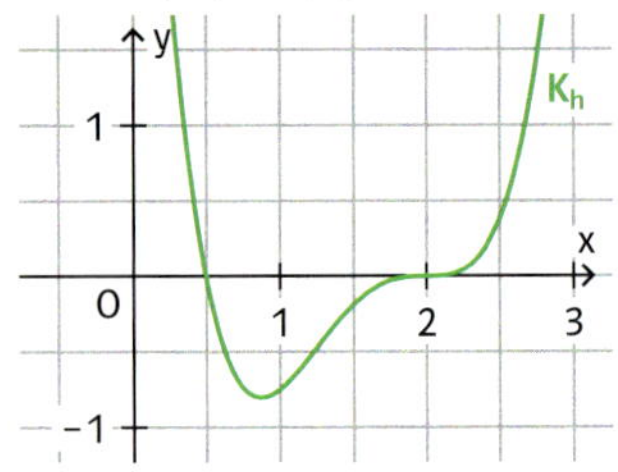

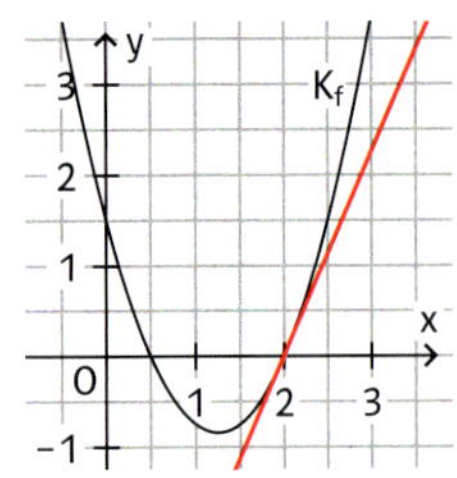

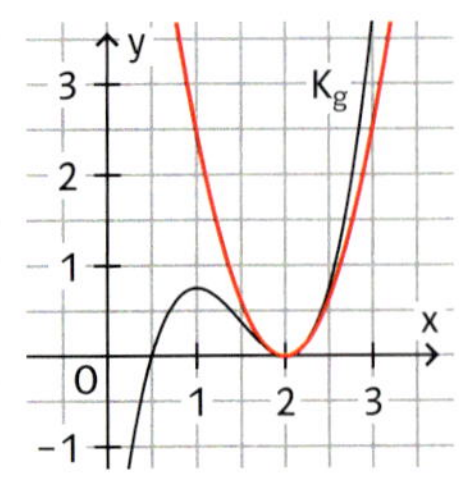

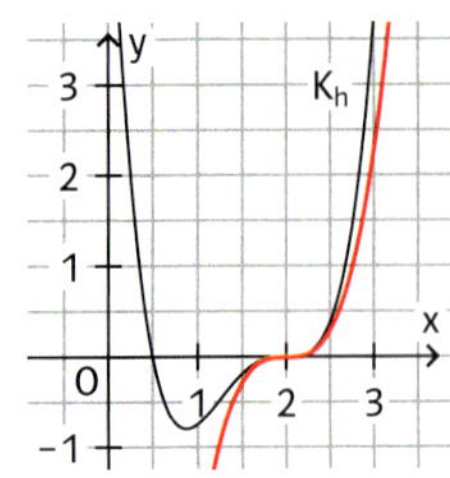

Vergleicht man die Graphen K_f, K_g und K_h der Funktionen f, g und h, so stellt man Folgendes fest:
An der Stelle $x = 0{,}5$ schneidet jeder der Graphen die x-Achse wie eine Gerade.
An der Stelle $x = 2$ schneidet K_f die x-Achse wie eine Gerade. K_g berührt an dieser Stelle die x-Achse wie eine Parabel und K_h durchdringt an dieser Stelle die x-Achse wie der Graph der Funktion i mit $i(x) = x^3$ (siehe Randspalte).
Das bedeutet: Die Funktionswerte von f und h wechseln an der Stelle $x = 2$ das Vorzeichen, die von g hingegen nicht.

Das Verhalten der Funktion in der Umgebung der Nullstelle $x = 2$ wird also davon bestimmt, wie oft der Linearfaktor $(x-2)$ in der Produktdarstellung des Funktionsterms vorkommt. Man kann sich dieses Verhalten z. B. für die Funktion g auf folgende Weise veranschaulichen.

$g_1(x) = 1{,}5(x-0{,}5)(x-2)(x-2{,}5)$

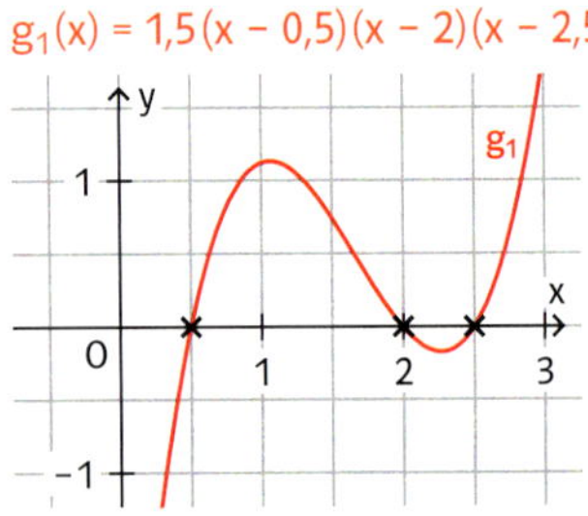

$g_2(x) = 1{,}5(x-0{,}5)(x-2)(x-2{,}2)$

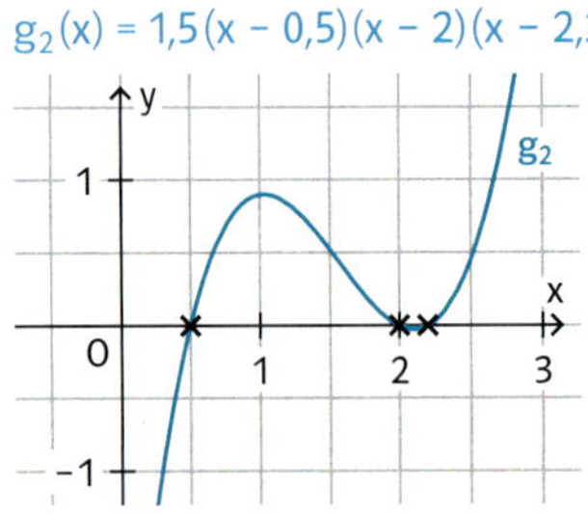

$g_3(x) = 1{,}5(x-0{,}5)(x-2)(x-2)$

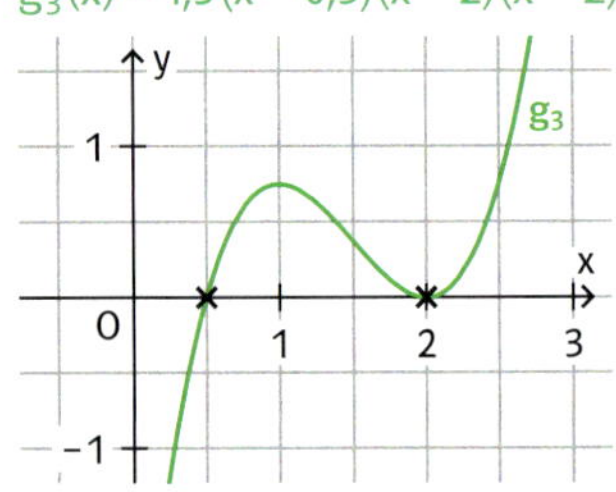

Die Funktionen g_1 und g_2 haben mit der Funktion g_3 die Nullstellen $x_1 = 0{,}5$ und $x_2 = 2$ gemeinsam. Die dritte Nullstelle x_3 bewegt sich in den obigen Grafiken von 2,5 aus auf die Zahl 2 zu. Dabei wird der rechts von der 2 liegende, unter der x-Achse verlaufende Teil des Graphen immer kleiner. Wird der letzte Faktor im Funktionsterm $(x-2)$, d. h. wird $x_3 = 2$, so fallen die beiden Nullstellen zusammen. Somit berührt der Graph die x-Achse an der Stelle $x = 2$.
In diesem Fall nennt man $x = 2$ eine **zweifache** (oder auch **doppelte**) **Nullstelle**. Die Nullstelle 0,5 ist eine **einfache Nullstelle**.

Kommt in der Produktdarstellung einer Polynomfunktion f der Faktor $(x - x_0)$ genau k mal, d.h. mit dem Exponenten k, vor, so bezeichnet man x_0 als **k-fache Nullstelle** bzw. als **Nullstelle der Vielfachheit k**.
So ist z.B. bei der Funktion f mit $f(x) = (x + 5)(x - 4)^2(x - 7)^3$
- $x_1 = -5$ eine einfache Nullstelle,
- $x_2 = 4$ eine doppelte Nullstelle,
- $x_3 = 7$ eine dreifache Nullstelle.

Tritt ein Linearfaktor $(x - x_0)$ einmal (dreimal, fünfmal ...) auf, dann verhält sich der Graph von f an der Stelle x_0 wie eine Potenzfunktion ersten (dritten, fünften ...) Grades. Die Funktionswerte von f wechseln an dieser Stelle ihr Vorzeichen.
Tritt ein Linearfaktor $(x - x_0)$ zweimal (viermal, sechsmal ...) auf, dann verhält sich der Graph von f an der Stelle x_0 wie eine Potenzfunktion zweiten, (vierten, sechsten ...) Grades. Die Funktionswerte von f behalten an dieser Stelle ihr Vorzeichen.
Bei einer Nullstelle der Vielfachheit 1 sagt man, der Graph von f schneidet die x-Achse. Bei einer Nullstelle von einer Vielfachheit größer als 1 sagt man, der Graph berührt die x-Achse an der Stelle x_0.

Die Produktdarstellung von Polynomfunktionen mittels Linearfaktoren bietet somit die Möglichkeit, die Funktion und ihren Graphen in der Nähe der Nullstellen zu beschreiben. Aber nicht jedes Polynom kann vollständig als Produkt von Linearfaktoren dargestellt werden, so z.B. der Term der Funktion f mit $f(x) = x(x - 2)^4(x^2 + 1)$. Die Nullstellen sind $x_1 = 0$ (einfach) und $x_2 = 2$ (vierfach). Der Faktor $x^2 + 1$ kann nicht null werden. Daher gibt es nur diese Nullstellen (Fig. 1).

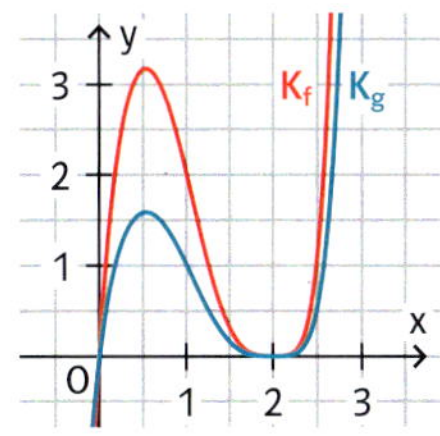

Fig. 1

Das Strecken des Graphen einer Polynomfunktion, d.h. die Multiplikation des Funktionsterms mit einer von Null verschiedenen Zahl (in Fig. 1 mit dem Faktor 0,5) ändert nicht die Nullstellen und deren Vielfachheit.

Allgemein gilt: Jede Polynomfunktion hat höchstens so viele Nullstellen wie ihr Grad angibt. Dies kann man beispielsweise an Polynomfunktionen vom Grad 4 verdeutlichen.

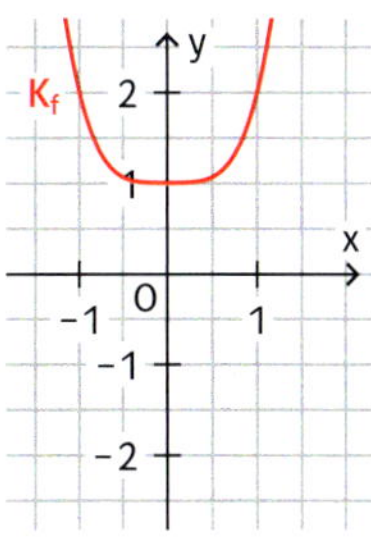

Fig. 2

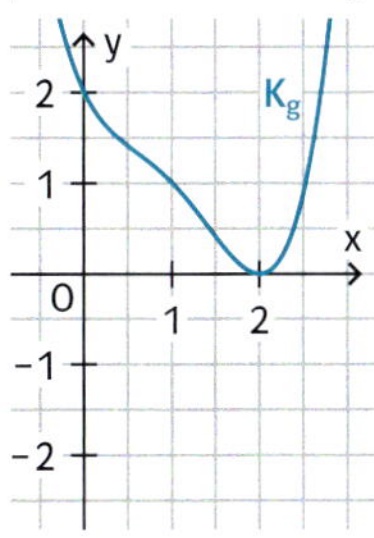

Fig. 3

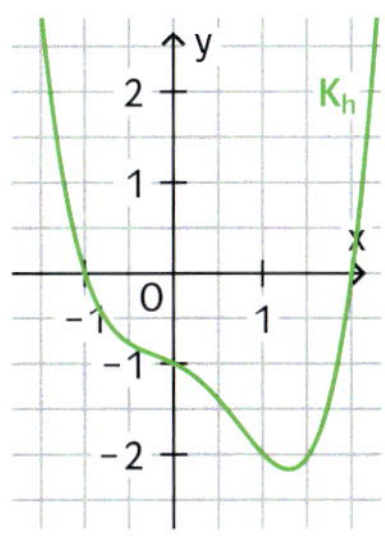

Fig. 4

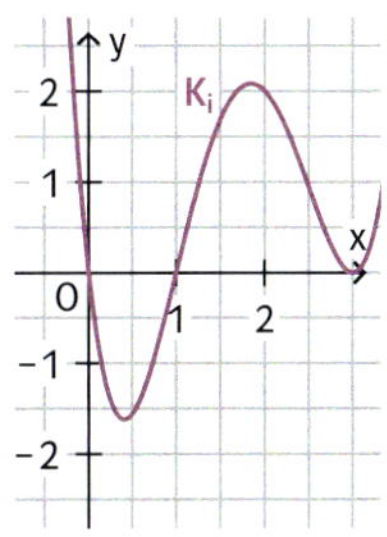

Fig. 5

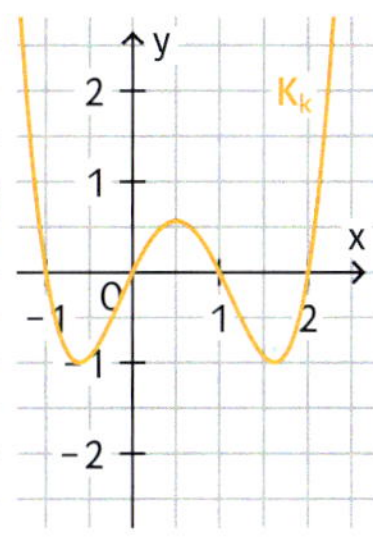

Fig. 6

Keine Nullstelle: Die Funktion f mit $f(x) = x^4 + 1$ hat keine Nullstellen (Fig. 2).
Will man eine oder mehrere Nullstellen haben, muss man wegen des globalen Verhaltens von Polynomfunktionen vom Grad 4 eventuell mehrfache Nullstellen wählen.
Eine Nullstelle: Die Funktion g mit $g(x) = 0{,}5 \cdot (x - 2)^2(x^2 + 1)$ hat eine doppelte Nullstelle (Fig. 3).
Zwei Nullstellen: h mit $h(x) = 0{,}5 \cdot (x + 1)(x - 2)(x^2 + 1)$ hat zwei einfache Nullstellen (Fig. 4).
Drei Nullstellen: i mit $i(x) = x(x - 1)(x - 3)^2$ hat zwei einfache und eine doppelte Nullstelle (Fig. 5).
Vier Nullstellen: k mit $k(x) = (x + 1)x(x - 1)(x - 2)$ hat nur einfache Nullstellen (Fig. 6).
Wie man am letzten Beispiel sehen kann, kann eine Polynomfunktion vierten Grades nicht mehr als vier Nullstellen haben, da sich beim Ausmultiplizieren der Klammern sonst Potenzen mit einem Exponenten größer als vier ergeben würden.

Beispiel 1 Den Graphen einer Polynomfunktion skizzieren

Gegeben ist die Funktion f mit $f(x) = 0{,}5(x+1)(x-2)^2$.

a) Geben Sie den Grad von f an und beschreiben Sie das globale Verhalten des Graphen von f.
b) Beschreiben Sie das Verhalten von f in der Umgebung ihrer Nullstellen.
c) Ermitteln Sie den Schnittpunkt des Graphen von f mit der y-Achse.
d) Skizzieren Sie den Graphen von f.

Lösung

a) Beim Ausmultiplizieren der Klammer ergibt sich $0{,}5x^3$ sowie niedrigere Potenzen von x. Somit ist der Grad gleich 3. Der Graph von f kommt folglich von links unten und geht nach rechts oben.
b) Die Nullstelle −1 ist einfach, die Nullstelle 2 ist zweifach. Bei $x = -1$ schneidet der Graph von f die x-Achse, die Funktionswerte von f wechseln das Vorzeichen. Bei $x = 2$ berührt der Graph von f die x-Achse wie eine Parabel, die Funktionswerte von f behalten ihr Vorzeichen.
c) $f(0) = 0{,}5 \cdot 1 \cdot 2^2 = 2$. Der Schnittpunkt mit der y-Achse ist $S(0\,|\,2)$.
d) Skizze siehe rechts.

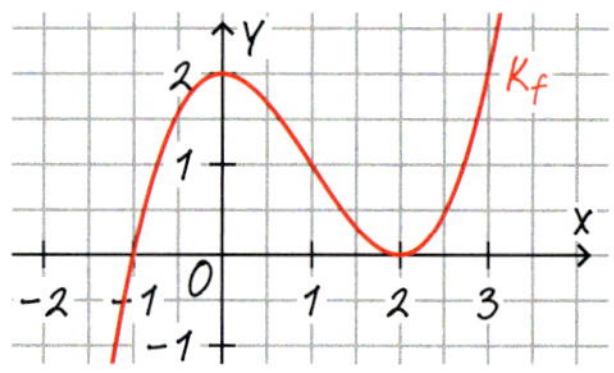

Beispiel 2 Funktionsgleichung aufstellen

Strategie | Seite 220
4. Auf Bekanntes zurückführen

Die Polynomfunktion f hat die einfachen Nullstellen $x_1 = -3$; $x_2 = 0$ und $x_3 = 2$.
Der Punkt $P(-1\,|\,3)$ liegt auf dem Graphen von f.
Bestimmen Sie einen Funktionsterm von f. Skizzieren Sie den Graphen der Funktion.

Lösung

Da alle Nullstellen einfach sind, wählt man den Ansatz
$f(x) = a \cdot (x - x_1)(x - x_2)(x - x_3)$, d.h. $f(x) = a \cdot (x + 3) \cdot x \cdot (x - 2)$.
Um a zu bestimmen, verwendet man den Punkt $P(-1\,|\,3)$.
Es ist $f(-1) = 3$, d.h. $3 = 6a$, d.h. $a = 0{,}5$. Somit ergibt sich
$f(x) = 0{,}5 \cdot x \cdot (x + 3)(x - 2)$.
Die Funktion f hat den Grad 3, ihr Graph kommt von links unten und geht nach rechts oben. Sämtliche Nullstellen von f sind einfach: Somit schneidet der Graph von f die x-Achse an den Nullstellen wie Geraden.

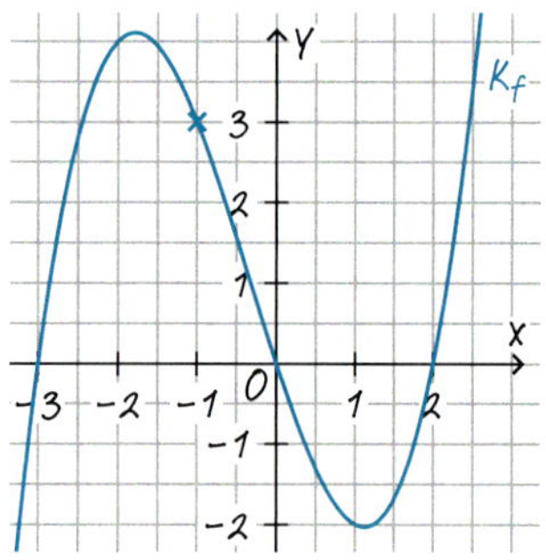

Beispiel 3 Zu einem gegebenen Graphen den Funktionsterm bestimmen

Die Abbildung zeigt den Graphen einer Polynomfunktion.
Ermitteln Sie hierfür einen Funktionsterm von möglichst niedrigem Grad.

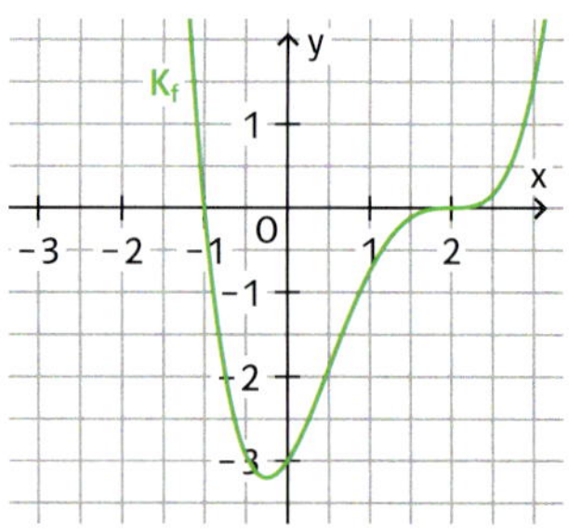

Lösung

Der Graph der Funktion schneidet die x-Achse an der Stelle $x_1 = -1$ wie eine Gerade, d.h. x_1 ist eine einfache Nullstelle.
An der Stelle $x_2 = 2$ berührt der Graph die x-Achse, die Werte wechseln ihr Vorzeichen. Der kleinstmögliche Grad für diese Nullstelle ist drei. Somit ist $f(x) = a \cdot (x + 1)(x - 2)^3$.
Um a zu bestimmen, benötigt man noch einen Punkt des Graphen, z.B. den Punkt $P(0\,|\,-3)$.
Es ist $f(0) = -3$, d.h. $-8a = -3$. Somit ist $f(x) = \frac{3}{8}(x + 1)(x - 2)^3$.

Aufgaben

○ **1** Geben Sie den Grad der Funktion, ihre Nullstellen mit deren Vielfachheit sowie den Schnittpunkt des Graphen mit der y-Achse an.

a) $f(x) = x^2(x - 3)$
b) $f(x) = (x + 4)^2 x^2$
c) $f(x) = (x + 2)^3(x - 1{,}5)$
d) $f(x) = x^2(x + 1)^3 x(x - 2)$
e) $f(x) = 2(x - 1)(x^2 + 4)$
f) $f(x) = 3(x + 4)^3(x^2 + 2)$

○ 2 Geben Sie zwei zu den Vorgaben passende Funktionen an.
a) f hat die beiden einfachen Nullstellen 3 und 5.
b) f hat die einfache Nullstelle 2 und die doppelten Nullstellen 3 und −6.
c) f hat den Grad 3 und nur die beiden Nullstellen 2 und 4.
d) f hat mindestens den Grad 3 und Nullstellen −2 und 2, jede mit der Vielfachheit 1.
e) f hat den Grad 4, der Graph von f berührt die x-Achse an der Stelle 3.

○ 3 Ordnen Sie den Graphen die passende Funktionsgleichung am Rand zu. Begründen sie Ihre Zuordnung. Skizzieren Sie die Graphen der nicht zugeordneten Funktionen.

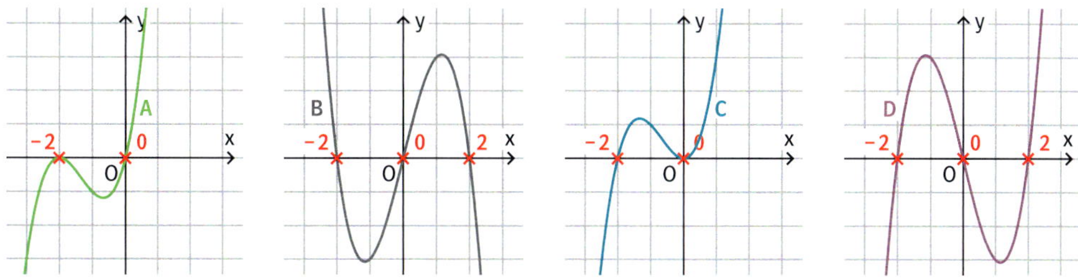

$g(x) = x(x - 2)(x + 2)$

$i(x) = x^2(x + 2)$

$l(x) = (x + 2)^2 x(x - 2)^2$

$k(x) = x^2(x^2 - 4)$

$h(x) = -x(x - 2)(x + 2)$

$f(x) = x(x + 2)^2$

○ Test

Lösung | Seite 280

4 Gegeben sind die Funktionen f, g und h mit $f(x) = 2(x - 1)^2(x - 3)^2$; $g(x) = 2(x - 1)(x - 3)^2$ und $h(x) = 2(x - 1)^2(x - 3)$.
Ordnen Sie die Graphen den passenden Funktionsgleichungen zu. Begründen Sie Ihre Entscheidung. Skizzieren Sie den Graphen der nicht zugeordneten Funktion.

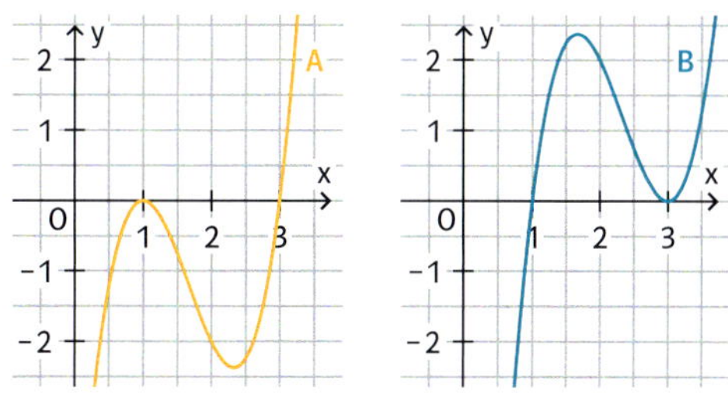

5 Geben Sie den Grad der Funktion, die Nullstellen mit ihrer Vielfachheit sowie den Schnittpunkt des Graphen mit der y-Achse an.
a) $f(x) = 3x(x + 2)(x - 5)$ b) $f(x) = -2(x + 4)^2(x - 1)$ c) $f(x) = x^3(x - 3)^2$

6 Skizzieren Sie den Graphen der Funktion f mit $f(x) = x(x - 2)^2$.

◒ 7 Der dargestellte Graph gehört zu einer Polynomfunktion. Ermitteln Sie einen möglichen Funktionsterm von möglichst niedrigem Grad.

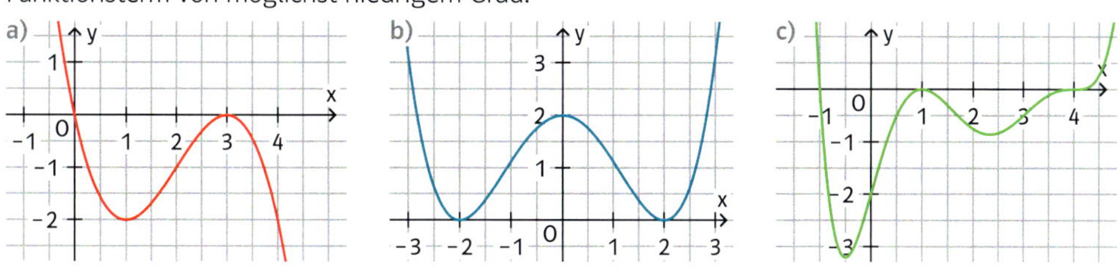

◒ 8 Bestimmen Sie einen Funktionsterm der Polynomfunktion f. Skizzieren Sie ihren Graphen.
a) Die Funktion f hat die einfachen Nullstellen $x_1 = -1$; $x_2 = 2$ und $x_3 = 4$. Der Graph geht durch den Punkt P(3 | 2).
b) Der Graph von f ist achsensymmetrisch zur y-Achse und schneidet die y-Achse im Punkt P(0 | 6). Die Funktion f hat die doppelte Nullstelle x = 3.
c) Der Graph von f ist punktsymmetrisch zum Ursprung. Es ist f(1) = 3.
d) Die Funktion f hat die doppelte Nullstelle x = 2 und die dreifache Nullstelle x = 0.

9 Untersuchen Sie, ob es eine Zahl k gibt, sodass der Graph von f mit $f(x) = k(x+1)(x-3)^2$ durch den Punkt $P(2|6)$ geht und für $x \to \pm\infty$ dasselbe Verhalten zeigt wie $g(x) = -x^3$.

10 Gegeben ist die Funktion f mit $f(x) = x(x+2)(x+t)$. Geben Sie alle Werte von t an, sodass
a) f eine doppelte Nullstelle hat,
b) f drei einfache Nullstellen hat.

11 Gegeben ist die Funktion f mit $f(x) = a(x-b)^2(x-c)^n$. Geben Sie passende Werte für die Parameter a, b, c und n so an, dass die Funktion die angegebenen Eigenschaften hat. Geben Sie dabei, falls möglich, zwei verschiedene Lösungen an.
a) Die Funktion f hat die einfache Nullstelle 2, die doppelte Nullstelle 3 hat und es gilt $f(0) = 9$.
b) Der Grad von f ist vier, die Nullstellen sind 3 und -3.
c) Der Graph von f kommt von links oben und geht nach rechts unten, er schneidet die x-Achse an der Stelle $x = 2$ und er berührt die x-Achse an der Stelle $x = -4$.
d) Die Funktion f wechselt an der Stelle $x = 1$ das Vorzeichen, sie hat die Nullstelle $x = 5$.

Test

Lösung | Seite 281

12 Bestimmen Sie einen Funktionsterm zum vorliegenden Graphen.

a) 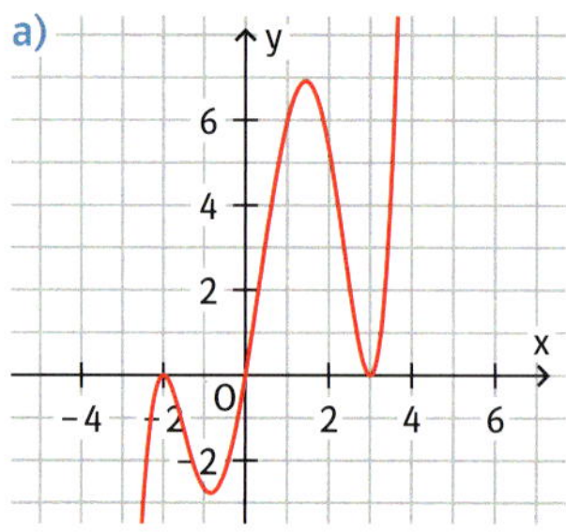

b) 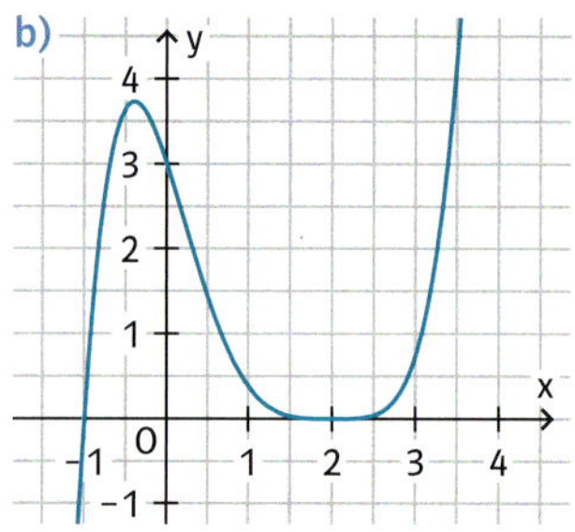

Tipp zu Aufgabe 12 b): Die Funktion hat den Grad 5.

13 Prüfen Sie, ob es eine Polynomfunktion mit den beiden zweifachen Nullstellen -4 und 0 gibt, deren Graph durch den Punkt $P(1|-5)$ geht und die für $x \to \pm\infty$ dasselbe Verhalten zeigt wie $g(x) = -x^2$.

14 Bestimmen Sie die Parameter a, b und n so, dass für die Funktion f mit $f(x) = a(x+2)(x-b)^n$ gilt:
a) $x = -3$ ist ein zweifache Nullstelle, es gilt $f(0) = 36$.
b) $x = -2$ ist die einzige Nullstelle. Die Funktionswerte von f wechseln an dieser Nullstelle das Vorzeichen von plus zu minus.

15 Beschreiben Sie, was die Funktionen f, g, h und i gemeinsam haben und worin sie sich unterscheiden.
$f(x) = x(x-2)$ $g(x) = x(x-2)^2$ $h(x) = x(x-2)^3$ $i(x) = x(x-2)^4$

16 Eine Polynomfunktion vom Grad n kann höchstens n Nullstellen haben.
a) Geben Sie an, wie viele Nullstellen eine Polynomfunktion vom Grad 3 haben kann. Geben Sie jeweils einen Funktionsterm an und skizzieren Sie den Graphen.
b) Geben Sie für Polynomfunktionen sechsten Grades jeweils ein Beispiel für keine, drei oder sechs Nullstellen an.

Grundwissen Test

Grundwissen Seite 242–243
Lösung | Seite 281

17 Bestimmen Sie den größten bzw. den kleinsten Funktionswert der quadratischen Funktion f.
a) $f(x) = x^2 - 2$
b) $f(x) = -2x^2 + 3$
c) $f(x) = -x^2 + 4x$
d) $f(x) = \frac{1}{2}x^2 + 6x$
e) $f(x) = -x^2 + 6x - 9$
f) $f(x) = -x^2 + 6x - 8$

5 Optimieren

Rita und Tim sollen den Rasen mähen. Dieser ist ca. 9 m breit und 12 m lang. Beide möchten sich die Arbeit fair teilen. Rita fängt an und mäht von außen nach innen. Nachdem sie mit dem ca. 50 cm breiten Rasenmäher eine Runde gegangen ist, fragt sie sich, wie viele Runden sie mähen muss.

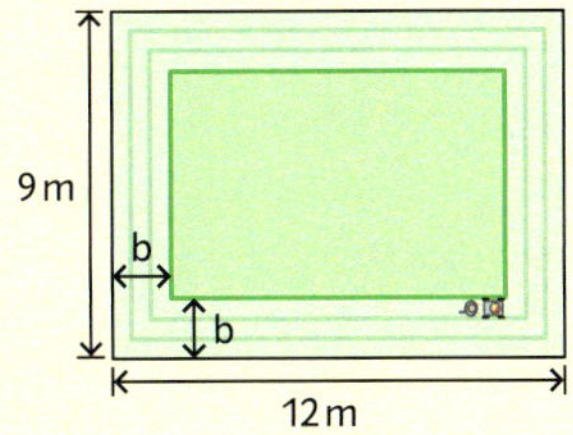

Eine Reihe von Aufgaben, in denen der maximale oder minimale Wert – d.h. der je nach Fragestellung optimale Wert – einer Größe gesucht wird, führt auf Polynomfunktionen. Derartige Aufgaben nennt man auch **Optimierungsaufgaben**. Die Suche nach einer Lösung wird **Optimierung** genannt. Wie so eine Suche durchgeführt werden kann, soll anhand des folgenden Beispiels gezeigt werden.

An einem Fluss soll ein rechteckiges Feld eingezäunt werden. Der zur Verfügung stehende Zaun ist insgesamt 600 m lang. Das eingezäunte Feld soll möglichst groß sein.

1. **Skizze** der Situation anfertigen und **Variablen** festlegen

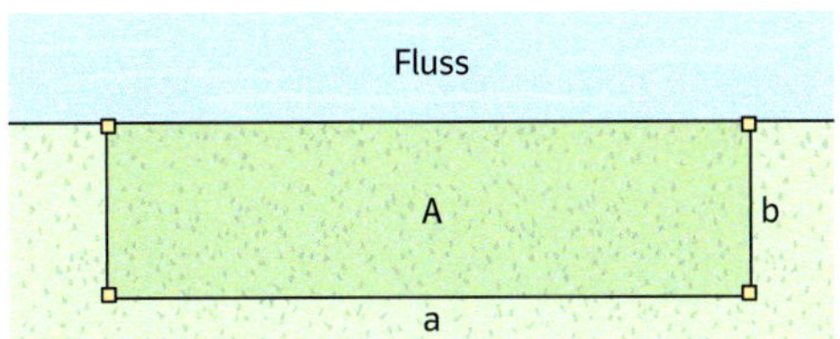

Seitenlängen mit a und b bezeichnen, Flächeninhalt mit A bezeichnen
$0 \le a \le 600$ und $0 \le b \le 300$

2. Angeben, welche Größe (**Zielgröße**) optimiert werden soll. Formel ermitteln

Der Flächeninhalt A soll maximal werden.
$A = a \cdot b$

3. **Nebenbedingung** formulieren

Für die Zaunlänge gilt $600 = a + 2b$.
$a = 600 - 2b$

4. Gleichung der **Zielfunktion** ermitteln. Mithilfe der Nebenbedingung kann eine der Variablen in der Formel der zu optimierenden Größe eliminiert werden. Definitionsmenge angeben

Einsetzen der Nebenbedingung in die Formel für A ergibt die Zielfunktion A(b).
$A(b) = (600 - 2b) \cdot b$
$= -2b \cdot (b - 300)$;
$D = [0; 300]$

5. **Wertetabelle** erstellen; **Graph** zeichnen

b	0	50	100	150	200	250	300
A(b)	0	25 000	40 000	45 000	40 000	25 000	0

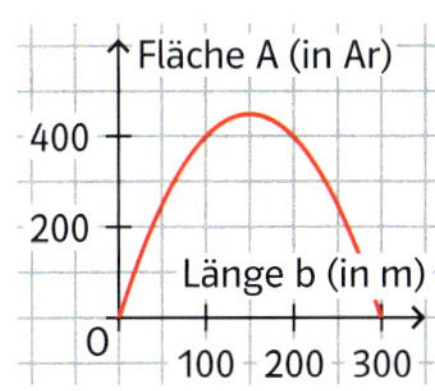

6. Das **Optimum** mithilfe der Zielfunktion bestimmen und die gesuchten Größen berechnen; Frage beantworten

Aus der Produktform von A(b) ergibt sich: Die beiden Nullstellen von A sind $b_1 = 0$ und $b_2 = 300$. Der x-Wert des Scheitels liegt in der Mitte der beiden Nullstellen, also bei $b = 150$. Der y-Wert des Scheitels ist 45 000. Der Zaun hat die Maße $b = 150$ m und $a = 300$ m. Der maximale Flächeninhalt beträgt 45 000 m^2.

In manchen Fällen kann das Optimum nur näherungsweise bestimmt werden wie bei der Aufgabe, aus einem quadratischen Stück Pappe eine Schachtel zu basteln. Die Kantenlänge des Stücks Pappe soll 28 cm betragen. An den Ecken werden Quadrate der Kantenlänge h so ausgestanzt, dass aus der restlichen Pappe eine nach oben offene Schachtel gefaltet werden kann. Wie muss h gewählt werden, damit eine Schachtel mit maximalem Volumen entsteht?

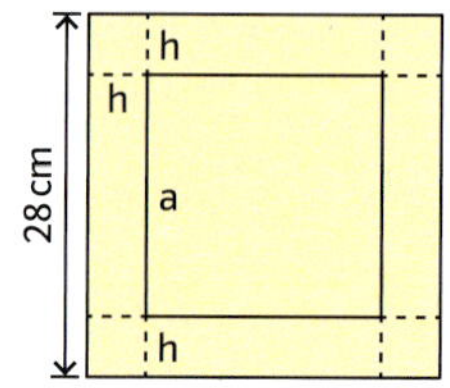

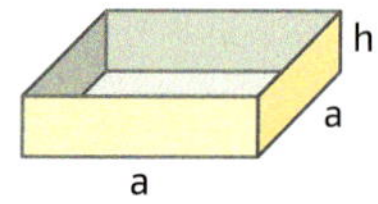

1. Skizze und Variablen: Die obige Skizze zeigt die wesentlichen Größen a und h. Es gilt $0 \leq a \leq 28$; $0 \leq h \leq 14$.
2. Zielgröße: Das Volumen V der Schachtel soll maximal werden, $V = a^2 \cdot h$.
3. Nebenbedingung: Für die Kantenlänge des Pappstücks gilt $a + 2h = 28$.
4. Zielfunktion: Aus der Nebenbedingung folgt $a = 28 - 2h$. Daraus ergibt sich nach Elimination von a die Zielfunktion $V(h) = (28 - h)^2 \cdot h$.
   Die Höhe h kann höchstens halb so groß sein wie die Kartonlänge. Deshalb gilt für die die Definitionsmenge der Zielfunktion: $D = [0; 14]$.
5. Tabelle/Graph: Die Funktion V ist eine Polynomfunktion dritten Grades. Das gesuchte Maximum lässt sich hier nur näherungsweise bestimmen. Dazu erstellt man mit dem Taschenrechner eine Tabelle (Schrittweite 1)

h	0	1	2	3	4
V(h)	0	676	1152	1452	1600

h	5	6	7	8	9
V(h)	1620	1536	1372	1152	900

h	10	11	12	13	14
V(h)	640	396	192	52	0

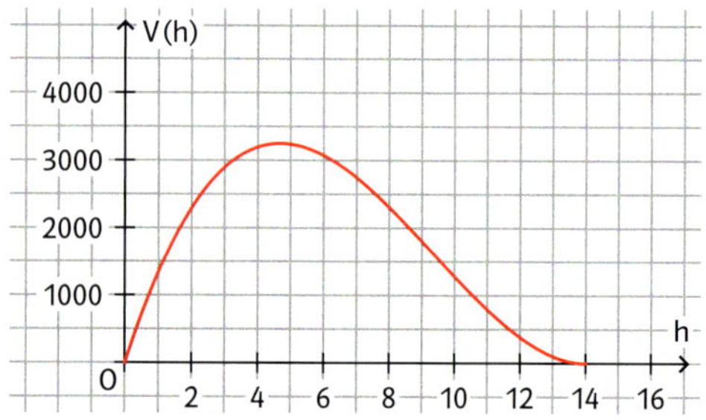

   Der Tabelle kann man entnehmen, dass das Volumen in Abhängigkeit von h im Intervall [4; 6] zunimmt und wieder abnimmt. V nimmt also in diesem Intervall einen maximalen Wert an. Um den Wert von h, für den V ein Maximum annimmt, besser eingrenzen zu können verfeinert man die Wertetabelle: Mit der Schrittweite 0,2 ergibt sich (auf ganze cm^3 gerundet).

h	4	4,2	4,4	4,6	4,8	5	5,2	5,4	5,6	5,8	6
V(h)	1600	1613	1622	1626	1625	1620	1611	1598	1581	1560	1536

   Das Volumen nimmt im Intervall [4,4; 4,8] zu und wieder ab. Somit liegt das gesuchte Maximum in diesem Intervall.
6. Optimum: Der größte Wert für V ergibt sich laut Tabelle für $h = 4{,}6\,cm$, das dazugehörende maximale Volumen beträgt etwa $1626\,cm^3$.

Bemerkung: Um die Genauigkeit dieses Verfahrens zu untersuchen, kann man mit einem digitalen Mathematikwerkzeug einen genaueren Wert für h bestimmen. Er beträgt $h \approx 4{,}67\,cm$, das dazugehörende maximale Volumen beträgt $V \approx 1626{,}1\,cm^3$.

Bei Optimierungsaufgaben wird ein Minimum oder ein Maximum einer Größe gesucht. Ergibt sich als Zielfunktion eine quadratische Funktion, so kann die Ermittlung des Optimums durch die Bestimmung des Scheitels der Funktion erfolgen.
Bei komplexeren Funktionen kann ein Optimum auch näherungsweise durch die Verfeinerung von Wertetabellen bestimmt werden.

Beispiel 1 **Figur mit maximalem Flächeninhalt im Koordinatensystem**

Auf dem Graphen von f mit $f(x) = -\frac{1}{2}x + 3$ liegt der Punkt $P(u\,|\,v)$ mit $0 \le u \le 6$. Durch $P(u\,|\,v)$ wird ein Rechteck mit den Seitenlängen u und v festgelegt.

a) Berechnen Sie den Flächeninhalt des Rechtecks für $u = 1$ und $u = 2$.

b) Bestimmen Sie u so, dass der Flächeninhalt des Rechtecks maximal ist.

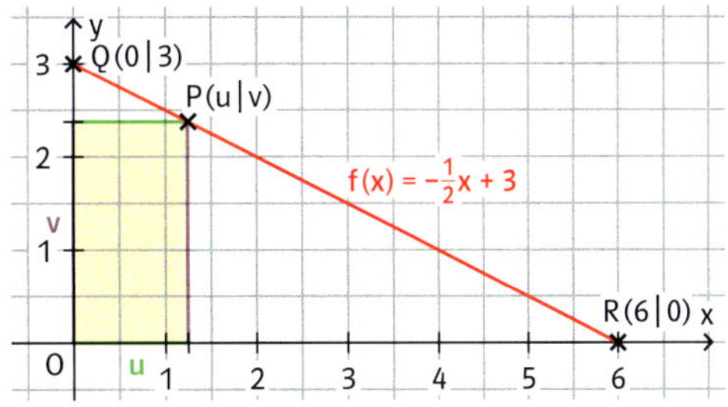

Lösung

a) Für $u = 1$ ergibt sich $A = 1 \cdot f(1) = 1 \cdot 2{,}5 = 2{,}5$. Für $u = 2$ ergibt sich $A = 2 \cdot f(2) = 2 \cdot 2 = 4$.

b) 1. Skizze und Variablen: Die Grundseite des Rechtecks wird mit u und die Höhe mit v bezeichnet, der Flächeninhalt des Rechtecks mit A. Es gilt $0 \le u \le 6$; $0 \le v \le 3$.

2. Zielgröße: Der Flächeninhalt A soll maximal werden, $A = u \cdot v$.

3. Nebenbedingung: Für die y-Koordinate von P gilt $v = f(u)$, d.h. $v = -\frac{1}{2}u + 3$.

4. Zielfunktion: Nach Einsetzen der Nebenbedingung $v = -\frac{1}{2}u + 3$ und Elimination von v ergibt sich $A(u) = u \cdot \left(-\frac{1}{2}u + 3\right)$. Dies umgeformt ergibt $A(u) = -\frac{1}{2}u \cdot (u - 6)$.
Die Definitionsmenge der Zielfunktion ist $D = [0; 6]$.

5. Graph: Der Graph von A ist eine nach unten geöffnete Parabel. Die Nullstellen von A sind $u_1 = 0$ und $u_2 = 6$. Somit beträgt der x-Wert des Scheitels $u_S = 3$, der y-Wert ist 4,5.

6. Optimum: Den maximalen Flächeninhalt bekommt man für $u = 3$. Er beträgt 4,5.

Beispiel 2 **Gewinnmaximum bestimmen**

Bei der Herstellung von Feuerwerkskörpern werden die Herstellungskosten mit der Funktion K mit $K(x) = \frac{3}{16}x^2 + \frac{9}{8}x + 3$ für $x \in [0; 10]$ angegeben. Der Verkaufspreis beträgt 3 €.

a) Bestimmen Sie die Erlösfunktion E sowie die Gewinnfunktion G.
Zeichnen Sie den Graphen von G.
Ermitteln Sie, in welchem Bereich der Betrieb einen Gewinn erwirtschaftet.

b) Ermitteln Sie, bei welcher Ausbringungsmenge der Gewinn maximal ist.
Geben Sie den maximalen Gewinn an.

Lösung

a) Erlösfunktion E: $E(x) = 3x$;
Definitionsmenge: $D = [0; 10]$
Gewinnfunktion G: $G(x) = E(x) - K(x)$
$= -\frac{3}{16}x^2 + \frac{15}{8}x - 3.$

x	0	1	2	3	4	5
G(x)	−3,00	−1,31	0,00	0,94	1,50	1,69

x	6	7	8	9	10
G(x)	1,50	0,94	0,00	−1,31	−3,00

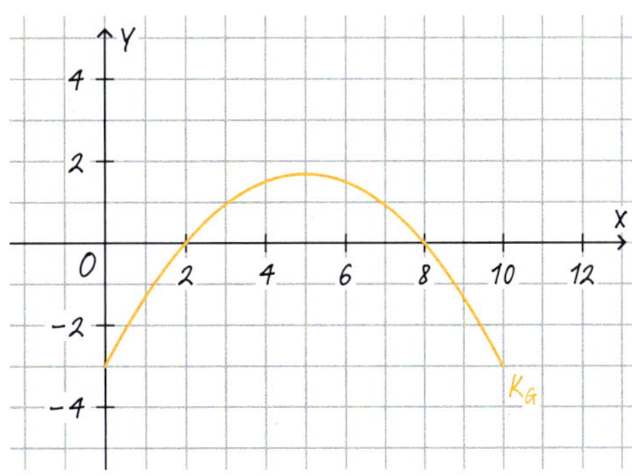

Der Tabelle und dem Graphen entnimmt man: Der Betrieb erwirtschaftet Gewinn bei einer Ausbringungsmenge zwischen 2 und 8 Stück.

b) Die Funktion G ist eine Polynomfunktion zweiten Grades. Ihr Graph ist nach unten geöffnet. Die Nullstellen sind $x_1 = 2$ und $x_2 = 8$. Somit beträgt der x-Wert des Scheitels $x_S = 5$, der y-Wert ist 1,69.
Der Gewinn wird für eine Ausbringungsmenge von $x = 5$ Stück maximal. Er beträgt dann 1,69 €.

Aufgaben

○ **1** Eine rechteckige Hühnerwiese wird mit 50 m Drahtzaun angelegt. Die umzäunte Wiese soll möglichst groß sein.

a) Wie groß ist die Wiese, wenn sie ganz umzäunt wird?

b) Wie groß ist diese Wiese, wenn eine 10 m lange Mauer zur Umrandung der Wiese dazu genommen wird?

○ **2** Aus einem rechteckeigen Stück Pappe mit den Kantenlängen $a = 16\,\text{cm}$ und $b = 10\,\text{cm}$ werden an den Ecken Quadrate der Kantenlänge h ausgestanzt. Aus der restlichen Pappe kann eine nach oben offene Schachtel herstellt werden.

a) Berechnen Sie das Schachtelvolumen für $h = 1\,\text{cm}$, $h = 2\,\text{cm}$, $h = 3\,\text{cm}$, $h = 4\,\text{cm}$ und $h = 5\,\text{cm}$.

b) Für welchen Wert von h wird das Volumen maximal?

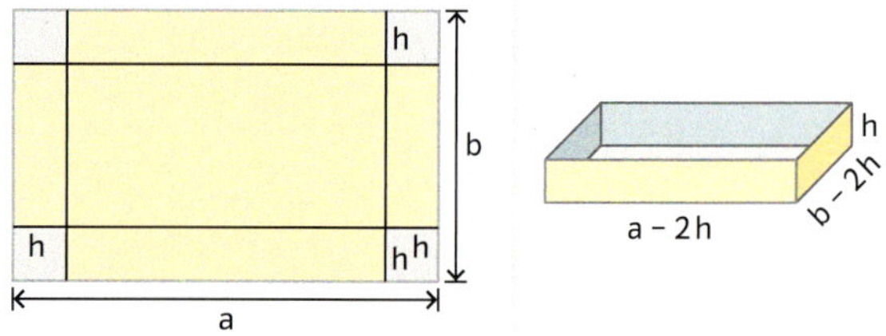

○ **3** Die Herstellungskosten eines Artikels können mit einer quadratischen Funktion beschrieben werden. Das Unternehmen produziert bei 2 und 12 Mengeneinheiten jeweils kostendeckend, d.h. der Erlös und die Kosten sind bei diesen Mengen identisch. Die Fixkosten betragen 120 €. Der Artikel wird auf dem Markt für 90 € verkauft.

a) Ermitteln Sie die Gewinnfunktion. Zeichnen Sie deren Graphen in ein Koordinatensystem.

b) Wie hoch ist der maximale Gewinn? Bei welcher Produktionsmenge wird er erzielt?

○ **4** Die Abbildung zeigt den Graphen der Funktion f mit $f(x) = \frac{1}{4}(x - 4)^2$. Durch den Ursprung $O(0\,|\,0)$ und den Punkt $R(a\,|\,f(a))$, der auf dem Graphen der Funktion f zwischen den Punkten P und Q liegt, wird ein achsenparalleles Rechteck festgelegt.

a) Berechnen Sie den Rechtecksumfang für $a = 1$ und $a = 2$.

b) Bestimmen Sie a so, dass der Umfang dieses Rechtecks minimal ist.

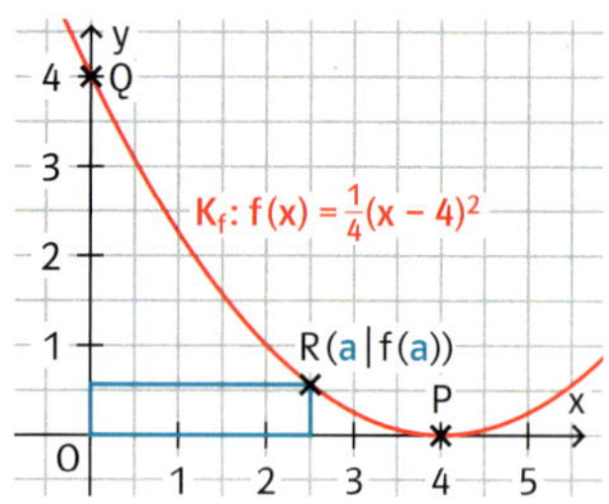

O Test

Lösung | Seite 281

5 In einem Betrieb zur Herstellung von Hundefutter werden die Gesamtkosten K durch $K(x) = 0{,}05x^2 + 0{,}03x + 1{,}1$ beschrieben. Die Erlösfunktion E ist $E(x) = -0{,}4x^2 + 4x - 4$.

a) Skizzieren Sie die Graphen der beiden Funktionen in ein Koordinatensystem.

b) Bestimmen Sie die Gewinnzone.

c) Ermitteln Sie, bei welcher Produktionsmenge der maximale Gewinn erzielt wird.

6 Der Ursprung $O(0\,|\,0)$ und die Punkte $P(u\,|\,0)$ und $Q(u\,|\,f(u))$ bilden ein Dreieck $(0 \le u \le 4)$. Der Punkt Q liegt auf dem Graphen der Funktion f mit $f(x) = -\frac{5}{4}x + 5$.

a) Berechnen Sie den Flächeninhalt des Dreiecks für $u = 2$ und $u = 3$.

b) Bestimmen Sie u so, dass das Dreieck OPQ einen möglichst großen Flächeninhalt hat.

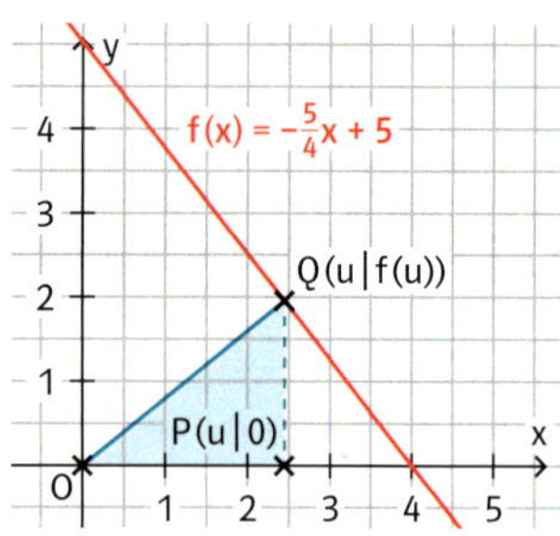

7 Zerlegen Sie die Zahl 10 so in die Summe von zwei Zahlen, dass deren Produkt maximal ist.

8 Abgebildet sind die Graphen der quadratischen Funktion f mit $f(x) = -x^2 + 4x$ und der linearen Funktion g mit $g(x) = x$. Untersucht wird der Abstand der Punkte $P(u \mid f(u))$ und $Q(u \mid g(u))$, wobei für u gilt: $0 \leq u \leq 3$.

a) Berechnen Sie diesen Abstand für $u = 0{,}5$ und $u = 1$.

b) Bestimmen Sie u so, dass der Abstand der Punkte P und Q maximal ist.

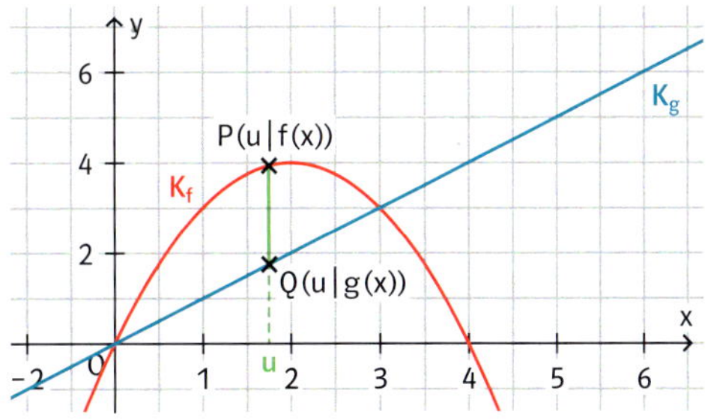

9 Ein Freizeitpark hat bei einem Eintrittspreis von 28 € im Durchschnitt täglich 1600 Besucher. Ein Marktforschungsinstitut ermittelt: Wenn man die Eintrittspreise um 0,50 €, 1,00 €, 1,50 € und 2,00 € usw. senken würde, so stiege die tägliche Besucherzahl um 40, 80, 120, 160 usw.

a) Zeigen Sie, dass sich die Einnahmen E (in €) in Abhängigkeit von der Preissenkung x (in €) wie folgt darstellen lassen: $E(x) = (28 - x)(1600 + 80x)$. Welche Bedeutung haben die beiden Faktoren in diesem Funktionsterm?

b) Wie hoch sind die täglichen Einnahmen, wenn der Eintrittspreis 20 € beträgt?

c) Welchen Eintrittspreis muss man verlangen, damit die Einnahmen möglichst hoch sind? Wie hoch sind die Einnahmen dann?

Test

Lösung | Seite 282

10 Die Zahl 60 soll so in die Summe von zwei Zahlen zerlegt werden, dass die Summe der Quadrate dieser beiden Zahlen minimal ist.

11 Gegeben sind die Funktionen f und g mit $f(x) = -\frac{1}{2}x^2 + 4x - \frac{1}{2}$ und $g(x) = \frac{1}{2}x^2 - 3x + \frac{11}{2}$. Untersucht wird der Abstand der Punkte $P(u \mid f(u))$ und $Q(u \mid g(u))$. Die Punkte P und Q liegen zwischen den Schnittpunkten $S_1(1 \mid 3)$ und $S_2\left(6 \,\middle|\, \frac{11}{2}\right)$ der beiden Graphen.

a) Berechnen Sie den Abstand der Punkte P und Q für $u = 2$ und $u = 4$.

b) Bestimmen Sie u so, dass der Abstand der Punkte P und Q möglichst groß wird.

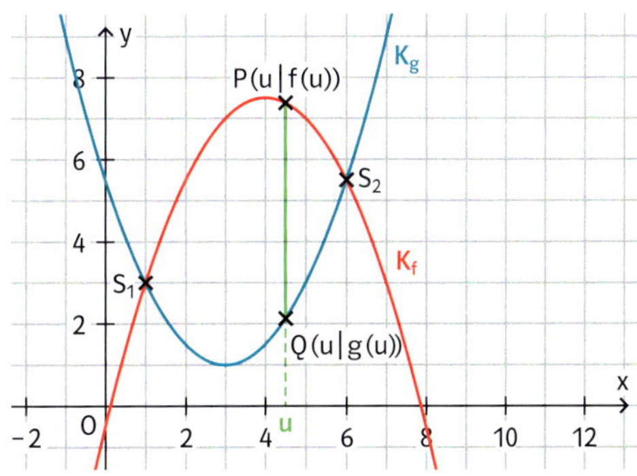

12 Die Kosten für die Herstellung eines Produkts werden mit der Kostenfunktion K beschrieben: $K(x) = x^3 - 6{,}125x^2 + 12{,}5x + 10{,}25$ mit $0 \leq x \leq 6$, x in ME, K(x) in 1000 €.
Der Erlös je Mengeneinheit beträgt 9375 €.

a) Ermitteln Sie die Gewinnfunktion. Zeichnen Sie den Graphen der Gewinnfunktion.

b) Ermitteln Sie den maximalen Gewinn.

Grundwissen Test

Grundwissen Seite 241
Lösung | Seite 282

13 Zeichnen Sie die Gerade mit Steigung m durch den Punkt P. Ermitteln Sie ihre Gleichung. Überprüfen Sie Ihr Ergebnis mithilfe Ihrer Zeichnung.

a) $P(-1 \mid -2)$; $m = 3$
b) $P(-1 \mid 4)$; $m = -2$
c) $P(-3 \mid -1)$; $m = -\frac{3}{2}$
d) $P(-1 \mid -0{,}5)$; $m = \frac{5}{4}$
e) $P(2 \mid 1)$; $m = \frac{1}{2}$
f) $P(2 \mid -1)$; $m = -\frac{2}{3}$

6 Regression

Max und Moritz führen ein Experiment durch. Eigentlich sollte zwischen den x- und y-Werten ein linearer Zusammenhang bestehen. Ihre Messwerte liegen aber nicht auf einer Geraden. Um doch zur Gleichung einer Geraden zu kommen, macht jeder einen Vorschlag.
Max: „Ich verbinde den ersten und den letzten Punkt. Das kommt gut hin."
Moritz: „Ich lege die Gerade mitten durch die Punktwolke, und zwar so, dass die eine Hälfte der Punkte oberhalb und die andere unterhalb der Geraden liegt."
Nehmen Sie zu diesen Vorschlägen Stellung.

x	1	2	3	4	5	6
y	1,5	3	2,5	3,5	3,2	4

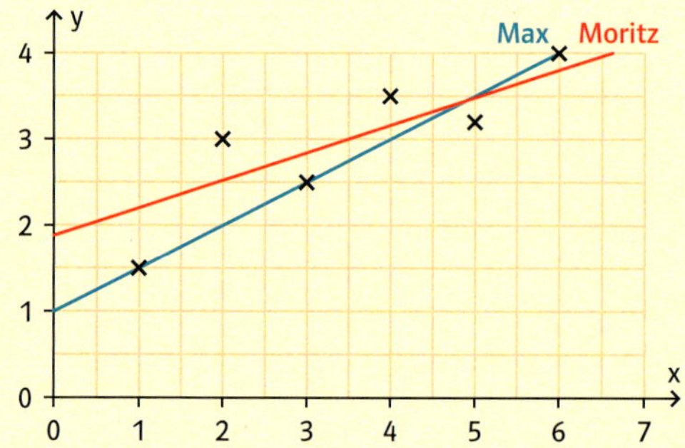

In vielen Situationen gibt es keine Formeln, um den Zusammenhang zwischen zwei Größen mathematisch zu beschreiben, zum Beispiel, wenn Daten durch Messungen oder Erhebungen erfasst werden. Dann sucht man eine passende Funktion, die den Zusammenhang zwischen den Größen in guter Näherung wiedergibt.

Um zu untersuchen, ob die Körpergröße eines Menschen von der Körpergröße des Vaters abhängt, wurden von zehn Vater-Sohn-Paaren die Körpergrößen gemessen. Die Tabelle zeigt diese Werte.

	Körpergrößen (in m)									
Vater	1,57	1,60	1,65	1,70	1,73	1,78	1,80	1,85	1,91	1,93
Sohn	1,73	1,68	1,63	1,73	1,78	1,73	1,91	1,91	1,93	2,03

Zur besseren Veranschaulichung werden diese Werte in ein Diagramm übertragen. Man sieht eine **Punktwolke**. Die Datenpunkte weisen einen Trend auf, den man mit einer Geraden beschreiben kann. Die Gleichung einer Geraden, die allen Datenpunkten „möglichst nahe" kommt, kann mit der unten beschriebenen Methode der **linearen Regression** ermittelt werden.
Im vorliegenden Fall ergibt sich für die **Regressionsgerade** die Gleichung $y = 0{,}9197x + 0{,}1948$. Dabei bedeutet x die Körpergröße des Vaters, y die Körpergröße des Sohnes, jeweils in m.

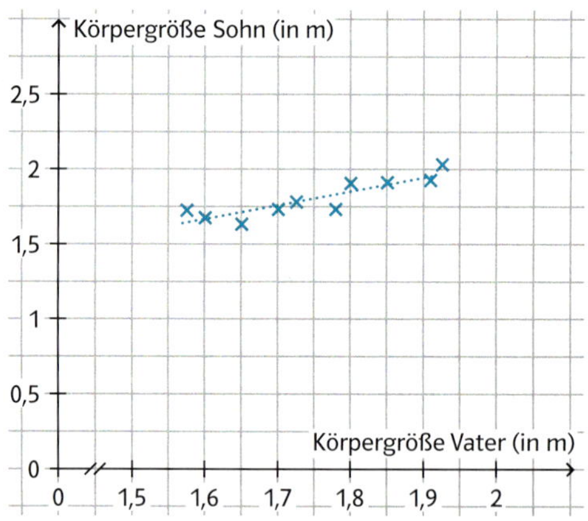

Aus dieser Gleichung kann man z.B. ablesen, dass man bei einem Vater mit einer Körpergröße von 1,60 m beim Sohn mit einer Körpergröße von etwa 1,67 m rechnen kann. Und wenn der Vater 1,80 m groß ist, kann man beim Sohn eine Größe von etwa 1,85 m erwarten. Wenn die Körpergröße des Vaters 10 cm größer ist, ist zu erwarten, dass die Körpergröße des Sohnes nur etwa 9,2 cm größer ist.

Zur Berechnung der „besten" linearen Funktion f legt man fest: An jeder Stelle x_i wird die Abweichung des Funktionswertes $f(x_i)$ vom Messwert y_i berechnet und quadriert. Die Summe dieser Quadrate soll für die „beste" Funktion minimal sein.

Für eine lineare Funktion f mit $f(x) = m \cdot x + b$ sind also m und b so zu bestimmen, dass

$$(f(x_1) - y_1)^2 + (f(x_2) - y_2)^2 + \ldots + (f(x_n) - y_n)^2$$
$$= (m \cdot x_1 + b - y_1)^2 + (m \cdot x_2 + b - y_2)^2 + \ldots + (m \cdot x_n + b - y_n)^2$$

minimal wird. Diese **Methode der kleinsten Fehlerquadrate** wird **Regression** genannt. Dieses Vorgehen ist auch auf andere Funktionen als lineare anwendbar.

Diese Methode geht auf Carl Friedrich Gauß (1777–1855) zurück.

Die Darstellung von Wertepaaren als Punkte $P_1(x_1 | y_1)$, $P_2(x_2 | y_2)$, …, $P_n(x_n | y_n)$ in einem Koordinatensystem heißt **Punktwolke**.

Es gibt genau eine Gerade $y = m \cdot x + b$, für welche die Summe der Fehlerquadrate $(m \cdot x_1 + b - y_1)^2 + (m \cdot x_2 + b - y_2)^2 + \ldots + (m \cdot x_n + b - y_n)^2$ am kleinsten ist.
Diese „beste" Gerade heißt **Ausgleichsgerade** oder **Regressionsgerade**.

Statt „Regressionsgerade" sagt man auch „Trendgerade".
Bei digitalen Mathematikwerkzeugen wird auch der Begriff „Trendlinie" verwendet.

Größere Datenmengen können mit dem Taschenrechner oder einer Tabellenkalkulation ausgewertet werden. Beispielsweise kann man einen Zusammenhang zwischen Körpergröße und Gewicht untersuchen. Mit einer Tabellenkalkulation werden die Messergebnisse ausgewertet. Nach Eingabe der Messwerte in zwei Spalten kann ein Punktdiagramm erstellt werden. Eine Regressionsgerade wird im Kontextmenü mit der Option „Trendlinie hinzufügen" erstellt. Um entscheiden zu können, wie gut die Regression ist, benötigt man ein Maß für die Qualität der Näherung.

Das **Bestimmtheitsmaß** r^2 bzw. der **Korrelationskoeffizient** r sind Maße für die Güte der Regressionsgeraden im Bezug auf die Punkte. Dabei gilt $0 \le r^2 \le 1$ und $-1 \le r \le 1$. Je weniger die Punkte von der Geraden abweichen, desto näher liegt r^2 bzw. r bei 1.
Ist $r = 1$, so liegen alle Punkte auf der Regressiongeraden. Bei $|r| \ge 0{,}8$ spricht man von hoher Korrelation, bei $0{,}3 \le |r| < 0{,}8$ von schwacher Korrelation und bei $|r| < 0{,}3$ liegt keine Korrelation vor. Zusammen mit der Trendlinie im Diagramm kann auch die Gleichung der Regressionsgeraden und das Bestimmtheitsmaß r^2 angegeben werden.

	A	B
1	**Neugeborene, Kleinkinder**	
2	Gewicht (kg)	Größe (cm)
3	2,9	49
4	3	50
5	3,35	51
6	3,75	52
7	4,2	54
8	5,75	60
9	6,4	55
10	5,9	62
11	6,7	67
12	6,5	66
13	7,6	72
14	8	73
15	8,5	74
16	12,1	84
17	12	81
18	9,9	79
19	14	92
20	14	94
21	17	101

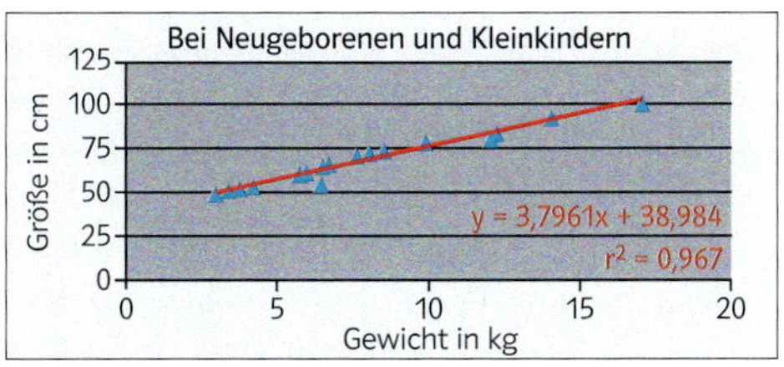

Hohe Korrelation $r = 0{,}983$

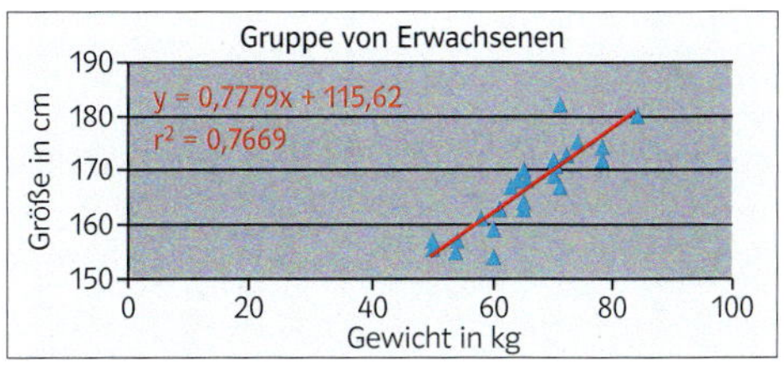

Auch noch hohe Korrelation $r = 0{,}876$

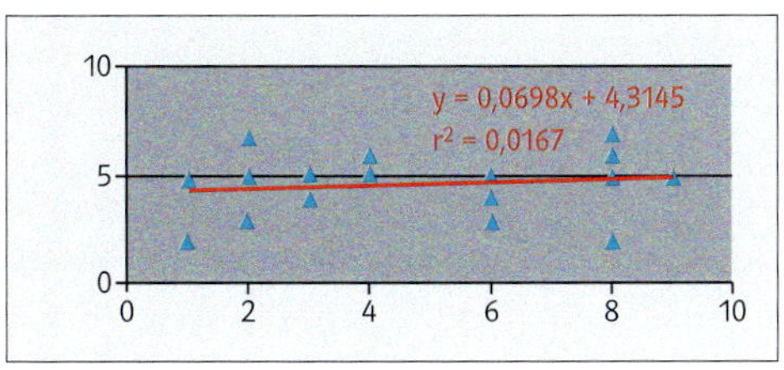

Keine Korrelation $r = 0{,}129$

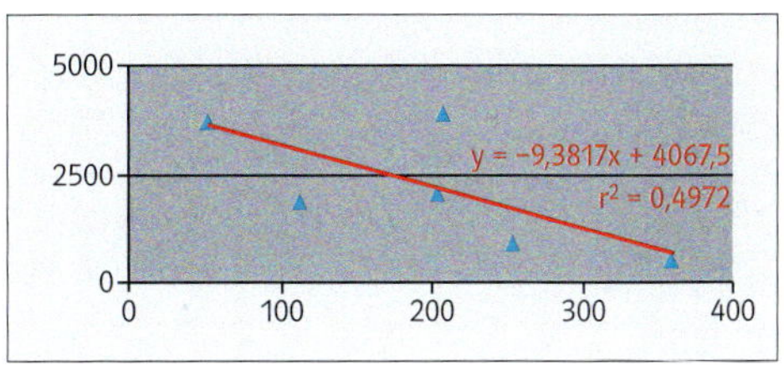

Schwache Korrelation $r = -0{,}705$

	A	B
1	**Erwachsene**	
2	Gewicht (kg)	Größe (cm)
3	65	164
4	54	157
5	50	156
6	61	163
7	64	168
8	78	172
9	58	161
10	50	157
11	71	182
12	63	167
13	65	169
14	72	173
15	60	159
16	60	154
17	71	167
18	84	180
19	78	174
20	74	175
21	54	155
22	65	164
23	65	170
24	70	172
25	70	171
26	65	163
27	70	169
28	65	168

Viele wissenschaftliche Taschenrechner bieten die Berechnung der Regressionsgeraden im Statistik-Modus an. Dort werden die Daten eingegeben. Die Parameter m und b der Regressionsgeraden mit der Gleichung $y = mx + b$ sowie der Korrelationskoeffizient r (bzw. r^2) können dann abgerufen werden. Auch mithilfe von Dynamischer Geometriesoftware (DGS) können häufig Regressionsgeraden berechnet werden.

Beispiel **Bestimmung der Regressionsgeraden**

Gegeben sind die Punkte $P_1(2|1)$, $P_2(4|1)$ und $P_3(6|4{,}5)$.

a) Zeichnen Sie die Punkte in ein Koordinatensystem. Ermitteln Sie mit dem Taschenrechner die Gleichung der Regressionsgeraden. Geben Sie das Bestimmtheitsmaß r^2 sowie den Korrelationskoeffizienten r an. Zeichnen Sie die Regressionsgerade ein.

b) Diese drei Punkte werden durch weitere Punkte ergänzt: $P_4(3|2)$, $P_5(5|3)$ und $P_6(7|5)$. Ermitteln Sie die neue Regressionsgerade und untersuchen Sie, wie sich das Bestimmtheitsmaß und der Korrelationskoeffizient verändern. Zeichnen Sie die zusätzlichen Punkte sowie die neue Regressionsgerade ein.

Lösung

a) Mit dem Taschenrechner erhält man
$y = 0{,}875x - 1{,}133$.
Es ist $r^2 = 0{,}75$; $r = 0{,}866$.

b) Man erhält $y = 0{,}843x - 1{,}042$. Jetzt ist
$r^2 = 0{,}836$; $r = 0{,}914$.
Beide Werte haben sich verbessert.

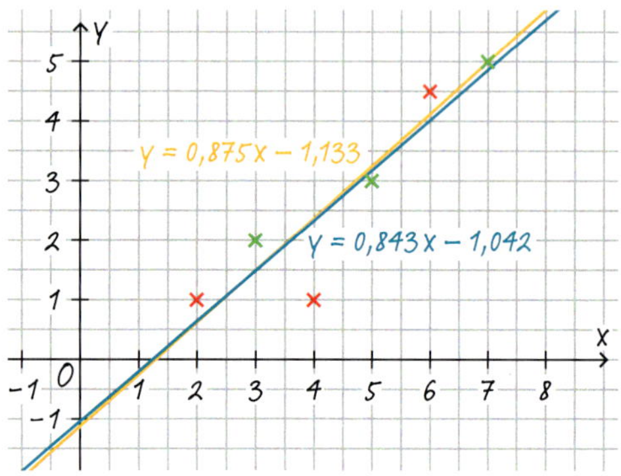

Aufgaben

○ **1** Bearbeiten Sie die Teilaufgaben jeweils für (1) bzw. (2).
(1) $P_1(1|2)$; $P_2(5|3)$; $P_3(9|7)$ (2) $P_1(0|6)$; $P_2(2|3)$; $P_3(4|2)$; $P_4(6|-1)$

a) Zeichnen Sie die Punkte in ein Koordinatensystem.

b) Zeichnen Sie nach Augenmaß eine Ausgleichsgerade und bestimmen Sie deren Gleichung.

c) Berechnen Sie die Gleichung der Regressionsgeraden und zeichnen Sie auch diese in das Koordinatensystem ein.

○ **2** Bei Sonnenblumen wurde die Höhe in Abhängigkeit vom Alter gemessen.

Alter (in Tagen)	10	20	30	40	50
Höhe (in cm)	13,2	67,8	108,4	165,1	208,9

a) Führen Sie eine lineare Regression für diese Daten durch. Interpretieren Sie das Ergebnis.

b) Wie schnell ungefähr wächst eine Sonnenblume?

○ **3** Für 11 Filialen wurden jeweils die Verkaufsfläche und der Umsatz ermittelt. Führen Sie eine lineare Regression durch. Wie hoch ist der zusätzliche Umsatz pro Quadratmeter im Durchschnitt?

Fläche (in m^2)	42	53	79	90	102	110	123	140	155	162	183
Umsatz (in Tsd. €)	150	165	270	251	308	267	310	347	359	405	421

○ **4** Gegeben sind folgende Datenreihen. Vergleichen Sie die Ergebnisse der Aufgabe für die verschiedenen Datenreihen.
(1) (3|5), (4|7), (5|12), (6|13), (7|15) (2) (1|3), (2|3), (5|2), (6|1), (7|0), (8|−1)
(3) (−2|1), (−1|2), (1|2), (2|3), (3|4), (5|5) (4) (0|11), (1|7), (2|2), (3|−1), (4|−4), (6|−9)

a) Stellen Sie die Datenreihe grafisch dar und ermitteln Sie grafisch eine Ausgleichsgerade.

b) Bestimmen Sie die Regressionsgerade. Wie gut ist die Korrelation?

c) Zeichnen Sie die Regressionsgerade ein.

5 Erstellen Sie in Ihrer Klasse eine Liste aus Körpergröße und Schuhgröße. Ermitteln Sie mit einem Tabellenkalkulationsprogramm eine Regressionsgerade und den Korrelationskoeffizienten.

Test

Lösung | Seite 282

6 Gegeben sind die Punkte $P_1(1|2)$, $P_2(2|5)$, $P_3(3|13)$ und $P_4(5|20)$.

a) Zeichnen Sie die Punkte in ein Koordinatensystem.

b) Legen Sie nach Augenmaß eine passende Ausgleichsgerade durch die vier Punkte und bestimmen Sie die Gleichung dieser Geraden.

c) Ermitteln Sie die Gleichung der Regressionsgeraden. Zeichnen Sie sie ebenfalls ein.

d) Vergleichen Sie die Summe der Fehlerquadrate für beide Geraden.

7 Das Wachstum eines Kirschbaums wurde in den ersten fünf Jahren beobachtet. Die Messergebnisse sind der rechts abgebildeten Tabelle zu entnehmen. Ermitteln Sie die Gleichung einer Regressionsgeraden und den Korrelationskoeffizienten.

Jahr	Höhe (in m)
0	1
1	2
2	2,65
3	3,09
4	3,39
5	3,59

8 Die Daten $A_1(1|3)$, $A_2(2|1{,}5)$, $A_3(3|6)$, $A_4(10|10{,}5)$ und $B_1(1|3)$, $B_2(2|6)$, $B_3(4|1)$, $B_4(9|11)$ sollen verglichen werden.

a) Zeichnen Sie die beiden Punktwolken in ein gemeinsames Koordinatensystem.

b) Überprüfen Sie, ob die beiden Punktwolken die gleiche Regressionsgerade haben.

c) Für welche Punktwolke ist die Summe der Fehlerquadrate geringer?

9 In einem Experiment wurde eine Schraubenzugfeder belastet und ihre Verlängerung gemessen.

Gewichtskraft F (in N)	0,50	1,00	1,50	2,00	2,50
Verlängerung x (in m)	0,03	0,05	0,08	0,10	0,13

Nach dem Hooke'schen Gesetz gilt: $F = D \cdot x$. Bestimmen Sie die Federkonstante D.

10 Ein Anthropologe misst die Körpergröße von Zehnjährigen und später die Größe derselben Menschen, wenn sie ausgewachsen sind. Er vermutet, dass er daraus einen Faktor bestimmen kann, mit dem man die spätere Größe eines Zehnjährigen voraussagen kann. Eine Messung an sieben Personen ist in der Tabelle dargestellt.

Größe mit 10 Jahren (in cm)	125	134	127	125	137	144	150
Größe ausgewachsen (in cm)	160	182	160	162	180	192	188

a) Bestimmen Sie mithilfe einer linearen Regression diesen Wachstumsfaktor.

b) Emil ist 10 Jahre alt und 140 cm groß. Wie groß wird er ungefähr werden?

Test

Lösung | Seite 283

11 In einem artesischen Brunnen bei Grenoble, der 28 m tiefer liegt als der umgebende Grundwasserspiegel, wurde die Wassertemperatur (in °C) in verschiedenen Tiefen (in m) gemessen. Man erhielt die folgenden Ergebnisse.

Tiefe (in m)	40	150	220	270
Temperatur (in °C)	1,2	4,7	9,3	10,5

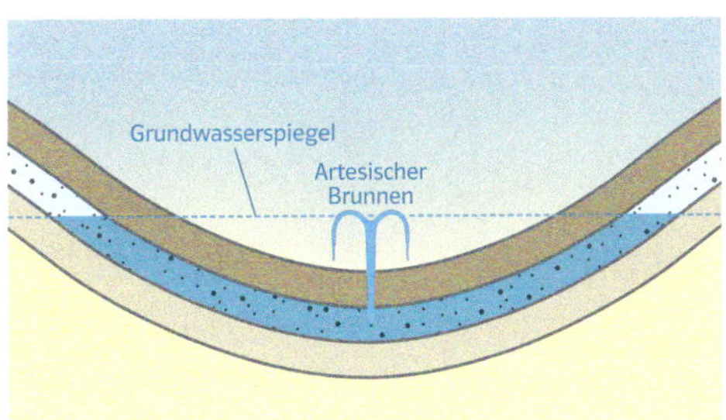

a) Führen Sie eine lineare Regression für diese Daten durch.

b) Um wie viel Grad steigt die Temperatur pro 100 m Tiefe?

c) Welche Temperatur ist in 330 m Tiefe zu erwarten?

Info

vgl. Aufgaben 12 und 13

Bei der linearen Regression werden Messwerte durch eine Gerade angenähert. In vielen Situationen ist der Zusammenhang zwischen den Datenreihen aber nicht linear.

Bei einem Weitspringer wurde zu Optimierung des Absprungs eine Videoanalyse erstellt. In regelmäßigen Abständen wurden die Werte für die Höhe und die Weite nach dem Absprung aufgezeichnet. Die Messergebnisse sind in Fig. 1 zusammengestellt.

	A	B	C
1	Weite	Höhe	
2	0	0,6	
3	1,5	1,15	
4	3,1	1,3	
5	4,6	1,1	
6	6,2	0,6	
7	7,4	0	

	A	B	C
1	Weite	Höhe	
2	0	0,7	
3	1,6	1,1	
4	3,3	1,25	
5	4,8	1	
6	6,3	0,5	
7	7,6	0	

Fig. 1

Diese Punkte werden in eine Tabellenkalkulation eingetragen und die Punktgrafik dazu angezeigt. Nun kann man mit der rechten Maustaste auf einen Punkt klicken und im Kontextmenü „Trendlinie hinzufügen“ auswählen und die Option „polynomisch“ mit dem Grad 2 verwenden. Auch die Funktionsgleichung lässt sich mit anzeigen.

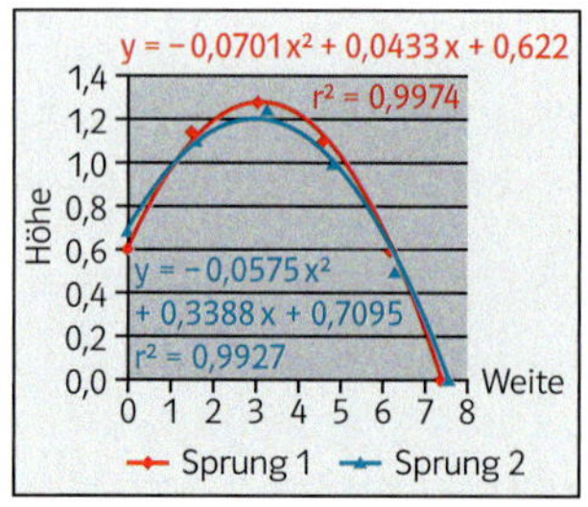

Wie bei der linearen Regression gibt es auch bei der quadratischen Regression den **Korrelationskoeffizienten** r oder das Bestimmtheitsmaß r^2, mit dem die Güte der Regression gemessen wird.
Mit $r = \sqrt{r^2} \approx 0{,}9963$ (Sprung 1) bzw. $r = 0{,}9987$ (Sprung 2) ist eine hohe Korrelation zwischen Regression und Datenreihe gegeben.

Auch wissenschaftliche Taschenrechner können im Statistik-Modus eine Regression durchführen. Meist muss vorher die Art der Regression festlegt werden. Wenn man die Werte in einer Tabelle eingegeben hat, kann man die Koeffizienten a, b und c der Hauptform $y = ax^2 + bx + c$ abrufen. Es gibt Taschenrechner, die die Koeffizienten anders benennen.

● **12** Eine Schulklasse hat im Kölner Hauptbahnhof beim Anfahren eines ICE Messwerte erhoben. Dabei wurde die Zeit gestoppt, in der der Zug eine bestimmte Strecke zurückgelegt hat (Fig. 2).
a) Übertragen Sie die Messwerte in Spalte A und B eines Tabellenkalkulationsprogramms.
b) Ermitteln Sie eine quadratische Regression für diese Werte.
c) Vergleichen Sie die quadratische Regression mit einer linearen Regression. Welche Regression beschreibt den Zusammenhang besser?

Zeit	Weg in m
0	0
23,8	26,4
40,4	79,2
46,8	105,6
52,2	132,0
56,6	158,4
61,4	184,8
65,5	211,2
69,5	237,6
73,8	264,0
78,2	290,4

Fig. 2

● **13** Ein Fabrikant lässt erfassen, wie hoch die pro Tag anfallenden Kosten eines Produktes (in Euro) in Abhängigkeit von der produzierten Stückzahl sind.

Stück	0	20	50	100	150	180	220
Kosten (in €)	200	250	300	320	400	540	940

a) Tragen Sie die Punktepaare in ein Koordinatensystem ein.
b) Untersuchen Sie mithilfe eines Taschenrechners oder einer Tabellenkalkulation, ob zur Beschreibung dieser Daten mithilfe einer Regressionskurve besser der Graph einer Polynomfunktion zweiten oder dritten Grades geeignet wäre.
c) Zeichnen Sie die Graphen in Ihr Koordinatensystem.

Grundwissen Test

Grundwissen
Seite 234
Lösung | Seite 283

14 a) Berechnen Sie den Prozentsatz.
(1) 88 € von 400 € (2) 16 kg von 80 kg (3) 8 l von 125 l
b) Berechnen Sie den Prozentwert.
(1) 75 % von 120 l (2) 39 % von 2500 € (3) 82 % von 8250 Kindern
c) Berechnen Sie den Grundwert.
(1) 20 % sind 30 cm (2) 60 % sind 1200 € (3) 15 % sind 13,5 kg

Polynomdivision

Bei der Funktion f mit $f(x) = (x^2 - 4x + 3)(x - 2)$ kann man die Nullstelle $x_1 = 2$ ablesen und die weiteren Nullstellen $x_2 = 1$ und $x_3 = 3$ mit der Lösungsformel für quadratische Gleichungen bestimmen. In der Form $f(x) = x^3 - 6x^2 + 11x - 6$ kann man die Nullstellen nicht direkt ablesen.

$f(x) = \underbrace{(x^2 - 4x + 3)(x - 2)} = \underbrace{x^3 - 6x^2 + 11x - 6}$

Nullstellen:
$x_1 = 2$
$x_{2,3} = 2 \pm \sqrt{4 - 3} = 2 \pm 1$

Wie bestimmt man hier die Nullstellen?

Problem

Wie erhält man aus dem Term $x^3 - 6x^2 + 11x - 6$ das Produkt $(x^2 - 4x + 3)(x - 2)$?

Erarbeitung

Zur Lösung orientiert man sich an der Frage, wie man eine Zahl wie 905 als Produkt schreiben kann. Da 905 durch 5 teilbar ist, muss die Division $905 : 5$ aufgehen.

Entsprechend kann man das Polynom $x^3 - 6x^2 + 11x - 6$ durch $(x - 2)$ dividieren.

$$\begin{array}{l} (x^3 - 6x^2 + 11x - 6) : (x - 2) = x^2 - 4x + 3 \\ \underline{-(x^3 - 2x^2)} \\ \quad -4x^2 + 11x - 6 \\ \quad \underline{-(-4x^2 + 8x)} \\ \qquad 3x - 6 \\ \qquad \underline{-(3x - 6)} \\ \qquad\qquad 0 \end{array}$$

Divisionsschritte:
1. $x^3 : x = x^2$
2. $-4x^2 : x = -4x$
3. $3x : x = 3$

$$\begin{array}{l} 905 : 5 = 181 \\ \underline{-5} \\ \ 40 \\ \underline{-40} \\ \ \ 05 \\ \ \underline{-5} \\ \ \ \ 0 \end{array}$$

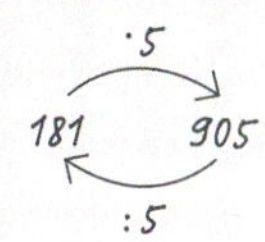

Das Ergebnis der Division ist $x^2 - 4x + 3$. Also ist $x^3 - 6x^2 + 11x - 6 = (x^2 - 4x + 3)(x - 2)$.

Ergebnis

Die Division zweier Polynome wie $(x^3 - 7x^2 + 14x - 8) : (x - 1) = x^2 - 6x + 8$ heißt **Polynomdivision**.
Man kann zeigen: Die Division eines Polynoms durch einen Linearfaktor $(x - a)$ geht nur dann auf, wenn a eine Lösung der Gleichung $x^3 - 7x^2 + 14x - 8 = 0$ ist.

1 Bestätigen Sie durch das Ausführen der Polynomdivision das angegebene Ergebnis.
a) $(x^3 + 2x^2 - 17x + 6) : (x - 3)$ Ergebnis: $x^2 + 5x - 2$
b) $(x^3 + 10x^2 + 7x - 18) : (x - 1)$ Ergebnis: $x^2 + 11x + 18$

2 Erläutern Sie, wie man mithilfe der angegebenen Nullstelle x_1 den Funktionsterm f(x) als Produkt schreiben kann. Bestimmen Sie die weiteren Nullstellen von f.
a) $f(x) = x^3 + 5x^2 - 22x - 56$; $x_1 = 4$
b) $f(x) = 20x^3 + 48x^2 + 15x - 2$; $x_1 = -2$

3 Bestimmen Sie zunächst durch Probieren, welche der Zahlen ±1 oder ±2 eine Nullstelle von f ist, und berechnen Sie danach die weiteren Nullstellen.
a) $f(x) = x^3 - 6x^2 + 11x - 6$
b) $f(x) = x^3 + x^2 - 4x - 4$
c) $f(x) = 4x^3 - 13x + 6$
d) $f(x) = 4x^3 - 8x^2 - 11x - 3$

4 Fassen Sie zusammen, wie man bei einer Polynomfunktion vom Grad drei bzw. vier, bei der eine Nullstelle bekannt ist, durch eine Polynomdivision die weiteren Nullstellen bestimmen kann.

Training

○ **1** Geben Sie das Verhalten der Funktion f für $x \pm \infty$ an. Erläutern Sie Ihre Entscheidung.

a) $f(x) = x^3 + 16x^2 - 17$ **b)** $f(x) = -2x^4 + x^3 - 6x$

c) $f(x) = 4x^5 + 19x - 7$ **d)** $f(x) = 8x^8 + 7x^7 + 5x^6 + 6x^5 + 1$

○ **2** Untersuchen Sie die Funktion f auf Nullstellen.

a) $f(x) = 16x^4 - 81$ **b)** $f(x) = x^3 + 3x^2 - 10x$ **c)** $f(x) = x(x^2 - 5)$

d) $f(x) = x^2(x^3 - 27)$ **e)** $f(x) = (x^2 - 2)(x^2 - 9)$ **f)** $f(x) = (x^2 + 16)(x^2 + 49)$

○ **3** Bestimmen Sie die Koordinaten der Schnittpunkte mit den Koordinatenachsen.

a) $f(x) = x^3 - 9$ **b)** $f(x) = 3x^4 - 21$ **c)** $f(x) = x(x + 4)(x - 7)$

d) $f(x) = \frac{3}{2}(x^2 + 2)(x - 1)$ **e)** $f(x) = \left(x - \frac{1}{3}\right)(x^2 - 9)$ **f)** $f(x) = 2x^4 - 86x^2 + 502$

○ **4** Untersuchen Sie die Funktion f auf Nullstellen. Geben Sie jeweils deren Vielfachheit an.

a) $f(x) = (x - 7)(x + 3)^2$ **b)** $f(x) = x(x + 2)(x - 4)^3$ **c)** $f(x) = x^3 + 8x^2 + 16x$

○ **5** Geben Sie zwei mögliche Funktionsterme an und skizzieren Sie die Graphen der Funktionen.

a) Die Funktion f hat die einfachen Nullstellen $x_1 = -2$ und $x_2 = 3$ sowie die doppelte Nullstelle $x_3 = 1$.

b) Die Funktion f hat die einfache Nullstelle $x_1 = -2$, die dreifache Nullstelle $x_2 = 0$ und die doppelte Nullstelle $x_3 = 2$.

○ **6** Ordnen Sie jeder Funktion einen der Graphen in der Abbildung rechts zu. Erläutern Sie Ihre Zuordnung,

$f(x) = x^3 - x$

$g(x) = x^4 - x^2 - 1$

$h(x) = (x + 3)^3$

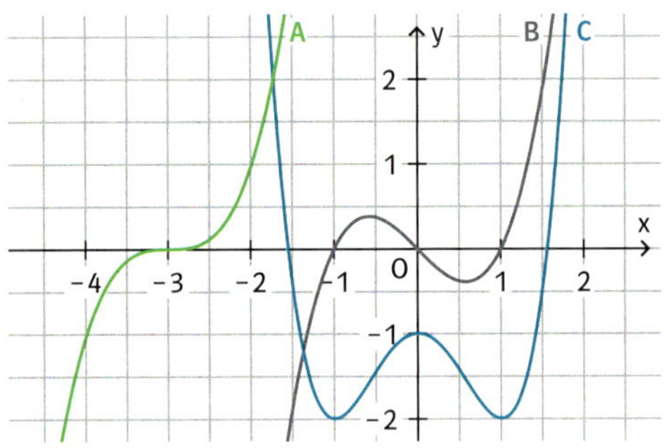

○ **7** **a)** Ordnen Sie den Graphen passende Funktionen zu. (Mehrfachnennungen sind möglich.) Begründen Sie Ihre Entscheidung.

b) Skizzieren Sie die Graphen der Funktionen f_1 bis f_7 mit skalierter y-Achse in Ihr Heft.

$f_1(x) = -0{,}25x^4 + 1{,}5x^2 - 2$

$f_2(x) = (x - 3)^2(0{,}25x + 0{,}25)(x^2 + 4)$

$f_3(x) = \frac{1}{4}(x^2 - 2)(4 - x^2)$

$f_4(x) = \frac{1}{12}x^5 - \frac{5}{12}x^4 + \frac{7}{12}x^3 - \frac{11}{12}x^2 + x + 3$

$f_5(x) = 0{,}25x^4 - 1{,}25x^3 + 1{,}5x^2 + x - 2$

$f_6(x) = \frac{1}{4}(x + 1)(x - 2)^3$

$f_7(x) = \frac{1}{4}(x + 1)(x^2 + 4)(x - 3)^2$

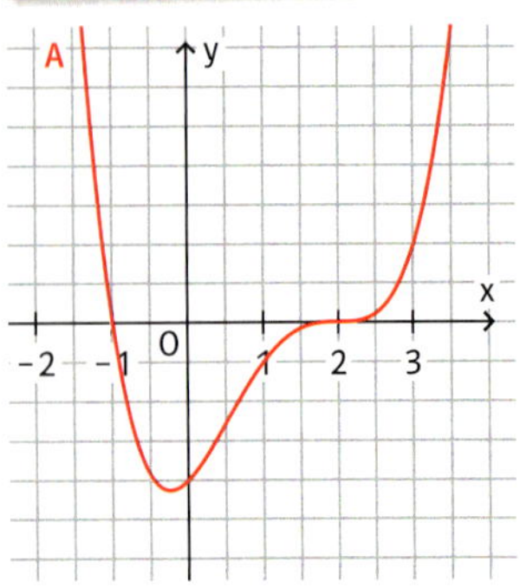

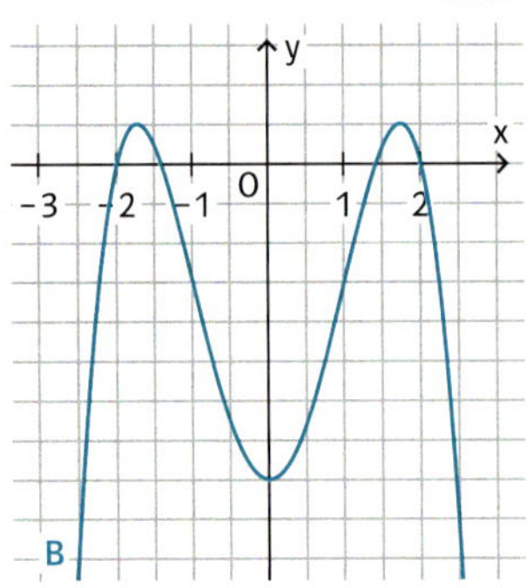

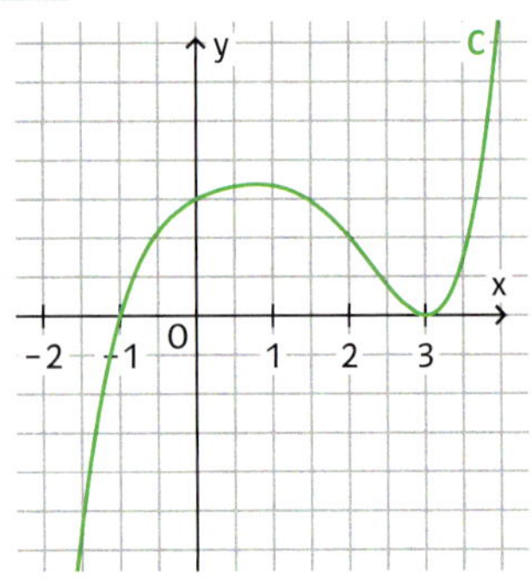

○ **8** Bestimmen Sie die Koordinaten der Schnittpunkte der Graphen von f und g.
a) $f(x) = x^3$; $g(x) = 2x^2 + 3x$ b) $f(x) = x^4 - 7x^2 + 10$; $g(x) = 7x^2 - 8$

○ **9** Geben Sie zu dem Graphen einen möglichen Funktionsterm sowie eine passende Skalierung der Koordinatenachsen an.

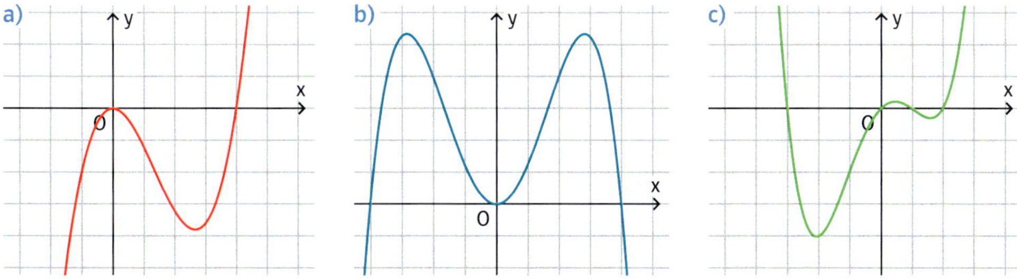

10 Der Leiter der Werbeabteilung eines IT-Unternehmens plant die Ausgaben für Online-Werbung in den nächsten Jahren. Dazu stellt er die Ausgaben der letzten Jahre in einer Tabelle zusammen.

Jahr	2014	2015	2016	2017	2018	2019	2020
Ausgaben (in Mio. Euro)	0,750	1,200	1,350	1,450	2,000	2,050	2,300

a) Stellen Sie die Messergebnisse grafisch dar.
b) Bestimmen Sie die Regressionsgerade g. Ist die Korrelation gut? Zeichnen Sie g in Ihre Grafik mit den Messergebnissen ein.
c) Machen Sie auf dieser Basis einen Vorschlag für einen Kostenrahmen für Online-Werbung für die nächsten beiden Jahre.

11 Bestimmen Sie den Funktionsterm zum vorliegenden Graphen.

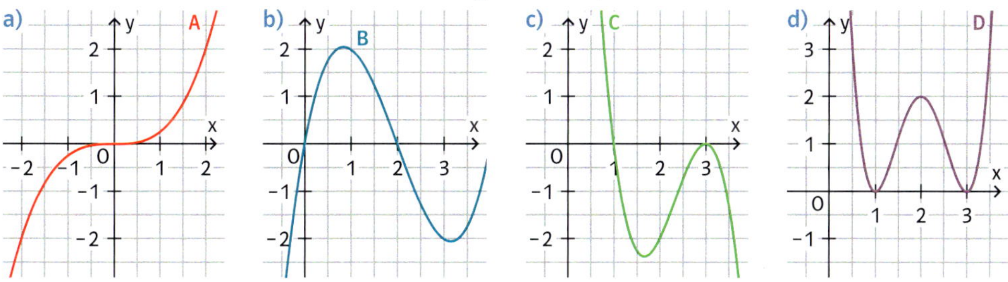

12 Bestimmen Sie alle Werte von t, sodass
a) die Funktion f mit $f(x) = 7(x - t)^2(x - 2)$ eine dreifache Nullstelle hat,
b) die Funktion f mit $f(x) = (x + 2)(x - t)(x - 3)(x - 4)$ eine doppelte Nullstelle hat,
c) der Graph der Funktion f mit $f(x) = 5(x - 2)(x - 4)(x - t)$ die x-Achse berührt.

13 Geben Sie jeweils zwei Beispiele für eine Polynomfunktion mit diesen Eigenschaften an.
a) Der Graph ist punktsymmetrisch zum Ursprung und verläuft durch den Punkt P(1|2).
b) Der Graph ist achsensymmetrisch zur y-Achse und verläuft durch den Punkt Q(2|2).
c) Die Funktion hat genau eine einfache, eine zweifache und eine dreifache Nullstelle.
d) Die Funktion hat den Grad 4 und hat genau eine zweifache Nullstelle.
e) Der Graph ist punktsymmetrisch zum Ursprung, er kommt von links oben und geht nach rechts unten und er schneidet genau dreimal die x-Achse.
f) Der Graph ist achsensymmetrisch zur y-Achse, er kommt von links oben und geht nach rechts oben, er schneidet genau viermal die x-Achse.
g) Der Graph ist achsensymmetrisch zur y-Achse, er kommt von links unten und geht nach rechts unten, er berührt die x-Achse genau dreimal.

14 Wahr oder falsch? Begründen Sie oder geben Sie ein Gegenbeispiel an.

a) Wenn der Graph von f achsensymmetrisch zur y-Achse ist, dann hat f mindestens eine Nullstelle.

b) Es gibt keine Polynomfunktion f mit den Nullstellen 0, 1, 2, …, 9 und 10.

c) Eine Funktion mit ungeradem Grad hat immer eine ungerade Anzahl von Nullstellen.

d) Wenn vier verschiedene Nullstellen einer Polynomfunktion 4. Grades symmetrisch zum Ursprung liegen, dann ist die Funktion gerade.

e) Wenn alle Nullstellen einer Polynomfunktion 4. Grades symmetrisch zu $x = 0$ liegen, dann ist die Funktion gerade.

f) Wenn der Graph einer Polynomfunktion von links unten kommt und nach rechts unten geht, dann hat die Funktion eine gerade Anzahl von Nullstellen.

15 Gegeben sind folgende Eigenschaften für eine Polynomfunktion f.

(1) Der Graph von f ist achsensymmetrisch zur y-Achse.

(2) Für $x \to \infty$ gilt $f(x) \to -\infty$.

(3) Der Grad von f ist kleiner als 3.

(4) f hat genau drei Nullstellen.

(5) f besitzt keine Nullstellen.

a) Geben Sie eine Polynomfunktion f an, welche die Eigenschaften (1) und (3) erfüllt, nicht jedoch die Eigenschaften (2) und (5).

b) Geben Sie eine Polynomfunktion f an, welche die Eigenschaften (2) und (4) besitzt.

c) Geben Sie eine Polynomfunktion f an, welche die Eigenschaft (4), nicht jedoch die Eigenschaft (2) besitzt.

d) Begründen Sie, dass es keine Polynomfunktion f mit den Eigenschaften (3) und (4) geben kann.

16 Untersuchen Sie, wie viele Schnittpunkte der Graph einer Funktion 2. Grades mit dem Graphen einer Funktion 3. Grades haben kann. Geben Sie für jeden Fall ein Beispiel an.

Strategie | Seite 219
2. Systematisches Probieren

17 Gegeben sind die Funktionen f und g mit $f(x) = (x-2)^4 - 29(x-2)^2 + 100$ und $g(x) = (x+3)^3 - 4(x+3)$.
Albert behauptet: „Die Nullstellen von f bzw. g kann man mithilfe des Verfahrens der Substitution lösen." Bestätigen Sie diese Behauptung.

18 Zeichnen Sie die Graphen von f und g mit $f(x) = x$ und $g(x) = x^2$ in ein gemeinsames Koordinatensystem.

a) Erläutern Sie mithilfe der Graphen, dass für $x > 1$ gilt: $x < x^2$.

b) Lösen Sie mithilfe der Graphen die Ungleichung $x^2 < x$.

c) Ermitteln Sie mithilfe von Funktionsgraphen, für welche positiven x die Ungleichung $x^5 < x^3$ gilt.

19 Die Produktionskosten K (in 1000 Euro) betragen für x Produktionseinheiten $K(x) = \frac{1}{64}x^3 + \frac{7}{32}x^2 + \frac{1}{8}x + 1$. Je Produktionseinheit wird ein Erlös von 1000 € erzielt.

a) Geben Sie an, wie hoch die Fixkosten und wie hoch die variablen Kosten sind.

b) Erstellen Sie eine Wertetabelle für die ganzzahligen x-Werte des Definitionsbereichs $[0; 8]$ und zeichnen Sie den Graphen von K.

c) Zeichnen Sie in dasselbe Koordinatensystem den Graphen der Erlösfunktion E.

d) Lesen Sie aus der Grafik ab, bei welcher Produktionsmenge der Gewinn am höchsten ist.

20 Gegeben sind die Funktionen f und g mit $f(x) = x^3 - x^2$ und $g(x) = x^3 + x^2$.

a) Ermitteln Sie die Nullstellen von f und g. Skizzieren Sie die Graphen von f und g.

b) Lösen Sie mithilfe der Graphen die Ungleichungen $f(x) \leq 0$ bzw. $g(x) \geq 0$.

21 Gegeben ist die Funktion f mit $f(x) = -0{,}5x^2 + 2x + 3$ und die Funktion g mit $g(x) = 0{,}2x^2 - 1{,}5x + 3$.
Die Graphen der beiden Funktionen schneiden sich in den Punkten $S_1(0|3)$ und $S_2(5|0{,}5)$.
Untersucht wird die Länge der Strecke zwischen $P(u|f(u))$ und $Q(u|g(u))$, wobei für u gilt $0 \le u \le 5$.

a) Berechnen Sie die Länge dieser Strecke für $u = 0$, $u = 1{,}5$ und $u = 5$.

b) Bestimmen Sie u so, dass diese Strecke die maximale Länge hat.

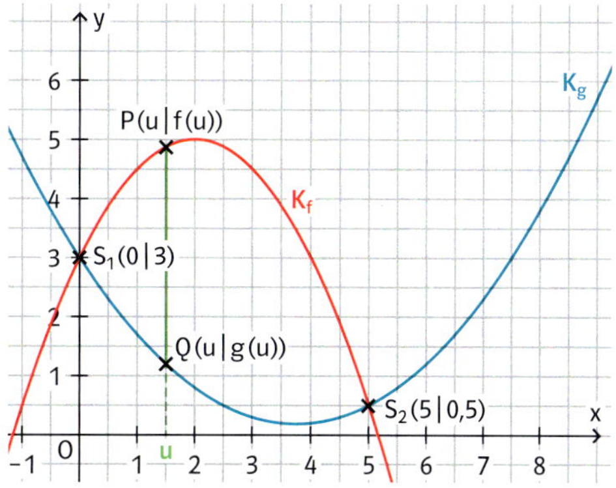

22 Gegeben ist die Funktion f mit $f(x) = x^2$. Durch den Punkt $P(u|u^2)$, der auf dem Graphen der Funktion f zwischen den Punkten $O(0|0)$ und $T(2|4)$ liegt, wird ein achsenparalleles Rechteck PQRS mit den Punkten $Q(u|4)$, $R(0|4)$ und $S(0|u^2)$ festgelegt.

a) Bestimmen Sie den Umfang dieses Rechtecks für $u = 0$; $u = 1{,}5$ und $u = 2$.

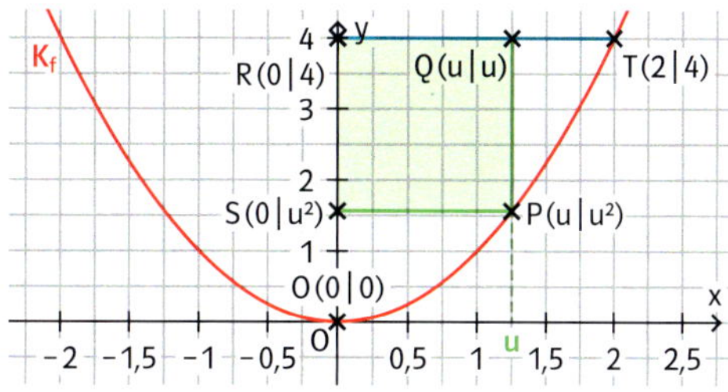

b) Geben Sie an, ob für u im Intervall [0; 2] der Umfang des Rechtecks PQRS ein Maximum oder ein Minimum annimmt. Bestimmen Sie dieses Optimum.

23 Geben Sie je ein Beispiel für eine Funktion vom Grad 5 mit ein bis fünf Nullstellen an. Beschreiben Sie, wie Sie vorgegangen sind.

Strategie | Seite 219
2. Systematisches Probieren

24 a) Begründen Sie allgemein, dass Summe, Differenz, Produkt und Quotient gerader Funktionen gerade sind. Geben Sie jeweils ein Beispiel dafür an.

b) Wie verhält es sich mit Summe, Differenz, Produkt und Quotient ungerader Funktionen?

c) Untersuchen Sie, welche Symmetrieeigenschaft sich für das Produkt zweier Funktionen ergibt, wenn eine der Funktionen gerade, die andere ungerade ist.

Strategie | Seite 220
3. Orientieren an einem Beispiel

25 Geben Sie zwei Beispiele für Funktionen an, bei denen

a) der Graph von f mit $f(x) = a \cdot x^b + c$ achsensymmetrisch zur y-Achse ist,

b) der Graph von f mit $f(x) = (x - a)(x - b)(x - c)$ punktsymmetrisch zum Ursprung ist.

Strategie | Seite 220
3. Orientieren an einem Beispiel

26 Am Anfang dieses Kapitels wurde das Verhalten von Polynomfunktionen „im Großen", d.h. für $x \to \pm\infty$ untersucht. Das Ergebnis war, dass dieses Verhalten der Funktion durch den Summanden mit dem höchsten Exponenten in der Hauptform bestimmt wird.
Entsprechend kann man untersuchen, wie sich eine Polynomfunktion „nahe null" verhält und durch welchen Term in der Hauptform dieses Verhalten bestimmt wird.

a) Stellen Sie den Graphen der Funktion f mit $f(x) = -2x + 1$ sowie die Graphen der Funktionen g mit $g(x) = x^n - 2x + 1$, $n = 2;\ 3;\ 4$ in einem gemeinsamen Koordinatensystem dar. Beschreiben Sie Ihre Beobachtungen.

b) Welche Beobachtungen erwarten Sie, wenn Sie die Graphen der Funktionen f mit $f(x) = x^n + 1{,}5x - 2$ für $n = 2;\ 3;\ 4$ darstellen? Überprüfen Sie Ihre Vermutungen.

c) Gehen Sie entsprechend für die Funktion f mit $f(x) = 0{,}5x^n + 1{,}5x - 2$ vor.

d) Führen Sie Ihre Untersuchungen weiter für Funktionen f mit $f(x) = x^n + 0{,}5x^2 + 1$. Welchen kleinsten Grad schlagen Sie für f vor?

e) Formulieren Sie nun ein allgemeines Ergebnis über das Verhalten einer Polynomfunktion f nahe null, wobei $f(x) = a_n x^n + a_{n-1} x^{n-1} + \dots a_2 x^2 + a_1 x + a_0$.

Tipp
Für die Untersuchung können Sie ein digitales Mathematikwerkzeug verwenden.

Test

Kopiervorlage
Check-out
72gm2u

III Polynomfunktionen

Polynomfunktionen

Eine Funktion f mit $f(x) = a_n x^n + a_{n-1} x^{n-1} + \ldots a_2 x^2 + a_1 x + a_0$ ($n \in \mathbb{N}$; $a_n, \ldots a_0 \in \mathbb{R}$; $a_n \neq 0$) heißt **Polynomfunktion n-ten Grades**.

Globales Verhalten

Für $x \to \pm\infty$ wird das Verhalten durch den Summanden $a_n x^n$ mit dem größten Exponenten bestimmt. Der Graph von f verhält sich für $x \to \pm\infty$ wie der Graph der Vergleichsfunktion) g mit $g(x) = a_n x^n$.

Symmetrie

Der Graph einer Funktion f mit der Definitionsmenge D ist

- **achsensymmetrisch zur y-Achse**, wenn $f(-x) = f(x)$ für alle $x \in D$ gilt. Die Funktion f wird dann auch als **gerade Funktion** bezeichnet. Ist f eine Polynomfunktion, dann kommen im Funktionsterm nur gerade Exponenten vor.
- **punktsymmetrisch zum Ursprung**, wenn $f(-x) = -f(x)$ für alle $x \in D$ gilt. Die Funktion f wird dann auch als **ungerade Funktion** bezeichnet. Ist f eine Polynomfunktion, dann kommen im Funktionsterm nur ungerade Exponenten vor.

Nullstellen

Eine Zahl x_0 heißt **Nullstelle** der Funktion f, wenn $f(x_0) = 0$ ist.
Eine Polynomfunktion vom Grad n hat höchstens n Nullstellen.

Bei einer Polynomfunktion f wie z.B. $f(x) = (x-2)(x-4)^2(x-7)^3$ heißt $(x-2)$ **Linearfaktor**, $x = 2$ ist eine **einfache Nullstelle**, $x = 4$ eine **zweifache Nullstelle** und $x = 7$ eine **dreifache Nullstelle** von f.
Kommt der Linearfaktor $(x - x_0)$ genau in der k-ten Potenz des Funktionsterms einer Polynomfunktion vor, dann heißt x_0 **k-fache Nullstelle**. Bei einer einfachen, dreifachen, ... Nullstelle x_0 wechselt f sein Vorzeichen an der Stelle x_0. Bei einer zweifachen, vierfachen, ... Nullstelle x_0 behält f sein Vorzeichen an der Stelle x_0. Ist x_0 eine k-fache Nullstelle von f und ist $k > 1$, so berührt der Graph von f die x-Achse. Ist $k = 1$, so schneidet er die x-Achse.

Nullstellen kann man ermitteln durch

1) Auflösen einer Gleichung
2) Ablesen in den Linearfaktoren
3) Ausklammern von x-Potenzen
4) Substitution
5) Näherungsweises Berechnen (Intervallverfeinerung)

Optimieren

Die Suche nach dem Maximum oder Minimum einer Größe nennt man **Optimierung**. Zur Berechnung des Optimums ermittelt man die **Nebenbedingungen**, stellt die **Zielfunktion** auf und ermittelt deren Maximum bzw. Minimum.

Regression

Bei der **linearen Regression** kann eine Punktwolke $(x_1|y_1)$, $(x_2|y_2)$, ... $(x_n|y_n)$ durch eine **Regressionsgerade (Ausgleichsgerade)** angenähert werden.
Bei größeren Datenmengen sowie bei **quadratischer Regression** etc. verwendet man zur Ermittlung der **Trendlinie** einen Taschenrechner oder ein digitales Mathematikwerkzeug.

$f(x) = 7x^3 - 4x + 5$
Der Grad von f ist 3. Die Koeffizienten sind $a_3 = 7$; $a_2 = 0$; $a_1 = -4$; $a_0 = 5$.

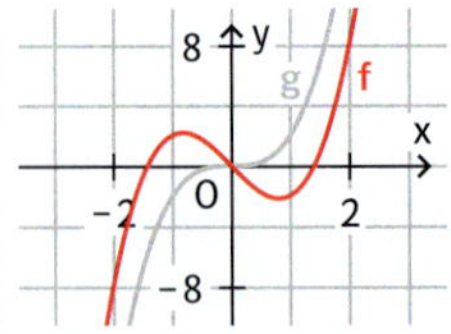

$f(x) = 2x^3 - 4x$
f ungerade; $x \to \pm\infty$ wie $g(x) = 2x^3$

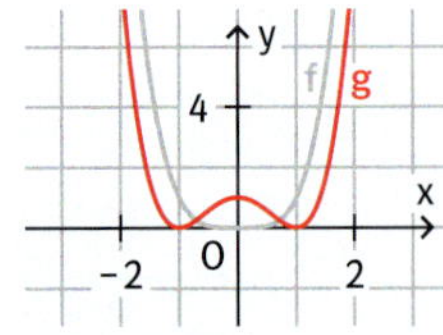

$g(x) = x^4 - 2x^2 + 1$
g gerade; $x \to \pm\infty$ wie $f(x) = x^4$

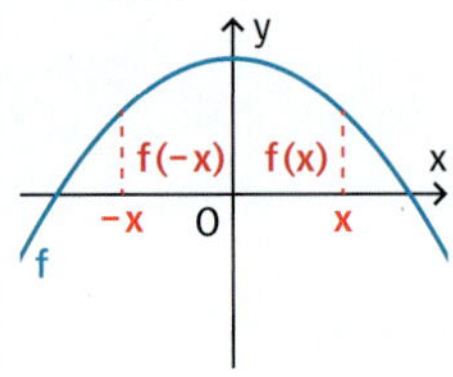

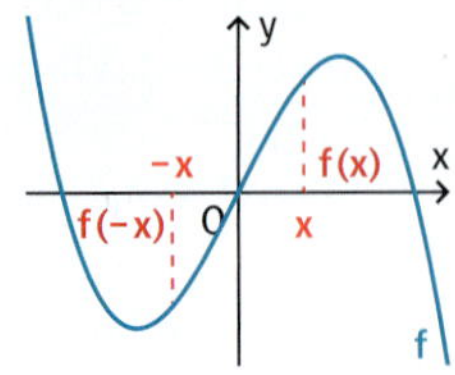

$f(x) = x^4 - 5x^2 + 1$ gerade Funktion, da
$f(-x) = (-x)^4 - 5(-x)^2 + 1 = x^4 - 5x^2 + 1 = f(x)$

$f(x) = 2x^3 - 7x$ ungerade Funktion, da
$f(-x) = 2(-x)^3 - 7(-x) = -2x^3 + 7x = -(2x^3 - 7x)$
$= -f(x)$.

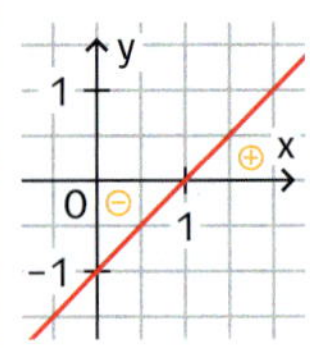

einfache Nullstelle

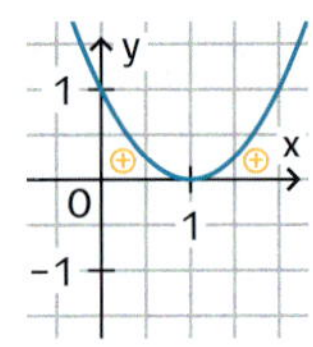

zweifache Nullstelle

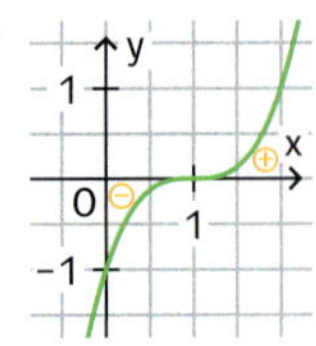

dreifache Nullstelle

Beispiele zur Nullstellenbestimmung:

1) $f(x) = 0{,}5x^4 - 8 = 0$; $x_1 = -2$; $x_2 = 2$
2) $f(x) = 2(x-3)(x+4)(x-1)^2$
   $x_1 = 3$; $x_2 = -4$; $x_3 = 1$
3) $f(x) = x^3 + 3x^2 + 2x = x(x^2 + 3x + 2) = 0$
   $x_1 = 0$ oder $x^2 + 3x + 2 = 0$, d.h. $x_2 = -2$; $x_3 = -1$
4) $f(x) = x^4 - 2x^2 - 8 = 0$; $z = x^2$
   $z^2 - 2z - 8 = 0$ mit $z = 4$ oder $z = -2$
   Resubstitution: $x^2 = 4$ mit $x_1 = 2$; $x_2 = 2$; $x^2 = -2$ hat keine Lösung.

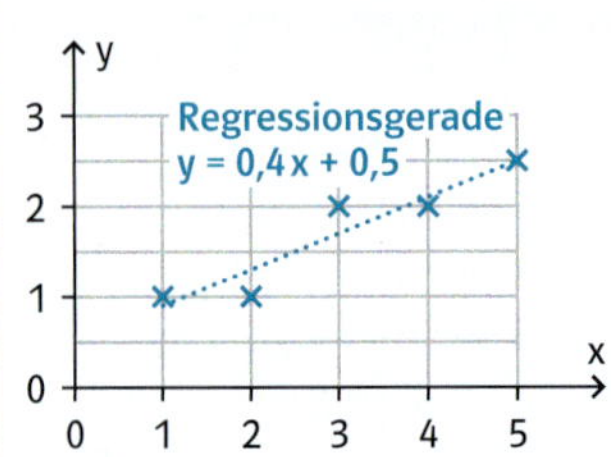

x	y
1	1
2	1
3	2
4	2
5	2,5

Runde 1

Lösungen | Seite 283

1 Beschreiben Sie das globale Verhalten der Funktion f.
a) $f(x) = 3x^4 - 12x^2 + 4$ b) $f(x) = -2x^3 + x^2 + 5x$ c) $f(x) = x(-5x^3 + 2x - 4)$

2 Untersuchen Sie den Graphen der Funktion auf Symmetrie.
a) $f(x) = x^3 - 6x$ b) $f(x) = 3x^4 - 6x^2 - 2$ c) $f(x) = 4x^3 + 8x^2 - 2x$

3 Ermitteln Sie die Nullstellen der Funktion.
a) $f(x) = 4x^3 - 36x$ b) $f(x) = x^4 - 9x^2 + 20$ c) $f(x) = (x-2)(x-5)^2x$

4 Beschreiben Sie das globale Verhalten der Funktion f.
Berechnen Sie die Koordinaten der Schnittpunkte des Graphen mit den Koordinatenachsen.
Skizzieren Sie den Graphen von f.
a) $f(x) = \frac{1}{4}(x+2)(x-2)(x-4)$ b) $f(x) = -(x+1)^2(x-2)$ c) $f(x) = 0{,}25(x^2-4)^2$

5 Die Abbildung zeigt den Graphen der Funktion f mit $f(x) = -x^2 + 4$. Die Punkte $O(0|0)$, $A(a|0)$, $P(a|b)$ und $B(0|b)$ bilden ein achsenparalleles Rechteck. Der Punkt P liegt auf dem Graphen von f zwischen den Punkten Q und R.
a) Bestimmen Sie den Umfang dieses Recktecks für $a = 0{,}2$ bzw. $a = 1{,}5$.
b) Bestimmen Sie a so, dass der Umfang dieses Rechtecks maximal wird.

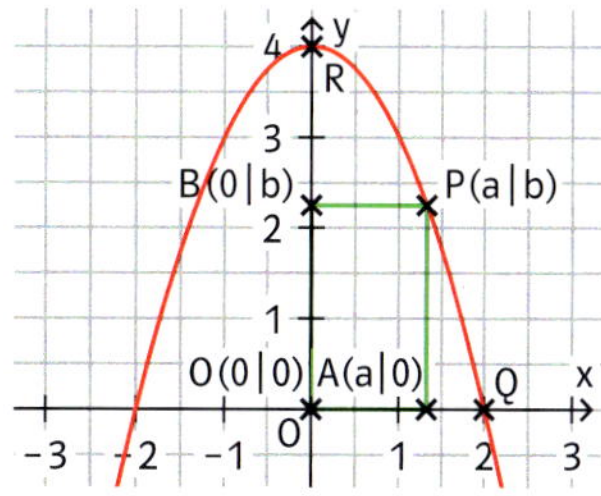

Runde 2

1 Gegeben ist die Funktion f mit $f(x) = \frac{1}{16}x^4 - x^2$. Bestimmen Sie das Verhalten von f für $x \to \pm\infty$ sowie die Schnittpunkte des Graphen von f mit den Koordinatenachsen und sein Symmetrieverhalten. Skizzieren Sie damit den Graphen von f.

2 Untersuchen Sie den Graphen der Funktion auf Symmetrie.
a) $f(x) = x(x^2 - 5x)$ b) $f(x) = (x^2+1)(x^4-2)$ c) $f(x) = \frac{2x^3}{x^2+9}$

3 Ermitteln Sie die Nullstellen der Funktion. Skizzieren Sie damit den Graphen.
a) $f(x) = 0{,}05x(x+4)(x^2-9)$ b) $f(x) = 0{,}25x^3 - 0{,}5x^2 - 2x$ c) $f(x) = 0{,}2x^4 - 2{,}25x^2 + 4{,}05$

4 Eine Polynomfunktion f vom Grad vier hat die Nullstellen $x_1 = -2$, $x_2 = 1$, $x_3 = 4$ und $x_4 = 0$. Für $x \to +\infty$ und für $x \to -\infty$ gilt $f(x) \to -\infty$. Geben Sie eine mögliche Funktionsgleichung an.

5 Bestimmen Sie einen zugehörigen Funktionsterm.

a) 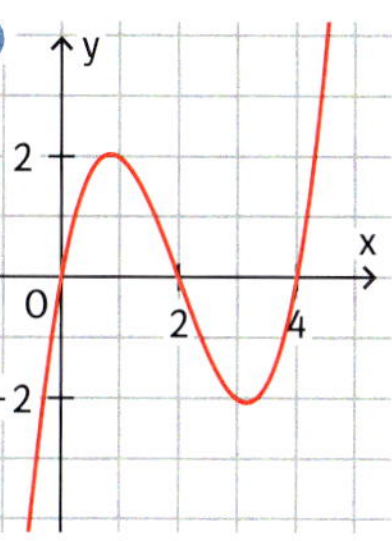

b) 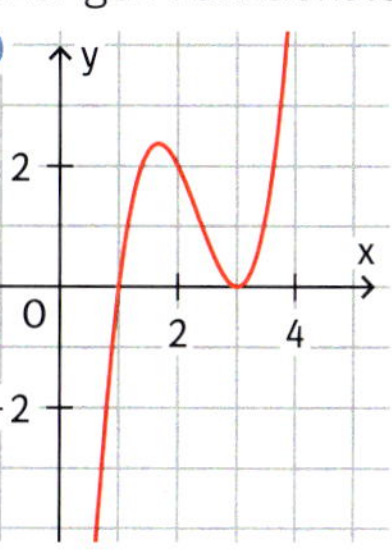

c) 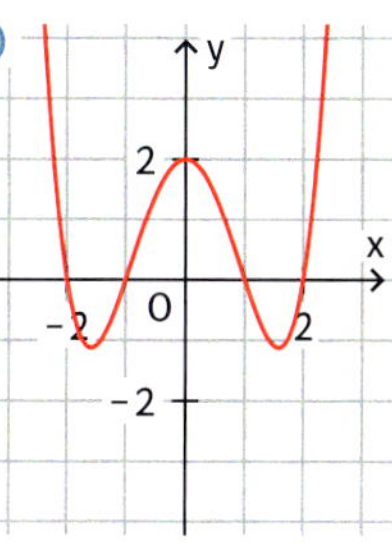

d) 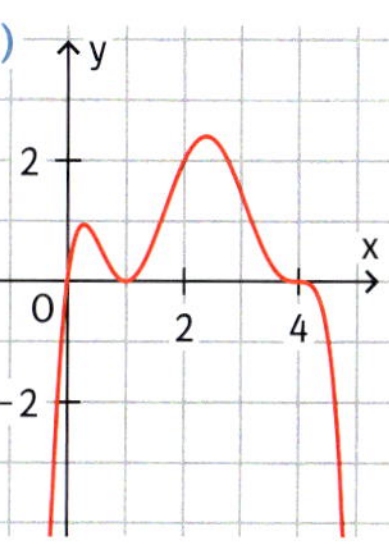

IV Exponentialfunktionen

Wie ist hier das Wachstum:
linear oder exponentiell?

Das können Sie schon

- Prozentuale Änderungen bestimmen
- n-te Wurzeln ziehen
- Lineare Zusammenhänge erkennen und als Funktionen beschreiben
- Polynomgleichungen lösen
- Asymptoten erkennen
- Funktionsgraphen transformieren

Das können Sie bald

- Wachstumsfaktoren bei exponentiellem Wachstum berechnen
- Exponentielle Zusammenhänge erkennen und durch Funktionen beschreiben
- Exponentialgleichungen lösen
- Graphen von Exponentialfunktionen skizzieren
- Graphen von Exponentialfunktionen transformieren

Check-in

So geht's:
(1) Checkliste übertragen oder über Code herunterladen.
(2) Fähigkeiten selbst einschätzen.
(3) Einschätzung mithilfe der Aufgaben überprüfen und gegebenenfalls Lerntipps beachten.

Schätzen Sie sich mithilfe der Checkliste ein.

	☺	😐	☹
1. Ich kann Dezimalzahlen und Brüche als Prozentwert angeben.	☐	☐	☐
2. Ich kann n-te Wurzeln berechnen.	☐	☐	☐
3. Ich kann lineare Zusammenhänge am Funktionsterm, am Graphen und an der Wertetabelle erkennen.	☐	☐	☐
4. Ich kann Steigungen von Geraden bestimmen.	☐	☐	☐
5. Ich kann Polynomgleichungen lösen.	☐	☐	☐
6. Ich kann das asymptotische Verhalten einer Funktion erkennen.	☐	☐	☐
7. Ich kann am Funktionsterm erkennen, durch welche Transformationen der Graph einer Funktion aus dem Graphen einer Grundfunktion hervorgeht.	☐	☐	☐
8. Ich kann zu einem transformierten Funktionsgraphen den passenden Funktionsterm bestimmen.	☐	☐	☐

Lerntipps

zu 1. **Grundwissen,** Seite 234
zu 2. **Grundwissen,** Seiten 236–237
zu 3. **Grundwissen,** Seiten 240–241
zu 4. **Grundwissen,** Seite 241
zu 5. **Beispiele 1–3,** Seite 95
zu 6. **Beispiel 1,** Seite 61
zu 7. **Merkkasten,** Seite 66
zu 8. **Beispiel 1,** Seite 67

→ **Kopiervorlage Checkliste** 3i668t
→ Lösungen | Seite 285

Überprüfen Sie Ihre Einschätzungen.

○ **1 Prozentuale Änderungen angeben**
Geben Sie die Zahl als Prozentwert an.

a) 0,25 b) 0,88 c) 1 d) 1,20
e) $\frac{1}{2}$ f) $\frac{3}{4}$ g) $\frac{1}{5}$ h) $1 + \frac{15}{100}$

○ **2 n-te Wurzeln ziehen**
Berechnen Sie die n-te Wurzel.

a) $\sqrt[3]{\frac{125}{64}}$ b) $\sqrt[4]{81}$ c) $\sqrt[5]{32}$ d) $\sqrt[3]{0{,}008}$

○ **3 Lineare Zusammenhänge erkennen**
Entscheiden und begründen Sie, ob eine lineare Funktion zugrunde liegt.

a) anhand der Funktionsgleichung
(1) $f(x) = 3x + 8$ (2) $f(x) = x(x - 1)$ (3) $f(x) = 3^2 - 2x$

b) anhand des Graphen

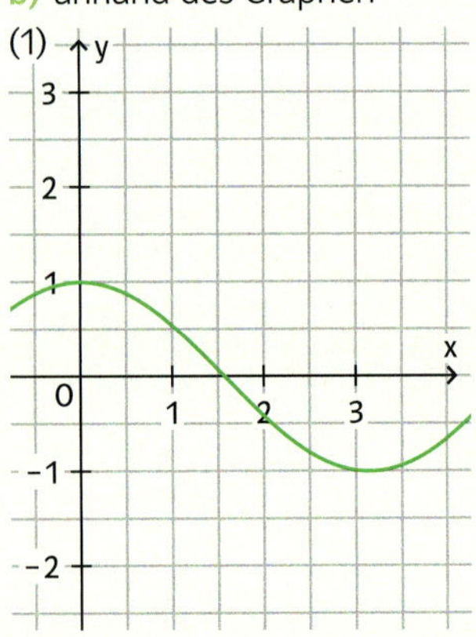

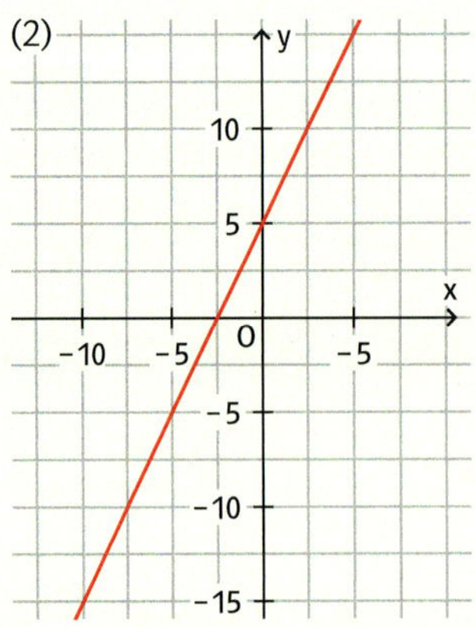

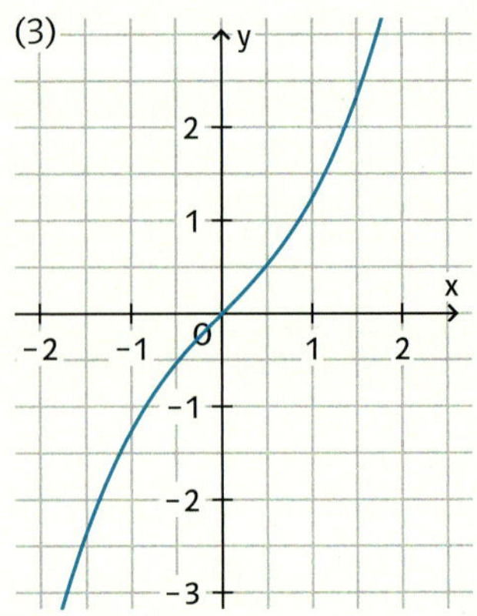

c) anhand einer Wertetabelle

(1)

x	−2	−1	3	4	10
y	−4	−2	6	8	20

(2)

x	−1	1	2	3	5
y	−0,2	0,2	0,6	1,0	1,4

(3)

x	0,4	0,6	0,9	1,3
y	0,63	0,77	0,95	1,14

○ **4 Steigungen von Geraden mithilfe von zwei Punkten bestimmen**

Bestimmen Sie die Steigung der Geraden, die durch die angegebenen Punkte geht.

a) P(1|3); Q(2|8) b) P(−2|8); Q(3|4) c) P(3|5); Q(6|5) d) P(1,5|4); Q(0,5|2)

○ **5 Polynomgleichungen lösen**

Lösen Sie die Polynomgleichung.

a) durch Wurzelziehen

(1) $3{,}5x^2 - 2 = 12$ (2) $0{,}5x^5 + 4 = 20$ (3) $\frac{1}{5}x^3 + 4 = 29$

b) durch Ausklammern und Satz vom Nullprodukt

(1) $3x^3 - 6x^2 = 0$ (2) $\frac{1}{4}x^4 - 16x = 0$ (3) $0{,}1x^5 = 10x^3$

c) durch Substitution

(1) $2x^4 - 10x^2 + 8 = 0$ (2) $3x^4 - 9x^2 = -6$ (3) $x^6 - 16x^3 + 64 = 0$

○ **6 Graphen zeichnen und asymptotisches Verhalten einer Funktion erkennen**

Zeichnen Sie den Graphen der Funktion mithilfe einer Wertetabelle und bestimmen Sie die Gleichung der Asymptoten.

a) $f(x) = \frac{1}{x}$ b) $f(x) = \frac{1}{x^2}$ c) $f(x) = 3 + \frac{1}{x}$

○ **7 Transformationen eines Graphen am Funktionsterm erkennen**

Beschreiben Sie, durch welche Transformationen der Graph der Funktion g aus dem Graphen der Funktion f hervorgeht. Skizzieren Sie den Graphen von g.

a) $g(x) = x^2 - 5,\ f(x) = x^2$ b) $g(x) = 3x^4,\ f(x) = x^4$

c) $g(x) = (x + 2)^2,\ f(x) = x^2$ d) $g(x) = -\sqrt{x},\ f(x) = \sqrt{x}$

e) $g(x) = 0{,}5(x - 4)^2 - 3,\ f(x) = x^2$ f) $g(x) = -(x + 1)^3 + 1,\ f(x) = x^3$

○ **8 Funktionsterm bestimmen**

Bestimmen Sie den Funktionsterm.

a) Der Graph der Funktion f mit $f(x) = x^3$ wird
(1) um 2 in y-Richtung verschoben.
(2) um −3 in x-Richtung verschoben.
(3) mit dem Faktor 0,5 in y-Richtung gestreckt.
(4) an der x-Achse gespiegelt.

b) Der Graph der Funktion f mit $f(x) = \sqrt{x}$ wird mit dem Faktor 1,5 in y-Richtung gestreckt, um 3 in x-Richtung verschoben und um −1 in y-Richtung verschoben.

c) Der Graph K_g der Funktion g geht durch mehrere Transformationen aus dem Graphen K_f der Funktion f mit $f(x) = x^4$ hervor.

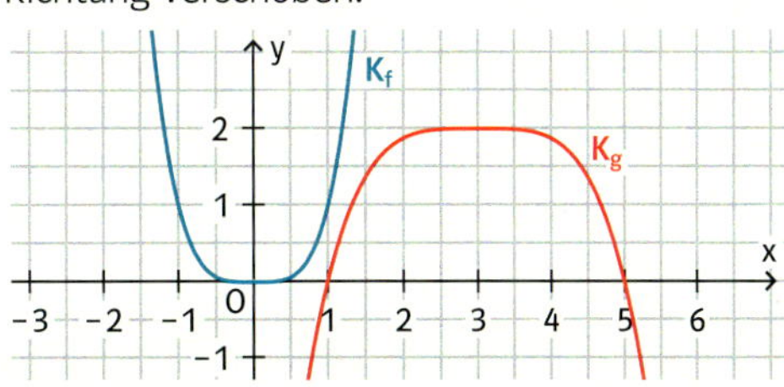

1 Wachstumsvorgänge

Auf einem Badesee mit einer Fläche von 125 ha wird zu Beginn der Badesaison eine $40\,m^2$ große Fläche mit Elodea („Wasserpest") entdeckt. Eine Woche später sind es schon $60\,m^2$ und eine weitere Woche später $90\,m^2$. Welche Fläche ist nach 5 Wochen, 10 Wochen bzw. 20 Wochen bedeckt, wenn das Wachstum so bleibt wie bisher?
Schätzen Sie zuerst und rechnen Sie dann.

Ein Wachstumsvorgang beschreibt meist die Entwicklung einer Größe im zeitlichen Verlauf. Diese Entwicklung lässt sich darstellen als Funktion f, die jedem Zeitpunkt x den Wert der Größe zuordnet. Den Wert zum Zeitpunkt $x = 0$ nennt man **Anfangswert** $f(0)$.
Zur Beschreibung der Entwicklung der Größe betrachtet man oft auch deren Veränderung innerhalb einer Zeiteinheit. Betrachtet man z. B. die Anzahl der Aufrufe eines Videoclips im Internet, die innerhalb einer Woche von 1200 auf 3600 angestiegen ist, so nennt man die in dieser Zeiteinheit hinzugekommenen 2400 Aufrufe die **absolute Änderung**. Man kann aber auch sagen, die Anzahl der Aufrufe hat sich innerhalb einer Woche verdreifacht. Diesen Faktor 3 bezeichnet man als **Wachstumsfaktor**. Ebenso kann man die absolute Änderung im Verhältnis zur anfänglichen Zahl angeben. Man spricht dann von einem Zuwachs um 200 % und nennt dies die **relative** oder **prozentuale Änderung**.

Absolute Änderung:
$3600 - 1200 = 2400$
Anfängliche Zahl: 1200
Prozentuale Änderung:
$\frac{2400}{1200} = 2 = 200\,\%$

Zwei Formen des Wachstums lassen sich mathematisch einfach beschreiben:

Beim **linearen Wachstum** ist die absolute Änderung d in einer Zeiteinheit konstant.
Beispiel: Anfangswert $f(0) = 3$, $d = 6$

x	0	1	2	3	4	5
f(x)	3	9	15	21	27	33

+6 +6 +6 +6 +6

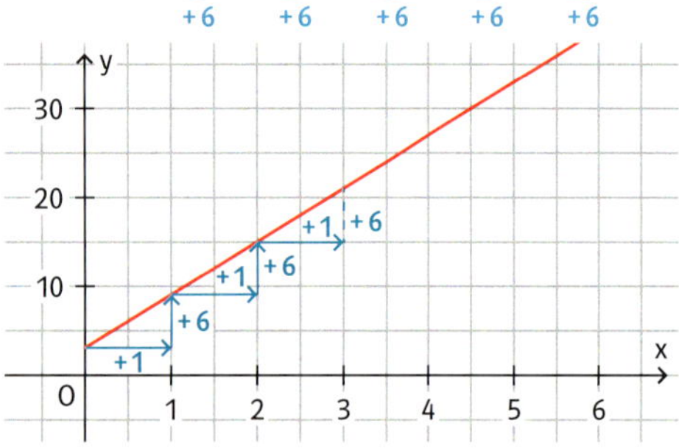

Beim **exponentiellen Wachstum** ist der Wachstumsfaktor q in einer Zeiteinheit konstant.
Beispiel: Anfangswert $f(0) = 3$, $q = 2$

x	0	1	2	3	4	5
f(x)	3	6	12	24	48	96

· 2 · 2 · 2 · 2 · 2

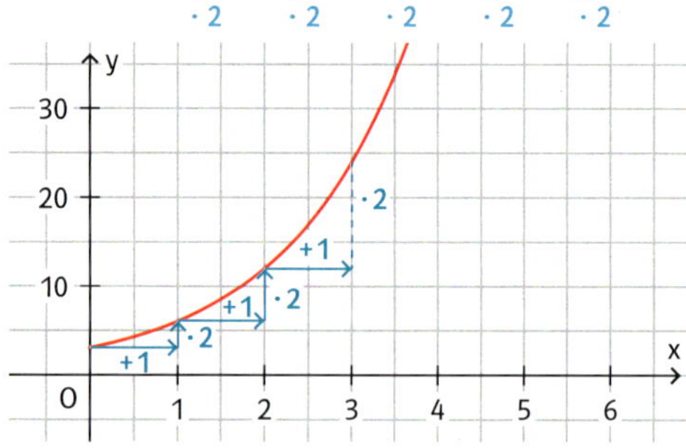

Lineares Wachstum:
Nimmt die Größe x um 1 zu,
so ändert sich die Größe y jeweils
um die **feste absolute Änderung d**.

Exponentielles Wachstum:
Nimmt die Größe x um 1 zu,
so ändert sich die Größe y jeweils
um den **festen Wachstumsfaktor q**.

Der Wachstumsfaktor lässt sich leicht berechnen, wenn die **prozentuale Änderung p %** bekannt ist. Kostet z. B. ein Brötchen 60 Cent und wird um $p\,\% = 10\,\%$ teurer, dann kostet das Brötchen nach der Erhöhung $60 + 60 \cdot \frac{10}{100} = 60 \cdot \left(1 + \frac{10}{100}\right) = 60 \cdot 1{,}1 = 66$ (Cent). Der Wachstumsfaktor q ist also $q = 1 + \frac{10}{100} = 1{,}1$ und der neue Preis lässt sich auch mit $60 \cdot 1{,}1 = 66$ (Cent) berechnen.
Die prozentuale Änderung kann auch negativ sein. Verliert z. B. eine 15 000 € teure Maschine jährlich 20 % ($p\,\% = -20\,\%$) ihres Zeitwerts an Wert, dann ist der zugehörige Wachstumsfaktor $q = 1 - \frac{20}{100} = 0{,}8$. Die Maschine hat damit nach einem Jahr nur noch einen Wert von $15\,000 \cdot 0{,}8 = 12\,000$ (€).

Allgemein lässt sich bei bekannter prozentualer Änderung p % der zugehörige **Wachstumsfaktor** q berechnen mit $\mathbf{q = 1 + p\,\%}$.

Beispiel 1 **Wachstumsformen**

Entscheiden und begründen Sie, ob lineares oder exponentielles Wachstum vorliegt.
Bestimmen Sie den Anfangswert und zeichnen Sie den Graphen der zugehörigen Funktion.

a) Bei 0 °C ist die Quecksilbersäule eines Thermometers 5 mm hoch. Sie „steigt" bei einer Temperaturerhöhung um 1 Grad jeweils um 0,5 mm.
b) Eine 1,2 m lange Alge vergrößert täglich ihre Länge um 30 %.
c) Ein Motor enthält 4000 cm³ Öl. Er verbraucht 200 cm³ Öl auf 1000 km.
d) Ein 35 000 € teurer Pkw verliert jährlich 25 % seines Zeitwertes.

Lösung

a) Lineares Wachstum, da mit jeder Änderung um 1 Grad die Säule um denselben absoluten Betrag 0,5 mm steigt.
Anfangswert $f(0) = 5$;
absolute Änderung $d = 0{,}5$.

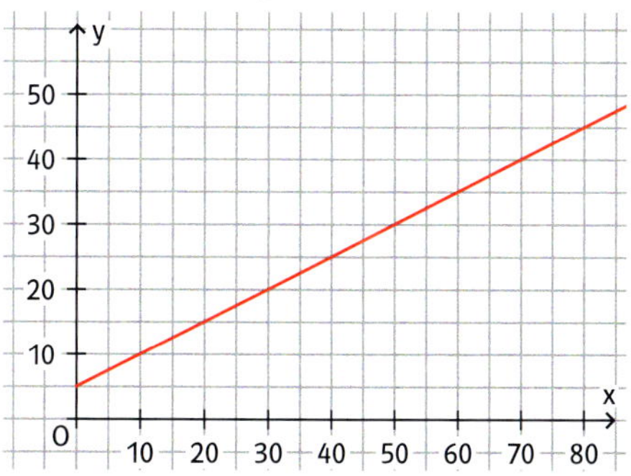

b) Exponentielles Wachstum, da mit jeder Änderung um 1 Tag die Alge mit demselben Faktor $p\,\% = 30\,\%$ länger wird.
Anfangswert $f(0) = 1{,}2$;
Wachstumsfaktor $q = 1 + \frac{30}{100} = 1{,}3$.

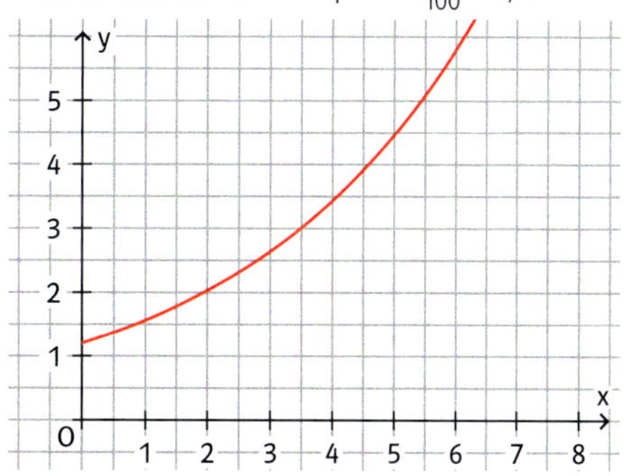

c) Lineares Wachstum, da mit jeder Änderung um 1000 km dieselbe absolute Menge Öl (200 cm³) verbraucht wird.
Anfangswert $f(0) = 4000$;
absolute Änderung $d = -200$.

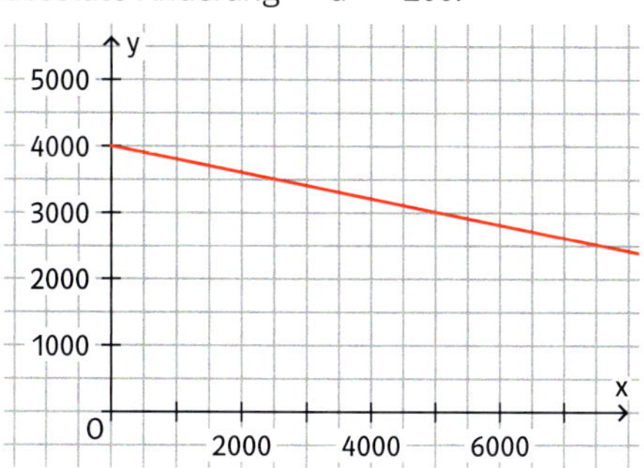

Zu c) Die Zunahme um 1000 km kann als Zunahme um eine Einheit interpretiert werden.

d) Exponentielles Wachstum, da mit jeder Änderung um 1 Jahr das Auto mit demselben Faktor $p\,\% = 25\,\%$ weniger wert wird.
Anfangswert $f(0) = 35\,000$;
Wachstumsfaktor $q = 1 - \frac{25}{100} = 0{,}75$.

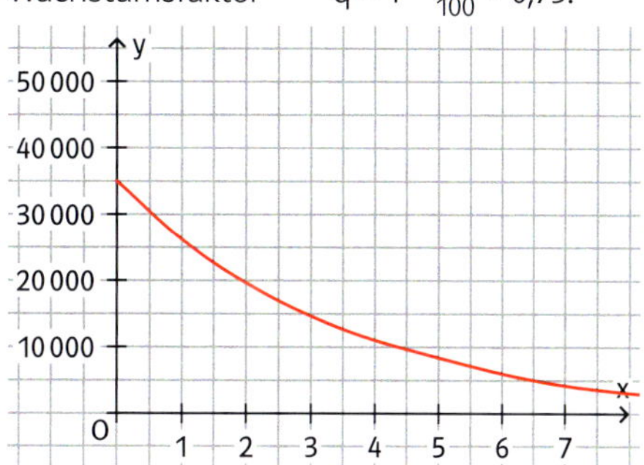

Beispiel 2 **Untersuchung auf Form des Wachstums**

Prüfen Sie, ob die Tabellen zu einem linearen oder einem exponentiellen Wachstum gehören können.

a)

x	0	1	2	3
y	2	7	12	17

b)

x	0	1	2	3
y	2	6	18	54

c)

x	0	1	2	3
y	1	2	5	10

Lösung

a) Lineares Wachstum:
Absolute Änderung: 5,
da:
$2 \xrightarrow{+5} 7 \xrightarrow{+5} 12 \xrightarrow{+5} 17$

b) Exponentielles Wachstum:
Wachstumsfaktor: 3,
da:
$2 \xrightarrow{\cdot 3} 6 \xrightarrow{\cdot 3} 18 \xrightarrow{\cdot 3} 54$

c) Kein lineares Wachstum,
da $1 \xrightarrow{+1} 2 \xrightarrow{+3} 5$
Kein exponentielles Wachstum, da $1 \xrightarrow{\cdot 2} 2 \xrightarrow{\cdot 2{,}5} 5$

Tipp
Linear:
Bei gleichen x-Abständen ist die absolute Änderung immer gleich.
$7 - 2 = 5$; $12 - 7 = 5$
Exponentiell:
Bei gleichen x-Abständen ist der Quotient der y-Werte immer gleich.
$6 : 2 = 3$; $18 : 6 = 3$

Aufgaben

○ **1** Beurteilen Sie, ob die Wertetabelle zu einem linearen oder exponentiellen Wachstum gehört.

a)

x	0	1	2	3
y	8	12	18	27

b)

x	0	1	2	3
y	11	9	7	5

c)

x	0	1	2	3
y	32	16	8	4

○ **2** Übertragen Sie die Tabelle in Ihr Heft und bestimmen Sie die fehlenden Werte so, dass die Wertetabelle ein exponentielles Wachstum beschreibt.

a)

x	0	1	2	3	4	5
y	20	15				

b)

x	0	1	2	3	4	5
y			2,5	3,5		

○ **3** Entscheiden und begründen Sie, welche Art von Wachstum vorliegt. Erstellen Sie für die zugehörige Funktion eine Wertetabelle und zeichnen Sie den Graphen.

a) Ein Schüler bekommt monatlich 20 € Taschengeld. Jedes Jahr soll es um 5 € erhöht werden.
b) Eine Aushilfe verdient in einem Supermarkt 10 € in der Stunde. Jedes Jahr soll der Stundenlohn um 5 % steigen.
c) Eine 12 cm hohe Kerze wird angezündet. Jede Minute brennt sie um 2 mm herunter.
d) Ein Computer kostet 400 €. Jedes Jahr verliert er die Hälfte seines Werts.
e) Eine Hefekultur mit 5 g Hefe verdreifacht stündlich ihre Masse.
f) Ein Öltank enthält noch 800 l Öl. In den Tank werden je Minute 200 l Öl gepumpt

○ **4** Die folgende Tabelle zeigt die Entwicklung der Weltbevölkerung von 1800 bis 2050 in Milliarden Menschen. Der Wert für 2050 ist eine Schätzung der Vereinten Nationen, kurz UN, von 2019.

Jahr	1800	1850	1900	1950	2000	2050
Weltbevölkerung	0,91	1,26	1,65	2,52	6,01	9,7

a) Berechnen Sie jeweils für die Zeiteinheit von 50 Jahren die absolute Änderung d, den Wachstumsfaktor q sowie die prozentuale Änderung p %. Handelt es sich um ein exponentielles Wachstum?
b) Beurteilen Sie, ob die UN bei ihrer Schätzung für den Zeitraum von 2000 bis 2050 von einem stärkeren oder einem schwächeren Wachstum gegenüber dem Zeitraum von 1950 bis 2000 ausgeht.

○ **5** Bei einer Rottanne bilden sich in der Regel jährlich an jedem Zweigende fünf neue Triebe. Ein junger Rottannenast hat drei Zweigenden.

a) Mit wie vielen Enden kann man nach einem, zwei bzw. drei Jahren rechnen?
b) Nach wie vielen Jahren hat der Ast voraussichtlich mehr als 80 Enden?

○ **6** a) Ein Kapital von 8000 € wird mit 0,25 % verzinst. Berechnen Sie, auf welchen Betrag es nach 3 Jahren anwächst, wenn die anfallenden Zinsen mit verzinst werden.
b) Vor einigen Jahren gab es auf Erspartes noch 2,5 % Zinsen. Berechnen Sie, auf welchen Betrag damals ein Kapital von 8000 € nach 3 Jahren angewachsen ist. Vergleichen Sie.

Test

Lösungen | Seite 287

7 Untersuchen Sie, ob lineares oder exponentielles Wachstum vorliegt. Berechnen Sie f(9).

a)

x	0	1	2	3	4
f(x)	33,00	29,70	26,73	24,06	21,65

b)

x	0	1	2	3	4
f(x)	5,03	4,88	4,73	4,58	4,43

8 Martinas Uhr geht gegenüber einer Funkuhr jede Woche um 5 s mehr vor. Im Moment geht sie bereits 15 s vor. Ermitteln Sie, nach wie vielen Wochen die Abweichung 1 min beträgt.

9 Der hängende Tropfstein in der Höhle wächst jährlich um durchschnittlich 3 mm.
a) Der Tropfstein ist 1,062 m lang. Berechnen Sie das vermutliche Alter des Tropfsteins.
b) In wie vielen Jahren wird der Tropfstein voraussichtlich 1,5 m lang sein?

10 Nach dem Besuch eines Weinfestes hat Herr Riesling um Mitternacht einen Blutalkoholspiegel von 1,5 Promille. Jede Stunde wird der Alkoholspiegel um 0,15 ‰ abgebaut. p Promille = p ‰ = $\frac{p}{1000}$. Morgens um 7:00 Uhr will er mit dem Auto zur Arbeit fahren. Droht ihm eine Strafe, weil mehr als 0,3 ‰ Alkohol im Blut nachgewiesen werden können?

Test

Lösung | Seite 287

11 Papier mit einer Stärke von 0,2 mm wird auf eine Rolle gewickelt (Fig. 1).
a) Auf welchen Durchmesser wächst die Rolle mit x Lagen an?
b) Wie viele Lagen sind auf der Rolle, wenn der Durchmesser 1,80 m beträgt?
c) Um wie viel Millimeter nimmt die Länge einer Lage Papier jeweils nach außen hin zu?

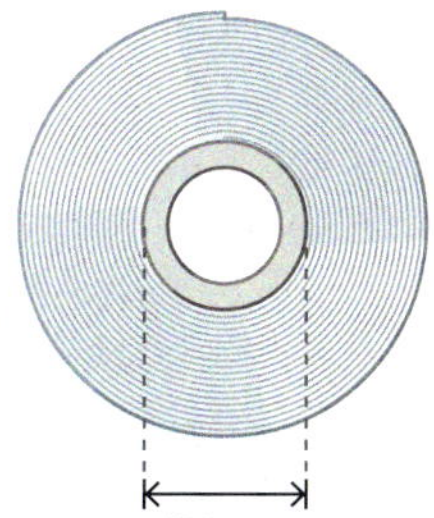

Fig. 1

12 Der Luftdruck nimmt mit der Höhe über dem Meeresspiegel ab:

Höhe über NN (in km)	0	1	2	3	4	5	6	7	8
Luftdruck (in hPa)	1013	899	795	701	616	540	472	411	356

a) Zeigen Sie anhand der Tabelle, dass der Luftdruck mit der Höhe exponentiell abnimmt.
b) Berechnen Sie, um wie viel Prozent der Luftdruck pro km Höhe ungefähr abnimmt.

NN bedeutet Normal-Null (= Meereshöhe)
hPa Hektopascal

Grundwissen Test

Grundwissen Seiten 242–243
Lösung | Seite 287

13 Beschreiben Sie, wie die Parabeln p_1 bis p_9 aus der Normalparabel $y = x^2$ entstanden sind. Geben Sie für p_1 bis p_4 einen Funktionsterm an.

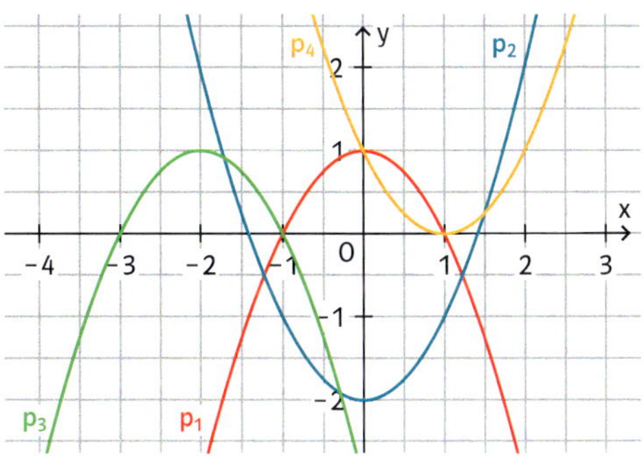

p_5: $y = -x^2 - 2$;
p_6: $y = (x-2)^2 - 1$
p_7: $y = 2x^2 - 2$
p_8: $y = -\frac{1}{2}(x-1)^2 - 3$
p_9: $y = -\frac{1}{2}(x+0{,}5)^2 - 1{,}5$

2 Exponentialfunktionen zur Basis q

Susi macht ihren Eltern einen Vorschlag für ihr Taschengeld:
In der ersten Woche möchte sie einen Cent bekommen, in der zweiten Woche zwei Cent, in der dritten vier Cent, in der vierten acht Cent usw., d.h. in jeder Woche doppelt so viel wie in der Vorwoche.

a) Geben Sie eine Funktionsgleichung für das wöchentliche Taschengeld in Abhängigkeit von der Zeit an.
b) Mit wie viel Taschengeld pro Woche kann sie nach acht, nach 16, nach 32 Wochen rechnen, wenn Ihre Eltern mitmachen?

Bei einer Bakterienkultur wächst die Anzahl der Bakterien stündlich um 80 %, der Wachstumsfaktor ist somit $q = 1 + 0{,}8 = 1{,}8$.
Bei exponentiellem Wachstum gibt der Wachstumsfaktor q an, mit welcher Zahl man den jeweiligen Beststand multiplizieren muss, wenn die Zeit um eine Einheit voranschreitet.

+1 +1 +1 +1

Zeit (in Stunden)	0	1	2	3	4
Bestand (in Mio.)	50	90	162	291,6	524,88

$\cdot 1{,}8$ $\cdot 1{,}8$ $\cdot 1{,}8$ $\cdot 1{,}8$

Wurden zu Beginn der Beobachtung z.B. 50 Millionen Bakterien gezählt, so lässt sich die Anzahl der Bakterien (in Mio) nach x Stunden mit $f(x) = 50 \cdot 1{,}8^x$ berechnen.
Damit kann man auch berechnen, wie viele Bakterien z.B. nach einer halben Stunde vorhanden sind. Da der Bestand stündlich um den Faktor $q = 1{,}8$ zunimmt, wächst er innerhalb einer halben Stunde um den Faktor $1{,}8^{\frac{1}{2}}$, denn $1{,}8^{\frac{1}{2}} \cdot 1{,}8^{\frac{1}{2}} = 1{,}8^1 = 1{,}8$.

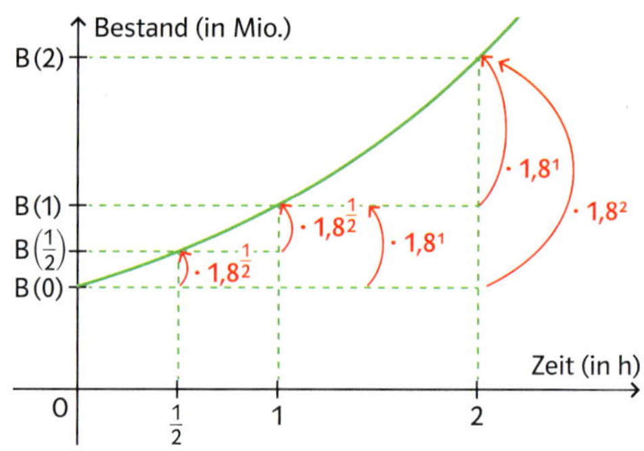

Die Anzahl der Bakterien (in Mio.) nach einer halben Stunde beträgt somit $50 \cdot 1{,}8^{\frac{1}{2}} \approx 67{,}1$.

$+\frac{1}{2}$ $+\frac{1}{2}$ $+\frac{1}{2}$ $+\frac{1}{2}$

Zeit (in Stunden)	0	0,5	1	1,5	2
Bestand (in Mio.)	50	67,1	90	120,7	162

$\cdot 1{,}8^{\frac{1}{2}}$ $\cdot 1{,}8^{\frac{1}{2}}$ $\cdot 1{,}8^{\frac{1}{2}}$ $\cdot 1{,}8^{\frac{1}{2}}$

Der Exponent im Term q^x kann auch eine negative Zahl sein. Im Fall der Bakterienkultur würde $f(-2) = 50 \cdot 1{,}8^{-2} = 15{,}4$ den Bestand vor 2 Stunden angeben.
Daher können für den Exponenten einer Exponentialfunktion alle reellen Zahlen zugelassen werden.

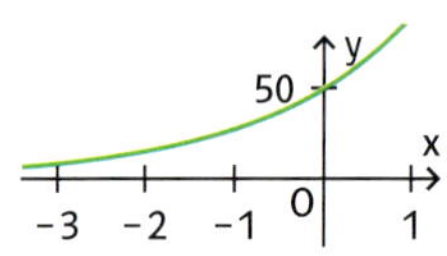

Eine Funktion f mit $f(x) = q^x$ ($q > 0$, $q \neq 1$) heißt Exponentialfunktion.
Ihre Definitionsmenge ist $D = \mathbb{R}$.

Man nennt die Funktion Exponentialfunktion, wei x im Exponenten steht. Bei Potenzfunktionen x^n steht x in der Basis!

Wie bei den Polynomfunktionen haben auch Graphen von Exponentialfunktionen in Abhängigkeit von Basis und Exponent typische Verläufe. Ebenso können sie wie Polynomfunktionen transformiert werden. Im Folgenden werden diese Zusammenhänge betrachtet.

Eigenschaften der Exponentialfunktionen

(1) Alle Graphen von Exponentialfunktionen f mit $f(x) = q^x$ verlaufen oberhalb der x-Achse und gehen durch die Punkte $S_y(0\,|\,1)$ und $P(1\,|\,q)$.

(2) Der Graph der Funktion f mit $f(x) = q^x$ steigt für $q > 1$ und fällt für $0 < q < 1$.

(3) Die x-Achse ist Asymptote des Graphen der Funktion f mit $f(x) = q^x$ $(q \neq 1)$. Für $q > 1$ schmiegt sich der Graph dem negativen Teil der x-Achse an, für $0 < q < 1$ dem positiven Teil.

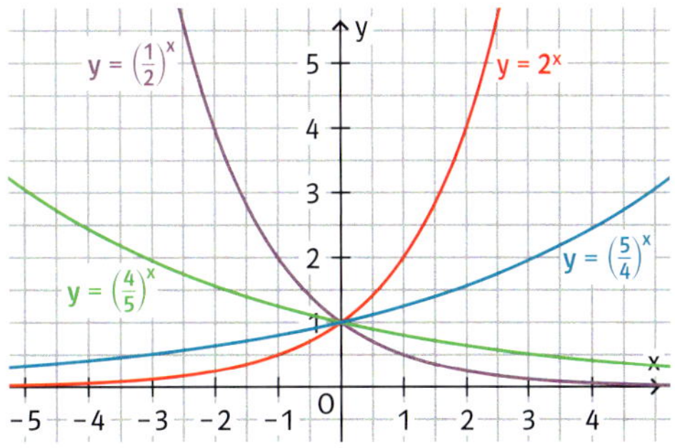

Fig. 1

$f(0) = q^0 = 1$
$f(1) = q^1 = q$

(4) Spiegelt man den Graphen von f mit $f(x) = q^x$ an der y-Achse, so erhält man den Graphen von g mit $g(x) = q^{-x} = \left(\frac{1}{q}\right)^x$.

Transformationen von Graphen

Ausgehend von der Exponentialfunktion f mit $f(x) = 1{,}5^x$ wird deren Graph in y-Richtung gestreckt, an der y-Achse gespiegelt oder in y- bzw. x-Richtung verschoben.

(1) Streckung in y-Richtung mit Faktor a:
$g(x) = a \cdot q^x$ (Fig. 2: $a = 2$ und $a = -1$)
Der Schnittpunkt mit der y-Achse liegt nun bei $S_y(0\,|\,a)$.
$a < 0$ beinhaltet eine Spiegelung an der x-Achse.

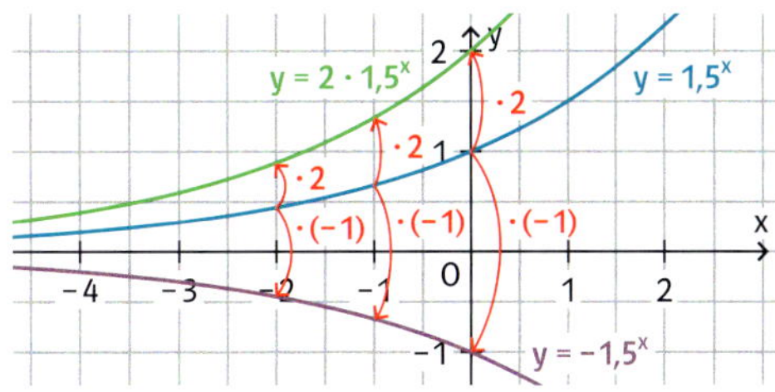

Fig. 2

(2) Spiegelung an der y-Achse:
$g(x) = q^{-x}$ (Fig. 3)
Die Asymptote $y = 0$ bleibt dabei erhalten. Der Graph schmiegt sich jetzt der positiven x-Achse an.

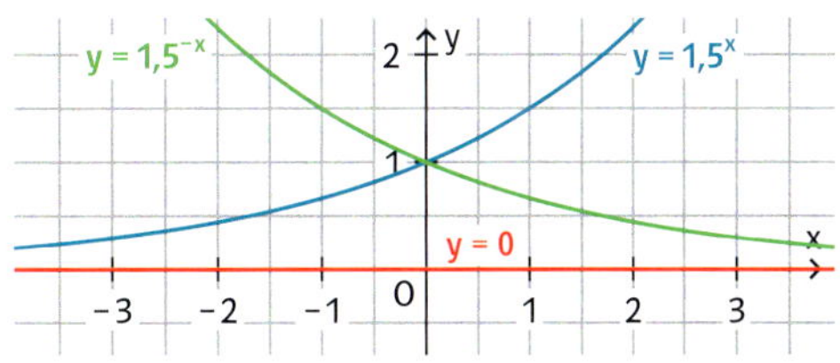

Fig. 3

(3) Verschiebung in y-Richtung um d:
$g(x) = q^x + d$ (Fig. 4: $d = 1$)
Die Asymptote wird mitverschoben und hat nun die Gleichung $y = d$.

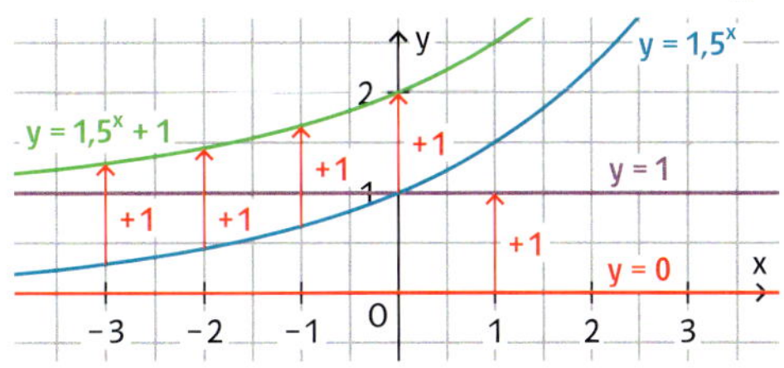

Fig. 4

(4) Verschiebung in x-Richtung um c:
$g(x) = q^{x-c}$ (Fig. 5: $c = 2$)
Die Verschiebung in x-Richtung kann auch als Streckung in y-Richtung gedeutet werden, denn $q^{x-c} = q^{-c} \cdot q^x = \frac{1}{q^c} \cdot q^x$. Im Beispiel ist der Streckfaktor in y-Richtung $a = \frac{1}{1{,}5^2} = \frac{4}{9}$.

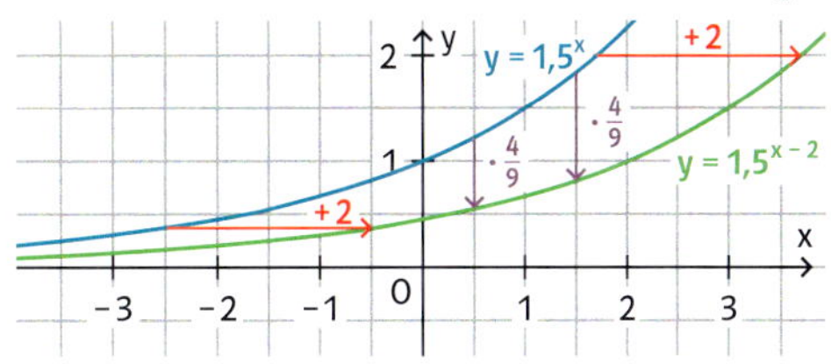

Fig. 5

(5) Streckung in x-Richtung:
$g(x) = q^{bx}$ (Fig. 1: b = 2)
Der Graph wird mit dem Faktor $\frac{1}{b}$ in x-Richtung gestreckt.
Die Asymptote und der Schnittpunkt mit der y-Achse bleiben erhalten.

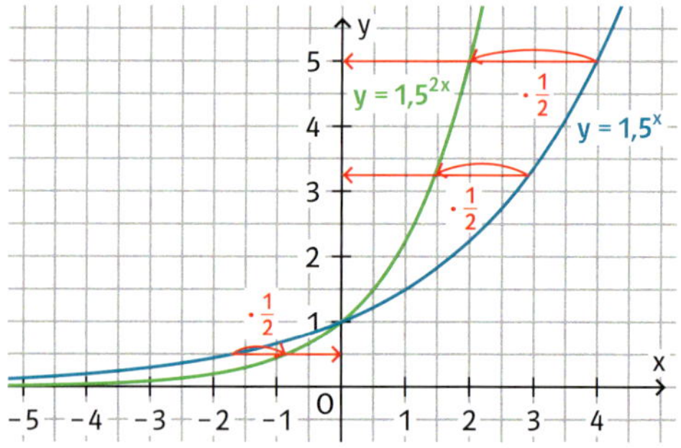

Fig. 1

Beispiel 1 Graphen durch vorgegebene Punkte bestimmen

a) Bestimmen Sie die Exponentialfunktion f mit $f(x) = q^x$, deren Graph durch $P(3\,|\,125)$ geht.

b) Bestimmen Sie die Exponentialfunktion g mit $g(x) = a \cdot q^x$, deren Graph durch die Punkte $P(-1\,|\,0{,}5)$ und $Q(2\,|\,13{,}5)$ geht.

Lösung

a) Aus $f(3) = 125$, also $q^3 = 125$, folgt $q = \sqrt[3]{125} = 5$. Also ist $f(x) = 5^x$

b) Aus $g(-1) = 0{,}5$, also $a \cdot q^{-1} = 0{,}5$, folgt $\frac{a}{q} = 0{,}5$. Somit gilt $a = 0{,}5q$.
Aus $g(2) = 13{,}5$, also $a \cdot q^2 = 13{,}5$ folgt $0{,}5q \cdot q^2 = 13{,}5$. Somit ist $q^3 = 27$ und $q = 3$.
Einsetzen von $q = 3$ in $a = 0{,}5q$ ergibt $a = 1{,}5$. Also ist $g(x) = 1{,}5 \cdot 3^x$.

Beispiel 2 Transformation von Graphen

Gegeben ist die Funktion g mit $g(x) = -1{,}5 \cdot 3^x + 4$. Ihr Graph ist K_g.

a) Beschreiben Sie, durch welche Transformationen K_g aus dem Graphen der Funktion f mit $f(x) = 3^x$ hervorgeht.

b) Zeichnen Sie K_g und beschreiben Sie den Verlauf des Graphen.

Lösung

a) d = 4: Verschiebung in y-Richung um 4 (Asymptote y = 4).
a = −1,5: Streckung in y-Richtung mit Faktor 1,5 und Spiegelung an der x-Achse. Dies entspricht einer Streckung mit dem Faktor −1,5.

b) Siehe Fig. 2: Der Graph verläuft von links oben (II. Quadrant) fallend nach rechts unten (IV. Quadrant).
Er schneidet die y-Achse in $S_y(0\,|\,2{,}5)$, denn es ist $g(0) = 2{,}5$.

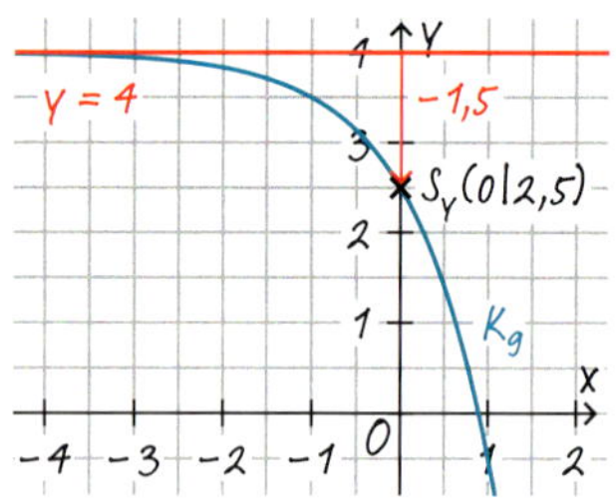

Fig. 2

Beispiel 3 Funktionsterm bestimmen

Fig. 3 zeigt die Graphen von zwei Exponentialfunktionen der Form $f(x) = a \cdot 2^{\pm x} + d$.
Bestimmen Sie die zugehörigen Funktionsterme.

Lösung

Rote Kurve: Asymptote y = 6, also d = 6.
Der Graph schmiegt sich nach rechts an die Asymptote an, d.h. Spiegelung an der y-Achse, der Exponent ist negativ.
Punktprobe mit $S_y(0\,|\,1)$: $f(0) = a \cdot 2^{-0} + 6 = 1$, also $a = -5$
Es ist $f_1(x) = -5 \cdot 2^{-x} + 6$.
Blaue Kurve: Der Graph schmiegt sich nach links an die Asymptote an, d.h., der Exponent ist positiv. Die Asymptote ist nicht erkennbar. Daher werden a und d durch „doppelte Punktprobe" bestimmt.
(1) $S_y(0\,|\,-2)$: $f(0) = a \cdot 2^0 + d = -2$, also $a + d = -2$.
(2) $P(1\,|\,1)$: $f(1) = a \cdot 2^1 + d = 1$, also $2a + d = 1$.
Daraus folgt $a = 3$ und $d = -5$ und somit $f_2(x) = 3 \cdot 2^x - 5$.

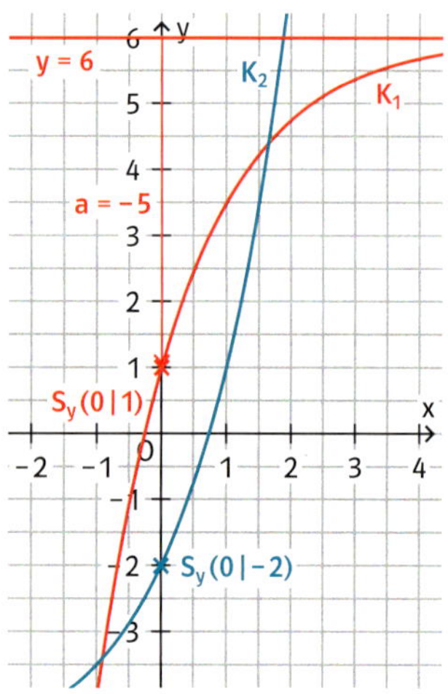

Fig. 3

Zur Bestimmung von a, läuft man auf der y-Achse von der Asymptote zu S_y oder man macht eine Punktprobe mit S_y.

Beispiel 4 **Kapitalentwicklung**

Ein Investmentfonds verspricht, 5000 € zu einem Zinssatz von 3 % pro Jahr anzulegen.

a) Berechnen Sie die Höhe des Guthabens nach 20 Jahren.
b) Ermitteln Sie, innerhalb von wie vielen Jahren sich das Kapital verdoppeln würde.
c) Berechnen Sie den Betrag, den man vor 12 Jahren zu diesem Zinssatz hätte anlegen müssen, um jetzt 5000 € zu haben.
d) Berechnen Sie den Zinssatz, der nötig ist, damit aus 3000 €, die vor 12 Jahren angelegt wurden, 5000 € werden.

Lösung

Die Kapitalentwicklung lässt sich durch die Funktion f mit $f(x) = 5000 \cdot 1{,}03^x$ beschreiben.

a) $f(20) = 5000 \cdot 1{,}03^{20} \approx 9030{,}56$. Das Guthaben nach 20 Jahren beträgt rund 9031 €.
b) Mithilfe einer Wertetabelle erhält man $f(23) \approx 9867{,}9$ und $f(24) \approx 10\,163$.
Das Kapital verdoppelt sich also nach 24 Jahren.
c) $f(-12) \approx 3506{,}90$. Man hätte rund 3507 € anlegen müssen.
d) $g(-12) = 5000 \cdot q^{-12} = 3000 \Rightarrow \frac{5}{3} = q^{12} \Rightarrow q = \left(\frac{5}{3}\right)^{\frac{1}{12}} \approx 1{,}0435$
Es ist ein Zinssatz von ca. 4,35 % erforderlich.

Jahr x	Kapital f(x)
22	9580,5
23	9867,9
24	10 163
25	10 468

Aufgaben

1 Zeichnen Sie die Graphen der Funktionen f, g, h und k in dasselbe Koordinatensystem.

a) $f(x) = 1{,}5^x$; $g(x) = 3^x$; $h(x) = \left(\frac{2}{3}\right)^x$; $k(x) = \left(\frac{1}{3}\right)^x$
b) $f(x) = 1{,}3^x$; $g(x) = 2 \cdot 1{,}3^x$; $h(x) = -1{,}3^x$; $k(x) = 1{,}3^{-x}$

2 Skizzieren Sie die Graphen der Funktionen f, g, h und k in dasselbe Koordinatensystem. Beschreiben Sie jeweils, durch welche Transformation der Graph aus dem vorherigen hervorgeht.

a) $f(x) = 1{,}2^x$; $g(x) = 3 \cdot 1{,}2^x$; $h(x) = -3 \cdot 1{,}2^x$; $k(x) = -3 \cdot 1{,}2^x + 5$
b) $f(x) = 1{,}6^x$; $g(x) = 1{,}6^{-x}$; $h(x) = 2 \cdot 1{,}6^{-x}$; $k(x) = 2 \cdot 1{,}6^{-x} - 3$

In einer Skizze müssen die wesentlichen Eigenschaften eines Funktionsgraphen erkennbar sein, hier also die Asymptote und der Schnittpunkt mit der y-Achse.

3 Beschreiben Sie, durch welche Transformationen der Graph von g aus dem Graphen der Ausgangsfunktion f mit $f(x) = 2^x$ hervorgeht. Zeichnen Sie den Graphen der Funktion g mithilfe einer Wertetabelle.

a) $g(x) = 1{,}5 \cdot 2^{-x} - 5$
b) $g(x) = -\frac{1}{3} \cdot 2^{2x} + 1{,}5$
c) $g(x) = 2^{\frac{1}{3}x} - 1$
d) $g(x) = 0{,}5 \cdot 2^{3x} - 4$
e) $g(x) = -4 \cdot 2^{0{,}5x} + 3$
f) $g(x) = 3 \cdot 2^{-4x} + 0{,}5$

4 Die Graphen in Fig. 1 gehören zu Exponentialfunktionen der Form $g(x) = a \cdot 3^{\pm x} + d$. Bestimmen Sie jeweils a und d sowie das Vorzeichen von x.

5 Bestimmen Sie die Exponentialfunktion f der Form $f(x) = a \cdot q^x$, deren Graph durch die Punkte P und Q verläuft.

a) P(0 | 1,2); Q(1 | 6)
b) P(0 | −4); Q(3 | −62,5)
c) P(1 | 3); Q(2 | 6)
d) P(2 | 50); Q(3 | 250)
e) P(1 | 6); Q(−1 | 0,375)
f) P(2 | 4); Q(−3 | 0,375)

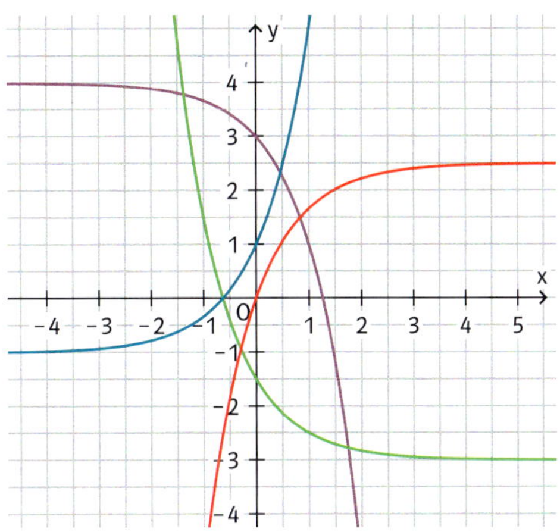

Fig. 1

Test → Lösungen | Seite 287

6 Beschreiben Sie, durch welche Transformationen der Graph von g aus dem Graphen der Ausgangsfunktion f mit $f(x) = 3^x$ hervorgeht. Skizzieren Sie die Graphen von f und g.

a) $g(x) = 3^x - 1$ b) $g(x) = -2 \cdot 3^x$
c) $g(x) = 3^{-x} + 2$ d) $g(x) = 1{,}5 \cdot 3^{-x} - 4$

7 Die Graphen in Fig. 1 gehören zu Exponentialfunktionen der Form $g(x) = a \cdot 2^{\pm x} + d$. Bestimmen Sie jeweils a und d sowie das Vorzeichen vor x.

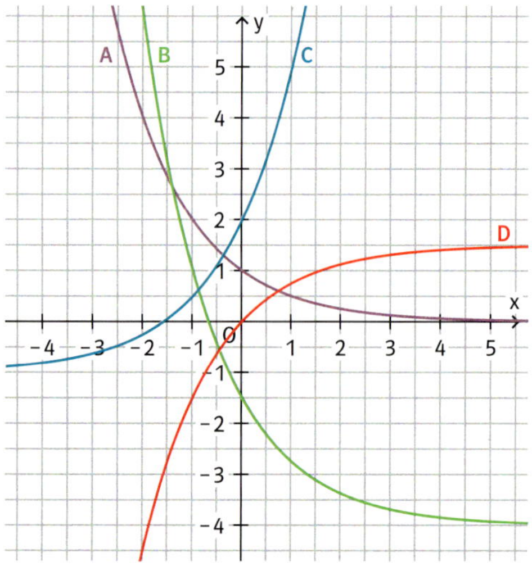

Fig. 1

8 Bestimmen Sie die Exponentialfunktion f der Form $f(x) = a \cdot q^x$, deren Graph durch die Punkte P und Q verläuft.

a) $P(0\,|\,1{,}5)$; $Q(2\,|\,6)$
b) $P(-2\,|\,50)$; $Q(3\,|\,0{,}512)$

9 Beschreiben Sie das globale Verhalten der Funktion und geben Sie die Gleichung der Asymptote an. Überprüfen Sie Ihre Aussage mithilfe der Wertetabelle Ihres Taschenrechners.

a) $f(x) = 1{,}2^x$ b) $f(x) = 0{,}5^x$ c) $f(x) = 2 \cdot 0{,}3^x + 1$
d) $f(x) = -3 \cdot 2{,}5^x$ e) $f(x) = 2{,}5^x - 3$ f) $f(x) = 0{,}5 \cdot 0{,}8^x + 4$

10 Am 1. Januar 2020 wurde ein Betrag von 1000 € auf ein 10-jähriges Festgeldkonto eingezahlt. Der vereinbarte Zinssatz für die Laufzeit beträgt 1,5 % jährlich.
Berechnen Sie den Kontostand am 1. Januar 2030, wenn die Zinsen mitverzinst werden.

11 Ein Erbe erhält aus dem Nachlass seiner Tante von einer Bank 19 689,17 € überwiesen. Die Tante hatte vor zwölfeinhalb Jahren bei dieser Bank Geld zu 2,2 % p.a. angelegt.

a) Welchen Betrag könnte der Neffe bei Wiederanlage zum selben Prozentsatz nach 10 Jahren erhalten?
b) Welchen Betrag hatte die Tante damals angelegt?

Test → Lösung | Seite 287

12 Ein Kapital von 20 000 Euro wird mit einem Zinssatz von 1,2 % jährlich verzinst.

a) Geben Sie eine Funktion an, welche die zeitliche Entwicklung des Kapitals beschreibt.
b) Bestimmen Sie das Kapital nach 1; 2; 5; 10 und 20 Jahren.
c) Berechnen Sie, wie groß das Kapital bei gleichem Zinssatz vor 2 Jahren war.
d) In welchem Jahr nimmt das Kapital erstmals um 250 € zu?

13 Geben Sie die Änderung des Funktionswertes einer Funktion mit $f(x) = q^x$ an, wenn man

a) x um 1 vergrößert, b) x um 2 verkleinert, c) x verdoppelt,
d) x halbiert, e) x mit 3 multipliziert, f) x durch 3 dividiert.

14 Das globale Verhalten des Graphen der Funktion f mit $f(x) = a \cdot q^x$ hängt davon ab, ob a positiv oder negativ ist und ob q größer oder kleiner als 1 ist.
Erstellen Sie eine Übersicht für die verschiedenen Fälle und geben Sie jeweils ein Beispiel an.

15 Die Weltorganisation für Meteorologie schätzt, dass sich die CO_2-Konzentration der Atmosphäre jährlich um 0,6 % erhöht. Um wie viel Prozent ist die CO_2-Konzentration im Jahr 2035 höher als im Jahr 2020, wenn sich der prozentuale Zuwachs nicht ändert?
(Eine Erhöhung der CO_2-Konzentration bewirkt weltweit eine Erhöhung der durchschnittlichen Temperatur.)

Info

→ Aufgaben 16 und 17

Exponentialfunktionen zur Basis e

In den Naturwissenschaften werden Vorgänge wie z. B. das Auf- und Entladen eines Kondensators häufig durch Exponentialfunktionen mit einer besonderen Basis beschrieben. Diese Basis ist die sogenannte **Euler'sche Zahl**. Sie wird mit **e** bezeichnet und hat den Wert **e = 2,7182818 . . . .** Die Euler'sche Zahl e hat unendlich viele Nachkommastellen, die aber nicht periodisch sind. Deshalb ist e wie π eine irrationale Zahl. Die zugehörige Exponentialfunktion f mit $f(x) = e^x$ heißt **natürliche Exponentialfunktion** oder kurz **e-Funktion**.
Alle Überlegungen zu Eigenschaften und Transformationen von Exponentialfunktionen zur Basis q gelten auch für die natürliche Exponentialfunktion zur Basis e.

Mehr zu den Besonderheiten von e finden Sie ab S. 172 f.

Beispiel

Der Graph der Funktion g mit $g(x) = 2 \cdot e^x$ entsteht aus dem Graphen der Funktion f mit $f(x) = e^x$ durch Streckung mit dem Faktor 2 in y-Richtung.
Der Graph von h mit $h(x) = e^{-x}$ entsteht durch eine Spiegelung an der y-Achse.
Der Graph von k mit $k(x) = -0{,}5\,e^x - 1$ entsteht durch eine Spiegelung an der x-Achse, eine Streckung mit dem Faktor 0,5 in y-Richtung und eine Verschiebung um −1 in y-Richtung. Die Asymptote ist $y = -1$.

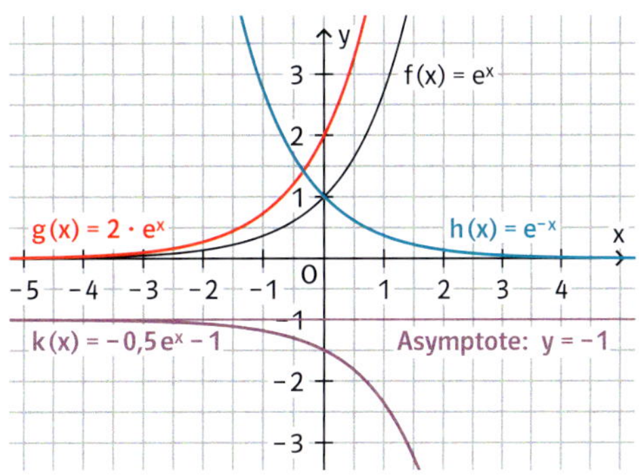

16 Die Graphen in der Abbildung rechts gehören zu Exponentialfunktionen der Form $f(x) = a \cdot e^{\pm x} + d$.
Bestimmen Sie jeweils a und d und das Vorzeichen + oder − vor dem x.

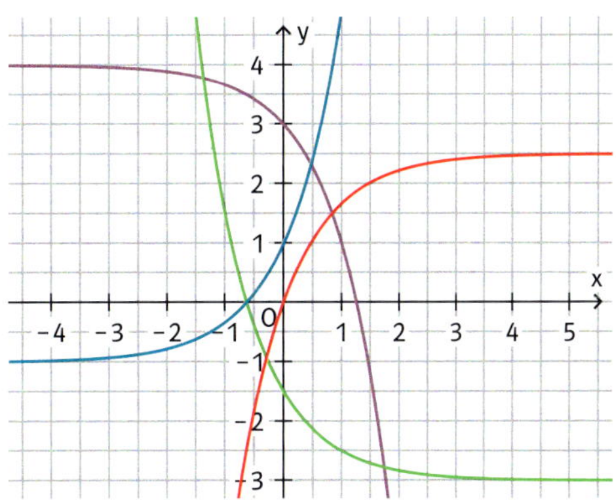

17 Beschreiben Sie, durch welche Transformationen der Graph der Funktion g aus dem Graphen der natürlichen Exponentialfunktion f mif $f(x) = e^x$ hervorgeht.

a) $g(x) = -e^x + 1$
b) $g(x) = 1{,}5\,e^{-x} - 3$
c) $g(x) = -2\,e^{-x}$
d) $g(x) = 2\,e^{x+1} + 0{,}5$

Grundwissen Test

→ Grundwissen Seite 235
Lösung | Seite 287

18 Finden Sie den passenden Exponent.

a) $2^{\square} = 4$
b) $2^{\square} = \frac{1}{8}$
c) $2^{\square} = \sqrt{2}$
d) $2^{\square} = 128$
e) $3^{\square} = 9$
f) $3^{\square} = \frac{1}{81}$
g) $4^{\square} = 64$
h) $5^{\square} = \frac{1}{125}$

3 Exponentialgleichungen und Logarithmen

In der Chia Chang Suan Shu (Neun Bücher arithmetischer Technik), einem über 2000 Jahre alten chinesischen Rechenbuch, wird ein Riedgras erwähnt, das täglich seine Länge verdoppelt.
Das Riedgras hat zu Beginn der Beobachtung eine Länge von 1 Fuß.
Wann ist es 4 Fuß bzw. 8 Fuß lang?
Wann ist es 5 Fuß lang?
Benutzen Sie dazu die Grafik rechts.

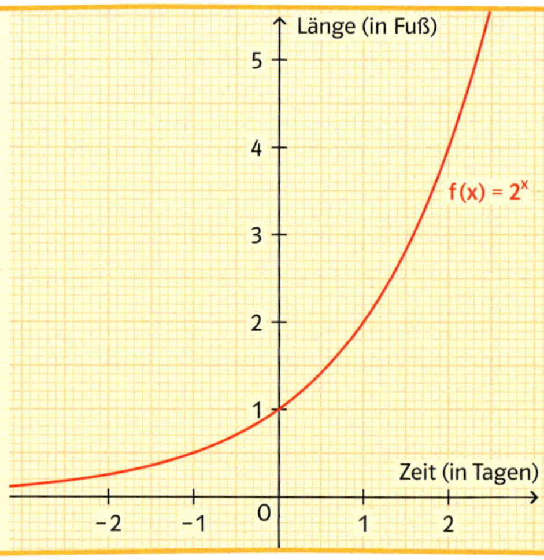

Gleichungen, bei denen die Unbekannte x in einer Potenz vorkommt, können folgende Form haben: $x^3 = 125$ (x als Basis) oder $2^x = 16$ (x als Exponent).
Die Gleichung $x^3 = 125$ heißt **Potenzgleichung** und hat die Lösung $x = \sqrt[3]{125} = 5$. Die Lösung einer solchen Potenzgleichung wird „Wurzel" genannt, im Beispiel „dritte Wurzel aus 125".

Die Gleichung $2^x = 16$ heißt **Exponentialgleichung** und lässt sich in diesem Fall leicht lösen, da 16 eine Potenz von 2 ist: $16 = 2^4$, also ist $x = 4$. Die Gleichung $2^x = 5$ ist auf diese Weise nicht lösbar, da man keine einfache Darstellung von 5 als Zweierpotenz findet.
Am Graphen der Funktion f mit $f(x) = 2^x$ (Grafik rechts) kann man erkennen, dass 2^x jeden beliebigen positiven Wert annehmen kann, sodass Gleichungen der Form $2^x = c$ mit $c > 0$ immer lösbar sind, also auch die Gleichung $2^x = 5$. Die Lösung lässt sich näherungsweise am Graphen von f ablesen (blaue Pfeile in der Grafik rechts). Es ergibt sich $x \approx 2{,}3$.

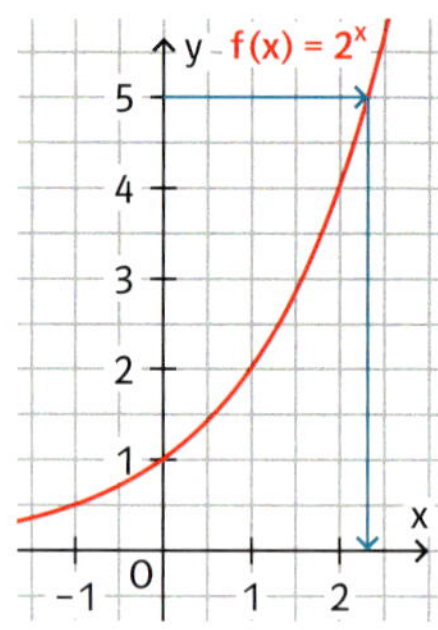

Die Lösung x einer solchen Exponentialgleichung $a^x = b$ wird **Logarithmus** genannt.
Im Beispiel $2^x = 16$ ist $x = 4$ der Logarithmus von 16 zur Basis 2, kurz: $4 = \log_2(16)$.
Im Beispiel $2^x = 5$ ist x der Logarithmus von 5 zur Basis 2, kurz: $x = \log_2(5) \approx 2{,}3$.
Dieser Logarithmus ist also der Exponent zur Basis 2, sodass die Potenz den Wert 16 bzw. den Wert 5 ergibt.
Das lässt sich auf jede positive Basis a mit $a \neq 1$ übertragen. Zu jeder positiven Zahl b gibt es genau eine Zahl x, sodass $b = a^x$ gilt. Diese Zahl x heißt Logarithmus von b zur Basis a. Man schreibt kurz $x = \log_a(b)$.

Der **Logarithmus von b zur Basis a** $(a > 0,\ a \neq 1,\ b > 0)$ ist der **Exponent**, mit dem man a potenzieren muss, um b zu erhalten. Man schreibt kurz $\mathbf{\log_a(b)}$.

Die **Exponentialgleichung** $a^x = b$ ist gleichbedeutend mit der Gleichung $x = \log_a(b)$.

„Logarithmus = Exponent"
$2^x = 5$
„2 hoch wieviel ist 5?"
Logarithmus: $x = \log_2(5)$

Die Logarithmuswerte kann man nur von positiven Zahlen bestimmen, da Potenzen a^x für $a > 0$ stets positiv sind.

Die Operationen Potenzieren von a und Logarithmieren zur Basis a sind Umkehroperationen voneinander und heben sich gegenseitig auf: $a^{\log_a(b)} = b$ und $\log_a(a^x) = x$.
Beispielsweise ist $2^{\log_2(5)} = 5$ und $\log_2(2^x) = x$.
Insbesondere ist $\log_a(a) = 1$ und $\log_a(1) = \log_a(a^0) = 0$.
Für den Logarithmus zur Basis 10 schreibt man statt $\log_{10}(b)$ oft kurz $\log(b)$ oder nur $\lg(b)$.
So ist z. B. $\lg(1000) = 3$, denn $10^3 = 1000$.

Zu $\log_{10}(x)$ sagt man auch 10er-Logarithmus von x.
Allgemein: Zu $\log_a(b)$ sagt man auch a-Logarithmus von b.

Beispiel 1 Logarithmen bestimmen ohne Taschenrechner
Bestimmen Sie den Logarithmus ohne Taschenrechner. Begründen Sie Ihr Ergebnis.

a) $\log_2(8)$ b) $\log_{10}(100\,000)$ c) $\log_9\left(\frac{1}{81}\right)$ d) $\log_3(\sqrt{27})$

Lösung
Man versucht die Zahl im Logarithmus als Potenz der entsprechenden Basis zu schreiben.

a) $\log_2(8) = \log_2(2^3) = 3$
b) $\log_{10}(100\,000) = \log_{10}(10^5) = 5$
c) $\log_9\left(\frac{1}{81}\right) = \log_9(9^{-2}) = -2$
d) $\log_3(\sqrt{27}) = \log_3\left(3^{\frac{3}{2}}\right) = \frac{3}{2}$

Beispiel 2 Exponentialgleichungen lösen durch Exponentenvergleich
Lösen Sie die Exponentialgleichung.
a) $5^{2x+3} = 5^x$ b) $2^{3x-1} = 32$
Lösung
a) $5^{2x+3} = 5^x$, also $2x + 3 = x$ und somit $x = -3$.
b) $2^{3x-1} = 32 = 2^5$, also $3x - 1 = 5$ und somit $x = 2$.

Beispiel 3 Exponentialgleichungen lösen mit dem Taschenrechner
Lösen Sie die Exponentialgleichung $1{,}5^{4x} = 9$.
Lösung
$1{,}5^{4x} = 9 \Leftrightarrow 4x = \log_{1,5}(9) \Leftrightarrow x = \frac{1}{4}\log_{1,5}(9) \approx 1{,}361$.

$\Leftrightarrow$ bedeutet: „ist äquivalent, d.h. gleichwertig“

Beispiel 4 Exponentialgleichungen lösen mit dem Satz vom Nullprodukt (SNP)
Lösen Sie die Exponentialgleichung.
a) $x \cdot 2^x - 8x = 0$ b) $3 \cdot 1{,}5^x - x \cdot 1{,}5^x = 0$ c) $5^{2x} - 0{,}2 \cdot 5^x = 0$
Lösung
a) x ausklammern:
$x(2^x - 8) = 0$ | SNP
$x_1 = 0$ oder $2^x = 8$,
Logarithmieren:
$x_2 = \log_2(8) = 3$

b) $1{,}5^x$ ausklammern:
$1{,}5^x \cdot (3 - x) = 0$ | SNP
$3 - x = 0$ (da $1{,}5^x \neq 0$)
Auflösen:
$x = 3$

c) 5^x ausklammern:
$5^x \cdot (5^x - 0{,}2) = 0$ | SNP
$5^x = 0{,}2$ (da $5^x \neq 0$)
Logarithmieren:
$x = \log_5(0{,}2) = -1$

Beispiel 5 Exponentialgleichungen lösen mithilfe der Substitution
Lösen Sie die Exponentialgleichung $3^{2x} + 2 \cdot 3^x - 8 = 0$.
Lösung
$3^{2x} + 2 \cdot 3^x - 8 = 0$
Substitution: $3^x = u$ — $u^2 + 2u - 8 = 0$
Lösen der quadratischen Gleichung: $u_{1,2} = \frac{-2 \pm \sqrt{2^2 - 4 \cdot 1 \cdot (-8)}}{2 \cdot 1} = \frac{-2 \pm 6}{2}$
$u_1 = 2$: oder $u_2 = -4$
Resubstitution: $3^x = 2$ oder $3^x = -4$
Logarithmieren: $x = \log_3(2) \approx 0{,}63$ ($3^x = -4$ ist unlösbar)
Einzige Lösung ist $x = \log_3(2) \approx 0{,}63$.

Beispiel 6 **Basiswechsel mithilfe des Logarithmus**

Stellen Sie die Potenz als Potenz mit Basis 10 dar.

a) $0{,}01^4$ b) 7^3 c) 5^x

Lösung

a) Es ist $0{,}01 = 10^{-2}$
Also $0{,}01^4 = (10^{-2})^4 = 10^{-8}$

b) Es ist $7 = 10^{\log_{10}(7)}$ und $\log_{10}(7) \approx 0{,}85$; also $7^3 = 10^{0{,}85 \cdot 3} = 10^{2{,}55}$

c) Es ist $5 = 10^{\log_{10}(5)}$ und $\log_{10}(5) \approx 0{,}70$; also $5^x = 10^{0{,}7x}$

Aufgaben

○ **1** Schreiben Sie als Logarithmus.
Beispiel: $2^5 = 32$; $5 = \log_2(32)$

a) $4^3 = 64$ b) $7^2 = 49$ c) $3^{-2} = \frac{1}{9}$ d) $\left(\frac{1}{3}\right)^{-3} = 27$
e) $36^{0{,}5} = 6$ f) $8^0 = 1$ g) $(\sqrt{10})^{-6} = \frac{1}{1000}$ h) $x^y = z$

○ **2** Schreiben Sie als Potenz.
Beispiel: $\log_4(16) = 2$; $4^2 = 16$

a) $\log_5(125) = 3$ b) $\log_5(0{,}2) = -1$ c) $\log_5(5) = 1$ d) $\log_5(1) = 0$
e) $\log_{0{,}5}(8) = -3$ f) $\log_{0{,}2}(0{,}04) = 2$ g) $\log_{\sqrt{2}}(0{,}25) = -4$ h) $\log_b(a) = c$

○ **3** ⊠ Bestimmen Sie den Logarithmus. Begründen Sie Ihr Ergebnis.

a) $\log_2(64)$ b) $\log_{10}(1)$ c) $\log_3(\sqrt{3})$ d) $\log_7(7)$
e) $\log_2\left(\frac{1}{16}\right)$ f) $\log_5\left(\frac{1}{\sqrt{5}}\right)$ g) $\log_6\left(\frac{1}{\sqrt[3]{6}}\right)$ h) $\log_{\sqrt[3]{6}}\left(\frac{1}{6}\right)$

○ **4** ⊠ Berechnen Sie ohne Verwendung eines Taschenrechners.

a) $\log_3(9^4)$ b) $\log_{10}(10^{1{,}5})$ c) $\log_5(125^{-1})$ d) $\log_a(a^3)$
e) $\log_4(2^{200})$ f) $\log_{10}(10^{-120})$ g) $\log_{0{,}5}(2^5)$ h) $\log_3\left((\sqrt{27})^{-1}\right)$

○ **5** Lösen Sie durch Logarithmieren. Geben Sie die Lösung auch als gerundete Dezimalzahl an.

a) $4^x = 12$ b) $2{,}4^x = 3{,}9$ c) $1{,}14^y = 0{,}7$ d) $0{,}45^z = 1{,}9$
e) $3{,}7^{2x} = 5$ f) $1{,}46^{3x} = 0{,}8$ g) $8{,}2^{-x} = 4{,}9$ h) $5{,}6^{-2x} = 1{,}4$
i) $2 \cdot 3^x = 1{,}4$ j) $6 \cdot 1{,}5^y = 2{,}3$ k) $1{,}3 \cdot 5^{-x} = 2{,}8$ l) $0{,}9 \cdot 1{,}4^t = 3{,}2$

○ **6** Lösen Sie die Exponentialgleichung.

a) $5^{2x-3} = 5$ b) $6^{4x-5} = 216$ c) $4^{2x-1} = 64$ d) $3^{2x+1} = 3^{x+2}$
e) $3^x = \frac{1}{81}$ f) $25^{x+1} = \frac{1}{5}$ g) $7^{x-2} = \sqrt{7}$ h) $3^{5x} = \sqrt[3]{3^2}$

○ Test

→ Lösungen | Seite 288

7 ⊠ Bestimmen Sie den Logarithmus ohne Verwendung eines Taschenrechners.

a) $\log_3(81)$ b) $\log_7(\sqrt{7})$ c) $\log_2(0{,}25)$ d) $\log_{10}(1)$

8 ⊠ Bestimmen Sie die Lösung der Exponentialgleichung.

a) $3^x = \frac{1}{81}$ b) $5^x = 17$ c) $10^{1-x} = 2{,}5$ d) $2^{4x} = 12$

◐ **9** Lösen Sie die Gleichung und geben Sie eine Funktion an, für die die Lösung Nullstelle ist.

a) $10^{x-1} = 6$ b) $6^{x+1} = 108$ c) $5^{1-2x} = 17$
d) $10^{5x+1} = 2$ e) $3 \cdot 8^{-x-2} = 25$ f) $(7^{2x-1})^2 = 36$

10 Zwischen welchen beiden aufeinanderfolgenden ganzen Zahlen liegt der Wert des Logarithmus? Kontrollieren Sie mit dem Taschenrechner.

a) $\log_{10}(6)$ b) $\log_{10}(60)$ c) $\log_{10}(600)$ d) $\log_2(5^4)$
e) $\log_5(4^2)$ f) $\log_{0,5}(0{,}1)$ g) $\log_{0,5}(10)$ h) $\log_2(10)$

11 Bestimmen Sie.

a) $\log_a(a)$ b) $\log_a(1)$ c) $\log_a\left(\frac{1}{a}\right)$ d) $\log_a(a^n)$ e) $\log_a\left(\frac{1}{a^n}\right)$

12 Welche der folgenden Gleichungen lassen sich durch Logarithmieren lösen, welche nicht? Bestimmen Sie ggf. die Lösung.

a) $3^x = 5 - 3^x$ b) $7^x - 13 = 4^x$ c) $5^{x+1} - 6 = 23 \cdot 5^{x-1}$ d) $10^x - 7 = 12x$

Beachten Sie:
Summen dürfen nicht logarithmiert werden.

13 Lösen Sie die Gleichung.

a) $3^x \cdot (3^x - 2) = 0$ b) $(2^x - 1) \cdot (2^{-x} + 1) = 0$
c) $3 \cdot 5^x - x \cdot 5^x = 0$ d) $(10^x - 2) \cdot (10^{2x} - 2) = 0$

14 Lösen Sie durch Substituieren.

a) $(2^x)^2 - 6 \cdot 2^x + 8 = 0$ b) $5^{2x} - 2 \cdot 5^x = 15$ c) $7^{2x} + 3 \cdot 7^x + 2 = 0$
d) $4^x - 12 \cdot 2^x = -32$ e) $32 \cdot 0{,}5^{2x} + 3 = 28 \cdot 0{,}5^x$ f) $2^{2x-1} + 3 \cdot 2^x = 8$
g) $4 \cdot 3^{-x} + 5 + 3^x = 0$ h) $16 \cdot 6^{-x} + 6^x = 10$

15 Beim Lösen der Exponentialgleichung wurden Fehler gemacht. Finden Sie diese.

a)

$-3 \cdot 2^{-x} = -4 \quad | +3$
$2^{-x} = -1 \quad | \cdot(-1)$
$2^x = 1 \quad |$ Logarithmieren
$x = 0$

b)

$0{,}5 \cdot 4^{-x} - 4^{2x} = 0 \quad |$ Ausklammern
$4^x(0{,}5 - 4^x) = 0 \quad |$ Satz vom Nullprodukt
$0{,}5 - 4^x = 0$, da $4^x \neq 0$
$4^x = 0{,}5 \quad |$ Logarithmieren
$x = \log_4(0{,}5) = -0{,}5$

16 Berechnen Sie die Schnittpunkte der Graphen der Funktion f mit den Koordinatenachsen.

a) $f(x) = 1{,}5 \cdot 3^{-x} - 6$ b) $f(x) = 5^x - 0{,}5 \cdot 5^{2x}$ c) $f(x) = 2^{2x} - 3 \cdot 2^x + 2$

Test

Lösungen | Seite 288

17 Schätzen Sie den Wert des Logarithmus. Kontrollieren Sie mit dem Taschenrechner.

a) $\log_{10}(4)$ b) $\log_{10}(0{,}25)$ c) $\log_4(30)$ d) $\log_{0,25}(30)$
e) $\log_4\left(\frac{1}{30}\right)$ f) $\log_3(2)$ g) $\log_3(6)$ h) $\log_3(18)$

18 Lösen Sie die Gleichung.

a) $2^{3x} - 2^{x+4} = 0$ b) $5 \cdot 4^x - (x^2 + 1) \cdot 4^x = 0$ c) $5^{2x} - 4 \cdot 5^x = -3$

19 Berechnen Sie die Nullstellen der Funktion f.

a) $f(x) = 5 \cdot 3^{x-2} - 5$ b) $f(x) = 2^{-x} - 4 \cdot 2^x$ c) $f(x) = (3^x - 1)(3^{-x} + 1)$

20 Ermitteln Sie die Lösungsmenge der Ungleichung mithilfe einer Zeichnung. Berechnen Sie zunächst die Lösung der zugehörigen Gleichung.

a) $1{,}5^x \geq 3$ b) $3 \cdot 2^{-x} - 2 < 7$ c) $5 \cdot 0{,}5^x > 1$

21 Berechnen Sie die Koordinaten des Schnittpunkts der Graphen der Funktionen.

a) $f(x) = 3^x + 1$; $g(x) = 3^{x+4}$ b) $f(x) = 2^x$; $g(x) = 2^{2x-2}$ c) $f(x) = 5^{x+4}$; $g(x) = 5^{-x+1}$

● **22** Die Graphen in Fig. 1 gehören zu Exponentialfunktionen der Form $f(x) = a \cdot 2^{bx} + d$. Bestimmen Sie jeweils a und d wie in der vorangegangenen Lerneinheit sowie b durch eine Punktprobe.

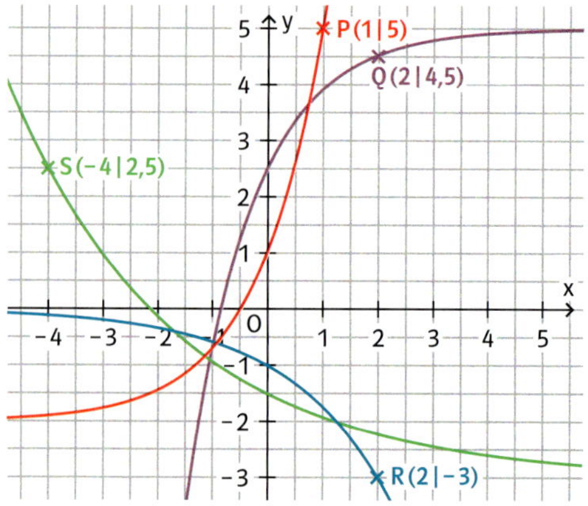

Fig. 1

● **23** Bestimmen Sie die Werte von z, für die die Gleichung lösbar ist.

a) $2^x - 5 = z$
b) $7^{2x} + z = 7$
c) $3^{2x} - z = 3^x$

Info

Aufgaben 24 bis 27

Logarithmengesetze

Für das Rechnen mit Logarithmen gelten bestimmte Gesetze, die sich aus den Potenzgesetzen herleiten lassen. So gilt z.B. $8 \cdot 16 = 2^3 \cdot 2^4 = 2^{3+4} = 2^7$.
Da beim Multiplizieren zweier Potenzterme mit gleicher Basis die Exponenten addiert werden, gilt mit $3 + 4 = \log_2(8) + \log_2(16)$ und $7 = \log_2(2^7) = \log_2(8 \cdot 16)$ auch der Zusammenhang $\log_2(8 \cdot 16) = \log_2(8) + \log_2(16)$.
Ebenso ist $\log_2\left(\frac{16}{8}\right) = \log_2\left(16 \cdot \frac{1}{8}\right) = \log_2(16) + \log_2\left(\frac{1}{8}\right) = 4 - 3 = 1$.
Allgemein ergeben sich aus den Potenzgesetzen mit Blick auf die Exponenten folgende Logarithmengesetze ($a > 0$, $a \neq 1$, $u, v > 0$, $r \in \mathbb{R}$):

	Potenzgesetz	Logarithmengesetz
(1)	$a^x \cdot a^y = a^{x+y}$	$\log_a(u \cdot v) = \log_a(u) + \log_a(v)$
(2)	$\frac{a^x}{a^y} = a^{x-y}$	$\log_a\left(\frac{u}{v}\right) = \log_a(u) - \log_a(v)$
(3)	$(a^x)^y = \underbrace{a^x \cdot \ldots \cdot a^x}_{\text{y Faktoren}} = a^{x \cdot y}$	$\log_a(u^r) = r \cdot \log_a(u)$

Mithilfe der Logarithmengesetze können logarithmische Terme vereinfacht werden.

a) $2\log_3\left(\frac{1}{x}\right) = 2\log_3(x^{-1}) = -2\log_3(x)$

b) $\log_5(125x^2) = \log_5(125) + \log_5(x^2)$
$= 3 + 2\log_5(x)$

c) $2\log(6) - \log(2) - \log(4)$
$= \log(6^2) - \log(2) - \log(4)$
$= \log\left(\frac{6^2}{2 \cdot 4}\right)$
$= \log(4{,}5)$

● **24** Vereinfachen Sie mithilfe der Logarithmengesetze.

a) $\log_4(16x)$
b) $\log_b(ab)$
c) $\log_5\left(\frac{1}{5}x\right)$
d) $\log\left(\frac{100}{x}\right)$
e) $\log_3(3^x)$
f) $\log_2(8^x)$
g) $\log(10^x)$
h) $\log_6(\sqrt{x})$

● **25** Vereinfachen Sie mithilfe der Logarithmengesetze.

a) $\log_3(u^2) - \log_3(u)$
b) $\log_2(x^3) - 2\log_2\left(\frac{1}{x}\right)$
c) $\log(ab) - \log(a^2b)$
d) $\log(r) - \log\left(\frac{1}{r}\right) - \log(r^2)$
e) $2\log_a\left(\frac{1}{a}\right) + \log_a(4a^2)$
f) $\log(\sqrt{x}) - \log\left(\frac{1}{\sqrt{x}}\right)$

● **26** Berechnen Sie $\log(2)$, $\log(20)$ und $\log(200)$. Was stellen Sie fest?
Erklären Sie diesen Sachverhalt mithilfe der Logarithmengesetze.

● **27** Leiten Sie aus dem 1. und 3. Logarithmengesetz das 2. Logarithmengesetz her.

Info

Aufgaben 28 bis 30

Lösen von Exponentialgleichungen mit Basis e

Ältere Taschenrechner und einfache Taschenrechner-Apps haben zur Berechnung von Logarithmen oft nur eine Funktionstaste für den Logarithmus zur Basis 10 (meist lg oder log) und eine Funktionstaste für den Logarithmus zur Basis e, die mit ln beschriftet ist. Dabei steht „ln" für „logarithmus naturalis" und bedeutet $\log_e$.

So hat z. B. die Gleichung $e^x = 3$ die Lösung $x = \ln(3)$.

Insbesondere gilt: $\ln(e) = \log_e(e) = 1$

$\ln(e^x) = x$

$e^{\ln(x)} = x$

Zur den besonderen Eigenschaften von Exponentialfunktionen zur Basis e siehe S. 172 f.

Um eine Exponentialgleichung der Form $q^x = a$ mit einer beliebigen Basis q zu lösen, muss die Potenz q^x erst in eine Potenz mit Basis e (oder 10) umgewandelt werden (Basiswechsel): $q^x = e^{\ln(q)x}$.

Außerdem gilt:

$$
\begin{aligned}
q^x &= a && |\ \ln\\
\ln(q^x) &= \ln(a) && |\ \text{3. Logarithmengesetz}\\
x \cdot \ln(q) &= \ln(a) && |\ : \ln(q)\\
x &= \frac{\ln(a)}{\ln(q)}.
\end{aligned}
$$

Anstelle der Umwandlung in einen Term zur Basis e wäre auch eine Umwandlung in einen Term zur Basis 10 möglich, um diese Taschenrechner zu nutzen.

a) Die Exponentialgleichung $5 \cdot e^{-2x} - 3 = 22$ lässt sich mithilfe des logarithmus naturalis lösen:

$$
\begin{aligned}
5 \cdot e^{-2x} - 3 &= 22 && |\ +3\\
5 \cdot e^{-2x} &= 25 && |\ :5\\
e^{-2x} &= 5 && |\ \ln\\
-2x &= \ln(5) && |\ :(-2)\\
x &= -\frac{\ln(5)}{2}\\
x &\approx -0{,}80
\end{aligned}
$$

b) Basiswechsel: Die Exponentialgleichung $6^x = 20$ kann mithilfe des logarithmus naturalis gelöst werden:

$$
\begin{aligned}
6^x &= 20 && |\ \text{Basiswechsel}\\
e^{\ln(6)\cdot x} &= 20 && |\ \ln\\
\ln(6) \cdot x &= \ln(20) && |\ :\ln(6)\\
x &= \frac{\ln(20)}{\ln(6)} \approx 1{,}67.
\end{aligned}
$$

Ebenso kann die Funktion f mit $f(x) = 6^x$ mithilfe der Basis e dargestellt werden: $f(x) = e^{\ln(6)\cdot x}$, dabei ist $\ln(6) \approx 1{,}79$.

● **28** Lösen Sie die Gleichung.

a) $e^x = 1$ b) $e^x = e$ c) $e^{2x+1} = \frac{1}{e}$

d) $1{,}5 \cdot e^x - 5 = 13$ e) $e^{2x} - 6 \cdot e^x + 5 = 0$

● **29** Lösen Sie die Gleichung mithilfe des logarithmus naturalis und der Logarithmengesetze.

a) $3^x = 81$ b) $4^x = 0{,}5$ c) $0{,}3^x = 5$ d) $4^x = 8^{x+1}$

● **30** Berechnen Sie mit dem Taschenrechner ln(7) und ln(7e).

a) Begründen Sie mit den Logarithmusgesetzen, warum die Differenz der Ergebnisse 1 beträgt.

b) Geben Sie zwei Werte an, deren Logarithmen zur Basis e die Differenz 2 haben.

Grundwissen Test

Grundwissen
Seite 234
Lösung | Seite 288

31 Drücken Sie die Veränderung mit einem Prozentfaktor aus.

a) Zunahme von 10 % b) Abnahme von 10 %

c) Zunahme von 25 % d) Abnahme von 5 %

e) Zunahme von 3 % f) Abnahme von 1 %

4 Exponentialfunktionen und Anwendungen

Und wie groß dürfte die Weltbevölkerung im Jahr 2030 sein?

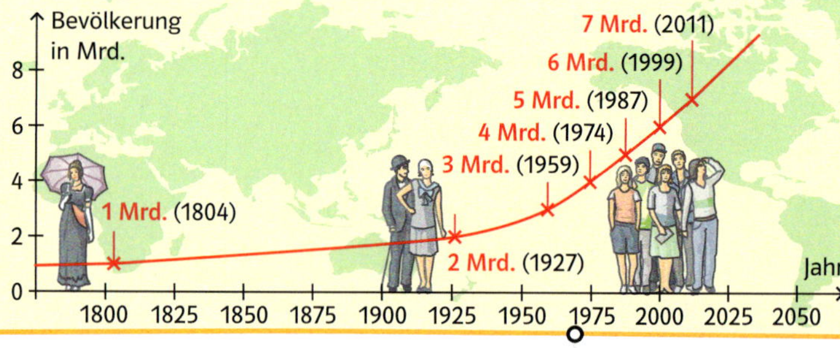

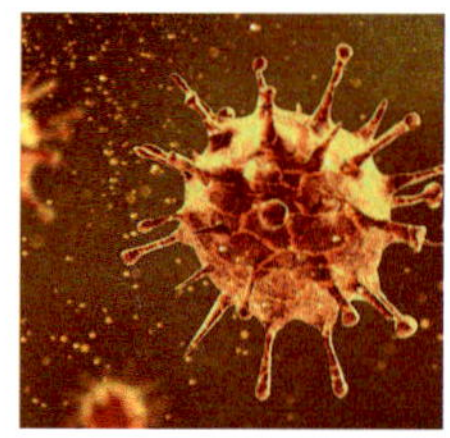

Bei einer Viruserkrankung, die sich als Pandemie verbreitet, ist die Geschwindigkeit der Zunahme an Infizierten von Bedeutung. In der Regel steigt die Zahl der Neuinfizierten zu Beginn einer Epidemie exponentiell an und kann in Abhängigkeit von der Zeit x durch eine Funktion f mit $f(x) = a \cdot q^x$ beschrieben werden. Dabei ist a der Startwert zum Beobachtungsbeginn $x = 0$ und q ist der Wachstumsfaktor.
Bei der Corona-Pandemie gab es am 08. März 2020 in Deutschland 163 Neuinfizierte, am 15. März 2020 waren es 1043.
Ist x die Anzahl der Tage seit Beginn der Beobachtung, so lässt sich die Anzahl der Neuinfizierten pro Tag näherungsweise durch die Funktion f mit $f(x) = a \cdot q^x$ beschreiben. Für den Startwert $a = f(0)$ am 08.03. gilt somit $f(0) = 163$ und für die Anzahl der Neuinfizierten eine Woche später gilt $f(7) = 1043$.
Durch Einsetzen dieser Werte in die Funktionsgleichung ergibt sich die Exponentialfunktion f mit $f(x) = 163 \cdot 1{,}304^x$. Der Wachstumsfaktor $q = 1{,}304$ bedeutet, dass die Zahl der Neuinfektionen im Durchschnitt täglich um ca. 30 % zunahm.

Im Herbst 2020 gab es eine zweite Welle der Corona-Pandemie. Die Tabelle (Fig. 1) zeigt die täglich neu gemeldeten Fallzahlen des Coronavirus in Deutschland von Anfang September bis Mitte November 2020.
Um diese Entwicklung der Neuinfektionen möglichst gut zu beschreiben und somit auch Prognosen für die weitere Entwicklung berechnen zu können, wird häufig eine Regression durchgeführt.
Geht man von einem konstanten Anstieg der Neuinfektionen aus, ergibt sich bei einer linearen Regression die Funktion f mit $f(x) = 277{,}7x - 2095$. Das Bestimmtheitsmaß ist $r^2 \approx 0{,}848$. Demzufolge würde die Zahl der Neuinfizierten täglich um ca. 278 Personen ansteigen. Ein Vergleich der Geraden mit den tatsächlichen Punkten zeigt, dass diese Funktion das Infektionsgeschehen nur unzureichend wiedergibt. Da die Anzahl der Neuinfizierten nicht negativ sein kann, sind einige Funktionswerte im Sachzusammenhang nicht sinnvoll.
Vermutet man einen exponentiellen Zusammenhang, so ergibt eine solche Regression die Funktion g mit $g(x) = 885{,}7 \cdot 1{,}05^x$. Es ist $r^2 \approx 0{,}954$. Daher beschreibt diese Exponentialfunktion die Entwicklung der Neuinfektionen deutlich besser als die lineare Funktion. Der Wachstumsfaktor ist $q = 1{,}05$. Die Zahl der Neuinfektionen steigt demnach täglich um 5 %.

Datum	Neuinfizierte
01.09.20	1209
08.09.20	1331
15.09.20	1623
22.09.20	1625
29.09.20	1848
06.10.20	2462
13.10.20	4585
20.10.20	7167
27.10.20	13 161
03.11.20	16 545
10.11.20	16 600

Fig. 1

Werden reale Problemstellungen mithilfe mathematischer Methoden beschrieben, so nennt man dies **Modellieren**. Bei der Modellierung realer Sachverhalte muss man sich für ein zugrundeliegendes **mathematisches Modell** entscheiden, z. B. lineares oder exponentielles Wachstum. Wird ein mathematisches Modell einer realen Situation erstellt, muss anschließend die Gültigkeit des Modells überprüft und beurteilt werden.

Beispiel 1 **Modellieren mithilfe einer Exponentialfunktion**

In einem Labor wird die Wirkung eines neu entwickelten Antibiotikums untersucht. Bei einem Versuch wird eine exponentielle Abnahme der Anzahl der Bakterien nach Verabreichung des Antibiotikums beobachtet.

a) 4 Stunden nach Beginn der Beobachtung waren es 369 Bakterien. Nach 8 Stunden waren es 304 Bakterien. Bestimmen Sie den Wachstumsfaktor pro Stunde und die Bakterienanzahl zu Beginn der Beobachtung. Geben Sie eine Exponentialfunktion f an, die den Rückgang beschreibt.

b) Zeichnen Sie den Graphen der Funktion f.

c) Bestimmen Sie die Anzahl der Bakterien, die nach einem Tag noch vorhanden sind. Wie viel Prozent der ursprünglichen Bakterienanzahl entspricht dies?

d) Berechnen Sie, nach wie vielen Stunden noch 100 Bakterien vorhanden sind.

Lösung

a) Ansatz: $f(x) = a \cdot q^x$; somit ist $f(4) = a \cdot q^4 = 369$ und $f(8) = a \cdot q^8 = 304$.

Aus $a \cdot q^4 = 369$ folgt $a = 369 \cdot q^{-4}$. Somit ist $a \cdot q^8 = 369 \cdot q^4 = 304$ und $q = \sqrt[4]{\frac{304}{369}} \approx 0{,}953$.

Berechnung des Startwerts a zu Beginn der Beobachtung: $369 = a \cdot 0{,}953^4$, also $a \approx 447$.

Somit lautet die Gleichung der Exponentialfunktion $f(x) = 447 \cdot 0{,}953^x$, mit x in Stunden.

Tipp
Ein nicht lineares Gleichungssystem kann mithilfe des Einsetzungsverfahrens gelöst werden.

b) siehe Fig. 1

c) Anzahl der Bakterien nach 24 Stunden (1 Tag): $f(24) = 447 \cdot 0{,}953^{24} = 141$.
Nach einem Tag sind es nur noch ca. 141 Bakterien.
$0{,}953^{24} \approx 0{,}315 = 31{,}5\,\%$.
Nach einem Tag ist noch ca. 31,5 % der ursprünglichen Anzahl vorhanden.

d) $f(x) = 100$, also $447 \cdot 0{,}953^x = 100$.
Somit ist $x = \log_{0{,}953}\left(\frac{100}{447}\right) \approx 31{,}1$.
Noch 100 Bakterien sind es nach ca. 31 Stunden.

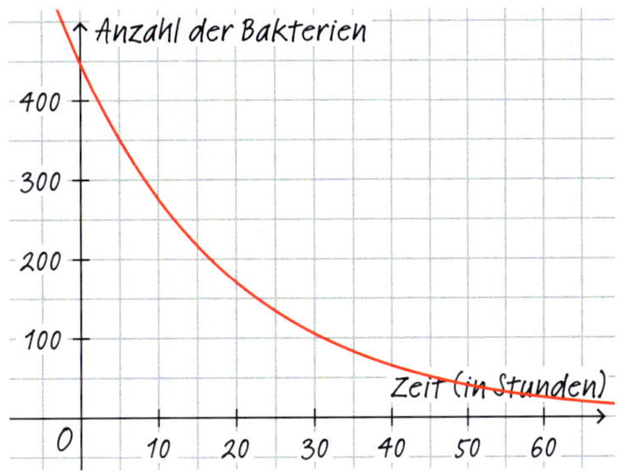

Fig. 1

Beispiel 2 **Modellieren mithilfe einer Regression**

Die Tabelle (Fig. 2) zeigt die Entwicklung der Energiegewinnung durch Windkraft in Abhängigkeit von der Zeit (in Jahren) weltweit. Die Werte geben die installierte Leistung in Megawatt (MW) an.

a) Führen Sie eine lineare und eine exponentielle Regression durch und vergleichen Sie die Güte der Regression anhand des Korrelationskoeffizienten. Interpretieren Sie Ihr Ergebnis.

b) Bestimmen Sie, wie hoch bei einem exponentiellen Verlauf die installierte Leistung in den Jahren 2015 und 2019 gewesen sein müsste, und vergleichen Sie mit der tatsächlich installierten Leistung von 432 419 MW im Jahr 2015 und 650 559 MW im Jahr 2020.

Jahr	Leistung (in MW)
2000	17 400
2002	31 100
2004	47 620
2006	73 938
2008	120 624
2010	198 001
2012	283 048
2014	369 553
2016	486 749
2018	591 549

Fig. 2

Lösung

a) Eine lineare Regression mit allen Werten ergibt $g(x) = 32\,337{,}1\,x - 69\,076{,}1$ (x: Zeit in Jahren seit 2000, g(x): Leistung in MW). Das Bestimmtheitsmaß ist $r^2 \approx 0{,}92$. Die installierte Leistung nimmt demnach jährlich um ca. 32 337 MW zu.
Eine exponentielle Regression ergibt $f(x) = 21\,618{,}4 \cdot 1{,}22^x$. Das Bestimmtheitsmaß ist hier $r^2 \approx 0{,}98$. Daher beschreibt die Exponentialfunktion f die Entwicklung besser als die lineare Funktion g. Die installierte Leistung nimmt demnach jährlich um ca. 22 % zu.

b) $f(15) \approx 429\,471$; $f(19) \approx 953\,009$. Der Wert von 2015 wird sehr gut angenähert. Die installierte Leistung von 2019, die mithilfe der Funktion f berechnet wurde, weicht dagegen stark von der tatsächlich installierten Leistung ab. Daher liefert die exponentielle Regression nur für einen eingeschränkten Zeitraum brauchbare Werte.

Beispiel 3 Radioaktiver Zerfall und Halbwertszeit

a) Cäsium 137 hat eine Halbwertszeit von 30 Jahren. Dies bedeutet, dass sich nach 30 Jahren der Bestand des radioaktiven Cäsiums halbiert hat. Bestimmen Sie den Wachstumsfaktor für ein Jahr und geben Sie die prozentuale jährliche Abnahme an.

b) Zu Beginn einer Beobachtung sind 250 mg Cäsium 137 vorhanden. Ermitteln Sie die Exponentialfunktion, die den Zerfall beschreibt.

Lösung

a) Der Zerfall des Cäsiums wird durch eine Funktion f mit $f(x) = a \cdot q^x$ beschrieben.

Nach der Halbwertszeit T_H gilt: $a \cdot q^{T_H} = \frac{1}{2}a$

Einsetzen der gegebenen Halbwertszeit: $a \cdot q^{30} = \frac{1}{2}a$

Daraus folgt (wegen $a \neq 0$): $q^{30} = \frac{1}{2}$, also $q = \sqrt[30]{\frac{1}{2}} \approx 0{,}977$

Aus $q \approx 0{,}977$ (= 97,7 %) ergibt sich eine jährliche Abnahme von etwa 2,3 %.

b) Anfangswert: $a = 250\,(\text{mg})$; $f(x) = 250 \cdot 0{,}977^x$

Bei der Nuklearkatastrophe im japanischen Kernkraftwerk Fukushima Daiichi am 11. März 2011 wurde neben Jod 131 vor allem Cäsium 137 freigesetzt.

Beispiel 4 Beschränktes Wachstum am Beispiel Baumsterben

In einem Bestand von ursprünglich 10 000 Bäumen werden jedes Jahr 10 % der noch nicht geschädigten Bäume durch den Borkenkäfer befallen. Die Funktion f mit $f(t) = 10\,000 - 10\,000 \cdot 0{,}9^t$ (t in Jahren) beschreibt die Anzahl der geschädigten Bäume.

a) Zeichnen Sie den Graphen der Funktion f.

b) Bestimmen Sie die Gleichung der Asymptote und deuten Sie diese im Sachzusammenhang. Erläutern Sie die Bedeutung des Summanden $-10000 \cdot 0{,}9^t$ im Term der Funktion f.

c) Bestimmen Sie die Zahl der befallenen Bäume nach 2 Jahren und nach 10 Jahren.

d) Berechnen Sie, nach wie vielen Jahren 90 % aller Bäume befallen sind.

Ein **Wachstum** heißt **beschränkt**, wenn es durch eine natürliche Schranke oder eine Kapazitätsgrenze begrenzt ist. Das Wachstum kann sowohl nach oben als auch nach unten beschränkt sein.

Lösung

a) siehe Fig. 1

b) Gleichung der Asymptote: $y = 10\,000$
Die Zahl der geschädigten Bäume nähert sich dem ursprünglichen Bestand von 10 000 an (= obere Schranke).
Der Summand $-10\,000 \cdot 0{,}9^t$ beschreibt die Anzahl der noch nicht geschädigten Bäume nach t Jahren.

c) $f(2) = 1900$; $f(10) \approx 6513$
Nach 2 Jahren sind 1900 Bäume geschädigt, nach 10 Jahren sind es 6513.

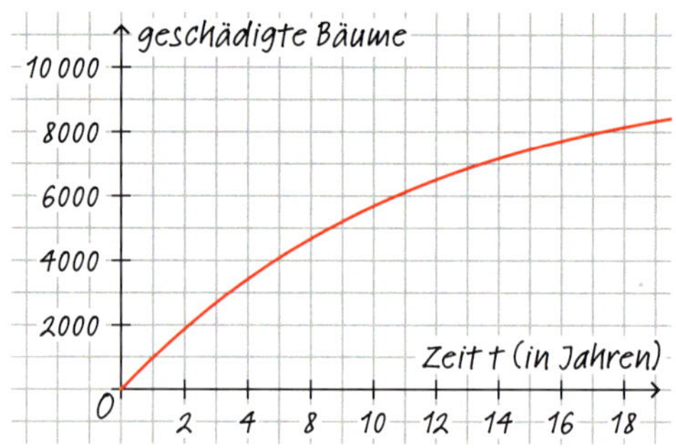

Fig. 1

d) $f(t) = 9000$ führt zu $1000 = 10\,000 \cdot 0{,}9^t \quad | : 10\,000$

$0{,}1 = 0{,}9^t$

Somit ist $t = \log_{0,9}(0{,}1) \approx 21{,}85$.
Nach ca. 22 Jahren sind 90 % der Bäume geschädigt.

Aufgaben

○ **1** Ein Bestand kann näherungsweise durch die Funktion f mit $f(t) = 2000 \cdot 0{,}95^t$ (t in Tagen) beschrieben werden.

a) Berechnen Sie den Bestand nach 3; 4; 8; 16 bzw. 24 Tagen.

b) Berechnen Sie den Bestand vor 1; 2 bzw. 3 Tagen.

c) Geben Sie die tägliche und die wöchentliche Abnahme in Prozent an.

○ **2** Eine Braunalge verdoppelt jede Woche ihre Höhe. Zu Beginn der Beobachtung ist sie 1,20 m hoch. Das Wasser ist an dieser Stelle 30 m tief. Berechnen Sie, wie viele Wochen es dauert, bis die Braunalge an die Wasseroberfläche gelangt.

○ **3** Die Höhe einer Kletterpflanze (in m) zum Zeitpunkt t (in Wochen seit Beobachtungsbeginn) wird näherungsweise durch die Funktion h mit $h(t) = 0{,}02 \cdot q^t$ beschrieben.

a) Nach 6 Wochen ist die Pflanze 40 cm hoch. Bestimmen Sie den Wachstumsfaktor q.

b) Berechnen Sie, wann die Pflanze 3 m hoch ist.

○ **4** Ein Computervirus verbreitet sich als E-Mail-Attachment weltweit. Eine Firma zur Herstellung von Antiviren-Software behauptet, dass sich der Virus exponentiell vermehrt und veröffentlicht die folgende Tabelle:

Zeit t nach erstmaligem Auftreten (in h)	2	4	8	12	24
Anzahl z der infizierten Computer	7250	11 700	30 500	79 200	1 395 000

a) Prüfen Sie, ob näherungsweise ein exponentielles Wachstum vorliegt.

b) Wie viele Computer sind bei ungebremstem Wachstum nach 48 h infiziert?

○ **5** Zur Untersuchung der Langzeitwirkung eines Medikamentes wurde einer Versuchsperson eine Dosis von 70 mg verabreicht und im täglichen Abstand die Konzentration des Medikamentes im Blut gemessen.

Zeit t (in Tagen)	0	1	2	3	4	5
Konzentration $\left(\text{in } \frac{mg}{l}\right)$	10	7,20	5,18	3,72	2,68	1,93

a) Weisen Sie nach, dass es sich im angegebenen Zeitraum um einen exponentiellen Zerfall handelt. Bestimmen Sie den Wachstumsfaktor und die Zerfallsfunktion.

b) Nach wie vielen Tagen sinkt die Konzentration erstmals unter $0{,}5\,\frac{mg}{l}$?

Test

Lösung | Seite 288

6 In einem See verringert sich je 1 m Wassertiefe die Helligkeit (Beleuchtungsstärke) um 40 %. In 1 m Wassertiefe zeigt der Belichtungsmesser 3000 Lux.

a) Die Funktion, die der Tiefe die Beleuchtungsstärke zuordnet, hat die Form $f(x) = a \cdot q^x$. Bestimmen Sie a und q.

b) Zeichnen Sie den Graphen von f. Bestimmen Sie mithilfe der Grafik, nach wie viel Metern jeweils die Beleuchtungsstärke halbiert wird.

7 Die folgende Tabelle zeigt die Umsatzzahlen eines Unternehmens seit 2005 in Millionen Euro.

Jahr	2005	2008	2011	2014	2017	2020
Umsatz (in Mio.)	589	1062	1101	1724	2300	2633

a) Führen Sie eine exponentielle Regression durch.

b) Verwenden Sie das Modell, um den Umsatz für das Jahr 2023 vorauszusagen.

c) Der Umsatz im Jahr 2015 betrug 1984 Millionen Euro. Welchen Umsatz erhalten Sie nach dem Modell aus a)?

d) Führen Sie unter Verwendung des tatsächlichen Umsatzes des Jahres 2015 eine erneute Regression durch.

e) Wie hoch ist nach dem neuen Modell der geschätzte Umsatz im Jahre 2023? Erklären Sie.

8 In einem zylindrischen Gefäß wird der Zerfall von Bierschaum untersucht. Die Höhe der Schaumsäule verringert sich alle 15 Sekunden um 9%.

a) Um wie viel Prozent verringert sich die Höhe der Schaumsäule in einer Minute?

b) Zu Beginn der Beobachtung beträgt die Schaumhöhe 10 cm. Bestimmen Sie die Exponentialfunktion, die der Zeit (in min) die Schaumhöhe (in cm) zuordnet. Zeichnen Sie den Graphen.

c) Man spricht von „sehr guter Bierschaumhaltbarkeit“, wenn die Halbwertszeit des Schaumzerfalls größer als 110 Sekunden ist. Überprüfen Sie, ob sehr gute Bierschaumhaltbarkeit vorliegt.

9 Messungen in der Umgebung des Atomkraftwerks Fukushima haben nach der Reaktorkatastrophe im Jahr 2011 Bodenbelastungen mit Cäsium-137 von bis zu 10 000 Becquerel (Bq) pro kg Erde ergeben. Die Halbwertszeit von Cäsium-137 beträgt 30 Jahre, der zulässige Grenzwert liegt für landwirtschaftliche Nutzung bei $2500\,\frac{\text{Bq}}{\text{kg}}$.
(1 Bq entspricht einem radioaktiven Zerfall pro Sekunde.)

2011 ist es im japanischen Fukushima aufgrund eines Erdbebens mit anschließendem Tsunami zu einer Zerstörung eines Atomkraftwerks mit Kernschmelze gekommen.

a) Berechnen Sie, wann es wieder möglich ist, in der Umgebung des Atomkraftwerks Landwirtschaft zu betreiben.

b) Zeichnen Sie den Graphen der zugehörigen Exponentialfunktion f $\left(x \text{ in Jahren, } f(x) \text{ in } \frac{\text{Bq}}{\text{kg}}\right)$.

Test

Lösung | Seite 288

10 Bei Versuchen mit einem Gummiball wird festgestellt, dass nach jeweils sechsmaligem Aufspringen die Höhe nur noch 10% der Anfangshöhe beträgt. Es wird angenommen, dass sich die Höhe bei jedem Aufspringen um den gleichen Prozentsatz vermindert. Bestimmen Sie den Prozentsatz.

11 Plutonium 239 hat eine Halbwertszeit von 24 400 Jahren.

a) In einem Zwischenlager für radioaktiven Abfall sind 20 kg Plutonium 239 eingelagert. Berechnen Sie, wie viel kg Plutonium 239 vor 10 Jahren vorhanden waren und wie viele kg in 100 Jahren noch vorhanden sein werden.

b) Bestimmen Sie, wie viel Prozent des Plutoniums 239 nach 10^3, 10^4 bzw. 10^5 Jahren noch vorhanden sein werden.

c) Berechnen Sie, wie lange es dauert, bis 10% bzw. 90% des Plutoniums 239 zerfallen sein werden.

12 Nebenstehende Tabelle gibt die Gesamtzahl der an Covid-19 erkrankten Personen in Deutschland während der Corona-Pandemie im Herbst 2020 an. Um die Verbreitung des Virus zu bremsen und das Gesundheitssystem nicht zu überlasten, wurden daher strenge Auflagen mit Kontaktbeschränkungen verhängt, Veranstaltungen untersagt und Restaurants, Hotels etc. geschlossen.

Datum	Gesamtzahl Erkrankte
08.09.20	17 149
15.09.20	19 155
22.09.20	21 972
29.09.20	24 882
06.10.20	30 425
13.10.20	44 720
20.10.20	70 314
27.10.20	121 874
03.11.20	191 341
10.11.20	248 402

a) Bestimmen Sie eine geeignete Funktion f, die näherungsweise die Gesamtzahl der an Covid-19 erkrankten Personen in Abhängigkeit von der Zeit t beschreibt (t in Tagen, 08.09.2020 entspricht $t = 0$). Zeichnen Sie den Graphen von f für $0 \le t \le 70$.

b) Berechnen Sie f(70) und interpretieren Sie das Ergebnis im Sachzusammenhang.

c) In Deutschland gab es 2020 ca. 28 000 Intensivbetten und weitere ca. 12 000 Intensivbetten, die innerhalb von 7 Tagen zusätzlich aufgestellt werden konnten. Berechnen Sie, nach wie vielen Tagen das Gesundheitssystem ohne diese Maßnahmen überlastet gewesen wäre, unter der Annahme, dass 30% der Intensivbetten für Covid-19 Patienten zur Verfügung standen und 5% aller Covid-19-Erkrankten intensivmedizinisch behandelt werden mussten.

d) Es wurde davon ausgegangen, dass Ende April (nach ca. 120 Tagen) genügend Impfstoff zur Verfügung steht und sich die Situation dann entspannt. Berechnen Sie, wie groß der Wachstumsfaktor höchstens sein dürfte, damit bei konstantem Wachstumsfaktor die Anfang Dezember noch freien 5130 Intensivbetten so lange ausreichend gewesen wären.

13 Die gedämpfte Schwingung eines Federpendels wurde aufgezeichnet. Die Entfernung des Umkehrpunktes zur Ruhelage heißt Amplitude. Die Amplitude nimmt mit der Zeit exponentiell ab.

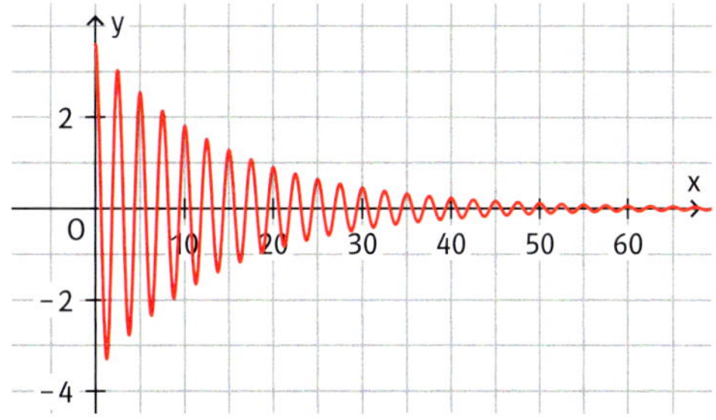

a) Bestimmen Sie aus der Grafik die Amplitude nach jeweils 10 Sekunden. Um welchen Faktor ändert sich die Amplitude alle 10 Sekunden?

b) Die Exponentialfunktion, die der Zeit (in s) die Amplitude (in cm) zuordnet, kann durch $f(t) = a \cdot q^t$ beschrieben werden. Bestimmen Sie a und q.

14 Nebenstehende Tabelle zeigt die Abnahme von Luftdruck, Temperatur und Siedepunkt des Wassers in Abhängigkeit von der Höhe über dem Meeresspiegel.

a) Stellen Sie diese Zusammenhänge jeweils in einer Grafik dar.

b) Entscheiden Sie, mit welcher Art von Funktion sich die Zusammenhänge jeweils beschreiben lassen. Bestimmen Sie die entsprechenden Werte für den Gipfel des Mont Blanc (4810 m über dem Meeresspiegel).

c) Eine Faustregel besagt, dass der Luftdruck vom Meeresspiegel aus um 12 hPa (Hektopascal) je 100 Höhenmeter abnimmt. Beurteilen Sie, ob diese Regel brauchbar ist.

Höhe (in m)	Druck (in hPa)	Temperatur (in °C)	Siedepunkt Wasser (in °C)
0	1013	15,0	100
1000	899	8,5	97
2000	795	2,0	93
3000	701	-4,5	90
4000	616	-11,0	87
5000	540	-17,5	83
6000	471	-24,0	80
7000	410	-30,5	77
8000	355	-37,0	73
9000	307	-43,5	70
10 000	264	-50,0	67

Strategie | Seite 220
3. Orientieren an einem Beispiel

15 Fig. 1 zeigt eine Folge geometrischer Figuren. Das Konstruktionsprinzip ist bei jedem Schritt dasselbe:
Jede vorhandene Strecke wird gedrittelt. Oberhalb der mittleren Teilstrecke wird ein gleichseitiges Dreieck „aufgesetzt".

a) Geben Sie für die Länge der Streckenzüge nach dem ersten und nach dem zweiten Schritt jeweils einen Term an.

b) Mit welchem Term lässt sich die Länge des Streckenzuges nach n Schritten berechnen? Wie lang ist der Streckenzug nach 20 Schritten, wenn man mit einer 6,25 cm langen Strecke a beginnt?

c) Nach wie vielen Schritten ist der Streckenzug 100-mal (10^6-mal, 10^{50}-mal) so lang wie die Anfangsstrecke a?

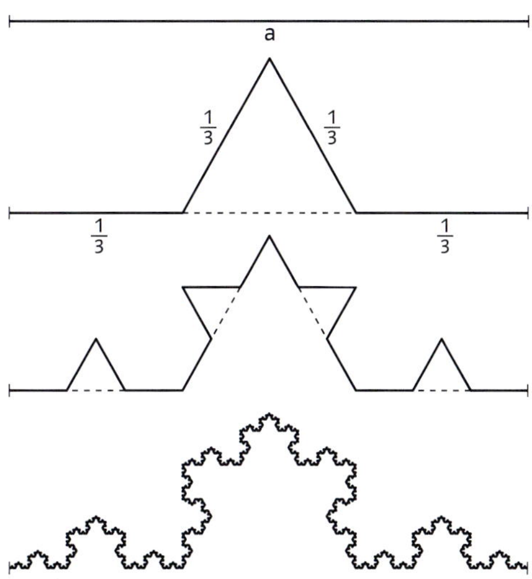

Fig. 1

Grundwissen Test

Grundwissen
Seite 241
Lösung | Seite 289

16 Prüfen Sie ob die Gerade durch P und Q steigt oder fällt. Berechnen Sie ihre Steigung.

a) P(1 | -1); Q(2 | 1)
b) P(4 | 3); Q(2 | 4)
c) P(-2 | -1); Q(2 | -3)
d) P(1,5 | 0,5); Q(2 | 1)
e) P(-5 | 7,5); Q(-2,5 | 2,5)
f) P(17 | 20); Q(21 | 28)

Die C-14-Methode (Radiokarbonmethode) zur Altersbestimmung

Überall auf der Erde findet man das Element Kohlenstoff (chemisches Zeichen C). Pflanzen nehmen beim Atmen CO_2 auf und damit auch Kohlenstoff. Durch die Nahrungskette gelangt Kohlenstoff in Tiere und Menschen.
Ein Teil des auf der Erde vorkommenden Kohlenstoffs ist das radioaktive Kohlenstoffisotop C 14. Obwohl es mit einer Halbwertszeit von 5730 Jahren zerfällt, ist sein Anteil auf der Erde immer gleich, weil es durch kosmische Strahlung ständig neu gebildet wird.
Stirbt ein Organismus, so wird kein Kohlenstoff mehr aufgenommen. Das radioaktive C 14 zerfällt, der nichtradioaktive Kohlenstoff bleibt nahezu erhalten. Damit verändert sich das Verhältnis von radioaktivem und nichtradioaktivem Kohlenstoff im Laufe der Zeit.

1 Wie viel Prozent des ursprünglichen Gehalts an Kohlenstoff C 14 wird noch gemessen, wenn der Organismus 5730 Jahre bzw. 11 500 Jahre tot ist?

2 Wie lange ist ein Organismus bereits tot, wenn der ursprüngliche Anteil von C 14 auf 12,5 % gesunken ist?

3 Im Jahr 1991 wurde in den Ötztaler Alpen die Gletschermumie „Ötzi" gefunden.
Die Mumie enthielt nur noch ca. 53 % des Kohlenstoffs C 14, der in lebendem Gewebe enthalten ist. Vor wie vielen Jahren hat „Ötzi" etwa gelebt?

4 Zeichnen Sie einen Graphen, der dem Alter einer Probe den noch vorhandenen C-14-Gehalt nach einer Halbwertszeit, nach zwei Halbwertszeiten, nach drei Halbwertszeiten usw. zuordnet. Ergänzen Sie diesen Graphen mit Werten in Schritten von 1000 Jahren.

5 Die Lasceaux-Höhle in Frankreich ist berühmt für ihre Höhlenmalereien. Holzkohle aus einer Fundstelle in der Höhle hatte im Jahr 1950 einen C-14-Gehalt von ca. 6,3 % verglichen mit dem C-14-Gehalt in lebendem Holz. Wann entstanden diese Höhlenmalereien vermutlich?

Mit dem Graphen aus Aufgabe 4 kann man die Ergebnisse der Aufgaben 5 und 6 überprüfen.

6 Das Alter der kleinen Frauenfiguren wurde mit der C-14-Methode bestimmt.
Die Elfenbein-Figur von Gönnersdorf (rechts) enthielt ca. 15,5 %, die Figur von Lespugue aus Mammutelfenbein (links) ca. 5,5 % des ursprünglichen C-14-Gehalts.
Wie alt sind die beiden Figuren etwa?

1 Um welche Art von Wachstum handelt es sich? Ergänzen Sie die Tabellen im Heft und beschreiben Sie das Wachstum jeweils mithilfe eines Funktionsterms.

x	0	1	2	3	4	5	6
y			3,2	4,6		7,4	

x	0	1	2	3	4	5	6
y			3,6	5,4	8,1		

x	0	1	2	3	4	5	6
y		0,7		1,4		2,8	

2 Die Graphen in Fig. 1 gehören zu Exponentialfunktionen der Form
$f(x) = a \cdot 2^{-x} + b$
$g(x) = -q^x + c$
$h(x) = 2^{kx} + d$.
Ordnen Sie jedem Graphen den passenden Funktionsterm zu und bestimmen Sie die Parameter a, b, c, d, k und q.

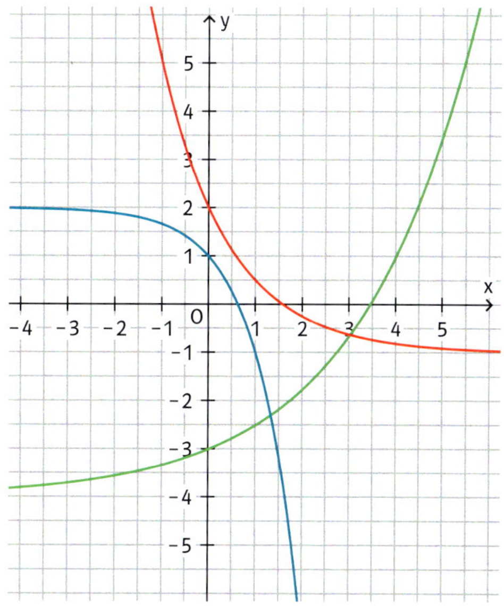

Fig. 1

3 Berechnen Sie ohne Taschenrechner.

a) $\log_3(243)$ b) $\log_{10}(0{,}001)$
c) $\log_2(\sqrt{8})$ d) $\log_5(0{,}2)$
e) $\log_{17}(1)$ f) $\log_{13}(13)$

4 Lösen Sie die Exponentialgleichung.

a) $7^x = 13$ b) $5 \cdot 3^{x-2} = 0$
c) $2^{3x-1} = 32$ d) $3^x - 3^{2x} = 0$
e) $2^{2x} - 3 \cdot 2^x = -2$ f) $5^{2x} - 5^x = 6$

5 Die Umsatzsteigerung einer Firma innerhalb von 15 Jahren betrug 75 %.
Ein Mitarbeiter meint: „Das entspricht pro Jahr $\frac{75}{15}$ %, also 5 %."
Überprüfen Sie diese Aussage. Nehmen Sie dazu an, dass der Umsatz jährlich immer um denselben Prozentsatz zugenommen hat.

6 Schreiben Sie die Funktion in der Form $f(x) = a \cdot 2^{kx}$.

a) $f(x) = 2^{x-1}$ b) $f(x) = 2^{2x+4}$ c) $f(x) = \left(\frac{1}{2}\right)^{x-1}$
d) $f(x) = \left(\frac{1}{8}\right)^{-x+2}$ e) $f(x) = (\sqrt{2})^{2x+4}$ f) $f(x) = (\sqrt{2})^{3x+5}$

7 Ein Stein sinkt in einen See. Für seine Sinkgeschwindigkeit gilt $v(t) = 2{,}5 \cdot (1 - 0{,}9^t)$, $v(t)$ in $\frac{m}{s}$.
Dabei ist t die Zeit in Sekunden seit Beobachtungsbeginn.

a) Bestimmen Sie die Sinkgeschwindigkeit zu Beginn.
b) Berechnen Sie den Zeitpunkt, an dem die Sinkgeschwindigkeit $2\frac{m}{s}$ beträgt.
c) Bestimmen Sie den Zeitraum, an dem die Sinkgeschwindkeit kleiner als $1\frac{m}{s}$ ist.

8 Bei einer Tanne beträgt die absolute Größenänderung in den ersten 20 Jahren etwa 12 cm jährlich. Es wird eine 90 cm hohe Tanne gepflanzt. Wann ist die Tanne 1,50 m hoch?

9 Ein Waldbestand, in dem 12 Jahre lang kein Holz geschlagen wurde, wird heute auf 60 000 Festmeter geschätzt bei einem jährlichen Zuwachs von 3 %. Nun soll der inzwischen vorhandene Zuwachs abgeholzt werden. Wie viel Festmeter sind zu schlagen?

10 $1\,cm^3$ Kuhmilch enthielt zwei Stunden nach dem Melken 9000 Keime; eine Stunde später waren 32 000 Keime vorhanden. Wie viele Keime befanden sich in $1\,cm^3$ frisch gemolkener Kuhmilch, wenn man exponentielles Wachstum annimmt?

○ **11** Eine Seerosenart verdoppelt täglich die von ihr bedeckte Teichfläche. Am Anfang wird eine Seerose in einen Teich gepflanzt. Nach 20 Tagen ist der ganze Teich bedeckt.

a) Nach wie vielen Tagen ist der Teich zur Hälfte bedeckt?

b) Wann ist der Teich bedeckt, wenn man am Anfang zwei Seerosen statt einer Seerose pflanzt?

◒ **12** Beim Laden eines elektronischen Blitzgerätes für eine Fotokamera steigt die Spannung U(t) während des Ladevorgangs von 0 auf 400V. Zur Modellierung dieses Ladevorgangs verwendet man die Gleichung $U(t) = 400 - a \cdot q^t$ mit den Konstanten a und q.

a) Wie lautet der Funktionsterm U(t), wenn die Spannung nach 4s den Wert 250V erreicht hat? Skizzieren Sie den Graphen von U für die ersten 20s des Ladevorgangs.

b) Wann ist das Blitzgerät einsatzbereit, wenn die Mindestspannung 350V betragen muss?

◒ **13** Helge erfährt eine tolle Neuigkeit. Nach einer Minute erzählt er sie ganz vertraulich einem Mitschüler weiter. Nach einer weiteren Minute erzählen beide wieder ganz vertraulich die Neuigkeit einem weiteren Mitschüler. Nehmen Sie an, es gehe immer so weiter.

a) Nach wie vielen Minuten weiß es die ganze Klasse mit 32 Schülern?

b) Genügt anschließend die 5-Minuten-Pause, damit es die ganze Schule mit 1000 Schülern erfährt, wenn man davon ausgeht, dass kein Schüler mehrfach angesprochen wird? Schätzen Sie zuerst und rechnen Sie dann.

◒ **14** Beim Tauchen wird im Körper mehr Stickstoff gelöst als an der Erdoberfläche. Die Menge hängt von der Tauchtiefe und -dauer ab. Beim Auftauchen wird der über den normalen Wert im Körper gelöste Stickstoff wieder abgebaut. Im Allgemeinen ist jedoch die Auftauchzeit zu kurz, um allen überflüssigen Stickstoff abzubauen. Taucht man zu schnell auf, kann es zur Dekompressionskrankheit kommen: Der Stickstoff perlt in Bläschen aus. Diese können dann die Blutbahn verstopfen oder Gelenke blockieren. Der Körper verträgt nur eine gewisse Übersättigung.
Bei einer wissenschaftlichen Untersuchung wurde die Veränderung des Stickstoffgehaltes in einem Gewebe nach dem Auftauchen in Abständen von 10 Minuten gemessen.

Zeit (in min)	0	10	20	30	40	50	60
p (in %)	100	52,3	24,1	14	5,9	3,0	1,8

a) Zeichnen Sie die Werte in ein Koordinatensystem.

b) Untersuchen Sie, ob exponentielles Wachstum vorliegt.

c) Ermitteln Sie eine Funktionsgleichung, die den Verlauf der Werte näherungsweise beschreibt.

◒ **15** a) Beschreiben Sie, wie die Graphen in Fig. 1 aus dem Graphen der Funktion f mit $f(x) = 1{,}5^x$ hervorgehen, indem Sie die entsprechenden Kärtchen auswählen und ggf. in die richtige Reihenfolge bringen.

A Streckung mit dem Faktor 0,5 in y-Richtung

B Spiegelung an der y-Achse

C Verschiebung um 2 in y-Richtung

b) Bestimmen Sie die Gleichungen der zugehörigen Exponentialfunktionen.

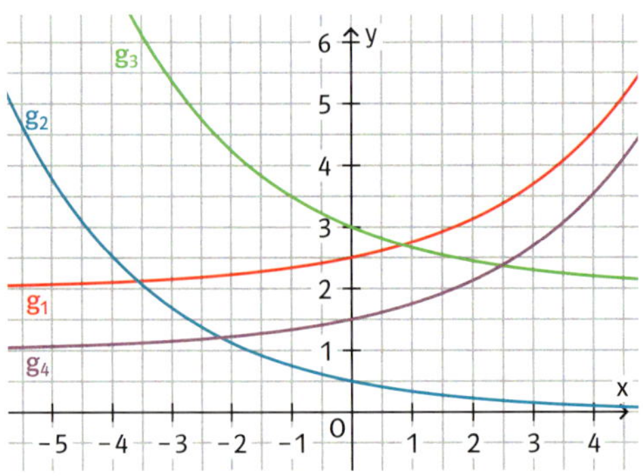

Fig. 1

16 Das Signal eines WLAN-Routers wird beim Durchgang durch Wände und Decken gedämpft. Dabei nimmt die Intensität der Strahlung bei 1 cm Ziegelstein um 1 % ab.

a) Berechnen Sie, wie viel Prozent der vom Router ausgesandten Strahlungsleistung hinter einer 24 cm dicken Ziegelsteinwand bei orthogonaler Durchdringung noch ankommt.

b) Berechnen Sie, wie viele Ziegelsteinwände der Dicke 24 cm sich zwischen Router und Empfangsgerät maximal befinden dürfen, wenn die Signalstärke beim Empfänger noch mindestens 40 % des Ausgangssignals betragen soll.

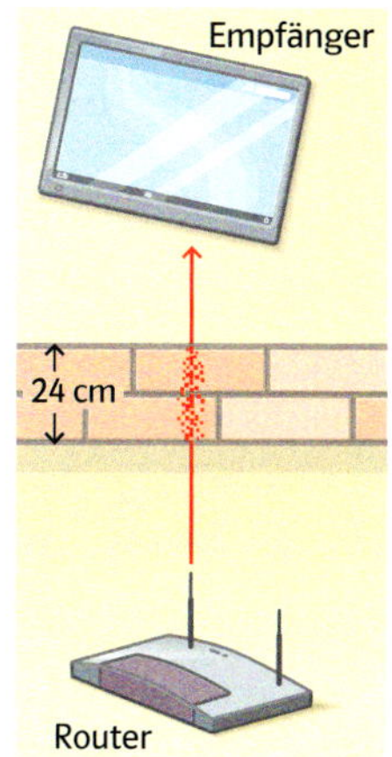

17 An einem Sommertag wird Apfelsaft aus dem Kühlschrank in ein Glas gegossen. Die Temperatur des Saftes ist 14° niedriger als die Raumtemperatur. Diese Temperaturdifferenz halbiert sich bei gleichbleibender Raumtemperatur alle 40 Minuten. Bestimmen Sie die Gleichung der Funktion *Zeit* $\mapsto$ *Temperaturdifferenz* und zeichnen Sie ihren Graphen.

18 Bei Tarifverhandlungen für die nächsten drei Jahre stehen sich Gewerkschaften und Arbeitgeber gegenüber. Die Gewerkschaft fordert eine Erhöhung der Gehälter um 4 % jährlich. Die Arbeitgeber bieten eine Einmalzahlung von 7 % des momentanen Jahresgehalts begleitet von einer jährlichen Gehaltserhöhung von 3 %.

a) Ein Arbeitnehmer hat ein Monatsgehalt von 2000,– €. Berechnen Sie sein Einkommen innerhalb der dreijährigen Laufzeit des Tarifvertrags sowie sein Endgehalt nach drei Jahren für beide Modelle.

b) Was verspricht sich die Arbeitgeberseite von ihrem Vorschlag?

19 Beim Hören wird ein z. B. von einem Lautsprecher ausgehender Reiz von uns als Ton wahrgenommen. Man muss dabei unterscheiden zwischen der Intensität I des Reizes und der Lautstärke L (in Dezibel, dB), in der wir den Ton hören. Nach Weber-Fechner gilt $L = 10 \cdot \log_{10}\left(\frac{I}{I_0}\right)$ (I_0: Intensität, bei der wir den Ton eben noch hören).

a) Wie ändert sich die Lautstärke, wenn eine Reizintensität I von $1000\,I_0$ (von $10\,000\,I_0$; von $100\,000\,I_0$) um $20\,000\,I_0$ erhöht wird?

b) Wie müsste bei einer Lautstärke von 40 dB die Reizintensität erhöht werden, um die doppelte Lautstärke zu erzeugen?

HÖRSCHÄDEN DURCH DISCO-BESUCH
Fachleute weisen darauf hin, dass immer mehr Jugendliche unter Hö… schäden leiden. Al… Ursache …

20 a) Zeigen Sie, dass bei jeder Exponentialfunktion der Form $f(x) = q^x$ eine Verschiebung des Graphen in x-Richtung durch eine Streckung in y-Richtung ersetzt werden kann. Wie hängt der Streckfaktor mit der Verschiebung zusammen?

b) Zeigen Sie, dass bei einer Exponentialfunktion der Form $f(x) = a \cdot q^x$ der Funktionswert sich mit q multipliziert, wenn man um 1 nach rechts geht, d. h. $f(x + 1) = q \cdot f(x)$ für jedes beliebige x.

21 Gegeben sind die Exponentialfunktionen f mit $f(x) = q^x$ und g mit $g(x) = a \cdot q^x$ ($q > 0$; $a > 0$).

a) Zeigen Sie, dass für f gilt: $f(u + v) = f(u) \cdot f(v)$.

b) Zeigen Sie: Für die Funktion g gilt die Gleichung $g\left(\frac{u+v}{2}\right) = \sqrt{g(u) \cdot g(v)}$.

c) Gibt es ähnliche Gesetzmäßigkeiten für die lineare Funktion h mit $h(x) = m \cdot x + b$?

22 In einer Nährlösung vermehren sich Bakterien stündlich um 25 %, im gleichen Zeitraum sterben 5 %. Zu Beginn der Beobachtung sind 1000 Bakterien vorhanden.

a) In welchem Zeitraum verdoppelt sich die Anzahl der vorhandenen Bakterien?

b) Der Nährlösung wird 10 Stunden nach Beobachtungsbeginn ein Desinfektionsmittel zugesetzt. Hierdurch erhöht sich die „Sterberate" auf 50 %, während die „Geburtenrate" bei 25 % bleibt. Wie viele Stunden nach der Zugabe des Desinfektionsmittels enthält die Nährlösung wieder die zu Beobachtungsbeginn vorhandene Anzahl von Bakterien?

c) Wann sind ausgehend vom Beobachtungsbeginn nur noch rund 50 Bakterien vorhanden?

Test

Kopiervorlage
Check-out
3i668t

IV Exponentialfunktionen

Lineares Wachstum

Beim linearen Wachstum ist die absolute Änderung d in einer Zeiteinheit konstant. Funktionsgleichung bei einem Anfangsbestand a_0:
$f(x) = a_0 + d \cdot x$; $f(0) = a_0$.
Ist $d < 0$, so liegt ein negatives Wachstum (Abnahme) vor.

x (in Jahren)	0	1	2	3
Bestand f(x)	29	23	17	11

−6 −6 −6

Der Bestand verändert sich jährlich um −6:
$d = -6$ und $f(x) = 29 - 6 \cdot x$

Exponentielles Wachstum

Beim exponentiellen Wachstum ist der Wachstumfaktor q in einer Zeiteinheit konstant. Funktiongleichung bei einem Anfangsbestand a_0:
$f(x) = a_0 \cdot q^x$, $f(0) = a_0$.
Für $0 < q < 1$ liegt ein negatives Wachstum (Abnahme) vor.

x (in Jahren)	0	1	2	3
Bestand f(x)	24	36	54	81

· 1,5 · 1,5 · 1,5

Der Bestand verändert sich jährlich um den Faktor $q = 1{,}5$. Dies entspricht einer Zunahme um 50 %. Es ist $f(x) = 24 \cdot 1{,}5^x$.

Exponentialfunktion

Eine Funktion f mit $f(x) = q^x$ $(q > 0,\ q \neq 1)$ heißt Exponentialfunktion. Ihre Definitionsmenge ist $D = \mathbb{R}$.

(1) Alle Graphen von Exponentialfunktionen f mit $f(x) = q^x$ verlaufen oberhalb der x-Achse und gehen durch den Punkt $S_y(0\,|\,1)$.
(2) Der Graph von f steigt für $q > 1$ und fällt für $0 < q < 1$.
(3) Die x-Achse ist Asymptote des Graphen von f.
(4) Spiegelt man den Graphen von f mit $f(x) = q^x$ an der y-Achse, so erhält man den Graphen von g mit $g(x) = q^{-x} = \left(\frac{1}{q}\right)^x$.

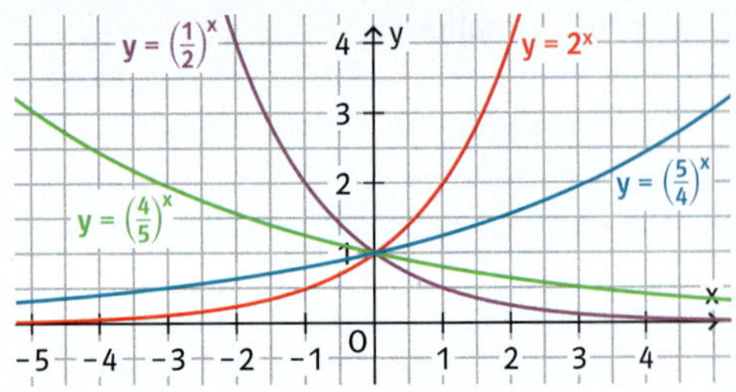

Transformationen von Graphen

Im Vergleich zum Graphen K_f der Exponentialfunktion f mit $f(x) = q^x$ ist der Graph der Funktion g mit $g(x) = a \cdot q^x + d$ mit dem Faktor a in y-Richtung gestreckt und er ist um d in y-Richtung verschoben (Asymptote $y = d$).
Ist $a < 0$, so beinhaltet dies eine Spiegelung an der x-Achse.
Der Graph der Funktion h mit $h(x) = q^{x-c}$ geht aus K_f durch eine Verschiebung um c in x-Richtung hervor.
Der Graph der Funktion k mit $k(x) = q^{bx}$ geht aus K_f durch eine Streckung mit dem Faktor $\frac{1}{b}$ in x-Richtung hervor.

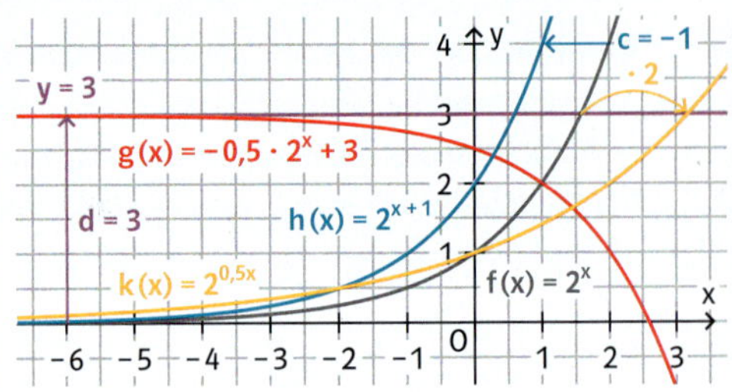

K_g ist mit dem Faktor −0,5 in y-Richtung gestreckt und um 3 in y-Richtung verschoben.
K_h ist um −1 in x-Richtung verschoben.
K_g ist mit dem Faktor 2 in x-Richtung gestreckt.

Logarithmus

Der Logarithmus von b zur Basis a $(a > 0,\ a \neq 1,\ b > 0)$ ist derjenige Exponent, mit dem man a potenzieren muss, um b zu erhalten. Man schreibt kurz $\log_a(b)$. Die Exponentialgleichung $a^x = b$ ist gleichbedeutend mit der Gleichung $x = \log_a(b)$.

Aus $2^x = 8$ folgt $x = \log_2(8) = 3$.
Aus $2^x = 1$ folgt $x = \log_2(1) = 0$.
Aus $2^x = 2$ folgt $x = \log_2(2) = 1$

Exponentialgleichungen

Exponentialgleichungen können mit unterschiedlichen Verfahren gelöst werden:

a) durch Exponentenvergleich
b) durch Logarithmieren
c) durch Ausklammern und Anwenden des Satzes vom Nullprodukt
d) durch Substitution

a) $2^{3x-1} = 2^5$, also $3x - 1 = 5$ und damit $x = 2$.
b) $1{,}5^{4x} = 12 \Leftrightarrow 4x = \log_{1,5}(12) \approx 6{,}13$ und somit $x \approx 1{,}53$.
c) $5^{2x} - 0{,}2 \cdot 5^x = 0$ führt zu $5^x(5^x - 0{,}2) = 0$. Wegen $5^x \neq 0$ muss $5^x = 0{,}2$ sein. Somit ist $x = \log_5(0{,}2) = -1$.
d) $3^{2x} + 2 \cdot 3^x - 8 = 0$; Substitution $3^x = u$
$u^2 + 2u - 8 = 0$; abc-Formel: $u_1 = 2$; $u_2 = -4$
Resubstitution: $3^x = 2 \Leftrightarrow x_1 = \log_3(2)$
Die Gleichung $3^x = -4$ ist unlösbar.

Runde 1

Lösungen | Seite 289

1 Untersuchen Sie, ob die Tabelle zu einem linearen oder exponentiellen Wachstum gehört und ergänzen Sie die fehlenden Werte.

a)

x	0	1	2	3	5
y		6,7		3,5	0,3

b)

x	0	1	2	3	5
y	108		48	32	

2 Bestimmen Sie x.

a) $x = \log_5(125)$ b) $x = \log_9\left(\frac{1}{3}\right)$ c) $\log_x\left(\frac{1}{27}\right) = -3$ d) $\log_{27}(x) = \frac{4}{3}$

3 Bestimmen Sie die Exponentialfunktion f der Form $f(x) = a \cdot q^x$, deren Graph durch die Punkte P und Q verläuft.

a) $P(0|6)$, $Q(1|2)$ b) $P(2|1)$, $Q(5|27)$ c) $P(-2|5)$, $Q(2|20)$

4 Gegeben ist die Funktion g mit $g(x) = -2 \cdot 4^{-x} + 3$. Ihr Graph ist K_g. Beschreiben Sie, durch welche Transformationen K_g aus dem Graphen der Funktion f mit $f(x) = 4^x$ hervorgeht. Skizzieren Sie K_g.

5 In einem Experiment wurde der Zerfall des radioaktiven Elements Jod-131 (^{131}I) gemessen:

Zeit t (in Tagen)	0	2	4	6	8	10	12	14	16
Anzahl ^{131}I-Kerne (in %)	100	84	71	59	50	42	35	30	25

a) Bestimmen Sie mithilfe einer exponentiellen Regression das Zerfallsgesetz.
b) Geben Sie an, wie viel Prozent einer vorhandenen Stoffmenge innerhalb eines Tages bzw. in 10 Tagen zerfallen.
c) Berechnen Sie, nach wie vielen Tagen nur noch 10 % der ursprünglich vorhandenen Menge vorhanden ist.

Runde 2

1 Die Graphen in der Abbildung rechts gehören zu Exponentialfunktionen der Form $f(x) = a \cdot 2^{\pm x} + d$.

a) Bestimmen Sie jeweils den zugehörigen Funktionsterm.
b) Berechnen Sie die Schnittpunkte der Graphen mit den Koordinatenachsen.

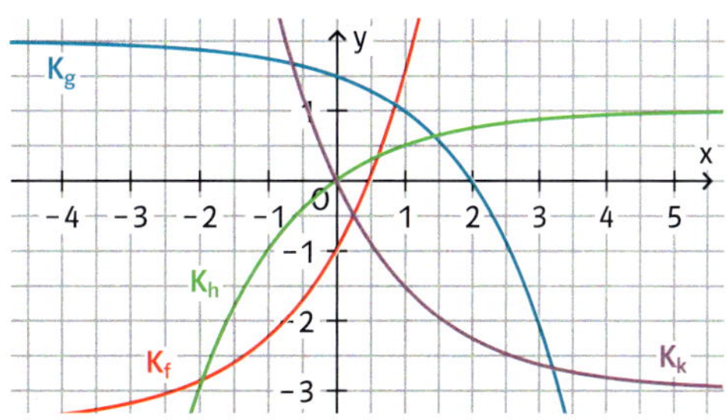

2 Lösen Sie die Exponentialgleichung.

a) $3^{2x} - 15 = 12$ b) $1{,}5^{2x} - 2 \cdot 1{,}5^x = 0$ c) $2^{2x} - 4 \cdot 2^x = -3$

3 Entscheiden Sie, ob für die Funktion f mit $f(x) = a \cdot 3^x$, $a \in \mathbb{R}$ die folgenden Aussagen wahr oder falsch sind. Begründen Sie Ihre Entscheidung.

a) Ist $a > 0$, ist stets $f(x) > 0$.
b) Ist $g(x) = a \cdot q^x$ mit $q > 3$, so gilt stets: $g(x) > f(x)$.
c) Für den Funktionswert $f(x + 2)$ gilt stets: $f(x + 2) = 9 \cdot f(x)$
d) Für den Funktionswert $f(2x)$ gilt stets: $f(2x) = (f(x))^2$.

4 Um Röntgenstrahlen abzuschirmen, verwendet man Bleiplatten. Bei einer Plattendicke von 1 mm wird die vorhandene Strahlung um 5 % vermindert. Berechnen Sie, welche Dicke eine Bleiplatte haben muss, damit die Strahlung um die Hälfte abnimmt.

V Änderungsrate und grafisches Differenzieren

Das können Sie schon

- Wertetabellen erstellen und Funktionsgraphen zeichnen
- Gleichungen von Geraden bestimmen
- Bruchterme vereinfachen
- Die Tangenteneigenschaft einer Geraden bezüglich einer Parabel prüfen
- Die Gleichung einer Funktion aus ihrem Graphen bestimmen

Das können Sie bald

- Mittlere Änderungsraten einer Funktion bestimmen und grafisch interpretieren
- Momentane Änderungsraten einer Funktion grafisch interpretieren und bestimmen
- Tangenten an Funktionsgraphen zeichnen
- Den Steigungsverlauf eines Funktionsgraphen beschreiben und skizzieren

Check-in

So geht's:
(1) Checkliste übertragen oder über Code herunterladen.
(2) Fähigkeiten selbst einschätzen.
(3) Einschätzung mithilfe der Aufgaben überprüfen und gegebenenfalls Lerntipps beachten.

Schätzen Sie sich mithilfe der Checkliste ein.

	☺	😐	☹
1. Ich kann die Steigung einer Geraden im Koordinatensystem ermitteln.	☐	☐	☐
2. Ich kann die Gleichung einer Geraden im Koordinatensystem bestimmen.	☐	☐	☐
3. Ich kann Funktionswerte aus dem Graphen einer Funktion ablesen.	☐	☐	☐
4. Ich kann Brüche vereinfachen.	☐	☐	☐
5. Ich kann einem Diagramm Informationen entnehmen.	☐	☐	☐
6. Ich kann die Lage einer Geraden bezüglich einer Parabel bestimmen.	☐	☐	☐

Lerntipps

zu 1. **Grundwissen**, Seiten 240–241
zu 2. **Grundwissen**, Seiten 240–241
zu 3. **Beispiel 1**, Seite 12
zu 4. **Grundwissen**, Seiten 244 und 245
zu 5. **Lehrtext**, Seite 8
zu 6. **Lehrtext**, Seite 32

Kopiervorlage Checkliste c3m89s

Lösungen | Seite 289

Überprüfen Sie Ihre Einschätzungen.

○ **1 Steigung einer Geraden ermitteln**
Bestimmen Sie die Steigung der Geraden.

a)
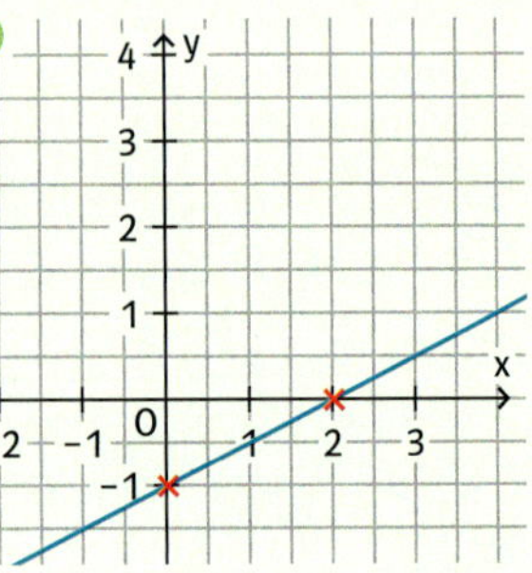

b)
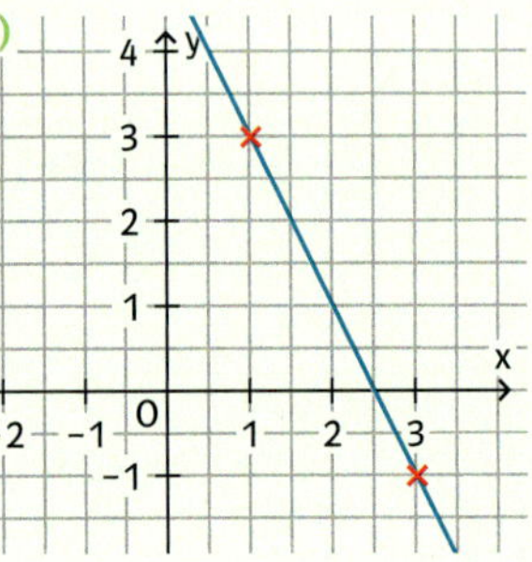

c)
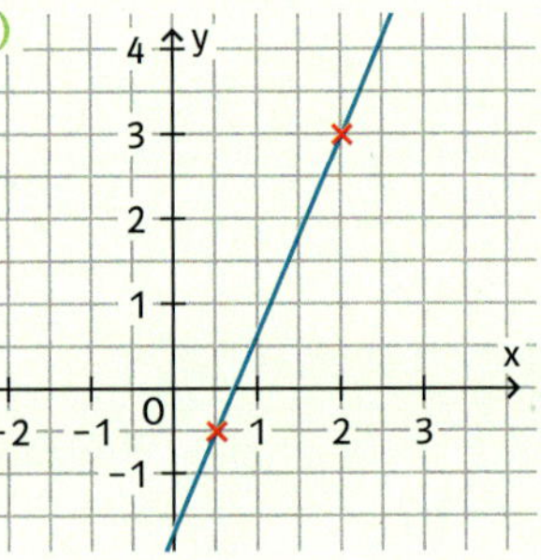

○ **2 Gleichung einer Geraden ermitteln**
Bestimmen Sie die Gleichung der Geraden.

a)
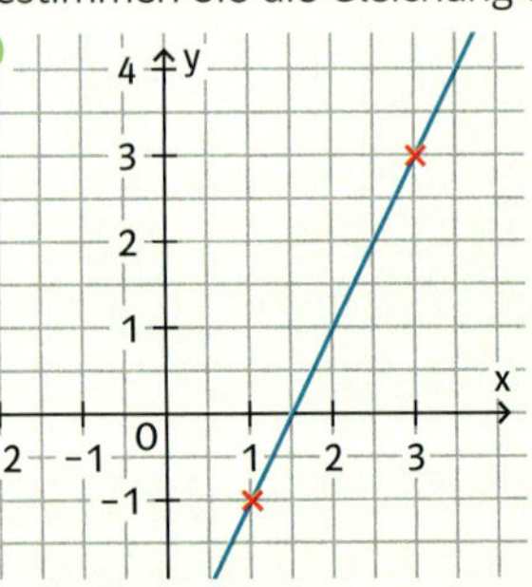

b)
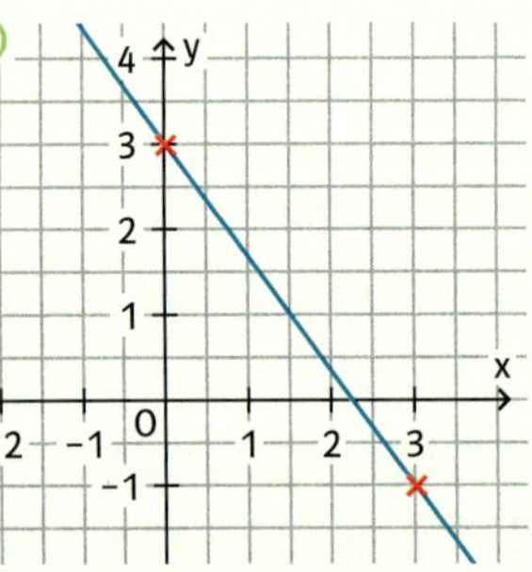

c)
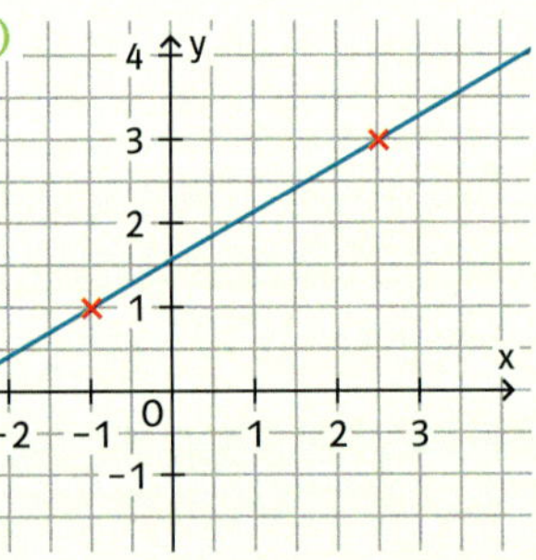

d)
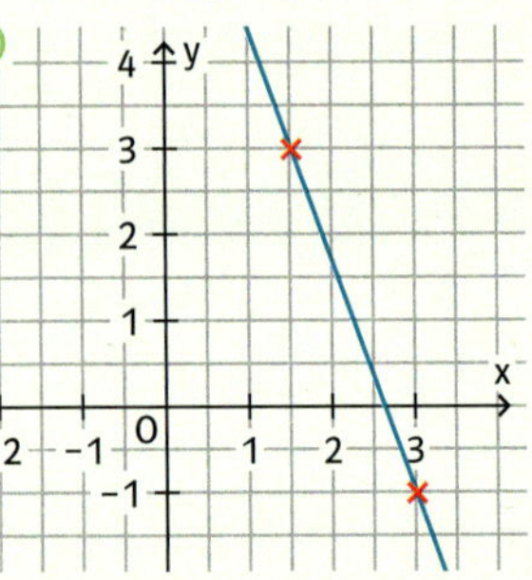

e)
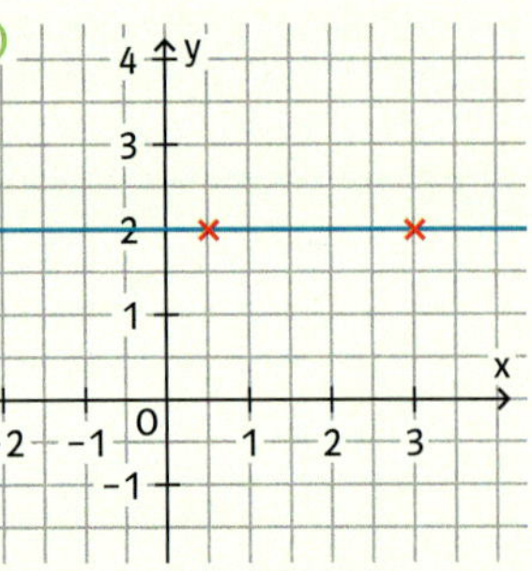

f)
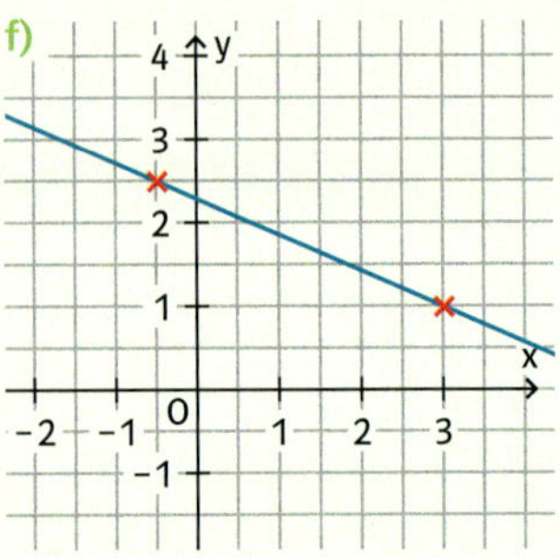

○ **3** **Funktionswerte ablesen**

Lesen Sie die Werte aus dem Graphen von f ab.

a) f(1)

b) Funktionswert von f an der Stelle 0,5

c) f(−0,5) − f(−2,5)

d) Nullstellen von f

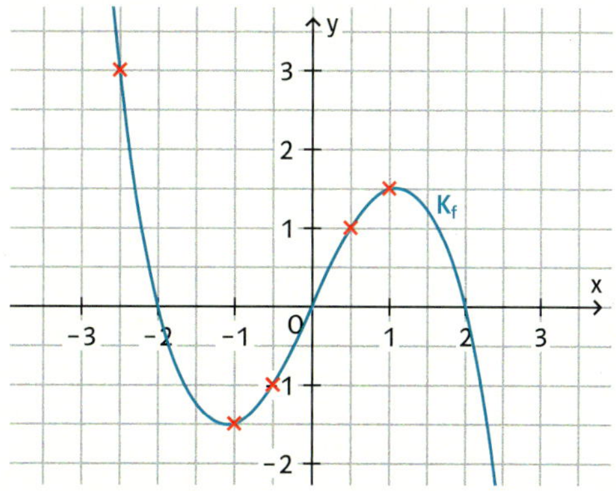

○ **4** **Brüche vereinfachen**

Vereinfachen Sie die Bruchterme. Faktorisieren Sie ggf. Zähler oder Nenner.

a) $\frac{4 \cdot x + 7 \cdot x}{x}$ $(x \neq 0)$ b) $\frac{3x + x^2}{x}$ $(x \neq 0)$

c) $\frac{(x - 4) \cdot (x + 4)}{x - 4}$ $(x \neq 4)$ d) $\frac{x^2 - 9}{x - 3}$ $(x \neq 3)$

○ **5** **Diagrammen Informationen entnehmen**

Das Diagramm zeigt die Höhe eines Heißluftballons in Abhängigkeit von der Zeit. Welche der Aussagen über die Fahrt ist wahr, welche falsch? Begründen Sie.

A: Die Ballonfahrt dauert 800 min.

B: 50 Minuten nach dem Start beginnt der Ballon zu sinken.

C: Zwischen 30 und 35 min nach dem Start bleibt der Ballon auf gleicher Höhe.

D: In den ersten 10 Minuten gewinnt der Ballon gleichmäßig an Höhe.

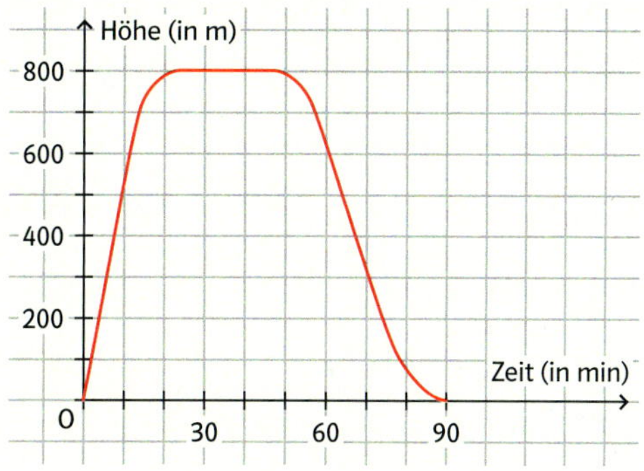

○ **6** **Lage von Geraden bezüglich Parabel bestimmen**

Überprüfen Sie durch Rechnung, ob es sich bei der Geraden um eine Sekante oder eine Tangente an die Parabel K_f mit der Gleichung $f(x) = \frac{1}{2}x^2$ handelt. Geben Sie ggf. Schnittpunkte, Berührpunkt bzw. die Gleichung der Geraden an.

a) g: y = x + 1,5

b) g: y = 2x − 2

c) g: y = −0,5x + 1

d) g: y = −x − 0,5

e) Gerade h im Koordinatensystem rechts

f) Gerade i im Koordinatensystem rechts

g) Gerade k im Koordinatensystem rechts

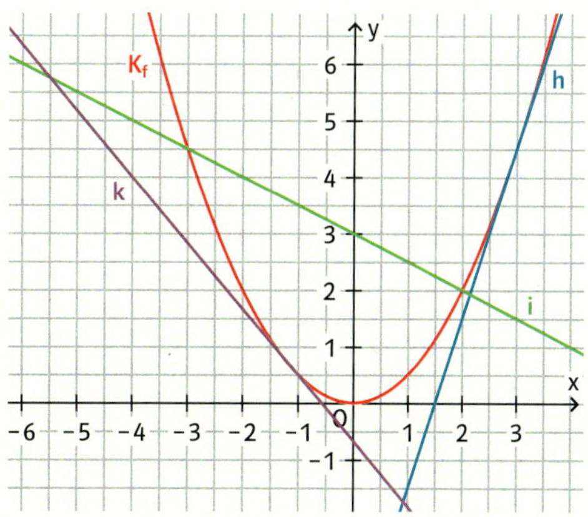

1 Durchschnittliche Änderungsrate, Differenzenquotient

Zum 30. Firmenjubiläum veröffentlicht ein Unternehmen seine Umsatzzahlen (siehe Tabelle) und schreibt:

„In den ersten zehn Jahren stieg unser Umsatz gleichmäßig an, und blieb dann auf einem konstant hohen Niveau, bis die Lage im Jahre 2010 zunehmend schwieriger wurde und die Zahlen etwas zurückgingen. Diesen Abwärtstrend konnten wir in den letzten Jahren jedoch wieder bremsen."

Was meinen Sie dazu?

Jahr	Umsatz in Mio €
1990	1,2
1992	2,7
1995	4,4
2000	6,2
2005	6,3
2010	6,1
2014	5,2
2017	4,5
2019	3,9
2020	3,5

Die folgenden Lerneinheiten beschäftigen sich mit der Untersuchung der Veränderung von Funktionswerten. Die zentralen Begriffe durchschnittliche Änderungsrate bzw. lokale Änderungsrate stehen im Mittelpunkt. Zunächst wird hier die Bedeutung der durchschnittlichen Änderungsrate an einem Bewegungsbeispiel erläutert.

Fig. 1 zeigt die Fahrt einer U-Bahn zwischen zwei Stationen. Der zurückgelegte Weg wird in Abhängigkeit von der dafür benötigten Zeit dargestellt. Der Tabelle kann man entnehmen: Der von der U-Bahn zwischen Sekunde 30 und 60 zurückgelegte Weg hat sich von 396 auf 861 Meter, d.h. um 465 Meter, verändert. Damit berechnet sich die Durchschnittsgeschwindigkeit im Zeitintervall [30; 60] zu

$v = \frac{\Delta s}{\Delta t} = \frac{861\,m - 396\,m}{60\,s - 30\,s} = 15{,}5\,\frac{m}{s}$.

Man nennt dies auch die **durchschnittliche Änderungsrate** des zurückgelegten Weges von 30 s bis 60 s; sie beträgt also $15{,}5\,\frac{m}{s}$.

Zeit (in s)	0	10	20	30	40	50	60	70
Weg (in m)	0	45,5	182	396	618	795	861	861

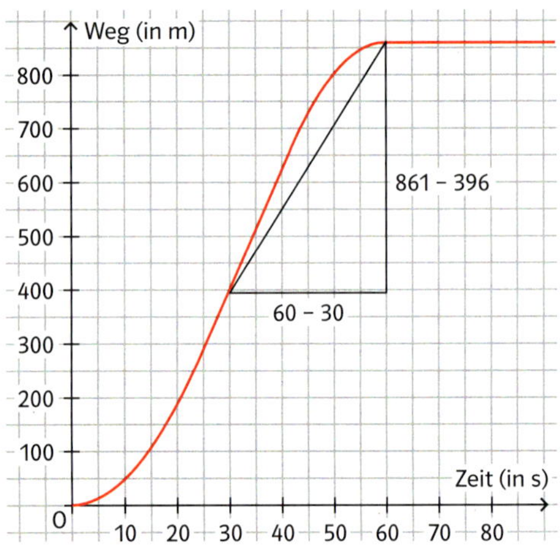

Fig. 1

Entsprechend lässt sich allgemein die durchschnittliche Änderungsrate einer Funktion f folgendermaßen berechnen:
Man dividiert die Differenz der Funktionswerte $y_2 = f(x_2)$ und $y_1 = f(x_1)$ durch die Differenz der beiden Stellen x_2 und x_1 und erhält damit den **Differenzenquotienten**

$\frac{\Delta y}{\Delta x} = \frac{y_2 - y_1}{x_2 - x_1} = \frac{f(x_2) - f(x_1)}{x_2 - x_1}$ der Funktion f.

Dieser Quotient lässt sich geometrisch deuten als Steigung der Geraden durch die Punkte $P(x_1 | y_1)$ und $Q(x_2 | y_2)$ (siehe Fig. 2). Diese Gerade bezeichnet man wie bei einer Parabel als **Sekante** des Graphen durch P und Q.

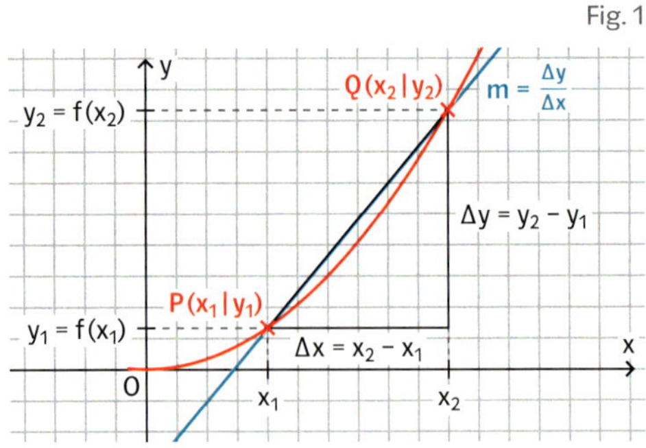

Fig. 2

Zum Begriff der Sekante bei Parabeln siehe auch S. 32.

Die **durchschnittliche Änderungsrate** einer Funktion f im Intervall $I = [x_1; x_2]$ ist der **Differenzenquotient** $\frac{f(x_2) - f(x_1)}{x_2 - x_1}$.
Der Differenzenquotient gibt die Steigung der **Sekante** durch die Punkte $P(x_1 | f(x_1))$ und $Q(x_2 | f(x_2))$ des Graphen von f an.
Die durchschnittliche Änderungsrate wird auch **mittlere Änderungsrate** genannt.

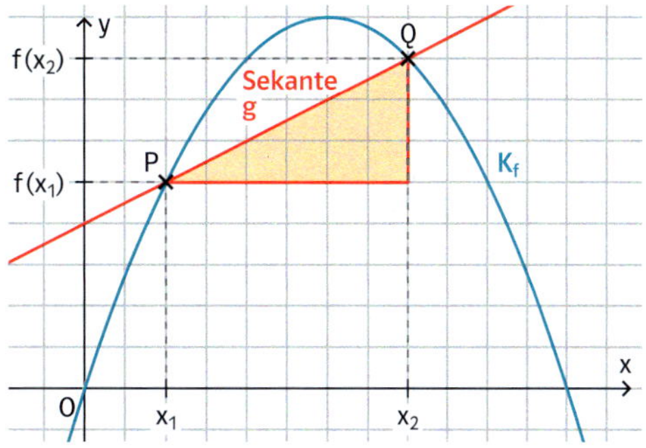

Für $x_2 < x_1$ bezieht sich die Rechnung auf das Intervall $[x_2; x_1]$.

Beispiel 1 **Differenzenquotienten bestimmen mithilfe von Graph bzw. Funktionsterm**

a) Bestimmen Sie mithilfe des Graphen den Differenzenquotienten der Funktion f in den Intervallen $[0; 2]$ und $[1; 4]$.

b) Berechnen Sie den Differenzenquotienten der Funktion g mit $g(x) = 3x^2 + 1$ im Intervall $[-2; 1]$.

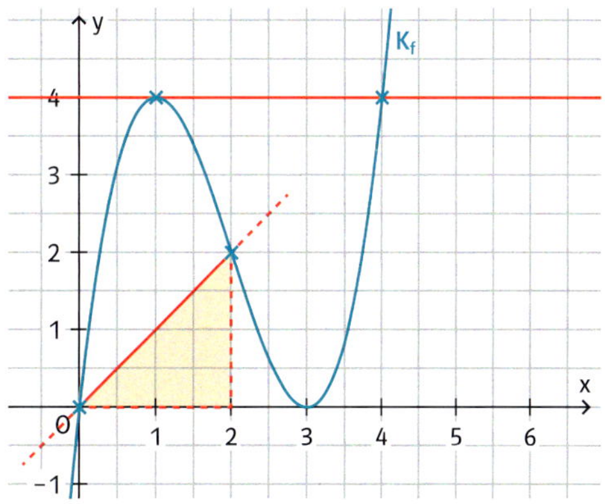

Lösung

a) Intervall $[0; 2]$: $\frac{f(2) - f(0)}{2 - 0} = \frac{2 - 0}{2 - 0} = 1.$

Intervall $[1; 4]$: $\frac{f(4) - f(1)}{4 - 1} = \frac{4 - 4}{3} = 0.$

b) $\frac{g(1) - g(-2)}{1 - (-2)} = \frac{(3 \cdot 1^2 + 1) - (3 \cdot (-2)^2 + 1)}{1 - (-2)}$

$= \frac{4 - 13}{3} = -\frac{9}{3} = -3$

Beispiel 2 **Durchschnittliche Änderungsrate bestimmen mithilfe einer Wertetabelle**

Die Tabelle rechts zeigt die Bevölkerungsentwicklung in Deutschland im Zeitraum von 1950 bis 2019. Bestimmen Sie die mittlere Änderungsrate der Bevölkerungszahl und erklären Sie ihre Bedeutung

Jahr	1950	1960	2000	2010	2019
Einwohner (in Millionen)	69,3	73,1	82,3	81,8	83,2

a) für die Jahre 1950 - 1960,

b) für die Jahre 2000 - 2019.

Lösung

a) Mittlere Änderungsrate: $\frac{73{,}1 - 69{,}3}{1960 - 1950} = 0{,}38.$
Zwischen 1950 und 1960 nahm die Einwohnerzahl jährlich im Durchschnitt um ca. 380 000 zu.

b) Mittlere Änderungsrate: $\frac{83{,}2 - 82{,}3}{2019 - 2000} \approx 0{,}047.$
Zwischen 2000 und 2019 nahm die Einwohnerzahl jährlich im Durchschnitt um ca. 47 000 zu.

Aufgaben

○ **1** Gegeben sind die Graphen der beiden Funktionen f und g.
Berechnen Sie den Differenzenquotienten von f bzw. g im angegebenen Intervall.

a) $I = [1; 3]$ b) $I = [-1; 2]$
c) $I = [0; 2]$ d) $I = [-1; 1]$

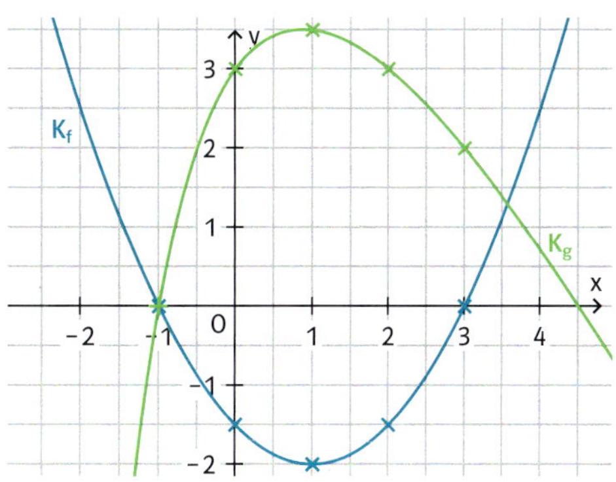

○ **2** Der Taschenrechner zeigt nebenstehende Wertetabelle einer Funktion f. Berechnen Sie daraus den Differenzenquotienten im angegebenen Intervall.

x	f(x)
0	1
2	2,6
4	1
6	−13,4

a) I = [0; 2] b) I = [2; 4] c) I = [0; 4]
d) I = [2; 6] e) I = [4; 6] f) I = [0; 6]

○ **3** ☒ Berechnen Sie den Differenzenquotienten der Funktion f im Intervall I.

a) $f(x) = x^2$, $I = [0; 2]$
b) $f(x) = 3x^2$, $I = [-1; 3]$
c) $f(x) = 2x^3$, $I = [-1; 1]$
d) $f(x) = 3x^2 - 4$, $I = [1; 3]$
e) $f(x) = \frac{1}{2} \cdot x^2 - 3$, $I = [3; 5]$
f) $f(x) = x^4 - 2x$, $I = [-2; 1]$
g) $f(x) = \frac{1}{3} \cdot 2^x - 5$, $I = [4; 6]$
h) $f(x) = \frac{1}{x}$, $I = [-1; -0{,}5]$

○ **4** ☒ Die Höhe h einer Kressepflanze wurde in Abhängigkeit von der Zeit t gemessen. Bestimmen Sie die mittlere Änderungsrate der Höhe der Pflanze für

t (in Tagen)	0	1	2	3	4	5	6	7	8	9
h (in mm)	0	0	0	0	1	1	2	4	6	7

a) den gesamten Zeitraum,
b) die ersten drei Tage,
c) die mittleren drei Tage,
d) die letzten drei Tage.

○ Test Lösungen | Seite 290

5 Bestimmen Sie die durchschnittliche Änderungsrate der Funktionen f, g und h in den Intervallen $I_1 = [-3; 1]$ und $I_2 = [-1; 3]$.

a) Wertetabelle von f:

x	−3	−2	−1	0	1	2	3
g(x)	3	0	$-\frac{1}{3}$	0	−1	$-\frac{16}{3}$	−15

b) g ist gegeben durch den Graphen rechts.

c) Funktionsgleichung von h: $h(x) = \frac{1}{3} \cdot 2^x$

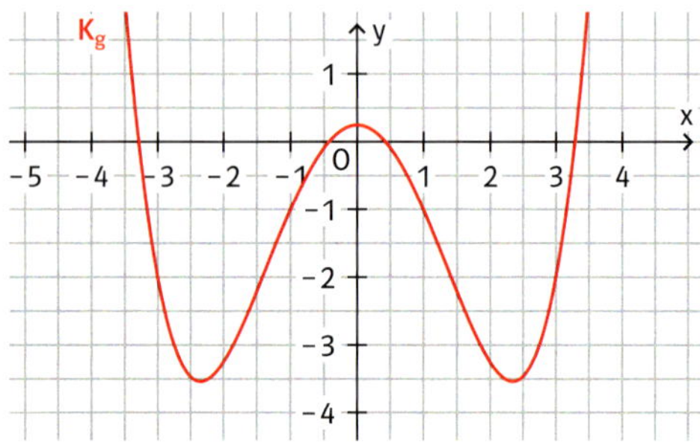

◒ **6** Bestimmen Sie den Differenzenquotienten der Funktion f im Intervall I.

a) $f(x) = (x-2)^2$, $I = [1; 6]$
b) $f(x) = x^3 + x^2$, $I = [0; 4]$
c) $f(x) = \frac{1}{5} \cdot (x-3)^4$, $I = [2; 5]$
d) $f(x) = \frac{9}{x^2} - 3$, $I = [-3; -1]$
e) $f(x) = \frac{1}{3} \cdot 2^{x-1} - 5$, $I = [-1; 3]$
f) $f(x) = \sqrt{x+5} - 3$, $I = [-4; -1]$

◒ **7** Entscheiden Sie, zu welchem Graphen der Differenzenquotient auf dem Kärtchen gehört.

A $\frac{0-(-1{,}5)}{3-0} = 0{,}5$

B $\frac{1-1}{2-0} = 0$

C $\frac{1{,}75-0}{2-(-1)} = \frac{7}{12}$

D $\frac{-1{,}5-0}{0+1{,}5} = -1$

(1)
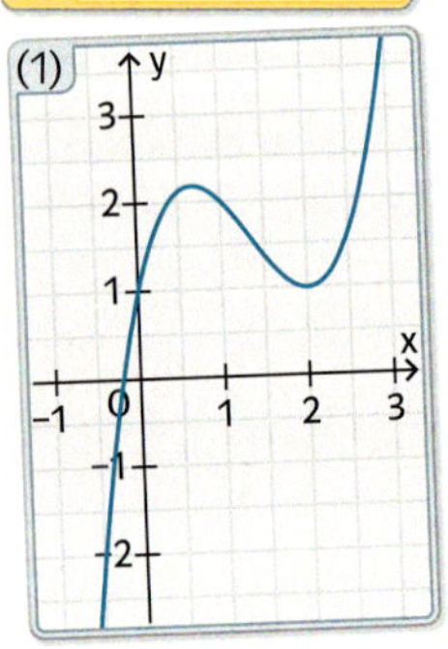

(2)
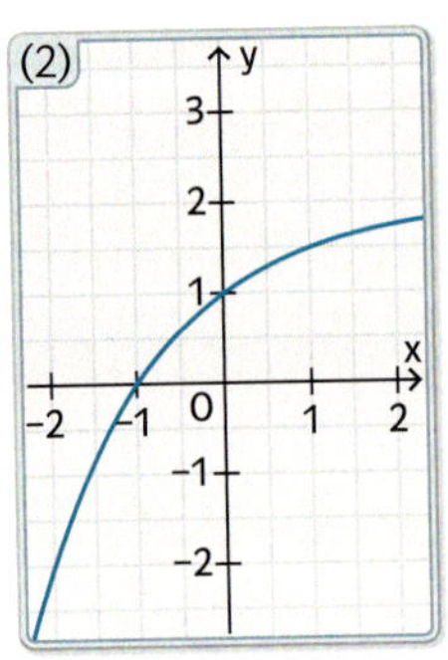

(3)
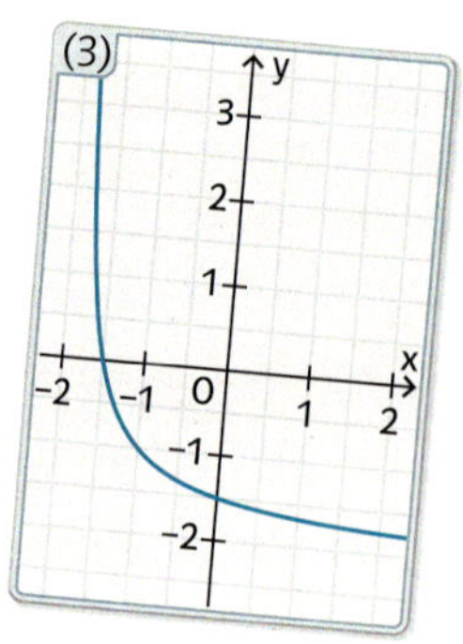

(4)
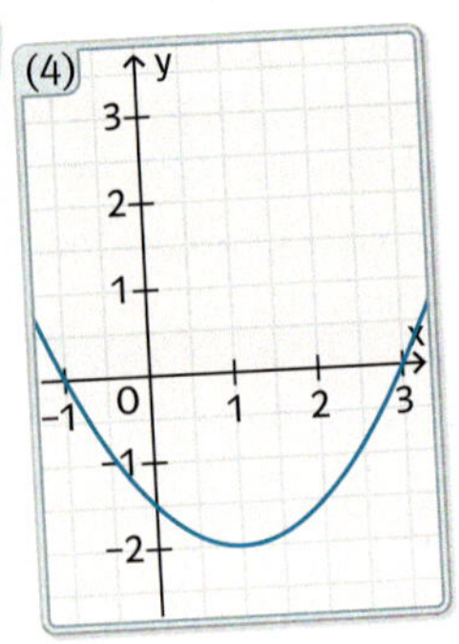

8 Für Eigentumswohnungen in einer Stadt werden in Abhängigkeit von der Wohnfläche die in der Tabelle angegebenen Preise verlangt.

Wohnfl. (in m^2)	40	60	80	100
Preis (in Tsd. €)	135	185	222	262

a) Um wie viel nimmt der Kaufpreis pro Quadratmeter zwischen $40\,m^2$ und $80\,m^2$ durchschnittlich zu?

b) Welcher Kaufpreis ergibt sich für eine Wohnung mit $87\,m^2$ Wohnfläche, wenn man zwischen $80\,m^2$ und $100\,m^2$ mit einer gleichmäßigen Zunahme des Kaufpreises rechnet?

9 Beim Tauchen gelten strenge Regeln für das Auftauchen. Die Tabelle zeigt den Auftauchvorgang, wie man ihn nach einem Tauchgang, bei dem man 28 Minuten in 39 m Tiefe war, gestalten kann.

a) Bestimmen Sie die mittlere Auftauchgeschwindigkeit für den gesamten Auftauchvorgang.

b) Bestimmen Sie die mittlere Auftauchgeschwindigkeit in der ersten bzw. zweiten Hälfte des Auftauchzeitraums.

c) Bestimmen Sie die mittlere Auftauchgeschwindigkeit in den ersten und in den letzten drei Minuten.

In dieser Aufgabe wird die mittlere Änderungsrate als mittlere Auftauchgeschwindigkeit bezeichnet.

Zeit t (in min)	0	3	7	7,5	15,5	17	31	34
Tiefe (in m)	39	9	9	6	6	3	3	0

Test

Lösung | Seite 290

10 Ein Radfahrer fährt zwischen 11:30 Uhr und 11:50 Uhr mit der mittleren Geschwindigkeit $18\,\frac{km}{h}$. Um 11:50 Uhr zeigt sein Kilometerzähler den Zählerstand 1142 km an.

a) Wie war der Zählerstand um 11:30 Uhr?

b) Welche Aussagen kann man zum Zählerstand um 11:40 Uhr machen?

11 Gegeben ist die Funktion f mit $f(x) = x^2$.

Strategie | Seite 220
3. Orientieren an einem Beispiel

a) Untersuchen Sie die Änderungsraten auf Intervallen der Länge 1. Welcher Zusammenhang mit den Intervallgrenzen fällt Ihnen auf?

b) Zeigen Sie: Für zwei beliebige Zahlen x_1 und x_2 sind die Änderungsraten auf den Intervallen $I = [x_1; x_2]$ und $J = [x_1 - 1;\ x_2 + 1]$ gleich.

c) Versuchen Sie die Aussage in b) zu verallgemeinern.

12 a) Der Differenzenquotient einer Funktion f im Intervall $I_1 = [-1; 4]$ hat den Wert 3. Wie groß ist der Differenzenquotient im Intervall $I_2 = [-4; 1]$, wenn f eine gerade (bzw. ungerade) Funktion ist?

b) Formulieren Sie eine allgemeine Aussage.

Strategie | Seite 220
3. Orientieren an einem Beispiel

Grundwissen Test

Grundwissen
Seite 32
Lösung | Seite 290

13 Prüfen Sie, ob die gegebenen Geraden $g_1, \dots g_4$ die Parabel p schneiden oder berühren. Geben Sie gegebenenfalls die Schnittpunkte bzw. den Berührpunkt an.

a) p: $y = x^2 - 3$; g_1: $y = 4x - 7$; g_2: $y = x - 4$; g_3: $y = x - 1$; g_4: $y = -2x - 4$

b) p: $y = x^2 - 4x$; g_1: $y = x$; g_2: $y = -2x - 1$; g_3: $y = 2x - 9$; g_4: $y = -4x - 7$

c) p: $y = x^2 - 2x$; g_1: $y = -2x$; g_2: $y = x - 2{,}25$; g_3: $y = 4x - 10$; g_4: $y = x$

2 Lokale Änderungsrate – Ableitung

Erzeugen Sie mit einem digitalen Mathematikwerkzeug den Graphen einer beliebigen Funktion und vergrößern Sie die Ansicht immer weiter (Funktionenmikroskop).

Was fällt auf?

Wiederholen Sie das Vorgehen an einer anderen Stelle des Funktionsgraphen.

Beschreiben Sie Ihre Beobachtung.

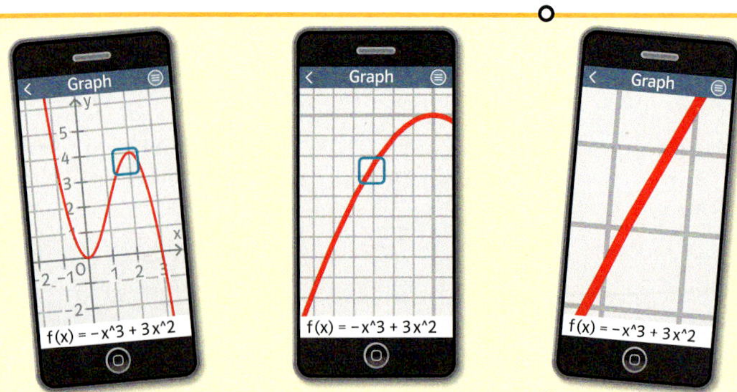

Bei einer Autofahrt kann ein außenstehender Beobachter messen, welche Strecke s das Auto zum Zeitpunkt t zurückgelegt hat. Mit dieser Funktion $s: t \mapsto s$ lässt sich die Durchschnittsgeschwindigkeit in einem **Zeitintervall** als mittlere Änderungsrate der zurückgelegten Strecke s(t) in diesem Zeitintervall berechnen. Durch einen Blick auf den Tachometer kann der Fahrer die Geschwindigkeit seines Autos hingegen zu jedem **Zeitpunkt** ablesen.
Am Beispiel einer fallenden Kugel lässt sich vereinfacht darstellen, wie man bei der Berechnung dieser sogenannten **Momentangeschwindigkeit** zum Zeitpunkt $t = 1\,s$ vorgeht.
Für eine frei fallende Kugel gilt näherungsweise $s(t) = 5 \cdot t^2$. Hierbei ist s(t) die gefallene Strecke in Meter und t die Zeit in Sekunden nach dem Loslassen. Mithilfe des Differenzenquotienten kann man die Durchschnittsgeschwindigkeit z. B. im Intervall [1; 3] berechnen:
$v = \frac{\Delta s}{\Delta t} = \frac{s(3) - s(1)}{3 - 1} = \frac{45 - 5}{2} = 20$. Sie beträgt also $20\,\frac{m}{s}$.
Nachfolgend werden weitere Durchschnittsgeschwindigkeiten für immer kleinere Zeitspannen Δt berechnet mit dem Ziel, die Momentangeschwindigkeit zum Zeitpunkt $t = 1$ zu ermitteln.

$s: t \mapsto s$ ist eine andere Schreibweise für die Funktion s mit $s = s(t)$, siehe S. 12

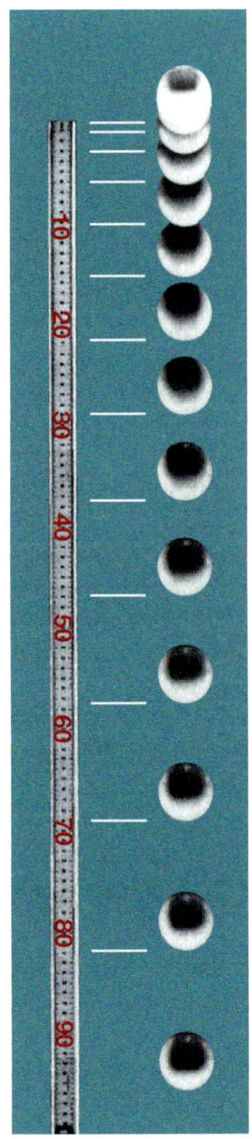

Zeitintervall [1; 2]: $v = \frac{\Delta s}{\Delta t} = \frac{s(2) - s(1)}{2 - 1} = \frac{20 - 5}{2 - 1} = \frac{15}{1} = 15.$
Durchschnittsgeschwindigkeit: $15\,\frac{m}{s}$.
Steigung der Sekante: $m = 15$.

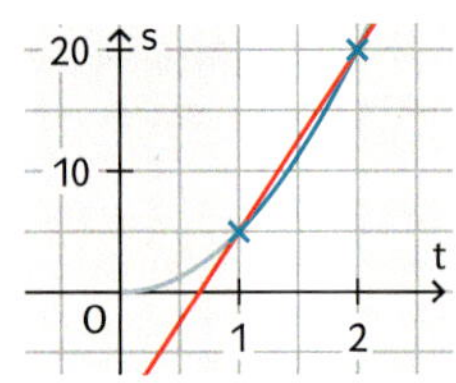

Zeitintervall [1; 1,1]: $v = \frac{\Delta s}{\Delta t} = \frac{s(1{,}1) - s(1)}{1{,}1 - 1} = \frac{6{,}05 - 5}{1{,}1 - 1} = \frac{1{,}05}{0{,}1} = 10{,}5.$
Durchschnittsgeschwindigkeit: $10{,}5\,\frac{m}{s}$.
Steigung der Sekante: $m = 10{,}5$.

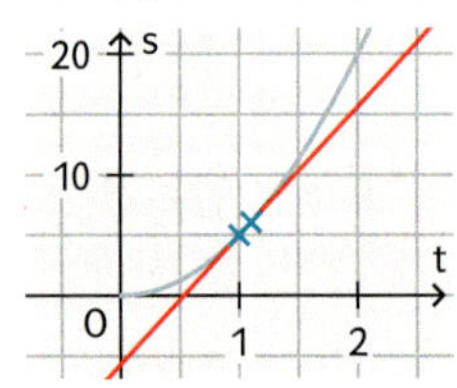

Zeitintervall [1; 1,01]: $v = \frac{\Delta s}{\Delta t} = \frac{s(1{,}01) - s(1)}{1{,}01 - 1} = \frac{5{,}1005 - 5}{1{,}01 - 1} = \frac{0{,}1005}{0{,}01} = 10{,}05.$
Durchschnittsgeschwindigkeit: $10{,}05\,\frac{m}{s}$.
Steigung der Sekante: $m = 10{,}05$.

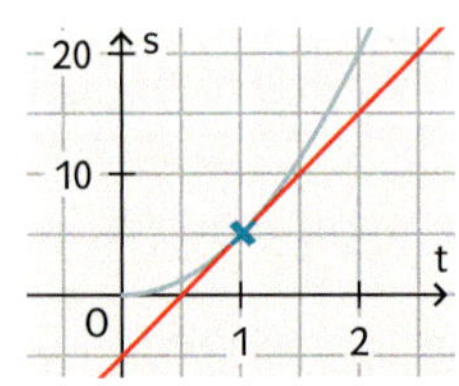

Zeitintervall [1; 1,001]: $v = \frac{\Delta s}{\Delta t} = \frac{s(1{,}001) - s(1)}{1{,}001 - 1} = \frac{5{,}010\,005 - 5}{1{,}001 - 1} = \frac{0{,}010\,005}{0{,}001} = 10{,}005.$
Durchschnittsgeschwindigkeit: $10{,}005\,\frac{m}{s}$.
Steigung der Sekante: $m = 10{,}005$.

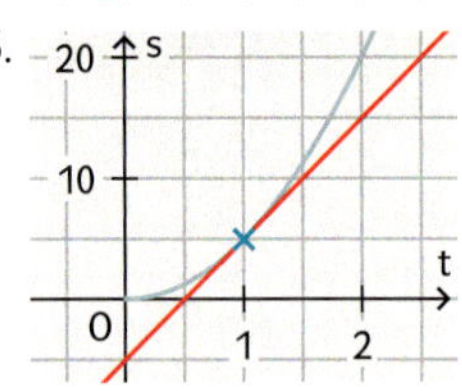

Insgesamt:

Δt	1	0,1	0,01	0,001	…	„ganz klein“
v	15	10,5	10,05	10,005	…	?

Verkleinert man die Länge Δt des Zeitintervalls immer weiter jeweils mit dem Faktor $\frac{1}{10}$, so kommt bei der Sekantensteigung m hinter dem Komma immer jeweils eine Null hinzu und die 5 rutscht eine Stelle nach hinten: $m = 10{,}0\ldots05$. Es liegt daher die Vermutung nahe, dass, wenn sich im Intervall $[1; t]$ die rechte Grenze t der Zahl 1 annähert, sich die Durchschnittsgeschwindigkeit dem Wert $10\frac{m}{s}$ annähert.
Im Grenzfall $t = 1$ hat das Intervall die Länge null und der Wert $10\frac{m}{s}$ wird als **Momentangeschwindigkeit** zum Zeitpunkt $t = 1$ bezeichnet.
Formal: Für $\Delta t \to 0$ gilt $v = \frac{\Delta s}{\Delta t} \to 10$ oder $\lim\limits_{\Delta t \to 0} \frac{\Delta s}{\Delta t} = 10$.

Tipp
Diese **Limesschreibweise** ist Ihnen schon auf Seite 60 begegnet.

Die Zeichnung lässt weiter vermuten, dass dabei die Sekante durch zwei Kurvenpunkte in die **Tangente** an K_f im Berührpunkt $B(1|5)$ übergeht.

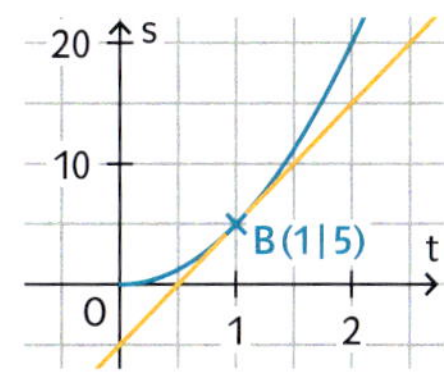

Dies lässt sich rechnerisch überprüfen, indem man die Gerade mit der Steigung 10 durch den Kurvenpunkt $B(1|5)$ mit dem Graphen der Funktion f mit $f(x) = 5 \cdot x^2$ schneidet: Die Gerade hat die Gleichung $g(x) = 10x - 5$.
Gleichsetzen ergibt $5x^2 = 10x - 5$, also $5x^2 - 10x + 5 = 0$.
Da die Diskrimininante bei dieser Gleichung null ist, ist $x = 1$ die einzige Lösung, d.h. die Gerade ist Tangente an die Parabel mit dem Berührpunkt $B(1|5)$ als einzigem gemeinsamen Punkt.

Die Diskriminante ist der Ausdruck unter der Wurzel in der Lösungsformel, d.h. $D = 10^2 - 4 \cdot 5 \cdot 5 = 0$.

Das Vorgehen bei der Bestimmung der Momentangeschwindigkeit lässt sich übertragen auf die Änderungsrate einer beliebigen Funktion f. Dabei bezeichnet man die Länge des Intervalls mit h und schreibt für den Differenzenquotienten (durchschnittliche Änderungsrate)
$m_{Sek} = \frac{\Delta y}{\Delta x} = \frac{y_Q - y_P}{x_Q - x_P} = \frac{f(x_0 + h) - f(x_0)}{h}$.

Für immer kleineres h, d.h. $h \to 0$, geht diese durchschnittliche Änderungsrate im Intervall $[x_0; x_0 + h]$ über in die **lokale Änderungsrate** an der Stelle x_0.

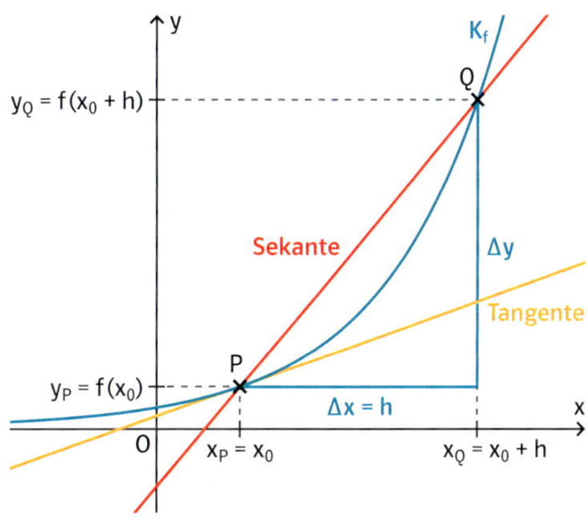

Da hierbei die Sekante in die Tangente an K_f an der Stelle x_0 übergeht, ist dies auch gleichzeitig die Steigung der Tangente. Es gilt also auch $\lim\limits_{h \to 0} m_{Sek} = m_{Tan}$.

Der Grenzwert des Differenzenquotienten $\frac{f(x_0 + h) - f(x_0)}{h}$ für $h \to 0$ nennt man **lokale Änderungsrate** oder **Ableitung von f an der Stelle x_0**.
Man schreibt dafür $\mathbf{f'(x_0)}$ und liest „f Strich an der Stelle x_0".
Bei einer zeitlichen Abhängigkeit spricht man von der **momentanen Änderungsrate**.
Die Ableitung $f'(x_0)$ lässt sich geometrisch deuten als **Steigung der Tangente** an den Graphen von f im Punkt $P(x_0 | f(x_0))$:

$$m_{Tan} = f'(x_0) = \lim_{h \to 0} \frac{f(x_0 + h) - f(x_0)}{h}$$

Man sagt auch, $f'(x_0)$ ist die **Steigung des Graphen K_f** im Punkt $P(x_0 | f(x_0))$.

Näherungswerte für die Ableitung $f'(x_0)$ lassen sich zum einen rechnerisch gewinnen, indem man den Differenzenquotienten für einen kleinen Wert von h, z.B. $h = 0{,}0001$ bestimmt. Zum anderen kann man die Tangente an den Graphen von f zeichnen und die Steigung ablesen.

Beispiel 1 **Ableitung grafisch bestimmen**

Bestimmen Sie grafisch die Ableitung von f mit $f(x) = x^2$ an der angegebenen Stelle.

a) Stelle $x_0 = -2$. Verwenden Sie dazu die rechts eingezeichnete Tangente.

b) Stelle $x_0 = 1$. Zeichnen Sie dazu den Graphen sowie die zugehörige Tangente in Ihr Heft und lesen Sie die Steigung ab.

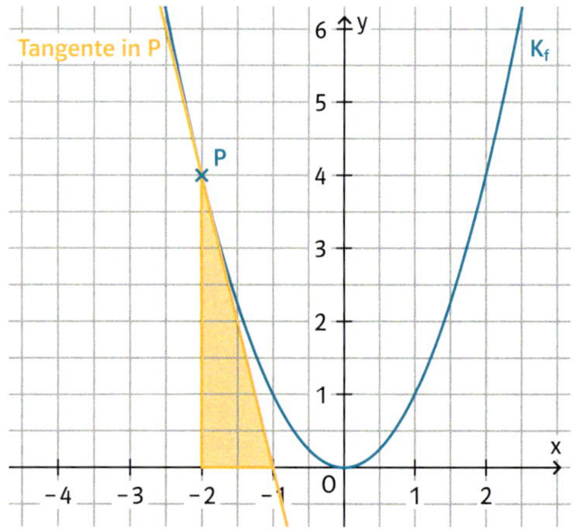

So zeichnet man eine Tangente:

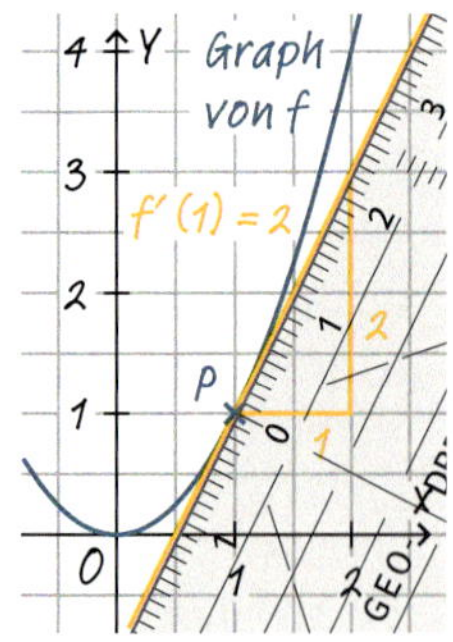

Lösung

a) Die Tangente hat die Steigung −4, also ist $f'(-2) = -4$.

b) Die eingezeichnete Tangente im Punkt $P(1|1)$ verläuft auch durch den Punkt $Q(2|3)$. Aus dem zugehörigen Steigungsdreieck liest man ab: $f'(1) = m_{Tan} = 2$.

Beispiel 2 **Ableitung rechnerisch bestimmen**

Gegeben ist die Funktion f mit $f(x) = x^2$. Bestimmen Sie rechnerisch $f'(1{,}5)$, indem Sie

a) den zugehörigen Differenzenquotienten mit einem kleinen Wert für h berechnen;

b) mehrere zugehörige Differenzenquotienten mit immer kleineren Werten für h berechnen, z.B. $h = 10^{-2}$, $h = 10^{-4}$, $h = 10^{-6}$, $h = 10^{-8}$;

c) den zugehörigen Differenzenquotienten in Abhängigkeit von h berechnen und so umformen, dass Sie kürzen können.

Lösung

a) Der Differenzenquotient an der Stelle 1,5 mit $h = 0{,}000\,01$ lautet

$$\frac{\Delta y}{\Delta x} = \frac{f(x_0 + h) - f(x_0)}{h} = \frac{f(1{,}5 + 0{,}000\,01) - f(1{,}5)}{0{,}000\,01} = \frac{1{,}500\,01^2 - 1{,}5^2}{0{,}000\,01} = \frac{0{,}000\,030\,000\,1}{0{,}000\,01} = 3{,}000\,01.$$

Damit ist $f'(1{,}5) \approx 3$.

b) Der Taschenrechner liefert:

h	10^{-2}	10^{-4}	10^{-6}	10^{-8}
$\frac{(1{,}5 + h)^2 - 1{,}5^2}{h}$	3,01	3,0001	3,000001	3,00000001

Tipp
Die Wertetabelle des Taschenrechners ist hier sehr vorteilhaft.

Offenbar nähert sich der Differenzenquotient immer mehr der Zahl 3, d.h. $f'(1{,}5) = 3$.

c) Der Differenzenquotient an der Stelle 1,5 mit beliebigem h lautet

$$\frac{\Delta y}{\Delta x} = \frac{f(x_0 + h) - f(x_0)}{h} = \frac{f(1{,}5 + h) - f(1{,}5)}{h} = \frac{(1{,}5 + h)^2 - 1{,}5^2}{h} = \frac{1{,}5^2 + 3h + h^2 - 1{,}5^2}{h} = \frac{h(3 + h)}{h} = 3 + h.$$

Dieser Ausdruck strebt für $h \to 0$ gegen 3, d.h. $f'(1{,}5) = \lim\limits_{h \to 0} \frac{f(1{,}5 + h) - f(1{,}5)}{h} = 3$.

Aufgaben

○ **1** Bestimmen Sie näherungsweise die Ableitung von f an der Stelle x_0, indem Sie die Steigung der Tangente im Punkt $P(x_0 | f(x_0))$ ermitteln.

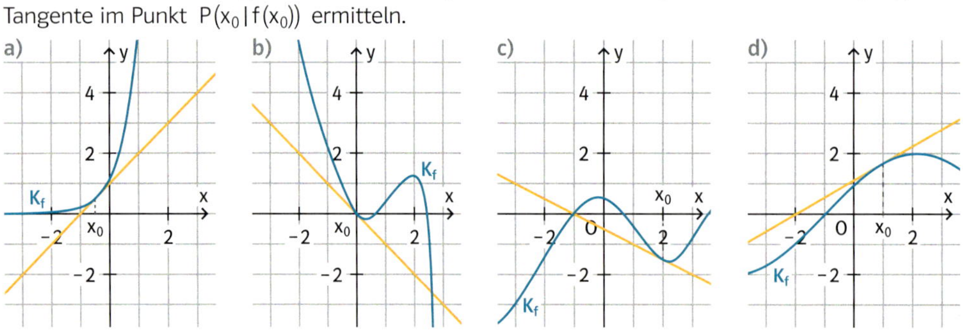

2 a) In welchen der Punkte A bis D ist die Steigung des Graphen positiv?
b) Ordnen Sie die Punkte A bis D entsprechend der dazugehörigen Steigungen. Beginnen Sie mit der kleinsten Steigung.

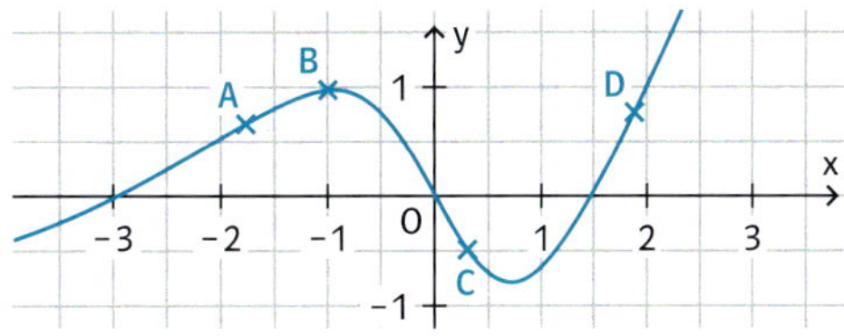

3 Ermitteln Sie näherungsweise die Ableitung der Funktion f an der Stelle x_0 mithilfe des Differenzenquotienten für einen Wert von h nahe bei 0 wie im Beispiel 2a).

a) $f(x) = x^3;\ x_0 = 3$
b) $f(x) = x^4 - 2x^3;\ x_0 = 1{,}5$
c) $f(x) = 2^x;\ x_0 = -1$
d) $f(x) = 0{,}7^x - 1;\ x_0 = 0$
e) $f(x) = \frac{1}{x};\ x_0 = 2$
f) $f(x) = \sqrt{x};\ x_0 = 4$

4 a) Geben Sie $f'(2)$ und $f'(-1)$ mithilfe der in nebenstehender Abbildung eingezeichneten Tangenten an.
b) Bestimmen Sie in nebenstehender Abbildung näherungsweise die Steigung der Tangente an den Graphen von f in den Punkten $A(3\,|\,0)$ und $B(1\,|\,-2)$.

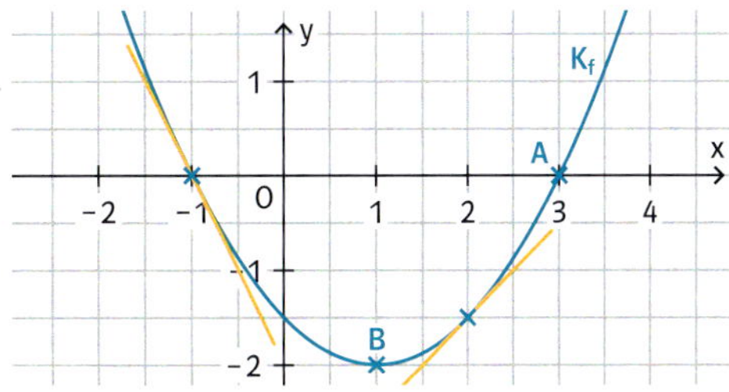

5 Welche Angaben auf den Kärtchen bezeichnen denselben Sachverhalt?

- $f'(3) = 5$ (A)
- $f(5) = 3$ (G)
- Die Tangente in $P(5\,|\,f(5))$ hat die Steigung 3. (F)
- $f(3) = 5$ (I)
- f hat an der Stelle 3 die Ableitung 5. (J)
- Die Tangente in $P(3\,|\,f(3))$ hat die Steigung 5. (C)
- f hat an der Stelle 3 den Funktionswert 5. (B)
- $f'(5) = 3$ (E)
- $Q(5\,|\,3)$ liegt auf dem Graphen von f. (D)
- f hat an der Stelle 5 die Ableitung 3. (H)

Test

Lösungen | Seite 291

6 Bestimmen Sie rechnerisch einen Näherungswert für die Steigung des Graphen an der Stelle $x_0 = 1{,}5$. Wählen Sie dazu ein sehr kleines h.

a) $f(x) = x^3$
b) $f(x) = \frac{2}{x}$
c) $f(x) = 3^x$

7 a) Ermitteln Sie anhand der Grafik rechts die Ableitungen $f'(1)$ und $f'(-2)$ mithilfe der eingezeichneten Tangenten.
b) Entnehmen Sie der Abbildung näherungsweise $f'(-1)$, $f'(2)$ und $f'(0)$.

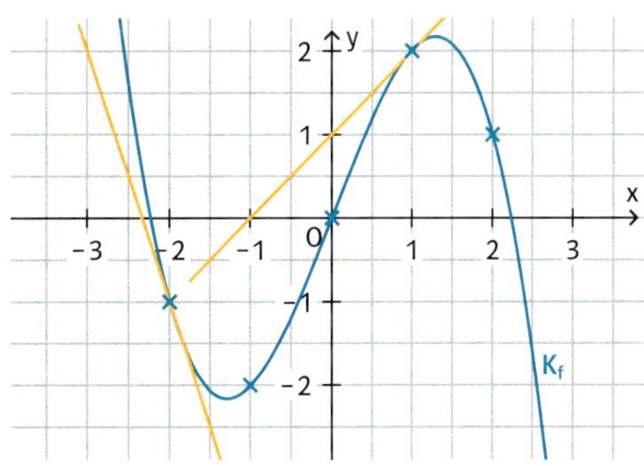

8 a) Bestimmen Sie anhand der gegebenen Tangente die Steigung des Graphen an der Stelle −2.
b) Bestimmen Sie anhand der Grafik alle weiteren Stellen, an denen der Graph dieselbe Steigung hat wie an der Stelle −2.
c) An wie vielen Stellen hat der Graph die Steigung 0?
d) An wie vielen Stellen hat der Graph die Steigung 3?

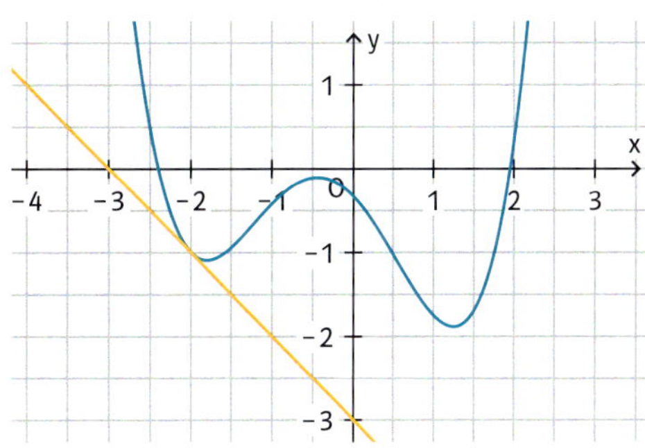

9 Bestimmen Sie die Ableitung der Funktion f an der angegebenen Stelle auf 4 Nachkommastellen genau. Berechnen Sie dazu den Differenzenquotienten für $h = 0{,}01$ und verkleinern Sie h jeweils um den Faktor $\frac{1}{10}$, bis sich der Wert des Differenzenquotienten in der 5. Nachkommastelle nicht mehr ändert. Runden Sie dann auf 4 Nachkommastellen.

Hier arbeitet man am besten mit der Wertetabelle des Taschenrechners oder mit einer Tabellenkalkulation.

a) $f(x) = x^4$; $x_0 = 1{,}12$ b) $f(x) = 2^x$; $x_0 = -0{,}5$ c) $f(x) = \sqrt{x}$; $x_0 = 3$

10 Gegeben ist die Funktion f mit $f(x) = 3 \cdot x^2$. Berechnen Sie die Ableitung von f an der Stelle $x_0 = 1$, indem Sie sich von rechts und von links der Stelle x_0 nähern. Berechnen Sie dazu den Differenzenquotienten von rechts $\frac{f(x_0 + h) - f(x_0)}{h}$ und von links $\frac{f(x_0 - h) - f(x_0)}{-h}$ jeweils für $h = 10^{-2}$, $h = 10^{-3}$, $h = 10^{-4}$, $h = 10^{-5}$.
Was stellen Sie fest?

11 Die Funktion w beschreibt die zurückgelegte Strecke einer Rennrodlerin im Eiskanal (t in Sekunden nach dem Start, w(t) in Meter). Im Zeitintervall zwischen 20 s und 40 s wurde eine Durchschnittsgeschwindigkeit von $35\frac{m}{s}$ gemessen. Außerdem wurde nach 30 s die Geschwindigkeit $32\frac{m}{s}$ angezeigt.

a) Geben Sie $w'(30)$ (in $\frac{m}{s}$) an.
b) Es ist $w(20) = 600$. Bestimmen Sie $w(40)$.
c) Begründen Sie, dass es zwischen 20 s und 40 s einen Zeitpunkt t mit $w'(t) > 35$ gibt.
d) Erfahrungsgemäß wird die Rodlerin im Eiskanal immer schneller. Was kann man über $w(30)$ aussagen, wenn $w(20) = 600$ ist?

Test

Lösung | Seite 291

12 Ein Radfahrer fährt bergab und wird dabei immer schneller. Sein in den ersten 12 Sekunden zurückgelegter Weg wird beschrieben durch die Funktion s mit $s(t) = 0{,}6 \cdot t^2$ (t = Zeit in Sekunden nach dem Start, s = Weg in Meter).

a) Wie groß ist seine Durchschnittsgeschwindigkeit im Intervall $[0; 5]$ und im Intervall $[5; 10]$?
b) Berechnen Sie seine Momentangeschwindigkeit nach 5 und nach 10 Sekunden. Bestimmen Sie dazu jeweils die Durchschnittsgeschwindigkeit mit immer kleineren Zeitintervallen (jeweils 4 Werte) und schließen Sie damit auf die Momentangeschwindigkeit.

13 Der Schraubenhersteller G. Winde produziert jährlich 4 Millionen Schrauben eines bestimmten Typs und möchte die Produktion steigern. Hausinterne Berechnungen ergaben eine Abhängigkeit der Produktionskosten von der Produktionsmenge der Form $K(x) = 0{,}2x^3 - 2{,}4x^2 + 11{,}2x + 10$ (Kosten K in 1000 €, Menge x in Millionen Stück).

a) Berechnen Sie bei der derzeitigen Produktionsmenge, wie groß die Herstellungskosten pro einer Million Schrauben durchschnittlich sind.
b) Berechnen Sie, wie groß die zusätzlichen Herstellungskosten pro einer Million Schrauben sind bei einer Steigerung der Produktionsmenge um
(1) 4 Millionen; (2) 1 Million; (3) 100 000; (4) 10 000.
c) Wie groß sind die sogenannten Grenzkosten $K'(4)$, d. h. die zusätzlichen Herstellungskosten pro einer Million Schrauben, wenn die Steigerung der Produktionsmenge gegen null geht?
d) Würde sich eine Produktionssteigerung lohnen, wenn der Erlös beim Verkauf von 1 Million Schrauben 3200 € beträgt?
e) Führen Sie die Rechnungen aus den Teilaufgaben a) bis c) erneut durch, wenn Sie davon ausgehen, dass die Firma G. Winde derzeit jährlich 6 Millionen Schrauben des betrachteten Typs herstellt.

14 Herr Ehrlich hat ein zu versteuerndes Jahreseinkommen von 48 600 € und bekommt zusätzlich eine Prämie von ca. 150 € für besondere Verdienste in der Firma. Durch den Wechsel in eine verantwortungsvollere Position erhöht sich sein Bruttogehalt um 8600 €. Sein Einkommen muss er gemäß nebenstehender Splitting-Tabelle versteuern.

a) Wieviel Prozent seines Einkommens muss Herr Ehrlich vor bzw. nach seiner Gehaltserhöhung an das Finanzamt abführen (*Durchschnittssteuersatz*)?

b) Um wieviel Prozent verringert sich vor bzw. nach der Gehaltserhöhung seine Prämie dadurch, dass diese sein zu versteuerndes Einkommen erhöht (*Grenzsteuersatz*)?

c) Bearbeiten Sie die Teilaufgaben a) und b) für eine Gehaltserhöhung um 16 200 €.

Steuertabelle 2020

Gehalt in €	Steuer in €
48 600	7032
48 700	7060
48 800	7088
…	…
57 200	9528
57 300	9558
57 400	9588
…	…
64 800	11 864
64 900	11 896
65 000	11 928

15 Mithilfe der sogenannten Säure-Base-Titration kann die unbekannte Konzentration z. B. einer sauren Probelösung ermittelt werden, indem man zu dieser tröpfchenweise eine basische Maßlösung hinzugibt, die mit der Probelösung reagiert (und diese teilweise neutralisiert). Dabei wird ständig mit einem pH-Meter der pH-Wert der Lösung gemessen und über dem Volumen der eingetropften Maßlösung aufgetragen. Eine typische Messkurve für die Titration einer starken Säure mit einer starken Base (z. B. Natronlauge) als Maßlösung sieht man im Diagramm rechts. Ziel der Messung ist die Bestimmung des sogenannten Äquivalenzpunkts, d. h. des steilsten Punkts der Messkurve, mit dessen Hilfe dann die ursprüngliche Konzentration der Probelösung bestimmt werden kann.

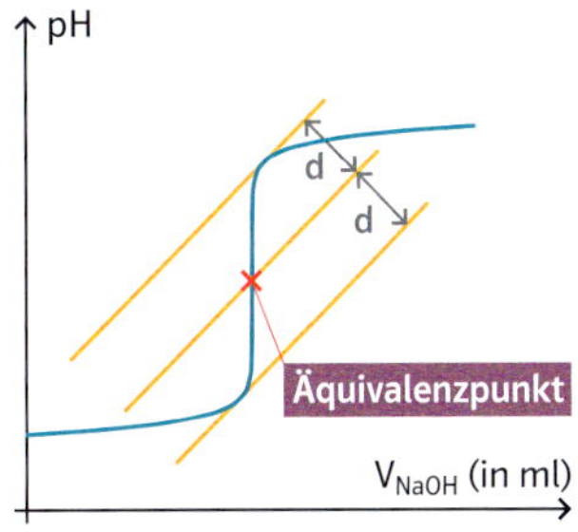

Eine sehr effektive und genaue Methode der Bestimmung des Äquivalenzpunkts ist die Tangentenmethode, bei der grafisch die beiden Punkte der Kurve bestimmt werden, an denen die Kurve eine Steigung von 1 hat, d. h. an denen die Tangenten einen Steigungswinkel von 45° haben. Der Schnittpunkt der Mittelparallelen dieser beiden Tangenten mit der Kurve ist dann der gesuchte Äquivalenzpunkt.

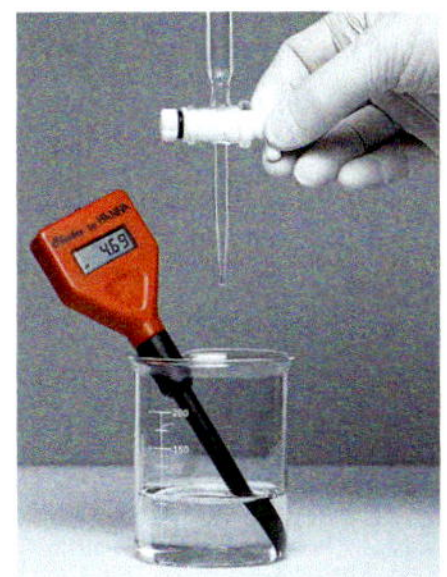

a) Bestimmen Sie mit der beschriebenen Tangentenmethode den Äquivalenzpunkt der durch nebenstehende Grafik gegebenen Titrationskurve.

b) Von welcher Eigenschaft der Kurve geht diese Methode aus?

c) Funktioniert diese Methode auch mit einer anderen Steigung der Tangenten? Wählen Sie zwei weitere Steigungen und bestimmen Sie jeweils den Äquivalenzpunkt. Vergleichen Sie Ihre Ergebnisse.

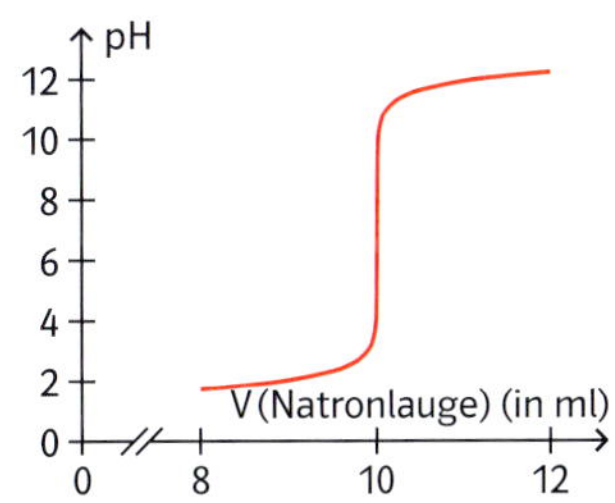

Kopiervorlage Arbeitsblatt
c3m895

16 a) Zeigen Sie, dass für die Funktion f mit $f(x) = 1{,}5 \cdot x^2$ gilt: Der Differenzenquotient im Intervall $[2 - h;\ 2 + h]$ ist immer gleich, unabhängig von der Wahl von h.

b) Begründen Sie, dass man mit der Eigenschaft aus Teilaufgabe a) auf einfache Weise die Ableitung von f an der Stelle $x_0 = 2$ bestimmen kann.

c) Gilt die Überlegung auch für die Ableitung an einer beliebigen Stelle x_0?

Strategie | Seite 220
3. Orientieren an einem Beispiel

17 Gegeben sind die Funktionen f mit $f(x) = x^2$ und g mit $g(x) = x^3$. Bestimmen Sie rechnerisch $f'(-2{,}5)$ und $g'(2)$, indem Sie jeweils den zugehörigen Differenzenquotienten in Abhängigkeit von h berechnen und so umformen, dass Sie kürzen können.

Grundwissen Test

Grundwissen
Seiten 240–241
Lösung | Seite 291

18 Die Gerade g geht durch die Punkte A und B. Prüfen Sie, ob die Gerade g steigt oder fällt. Bestimmen Sie die Gleichung von g.

a) A(1 | 1); B(3 | 5)
b) A(0 | 1); B(2 | −1)
c) A(2 | 3); B(3 | 5)
d) A(−1 | 2); B(0 | 1)
e) A(−2 | −1); B(0 | 0)
f) A(5 | −1); B(0 | −1)
g) A(3 | 1); B(−3 | −1)
h) A(4 | 2); B(−2 | −1)
i) A(5 | −2); B(−3 | 0)

3 Ableitungsfunktion – grafisches Ableiten

Auf dieser Etappe geht es ganz schön auf und ab. Das untere Diagramm zeigt an jeder Stelle die Steigung (in Prozent).
Woran erkennt man in diesem Diagramm, dass es zwischen A und B nur bergauf geht, zwischen A und C nicht?

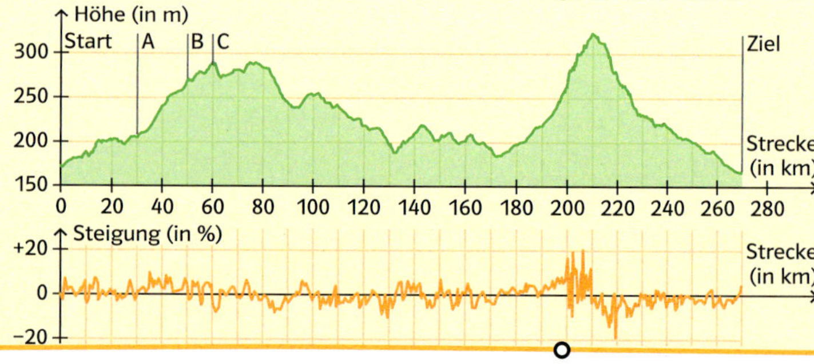

Um einen Gesamteindruck über das Änderungsverhalten einer Funktion f zu bekommen, ist es zweckmäßig, die Ableitung $f'(x_0)$ nicht wie bisher an einer Stelle x_0, sondern an jeder Stelle x der Definitionsmenge zu ermitteln. Ordnet man jedem x die Ableitung an dieser Stelle zu, so erhält man eine neue Funktion f′ mit $x \mapsto f'(x)$. Diese Funktion heißt **Ableitungsfunktion** und beschreibt das Änderungsverhalten der Funktion f an jeder Stelle x der Definitionsmenge.
Interpretiert man f′(x) grafisch als Steigung des Graphen K_f bzw. Steigung der Tangente an K_f im Punkt $P(x\,|\,f(x))$, so kann man f′ auch als **(Tangenten-)Steigungsfunktion** bezeichnen.
Das Ermitteln der Ableitungsfunktion nennt man **Ableiten** oder **Differenzieren**.

Die Funktion, die jedem x aus der Definitionsmenge von f die Ableitung f′(x) an dieser Stelle zuordnet, heißt **Ableitungsfunktion f′** oder **Ableitung** von f. Der Wert f′(x) gibt die Steigung des Graphen K_f bzw. die Steigung der Tangente an K_f im Punkt $P(x\,|\,f(x))$ an.

Die Ableitung einer Funktion f kann man sowohl rechnerisch ermitteln als auch zeichnerisch aus dem Graphen von f mithilfe der Tangenten ablesen. Trägt man die Steigungswerte in ein Koordinatensystem ein, so lässt sich direkt der Graph der Ableitungsfunktion f′ zeichnen – ohne den zugehörigen Funktionsterm zu kennen. Hier steht zunächst die grafische Ermittlung der Ableitungsfunktion im Mittelpunkt. Nebenstehend ist dies für die Funktion f mit $f(x) = x^2$ ausgeführt.
Dazu zeichnet man an ausgewählten Punkten von K_f Tangentenstücke und bestimmt mithilfe eines Steigungsdreiecks deren Steigung. Diese Steigungswerte überträgt man an der jeweiligen Stelle in ein weiteres Koordinatensystem, das man genau unter das Koordinatensystem von K_f zeichnet. So erhält man einzelne Punkte des Graphen von f′, die man zu einer Kurve verbinden kann. Dieses Verfahren nennt man **grafisches Ableiten** oder **grafisches Differenzieren**.
In vielen Fällen kann man bei bekannten Funktionstypen aus dem Graphen der Ableitung f′ auch deren Funktionsterm bestimmen. In diesem Fall ist der Graph von f′ offenbar eine Ursprungsgerade mit der Steigung 2, also $f'(x) = 2x$.
Weiter erkennt man: Ist der Graph von f steigend, so verläuft der Graph von f′ oberhalb der x-Achse (grün). Ist der Graph von f fallend, so verläuft der Graph von f′ unterhalb der x-Achse (lila). Ist die Steigung von K_f null, so schneidet dort der Graph von f′ die x-Achse (rot).

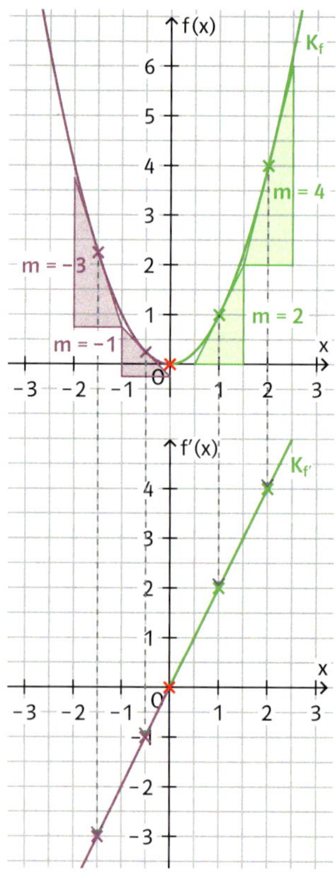

Strategie | Seite 218
1. Veranschaulichung durch Skizze/Zeichnung
Strategie | Seite 220
3. Orientieren an einem Beispiel

Ist die Gleichung der Funktion f bekannt, so kann man die abgelesene Tangentensteigung mithilfe der beiden Wertetabellen des Taschenrechners überprüfen, indem man die Sekantensteigung (Differenzenquotient) für einen sehr kleinen Wert von h berechnet. Für f(x) gibt man dazu den Funktionsterm von f ein, für g(x) den Differenzenquotienten $\frac{f(x + 0{,}0001) - f(x)}{0{,}0001}$.

Beispiel 1 Grafisches Differenzieren

Die Figur rechts zeigt den Graphen der Funktion f mit $f(x) = -\frac{1}{12}x^3 + \frac{3}{4}x^2 - \frac{5}{4}x + \frac{3}{2}$.

a) Bestimmen Sie an ausgewählten Stellen die Tangentensteigung und skizzieren Sie damit den Graphen $K_{f'}$ der Ableitungsfunktion f'. Überprüfen Sie jeweils Ihre Steigungswerte mit dem Taschenrechner.

b) Beschreiben Sie den Verlauf des Graphen $K_{f'}$ von f'.

c) Äußern Sie eine Vermutung über den Funktionstyp von f' und ermitteln Sie einen passenden Funktionsterm.

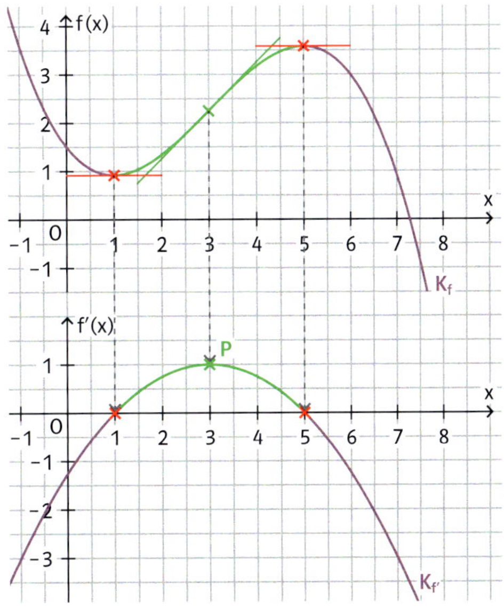

Lösung

a) An den Stellen $x = 1$ und $x = 5$ hat K_f waagerechte Tangenten, d.h. hier ist $f'(x) = 0$, und somit schneidet der Graph $K_{f'}$ von f' an diesen Stellen die x-Achse. An der Stelle 3 ist die Steigung 1.

b) Sowohl für $x < 1$ als auch für $x > 5$ ist K_f fallend, d.h. der Graph von f' verläuft unterhalb der x-Achse. Im Intervall $[1; 5]$ ist K_f steigend, sodass der Graph $K_{f'}$ von f' hier oberhalb der x-Achse verläuft. In der Intervallmitte an der Stelle $x = 3$ ist K_f offenbar am steilsten. $K_{f'}$ hat hier einen höchsten Punkt.

c) Der Verlauf aus b) lässt vermuten, dass es sich um eine nach unten geöffnete Parabel mit den Nullstellen $x = 1$ und $x = 5$ handelt. Der Produktansatz $f'(x) = a(x - 1)(x - 5)$ liefert zusammen mit der Punktprobe $P(3\,|\,1)$ die vermutete Funktionsgleichung

$f'(x) = -\frac{1}{4}(x - 1)(x - 5) = -\frac{1}{4}x^2 + \frac{3}{4}x - \frac{5}{4}$.

Beispiel 2 Graphen zuordnen

Ordnen Sie den Graphen (A), (B), (C) und (D) die Graphen der zugehörigen Ableitungsfunktionen (1), (2), (3) und (4) zu. Begründen Sie Ihre Entscheidung.

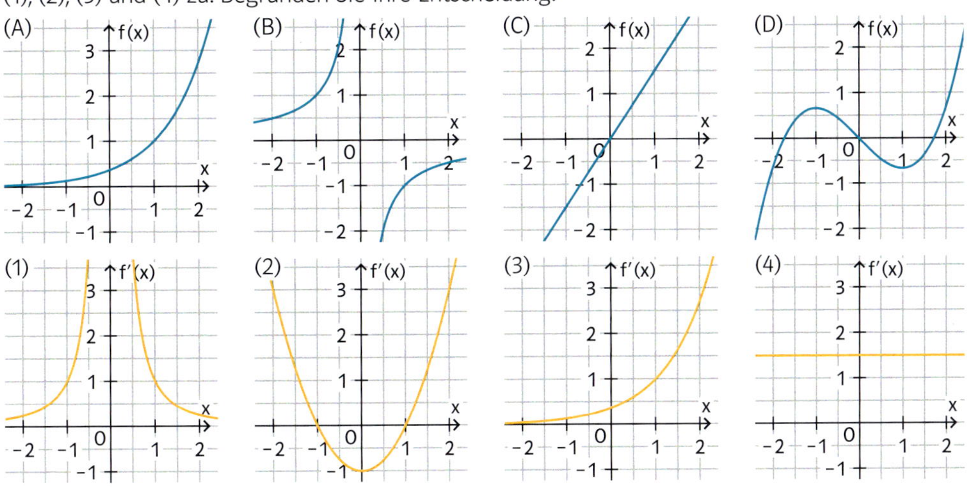

Lösung

(A) → (3): Für $x \to -\infty$ ist K_f sehr flach steigend, d.h. $f'(x)$ sehr klein, aber positiv.
Für $x \to +\infty$ steigt K_f immer steiler an, d.h. $f'(x) \to +\infty$.

(B) → (1): Für $x \to 0$ ist K_f sehr steil steigend, d.h. $f'(x) \to +\infty$.
Für $x \to \pm\infty$ ist K_f sehr flach steigend, d.h. $f'(x)$ sehr klein, aber positiv.

(C) → (4): K_f hat eine konstante positive Steigung $f'(x) = m = 1{,}5$.

(D) → (2): K_f hat an den Stellen $x = 1$ und $x = -1$ waagerechte Tangenten, d.h. $f'(x)$ ist dort null.

Aufgaben

○ **1** Bestimmen Sie grafisch an ausgewählten Punkten die Steigung des Graphen von f und skizzieren Sie damit den Graphen von f' in Ihr Heft.

Kopiervorlage zu Aufgabe 1 c3m89s

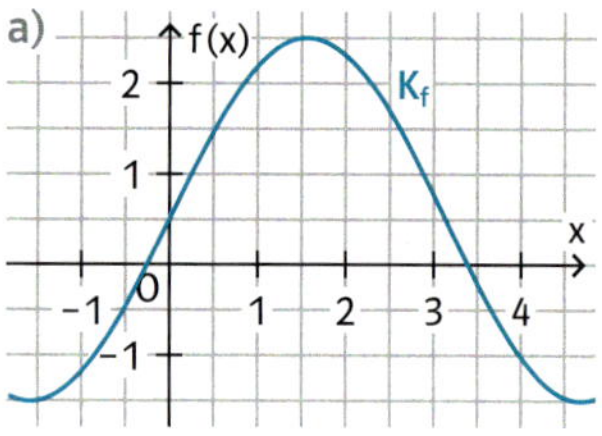

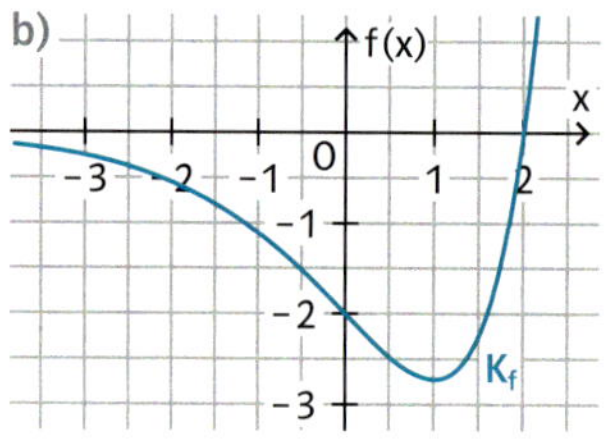

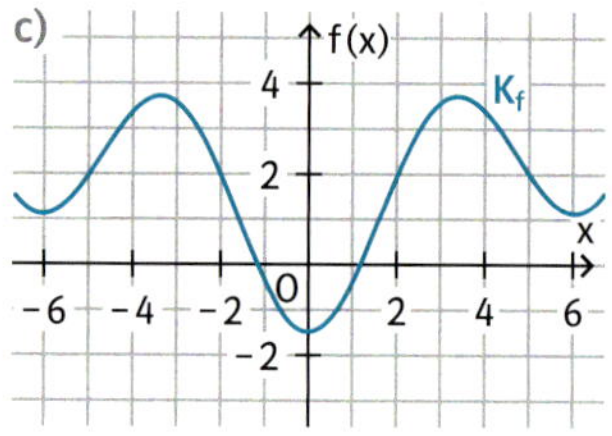

○ **2** Geben Sie die Stellen an, an denen $f'(x)$ null, positiv bzw. negativ ist. Übertragen Sie den Graphen von f in Ihr Heft und skizzieren Sie den Graphen von f'.

Kopiervorlage zu Aufgabe 2 c3m89s

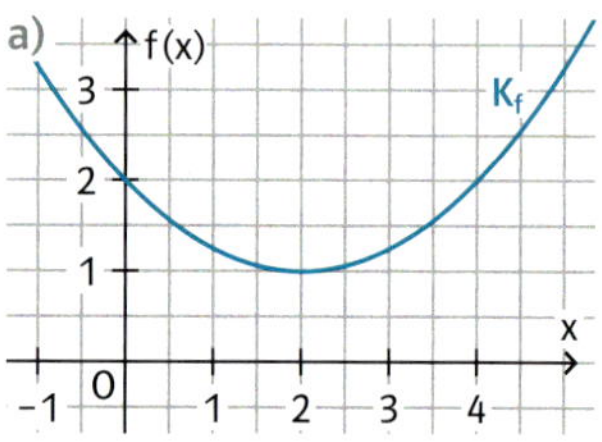

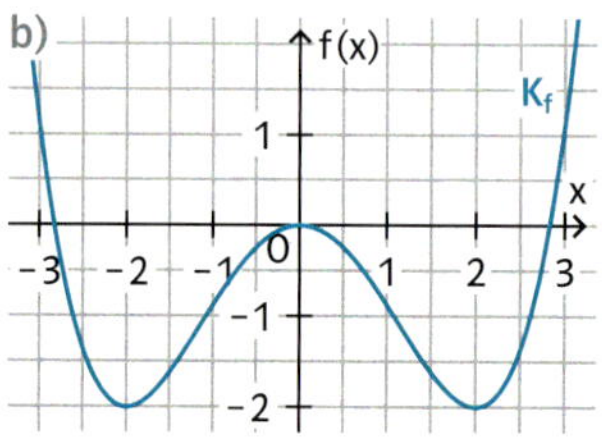

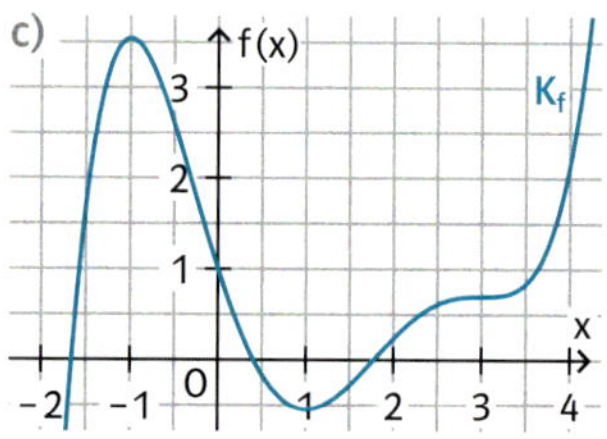

○ **3** Ordnen Sie den Graphen A, B, C und D die Graphen der zugehörigen Ableitungsfunktion (1), (2), (3) und (4) zu. Begründen Sie Ihre Entscheidung.

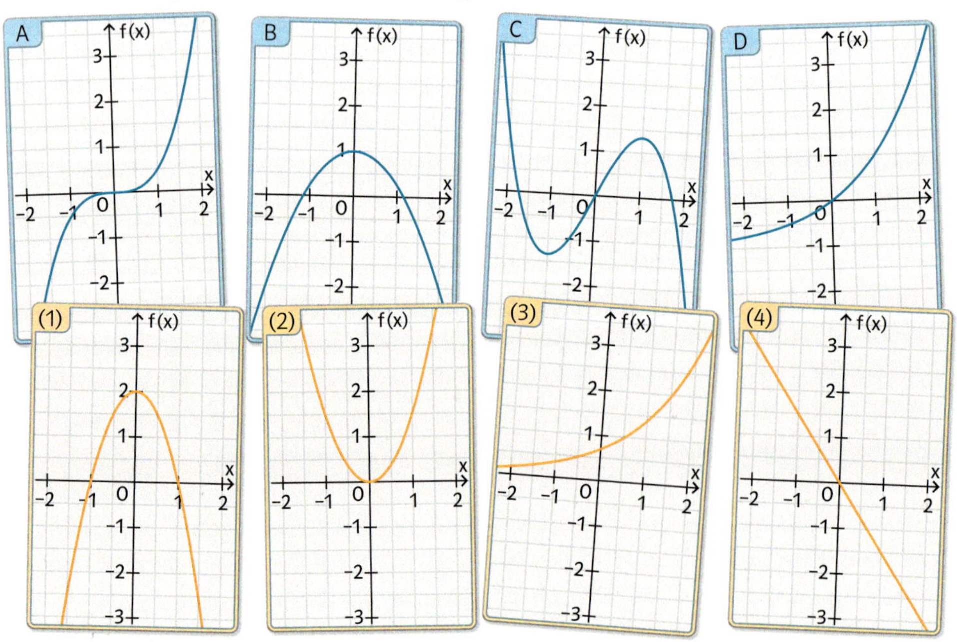

O Test

Lösungen | Seite 291

4 Übertragen Sie den Graphen von f ins Heft und tragen Sie die Schnittpunkte des Graphen von f′ mit der x-Achse in ein neues Koordinatensystem ein. Skizzieren Sie dort auch den Graphen von f′.

Kopiervorlage zu Aufgabe 4 c3m89s

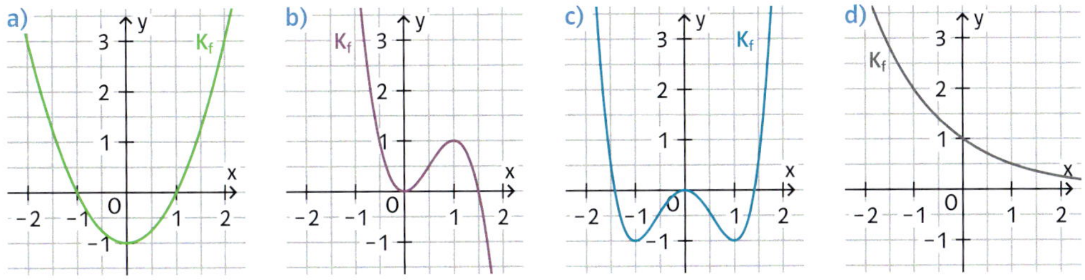

5 Übertragen Sie den Graphen von f in Ihr Heft. Bestimmen Sie an ausgewählten Punkten die Steigung der Tangente und skizzieren Sie damit den Graphen von f′.

Kopiervorlage zu Aufgabe 5 c3m89s

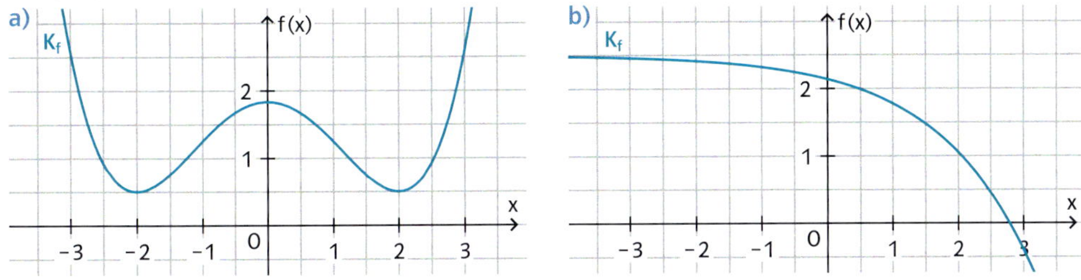

6 Nebenstehende Zeichnung zeigt den Graphen der Funktion f mit $f(x) = \sqrt{x}$.
Zeichnen Sie den Graphen $K_{f'}$ der Ableitungsfunktion f′. Wählen Sie dazu einige Punkte aus und bestimmen Sie die Steigung der Tangente.
Wie verhalten sich K_f und $K_{f'}$ in der Nähe von $x = 0$?

Kopiervorlage zu Aufgabe 6 c3m89s

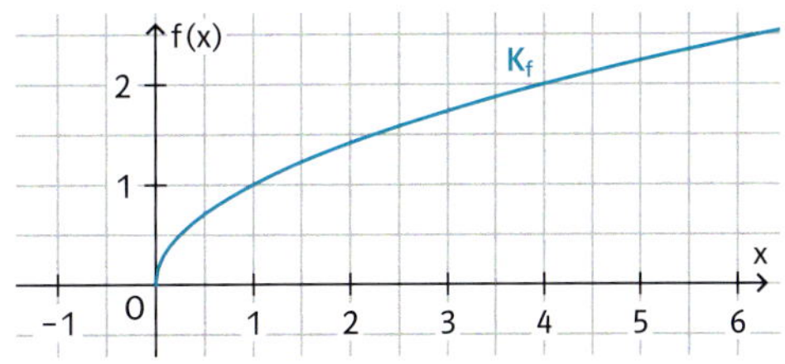

7 Gegeben ist der Graph der Funktion f. Welche der folgenden Aussagen über den Graphen der Funktion f bzw. f′ sind wahr, welche falsch? Begründen Sie.
(A) Die Steigung von K_f ist an der Stelle $x = -1$ größer als an der Stelle $x = -0{,}5$.
(B) K_f verläuft im Intervall $[1; 3]$ fallend.
(C) Der Graph von f′ verläuft im Intervall $[0; 2]$ oberhalb der x-Achse.
(D) Der Graph von f′ verläuft durch den Ursprung.
(E) $f'(-1) = 3$.

Kopiervorlage zu Aufgabe 7 c3m89s

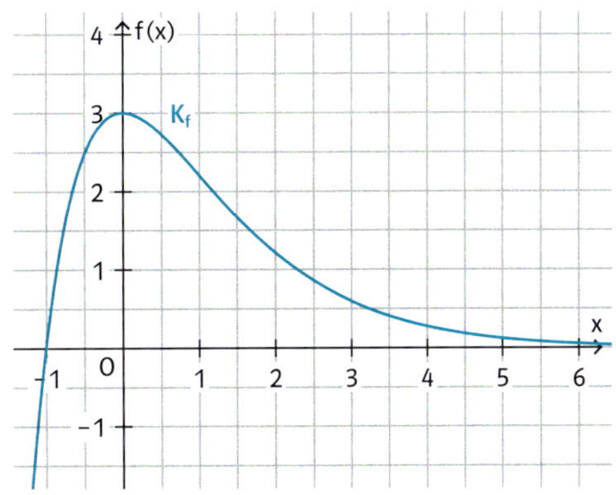

8 Erzeugen Sie mit einem digitalen Mathematikwerkzeug den Graphen der Funktion f mit $f(x) = x^4 - 2x^3 + 1$, Ihr Partner den von g mit $g(x) = x^4 - 2x^2 - 0{,}5x - 1$.
Beschreiben Sie beide den Verlauf Ihres Graphen mit Worten und schreiben Sie dies auf. Verwenden Sie dabei Worte wie „steigt", „fällt", „steil", „flach", „steiler", „flacher" …
Tauschen Sie Ihre Beschreibungen aus und skizzieren Sie anhand dieser Beschreibung den Funktionsgraphen. Vergleichen Sie anschließend mit dem digitalen Mathematikwerkzeug.

Test

Lösungen | Seite 291

9 Gegeben ist der Graph der Funktion f. Welche der folgenden Aussagen über den Graphen der Funktion f bzw. f' sind wahr, welche falsch? Begründen Sie.

(A) K_f verläuft im Intervall $[1; 3]$ steigend.
(B) K_f besitzt an der Stelle $x = -1$ eine waagerechte Tangente.
(C) $f'(0) < f'(2)$.
(D) $K_{f'}$ besitzt keine Nullstelle.
(E) $f'(-1) > 2$.

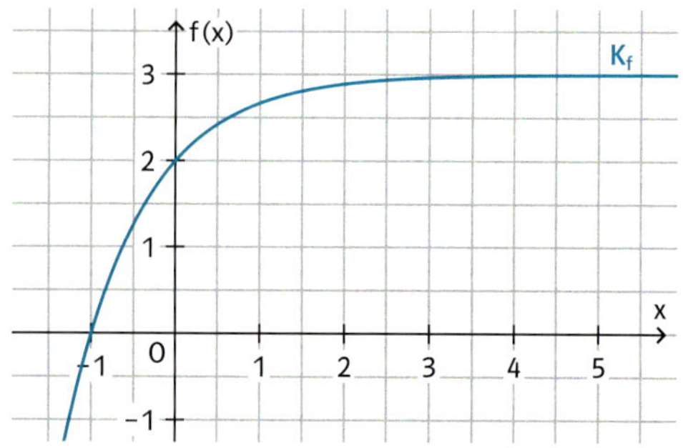

● **10** Gegeben sind die Graphen der Potenzfunktionen f und g mit $f(x) = x^3$ bzw. $g(x) = x^4$.

a) Wählen Sie geeignete Punkte und bestimmen Sie mithilfe der Tangenten möglichst genau den Graphen der jeweiligen Ableitungsfunktion f' bzw. g'.
b) Äußern Sie eine Vermutung über den jeweiligen Funktionsterm und prüfen sie diese an weiteren Punkten nach.
c) Versuchen Sie zusammen mit der Ableitungsfunktion von h mit $h(x) = x^2$ von Seite 166 eine allgemeine Regel für die Ableitung von Potenzfunktionen aufzustellen.

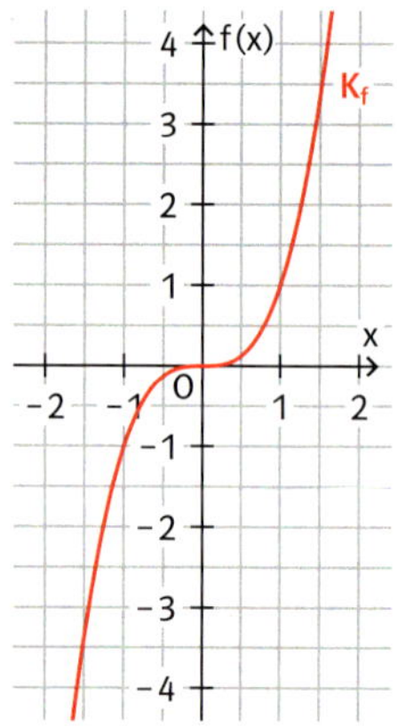

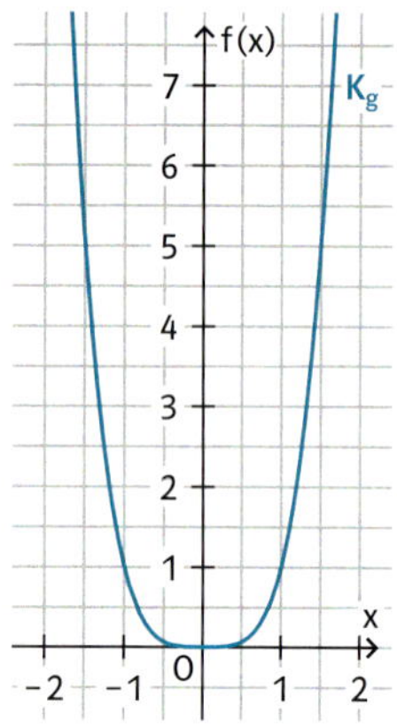

Kopiervorlage zu Aufgabe 10 c3m89s

● **11** Gegeben ist der Graph der Funktion f mit $f(x) = -\frac{1}{2}x^3$.

a) Zeichnen Sie mithilfe geeigneter Tangenten an K_f den Graphen der Ableitungsfunktion f'.
b) Bestimmen Sie einen Funktionsterm für f' und vergleichen Sie Ihr Ergebnis mit dem Ergebnis aus Aufgabe 10.
c) Untersuchen Sie den Einfluss des Faktors $-\frac{1}{2}$ auf die Ableitungsfunktion f'. Zeichnen Sie dazu zusätzlich für die Funktion g mit $g(x) = x^3$ den Graphen der Ableitungsfunktion von g. Vergleichen Sie entsprechende Werte der Graphen von f' und g'. Begründen Sie Ihre Beobachtung anhand der zugehörigen Transformation.

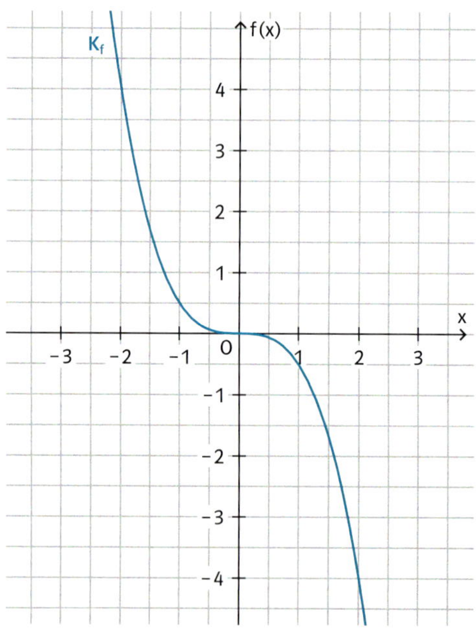

Kopiervorlage zu Aufgabe 11 c3m89s

● **12** Betrachten Sie ausgehend von Aufgabe 11 die Funktion h mit $h(x) = -\frac{1}{2}x^3 + 4x$, die sich als Summe der Funktionen f mit $f(x) = -\frac{1}{2}x^3$ und g mit $g(x) = 4x$ darstellt. Äußern Sie eine Vermutung über den Funktionsterm der Ableitungsfunktion h' und prüfen Sie diese Vermutung anhand von ausgewählten Tangentensteigungen nach. Formulieren Sie eine allgemeine Regel.

Kopiervorlage zu Aufgabe 12 c3m89s

13 Gegeben ist der Graph der Ableitungsfunktion f′ einer Funktion f. Welche der folgenden Aussagen über den Graphen der Funktion f sind wahr, welche falsch? Begründen Sie.

(A) K_f besitzt an der Stelle $x = -1$ eine waagrechte Tangente.

(B) K_f verläuft im Intervall $[1; 3]$ fallend.

(C) Die Steigung von K_f an der Stelle $x = 2$ beträgt -1.

(D) Der globale Verlauf von K_f ist von links oben nach rechts unten.

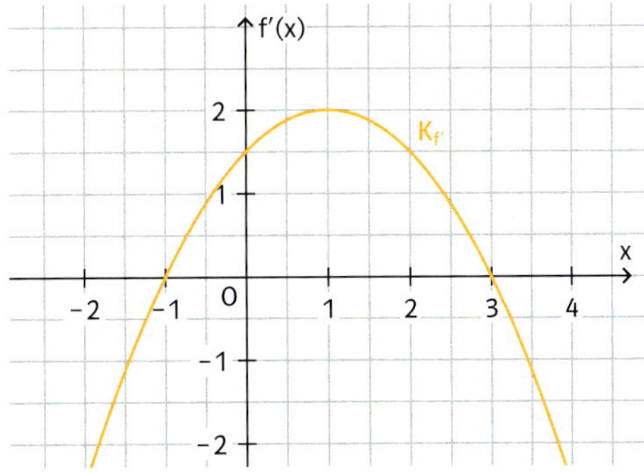

14 Der Graph einer Funktion f verläuft von links unten nach rechts oben. Der Graph ist zunächst sehr steil, wird dann immer flacher, bis er an der Stelle −2 die Steigung null hat. Anschließend fällt er, bis er an der Stelle 1 eine waagerechte Tangente hat, und steigt dann wieder immer steiler an.
Skizzieren Sie einen möglichen Graphen von f.

15 Gegeben ist der Graph der Ableitungsfunktion f′ einer Funktion f.
Übertragen Sie den Graphen $K_{f'}$ von f′ in Ihr Heft und zeichnen dabei die Teile von $K_{f'}$, die oberhalb bzw. unterhalb der x-Achse liegen, mit verschiedenen Farben. Welche Bedeutung haben diese Abschnitte sowie die Nullstellen von f′ für den Graphen der Funktion f? Skizzieren Sie den Graphen der Funktion f.

a)

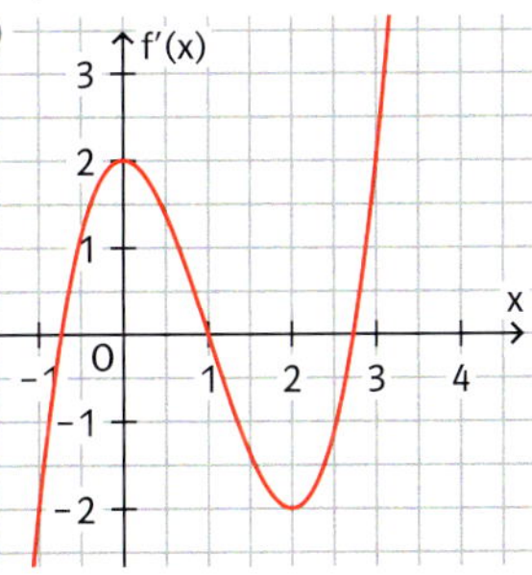

b)

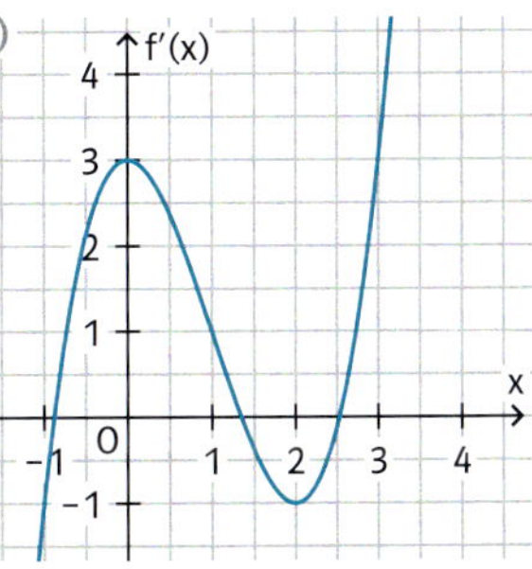

c)

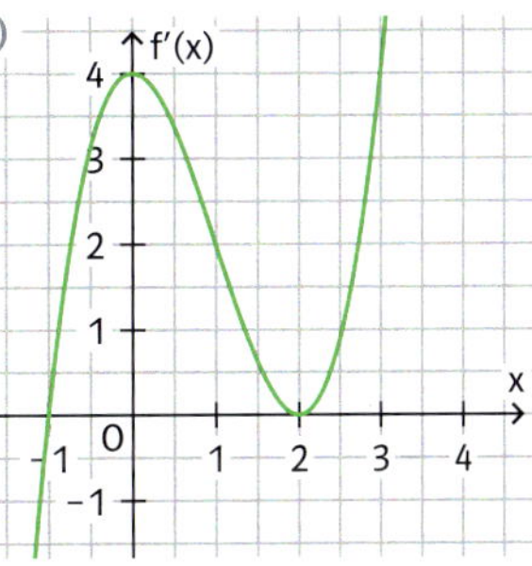

Tipp
Beginnen Sie Ihre Skizze von K_f in einem beliebigen Punkt.
Was ändert sich an der Kurve, wenn Sie in einem anderen Punkt beginnen?

Kopiervorlage zu Aufgabe 15 c3m89s

16 Gegeben sind die Graphen zweier Funktionen g_1 und g_2.

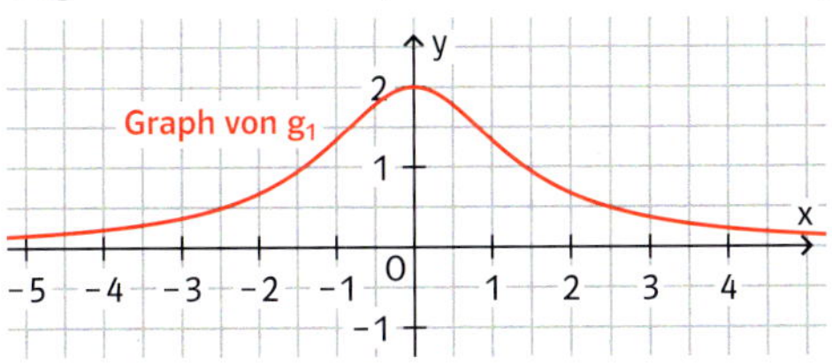

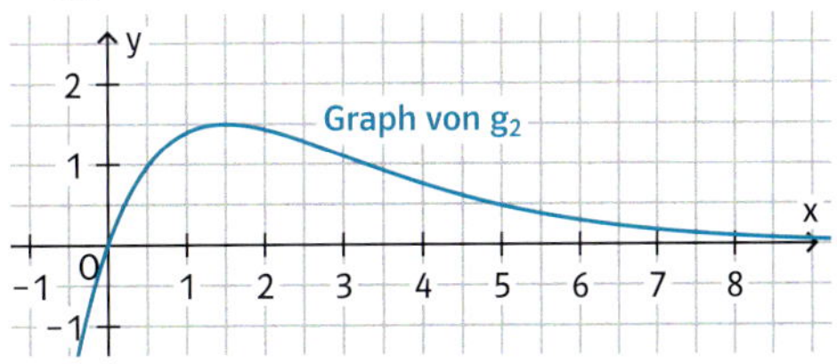

Kopiervorlage zu Aufgabe 16 c3m89s

a) Skizzieren Sie die Graphen der Ableitungsfunktionen von g_1 und g_2.

b) Skizzieren Sie die Graphen der Funktionen f_1 und f_2 mit $f_1'(x) = g_1(x)$ und $f_2'(x) = g_2(x)$.

Grundwissen Test

Grundwissen Seite 235
Lösung | Seite 292

17 Berechnen Sie den Wert von x.

a) $2^x = 32$

b) $3^x - 5 = 22$

c) $3^{x+1} - 27 = 0$

d) $2^{2x-1} - 28 = 100$

e) $3^{3x-1} + 5 = 4$

f) $2 \cdot 2^x - 11 = 2^x + 53$

g) $3^{x+1} - 5 = 3^x + 49$

h) $5^{x+1} - 1 = 5^x + 19$

i) $\frac{1}{2} \cdot 2^x + 5 = 2^x - 11$

j) $3^{x-1} + 3 = 3^x - 51$

k) $\frac{1}{5} \cdot 5^x + 5 = 5^x - 15$

l) $5^{x-1} + 10 = 5^x - 90$

4 Ableitung der Exponentialfunktionen – die Zahl e

Ben skizziert die Graphen der Ableitungsfunktionen zu f, g und h mit $f(x) = 2^x$, $g(x) = 3^x$ und $h(x) = 5^x$. Er kommt zu dem Schluss: „Die sehen ja alle gleich aus!"

Anna entgegnet: „Das kann aber nicht sein. Der Graph zu 5^x ist doch viel steiler als der zu 2^x!"

Was meinen Sie dazu?

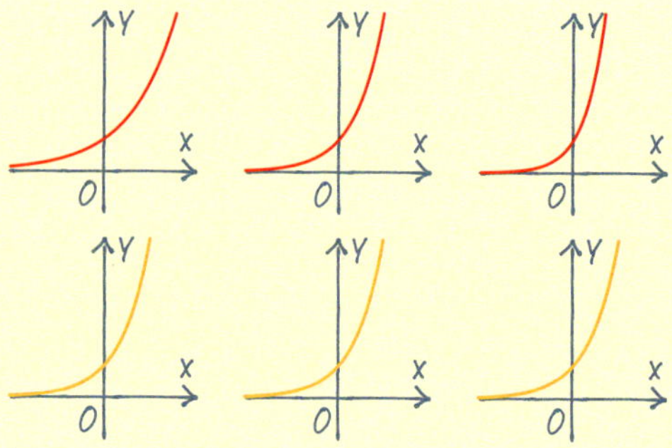

Bestimmt man die Ableitungsfunktion einer Exponentialfunktion durch grafisches Differenzieren, so fällt auf, dass sich die Graphen von Funktion und Ableitung sehr ähnlich sind. Dort, wo die Funktionswerte von f klein sind, sind auch die Steigungswerte klein, und je größer die Funktionswerte sind, umso steiler wird dort die Kurve. Es liegt deshalb die Vermutung nahe, dass es sich bei der Ableitungsfunktion wieder um eine Exponentialfunktion handelt.

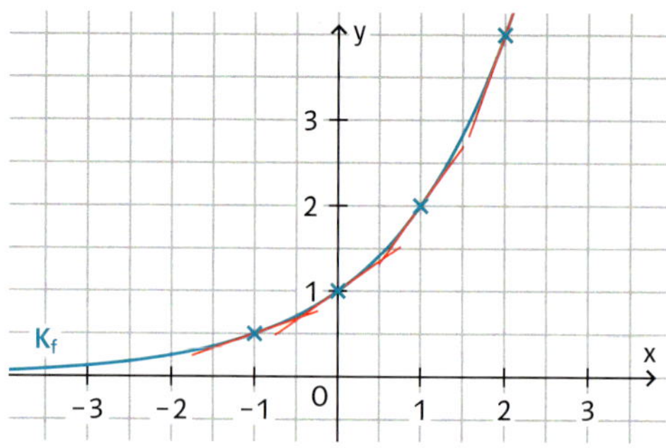

Da das grafische Differenzieren zu ungenau ist, um hier eine verlässliche Aussage treffen zu können, betrachten wir die Wertetabelle der Funktion f_2 mit $f_2(x) = 2^x$ und der zugehörigen Sekantensteigungsfunktion (mit $h = 0{,}000\,001$) $g_2(x) = \frac{f_2(x + 0{,}000\,001) - f_2(x)}{0{,}000\,001}$, die man simultan mit dem Taschenrechner erzeugen kann.

Tipp
Man kann bei der Eingabe von g(x) auf f(x) zugreifen, ohne den Funktionsterm eingeben zu müssen.

Die Funktion g_2 stellt eine gute Näherung für die Ableitungsfunktion dar. Dabei erkennt man, dass bei Verdoppelung des Werts $f_2(x)$ sich auch der Wert $g_2(x)$ verdoppelt.
f_2 und g_2 sind also proportional mit dem Faktor $c_2 = \frac{g_2(x)}{f_2(x)} \approx 0{,}693\,147$.

x	$f_2(x) = 2^x$	$g_2(x) \approx m_{Tan}$	$c_2 = \frac{g_2(x)}{f_2(x)}$
-1	0,5	0,346 574	0,693 148
0	1	0,693 147	0,693 147
1	2	1,386 295	0,693 147
2	4	2,772 590	0,693 147

(Pfeile in der Tabelle: von Zeile zu Zeile jeweils · 2 in beiden Spalten $f_2(x)$ und $g_2(x)$)

Strategie | Seite 220
3. Orientieren an einem Beispiel

Somit gilt $f_2'(x) \approx g_2(x) = c_2 \cdot f_2(x)$, was die obige Vermutung erhärtet.
Wegen $f_2(0) = 1$ ist $c_2 = f_2'(0) \approx g_2(0)$. Deswegen kann man den Faktor c_2 direkt aus der Wertetabelle von g_2 an der Stelle $x = 0$ ablesen.
Wiederholt man dieses Vorgehen für $f_3(x) = 3^x$, so ergibt sich ebenfalls eine Proportionalität von f_3 und g_3, allerdings mit einem anderen Proportionalitätsfaktor $c_3 = \frac{g_3(x)}{f_3(x)} \approx 1{,}098\,613$.
Für $f_5(x) = 5^x$ erhält man in analoger Weise $c_5 \approx 1{,}609\,438$.
Fazit: Beim Ableiten einer Exponentialfunktion f ergibt sich für die Ableitung f′ ein Vielfaches der Ausgangsfunktion: $f'(x) = c \cdot f(x)$.
Wie dieses Vielfache c von der Basis q der Ausgangsfunktion f mit $f(x) = q^x$ abhängt, ist jedoch nicht offensichtlich. Es gilt aber: Je größer die Basis q, umso größer ist auch der Faktor c.
Man sucht nun nicht nach dieser Abhängigkeit, sondern nach einer Basis q mit einem möglichst einfachen Faktor c, nämlich $c = 1$.
Durch gezieltes Variieren von q und Ablesen von g(0) erhält man einen Näherungswert für diese Basis (siehe Tabelle).

q	c
2	0,693 148
3	1,098 613
2,7	0,993 252
2,72	1,000 632
2,7183	1,000 007
2,71828	1,000 000

Die so gefundene Basis, für die $f'(x) = f(x)$ gilt, nennt man **Euler'sche Zahl e**, $e = 2{,}718\,281\,828\,459\ldots$ Die zugehörige Exponentialfunktion heißt **natürliche Exponentialfunktion** f mit $f(x) = \mathbf{e^x}$.
Da die natürliche Exponentialfunktion sich beim Ableiten selbst reproduziert, hat sie eine große Bedeutung für die Differenzialrechnung. Auch viele Gesetze in den Naturwissenschaften werden mithilfe dieser Funktion beschrieben.

e = 2,718 281 828
459 045 235
360 287 471
352 662 497
757 247 093
699 959 574…

Die Ableitungsfunktion einer Exponentialfunktion f mit $f(x) = q^x$ ist ein Vielfaches dieser Funktion: $f'(x) = c \cdot f(x)$, d.h. $f'(x) = c \cdot q^x$.
Diejenige Basis q, für die der Faktor $c = 1$ ist, heißt **Euler'sche Zahl e**. Ihr Wert ist $e = 2{,}718\,281\,828\,459\ldots$
Die Zahl e ist eine irrationale, d.h. nicht abbrechende und nicht periodische Dezimalzahl.
Die Exponentialfunktion f zur Basis e mit $f(x) = e^x$ heißt **natürliche Exponentialfunktion** oder kurz **e-Funktion**.
Der zugehörige Logarithmus heißt **natürlicher Logarithmus** (logarithmus naturalis): $\log_e(u) = \ln(u)$.
Die Ableitung der e-Funktion ist wieder die e-Funktion selbst: Für $f(x) = e^x$ gilt $f'(x) = e^x$.

Leonhard Euler (1707 – 1783), Schweizer Mathematiker

Alle bisherigen Rechnungen mit Potenzen und Logarithmen gelten auch für Potenzen mit der Basis e und den natürlichen Logarithmus. Insbesondere gilt $e^{\ln(u)} = u$ bzw. $\ln(e^x) = x$.

Nebenstehende Figur zeigt den Graphen der natürlichen Exponentialfunktion. Er geht durch die Punkte P(0 | 1) und Q(1 | e). Die x-Achse ist Asymptote des Graphen. Es gilt $\lim\limits_{x \to -\infty} e^x = 0$.
Vergleicht man die Graphen der e-Funktion und einer beliebigen Exponentialfunktion, so liegt die Vermutung nahe, dass diese durch eine Streckung in x-Richtung auseinander hervorgehen, dass also gilt: $q^x = e^{k \cdot x}$.
Dass dies stimmt, lässt sich mithilfe der Identität $q = e^{\ln(q)}$ und der Potenzgesetze zeigen: $q^x = (e^{\ln(q)})^x = e^{\ln(q) \cdot x}$.

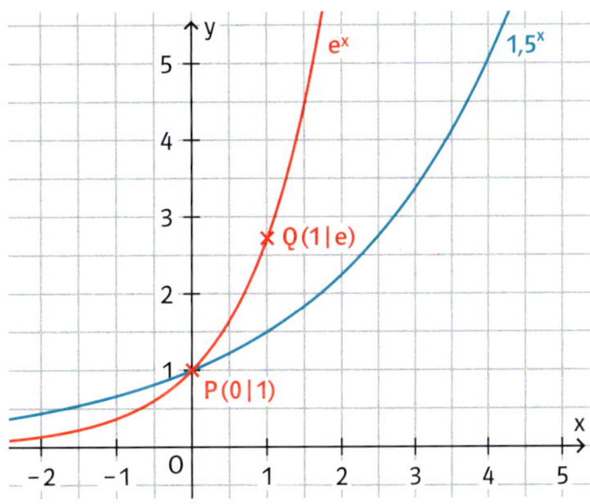

Basiswechsel: Jede Exponentialfunktion f der Form $f(x) = q^x$ lässt sich mithilfe der natürlichen Exponentialfunktion darstellen. Es gilt: $f(x) = q^x = e^{k \cdot x}$ mit $k = \ln(q)$.

Beispiel 1 **Transformationen des Graphen der e-Funktion**

Der Graph der e-Funktion wird mit dem Faktor 3 in y-Richtung und dem Faktor 2 in x-Richtung gestreckt sowie an der y-Achse gespiegelt. Anschließend wird er um −4 in y-Richtung verschoben. Dabei erhält man den Graphen einer Funktion g.

a) Geben Sie einen Funktionsterm von g an.
b) Skizzieren Sie den Graphen von g in ein Koordinatensystem und geben Sie die Gleichung der Asymptote an.

Lösung

a) $g(x) = 3 \cdot e^{-0{,}5x} - 4$ b) Siehe Figur rechts

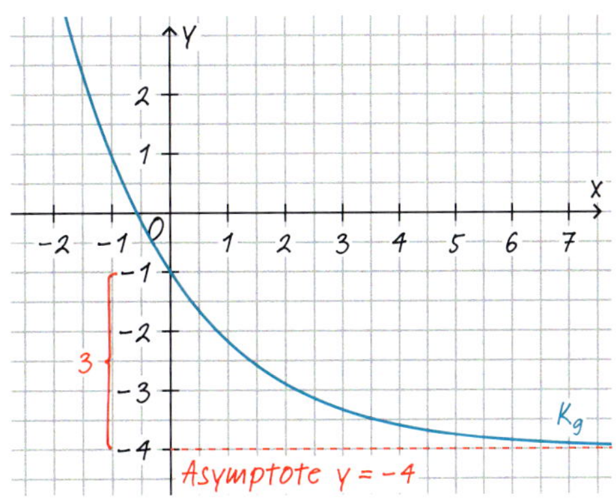

Beispiel 2 **Ausdrücke mit dem natürlichen Logarithmus vereinfachen**

Vereinfachen Sie.

a) $\ln\left(\frac{1}{e}\right)$ b) $\ln(e^2 \cdot e^3)$ c) $\ln\left(\sqrt[3]{e}\right)$ d) $e^{-2 \cdot \ln(5)}$

Lösung

a) $\ln\left(\frac{1}{e}\right) = \ln(e^{-1}) = -1$

b) $\ln(e^2 \cdot e^3) = \ln(e^5) = 5$

c) $\ln\left(\sqrt[3]{e}\right) = \ln\left(e^{\frac{1}{3}}\right) = \frac{1}{3}$

d) $e^{-2 \cdot \ln(5)} = \left(e^{\ln(5)}\right)^{-2} = 5^{-2} = \frac{1}{25}$

Beispiel 3 **Exponentialgleichungen mit der Basis e lösen**

Lösen Sie die Gleichung. Geben Sie die Lösung mithilfe des natürlichen Logarithmus an und bestimmen Sie anschließend einen Näherungswert mit drei Dezimalen.

a) $e^{2x} = 5$ b) $e^{-x} = -1$ c) $e^{x+1} = \frac{1}{4}$ d) $e^{2x} - 3e^x = 0$

Lösung

a) $2x = \ln(5)$

$x = \frac{1}{2} \cdot \ln(5) \approx 0{,}805$

b) Es gibt keine Lösung, da e^{-x} stets positiv ist.

c) $x + 1 = \ln\left(\frac{1}{4}\right)$

$x = \ln\left(\frac{1}{4}\right) - 1$

$\approx -2{,}386$

d) $\underbrace{e^x}_{\neq 0} \cdot \underbrace{(e^x - 3)}_{=0} = 0$

$e^x = 3$

$x = \ln(3) \approx 1{,}099$

Beispiel 4 **Darstellen mithilfe der e-Funktion, Basiswechsel**

a) Schreiben Sie mithilfe der e-Funktion.

(1) $f(x) = 4^x$

(2) Der Bestand einer Bakterienkultur verdreifacht sich stündlich. Zu Beginn der Beobachtung waren es 2500 Bakterien.

(3) Ein Handy-Akku mit 6000 mAh entlädt sich innerhalb eines Tages um 9 %.

b) Schreiben Sie als Exponentialfunktion mit Basis q: $f(x) = e^{1,5x}$; $g(x) = e^{-0,2x}$.

Lösung

a) (1) $f(x) = 4^x = e^{\ln(4) \cdot x} \approx e^{1,386 \cdot x}$

(2) $B(t) = 2500 \cdot 3^t = 2500 \cdot e^{\ln(3) \cdot t} \approx 2500 \cdot e^{1,099 \cdot t}$; t in Stunden

(3) $Q(t) = 6000\,\text{mAh} \cdot 0{,}91^t = 6000\,\text{mAh} \cdot e^{\ln(0,91) \cdot t} \approx 6000\,\text{mAh} \cdot e^{-0,0943 \cdot t}$; t in Tagen

b) $f(x) = e^{1,5x} = (e^{1,5})^x \approx 4{,}482^x$; $g(x) = e^{-0,2x} = (e^{-0,2})^x \approx 0{,}819^x$

Aufgaben

1 Vereinfachen Sie den Logarithmus.

a) $\ln(e)$ b) $\ln(e^3)$ c) $\ln(1)$ d) $\ln\left(\frac{1}{e^2}\right)$ e) $\ln\left(\sqrt{e}\right)$ f) $3 \cdot \ln(e^2)$

g) $\ln(e^2 \cdot e)$ h) $\ln(e \cdot e^x)$ i) $\frac{1}{2} \cdot \ln(e^2)$ j) $\frac{1}{6}\ln(e^8 \cdot e^4)$ k) $\ln(e^{4x-1})$ l) $\ln\left(\frac{1}{e} \cdot e^x\right)$

2 Vereinfachen Sie die Potenz.

a) $e^{\ln(4)}$ b) $e^{\ln(10)}$ c) $e^{\ln(0,2)}$ d) $e^{\ln(7,4)}$ e) $e^{\ln(3x)}$ f) $e^{\ln(2x-1)}$

3 Lösen Sie die Exponentialgleichung.

a) $e^x = e$ b) $e^{3x} = 1$ c) $e^{2x} = \frac{1}{e}$ d) $e^{x-1} = \sqrt{e}$

e) $e^{-4z} = \frac{1}{e^2}$ f) $e^{2b-5} = e$ g) $e^{5a-7} = 1$ h) $2 \cdot e^{7x-3} = \sqrt{4e}$

Lösungen zu Aufgabe 3:

$\frac{3}{2}$ $\frac{1}{2}$ $\frac{1}{2}$ 1,4 3 0 1 $-\frac{1}{2}$

4 Durch die angegebenen Transformationen entsteht aus dem Graphen der e-Funktion f mit $f(x) = e^x$ der Graph einer neuen Funktion h. Geben Sie einen Funktionsterm von h an.

a) Spiegelung an der x-Achse

b) Spiegelung an der y-Achse und Verschiebung um −2 in y-Richtung.

c) Spiegelung an der x-Achse und Verschiebung um 2 in y-Richtung.

d) Spiegelung an der y-Achse und Verschiebung um −1 in x-Richtung.

○ **5** Lösen Sie die Gleichung. Geben Sie die Lösung mithilfe des natürlichen Logarithmus an und bestimmen Sie dann einen Näherungswert (drei Dezimalen).

a) $e^x = 15$ b) $e^z = 2{,}4$ c) $e^{2x} = 7$ d) $3 \cdot e^{4y} = 16{,}2$

e) $4 \cdot e^{-x} = 10$ f) $2 \cdot e^{4-a} - 3 = 9$ g) $e^{t+1} - 2 \cdot e^t = 1$ h) $e^{3x} - 5 \cdot e^x = 0$

○ **6** Erläutern Sie, wie der Graph der Funktion g aus dem Graphen der Funktion f mit $f(x) = e^x$ hervorgeht. Skizzieren Sie den Graphen von g und bestimmen Sie, sofern vorhanden, die Achsenschnittpunkte.

a) $g(x) = -e^x + 1$ b) $g(x) = e^{x-4} + 1$ c) $g(x) = 2e^{3x} - 4$ d) $g(x) = 0{,}5 \cdot e^{-2x} - 2$

○ **7** Nebenstehende Abbildungen zeigen die Graphen zweier Exponentialfunktionen f und g. Übertragen Sie die Graphen in Ihr Heft und bestimmen Sie jeweils grafisch anhand ausgewählter Tangenten den Graphen der Ableitungsfunktion und zeichnen Sie diesen in dasselbe Koordinatensystem ein. Wie lautet jeweils die zu f bzw. g gehörige Basis?

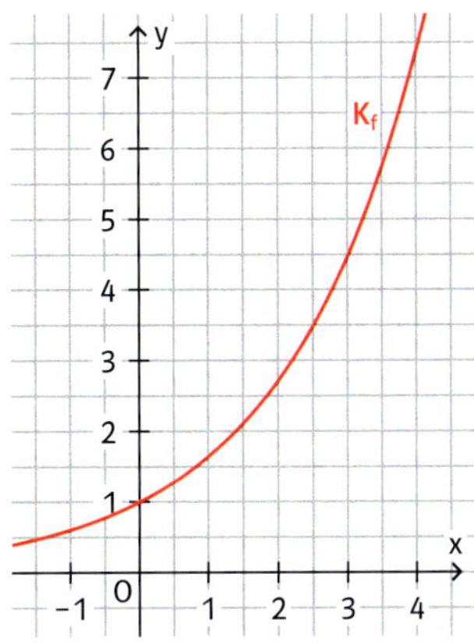

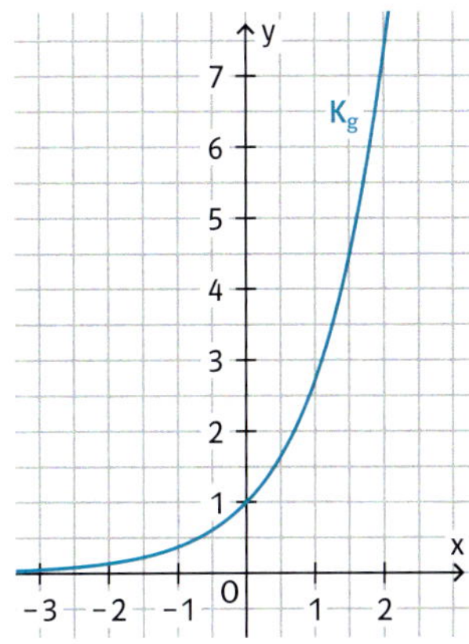

Kopiervorlage zu Aufgabe 7 c3m89s

Test

Lösung | Seite 292

8 Vereinfachen Sie.

a) $\ln(e^7)$ b) $e^{\ln(4x)}$ c) $2 \cdot \ln(e^{-x})$ d) $\ln(e^x \cdot e^2)$

9 Lösen Sie die Gleichung. Geben Sie die Lösung mithilfe des natürlichen Logarithmus an und bestimmen Sie dann einen Näherungswert (drei Dezimalen).

a) $e^x = 12$ b) $3 + e^{2x} = 5$ c) $2e^{0{,}5x-3} = 8$ d) $1 - 3e^{4x-2} = \frac{1}{4}$

10 Durch welche Transformationen geht der Graph der Funktion f aus dem Graphen der e-Funktion hervor? Skizzieren Sie den Graphen von f.

a) $f(x) = 1{,}5 \cdot e^x - 5$ b) $f(x) = -3 \cdot e^{2x}$ c) $f(x) = 2 \cdot e^{-x} - 1$ d) $f(x) = -4 \cdot e^{-0{,}5x} + 3$

◒ **11** Bob hat Fehler gemacht. Beschreiben Sie die Fehler und rechnen Sie richtig.

a) $e^{2x} = 6$; $x = \ln(3)$

b) $3 \cdot e^{2x} - e^x = 10$; $2 \cdot e^{3x} = 10$

c) $e^x - 5 = 6$; $x - \ln(5) = \ln(6)$

d) $2 \cdot e^{x-1} = 8$; $\ln(2) \cdot (x-1) = \ln(8)$

◒ **12** Die Anzahl der Bakterien in einer Kultur (in Millionen) wird beschrieben durch die Funktion f mit $f(t) = e^{k \cdot t}$ (t in Tagen). Pro Tag nimmt die Anzahl der Bakterien um 35 % zu.

a) Berechnen Sie den Faktor k.

b) Wie viele Bakterien sind es zu Beobachtungsbeginn, wie viele nach einer Woche?

c) Nach einer Woche wird die Kultur in den Kühlschrank gestellt. Die Anzahl der Bakterien wird nun beschrieben durch die Funktion g mit $g(t) = B_0 \cdot e^{0{,}17 \cdot t}$.
Stellen Sie die Funktion g in der Form $g(t) = B_0 \cdot q^t$ dar. Wie lange dauert es im Kühlschrank noch, bis die Kultur auf 15 Millionen Bakterien angewachsen ist?

13 Die Graphen rechts gehören zu Exponentialfunktionen der Form $f(x) = a \cdot e^{bx} + d$. Bestimmen Sie jeweils a und d aus der Zeichnung sowie b durch eine Punktprobe.

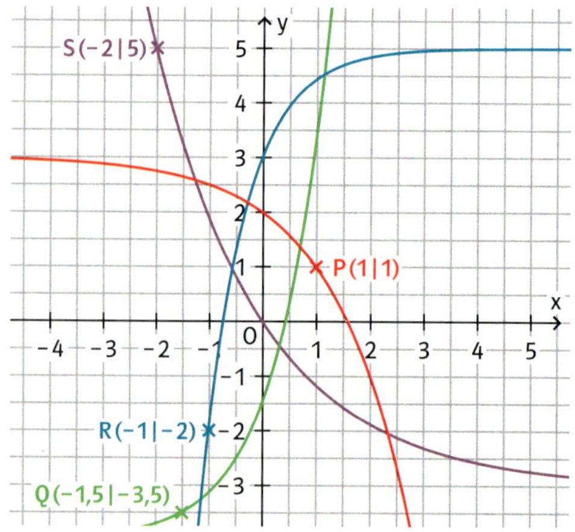

14 Geben Sie die Lösungsmenge der Ungleichung an.

a) $e^x - 8 > 0$　　b) $3 \cdot e^{-x} - 4{,}5 \leq 0$
c) $-2 \cdot e^{0{,}5x} + 12 \geq 0$　　d) $-2{,}5 \cdot e^{-3x} + 10 < 0$

15 Berechnen Sie die Koordinaten des Schnittpunkts der Graphen von f und g.

a) $f(x) = e^{x+3} - 5$;　$g(x) = e^x$
b) $f(x) = e^{2x}$;　$g(x) = 4 \cdot e^x$

16 In einem zylindrischen Gefäß wird der Zerfall von Bierschaum untersucht. Die Höhe der Schaumsäule verringert sich alle 10 Sekunden um 6%.

a) Um wie viel Prozent verringert sich die Höhe der Schaumsäule in einer Minute?
b) Zu Beginn der Beobachtung beträgt die Höhe der Schaumkrone 12 cm. Bestimmen Sie die Gleichung der Exponentialfunktion, die der Zeit t (in min) die Schaumhöhe h (in cm) zuordnet in der Form $h(t) = h_0 \cdot e^{kt}$. Zeichnen Sie den Graphen von h.
c) Wie groß ist die mittlere Abnahme der Schaumkrone in den ersten 30 Sekunden?
d) Formulieren Sie im Sachzusammenhang eine Fragestellung, die auf folgende Gleichung führt: $h(t + 1) - h(t) = -1$. Lösen Sie diese Gleichung.

Test

Lösung | Seite 292

17 Berechnen Sie die Koordinaten des Schnittpunkts der Graphen von f und g.

a) $f(x) = e^x - 3$;　$g(x) = e^{x-2}$　　b) $f(x) = e^{3x}$;　$g(x) = 7 \cdot e^x$

18 Die Temperatur eines Getränks, das erwärmt wird, wird durch die Funktion T mit $T(t) = 60 - 40 \cdot e^{-0{,}25t}$ beschrieben (t in Minuten nach Beginn des Erwärmens, T(t) in °C).

a) Berechnen Sie, wann die Temperatur des Getränks 50 °C beträgt.
b) Formulieren Sie im Sachzusammenhang eine Frage zur Gleichung $T(t + 2) - T(t) = 4$ und lösen Sie diese Gleichung.

19 Lösen Sie die Gleichung durch die Substitution $z = e^x$.

a) $(e^x)^2 - 6 \cdot e^x + 8 = 0$　　b) $e^x \cdot e^x + 12 \cdot e^x = 45$　　c) $e^{2x} - e^x - 6 = 0$

20 In einem See verringert sich nach dem Lambertschen Gesetz die Helligkeit (Beleuchtungsstärke) je 1 m Wassertiefe um 40%. In 2 m Wassertiefe zeigt der Belichtungsmesser 1800 Lux.

a) Die Funktion f, die der Tiefe x (in m) die Beleuchtungsstärke (in Lux) zuordnet, hat die Form $f(x) = a \cdot e^{-\mu x}$.
Bestimmen Sie a sowie den sogenannten Absorptionskoeffizienten μ. Welche Bedeutung hat der Vorfaktor a im Sachzusammenhang?
b) Skizzieren Sie den Graphen von f und bestimmen Sie sowohl grafisch als auch rechnerisch, nach wie viel m sich jeweils die Beleuchtungsstärke halbiert (Halbwertsschicht).
c) In welcher Wassertiefe ist nur noch 10% der Beleuchtungsstärke vorhanden?

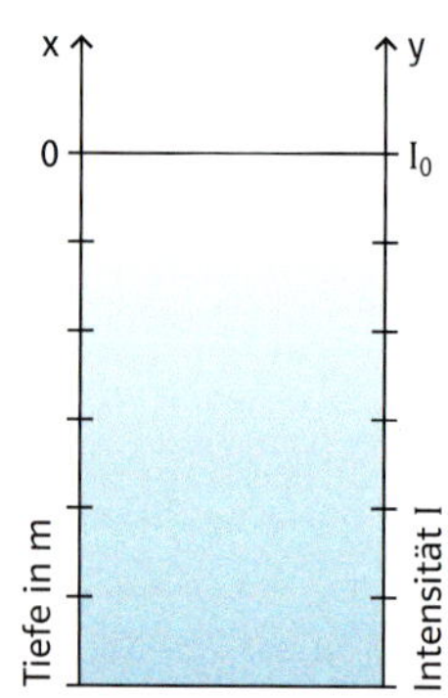

21 a) Wie viele Nullstellen hat die Funktion f mit $f(x) = (x + a) \cdot (e^x - b)$ in Abhängigkeit von a und b?

b) Wählen Sie aus den unten vorgegebenen Funktionen drei aus und ordnen Sie diese den drei Graphen rechts zu. Begründen Sie Ihre Entscheidung.

$f_1(x) = (x + 2) \cdot (e^x - 1)$ $\quad f_2(x) = x \cdot (e^x - 4)$

$f_3(x) = 0{,}25 \cdot (x - 3) \cdot (e^x + 1)$

$f_4(x) = (x - 3) \cdot (e^x - 2)$

$f_5(x) = e^{-x} + 1$ $\quad f_6(x) = 2e^x + 1$

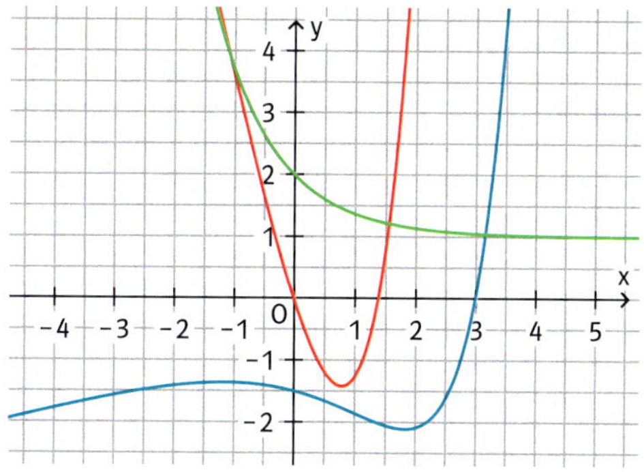

22 Ein Kondensator der Kapazität C wird über einen Widerstand R aufgeladen bzw. entladen. Der Spannungsverlauf am Kondensator während des Aufladevorgangs wird dabei beschrieben durch die Funktion U mit $U(t) = U_0 \cdot \left(1 - e^{-\frac{1}{R \cdot C} \cdot t}\right)$, der Spannungsverlauf während des Entladevorgangs durch die Funktion U mit $U(t) = U(0) \cdot e^{-\frac{1}{R \cdot C} \cdot t}$. Das Produkt von Widerstand R und Kapazität C wird als Zeitkonstante τ (tau) bezeichnet: $\tau = R \cdot C$.

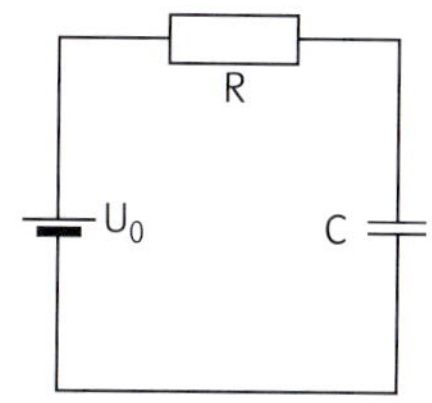

a) Auf wie viel Prozent der Spannung U_0 hat die Spannung am Kondensator beim Aufladevorgang nach der Zeitkonstanten τ zugenommen?

b) Man sagt, der Kondensator ist nach der Zeit $t = 5\tau$ aufgeladen. Auf wie viel Prozent der angelegten Spannung U_0 ist die Spannung am Kondensator zu diesem Zeitpunkt angestiegen? Wieviel sind es nach 2τ, 3τ, 4τ?
Skizzieren Sie den Spannungsverlauf.

c) Um wie viel Prozent hat die Spannung am Kondensator beim Entladevorgang nach der Zeitkonstanten τ abgenommen?

d) Man sagt, der Kondensator ist nach der Zeit $t = 5\tau$ entladen.
Wieviel Prozent der ursprünglichen Spannung liegen zu diesem Zeitpunkt noch am Kondensator an? Wieviel sind es nach 2τ, 3τ, 4τ? Skizzieren Sie den Spannungsverlauf.

23 Der Weg zur natürlichen Exponentialfunktion führte über die Erkenntnis, dass für die Ableitung einer Exponentialfunktion f mit $f(x) = q^x$ gilt: $f'(x) = c \cdot q^x$. Der Zusammenhang zwischen c und q blieb jedoch ungeklärt. Ergänzen Sie aufgrund der bisherigen Ergebnisse die Tabelle und versuchen Sie einen Zusammenhang zwischen c und q zu finden.
Wenn Sie den Faktor c zur Basis q kennen, können Sie auch den zu $\frac{1}{q}$ gehörenden Faktor bestimmen. Welche Eigenschaft der Exponentialfunktionen und ihrer Graphen verwenden Sie dabei?

c				1					
q	2	3	5		1	$\frac{1}{2}$	$\frac{1}{3}$	$\frac{1}{5}$	$\frac{1}{e}$

Strategie | Seite 218
1. Veranschaulichung durch Skizze/Zeichnung

Strategie | Seite 226
8. Symmetrieprinzip

Tipp
Einige der Werte finden Sie im Lehrtext.

Grundwissen Test

Grundwissen
Seiten 238–239
Lösung | Seite 292

24 a) Lesen Sie die Koordinaten der Punkte A bis H ab.

b) Zeichnen Sie die Punkte P und Q in ein Koordinatensystem. Markieren Sie die Mitte der Verbindungsstrecke PQ und lesen Sie die Koordinaten des Mittelpunkts M ab.

(1) P(1 | 3); Q(5 | 5)

(2) P(−1 | 1); Q(7 | −1)

(3) P(5 | −2); Q(2 | −1)

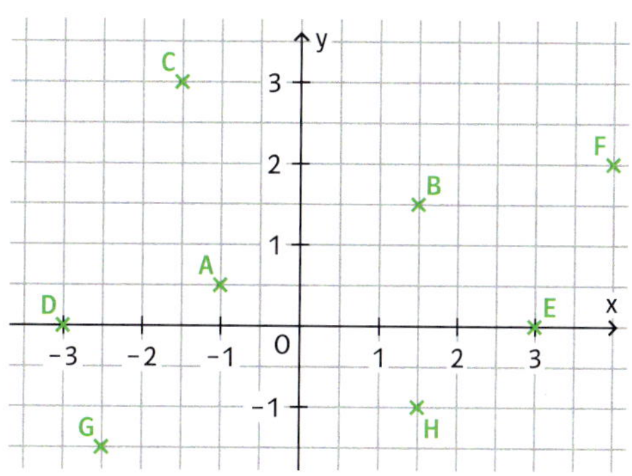

Exkursion

Stetige Verzinsung, die Euler'sche Zahl e

Bei vielen Festgeld- bzw. Tagesgeldkonten erhält man die Zinsgutschrift nicht erst nach einem Jahr, sondern bereits anteilig nach 6 Monaten oder nach 3 Monaten, dabei profitiert man vom Zinseszinseffekt. Ein Kapital von 1000 € wächst bei einem jährlichen Zinssatz von z.B. 1,2% bei einmaliger Zinsgutschrift am Ende des Jahres auf 1012 € an, bei vierteljährlicher Zinszahlung von jeweils 0,3% geringfügig höher auf $K = 1000\,€ \cdot \left(1 + \frac{0,3}{100}\right)^4 \approx 1012,05\,€$.

Bei höheren Zinssätzen und kürzeren Zinsperioden wirkt sich dieser Effekt noch deutlicher aus. Bei einem fiktiven Zinssatz von 100% und monatlicher Zinsgutschrift erhöht sich das Kapital nach einem Jahr statt auf 2000 € (bei einmaliger Zinsgutschrift am Ende des Jahres) nun auf $K = 1000\,€ \cdot \left(1 + \frac{1}{12}\right)^{12} \approx 2613,04\,€$ und bei täglicher Zinsgutschrift sogar auf $K = 1000\,€ \cdot \left(1 + \frac{1}{360}\right)^{360} \approx 2714,52\,€$.

Bei der **deutschen Zinsmethode** hat der Zinsmonat 30 Tage und das Zinsjahr 360 Tage.

Um zu sehen, um welchen Faktor sich ein Kapital bei einem jährlichen Zinssatz von 100% am Ende des Jahres bei immer kleiner werdenden Zinsperioden erhöht, wählt man als Anfangskapital 1,00 € und betrachtet bei einer ständig wachsenden Anzahl n von Zinsperioden das Endkapital K_n. Allgemein lässt sich dies mit der Zinseszinsformel ausdrücken ($K_0 = 1,00\,€$, $p = 100\%$) durch: $K_n = K_0 \cdot \left(1 + \frac{p}{n}\right)^n = \left(1 + \frac{1}{n}\right)^n$.

Die Tabelle zeigt das Endkapital K_n nach n Zinsperioden im Jahr.

Zinszahlung	jährl.	halbj.	viertelj.	monatl.	tägl.	stündl.	jede Sekunde
Perioden n	1	2	4	12	360	8640	31 104 000
Endkapital K_n (in €)	2,00	2,25	2,4414	2,6130	2,7145	2,718 125	2,718 281 3

Wie die Tabelle vermuten lässt, steigt bei fortgesetzter Erhöhung der Anzahl n der Zinsperioden das Endkapital laufend, jedoch nicht unbegrenzt. Im Grenzfall, d.h. wenn n „unendlich groß" und die Perioden „ganz klein" sind, spricht man von **stetiger Verzinsung**. Der in diesem Grenzfall erzielte Wachstumsfaktor wird als **Limes (Grenzwert)** bezeichnet, und man schreibt dafür

$\lim\limits_{n \to \infty} \left(1 + \frac{1}{n}\right)^n$.

Man kann zeigen, dass dieser Grenzwert tatsächlich existiert, worauf hier jedoch verzichtet wird. Dieser Grenzwert heißt **Euler'sche Zahl** und wird mit **e** bezeichnet.

Es ist $e = \lim\limits_{n \to \infty} \left(1 + \frac{1}{n}\right)^n = 2,718\,281\,828\,459\ldots$

Die Euler'sche Zahl e hat unendlich viele Dezimalstellen. Sie ist wie die Zahl π eine irrationale Zahl. Sie ist eine der wichtigsten Zahlen in der Mathematik.

Die Römer legten vom 1. bis 6. Jahrhundert Grenzwälle an und bezeichneten sie mit „Limes". Diese militärischen Grenzsicherungssysteme gibt es in Europa, Vorderasien und Nordafrika.

1 Ein Kapital von 10 000 € verdoppelt sich in 20 Jahren.

a) Berechnen Sie den Jahreszinssatz (= jährliche durchschnittliche Erhöhung des Kapitals).

b) Berechnen Sie, auf wie viel Euro das Endkapital bei einem festen jährlichen Zinssatz von 5% ansteigt.

c) Berechnen Sie das Endkapital bei einer täglichen Verzinsung mit $\frac{100}{20 \cdot 360}\,\%$.

2 Ein Kunde möchte sein Kapital in 12 Jahren verdoppeln. Die Bank A bietet 1,51% Zinssatz je Vierteljahr an, Bank B bietet 3,1% Zinssatz je Halbjahr an. Verdoppelt sich in beiden Fällen das Kapital nach 12 Jahren? Welche Verzinsung ist attraktiver?

○ **1** Bestimmen Sie jeweils den Differenzenquotienten von f in den Intervallen $I_1 = [-2; 1]$, $I_2 = [0; 4]$, $I_3 = [1; 4]$.

a) f ist gegeben durch diese Wertetabelle:

x	−2	−1	0	1	2	3	4
f(x)	7	2	−1	−2	−1	2	7

b) f ist gegeben durch den nebenstehenden Graphen.

c) f ist gegeben durch die Funktionsgleichung $f(x) = \frac{1}{5} \cdot 2^x - 1$.

d) f ist gegeben durch die Funktionsgleichung $f(x) = \sqrt{x + 3}$.

e) f ist gegeben durch die Funktionsgleichung $f(x) = \frac{1}{x^2 + 1}$.

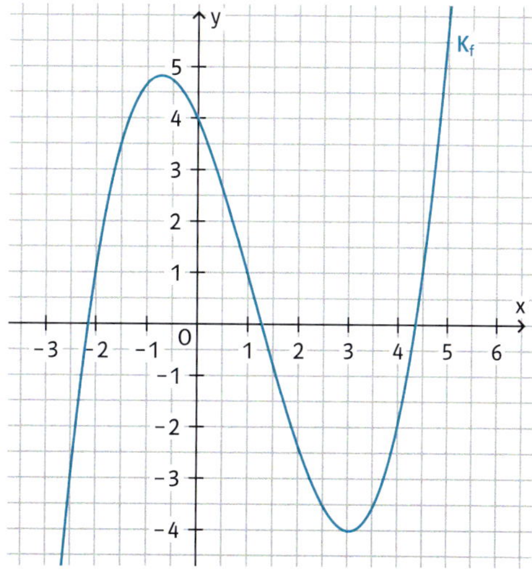

○ **2** Zur Beschreibung der Erderwärmung werden die jährlichen globalen Oberflächentemperaturen auf dem Land und über dem Meer erfasst und deren Abweichungen vom langjährigen Mittel seit dem Beginn der Wetteraufzeichnungen 1880 bestimmt. Nebenstehende Tabelle zeigt diese Abweichungen seit dem Jahr 2000.

Globale Temperaturentwicklung (Land und Wasser)

Jahr	Abweichung in °C
2000	0,42
2001	0,57
2002	0,62
2003	0,64
2004	0,58
2005	0,67
2006	0,64
2007	0,62
2008	0,54
2009	0,64
2010	0,73
2011	0,58
2012	0,64
2013	0,68
2014	0,74
2015	0,93
2016	1,00
2017	0,91
2018	0,83
2019	0,95

a) Bestimmen Sie mit dem Taschenrechner oder einer Tabellenkalkulation für jedes Jahr die jährliche Änderungsrate der Abweichungen für das zurückliegende Jahr und tragen Sie diese in ein Koordinatensystem ein.

b) Bestimmen Sie für jedes Jahr die mittlere jährliche Änderungsrate der Abweichungen für die zurückliegenden fünf Jahre, z.B. für das Jahr 2016 die mittlere Änderungsrate im Intervall [2011; 2016]. Tragen Sie diese Werte ebenfalls in das Koordinatensystem ein.

c) Bestimmen Sie für jedes Jahr die mittlere jährliche Änderungsrate der Abweichungen für die zurückliegenden zehn Jahre, z.B. für das Jahr 2016 die mittlere Änderungsrate im Intervall [2006; 2016]. Tragen Sie diese Werte ebenfalls in das Koordinatensystem ein.

d) Vergleichen Sie die Entwicklung der Werte aus a) bis c). Was fällt Ihnen auf? Welche Werte haben die höchste Aussagekraft?

e) Im Jahr 1900 betrug die Abweichung −0,08 °C. Wie groß war die mittlere jährliche Änderungsrate der Abweichungen im 20. Jahrhundert, d.h. von 1900 bis 2000?

f) Auf der Weltklimakonferenz 2015 einigten sich rund 200 Staaten auf die sogenannten „Pariser Klimaziele", die eine Begrenzung der Erderwärmung um idealerweise maximal 1,5 °C bis beinhaltet. Wie lange würde es bei der momentanen Änderungsrate ungefähr dauern, bis diese Grenze erreicht ist. Wie groß müsste die Änderungsrate anschließend sein, um das Klimaziel zu erreichen? Ist das realistisch?

○ **3** Bestimmen Sie in Fig. 1 grafisch die Ableitung.

a) f′(2) b) f′(0) c) f′(1)

○ **4** Bestimmen Sie mithilfe des in Fig. 1 abgebildeten Graphen den Differenzenquotienten von f im Intervall

a) [1; 2], b) [−1; 1], c) [−1; 2].

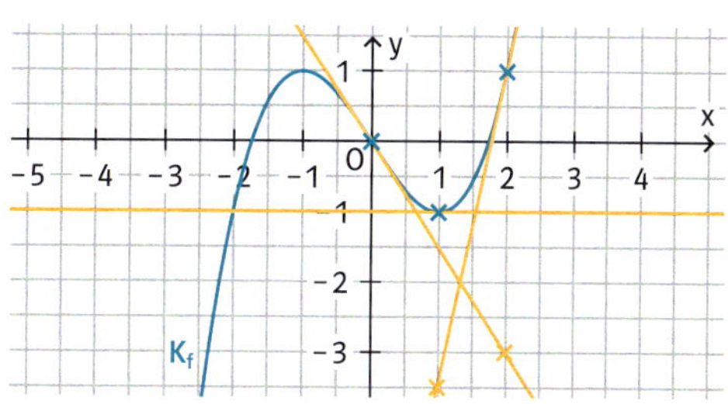

5 Die Abbildung zeigt den Graphen K_f einer Funktion f.

a) Übertragen Sie die Kurve in Ihr Heft und bestimmen Sie grafisch die Tangentensteigungen in den angegebenen Punkten.

b) Skizzieren Sie den Graphen der Ableitungsfunktion f′

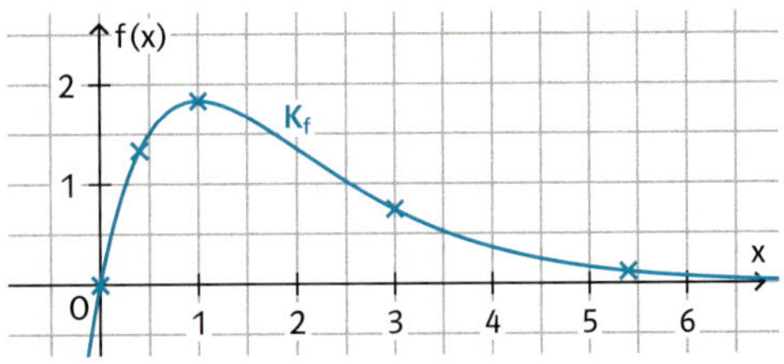

6 Vereinfachen Sie:

a) $\ln(e^5)$ b) $\ln\left(\frac{1}{e^2}\right)$ c) $\ln(\sqrt{e})$ d) $e^{\ln(3)}$ e) $e^{\ln(1)}$ f) $e^{\ln(e)}$

7 Von einer Funktion f mit $f(0) = 0$ ist bekannt: Der Graph ist achsensymmetrisch zur y-Achse, die durchschnittliche Änderungsrate beträgt 0,5 im Intervall $[0; 1]$, 1,0 im Intervall $[1; 2]$, 1,5 im Intervall $[2; 3]$ usw. Skizzieren Sie einen möglichen Verlauf des Graphen von f.

8 Die Funktion G mit $G(x) = -0{,}5x^3 + 4x^2 - 2x - 10$ beschreibt den Gewinn (in 1000 €) in Abhängigkeit vom Verkaufspreis x (in €) eines Produkts.
Berechnen Sie jeweils die durchschnittliche Änderungsrate auf den Intervallen $I_1 = [3; 5]$ und $I_2 = [5; 6{,}5]$. Interpretieren Sie jeweils das ermittelte Ergebnis für die beiden Intervalle.

9 Die Funktion h beschreibt die Höhe eines Ballons in Abhängigkeit von der Zeit t (t in Minuten nach dem Start, h(t) in Meter). Der Ballon fährt 6 min nach dem Start in 170 m Höhe. Im Zeitintervall zwischen 6 min und 8 min steigt der Ballon mit der mittleren Geschwindigkeit $40\,\frac{\text{m}}{\text{min}}$ senkrecht nach oben. Ist die folgende Angabe richtig, falsch oder möglicherweise richtig?

a) $h(8) = 210$ b) $h(6) = 170$
c) $h(7) = 210$ d) $h(8) = 250$
e) $h(10) = 330$ f) $h(7) = 180$

10 Bei einer Pandemie verbreitet sich ein Virus exponentiell in der Bevölkerung. Ein Prozent der Infizierten müssen intensivmedizinisch behandelt werden. In einem kritischen Stadium der Pandemie sind 35 000 Personen infiziert und die Zahl der Infizierten verdoppelt sich durchschnittlich jede Woche. Es stehen 20 000 Intensivbetten zur Verfügung, von denen also 350 belegt sind, d. h. es gibt noch 19 650 freie Betten. Berechnen Sie die mittlere Änderungsrate der freien Intensivbetten (in Betten pro Woche) für die nächsten vier Wochen jeweils für einen Wochenzeitraum. Wie lange dauert es etwa, bis alle Intensivbetten belegt sind, wenn keine Maßnahmen zur Eindämmung der Pandemie ergriffen werden?

11 In der Abbildung rechts sind die Graphen der Funktionen f und g dargestellt. Dabei ist die eine der beiden Funktionen die Ableitungsfunktion der anderen.

a) Ordnen Sie zu und begründen Sie Ihre Zuordnung.

b) Bestimmen Sie grafisch $f(1)$, $f'(1)$, $f(-2)$, $f'(-2)$, $g(1)$, $g'(1)$, $g(-2)$ und $g'(-2)$.

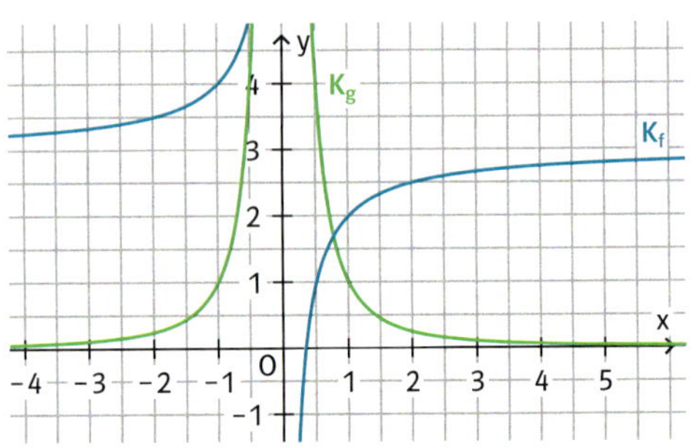

12 Die Grafik rechts zeigt den Graphen einer Funktion f. Welche der folgenden Aussagen über die Ableitungsfunktion f′ sind wahr, welche sind falsch? Begründen Sie ihre Antwort.

(1) Der Graph von f′ verläuft zwischen $x = 0$ und $x = 1$ oberhalb der x-Achse.

(2) $f'(2) = 0$

(3) Der Graph von f′ verläuft durch den Ursprung.

(4) Der Graph von f′ verläuft auf dem Intervall $[-0{,}5; 0]$ oberhalb der x-Achse.

(5) $f'(1) < 0$

(6) f′ hat mindestens vier Nullstellen.

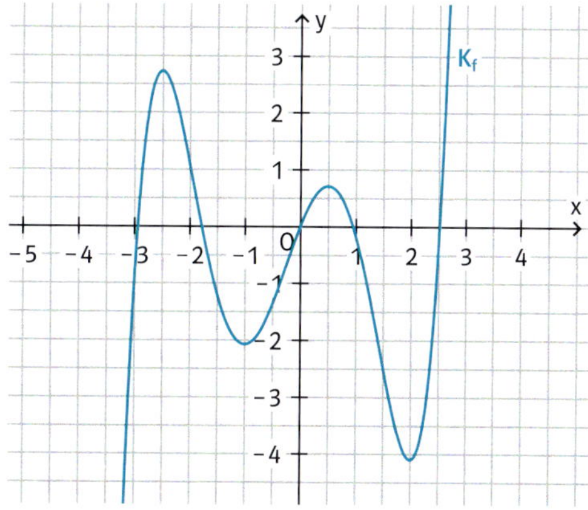

13 Gegeben ist der Graph einer Funktion f. Übernehmen Sie den Graphen ins Heft und skizzieren Sie den Graphen von f′ in dasselbe Koordinatensystem.

a)

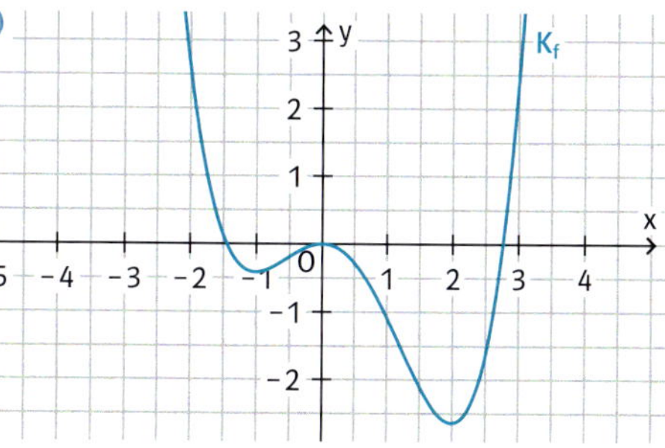

b)

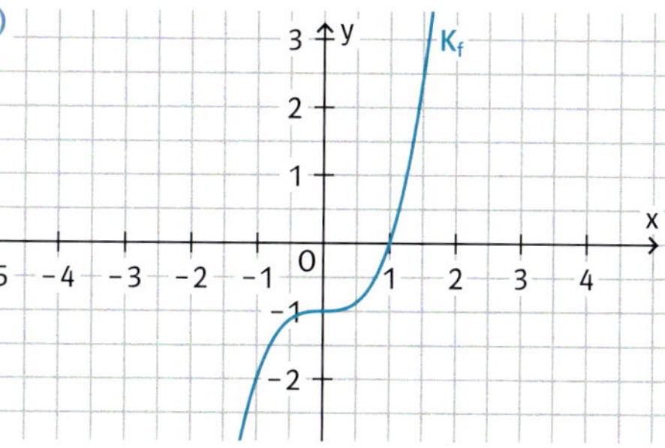

14 Welche der folgenden Aussagen über die Ableitungsfunktion f′ einer Funktion f (Graph von f siehe rechts) ist wahr? Begründen Sie Ihre Antwort.

(A) Der Graph von f′ liegt im Intervall $[-2; 2]$ oberhalb der x-Achse.

(B) $f'(-1) = 0$

(C) $f'(0) > f'(1)$

(D) $f(0) = 1$

(E) $f'(0) = 1$

(F) Auf dem Graphen von f′ liegt der Punkt $Q(-1|0)$.

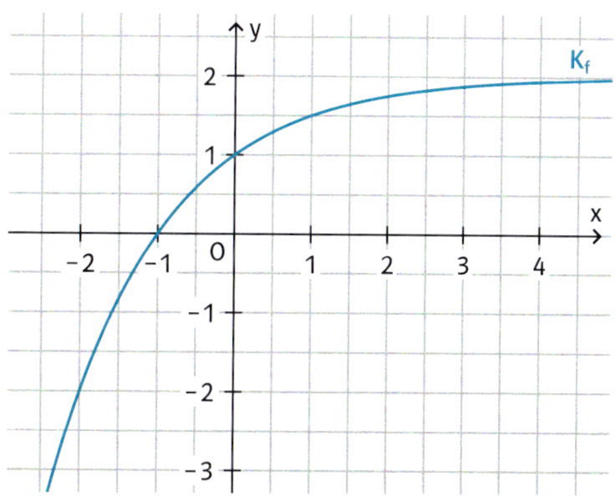

15 In der Abbildung sind die Graphen einer Funktion f und ihrer Ableitungsfunktion f′ dargestellt. Ordnen Sie die beiden Graphen der Funktion f bzw. f′ zu. Erläutern Sie Ihren Lösungsweg.

a)

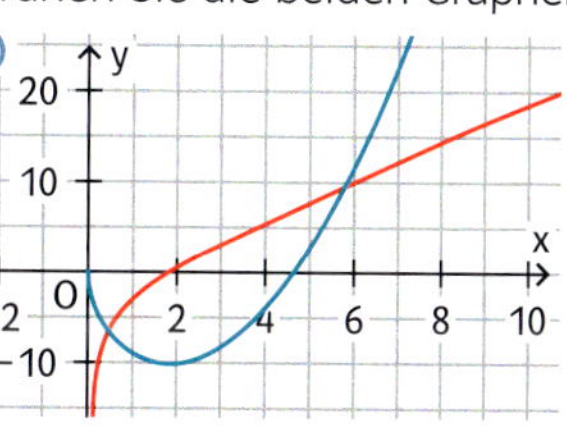

b)

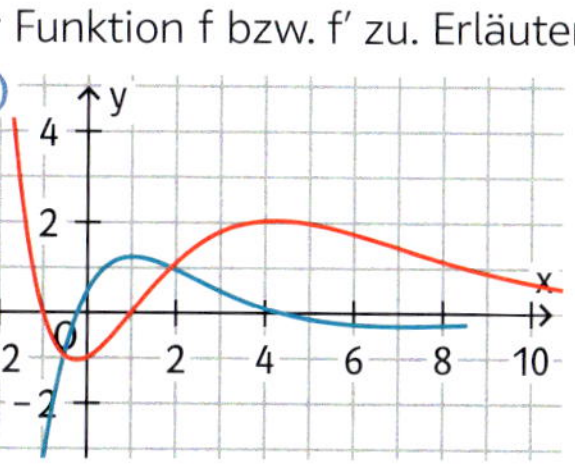

c)

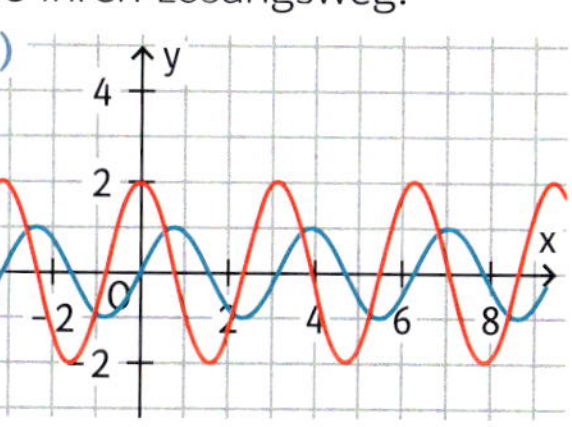

16 Die Ableitungsfunktion einer Funktion f ist genau an den Stellen $x_1 = 2$; $x_2 = 4$; $x_3 = 6$ gleich null, sonst überall ungleich null. Skizzieren Sie zwei Beispiele für einen möglichen Graphen einer solchen Funktion f.

17 Entnehmen Sie dem Graphen der Funktion f diejenigen Stellen, an denen $f'(x) = 0$ ist, und erstellen Sie damit eine grobe Skizze des Graphen von f'.

a) 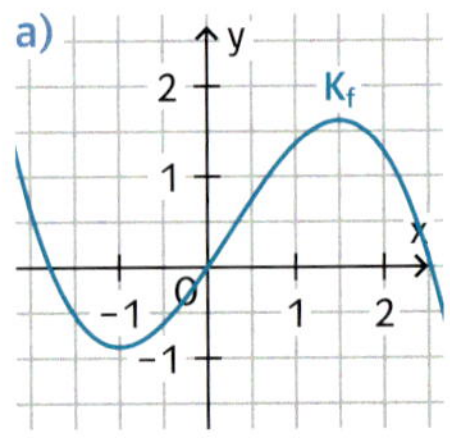

b) 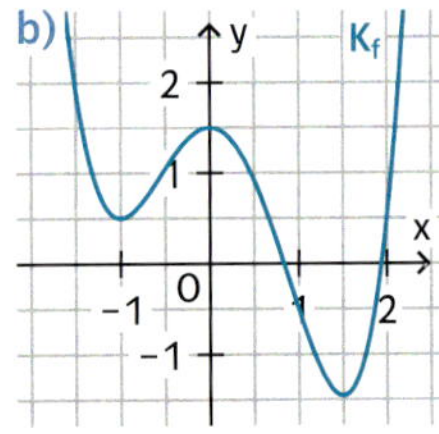

18 Geben Sie den Term einer Funktion f an, welche die folgende Bedingung erfüllt:

a) Der Graph von f hat in allen Punkten negative Steigungen.
b) Die Ableitung von f wird an mindestens einer Stelle null.
c) Der Graph von f hat keine waagerechte Tangente.
d) Für alle reellen x gilt $f'(x) = 3$.

19 Gegeben ist der Graph der Funktion f.

a) Übertragen Sie den Graphen K_f von f in Ihr Heft und bestimmen Sie grafisch die Ableitung an den Stellen −1, 0, 1, 2, 3.
b) Zeichnen Sie mithilfe der Werte aus a) den Graphen der Ableitungsfunktion f' in ein separates Koordinatensystem.
c) Äußern Sie anhand Ihrer Zeichnung aus b) eine Vermutung über den Funktionsterm von f'.
Überprüfen Sie Ihre Vermutung an den Stellen −1,5; −0,5; 0,5; 1,5; 2,5 und 3,5. Setzen Sie dazu die Werte in den vermuteten Funktionsterm von f' ein und vergleichen Sie mit den grafisch ermittelten Tangentensteigungen an diesen Stellen.

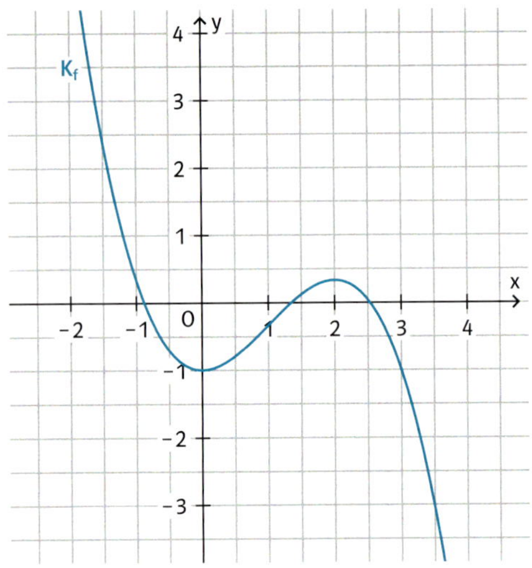

20 Lösen Sie die Gleichung. Geben Sie die Lösung mithilfe des natürlichen Logarithmus und als Dezimalzahl an.

a) $e^x = 7$ b) $2e^{3x} - 3 = 17$ c) $e^{x-3} + 7 = 13$ d) $e^{x+1} - e^x = e - 1$

21 Die Graphen in der Abbildung rechts gehören zu Exponentialfunktionen der Form $f(x) = a \cdot e^{b \cdot x} + d$.
Bestimmen Sie a und d aus der Zeichnung sowie b durch Punktprobe.

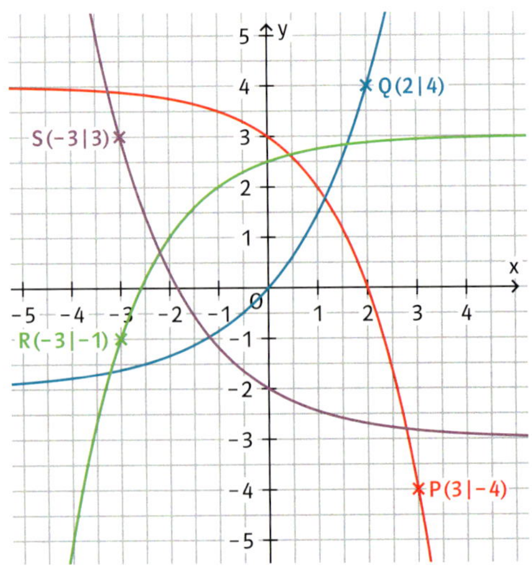

22 Lösen Sie die Gleichung.

a) $2e^x - e^{2x} = 0$
b) $e^{2x} - 2e^x - 3 = 0$
c) $e^x + 8e^{-x} = 6$

23 Bestimmen Sie die Lösungsmenge der Ungleichung:

a) $e^x - 3 \geq 0$
b) $-2e^x + 5 > 1$
c) $4 \cdot (1 - e^{-0,5x}) > 3,6$

24 Ivo berechnet: Die mittlere Änderungsrate einer Funktion f im Intervall $I_1 = [0; 2]$ beträgt 5, im Intervall $I_2 = [2; 5]$ beträgt sie 7. Daraus schließt er: Die mittlere Änderungsrate im Intervall $I_3 = [0; 5]$ beträgt $\frac{5+7}{2} = 6$. Was meinen Sie dazu?

25 Gegeben ist die Funktion f mit $f(x) = 2^x$. Zeigen Sie, dass für jede reelle Zahl a der Differenzenquotient von f im Intervall $[a; a+2]$ mit $\frac{3}{2} \cdot f(a)$ übereinstimmt.

26 Gegeben ist die Funktion f mit $f(x) = |x|$. Berechnen Sie die Differenzenquotienten von f auf verschiedenen Intervallen $[0; x]$ und $[-x; 0]$ für $x > 0$. Begründen Sie, dass man der Funktion f an der Stelle 0 keinen Ableitungswert zuordnen kann.

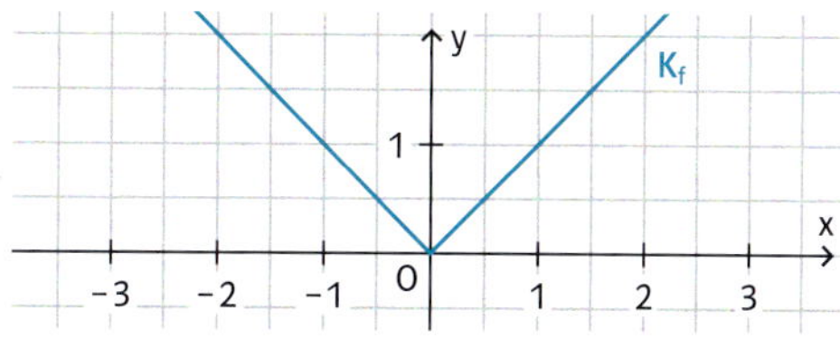

$$|x| = \begin{cases} x, & \text{für } x \geq 0 \\ -x, & \text{für } x < 0 \end{cases}$$

27 Gegeben ist der Graph der Ableitungsfunktion f′ einer Funktion f. Übertragen Sie den Graphen $K_{f'}$ von f′ in Ihr Heft und zeichnen dabei die Teile von $K_{f'}$, die oberhalb bzw. unterhalb der x-Achse liegen, mit verschiedenen Farben. Welche Bedeutung haben diese Abschnitte sowie die Nullstellen von f′ für den Graphen der Funktion f? Skizzieren Sie den Graphen der Funktion f.

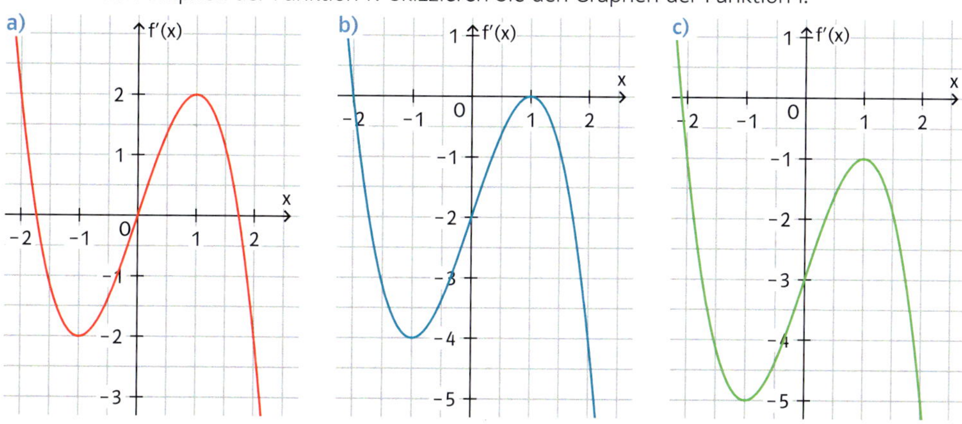

Tipp
Beginnen Sie Ihre Skizze von K_f in einem beliebigen Punkt.
Was ändert sich an der Kurve, wenn Sie in einem anderen Punkt beginnen?

28 Gegeben ist die Funktion f mit $f(x) = x^2$. Es ist a eine reelle Zahl. Berechnen Sie die mittlere Änderungsrate von f auf dem Intervall $[a-1; a+1]$ und vergleichen Sie mit der momentanen Änderungsrate an der Stelle a. Veranschaulichen Sie dieses Ergebnis grafisch.

29 Beim Laden eines elektronischen Blitzgerätes für eine Fotokamera steigt die Spannung U(t) während des Ladevorgangs von 0 auf 400 V. Zur Modellierung dieses Ladevorgangs verwendet man die Gleichung $U(t) = 400 - b \cdot e^{-k \cdot t}$ mit Konstanten b und k.

a) Wie lautet der Funktionsterm U(t), wenn die Spannung nach 4 s den Wert 250 V erreicht hat? Skizzieren Sie den Graphen von U für die ersten 20 s des Ladevorgangs.

b) Nach welcher Ladezeit ist das Blitzgerät einsatzbereit, wenn die Mindestspannung 350 V betragen muss?

30 Begründen oder widerlegen Sie:

a) Ist der Graph einer Funktion f achsensymmetrisch zur y-Achse, so ist der Graph der Ableitungsfunktion f′ punktsymmetrisch zum Ursprung und umgekehrt.

b) Ist der Graph einer Funktion f steigend, so ist der Graph der Ableitungsfunktion f′ fallend und umgekehrt.

c) Besitzt der Graph einer Funktion f eine waagrechte Asymptote, so besitzt auch der Graph der Ableitungsfunktion f′ eine waagrechte Asymptote.

Test

Kopiervorlage
Check-out
c3m89s

Rückblick

V Änderungsrate und grafisches Differenzieren

Durchschnittliche Änderungsrate – Differenzenquotient

Der **Differenzenquotient** $\frac{f(x_2) - f(x_1)}{x_2 - x_1}$ ist die **durchschnittliche Änderungsrate** einer Funktion f im Intervall $I = [x_1; x_2]$.

Er gibt die **Steigung** m_{Sek} **der Sekante** durch die Punkte $P(x_1 | f(x_1))$ und $Q(x_2 | f(x_2))$ des Graphen von f an.

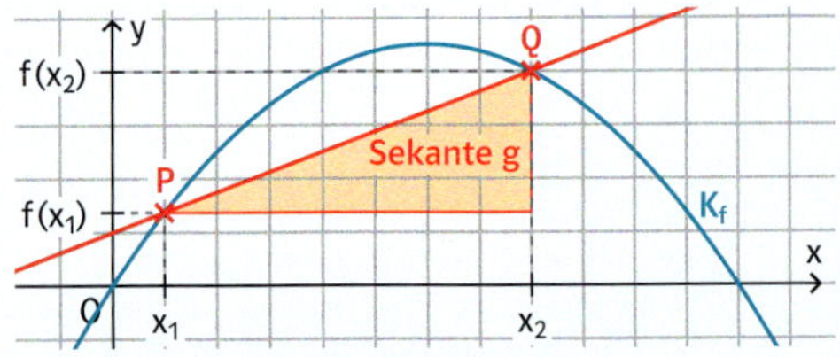

Für $f(x) = -\frac{1}{8}x^2 + \frac{3}{2}x$ und $x_1 = 1$; $x_2 = 8$ ist

$m_{Sek} = \frac{f(8) - f(1)}{8 - 1} = \frac{4 - 1{,}375}{7} = \frac{3}{8}$

die durchschnittliche Änderungsrate in [1; 8].

Lokale Änderungsrate – Ableitung

Der Grenzwert des Differenzenquotienten $\frac{f(x_0 + h) - f(x_0)}{h}$ für $h \to 0$ nennt man **lokale Änderungsrate** oder **Ableitung von f an der Stelle** x_0. Dies ist die **Steigung der Tangente** an den Graphen von f im Punkt $P(x_0 | f(x_0))$:

$m_{Tan} = f'(x_0) = \lim\limits_{h \to 0} \frac{f(x_0 + h) - f(x_0)}{h}$

Man nennt $f'(x_0)$ auch die **Steigung des Graphen** K_f im Punkt $P(x_0 | f(x_0))$.

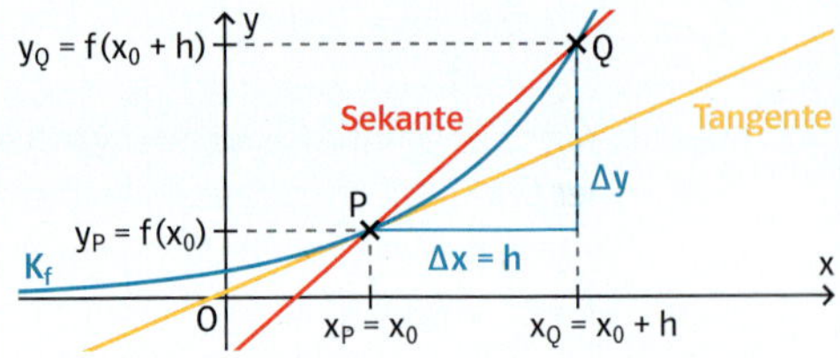

Für $f(x) = x^2$ nähert sich der Wert der Sekantensteigung im Intervall $[1; 1 + h]$ für $h \to 0$ immer mehr der Zahl 2 an.

Es ist also $m_{Tan} = f'(1) = 2$.

Ableitungsfunktion

Die Funktion, die jedem x aus der Definitionsmenge von f die Ableitung f′(x) an dieser Stelle zuordnet, heißt **Ableitungsfunktion f′** oder **Ableitung von f**.

Grafisches Differenzieren

Zeichnet man einzelne Tangenten an den Graphen K_f einer Funktion f und überträgt die Steigungswerte in ein Koordinatensystem, so erhält man den Graphen der Ableitungsfunktion f′ von f. Dieses Vorgehen nennt man **grafisches Differenzieren**.

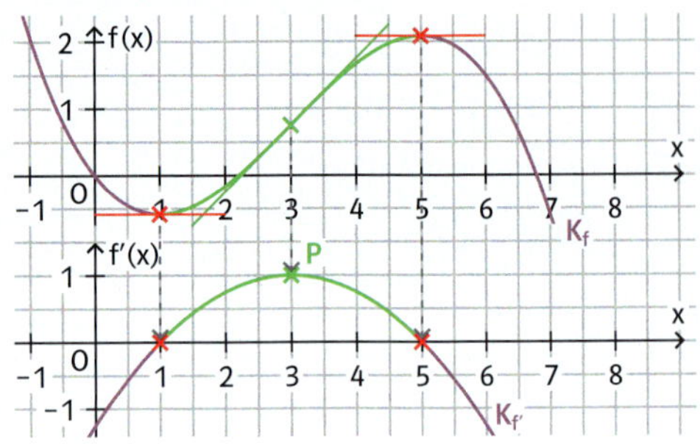

Ableitung der Exponentialfunktionen, Euler'sche Zahl e

Die Ableitung einer Exponentialfunktion f mit $f(x) = q^x$ ist ein Vielfaches der Funktion selbst: Für $f(x) = q^x$ gilt $f'(x) = c \cdot q^x$

Diejenige Basis q, für die f und f′ übereinstimmen, also $c = 1$ ist, heißt **Euler'sche Zahl e = 2,718281828459...**

$f(x) = 2^x$; $f'(x) \approx 0{,}693 \cdot 2^x$
$f(x) = 3^x$; $f'(x) \approx 1{,}099 \cdot 3^x$
$f(x) = 5^x$; $f'(x) \approx 1{,}609 \cdot 5^x$

$f(x) = e^x$; $f'(x) = 1 \cdot e^x$

Natürliche Exponentialfunktion – natürlicher Logarithmus

Die Exponentialfunktion mit der Basis e heißt **natürliche Exponentialfunktion** oder kurz **e-Funktion** f mit $f(x) = e^x$.

Die Gleichung ihrer Ableitung f′ lautet $f'(x) = e^x$.

Der Logarithmus zur Basis e heißt **natürlicher Logarithmus (logarithmus naturalis)**: $\log_e(u) = \ln(u)$

Es gilt: $e^{\ln(u)} = u$ bzw. $\ln(e^x) = x$

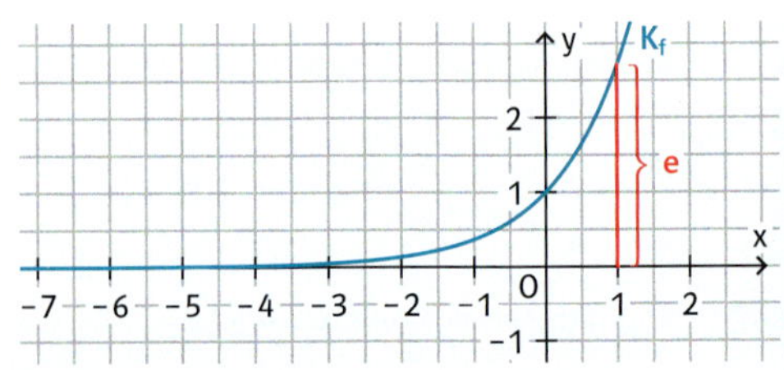

Darstellung von Exponentialfunktionen mithilfe der e-Funktion

Jede Exponentialfunktion f mit $f(x) = q^x$ lässt sich mithilfe der e-Funktion darstellen, und umgekehrt:

$f(x) = q^x = e^{\ln(q) \cdot x} = e^{k \cdot x}$ mit $k = \ln(q)$
$f(x) = e^{k \cdot x} = (e^k)^x = q^x$ mit $q = e^k$

$f(x) = 3^x = e^{\ln(3) \cdot x} \approx e^{1{,}099 \cdot x}$
$g(x) = 0{,}4^x = e^{\ln(0{,}4) \cdot x} \approx e^{-0{,}916 \cdot x}$
$h(x) = e^{1{,}8 \cdot x} = (e^{1{,}8})^x \approx 6{,}05^x$

Runde 1

Lösungen | Seite 293

1 Bestimmen Sie jeweils den Differenzenquotienten von f in den Intervallen $I_1 = [-1; 1]$, $I_2 = [1; 2]$, $I_3 = [0; 3]$.

a)

x	−1	0	1	2	3
f(x)	2	−1,25	0	2,75	10

b) Graph von f (Fig. 1)

c) $f(x) = x^2 - 2x - 1$

d) $f(x) = 2^x$

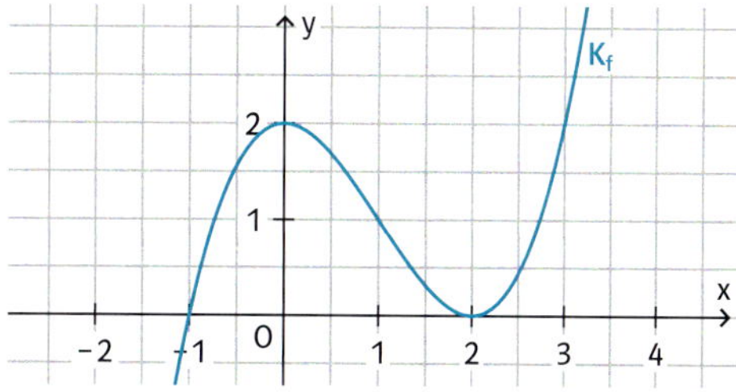

Fig. 1

2 a) Fig. 1 zeigt den Graphen der Funktion f. Welche Aussagen über die Ableitung f′ von f sind wahr, welche falsch? Begründen Sie Ihre Antwort.

(A) $f'(1{,}5) < 0$ (B) $f'(0{,}5) > 0$ (C) $f'(1) = -1$ (D) $f'(2{,}5) < f'(3)$

(E) Der Graph von f′ verläuft durch den Ursprung.

(F) Der Graph von f′ verläuft zwischen $x = 1$ und $x = 3$ oberhalb der x-Achse.

b) Skizzieren Sie den Graphen von f′.

3 Bestimmen Sie die Lösung der Exponentialgleichung.

a) $e^x = 4$ b) $3 \cdot e^x - 5 = 4$ c) $e^{z-5} = 1$

d) $2 \cdot e^{3x} - 9 = 7$ e) $e^{t+2} - e^t = 20$ f) $e^{2x} - 5 \cdot e^x = 0$

Runde 2

1 Nebenstehend sind die Graphen zweier Funktionen f und g abgebildet.
Welche der untenstehenden Abbildungen zeigt den Graphen der Ableitung von f, welche den Graphen der Ableitung von g?
Begründen Sie Ihre Entscheidung. Geben Sie insbesondere an, warum Sie die anderen Graphen ausgeschlossen haben.

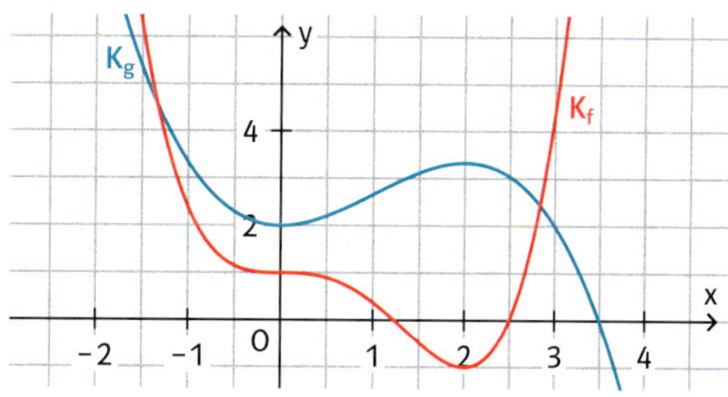

(A)
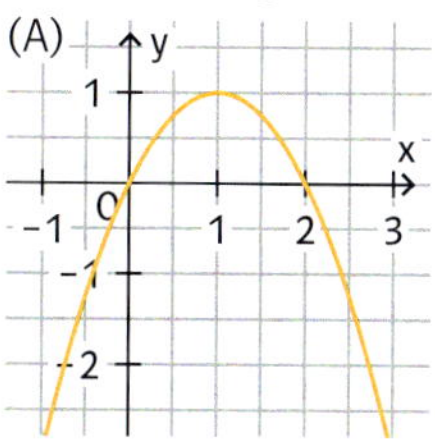

(B)
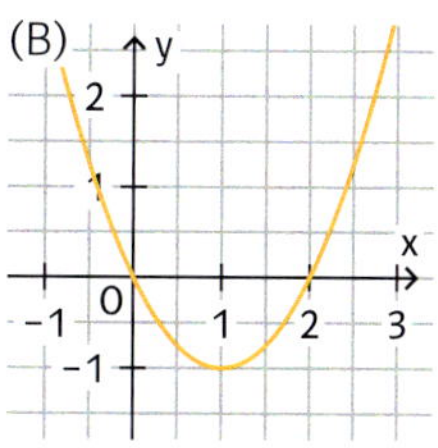

(C)
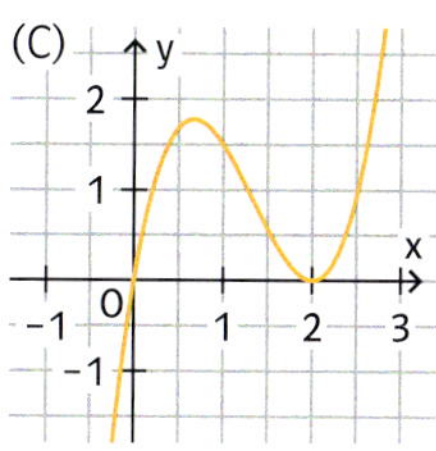

(D)
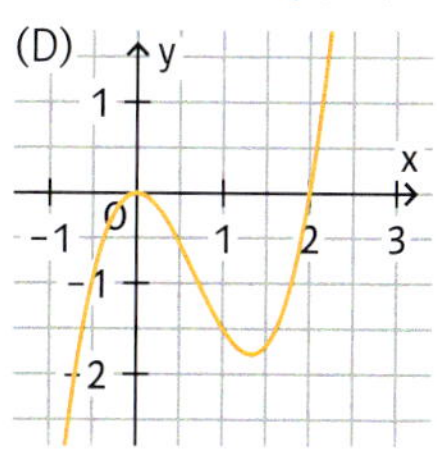

2 Bestimmen Sie die Schnittpunkte der Graphen von f und g mit $f(x) = e^x$; $g(x) = 3 - 2 \cdot e^{-x}$.

3 Eine Tasse mit heißem Tee kühlt bei Umgebungstemperatur ab. Der zeitlich exponentielle Temperaturverlauf wird beschrieben durch $T(t) = 60 \cdot e^{-0{,}08 \cdot t} + 27$ (T in °C, t in min).

a) Wie hoch ist die Temperatur des Tees zu Beginn der Messung?

b) Wie hoch ist die Umgebungstemperatur?

c) Wie groß ist die durchschnittliche Änderungsrate der Temperatur in den zweiten 10 Minuten der Messung?

d) Bestimmen Sie einen Näherungswert (3 Nachkommastellen) für die momentane Änderungsrate der Temperatur nach 15 Minuten.

e) Wann nimmt die Temperatur innerhalb von 5 Minuten um genau 12 °C ab?

VI Vektoren

Ein Koordinatensystem dient der eindeutigen Bezeichnung der Position von Punkten und Objekten.

Das können Sie schon

- Koordinaten von Punkten im Koordinatensystem ablesen.
- Punkte im Koordinatensystem einzeichnen.
- Streckenlängen mithilfe des Satzes des Pythagoras berechnen.
- Lineare Gleichungssysteme mit zwei Variablen lösen.
- Eigenschaften von Dreiecken und Vierecken nennen.

Das können Sie bald

- Punkte im Raum mit Koordinaten beschreiben.
- Punkte im räumlichen Koordinatensystem darstellen.
- Punkte in Ebene und Raum mit Vektoren darstellen.
- Verschiebungen mithilfe von Vektoren beschreiben.
- Längen mithilfe von Vektoren bestimmen.
- Geometrische Fragen mit Vektoren bearbeiten.

Check-in

So geht's:

(1) Checkliste übertragen oder über Code herunterladen.
(2) Fähigkeiten selbst einschätzen.
(3) Einschätzung mithilfe der Aufgaben überprüfen und gegebenenfalls Lerntipps beachten.

Schätzen Sie sich mithilfe der Checkliste ein.

	☺	😐	☹
1. Ich kann Koordinaten von Punkten aus einem zweidimensionalen Koordinatensystem ablesen.	☐	☐	☐
2. Ich kann Punkte in ein zweidimensionales Koordinatensystem einzeichnen.	☐	☐	☐
3. Ich kann den Satz des Pythagoras anwenden, um Streckenlängen in Figuren und Körpern zu berechnen.	☐	☐	☐
4. Ich kann unterschiedliche Dreiecke und Vierecke und ihre Eigenschaften benennen.	☐	☐	☐
5. Ich kann lineare Gleichungssysteme mit zwei Variablen lösen.	☐	☐	☐

Lerntipps

zu 1. **Grundwissen**, Seiten 238–239
zu 2. **Grundwissen**, Seiten 238–239
zu 3. **Grundwissen**, Seite 250
zu 4. **Grundwissen**, Seiten 251–253
zu 5. **Grundwissen** Seiten 248–249

Überprüfen Sie Ihre Einschätzungen.

○ **1 Koordinaten von Punkten ablesen**
Geben Sie die Koordinaten der eingezeichneten Punkte an.

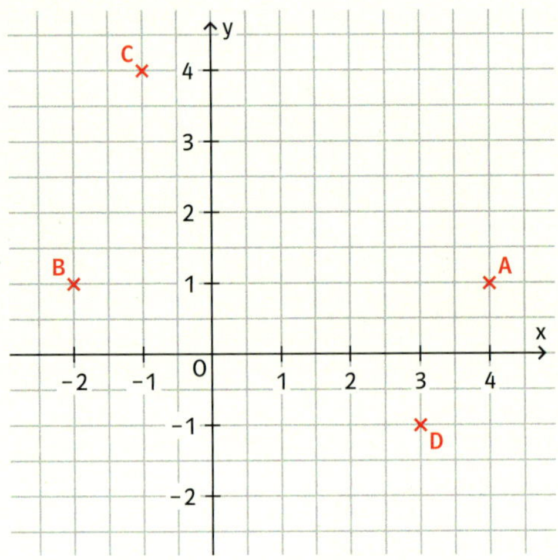

Kopiervorlage Checkliste b8z5k9
Lösungen | Seite 294

○ **2 Punkte in ein zweidimensionales Koordinatensystem einzeichnen**

a) Zeichnen Sie ein Koordinatensystem in Ihr Heft und die Punkte P(3|1); Q(0|2); R(−2|−2); S(−3|5) und T(−2|0) in das Koordinatensystem ein.

b) Spiegeln Sie die Punkte P und T an der x-Achse, die Punkte Q und R an der y-Achse sowie den Punkt S am Ursprung.

○ **3 Streckenlängen in Figuren und Körpern berechnen**

a) Berechnen Sie die Länge der Strecken h und x in Fig. 1 (Maße in cm).

b) Berechnen Sie die Länge der Strecken m und n in Fig. 2 (Maße in m).

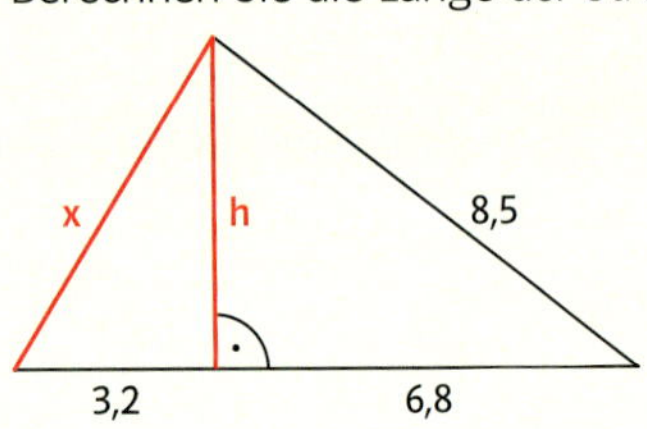

Fig. 1

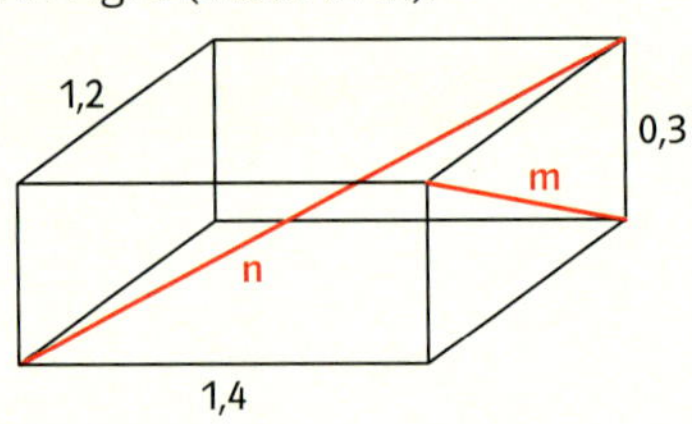

Fig. 2

○ 4 Dreiecke und Vierecke und ihre Eigenschaften benennen

a) Geben Sie die charakteristischen Eigenschaften des Dreiecks an.

1 gleichseitiges Dreieck | 2 gleichschenkliges Dreieck | 3 rechtwinkliges Dreieck

b) Geben Sie die charakteristischen Eigenschaften des Vierecks an.

1 Rechteck | 2 Quadrat | 3 Parallelogramm | 4 Raute | 5 Trapez | 6 Drachen

c) Welche Aussage ist wahr, welche falsch? Geben Sie gegebenenfalls ein Gegenbeispiel an.

(1) Die Winkelsumme im Dreieck beträgt 360°.
(2) Jedes gleichschenklige Dreieck ist ein rechtwinkliges Dreieck.
(3) Jedes Rechteck ist ein Parallelogramm.
(4) Jedes Parallelogramm ist ein Trapez.
(5) Ein Parallelogramm, bei dem benachbarte Seiten orthogonal sind, ist ein Quadrat.
(6) Jedes Quadrat ist eine Raute.
(7) Ist ein Rechteck gleichzeitig eine Raute, so ist es ein Quadrat.
(8) Sind bei einem Trapez die parallelen Seiten gleich lang, so ist es ein Rechteck.
(9) Sind die Diagonalen eines Parallelogramms gleich lang, so ist es ein Rechteck.
(10) Bei einem Drachen sind immer zwei Seiten gleich lang.

○ 5 Lineare Gleichungssysteme lösen

1: $5x + 3y = -1$; $2x - y = 0$

2: $3x + 4y = 5$; $y = 1 - x$

3: $b = 8 - 4a$; $b = 1 + 3a$

4: $-3s + 4t = 11$; $6s + 2t = -2$

a) Prüfen Sie, ob $L = \{(1; -2)\}$ eine Lösung des linearen Gleichungssystems 1 ist.
b) Bestimmen Sie die Lösung der linearen Gleichungssysteme 2, 3 und 4.

1 Punkte und Vektoren im ebenen Koordinatensystem

Mannheim wird wegen der Anordnung seiner Straßen in der Innenstadt auch als Quadratestadt bezeichnet, in der man sich leicht orientieren kann.
Jemand fragt vor der Jesuitenkirche nach dem Weg zum Marktplatz (rote Nadeln). Der direkte Weg (Luftlinie) ist als Pfeil eingezeichnet, den man so aber nicht zu Fuß gehen kann.

a) Geben Sie fünf verschiedene Wegbeschreibungen an.
b) Welche Wegbeschreibungen kann man sich am besten merken?

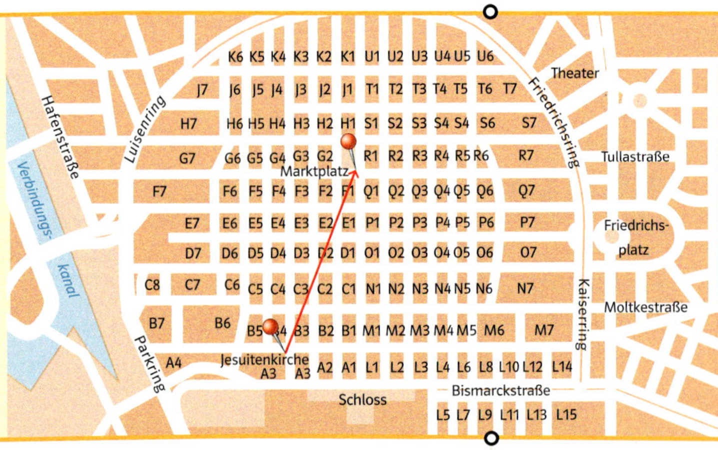

Bei der Untersuchung von Funktionen werden im xy-Koordinatensystem hauptsächlich Graphen von Funktionen dargestellt. In der vektoriellen Geometrie werden geometrische Objekte wie Punkte, Geraden oder Ebenen beschrieben und dargestellt. Um diese Objekte rechnerisch zu erfassen, werden diese mithilfe von Vektoren beschrieben.

Anstelle der bisher im ebenen Koordinatensystem verwendeten Bezeichnungen der Achsen als x-Achse und als y-Achse bezeichnet man die x-Achse als **x_1-Achse** und die y-Achse als **x_2-Achse**.
Geht man in Fig. 1 in Achsenrichtung von P nach Q, so geht man um 3 in x_1-Richtung und 2 in x_2-Richtung. Man nennt diese Zahlen die **Koordinaten** des Pfeils $\overrightarrow{PQ}$. Er hat die **Koordinatendarstellung** $\vec{a} = \overrightarrow{PQ} = \begin{pmatrix} 3 \\ 2 \end{pmatrix}$.
Die x_1-Koordinate 3 steht über der x_2-Koordinate 2 (im Gegensatz zur Koordinatenschreibweise von Punkten).
Weiter ist $\vec{b} = \overrightarrow{QR} = \begin{pmatrix} 1 \\ -4 \end{pmatrix}$ und $\vec{c} = \overrightarrow{RS} = \begin{pmatrix} 3 \\ 2 \end{pmatrix}$.

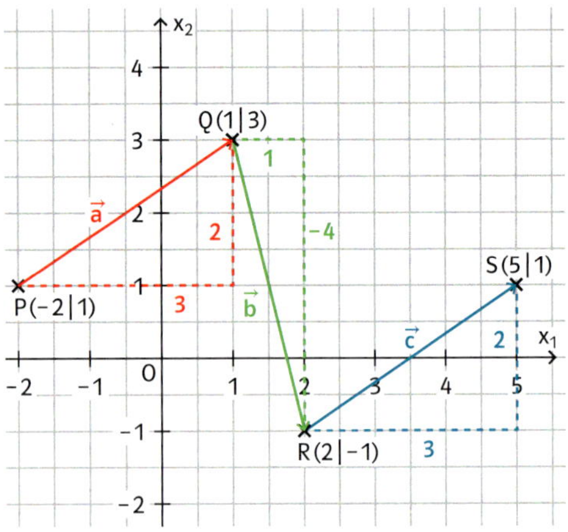

Fig. 1

Die Koordinaten eines Vektors werden auch **Komponenten** genannt.
Lies: „Vektor a".

Die Pfeile $\vec{a}$ und $\vec{c}$ aus Fig. 1 sind lediglich parallel verschoben und lassen sich anhand ihrer Koordinatendarstellungen nicht unterscheiden. Dies gilt allgemein für parallel verschobene Pfeile. Deshalb fasst man solche Pfeile zusammen und sagt, sie stellen denselben **Vektor** dar.
Die Pfeile $\overrightarrow{PQ}$ und $\overrightarrow{RS}$ stellen also denselben Vektor $\vec{a} = \vec{c} = \begin{pmatrix} 3 \\ 2 \end{pmatrix}$ dar.

Ein Vektor $\vec{a}$ ist eine **Menge von Pfeilen**, die alle dieselbe Koordinatendarstellung $\vec{a} = \begin{pmatrix} a_1 \\ a_2 \end{pmatrix}$ haben. Sie sind untereinander parallel verschoben.

Den Vektor $\vec{a}$ bezeichnet man auch als **Pfeilklasse**. Jeder Pfeil aus dieser Klasse heißt zugehöriger Repräsentant des Vektors $\vec{a}$. Geometrisch lässt sich der Vektor $\vec{a}$ als Verschiebung interpretieren. Verschiebt man ein Objekt, z. B. ein Dreieck, um den Vektor $\vec{a}$, so setzt man an jeden Punkt des Dreiecks den Vektor $\vec{a}$ an, genauer gesagt den entsprechenden Pfeil. So erhält man Punkt für Punkt das neue Dreieck.

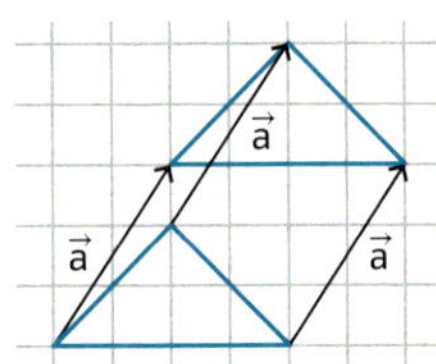

Bezeichnungen bei Vektoren
Zwei Vektoren $\vec{a}$ und $\vec{b}$ sind **gleich**, d.h. $\vec{a} = \vec{b}$, wenn sie dieselbe Koordinatendarstellung haben. Geometrisch betrachtet ist dies der Fall, wenn die zugehörigen Pfeile zueinander parallel, gleich lang und gleich gerichtet sind (Fig. 1).
Der Vektor $\overrightarrow{QP}$ ist der **Gegenvektor** von $\vec{a} = \overrightarrow{PQ}$ und wird mit $-\vec{a}$ bezeichnet. Geometrisch betrachtet sind die zu $\vec{a}$ und $-\vec{a}$ gehörigen Pfeile parallel, gleich lang, aber entgegengesetzt gerichtet (Fig. 1).

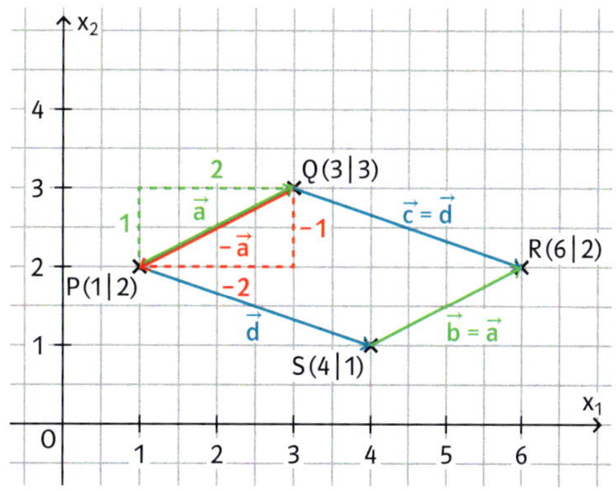

Fig. 1

Für die Koordinatendarstellung gilt: Der Vektor $\vec{a} = \begin{pmatrix} a_1 \\ a_2 \end{pmatrix}$ hat den Gegenvektor $-a = \begin{pmatrix} -a_1 \\ -a_2 \end{pmatrix}$.
Dies rechtfertigt auch das Minuszeichen in der Schreibweise des Gegenvektors.

Den Vektor, der von einem Punkt P zu einem Punkt Q verläuft, nennt man auch **Verbindungsvektor** $\overrightarrow{PQ}$ der beiden Punkte. Seine Koordinaten ergeben sich offensichtlich aus der Differenz der x_1-Koordinaten bzw. der x_2-Koordinaten der Punkte $P(1|2)$ und $Q(3|3)$ (Siehe Fig. 1.):
$\vec{a} = \overrightarrow{PQ} = \begin{pmatrix} 3-1 \\ 3-2 \end{pmatrix} = \begin{pmatrix} 2 \\ 1 \end{pmatrix}$.
Dies rechtfertigt auch das Minuszeichen in der Schreibweise des Gegenvektors.

Der Nullvektor $\vec{o}$ hat die Länge 0, aber keine Richtung.
Die Bezeichnung $\vec{o}$ darf nur für den Nullvektor verwendet werden.

Derjenige Vektor, der einen Punkt P mit sich selbst verbindet, heißt **Nullvektor** $\overrightarrow{PP}$. Er wird mit $\vec{o}$ bezeichnet und ist der einzige Vektor, den man nicht mit einem Pfeil darstellen kann.
Seine Koordinatendarstellung ist $\vec{o} = \begin{pmatrix} 0 \\ 0 \end{pmatrix}$.

Der **Verbindungsvektor** der Punkte $P(p_1|p_2)$ und $Q(q_1|q_2)$ ist $\overrightarrow{PQ} = \begin{pmatrix} q_1 - p_1 \\ q_2 - p_2 \end{pmatrix}$.
Der Vektor $\overrightarrow{PP} = \vec{o} = \begin{pmatrix} 0 \\ 0 \end{pmatrix}$ heißt **Nullvektor**.

Bisher wurde die Lage eines Punktes P im Koordinatensystem durch Angabe von Koordinaten beschrieben. Dies ist auch mithilfe des Vektors $\overrightarrow{OP}$ möglich, der den Koordinatenursprung O mit dem Punkt P verbindet.
Man nennt ihn **Ortsvektor** und bezeichnet ihn üblicherweise mit demselben Buchstaben wie den zugehörigen Punkt.
Der Endpunkt des Pfeils $\vec{p} = \overrightarrow{OP}$ ist der zum Ortsvektor gehörige Punkt (Fig. 2).

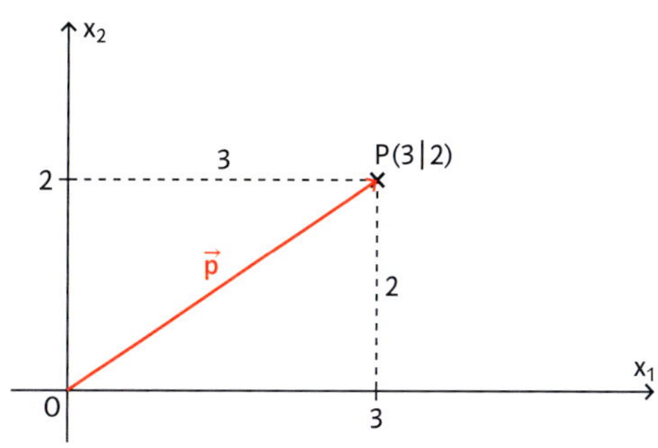

Fig. 2

Der **Ortsvektor** $\vec{p}$ eines Punktes $P(p_1|p_2)$ ist der Vektor, der den Koordinatenursprung O mit dem Punkt P verbindet.
Der Punkt $P(p_1|p_2)$ und sein Ortsvektor $\vec{p}$ haben dieselben Koordinaten: $\vec{p} = \overrightarrow{OP} = \begin{pmatrix} p_1 \\ p_2 \end{pmatrix}$.

P: Punkt
$\vec{p}$: Ortsvektor
p_1, p_2: Koordinaten

Jeder Vektor kann als Ortsvektor eines Punktes interpretiert werden, wenn man einen zugehörigen Pfeil vom Ursprung aus zeichnet.

Beispiel 1 **Ortsvektoren und Verbindungsvektoren**

a) Zeichnen Sie die Punkte $A(3|2)$ und $B(-2|3)$ in ein Koordinatensystem.

b) Geben Sie jeweils den Ortsvektor zu den Punkten A und B an.

c) Der Vektor $\vec{c} = \begin{pmatrix} 1 \\ 4 \end{pmatrix}$ ist Ortsvektor von Punkt C. Geben Sie die Koordinaten von C und den Gegenvektor zu $\vec{c}$ an.

d) Bestimmen Sie den Verbindungsvektor $\overrightarrow{BA}$. Zeichnen Sie denjenigen Punkt D ein, der als Ortsvektor den Vektor $\vec{d} = \overrightarrow{BA}$ hat.

Lösung

a) und d) zeichnerisch

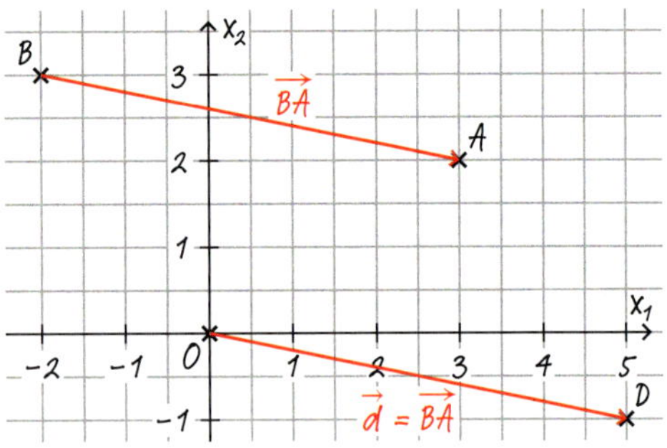

b) Der Ortsvektor zum Punkt $A(3|2)$ ist $\vec{a} = \overrightarrow{OA} = \begin{pmatrix} 3 \\ 2 \end{pmatrix}$. Der Ortsvektor zum Punkt $B(-2|3)$ ist $\vec{b} = \overrightarrow{OB} = \begin{pmatrix} -2 \\ 3 \end{pmatrix}$.

c) Der Punkt C ist $C(1|4)$.
Gegenvektor zu $\vec{c}$ ist $-\vec{c} = \overrightarrow{CO} = \begin{pmatrix} -1 \\ -4 \end{pmatrix}$

d) $\overrightarrow{BA} = \begin{pmatrix} 3-(-2) \\ 2-3 \end{pmatrix} = \begin{pmatrix} 5 \\ -1 \end{pmatrix}$

$\vec{d} = \begin{pmatrix} 5 \\ -1 \end{pmatrix}$, der Punkt D ist $D(5|-1)$.

Beispiel 2 **Mittelpunkt, Parallelogramm**

Gegeben sind die Punkte $A(-1|1)$; $B(2|-1)$; $C(5|3)$; $D(2|5)$; $E(5|6)$ und $M(2|2)$.

a) Bestimmen Sie die Koordinatendarstellungen aller Verbindungsvektoren dieser Punkte. Welche Vektoren sind gleich, welche sind Gegenvektoren voneinander?

b) Begründen Sie, dass das Viereck ABCD ein Parallelogramm ist. Suchen Sie weitere Parallelogramme in der Figur rechts.

c) Begründen Sie, warum der Punkt M sowohl Mittelpunkt der Strecke AC als auch Mittelpunkt der Strecke BD ist.

d) Setzen Sie den Ortsvektor des Punktes B an den Punkt E an. Welche Koordinaten hat dann der Endpunkt?

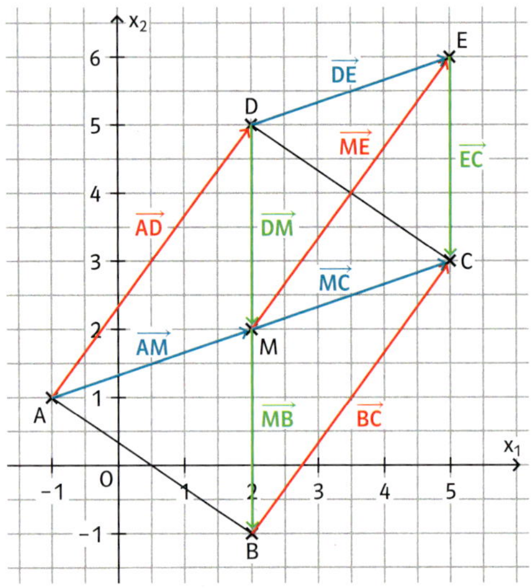

Wenn sich die Diagonalen in einem Viereck halbieren, ist das Viereck ein Parallelogramm. Beweis siehe Seite 204 im Infokasten.

Lösung

a) Z.B. $\overrightarrow{AM} = \begin{pmatrix} 2-(-1) \\ 2-1 \end{pmatrix} = \begin{pmatrix} 3 \\ 1 \end{pmatrix} = \overrightarrow{DE} = \overrightarrow{MC}$; Gegenvektoren: $\overrightarrow{MA} = \begin{pmatrix} (-1)-2 \\ 1-2 \end{pmatrix} = \begin{pmatrix} -3 \\ -1 \end{pmatrix} = \overrightarrow{ED} = \overrightarrow{CM}$.

b) Wegen $\overrightarrow{AD} = \begin{pmatrix} 2-(-1) \\ 5-1 \end{pmatrix} = \begin{pmatrix} 3 \\ 4 \end{pmatrix} = \overrightarrow{BC}$ sind die Pfeile $\overrightarrow{AD}$ und $\overrightarrow{BC}$ parallel verschoben, und damit sind die Punkte A, B, C, D Ecken eines Parallelogramms.
Wegen $\overrightarrow{DE} = \overrightarrow{MC}$ ist z.B. auch das Viereck MCED ein Parallelogramm.

c) Wegen $\overrightarrow{AM} = \overrightarrow{MC}$ (siehe Teilaufgabe a)) und $\overrightarrow{DM} = \begin{pmatrix} 0 \\ -3 \end{pmatrix} = \overrightarrow{MB}$ liegt M in der Mitte von AC und DB.

d) $B(2|-1)$ hat den Ortsvektor $\vec{b} = \begin{pmatrix} 2 \\ -1 \end{pmatrix}$. Setzt man $\vec{b}$ an E an, verbindet er die Punkte $E(5|6)$ und $F(f_1|f_2)$. Es ist dann $\vec{b} = \begin{pmatrix} 2 \\ -1 \end{pmatrix} = \begin{pmatrix} f_1-5 \\ f_2-6 \end{pmatrix}$ und damit ist $f_1 = 7$, $f_2 = 5$, also ist $F(7|5)$.

Beachten Sie:
Mit $\overrightarrow{AD} = \overrightarrow{BC}$ gilt auch immer $\overrightarrow{AB} = \overrightarrow{DC}$, siehe Seite 204, Aufgabe 27.

Beispiel 3 **Spiegelung an einem Punkt**

Gegeben sind die Punkte $A(0|0)$ und $B(3|-1)$. Spiegeln Sie diese Punkte am Punkt $Z(1|2)$ und bestimmen Sie die Koordinaten der Bildpunkte A′ und B′.

Lösung

Der Verbindungsvektor $\overrightarrow{AZ} = \begin{pmatrix} 1 \\ 2 \end{pmatrix}$ wird an den Punkt Z angesetzt. Man erhält $\overrightarrow{a'} = \begin{pmatrix} 2 \\ 4 \end{pmatrix}$, also $A'(2|4)$.

Der Verbindungsvektor $\overrightarrow{BZ} = \begin{pmatrix} -2 \\ 3 \end{pmatrix}$ wird an den Punkt Z angesetzt. Man erhält $\overrightarrow{b'} = \begin{pmatrix} -1 \\ 5 \end{pmatrix}$, also $B'(-1|5)$.

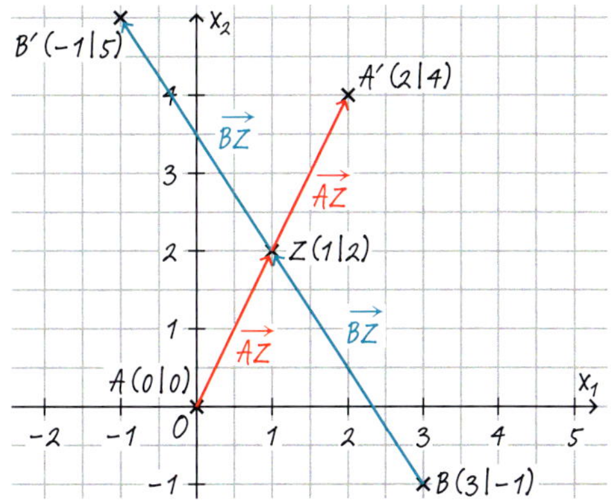

Aufgaben

○ **1** a) Geben Sie die Ortsvektoren der Punkte $A(5|8)$; $B(-1|13)$; $C(7|-10{,}5)$ und $D(-1{,}5|-2{,}7)$ an.

b) Geben Sie die Ortsvektoren der Punkte P, Q, R und S an sowie ihre jeweiligen Gegenvektoren.

c) Bestimmen Sie die Verbindungsvektoren $\overrightarrow{OA}$, $\overrightarrow{PQ}$, $\overrightarrow{SQ}$, $\overrightarrow{PR}$, $\overrightarrow{RS}$, $\overrightarrow{SR}$ und $\overrightarrow{RR}$.

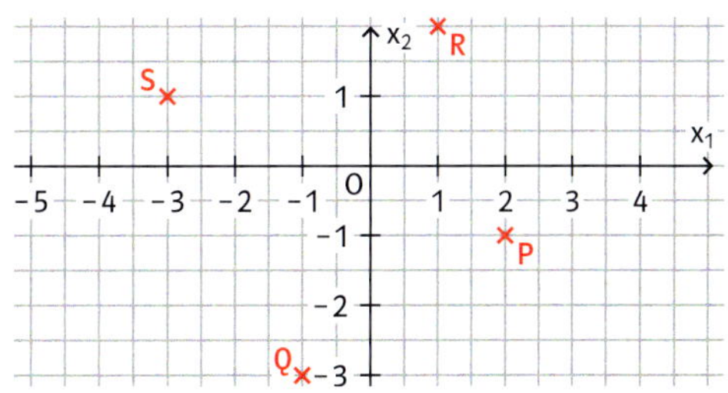

○ **2** Gegeben sind die Punktepaare

(1) $A(1|2)$; $B(5|7)$. (2) $A(3|-2)$; $B(-1|4)$. (3) $A(3|3)$; $B(-4|3)$. (4) $A(5|-2)$; $B(5|6)$.

a) Bestimmen Sie den Verbindungsvektor $\overrightarrow{AB}$, beschreiben Sie den Weg von A nach B in Worten.

b) Geben Sie jeweils zwei Punkte P und Q an, die denselben Verbindungsvektor $\overrightarrow{AB}$ haben.

c) Geben Sie jeweils den Gegenvektor von $\overrightarrow{AB}$ an.

○ **3** Gegeben sind die Punkte $A(-2|3)$; $B(4|-1)$; $C(8|5)$; $M_1(1|1)$; $M_2(6|2)$ und $M_3(3|4)$.

a) Zeichnen Sie die Punkte in ein Koordinatensystem. Welche der Verbindungsvektoren dieser Punkte sind gleich, welche sind Gegenvektoren voneinander?

b) Zeigen Sie, dass M_1, M_2 und M_3 die Seitenmittelpunkte des Dreiecks ABC sind.

○ **4** Gegeben sind die Vektoren $\vec{v_1} = \begin{pmatrix} -1 \\ 3 \end{pmatrix}$, $\vec{v_2} = \begin{pmatrix} 3 \\ 4 \end{pmatrix}$, $\vec{v_3} = \begin{pmatrix} 2 \\ 1 \end{pmatrix}$, $\vec{v_4} = \begin{pmatrix} 1 \\ 2 \end{pmatrix}$, $\vec{v_5} = \begin{pmatrix} 1 \\ -1 \end{pmatrix}$ und $\vec{v_6} = \begin{pmatrix} -4 \\ -3 \end{pmatrix}$ sowie die Punkte P, Q, R, S und T.

Welcher der Vektoren $\vec{v_i}$ ist

a) Ortsvektor eines eingezeichneten Punktes?

b) ein Verbindungsvektor?

c) Gegenvektor eines Ortsvektors?

d) Gegenvektor eines Verbindungsvektors?

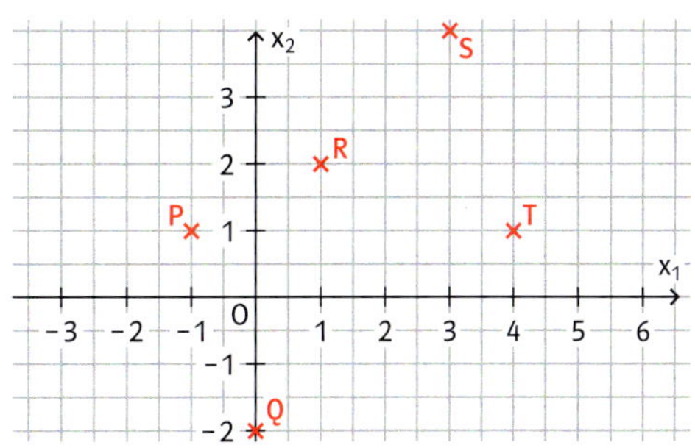

○ **5** a) Zeichnen Sie die Punkte $A(1|-1)$; $B(-1|2)$ und $C(-2|-3)$ in ein Koordinatensystem ein.

b) Setzen Sie den Ortsvektor des Punktes B an den Punkt A an und den Ortsvektor des Punktes A an den Punkt B. Bestimmen Sie jeweils die Koordinaten des Endpunktes.

c) Verschieben Sie das Dreieck ABC um den Vektor $\vec{v} = \begin{pmatrix} 2 \\ 1 \end{pmatrix}$ und um den Vektor $\vec{w} = \begin{pmatrix} 2 \\ -3 \end{pmatrix}$. Geben Sie die Eckpunkte der entstandenen Dreiecke an.

Test

Lösungen | Seite 295

6 Gegeben sind die Punkte $A(1|-2)$; $B(-1|4)$; $C(5|0)$; $D(1|5)$; $E(2|2)$ und $F(3|-1)$.
a) Zeichnen Sie die Punkte und ihre Ortsvektoren in ein Koordinatensystem.
b) Bestimmen Sie die Verbindungsvektoren $\overrightarrow{EC}$ und $\overrightarrow{FB}$, geben Sie ihre Gegenvektoren an.
c) Prüfen Sie, ob F der Mittelpunkt der Strecke AC ist.
d) Welche Verbindungsvektoren sind gleich?

7 Gegeben sind die Punkte $E(1|3)$; $F(-3|2)$; $G(-4|0)$ und $H(-1|1)$.
a) Spiegeln Sie die Punkte E und F am Ursprung.
b) Spiegeln Sie die Punkte G und H am Punkt F.

8 Gegeben ist das Quadrat PQRS durch die Eckpunkte $P(-2|-3)$; $Q(3|-3)$; $R(3|2)$ und $S(-2|2)$.
a) Dieses Quadrat wird um den Vektor $\vec{v} = \begin{pmatrix} 2 \\ 1 \end{pmatrix}$ verschoben. Bestimmen Sie die Eckpunkte A, B, C und D des neuen Quadrates.
b) Spiegeln Sie das Quadrat am Punkt $Z(0|-4)$.

9 Prüfen Sie zeichnerisch, ob die Punkte PQRS die Eckpunkte eines Parallelogramms sind. Falls nicht, geben Sie einen Punkt T an, sodass die Punkte PQRT ein Parallelogramm bilden.
a) $P(2|3)$; $Q(4|-1)$; $R(6|0)$; $S(4|4)$
b) $P(3|-1)$; $Q(5|7)$; $R(-1|5)$; $S(-3|-2)$

10 Ergänzen Sie die Punkte A, B und C durch einen Punkt D zum Parallelogramm ABCD.
a) $A(0|0)$; $B(4|-1)$; $C(5|3)$
b) $A(5|2)$; $B(3|2)$; $C(-1|1)$

Test

Lösung | Seite 295

11 a) Prüfen Sie, ob die Punkte $A(-2|8)$; $B(1|-3)$; $C(7|-1)$ und $D(4|10)$ die Eckpunkte eines Parallelogramms sind.
b) Spiegeln Sie die Punkte $A(-2|8)$ und $B(1|-3)$ am Punkt $C(7|-1)$.
c) Ergänzen Sie die Punkte $P(-2|-3)$; $Q(1|-6)$ und $R(5|1)$ durch einen vierten Punkt S zu dem Parallelogramm PQRS.

12 Ergänzen Sie die Punkte $A(5|7)$; $B(2|12)$ und $C(1|3)$ durch einen vierten Punkt D zu einem Parallelogramm. Wie viele Möglichkeiten gibt es?

13 Gegeben sind der Ortsvektor $\vec{a} = \begin{pmatrix} 1 \\ 4 \end{pmatrix}$ sowie die Verbindungsvektoren $\overrightarrow{AB} = \begin{pmatrix} 2 \\ -3 \end{pmatrix}$; $\overrightarrow{AC} = \begin{pmatrix} 8 \\ -2 \end{pmatrix}$ und $\overrightarrow{AD} = \begin{pmatrix} 6 \\ 1 \end{pmatrix}$.
a) Überprüfen Sie, ob die Punkte A, B, C und D Eckpunkte eines Parallelogramms sind.
b) Ergänzen Sie die Punkte A, B und C zu einem weiteren Parallelogramm.

14 Gegeben ist das Dreieck ABC mit $A(-1|1)$; $B(4|2)$ und $C(1|3)$ sowie der Punkt $Z(2|1)$.
a) Das Dreieck ABC wird durch Spiegelung am Punkt Z auf das Dreieck A'B'C' abgebildet. Bestimmen Sie die Koordinaten der Punkte A', B' und C'.
b) Zeigen Sie, dass das Viereck BAB'A' ein Parallelogramm ist.

Grundwissen Test

Grundwissen
Seite 244
Lösung | Seite 296

15 Vereinfachen Sie die Terme.
a) $2 \cdot (5 - 3y) - (y + 2)$
b) $5 \cdot (3a + b) - 6(b - a) - 5a$
c) $4z - 3 \cdot (z - 3y) - (y - z)$
d) $2 \cdot (3 \cdot (a + b) - 2b)$
e) $-(4 \cdot (7x - 5y) - 2 \cdot (3 + x))$
f) $2 \cdot (7 + y + x) - (2y + 3z)$

2 Rechnen mit Vektoren

Der computergesteuerte „Igel" kann jede Position innerhalb des umrandeten Bereichs erreichen. Die Befehle hierzu heißen: „Gehe i_1 Einheiten in x_1-Richtung und i_2 Einheiten in x_2-Richtung".

a) Geben Sie die Befehle für die Bewegungen von A nach B, von B nach C und von A nach C an.

b) Suchen Sie nach einem Zusammenhang dieser drei Befehle.

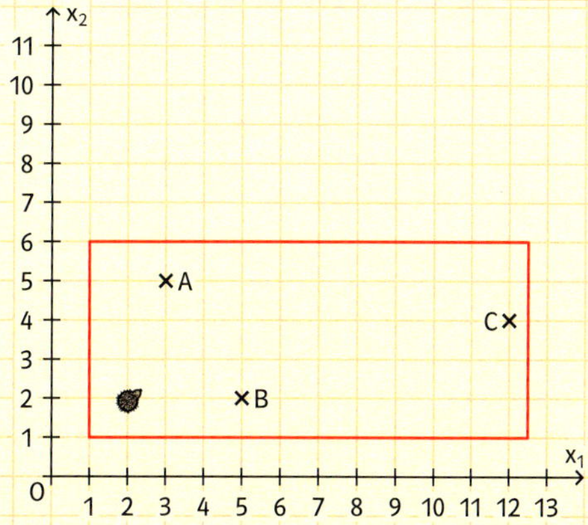

Fig. 1 verdeutlicht, wie man durch „Aneinandersetzen" der Vektoren $\overrightarrow{PQ}$ und $\overrightarrow{QR}$ den Vektor $\overrightarrow{PR}$ erhalten kann. Dieses Vorgehen bezeichnet man als **Addition von Vektoren**.

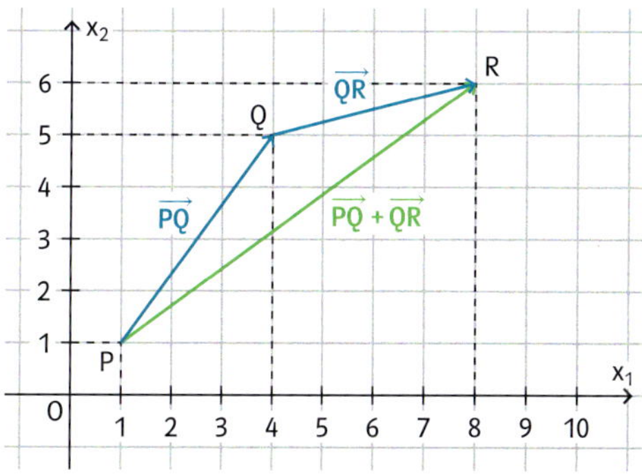

Fig. 1

Geht man in Fig. 1 von P über Q nach R, so geht man insgesamt
3 + 4 Einheiten in x_1-Richtung und
4 + 1 Einheiten in x_2-Richtung.
Man kann dies so aufschreiben
$\overrightarrow{PR} = \overrightarrow{PQ} + \overrightarrow{QR} = \begin{pmatrix} 3 \\ 4 \end{pmatrix} + \begin{pmatrix} 4 \\ 1 \end{pmatrix} = \begin{pmatrix} 3+4 \\ 4+1 \end{pmatrix} = \begin{pmatrix} 7 \\ 5 \end{pmatrix}.$

Fig. 2 verdeutlicht, wie man durch dreimaliges „Aneinandersetzen" des Vektors $\vec{a}$ den Vektor $\overrightarrow{AB}$ erhalten kann. Dieses Vorgehen bezeichnet man als **skalare Multiplikation** einer Zahl mit einem Vektor.

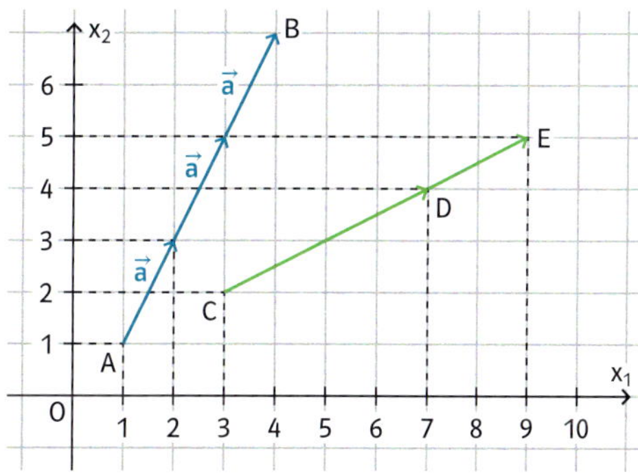

Fig. 2

Geht man in Fig. 2 von A nach B, so geht man nacheinander dreimal den Vektor $\vec{a}$ entlang.
Deshalb gilt:
$\overrightarrow{AB} = \vec{a} + \vec{a} + \vec{a} = \begin{pmatrix} 1 \\ 2 \end{pmatrix} + \begin{pmatrix} 1 \\ 2 \end{pmatrix} + \begin{pmatrix} 1 \\ 2 \end{pmatrix} = \begin{pmatrix} 3 \\ 6 \end{pmatrix}.$
Man kann dies auch so aufschreiben
$\overrightarrow{AB} = 3 \cdot \vec{a} = 3 \cdot \begin{pmatrix} 1 \\ 2 \end{pmatrix} = \begin{pmatrix} 3 \cdot 1 \\ 3 \cdot 2 \end{pmatrix} = \begin{pmatrix} 3 \\ 6 \end{pmatrix}.$

Statt „skalarer Multiplikation" sagt man auch **„s-Multiplikation"**.
Ein „Skalar" ist eine reelle Zahl.

In Fig. 2 ist der Weg von C nach E 1,5-mal so lang wie der Weg von C nach D, deshalb gilt:
$\overrightarrow{CE} = 1{,}5 \cdot \overrightarrow{CD}$
$= 1{,}5 \cdot \begin{pmatrix} 4 \\ 2 \end{pmatrix}$
$= \begin{pmatrix} 6 \\ 3 \end{pmatrix}.$
$\overrightarrow{CE}$ ist ein **Vielfaches** von $\overrightarrow{CD}$.

Für zwei Vektoren $\vec{a} = \begin{pmatrix} a_1 \\ a_2 \end{pmatrix}$ und $\vec{b} = \begin{pmatrix} b_1 \\ b_2 \end{pmatrix}$ und eine reelle Zahl r wird definiert:

Addition:
$\vec{a} + \vec{b} = \begin{pmatrix} a_1 \\ a_2 \end{pmatrix} + \begin{pmatrix} b_1 \\ b_2 \end{pmatrix} = \begin{pmatrix} a_1 + b_1 \\ a_2 + b_2 \end{pmatrix}$

s-Multiplikation:
$r \cdot \vec{a} = r \cdot \begin{pmatrix} a_1 \\ a_2 \end{pmatrix} = \begin{pmatrix} r \cdot a_1 \\ r \cdot a_2 \end{pmatrix}$

Geometrisch entspricht die Addition dem „Aneinandersetzen" der Vektoren $\vec{a} = \overrightarrow{PQ}$ und $\vec{b} = \overrightarrow{QR}$: $\vec{a} + \vec{b} = \overrightarrow{PQ} + \overrightarrow{QR} = \overrightarrow{PR}$.

Gilt für zwei Vektoren $\vec{a}$ und $\vec{b}$ der Zusammenhang $\vec{b} = r \cdot \vec{a}$, sagt man: $\vec{a}$ und $\vec{b}$ sind **kollinear** bzw. die zugehörigen Vektorpfeile sind zueinander parallel.
Der Nullvektor $\vec{o}$ ist kollinear zu jedem Vektor.

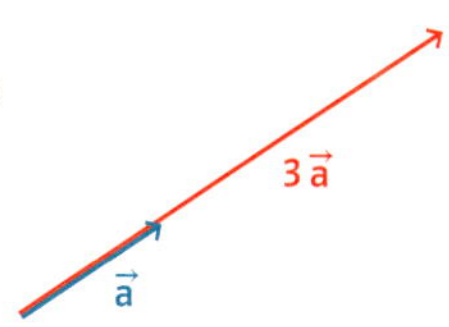

Die Addition der Vektoren $\vec{a}$ und $\vec{b}$ kann auch in umgekehrter Reihenfolge durchgeführt werden, d.h. statt $\vec{b}$ an $\vec{a}$ anzuhängen, kann man auch $\vec{a}$ an $\vec{b}$ anhängen. Der Summenvektor ist in beiden Fällen derselbe. Die Addition von Vektoren ist **kommutativ**.

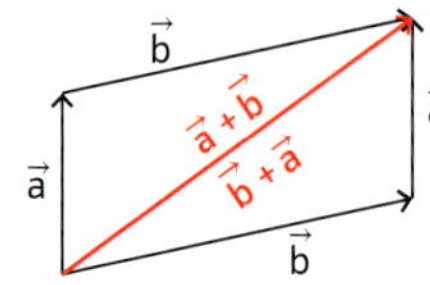

$\vec{a} - \vec{b} = \vec{a} + (-\vec{b})$

Addiert man zum Vektor $\vec{a}$ den Gegenvektor von $\vec{b}$, so erhält man
$\vec{a} + (-\vec{b}) = \begin{pmatrix} a_1 \\ a_2 \end{pmatrix} + \begin{pmatrix} -b_1 \\ -b_2 \end{pmatrix} = \begin{pmatrix} a_1 + (-b_1) \\ a_2 + (-b_2) \end{pmatrix} = \begin{pmatrix} a_1 - b_1 \\ a_2 - b_2 \end{pmatrix}$. Man schreibt deshalb $\vec{a} + (-\vec{b}) = \vec{a} - \vec{b}$.
Skalare Multiplikation und Vektoraddition können gemeinsam auftreten:
Ausdrücke wie $2 \cdot \vec{a} + 3 \cdot \vec{b}$ oder $-4 \cdot \overrightarrow{PQ} + 2 \cdot \overrightarrow{QR} + 5 \cdot \overrightarrow{QS}$ nennt man **Linearkombination**.
Der allgemeine Ausdruck dafür ist $r_1 \cdot \vec{a_1} + r_2 \cdot \vec{a_2} + \ldots + r_n \cdot \vec{a_n}$ mit $n \in \mathbb{N}^*$, die reellen Zahlen $r_1, r_2, \ldots, r_n$ heißen **Koeffizienten**.

Für die Vektoraddition und die s-Multiplikation gelten einige Rechenregeln, wie man sie schon vom Rechnen mit reellen Zahlen her kennt.

Für Vektoren $\vec{a}, \vec{b}, \vec{c}$ und reelle Zahlen r, s gelten folgende Rechengesetze:

$(\vec{a} + \vec{b}) + \vec{c} = \vec{a} + (\vec{b} + \vec{c})$		Assoziativgesetz
$\vec{a} + \vec{b} = \vec{b} + \vec{a}$		Kommutativgesetz
$\vec{a} + \vec{o} = \vec{a}$	für alle Vektoren $\vec{a}$	$\vec{o}$ ist „neutrales Element" der Addition.
$\vec{a} + (-\vec{a}) = \vec{o}$	für alle Vektoren $\vec{a}$	Jeder Vektor $\vec{a}$ hat ein „inverses Element", den Gegenvektor $-\vec{a}$.
$r \cdot (s \cdot \vec{a}) = (r \cdot s) \cdot \vec{a}$		Verträglichkeit
$r \cdot (\vec{a} + \vec{b}) = r \cdot \vec{a} + r \cdot \vec{b}$		} Distributivgesetze
$(r + s) \cdot \vec{a} = r \cdot \vec{a} + s \cdot \vec{a}$		

Die beiden Multiplikationen „vertragen" sich.
$2 \cdot (3 \cdot \vec{a}) = (2 \cdot 3) \cdot \vec{a}$
↑ s-Multiplikation Zahl mal Vektor
↑ Multiplikation in $\mathbb{R}$

Beispiel 1 **Linearkombination von Vektoren**

Berechnen Sie für die Vektoren $\vec{a} = \begin{pmatrix} -4 \\ 2 \end{pmatrix}$ und $\vec{b} = \begin{pmatrix} 3 \\ -5 \end{pmatrix}$ die Linearkombination.

a) $\vec{a} + \vec{b}$
b) $3\vec{a} + 0{,}2\vec{b}$
c) $\frac{1}{2}\vec{a} - \frac{1}{5}\vec{b}$

Lösung

a) $\vec{a} + \vec{b} = \begin{pmatrix} -4 \\ 2 \end{pmatrix} + \begin{pmatrix} 3 \\ -5 \end{pmatrix} = \begin{pmatrix} -4+3 \\ 2+(-5) \end{pmatrix} = \begin{pmatrix} -1 \\ -3 \end{pmatrix}$

b) $3 \cdot \vec{a} + 0{,}2 \cdot \vec{b} = 3 \cdot \begin{pmatrix} -4 \\ 2 \end{pmatrix} + 0{,}2 \cdot \begin{pmatrix} 3 \\ -5 \end{pmatrix} = \begin{pmatrix} -12 \\ 6 \end{pmatrix} + \begin{pmatrix} 0{,}6 \\ -1 \end{pmatrix} = \begin{pmatrix} -11{,}4 \\ 5 \end{pmatrix}$

c) $\frac{1}{2} \cdot \vec{a} - \frac{1}{5} \cdot \vec{b} = \frac{1}{2} \cdot \begin{pmatrix} -4 \\ 2 \end{pmatrix} + \frac{1}{5} \cdot \begin{pmatrix} 3 \\ -5 \end{pmatrix} = \begin{pmatrix} -2 \\ 1 \end{pmatrix} + \begin{pmatrix} \frac{3}{5} \\ -1 \end{pmatrix} = \begin{pmatrix} -\frac{7}{5} \\ 0 \end{pmatrix}$

Beispiel 2 **Mittelpunkt einer Strecke mit Vektoren berechnen**

a) Stellen Sie den Verbindungsvektor von A(3|1) nach B(1|5) als Linearkombination der Ortsvektoren von A und B dar und berechnen Sie die Koordinaten des Mittelpunkts der Strecke AB.
b) Zeigen Sie, dass für den Ortsvektor $\vec{m}$ des Mittelpunkts M einer Strecke AB allgemein gilt: $\vec{m} = \frac{1}{2} \cdot (\vec{a} + \vec{b})$.

Kurz zusammengefasst:
Verbindungsvektor
$\overrightarrow{AB} = \overrightarrow{AO} + \overrightarrow{OB}$
$= \overrightarrow{OB} - \overrightarrow{OA}$
$= \vec{b} - \vec{a}$

Lösung

a) Ortsvektoren von A und B sind $\vec{a} = \overrightarrow{OA} = \begin{pmatrix} 3 \\ 1 \end{pmatrix}$ und $\vec{b} = \overrightarrow{OB} = \begin{pmatrix} 1 \\ 5 \end{pmatrix}$.
Der Vektor $\overrightarrow{AB}$ lässt sich (mit einem Umweg über O) als Summe schreiben: $\overrightarrow{AB} = \overrightarrow{AO} + \overrightarrow{OB} = -\vec{a} + \vec{b} = \vec{b} - \vec{a} = \begin{pmatrix} 1 \\ 5 \end{pmatrix} - \begin{pmatrix} 3 \\ 1 \end{pmatrix} = \begin{pmatrix} -2 \\ 4 \end{pmatrix}$.
Die Koordinaten des Mittelpunktes M bestimmt man mithilfe des Ortsvektors $\vec{m}$. Da M in der Mitte der Strecke AB liegt, gilt:
$\overrightarrow{AM} = \frac{1}{2} \cdot \overrightarrow{AB} = \begin{pmatrix} -1 \\ 2 \end{pmatrix}$. Also ist $\vec{m} = \overrightarrow{OM} = \overrightarrow{OA} + \overrightarrow{AM} = \begin{pmatrix} 3 \\ 1 \end{pmatrix} + \begin{pmatrix} -1 \\ 2 \end{pmatrix} = \begin{pmatrix} 2 \\ 3 \end{pmatrix}$,
d.h. der Mittelpunkt der Strecke AB ist der Punkt M(2|3).

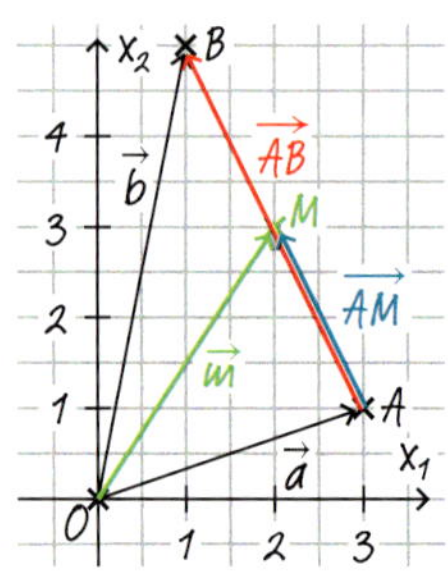

Kurz zusammengefasst:
Mittelpunkt M von der Strecke AB:
$\vec{m} = \frac{\vec{a} + \vec{b}}{2}$
„Mittelwert von $\vec{a}, \vec{b}$"

b) $\vec{m} = \overrightarrow{OM} = \overrightarrow{OA} + \overrightarrow{AM} = \overrightarrow{OA} + \frac{1}{2} \cdot \overrightarrow{AB} = \vec{a} + \frac{1}{2} \cdot (\vec{b} - \vec{a}) = \frac{1}{2} \cdot (2\vec{a} + \vec{b} - \vec{a}) = \frac{1}{2} \cdot (\vec{a} + \vec{b})$

Beispiel 3 **Spiegelung mit Vektoraddition**

Der Punkt $A(-1|3)$ wird am Punkt $Z(2|1)$ gespiegelt. Berechnen Sie die Koordinaten des Bildpunktes A'.

Lösung

Der Ortsvektor von A ist $\vec{a} = \overrightarrow{OA} = \begin{pmatrix} -1 \\ 3 \end{pmatrix}$. Der Ortsvektor von Z ist $\vec{z} = \overrightarrow{OZ} = \begin{pmatrix} 2 \\ 1 \end{pmatrix}$.

Berechnung des Verbindungsvektors $\overrightarrow{AZ}$:

$\overrightarrow{AZ} = \overrightarrow{OZ} - \overrightarrow{OA} = \vec{z} - \vec{a} = \begin{pmatrix} 2 \\ 1 \end{pmatrix} - \begin{pmatrix} -1 \\ 3 \end{pmatrix} = \begin{pmatrix} 3 \\ -2 \end{pmatrix}$

Man erhält den Ortsvektor $\vec{a}'$, indem man an den Ortsvektor $\vec{z}$ den Vektor $\overrightarrow{AZ}$ ansetzt,

$\vec{a}' = \vec{z} + \overrightarrow{AZ} = \begin{pmatrix} 2 \\ 1 \end{pmatrix} + \begin{pmatrix} 3 \\ -2 \end{pmatrix} = \begin{pmatrix} 5 \\ -1 \end{pmatrix}$,

oder indem man an den Ortsvektor $\vec{a}$ den Vektor $2 \cdot \overrightarrow{AZ}$ ansetzt:

$\vec{a}' = \vec{a} + 2 \cdot \overrightarrow{AZ} = \begin{pmatrix} -1 \\ 3 \end{pmatrix} + \begin{pmatrix} 6 \\ -4 \end{pmatrix} = \begin{pmatrix} 5 \\ -1 \end{pmatrix}$.

Man erhält den Spiegelpunkt $A'(5|-1)$.

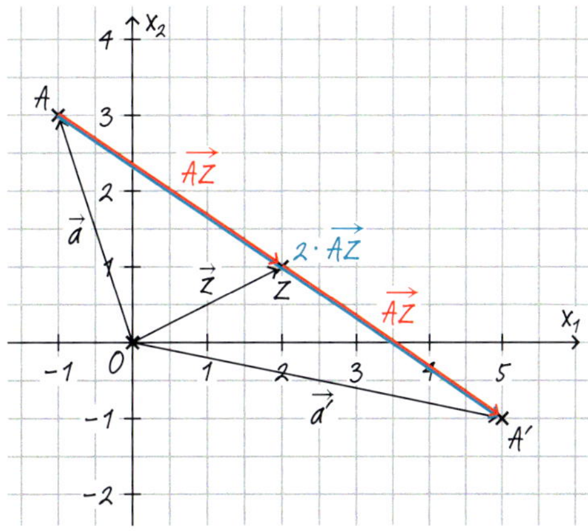

Aufgaben

○ **1** Berechnen Sie die folgenden Linearkombinationen.

a) $\begin{pmatrix} 1 \\ -3 \end{pmatrix} + \begin{pmatrix} 4 \\ 5 \end{pmatrix}$ b) $\begin{pmatrix} -2 \\ 7 \end{pmatrix} - \begin{pmatrix} 3 \\ -1 \end{pmatrix}$ c) $5 \cdot \begin{pmatrix} -2 \\ 3 \end{pmatrix}$ d) $-\frac{1}{2} \cdot \begin{pmatrix} 6 \\ -5 \end{pmatrix}$ e) $0{,}4 \cdot \begin{pmatrix} 5 \\ -3 \end{pmatrix}$

f) $\frac{1}{3} \cdot \begin{pmatrix} 9 \\ -6 \end{pmatrix} + 2 \cdot \begin{pmatrix} -1{,}5 \\ 1 \end{pmatrix}$ g) $\frac{1}{7} \cdot \begin{pmatrix} -3 \\ 5 \end{pmatrix} - \frac{1}{7} \cdot \begin{pmatrix} -10 \\ 12 \end{pmatrix}$ h) $0{,}4 \cdot \begin{pmatrix} 3 \\ -2 \end{pmatrix} + \frac{3}{5} \cdot \begin{pmatrix} -1 \\ 4 \end{pmatrix} - \frac{3}{5} \cdot \begin{pmatrix} -4 \\ 6 \end{pmatrix}$

○ **2** Vereinfachen Sie.

a) $7\vec{a} + 5\vec{a}$ b) $13\vec{c} - \vec{c} + 6\vec{c}$ c) $3\vec{d} - 4\vec{e} + 7\vec{d} - 6\vec{e}$

d) $2{,}5\vec{u} - 3{,}7\vec{v} - 5{,}2\vec{u} + \vec{v}$ e) $2(\vec{a} + \vec{b}) + \vec{a}$ f) $-3(\vec{x} + \vec{y})$

g) $-(\vec{u} - \vec{v})$ h) $3(\vec{a} + 2(\vec{a} + \vec{b}))$ i) $6(\vec{a} - \vec{b}) + 4(\vec{a} + \vec{b})$

○ **3** Berechnen Sie die Verbindungsvektoren der beiden Punkte.

a) $A(3|2)$; $B(7|-3)$ b) $P(-1|12)$; $O(0|0)$ c) $E(21|3)$; $F(7|9)$ d) $S\left(-3\middle|\frac{1}{4}\right)$; $T\left(5\middle|\frac{2}{3}\right)$

○ **4** Berechnen Sie die Koordinaten des Mittelpunktes M der Strecke AB.

a) $A(1|4)$; $B(5|6)$ b) $A(3|2)$; $B(2|-2)$ c) $A(0{,}1|8)$; $B(-4|3)$ d) $A(0|7)$; $B\left(\frac{1}{2}\middle|\frac{1}{7}\right)$

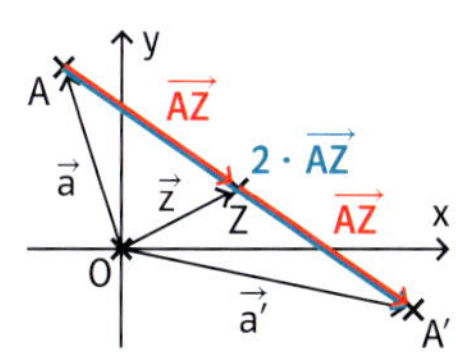

○ **5** Der Punkt A wird am Punkt Z gespiegelt. Berechnen Sie die Koordinaten des Punktes A'.

a) $A(2|1)$; $Z(4|0)$ b) $A(-2|5)$; $Z(0|0)$ c) $A(3|2)$; $Z(0|-1)$ d) $A(1|-3)$; $Z\left(\frac{1}{5}\middle|\frac{1}{4}\right)$

O Test → Lösungen | Seite 296

6 Berechnen Sie die Koordinaten des Vektors, der durch die Linearkombination gegeben ist.

a) $\frac{1}{7} \cdot \begin{pmatrix} 14 \\ -49 \end{pmatrix} + \begin{pmatrix} -2 \\ 5 \end{pmatrix} + \begin{pmatrix} 1 \\ 1 \end{pmatrix}$ b) $\begin{pmatrix} -12 \\ 11 \end{pmatrix} + 0{,}5 \cdot \begin{pmatrix} 20 \\ 7 \end{pmatrix} - \begin{pmatrix} -1{,}5 \\ 8{,}5 \end{pmatrix}$ c) $0{,}2 \cdot \begin{pmatrix} 5 \\ -10 \end{pmatrix} - \frac{2}{3} \cdot \begin{pmatrix} 1{,}5 \\ -9 \end{pmatrix}$

7 Gegeben sind die Punkte $A(3|1)$; $B(2|-1)$; $C(-1|2{,}5)$ und $Z(1|2)$.

a) Berechnen Sie die Verbindungsvektoren $\overrightarrow{AC}$ und $\overrightarrow{ZB}$.

b) Berechnen Sie die Mittelpunkte der Strecken AB und CZ.

c) Spiegeln Sie den Punkt B am Ursprung O und den Punkt C am Punkt Z. Berechnen Sie die Koordinaten der Bildpunkte.

8 Überprüfen Sie, welche der Vektoren zueinander kollinear sind.

$\vec{a} = \begin{pmatrix} 2 \\ 1 \end{pmatrix}$ $\quad \vec{b} = \begin{pmatrix} -1 \\ 3 \end{pmatrix}$ $\quad \vec{c} = \begin{pmatrix} 4 \\ 5 \end{pmatrix}$ $\quad \vec{d} = \begin{pmatrix} 3 \\ -9 \end{pmatrix}$ $\quad \vec{e} = \begin{pmatrix} 0{,}8 \\ 1 \end{pmatrix}$ $\quad \vec{f} = \begin{pmatrix} -4 \\ -2 \end{pmatrix}$

9 Schreiben Sie den Vektor als Produkt aus einer Zahl und einem Vektor mit ganzzahligen Koordinaten.

a) $\begin{pmatrix} -8 \\ 12 \end{pmatrix}$ b) $\begin{pmatrix} 39 \\ -52 \end{pmatrix}$ c) $\begin{pmatrix} \frac{1}{3} \\ 2 \end{pmatrix}$ d) $\begin{pmatrix} \frac{3}{2} \\ \frac{5}{6} \end{pmatrix}$ e) $\begin{pmatrix} \frac{2}{5} \\ -\frac{5}{2} \end{pmatrix}$ f) $\begin{pmatrix} -\frac{1}{6} \\ \frac{3}{8} \end{pmatrix}$ g) $\begin{pmatrix} 0{,}4 \\ -1{,}8 \end{pmatrix}$ h) $\begin{pmatrix} -1{,}3 \\ 0{,}55 \end{pmatrix}$

10 Der Punkt M ist der Mittelpunkt der Strecke AB. Bestimmen Sie die Koordinaten des fehlenden Punktes.

a) A(2 | 2); B(4 | −4) b) A(3 | 2); M(−4 | 5) c) M(1 | −1); B(0 | −1)

11 Spiegelt man den Punkt A am Punkt Z, so erhält man den Punkt A'. Bestimmen Sie die Koordinaten des fehlenden Punktes.

a) A(1 | 2); Z(4 | 4) b) A(−1 | 5); A'(3 | 1) c) Z(2 | −3); A'(4 | 1)

12 Übertragen Sie die Pfeile in Ihr Heft. Stellen Sie die Linearkombinationen als Pfeile dar.

a) $\vec{a} + \vec{b}$; $\vec{b} - \vec{d}$; $-\vec{c} - \vec{d}$; $\vec{d} + (\vec{a} - \vec{c})$

b) $2\vec{a}$; $-3\vec{b}$; $\vec{a} + 2\vec{b}$; $0{,}5\vec{a} - 3\vec{b} + 2\vec{c} + 2\vec{d}$

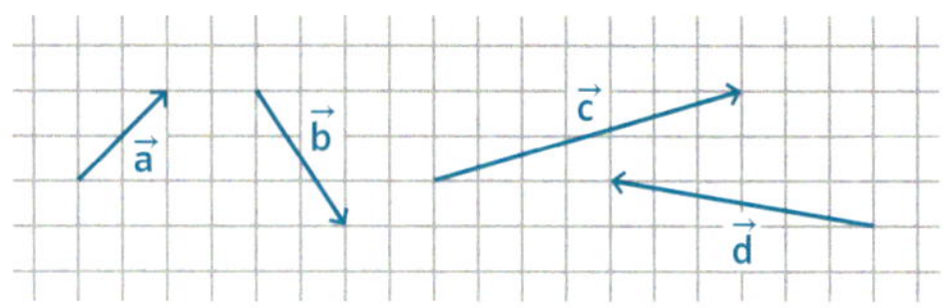

zu Aufgabe 13:

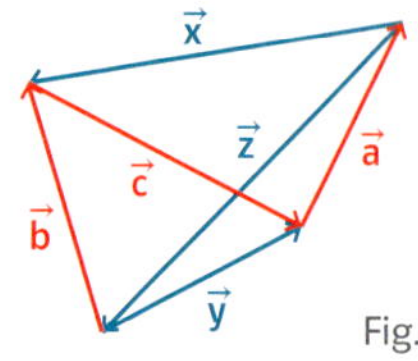

Fig. 1

13 Drücken Sie die Vektoren $\vec{x}$, $\vec{y}$ und $\vec{z}$ in Fig. 1 als Linearkombination der Vektoren $\vec{a}$, $\vec{b}$ und $\vec{c}$ aus.

Test

Lösung | Seite 296

14 Spiegelt man den Punkt P am Punkt Z, so erhält man Punkt P'. Bestimmen Sie die Koordinaten des fehlenden Punktes.

a) P(1 | −4); Z(3 | 2) b) Z(−2 | 5); P'(4 | 3) c) P(8 | −1); P'(1 | −5)

15 Bestimmen Sie, falls möglich, eine reelle Zahl x, sodass gilt:

a) $\begin{pmatrix} 8 \\ 4 \end{pmatrix} = x \cdot \begin{pmatrix} 2 \\ 1 \end{pmatrix}$, b) $\begin{pmatrix} 3 \\ 0 \end{pmatrix} = x \cdot \begin{pmatrix} 2 \\ -1 \end{pmatrix}$, c) $\begin{pmatrix} 3 \\ 1 \end{pmatrix} = x \cdot \begin{pmatrix} 2 \\ 5 \end{pmatrix}$, d) $\begin{pmatrix} 6 \\ 3 \end{pmatrix} = 2 \cdot \begin{pmatrix} x \\ 1{,}5 \end{pmatrix}$, e) $\begin{pmatrix} 9 \\ 12 \end{pmatrix} = 2 \cdot \begin{pmatrix} x \\ 2x \end{pmatrix}$.

16 Überprüfen Sie rechnerisch, ob das Viereck ein Parallelogramm oder ein Trapez ist.

a) A(5 | 0); B(−5 | 20); C(−10 | 5); D(0 | −15) b) A(10 | −4); B(10 | 2); C(2 | 6); D(−6 | 4)

17 Gegeben sind die vier Punkte A(0 | 5); B(−2 | −1); C(6 | 3) und D(4 | t). Bestimmen Sie t so, dass das Viereck ABCD ein Trapez ergibt.

Strategie | Seite 218
1. Veranschaulichung durch Skizze/Zeichnung
Strategie | Seite 222
5. Vorwärtsarbeiten

Grundwissen Test

Grundwissen
Seite 250
Lösung | Seite 296

18 Berechnen Sie die fehlende Seite des rechtwinkligen Dreiecks.

a)

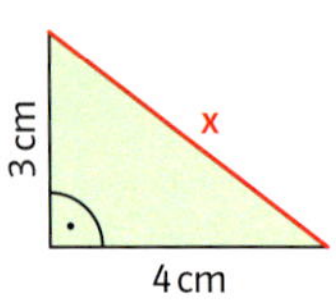

b)

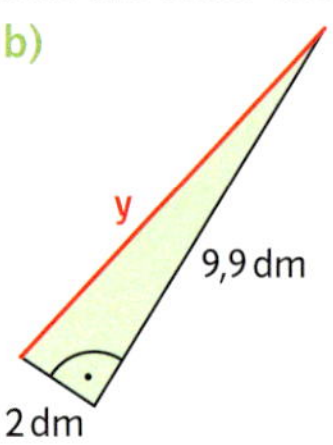

c)

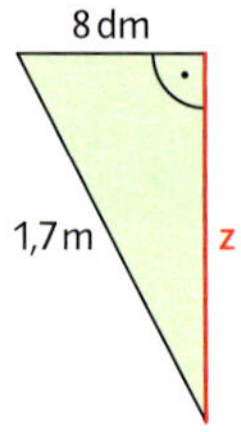

d)

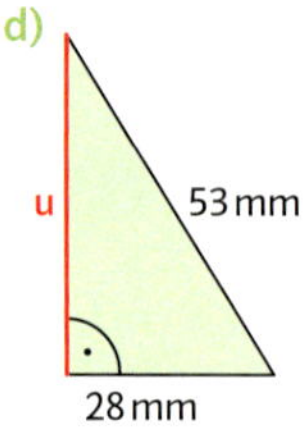

e)

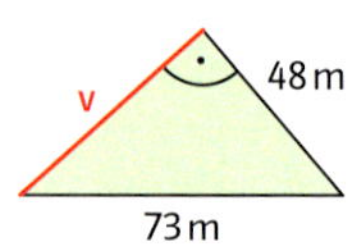

3 Punkte, Vektoren im räumlichen Koordinatensystem

Die Figur zeigt eine Plastik aus vier gleich großen Würfeln mit der Kantenlänge 1 m.

a) Geben Sie mehrere Möglichkeiten an, wie man die Lagen der Ecken A, B, C und D präzise beschreiben kann, und geben Sie die Positionen der Ecken an.

b) Geben Sie Vor- und Nachteile dieser Möglichkeiten an.

c) Welche Möglichkeit würden Sie wählen?

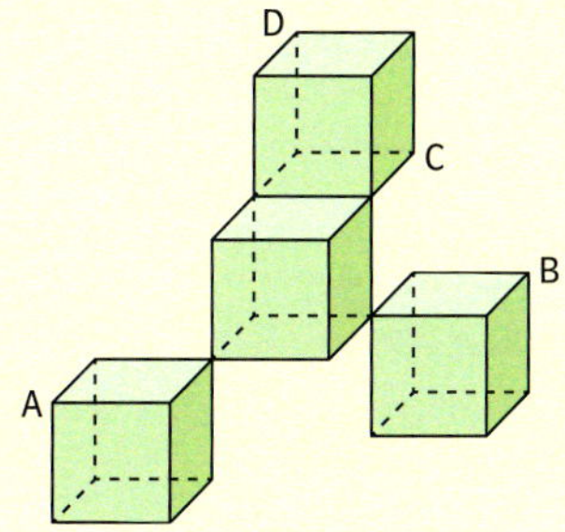

Das bisher verwendete Koordinatensystem hat zwei zueinander senkrechte (orthogonale) Achsen. Man kann damit die Lage von Punkten in einer Ebene durch Zahlenpaare angeben.
Ein Koordinatensystem mit drei Achsen, die paarweise aufeinander senkrecht stehen, ermöglicht die Lage von Punkten des Raumes anzugeben; hierbei verwendet man Zahlentripel (Fig. 1).
Es ist üblich, die erste dieser Achsen „nach vorn", die zweite „nach rechts" und die dritte „nach oben" zu zeichnen. Wie im ebenen Koordinatensystem ist es auch hier zweckmäßig, die Achsen mit x_1, x_2 und x_3 zu bezeichnen, ebenso wie man auch zur Bezeichnung der Koordinaten von Punkten Indizes verwendet, z. B. $P(p_1 | p_2 | p_3)$ (Fig. 1).

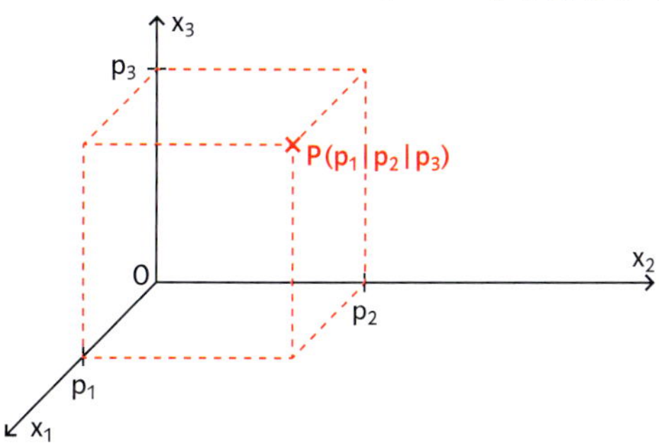

Fig. 1

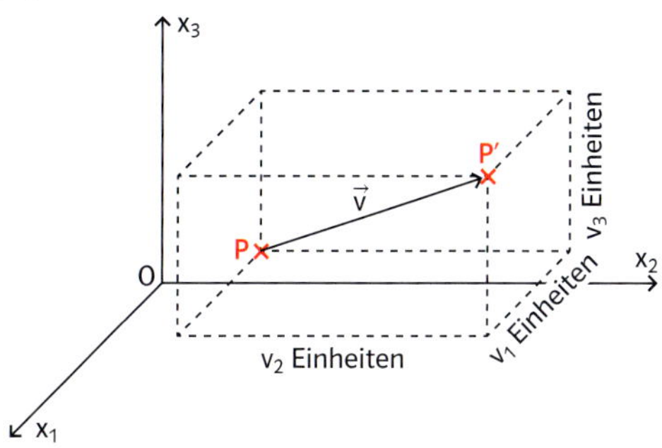

Fig. 2

Welcher Einheitswürfel ist der schönste?

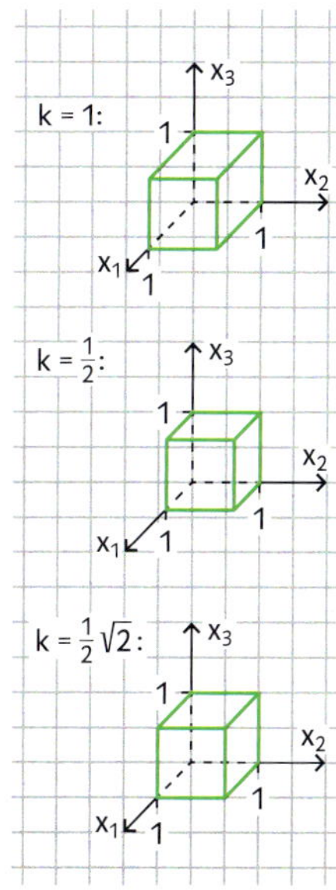

Wie im ebenen Koordinatensystem gilt auch hier (Fig. 2): Verläuft ein Vektor $\vec{v}$ um
v_1 Einheiten in Richtung der x_1-Achse,
v_2 Einheiten in Richtung der x_2-Achse,
v_3 Einheiten in Richtung der x_3-Achse,
so schreibt man $\vec{v} = \begin{pmatrix} v_1 \\ v_2 \\ v_3 \end{pmatrix}$ mit $v_1, v_2, v_3 \in \mathbb{R}$.

Im räumlichen Koordinatensystem hat der Vektor $\vec{v}$ die **drei Koordinaten** v_1, v_2 und v_3.

Alle bisher betrachteten Eigenschaften von Vektoren im ebenen Koordinatensystem lassen sich durch Hinzunahme der dritten Koordinate auf Vektoren im räumlichen Koordinatensystem übertragen.

Stellt man ein räumliches Koordinatensystem in der Zeichenebene dar, so zeichnet man die x_1-Achse nach links unten, sodass sie mit der x_2-Achse und der x_3-Achse einen Winkel von 135° einschließt. Als Verzerrungsfaktor k auf der x_1-Achse wählt man $k = \frac{1}{2}\sqrt{2}$, d. h. eine Einheit auf der x_1-Achse ist $\frac{1}{2}\sqrt{2}$-mal so lang wie auf der x_2-Achse und x_3-Achse. Dies führt einerseits zu einem anschaulichen Bild, andererseits erleichtert es das Einzeichnen von Punkten mit ganzzahligen Koordinaten, denn eine Einheit auf der x_1-Achse entspricht der Länge einer Kästchendiagonale.

Zeichenhilfe:

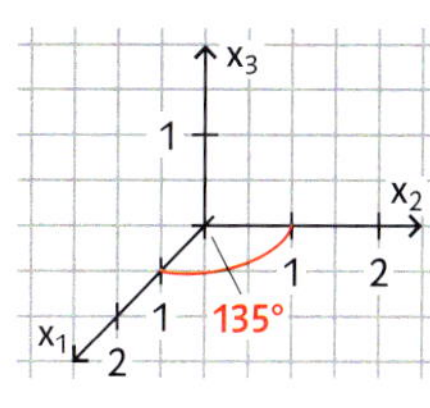

Die von je zwei Koordinatenachsen aufgespannten Ebenen nennt man **Koordinatenebenen** und bezeichnet sie mit x_1x_2-Ebene, x_2x_3-Ebene bzw. x_1x_3-Ebene (Fig. 1).
Für die Koordinaten der Punkte auf den Koordinatenachsen und Koordinatenebenen gilt:

Punkte auf der x_1-Achse $P(p_1 | 0 | 0)$
Punkte auf der x_2-Achse $P(0 | p_2 | 0)$
Punkte auf der x_3-Achse $P(0 | 0 | p_3)$

Punkte in der x_1x_2-Ebene $P(p_1 | p_2 | 0)$
Punkte in der x_1x_3-Achse $P(p_1 | 0 | p_3)$
Punkte in der x_2x_3-Achse $P(0 | p_2 | p_3)$

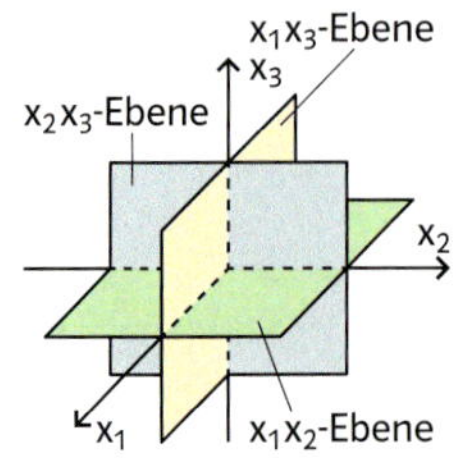

Fig. 1

Unter dem **Betrag eines Vektors $\vec{a}$** versteht man die Länge der zu $\vec{a}$ gehörenden Pfeile.
Der Betrag von $\vec{a}$ wird mit $|\vec{a}|$ bezeichnet.
Der Nullvektor hat die Länge null: $|\vec{o}| = 0$.
Der Betrag von $\vec{a}$ lässt sich in der Ebene wie auch im Raum mithilfe des Satzes von Pythagoras aus seinen Koordinaten berechnen (Fig. 2).

Ebene:
$|\vec{a}|^2 = a_1^2 + a_2^2$

Raum:
$|\vec{a}|^2 = \left(\sqrt{a_1^2 + a_2^2}\right)^2 + a_3^2 = a_1^2 + a_2^2 + a_3^2$

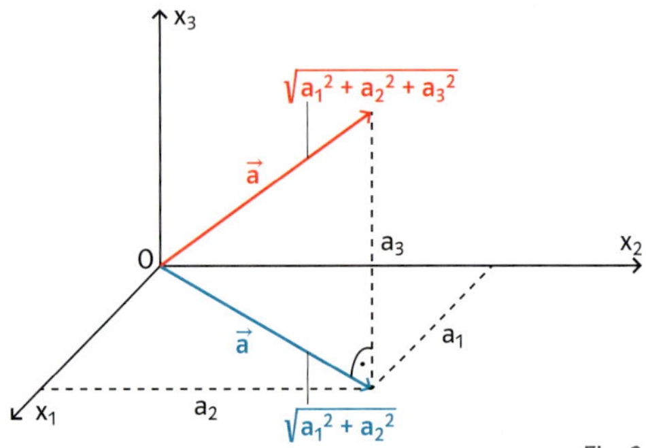

Fig. 2

Für $\vec{a} = \begin{pmatrix} a_1 \\ a_2 \end{pmatrix}$ gilt $|\vec{a}| = \sqrt{a_1^2 + a_2^2}$; für $\vec{a} = \begin{pmatrix} a_1 \\ a_2 \\ a_c \end{pmatrix}$ gilt $|\vec{a}| = \sqrt{a_1^2 + a_2^2 + a_3^2}$.

Ist $\vec{a} \neq \vec{0}$, so hat der Vektor $\vec{a_0} = \frac{1}{|\vec{a}|} \cdot \vec{a}$ den Betrag 1. Man nennt $\vec{a_0}$ **Einheitsvektor von $\vec{a}$**.

Beispiel 1 Räumliches Koordinatensystem

a) Zeichnen Sie die Punkte $A(2|4|5)$; $A'(2|4|0)$; $B(-1|-2|3)$; $B'(-1|-2|0)$; $C(-2|2|3)$ und $C'(-2|2|0)$ zusammen mit ihren Ortsvektoren in ein räumliches Koordinatensystem.

b) Wie liegen die Punkte A, A' bzw. B, B' bzw. C, C' zueinander? Machen Sie sich mithilfe der „Stützdreiecke" OA'A, OB'B, OC'C die Lage der Punkte A, B, C im Koordinatensystem klar.

c) Projizieren Sie die Punkte A, B und C orthogonal in die x_1x_3-Ebene sowie in die x_2x_3-Ebene. Geben Sie die Koordinaten der projizierten Punkte an.

Lösung

a) Siehe Fig. 3. Die Punkte A und C fallen beim Einzeichnen in das räumliche Koordinatensystem zusammen. Man kann die genaue Lage eines Punktes nicht ablesen.

b) Wegen $x_3 = 0$ liegen die Punkte A', B' und C' in der x_1x_2-Ebene orthogonal unterhalb der Punkte A, B und C. Man nennt A', B' und C' die **„orthogonalen Projektionen"** der Punkte A, B und C in die x_1x_2-Ebene.
A und A' liegen vor, B, B', C und C' hinter der x_2x_3-Ebene.

c) Projektion in die x_1x_3-Ebene, d.h. $x_2 = 0$:
$A_{13}(2|0|5)$; $B_{13}(-1|0|3)$; $C_{13}(-2|0|3)$.
Projektion in die x_2x_3-Ebene, d.h. $x_1 = 0$:
$A_{23}(0|4|5)$; $B_{23}(0|-2|3)$; $C_{23}(0|2|3)$.

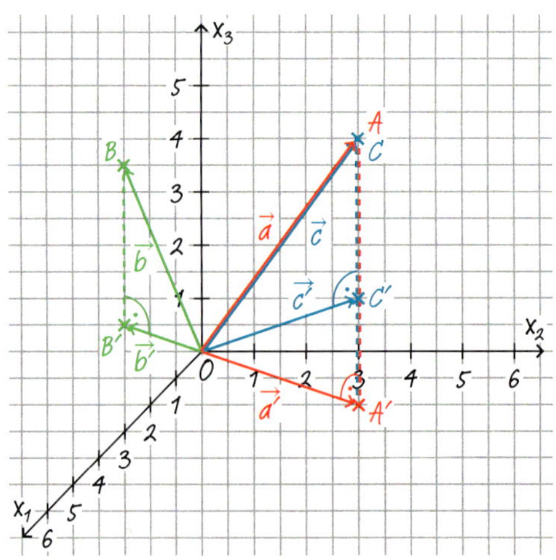

Fig. 3

Beispiel 2 **Vektoren im Raum**

a) Sind die Punkte $A(1|2|3)$; $B(3|-2|1)$; $C(2{,}25|-1{,}3|7)$ und $D(0{,}25|2{,}7|9)$ die aufeinanderfolgenden Ecken eines Parallelogramms ABCD?

b) Ergänzen Sie die Punkte $A(4|-1|1)$; $B(2|4|2)$ und $C(-3|2|0)$ durch einen Punkt D so, dass das Viereck ABCD ein Parallelogramm ergibt.

Lösung

a) Falls $\overrightarrow{AB} = \overrightarrow{DC}$, dann sind A, B, C und D die Ecken eines Parallelogramms (Fig. 1).

$$\overrightarrow{AB} = \begin{pmatrix} 3-1 \\ -2-2 \\ 1-3 \end{pmatrix} = \begin{pmatrix} 2 \\ -4 \\ -2 \end{pmatrix};\ \overrightarrow{DC} = \begin{pmatrix} 2{,}25-0{,}25 \\ -1{,}3\ \ -2{,}7 \\ 7\ \ -9 \end{pmatrix} = \begin{pmatrix} 2 \\ -4 \\ -2 \end{pmatrix} \text{ d.h. } \overrightarrow{AB} = \overrightarrow{DC}.$$

A, B, C und D sind die Ecken eines Parallelogramms.

b) Den Punkt D erhält man, wenn man z. B. an A den Vektor $\overrightarrow{BC}$ ansetzt.

$$\overrightarrow{BC} = \overrightarrow{OC} - \overrightarrow{OB} = \begin{pmatrix} -3-2 \\ 2-4 \\ 0-2 \end{pmatrix} = \begin{pmatrix} -5 \\ -2 \\ -2 \end{pmatrix};\ \vec{d} = \vec{a} + \overrightarrow{BC} = \begin{pmatrix} 4-5 \\ -1-2 \\ 1-2 \end{pmatrix} = \begin{pmatrix} -1 \\ -3 \\ -1 \end{pmatrix}, \text{ d.h. } D(-1|-3|-1).$$

Skizze

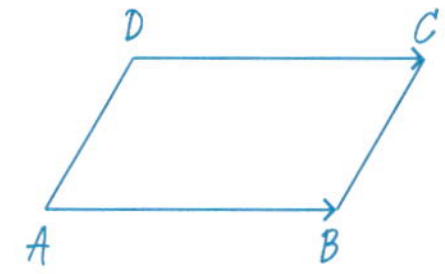

Fig. 1

Beispiel 3 **Länge und Mittelpunkt einer Strecke, Abtragen einer Länge**

Gegeben sind die Punkte $P(-1|-2|3)$ und $Q(3|-2|6)$.

a) Berechnen Sie die Länge der Strecke PQ.

b) Ermitteln Sie die Koordinaten des Mittelpunktes M der Strecke PQ.

c) Bestimmen Sie den Einheitsvektor von $\overrightarrow{PQ}$ und ermitteln Sie damit die Koordinaten des Punktes R auf der Strecke PQ, der von P den Abstand 3 hat.

Lösung

a) Die Länge der Strecke PQ ist gleich dem Betrag des Vektors $\overrightarrow{PQ}$. Es gilt (siehe Fig. 2)

$$\overrightarrow{PQ} = \overrightarrow{OQ} - \overrightarrow{OP} = \begin{pmatrix} 3 \\ -2 \\ 6 \end{pmatrix} - \begin{pmatrix} -1 \\ -2 \\ 3 \end{pmatrix} = \begin{pmatrix} 4 \\ 0 \\ 3 \end{pmatrix};\ |\overrightarrow{PQ}| = \sqrt{16+0+9} = \sqrt{25} = 5.$$ Der Vektor hat die Länge 5.

b) In Fig. 2 gilt: $\vec{m} = \overrightarrow{OM} = \frac{1}{2} \cdot \left(\overrightarrow{OP} + \overrightarrow{OQ}\right) = \frac{1}{2} \cdot \left(\begin{pmatrix} -1 \\ -2 \\ 3 \end{pmatrix} + \begin{pmatrix} 3 \\ -2 \\ 6 \end{pmatrix}\right) = \begin{pmatrix} 1 \\ -2 \\ 4{,}5 \end{pmatrix}$, d.h. $M(1|-2|4{,}5)$.

c) Der Einheitsvektor von $\vec{u} = \overrightarrow{PQ}$ ist $\overrightarrow{u_0} = \frac{1}{5} \cdot \overrightarrow{PQ}$. Es soll gelten $\overrightarrow{PR} = 3\overrightarrow{u_0}$ (siehe Fig. 3) und

damit $\overrightarrow{OR} = \overrightarrow{OP} + 3\overrightarrow{u_0} = \begin{pmatrix} -1 \\ -2 \\ 3 \end{pmatrix} + 3 \cdot \frac{1}{5} \cdot \begin{pmatrix} 4 \\ 0 \\ 3 \end{pmatrix} = \begin{pmatrix} 1{,}4 \\ -2 \\ 4{,}8 \end{pmatrix}$; also ist $R(1{,}4|-2|4{,}8)$.

Skizze

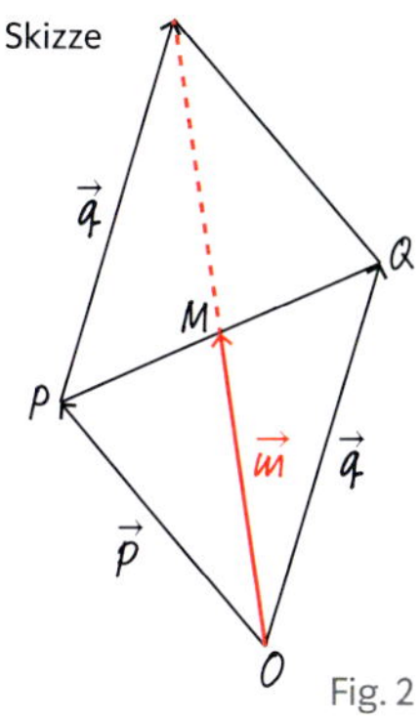

Fig. 2

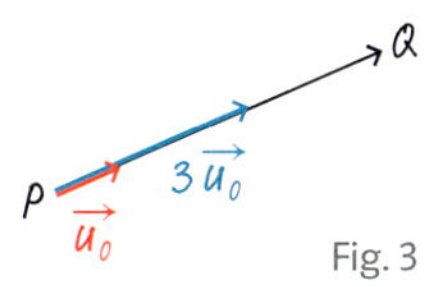

Fig. 3

Aufgaben

1 a) Zeichnen Sie die Punkte $A(2|3|4)$; $B(-2|0|1)$; $C(3|-1|0)$ und $D(0|0|-3)$ in ein Koordinatensystem.

b) Beschreiben Sie die besondere Lage der Punkte B, C und D in Worten.

c) Geben Sie die Koordinaten von drei weiteren Punkten an, die beim Einzeichnen ins Koordinatensystem mit A zusammenfallen.

2 Projizieren Sie den Punkt P in die x_1x_2-Ebene, in die x_1x_3-Ebene und in die x_2x_3-Ebene.

a) $P(3|1|5)$ b) $P(4|3|7)$ c) $P(-2|1|7)$ d) $P(1{,}2|-4|0)$

3 Wo liegen im räumlichen Koordinantensystem alle Punkte,

a) deren x_1-Koordinate (deren x_2-Koordinate, deren x_3-Koordinate) null ist?

b) deren x_2-Koordinate und x_3-Koordinate null ist?

4 Geben Sie die Koordinaten der Punkte E, F und G in Fig. 4 an, wenn diese Punkte in der x_1x_2-Ebene bzw. in der x_2x_3-Ebene liegen.

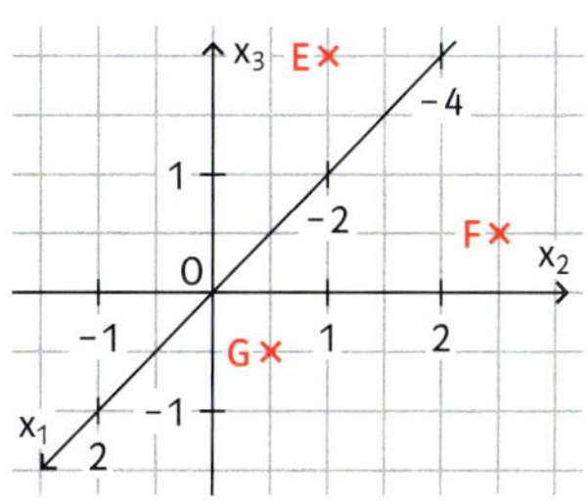

Fig. 4

○ **5** Die Punkte $O(0|0|0)$; $A(1|0|0)$; $B(0|1|0)$ und $C(0|0|1)$ sind Eckpunkte eines Würfels.
a) Geben Sie die Koordinaten der weiteren Eckpunkte D, E, F und G des Würfels an.
b) Bestimmen Sie die Koordinaten der Mittelpunkte der Würfelkanten.
c) Bestimmen Sie die Koordinaten der Diagonalenmittelpunkte der Seitenflächen des Würfels.
d) Berechnen Sie die Länge der Strecke von einem Eckpunkt zum räumlich gegenüberliegenden Eckpunkt des Würfels.

○ **6** Bestimmen Sie die Koordinaten des Vektors $\overrightarrow{AB}$ und seines Gegenvektors sowie die Beträge der beiden Vektoren.
a) $A(1|0|1)$; $B(3|4|1)$ b) $A(4|2|0)$; $B(3|3|3)$ c) $A(-1|2|3)$; $B(2|-2|4)$
d) $A(4|2|-1)$; $B(5|-1|-3)$ e) $A(1|-4|-3)$; $B(7|2|-4)$ f) $A(2{,}5|1|-3)$; $B(4|-3{,}3|2)$

○ **7** Überprüfen Sie, ob das Viereck ABCD ein Parallelogramm ist.
a) $A(-2|2|3)$; $B(5|5|5)$; $C(9|6|5)$; $D(2|3|3)$
b) $A(2|0|3)$; $B(4|4|4)$; $C(11|7|9)$; $D(9|3|8)$
c) $A(2|-2|7)$; $B(6|5|1)$; $C(1|-1|1)$; $D(8|0|8)$
d) $A(3|2|1)$; $B(7|-3|4)$; $C(0|5|-6)$; $D(-4|10|-9)$

○ **8** Bestimmen Sie die Koordinaten von D, sodass das Viereck ABCD ein Parallelogramm ist.
a) $A(-1|1|3)$; $B(2|-1|-1)$; $C(3|3|-2)$
b) $A(21|-11|43)$; $B(3|7|-8)$; $C(0|4|5)$
c) $A(-75|199|-67)$; $B(35|0|-81)$; $C(1|2|3)$

○ **9** Berechnen Sie für $A(-3|2|1)$; $B(1|1|1)$; $C(3|0|-2)$; $D(-2|1|5)$ die Linearkombination.
a) $\overrightarrow{AC} + \overrightarrow{DB}$ b) $\overrightarrow{AB} + \overrightarrow{BD} - \overrightarrow{AD}$ c) $3\overrightarrow{BC} - 2\overrightarrow{AC}$ d) $2\overrightarrow{BD} - 5\overrightarrow{CA} + 6\overrightarrow{DA}$

○ **10** Der Punkt A wird an B gespiegelt. Ermitteln Sie die Koordinaten des Spiegelpunktes.
a) $A(5|6|6)$; $B(3|8|1)$ b) $A(6|2|0)$; $B(4|-5|-1)$ c) $A(3|0|-2)$; $B(1|2|-1)$

O Test

Lösungen | Seite 296

11 Bestimmen Sie zu Fig. 1 die Koordinaten der Vektoren $\overrightarrow{FG}$, $\overrightarrow{DB}$, $\overrightarrow{CA}$, $\overrightarrow{EB}$, $\overrightarrow{AD}$, $\overrightarrow{CF}$ und $\overrightarrow{OG}$.

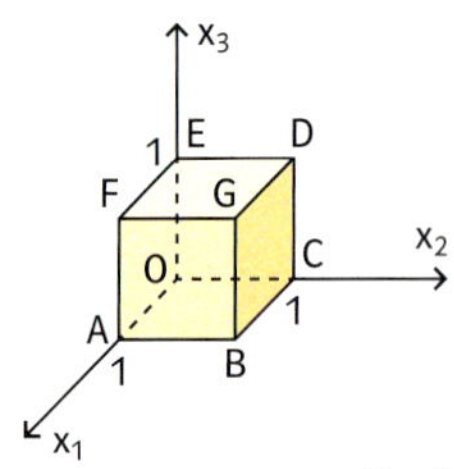

Fig. 1

12 Fig. 2 zeigt einen Quader ABCDEFGH. M_1 ist der Diagonalenschnittpunkt des Vierecks ABCD. M_2 ist der Diagonalenschnittpunkt des Vierecks BCGF. M_3 ist der Diagonalenschnittpunkt des Vierecks CDHG. M_4 ist der Diagonalenschnittpunkt des Vierecks ADHE. Bestimmen Sie die Koordinaten von $\overrightarrow{M_1M_2}$, $\overrightarrow{M_2M_3}$, $\overrightarrow{M_3M_4}$ und $\overrightarrow{M_4M_1}$.

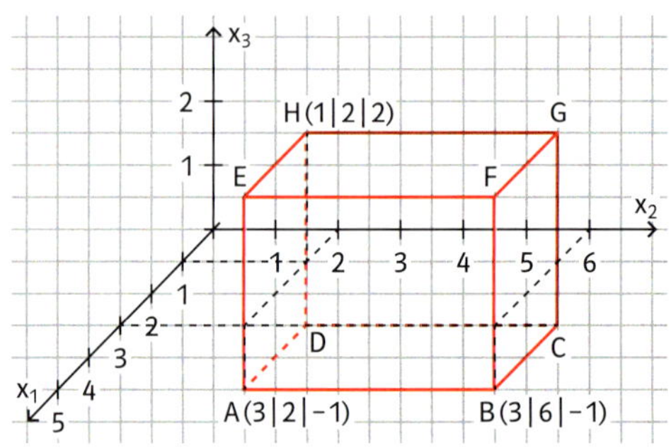

Fig. 2

13 Gegeben sind die Punkte $A(2|-1|5)$; $B(3|0|3)$; $C(-2|7|1)$ und $D(4|4|4)$.
a) Berechnen Sie die Beträge der Vektoren $\overrightarrow{AD}$ und $\overrightarrow{CB}$.
b) Berechnen Sie die Linearkombinationen.
(1) $\overrightarrow{AB} + \overrightarrow{CD}$ (2) $\overrightarrow{BD} + \overrightarrow{AC} - \overrightarrow{DB}$ (3) $2\overrightarrow{BC} - 2\overrightarrow{AB}$ (4) $2\overrightarrow{AB} + 7\overrightarrow{BC} - 4\overrightarrow{CD}$

◒ **14** Zeigen Sie, dass das Dreieck ABC gleichschenklig ist. Berechnen Sie seinen Flächeninhalt.
a) $A(1|-5)$; $B(0|3)$; $C(-8|2)$ b) $A(2|3|5)$; $B(6|6|0)$; $C(2|8|0)$
c) $A(1|1|6)$; $B(3|3|-2)$; $C(5|-1|2)$ d) $A(7|0|-1)$; $B(5|-3|-1)$; $C(4|0|1)$

15 Überprüfen Sie, ob die drei Punkte ein spezielles Dreieck bilden, und berechnen Sie den Umfang und – wenn möglich – den Flächeninhalt.
a) $A(1|5|-1)$; $B(1|2|2)$; $C(4|2|-1)$ b) $D(2|-1|2)$; $E(4|4|-1)$; $F(-1|2|1)$
c) $P(0|-1|3)$; $Q(2|-3|2)$; $R(2|0|5)$ d) $S(-2|3|3)$; $T(0|6|5)$; $U(2|1|2)$

Tipp
Gilt in einem Dreieck der Satz des Pythagoras, dann ist das Dreieck rechtwinklig.

16 Entscheiden Sie, welches spezielle Viereck vorliegt.
a) $A(5|-1|2)$; $B(5|3|-1)$; $C(1|3|2)$; $D(1|-1|5)$
b) $E(-3|2|4)$; $F(0|1|6)$; $G(1|4|4)$; $H(-4|9|-2)$
c) $P(2|2|2)$; $Q(3|4|1)$; $R(5|5|5)$; $S(4|3|6)$
d) $A(-1|4|-1)$; $B(2|0|1)$; $C(3|1|0)$; $D(-3|9|-4)$

17 Gegeben ist der Punkt $P(5|0|p_3)$.
a) Bestimmen Sie p_3 so, dass der Punkt P vom Punkt $Q(4|-2|5)$ den Abstand 3 hat.
b) Bestimmen Sie p_3 so, dass der Betrag des Vektors $\overrightarrow{PQ}$ mit dem Punkt $Q(9|2|3)$ 6 beträgt.

18 Ermitteln Sie die Koordinaten der Punkte P und Q, die von A den Abstand d haben (siehe Fig. 1).
a) $A(1|2|-2)$; $d = 1{,}5$ b) $A(12|3|4)$; $d = 2$ c) $A(2|1|2)$; $d = 9$

Skizze

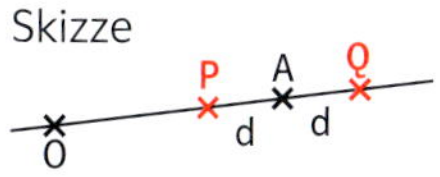

19 In Fig. 1 ist C drei Einheiten von B entfernt.
Der Vektor $\vec{a_0}$ ist ein Einheitsvektor.
Ermitteln Sie die Koordinaten von C.
a) $A(2|-3|12)$; $B(6|4|8)$
b) $A(2|-3|1)$; $B(10|5|15)$

Skizze

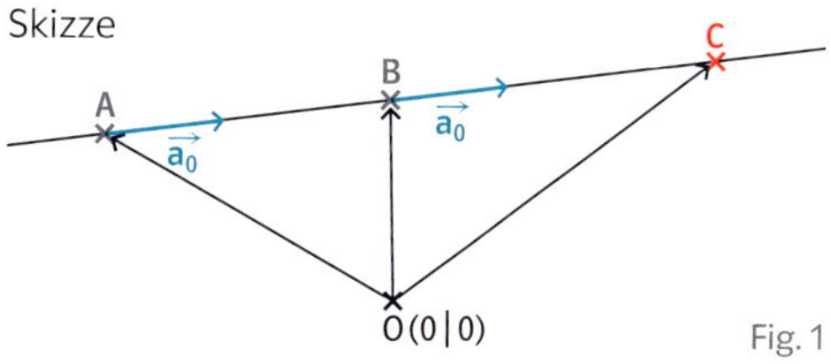

Fig. 1

Test

Lösung | Seite 296

20 Überprüfen Sie, welches spezielle Dreieck bzw. Viereck vorliegt.
a) $A(5|2|-1)$; $B(7|3|2)$ und $C(4|0|2)$
b) $P(-1|1|3)$; $Q(1|0|9)$ und $R(2|-1|4)$
c) $A(2|7|-2)$; $B(-2|5|1)$; $C(-4|2|5)$ und $D(0|4|2)$
d) $P(9|12|-3)$; $Q(4|5|2)$; $R(5|5|3)$ und $S(10|12|-2)$

21 Ermitteln Sie die Koordinaten der Punkte P und Q, die vom Punkt A jeweils den Abstand d haben.
a) $A(-2|1|2)$; $d = 1$ b) $A(3|-4|12)$; $d = 6{,}5$

Skizze

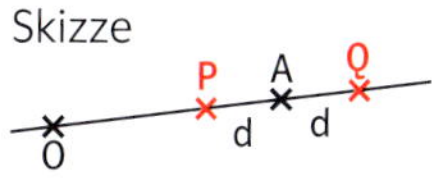

22 Gegeben sind die Punkte $A(-1|3|5)$ und $B(5|0|17)$. Zeigen Sie, dass der Punkt $C(3|1|13)$ auf der Strecke AB liegt.

Strategie | Seite 218
1. Veranschaulichung durch Skizze/Zeichnung

23 Zeigen Sie, dass die Punkte $A(7|5|1)$; $B(8|8|-2)$ und $C(1|-4|5)$ ein Dreieck aufspannen.

24 Gegeben sind die Punkte $A(5|2|3)$ und $B(9|10|2)$.
a) Bestimmen Sie die Koordinaten der Punkte R, S und T, die die Strecke AB in vier gleich lange Teile teilen.
b) Bestimmen Sie die Koordinaten der Punkte P und Q, die die Strecke AB in drei gleich lange Teile teilen.

25 Geben Sie drei Punkte an, die vom Punkt $P(1|3|2)$ den Abstand 3 haben.

Info

→ Aufgaben 26 und 27

Beweisen mit Vektoren

In der Mathematik will man allgemeingültige Sachverhalte „beweisen“, d.h. sie für alle Fälle zeigen. Das ist in der Geometrie mit Vektoren und ihren Rechengesetzen oft einfacher als auf andere Weise.

Zum **Beweisen mit Vektoren** kann man folgendermaßen vorgehen:

1. Formulieren der **Voraussetzung** mithilfe von Vektoren.
2. Formulieren der **Behauptung** mithilfe von Vektoren.
3. **Beweis** der Behauptung durch Rechnen mit diesen Vektoren unter Verwendung der Voraussetzung.

Das mögliche Vorgehen wird anhand eines Beispiels gezeigt:
Zu beweisen: Wenn sich in einem Viereck die Diagonalen halbieren, dann sind die gegenüberliegende Seiten zueinander parallel.

Vorgehen:

1. Voraussetzung:
   „Die Diagonalen halbieren sich.“ bedeutet in Vektorschreibweise
   (1) $\overrightarrow{AM} = \overrightarrow{MC}$, (2) $\overrightarrow{DM} = \overrightarrow{MB}$.

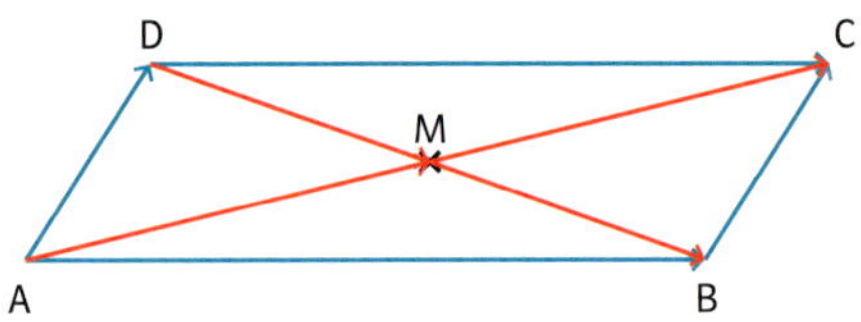

2. Behauptung:
   „Gegenüberliegende Seiten sind zueinander parallel.“ bedeutet in Vektorschreibweise
   $\overrightarrow{AB} = \overrightarrow{DC}$ und $\overrightarrow{AD} = \overrightarrow{BC}$.

3. Beweis:
   $\overrightarrow{DC} = \overrightarrow{DM} + \overrightarrow{MC} = \overrightarrow{MB} + \overrightarrow{AM} = \overrightarrow{AM} + \overrightarrow{MB} = \overrightarrow{AB}$
   $\overrightarrow{BC} = \overrightarrow{BM} + \overrightarrow{MC} = -\overrightarrow{MB} + \overrightarrow{MC} = -\overrightarrow{DM} + \overrightarrow{AM} = \overrightarrow{AM} - \overrightarrow{DM} = \overrightarrow{AD}$
   Somit sind gegenüberliegende Seiten zueinander parallel.

26 Beweisen Sie:
Sind M_a, M_b, M_c und M_d die Mittelpunkte der Seiten eines Parallelogramms ABCD, dann ist auch das Viereck $M_aM_bM_cM_d$ ein Parallelogramm.

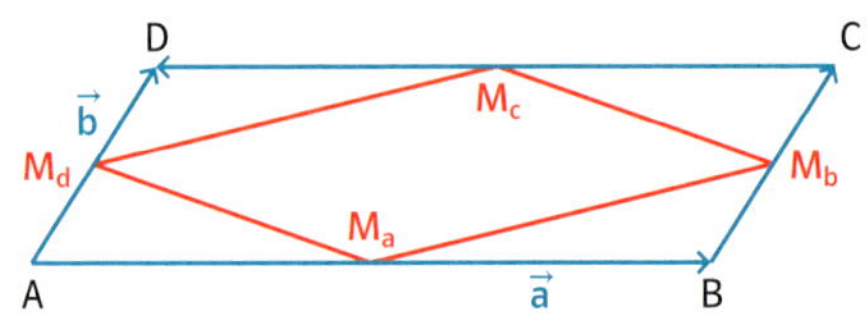

→ Strategie | Seite 218
1. Veranschaulichung durch Skizze/Zeichnung

→ Strategie | Seite 220
3. Orientieren an einem Beispiel

● **27** a) Gegeben sind die Punkte A(4 | −1 | 3); B(9 | 5 | 1) und D(5 | 2 | −1). Bestimmen Sie einen Punkt C so, dass $\overrightarrow{AB} = \overrightarrow{DC}$ gilt, und vergleichen Sie die Vektoren $\overrightarrow{AD}$ und $\overrightarrow{BC}$.
b) Zeigen Sie allgemein für vier Punkte A, B, C und D, dass aus $\overrightarrow{AB} = \overrightarrow{DC}$ immer $\overrightarrow{AD} = \overrightarrow{BC}$ folgt.
c) Begründen Sie, dass man zum Nachweis, dass ein Viereck ein Parallelogramm ist, nur zwei gegenüber liegende Seiten betrachten muss.

Grundwissen Test

→ Grundwissen
Seiten 250–251
Lösung | Seite 297

28 Übertragen Sie die Tabelle in Ihr Heft und berechnen Sie die fehlenden Größen des Dreiecks.

p	q	c	h	a	b	Umfang u	Flächeninhalt A
2		2,8	1,5				
9			12		13		
15			8				84
	8	9,75			10		

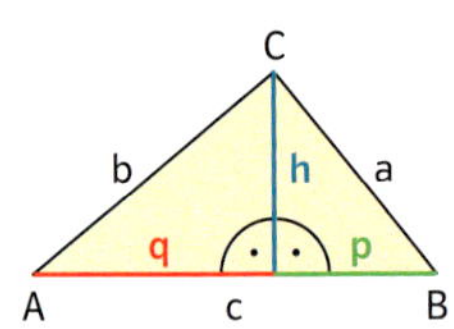

4 Orthogonale Vektoren – Skalarprodukt

Ein Praktikant der Stadtgärtnerei hat von einem Blumenbeet im Stadtpark eine Skizze angefertigt.
Warum können die eingetragenen Maße nicht stimmen?

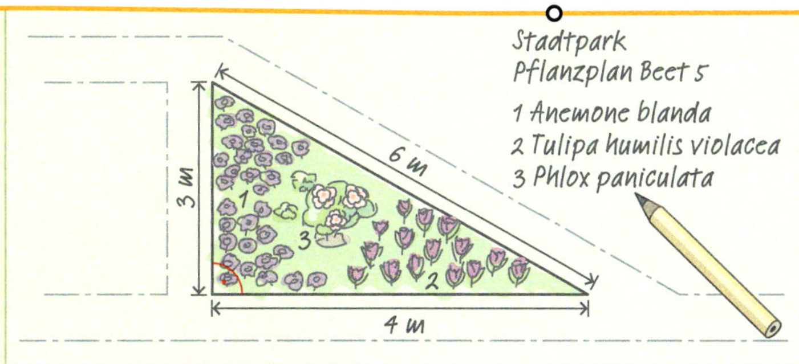

Bei der Behandlung geometrischer Fragestellungen ist die Orthogonalität (d.h. Rechtwinkligkeit) eine wichtige Lagebeziehung zwischen geometrischen Objekten wie z.B. Strecken, Geraden oder Flächen. Wie die Orthogonalität auch mithilfe von Vektoren beschrieben werden kann, wird im Folgenden erarbeitet.

orthos (gr.): recht, richtig (vgl. auch Orthografie)

gonia (gr.): Ecke, Winkel
Orthogonal bedeutet wörtlich „rechtwinklig".

Zwei Vektoren $\vec{a}$ und b $(\neq \vec{o})$ heißen zueinander **orthogonal**, wenn ihre zugehörigen Pfeile mit gleichem Anfangspunkt ebenfalls zueinander orthogonal sind.
Schreibweise: $\vec{a} \perp \vec{b}$.

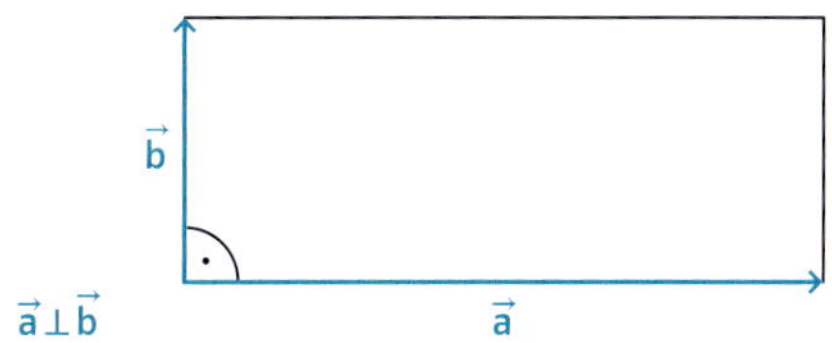

Die Orthogonalität zweier Vektoren $\vec{a}$ und $\vec{b}$ kann man mithilfe ihrer Koordinaten überprüfen.

Nach dem Satz von Pythagoras gilt: Die Pfeile zweier Vektoren $\vec{a}$ mit $\vec{a} = \begin{pmatrix} a_1 \\ a_2 \end{pmatrix}$ und $\vec{b}$ mit $\vec{b} = \begin{pmatrix} b_1 \\ b_2 \end{pmatrix}$ wie in Fig. 1 sind genau dann zueinander orthogonal, wenn $|\vec{a}|^2 + |\vec{b}|^2 = |\vec{a} - \vec{b}|^2$ gilt.

Es ist $|\vec{a} - \vec{b}|^2 = (a_1 - b_1)^2 + (a_2 - b_2)^2 = (a_1^2 - 2a_1b_1 + b_1^2) + (a_2^2 - 2a_2b_2 + b_2^2)$

und somit $|\vec{a} - \vec{b}|^2 = (a_1^2 + a_2^2) + (b_1^2 + b_2^2) - 2 \cdot (a_1b_1 + a_2b_2)$.

Außerdem ist $|\vec{a}|^2 + |\vec{b}|^2 = (a_1^2 + a_2^2) + (b_1^2 + b_2^2)$.

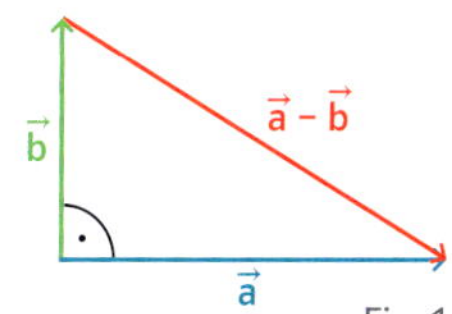

Fig. 1

Die Vektoren $\vec{a}$ und $\vec{b}$ sind also genau dann zueinander orthogonal, wenn für ihre Koordinaten $2 \cdot (a_1b_1 + a_2b_2) = 0$, also $a_1b_1 + a_2b_2 = 0$ gilt.
Wechselt man nun in das räumliche Koordinatensystem, erweitert sich das Skalarprodukt um die x_3-Komponente. Im Raum gilt die Bedingung für die Orthogonalität entsprechend.

Zu den Vektoren $\vec{a} = \begin{pmatrix} a_1 \\ a_2 \\ a_3 \end{pmatrix}$ und $\vec{b} = \begin{pmatrix} b_1 \\ b_2 \\ b_3 \end{pmatrix}$ heißt der Term $a_1b_1 + a_2b_2 + a_3b_3$
Skalarprodukt $\vec{a} \cdot \vec{b}$ der Vektoren $\vec{a}$ und $\vec{b}$. Man schreibt $\vec{a} \cdot \vec{b} = a_1b_1 + a_2b_2 + a_3b_3$.
Zwei Vektoren $\vec{a} \neq \vec{o}$ und $\vec{b} \neq \vec{o}$ sind genau dann zueinander orthogonal, wenn ihr Skalarprodukt null ist.

Die Bezeichnung Skalarprodukt erinnert daran, dass dieses Produkt der Vektoren kein Vektor, sondern ein „Skalar" (das heißt eine Zahl) ist.

Unabhängig davon, ob die beiden Vektoren orthogonal zueinander sind oder nicht, gilt allgemein für das Skalarprodukt:
1. $\vec{a} \cdot \vec{a} = |\vec{a}|^2 > 0$, für $\vec{a} \neq \vec{o}$.
2. Die Reihenfolge der Vektoren ist unwichtig d.h. $\vec{a} \cdot \vec{b} = \vec{b} \cdot \vec{a}$. (Kommutativgesetz)
3. $(r \cdot \vec{a}) \cdot \vec{b} = r \cdot (\vec{a} \cdot \vec{b}) = \vec{a} \cdot (r \cdot \vec{b}) = r \cdot \vec{a} \cdot \vec{b}$
4. Man darf wie gewohnt ausmultiplizieren: $(\vec{a} + \vec{b}) \cdot \vec{c} = \vec{a} \cdot \vec{c} + \vec{b} \cdot \vec{c}$ (Distributivgesetz)

Beispiel 1 Vektoren auf Orthogonalität überprüfen

Überprüfen Sie mit dem Skalarprodukt, welche Vektoren zueinander orthogonal sind.

$\vec{a} = \begin{pmatrix} 1 \\ 2 \\ -1 \end{pmatrix}$, $\vec{b} = \begin{pmatrix} 4 \\ -4 \\ -4 \end{pmatrix}$ und $\vec{c} = \begin{pmatrix} 3 \\ 1 \\ 2 \end{pmatrix}$

Lösung

$\vec{a} \cdot \vec{b} = \begin{pmatrix} 1 \\ 2 \\ -1 \end{pmatrix} \cdot \begin{pmatrix} 4 \\ -4 \\ -4 \end{pmatrix} = 1 \cdot 4 + 2 \cdot (-4) + (-1) \cdot (-4) = 4 - 8 + 4 = 0$

D.h. $\vec{a}$ und $\vec{b}$ sind orthogonal zueinander.

$\vec{a} \cdot \vec{c} = 1 \cdot 3 + 2 \cdot 1 + (-1) \cdot 2 = 3 + 2 - 2 = 3 \neq 0$

D.h. $\vec{a}$ und $\vec{c}$ sind nicht orthogonal zueinander.

$\vec{b} \cdot \vec{c} = 4 \cdot 3 - 4 \cdot 1 - 4 \cdot 2 = 12 - 4 - 8 = 0$

D.h. $\vec{b}$ und $\vec{c}$ sind orthogonal zueinander.

Beispiel 2 Orthogonale Vektoren bestimmen

Bestimmen Sie die fehlende Koordinate a_3 so, dass die Vektoren $\vec{a} = \begin{pmatrix} 4 \\ 2 \\ a_3 \end{pmatrix}$ und $\vec{b} = \begin{pmatrix} 1 \\ 3 \\ 2 \end{pmatrix}$ zueinander orthogonal sind.

Lösung

Damit die Vektoren orthogonal sind, muss gelten: $\vec{a} \cdot \vec{b} = 0$.

$\vec{a} \cdot \vec{b} = \begin{pmatrix} 4 \\ 2 \\ a_3 \end{pmatrix} \cdot \begin{pmatrix} 1 \\ 3 \\ 2 \end{pmatrix} = 4 \cdot 1 + 2 \cdot 3 + a_3 \cdot 2 = 10 + 2 \cdot a_3$

Damit die Vektoren orthogonal sind, muss gelten $10 + 2a_3 = 0$, also $a_3 = -5$.

Aufgaben

1 Überprüfen Sie mit dem Skalarprodukt, welche Vektoren orthogonal zueinander sind.

$\vec{a} = \begin{pmatrix} 1 \\ 1 \\ 2 \end{pmatrix}$, $\vec{b} = \begin{pmatrix} 1 \\ 1 \\ 3 \end{pmatrix}$, $\vec{c} = \begin{pmatrix} 1 \\ 1 \\ -1 \end{pmatrix}$, $\vec{d} = \begin{pmatrix} 0 \\ 1 \\ 1 \end{pmatrix}$, $\vec{e} = \begin{pmatrix} -2 \\ -1 \\ 1 \end{pmatrix}$

2 Bestimmen Sie die fehlende Koordinate so, dass $\vec{a} \perp \vec{b}$.

a) $\vec{a} = \begin{pmatrix} 2 \\ 3 \end{pmatrix}$, $\vec{b} = \begin{pmatrix} b_1 \\ -4 \end{pmatrix}$
b) $\vec{a} = \begin{pmatrix} 1 \\ a_2 \\ 3 \end{pmatrix}$, $\vec{b} = \begin{pmatrix} 2 \\ -1 \\ 1 \end{pmatrix}$
c) $\vec{a} = \begin{pmatrix} -1 \\ 4 \\ 2 \end{pmatrix}$, $\vec{b} = \begin{pmatrix} 3 \\ 0 \\ b_3 \end{pmatrix}$

3 Drücken Sie die Diagonalen des Vierecks ABCD mit $A(-2|-2)$; $B(0|3)$; $C(3|3)$ und $D(3|0)$ durch Vektoren aus. Überprüfen Sie, ob sie zueinander orthogonal sind (vgl. Fig. 1).

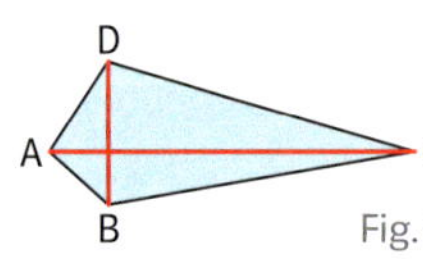

Fig. 1

4 Prüfen Sie, ob das Dreieck ABC rechtwinklig ist.

a) $A(1|2|1)$; $B(4|4|0)$; $C(-1|3|3)$
b) $A(1|2|1)$; $B(3|1|0)$; $C(4|5|-2)$
c) $A(3|0|0)$; $B(2|3|1)$; $C(-1|-1|3)$
d) $A(-2|2|3)$; $B(2|8|4)$; $C(1|9|2)$

Test

Lösung | Seite 297

5 Welche der Vektoren sind orthogonal zueinander?

$\vec{a} = \begin{pmatrix} 2 \\ 2 \\ 1 \end{pmatrix}$ $\vec{b} = \begin{pmatrix} 1 \\ 3 \\ -3 \end{pmatrix}$ $\vec{c} = \begin{pmatrix} 1 \\ -2 \\ 2 \end{pmatrix}$ $\vec{d} = \begin{pmatrix} 0 \\ 1 \\ 1 \end{pmatrix}$

6 Prüfen Sie, ob das Dreieck ABC rechtwinklig ist.

a) $A(3|4|2)$; $B(2|0|3)$; $C(1|2|1)$
b) $A(-1|2|5)$; $B(3|-2|4)$; $C(5|1|3)$

7 Geben Sie drei Vektoren an, die in verschiedene Richtungen zeigen und orthogonal zu $\vec{a}$ sind.

a) $\vec{a} = \begin{pmatrix} 0 \\ 1 \\ 0 \end{pmatrix}$ b) $\vec{a} = \begin{pmatrix} -1 \\ 0 \\ 1 \end{pmatrix}$ c) $\vec{a} = \begin{pmatrix} 2 \\ 1 \\ 0 \end{pmatrix}$ d) $\vec{a} = \begin{pmatrix} 1 \\ 3 \\ -2 \end{pmatrix}$

8 Weisen Sie für die angegebenen Vektoren nach, dass die aufgeführten Gesetze gelten.

(1) $\vec{a} = \begin{pmatrix} 2 \\ 1 \\ -1 \end{pmatrix}$; $\vec{b} = \begin{pmatrix} -1 \\ 4 \\ 2 \end{pmatrix}$; $\vec{c} = \begin{pmatrix} 2 \\ -1 \\ 3 \end{pmatrix}$ (2) $\vec{a} = \begin{pmatrix} -2 \\ 3 \\ -1 \end{pmatrix}$; $\vec{b} = \begin{pmatrix} 1 \\ 1 \\ 1 \end{pmatrix}$; $\vec{c} = \begin{pmatrix} 4 \\ 1 \\ 5 \end{pmatrix}$

a) $\vec{a} \cdot \vec{a} = |\vec{a}|^2 > 0$ b) $\vec{a} \cdot \vec{b} = \vec{b} \cdot \vec{a}$

c) $(r \cdot \vec{a}) \cdot \vec{b} = r \cdot (\vec{a} \cdot \vec{b}) = \vec{a} \cdot (r \cdot \vec{b}) = r \cdot \vec{a} \cdot \vec{b}$ d) $(\vec{a} + \vec{b}) \cdot \vec{c} = \vec{a} \cdot \vec{c} + \vec{b} \cdot \vec{c}$

9 Gegeben ist das Parallelogramm ABCD. Überprüfen Sie, ob es auch ein Rechteck ist.

a) A(2 | −3 | 1); B(6 | 1 | 6); C(5 | 5 | 4); D(1 | 1 | −1)

b) A(−1 | 2 | −1); B(1 | 0 | 3); C(4 | 1 | 2); D(2 | 3 | −2)

10 Gegeben ist das Viereck ABCD. Prüfen Sie, ob es sich um eine Raute, ein Quadrat oder ein anderes Viereck handelt.

a) A(6 | 1 | 7); B(5 | 1 | 8); C(4 | 1 | 7); D(5 | 1 | 6)

b) A(1 | 2 | 3); B(−2 | 7,5 | 1); C(−1 | 5 | −5); D(2 | −0,5 | −3)

c) A(5 | 2 | 4); B(4 | 1 | 3); C(5 | 2 | 5); D(6 | 3 | 6)

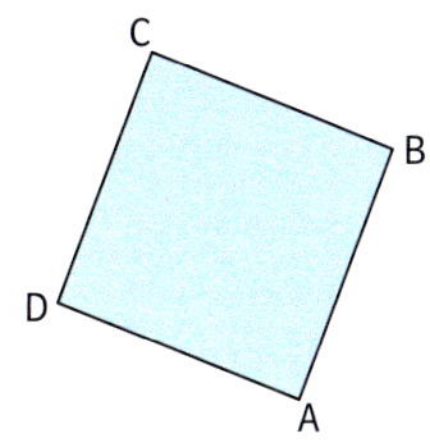

Test

Lösung | Seite 297

11 Gegeben ist das Viereck ABCD. Überprüfen Sie, ob es sich um ein Quadrat, eine Raute oder ein Rechteck handelt.

a) A(4 | −3 | 1); B(8 | 1 | 7); C(7 | 5 | 5); D(3 | 1 | −1) b) A(1 | 1 | 4); B(1 | 2 | 2); C(3 | 3 | 2); D(3 | 2 | 4)

12 Zeigen Sie, dass es zu den Punkten A(−2 | 2 | 3); B(2 | 10 | 4) und D(5 | −2 | 7) einen Punkt C gibt, sodass das Viereck ABCD ein Quadrat ist. Bestimmen Sie die Koordinaten von C.

13 Gegeben sind die Punkte P(0 | 0 | 0); Q(0 | 3 | 0) und R(0 | 0 | r_3).

a) Für welche Werte von r_3 ist das Dreieck PQR rechtwinklig?

b) Verallgemeinern Sie diesen Sachverhalt und beweisen Sie ihn.

14 Beweisen Sie: In einem Quader (vgl. Fig. 1) mit quadratischer Grundfläche ist ein Diagonale der Grundfläche zu einer diese nicht schneidenden Raumdiagonalen orthogonal.

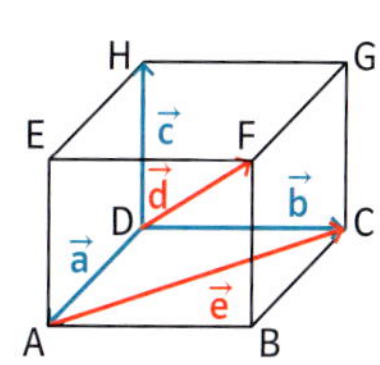

Fig. 1

Strategie | Seite 220
3. Orientieren an einem Beispiel
Strategie | Seite 222
5. Vorwärtsarbeiten

Grundwissen Test

Grundwissen
Seiten 250–251
Lösung | Seite 297

15 Übertragen Sie die Tabelle in Ihr Heft und berechnen Sie die fehlenden Größen.

a		9		8	
b			5	15	$7\sqrt{2}$
c	10	15	13		
α	30°				
β					45°

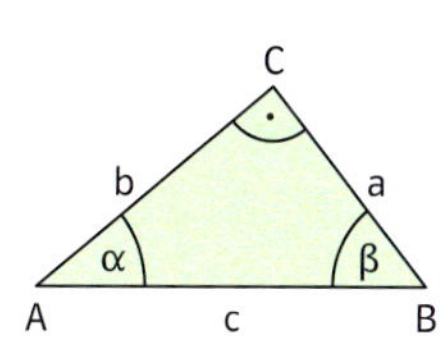

5 Winkel zwischen Vektoren

Jeder Vektor $\vec{b}$ kann in einen zu einem Vektor $\vec{a}$ parallelen Anteil $\overrightarrow{b_{\parallel}}$ und einen zu $\vec{a}$ senkrechten Anteil $\overrightarrow{b_{\perp}}$ zerlegt werden.
Geben Sie für die Vektoren $\vec{a} = \begin{pmatrix} 5 \\ 0 \end{pmatrix}$ und $\vec{b} = \begin{pmatrix} 3 \\ 4 \end{pmatrix}$ in der Zeichnung die Koordinaten der Vektoren $\overrightarrow{b_{\parallel}}$ und $\overrightarrow{b_{\perp}}$ an und vergleichen Sie $\vec{a} \cdot \vec{b}$ und $|\vec{a}| \cdot |\overrightarrow{b_{\parallel}}|$.

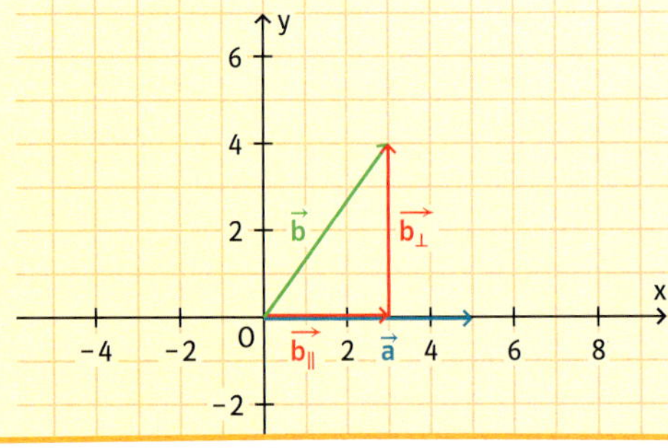

Zeichnet man zu einem gemeinsamen Anfangspunkt Pfeile zweier Vektoren $\vec{a}$ und $\vec{b}$, die nicht zueinander parallel sind, so entstehen zwei Winkel. Den kleineren dieser beiden Winkel bezeichnet man als den **Winkel zwischen den Vektoren** $\vec{a}$ und $\vec{b}$ (Fig. 1).
Die Größe des Winkels zwischen zwei Vektoren kann mithilfe des Skalarproduktes bestimmt werden.

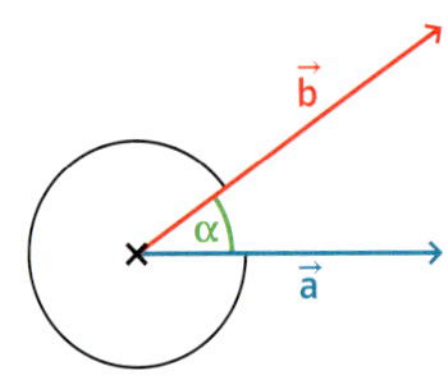

Fig. 1

Die Vektoren $\vec{a}$ und $\vec{b}$ schließen denselben Winkel α ein wie ihre zugehörigen Einheitsvektoren $\vec{a_0}$ und $\vec{b_0}$ in Fig. 2.
Dies ist auch der Winkel bei P im rechtwinkligen Dreieck PQR,
sodass gilt $\cos(\alpha) = \frac{PQ}{PR} = \frac{PQ}{1} = PQ$ und damit $\overrightarrow{PQ} = \cos(\alpha) \cdot \vec{a_0}$.
Weiter ist $\vec{b_0} = \overrightarrow{PQ} + \overrightarrow{QR}$.
Wegen der Orthogonalität von $\vec{a_0}$ und $\overrightarrow{QR}$ folgt
$\vec{a_0} \cdot \vec{b_0} = \vec{a_0} \cdot (\overrightarrow{PQ} + \overrightarrow{QR}) = \vec{a_0} \cdot \overrightarrow{PQ} + \vec{a_0} \cdot \overrightarrow{QR} = \vec{a_0} \cdot \overrightarrow{PQ} = \cos(\alpha) \cdot |\vec{a_0}| \cdot |\vec{a_0}| = \cos(\alpha)$.

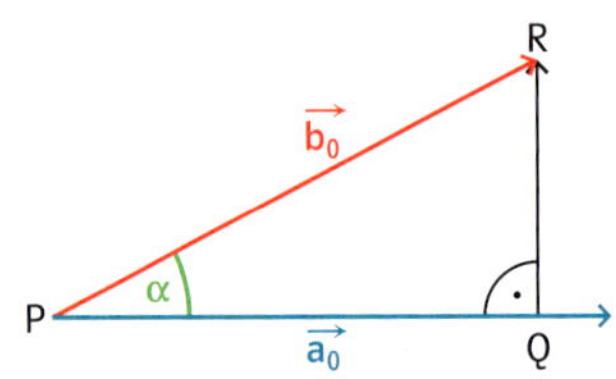

Fig. 2

Damit erhält man $\cos(\alpha) = \vec{a_0} \cdot \vec{b_0} = \frac{\vec{a}}{|\vec{a}|} \cdot \frac{\vec{b}}{|\vec{b}|} = \frac{\vec{a} \cdot \vec{b}}{|\vec{a} \cdot \vec{b}|}$.

Schließen die beiden Vektoren einen stumpfen Winkel, also einen Winkel größer als 90°, ein, so betrachtet man das Skalarprodukt von $-\vec{a_0}$ und $\vec{b_0}$ mit dem eingeschlossenen spitzen Winkel $180° - \alpha$. Analoge Überlegungen am rechtwinkligen Dreieck PRQ_1 (Fig. 3) „auf der anderen Seite des Winkels“ ergeben:
$\frac{-\vec{a} \cdot \vec{b}}{|\vec{a}| \cdot |\vec{b}|} = \cos(180° - \alpha) = -\cos(\alpha)$.

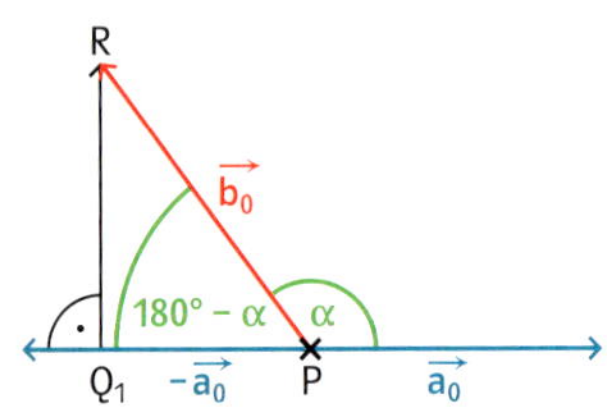

Fig. 3

Berechnet man für $\vec{a} = \begin{pmatrix} 3 \\ 1 \end{pmatrix}$ und $\vec{b} = \begin{pmatrix} -2 \\ 3 \end{pmatrix}$ mithilfe von $-\vec{a} = \begin{pmatrix} -3 \\ -1 \end{pmatrix}$ den Winkel $180 - \alpha$, so erhält man $\frac{-\vec{a} \cdot \vec{b}}{|\vec{a}| \cdot |\vec{b}|} = \frac{6 - 3}{\sqrt{5} \cdot \sqrt{13}}$ und somit $180° - \alpha = \cos^{-1}\left(\frac{3}{\sqrt{65}}\right) \approx 68{,}2°$, also $\alpha \approx 111{,}8°$.
Bildet man das Skalarprodukt von $\vec{a}$ und $\vec{b}$, so erhält man $\cos(\alpha) = \frac{-3}{\sqrt{65}}$ und mit dem Taschenrechner: $\alpha \approx 111{,}8°$. Es gilt also auch für stumpfe Winkel: $\cos(\alpha) = \frac{\vec{a} \cdot \vec{b}}{|\vec{a}| \cdot |\vec{b}|}$.

Unter dem **Winkel zwischen zwei Vektoren** $\vec{a}$ und $\vec{b}$ versteht man den kleineren der beiden Winkel, der entsteht, wenn man Pfeile der Vektoren zu einem gemeinsamen Anfangspunkt zeichnet.
Für den Winkel α zwischen den Vektoren $\vec{a}$ und $\vec{b}$ $(\vec{a} \neq \vec{o},\ \vec{b} \neq \vec{o})$ gilt:
$\vec{a} \cdot \vec{b} = |\vec{a}| \cdot |\vec{b}| \cdot \cos(\alpha)$ bzw. $\cos(\alpha) = \frac{\vec{a} \cdot \vec{b}}{|\vec{a}| \cdot |\vec{b}|}$ mit $0° \leq \alpha \leq 180°$.

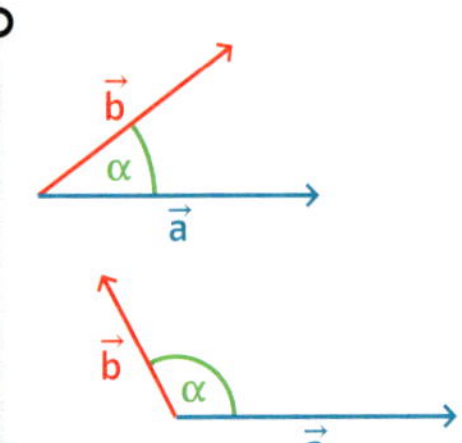

Sonderfälle:
Wenn die Pfeile der Vektoren in dieselbe Richtung zeigen, gilt $\alpha = 0°$.

Wenn die Pfeile der Vektoren in entgegengesetzte Richtungen zeigen, gilt $\alpha = 180°$.

Beispiel 1 Winkelberechnung

Berechnen Sie den Winkel zwischen den Vektoren $\vec{a} = \begin{pmatrix} 3 \\ -1 \\ 2 \end{pmatrix}$ und $\vec{b} = \begin{pmatrix} -1 \\ 2 \\ 1 \end{pmatrix}$.

Lösung

$|\vec{a}| = \sqrt{9+1+4} = \sqrt{14}$, $|\vec{b}| = \sqrt{1+4+1} = \sqrt{6}$, $\vec{a} \cdot \vec{b} = 3 \cdot (-1) + (-1) \cdot 2 + 2 \cdot 1 = -3$.

$\cos(\alpha) = \frac{\vec{a} \cdot \vec{b}}{|\vec{a}| \cdot |\vec{b}|} = \frac{-3}{\sqrt{14} \cdot \sqrt{6}} = \frac{-3}{\sqrt{84}}$; $\alpha = \cos^{-1}\left(\frac{-3}{\sqrt{84}}\right) \approx 109{,}1°$

Beispiel 2 Winkelberechnungen im Dreieck

Gegeben ist das Dreieck ABC mit $A(1|-1|-5)$, $B(3|2|-4)$ und $C(2|-1|-9)$.
Berechnen Sie die Innenwinkel des Dreiecks ABC.

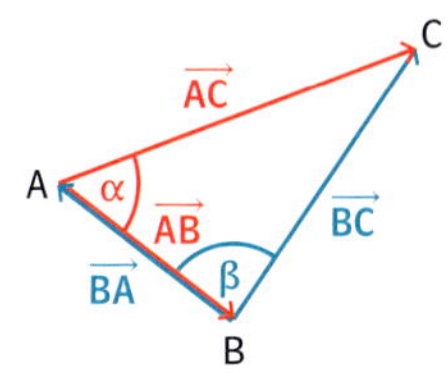

Lösung

Zur Berechnung von α benötigt man $\overrightarrow{AB}$ und $\overrightarrow{AC}$, zur Berechnung von β $\overrightarrow{BC}$ und $\overrightarrow{BA}$.

$\overrightarrow{AB} = \begin{pmatrix} 2 \\ 3 \\ 1 \end{pmatrix}$; $\overrightarrow{BA} = \begin{pmatrix} -2 \\ -3 \\ -1 \end{pmatrix}$; $\overrightarrow{AC} = \begin{pmatrix} 1 \\ 0 \\ -4 \end{pmatrix}$; $\overrightarrow{BC} = \begin{pmatrix} -1 \\ -3 \\ -5 \end{pmatrix}$; $|\overrightarrow{AB}| = |\overrightarrow{BA}| = \sqrt{14}$; $|\overrightarrow{AC}| = \sqrt{17}$; $|\overrightarrow{BC}| = \sqrt{35}$

α: Winkel zwischen $\overrightarrow{AB}$ und $\overrightarrow{AC}$ $\quad \cos(\alpha) = \frac{\overrightarrow{AB} \cdot \overrightarrow{AC}}{|\overrightarrow{AB}| \cdot |\overrightarrow{AC}|} = \frac{2+0-4}{\sqrt{14} \cdot \sqrt{17}} = \frac{-2}{\sqrt{238}}$; $\alpha \approx 97{,}4°$

β: Winkel zwischen $\overrightarrow{BA}$ und $\overrightarrow{BC}$ $\quad \cos(\beta) = \frac{\overrightarrow{BA} \cdot \overrightarrow{BC}}{|\overrightarrow{BA}| \cdot |\overrightarrow{BC}|} = \frac{2+9+5}{\sqrt{14} \cdot \sqrt{35}} = \frac{16}{7 \cdot \sqrt{10}}$; $\beta \approx 43{,}7°$

γ: kann man mithilfe des Winkelsummensatzes berechnen: $\gamma \approx 180° - 97{,}4° - 43{,}7° = 38{,}9°$

Aufgaben

1 Bestimmen Sie den Winkel zwischen den Vektoren $\vec{a}$ und $\vec{b}$.

a) $\vec{a} = \begin{pmatrix} 5 \\ 0 \end{pmatrix}$; $\vec{b} = \begin{pmatrix} 1 \\ 3 \end{pmatrix}$
b) $\vec{a} = \begin{pmatrix} 1 \\ 3 \end{pmatrix}$; $\vec{b} = \begin{pmatrix} 2 \\ 5 \end{pmatrix}$
c) $\vec{a} = \begin{pmatrix} 1 \\ 3 \\ 5 \end{pmatrix}$; $\vec{b} = \begin{pmatrix} 5 \\ 3 \\ 1 \end{pmatrix}$
d) $\vec{a} = \begin{pmatrix} -11 \\ 4 \\ 1 \end{pmatrix}$; $\vec{b} = \begin{pmatrix} 1 \\ 2 \\ 3 \end{pmatrix}$

Lösungen zu Aufgabe 1:
3,4° 71,6° 90° 57,1°

2 Gegeben sind die Vektoren $\vec{a} = \begin{pmatrix} 2 \\ 3 \\ 1 \end{pmatrix}$ und $\vec{b} = \begin{pmatrix} -1 \\ 5 \\ 1 \end{pmatrix}$. Bestimmen Sie jeweils den Winkel zwischen $\vec{a}$ und $\vec{b}$, $-\vec{a}$ und $\vec{b}$, $\vec{a}$ und $-\vec{b}$ sowie $-\vec{a}$ und $-\vec{b}$.

3 Berechnen Sie die Längen der Seiten und die Winkel im Dreieck ABC.
Zeichnen Sie für Teilaufgabe a) und b) das Dreieck und messen Sie nach.

a) $A(2|1)$; $B(5|-1)$; $C(4|3)$
b) $A(1|1)$; $B(9|-2)$; $C(3|8)$
c) $A(5|0|4)$; $B(3|0|0)$; $C(5|4|0)$
d) $A(5|1|5)$; $B(5|5|3)$; $C(3|3|5)$

4 Annika, Ben und Carla wollten die Winkel zwischen den Vektoren $\vec{a} = \begin{pmatrix} 2 \\ 2 \\ -1 \end{pmatrix}$ und $\vec{b} = \begin{pmatrix} 8 \\ 1 \\ -4 \end{pmatrix}$ berechnen. Geben Sie begründet an, welche Fehler ihnen dabei unterlaufen ist.

Annika:
$\cos(\alpha) = \frac{16+2+4}{3+9} = \frac{22}{12}$
Rechner bringt Fehlermeldung.

Ben:
$\cos(\alpha) = \frac{\begin{pmatrix} 16 \\ 2 \\ 4 \end{pmatrix}}{3 \cdot 9} = \frac{\sqrt{256+4+16}}{27} \approx 0{,}62$
$\alpha \approx 52{,}0°$

Carla:
$\cos(\alpha) = \frac{16+2+4}{3 \cdot 9} = \frac{22}{27}$
$\alpha \approx 0{,}62°$

Test Lösung | Seite 297

5 Berechnen Sie die Längen der Seiten und die Größen der Innenwinkel des Dreiecks ABC mit $A(1|2|3)$; $B(5|0|7)$ und $C(-1|-2|0)$.

6 Der Winkel zwischen den Vektoren $\vec{a}$ und $\vec{b}$ ist α. Bestimmen Sie die fehlende Koordinate.

a) $\vec{a} = \begin{pmatrix} 3 \\ 2 \\ a \end{pmatrix}$; $\vec{b} = \begin{pmatrix} 1 \\ -2 \\ 5 \end{pmatrix}$; $\alpha = 90°$ b) $\vec{a} = \begin{pmatrix} 0 \\ 1 \\ 0 \end{pmatrix}$; $\vec{b} = \begin{pmatrix} \sqrt{3} \\ b \\ 0 \end{pmatrix}$; $\alpha = 30°$ c) $\vec{a} = \begin{pmatrix} 0 \\ 0{,}5 \\ 0{,}5 \end{pmatrix}$; $\vec{b} = \begin{pmatrix} 1 \\ 0 \\ c \end{pmatrix}$; $\alpha = 60°$

7 Gegeben sind die Punkte $A(2|-2|-2)$; $B(-2|5{,}5|-2)$; $C(-6|2|4)$ und $D(1|-2|1)$.

a) Zeichnen Sie die Punkte in ein Koordinatensystem. Verbinden Sie dann der Reihe nach die Punkte A, B, C, D und A.

b) Berechnen Sie die Größen der Winkel ∢ BAD, ∢ CBA, ∢ DCB und ∢ ADC sowie die Winkelsumme des Vierecks ABCD. Was fällt Ihnen auf? Erklären Sie Ihre Beobachtung.

8 Rechts ist ein Würfel mit der Kantenlänge 5 dargestellt.

a) Berechnen Sie die Seitenlängen der beiden Dreiecke.

b) Berechnen Sie die Größen der Winkel des roten und des blauen Dreiecks.

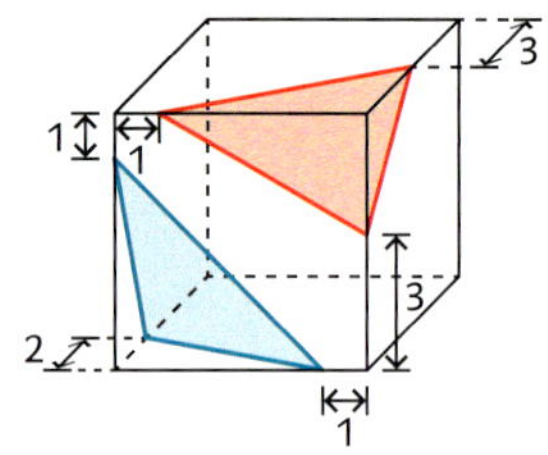

9 Gegeben ist ein gleichseitiges Dreieck ABC mit der Seitenlänge 3 LE. Berechnen Sie $\overrightarrow{AB} \cdot \overrightarrow{AC}$.

Test Lösung | Seite 297

10 Gegeben ist der Würfel in der Abbildung rechts.

a) Bestimmen Sie den Winkel α zwischen der Flächendiagonalen CB und der Raumdiagonalen CA.

b) Berechnen Sie den Winkel β zwischen den Raumdiagonalen CA und OB.

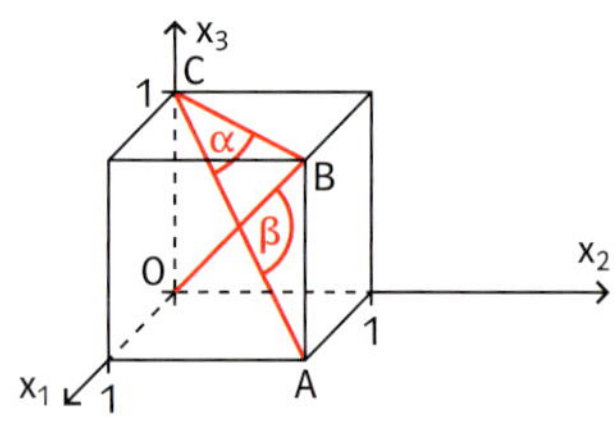

11 Ein Gartenarchitekt hat eine Rasenpyramide anlegen lassen. Die Pyramide hat eine Höhe von 8 Metern und eine quadratische Grundfläche mit Seitenlängen von ca. 45 Metern.

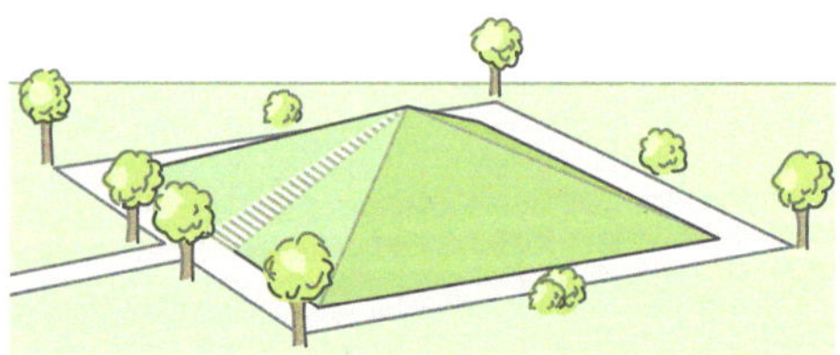

a) Wählen Sie ein geeignetes Koordinatensystem und berechnen Sie den Neigungswinkel einer Kante zur Diagonalen am Boden.

b) Berechnen Sie, wie viel Erde (in m^3) notwendig war, um die Rasenpyramide aufzuschütten.

12 Eine Laterne hat die Form eines senkrechten Pyramidenstumpfes mit einer quadratischen Grundfläche. Es sind die Punkte $A(5|-5|0)$; $B(5|5|0)$; $E(2|-2|15)$ und $G(-2|2|15)$ gegeben (Koordinaten in cm).

a) Berechnen Sie den Neigungswinkel α der Kanten der Laterne (vgl. Fig. 1).

b) Berechnen Sie die Innenwinkel der trapezförmigen Seitenflächen.

c) Berechnen Sie, wie lang die Kanten der Laterne sind und wie hoch die Laterne ist.

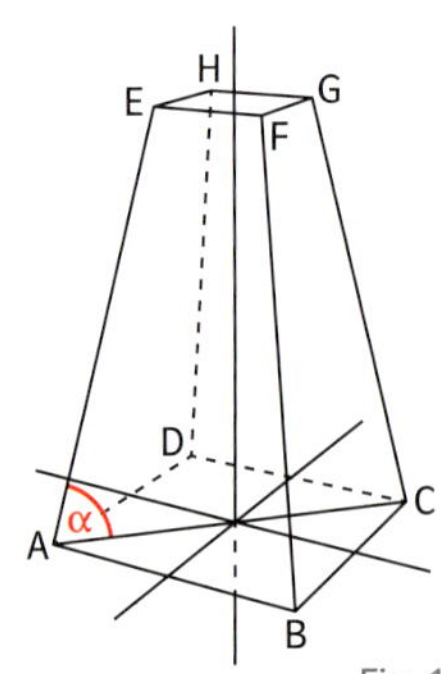

Fig. 1

Grundwissen Test

Grundwissen Seite 257
Lösung | Seite 297

13 Berechnen Sie Oberfläche und Volumen der quadratischen Pyramide mit der Grundseite $a = 5\,cm$ und dem Neigungswinkel $\alpha = 70°$.

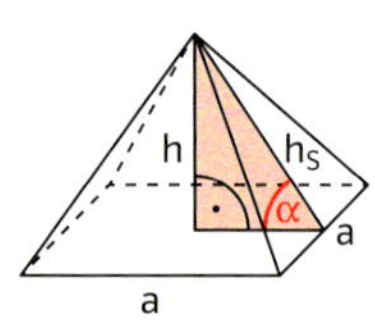

Vektoren in anderen Zusammenhängen

Vektoren als Warenlisten

Bei der Aufstellung von Warenlisten kann die Vektorschreibweise in Spalten sehr hilfreich sein. Eine Möbelfirma stellt Schränke in einem Baukastensystem her. Die Schrankmodelle Schwarzwald, Odenwald und Pfälzerwald haben alle den gleichen Korpus. Lediglich die Anzahlen der großen, mittleren und kleinen Einlageböden und die Anzahlen der gleich großen rechten und linken Türen sind verschieden.

Das Schrankmodell Schwarzwald besteht aus
- drei mittleren Einlegeböden,
- zwei großen Einlegeböden,
- vier kleinen Einlegeböden,
- zwei linken Türen,
- zwei rechten Türen.

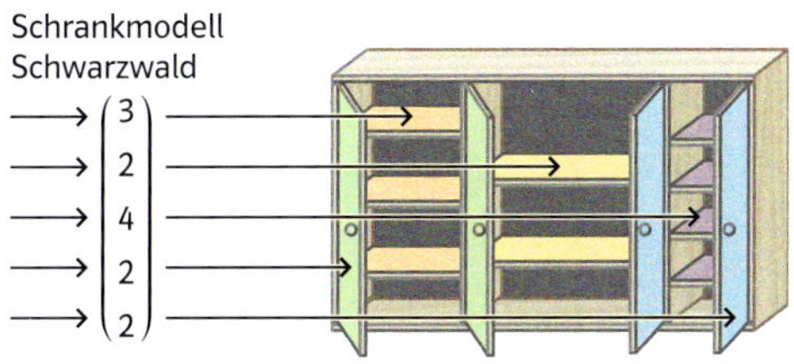

Beim Schrankmodell Odenwald bleibt der mittlere Teil offen, es besteht aus
- zwei mittleren Einlegeböden,
- drei großen Einlegeböden,
- drei kleinen Einlegeböden,
- einer linken Tür,
- einer rechten Tür.

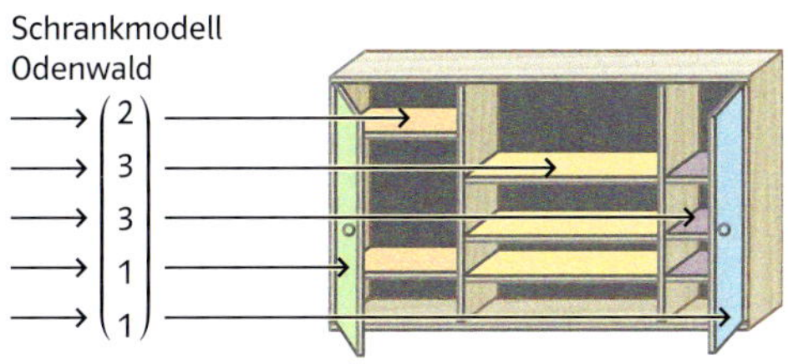

Auch beim Schrankmodell Pfälzerwald bleibt der mittlere Teil offen, es besteht aus
- vier mittleren Einlegeböden,
- einem großen Einlegeboden,
- fünf kleinen Einlegeböden,
- einer linken Tür,
- einer rechten Tür.

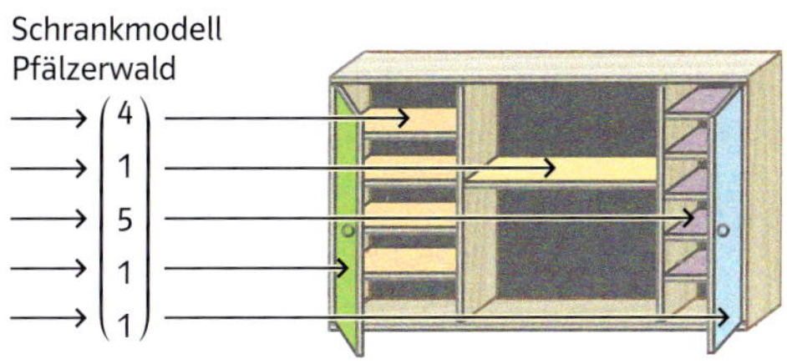

Werden nun sieben Schränke des Modells Schwarzwald, fünf des Modells Odenwald und zwölf des Modells Pfälzerwald bestellt, so kann man die Anzahlen der Einzelteile mithilfe von „Vektoren mit fünf Koordinaten" berechnen.

Es werden insgesamt benötigt:

$$7 \cdot \begin{pmatrix} 3 \\ 2 \\ 4 \\ 2 \\ 2 \end{pmatrix} + 5 \cdot \begin{pmatrix} 2 \\ 3 \\ 3 \\ 1 \\ 1 \end{pmatrix} + 12 \cdot \begin{pmatrix} 4 \\ 1 \\ 5 \\ 1 \\ 1 \end{pmatrix} = \begin{pmatrix} 79 \\ 41 \\ 103 \\ 31 \\ 31 \end{pmatrix}$$

- 79 mittlere Einlegeböden
- 41 große Einlegeböden
- 103 kleine Einlegeböden
- 31 linke Türen
- 31 rechte Türen

1 Am Gymnasium am Kaiserdom haben Schülerinnen und Schüler eine sogenannte Schulfirma gegründet. Diese Firma stellt vier verschieden gestaltete Briefbögen her und verkauft sie in drei Paketen.
Paket 1 enthält zwei Bögen der Sorte I, vier Bögen der Sorte II, drei Bögen der Sorte III und einen Bogen der Sorte IV. Paket 2 enthält drei Bögen der Sorte I, fünf Bögen der Sorte II, einen Bogen der Sorte III und einen Bogen der Sorte IV. Paket 3 enthält einen Bogen der Sorte I, einen Bogen der Sorte II, drei Bögen der Sorte III und fünf Bögen der Sorte IV.
Geben Sie eine Vektorgleichung an, mit der man aufgrund der Anzahlen der bestellten Pakete bestimmen kann, wie viele der einzelnen Bögen man benötigt.

Vektoren in der Physik

In der Physik gibt es zwei verschiedene Arten von Größen: Die **skalaren Größen** und die **vektoriellen Größen**.

Skalare Größen sind zum Bespiel die Masse und die Zeit. Zu ihrer Angabe benötigt man jeweils eine Maßzahl und eine Einheit. Die Angaben 2 kg und 3 h setzen sich aus den Maßzahlen 2 bzw. 3 und den Einheiten kg bzw. h zusammen.

Vektorielle Größen sind zum Beispiel die Kraft und die Geschwindigkeit. Zu ihrer Angabe benötigt man neben einer Maßzahl und einer Einheit auch noch eine Richtung. Man kann sie mithilfe von „Vektorpfeilen" angeben. Legt man einen entsprechenden Maßstab fest (z.B. 1 cm entspricht 5 Newton), so lässt sich aus der Länge des Pfeils die Maßzahl bestimmen.
Die Kräfte, mit der die Hunde ziehen, sind in Fig. 1 durch die Pfeile dargestellt. Ihre Kräfte wirken in verschiedene Richtungen. Der eine Pfeil ist doppelt so lang wie der andere, deshalb zieht der braune Hund mit doppelter Kraft.
Die Geschwindigkeiten der Autos sind in Fig. 1 ebenfalls durch Pfeile dargestellt. Sie fahren in verschiedene Richtungen. Da ihre Pfeile gleich lang sind, fahren sie gleich schnell.

Fig. 1

Vektorielle Größen addiert man genau so wie die Vektoren, die wir aus der Geometrie kennen.

Das Flugzeug in Fig. 2 hat bei Windstille relativ zur Erde die Geschwindigkeit $\vec{v_1}$. Würde das Flugzeug nur – wie z.B. ein Heißluftballon – durch den Wind bewegt, so hätte es relativ zur Erde die Geschwindigkeit $\vec{v_2}$. Beide Geschwindigkeiten ergeben zusammen die Geschwindigkeit, mit der sich das Flugzeug tatsächlich relativ zur Erde bewegt.

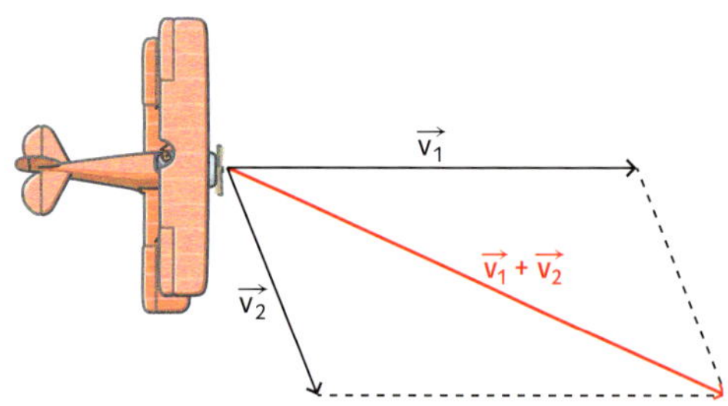

Fig. 2

2 Der braune Hund, der den Mann in Fig. 3 nach links zieht, zieht mit einer Kraft von 400 N. Der weiße Hund, der den Mann nach rechts zieht, zieht mit der Kraft von 300 N. Berechnen Sie, in welche Richtung und mit welcher Kraft der Mann insgesamt gezogen wird.

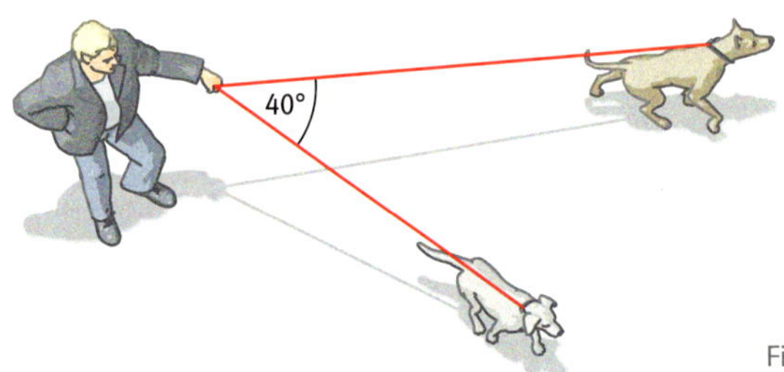

Fig. 3

3 Bei Karlsruhe betrachtet ein Fußgänger den Bootsverkehr. Das Ruderboot A, das auf stehendem Gewässer mit einer Geschwindigkeit von $10\,\frac{km}{h}$ bewegt wird, wird jetzt genau in Fließrichtung bewegt und fährt an ihm mit einer Geschwindigkeit von $17\,\frac{km}{h}$ vorbei. Ein Motorboot B fährt sonst auf stehendem Gewässer mit einer Geschwindigkeit von $15\,\frac{km}{h}$. Jetzt fährt es genau gegen die Fließrichtung und passiert ihn mit $8\,\frac{km}{h}$. Das Schlauchboot C wird im stehenden Gewässer mit $5\,\frac{km}{h}$ vorwärtsbewegt. Nun fährt es in einem Winkel von 45° mit der Fließrichtung und passiert den Beobachter mit $10{,}53\,\frac{km}{h}$.
Bestimmen Sie jeweils die Fließgeschwindigkeit des Rheins und erläutern Sie Ihr Vorgehen.

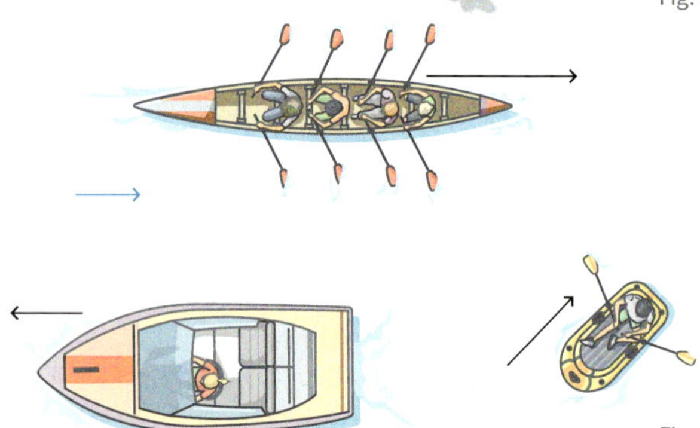

Fig. 4

1 a) In welcher Koordinatenebene liegt der Punkt $A(2|1|0)$?
b) In welcher Koordinatenebene liegt der Punkt $B(2|0|0)$?
c) Geben Sie drei Punkte an, die in der x_1x_2-Ebene liegen.
d) Geben Sie drei Punkte an, die auf der x_1-Achse liegen.

2 Zeichnen Sie das Dreieck ABC mit den Eckpunkten $A(1|4|2)$; $B(-1|-2|3)$ und $C(3|2|-2)$ in ein Koordinatensystem. Projizieren Sie die Eckpunktes dieses Dreieck in alle drei Koordinatenebenen und geben Sie die neuen Koordinaten an.

3 Bestimmen Sie den Mittelpunkt der Strecke AB mithilfe von Vektoren.
a) $A(3|2|5)$; $B(5|2|3)$
b) $A(2|1|-2)$; $B(-5|1|9)$
c) $A(0|0|2)$; $B(-2|0|0)$
d) $A(1|-1|1)$; $B(5|5|5)$

4 Welche der Vektoren sind zueinander orthogonal, welche kollinear?
$\vec{a} = \begin{pmatrix} 1 \\ -1 \\ 3 \end{pmatrix}$ $\vec{b} = \begin{pmatrix} 1 \\ 4 \\ 1 \end{pmatrix}$ $\vec{c} = \begin{pmatrix} -6 \\ 1 \\ 2 \end{pmatrix}$ $\vec{d} = \begin{pmatrix} 4 \\ -4 \\ 12 \end{pmatrix}$ $\vec{e} = \begin{pmatrix} -0{,}5 \\ -2 \\ -0{,}5 \end{pmatrix}$ $\vec{f} = \begin{pmatrix} -1 \\ 1 \\ -3 \end{pmatrix}$

5 Gegeben sind die Punkte A, B, C, D und S. Zeichnen Sie die Pyramide mit der Grundfläche ABCD und der Spitze S.
a) $A(1|2|3)$; $B(5|0|-1)$; $C(3|4|-5)$; $D(-1|6|-1)$; $S(6|7|1)$
b) $A(6|4|0)$; $B(1|4|0)$; $C(1|1|4)$; $D(6|1|4)$; $S(3{,}5|6{,}5|5)$

6 Bestimmen Sie die Koordinaten der Punkte.

a)

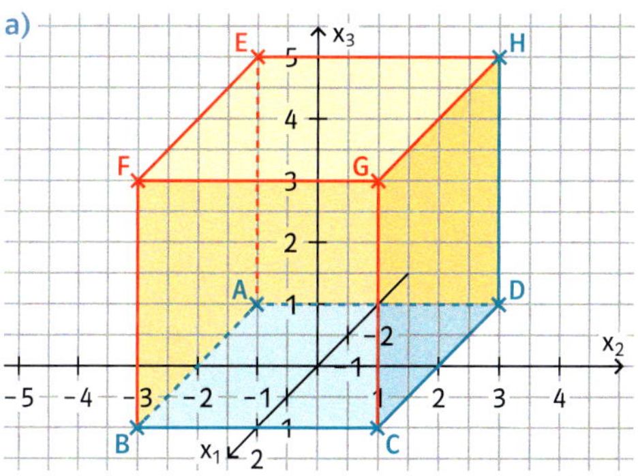

b)

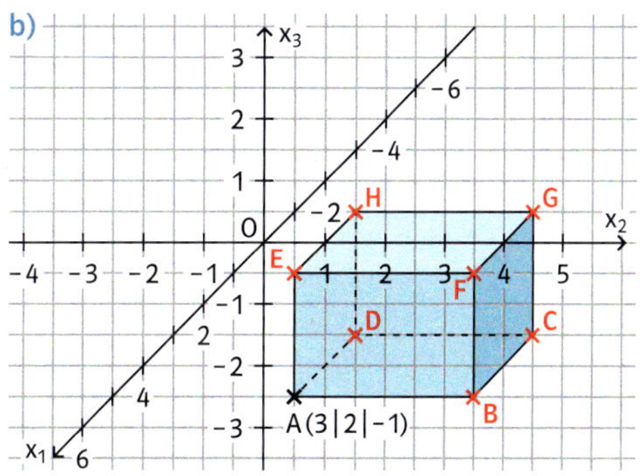

7 Bei einem geraden dreiseitigen Prisma ABCDEF sind A, B und C die Ecken der Grundfläche. Die Höhe des Prismas beträgt 5. Bestimmen Sie die Koordinaten der Punkte D, E und F für
a) $A(2|0|3)$; $B(6|2|3)$; $C(3|3|3)$,
b) $A(2|0|3)$; $B(1|0|7)$; $C(-7|0|3)$.

Skizzen zu Aufgabe 7:

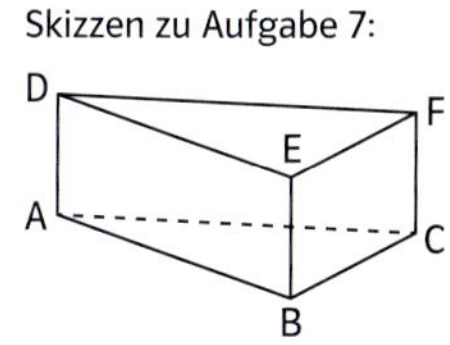

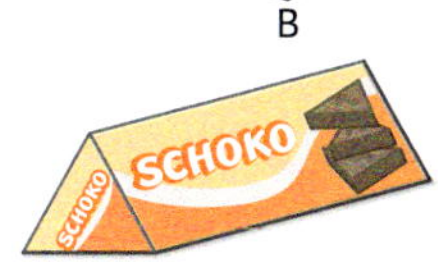

8 Verdeutlichen Sie die Rechnung mithilfe einer Zeichnung wie in Fig. 1.
a) $2 \cdot \begin{pmatrix} 1 \\ 2 \end{pmatrix} + 3 \cdot \begin{pmatrix} 2 \\ 0 \end{pmatrix}$
b) $3 \cdot \begin{pmatrix} -1 \\ -2 \end{pmatrix} + 2 \cdot \begin{pmatrix} 1 \\ -3 \end{pmatrix}$
c) $\frac{3}{2} \cdot \begin{pmatrix} 4 \\ 3 \end{pmatrix} + \frac{1}{2} \cdot \begin{pmatrix} 6 \\ 5 \end{pmatrix}$
d) $-\begin{pmatrix} 4 \\ 5 \end{pmatrix} + 4 \cdot \begin{pmatrix} 1 \\ 2 \end{pmatrix}$
e) $4 \cdot \begin{pmatrix} 1 \\ 1 \end{pmatrix} - 2 \cdot \begin{pmatrix} 1 \\ 3 \end{pmatrix}$
f) $0{,}5 \cdot \begin{pmatrix} 3 \\ 7 \end{pmatrix} - 1{,}5 \cdot \begin{pmatrix} 9 \\ 2 \end{pmatrix}$

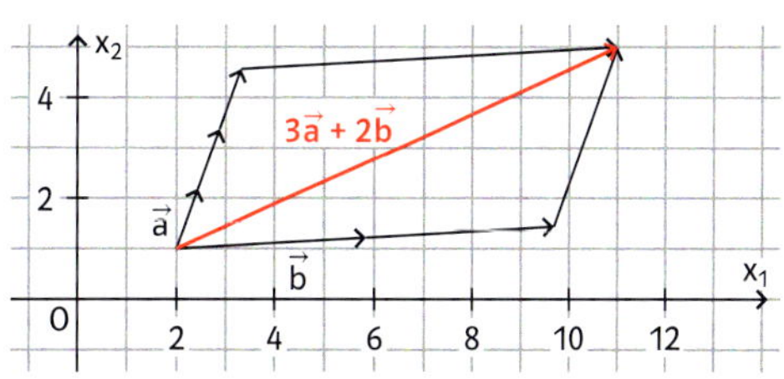

Fig. 1

9 Die Punkte $P(2|3|1)$; $Q(-3|1|4)$ und $R(-2|-2|-1)$ sind die Eckpunkte eines Dreiecks. Dieses Dreieck wird um den Vektor $\vec{v} = \begin{pmatrix} 3 \\ -4 \\ -1 \end{pmatrix}$ verschoben. Berechnen Sie die neuen Koordinaten der Eckpunkte.

10 Berechnen Sie die Innenwinkel des Dreiecks ABC und die Längen der drei Seitenhalbierenden mit
a) $A(4|2|-1)$; $B(10|-8|9)$; $C(4|0|1)$,
b) $A(1|2|-1)$; $B(-1|10|15)$; $C(9|6|-5)$.

11 Überprüfen Sie, ob das Dreieck gleichschenklig und rechtwinklig ist. Bestimmen Sie in diesen Fällen D so, dass die Punkte A, B, C und D ein Quadrat bilden.
a) $A(4|-4|0)$; $B(4|4|0)$; $C(-4|4|0)$
b) $A(1|2|3)$; $B(4|2|7)$; $C(5|2|0)$
c) $A(2|1|1)$; $B(3|0|5)$; $C(1|-1|3)$
d) $A(7|6|2)$; $B(3|-2|1)$; $C(10|-6|5)$

12 Gegeben sind die Punkte $A(3|-3|0)$; $B(3|3|0)$; $C(-3|3|0)$ und $S(0|0|4)$.
a) Weisen Sie nach, dass das Dreieck ABC einen rechten Winkel hat.
b) Bestimmen Sie die Koordinaten des Punktes D so, dass das Viereck ABCD ein Quadrat ist.
c) Die Punkte A, B, C und D sind die Ecken, der Punkt S ist die Spitze einer quadratischen Pyramide. Zeichnen Sie diese Pyramide in ein räumliches Koordinatensystem und berechnen Sie ihr Volumen.

13 Spiegelt man den Punkt A am Punkt Z, so erhält man den Punkt A'. Bestimmen Sie die Koordinaten des fehlenden Punktes.
a) $A(1|2)$; $Z(4|4)$
b) $A(-1|5)$; $A'(3|1)$
c) $Z(2|-3)$; $A'(4|1)$

14 Gegeben sind die Punkte $A(2|8|-3)$; $B(16|1|4)$; $P(10|4|1)$ und $Q(5|6{,}5|-1)$.
a) Prüfen Sie, ob P auf der Strecke AB liegt.
b) Prüfen Sie, ob BPQ ein Dreieck ist.

15 Gegeben sind die Punkte $A(1|1)$; $B(6|2)$; $C(2|9)$. Berechnen Sie die Koordinaten des Schwerpunkts (= Schnittpunkt der Seitenhalbierenden) des Dreiecks. Benutzen Sie hierbei, dass der Schwerpunkt jede Seitenhalbierende im Verhältnis 2 : 1 teilt (Fig. 1).

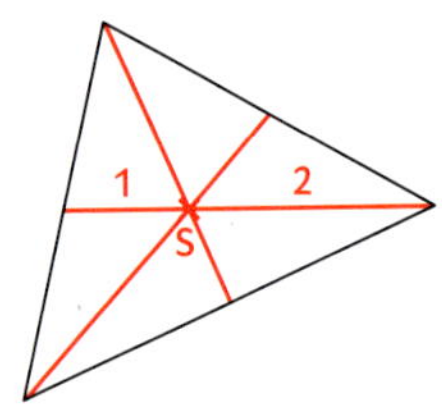

Fig. 1

16 Fig. 2 zeigt einen Würfel und ein einbeschriebenes Oktaeder. Die Ecken des Oktaeders sind die Schnittpunkte der Diagonalen der Seitenflächen des Würfels. Stellen Sie die Vektoren $\vec{a}$, $\vec{b}$ und $\vec{c}$ jeweils als Linearkombination der Vektoren $\vec{u}$, $\vec{v}$ und $\vec{w}$ dar.

17 Fig. 3 zeigt ein Oktaeder, dem ein Würfel einbeschrieben wurde. Die Ecken des Würfels sind die Schnittpunkte der Seitenhalbierenden der Dreiecksseiten des Oktaeders. Stellen Sie die Vektoren $\vec{u}$, $\vec{v}$ und $\vec{w}$ jeweils als Linearkombination der Vektoren $\vec{a}$, $\vec{b}$ und $\vec{c}$ dar.

zu Aufgabe 17:
Die Seitenhalbierenden eines Dreiecks schneiden sich im Verhältnis 2 : 1.

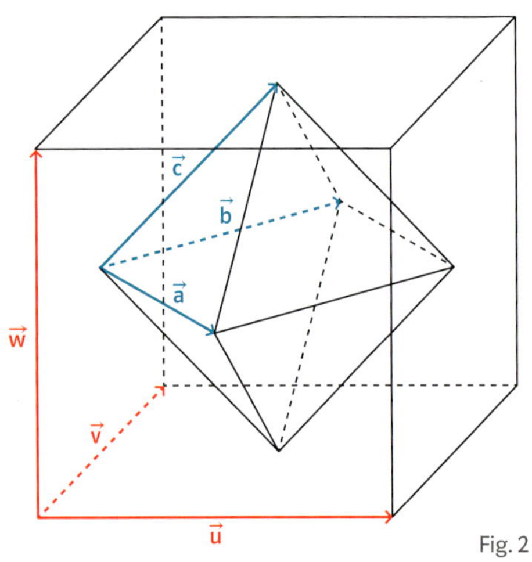

Fig. 2

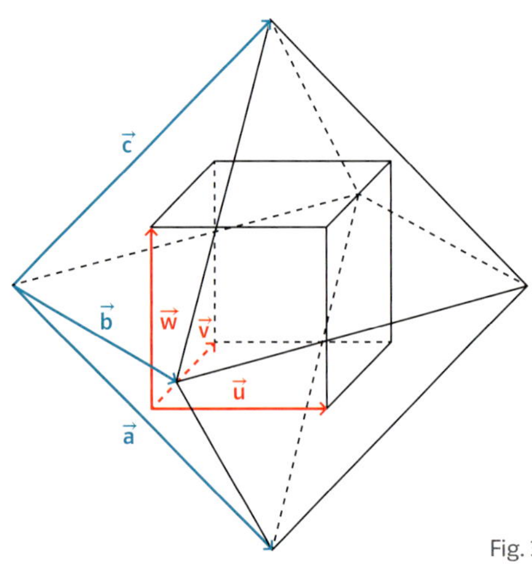

Fig. 3

18 Gegeben ist die quadratische Pyramide mit der Grundfläche ABCD und der Spitze S durch $A(3|-3|1)$; $B(3|3|1)$; $C(-3|3|1)$ und $S(0|0|5)$.
a) Berechnen Sie die Koordinaten des Punktes D.
b) Zeichnen Sie die Pyramide in ein räumliches Koordinatensystem.
c) Berechnen Sie die Länge der Seitenkanten sowie das Volumen der Pyramide.

19 Gegeben sind die Punkte $Q(5|-1|4)$ und $R(-2|0|2)$. Berechnen Sie die Koordinaten der Bildpunkte nach einer Spiegelung
a) am Ursprung, b) an der x_2x_3-Ebene, c) der x_2-Achse.

20 Gegeben sind die Punkte $A(3|-2|1)$ und $B(21|-17|25)$.
a) Bestimmen Sie die Koordinaten der Punkte R, S und T, welche die Strecke AB in vier gleich lange Teile teilen.
b) Bestimmen Sie die Koordinaten der Punkte P und Q, welche die Strecke AB in drei gleich lange Teile teilen.

21 In einem Dreieck ABC sind die Punkte M_a, M_b und M_c die Mittelpunkte der Dreiecksseiten. Bestimmen Sie die Koordinaten der Punkte M_a, M_b und M_c sowie die Summe der Vektoren $\overrightarrow{AM_a}$; $\overrightarrow{BM_b}$ und $\overrightarrow{CM_c}$.
a) Das Dreieck hat die Eckpunkte $A(1|3)$; $B(4|2)$ und $C(2|5)$.
b) Das Dreieck hat die Eckpunkte $A(1|1|1)$; $B(1|1|2)$ und $C(3|5|4)$.
c) Zeigen Sie, dass in jedem Dreieck die Summe der Vektoren $\overrightarrow{AM_a}$; $\overrightarrow{BM_b}$ und $\overrightarrow{CM_c}$ immer den Nullvektor ergibt.

Skizze

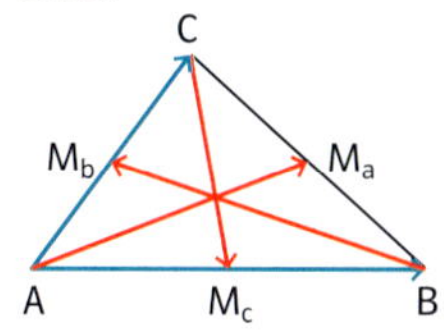

22 a) Gegeben sind die Punkte $A(2|3|1)$; $B(-2|7|3)$; $C(-2|3|-1)$ und $D(-4|1|5)$. Bestimmen Sie die Seitenmitten des Vierecks ABCD und zeigen Sie, dass diese die Ecken eines Parallelogramms bilden.
b) Zeichnen Sie ein beliebiges Viereck auf ein Blatt Papier und verbinden Sie die Seitenmitten zu einem weiteren Viereck. Was fällt Ihnen auf?
c) Zeigen Sie allgemein, dass die Seitenmitten eines Vierecks ABCD ein Parallelogramm bilden. Muss es dazu ein ebenes Viereck sein?

Strategie | Seite 222
5. Vorwärtsarbeiten

Test

Kopiervorlage
Check-out
b8z5k9

23 Beschreiben Sie die Lage dreier Punkte A, B und C, wenn $|\overrightarrow{AC}| = |\overrightarrow{AB}| + |\overrightarrow{BC}|$ gilt.

24 Im Diamantgitter ordnen sich die vier Nachbaratome eines Kohlenstoffatoms in Form eines (regelmäßigen) Tetraeders an, dessen Mittelpunkt das Kohlestoffatom ist.
a) Zeigen Sie, dass die Ecken A, C, D und F des Würfels ein Tetraeder bilden und vom Mittelpunkt M des Würfels alle denselben Abstand haben. Die Kantenlänge ist 2.
b) Zeigen Sie, dass je zwei gegenüberliegende Kanten des Tetraeders orthogonal sind.
c) Berechnen Sie den Bindungswinkel des Diamantgitters, d.h. den Winkel φ, den die Verbindungen eines Kohlenstoffatoms zu zwei benachbarten Atomen einschließen.

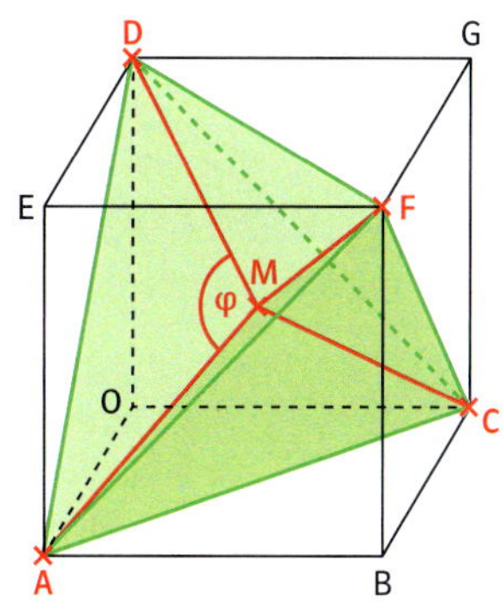

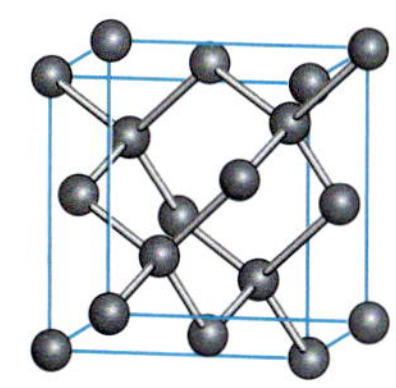

Diamantgitter

25 Beweisen Sie anhand von Fig. 1 den Satz des Thales:
Liegt der Punkt B auf dem Halbkreis über dem Durchmesser A'A, so hat das Dreieck A'AB bei B einen rechten Winkel.

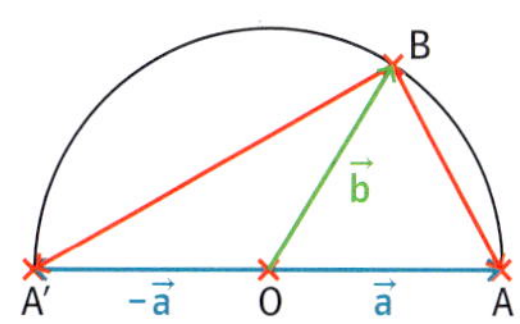

Fig. 1

Strategie | Seite 224
7. Invarianzprinzip
Strategie | Seite 226
8. Symmetrieprinzip

VI Vektoren

Punkte und Vektoren im räumlichen Koordinatensystem

Die Lage von Punkten im Raum gibt man durch ihre drei Koordinaten an: $P(p_1|p_2|p_3)$ bzw. $Q(q_1|q_2|q_3)$.

Der Vektor $\vec{p} = \overrightarrow{OP} = \begin{pmatrix} p_1 \\ p_2 \\ p_3 \end{pmatrix}$ heißt **Ortsvektor** des Punktes $P(p_1|p_2|p_3)$.

Für den **Verbindungsvektor** von P nach Q gilt:

$\overrightarrow{PQ} = \overrightarrow{OQ} - \overrightarrow{OP} = \vec{q} - \vec{p} = \begin{pmatrix} q_1 - p_1 \\ q_2 - p_2 \\ q_3 - p_3 \end{pmatrix}$.

Der **Gegenvektor** $-\vec{p}$ zu einem Vektor $\vec{p}$ ist $-\vec{p} = \begin{pmatrix} -p_1 \\ -p_2 \\ -p_3 \end{pmatrix}$. Er verläuft in die zu $\vec{p}$ entgegengesetzte Richtung.

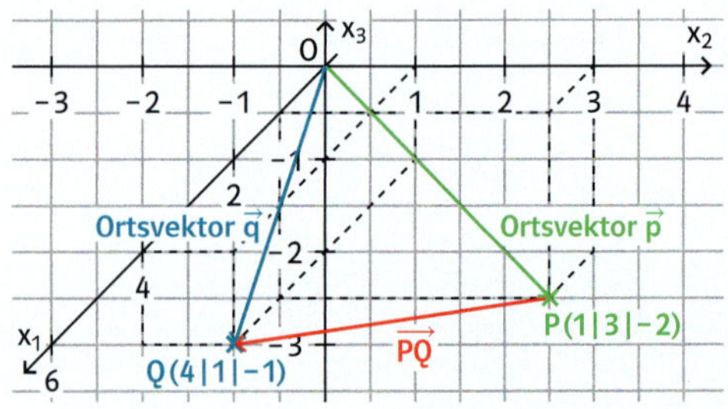

Ortsvektor $\vec{p} = \begin{pmatrix} 1 \\ 3 \\ -2 \end{pmatrix}$, Gegenvektor $-\vec{p} = \begin{pmatrix} -1 \\ -3 \\ 2 \end{pmatrix}$

Verbindungsvektor von P nach Q:

$\overrightarrow{PQ} = \overrightarrow{OQ} - \overrightarrow{OP} = \vec{q} - \vec{p} = \begin{pmatrix} 4-1 \\ 1-3 \\ -1-(-2) \end{pmatrix} = \begin{pmatrix} 3 \\ -2 \\ 1 \end{pmatrix}$

Betrag eines Vektors $\vec{a}$, Einheitsvektor

Der Betrag des Vektors $\vec{a} = \begin{pmatrix} a_1 \\ a_2 \\ a_3 \end{pmatrix}$ ist $|\vec{a}| = \sqrt{a_1^2 + a_2^2 + a_3^2}$.

Ist $\vec{a} \neq \vec{o}$, so heißt $\vec{a_0} = \frac{1}{|\vec{a}|} \cdot \vec{a}$ **Einheitsvektor** von $\vec{a}$. Es gilt: $|\vec{a_0}| = 1$.

$\vec{a} = \begin{pmatrix} 3 \\ 2 \\ 6 \end{pmatrix}$; $|\vec{a}| = \sqrt{3^2 + 2^2 + 6^2} = \sqrt{49} = 7$

$\vec{a_0} = \frac{1}{7} \cdot \begin{pmatrix} 3 \\ 2 \\ 6 \end{pmatrix}$

Abstand zweier Punkte

Abstand zweier Punkte $P(p_1|p_2|p_3)$ und $Q(q_1|q_2|q_3)$:

$PQ = |\overrightarrow{PQ}| = \sqrt{(q_1 - p_1)^2 + (q_2 - p_2)^2 + (q_3 - p_3)^2}$

$P(2|2|-1)$; $Q(0|-2|2)$

$PQ = |\overrightarrow{PQ}| = \sqrt{(-2)^2 + (-4)^2 + 3^2} = \sqrt{29}$

Mittelpunkt einer Strecke

Der Mittelpunkt M von PQ hat die Koordinaten $M\left(\frac{p_1 + q_1}{2} \middle| \frac{p_2 + q_2}{2} \middle| \frac{p_3 + q_3}{2}\right)$.

Berechnung mit Vektoren: $\vec{m} = \frac{1}{2}(\vec{p} + \vec{q})$

$M\left(\frac{2+0}{2} \middle| \frac{2-2}{2} \middle| \frac{-1+2}{2}\right)$, also $M\left(1 \middle| 0 \middle| \frac{1}{2}\right)$.

$\vec{m} = \frac{1}{2} \cdot \left(\begin{pmatrix} 2 \\ 2 \\ -1 \end{pmatrix} + \begin{pmatrix} 0 \\ -2 \\ 2 \end{pmatrix}\right) = \frac{1}{2} \cdot \begin{pmatrix} 2 \\ 0 \\ 1 \end{pmatrix} = \begin{pmatrix} 1 \\ 0 \\ \frac{1}{2} \end{pmatrix}$

Rechnen mit Vektoren

Addition von Vektoren

$\begin{pmatrix} a_1 \\ a_2 \\ a_3 \end{pmatrix} + \begin{pmatrix} b_1 \\ b_2 \\ b_3 \end{pmatrix} = \begin{pmatrix} a_1 + b_1 \\ a_2 + b_2 \\ a_3 + b_3 \end{pmatrix}$

Multiplikation mit einer Zahl

$r \cdot \begin{pmatrix} a_1 \\ a_2 \\ a_3 \end{pmatrix} = \begin{pmatrix} r \cdot a_1 \\ r \cdot a_2 \\ r \cdot a_3 \end{pmatrix}$

Gilt für Vektoren $\vec{u}$ und $\vec{v}$, dass $r \cdot \vec{u} = \vec{v}$, dann heißen die beiden Vektoren $\vec{u}$ und $\vec{v}$ **kollinear**, die dazugehörenden Pfeile sind parallel.

$\vec{a} = \begin{pmatrix} 1 \\ 1 \\ 2 \end{pmatrix}$; $\vec{b} = \begin{pmatrix} -2 \\ 3 \\ 5 \end{pmatrix}$

$\vec{a} + \vec{b} = \begin{pmatrix} 1 + (-2) \\ 1 + 3 \\ 2 + 5 \end{pmatrix} = \begin{pmatrix} -1 \\ 4 \\ 7 \end{pmatrix}$, $3 \cdot \vec{a} = \begin{pmatrix} 3 \\ 3 \\ 6 \end{pmatrix}$

$\vec{v} = \begin{pmatrix} 3 \\ -4{,}5 \\ -7{,}5 \end{pmatrix} = -1{,}5 \cdot \vec{b}$

$\vec{v}$ und $\vec{b}$ sind kollinear, ihre Pfeile sind parallel.

Skalarprodukt, zueinander orthogonale Vektoren

Das Skalarprodukt der Vektoren $\vec{a} = \begin{pmatrix} a_1 \\ a_2 \\ a_3 \end{pmatrix}$ und $\vec{b} = \begin{pmatrix} b_1 \\ b_2 \\ b_3 \end{pmatrix}$ berechnet man: $\vec{a} \cdot \vec{b} = a_1 b_1 + a_2 b_2 + a_3 b_3$.

$\vec{a}$ und $\vec{b}$ sind genau dann zueinander orthogonal, wenn $\vec{a} \cdot \vec{b} = 0$ ist.

$\vec{a} = \begin{pmatrix} 3 \\ -2 \\ 1 \end{pmatrix}$, $\vec{b} = \begin{pmatrix} 1 \\ 4 \\ 5 \end{pmatrix}$, $\vec{c} = \begin{pmatrix} -3 \\ 1 \\ 2 \end{pmatrix}$

$\vec{a} \cdot \vec{b} = 3 \cdot 1 + (-2) \cdot 4 + 1 \cdot 5 = 0$, also $\vec{a} \perp \vec{b}$.

Winkel zwischen Vektoren

Für den Winkel α zwischen den Vektoren $\vec{a}$ und $\vec{b}$ gilt $\cos(\alpha) = \frac{\vec{a} \cdot \vec{b}}{|\vec{a}| \cdot |\vec{b}|}$.

Winkel zwischen $\vec{a}$ und $\vec{c}$:

$\cos(\alpha) = \frac{\begin{pmatrix} 3 \\ -2 \\ 1 \end{pmatrix} \cdot \begin{pmatrix} -3 \\ 1 \\ 2 \end{pmatrix}}{\sqrt{14} \cdot \sqrt{14}} = \frac{-9}{14}$,

also $\alpha \approx 130°$.

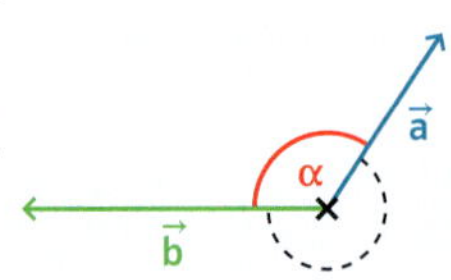

Runde 1

Lösungen | Seite 298

1 Berechnen Sie.

a) $\frac{1}{3} \cdot \begin{pmatrix} 1 \\ 9 \\ 12 \end{pmatrix} + 4 \cdot \begin{pmatrix} \frac{1}{6} \\ -1 \\ 1 \end{pmatrix}$ b) $2 \cdot \begin{pmatrix} 12 \\ -8 \\ -2 \end{pmatrix} - (-1) \cdot \begin{pmatrix} -2 \\ -2 \\ -4 \end{pmatrix}$ c) $-0{,}2 \cdot \begin{pmatrix} 10 \\ 15 \\ 20 \end{pmatrix} + \frac{1}{7} \cdot \begin{pmatrix} -49 \\ -77 \\ 14 \end{pmatrix}$

2 Geben Sie die Koordinaten eines Punktes an, der
a) nicht in der x_2x_3-Ebene liegt,
b) in der x_2x_3-Ebene und in der x_1x_3-Ebene liegt,
c) weder in der x_2x_3-Ebene noch in der x_1x_3-Ebene liegt,
d) in der x_2x_3-Ebene und in der x_1x_3-Ebene, jedoch nicht in der x_1x_2-Ebene liegt.

3 Gegeben sind die Punkte $A(3|4|-3)$ und $B(5|1|3)$.
a) Berechnen Sie den Abstand der Punkte A und B.
b) Bestimmen Sie den Mittelpunkt M der Strecke AB.

4 Der Koordinatenursprung O und die Punkte $A(7|3|0)$ und $B(0|3|0)$ sind Ecken der Grundfläche einer dreiseitigen Pyramide. Der Punkt $S(0|0|7)$ ist die Spitze der Pyramide.
Zeichnen Sie die Pyramide und bestimmen Sie das Volumen der Pyramide.

Runde 2

1 Berechnen Sie zu den Vektoren $\vec{a} = \begin{pmatrix} 1 \\ 0 \\ 1 \end{pmatrix}$; $\vec{b} = \begin{pmatrix} -2 \\ 5 \\ 6 \end{pmatrix}$ und $\vec{c} = \begin{pmatrix} 1 \\ 2 \\ 3 \end{pmatrix}$ die Linearkombination

a) $2\vec{a} - 3\vec{b}$, b) $3 \cdot (\vec{a} + \vec{c})$, c) $\frac{1}{2}\vec{b} + \frac{1}{3}\vec{a} - \frac{1}{6}\vec{c}$.

2 Zu dem Vektor $\overrightarrow{AB}$ mit $A(1|2|3)$ und $B(5|-1|-7)$ und dem Vektor $\overrightarrow{CD}$ gehören dieselben Pfeile.
Bestimmen Sie die Koordinaten des Punktes C für
a) $D(0|0|0)$, b) $D(-2|-3|-4)$, c) $D\left(117\left|-0{,}5\right|\frac{3}{8}\right)$.

3 Fig. 1 zeigt ein regelmäßiges Sechseck, in das Pfeile von Vektoren eingezeichnet sind.
a) Drücken Sie die Vektoren $\vec{c}$, $\vec{d}$ und $\vec{e}$ jeweils durch die Vektoren $\vec{a}$ und $\vec{b}$ aus.
b) Drücken Sie die Vektoren $\vec{a}$, $\vec{b}$ und $\vec{c}$ jeweils durch die Vektoren $\vec{d}$ und $\vec{e}$ aus.

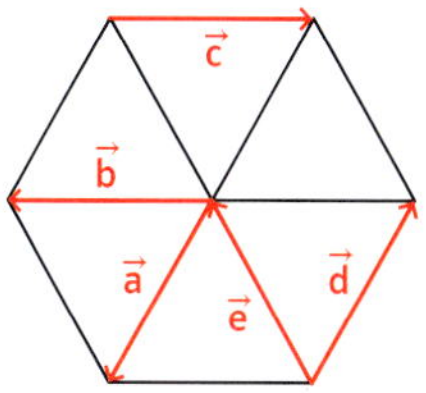

Fig. 1

4 Gegeben sind die Vektoren $\vec{a}$ und $\vec{b}$:

(1) $\vec{a} = \begin{pmatrix} 1 \\ 3 \\ -2 \end{pmatrix}$; $\vec{b} = \begin{pmatrix} 3 \\ -5 \\ r \end{pmatrix}$ (2) $\vec{a} = \begin{pmatrix} r \\ -4 \\ 7 \end{pmatrix}$; $\vec{b} = \begin{pmatrix} 2 \\ 1-r \\ -2 \end{pmatrix}$ (3) $\vec{a} = \begin{pmatrix} 5 \\ 0 \\ r \end{pmatrix}$; $\vec{b} = \begin{pmatrix} r \\ 17 \\ 1+2r \end{pmatrix}$

a) Bestimmen Sie alle Zahlen r so, dass die Vektoren $\vec{a}$ und $\vec{b}$ zueinander orthogonal sind.
b) Berechnen Sie für $r = 5$ den Winkel zwischen den Vektoren.

5 Gegeben ist der Quader ABCDEFGH von Fig. 2 mit $D(0|0|0)$ und $F(6|4|2)$. Bestimmen Sie die Abstände des Schnittpunktes S der Raumdiagonalen von den Kantenmitten des Quaders.

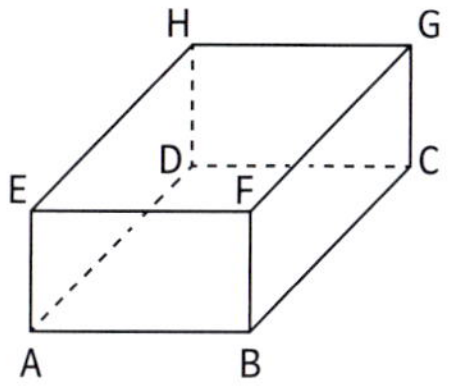

Fig. 2

Für das Lösen von Aufgaben, bei denen man den Lösungsweg nicht unmittelbar erkennt, sogenannten **Problemlöseaufgaben**, werden im Folgenden verschiedene Hilfsmittel und Strategien vorgestellt. Oft sind zum Lösen einer Aufgabe mehrere dieser Strategien oder auch Mischformen notwendig. Bei den erläuternden Beispielen und Aufgaben bildet die jeweilige Strategie den Schwerpunkt des Problemlöseprozesses.

1. Veranschaulichung durch Skizze/Zeichnung

Bei vielen Aufgabenstellungen, insbesondere in der Geometrie, ist es hilfreich, sich den Sachverhalt zunächst mit einer Zeichnung oder Skizze zu veranschaulichen. Hieraus lassen sich dann oft algebraische Ansätze ableiten.

Beispiel: Altersrätsel

Eine Mutter ist jetzt 5-mal so alt wie ihr Sohn. In 7 Jahren wird sie nur noch 3-mal so alt sein wie ihr Sohn. Wie alt war die Mutter bei der Geburt ihres Sohnes?

Lösung:

Es bietet sich hier an, sich den Sachverhalt an einem Zeitstrahl zu veranschaulichen (x = Alter des Sohnes, y = Alter der Mutter):

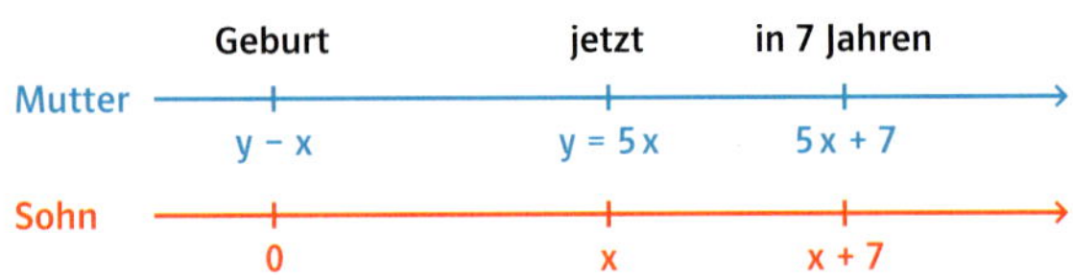

Wenn die Mutter in 7 Jahren 3-mal so alt sein wird wie der Sohn, muss also gelten:
$5x + 7 = 3 \cdot (x + 7)$, d.h. $5x + 7 = 3x + 21$ und damit $x = 7$.
Der Sohn ist also jetzt 7, die Mutter 35 Jahre alt. Bei der Geburt des Sohnes war die Mutter 28 Jahre alt.

Aufgabe: Wohltätigkeitslauf

Beim Wohltätigkeitslauf „Wings for Life World Run" (www.wingsforlifeworldrun.com) gibt es zwar eine Startlinie, aber keine Ziellinie. Es starten alle Läufer gleichzeitig (sogar in mehreren Orten auf der Welt). Statt auf der Ziellinie endet der Lauf für die einzelnen Teilnehmer, wenn sie vom sogenannten Catcher-Car eingeholt werden. Dieses Auto startet genau 30 Minuten nach den Läufern und fährt ihnen zunächst mit einer konstanten Geschwindigkeit von 14 km/h hinterher. Jeweils nach 30 Minuten erhöht das Auto seine Geschwindigkeit gemäß folgender Tabelle:

Zeit (in min)	0–30	30–60	60–90	90–120	120–150	150–180	180–210	210–240	240–270
Geschw. (in km/h)	0	14	15	16	17	18	22	26	30

a) Lena legt, wenn sie gleichmäßig läuft, in einer Stunde 9 km zurück, Tim schafft 12 km in einer Stunde. Wann und wo werden sie jeweils vom Catcher-Car eingeholt?

b) Sven ist Marathonläufer und möchte mindestens drei Stunden durchhalten. Wie groß muss seine Durchschnittsgeschwindigkeit sein, wenn er vom Catcher-Car mit einer Geschwindigkeit von 22 km/h eingeholt wird?

Vorkommen der Strategie im Buch: Seiten 22, 36, 166, 177, 198, 203, 204

2. Systematisches Probieren

Bei vielen Aufgaben soll mit einem unbekannten Startwert durch unterschiedliche Vorgaben ein bestimmter Endwert erreicht werden. Dabei ist der zu bestimmende Startwert oftmals nicht durch einfache Überlegungen zu bestimmen. In diesem Fall bietet es sich an, diesen Wert durch systematisches Probieren zu bestimmen. Man wählt also einen beliebigen Startwert und vergleicht das Ergebnis mit dem zu erreichenden Endwert. Je nachdem, wie der Vergleich ausfällt, korrigiert man den Startwert nach oben oder unten und wiederholt diesen Vorgang so lange, bis man einen Startwert gefunden hat, der hinreichend genau den gewünschten Endwert liefert.

Beispiel: Rezept mit Anteilen

Pia möchte 750 ml Honig-Salatdressing herstellen. Laut Rezept soll sie hierfür halb so viel Balsamico-Essig wie Olivenöl nehmen. Weiter soll das Dressing dreimal so viel Essig wie Senf enthalten, dazu 1,5-mal so viel Honig wie Senf. Die weiteren Zutaten wie Salz und Gewürze sind für die Gesamtmenge zu vernachlässigen. Bestimmen Sie die Mengen an Öl, Essig, Senf und Honig, die Pia für die Herstellung des Dressings benötigt.

Lösung:

Pia nimmt zunächst willkürlich 300 ml Öl. Zu dieser Menge Öl braucht sie dann laut Rezept noch 150 ml Essig und 50 ml Senf sowie 75 ml Honig. Insgesamt ergibt dies eine Menge von 575 ml Dressing. Da dies zu wenig ist, probiert sie es mit 450 ml Öl, 225 ml Essig, 75 ml Senf und 112,5 ml Honig, was insgesamt 862,5 ml Dressing ergibt. Das Wunschergebnis liegt zwischen den beiden berechneten Werten, jedoch etwas näher beim Zweiten. Sie probiert es deshalb mit 390 ml Öl, was zu 747,5 ml Dressing führt. Mit dieser Menge ist Pia zufrieden, da sie die einzelnen Zutaten sowieso nicht so exakt abmessen kann, dass sich genau 750 ml ergeben.

Alternative Lösung: Aufstellen einer Gleichung

Pia benennt die unbekannte Menge Öl mit der Variablen x. Dann braucht sie noch die folgenden Mengen: Essig $\frac{1}{2}x$, Senf $\frac{1}{6}x$, Honig $\frac{1}{4}x$. Dies ergibt insgesamt $x + \frac{1}{2}x + \frac{1}{6}x + \frac{1}{4}x = \frac{23}{12}x$ Dressing. Mit $\frac{23}{12}x = 750$ ist $x = 750 \cdot \frac{12}{23} \approx 391{,}3$. Pia braucht also ca. 390 ml Öl, 195 ml Essig, 65 ml Senf und 97,5 ml Honig.

Aufgabe 1: Goldener Schnitt

Eine Strecke s von 10 cm soll so in zwei Teilstrecken s_1 und s_2 geteilt werden, dass das Längenverhältnis der längeren Teilstrecke s_1 zur Gesamtstrecke s genau so groß ist wie das Verhältnis der kürzeren Teilstrecke s_2 zur längeren s_1: $\frac{s_1}{s} = \frac{s_2}{s_1}$.

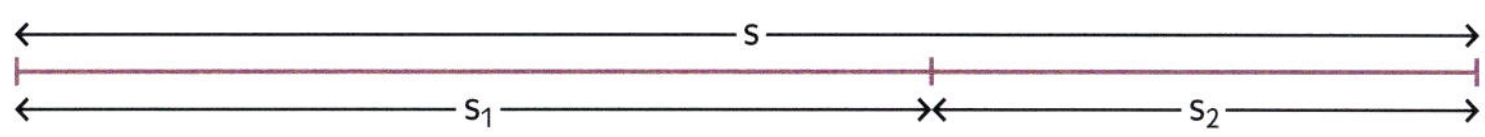

Aufgabe 2: kürzester Weg

Vier Windräder sind in Form eines Quadrats mit Seitenlänge 1 km angeordnet. Die Windräder sollen so durch Wege miteinander verbunden werden, dass die Kosten für die Wege möglichst gering sind, d. h. dass die Gesamtlänge der Wege möglichst klein ist.
Planungsbüro A schlägt als Wege die Seiten des Quadrats vor, Planungsbüro B die Diagonalen und Planungsbüro C eine H-Form.

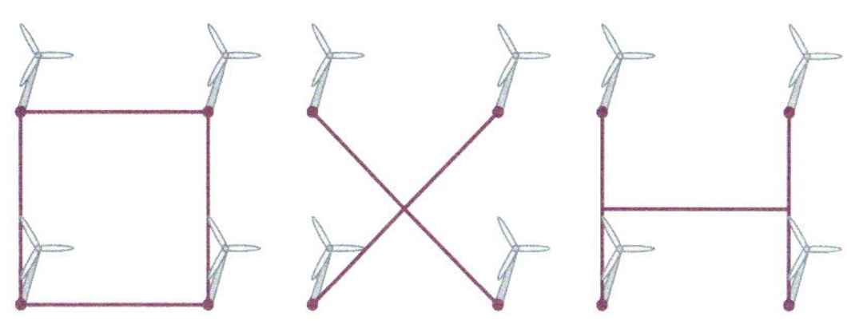

a) Für welchen Vorschlag würden Sie sich entscheiden?
b) Die Planungsbüros werden vom Betreiber der Windräder beauftragt, die beiden besseren Vorschläge so zu verändern, dass sich eine noch kürzere Gesamtlänge ergibt. Finden Sie diese Anordnung.

Vorkommen der Strategie im Buch: Seiten 84, 91, 94, 116, 117

3. Orientieren an einem Beispiel

Bei Aufgaben mit einer allgemeinen Aussage ist es meist hilfreich, sich mit einem oder mehreren konkreten Zahlenbeispielen zunächst einen Eindruck über die Aussage zu verschaffen.

Beispiel: Zahlensumme
Finden Sie eine Formel für die Summe der ersten n ungeraden Zahlen.

Lösung:
Zunächst schreibt man sich die Summe der ersten ein, zwei, drei, vier und fünf ungeraden Zahlen auf:

$$1 = 1$$
$$1 + 3 = 4$$
$$1 + 3 + 5 = 4 + 5 = 9$$
$$1 + 3 + 5 + 7 = 9 + 7 = 16$$
$$1 + 3 + 5 + 7 + 9 = 16 + 9 = 25$$

Man erkennt hieran sehr schnell, dass die Summe jeweils eine Quadratzahl ist, und zwar genau das Quadrat der Anzahl n der Zahlen. Es gilt also

$$\underbrace{1 + 3 + 5 + 7 + 9 + \ldots}_{n \text{ Zahlen}} = n^2$$

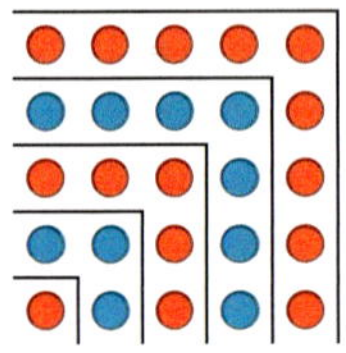

Den Beweis hierfür kann man sich übrigens mithilfe nebenstehender Figur veranschaulichen.

Aufgabe: Parabelrechner
Wählt man auf der Normalparabel $(y = x^2)$ zwei Punkte P und Q und legt durch diese eine Gerade g, so schneidet diese Gerade g die y-Achse im Punkt $S_y(0\,|\,b)$. Wie hängt die Zahl b von den Koordinaten von P und Q ab?

Vorkommen der Strategie im Buch: Seiten 36, 48, 50, 53, 117, 145, 159, 165, 166, 172, 204, 207

4. Auf Bekanntes zurückführen (Rückführungsprinzip)

Ein sehr häufiges Vorgehen in der Mathematik ist das Zurückführen eines neuen Problems auf ein bereits bekanntes (und gelöstes) Problem. Zum Beispiel gibt es beim Lösen von Gleichungen einige Standardverfahren, mit denen man eine Gleichung auf einen bereits bekannten Gleichungstyp zurückführen kann, z.B. durch Faktorisierung oder Substitution.

Beispiel 1: Flächeninhalt
Finden Sie eine Formel für den Flächeninhalt eines Trapezes.

Lösung:
Dreht man das Trapez um 180° und legt es an das ursprüngliche Trapez an, so entsteht ein Parallelogramm. Der Flächeninhalt des Trapezes ist also halb so groß wie der des Parallelogramms, nämlich

$$A_{Trapez} = \frac{1}{2} \cdot A_{Parallelogramm} = \frac{1}{2} \cdot (a + c) \cdot h.$$

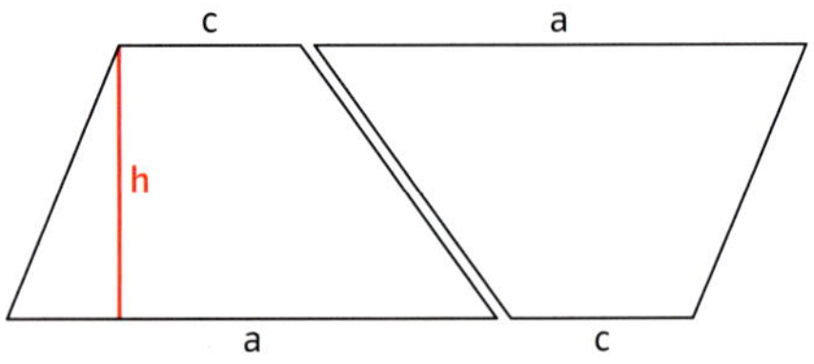

Beispiel 2: Geradengleichung bestimmen
Bestimmen Sie die Gleichung einer Geraden durch die beiden Punkte $P(-2\,|\,-3)$ und $Q(6\,|\,1)$.

Lösung:
Aus den Punkten P und Q lässt sich mithilfe der Formel $m = \frac{\Delta y}{\Delta x} = \frac{y_2 - y_1}{x_2 - x_1}$ die Steigung der Geraden ermitteln:

$$m = \frac{1 - (-3)}{6 - (-2)} = \frac{4}{8} = \frac{1}{2}$$

Damit hat man das Problem, eine Gerade aus zwei Punkten zu bestimmen, zurückgeführt auf die Aufgabe, die Geradengleichung aus Punkt und Steigung zu bestimmen, hier im Beispiel mit $m = \frac{1}{2}$ und $P(-2|-3)$.
Die Geradengleichung lautet $y = \frac{1}{2}x + b$ und mit der Punktprobe mit P erhält man $-3 = \frac{1}{2} \cdot (-2) + b$, also $b = -2$ und damit die Geradengleichung $y = \frac{1}{2}x - 2$.

Beispiel 3: Biquadratische Gleichung
Berechnen Sie die Lösungen der sogenannten biquadratischen Gleichung $x^4 - 10x^2 + 9 = 0$.

Lösung:
Die vorliegende Gleichung hat eine ähnliche Form wie eine quadratische Gleichung, allerdings kommt die Unbekannte x mit der Potenz 4 vor. Dies ist aber genau das Quadrat von x^2 im mittleren Summanden der Gleichung, ähnlich wie bei einer quadratischen Gleichung. Deshalb gibt man dem Term x^2 einen neuen Namen, z.B. $x^2 = z$. Dieses Ersetzen des Terms x^2 durch z nennt man auch „Substitution". Damit wird x^4 zu z^2 und die ursprüngliche Gleichung reduziert sich auf $z^2 - 10z + 9 = 0$, also eine quadratische Gleichung für z. Diese können wir mit einem der bekannten Verfahren lösen. Dabei ergeben sich die beiden Lösungen $z_1 = 1$ und $z_2 = 9$.
Da aber die Lösungen für x in der ursprünglichen Gleichung gesucht sind, muss man mit der Substitutionsgleichung $x^2 = z$ wieder rückwärts auf die zugehörigen x-Werte schließen (Rücksubstitution):
$x^2 = 1$, d.h. $x_1 = 1$; $x_2 = -1$ sowie $x^2 = 9$, d.h. $x_3 = 3$ und $x_4 = -3$.
Die biquadratische Gleichung hat in diesem Fall also vier Lösungen, die sich auch mithilfe eines digitalen Mathematikwerkzeugs als Nullstellen der Funktion $f(x) = x^4 - 10x^2 + 9$ veranschaulichen lassen.

Aufgabe 1: Rechtwinkliges Dreieck mit Halbkreisen
Zeichnen Sie über den Seiten eines rechtwinkligen Dreiecks jeweils einen Halbkreis (Fig. 1) und berechnen Sie deren Flächeninhalte. Welche Beziehung besteht zwischen diesen Flächeninhalten?

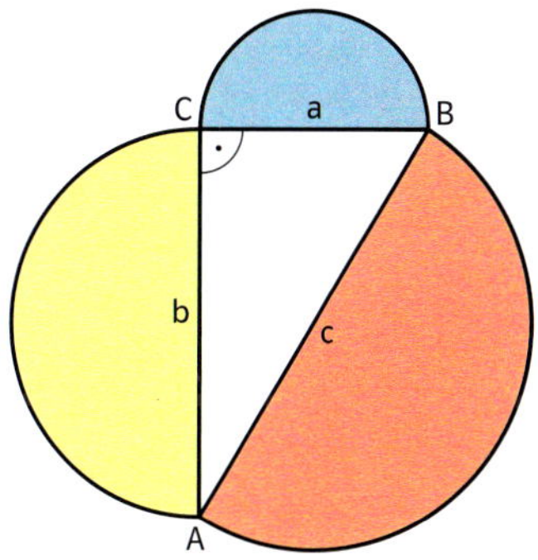

Fig. 1

Aufgabe 2: Möndchen des Hippokrates
Zeichnen Sie über den Seiten eines rechtwinkligen Dreiecks jeweils einen Halbkreis, den Halbkreis über der Kathete diesmal auf der anderen Seite der Kathete (Fig. 2) und berechnen Sie die Flächeninhalte der entstehenden Möndchen. Vergleichen Sie diese mit dem Flächeninhalt des Dreiecks.

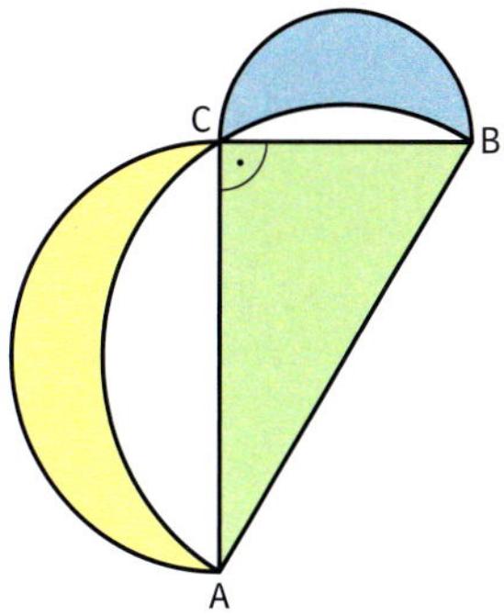

Fig. 2

Vorkommen der Strategie im Buch: Seiten 93, 95, 100

5. Vorwärtsarbeiten

Bei vielen Aufgaben kann man anhand der gegebenen Größen bereits erkennen, welche weiteren Größen man damit berechnen kann, um sich so Schritt für Schritt zur gesuchten Größe bzw. zum Ergebnis vorzuarbeiten. Man fragt sich dabei: „Welche Größen sind gegeben?"; „Was kann ich damit berechnen bzw. bestimmen?"; „Welche weiteren Größen, die für die Lösung hilfreich sein können, ergeben sich daraus?".

Beispiel: Berechnungen im rechtwinkligen Dreieck
In einem rechtwinkligen Dreieck hat die Kathete a die Länge 5 cm. Die Höhe h auf die Hypotenuse ist 3 cm lang. Berechnen Sie die Länge des Hypotenusenabschnitts q.

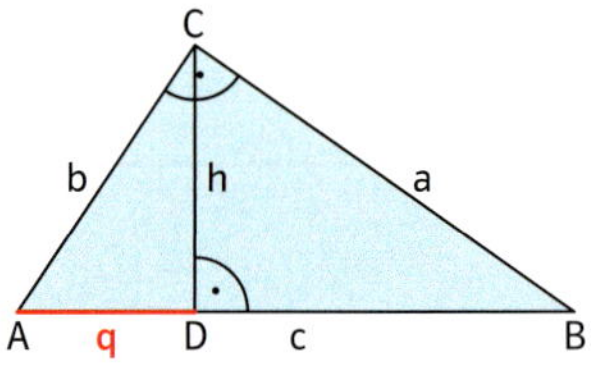

Lösung:
Mit a und h kann man im Dreieck DBC zunächst den Winkel β bei B und damit über die Winkelsumme im Dreieck ABC den Winkel α bei A berechnen. Mithilfe des Tangens lässt sich daraus im Dreieck ADC die Länge der Seite q bestimmen:

ΔDBC: $\sin(\beta) = \frac{h}{a} = \frac{3\,\text{cm}}{5\,\text{cm}} = 0{,}6$; d.h. $\beta = \sin^{-1}(0{,}6) \approx 36{,}87°$

ΔABC: $\alpha = 180° - 90° - \beta \approx 63{,}13°$

ΔADC: $\tan(\alpha) = \frac{h}{q}$, d.h. $q = \frac{h}{\tan(\alpha)} \approx \frac{3\,\text{cm}}{0{,}75} \approx 1{,}97\,\text{cm}$

Aufgabe 1: Papier falten
Ein rechteckiges Blatt Papier mit Seitenlängen 10 cm und 20 cm ist auf der Vorderseite blau, auf der Rückseite gelb. Das Blatt wird längs der Diagonalen gefaltet.
Wie viel Prozent der ursprünglichen blauen Fläche ist jetzt noch sichtbar?

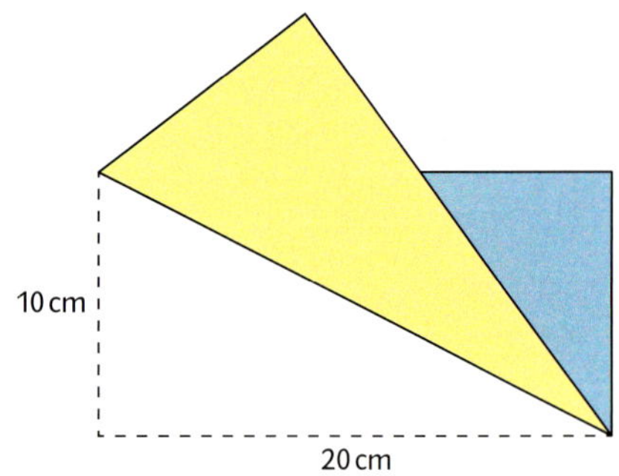

Aufgabe 2: Fibonacci-Zahlen
Als „Fibonacci-Zahlen" bezeichnet man eine Zahlenfolge, die mit zwei Einsen beginnt und bei der jede weitere Zahl die Summe der beiden vorhergehenden Zahlen ist:

$$1,\ 1,\ 2,\ 3,\ 5,\ 8,\ 13,\ \ldots$$

Man schreibt: $F_1 = 1,\ F_2 = 1,\ F_3 = 2,\ F_4 = 3,\ F_5 = 5,\ \ldots$
oder allgemein: $F_{n+2} = F_n + F_{n+1}$.
Quadriert man die ersten n dieser Fibonacci-Zahlen und summiert diese Quadrate auf, so ergibt sich dafür eine erstaunlich einfache Formel. Finden Sie diese Formel anhand der Zahlen und der nebenstehenden Figur:

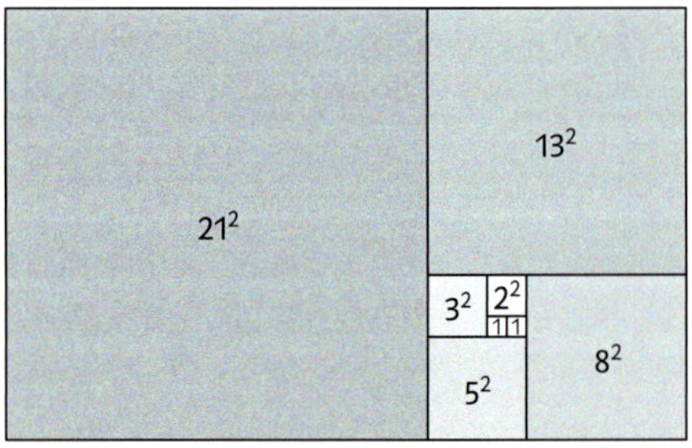

$$F_1^2 + F_2^2 + F_3^2 + F_4^2 + \ldots + F_n^2 = ?$$

Vorkommen der Strategie im Buch: Seiten 53, 198, 207, 215

6. Rückwärtsarbeiten

Es gibt Aufgaben, bei denen es viele Möglichkeiten gibt, aus den gegebenen Größen neue Größen zu ermitteln, von denen jedoch nur wenige zum Ziel führen. Eventuell enthält die Aufgabenstellung auch Angaben, die für die Lösung nicht relevant sind. In diesen Fällen kann es hilfreich sein, die Aufgabe rückwärts, d.h. vom gesuchten Ergebnis her, anzugehen und zu fragen: „Welche Größe ist gesucht? Wie kann ich diese bestimmen? Welche weiteren Größen brauche ich dazu? Wie kann ich diese bestimmen?“ Häufig kommt man mit diesen Fragen direkt zu den Vorgaben in der Aufgabenstellung, sodass man die Aufgabe damit lösen kann.

Beispiel 1: Labyrinth

In nebenstehendem Labyrinth sollen Sie den Verbindungsweg zwischen Eingang und Ausgang finden.
Welcher Weg ist einfacher zu finden, vom Eingang zum Ausgang, oder vom Ausgang zum Eingang? Bearbeiten Sie die Aufgabe zu zweit in den beiden unterschiedlichen Richtungen. Wer ist schneller?

Lösung:

Auf dem Weg vom Eingang zum Ausgang gibt es bereits direkt hinter dem Eingang drei mögliche Abzweigungen, die man ausprobieren muss.
Geht man jedoch vom Ausgang zum Eingang, so sind die „falschen“ Abzweigungen so kurz, dass man sie sofort erkennt. Der Weg zum Eingang ist dadurch leicht zu finden.

Beispiel 2: Schnittwinkel von Geraden

Bestimmen Sie die Größe des Schnittwinkels zwischen den Geraden g_1: $y = x$ und g_2: $y = 3x - 8$.

Lösung:

Da es sich um eine geometrische Fragestellung handelt, ist hier zunächst die bereits bekannte Strategie „Veranschaulichung durch Skizze/Zeichnung“ angesagt. Dabei wird zuerst nur der gesuchte Schnittwinkel φ eingezeichnet. Diesen kennt man, wenn man seinen Scheitelwinkel γ im Dreieck N_1N_2S kennt. Den Winkel γ kann man mithilfe von α und β über die Winkelsumme im Dreieck bestimmen. α ist der Steigungswinkel von g_1 und β ist der Nebenwinkel des Steigungswinkels von g_2. Diese beiden Steigungswinkel lassen sich unmittelbar aus den Steigungen von g_1 und g_2 bestimmen, die man aus den Geradengleichungen ablesen kann.

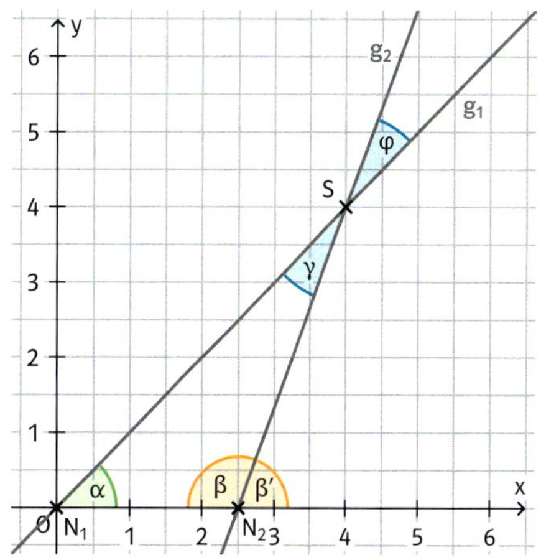

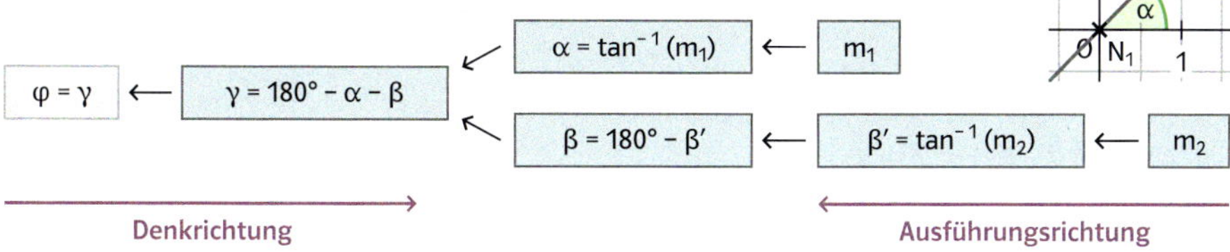

Mithilfe der Geradensteigungen $m_1 = 1$ und $m_2 = 3$ erhält man zunächst $\alpha = \tan^{-1}(1) = 45°$, $\beta' = \tan^{-1}(3) \approx 71{,}6°$, $\beta = 180° - \beta' \approx 108{,}4°$ und damit $\varphi = \gamma = 180° - \alpha - \beta \approx 26{,}6°$.

Beispiel 3: Quadratische Ergänzung
Bestimmen Sie die Scheitelform der quadratischen Funktion aus ihrer Hauptform $f(x) = x^2 + 6x + 5$.

Lösung: Mischung aus Vorwärtsarbeiten und Rückwärtsarbeiten
In diesem Fall hilft eine Mischform aus Vorwärts- und Rückwärtsarbeiten beim Lösen der Aufgabe. Zunächst weiß man, dass der Funktionsterm die Form $(x \pm \square)^2 \pm \square$ haben muss. Das doppelte Produkt in der binomischen Formel muss $+6x$ ergeben. Deshalb muss die fehlende Zahl in der Klammer $+3$ sein. Damit ergibt sich für die binomische Formel $(x + 3)^2 = x^2 + 6x + 9$. Die ersten beiden Summanden stimmen mit der Hauptform überein, der konstante Summand ist jedoch 9 statt 5. Das lässt sich korrigieren, indem man von dem binomischen Term 4 subtrahiert. Dies ergibt dann $f(x) = x^2 + 6x + 5 = (x + 3)^2 - 4$, was man mithilfe der 1. binomischen Formel und dem Zusammenfassen der Konstanten leicht nachprüfen kann. Im Heft schreibt man dies nacheinander so auf, indem man Schritt für Schritt die fehlenden Terme ergänzt:

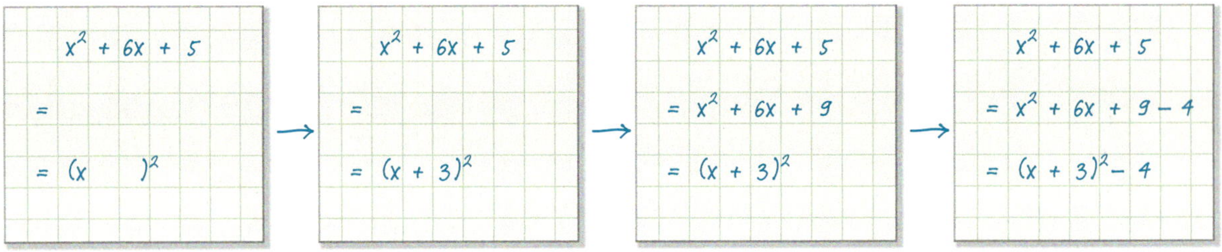

Aufgabe: Quadratpuzzle
a) Zerlegen Sie die nebenstehende Figur in fünf Teile, die sich zu einem Quadrat zusammenlegen lassen.
b) Die Aufgabe lässt sich auch durch eine Zerlegung in vier Teile lösen, wobei jedoch auch Teile gewendet werden dürfen.

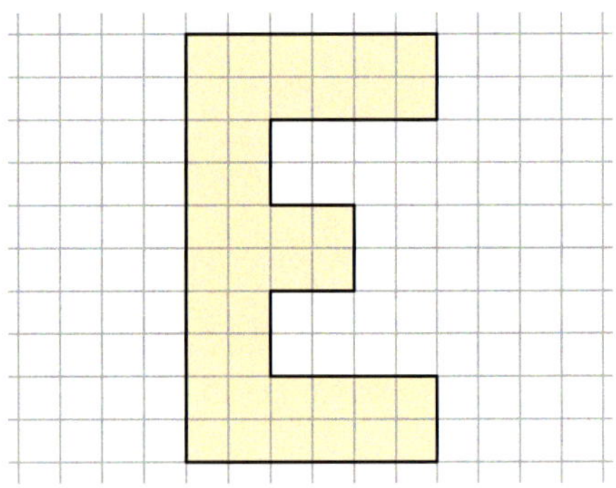

Vorkommen der Strategie im Buch: Seite 22

7. Invarianzprinzip

Es gibt Problemstellungen, bei denen es eine Größe gibt, die sich im Zusammenhang der Aufgabe nicht verändert. Diese Größe nennt man Invariante. Mit dieser ist es oft möglich, eine konkrete Problemstellung sehr schnell zu lösen. Vorhandene Invarianten müssen zunächst gefunden werden.

Beispiel
Herr Kosuch wandert entlang des Altmühlsees, um den ein 13 km langer Weg verläuft. In nordwestlicher Richtung verlässt er um 10:00 Uhr den Wanderparkplatz (vgl. Abbildung) und legt pro Stunde 3 km zurück. Herr Götz wandert ebenso um den Altmühlsee und startet auch am Wanderparkplatz. Er läuft um 10:30 Uhr in die gleiche Richtung wie Herr Kosuch los und schafft 4 km pro Stunde. Ermitteln Sie, wie lange Herr Götz braucht, um Herrn Kosuch einzuholen, und welche Wegstrecke er bis zum Zeitpunkt des Einholens zurücklegt.

Lösung

(1) Finden der Invariante („Was bleibt bei dieser Aufgabe immer gleich?"):
Pro Stunde verringert Herr Götz seinen Rückstand auf Herrn Kosuch um 4 km - 3 km = 1 km.
Diese Verringerung des Rückstands pro Stunde bleibt immer gleich und ist die Invariante.

(2) Nutzen der Invariante zur Lösung der Aufgabe:
Wegstrecke, die Herr Götz aufholen muss:
Herr Kosuch ist zur Startzeit von Herrn Götz bereits 0,5 Stunden gewandert und hat in dieser Zeit $0{,}5 \cdot 3\,\text{km} = 1{,}5\,\text{km}$ zurückgelegt.
Zeit, die Herr Götz benötigt, um 1,5 km aufzuholen:
Pro Stunde holt er 1 km auf, daher braucht er 1,5 Stunden.
Strecke, die Herr Götz in 1,5 Stunden zurücklegt: $1{,}5 \cdot 4\,\text{km} = 6\,\text{km}$

Antwort: Herr Götz braucht 1,5 Stunden, um Herrn Kosuch einzuholen, und läuft bis zum Treffen 6 km.

Aufgabe 1: „Halbe" Quadratzahlen im Kopf berechnen

Die Quadratzahlen von 1^2 bis 15^2 kennen viele auswendig: 1, 4, 9, 16, …, 169, 196, 225. Kann man auch die dazwischen liegenden „halben" Quadratzahlen $1{,}5^2$; $2{,}5^2$; $3{,}5^2$; … berechnen, ohne diese auswendig zu lernen?
Max rechnet die ersten vier dieser „halben" Quadratzahlen mit dem Taschenrechner aus und schreibt sie auf. Dabei fällt ihm auf, dass alle diese „halben" Quadratzahlen etwas gemeinsam haben. Nach einigem Nachdenken findet er auch, wie man sie tatsächlich im Kopf ausrechnen kann.

a) Was hat Max entdeckt?
b) Kann man eine solche „halbe" Quadratzahl auch berechnen, ohne die vorhergehenden zu kennen?
c) Gilt die Regel auch für „halbe" Quadratzahlen größer als 10?
d) Versuchen Sie, die gefundene Regel (Trick) zu beweisen. Das Wissen über binomische Formeln ist dabei hilfreich.

Aufgabe 2: Tennisturnier im KO-System

Ein Tennisturnier wird meist im KO-System gespielt. Dabei scheidet immer der Verlierer eines Matches aus, während der Sieger in die nächste Runde einzieht und dort gegen einen anderen Sieger um den Einzug in die nächste Runde spielt. Am Ende stehen sich zwei Spieler im Finale gegenüber, die alle ihre Matches gewonnen haben. Der Sieger dieses Finales ist dann der Turniersieger.

a) Wie viele Spiele gibt es insgesamt bei einem Turnier mit 16, 32 oder 64 Teilnehmern, wie viele bei 2^n Teilnehmern?
b) Warum ist es geschickt, wenn die Anzahl der Teilnehmer eine 2er-Potenz ist?
c) Boris soll ein Turnier mit 24 Spielern organisieren. Um den Zeitplan aufzustellen, muss er wissen, wie viele Matches dabei gespielt werden müssen. Er weiß, dass es am besten ist, wenn man im Laufe des Turniers eine 2er-Potenz als Anzahl der Spieler erreicht.
   (1) Zunächst strebt er dies gleich nach der ersten Runde an. Wie viele Matches muss er dazu in der ersten Runde ansetzen und wie viele Spieler erreichen die zweite Runde, ohne zu spielen? Wie viele Matches werden in diesem Fall insgesamt gespielt?
   (2) Damit nicht gleich in der ersten Runde so viele Teilnehmer spielfrei sind und um einige Matches einzusparen, überlegt er, erst in einer späteren Runde die 2er-Potenz an Spielern zu erreichen. Welche Möglichkeiten gibt es hierfür und wie viele Matches werden dabei jeweils gespielt? Vergleichen Sie die Anzahl der jeweils spielfreien Teilnehmer.
d) Bei seinen bisherigen Überlegungen stellt Boris eine Regelmäßigkeit fest. Wie lautet diese?
e) Er prüft seine Vermutung an einem Turnier mit 28 Spielern nach.
f) Können Sie die Vermutung von Boris für jede beliebige Anzahl an Teilnehmern beweisen, ohne eine einzige Rechnung zu machen?

Vorkommen der Strategie im Buch: Seiten 58, 84, 215

8. Symmetrieprinzip

Ein wichtiges Merkmal von geometrischen Figuren und Funktionsgraphen ist die Symmetrie. Mit ihrer Hilfe lassen sich oft Größen und Werte bestimmen, die für die Lösung der Aufgabe benötigt werden.

Beispiel: Parabel
Der Graph einer quadratischen Funktion f verläuft durch die Punkte $P(-1|2)$ und $Q(5|2)$. Die Wertemenge von f ist $W = [-4; \infty[$. Bestimmen Sie einen Funktionsterm von f.

Lösung:
Der Graph der quadratischen Funktion f ist eine Parabel. Diese ist symmetrisch zu der Achse, die parallel zur y-Achse durch den Scheitel verläuft. Die gegebenen Punkte haben dieselbe y-Koordinate, sie liegen also auf gleicher Höhe und somit spiegelbildlich zueinander. Die Symmetrieachse verläuft daher durch den Mittelpunkt $M(2|2)$ der Strecke PQ. Damit hat der Scheitel der Parabel dieselbe x-Koordinate wie M, nämlich $x_s = 2$. Aus der Wertemenge $W = [-4; \infty[$ lässt sich ablesen, dass die Parabel nach oben geöffnet ist und ihr Scheitel die y-Koordinate $y_s = -4$ hat, d.h. Scheitel ist $S(2|-4)$.
Der Streckfaktor a in der Scheitelform lässt sich bestimmen durch die Punktprobe mit P oder Q und hat den Wert $a = \frac{2}{3}$.
Die Gleichung der Parabel lautet somit $f(x) = \frac{2}{3} \cdot (x - 2)^2 - 4$.

Aufgabe: Mittelpunktswinkel
Das Dreieck ABC mit Umkreismittelpunkt M hat die Winkel $\alpha = 50°$, $\beta = 60°$ und $\gamma = 70°$. Bestimmen Sie die Größe der Winkel, die die Strecken $\overline{MA}$, $\overline{MB}$ und $\overline{MC}$ miteinander einschließen.

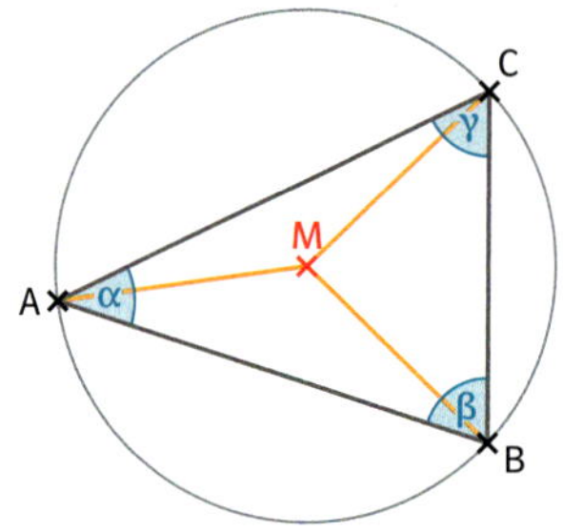

Vorkommen der Strategie im Buch: Seiten 33, 35, 177, 215

9. Fallunterscheidung

Es gibt Aufgaben, bei denen der Lösungsweg nicht in allen Fällen derselbe ist. Dann muss man die Fälle getrennt betrachten und unabhängig voneinander lösen. Dies nennt man Fallunterscheidung. Am Ende führt man die Ergebnisse der einzelnen Fälle zusammen.

Beispiel:
Gegeben ist die Funktion f mit $f(x) = 9 - x^2$. Die von K_f und der x-Achse eingeschlossene Fläche soll mit achsenparallelen Rechtecken der Breite 1 ausgefüllt werden, sodass eine möglichst große Fläche bedeckt ist. Wie müssen die Rechtecke angeordnet werden und wie groß ist ihre Gesamtfläche?

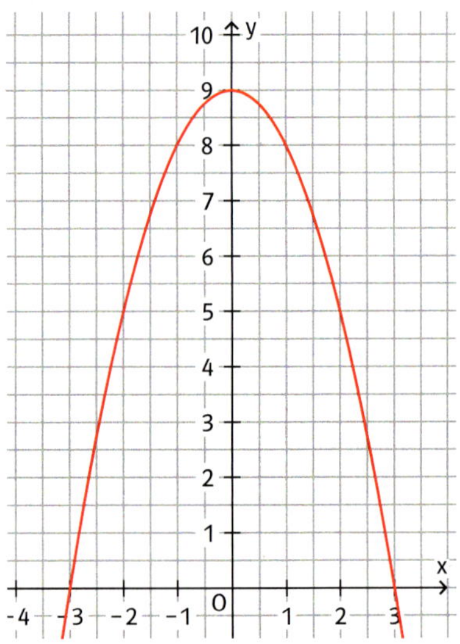

Lösung:
Man kann die Rechtecke horizontal oder vertikal ausrichten.

1. Fall: Vertikale Ausrichtung
Hierbei können wiederum zwei Fälle unterschieden werden: Ausfüllen mit 4 oder 5 Rechtecken.
- **Fall 1.1:** Vier Rechtecke (Fig. 1): Gesamtfläche $A_1 = 1 \cdot 5 + 1 \cdot 8 + 1 \cdot 8 + 1 \cdot 5 = 26$
- **Fall 1.2:** Fünf Rechtecke (Fig. 2): Gesamtfläche $A_2 = 2 \cdot 1 \cdot 2{,}75 + 2 \cdot 1 \cdot 6{,}75 + 1 \cdot 8{,}75 = 27{,}75$

2. Fall: Horizontale Ausrichtung (Fig. 3):
Gesamtfläche $A_3 = 2 \cdot \sqrt{8} + 2 \cdot \sqrt{7} + 2 \cdot \sqrt{6} + 2 \cdot \sqrt{5} + 2 \cdot \sqrt{4} + 2 \cdot \sqrt{3} + 2 \cdot \sqrt{2} + 2 \cdot \sqrt{1} \approx 32{,}612$

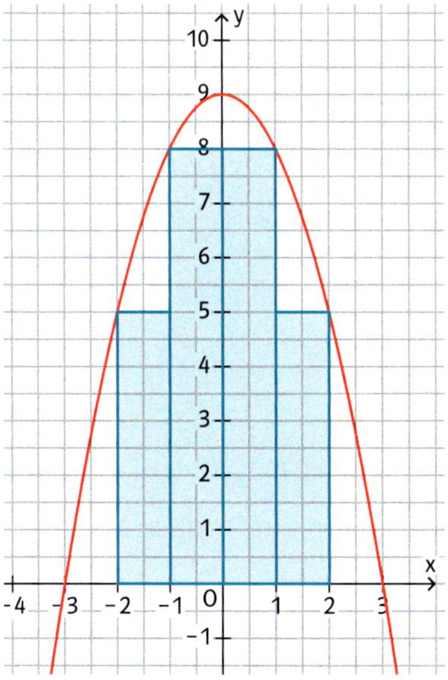
Fig. 1

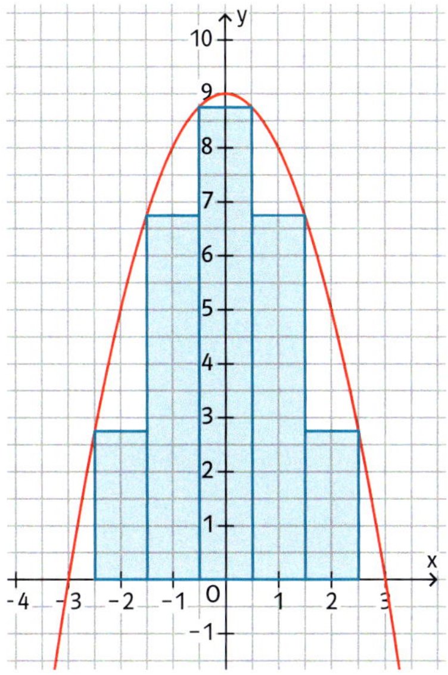
Fig. 2

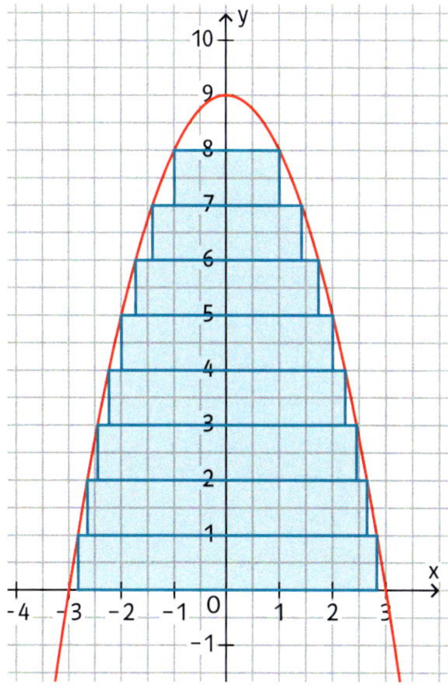
Fig. 3

Die größte Fläche wird im 2. Fall bei einer horizontalen Anordnung der Rechtecke überdeckt. Die überdeckte Fläche beträgt dabei ca. 32,612.

Aufgabe 1: Seeumrundung
Alisa, Benni, Chris und Doro verabreden sich am See für eine Wanderung rund um den See. Für die 12 km lange Strecke planen sie bei gleichmäßigem Wandertempo 3 Stunden ein. Benni hat eine Fahrradpanne und kommt erst 30 Minuten, nachdem die anderen losgelaufen sind, am Treffpunkt an. Er läuft mit einer Geschwindigkeit von 5 km/h und möchte möglichst lange mit den anderen gemeinsam laufen.

Aufgabe 2: Hühnergehege
Bauer Huber findet in der Scheune eine Rolle Maschendrahtzaun und möchte damit ein rechteckiges Gehege für die Hühner bauen und den ganzen Zaun verwenden. Da die Länge des Zauns (in Meter) durch 4 teilbar ist, berechnet er die eingezäunte Fläche bei verschiedenen ganzzahligen Seitenlängen. Bei seiner ersten Rechnung ist die eine Seite um 1 m länger als die andere. Diese Fläche wird um 20 % kleiner, wenn er eine Seite um 3 m verkürzt. Wie lang ist der Zaun?

Vorkommen der Strategie im Buch: Seiten 53, 97

Zahlenmengen

Menge der natürlichen Zahlen ℕ (Aufgabe 1)
Zum Zählen von Gegenständen verwendet man die natürlichen Zahlen. In der Mathematik verwendet man für diese Zahlenmenge den Buchstaben ℕ.
ℕ = {0; 1; 2; 3;...}
Die Zahl 10 gehört zu den natürlichen Zahlen.
Man sagt „10 ist Element von ℕ" und schreibt dafür $10 \in \mathbb{N}$.
Die Zahl −3 gehört nicht zu den natürlichen Zahlen.
Man sagt auch „−3 ist kein Element von ℕ" und schreibt $-3 \notin \mathbb{N}$.

Menge der ganzen Zahlen ℤ (Aufgabe 2)
Nimmt man zu den natürlichen Zahlen alle entsprechenden negativen Zahlen hinzu, nennt man diese Zahlenmenge die ganzen Zahlen. Diese Menge bezeichnet man mit dem Symbol ℤ.
ℤ = {...; −2; −1; 0; 1; 2; ...}

Die ausgeschlossene Zahl (Aufgabe 3)
Um eine Zahl z aus einer Zahlenmenge ℕ oder ℤ auszuschließen, verwendet man die Schreibweise ...\{z}, also
ℤ\{−5} sprich „ℤ ohne −5" oder
ℕ\{3} sprich „ℕ ohne 3".

Die besondere Zahl 0 (Aufgabe 4)
Die Zahl 0 ist weder positiv noch negativ. Bei der Multiplikation mit 0 wird das Ergebnis immer 0. Man darf nicht durch 0 teilen. Deshalb muss die 0 oft ausgeschlossen werden. Man verwendet dafür auch die *-Schreibweise.
$\mathbb{Z}^* = \mathbb{Z}\setminus\{0\}$ bzw. $\mathbb{N}^* = \mathbb{N}\setminus\{0\}$.

Menge der rationalen Zahlen ℚ
(Aufgaben 5 und 6)
Teilt man zwei ganze Zahlen, z.B. 1 : (−3), so ist das Ergebnis häufig keine ganze Zahl. Daher lässt man den Quotienten auch als Bruch stehen: $\frac{1}{-3}$.
Die Menge aller Brüche nennt man die rationalen Zahlen. Dabei muss man beachten, dass der Nenner nicht 0 werden darf. Die Menge aller Brüche wird mit ℚ bezeichnet:
$\mathbb{Q} = \left\{\frac{a}{b} \middle| a \in \mathbb{Z} \text{ und } b \in \mathbb{Z}^*\right\}$.
z.B. $\frac{2}{3} \in \mathbb{Q}$; $\frac{2-3}{5-2} \in \mathbb{Q}$.

Man kann alle natürlichen und alle ganzen Zahlen als Brüche schreiben:
$2 = \frac{2}{1} = \frac{4}{2} = \frac{6}{3} \in \mathbb{Q}$ oder $-5 = \frac{-5}{1} = \frac{10}{-2} = -\frac{15}{3} \in \mathbb{Q}$.

Grundwissen Test

Lösungen | Seite 298

1 Entscheiden Sie, ob das Ergebnis eine natürliche Zahl ist. Notieren Sie das Ergebnis z und schreiben Sie dann $z \in \mathbb{N}$ oder $z \notin \mathbb{N}$.
a) 4 − 6 b) 7 − 5
c) 17 − 19 + 6 d) 10 − 16 + 5
e) 41 + 25 − 9 · 7 f) 6 + 4 · 5 − 3 · 9

2 Prüfen Sie, ob das Ergebnis eine ganze Zahl ist. Notieren Sie das Ergebnis z und schreiben sie dann $z \in \mathbb{Z}$ oder $z \notin \mathbb{Z}$.
a) (−12) : 3 b) 15 : 4
c) 18 : (−3) d) (−27) : (−9)
e) (80 − 5) : 8 f) 81 : (7 + 2)
g) 81 : 3 · (−2) h) (2 − 6) : 4
i) 17 : (5 − 3) j) 2 · (3 + 4) : 7

3 Welche Zahlen darf man einsetzen, damit das Ergebnis ein Element aus $\mathbb{Z}^*$ ist?
Notieren Sie ihr Ergebnis in der mathematischen Schreibweise $x \in \mathbb{Z}\setminus\{2\}$.
a) 7 − x b) 1 − x
c) −2 + x d) 3 + x
e) 2 − x + 1 f) 3 + x − 10
g) 7 + 2x − 5 h) 7 + 3x − 2

4 Ordnen Sie die Kärtchen den Mengen ℕ; ℕ*; ℤ und ℤ* zu.
(2 + 3) : 5 | (10 − 4) : (5 − 3) | (5 − 7) : 2 | (7 − 7) : (5 − 3) | (12 + 3 − 10) : 5 | (8 − 8) : (−5) | (3 − 7) : 2 | (2 − 3 + 7) : (4 − 1)

5 Schreiben Sie die ganzen Zahlen als Bruch.
a) $3 = \frac{\square}{2}$ b) $-2 = \frac{\square}{5}$ c) $10 = \frac{\square}{7}$
d) $-1 = \frac{\square}{13}$ e) $0 = \frac{\square}{257}$ f) $-2 = \frac{\square}{36}$
g) $11 = \frac{\square}{8}$ h) $-7 = \frac{\square}{3}$ i) $-8 = \frac{\square}{9}$

6 Geben Sie die Definitionsmenge D für den Term an. Notieren Sie $D = \mathbb{Q}\setminus\{...\}$.
a) $\frac{5}{2-x}$ b) $\frac{x}{1+x}$ c) $\frac{1}{(x+3)(1+x)}$
d) $\frac{x-1}{x(1+x)}$ e) $\frac{x+3}{(1-x)^2}$ f) $\frac{7}{x^2-4}$

Die Zahlengerade (Aufgabe 7)
Alle Zahlen lassen sich auf einer Zahlengeraden anordnen. Die kleinere Zahlen stehen weiter links.

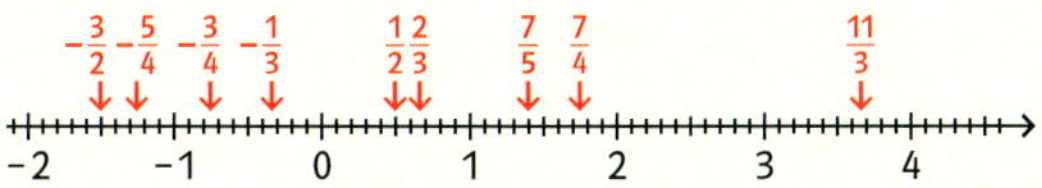

Man verwendet auch die Zeichen
$>$ **größer** und $\geq$ **größer oder gleich**.
Zahlen, die weiter links stehen, sind kleiner:
$<$ **kleiner** und $\leq$ **kleiner oder gleich**.
z. B. ist $9 < 10$ und $12 > 10$.

Menge der reellen Zahlen ℝ (Aufgabe 8)
Obwohl es zwischen 1 und 2 unendlich viele Brüche gibt, gibt es weitere Zahlen wie $\sqrt{2}$ oder $\sqrt{3}$, die man nicht als Bruch schreiben kann. $\sqrt{2}$ und $\sqrt{3}$ haben unendlich viele, nicht periodische Dezimalzahlen. Alle Dezimalzahlen zusammen nennt man die Menge der reellen Zahlen, sie werden mit ℝ bezeichnet.

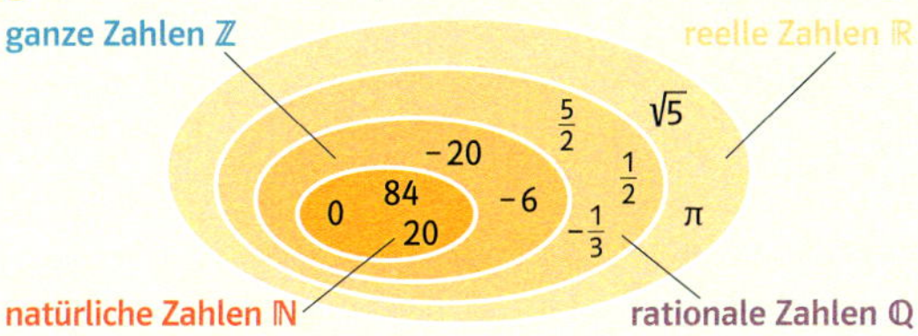

Intervalle (Aufgaben 9 bis 12)
Zusammenhängende Teilbereiche der reellen Zahlen können mit der Intervallschreibweise geschrieben werden:
abgeschlossenes Intervall: $[a; b] = \{x \mid a \leq x \leq b\}$

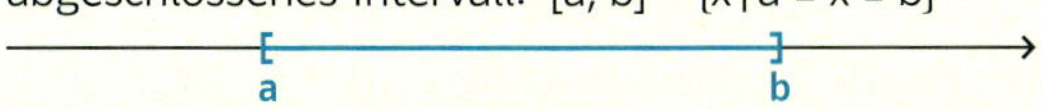

abgeschlossen: Die Grenzen gehören dazu.
$[2; 3] = \{x \in \mathbb{R} \mid 2 \leq x \leq 3\}$ sind alle reellen Zahlen größer oder gleich 2 und kleiner oder gleich 3.
offenes Intervall: $]a; b[= \{x \mid a < x < b\}$

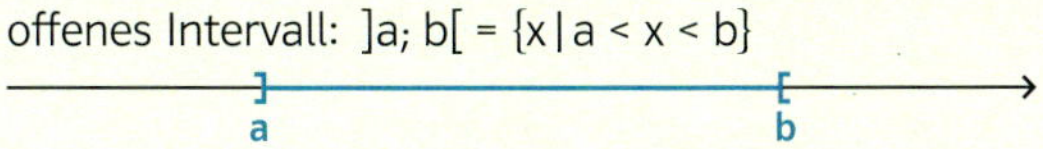

offen: Die Grenzen gehören nicht dazu.
$]2; 3[= \{x \in \mathbb{R} \mid 2 < x < 3\}$ sind alle reellen Zahlen größer als 2 und kleiner als 3.

Intervallschreibweise	Mengenschreibweise
$]a; b]$	$\{x \in \mathbb{R} \mid a < x \leq b\}$
$[a; b[$	$\{x \in \mathbb{R} \mid a \leq x < b\}$
$[a; \infty[$	$\{x \in \mathbb{R} \mid a \leq x\}$
$]a; \infty[$	$\{x \in \mathbb{R} \mid a < x\}$
$]-\infty; b]$	$\{x \in \mathbb{R} \mid b \geq x\}$
$]-\infty; b[$	$\{x \in \mathbb{R} \mid b > x\}$

Grundwissen Test

Lösungen | Seite 298

7 Zeichnen Sie eine Zahlengerade und tragen sie die folgenden Zahlen ein. Verwenden Sie dafür die folgenden Farben:
rot, falls die Zahl in ℕ liegt,
blau, falls die Zahl in ℤ aber nicht in ℕ liegt und
lila, falls die Zahl in ℚ aber nicht in ℤ liegt und
orange, falls die Zahl in ℝ, aber nicht in ℚ liegt.

$-\frac{2}{5}$ $\quad 0 \quad$ $\frac{3}{4}$ $\quad \sqrt{5} \quad$ -1 $\quad \frac{25}{5} \quad$ $-\frac{20}{7}$

-2 $\quad \sqrt{3} \quad$ $\frac{5}{2}$ $\quad \pi \quad$ -3

Ordnen Sie die Zahlen mithilfe von $<$ der Größe nach; beginnen Sie mit der kleinsten.

8 Ordnen Sie die Zahlen den Säcken zu. Welche Zahlen bleiben übrig? Nun legen Sie die drei Säcke passend ineinander.

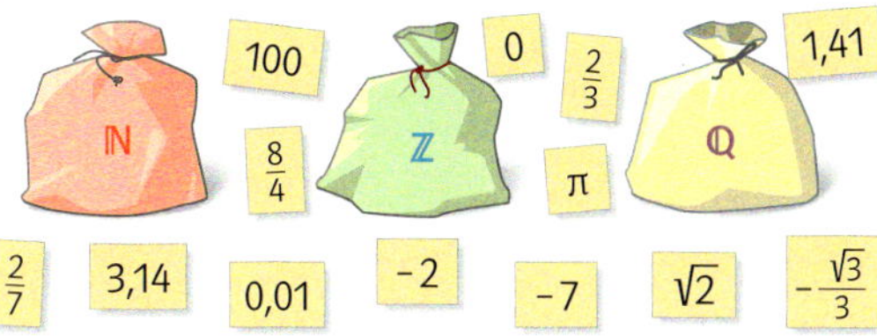

9 Markieren Sie das folgende Intervall auf einer Zahlengeraden. Geben Sie drei Werte in der Nähe der rechten und linken Grenze an. Prüfen Sie, ob das Intervall ein größtes oder ein kleinstes Element enhält.
a) $[1; 3]$ b) $[2; 4[$ c) $]0; 5[$
d) $[0; 3{,}5[$ e) $]-3{,}5; -2]$ f) $]-0{,}5; 0{,}5[$

10 Schreiben Sie die folgende Zahlenmenge in der Intervallschreibweise.
a) $\{x \in \mathbb{R} \mid 2 \leq x \leq 5\}$ b) $\{x \in \mathbb{R} \mid 1 < x \leq 4\}$
c) $\{x \in \mathbb{R} \mid -1 \leq x < 1\}$ d) $\{x \in \mathbb{R} \mid 2 < x < \pi\}$
e) $\{x \in \mathbb{R} \mid x < 1\}$ f) $\{x \in \mathbb{R} \mid x \geq 1\}$

11 Schreiben Sie das Intervall in der Mengenschreibweise.
a) $[2; 7]$ b) $[-1; 4[$ c) $]3; 10[$
d) $[1; \infty[$ e) $]-\infty; 0]$ f) $]\sqrt{2}; 2[$

12 Für welche Zahlen ist der Term definiert? Notieren Sie ihr Ergebnis in der Intervallschreibweise.
a) $\sqrt{x-3}$ b) $\sqrt{x+2}$ c) $\sqrt{x^2+1}$
d) $\sqrt{-x}$ e) $\sqrt{1-x}$ f) $\sqrt{4-x^2}$

Grundrechenarten

Die Grundrechenarten
Die vier einfachsten Operationen +; −; · und : mit Zahlen werden als **Grundrechenarten** bezeichnet. Dabei werden folgende Fachbegriffe verwendet:

Addition (Zusammenzählen) (Aufgabe 1)
Summand + Summand = Summe
In der Rechnung 2 + 3 = 5 sind 2 und 3 die **Summanden** und die **Summe** ist 5.

Subtraktion (Abziehen) (Aufgabe 2)
Minuend − Subtrahend = Differenz
In der Rechnung 5 − 3 = 2 ist 5 der **Minuend**, 3 der **Subtrahend** und 2 die **Differenz**.

Multiplikation (Malnehmen) (Aufgabe 3)
Faktor · Faktor = Produkt
In der Rechnung 2 · 3 = 6 sind 2 und 3 die **Faktoren** und 6 das **Produkt**.

Division (Teilen) (Aufgabe 4)
Dividend : Divisor = Quotient = $\frac{\text{Zähler}}{\text{Nenner}}$
In der Rechnung 6 : 3 = 2 ist 6 der **Dividend**, 3 der **Divisor** und 2 der **Quotient**.

Das Kommutativgesetz (Aufgabe 5)
Bei Summen und Produkten können die Zahlen vertauscht werden, d.h. das **Kommutativgesetz** gilt.
a + b = b + a und **a · b = b · a**
z.B. (−2) + 3 = 3 + (−2) und $\frac{1}{4} \cdot 5 = 5 \cdot \frac{1}{4}$

Das Assoziativgesetz (Aufgabe 6)
Man darf Klammern innerhalb einer Summe oder eines Produkts beliebig setzen.
Dieses Gesetz heißt **Assoziativgesetz**:
a + (b + c) = (a + b) + c = a + b + c
a · (b · c) = (a · b) · c = a · b · c
z.B. 17 + 52 + 8 = 17 + (52 + 8) = 17 + 60 = 77
1,8 · 2,5 · 4 = 1,8 · (2,5 · 4) = 1,8 · 10 = 18

Distributivgesetz (Aufgaben 7 und 8)
Beim Multiplizieren einer Zahl mit einer Summe wird die Zahl mit jedem Summanden in der Klammer multipliziert. Man nennt dies Gesetz das **Distributivgesetz**:
a(b + c) = ab + ac und **(a + b)c = ac + bc**
Dieses Gesetz ist beim Kopfrechnen nützlich:
9 · 24 = 9 · (20 + 4) = 180 + 36 = 216.

Grundwissen Test

Lösungen | Seite 299

1 Geben Sie die Summe von a und b an.
a) a = 12; b = 18 b) a = −4; b = 3
c) a = −9; b = 13 d) a = 15; b = −5
e) a = 13; b = −5 f) a = 27; b = −9

2 Bilden Sie auf zwei Arten eine Differenz von a und b. Geben Sie an, welche Zahl als Minuend und welche als Subtrahend verwendet wurde.
a) a = 13; b = 9 b) a = −4; b = 3
c) a = −9; b = 13 d) a = 15; b = 5
e) a = 13; b = −5 f) a = 27; b = −9

3 Geben Sie das Produkt von a und b an.
a) a = 7; b = 9 b) a = −4; b = 11
c) a = −3; b = 13 d) a = 15; b = −5
e) a = −9; b = −8 f) a = 27; b = −9

4 Bilden Sie auf zwei Arten den Quotienten von a und b. Geben Sie an, welche Variable als Dividend und welche als Divisor verwendet wird.
a) a = 15; b = 5 b) a = −12; b = 3
c) a = 36; b = −9 d) a = 15; b = −3
e) a = −81; b = −3 f) a = 52; b = −4

5 Berechnen Sie den Term, indem Sie die Zahlen in eine sinnvolle Reihenfolge bringen.
a) (−2) + 5 + 2 b) 3 + (−7) + (−3)
c) $\frac{1}{3} \cdot 7 \cdot 3 \cdot \frac{1}{7}$ d) $0{,}2 \cdot 11 \cdot 5 \cdot \frac{1}{11}$
e) 0,001 · 15 · 1000 f) 0,25 · 13 · (−4)

6 Berechnen Sie im Kopf.
a) 24 + 12 + 88 b) 13 · 0,25 · 40 · 0,1
c) 113 + 25 + 75 d) 1,8 · 0,2 · 0,5 · 10

7 Berechnen Sie ohne Taschenrechner.
a) 4 · 36, 5 · 43, 6 · 24
b) 7 · 44, 8 · 53, 9 · 65
c) 34 · 9, 8 · 82, 9 · 73

8 Schreiben Sie einen Faktor als Differenz.
Beispiel: 8 · 28 = 8 · (30 − 2)
= 240 − 16 = 224
a) 6 · 78, 8 · 38, 7 · 87
b) 12 · 27, 11 · 85, 9 · 69
c) 13 · 19, 12 · 48, 15 · 39

Primzahlen
Eine **Primzahl** ist eine natürliche Zahl größer als 1, die keine Teiler außer 1 und sich selbst hat.
Die Zahl 2 ist die einzige gerade Primzahl.
Primzahlen bis 20 sind die Zahlen 2; 3; 5; 7; 11; 13; 17 und 19.

Teilbarkeitsregeln (Aufgaben 9 bis 13)
Endziffernregel:
Ist die letzte Ziffer einer Zahl gerade, so ist eine Zahl durch 2 teilbar.
Ist die letzte Ziffer einer Zahl 0 oder 5, so ist die Zahl durch 5 teilbar.
Sind die letzten beiden Ziffern einer Zahl durch 4 teilbar, ist die Zahl durch 4 teilbar. Alternativ kann man prüfen, ob die Hälfte einer Zahl durch 2 teilbar ist.

Quersummenregel:
Zahlen mit Quersumme 3 sind durch 3 teilbar.
Zahlen mit Quersumme 9 sind durch 9 teilbar.

Kombinierbarkeit der Regeln:
Gerade Zahlen, die durch 3 teilbar sind, sind auch durch 6 teilbar.
Die Zahl 84 ist gerade und hat Quersumme 12, die Zahl 84 ist also durch 3 und durch 2 teilbar.
Damit ist die Zahl 84 auch durch 6 teilbar.

Primfaktorzerlegung (Aufgabe 14)
Jede natürliche Zahl kann als Produkt von Primzahlen geschreiben werden.
$84 = 2 \cdot 42 = 2 \cdot 2 \cdot 21 = 2 \cdot 2 \cdot 3 \cdot 7$
Damit können alle Teiler von 84 direkt angegeben werden.
84 hat folgende Teiler:
2, 3 und 7 sind Primteiler von 84.

$2 \cdot 2 = 4$	4 ist Teiler von 84.
$2 \cdot 3 = 6$	6 ist Teiler von 84.
$2 \cdot 2 \cdot 3 = 12$	12 ist Teiler von 84.
$2 \cdot 7 = 14$	14 ist Teiler von 84.
$3 \cdot 7 = 21$	21 ist Teiler von 84.
$2 \cdot 2 \cdot 7 = 28$	28 ist Teiler von 84.
$2 \cdot 3 \cdot 7 = 42$	42 ist Teiler von 84.
$2 \cdot 2 \cdot 3 \cdot 7 = 84$	84 ist Teiler von 84.

Die **Teilermenge einer Zahl** ist die Menge aller Zahlen, durch die diese Zahl ohne Rest teilbar ist.
Die Teilermenge von 84 ist:
$T_{84} = \{1; 2; 3; 4; 6; 7; 12; 14; 21; 28; 42; 84\}$

Grundwissen Test

Lösungen | Seite 300

9 Prüfen Sie, ob die Zahl durch 2; durch 4 oder durch 5 teilbar ist.
a) 152 b) 140 c) 132
d) 328 e) 128 f) 880
g) 915 h) 292 i) 412
j) 556 k) 616 l) 735

10 Prüfen Sie mit der Quersummenregel, ob die Zahl durch 3 oder durch 9 teilbar ist.
a) 234 b) 789 c) 486
d) 456 e) 567 f) 123
g) 159 h) 753 i) 423
j) 426 k) 842 l) 862

11 Prüfen Sie, ob die Zahl durch 3; durch 4; durch 6 oder durch 9 teilbar ist.
a) 72 b) 360 c) 456
d) 234 e) 864 f) 148
g) 324 h) 123 i) 2346
j) 3456 k) 1212 l) 1234

12 Ermittlung der Primzahlen mit dem **Sieb des Eratosthenes**:
Schreiben Sie alle natürlichen Zahlen bis 100 auf. Streichen Sie alle Zahlen heraus, die durch 2, durch 3, durch 5 und durch 7 teilbar sind, nicht die Primzahlen 2, 3, 5 und 7 selbst.
a) Begründen Sie, dass damit auch alle Zahlen entfernt wurden, die durch 4; durch 6; durch 8 und durch 9 teilbar sind.
b) Begründen Sie: Die Zahlen $\neq 1$, die nicht gestrichen wurden, sind Primzahlen.

13 Prüfen Sie, ob folgende Aussagen wahr sind.
A 72 ist durch 3 und durch 4 teilbar, also ist 72 auch durch $3 \cdot 4 = 12$ teilbar.
B 75 ist durch 3 und durch 5 teilbar, also ist 75 auch durch $3 \cdot 5 = 15$ teilbar.
C 36 ist durch 4 und durch 6 teilbar, also ist 36 auch durch $4 \cdot 6 = 24$ teilbar.

14 Erstellen Sie eine Primfaktorzerlegung. Geben Sie die Teilermengen der Zahl an.
a) 28 b) 38 c) 52 d) 60
e) 90 f) 120 g) 132 h) 104
i) 153 j) 168 k) 140 l) 272

Brüche

Brüche
Teile eines Ganzen werden in Brüchen angegeben. Der Nenner gibt an, in wie viele Teile ein Ganzes zerlegt wird. Der Zähler gibt an, wie viele dieser Teile jeweils ausgewählt werden.

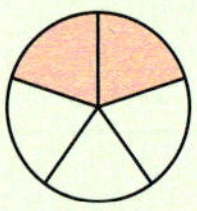

$\frac{2}{5}$ — Zähler (2), Bruchstrich, Nenner (5)

Lies: „zwei Fünftel"

Erweitern (Aufgabe 1)
Beim Erweitern multipliziert man Nenner a und Zähler b mit derselben Zahl $k \in \mathbb{Z}^*$. Dabei ändert sich der Wert des Bruchs nicht.
$\frac{a}{b} = \frac{a \cdot k}{b \cdot k}$ z.B. $\frac{3}{5} = \frac{3 \cdot 3}{5 \cdot 3} = \frac{9}{15}$

Brüche vergleichen (Aufgaben 2 und 3)
Brüche mit demselben Nenner kann man gut vergleichen. Haben sie verschiedene Nenner, kann man sie durch Erweitern auf einen gemeinsamen Nenner bringen. Man sagt **gleichnamig machen**.
$\frac{3}{5} = \frac{3 \cdot 3}{5 \cdot 3} = \frac{9}{15}$ und $\frac{2}{3} = \frac{2 \cdot 5}{3 \cdot 5} = \frac{10}{15}$, also ist $\frac{3}{5} < \frac{2}{3}$.

Kürzen (Aufgaben 4 und 5)
Lassen sich Zähler a und Nenner b als Produkt mit einem gemeinsamen Faktor k schreiben, so kann der Bruch gekürzt werden.
$\frac{a}{b} = \frac{c \cdot k}{d \cdot k} = \frac{c}{d}$
So lässt sich der Bruch $\frac{15}{35}$ mit dem Faktor 5 kürzen.
$\frac{15}{35} = \frac{3 \cdot 5}{7 \cdot 5} = \frac{3}{7}$ kurz $\frac{\cancel{15}^{3}}{\cancel{35}_{7}}$

Brüche und Dezimalzahlen (Aufgabe 5)
Brüche mit dem Nenner 10, 100, 1000 usw. können als Dezimalzahl geschrieben werden. Manchmal kann man geschickt erweitern, sodass dies gelingt.
$\frac{2}{5} = \frac{2 \cdot 2}{5 \cdot 2} = \frac{4}{10} = 0{,}4$
$\frac{3}{125} = \frac{3 \cdot 8}{125 \cdot 8} = \frac{24}{1000} = 0{,}024$
In anderen Fällen wird die Dezimalzahl periodisch.
$\frac{1}{3} = 0{,}333... = 0{,}\overline{3}$ oder $\frac{1}{7} = 0{,}\overline{142857}$

Addition und Subtraktion (Aufgabe 6)
Gleichnamige Brüche, d.h. mit demselben Nenner, werden addiert bzw. subtrahiert, indem man die Zähler addiert bzw. die Zähler subtrahiert und den Nenner beibehält.
$\frac{a}{c} + \frac{b}{c} = \frac{a+b}{c}$; $\frac{a}{c} - \frac{b}{c} = \frac{a-b}{c}$

Grundwissen Test

Lösungen | Seite 301

1 Bringen Sie die folgenden Zahlen durch Erweitern auf den Nenner 12.

a) $\frac{2}{3}$ b) 1 c) $\frac{5}{6}$
d) $\frac{7}{4}$ e) $\frac{20}{3}$ f) $\frac{11}{6}$

2 Zeichen Sie eine Zahlengerade mit einer Längeneinheit von 6 cm. Tragen Sie die folgenden Brüche ein und ordnen Sie sie der Größe nach.
$\frac{2}{3}$; $\frac{3}{4}$; $\frac{5}{6}$; $\frac{1}{4}$; $\frac{5}{12}$; $\frac{11}{12}$; $\frac{11}{6}$; $\frac{1}{3}$; $\frac{7}{6}$; $\frac{5}{4}$

3 Bringen Sie die Brüche auf einen gemeinsamen Nenner und vergleichen Sie ihre Werte.

a) $\frac{2}{9}$; $\frac{1}{3}$ b) $\frac{2}{5}$; $\frac{3}{7}$ c) $\frac{2}{5}$; $\frac{1}{4}$
d) $\frac{1}{3}$; $\frac{2}{7}$ e) $\frac{5}{12}$; $\frac{3}{8}$ f) $\frac{7}{24}$; $\frac{5}{16}$

4 Kürzen Sie die Brüche so weit wie möglich.

a) $\frac{21}{14}$ b) $\frac{48}{64}$ c) $\frac{24}{28}$
d) $\frac{35}{77}$ e) $\frac{52}{39}$ f) $\frac{63}{81}$
g) $\frac{55}{100}$ h) $\frac{48}{144}$ i) $\frac{54}{81}$

5 Ordnen Sie den Brüchen die passenden Dezimalzahlen zu.

$\frac{8}{5}$ $\frac{11}{25}$ $\frac{7}{4}$ 5,5 0,44
$\frac{11}{2}$ $\frac{17}{125}$ 1,75 0,064 1,6
$\frac{7}{8}$ $\frac{8}{125}$ 0,136 0,875

6 Berechnen Sie und kürzen Sie das Ergebnis so weit wie möglich.

a) $\frac{7}{6} + \frac{5}{6}$ b) $\frac{2}{3} - \frac{5}{3}$ c) $\frac{4}{7} + \frac{17}{7}$
d) $\frac{7}{8} - \frac{5}{8}$ e) $\frac{8}{9} + \frac{7}{9}$ f) $\frac{5}{12} - \frac{13}{12}$
g) $\frac{6}{7} - \frac{8}{7} - \frac{5}{7}$ h) $\frac{7}{5} - \frac{6}{5} + \frac{4}{5}$ i) $\frac{6}{4} - \frac{5}{4} - \frac{1}{4}$

Das kleinste gemeinsame Vielfache
(Aufgaben 7 und 8)
Das **kleinste gemeinsame Vielfache (kgV)** von zwei Zahlen a und b ist die kleinste Zahl, die sich durch a und b teilen lässt.
Man prüft die Vielfachen 2a, 3a usw. so lange bis b ein Teiler diesen Vielfachen ist. Ist es das erste Mal der Fall, hat man das kleinste Vielfache gefunden.
Z. B. wird das kgV von 9 und 15 bestimmt.
Die größere Zahl ist 15.
$15 \cdot 2 = 30$ 30 ist nicht durch 9 teilbar.
$15 \cdot 3 = 45$ 45 ist durch 9 teilbar,
Also ist 45 das kleinste gemeinsame Vielfache von 9 und 15.

Hauptnenner (Aufgabe 8)
Der Hauptnenner ist das kleinste gemeinsame Vielfache der beiden Nenner. Z. B. haben die die beiden Brüche $\frac{5}{9}$ und $\frac{11}{15}$ den Hauptnenner 45. Für die Berechnung einer Summe oder einer Differenz erweitert man auf diesen Nenner:
Die Summanden werden auf den Nenner 45 gebracht: $\frac{5}{9} + \frac{11}{15} = \frac{5 \cdot 5}{9 \cdot 5} + \frac{11 \cdot 3}{15 \cdot 3} = \frac{25 + 33}{45} = \frac{58}{45}$
Tipp: Vor der Hauptnennersuche beide Brüche vollständig kürzen. Z. B.
$\frac{4}{8} - \frac{5}{6} = \frac{1}{2} - \frac{5}{6} = \frac{1 \cdot 3}{2 \cdot 3} - \frac{5}{6} = \frac{3 - 5}{6} = -\frac{2}{6} = -\frac{1}{3}$

Multiplikation (Aufgabe 9)
Zwei Brüche werden multipliziert, indem man Zähler mit Zähler und Nenner mit Nenner multipliziert.
$\frac{a}{b} \cdot \frac{c}{d} = \frac{ac}{bd}$
Dabei lässt sich durch vorheriges Kürzen der Rechenaufwand verringern.
$\frac{4}{3} \cdot \frac{15}{8} = \frac{^{1}\cancel{4}}{_{1}\cancel{5}} \cdot \frac{\cancel{15}^{3}}{\cancel{8}_{2}} = \frac{12}{7}$
Tipp: Damit man auch Brüche mit ganzen Zahlen z multiplizieren kann, schreibt man $z = \frac{z}{1}$.

Division (Aufgabe 10)
Brüche werden dividiert, indem man den 1. Bruch mit dem Kehrwert des 2. Bruchs multipliziert.
$\frac{a}{b} : \frac{c}{d} = \frac{a}{b} \cdot \frac{d}{c} = \frac{ad}{bc}$
Auch hier sollte man vor der Multiplikation die möglichen gemeinsamen Faktoren kürzen.
$\frac{3}{4} : \frac{9}{8} = \frac{^{1}\cancel{3}}{_{1}\cancel{4}} \cdot \frac{\cancel{8}^{2}}{\cancel{9}_{3}} = \frac{2}{3}$
Tipp: Ist eine ganze Zahl z an der Division beteiligt, schreibt man $z = \frac{z}{1}$.

Grundwissen Test

Lösungen | Seite 301

7 Finden Sie das kleinste gemeinsame Vielfache der beiden Zahlen.

a) 7; 3 b) 15; 18 c) 9; 12
d) 6; 15 e) 13; 5 f) 2; 4; 5
g) 3; 7; 9 h) 12; 8; 24 i) 15; 20; 12

8 Berechnen Sie. Prüfen Sie zuerst, ob Sie kürzen können.

a) $\frac{7}{3} + \frac{5}{6}$ b) $\frac{5}{12} - \frac{7}{4}$ c) $\frac{8}{14} + \frac{3}{7}$
d) $\frac{12}{16} + \frac{3}{4} - \frac{1}{8}$ e) $\frac{7}{12} - \frac{2}{3} + \frac{1}{6}$ f) $\frac{3}{4} - \frac{2}{5} + \frac{1}{10}$
g) $\frac{7}{8} - \frac{2}{3}$ h) $\frac{9}{16} - \frac{5}{12}$ i) $\frac{9}{27} - \frac{8}{12}$
j) $\frac{5}{8} - \frac{6}{12} + \frac{1}{2}$ k) $\frac{7}{6} + \frac{3}{4} - \frac{1}{3}$ l) $\frac{5}{7} - \frac{21}{14} + \frac{3}{2}$

9 Berechnen Sie das Produkt. Kürzen Sie vor dem Multiplizieren.

a) $\frac{7}{6} \cdot \frac{15}{14}$ b) $\frac{2}{3} \cdot \frac{9}{4}$ c) $\frac{4}{5} \cdot \frac{15}{28}$
d) $\frac{25}{9} \cdot \frac{27}{45}$ e) $\frac{48}{15} \cdot \frac{50}{64}$ f) $\frac{45}{12} \cdot \frac{48}{36}$
g) $\frac{7}{12} \cdot 3$ h) $2 \cdot \frac{9}{8}$ i) $7 \cdot \frac{5}{14}$
j) $\frac{15}{12} \cdot \frac{4}{18} \cdot \frac{24}{50}$ k) $\frac{64}{5} \cdot \frac{35}{20} \cdot \frac{5}{28}$ l) $\frac{15}{28} \cdot \frac{8}{3} \cdot \frac{7}{5}$

10 Berechnen Sie den Quotienten. Vereinfachen Sie die Rechnung, indem Sie vor dem Dividieren kürzen.

a) $4 : \frac{16}{15}$ b) $\frac{8}{15} : 4$ c) $\frac{4}{5} : \frac{28}{15}$
d) $\frac{2}{3} : \frac{16}{15}$ e) $\frac{7}{5} : \frac{21}{55}$ f) $\frac{6}{7} : \frac{18}{28}$
g) $\frac{25}{7} : \frac{45}{63}$ h) $\frac{21}{15} : 7$ i) $\frac{45}{12} : \frac{48}{36}$
j) $\left(\frac{10}{21} : \frac{20}{14}\right) : \frac{1}{3}$ k) $\frac{25}{7} : \left(\frac{15}{21} \cdot \frac{3}{5}\right)$

11 Berechnen Sie.

a) $\left(\frac{2}{3} + \frac{8}{15}\right) \cdot 5$ b) $3 \cdot \left(\frac{1}{4} - \frac{5}{12}\right)$
c) $\left(\frac{5}{7} - \frac{10}{21}\right) : 5$ d) $\left(\frac{14}{9} + \frac{7}{6}\right) : 7$
e) $\frac{13}{4} : \left(\frac{3}{8} - \frac{11}{12}\right)$ f) $\frac{6}{11} \cdot \left(\frac{5}{18} - \frac{7}{12}\right)$
g) $2 \cdot \left(\frac{1}{6} - \frac{1}{9}\right) : \frac{1}{6}$ h) $\frac{4}{5} \cdot \left(\frac{3}{16} - \frac{7}{20}\right) : 13$

Prozentrechnen und prozentuale Veränderung

Prozente (Aufgaben 1 und 2)
Prozente sind Anteile mit dem Nenner 100.

1 Prozent bedeutet $\frac{1}{100}$; $1\,\% = \frac{1}{100}$.

p Prozent bedeutet $\frac{p}{100}$; $p\,\% = \frac{p}{100}$.

Grundwert, Prozentwert und Prozentsatz
(Aufgaben 3 und 4)
Beim Prozentrechnen ist der **Grundwert G** das Ganze und entspricht 100 %.
Der **Prozentwert W** ist der Anteil des Ganzen.
Der **Prozentsatz p %** gibt den Anteil in Prozent an.
Aufgaben der Prozentrechnung lassen sich mit dem Dreisatz oder der Grundformel der Prozentrechnung lösen. Diese ist

$\mathbf{W = G \cdot p\,\%}$ oder $\mathbf{W = G \cdot \frac{p}{100}}$.

Beispiel: Wie viel Euro sind 10 % von 75 €?
Der Prozentwert W ist gesucht,
Grundwert G = 75 €, Prozentsatz p % = 10 %.

$W = 75 \cdot \frac{10}{100}\,€ = 7{,}50\,€$

Der Prozentwert W beträgt 7,50 €.

Prozentuale Veränderungen (Aufgaben 5 und 6)
Prozentuale Veränderungen, d.h. Vermehrung und Verminderung, lassen sich mit dem **Prozentfaktor q** ausdrücken und berechnen:

Vermehrung	Verminderung	Prozentwert
$q = 1 + \frac{p}{100}$	$q = 1 - \frac{p}{100}$	$W = G \cdot q$

Beispiel: Der Preis eines Mountainbikes von 358 € wurde um 20 % reduziert. Wie hoch ist der neue Preis?

$q = 1 - \frac{20}{100} = 1 - 0{,}2 = 0{,}8$

$W = G \cdot q$
$W = 358\,€ \cdot 0{,}8 = 286{,}40\,€$
Der neue Preis des Mountainbikes beträgt 286,40 €.

Grundwissen Test

Lösungen | Seite 302

1 Ergänzen Sie die Tabelle.

Prozent	39 %	10 %			8,5 %		
Bruch	$\frac{39}{100}$		$\frac{17}{100}$			$\frac{18}{25}$	
Dezimalzahl	0,39			0,41			0,04

2 Geben Sie an, wie viel Prozent der Fläche orange gefärbt sind.

a)
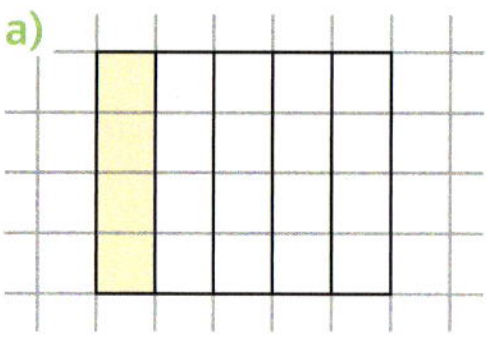
b)
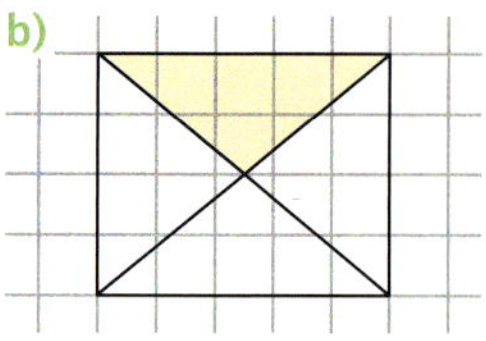
c)
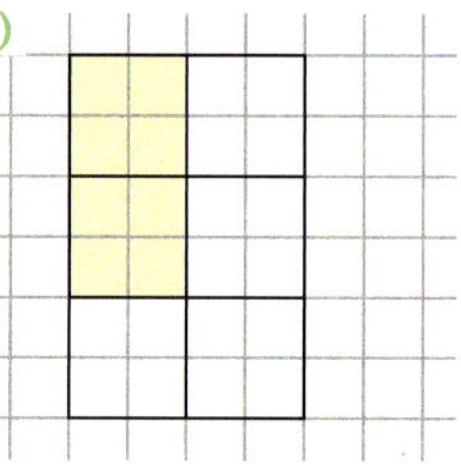
d)
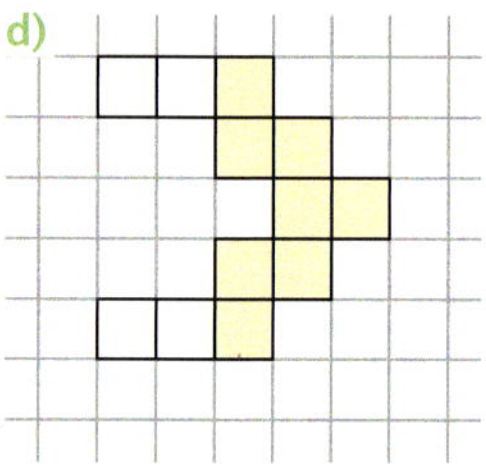

3 Berechnen Sie die fehlende dritte Größe.
a) Grundwert 420 €; Prozentsatz 56 %
b) Grundwert 120 km; Prozentwert 42 km
c) Prozentwert 264 kg; Prozentsatz 55 %

4 Lea kauft ein T-Shirt für 15,00 €. Der Verkäufer gewährt ihr darauf einen Rabatt von 20 %. Wie viel Euro spart Lea?

5 Berechnen Sie jeweils aus dem gegebenen Prozentsatz den veränderten Prozentfaktor q. Geben Sie q in der Prozent- und der Dezimalzahlschreibweise an.
a) 2 % Skonto
b) Preisnachlass um 35 %
c) Preiserhöhung um 22 %
d) Preisreduzierung um 5 %
e) Wertsteigerung um 4,5 %

6 Berechnen Sie den vermehrten bzw. den verminderten Grundwert.
a) 380 € vermehrt um 5 %
b) 256 hl vermindert um 25 %
c) 70 kg vermehrt um 21 %

Rechnen mit Potenzen mit natürlichem Exponenten

Potenzen

$a^n = \underbrace{a \cdot a \cdot a \cdot \ldots \cdot a}_{n \text{ Faktoren}}$ für $n \in \mathbb{N}^*$ und $a \in \mathbb{R}$.

a heißt **Basis** und n heißt **Exponent**.

Wichtige Potenzen (Aufgabe 1)

von 2	
$2^1 =$	2
$2^2 =$	4
$2^3 =$	8
$2^4 =$	16
$2^5 =$	32
$2^6 =$	64
$2^7 =$	128
$2^8 =$	256
$2^9 =$	512
$2^{10} =$	1024

von 3	
$3^1 =$	3
$3^2 =$	9
$3^3 =$	27
$3^4 =$	81
$3^5 =$	243

von 4	
$4^1 =$	4
$4^2 =$	16
$4^3 =$	64
$4^4 =$	256

von 5	
$5^1 =$	5
$5^2 =$	25
$5^3 =$	125
$5^4 =$	625
$5^5 =$	3125

von 6	
$6^1 =$	6
$6^2 =$	36
$6^3 =$	216

Rechnen mit Potenzen mit gleicher Basis
(Aufgaben 2 bis 4)
Potenzen mit gleicher Basis werden multipliziert (dividiert), indem man die Exponenten addiert (subtrahiert) und die Basis beibehält.

$$a^m \cdot a^n = a^{m+n}$$

z. B. $2^3 \cdot 2^4 = 2^{3+4} = 2^7 = 128$

bzw.

$$\frac{a^m}{a^n} = a^{m-n}$$

z. B. $\frac{2^9}{2^6} = 2^{9-6} = 2^3 = 8$

Rechnen mit Potenzen mit gleichem Exponenten
(Aufgaben 5 und 7)
Potenzen mit gleichem Exponenten werden multipliziert (dividiert), indem man die Basen multipliziert (dividiert), und den Exponenten beibehält.

$$a^n \cdot b^n = (a\,b)^n$$

z. B. $2^4 \cdot 5^4 = (2 \cdot 5)^4 = 10^4 = 10\,000$

bzw.

$$\frac{a^n}{b^n} = \left(\frac{a}{b}\right)^n;\ b \neq 0$$

z. B. $\frac{4^3}{8^3} = \left(\frac{4}{8}\right)^3 = \left(\frac{1}{2}\right)^3 = \frac{1}{8}$

Rechnen mit Potenzen von Potenzen
(Aufgaben 8 und 9)
Potenzen werden **potenziert**, indem man die Exponenten **multipliziert**.

$$(a^n)^m = a^{n \cdot m}$$

z. B. $(2^3)^2 = 2^{3 \cdot 2} = 2^6 = 64$

Man kann diese Beispiel-Rechnung auch mit obigen Rechenregeln berechnen.
$(2^3)^2 = 2^3 \cdot 2^3 = 2^{3+3} = 2^6$

Grundwissen Test

Lösungen | Seite 302

1 Ersetzen Sie die Platzhalter.

a) $6 \cdot 6 = 6^{\bigcirc} = \square$
b) $3^4 = \square$
c) $2^7 = \square$
d) $2^{10} = \square$
e) $6^{\square} = 216$
f) $\square^{\bigcirc} = 512$
g) $\square^{\bigcirc} = 243$
h) $2^{\square} = 64 = 4^{\bigcirc}$
i) $32 = 2^{\square} = 2 \cdot 2^{\bigcirc}$
j) $\square \cdot 5^3 = 625$

2 Schreiben Sie das Produkt als eine Potenz.

a) $3^3 \cdot 3^2$
b) $6^5 \cdot 6$
c) $2^6 \cdot 16$
d) $a^2 \cdot a^7$
e) $q^2 \cdot q^3 \cdot q$
f) $z^n \cdot z^2$
g) $3^n \cdot 3$
h) $4^{n+1} \cdot 4^n$
i) $2^n \cdot 8$

3 Schreiben Sie den Quotienten als Potenz.

a) $\frac{7^3}{7^2}$
b) $\frac{2^4}{2}$
c) $\frac{a^4}{a^2}$
d) $\frac{z^8}{z^5}$
e) $\frac{5^n}{5^3}$
f) $\frac{2^{n+3}}{2^2}$
g) $\frac{3^3}{27}$
h) $\frac{6^{k+2}}{36}$

4 Schreiben Sie als Potenz und berechnen Sie ohne Taschenrechner.

a) $\frac{5^4 \cdot 5^3}{5^5 \cdot 5}$
b) $\frac{2^6 \cdot 6^3}{16 \cdot 36}$
c) $\frac{125 \cdot 243}{50 \cdot 3^3}$

5 Welche Kärtchen gehören zusammen?

10^6 | 225 | $2^3 \cdot 3^3$ | $4^3 \cdot 3^3$ | 1 Million | 6^3

216 | $64 \cdot 27$ | $9 \cdot 25$ | 12^3 | 15^2 | $3^2 \cdot 5^2$ | $2^6 \cdot 5^6$

6 Berechnen Sie ohne Taschenrechner.

a) $\frac{4^4}{2^4}$
b) $\frac{10^3}{5^3}$
c) $\frac{12^7}{6^7}$
d) $\frac{35^2}{5^2}$
e) $\frac{6^3}{27}$
f) $\frac{10\,000}{5^4}$
g) $\frac{6^4}{3^3}$
h) $\frac{4^6}{2^7}$

7 Berechnen Sie ohne Taschenrechner.

a) $\frac{15 \cdot 3^3 \cdot 5^3}{15^4}$
b) $\frac{10^3 \cdot 5}{5^4}$
c) $\frac{12 \cdot 6^3}{6^4}$
d) $\frac{6^3 \cdot 5^3}{3^3}$
e) $\frac{6 \cdot 18^3}{6^4}$
f) $\frac{14^3 \cdot 3^3}{21^3}$

8 Schreiben Sie als Potenz.

a) $(2^2)^3$
b) $(4^3)^a$
c) $(b^7)^r$
d) $2 \cdot (2^5)^n$
e) $9 \cdot (3^5)^n$
f) $8 \cdot (2^2)^a$
g) $(2^2 \cdot 2^4)^m$
h) $(5 \cdot 5^4)^3$
i) $(a^n \cdot a)^{n+1}$

9 Vereinfachen Sie ohne Taschenrechner.

a) $\frac{(6^2)^3}{2^4 \cdot 3^5}$
b) $\frac{(3\,a^2)^3}{(\sqrt{3}\,a)^4}$
c) $\frac{(6\,x^4)^2}{18\,x^5}$
d) $\frac{(6^3)^2}{2^4 \cdot 3^4}$
e) $\frac{(10^2)^4}{125 \cdot 64}$
f) $\frac{(2^3\,a)^3}{16\,a^2}$

Wurzeln

Quadratwurzeln

Die Quadratwurzel einer positiven Zahl b ist diejenige positive Zahl a, die mit sich selbst multipliziert die Zahl b ergibt $b = a^2$.
Schreibweise $\sqrt{b} = a$.

Wichtige Quadratwurzeln natürlicher Zahlen

(Aufgaben 1 bis 2)

$\sqrt{1} = 1$	$\sqrt{64} = 8$	$\sqrt{225} = 15$
$\sqrt{4} = 2$	$\sqrt{81} = 9$	$\sqrt{256} = 16$
$\sqrt{9} = 3$	$\sqrt{100} = 10$	$\sqrt{289} = 17$
$\sqrt{16} = 4$	$\sqrt{121} = 11$	$\sqrt{324} = 18$
$\sqrt{25} = 5$	$\sqrt{144} = 12$	$\sqrt{361} = 19$
$\sqrt{36} = 6$	$\sqrt{169} = 13$	$\sqrt{400} = 20$
$\sqrt{49} = 7$	$\sqrt{196} = 14$	$\sqrt{625} = 25$

Kommaverschiebung beim Wurzelziehen

(Aufgabe 3)

Da $0{,}2 \cdot 0{,}2 = 0{,}04$ folgt für die Wurzel.

$\sqrt{4} = 2$	$\sqrt{225} = 15$
$\sqrt{0{,}04} = 0{,}2$	$\sqrt{2{,}25} = 1{,}5$
$\sqrt{0{,}0004} = 0{,}02$	$\sqrt{0{,}0225} = 0{,}15$

Das Komma verschiebt sich unter der Wurzel immer um 2 Stellen, im Ergebnis nur um 1 Stelle.

Quadratwurzeln bei Flächen (Aufgabe 4)

Wandelt man Flächenmaßeinheiten in Quadrate um, bekommt man eine bessere Vorstellung von der Größe einer Fläche.

Flächenmaß	Kantenlänge eines Quadrats
1 Quadratkilometer = $1\,km^2$ = 100 ha (Hektar) = $1\,000\,000\,m^2$	1000 m
1 ha = 100 a (Ar) = $10\,000\,m^2$	100 m
1 a = $100\,m^2$	10 m
$1\,m^2 = 100\,dm^2$	1 m = 10 dm
$1\,dm^2 = 100\,cm^2$	1 dm = 10 cm
$1\,cm^2 = 100\,mm^2$	1 cm = 10 mm

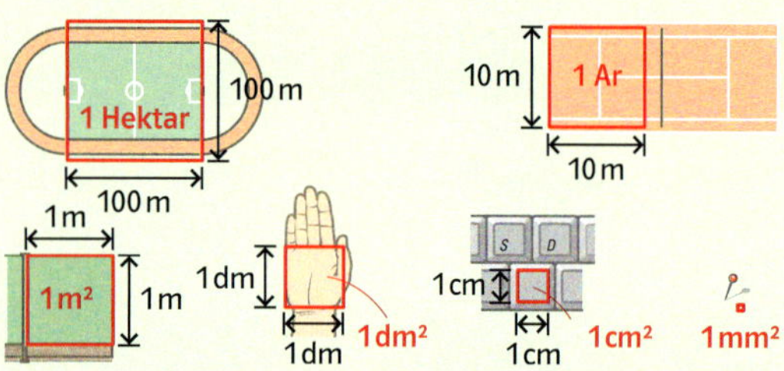

Grundwissen Test Lösungen | Seite 302

1 Bestimmen Sie die Qudratwurzel ohne Taschenrechner.

a) $\sqrt{64}$ b) $\sqrt{121}$ c) $\sqrt{225}$
d) $\sqrt{324}$ e) $\sqrt{144}$ f) $\sqrt{169}$
g) $\sqrt{289}$ h) $\frac{\sqrt{324}}{\sqrt{81}}$ i) $\frac{\sqrt{144}}{\sqrt{36}}$

2 Ergänzen Sie die fehlenden Ziffern in Ihrem Heft.

a) $\sqrt{1\square 4} = 1\square$ b) $\sqrt{2\square 9} = 1\square$
c) $\sqrt{3\square 4} = 1\square$ d) $\sqrt{3\square 1} = 1\square$
e) $\frac{\sqrt{1\square 9}}{\sqrt{\square 9}} = \frac{1\square}{\square}$ f) $\frac{\sqrt{1\square 1}}{\sqrt{\square 1}} = \frac{1\square}{\square}$
g) $\frac{\sqrt{2\square 5}}{\sqrt{\square\square 5}} = \frac{1\square}{\square 5} = \frac{3}{5}$ h) $\frac{\sqrt{\square\square 0}}{\sqrt{\square 5}} = \frac{2\square}{\square} = 4$
i) $\frac{\sqrt{\square\square 4}}{\sqrt{3\square}} = 2$ j) $\frac{\sqrt{2\square 6}}{\sqrt{1\square 4}} = \frac{1\square}{1\square}$

3 Bestimmen Sie die Quadratwurzel ohne Taschenrechner.

a) $\sqrt{0{,}0004}$ b) $\sqrt{0{,}0169}$ c) $\sqrt{1{,}69}$
d) $\sqrt{1{,}44}$ e) $\sqrt{0{,}0289}$ f) $\sqrt{2{,}89}$
g) $\sqrt{0{,}0625}$ h) $\sqrt{6{,}25}$ i) $\sqrt{0{,}0225}$
j) $\sqrt{0{,}0049}$ k) $\sqrt{0{,}81}$ l) $\sqrt{0{,}0009}$

4 Bestimmen Sie die Kantenlänge des Quadrats.
Welche Quadrate sind gleich groß?

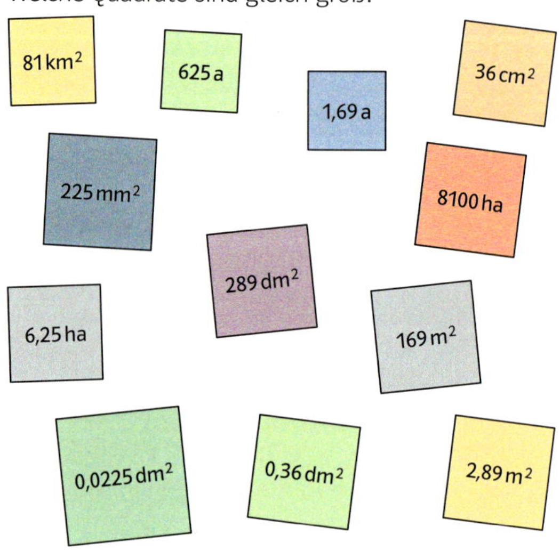

Kubikwurzeln (Aufgabe 5)
Die Kubikwurzel einer positiven Zahl b ist diejenige positive Zahl a, deren 3. Potenz gleich der Zahl b ist: $a^3 = b$.
Schreibweise: $\sqrt[3]{b} = a$

Beispiel:
$\sqrt[3]{216} = \sqrt[3]{6^3} = 6$, da $6 \cdot 6 \cdot 6 = 216$
$\sqrt[3]{1000} = \sqrt[3]{10^3} = 10$, da $10 \cdot 10 \cdot 10 = 1000$
$\sqrt[3]{0{,}512} = \sqrt[3]{0{,}8^3} = 0{,}8$, da $0{,}8 \cdot 0{,}8 \cdot 0{,}8 = 0{,}512$

Kubikwurzeln und Volumen (Aufgabe 6)
Damit man eine bessere Vorstellung von einer räumlichen Größe bekommt, kann man die Kantenlänge eines Würfels für dieses Volumen berechnen.

$1\,m^3 = 1000\,dm^3$
$1\,dm^3 = 1000\,cm^3 = 1\,l$
$1\,cm^3 = 1\,ml$

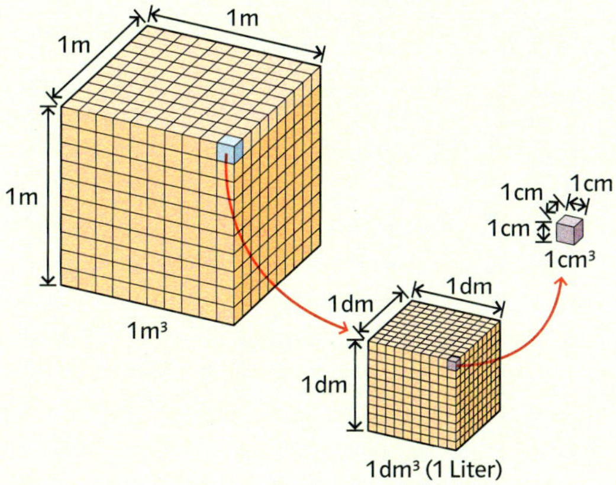

Volumen	Kantenlänge eines Würfels
1 Kubikmeter = 1000 Liter $1\,m^3 = 1000\,dm^3 = 1000\,l$	1 m = 10 dm
$1\,dm^3 = 1\,l = 1000\,cm^3$	1 dm = 10 cm
$1\,cm^3 = 1000\,mm^3$	1 cm = 10 mm

Die n-te Wurzel (Aufgabe 7)
Die n-te Wurzel einer positiven Zahl b ist diejenige positive Zahl a, deren n-te Potenz gleich der Zahl b ist: $a^n = b$.
Schreibweise: $\sqrt[n]{b} = a$.
Beispiele:
$\sqrt[5]{100\,000} = \sqrt[5]{10^5} = 10$, denn $10^5 = 100\,000$
$\sqrt[4]{81} = \sqrt[4]{3^4} = 3$, denn $3^4 = 81$

Grundwissen Test Lösungen | Seite 303

5 ☒ Bestimmen Sie die Kubikwurzel ohne Taschenrechner.

a) $\sqrt[3]{8}$ b) $\sqrt[3]{1000}$ c) $\sqrt[3]{27}$
d) $\frac{\sqrt[3]{216}}{\sqrt[3]{27}}$ e) $\frac{\sqrt[3]{125}}{\sqrt[3]{8}}$ f) $\frac{\sqrt[3]{512}}{\sqrt[3]{64}}$
g) $\sqrt[3]{64a^3}$ h) $\sqrt[3]{0{,}001x^3}$ i) $\sqrt[3]{125y^3}$
j) $\sqrt[3]{0{,}064a^3}$ k) $\sqrt[3]{0{,}125}$ l) $\sqrt[3]{0{,}027}$

6 Bestimmen Sie die Kantenlänge des Würfels. Welche Würfel sind gleich groß?

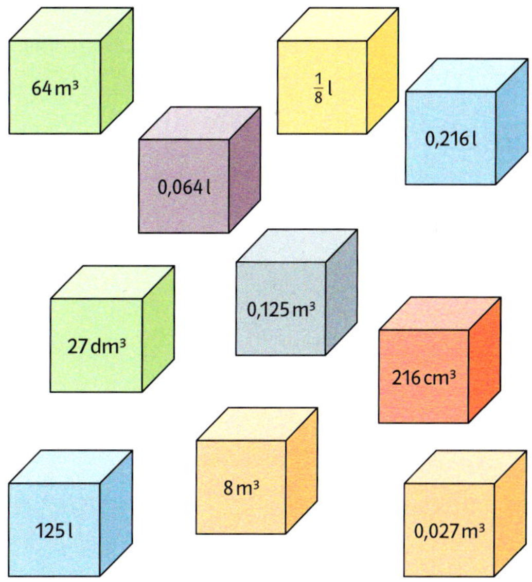

7 Bestimmen Sie mithilfe der Tabellen (S. 235)

a) $\sqrt[4]{625}$ b) $\sqrt[4]{16}$ c) $\sqrt[5]{243}$
d) $\sqrt[5]{3125}$ e) $\sqrt[7]{128}$ f) $\sqrt[9]{512}$
g) $\sqrt[6]{64}$ h) $\frac{\sqrt[8]{256}}{\sqrt[4]{16}}$ i) $\frac{\sqrt[4]{625}}{\sqrt[4]{81}}$

Koordinatensystem

Koordinatensystem (Aufgaben 1 bis 5)
Ein Koordinatensystem besteht aus zwei Zahlengeraden, die sich rechtwinklig schneiden. Die Zahlengeraden werden **Achsen** genannt. Die Achseneinteilung (Längeneinheit) nennt man **Skalierung**. Der Schnittpunkt ist der Nullpunkt der jeweiligen Zahlengraden; dieser Schnittpunkt wird **Ursprung O** genannt. Die Zahlengeraden werden als **x-** und **y-Achsen** bezeichnet. In manchen Situationen wählt man unterschiedliche Skalierungen der Achsen. Die Pfeile der Achsen zeigen jeweils in die positive Richtung.

x-Achse
Die horizontale Achse ist die **x-Achse**. Sie wird durch einen Pfeil nach rechts gekennzeichnet, über dem ein x steht.

y-Achse
Die vertikale Zahlengeraden ist die **y-Achse**.
Sie erhält einen Pfeil nach oben, man schreibt ein y daneben.

Quadranten (Aufgabe 1)
Die Koordinatenachsen teilen die Ebene in vier Quadranten ein, wobei die Punkte auf den begrenzenden Achsen zu keinem Quadranten gehören. Die Quadranten werden gegen den Uhrzeigersinn durchnummeriert und mit den römischen Ziffern I bis IV bezeichnet.

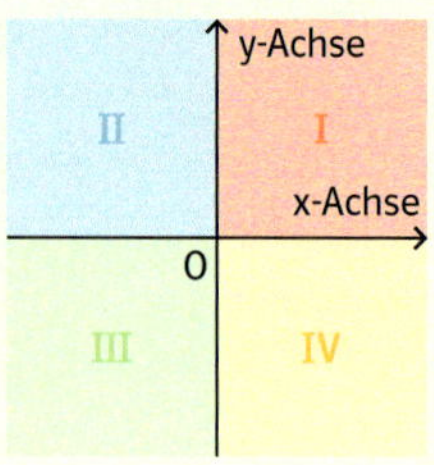

Koordinaten (Aufgaben 3 und 4)
Jedem Punkt P in der Ebene kann man eindeutig einen x-Wert und einen y-Wert zuordnen. Diese Werte nennt man die **x-Koordinate** und **y-Koordinate** des Punktes P.

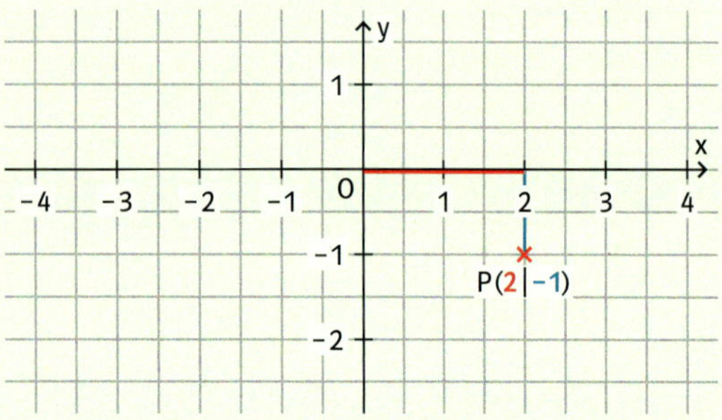

Grundwissen Test Lösungen | Seite 303

1 Gegeben ist der Punkt P(x | y). Machen Sie Aussagen über die Vorzeichen von x und y.
(1) P liegt im ersten Quadranten, wenn …
(2) P liegt im zweiten Quadranten, wenn …
(3) P liegt im dritten Quadranten, wenn …
(4) P liegt im vierten Quadranten, wenn …

2 Wählen Sie die geeignete Skalierung.

a)
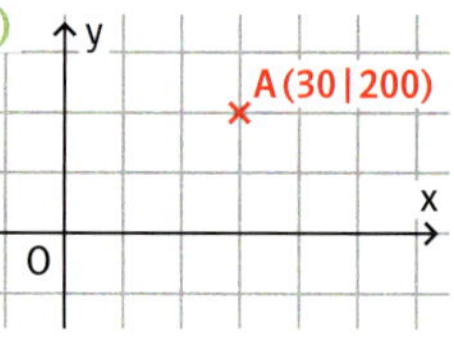

b)
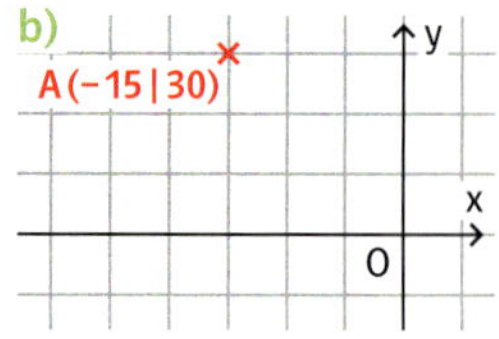

3 Die Punkte A, B und C sollen jeweils in ein Koordinatensystem eingetragen werden. Wählen Sie eine geeignete Skalierung und tragen Sie die Punkte ein.
a) A(10 | 100); B(20 | 150); C(30 | 200)
b) A(100 | 1); B(−100 | −2); C(150 | 3)
c) A(0,1 | 10); B(0,4 | 40); C(−0,2 | 20)

4 a) Zeichnen Sie ein Koordinatensystem. Tragen Sie die Punkte A bis H ein.
A(−2 | 1); B(−1 | −1); C(0 | 1); D(1 | −2); E(0,9 | 2); F(1,5 | −1); G(−1 | 0) und H(2 | 2)
b) Welche Punkte liegen
(1) auf der x-Achse?
(2) oberhalb der x-Achse?
(3) rechts von der y-Achse?
(4) auf der Geraden $y = 1$?
(5) unterhalb der Geraden $y = 1$?

5 Zeichnen Sie das Dreieck ABC in ein Koordinatensystem ein und spiegeln Sie es an der x-Achse. Es entsteht das Dreieck A'B'C'. Anschließend wird das Dreieck A'B'C' an der y-Achse gespiegelt, es entsteht das Dreieck A"B"C". Geben Sie die Koordinaten der Eckpunkte A'; A"; B'; B"; C' und C" an.
a) (1) A(1 | 2), B(3 | 2), C(2 | 4)
(2) A(1 | 1), B(3 | 0), C(1,5 | −2)
(3) A(1 | −1), B(2 | 0,5), C(0 | 2)
b) Welche Koordinaten haben vermutich die Eckpunkte, wenn Sie das Dreieck ABC an der y-Achse spiegeln? Überprüfen Sie Ihre Vermutung mit der Zeichnung.

Koordinaten ablesen (Aufgabe 6)
Jedem Punkt im Koordinatensystem lassen sich die Koordinaten eindeutig zuordnen.
Punkte, die auf der x-Achse liegen, haben die y-Koordinate 0, bei Punkten auf der y-Achse muss die x-Koordinate 0 sein.

Besondere Geraden (Aufgaben 7 und 8)
Parallele zur y-Achse
Alle Punkte, deren x-Koordinate eine feste Zahl a ist, liegen auf einer Geraden, die parallel zur y-Achse verläuft; ihre Gleichung ist $x = a$.
Die y-Achse hat die Gleichung $x = 0$.

Parallele zur x-Achse
Alle Punkte deren y-Koordinate eine feste Zahl b ist, liegen auf einer Geraden, die parallel zur x-Achse verläuft; ihre Gleichung ist $y = b$.
Die x-Achse hat die Gleichung $y = 0$.

Die Winkelhalbierenden
Alle Punkte, deren x-Koordinate und y-Koordinate gleich sind, liegen auf der 1. Winkelhalbierenden.
Sie hat die Gleichung $y = x$.

Alle Punkte, deren y-Koordinate gleich der negativen x-Koordinate ist, liegen auf der 2. Winkelhalbierenden.
Sie hat die Gleichung $y = -x$.

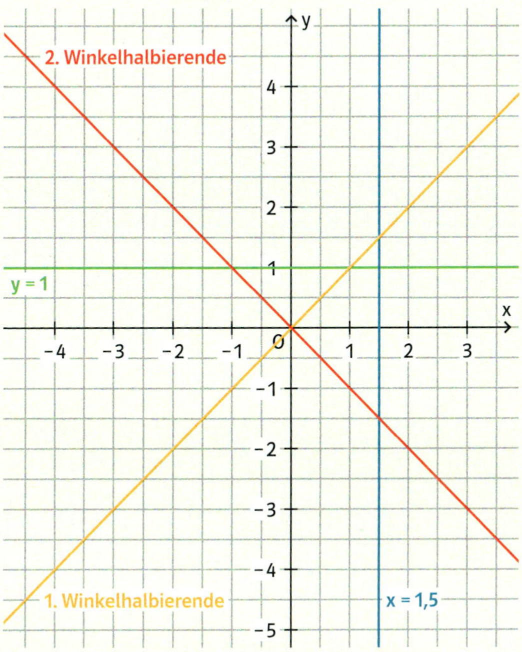

Grundwissen Test Lösungen | Seite 304

6 a) Bestimmen Sie die Koordinaten der Punkte.

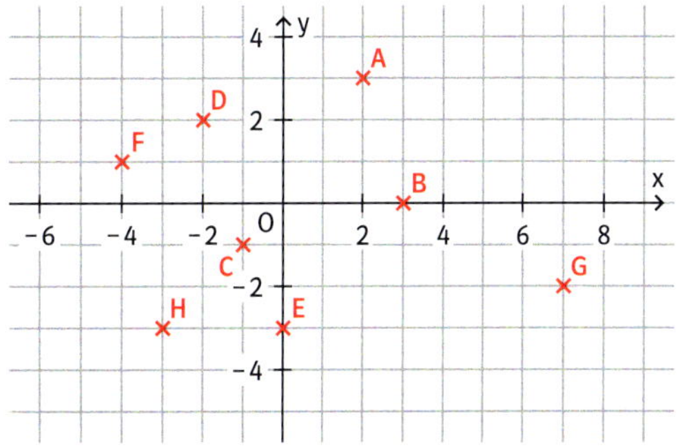

b) Gibt es Punkte, deren x-Koordinate und y-Koordinate identisch sind?
c) Wie erkennen Sie an den Koordinaten, ob ein Punkt auf der x-Achse liegt? Wann liegt er auf der y-Achse?

7 Zeichnen Sie ein Koordinatensystem. Markieren Sie jeweils drei Punkte in der angegeben Farbe. Geben Sie die Gleichung der Geraden an, die durch diese drei Punkte geht, und zeichnen Sie diese ein.
a) blau: Punkte mit der x-Koordinate 3
b) grün: Punkte mit der y-Koordinate 2
c) orange: Punkte, deren x-Koordinate und y-Koordinate gleich sind
d) rot: Punkte, deren y-Koordinate die negative x-Koordinate ist

8 Geben Sie die Gleichungen der zwei Koordinatenachsen und der Geraden g_1 bis g_9 an.

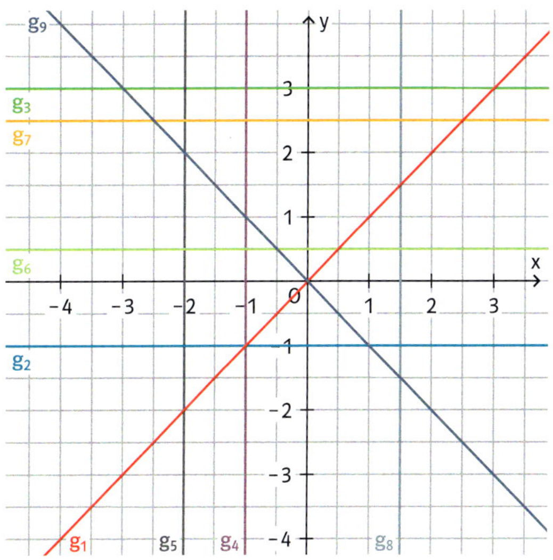

Geraden im Koordinatensystem

Hauptform der Geradengleichung
(Aufgaben 1 und 2)
Eine Gerade g wird durch die Geradengleichung
g: $y = m \cdot x + b$ beschrieben.
Mithilfe von **Steigung m** und **y-Achsenabschnitt b** wird die Gerade g eindeutig bestimmt.
Die Geradengleichung wird auch **Hauptform der Geradengleichung** genannt.

Beispiel: Für die Gerade $y = -2x - 6$ gilt: $b = -6$ ist der y-Achsenabschnitt, d.h. die Gerade schneidet die y-Achse in $S_y(0\,|\,-6)$, ihre Steigung ist $m = -2$.

Steigungsdreieck (Aufgaben 3 und 4)
An einem Steigungsdreieck kann die Steigung der Geraden abgelesen werden.

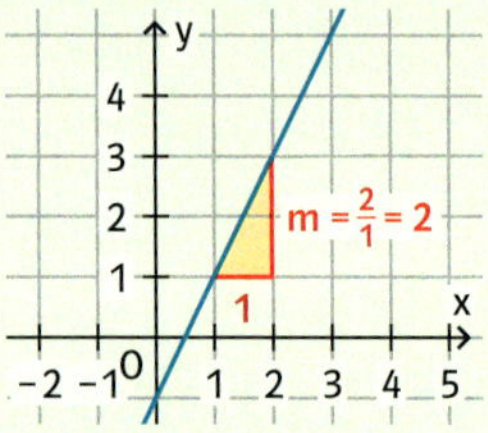

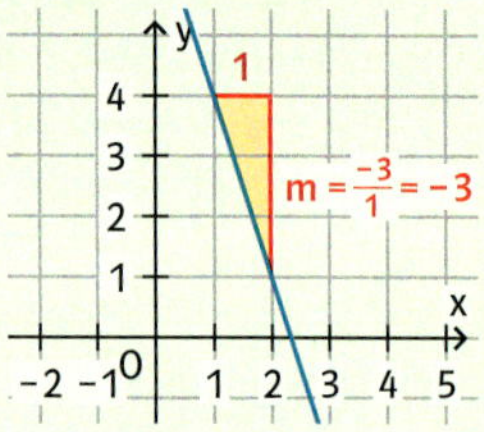

Ist die Steigung $m = 0$, verläuft die Gerade parallel zur y-Achse. Zwei Geraden sind zueinander **parallel**, wenn sie die gleiche Steigung haben.

Punktprobe (Aufgaben 5 und 6)
Wird die y-Koordinate für einen Punkt gesucht, der auf einer gegebenen Geraden liegt, kann sie durch Einsetzen der x-Koordinate in die Geradengleichung bestimmt werden.

$P(2\,|\,a)$ liegt auf Geraden g mit g: $y = -\frac{5}{2} \cdot x + 1$, wenn $a = -\frac{5}{2} \cdot 2 + 1 = -4$ ist. Ist die y-Koordinate bekannt, kann die x-Koordinate des Punktes bestimmt werden. Dazu wird die y-Koordinate eingesetzt und die Gleichung nach x aufgelöst.

$P(b\,|\,6)$ liegt auf der Geraden g mit g: $y = -\frac{5}{2} \cdot x + 1$, wenn $-\frac{5}{2} \cdot b + 1 = 6$, d.h. $b = -2$.
Ein Punkt $P(x_P\,|\,y_P)$ liegt auf einer Geraden g mit der Gleichung g: $y = m \cdot x + b$, wenn seine Koordinaten die Geradengleichung erfüllen, d.h. wenn gilt: $y_P = m \cdot x_P + b$.
Der Punkt $P(2\,|\,-4)$ liegt auf der Geraden g: $y = -\frac{5}{2} \cdot x + 1$, denn $-\frac{5}{2} \cdot 2 + 1 = -4$ ist eine wahre Aussage.
Der Punkt $Q(3\,|\,-7)$ liegt nicht auf der Geraden g: $y = -\frac{5}{2} \cdot x + 1$, denn $-\frac{5}{2} \cdot 3 + 1 = -6{,}5 \neq -7$ ist eine falsche Aussage.

Grundwissen Test

Lösungen | Seite 304

1 Gegeben ist die Gleichung einer Geraden. Geben Sie die Steigung m und den y-Achsenabschnitt b an.
a) $y = 5x - 8$ b) $y = 7 + 2x$ c) $y = 4x + 8$

2 In welchem Punkt schneidet die Gerade die y-Achse?
a) $y = 0{,}3x - 1$ b) $y = 4x + \frac{1}{3}$ c) $y = 5x$

3 a) Sind die Geraden g und h parallel zueinander? Begründen Sie.
g: $y = -2{,}5x + 7$ h: $y = -\frac{5}{2}x - 1$
b) Wie muss a gewählt werden, damit die Geraden g und h parallel zueinander sind?
g: $y = -3x + 7$ h: $y = \frac{a}{2}x - 1$

4 Lesen Sie die Steigung m und den y-Achsenabschnitt b der Geraden f, g, h und i aus der Zeichnung ab.

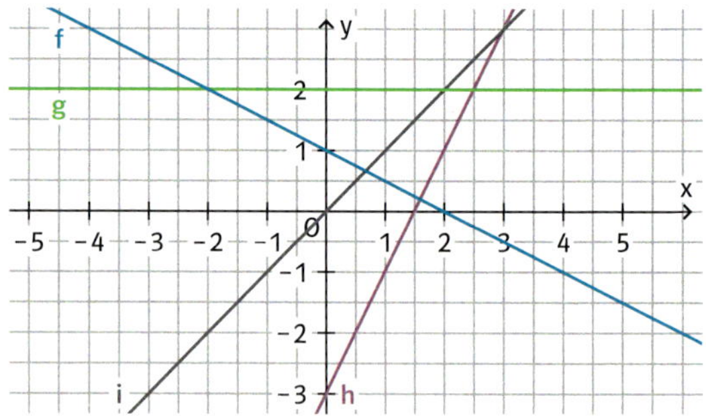

5 Bestimmen Sie die fehlende Koordinate so, dass der Punkt P auf der Geraden g mit g: $y = \frac{2}{3}x - 2$ liegt.
a) $P(3\,|\,\square)$ b) $P(-3\,|\,\square)$
c) $P(1{,}5\,|\,\square)$ d) $P(\square\,|\,2)$
e) $P(\square\,|\,-6)$ f) $P(\square\,|\,-3)$
g) Gibt es einen Punkt mit gleichen x- und y-Koordinaten?

6 Prüfen Sie, ob die Punkte P bzw. Q auf der Geraden g liegen.
a) Punkte $P(5\,|\,11)$ und $Q(-1\,|\,1)$
Gerade g: $y = 2 \cdot x + 1$
b) Punkte $P(2\,|\,4)$ und $Q(-1\,|\,5)$
Gerade g: $y = -3 \cdot x + 2$
c) Punkte $P(0\,|\,1)$ und $Q(-4\,|\,-5)$
Gerade g: $y = -x + 1$
d) Punkte $P(2\,|\,3)$ und $Q(-1\,|\,2)$
Gerade g: $y = 3$

Geradengleichung mit einem Punkt und der Steigung aufstellen (Aufgabe 7)
Eine Gerade g ist durch einen beliebigen Punkt $P(x_P \mid y_P)$ und die Steigung m eindeutig bestimmt. Der y-Achsenabschnitt b lässt sich mithilfe der Punktprobe berechnen, wenn m bekannt ist:
$\mathbf{y_P = m \cdot x_P + b}$.
So lässt sich die Hauptform der Geradengleichung mit Steigung 2 durch den Punkt $P(4 \mid 3)$ berechnen:
$3 = 2 \cdot 4 + b \quad \mid -8$
$b = -5$
Die Geradengleichung ist $g\colon y = 2x - 5$.

Gleichung einer Geraden durch zwei Punkte (Aufgabe 8)
Aus den Koordinaten zweier Punkte $P(x_P \mid y_P)$ und $Q(x_Q \mid y_Q)$, die auf der Geraden liegen, lässt sich die Steigung der Geraden ermitteln, wenn die x-Koordinaten der beiden Punkte verschieden sind:

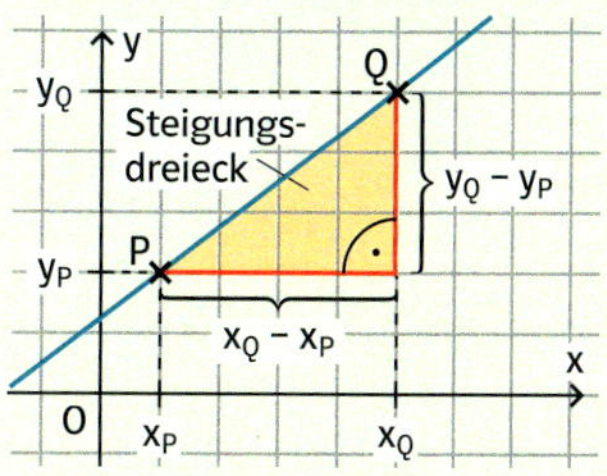

$m = \frac{y_Q - y_P}{x_Q - x_P}$

Für die Punkte $P(1 \mid 2)$ und $Q(4 \mid 11)$ ergibt das:
$m = \frac{11-2}{4-1} = \frac{9}{3} = 3$, also $y = 3x + b$.
Mit der Punktprobe von P oder Q lässt sich die Geradengleichung der Gerade g bestimmen:
Punktprobe mit $P(1 \mid 2)$
$2 = 3 \cdot 1 + b \quad \mid -3$
liefert $b = -1$.
Man erhält die Geradengleichung $g\colon y = 3x - 1$.

Zeichnen einer Geraden (Aufgaben 9 und 10)
Zeichnen der Geraden $y = -\frac{1}{2}x + 1$.
1. Schnittpunkt mit der y-Achse markieren: $S_y(0 \mid 1)$.
2. Steigungsdreieck zeichnen: Von S_y entweder
   1 in x-Richtung und $-\frac{1}{2}$ in y-Richtung oder
   2 in x-Richtung und -1 in y-Richtung gehen.
3. Gerade g zeichnen.

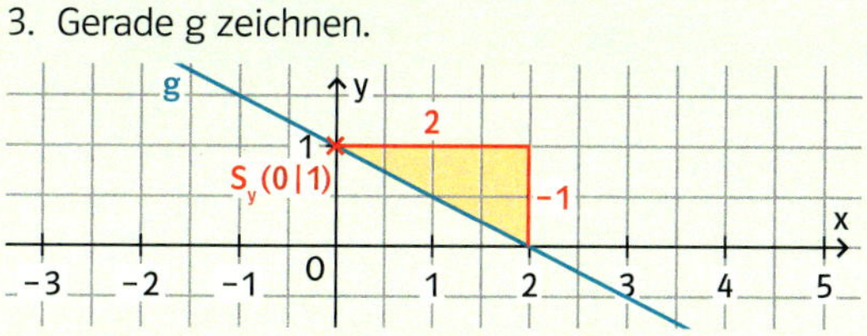

Grundwissen Test → Lösungen | Seite 305

7 Bestimmen Sie die Geradengleichung für die Gerade g mit Steigung m, die durch den Punkt P verläuft.
a) $P(3 \mid 5)$ und $m = -2$
b) $P(4 \mid -1)$ und $m = \frac{1}{2}$
c) $P(10 \mid 5)$ und $m = -0{,}1$
d) $P(1 \mid -0{,}5)$ und $m = 0$
e) $P(6 \mid 7)$ und $m = \frac{4}{3}$
f) $P(-20 \mid 15)$ und $m = -0{,}2$

8 Bestimmen Sie die Geradengleichung der Geraden g durch die Punkte P und Q.
a) $P(1 \mid 3)$; $Q(4 \mid 1)$
b) $P(5 \mid 1)$; $Q(2 \mid -2)$
c) $P(-2 \mid -1)$; $Q(-1 \mid 3)$
d) $P(1 \mid -1)$; $Q(5 \mid -1)$
e) $P(1 \mid -3)$; $Q(-1 \mid 4)$
f) $P(-2 \mid 2)$; $Q(-1 \mid 2)$

9 Zeichnen Sie die drei Geraden f, g und h in ein Koordinatensystem.
a) $f\colon y = 2x - 2$; $g\colon y = \frac{1}{3}x + 1$ und $h\colon y = -3x$
b) $f\colon y = \frac{3}{4}x - 3$; $g\colon y = -1$ und $h\colon y = -\frac{4}{3}x$

10 Zeichnen Sie jeweils die Geraden f, g, h und i in ein Koordinatensystem und schraffieren Sie die Fläche, die von den Geraden begrenzt wird. Welche Figur erkennen Sie?
a) $f\colon y = 2x + 3$; $g\colon y = 2x - 1$; $h\colon y = -2x - 3$; $i\colon y = -2x + 1$
b) $f\colon y = \frac{1}{2}x - 1$; $g\colon y = -2x - 1$; $h\colon y = \frac{1}{2}x + 1{,}5$; $i\colon y = -2x + 4$
c) $f\colon y = \frac{1}{3}x - 1$; $g\colon y = -x - 3$; $h\colon y = \frac{1}{3}x + 1{,}5$; $i\colon y = -x + 3$
d) $f\colon y = -\frac{2}{5}x + 1$; $g\colon y = x$; $h\colon y = -\frac{2}{5}x - 1$; $i\colon y = x - 2$

Parabeln

Normalparabel

Eine Normalparabel ist der Graph der quadratischen Funktion $y = x^2$. Der **Scheitel** der Normalparabel ist ihr tiefster Punkt; er liegt im Ursprung. Die Normalparabel ist zur y-Achse symmetrisch. Mit diesen sieben Punkten aus der Wertetabelle kann man eine Parabel bereits zeichnen.

x	−2	−1	−0,5	0	0,5	1	2
y	4	1	0,25	0	0,25	1	4

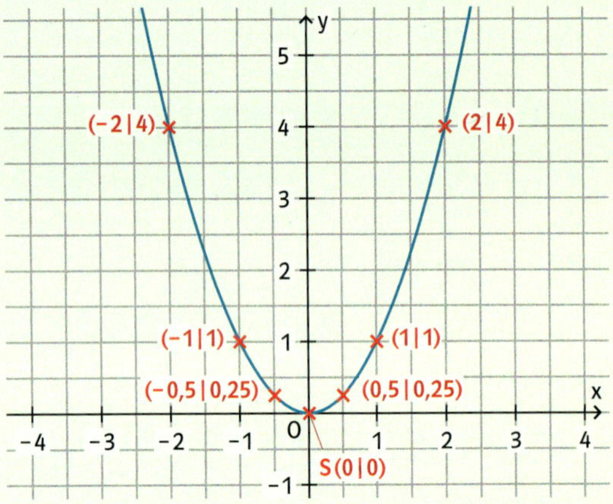

Gestreckte Parabeln (Aufgaben 1 bis 3)

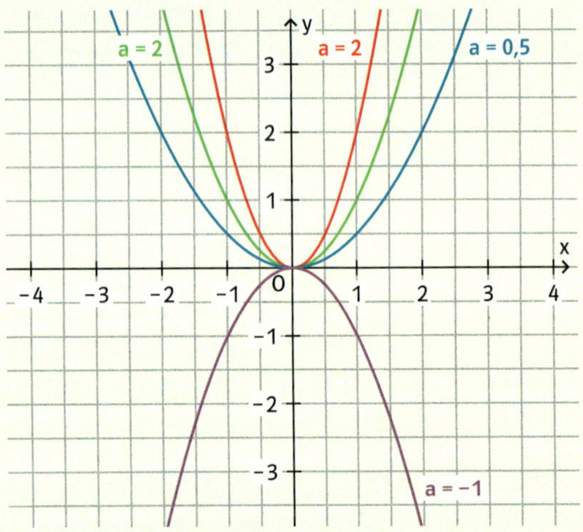

Die Parabel mit der Funktionsgleichung $p: y = ax^2$ hat eine andere Form als die Normalparabel. Den Wert von a kann man bei $x = 1$ ablesen.

$0 < a < 1$	flacher als Normalparabel.
$a = 1$	Normalparabel.
$1 < a$	steiler als Normalparabel.
$0 < a$	nach oben geöffnete Parabel.
$a < 0$	nach unten geöffnete Parabel.

Grundwissen Test → Lösungen | Seite 306

1 Erstellen Sie eine Wertetabelle mit sieben Punkten und zeichnen Sie damit die Parabeln.

a) $p: y = 2x^2$
b) $p: y = 1{,}5x^2$
c) $p: y = \frac{1}{2}x^2$
d) $p: y = \frac{1}{4}x^2$
e) $p: y = -\frac{1}{2}x^2$
f) $p: y = -\frac{1}{4}x^2$
g) $p: y = -x^2$
h) $p: y = -2x^2$

2 Ordnen Sie die Parabeln den Gleichungen auf den Karten zu.

$p_1: y = \frac{1}{4}x^2$ $p_2: y = -2{,}5x^2$ $p_3: y = -\frac{1}{2}x^2$

$p_4: y = -1{,}5x^2$ $p_5: y = 2x^2$ $p_6: y = 1{,}5x^2$

$p_7: y = -\frac{3}{4}x^2$ $p_8: y = \frac{2}{3}x^2$

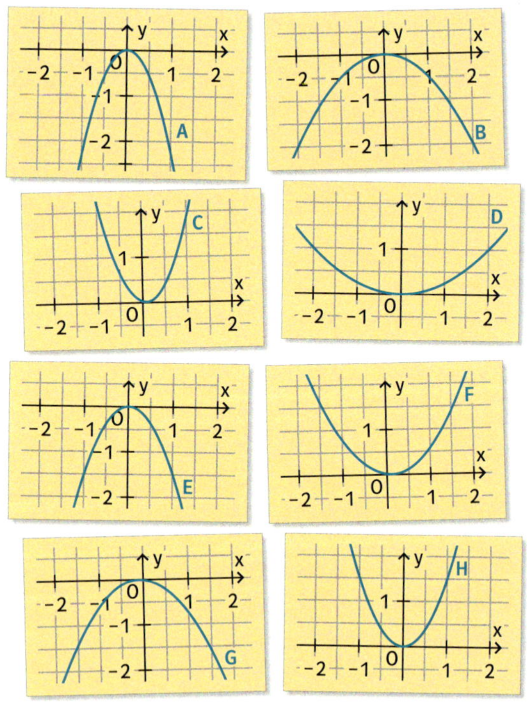

3 Bestimmen Sie die Zahl a so, dass die Parabel $p: y = ax^2$ durch den Punkt P geht.

a) P(1 | 3)
b) P(1 | −1,8)
c) P(−1 | 2)
d) P(−1 | −1,5)
e) P(2 | 2)
f) P(2 | −1)
g) P(3 | 1)
h) P(4 | −4)
i) P(5 | 15)

Verschobene Parabeln (Aufgaben 4 bis 6)
Die Parabel mit der Gleichung **p: $y = (x - d)^2 + e$** hat den Scheitel $S(d \mid e)$. Sie ist eine um d Einheiten in x-Richtung und um e Einheiten in y-Richtung verschobene Normalparabel.

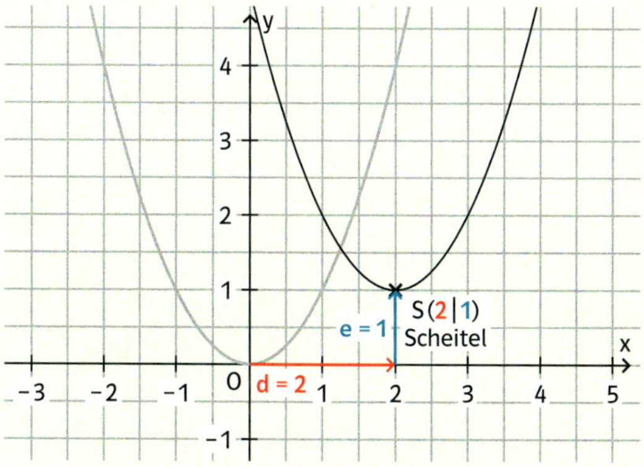

Bei der Parabelgleichung **in Scheitelform**
p: $y = (x - 2)^2 + 1$ ist $d = 2$ und $e = 1$.
Die Parabel ist um 2 Einheiten nach rechts und um 1 Einheit nach oben verschoben.

Schnittpunkte mit den Achsen (Aufgabe 7)
Am Schnittpunkt mit der y-Achse ist $x = 0$. An den Schnittpunkten mit der x-Achse gilt $y = 0$.

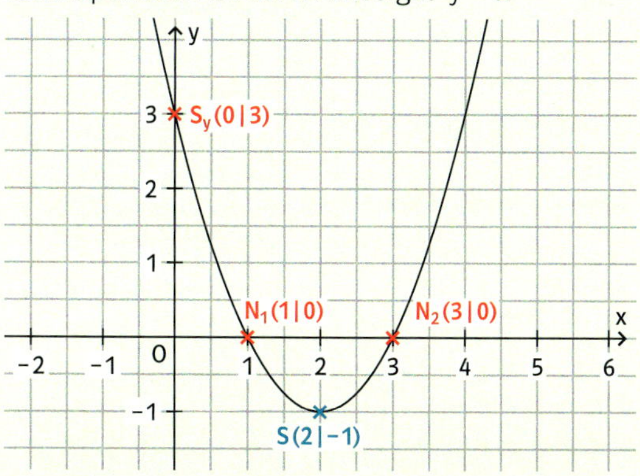

Achsenschnittpunkte der Parabel **p: $y = (x - 2)^2 - 1$**:
Einsetzen von $x = 0$ ergibt den Schnittpunkt mit der y-Achse: $y = (0 - 2)^2 - 1 = 3$. Damit ist $S_y(0 \mid 3)$ der **Schnittpunkt mit der y-Achse**.
Aus dem Graphen lassen sich die Schnittpunkte mit der x-Achse ablesen: $N_1(1 \mid 0)$ und $N_2(3 \mid 0)$.
Mit der Punktprobe werden die Nullstellen $x = 1$ und $x = 3$ geprüft:
$(1 - 2)^2 - 1 = 0$ und $(3 - 2)^2 - 1 = 0$.
Bei $y = (x - d)^2$ gibt es nur einen **Schnittpunkt mit der x-Achse**; der Scheitel $S(d \mid 0)$ liegt auf der x-Achse.

Grundwissen Test → Lösungen | Seite 307

4 Geben Sie die Koordinaten des Scheitels S der Parabel an. Zeichnen Sie die Parabel dann in ein Koordinatensystem.
a) p: $y = (x - 2)^2 + 3$ b) p: $y = (x + 1)^2 + 2$
c) p: $y = (x + 3)^2 - 6$ d) p: $y = (x - 4)^2 - 7$

5 Eine verschobene Normalparabel hat den Scheitel S. Geben Sie die Gleichung der Parabel in der Scheitelform an.
a) S(3 | 2) b) S(4 | −3) c) S(−2 | 1)
d) S(−3 | −6) e) S(0 | 1) f) S(−5 | 0)

6 Geben Sie für die Parabeln p_1 bis p_4 jeweils die Gleichung an.

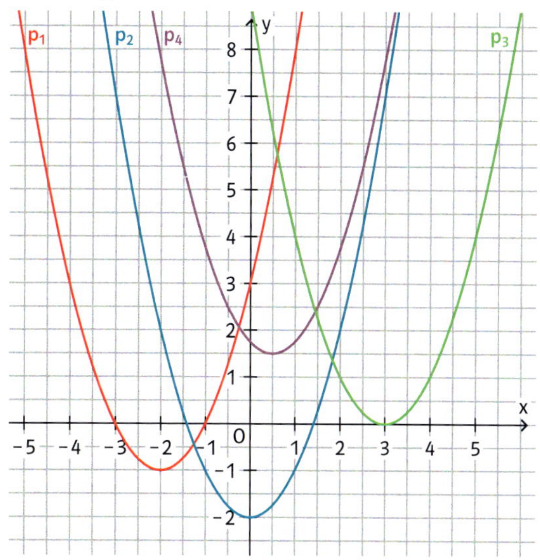

7 Zeichnen Sie die Parabel in ein Koordinatensystem. Bestimmen Sie die Schnittpunkte mit den Achsen, indem Sie sie ablesen. Überprüfen Sie die Achsenschnittpunkte mithilfe einer Punktprobe.
a) $y = x^2 - 4$ b) $y = x^2 - 2{,}25$
c) $y = (x - 2)^2 - 1$ d) $y = (x - 1)^2 - 4$
e) $y = (x + 3)^2 - 2{,}25$ f) $y = (x - 1{,}5)^2 - 1$

Terme

Ein **Term** ist ein Rechenausdruck, der aus Zahlen und Variablen besteht, die durch Rechenoperationen verbunden sind. Bei einem Produkt aus zwei Variablen oder einer Zahl und einer Variablen wird das Malzeichen oft weggelassen, z.B. $2 \cdot x = 2x$.

Terme zusammenfassen (Aufgabe 1)
Terme lassen sich oft zusammenfassen.
Nach dem Kommutativgesetz (Seite 230) dürfen die Summanden bei Summen und die Faktoren bei Produkten vertauscht werden.
$5x + y \cdot 0{,}5 + x \cdot 7 + 4y = 12x + 4{,}5y$

Rechenvorteile nützen (Aufgaben 2 und 3)
Nach dem Assoziativgesetz (Seite 230) darf man die Klammern innerhalb einer Summe oder eines Produkts beliebig setzen. Rechenvorteile werden durch geeignetes Zusammenfassen genutzt.
$17 \cdot 5 \cdot 0{,}2 \cdot a = (17 \cdot 5) \cdot 0{,}2 \cdot a = 85 \cdot 0{,}2 \cdot a = 17a$
einfacher: $17 \cdot (5 \cdot 0{,}2) \cdot a = 17 \cdot 1 \cdot a = 17a$

Ausmultiplizieren (Aufgabe 4)
Nach dem Distributivgesetz (Seite 230) wird beim Ausmultiplizieren einer Summe jeder Summand in der Klammer mit dem Faktor außerhalb der Klammer multipliziert.

$2a(3b + 5) = 6ab + 10a$

Faktorisieren (Aufgabe 5)
Haben zwei Summanden einen gemeinsamen Faktor, kann dieser ausgeklammert werden. Damit wird aus einer Summe ein Produkt.
$10a + 15ab = 5a(2 + 3b)$

Multiplizieren von Summen (Aufgabe 6)
Summen werden multipliziert, in dem man jeden Summanden der 1. Klammer mit jedem Summanden der 2. Klammer multipliziert:

$(a + b) \cdot (c + d) = ac + ad + bc + bd$

$(2x + 3y)(4x + y)$
$= 2x \cdot 4x + 2x \cdot y + 3y \cdot 4x + 3y \cdot y$
$= 8x^2 + 2xy + 12xy + 3y^2$
$= 8x^2 + 14xy + 3y^2$

$(4a - b)(2b + 3a)$
$= 8ab + 12a^2 - 2b^2 - 3ab$
$= 12a^2 + 5ab - 2b^2$

Grundwissen Test

→ Lösungen | Seite 308

1 Fassen Sie so weit wie möglich zusammen.
a) $x + 2y - x \cdot 3 - y$
b) $c - a \cdot 2 + 4c + a$
c) $2x + 2 - x + 5$
d) $a + 3b - 2 - a$
e) $5c - 5 + c \cdot 3 - 5$
f) $7 + z - 2 \cdot 5 - z$
g) $x + 12 + x \cdot 5 - 10$
h) $2x - y - x \cdot 3 + y$

2 ☒ Berechnen Sie die Werte ohne Taschenrechner. Addieren oder multiplizieren Sie zuerst zwei Zahlen, die den anschließenden Rechenweg erleichtern.
a) $7 \cdot 2 \cdot 0{,}5$
b) $12 + 2 + 8$
c) $2{,}5 + 1 + 5 + 1{,}5$
d) $3 \cdot 4 \cdot 2{,}5$
e) $3 + 2{,}6 + 7$
f) $5 \cdot 0{,}4 \cdot 20$

3 Vereinfachen Sie den Term. Durch Umstellen des Terms können Sie Rechenvorteile nutzen.
a) $2x \cdot 5 \cdot 3a$
b) $5r \cdot 7bc \cdot 2a$
c) $2c \cdot a \cdot 7 \cdot 5x$
d) $2ab \cdot 4xy \cdot 5z$
e) $0{,}2x \cdot 5 \cdot 3a$
f) $0{,}2x \cdot 4 \cdot 5a$
g) $0{,}2x \cdot 5 \cdot za$
h) $0{,}5x \cdot 300 \cdot 0{,}3z$

4 Multiplizieren Sie aus.
a) $5(x + 2)$
b) $x(1 + y - 2z)$
c) $7(a - 1)$
d) $2m(6 + 5n)$
e) $-2x(y - 2)$
f) $(12 - 3f) \cdot 2g$
g) $(15 - 3b) \cdot 12a$
h) $9a(3b - 4a)$
i) $0{,}5z(7z + 1{,}5)$
j) $(4r - 6s) \cdot 1{,}5rs$

5 Faktorisieren Sie, d.h. finden Sie einen möglichst großen gemeinsamen Faktor und klammern Sie diesen aus.
a) $4a + 40b$
b) $11a + 11$
c) $-13a + 26$
d) $25c - 15cd$
e) $2s^2 - 5st + 7sr$
f) $32a^2 + 16ab - 8ac$
g) $21a^2 - 28ab + 7a$
h) $12y + 24xy - 36y^2$
i) $15ab - 12a^2 + 6a$
j) $21x^2 - 14xy + 42x$

6 Multiplizieren Sie die Klammern aus.
a) $(2 + x)(3 + y)$
b) $(z + 4)(6 + z)$
c) $(a - 1)(3 - a)$
d) $(4 + x)(1 - y)$
e) $(1 + x)(4 - 2y)$
f) $(2 - a)(10 - 5c)$
g) $(-7 + x)(2 + k)$
h) $(2 + x)(3 - y)$
i) $(2 - 4z)(0{,}5 + 3z)$
j) $(0{,}2 + a)(5 - 5b)$
k) $(-2 + 10x)(0{,}1 - 0{,}2y)$
l) $(7a - 3{,}5)(2x + 0{,}1)$
m) $(-3 + 40x)(0{,}4 - 0{,}1y)$
n) $(5a - 1{,}5)(2 + 0{,}2b)$
o) $(-3{,}2 + 1{,}2x)(2a - 0{,}5)$

Binomische Formeln (Aufgaben 9 bis 11)
Für das Quadrat einer Summe $a + b$ gilt:

$(a + b)^2 = (a + b)(a + b)$
$= a \cdot a + a \cdot b + b \cdot a + b \cdot b$
$= a^2 + 2ab + b^2$.

Diese **1. binomische Formel** kann veranschaulicht werden:

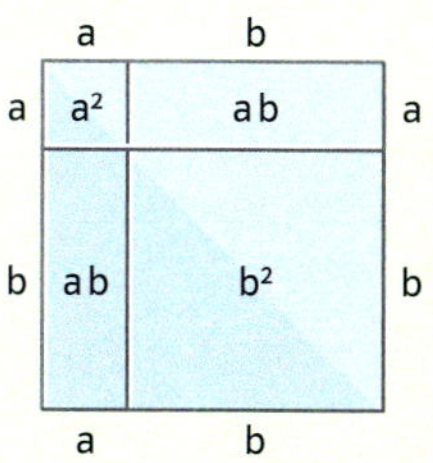

Berechnet man den Flächeninhalt, kommen zu den zwei Quadraten die beiden Rechtecke hinzu.

Auch für das Quadrat der Differenz $a - b$ gibt es eine Formel, die **2. binomische Formel**:

$(a - b)^2 = (a - b)(a - b)$
$= a \cdot a - a \cdot b - b \cdot a + b \cdot b$
$= a^2 - 2ab + b^2$.

Beim Produkt aus der Summe $a + b$ und der Differenz $a - b$ ist das Ergebnis die Differenz der beiden Quadrate von a und b.

$(a + b)(a - b)$
$= a \cdot a - a \cdot b + b \cdot a - b \cdot b$
$= a^2 - b^2$

Dies ist die **3. binomische Formel**.

Binomische Formeln

$(a + b)^2 = a^2 + 2ab + b^2$ 1. binomische Formel
$(a - b)^2 = a^2 - 2ab + b^2$ 2. binomische Formel
$(a + b)(a - b) = a^2 - b^2$ 3. binomische Formel

Erkennen einer binomischen Formel
(Aufgaben 11 und 12)
Die Differenz zweier Quadratzahlen lässt sich als binomische Formel darstellen:
$9x^2 - 16y^2 = (3x + 4y)(3x - 4y)$
Manchmal können die Quadrate erst nach dem Ausklammern einer Zahl erkannt werden:
$20a^2 - 45b^2 = 5 \cdot (4a^2 - 9b^2)$
$= 5 \cdot (2a + 3b)(2a - 3b)$.
Besteht die Summe aus zwei Quadratzahlen und dem doppelten Produkt der beiden Zahlen, so kann die 1. oder 2. binomische Formel erkannt werden.
$9x^2 + 24xy + 16y^2 = (3x + 4y)^2$
In diesem Fall muss man das doppelte Produkt prüfen:
$24xy = 2 \cdot (3x) \cdot (4y)$.

Grundwissen Test

Lösungen | Seite 309

7 Berechnen Sie mithilfe der 1. oder der 2. binomischen Formel.
a) $(x + 3)^2$ b) $(a - 5)^2$
c) $(2x - 3)^2$ d) $(x + 2a)^2$
e) $(3x - 2y)^2$ f) $(a - 3b)^2$
g) $(2a - 0{,}1b)^2$ h) $\left(\frac{1}{2}x - 3z\right)^2$

8 Berechnen Sie mithilfe der 3. binomischen Formel.
a) $(x - 2)(x + 2)$ b) $(3 - a)(3 + a)$
c) $(p + 2q)(p - 2q)$ d) $(r + 3s)(r - 3s)$
e) $(2x - 3y)(2x + 3y)$ f) $(5a - 2b)(2b + 5a)$
g) $(3x + 3)(3x - 3)$ h) $(x + 0{,}1)(x - 0{,}1)$

9 Schreiben Sie als Produkt.
a) $25 - x^2$ b) $100 - 9y^2$
c) $x^2 - 4y^2$ d) $9a^2 - 16b^2$
e) $49r^2 - 81s^2$ f) $64p^2 - 36q^2$
g) $18a^2 - 32b^2$ h) $27r^2 - 12s^2$

10 Schreiben Sie als Produkt.
a) $4 + 4b + b^2$ b) $a^2 + 4ab + 4b^2$
c) $x^2 - 8x + 16$ d) $16p^2 + 72p + 81$
e) $x^2 - 12xy + 36y^2$ f) $9x^2 + 12xy + 4y^2$
g) $4a^2 - 28ay + 49y^2$ h) $9x^2 - 36xy + 36y^2$

11 Schreiben Sie Zähler und Nenner als Produkt. Kürzen Sie anschließend den Bruch.
a) $\frac{x^2 - x}{2x}$ b) $\frac{3x^3 - 12x^2}{x - 4}$
c) $\frac{x^2 - 2x + 1}{2x - 2}$ d) $\frac{2h^2 - 8h + 8}{2h - 4}$
e) $\frac{x^2 - 25}{5x^2 - 25x}$ f) $\frac{(x - 2)^2 - x^2}{x}$
g) $\frac{4x^2 - 8x + 4}{x^2 - 1}$ h) $\frac{2x^2 - 12x + 18}{2x^2 - 18}$

12 Fassen Sie den Term so weit wie möglich zusammen und ordnen Sie die Lösung zu.
Die Buchstaben ergeben ein Lösungswort.

$5x - (6x - (x + 4) \cdot (x - 4))$	1	$-4x^2 - 10x - 3$	A
$-4x \cdot (x + 2) - (2x + 3)$	2	$-9x^2 + 6x - 29$	O
$\left(\frac{1}{2}x - 8\right) \cdot (6x + 2) + (x^2 + 17)$	3	$8x^2 - 4x - 15$	I
$(-8x^2 + 14) : (-1) - 4\left(x + \frac{1}{4}\right)$	4	$x^2 - x - 16$	B
$-4 \cdot (6x + 1) - (3x - 5)^2$	5	$4x^2 - 47x + 1$	N

Lineare Gleichungen

Werden zwei Terme gleichgesetzt, entsteht eine Gleichung: Term 1: $5x + 3$ und Term 2: $9 - 7x$
Gleichung: $5x + 3 = 9 - 7x$

Lösung einer Gleichung püfen (Aufgabe 1)
Setzt man für die **Variable** x eine Zahl ein und erhält für beide Terme dasselbe Ergebnis, ist diese Zahl eine Lösung der Gleichung.

Äquivalenzumformungen (Aufgaben 2 und 3)
Hat man keinen Hinweis auf eine Lösung, kann die Gleichung durch Umformungen in eine einfachere Gleichung übergeführt werden. Dabei helfen **Äquivalenzumformungen** wie:
- auf beiden Seiten denselben Term addieren.
- beide Seiten der Gleichung mit derselben Zahl $c \neq 0$ multiplizieren.

Ziel: Alle Terme mit Lösungsvariable x auf die linke Seite bringen, alle Zahlen auf die rechte Seite:

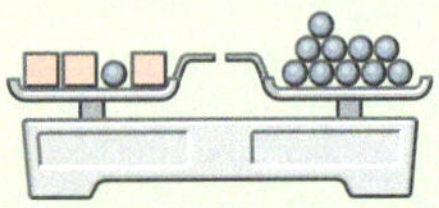

$3x + 1 = 10 \quad | -1$
$3x = 9 \quad | :3$
$x = 3$

Gleichungen mit Klammern (Aufgabe 4)
Bei Gleichungen mit Klammern werden die Klammern zunächst ausmultipliziert und die beiden Seiten so weit wie möglich vereinfacht.

Gleichungen mit Brüchen (Aufgabe 5)
Um Brüche beim Umformen einer Gleichung zu vermeiden, wird die Gleichung mit dem Hauptnenner der Brüche multipliziert.

Lösungsvielfalt (Aufgabe 6)
1. Eine lineare Gleichung hat **eine Lösung**, wenn sich mithilfe von Äqivalenzumformungen ein x auf der einen Seite isolieren lässt, während auf der anderen Seite nur noch eine Zahl steht.

Verschwindet das x durch die Äquivalenzumformungen, so gibt es zwei Möglichkeiten:
2. Eine lineare Gleichung ist **unlösbar**, wenn am Ende rechts und links zwei unterschiedliche Zahlen stehen; z.B. ist $2 = 0$ eine falsche Aussage. Man schreibt als Lösung $L = \{ \}$.
3. Eine lineare Gleichung ist **allgemeingültig**, wenn am Ende rechts und links die gleichen Zahlen stehen; z.B. ist $2 = 2$ eine wahre Aussage. Jede reelle Zahl gehört zur Lösungsmenge Man schreibt als Lösung $L = \mathbb{R}$.

Z.B.: $5x + 3 = 5x + 2$ ist nicht lösbar: $L = \{ \}$.
$2x - 4 = 2(x - 2)$ ist allgemeingültig: $L = \mathbb{R}$.

Grundwissen Test

→ Lösungen | Seite 309

1 Prüfen Sie, ob die Zahlen 2 oder 4 oder 5 Lösung der Gleichung sind.
a) $5x = x + 8$
b) $2x - 1 = 14 - x$
c) $2(x - 2) = 7 - x$
d) $x + 2 = 4(x - 1)$
e) $11x - 4 = x + 46$
f) $3(x - 4) = x - 4$
g) $7x - 4 = 6x + 1$
h) $9x - 4 = 4(x + 1)$

2 Lösen Sie die Gleichung.
a) $3x - 11 = 4$
b) $1 = -3x - 5$
c) $2x - 5 = 3x - 4$
d) $x - 1 = 6x - 4$
e) $7x + 19 = 12x + 1$
f) $8z - 6 = 11z - 7$

3 Geben Sie jeweils zwei Gleichungen an, die die angegebene Lösung haben.
a) $x = 2$
b) $x = 0$
c) $x = \frac{1}{2}$
d) $x = -3$
e) $x = -7$
f) $x = -\frac{5}{3}$

4 Lösen Sie die Gleichung.
a) $8 + 3x = 5 \cdot (2 - x)$
b) $6 \cdot (3x + 4) = 5 \cdot (2x + 8)$
c) $2y - 2 \cdot (7 - y) - 5 = 3 \cdot (y - 1) - 5$
d) $(x - 2)(x + 4) = x^2 - 6$
e) $(x - 3)(x + 3) = (x - 1)(x + 2)$
f) $(2x + 1)^2 = 4 \cdot (x - 1)(x + 1)$

5 Lösen Sie die Gleichung.
a) $\frac{2}{3}x + \frac{1}{2} = \frac{5}{6}$
b) $x + 6 = \frac{11}{4}x - 1$
c) $\frac{1}{2}x - 1 = \frac{9}{4}x - \frac{9}{2}$
d) $\frac{5}{6}x - \frac{2}{3} = \frac{8}{3}$
e) $\frac{3}{10} + \frac{1}{5}x = \frac{7}{10} - \frac{2}{5}x$
f) $\frac{1}{4}x - \frac{7}{8} = 1 - \frac{3}{8}x$

6 Bestimmen Sie die Lösungsmenge.
a) $2(x + 1) = 2x + 5$
b) $4x = 3(x + 1) - 1$
c) $5(x - 1) = 2(x - 5) + 3x + 5$
d) $2(x - 2) + 1 = 2x - 3$
e) $3(x + 2) = 5(x + 1) - 2x$
f) $x(6x - 1) = 2x(3x - 5) + 9x$
g) $(x + 1)^2 - 9 = 2(x^2 - 4) - x(x - 2)$
h) $x(2x - 1) = (x - 2)^2 + (x + 4)(x - 3)$
i) $5(2x - 1) = 10x + 5$
j) $7x - 1 = 5(x + 1) - 6 + 2x$
k) $3(2x - 5) = x(x + 5) + x - x^2 - 15$
l) $x(2 - x) - 2 = 2(2x - 1) - (x^2 - 2x)$

Quadratische Gleichungen

Gleichungen der Form $ax^2 + bx + c = 0$ werden **quadratische Gleichungen** genannt, da 2 die höchste Potenz von x ist.
Es gibt verschiedene Lösungsverfahren.

Die **abc-Formel** (Aufgabe 1)

$ax^2 + bx + c = 0$

$x_{1,2} = \frac{-b \pm \sqrt{b^2 - 4ac}}{2a}$

$2x^2 + 7x - 4 = 0$

$a = 2;\ b = 7;\ c = -4$

$x_{1,2} = \frac{-7 \pm \sqrt{49 + 32}}{4} = \frac{-7 \pm 9}{4}$

$x_1 = \frac{1}{2}$ und $x_2 = -4$.

Die **pq-Formel** lässt sich für alle $a = 1$ verwenden.

$x^2 + px + q = 0$

$x_{1,2} = -\frac{p}{2} \pm \sqrt{\left(\frac{p}{2}\right)^2 - q}$

$x^2 - 2x - 3 = 0$

$p = -2;\ q = -3$

$x_{1,2} = -1 \pm \sqrt{1^2 + 3}$

$x_{1,2} = -1 \pm 2$

$x_1 = 1$ und $x_2 = -3$.

Lösen durch Wurzelziehen (Aufgabe 2)
Fehlt der Summand mit dem x ($b = 0$), so spricht man von einer **rein quadratischen Gleichung**. In diesem Fall kann mit Äquivalenzumformungen das x^2 isoliert werden. Die Gleichung lässt sich mit **Wurzelziehen** lösen:

$2x^2 - 8 = 0 \quad | +8$

$2x^2 = 8 \quad | :2$

$x^2 = 4 \quad |$ Wurzel ziehen

$x_{1,2} = \pm 2$

Satz vom Nullprodukt (Aufgabe 3)
Ein Produkt ist genau dann gleich null, wenn einer der Faktoren null ist. Nach diesem Prinzip kann man alle quadratischen Gleichungen lösen, bei denen der Summand ohne x fehlt ($c = 0$):

$3x^2 - 5x = 0 \quad |$ x ausklammern

$x \cdot (3x - 5) = 0 \quad |$ Satz von Nullprodukt

$x_1 = 0$ oder $3x_2 - 5 = 0 \quad |$ jeden Faktor 0 setzen

Lösungen: $x_1 = 0$ und $x_2 = \frac{5}{3}$

Binomische Formeln (Aufgaben 4 und 5)
Erkennt man eine binomische Formel, lässt sich die Lösung mit dem Satz vom Nullprodukt ablesen.

$x^2 - 6x + 9 = 0$

$(x - 3)^2 = 0$

$x - 3 = 0$

Lösung: $x = 3$

$3x^2 + 12x + 12 = 0$

$3(x^2 + 4x + 4) = 0$

$3(x + 2)^2 = 0$

$x + 2 = 0$

Lösung: $x = -2$

Grundwissen Test

Lösungen | Seite 310

1 Bestimmen Sie die Lösungen mithilfe einer Lösungsformel.

a) $x^2 - 7x + 10 = 0$
b) $x^2 - 4x + 3 = 0$
c) $x^2 + 4x - 5 = 0$
d) $x^2 - 3x + 1 = 5$
e) $3x^2 - 3x = 6$
f) $x^2 + 14 = 2x$
g) $\frac{1}{2}x^2 - 3x = -4$
h) $2x^2 - 2x = 4$
i) $2x^2 - x - 10 = x + 14$
j) $x^2 + 3x + 6 = 11x - x^2$
k) $x(2x + 15) = 7(x + 6)$
l) $2x^2 - x - 10 = x + 14$

2 Bestimmen Sie die Lösung der rein quadratischen Gleichung durch Wurzelziehen.

a) $x^2 = 9$
b) $4x^2 = 64$
c) $3x^2 - 12 = 0$
d) $2x^2 - 50 = 0$
e) $7x^2 - x = 63 - x$
f) $4x^2 + 3x = 4 + 3x$

3 Bestimmen Sie Lösung mit dem Satz vom Nullprodukt.

a) $x(x - 1) = 0$
b) $x(2x + 2) = 0$
c) $x^2 - 3x = 0$
d) $2x^2 - 10x = 0$
e) $5x^2 = 7x$
f) $3x^2 = 9x$

4 Ordnen Sie die Kärtchen den Gleichungen zu. Lesen Sie anschließend die Lösungen ab.

a) $x^2 + 4x + 4 = 0$
b) $x^2 - 2x + 10 = 8x - 15$
c) $x^2 - 2x + 42 = 12x - 7$
d) $2x^2 + 2x + 6 = 4 + 6x$
e) $0{,}5x^2 - 3x + 4{,}5 = 0$
f) $\frac{1}{4}x^2 - 2x + 4 = 0$

Kärtchen: $(x - 7)^2 = 0$; $\frac{1}{4}(x - 4)^2 = 0$; $(x + 2)^2 = 0$; $2(x - 1)^2 = 0$; $(x - 5)^2 = 0$; $0{,}5(x - 3)^2 = 0$

5 Lösen Sie mithilfe der binomischen Formeln.

a) $x^2 - 4x + 4 = 0$
b) $3x^2 + 6x + 3 = 0$
c) $x^2 + 1 = 6x - 8$
d) $x^2 + 6x = x - 6{,}25$
e) $\frac{1}{2}x^2 = 4x - 8$
f) $\frac{1}{5}x^2 + x + 5 = -x$

6 Lösen Sie die Gleichung mit einem geeigneten Verfahren.

a) $x^2 - 3x = 0$
b) $x^2 - 16 = 0$
c) $x^2 + 3x + 2{,}25 = 0$
d) $x^2 + 7x + 12 = 0$
e) $x^2 + 6x + 5 = 0$
f) $x^2 - x + 7 = 0$
g) $2x^2 - 5x = 3$
h) $2x^2 - 7 = 11$
i) $2x^2 - 3x = x$
j) $x^2 - 5x = -6$
k) $9x = 2x^2 - 3x$
l) $2x = -2x^2 + 2x - 8$

Lineare Gleichungssysteme (LGS)

Lineares Gleichungssystem (Aufgabe 1)
Zwei lineare Gleichungen mit zwei Variablen bilden ein **lineares Gleichungssystem** (kurz LGS).
Ein Zahlenpaar ist Lösung eines linearen Gleichungssystems, falls das Zahlenpaar jede Gleichung des LGS erfüllt.
Beispiel: Die beiden Gleichungen
(1) $x + 2y = 5$
(2) $3x - y = 1$
bilden ein lineares Gleichungssystem.
Das Zahlenpaar (1; 2) erfüllt beide Gleichungen
(1) $1 + 2 \cdot 2 = 5$
(2) $3 \cdot 1 - 2 = 1$
Das Zahlenpaar (1; 2) ist Lösung dieses LGS.
Das Zahlenpaar (3; 1) erfüllt nur Gleichung (1), nicht aber Gleichung (2).
(1) $3 + 2 \cdot 1 = 5$
(2) $3 \cdot 3 - 1 = 8 \neq 1$
Das Zahlenpaar (3; 1) ist also keine Lösung.

Zeichnerische Lösung (Aufgaben 2 und 3)
Lineare Gleichungen lassen sich als Gleichungen von Geraden in einem Koordinatensystem auffassen. Die Koordinaten des Schnittpunkts erfüllen beide Gleichungen und sind somit die Lösung des linearen Gleichungssystems.

Lösungsvielfalt
Ein lineares Gleichungssystem hat
- **genau eine Lösung**, wenn sich die Geraden in einem Punkt S schneiden.
- **keine Lösung**, wenn die Geraden parallel sind.
- **unendlich viele Lösungen**, wenn die Geraden identisch sind.

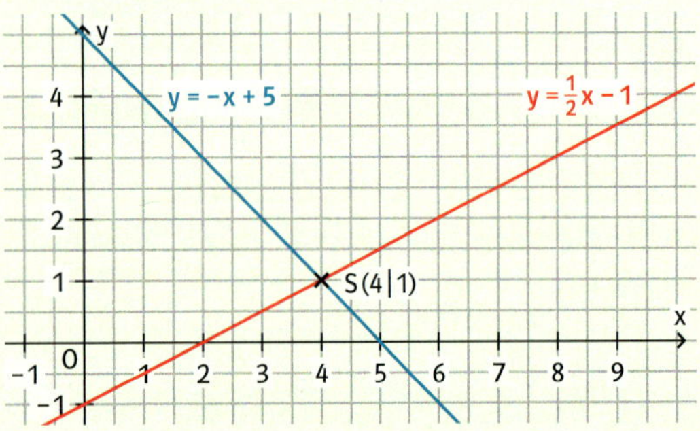

x	0	1	2	3	4	5
$y = -x + 5$	5	4	3	2	1	0
$y = \frac{1}{2}x - 1$	−1	−0,5	0	0,5	1	1,5

Das Zahlenpaar (4; 1) ist Lösung des LGS.

Grundwissen Test

Lösungen | Seite 311

1 Prüfen Sie, ob die Zahlenpaare eine Lösung der gegebenen linearen Gleichungssysteme sind.

A (−1; −1) B (−4; 2) C (−1; 3) D (−2; 4)

a) (1) $3x - y = -2$
(2) $x + y = -2$

b) (1) $2x + 4y = 0$
(2) $2x - y = -10$

c) (1) $2x - 6y = -20$
(2) $x - 3y = -10$

d) (1) $x + y = 2$
(2) $x + 3y = 10$

2 Stellen Sie die Gleichungen als Geraden in einem Koordinatensystem dar. Geben Sie die Koordinaten des Schnittpunkts der Geraden an. Setzen Sie zur Kontrolle die Koordinaten der Schnittpunkte in beide Gleichungen ein. Prüfen Sie, ob die Koordinaten die Gleichungen erfüllen.

a) (1) $y = 2x - 3$
(2) $y = -3x + 7$

b) (1) $y = x + 1$
(2) $y = -\frac{1}{2}x + 4$

c) (1) $y = -2x + 1$
(2) $y = -2x + 5$

d) (1) $y = -3x - 2$
(2) $y = x + 6$

e) (1) $y = -\frac{1}{4}x - 2$
(2) $y = -\frac{7}{4}x - 5$

f) (1) $y = 3x - 3$
(2) $y = -3x$

3 Zeichnen Sie die Geraden zu den Gleichungen und entscheiden Sie, wie viele Lösungen das Gleichungssystem hat.

a) (1) $y = 2x + 5$
(2) $y = 2x - 1$

b) (1) $2x + y = 4$
(2) $x + y = 3$

c) (1) $x + y = 5$
(2) $2x + 2y = 10$

d) (1) $3x + y = -2$
(2) $6x + 2y = 4$

4 Lösen Sie die Aufgabe zeichnerisch. Die Koordinaten des Schnittpunkts haben jeweils eine Nachkommaziffer. Zeichnen Sie besonders sorgfältig.

a) (1) $3x - 2y = 3$
(2) $3x - y = 3$

b) (1) $2x + 4y = 2$
(2) $3x + 4y = 5$

c) (1) $2x - 5y = 2{,}5$
(2) $-2{,}5y = 2x + 5$

d) (1) $5x + 3y = 15$
(2) $4x = 3y - 6$

e) (1) $5x = y + 6$
(2) $5x - 12 = 2y$

f) (1) $5x + 2y = 3$
(2) $3x - 2y = 9$

Das Gleichsetzungsverfahren (Aufgaben 5 und 7)
Man löst beide Gleichungen nach derselben Variablen auf.
Durch **Gleichsetzen** der Terme erhält man eine Gleichung mit einer Variablen.
Man löst diese Gleichung und setzt die Lösung in eine der Gleichungen ein, um die Lösung für die zweite Variable zu bekommen.

(1) $y = 2x - 1$
(2) $y = -x + 5$

(1) = (2): $2x - 1 = -x + 5$
$x = 2$

Einsetzen in (1) ergibt
$y = 3$

Das Zahlenpaar (2; 3) ist Lösung des LGS.

Das Einsetzungsverfahren (Aufgaben 6 und 7)
Um aus zwei Gleichungen mit zwei Variablen eine Gleichung mit einer Variablen zu erhalten, kann man auch die eine in die andere Gleichung **einsetzen**. Die Lösung, die man so für die eine Variable erhält, setzt man in eine der Ursprungsgleichungen ein, um die Lösung für die zweite Variable zu erhalten.

(1) $x = 3y - 1$
(2) $5x - 7y = 3$

(1) in (2): $5(3y - 1) - 7y = 3$
$15y - 5 - 7y = 3$
$8y = 8$
$y = 1$

Der Wert $y = 1$ wird in eine der beiden Gleichungen eingesetzt:
$x = 3 \cdot 1 - 1$
$x = 2$

Das Zahlenpaar (2; 1) ist Lösung des LGS.

Das Additionsverfahren (Aufgabe 8)
Man formt beide Gleichungen so um, dass beim **Addieren** beider Gleichungen eine Variable wegfällt. So entsteht eine Gleichung mit nur einer Variablen.

(1) $3x + 5y = 10$
(2) $4x - 5y = 4$

(1) + (2): $7x = 14$
$x = 2$
$y = 0{,}8$

Das Zahlenpaar (2; 0,8) ist Lösung des LGS.

Grundwissen Test Lösungen | Seite 312

5 Vereinfachen Sie die beiden Gleichungen. Verwenden Sie das Gleichsetzungsverfahren.
a) (1) $2x + 3y - 4 = 3x + 6y - 5$
(2) $5x + 2y + 7 = 4x - 5y + 12$
b) (1) $x + 5y + 2 = 6x + 4y - 12$
(2) $6x + 3y - 4 = 2x + 2y + 9$
c) (1) $2(x + 3) + 4y = 3(x - 2) + 7y$
(2) $5x - 2(y + 3) = 4x + 8(y - 2{,}5)$
d) (1) $3x + 4y - 5 = 2x + 3y - 1$
(2) $6x + 2y - 1 = 4x - 3y + 4$

6 Lösen Sie mit dem Einsetzungsverfahren.
a) (1) $2x + 3y = 8$
(2) $x = y - 1$
b) (1) $3x + 5y = 11$
(2) $x = 2y$
c) (1) $2x - 3y = 5$
(2) $y = -2x + 1$
d) (1) $5x - 3y = -5$
(2) $y = 5 + 2x$

7 Lösen Sie das lineare Gleichungssystem mit dem Gleichsetzungsverfahren und mit dem Einsetzungsverfahren. Vergleichen Sie den Rechenaufwand. Beschreiben Sie die Unterschiede und die Gemeinsamkeiten.
a) (1) $5x + y = 7$
(2) $2x + y = 4$
b) (1) $x + 3y = 5$
(2) $x - 2y = 10$
c) (1) $3x - 2y = 2$
(2) $5x + 2y = 14$
d) (1) $2x - y = 5$
(2) $4x + 3y = 15$

8 Lösen Sie das LGS mit dem Additionsverfahren.
a) (1) $5x + 2y = 16$
(2) $8x - 3y = 7$
b) (1) $5x + 4y = 29$
(2) $-2x + 15y = 5$
c) (1) $3x - 2y = -22$
(2) $7x + 6y = 2$
d) (1) $11x + 3y = 21$
(2) $2x - 4y = 22$
e) (1) $4x + 3y = 23$
(2) $5y - 6x = 13$
f) (1) $3y - 10x = 22$
(2) $15x - 4y = -31$

9 Lösen Sie das lineare Gleichungssystem. Begründen Sie die Wahl Ihres Verfahrens.
a) (1) $10y = x - 10$
(2) $8y + x = 4$
b) (1) $2y = 3x + 6$
(2) $y - 3x = 12$
c) (1) $2x = 3y + 6$
(2) $x - 3y = 18$
d) (1) $10y = x - 10$
(2) $2y + 2x - 9 = 0$
e) (1) $3(x + y) - 47 = -5x$
(2) $2(2x - y) - 6 = 0$
f) (1) $5(2x - y) + 1 = -4x$
(2) $4(x + 4y) - 49 = y$

Dreiecke

Winkelsumme im Dreieck (Aufgaben 1 und 2)

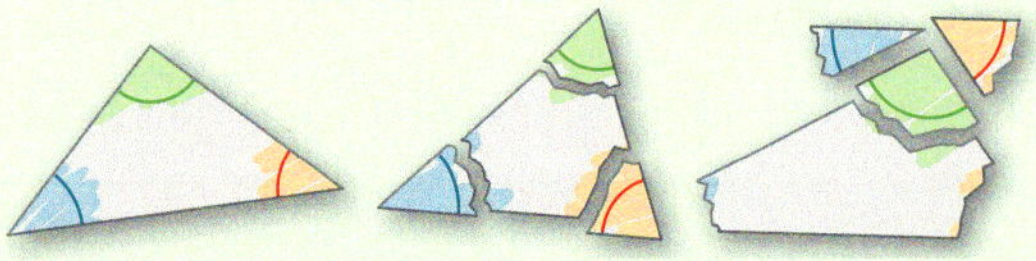

Die Winkelsumme im Dreieck beträgt 180°.

Rechtwinkliges Dreieck (Aufgabe 2)

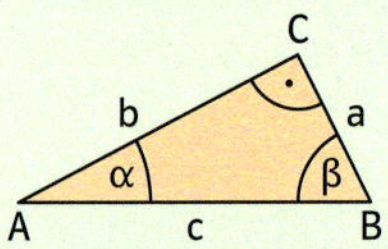

Ein Dreieck ist **rechtwinklig**, wenn ein Winkel 90° beträgt.

Die Seiten, die am rechten Winkel anliegen, werden **Katheten** genannt. Die Seite, die dem rechten Winkel gegenüberliegt, ist die **Hypotenuse**.

Satz des Pythagoras (Aufgaben 3, 4 und 8)
In jedem rechtwinkligen Dreieck haben die Quadrate über den Katheten zusammen den gleichen Flächeninhalt wie das Quadrat über der Hypotenuse.
Für jedes rechtwinklige Dreieck mit den Katheten a und b und Hypotenuse c gilt $a^2 + b^2 = c^2$.
Umgekehrt gilt auch:
Wenn für die Seiten eines Dreiecks die Gleichung $a^2 + b^2 = c^2$ gilt, dann bilden die Seiten a und b einen rechten Winkel.

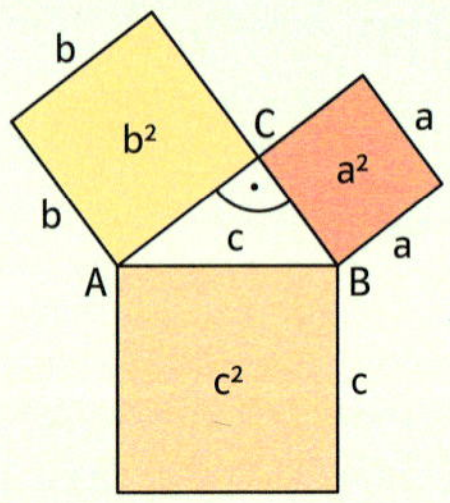

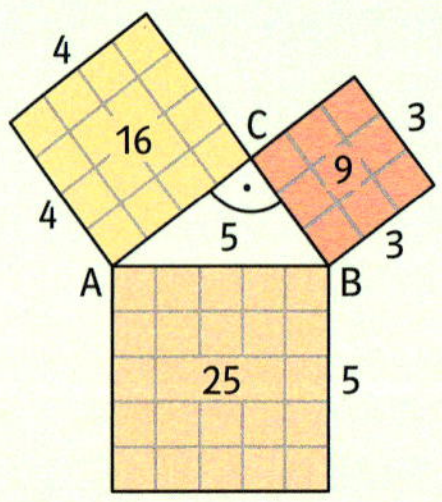

$c^2 = 3^2 + 4^2 = 9 + 16 = 25$, damit ist $c = \sqrt{25} = 5$.

Abstand der Punkte $P(x_P \mid y_P)$ und $Q(x_Q \mid y_Q)$ im Koordinatensystem berechnen (Aufgaben 5 bis 8)
Für die Länge $\overline{PQ}$ der Strecke PQ gilt nach dem Satz des Pythagoras
$\overline{PQ} = \sqrt{(x_Q - x_P)^2 + (y_Q - y_P)^2}$.

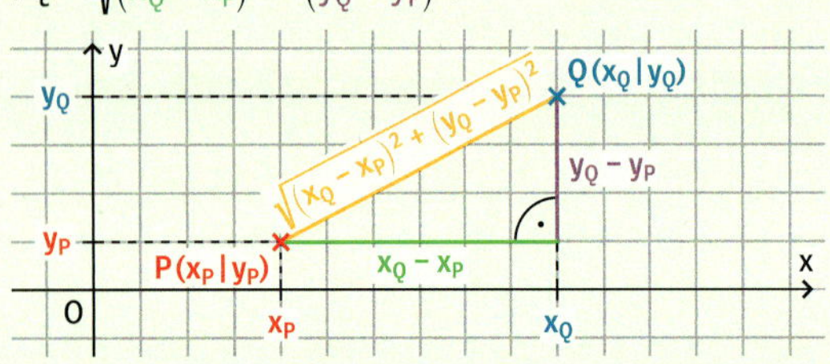

Grundwissen Test → Lösungen | Seite 314

1 Übertragen Sie die Tabelle in Ihr Heft und berechnen Sie die fehlenden Winkel.

α	45°	30°		75°		
β	55°		25°	40°	45°	120°
γ		70°	10°		45°	20°

2 Berechnen Sie den Winkel β im rechtwinkligen Dreieck (γ = 90°).
a) α = 30° b) α = 15° c) α = 55°
d) α = 75° e) α = 12° f) α = 29°

3 Prüfen Sie mit dem Satz des Pythagoras, ob das Dreieck mit den Seitenlängen a, b und c rechtwinklig ist.
a) a = 6; b = 8; c = 10 b) a = 36; b = 39; c = 15
c) a = 5; b = 17; c = 15 d) a = 3,4; b = 1,6; c = 3

4 Das Dreieck mit den Katheten a, b und der Hypotenuse c ist rechtwinklig. Übertragen Sie die Tabelle in Ihr Heft und berechnen Sie die fehlenden Größen.

a	6 cm	15 dm	50 cm	1200 m	9 mm
b	8 cm			1,6 km	
c		170 cm	13 dm		1,5 cm

5 Berechnen Sie den Abstand des Punktes P zum Ursprung O(0 | 0).
a) P(3 | 4) b) P(0 | 10) c) P(−3,6 | 4,8)
d) P(2,5 | −6) e) P(−4 | 7,5) f) P(−2 | −1,5)

6 Berechnen Sie den Abstand des Punktes zum Ursprung O(0 | 0). Zeichnen Sie die Punkte in ein Koordinatensystem. Wo liegen die Punkte? Finden Sie weitere Punkte mit ganzzahligen Koordinaten, die den gleichen Abstand zum Ursprung O(0 | 0) haben.
a) A(3 | 4) b) B(−3 | 4) c) C(−4 | 3)
d) D(4 | −3) e) E(0 | 5) f) F(5 | 0)

7 Berechnen Sie den Abstand des Punktes P zum Punkt Q(−2 | 3).
a) P(4 | 11) b) P(0 | 1,5) c) P(0,5 | −3)
d) P(2 | −4,5) e) P(−4 | 1,5) f) P(−0,4 | 0)

8 Zeigen Sie, dass das Dreieck rechtwinklig ist.
a) A(0 | 0), B(8 | 4), C(10 | 0)
b) A(2 | 1), B(5 | −1), C(−2 | −5)
c) A(−3 | 1), B(−2 | 4), C(7 | 1)

Sinus, Kosinus und Tangens (Aufgaben 9 bis 11)
In jedem rechtwinkligen Dreieck mit $\gamma = 90°$ gilt:

$\sin(\alpha) = \frac{\text{Gegenkathete von } \alpha}{\text{Hypotenuse}}$,

$\cos(\alpha) = \frac{\text{Ankathete von } \alpha}{\text{Hypotenuse}}$,

$\tan(\alpha) = \frac{\text{Gegenkathete von } \alpha}{\text{Ankathete von } \alpha}$.

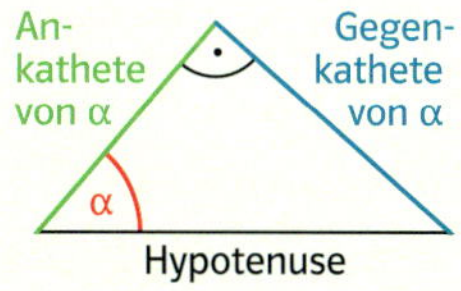

$\sin(\alpha) = \cos(\beta) = \frac{4}{5}$

$\cos(\alpha) = \sin(\beta) = \frac{3}{5}$

$\tan(\alpha) = \frac{4}{3}$, $\tan(\beta) = \frac{3}{4}$

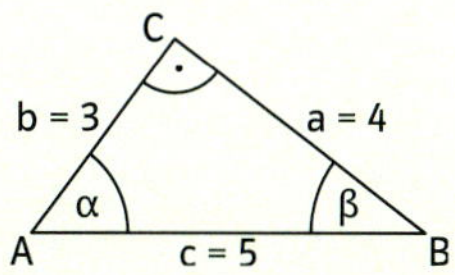

Gleichschenkliges Dreieck (Aufgabe 12)

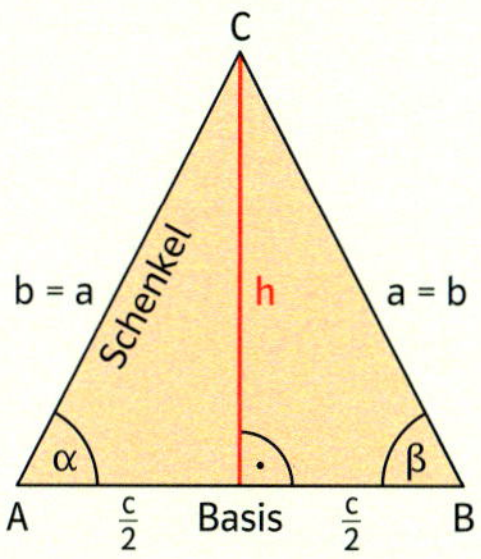

Ein Dreieck mit zwei gleich langen Seiten nennt man **gleichschenklig**. Wenn ein Dreieck gleichschenklig ist, dann sind die Basiswinkel gleich groß **(Basiswinkelsatz)**.

Umgekehrt gilt auch:
Wenn in einem Dreieck zwei Winkel gleich groß sind, dann ist es gleichschenklig.
Die Höhe auf der Basis teilt jedes gleichschenklige Dreieck in zwei gleiche rechtwinklige Dreiecke.

Gleichseitiges Dreieck (Aufgabe 13)

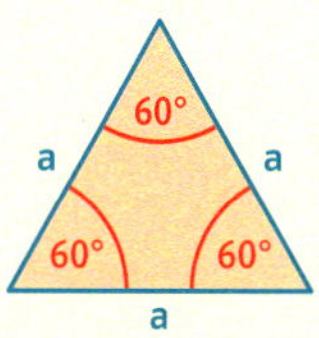

Ein Dreieck mit drei gleich langen Seiten nennt man **gleichseitig**. In einem gleichseitigen Dreieck sind alle Winkel gleich groß, d.h. $\alpha = \beta = \gamma = 60°$.

Höhe im gleichseitigen Dreieck
(Aufgaben 14 und 15)

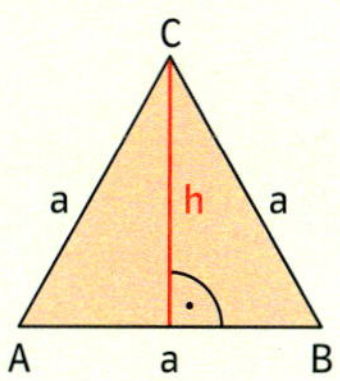

Im gleichseitigen Dreieck gilt nach dem Satz des Pythagoras:

$h^2 + \left(\frac{a}{2}\right)^2 = a^2 \quad | - \left(\frac{a}{2}\right)^2$

$h^2 = a^2 - \left(\frac{a}{2}\right)^2 = \frac{3}{4}a^2$

Somit gilt für die Höhe h im gleichschenkligen Dreieck $h = \frac{a}{2}\sqrt{3}$.

Grundwissen Test

Lösungen | Seite 315

9 Berechnen Sie $\sin(\beta)$, $\sin(\gamma)$, $\cos(\beta)$ und $\tan(\beta)$.

a)

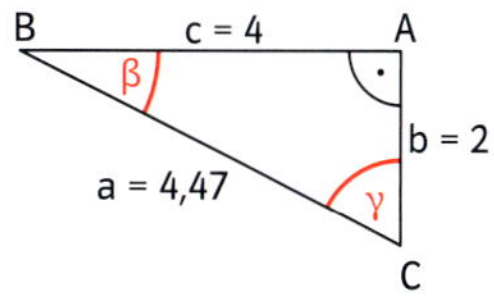

b)

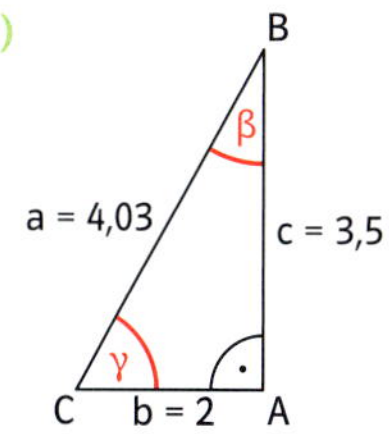

10 Im Dreieck ABC ist $\gamma = 90°$. Berechnen Sie Winkelweiten und Seitenlängen.

a) $b = 5\,cm$; $\alpha = 60°$
b) $a = 3\,cm$; $b = 4\,cm$
c) $a = 3{,}6\,cm$; $b = 4{,}8\,cm$
d) $\alpha = 30°$; $c = 8\,cm$
e) $\alpha = 45°$; $b = 3\,cm$
f) $a = 5\,cm$; $b = 12\,cm$

11 Welche Steigung muss eine Straße haben, damit man auf 1,7 km Straßenlänge 150 Höhenmeter überwinden kann? Berechnen Sie den Steigungswinkel α und die prozentuale Steigung. Die prozentuale Steigung ist der Tangens des Steigungswinkels α.

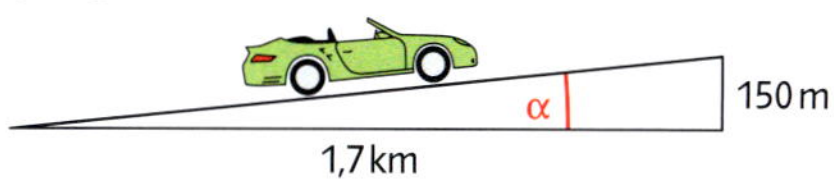

12 Berechnen Sie fehlende Größen im gleichschenkligen Dreieck mit den Basiswinkeln α und β.

a	4		5		9,1
b				8,5	
c				9	
h		5			8,4
α	45°	30°			
β			53,1°		
γ					

13 Zeichnen Sie das gleichseitige Dreieck ABC mit den beiden Ecken $A(1|0)$ und $B(5|3)$.

14 Berechnen Sie die Höhe im gleichseitigen Dreieck mit Seitenlänge a.

a) $a = 2\,cm$
b) $a = 5\,cm$
c) $a = 10\,cm$
d) $a = 2\sqrt{3}\,cm$

15 Berechnen Sie die Seitenlänge a eines gleichseitigen Dreiecks so, dass das Dreieck die Höhe h hat.

a) $h = 3\sqrt{3}$
b) $h = 5$
c) $h = 2$

Vierecke

Ähnlich wie bei Dreiecken gibt es auch bei Vierecken Eigenschaften, die für alle **Vierecke** gelten. Andererseits unterscheidet man Vierecke nach bestimmten Eigenschaften und Erscheinungsformen.

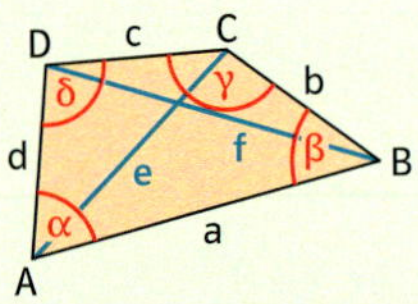

Die Beschriftung der Ecken und Seiten eines Vierecks ABCD erfolgt gegen den Uhrzeigersinn.

Die beiden Strecken, die die gegenüberliegende Ecken eines Vierecks verbinden, nennt man **Diagonalen** e und f. Bei Vierecken kann auch ein Winkel über 180° sein. In diesem Fall liegt die Diagonale außerhalb des Vierecks.

Winkelsumme (Aufgaben 1 und 2)
Die Innenwinkelsumme eines beliebigen Vierecks beträgt stets 360°.

Parallelogramm (Aufgabe 3)

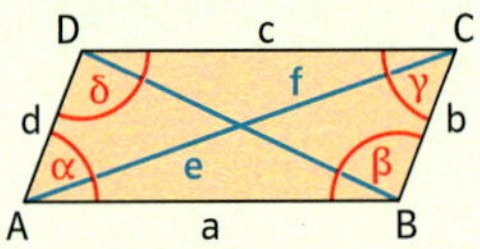

Bei einem **Parallelogramm** sind die gegenüberliegenden Seiten zueinander parallel.
Ein Parallelogramm ist punktsymmetrisch zum Schnittpunkt der beiden Diagonalen. Deshalb sind gegenüberliegende Winkel gleich groß.

Trapez (Aufgabe 4)

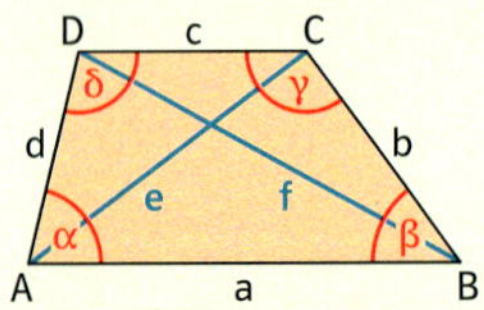

Bei einem **Trapez** sind lediglich zwei Seiten zueinander parallel. Diese werden **Grundseiten** genannt.
Die beiden anderen Seiten, werden **Schenkel** genannt. Sind die beiden Winkel an einer Grundseite gleich groß, handelt es sich um ein **symmetrisches Trapez**. Dann sind auch die Schenkel gleich lang.

Drachen (Aufgaben 5 und 6)

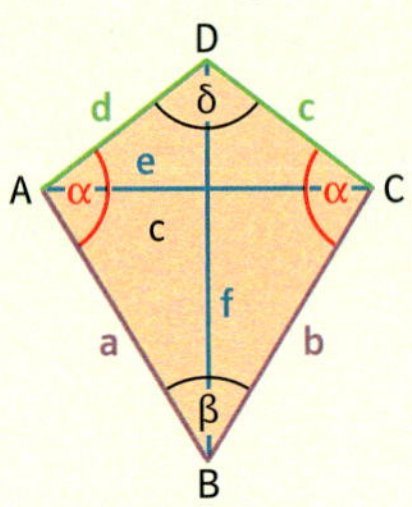

Bei einem **Drachen** sind jeweils zwei nebeneinander liegende Seiten gleich lang. Die Diagonalen sind orthogonal. Ein Drachen ist zur einer seiner Diagonalen achsensymmetrisch.

Grundwissen Test

Lösungen | Seite 315

1 a) Zeichnen Sie das Viereck mit den Ecken A(0 | 0), B(3 | 0), C(6 | 3) und D(2 | 7).
b) Messen Sie die Seitenlängen a, b, c und d sowie die Längen der Diagonalen e und f. Überprüfen Sie Ihre Messung mit einer Rechnung.
c) Messen Sie die Winkel der Ecken. Überprüfen Sie Ihre Messung mit einer Rechnung.

2 Zeichnen Sie ein Viereck mit einem Winkel, der größer als 180° ist. Begründen Sie, dass ein Viereck mit einem Winkel größer als 180° mindestens zwei spitze Winkel hat.

3 Zeichnen Sie die Punkte A(2 | 3), B(7 | 2) und C(5 | 5) in ein Koordinatensystem. Ergänzen Sie einen vierten Punkt so, dass ein Parallelogramm entsteht. Gibt es mehrere Möglichkeiten?

4 a) Zeichnen Sie die Punkte A(2 | 1), B(5 | 1) und C(4 | 2) in ein Koordinatensystem.
b) Ergänzen Sie einen vierten Punkt so, dass ein symmetrisches Trapez entsteht.
c) Ergänzen Sie den vierten Punkt so, dass ein Trapez mit einem 90°-Winkel entsteht. Gibt es weitere rechte Winkel im Trapez?

5 Zeichnen Sie einen Drachen ABCD mit den gegebenen Stücken. Bestimmen Sie aus der Zeichnung die Größen der fehlenden Seiten und Winkel.
a) $a = 3\,cm$, $e = 4\,cm$, $\gamma = 80°$
b) $a = 4{,}5\,cm$, $f = 5{,}5\,cm$, $e = 4\,cm$
c) $a = 3\,cm$, $\alpha = 35°$, $\beta = 135°$
d) $a = 3{,}5\,cm$, $\delta = 60°$, $e = 2\,cm$

6 Untersuchen Sie, ob es sich um einen Drachen handelt. Begründen Sie Ihrer Entscheidung.

a)
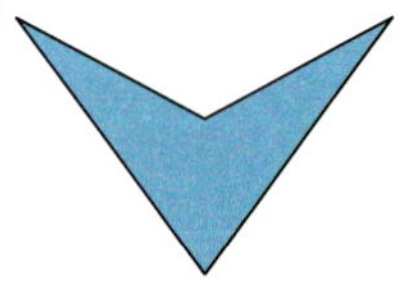

b)
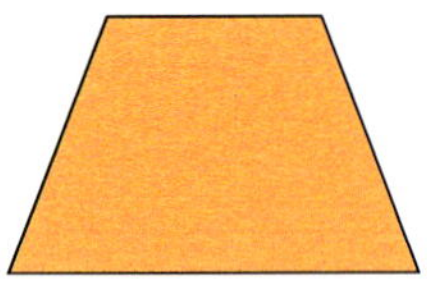

c)
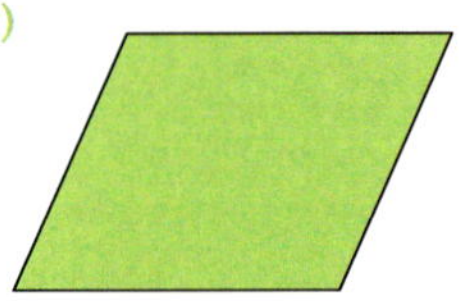

d)

Raute

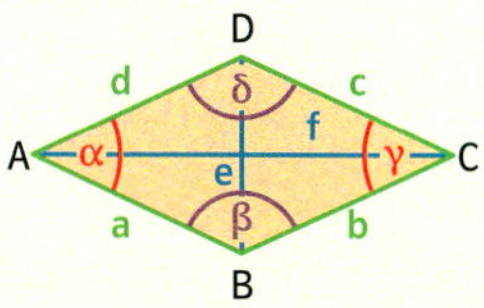

Eine **Raute** ist ein Parallelogramm mit vier gleich langen Seiten. Die Diagonalen e und f sind orthogonal und halbieren sich gegenseitig.

Rechteck

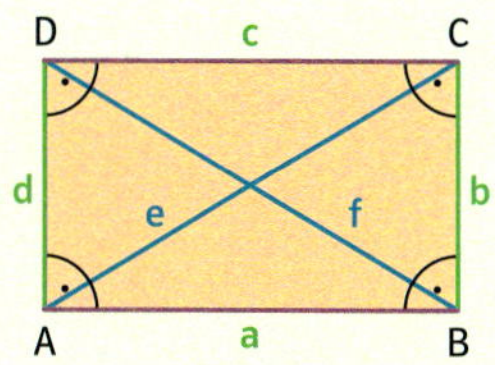

Ein **Rechteck** ist ein Parallelogramm mit vier rechten Winkeln. Die Diagonalen e und f sind gleich lang und halbieren sich.

Quadrat

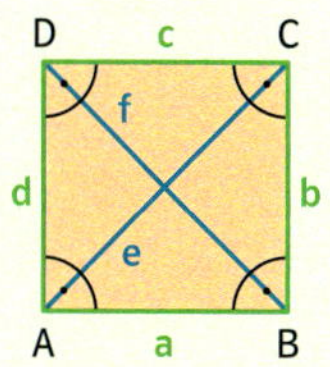

Ein **Quadrat** ist ein Rechteck mit vier gleich langen Seiten. Die Diagonalen sind orthogonal zueinander und gleich lang.

Haus der Vierecke (Aufgaben 7 bis 11)
Im sogenannten **Haus der Vierecke** werden Vierecke nach Symmetrieeigenschaften geordnet. Das Quadrat hat die meisten Symmetrien, das allgemeine Viereck hat keine Symmetrien.
Im Haus der Vierecke gilt:
Wenn zwei Vierecke durch eine oder mehrere Verbindungslinien miteinander verbunden sind, dann „erbt" das obere Viereck die Eigenschaften des unteren Vierecks.
Beispiel: Ein Quadrat ist ein Rechteck, aber auch eine Raute.

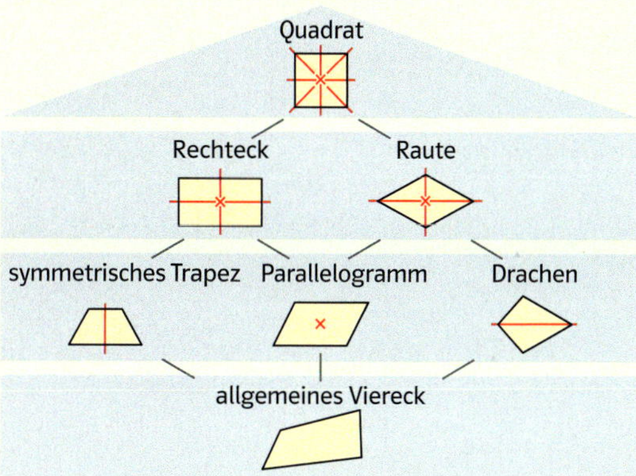

Grundwissen Test Lösungen | Seite 317

7 Sind die Aussagen wahr oder falsch? Begründen Sie Ihre Antwort.

A Jedes Quadrat ist eine Raute.
B Parallelogramme sind achsensymmetrisch.
C Eine Raute ist immer ein Trapez.
D Eine Raute ist ein Drachen.
E Ein Quadrat ist ein Trapez.
F Ein Trapez ist ein Parallelogramm.
G Jedes Parallelogramm hat vier gleich lange Seiten.
H Ein Drachen kann kein Trapez sein.

8 Die Punkte A, B, C und D sind die Ecken eines Vierecks. Um welches besondere Viereck handelt es sich?

a) A(1 | 1); B(4 | 1); C(4 | 4); D(1 | 4)
b) A(−1 | 1); B(2 | 1); C(4 | 4); D(1 | 4)
c) A(0 | −1); B(4 | −1); C(4 | 1); D(0 | 1)
d) A(−1 | 0); B(0 | −2); C(1 | 0); D(0 | 2)
e) A(−2 | 0); B(0 | −5); C(2 | 0); D(0 | 3)
f) A(−3 | 0); B(3 | 0); C(1 | 4); D(−1 | 4)

9 Zeichnen Sie folgende Vierecke.

a) Quadrat mit der Seitenlänge 2 cm
b) Rechteck mit den Seitenlängen 3 cm und 2,5 cm
c) zwei Parallelogramme mit den Seitenlängen 5 cm und 3 cm
d) zwei Drachen, deren eine Diagonale 5 cm lang ist
e) zwei symmetrische Trapeze, deren Schenkel 2,5 cm lang sind

10 Finden Sie möglichst viele besondere achsensymmetrische Vierecke im Quadrat ACEG.

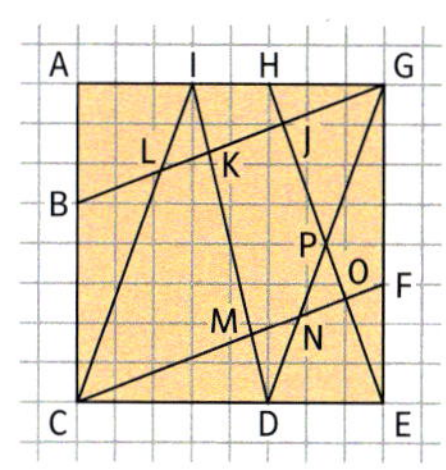

11 Ergänzen Sie die fehlenden Koordinaten so, dass das vorgegebene Viereck entsteht.

a) Quadrat: A(2 | −1); B(4 | □); C(4 | □); D(□ | □)
b) Raute: A(0 | 0); B(□ | −1); C(4 | 0); D(□ | □)
c) Parallelogramm:
A(1 | 1); B(5 | 0); C(6 | 3); D(□ | □)
d) symmetrisches Trapez:
A(0 | 3); B(2 | 1); C(□ | □); D(0 | 5)

Flächeninhalt und Umfang

Flächeninhalt eines Dreiecks (Aufgaben 1 und 2)
Der Flächeninhalt eines Dreiecks beträgt
$\mathbf{A = \frac{1}{2} \cdot g \cdot h}$.

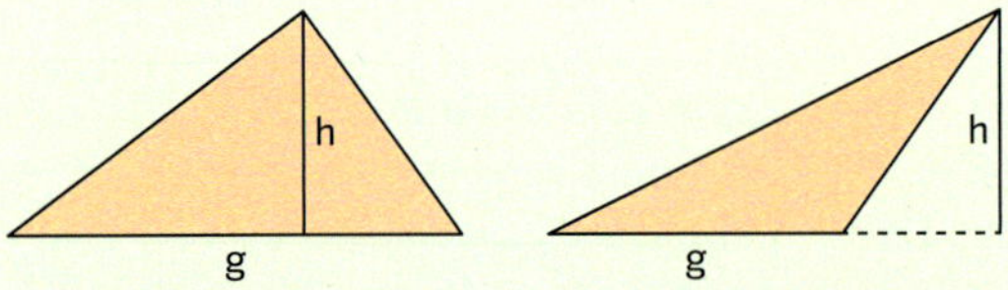

Dabei kann man für die Grundseite jede der Seiten a, b oder c wählen. Die **Höhe** h steht senkrecht auf der Grundseite und geht durch die gegenüberliegende Ecke. Die Höhe wird je nach Grundseite mit h_a, h_b und h_c bezeichnet.

Umfang eines Dreiecks (Aufgaben 3, 4 und 5)
Der Umfang des Dreiecks ist die Summe der Seitenlängen der Seiten a, b und c.

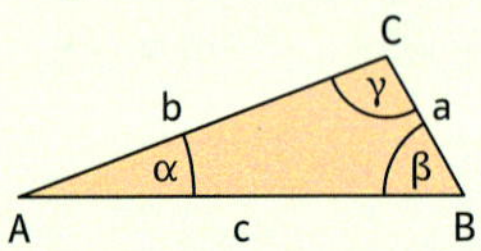

Der Umfang des Dreiecks beträgt $u = a + b + c$.

Besonderheit im rechtwinkligen Dreieck
(Aufgaben 5 und 6)
Handelt es sich um ein rechtwinkliges Dreieck, kann man als Grundseite eine Kathete wählen. Dann ist die zugehörige Höhe die andere Kathete und es gilt:

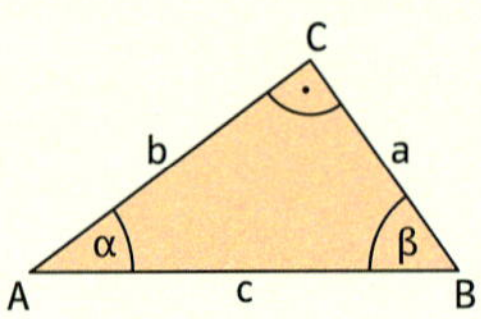

$A = \frac{1}{2} \cdot a \cdot b$.

Berechnung der Höhe oder der Seiten mit dem Satz des Pythagoras (Aufgabe 7)
Die Höhe h teilt die Grundseite c in die Abschnitte p und q und damit das Dreieck in zwei rechtwinklige Dreiecke:

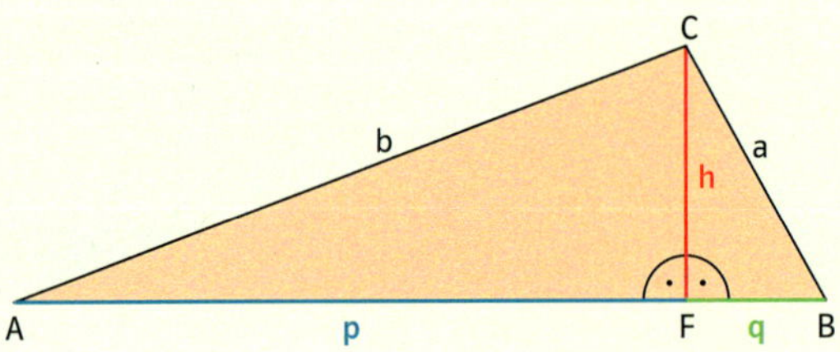

Auf die beiden Teildreiecke AFC und FBC lässt sich der Satz des Pythagoras anwenden und so die fehlende Größen berechnen.

Grundwissen Test

Lösungen | Seite 318

1 Berechnen Sie den Flächeninhalt A des Dreiecks.
a) c = 5 cm; h_c = 3 cm
b) a = 20 cm; h_a = 150 mm
c) c = 0,8 dm; h_c = 7 cm

2 Zeichnen Sie das Dreieck ABC in ein Koordinatensystem. Berechnen Sie seinen Flächeninhalt A.
a) A(2 | 1); B(7 | 1); C(6 | 5)
b) A(−1 | −3); B(6 | 2); C(−1 | 3)
c) A(0 | 2); B(6 | 5); C(3 | 5)

3 Berechnen Sie jeweils den Umfang u der in Aufgabe 2 gegebenen Dreiecke.

4 Berechnen Sie den Flächeninhalt bzw. die Länge der Kathete.

a)
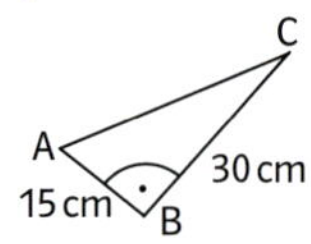

b)
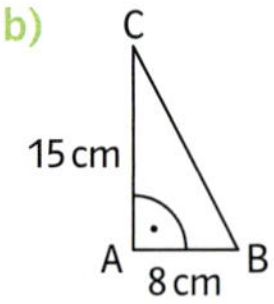

c)
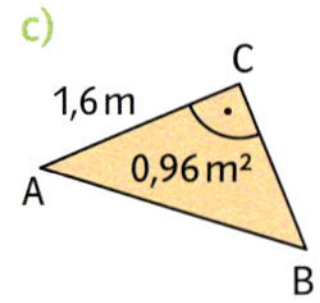

5 Zeigen Sie, dass das Dreieck rechtwinklig ist. Berechnen Sie den Flächeninhalt A und den Umfang u.
a) a = 5 cm; b = 4 cm; c = 3 cm
b) a = 0,6 m; b = 0,8 m; c = 1 m
c) a = 15 mm; b = 1,7 cm; c = 8 mm

6 Berechnen Sie den Umfang u des rechtwinkligen Dreiecks mit Kathete b und Flächeninhalt A.
a) A = 24; b = 8
b) A = 30; b = 7,5
c) A = 6,3; b = 4,5
d) A = 7,26; b = 3,3

7 Übertragen Sie die Tabelle mit den Werten des Dreiecks in Ihr Heft. Ergänzen Sie die fehlenden Werte.

Abschnitt p	10 cm	90 cm	7,5 cm	
Abschnitt q				2 cm
Hypotenuse c	14 cm			28 mm
Höhe h	7,5 cm	1,2 m	40 mm	
Kathete a				
Kathete b		13 dm		17 mm
Umfang u				
Fläche A			21 cm²	

Flächeninhalt und Umfang bei Vierecken
(Aufgaben 8 bis 12)
Um den Flächeninhalt eines unregelmäßigen Vierecks zu berechnen, kann man es in zwei Dreiecke aufteilen.
Aufgrund der besonderen Eigenschaften spezieller Vierecke, lässt sich ihr Flächeninhalt A mithilfe einer Formel berechnen:

Quadrat: Quadrat der Seitenlänge

Fläche
$A = a^2$

Umfang
$u = 4a$

Rechteck: Produkt der beiden Seitenlängen

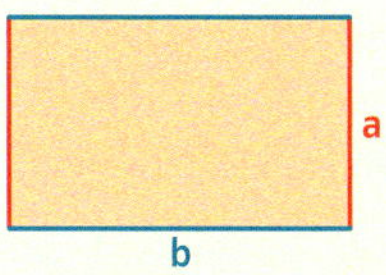

Fläche
$A = a \cdot b$

Umfang
$u = 2a + 2b$

Parallelogramm: Grundseite mal Höhe

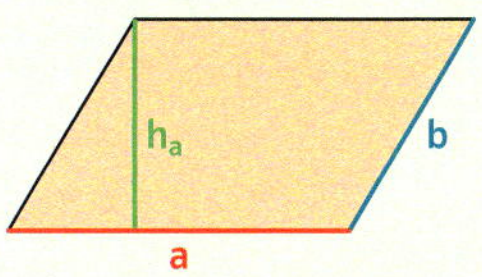

Fläche
$A = a \cdot h_a$

Umfang
$u = 2a + 2b$

Trapez: Mittelparallele mal Höhe

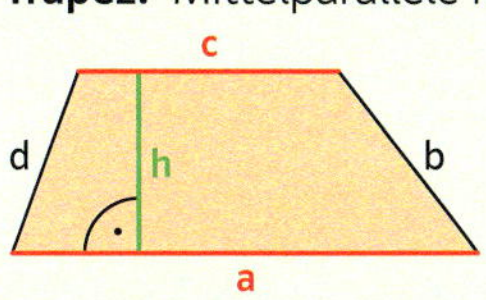

Fläche
$A = \left(\frac{a+c}{2}\right) \cdot h$

Umfang
$u = a + b + c + d$

Drachen: halbes Produkt der Diagonalen

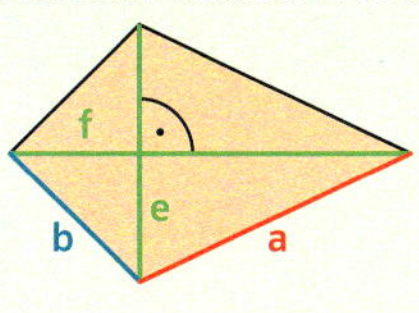

Fläche
$A = \frac{1}{2} \cdot e \cdot f$

Umfang
$u = 2a + 2b$

Raute
Die Raute ist sowohl ein Parallelogramm als auch ein Drachen.

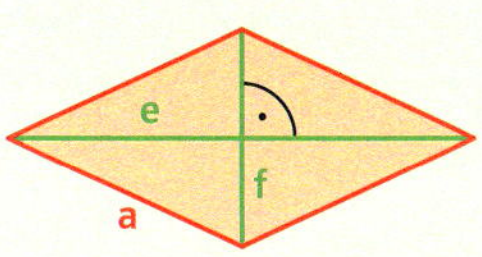

Fläche
$A = \frac{1}{2} \cdot e \cdot f$

Umfang
$u = 4a$

Grundwissen Test Lösungen | Seite 320

8 Berechnen Sie die fehlenden Größen im Rechteck.

a	20 cm	2 dm	0,9 m	12 mm
b	36 cm	0,5 m		
A				1,2 dm^2
u			9,8 m	

9 Berechnen Sie die fehlenden Größen im Trapez.

a	9 cm	21 m		2 dm
c	13 cm	15 m	8 cm	
h	4 cm		4 cm	12 cm
A		63 m^2	48 cm^2	3,36 dm^2

10 Berechnen Sie die fehlenden Größen im Parallelogramm.

a	5 cm	0,6 dm		30 cm
b	2,5 cm	5 cm		
h_a	3 cm		2,5 cm	2,5 dm
h_b			3 m	150 mm
A		18 cm^2	15 m^2	
u				

11 Zeichnen Sie das Viereck ABCD und berechnen Sie Umfang u und Flächeninhalt A.
a) A(2 | 4); B(4 | 4); C(4 | 6) und D(2 | 6)
b) A(−1 | −2); B(−2 | −3); C(1 | −3) und D(2 | −2)
c) A(−1 | 2); B(3 | 2); C(2 | 3,6) und D(0 | 3,6)
d) A(1 | −2); B(5 | 0); C(1 | 2) und D(−2 | 0)
e) A(−1 | 1); B(1 | 0); C(3 | 1) und D(1 | 2)

12 Marc baut einen Drachen. Er hat einen 70 cm und einen 50 cm langen Fiberglas-Stab. Der 50-cm-Stab teilt den 70-cm-Stab in 15 cm und 55 cm auf.
a) Berechnen Sie die Fläche, für die Marc Stoff benötigt.
b) Wie lang muss der Faden zum Umnähen des Randes sein, wenn Marc für 1 cm Rand 2,5 cm Faden benötigt?

Körper

Prisma (Aufgabe 1)
Ein senkrechtes Prisma entsteht durch orthogonale Parallelverschiebung eines beliebigen ebenen Vielecks in den Raum. Die Seitenkanten sind gleich lang und parallel.

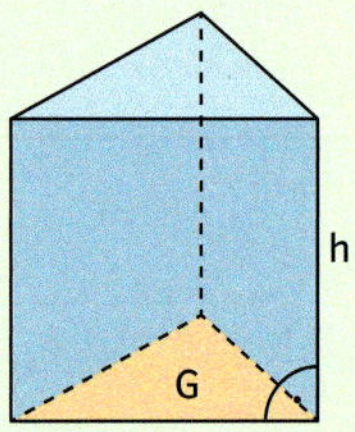

Das Vieleck heißt **Grundfläche G** des Prismas. Die seitliche Begrenzung des Prismas besteht aus mehreren Rechtecken. Die Rechteckflächen bilden den **Mantel M.**

Volumen V ist Grundfläche G mal die Höhe h:
Oberfläche: $O = 2G + M$
Volumen: $V = G \cdot h$

Quader (Aufgaben 2 und 3)
Der Quader ist ein Prisma mit rechteckiger Grundfläche.

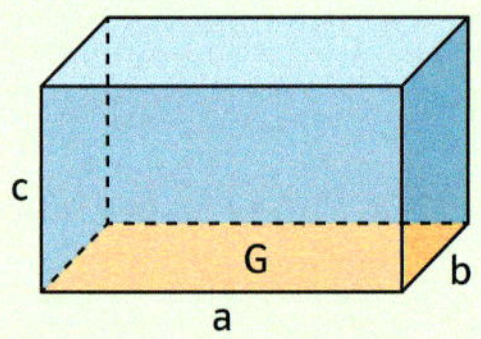

Grundfläche: $G = a \cdot b$
Volumen: $V = a \cdot b \cdot c$
Mantel: $M = 2bc + 2ac$
Oberfläche:
$O = 2ab + 2bc + 2ac$

Länge der Diagonalen im Quader
(Aufgaben 4 und 5)

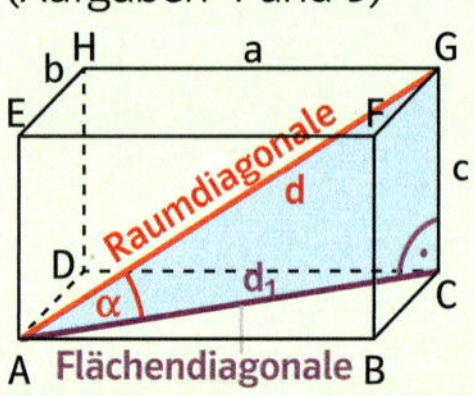

Ist d_1 die Flächendiagonale der Grundfläche eines Quaders, so gilt nach dem Satz des Pythagoras
$d_1^2 = a^2 + b^2$.
Für das markierte Dreieck gilt nach dem Satz des Pythagoras $d^2 = d_1^2 + c^2$.
Einsetzen ergibt $d^2 = a^2 + b^2 + c^2$.
Also gilt für die Raumdiagonale d im Quader
$d = \sqrt{a^2 + b^2 + c^2}$.

Sonderfall: Würfel (Aufgaben 6 und 7)
Sind alle Kanten eines Quaders gleich lang, handelt es sich um einen Würfel. Die Oberfläche eines Würfels besteht aus sechs gleichen Quadraten.

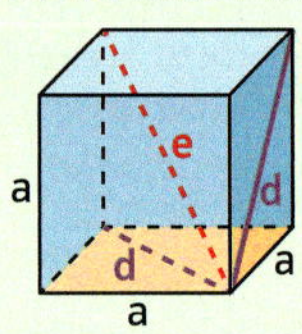

Volumen: $V = a^3$
Oberfläche: $O = 6a^2$

Die Länge der Raumdiagonalen e im Würfel ist
$e = \sqrt{a^2 + a^2 + a^2} = \sqrt{3a^2} = a\sqrt{3}$.

Grundwissen Test

Lösungen | Seite 321

1 Die Grundfläche eines Prismas beträgt $5\,cm^2$.
a) Bestimmen Sie das Volumen V, wenn das Prisma die Höhe h hat.
(1) $h = 3\,cm$ (2) $h = 5\,cm$ (3) $h = 10\,cm$
b) Welche Höhe hat das Prisma, wenn das Volumen V beträgt?
(4) $V = 80\,cm^3$ (5) $V = 45\,cm^3$ (6) $V = 30\,cm^3$

2 Ein Quader hat die Seiten a, b und c. Berechnen Sie die Oberfläche und das Volumen. Geben Sie Ihr Ergebnis in cm^2 bzw. cm^3 an.
a) $a = 2\,cm$; $b = 3\,cm$ und $c = 5\,cm$
b) $a = 2\,cm$; $b = 1{,}5\,dm$ und $c = 20\,cm$
c) $a = 0{,}4\,m$; $b = 1{,}5\,dm$ und $c = 30\,cm$

3 Das Volumen eines Quaders ist $24\,cm^3$. Die Seite b ist doppelt so lang wie die Seite a. Berechnen Sie die Länge der Seiten a und b.
a) $c = 3\,cm$ b) $c = 4\,cm$

4 Ein Quader hat die Seitenlängen a, b und c. Berechnen Sie die Länge der Raumdiagonalen d.
a) $a = 6\,cm$; $b = 6\,cm$; $c = 3\,cm$
b) $a = 2\,m$; $b = 3\,m$; $c = 6\,m$
c) $a = 0{,}3\,m$; $b = 12\,dm$; $c = 0{,}4\,m$
d) $a = 80\,mm$; $b = 8\,cm$; $c = 14\,cm$

5 Bestimmen Sie im abgebildeten Quader die Länge der Flächendiagonale AC sowie die Winkelweite α zwischen der Raum- und der Flächendiagonale.

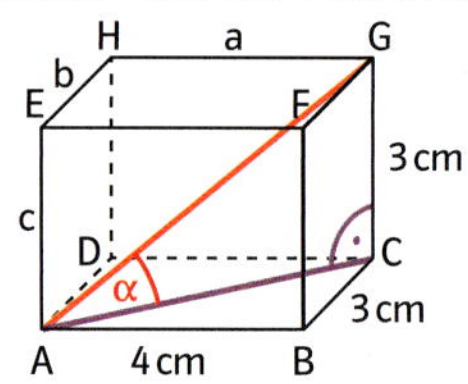

6 Berechnen Sie Volumen V, Oberfläche O und Raumdiagonale e eines Würfels mit Kantenlänge a.
a) $a = 3\,cm$ b) $a = 6\,cm$ c) $a = 9\,cm$
d) $a = 1{,}2\,m$ e) $a = 4\,dm$ f) $a = 10\,mm$

7 Berechnen Sie die Kantenlänge a und das Volumen V eines Würfels, der die Oberfläche O hat.
a) $O = 150\,cm^2$ b) $O = 864\,cm^2$
c) $O = 294\,cm^2$ d) $O = 37{,}5\,cm^2$

Pyramide

Eine **Pyramide** entsteht, wenn man die Eckpunkte eines ebenen Vielecks mit einem Punkt im Raum, der **Spitze S**, verbindet. Die Höhe h ist der Abstand des Punktes S von der Grundfläche G.

Die **senkrechte Pyramide** (Aufgaben 8 und 9)
Bei einer senkrechten Pyramide liegt die Spitze der Pyramide über dem Schwerpunkt der Grundfläche, z. B. dem Mittelpunkt des Quadrats. Alle Seitendreiecke bilden zusammen den **Mantel** M.
Eine Dreieckspyramide aus vier gleichseitigen Dreiecken heißt **Tetraeder**.

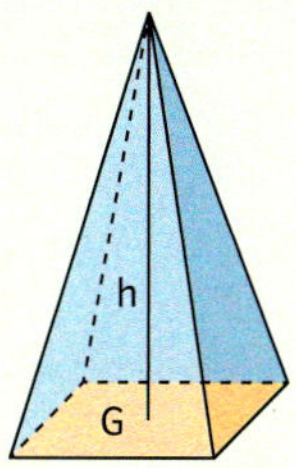

quadratische Pyramide

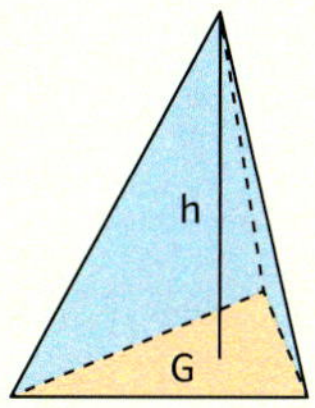

Dreieckspyramide

Volumen $V = \frac{1}{3} \cdot G \cdot h$
Oberfläche $O = M + G$

Pyramide mit quadratischer Grundfläche
(Aufgaben 10 bis 14)
Mithilfe der Strecken a und h_s lässt sich die Höhe h der Pyramide berechnen. Auch die Stecke s kann man berechnen. Drei spezielle rechtwinklige Dreiecke sind dabei hilfreich.

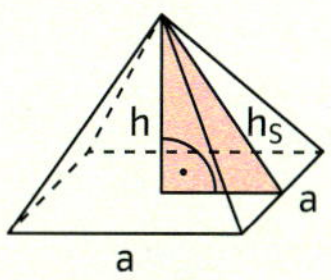

$h_s^2 = \left(\frac{a}{2}\right)^2 + h^2$
oder
$h_s^2 = \frac{a^2}{4} + h^2$

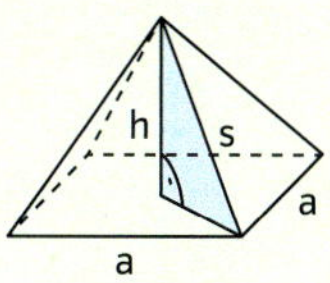

$s^2 = \left(\frac{a\sqrt{2}}{2}\right)^2 + h^2$
oder
$s^2 = \frac{a^2}{2} + h^2$

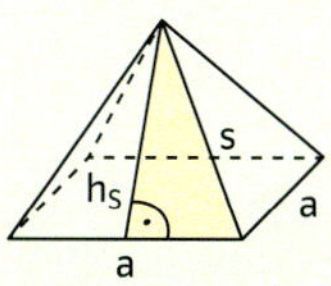

$s^2 = \left(\frac{a}{2}\right)^2 + h_s^2$
oder
$s^2 = h_s^2 + \frac{a^2}{4}$

Volumen $V = \frac{1}{3} \cdot a^2 \cdot h$
Mantel $M = 4 \cdot \frac{1}{2} \cdot h_s \cdot a = 2 \cdot h_s \cdot a$
Oberfläche $O = a^2 + 2 \cdot h_s \cdot a$

Grundwissen Test → Lösungen | Seite 322

8 Die Grundfläche einer Pyramide beträgt $5\,cm^2$. Bestimmen Sie das Volumen V, wenn die Pyramide die Höhe h hat.
a) h = 3 cm b) h = 3,6 cm c) h = 9,6 cm

9 Eine Pyramide hat als Grundfläche ein rechtwinkliges Dreieck mit den Katheten a und b. Bestimmen Sie ihr Volumen V.
a) a = 4 cm; b = 3 cm; h = 5 cm
b) a = 2 cm; b = 1,5 cm; h = 3 cm
c) a = 0,8 dm; b = 15 cm; h = 10 cm

10 Berechnen Sie die Höhe h einer senkrechten Pyramide mit quadratischer Grundfläche, wenn a und s bekannt sind.
a) a = 8 cm und s = 12,5 cm
b) a = 14 cm und s = 18 cm

11 Berechnen Sie die Höhe h einer senkrechten Pyramide mit quadratischer Grundfläche, wenn a und h_s bekannt sind.
a) a = 8 cm und h_s = 5 cm
b) a = 24 cm und h_s = 13 cm

12 Berechnen Sie die Grundseite a einer senkrechten Pyramide mit quadratischer Grundfläche, wenn h_s und s bekannt sind.
a) s = 12,5 cm und h_s = 10 cm
b) s = 19,5 cm und h_s = 7,5 cm

13 Berechnen Sie die Höhe h einer senkrechten Pyramide mit quadratischer Grundfläche, wenn h_s und s bekannt sind.
a) s = 5 cm und h_s = 4 cm
b) s = 9,7 cm und h_s = 9 cm

14 Berechnen Sie das Volumen V, den Mantel M und die Oberfläche O einer senkrechten quadratischen Pyramide.
a) a = 6 cm, h_s = 5 cm
b) a = 10 mm, h_s = 1,3 cm
c) a = 12 m, s = 10 m
d) a = 18 cm, s = 1,5 dm
e) a = 9 cm, h = 6 cm
f) a = 2,4 m, h = 5 dm

I Lineare und quadratische Funktionen

Seite 6

1

a) $-2x - 6 + 4 = -2x - 2$

b) $\frac{3}{2}x^2 - \frac{5}{2}x + \frac{3}{4}x = \frac{3}{2}x^2 - \frac{7}{4}x$

c) $x^2 - 7x + x - 7 = x^2 - 6x - 7$

d) $-\frac{3}{5}\left(-\frac{1}{2}x^2 - 5x + 5x + 50\right) = \frac{3}{10}x^2 - 30$

e) $-x + (64 - 16x + x^2) - 4 = x^2 - 17x + 60$

f) $\frac{1}{3}(x^2 + 6x + 9) - \frac{9}{4} = \frac{1}{3}x^2 + 2x + 3 - \frac{9}{4} = \frac{1}{3}x^2 + 2x + \frac{3}{4}$

2

a) $x = -6$

b) $a = 0{,}5$

c) $x = -3$

d) $x = -0{,}2$

e) $10 - 15t - 32 + 4t = 0$ ergibt $t = -2$.

f) $x^2 - 4x + 3 = x^2 - 8x - 9$ ergibt $x = -3$.

3

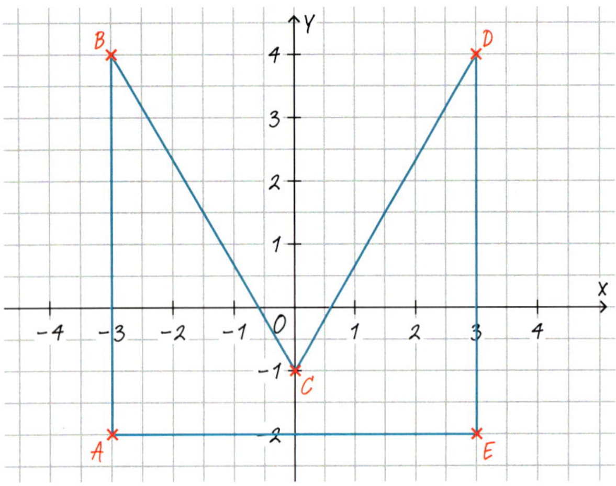

4

a) Gerade g: $m = 2$, $b = 3$

Gerade h: $m = -1$, $b = 2{,}5$

b)

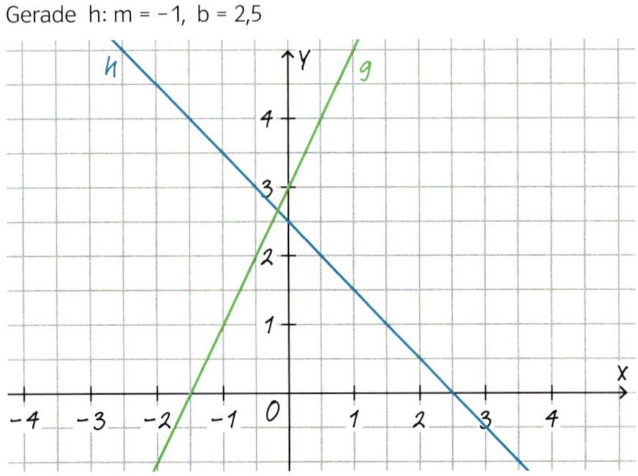

Seite 7

5

a) g: $y = 2{,}3x + 1{,}8$

b) g: $y = -2x + b$

Einsetzen von $P(3|4)$ ergibt

$4 = -2 \cdot 3 + b$, also $b = 10$.

g: $y = -2x + 10$

c) Steigung $m = 2$;

y-Achsenabschnitt $b = -2$

(1) zeigt g: $y = 2x - 2$.

Steigung $m = -\frac{1}{3}$;

y-Achsenabschnitt $b = 2$

(2) zeigt g: $y = -\frac{1}{3}x + 2$.

6

a) $-x + 2 = 2x - 4$ und damit

$-3x + 6 = 0$.

Folglich ist $x = 2$.

Einsetzen ergibt $y = 0$.

Schnittpunkt $S(2|0)$.

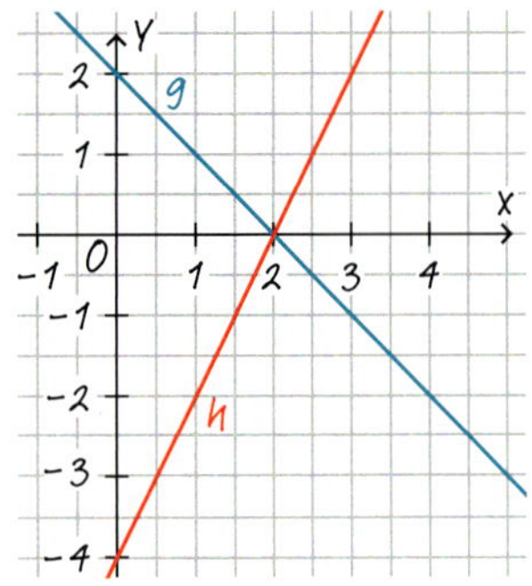

b) $3x - 1 = x + 3$ und somit

$2x - 4 = 0$.

Folglich ist $x = 2$.

Einsetzen ergibt $y = 5$.

Schnittpunkt $S(2|5)$.

Hinweis: Beachten Sie die Skalierung.

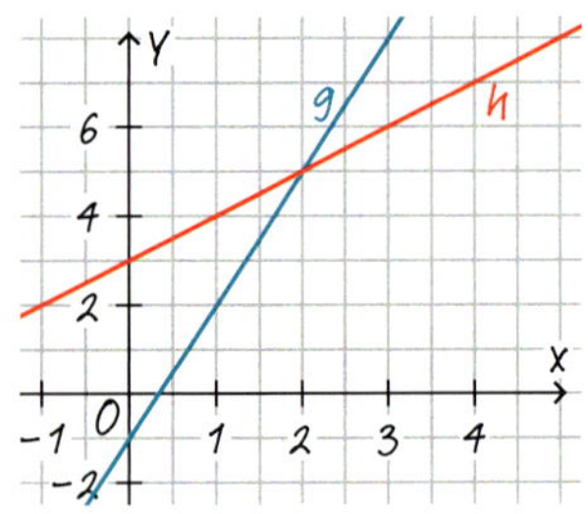

c) $-\frac{1}{2}x + 1 = 2x - \frac{3}{2}$ und somit

$-\frac{5}{2}x + \frac{5}{2} = 0$.

Folglich ist $x = 1$.

Einsetzen ergibt $y = 0{,}5$.

Schnittpunkt $S(1|0{,}5)$.

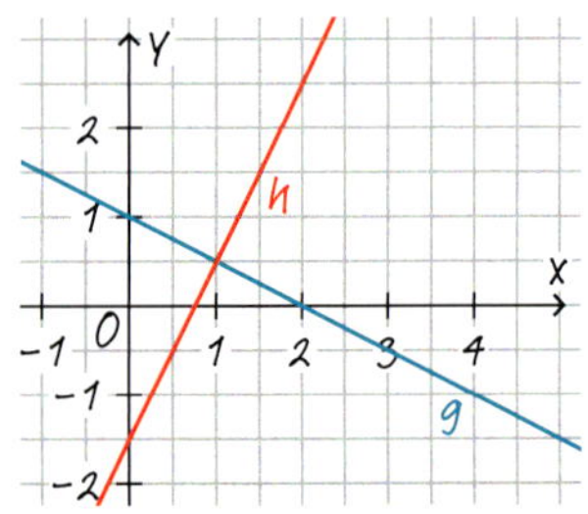

d) $\frac{2}{3}x - \frac{2}{3} = -\frac{3}{2}x + \frac{3}{2}$ und damit

$\frac{13}{6}x - \frac{13}{6} = 0$.

Folglich ist $x = 1$.

Einsetzen ergibt $y = 0$.

Schnittpunkt $S(1|0)$.

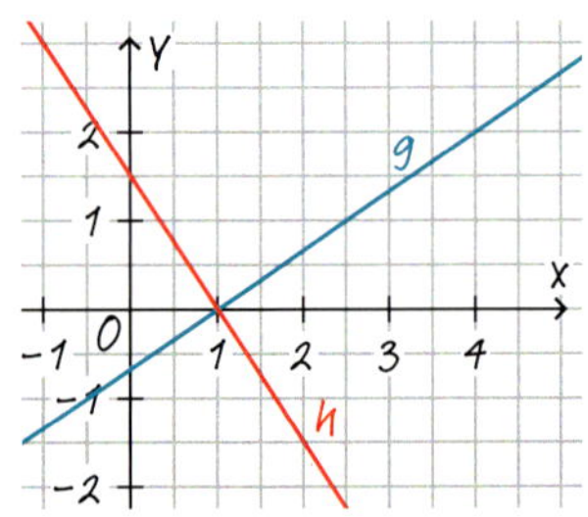

7

a) $x = \sqrt{9}$ d.h. $x_1 = 3$; $x_2 = -3$.

b) $3x^2 = 75 \quad | :3$

$x^2 = 25 \quad | \sqrt{\ }$

$x_1 = 5$ und $x_2 = -5$.

c) $x^2 = \frac{49}{36}$ | $\sqrt{}$

$x_1 = \frac{7}{6}$ und $x_2 = -\frac{7}{6}$.

d) Anwenden der abc-Formel oder pq-Formel ergibt $x = -4$.
Alternative:
1. binomische Formel anwenden:
$(x + 4)^2 = 0$ | $\sqrt{}$
$x + 4 = 0$ | -4
$x = -4$

e) Anwenden der abc-Formel oder pq-Formel ergibt $x_1 = 5$ und $x_2 = -1$.
Alternative:
2. binomische Formel anwenden:
$(x - 2)^2 = 9$ | $\sqrt{}$
$x - 2 = \pm 3$ | $+2$
$x_1 = 5$ und $x_2 = -1$.

f) $x^2 - 2x = 2x^2 + 2x$ | $-x^2 + 2x$
$x^2 + 4x = 0$ | x ausklammern
$x \cdot (x + 4) = 0$
d.h. $x = 0$ oder $x + 4 = 0$,
also $x_1 = 0$ und $x_2 = -4$.

8

	-3	-2	-1	0	1	2	3	4
a)	21	12	5	0	-3	-4	-3	0
b)	0	2,5	4	4,5	4	2,5	0	-3,5
c)	-12	-5	0	3	4	3	0	-5

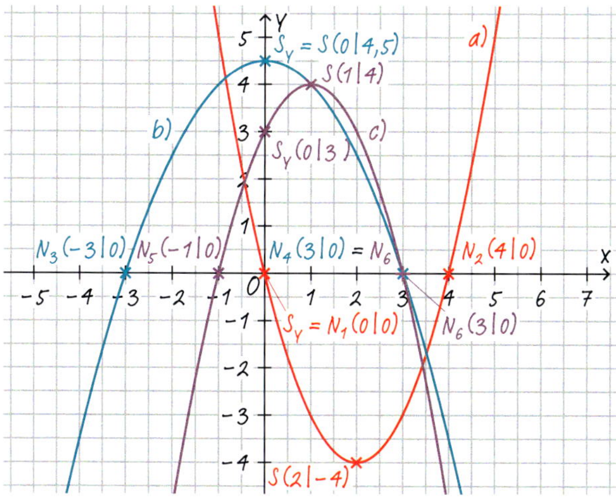

9

Parabel a gehört zur Gleichung (4).
Parabel b gehört zur Gleichung (5).
Parabel c gehört zur Gleichung (2).
Parabel d gehört zur Gleichung (6).

10

a) Gleichsetzungsverfahren:
$4x + 1 = -x + 3{,}5$
ergibt $x = 0{,}5$.
Einsetzen ergibt $y = 4 \cdot 0{,}5 + 1$,
also $y = 3$.

b) Additionsverfahren: Addieren der beiden Gleichungen ergibt
$-x = 6$, also
$x = -6$.
Einsetzen ergibt $-6 + 3y = -4$ und somit $y = \frac{2}{3}$.

c) Einsetzungsverfahren: $x = 2y + 8$
$2 \cdot (2y + 8) + 3y = 2$
Dies ergibt $y = -2$.
Einsetzen ergibt $x = 2 \cdot (-2) + 8$ und somit $x = 4$.

Seite 9

4

a)

Personen	0	50	100	150	200	250
Ausgaben	1190	1240	1290	1340	1390	1440
Einnahmen	0	400	800	1200	1600	2000

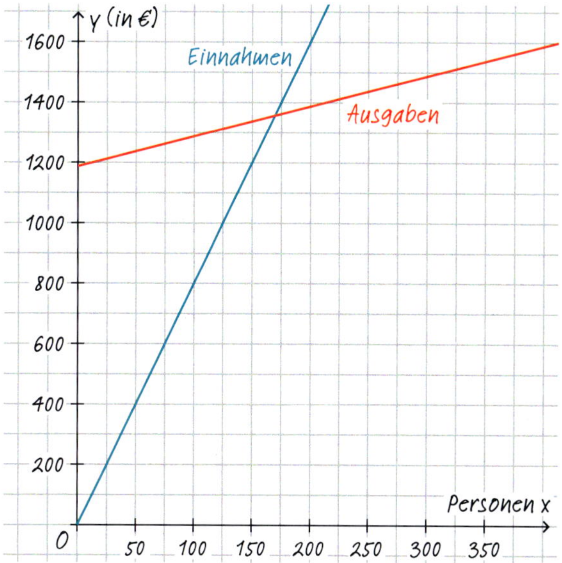

b) Ausgaben (in €) $y = x \cdot 1 + 640 + 550$
$y = x + 1190$
Einnahmen (in €) $y = x \cdot 8$

c) $x + 1190 = x \cdot 8$ | $-x$
$1190 = 7x$ | $:7$
$170 = x$
Es müssen mindestens 170 Personen teilnehmen, damit der Verein keinen Verlust macht.

Seite 10

6

a) Der Verbrauch beträgt $\frac{10\,l}{100\,km}$ im 2. Gang bei ca. $12\,\frac{km}{h}$ und bei knapp $40\,\frac{km}{h}$, im 3. Gang bei ca. $84\,\frac{km}{h}$ und im 4. Gang bei ca. $115\,\frac{km}{h}$.

b) Im 4. Gang ist der Verbrauch bei ca. $50\,\frac{km}{h}$ am geringsten. Er beträgt dann ca. $\frac{5{,}8\,l}{100\,km}$.

c) Der Verbrauch bei $60\,\frac{km}{h}$ beträgt im 3. Gang ca. $\frac{8\,l}{100\,km}$, im 4. Gang ca. $\frac{6\,l}{100\,km}$. Somit sinkt er um ca. $\frac{2\,l}{100\,km}$.

10

a) D = ℝ b) $D = ℝ_+$ c) D = {x ∈ ℝ | x ≥ −2}
d) $D = ℝ_+$ e) D = ℝ\{0} = ℝ* f) D = ℝ\{1}
g) D = ℝ h) D = ℝ* i) D = ℝ\{3}
j) D = ℝ\{0; 2} k) D = ℝ\{0; 1} l) D = {x ∈ ℝ | x > 3}

Seite 13

5

a) g(−2) = 7
b) f(x) = 7 für alle x ∈ ℝ.
c) $g(x) = x^2 - 4$ für alle x ∈ ℝ.
d) f(x) > g(x) für alle x ∈ ℝ.
e) W_f = ℝ\{0} = ℝ*

Seite 14

11

a) f(0) = 0; f(2) ≈ 0,1; f(−2,5) = 3
b) f(x) = 1,5 für $x_1 ≈ -3{,}5$, $x_2 ≈ -1{,}4$ und $x_3 ≈ 5{,}3$.
c) Der kleinste y-Wert im Bereich [−4; 2] ist 0 an den Stellen $x_1 = -4$ und $x_2 = 0$, der größte y-Wert ist 3 an der Stelle x = −2,5.

12

a) Für die Funktion $f(x) = 1 - \sqrt{x}$ ist $D_f = ℝ_+$ und $W_f =]-\infty; 1]$.
Für die Funktion $g(x) = 3 + \frac{1}{x}$ ist D_g = ℝ* und W_g = ℝ\{3}.
b) f(9) = −2; f(0,25) = 0,5 $g(9) = \frac{28}{9}$; g(0,25) = 7
c)

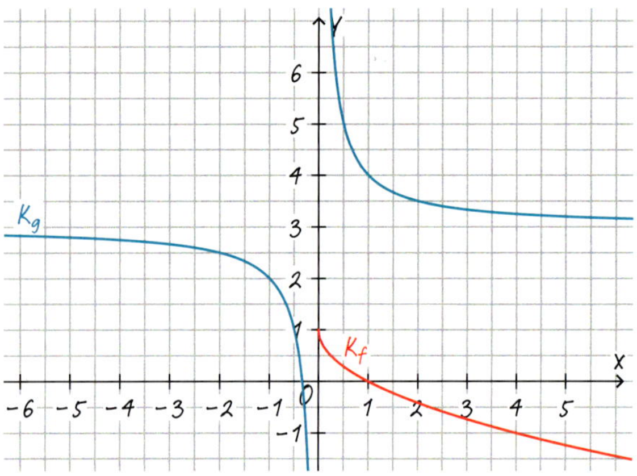

15

a)

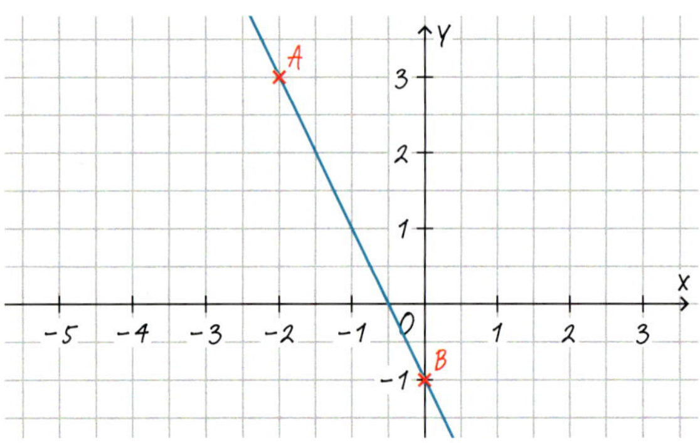

Steigung $m = \frac{3-(-1)}{-2-0} = \frac{3+1}{-2} = -\frac{4}{2} = -2$;
y-Achsenabschnitt b = −1;
Geradengleichung g: y = −2x − 1.

b)

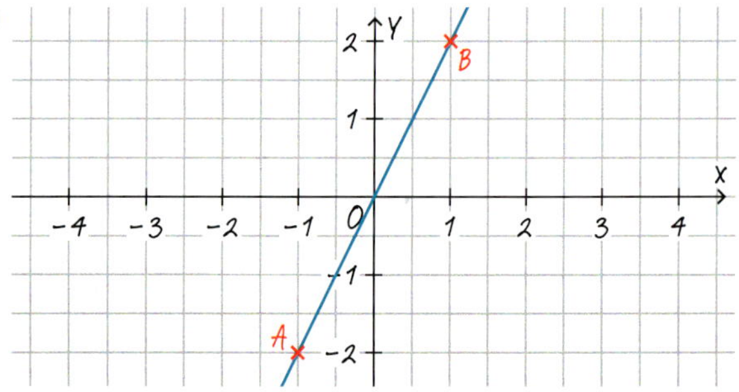

$m = \frac{-2-2}{-1-1} = \frac{-4}{-2} = 2$;
b = 0 und g: y = 2x.

c)

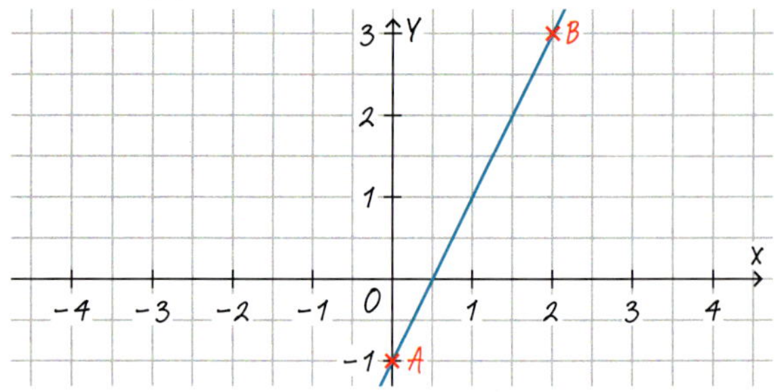

$m = \frac{-1-3}{0-2} = \frac{-4}{-2} = \frac{4}{2} = 2$;
b = −1 und g: y = 2x − 1.

d)

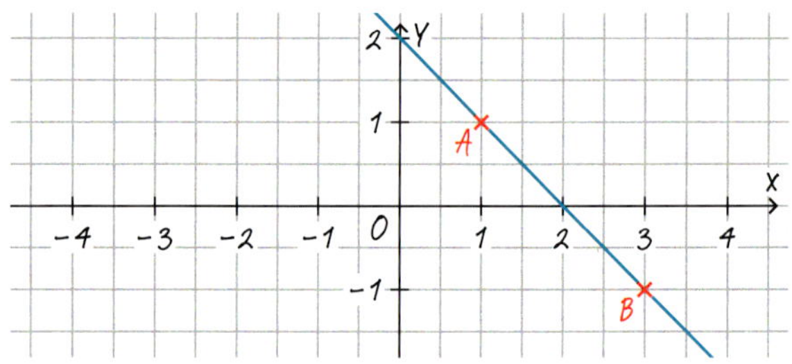

$m = \frac{1-(-1)}{1-3} = \frac{2}{-2} = -\frac{2}{2} = -1$;
b = 2 und g: y = −x + 2.

Seite 18

6

a) (a) ist der Graph von g(x) = −x − 1.
(b) ist der Graph von $g(x) = -\frac{1}{4}x + 1$.
(c) g(x) = 4x + b; den Punkt P(−2|−1) in die Funktionsgleichung einsetzen, ergibt −1 = 4 · (−2) + b und somit b = 7. Also ist g(x) = 4x + 7
(d) ist der Graph von (3); g(x) = 6x + 2.
(e) g(x) = −3x + b; den Punkt Q(1|3) in die Funktionsgleichung einsetzen, ergibt 3 = −3 · 1 + b und somit b = 6. Also ist (e) der Graph von (2); g(x) = −3x + 6.
(f) ist der Graph von (4); g(x) = 2.
Tipp: Da man den Achsenabstand b nicht ablesen kann, liest man einen anderen Punkt auf der linearen Funktion ab, setzt die Werte in die Geradengleichung ein und berechnet b.

b)

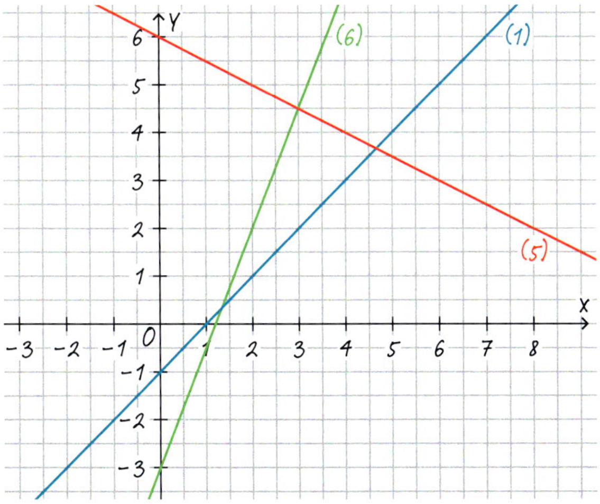

7

a) $m = 0{,}3$; den Punkt $P(2\,|\,-3)$ in $y = mx + b$ einsetzen ergibt $-3 = 0{,}3 \cdot 2 + b$ und somit $b = -3{,}6$.
Also ist $f(x) = 0{,}3x - 3{,}6$.

b) $f(-4) = m \cdot (-4) + b$ und somit $3 = -4m + b$.
$f(1) = m \cdot 1 + b$ und somit $-2 = m + b$.
Lösen des Gleichungssystems:

$3 = -4m + b$
$-2 = m + b \quad | \cdot (-1)$ ⤶ +
$5 = -5m \quad | : (-5) \quad$ | Seiten tauschen
$m = -1$

Einsetzen in die erste Gleichung:

$3 = -4 \cdot (-1) + b$
$3 = 4 + b \quad | -4 \quad$ | Seiten tauschen
$b = -1$.

Also ist $f(x) = -x - 1$.

c) Aus $m = \tan(45°)$ folgt $m = 1$ und somit $f(x) = 1 \cdot x + 1{,}5$ d.h. $f(x) = x + 1{,}5$.

Seite 19

14

a) Bei 12 000 km wird 1 mm abgefahren, d.h. bei 1 km wird $\frac{1}{12\,000}$ mm abgefahren. Für die Funktion f gilt:
$f(x) = -\frac{1}{12\,000} \cdot x + b$; x in km, f(x) in mm.
Damit gilt nach 20 000 km die Funktion:
$f(20\,000) = -\frac{1}{12\,000} \cdot 20\,000 + b = 4$
Somit ist $b = \frac{17}{3}$ und $f(x) = -\frac{1}{12\,000} \cdot x + \frac{17}{3}$
$f(x) = 1{,}6$ ergibt $x = 48\,800$.
$48\,800 - 32\,000 = 16\,800$.
Der Autofahrer kann mit dem Reifen nun noch 16 800 km fahren.

b) $\frac{1}{12\,000} \cdot 10\,000 = \frac{10}{12} = \frac{5}{6} \approx 0{,}83$
Die Profiltiefe nimmt alle 10 000 km um etwa 0,83 mm ab.

c) $f(0) = \frac{17}{3} \approx 5{,}7$
Die Profiltiefe betrug beim Kauf etwa 5,7 mm.

16

a)
$4x + 7y = 21 \quad | \cdot 3$
$3x - 4y = 25 \quad | \cdot (-4)$
$12x + 21y = 63$
$-12x + 16y = -100$
$37y = -37 \quad | : 37$
$y = -1$

Einsetzen
$4x - 7 = 21 \quad | +7$
$4x = 28 \quad | : 4$
$x = 7$
Lösung ist $x = 7$ und $y = -1$.

b)
$2x - 6y = 3 \quad | \cdot 3$
$3x - 4y = 12 \quad | \cdot (-2)$
$6x - 18y = 9$
$-6x + 8y = -24$
$-10y = -15 \quad | : (-10)$
$y = 1{,}5$

Einsetzen
$2x - 9 = 3 \quad | +9$
$2x = 12 \quad | : 2$
$x = 6$
Lösung ist $x = 6$ und $y = 1{,}5$.

c)
$7x + 3y = 69 \quad | \cdot 2$
$5x - 2y = 12 \quad | \cdot 3$
$14x + 6y = 138$
$15x - 6y = 36$
$29x = 174 \quad | : 29$
$x = 6$

Einsetzen
$30 - 2y = 12 \quad | -30$
$-2y = -18 \quad | : (-2)$
$y = 9$
Lösung ist $x = 6$ und $y = 9$.

d)
$-5x + 2y = 25 \quad | \cdot 5$
$3x - 5y = 23 \quad | \cdot 2$
$-25x + 10y = 125$
$6x - 10y = 46$
$-19x = 171 \quad | : (-19)$
$x = -9$

Einsetzen
$45 + 2y = 25 \quad | -45$
$2y = -20 \quad | : 2$
$y = -10$
Lösung ist $x = -9$ und $y = -10$.

Seite 22

3

a) $g(x) = h(x)$ d.h. $2x - 3 = -x + 3$. Dies ergibt $x = 2$. Die Graphen von g und h schneiden sich im Punkt $S(2\,|\,1)$.

b) $1{,}5x + 18 = 5 - \frac{4}{6}x$ d.h. $\frac{13}{6}x = -13$. Dies ergibt $x = -6$.
Wegen $m_g \cdot m_h = 1{,}5 \cdot \left(-\frac{4}{6}\right) = -1$ schneiden sich g und h im Punkt $S(-6\,|\,9)$ orthogonal.

c) $y = 2x - 0{,}5$ und $y = 2x - \frac{3}{5}$.
Also sind g und h parallel (und verschieden).

4

a) $3x - 2 = x + 4$ d.h. $x = 3$. Der Schnittpunkt ist $S(3|7)$.
Wegen $\tan(\alpha_g) = 3$ und $\tan(\alpha_h) = 1$ sind $\alpha_g \approx 71{,}6°$ und $\alpha_h = 45°$ die Steigungswinkel.

b) $g: y = \frac{3}{4}x - \frac{27}{4}$ und $h: y = x - 8$.
Also ist $\frac{3}{4}x - \frac{27}{4} = x - 8$. Dies ergibt $x = 5$.
Der Schnittpunkt ist $S(5|-3)$.
Die Steigungswinkel sind $\alpha_g \approx 36{,}9°$ und $\alpha_h = 45°$.

c) $2x + 1 = -x + 2$ d.h. $x = \frac{1}{3}$. Der Schnittpunkt ist $S\left(\frac{1}{3}\middle|\frac{5}{3}\right)$.
Die Steigungswinkel sind $\alpha_g \approx 63{,}4°$ und $\alpha_h = 135°$.

8

a)

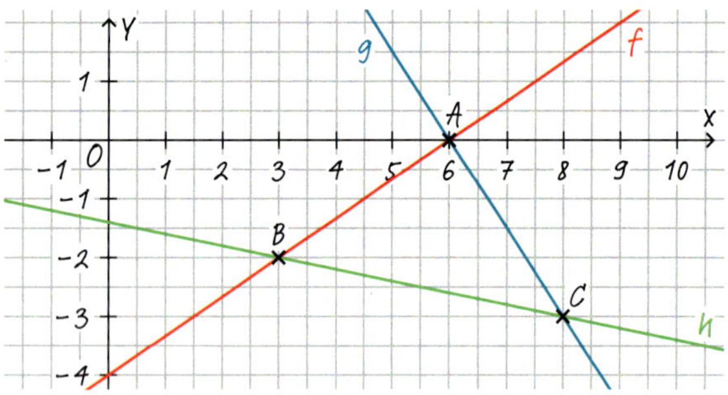

b) Die Eckpunkte des Dreiecks entsprechen den Schnittpunkten der Geraden, nämlich $A(6|0)$; $B(3|-2)$ und $C(8|-3)$.

c) Es ist $m_f = \frac{2}{3}$ und $m_g = -1{,}5$.
Somit gilt $m_f \cdot m_g = -1$.
Die Graphen von f und g sind orthogonal zueinander, das Dreieck ist rechtwinklig.

10

Tipp: Markieren Sie die Zahlen auf der Zahlengeraden. Schreiben Sie anschließend die Zahlen aufsteigend geordnet mit dem Symbol „<" auf, z.B. $2 < 2{,}5 < 3$.

a)

$-1 < -0{,}5 < 1$

b)

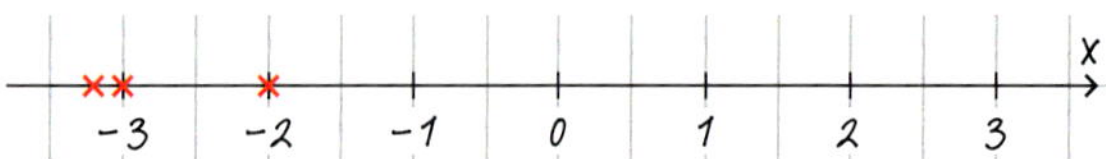

$-3{,}2 < -3 < -2$

c)

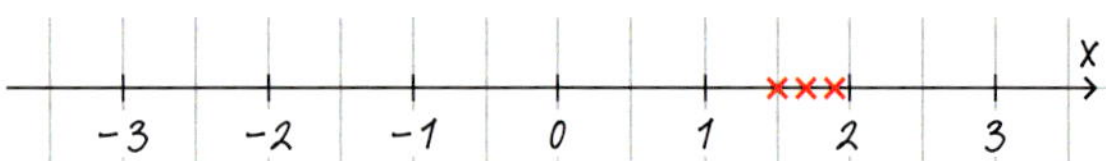

$1{,}5 < 1{,}7 < 1{,}9$

d)

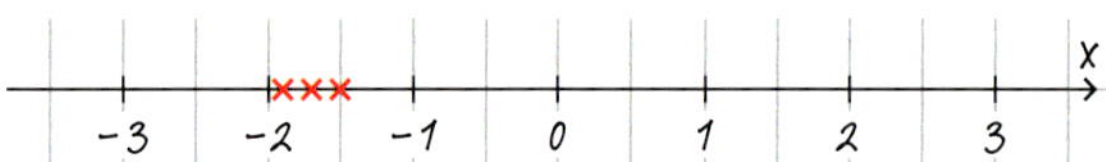

$-1{,}9 < -1{,}7 < -1{,}5$

Seite 24

3

a) $5x - 2 > x + 2 \quad | -x \quad | +2$
$4x > 4 \quad | :4$
$x > 1$

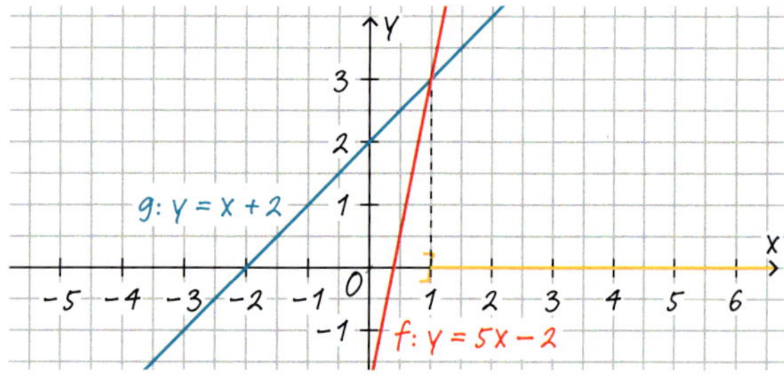

b) $\frac{1}{2} - x \leq 1 - \frac{1}{2}x \quad | +x \quad | -1$
$-\frac{1}{2} \leq \frac{1}{2}x \quad | \cdot 2$
$-1 \leq x$ bzw. $x \geq -1$

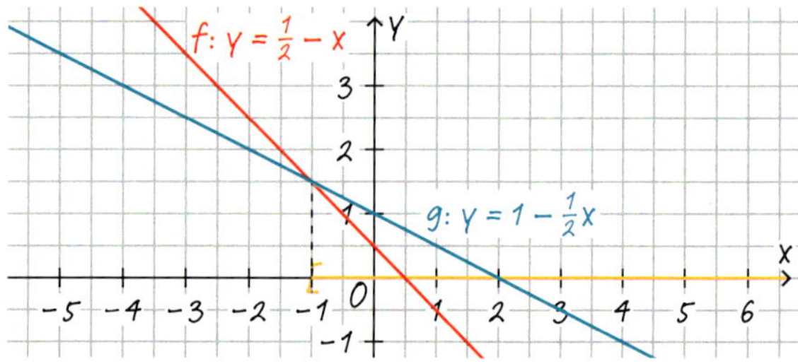

c) $-3x + 3{,}5 > -2{,}5 \quad | -3{,}5$
$-3x > -6 \quad | :(-3)$
$x < 2$

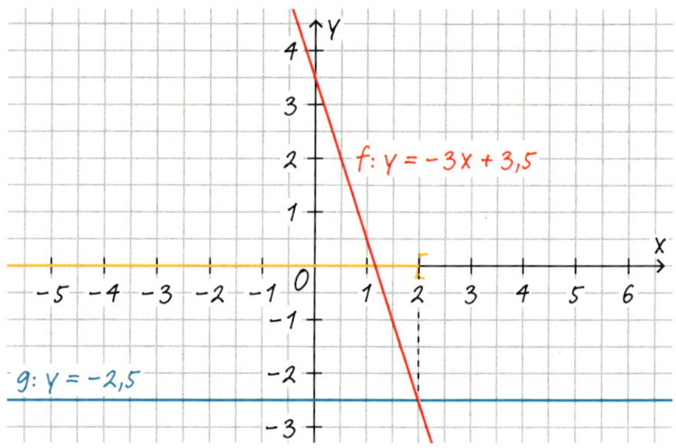

6

a) Kosten: $K(x) = 4000 + 230x$
Verkaufserlöse: $E(x) = 350x$
Ein Gewinn wird erzielt, wenn die Erlöse größer sind als die Kosten, wenn also gilt $350x > 4000 + 230x$ bzw. $x > \frac{100}{3} \approx 33{,}3$
Der Hersteller macht ab einer Menge von 34 Fahrrädern Gewinn.

b) Kosten bei 20 Fahrrädern: $4000 + 230 \cdot 20 = 8600$
Verkaufserlöse bei 20 Fahrrädern: $p \cdot 20$
Für einen Gewinn muss gelten $p \cdot 20 > 8600$ bzw. $p > 430$
Wenn bei einer Menge von 20 Fahrrädern ein Gewinn erzielt werden soll, muss der Verkaufspreis über 430 € liegen.

8

a) A(2|1): $-4 + 6 - 1 = 1$, d.h. A liegt auf der Parabel.
B(−1|5): $-1 - 3 - 1 = -5 \neq 5$, d.h. B liegt nicht auf der Parabel.

b) A(−2|17): $-(-2 - 2)^2 + 1 = -16 + 1 = -15 \neq 17$, d.h. A liegt nicht auf der Parabel.
B(2|1): $-(2 - 2)^2 + 1 = -0 + 1 = 1$, d.h. B liegt auf der Parabel.

c) A(3|0): $(3 + 2) \cdot (3 - 3) = 5 \cdot 0 = 0$, d.h. A liegt auf der Parabel.
B(1|−6): $(1 + 2) \cdot (1 - 3) = 3 \cdot (-2) = -6$, d.h. B liegt auf der Parabel.

Seite 26

3

a) $f(x) = -\frac{1}{2}x^2 - 1$

x	−3	−2	−1	0	1	2	3
f(x)	−5,5	−3	−1,5	−1	−1,5	−3	−5,5

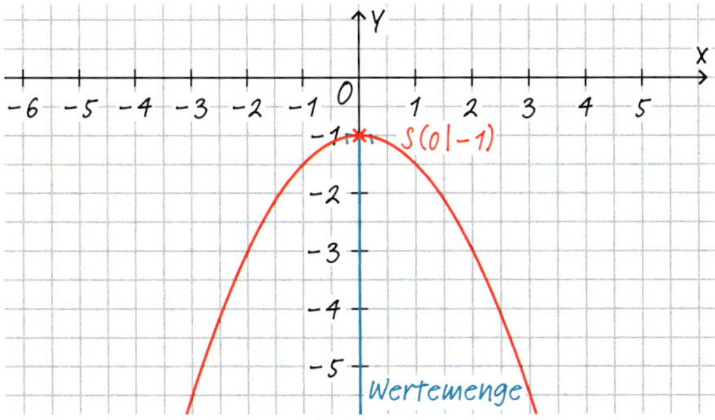

S(0|−1); $W_f =]-\infty; -1]$

b) $g(x) = x^2 - 2x$

x	−3	−2	−1	0	1	2	3
g(x)	15	8	3	0	−1	0	3

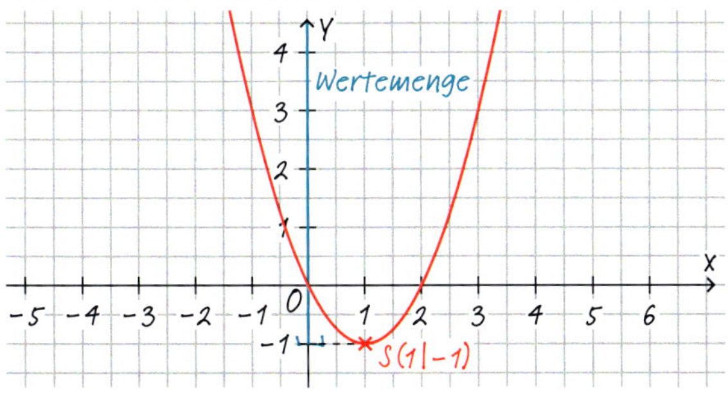

S(1|−1); $W_g = [-1; \infty[$

c) $h(x) = -x^2 + x + 3{,}75$

x	−3	−2,5	−2	−1,5	−1	−0,5	0
h(x)	−8,25	−5	−2,25	0	1,75	3	3,75

x	0,5	1	1,5	2	2,5	3
h(x)	4	3,75	3	1,75	0	−2,25

Tipp: Wählt man die Schrittweite 1, erhält man für x = 0 und x = 1 einen größten y-Wert, denn der Scheitel liegt bei x = 0,5. Daher ist es besser, die Schrittweite 0,5 zu wählen.

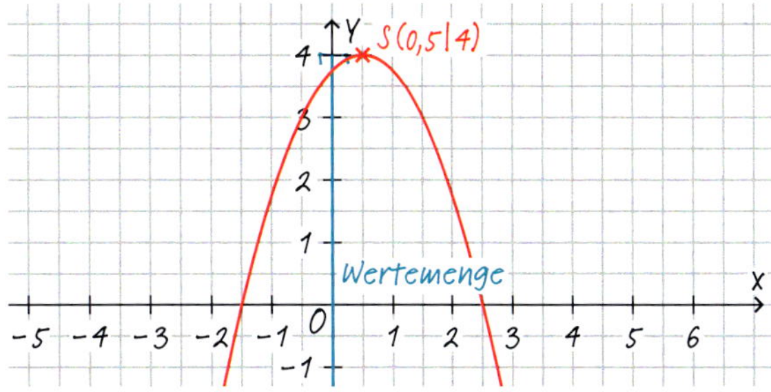

S(0,5|4); $W_h =]-\infty; 4]$

5

a) Die Graphen der drei Funktionen f, g und h sind identisch.

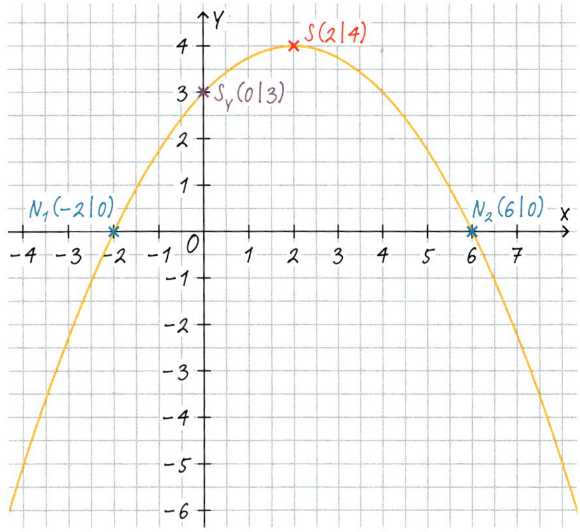

b) S(2|4); $S_y(0|3)$; $N_1(-2|0)$; $N_2(6|0)$
Im Funktionsterm der Funktion f kann man den Schnittpunkt mit der y-Achse ablesen: $f(x) = -\frac{1}{4}x^2 + x + 3$.
Im Funktionsterm der Funktion g kann man den Scheitel ablesen. $g(x) = -\frac{1}{4} \cdot (x - 2)^2 + 4$.
Im Funktionsterm von h kann man die x-Koordinaten der Schnittpunkte mit der x-Achse ablesen: $h(x) = -\frac{1}{4} \cdot (x + 2)(x - 6)$.

c) $f(10) = -12 \neq -8$, also liegt der Punkt P(10|−8) nicht auf dem Graphen von f.

6

$f_1(x)$ gehört zu C; $f_2(x)$ gehört zu G; $f_3(x)$ gehört zu E; $f_4(x)$ gehört zu B; $f_5(x)$ gehört zu A; $f_6(x)$ gehört zu H.

Seite 29

3

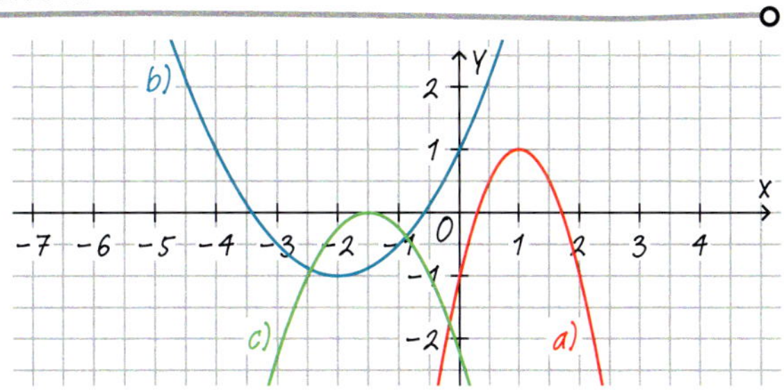

a) Die Parabel f wurde an der x-Achse gespiegelt und mit dem Faktor 2 in y-Richtung gestreckt (bzw. mit dem Faktor −2 in y-Richtung gestreckt). Dann wurde sie um 1 in x-Richtung und um 1 in y-Richtung verschoben.

b) Die Parabel g wurde mit dem Faktor $\frac{1}{2}$ in y-Richtung getreckt und um −2 in x-Richtung und um −1 in y-Richtung verschoben.

c) Die Parabel h wurde an der x-Achse gespiegelt und um −1,5 in x-Richtung verschoben.

4

$f(x) = -\frac{1}{3} \cdot (x-2)^2 + \frac{3}{2}$

Seite 30

9

p_1: $f(x) = -1{,}5x^2 + 3$

p_2: $f(x) = (x-1)^2 - 1$

$f(x) = x^2 - 2x + 1 - 1$

$f(x) = x^2 - 2x$

p_3: $f(x) = 0{,}5 \cdot (x+1)^2 + 1$

$f(x) = 0{,}5 \cdot (x^2 + 2x + 1) + 1$

$f(x) = 0{,}5x^2 + x + 0{,}5 + 1$

$f(x) = 0{,}5x^2 + x + 1{,}5$

p_4: $f(x) = -0{,}25 \cdot (x-3)^2$

$f(x) = -0{,}25 \cdot (x^2 - 6x + 9)$

$f(x) = -0{,}25x^2 + 1{,}5x - 2{,}25$

13

a) $6x - 15 - 2x^2 + 5x$

$= -2x^2 + 11x - 15$

b) $x^2 - 4x - \frac{1}{2}x + 2$

$= x^2 - 4{,}5x + 2$

c) $6p - 3q - 2p^2 + pq$

d) $2 \cdot \left(2k - 3 - \frac{2}{3}k^2 + k\right)$

$= 4k - 6 - \frac{4}{3}k^2 + 2k$

$= -\frac{4}{3}k^2 + 6k - 6$

e) $14x - 21y - 2x^2 + 3xy$

f) $rs - 3s^2 - r^2 + 3rs$

$= -3s^2 - r^2 + 4rs$

Seite 34

5

a) $f(x) = 0$, also $x^2 - 2x - 4 = 0$.

Das ergibt mit pq-Formel $x_{1,2} = 1 \pm \sqrt{5}$.

Die abc-Formel liefert $x_{1,2} = \frac{2 \pm \sqrt{4+16}}{2} = \frac{2 \pm 2\sqrt{5}}{2} = 1 \pm \sqrt{5}$.

$x_1 = 1 + \sqrt{5}$ und $x_2 = 1 - \sqrt{5}$

b) Die abc-Formel liefert $x_{1,2} = \frac{-2 \pm \sqrt{4-2}}{-0{,}5} = 4 \pm 2\sqrt{2}$.

$x_1 = 4 + 2\sqrt{2}$ und $x_2 = 4 - 2\sqrt{2}$

c) $x_{1,2} = \frac{-1 \pm \sqrt{5}}{-4} = \frac{1}{4} \pm \frac{1}{4}\sqrt{5}$

$x_1 = \frac{1}{4} + \frac{1}{4}\sqrt{5}$ und $x_2 = \frac{1}{4} - \frac{1}{4}\sqrt{5}$

d) $x_{1,2} = \frac{-4 \pm \sqrt{8}}{\frac{2}{3}} = -6 \pm 3\sqrt{2}$

$x_1 = -6 + 3\sqrt{2}$ und $x_2 = -6 - 3\sqrt{2}$

6

a) $f(x) = -x \cdot (x-3)$

Die Nullstellen sind $x_1 = 0$ und $x_2 = 3$.

Der Scheitel liegt somit an der Stelle $x = 1{,}5$.

Für den y-Wert gilt $f(1{,}5) = 2{,}25$, als ist der Scheitel $S(1{,}5 \mid 2{,}25)$.

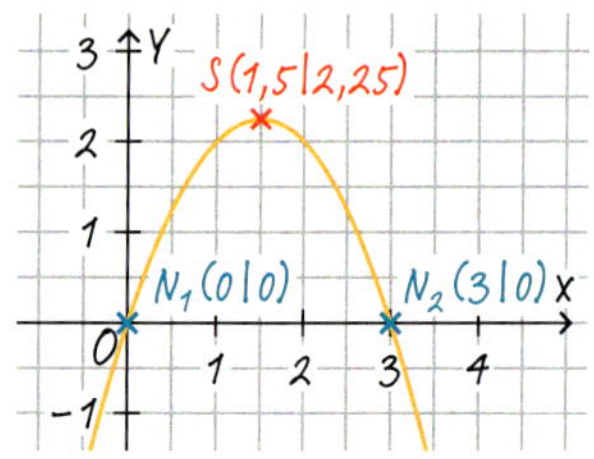

b) $g(x) = (x+3)^2$;

$x_{1,2} = -3$ ist eine doppelte Nullstelle.

Der Scheitel liegt auf der x-Achse; $S(-3 \mid 0)$.

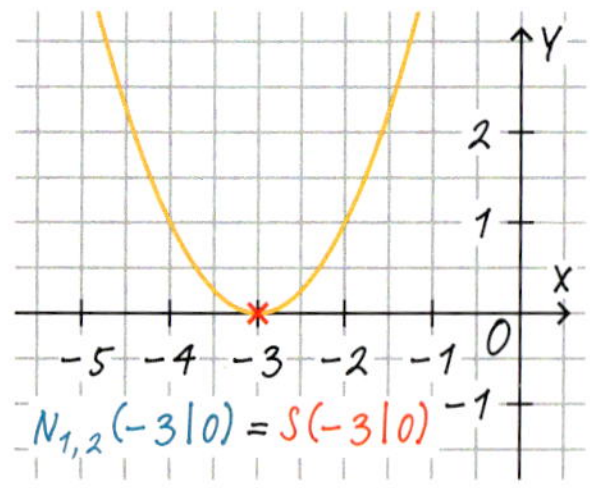

c) $h(x) = (x+2)(x-2)$

Die Nullstellen sind $x_1 = -2$ und $x_2 = 2$.

Der Scheitel ist $S(0 \mid -4)$.

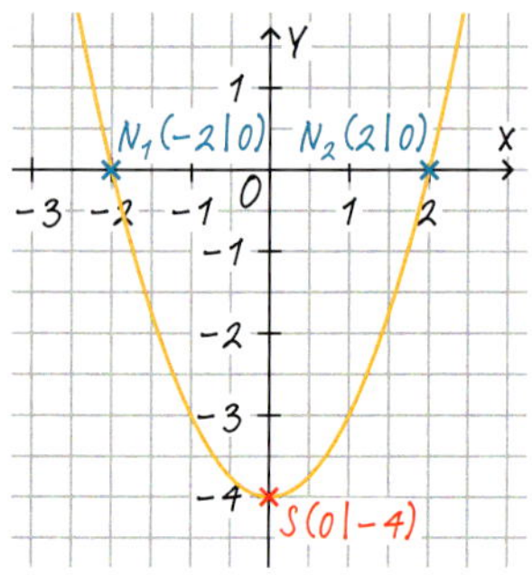

Seite 36

16

a) Die Parabel p_1 hat die Schnittpunkte mit der x-Achse $N_1(-1 \mid 0)$ und $N_2(1{,}5 \mid 0)$.

Produktform: $f(x) = a \cdot (x - (-1)) \cdot (x - 1{,}5)$

Bestimmung von a durch Punktprobe z. B. mit Punkt $A(0 \mid -1{,}5)$:

$-1{,}5 = a \cdot (0+1)(0-1{,}5)$ ergibt $a = 1$.

Also ist $f(x) = (x+1)(x-1{,}5)$.

Die Parabel p_2 hat die Schnittpunkte mit der x-Achse $N_1(0 \mid 0)$ und $N_2(3 \mid 0)$.

Produktform: $g(x) = a \cdot (x-0)(x-3)$

Bestimmung von a durch Punktprobe z. B. mit Punkt $B(4 \mid 1)$:

$1 = a \cdot (4-0)(4-3)$ ergibt $a = \frac{1}{4}$.

Also ist $g(x) = \frac{1}{4}x \cdot (x-3)$.

b) $f(x) = a \cdot (x - (-4))(x-4)$

Punktprobe mit $P(-2 \mid -3)$: $-3 = a \cdot (-2+4)(-2-4)$

ergibt $a = \frac{1}{4}$.

Also ist $f(x) = \frac{1}{4} \cdot (x+4) \cdot (x-4)$.

22

a) $2^{3+5} = 2^8 = 256$

b) $a^{4+6} = a^{10}$

c) $3^{5-2} = 3^3 = 27$

d) $b^{7-3} = b^4$

e) $(2 \cdot 5)^6 = 10^6 = 1\,000\,000$

f) $(2 \cdot b)^4 = (2b)^4$

g) $(6:2)^5 = 3^5 = 243$

h) $\left(\frac{a}{b}\right)^5$

i) $3^{5 \cdot 2} = 3^{10} = 59\,049$

j) $x^{3 \cdot 3} = x^9$

k) $2^4 \cdot 3^4 + 3^4 = (2^4 + 1) \cdot 3^4 = (16+1) \cdot 3^4 = 17 \cdot 3^4 = 1377$

l) $10^5 + 5^5 = 2^5 \cdot 5^5 + 5^5 = (2^5 + 1) \cdot 5^5 = (32+1) \cdot 5^5 = 33 \cdot 5^5 = 103\,125$

Seite 40

Runde 1

1

a) $f(0) = 20$ ergibt den Achsenabschnitt $b = 20$.
$f(1) = 24$ und somit $24 = m \cdot 1 + 20$, also $m = 4$.
Daher ist $f(t) = 4t + 20$.

b)

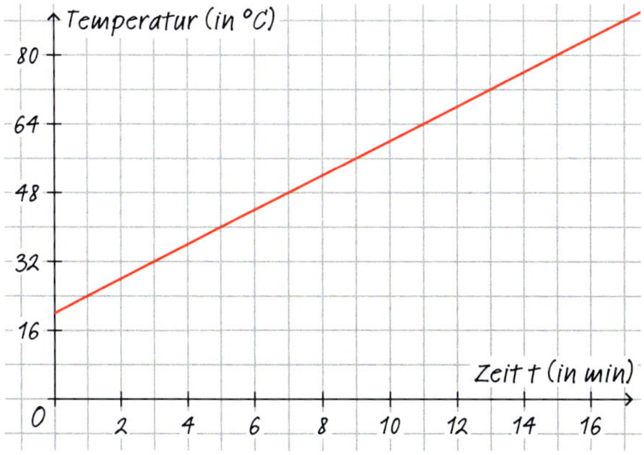

c) $f(12) = 68$
Nach 12 Minuten wird das Wasser eine Temperatur von 68 °C haben.

d) $f(t) = 50$ ergibt $t = 7{,}5$. Nach 7 min und 30 s hat das Wasser eine Temperatur von 50 °C.

e) Am Siedepunkt von 100 °C, also nach etwa 20 Minuten, ist die Temperaturzunahme nicht mehr linear; das Wasser verdunstet nur noch (ohne Temperaturerhöhung) bei längerem Erhitzen. Die Funktion f kann das Geschehen dann nicht mehr zutreffend beschreiben.

2

a) Der Funktionswert von f an der Stelle 3 ist 4.

b) An der Stelle 2 ist der Funktionswert von g größer als der Funktionswert von h.

c) Für jeden Wert aus dem Intervall von 0 bis 5 (je einschließlich) ist der Funktionswert von f kleiner als der von g.

d) Die Definitionsmenge von f besteht aus allen reellen Zahlen außer der Zahl 3.

e) Für alle Zahlen, die größer als null und kleiner oder gleich zehn sind, ist der Funktionswert von f ungleich null.

3

a)

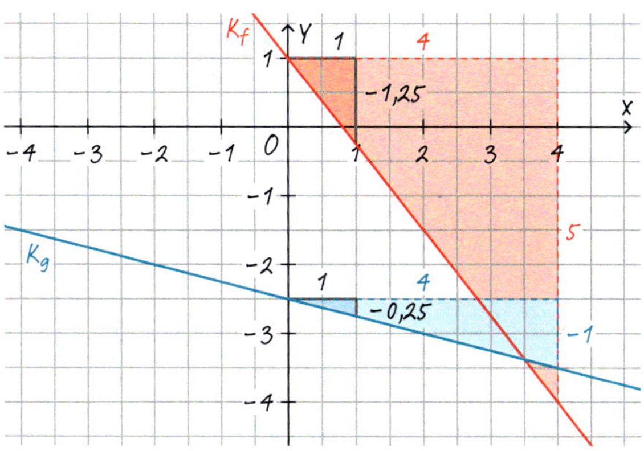

b) $f(x) = g(x)$

$-1{,}25x + 1 = -0{,}25x - 2{,}5 \quad | + 0{,}25x$
$-x + 1 = -2{,}5 \quad | - 1$
$-x = -3{,}5 \quad | : (-1)$
$x = 3{,}5$

$f(3{,}5) = -1{,}25 \cdot 3{,}5 + 1$
$f(3{,}5) = -4{,}375 + 1 = -3{,}375$
Der Schnittpunkt ist $P(3{,}5 \,|\, -3{,}375)$.

c) K_f hat die Steigung $\tan(\alpha) = -1{,}25$.
$\alpha \approx -51{,}34°$, also α_f ungefähr $128{,}66°$.
Der Steigungswinkel von K_f ist $128{,}66°$.
K_g hat die Steigung $\tan(\alpha) = -0{,}25$.
$\alpha \approx -14{,}04°$, also α_g ungefähr $165{,}96°$.
Der Steigungswinkel von K_g ist $165{,}96°$.

d) $f(x) > 0$ d.h.

$-1{,}25x + 1 > 0 \quad | - 1$
$-1{,}25x > -1 \quad | : (-1{,}25)$
$x < 0{,}8$

Für $x < 0{,}8$ sind die Werte von $f(x) > 0$.

$g(x) < 0$ d.h.

$-0{,}25x - 2{,}5 < 0 \quad | + 2{,}5$
$-0{,}25x < 2{,}5 \quad | : (-0{,}25)$
$x > -10$

Für $x > -10$ sind die Werte von $g(x) < 0$.

$f(x) \le g(x)$ d.h.

$-1{,}25x + 1 \le -0{,}25x - 2{,}5 \quad | + 0{,}25x$
$-x + 1 \le -2{,}5 \quad | - 1$
$-x \le -3{,}5 \quad | : (-1)$
$x \ge 3{,}5$

Für $x \ge 3{,}5$ sind die Werte $f(x) \le g(x)$.

4

a) Steigung $m = 2$ ergibt $y = 2x + b$.
Einsetzen von Punkt $P(-1 \,|\, 0{,}25)$ ergibt
$0{,}25 = 2 \cdot (-1) + b$.
$0{,}25 = -2 \quad + b \quad | + 2$
$2{,}25 = b$ d.h. $f(x) = 2x + 2{,}25$

b) Steigung $m = \frac{-1{,}5 - 1}{0{,}5 - (-2)} = \frac{-2{,}5}{2{,}5} = -1$
Dies ergibt $y = -x + b$.
Einsetzen von Punkt $A(-2 \,|\, 1)$ ergibt
$1 = -(-2) + b$.
$1 = 2 \quad + b \quad | - 2$
$-1 = b$ d.h. $g(x) = -x - 1$.

5

Da $0{,}4 = \frac{2}{5}$, sind die Geraden g und h parallel.
Die Geraden h und k sind orthogonal zueinander, da
$\frac{2}{5} \cdot (-2{,}5) = \frac{2}{5} \cdot \left(-\frac{5}{2}\right) = -1$.
Die Geraden g und k sind orthogonal zueinander, da
$0{,}4 \cdot (-2{,}5) = \frac{2}{5} \cdot \left(-\frac{5}{2}\right) = -1$.
Tipp: Parallele Geraden sind zu denselben Geraden orthogonal.

6

$f(x) = x^2$; $g(x) = 0{,}25x^2 + 1$

a) Den Graph der Funktion f verschieben um $-1{,}5$ in x-Richtung ergibt den Term $(x + 1{,}5)^2$. Verschieben um 2 in y-Richtung ergibt $(x + 1{,}5)^2 + 2$. Somit ist $f_1(x) = (x + 1{,}5)^2 + 2$.

Den Graph der Funktion g verschieben um $-1{,}5$ in x-Richtung ergibt den Term $0{,}25 \cdot (x + 1{,}5)^2 + 1$. Verschieben um 2 in y-Richtung ergibt $0{,}25 \cdot (x + 1{,}5)^2 + 3$.
Somit ist $g_1(x) = 0{,}25 \cdot (x + 1{,}5)^2 + 3$.

b) Den Graph der Funktion f strecken mit dem Faktor 4 in y-Richtung ergibt $4x^2$. Verschiebung um 3 in x-Richtung ergibt $4 \cdot (x - 3)^2$. Somit ist $f_2(x) = 4 \cdot (x - 3)^2$.
Der Graph der Funktion g mit dem Faktor 4 in y-Richtung gestreckt, ergibt $4 \cdot (0{,}25x^2 + 1) = x^2 + 4$. Verschiebung um 3 in x-Richtung ergibt $(x - 3)^2 + 4$. Somit ist $g_2(x) = (x - 3)^2 + 4$.

7

a) bis **c)**

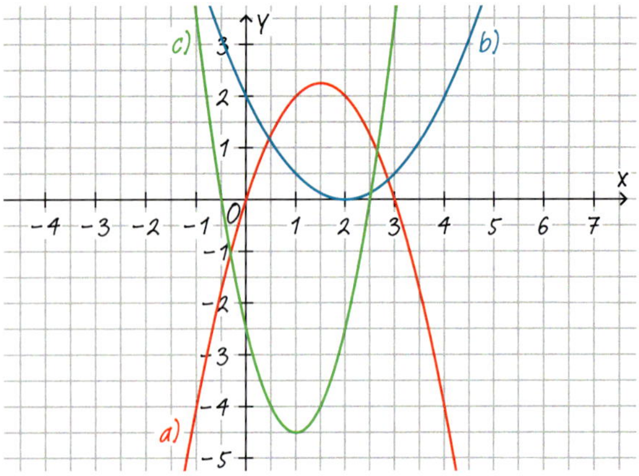

a) Schnittpunkte mit der x-Achse berechnen, d.h. $f(x) = 0$
$-x^2 + 3x = x \cdot (-x + 3) = 0$ ergibt $x_1 = 0$ und $x_2 = 3$.
Somit sind $N_1(0|0)$ und $N_2(3|0)$ Schnittpunkte mit der x-Achse; Schnittpunkt mit der y-Achse ist $S_y(0|0)$.

b) Schnittpunkte mit der x-Achse: $f(x) = 0$
Die abc-Formel ergibt $x_1 = x_2 = 2$. Somit gibt es nur einen Schnittpunkt mit der x-Achse, $N(2|0)$. Schnittpunkt mit der y-Achse ist $S_y(0|2)$.

c) Schnittpunkte mit der x-Achse: $f(x) = 0$
$2 \cdot (x - 1)^2 - 4{,}5 = 2x^2 - 4x - 2{,}5 = 0$
Die abc-Formel ergibt $x_1 = -0{,}5$ und $x_2 = 2{,}5$.
Somit sind $N_1(-0{,}5|0)$ und $N_2(2{,}5|0)$ die Schnittpunkte mit der x-Achse; Schnittpunkt mit der y-Achse ist $S_y(0|-2{,}5)$.

8

$f(x) = -(x - a)^2 + b$ ist eine nach unten geöffnete Normalparabel. Der Scheitelpunkt ist $S(a|b)$, hier $S(1|1{,}5)$.
$f(x) = -(x - 1)^2 + 1{,}5$
$g(x) = c(x - d)^2$ ist eine gestreckte Parabel mit nur einem gemeinsamen Punkt mit der x-Achse, dieser ist $N(2|0)$.
$g(x) = 0{,}5 \cdot (x - 2)^2$
$h(x) = (x - k)^2 + e$ ist eine verschobene Normalparabel mit dem Scheitelpunkt $S(k|e)$, dieser ist $S(-1|-1)$.
$h(x) = (x - (-1))^2 - 1$ d.h. $h(x) = (x + 1)^2 - 1$.

9

a) Ansatz: $y = ax^2 + bx + c$
Legt man ein Koordinatensystem mit dem Ursprung auf den Freistoßpunkt, so kann man aus dem Text die Punkte auf der Kurve herauslesen:
Freistoßpunkt: $P_1(0|0)$
Höchster Punkt der Flugbahn: $P_2(25|5)$
Aufprall nach 50 Metern: $P_3(50|0)$
Einsetzen der Punkte ergibt:
$P_1(0|0)$: $0 = c$
$P_2(25|5)$: $5 = a \cdot 25^2 + b \cdot 25 + 0 = 625a + 25b$
$P_3(50|0)$: $0 = a \cdot 50^2 + b \cdot 50 + 0 = 2500a + 50b$
Multipliziert man die 2. Gleichung mit -2 und addiert dazu die 3. Gleichung, so erhält man:
$-10 = 1250a \quad | : 1250$
$-\frac{1}{125} = a$
Einsetzen in die 3. Gleichung ergibt:
$0 = -\frac{1}{125} \cdot 2500 + 50b \quad |$ vereinfachen
$0 = -20 + 50b \quad | +20$
$20 = 50b \quad | : 50$
$\frac{2}{5} = b$
Damit ist $a = -\frac{1}{125}$ und $b = \frac{2}{5}$.
Die Gleichung der quadratischen Funktion lautet:
$f(x) = -\frac{1}{125}x^2 + \frac{2}{5}x$.
Graph der Funktion:

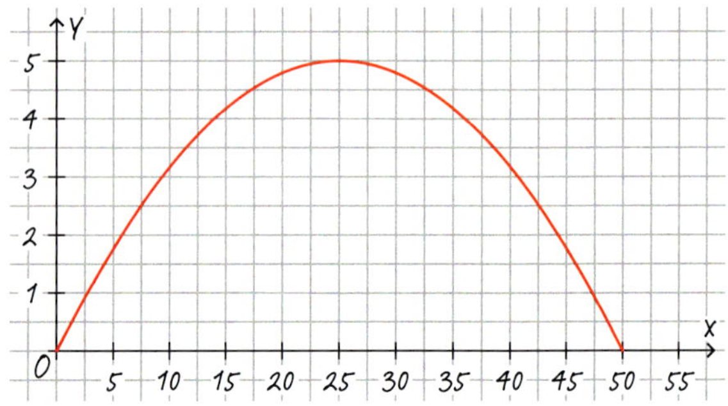

b) Kopfballspieler:
$f(45) = -\frac{1}{125} \cdot (45)^2 + \frac{2}{5} \cdot (45) = 1\frac{4}{5} = 1{,}8$
Ja, er kann einen Kopfball spielen, weil sich der Ball in einer Höhe von 1,80 m befindet.
Tipp: Achten Sie darauf, den Ursprung des Koordinatensystems geeignet in einen der genannten Punkte zu legen.

Seite 41

Runde 2

1

a) $D_g = [-1; \infty[$; $W_g =]-\infty; 10]$

b)

x	−2	−1	0	1	2	3	4	5	6	7	8
g(x)	–	10	9,0	8,6	8,3	8,0	7,8	7,6	7,4	7,2	7,0

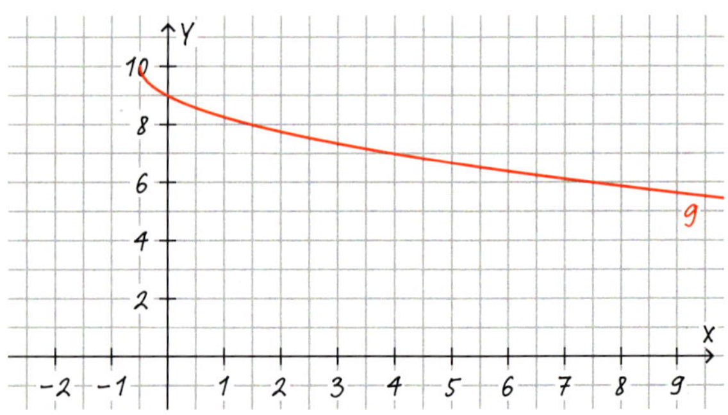

c) $g(1{,}25) = 10 - \sqrt{2{,}25} = 8{,}5$
$g(-0{,}75) = 9{,}5$
$g(x) = 6 \Leftrightarrow 10 - \sqrt{x+1} = 6 \Leftrightarrow x + 1 = 16 \Leftrightarrow x = 15$

2

a) $g(x) = 1{,}5x + 0{,}5$; $h(x) = -x + 3$

b) $1{,}5x + 0{,}5 > -x + 3$ ergibt $x > 1$.
Für $x > 1$ liegt die Gerade g oberhalb der Geraden h.

c) $\tan(\alpha_g) = 1{,}5$ ergibt $\alpha_g \approx 56{,}3°$.
$\tan(\alpha_h) = -1$ ergibt $\alpha_h = -45°$ bzw. $\alpha_h = 135°$.
Der Steigungswinkel der Geraden g beträgt 56,3°.
Der Steigungswinkel der Geraden h beträgt 135°.

d) Die 1. Winkelhalbierende hat die Gleichung $y = x$ und somit die Steigung $m = 1$. Somit ist $m_h \cdot m = -1 \cdot 1 = -1$.
Die Gerade h ist orthogonal zur 1. Winkelhalbierenden.

e) $g(x) = h(x)$ ergibt $x = 1$; der Schnittpunkt der Geraden g und h ist $P(1|2)$. Somit hat die Parallele zur y-Achse die Gleichung $x = 1$.

3

a) Die Parallele zur x-Achse mit der Funktionsgleichung $f(x) = 4$ hat mit der Normalparabel $g(x) = x^2$ zwei gemeinsame Punkte, $P(2|4)$ und $Q(-2|4)$. Die Aussage ist falsch.

b) Damit eine Zuordnung eine Funktion ist, darf jedem x-Wert höchstens ein y-Wert zugeordnet werden. Also kann der Graph einer Funktion eine Parallele zur y-Achse nur einmal schneiden. Die Aussage ist wahr.

c) Geradengleichung der Ursprungsgeraden mit $m = \frac{0{,}2}{0{,}25} = \frac{4}{5}$ und $b = 0$: $y = \frac{4}{5}x$. Punktprobe mit $P(10|9)$: $9 \neq \frac{4}{5} \cdot 10 = 8$.
Nein, der Punkt $P(10|9)$ liegt nicht auf der Ursprungsgeraden.

4

a) Produktform: $f(x) = x \cdot (x - 4)$
Scheitelform: $f(x) = (x - 2)^2 - 4$

b) Lösungen von $0 = -x^2 + 3x + 4$ sind $x_1 = -1$ und $x_2 = 4$. D.h.
Produktform: $f(x) = -(x + 1) \cdot (x - 4)$
Scheitelform: $f(x) = -(x - 1{,}5)^2 + 6{,}25$

c) Lösungen von $0 = 0{,}5x^2 - x - 1{,}5$ sind $x_1 = -1$ und $x_2 = 3$.
Streckfaktor ist 0,5. D.h.
Produktform: $f(x) = 0{,}5 \cdot (x + 1) \cdot (x - 3)$.
Scheitelform: $f(x) = 0{,}5 \cdot (x - 1)^2 - 2$

5

a) K_1: Scheitelform: $f(x) = 0{,}25(x + 1)^2$
Hauptform: $f(x) = 0{,}25x^2 + 0{,}5x + 0{,}25$
K_2: Produktform: $f(x) = -0{,}5x(x - 3)$
Scheitelform: $f(x) = -0{,}5(x - 1{,}5)^2 + 1{,}125$
Hauptform: $f(x) = -0{,}5x^2 + 1{,}5x$
K_3: Produktform: $f(x) = (x - 1)(x - 2)$
Scheitelform: $f(x) = (x - 1{,}5)^2 - 0{,}25$
Hauptform: $f(x) = x^2 - 3x + 2$

b) K_1 entsteht aus der Normalparabel durch Strecken mit dem Faktor 0,25 in y-Richtung und Verschieben um −1 in x-Richtung.
K_2 entsteht aus der Normalparabel durch Spiegeln an der x-Achse, Strecken mit den Faktor 0,5 in y-Richtung und Verschieben um 1,5 in x-Richtung und um 1,125 in y-Richtung.
K_3 entsteht aus der Normalparabel durch Verschiebungen um 1,5 in x-Richtung und um −0,25 in y-Richtung.

c) K_3 entsteht aus K_1 durch Streckung mit dem Faktor 4 in y-Richtung und Verschiebungen um 2,5 in x-Richtung und um −0,25 in y-Richtung.

6

a) Für den Fall, dass auf der x-Achse 2 Kästchen eine Einheit sind, müssen für die y-Achse 4 Kästchen als Einheit gewählt werden.

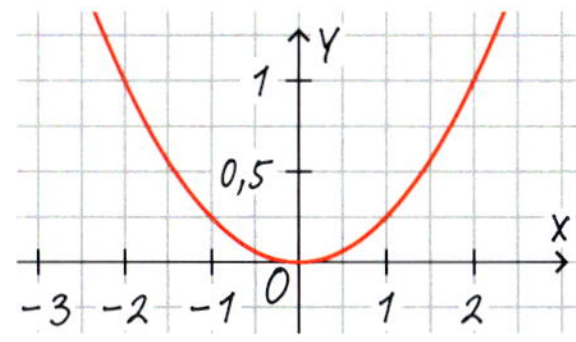

b) Liegt der Ursprung im Punkt B, so erhält man den Scheitel in $A(-1|-0{,}5)$ und damit die Scheitelform $f(x) = 0{,}25(x + 1)^2 - 0{,}5$, in der Hauptform $f(x) = 0{,}25x^2 + 0{,}5x - 0{,}25$.
Liegt der Ursprung im Punkt C, so erhält man den Scheitel in $A(3|0{,}5)$ und damit die Scheitelform $f(x) = 0{,}25(x - 3)^2 + 0{,}5$, in der Hauptform $f(x) = 0{,}25x^2 - 1{,}5x + 2{,}75$.

c) Die Scheitelform von f ist $f(x) = 0{,}25 \cdot (x - 2)^2 - 3$.
Der Ursprung muss folglich im Punkt $D(-2|-3)$ liegen.

7

a) $-x^2 + 3x + 2 = x + 2 \quad | -x - 2$
$-x^2 + 2x = 0$
$-x(x - 2) = 0$
Es gibt zwei gemeinsame Punkte. Die Schnittstellen von f und g sind $x_1 = 0$ und $x_2 = 2$. Da der Graph von f eine nach unten geöffnete Parabel ist, gilt $f(x) > g(x)$ für $0 < x < 2$.

b) $\frac{1}{4}x^2 + x + 1 = -x - 3 \quad | +x + 3$
$\frac{1}{4}x^2 + 2x + 4 = 0$
$\frac{1}{4}(x + 4)^2 = 0$
Es gibt einen gemeinsamen Punkt. Die Berührstelle ist $x = -4$ und der Graph von f ist eine nach oben geöffnete Parabel. Somit gilt $f(x) > g(x)$ für alle $x \in \mathbb{R} \setminus \{-4\}$.

c) $2x^2 + 3x - 4 = 2x - 4{,}5 \quad | -2x + 4{,}5$
$2x^2 + x + 0{,}5 = 0$
Die Gleichung ist unlösbar. Die beiden Graphen haben keine gemeinsamen Punkte und der Graph von f ist eine nach oben geöffnete Parabel. Somit gilt $f(x) > g(x)$ für alle $x \in \mathbb{R}$.

d) $0{,}5x^2 - 2x + 2 = 2x - 6 \quad | -2x + 6$
$0{,}5x^2 - 4x + 8 = 0$
$\frac{1}{2}(x - 4)^2 = 0$
Es gibt einen gemeinsamen Punkt. Die Berührstelle ist $x = 4$ und der Graph von f ist eine nach oben geöffnete Parabel. Somit gilt $f(x) > g(x)$ für alle $x \in \mathbb{R} \setminus \{4\}$.

II Potenzfunktionen

Seite 44

1

a) $x = 0$: $6 \cdot 0 + 3 = 3$
$x = 1$: $6 \cdot 1 + 3 = 9$
$x = -2$: $6 \cdot (-2) + 3 = -9$
$x = \frac{1}{3}$: $6 \cdot \frac{1}{3} + 3 = 5$

b) $x = 0$: $9 \cdot 0^2 - 2 = -2$
$x = 1$: $9 \cdot 1^2 - 2 = 7$
$x = -2$: $9 \cdot (-2)^2 - 2 = 34$
$x = \frac{1}{3}$: $9 \cdot \left(\frac{1}{3}\right)^2 - 2 = -1$

c) $x = 0$: $(3 \cdot 0 - 2)^2 + 2 = 6$
$x = 1$: $(3 \cdot 1 - 2)^2 + 2 = 3$
$x = -2$: $(3 \cdot (-2) - 2)^2 + 2 = 66$
$x = \frac{1}{3}$: $\left(3 \cdot \frac{1}{3} - 2\right)^2 + 2 = 3$

d) $x = 0$: $(1 - 0)^2 - 1 = 0$
$x = 1$: $(1 - 1)^2 - 1 = -1$
$x = -2$: $(1 - (-2))^2 - 1 = 8$
$x = \frac{1}{3}$: $\left(1 - \frac{1}{3}\right)^2 - 1 = \frac{4}{9} - 1 = -\frac{5}{9}$

2

a)

x	−3	−2	−1	0	1	2	3
y = f(x)	5	0	−3	−4	−3	0	5

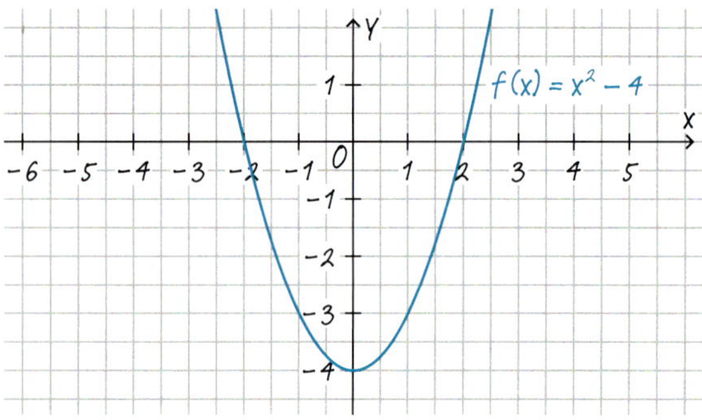

Schnittpunkt mit der y-Achse ist $S_y(0\,|\,-4)$, Schnittpunkte mit der x-Achse sind $N_1(2\,|\,0)$ und $N_2(-2\,|\,0)$.

b)

x	−1	0	1	2	3	4	5
y = f(x)	3,5	1	−0,5	−1	−0,5	1	3,5

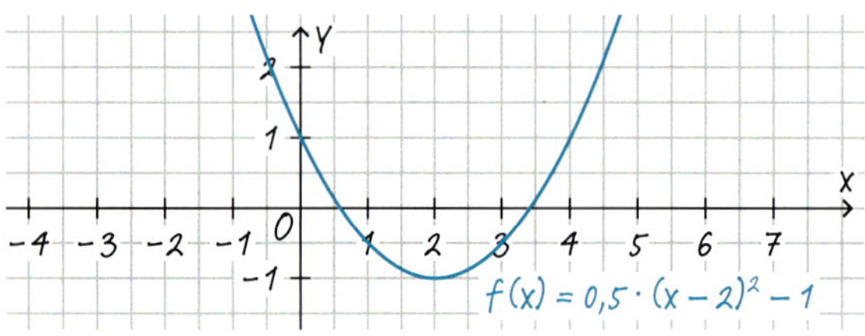

Schnittpunkt mit der y-Achse ist $S_y(0\,|\,1)$, Schnittpunkte mit der x-Achse sind $N_1(\approx 0{,}6\,|\,0)$ und $N_2(\approx 3{,}4\,|\,0)$; exakt $N_1(2 - \sqrt{2}\,|\,0)$ und $N_2(2 + \sqrt{2}\,|\,0)$.

c)

x	−4	−3	−2	−1	0	1	2
y = f(x)	−10	−2,5	2	3,5	2	−2,5	−10

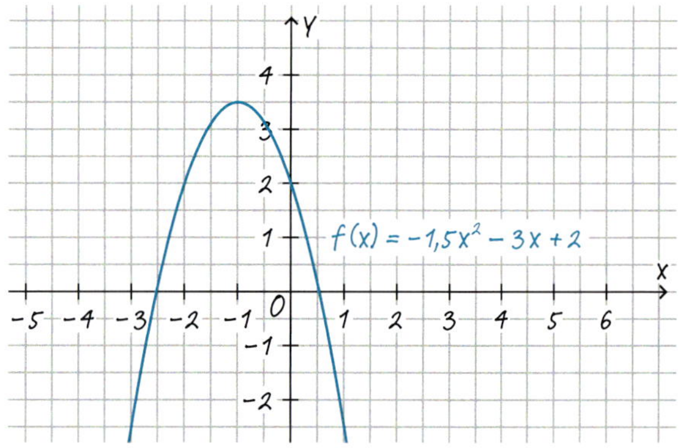

Schnittpunkt mit der y-Achse ist $S_y(0\,|\,2)$. Schnittpunkte mit der x-Achse sind $N_1(\approx -2{,}5\,|\,0)$ und $N_1(\approx 0{,}5\,|\,0)$; exakt $N_1\left(-1 - \sqrt{\frac{7}{3}}\,\middle|\,0\right)$ und $N_2\left(-1 + \sqrt{\frac{7}{3}}\,\middle|\,0\right)$.

3

a) $f(x) = -2x$

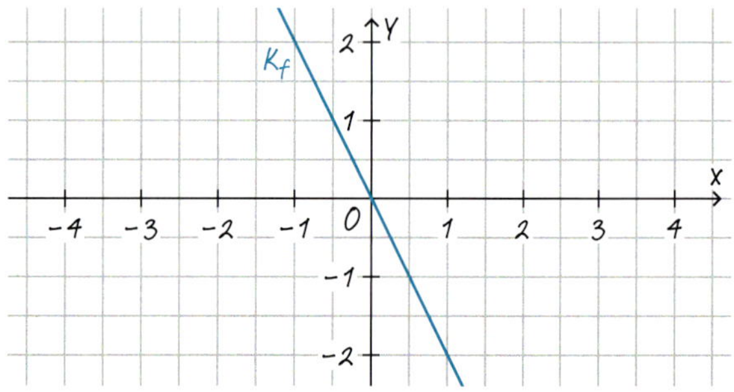

b) $f(x) = \frac{1}{2}x + 1$

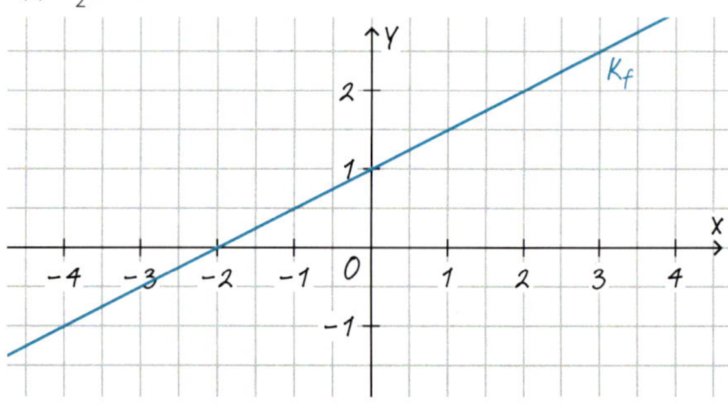

c) $f(x) = 2 - \frac{3}{4}x = -\frac{3}{4}x + 2$

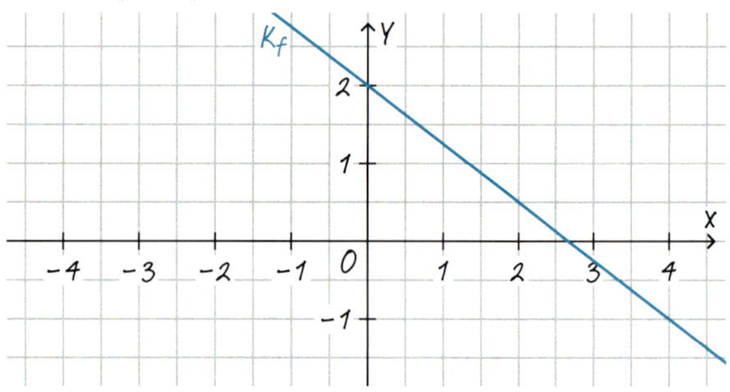

d) $f(x) = -1$

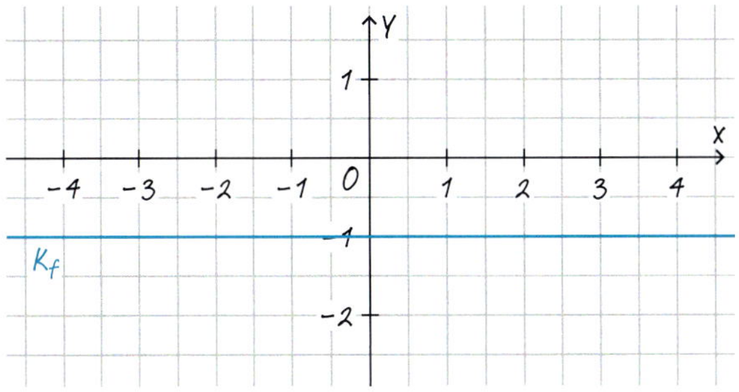

4

a) $f(x) = x^2 - 2$

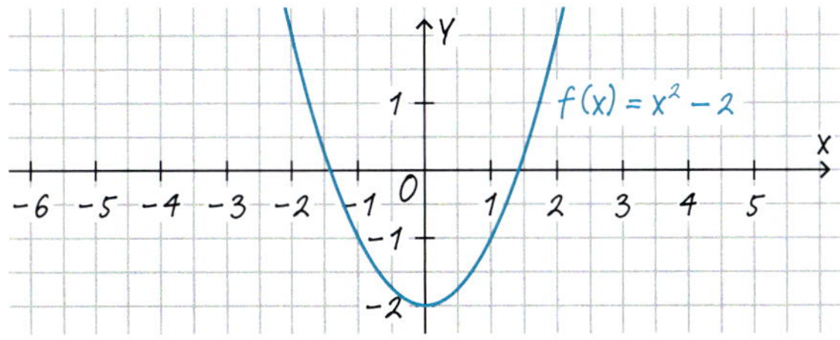

b) $f(x) = -\frac{1}{2}x^2 + 5$

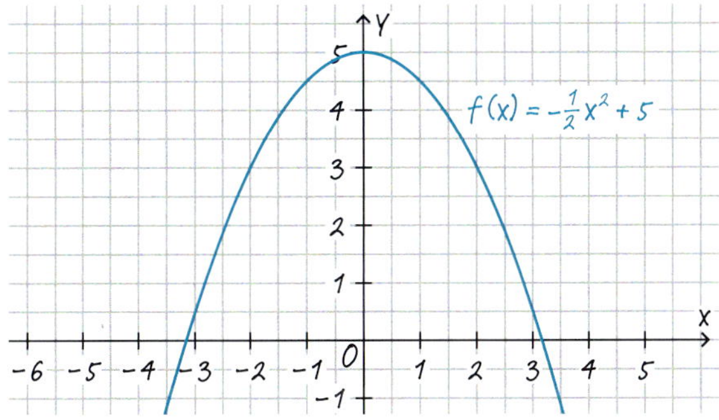

c) $f(x) = (x - 3)^2 - 2$

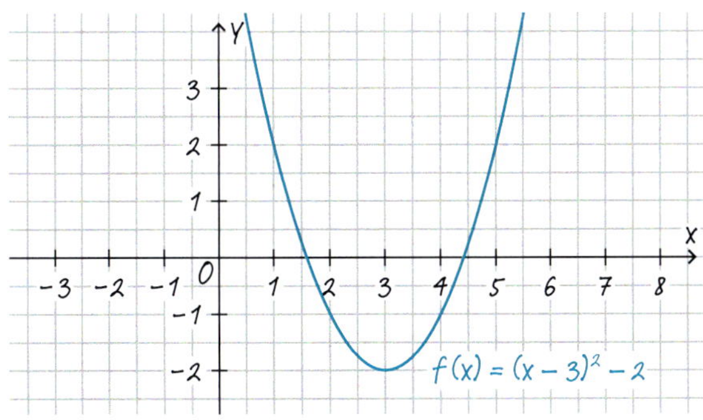

d) $f(x) = 0{,}25 \cdot (x - 4)(x + 2)$

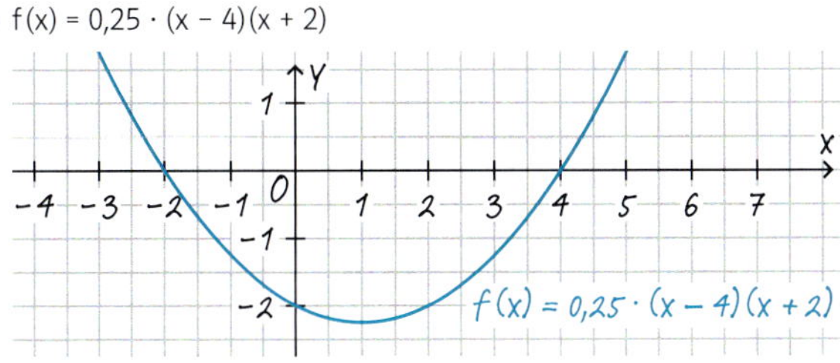

5

a) $x^2 - 18 = 0$; $x_1 = -\sqrt{18}$ und $x_2 = \sqrt{18}$

b) $x \cdot (x - 4) = 0$; $x_1 = 0$ und $x_2 = 4$

c) $x^2 + 3x = 0$; $x \cdot (x + 3) = 0$; $x_1 = 0$ und $x_2 = -3$

Tipp: Ist ein Produkt $a \cdot b = 0$, so muss einer der beiden Faktoren $a = 0$ oder $b = 0$ sein.

d) $x^2 + 1 = 2x$; $x^2 - 2x + 1 = 0$;

2. binomische Formel: $(x - 1)^2 = 0$ d.h. $x = 1$

e) $5x^2 - 25x + 30 = 0$; $x^2 - 5x + 6 = 0$;

pq-Formel: $x_{1;2} = -\frac{-5}{2} \pm \sqrt{\left(\frac{-5}{2}\right)^2 - 6}$;

$x_1 = \frac{5}{2} + \frac{1}{2} = 3$ und $x_2 = \frac{5}{2} - \frac{1}{2} = 2$

f) $x^2 - x - 1 = 0$

pq-Formel: $x_{1;2} = -\frac{-1}{2} \pm \sqrt{\left(\frac{-1}{2}\right)^2 + 1} = \frac{1}{2} \pm \frac{\sqrt{5}}{2}$

$x_1 \approx 1{,}618$ und $x_2 \approx -0{,}618$

Die Teilaufgaben a) bis d) können auch ohne Lösungsformel gelöst werden.

Seite 45

6

a) (1) $2^2 \cdot 2^3 = 2^{2+3} = 2^5 = 32$

(2) $10^3 \cdot 10^2 \cdot 10 = 10^{3+2+1} = 10^6$

(3) $3^6 \cdot 3^4 : 3^8 = 3^{6+4-8} = 3^2 = 9$

(4) $(2^3)^2 = 2^{3 \cdot 2} = 2^6 = 64$

(5) $\sqrt{64} = 8$

(6) $\sqrt{\frac{4}{9}} = \frac{\sqrt{4}}{\sqrt{9}} = \frac{2}{3}$

(7) $\sqrt{625} = \sqrt{25^2} = 25$

(8) $\sqrt{0{,}04} = \sqrt{0{,}2^2} = 0{,}2$

b) (1) richtig, denn $\sqrt{16 \cdot 9} = \sqrt{144} = 12$
und $\sqrt{16} \cdot \sqrt{9} = 4 \cdot 3 = 12$

(2) falsch, denn $\sqrt{3^2 + 4^2} = \sqrt{9 + 16} = \sqrt{25} = 5$
und $3 + 4 = 7 \neq 5$

(3) richtig, denn $\sqrt{2^6} = \sqrt{64} = 8$

(4) richtig, denn $3\sqrt{16} = 3 \cdot 4 = 12$
und $\sqrt{16} + 2 \cdot \sqrt{16} = 4 + 2 \cdot 4 = 12$

(5) falsch, denn $\sqrt{(-4)^2} = \sqrt{16} = 4 \neq -4$

(6) falsch, denn $(3^2)^4 = 3^{2 \cdot 4} = 3^8 \neq 3^6$

(7) richtig, denn $3^4 \cdot 2^2 = 9^2 \cdot 2^2 = (9 \cdot 2)^2 = 18^2$

(8) richtig, denn $2^6 : 4^3 = \frac{2^6}{4^3} = \frac{64}{64} = 1$

(9) Falsch, denn $\sqrt{-4}$ ist nicht definiert.

c) $\sqrt{4} < \sqrt{5} < \sqrt{9}$, somit ist $2 < \sqrt{5} < 3$.

$\sqrt{9} < \sqrt{10} < \sqrt{16}$, somit ist $3 < \sqrt{10} < 4$.

$\sqrt{25} < \sqrt{33{,}5} < \sqrt{36}$, somit ist $5 < \sqrt{33{,}5} < 6$.

$\sqrt{81} < \sqrt{96} < \sqrt{100}$, somit ist $9 < \sqrt{96} < 10$.

7

a) $x^3 \cdot x^5 = x^{3+5} = x^8$

b) $\frac{a^7}{a^4} = a^{7-4} = a^3$

c) $\frac{p^3 \cdot p^4}{p^6} = \frac{p^{3+4}}{p^6} = p^{3+4-6} = p^1 = p$

d) $(z^3)^7 = z^{3 \cdot 7} = z^{21}$

e) $(2r)^3 = 2^3 \cdot r^3 = 8r^3$

f) $\frac{2^9 \cdot 3^9}{6^7} = \frac{(2 \cdot 3)^9}{6^7} = \frac{6^9}{6^7} = 6^{9-7} = 6^2 = 36$

g) $(u^2v)^3 \cdot (uv^3)^2 = u^6 \cdot v^3 \cdot u^2 \cdot v^6 = u^6 \cdot u^2 \cdot v^3 \cdot v^6 = u^8 \cdot v^9$

h) $\frac{(a^2 \cdot b)^7}{b^6 \cdot a^{10}} = \frac{a^{14} \cdot b^7}{b^6 \cdot a^{10}} = \frac{a^{14}}{a^{10}} \cdot \frac{b^7}{b^6} = a^{14-10} \cdot b^{7-6} = a^4 b$

8

a) $g(x) = -x^2 - 3$
b) $g(x) = -3 \cdot (x - 2)^2$
c) $g(x) = 0{,}5 \cdot (x - 2)^2$
d) $g(x) = 2 \cdot (x + 3)^2 + 5$
e) $g(x) = -2 \cdot (x - 2)^2 - 3$

9

Der Graph K_f der Funktion f geht aus der Normalparabel durch
a) eine Verschiebung um −5 in y-Richtung hervor.
b) eine Spiegelung an der x-Achse und einer anschließenden Verschiebung um 4 in y-Richtung hervor.
c) eine Streckung in y-Richtung mit dem Faktor −4 hervor.
d) eine Verschiebung um −2 in x-Richtung hervor.
e) eine Streckung in y-Richtung mit dem Faktor 2 und eine Verschiebung um 3 in x-Richtung hervor.
f) eine Streckung in y-Richtung mit dem Faktor −2, eine Verschiebung um −1 in x-Richtung und eine Verschiebung um −3 in y-Richtung hervor.

10

a) (1) Punktprobe mit $P(4|32)$: $32 = a \cdot 4^2$;
$a = 2$ d.h. $f(x) = 2 \cdot x^2$
(2) Es gilt $f(-3) = 0$; $(-3)^2 + c = 0$;
$9 + c = 0$; $c = -9$ d.h. $f(x) = x^2 - 9$.
b) Der Graph K_g hat den Scheitel $S(4|1)$: $g(x) = a \cdot (x - 4)^2 + 1$.
Einen weiteren Punkt $P(2|3)$ einsetzen:
$3 = a \cdot (2 - 4)^2 + 1$; $3 = 4a + 1$; d.h. $a = \frac{1}{2}$;
$g(x) = \frac{1}{2} \cdot (x - 4)^2 + 1$
Der Graph K_h hat die Nullstellen $x_1 = -1$ und $x_2 = 3$.
Produktform: $h(x) = a \cdot (x + 1)(x - 3)$;
Einen weiteren Punkt $P(2|2)$ einsetzen:
$2 = a \cdot (2 + 1)(2 - 3)$; $2 = -3a$ d.h. $a = -\frac{2}{3}$.
$h(x) = -\frac{2}{3}(x + 1)(x - 3)$

Seite 47

3

a) $2^{-2} - 2^0 \overset{\text{Def. S.46}}{=} \frac{1}{2^2} - 1 = \frac{1}{4} - \frac{4}{4} = -\frac{3}{4}$

b) $3^4 \cdot 3^5 \cdot 3^{-7} \overset{P1}{=} \frac{3^{4+5}}{3^7} = \frac{3^9}{3^7} \overset{P2}{=} 3^{9-7} = 3^2 = 9$
2. Lösungsweg: $3^4 \cdot 3^5 \cdot 3^{-7} \overset{P1}{=} 3^{4+5-7} = 3^2 = 9$

c) $\frac{3^8 \cdot 5^8}{15^6} \overset{P4}{=} \frac{(3 \cdot 5)^8}{15^6} = \frac{15^8}{15^6} \overset{P2}{=} 15^{8-6} = 15^2 = 225$

d) $\frac{5^{-10}}{5^{-12}} \cdot \frac{(-2)^{-6}}{(-2)^{-7}} = \frac{5^{12}}{5^{10}} \cdot \frac{(-2)^7}{(-2)^6} \overset{P2}{=} 5^2 \cdot (-2) = -50$

Seite 48

6

a) $(x^2y)^{-1} \cdot x^3y^{-2} = x^{-2}y^{-1}x^3y^{-2} = xy^{-3}$

b) $\frac{x^4yz^2}{x^2y^{-4}z^3} = x^{4-2}y^{1-(-4)}z^{2-3} = x^2y^5z^{-1}$

c) $\frac{(u^2 - v^2)^8}{(u - v)^8} = \left(\frac{u^2 - v^2}{u - v}\right)^8 = \left(\frac{(u + v)(u - v)}{u - v}\right)^8 = (u + v)^8$

d) $(a^{6-2n} \cdot a^{3(n-2)})^2 = (a^{6-2n+3n-6})^2 = a^{2n}$

9

a) $\frac{6}{4} = \frac{3}{2}$
b) $\frac{16}{8} = 2$
c) $\frac{18}{6} = 3$
d) $\frac{8}{14} = \frac{4}{7}$
e) $\frac{9}{12} = \frac{3}{4}$
f) $\frac{25}{15} = \frac{5}{3}$

Seite 50

3

a) $\sqrt{3} \cdot \sqrt{27} = \sqrt{3 \cdot 27} = \sqrt{81} = 9$
b) $\sqrt{5} \cdot \sqrt{45} = \sqrt{5 \cdot 45} = \sqrt{225} = 15$
c) $\sqrt{490} : \sqrt{10} = \sqrt{490 : 10} = \sqrt{49} = 7$
d) $\sqrt{18} : \sqrt{0{,}5} = \sqrt{18 : 0{,}5} = \sqrt{36} = 6$
e) $\sqrt[3]{4} \cdot \sqrt[3]{16} = \sqrt[3]{4 \cdot 16} = \sqrt[3]{64} = 4$
f) $\sqrt[3]{250} : \sqrt[3]{2} = \sqrt[3]{250 : 2} = \sqrt[3]{125} = 5$
g) $\sqrt[4]{20} \cdot \sqrt[4]{2} \cdot \sqrt[4]{0{,}4} = \sqrt[4]{20 \cdot 2 \cdot 0{,}4} = \sqrt[4]{16} = 2$
h) $\sqrt[5]{3^6} : \sqrt[5]{3} = \sqrt[5]{3^6 : 3} = \sqrt[5]{3^5} = 3$

5

a) $\sqrt{25 \cdot b^2 \cdot a^2} = \sqrt{25} \cdot \sqrt{b^2} \cdot \sqrt{a^2} = 5ba$
b) $\sqrt{b} \cdot \sqrt{4 \cdot b \cdot a^2} = \sqrt{b \cdot 4 \cdot b \cdot a^2} = \sqrt{b^2 \cdot 4 \cdot a^2}$
$= \sqrt{b^2} \cdot \sqrt{4} \cdot \sqrt{a^2} = 2ba$
c) $\sqrt[3]{27 \cdot b^3 \cdot c^3} = \sqrt[3]{27} \cdot \sqrt[3]{b^3} \cdot \sqrt[3]{c^3} = 3bc$
d) $\sqrt[4]{8 \cdot a^3} \cdot \sqrt[4]{2 \cdot a} = \sqrt[4]{16 \cdot a^4} = \sqrt[4]{16} \cdot \sqrt[4]{a^4} = 2a$
e) $\sqrt{\frac{a^3}{ab^2}} = \sqrt{\frac{a^2}{b^2}} = \frac{\sqrt{a^2}}{\sqrt{b^2}} = \frac{a}{b}$
f) $\sqrt{\frac{b^2}{81}} = \frac{\sqrt{b^2}}{\sqrt{81}} = \frac{b}{9}$
g) $\frac{\sqrt[3]{30a^4 - 3a^4}}{\sqrt[3]{a}} = \frac{\sqrt[3]{27a^4}}{\sqrt[3]{a}} = \sqrt[3]{\frac{27a^4}{a}} = \sqrt[3]{27a^{4-1}} = \sqrt[3]{27a^3} = 3a$
h) $\sqrt[7]{b^4} \cdot \sqrt[7]{b^2} \cdot \sqrt[7]{b} = \sqrt[7]{b^4 \cdot b^2 \cdot b} = \sqrt[7]{b^{4+2+1}} = \sqrt[7]{b^7} = b$

8

a) $\frac{5 - 2 + 4}{8} = \frac{7}{8}$
b) $\frac{5 - 3}{6} \cdot \frac{1}{3} = \frac{2}{6} \cdot \frac{1}{3} = \frac{2}{18} = \frac{1}{9}$
c) $\frac{10 + 3}{12} - 1 = \frac{13}{12} - \frac{12}{12} = \frac{1}{12}$
d) $\frac{4}{3} - \frac{3}{7} = \frac{28}{21} - \frac{9}{21} = \frac{28 - 9}{21} = \frac{19}{21}$
e) $\left(\frac{28 - 25}{35}\right) \cdot 5 = \frac{3}{35} \cdot \frac{5}{1} = \frac{3}{7}$
f) $\frac{7}{5} \cdot \frac{55}{21} \cdot 3 = \frac{7}{5} \cdot \frac{55}{21} \cdot \frac{3}{1} = 11$
g) $-\frac{1}{2} : \left(-\frac{5}{6}\right) = \frac{1}{2} \cdot \frac{6}{5} = \frac{3}{5}$
h) $\frac{12}{5} : \left(\frac{10}{3}\right) = \frac{12}{5} \cdot \frac{3}{10} = \frac{18}{25}$

Seite 53

4

a) $32^{\frac{3}{5}} = \left(\sqrt[5]{32}\right)^3 = 2^3 = 8$
b) $10\,000^{\frac{1}{4}} = \sqrt[4]{10^4} = 10$
c) $0{,}81^{\frac{1}{2}} = 0{,}9$ Dies gilt, da $0{,}9 \cdot 0{,}9 = 0{,}81$.
d) $25^{-\frac{1}{2}} = \frac{1}{25^{\frac{1}{2}}} = \frac{1}{\sqrt{25}} = \frac{1}{5}$ 2. Weg: $25^{-\frac{1}{2}} = 25^{\frac{-1}{2}} = \left(\sqrt{25}\right)^{-1} = 5^{-1} = \frac{1}{5}$
e) $16^{-\frac{3}{4}} = \frac{1}{16^{\frac{3}{4}}} = \frac{1}{\left(\sqrt[4]{16}\right)^3} = \frac{1}{2^3} = \frac{1}{8}$

5

a) $b^{\frac{1}{4}} \cdot b^{\frac{5}{4}} = b^{\frac{1}{4} + \frac{5}{4}} = b^{\frac{6}{4}} = b^{\frac{3}{2}}$
b) $x^{\frac{3}{2}} : x^{\frac{1}{2}} = \frac{x^{\frac{3}{2}}}{x^{\frac{1}{2}}} = x^{\frac{3}{2} - \frac{1}{2}} = x^1 = x$

c) $a \cdot a^{\frac{5}{2}} \cdot a^{-\frac{3}{4}} = a^{\frac{4}{4} + \frac{10}{4} - \frac{3}{4}} = a^{\frac{11}{4}}$

d) $\left(\sqrt{a^3} \cdot \sqrt[4]{a^5}\right)^8 = \left(a^{\frac{3}{2}} \cdot a^{\frac{5}{4}}\right)^8 = a^{\frac{3}{2} \cdot 8} \cdot a^{\frac{5}{4} \cdot 8} = a^{12} \cdot a^{10} = a^{22}$

e) $\left(\frac{\sqrt{b}}{\sqrt[4]{b^3}}\right)^4 = \frac{(\sqrt{b})^4}{(\sqrt[4]{b^3})^4} = \frac{b^{\frac{1}{2} \cdot 4}}{\left(b^{\frac{3}{4}}\right)^4} = \frac{b^2}{b^{\frac{3}{4} \cdot 4}} = \frac{b^2}{b^3} = b^{2-3} = b^{-1}$

8

a) $\sqrt[3]{x^2 \cdot y^5} \cdot \sqrt[3]{x \cdot y^7} = \sqrt[3]{x^2 \cdot y^5 \cdot x \cdot y^7} = \sqrt[3]{x^3 \cdot y^{12}} = x \cdot y^4$

b) $\frac{a^3 b c^{\frac{5}{2}}}{a^5 b^{-3} \sqrt{c}} = a^{3-5} b^{1-(-3)} c^{\frac{5}{2} - \frac{1}{2}} = a^{-2} b^4 c^2$

c) $\left(q^{\frac{1}{3}} p^{\frac{1}{3}}\right)^2 \cdot \sqrt{p^{\frac{1}{3}} q^{-\frac{2}{3}}} = q^{\frac{2}{3}} p^{\frac{2}{3}} p^{\frac{1}{6}} q^{-\frac{1}{3}} = q^{\frac{2}{3} - \frac{1}{3}} p^{\frac{2}{3} + \frac{1}{6}} = q^{\frac{1}{3}} p^{\frac{5}{6}}$

d) $\sqrt{u^{8-2n} v^{4n-2}} = u^{\frac{8-2n}{2}} \cdot v^{\frac{4n-2}{2}} = u^{4-n} \cdot v^{2n-1}$

11

a) Wertetabelle

x	−1,0	−0,8	−0,6	−0,4	−0,2
$f(x) = x^2$	1	0,64	0,36	0,16	0,04
$g(x) = x^3$	−1	−0,512	−0,216	−0,064	−0,008

x	0	0,2	0,4	0,6	0,8	1,0
$f(x) = x^2$	0	0,04	0,16	0,36	0,64	1
$g(x) = x^3$	0	0,008	0,064	0,216	0,512	1

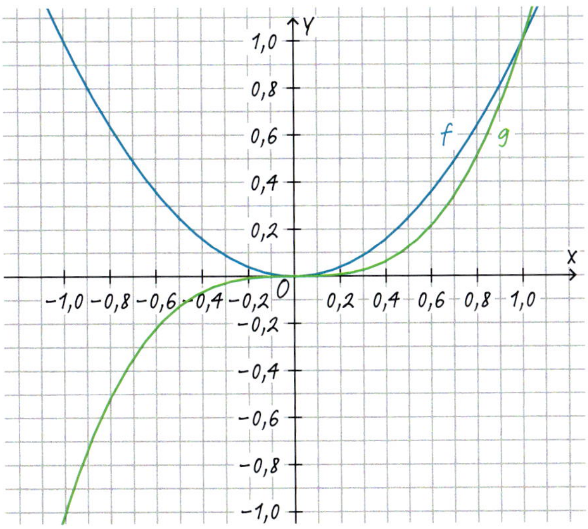

b) Wertetabelle

x	−3	−2,5	−2	−1,5	−1
$f(x) = x^2$	9	6,25	4	2,25	1
$g(x) = x^3$	−27	−15,625	−8	−3,375	−1

x	−0,5	0	0,5	1	1,5
$f(x) = x^2$	0,25	0	0,25	1	2,25
$g(x) = x^3$	−0,125	0	0,125	1	3,375

x	2	2,5	3
$f(x) = x^2$	4	6,25	9
$g(x) = x^3$	8	15,625	27

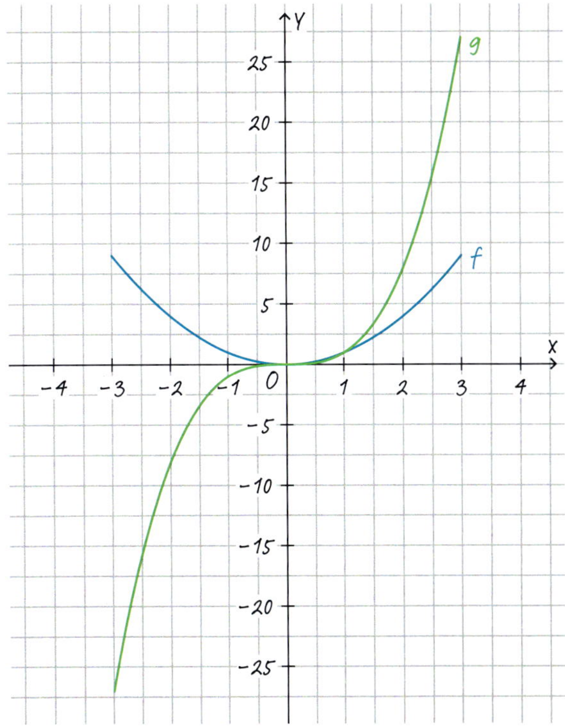

Seite 57

6

- Punktprobe mit $P(2|p)$: $p = 2 \cdot 2^5 = 64$; $P(2|64)$
- Punktprobe mit $Q(-1|q)$: $q = 2 \cdot (-1)^5 = -2$; $Q(-1|-2)$
- Punkt $R(r|2 \cdot 10^{-5})$ in Funktionsgleichung einsetzen:
  $2 \cdot 10^{-5} = 2 \cdot r^5$
  $r^5 = 10^{-5} = (10^{-1})^5$
  $r = 10^{-1} = \frac{1}{10} = 0{,}1$; $R(0{,}1|2 \cdot 10^{-5})$
- Punktprobe mit $S(s|-64)$: $-64 = 2 \cdot s^5$
  $s^5 = -32 = (-2)^5$ d.h. $s = -2$; $S(-2|-64)$
- Der Graph der Funktion f mit $f(x) = 2x^5$ kommt von links unten und geht nach rechts oben.

7

a) Punkt $P(4|4)$ einsetzen: $4 = a \cdot 4^4$ d.h. $a = \frac{4}{4^4} = \frac{1}{4^3} = \frac{1}{64}$
$f(x) = \frac{1}{64}x^4$

b) Punkt $P(-2|80)$ einsetzen: $80 = a \cdot (-2)^4$ d.h. $a = \frac{80}{16} = 5$
$f(x) = 5x^4$

c) Punkt $P(10|-10)$ einsetzen: $-10 = a \cdot 10^4$ d.h. $a = \frac{-10}{10^4} = -\frac{1}{1000}$
$f(x) = -\frac{1}{1000}x^4$

d) Punkt $P(-0{,}5|2)$ einsetzen:
$2 = a(-0{,}5)^4$ d.h. $a = \frac{2}{\left(-\frac{1}{2}\right)^4} = \frac{2}{\frac{1}{16}} = 32$
$f(x) = 32x^4$

Die Graphen zu den Funktionstermen in Teilaufgabe a), b) und d) haben dasselbe globale Verhalten. Sie kommen von links oben und gehen nach rechts oben, da der Parameter a jeweils positiv und der Exponent $n = 4$ gerade ist.

11

Alle Graphen gehen durch die Punkte $O(0|0)$ und $P(1|1)$.
Die Graphen f, g und h
- gehen durch den Punkt $Q(-1|1)$,
- verlaufen im I. und II. Quadranten,
- sind achsensymmetrisch zur y-Achse.

Der Graph von i
- geht durch $R(-1|-1)$,
- verläuft im I. und III. Quadranten,
- ist punktsymmetrisch zum Ursprung.

Für $-1 < x < 1$ verläuft der Graph der Funktion f oberhalb des Graphen der Funktion g und dieser oberhalb des Graphen der Funktion h.
Für $x < -1$ und für $x > 1$ verläuft der Graph von h oberhalb des Graphen der Funktion g und dieser oberhalb des Graphen der Funktion f.
Im ersten Quadranten verläuft der Graph der Funktion i zwischen den Graphen der Funktionen f und g.

12

Der Graph A gehört zu Funktion h; der Graph B gehört zu Funktion f und der Graph C gehört zu Funktion g.

Seite 58

18

a) Wertetabelle

x	−1,0	−0,5	−0,2	−0,1
$f(x) = \frac{1}{x}$	−1,0	−2	−5	−10
$g(x) = \frac{1}{x^2}$	1	4	25	100

Tipp: An der Stelle $x = 0$ haben die Funktionen f und g jeweils eine Definitionslücke.

x	0,1	0,2	0,5	1,0
$f(x) = \frac{1}{x}$	10	5	2	1,0
$g(x) = \frac{1}{x^2}$	100	25	4	1

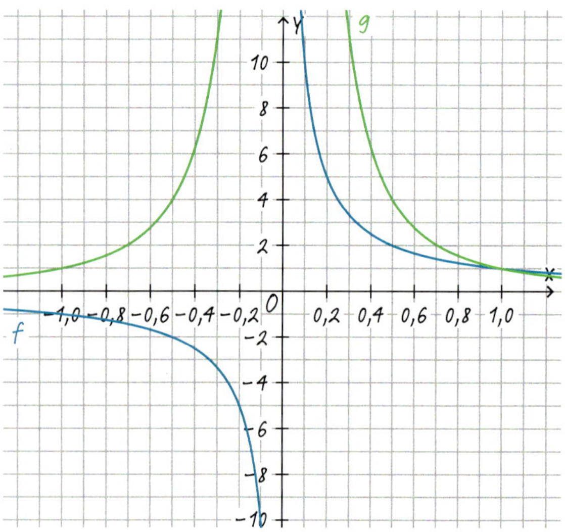

b) Wertetabelle

x	−4	−3	−2	−1	−0,5
$f(x) = \frac{1}{x}$	−0,25	−0,333	−0,5	−1	−2
$g(x) = \frac{1}{x^2}$	0,0625	0,111	0,25	1	4

Tipp: An der Stelle $x = 0$ haben die Funktionen f und g jeweils eine Definitionslücke.

x	0,5	1	2	3	4
$f(x) = \frac{1}{x}$	2	1	0,5	0,333	0,25
$g(x) = \frac{1}{x^2}$	4	1	0,25	0,111	0,0625

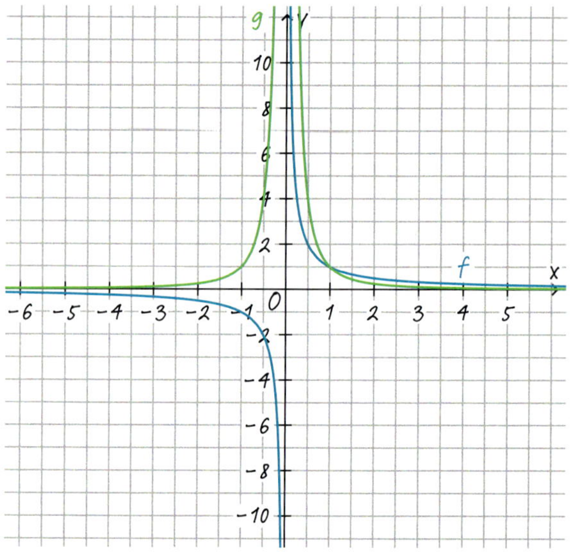

Seite 62

5

a) $f(3) = 3 \cdot 3^{-3} = 3^{-2} = \frac{1}{9}$

Der Punkt $P\left(3\middle|\frac{1}{9}\right)$ liegt auf dem Graphen K_f.

$f(-2) = 3 \cdot (-2)^{-3} = -\frac{3}{8} \neq -\frac{1}{2}$

Der Punkt $Q\left(-2\middle|-\frac{1}{2}\right)$ liegt nicht auf dem Graphen K_f.

b) Punkt $R(2|y)$ einsetzen: $y = 3 \cdot 2^{-3} = \frac{3}{8}$.

Die y-Koordinate von R hat den Wert $\frac{3}{8}$.

Der Punkt heißt $R\left(2\middle|\frac{3}{8}\right)$.

8

Der Punkt $P(1|2{,}5)$ liegt auf dem Graphen K_f mit $f(x) = a \cdot x^{-n}$.
$P(1|a) = P(1|2{,}5)$. D.h. $a = 2{,}5$ und $f(x) = 2{,}5 \cdot x^{-n}$.
Der Punkt $Q\left(2\middle|\frac{5}{16}\right)$ liegt auf dem Graphen K_f mit $f(x) = 2{,}5 \cdot x^{-n}$.

D.h. $\frac{5}{16} = 2{,}5 \cdot 2^{-n}$ $\quad | : 2{,}5$

$\frac{5}{16} \cdot \frac{2}{5} = 2^{-n}$

$\frac{1}{8} = 2^{-n}$ $\quad | \frac{1}{8}$ als Zweierpotenz

$2^{-3} = 2^{-n}$

d.h. $n = 3$ und somit ist $f(x) = 2{,}5 \cdot x^{-3}$.

10

a) 7	b) 0,7	c) 5	d) 50
e) 15	f) 1,5	g) 11	h) 0,11
i) 2	j) 0,2	k) 10	l) 6

Seite 64

4

a) $f(x) = \sqrt{x};\ 0 \le x \le 25$

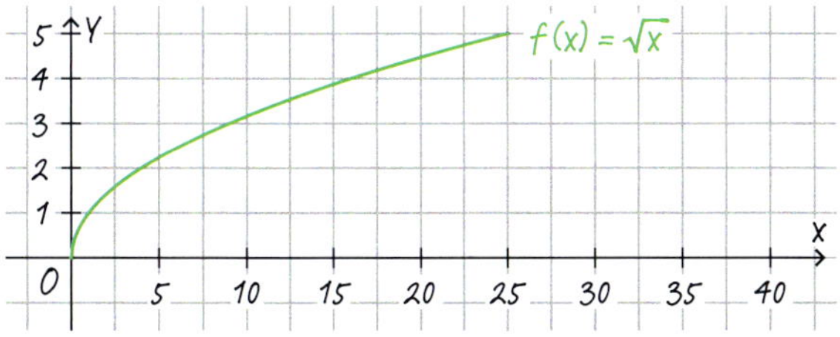

b) $f(x) = x^{\frac{1}{3}};\ 0 \le x \le 27$

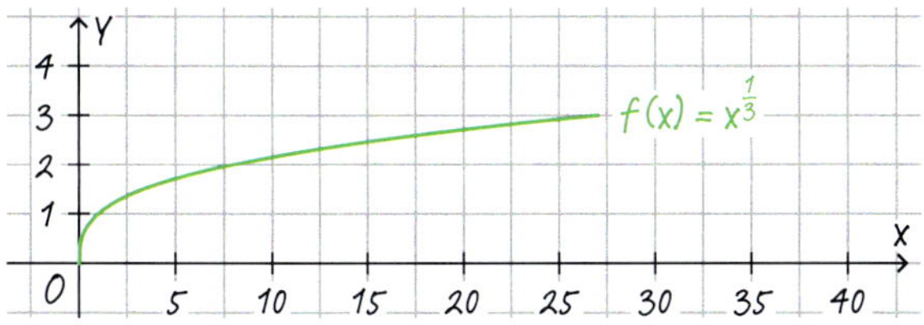

c) $f(x) = \sqrt[4]{x};\ 0 \le x \le 81$

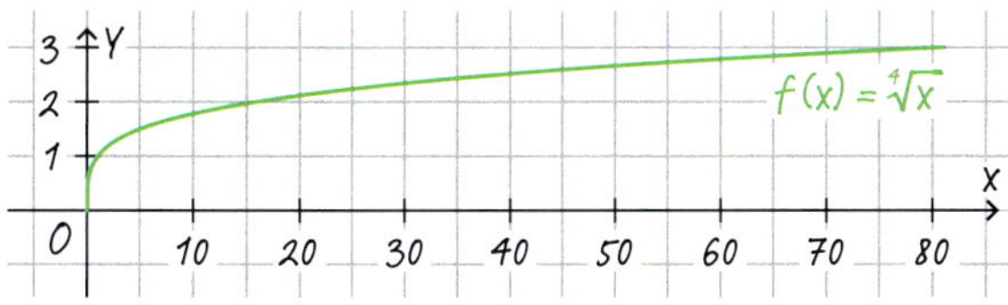

5

a) $f(0{,}000\,32) = 0{,}000\,32^{\frac{1}{5}} = 0{,}2.$

Der Punkt $P(0{,}000\,32\,|\,0{,}2)$ liegt auf dem Graphen K_f.

b) $f(16) = 16^{\frac{1}{5}} \approx 1{,}74 \neq 2.$

Der Punkt $Q(16\,|\,2)$ liegt nicht auf dem Graphen K_f.

c) $f(-32) = (-32)^{\frac{1}{5}} = \sqrt[5]{-32}$ ist nicht definiert.

Der Punkt $R(-32\,|\,2)$ liegt nicht auf dem Graphen K_f.

d) $f\left(\frac{243}{32}\right) = \left(\frac{243}{32}\right)^{\frac{1}{5}} = \frac{\sqrt[5]{243}}{\sqrt[5]{32}} = \frac{3}{2} = 1{,}5.$

Der Punkt $S\left(\frac{243}{32}\,\middle|\,1{,}5\right)$ liegt auf dem Graphen K_f.

6

A: $i(x) = x^{-3}$, da A der Graph einer Potenzfunktion mit negativ ganzzahligem Exponenten ist und der Punkt $P\left(2\,\middle|\,\frac{1}{8}\right)$ auf dem Graphen von i und auf A liegt.

B: $f(x) = \sqrt[3]{x}$, da B der Graph einer Wurzelfunktion ist und für $x > 1$ unterhalb des Graphen D verläuft, der ebenfalls der Graph einer Wurzelfunktion ist.

C: $g(x) = x^3$, da nur C der Graph einer Potenzfunktion mit positiv ganzzahligem Exponenten ist.

D: $h(x) = x^{0,5}$, da D der Graph einer Wurzelfunktion ist und für $x > 1$ oberhalb des Graphen D verläuft.

Seite 65

10

a) $A(1\,|\,a)$: $a = \sqrt[3]{1} = 1$ d.h. $A(1\,|\,1)$.

b) $B(4\,|\,b)$: $b = \sqrt[3]{4}$ d.h. $B\left(4\,|\,\sqrt[3]{4}\right)$.

a) $C(c\,|\,8)$: $8 = \sqrt[3]{c}$; $c = 8^3 = 512$ d.h. $C(512\,|\,8)$.

11

a) Einsetzen von Punkt $P(81\,|\,3)$ ergibt

$3 = 81^{\frac{1}{n}};\ 3^n = 81;\ n = 4$ d.h. $f(x) = x^{\frac{1}{4}}$.

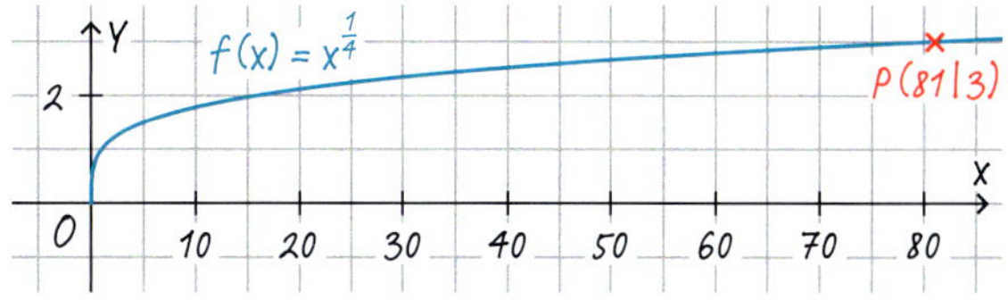

b) Einsetzen von Punkt $P(10^7\,|\,10)$ ergibt

$10 = (10^7)^{\frac{1}{n}};\ 10^n = 10^7;\ n = 7$ d.h. $f(x) = x^{\frac{1}{7}}$.

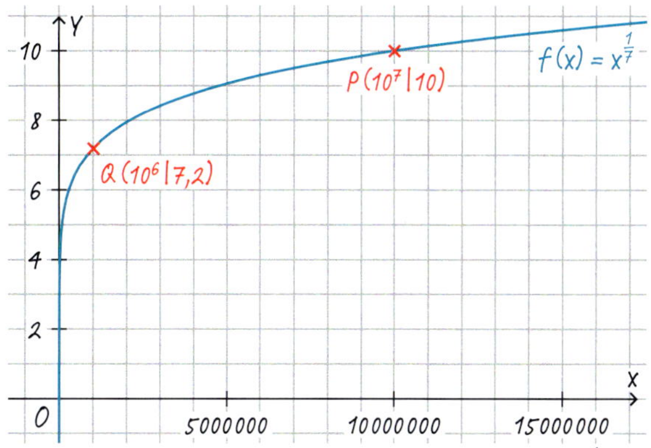

c) Einsetzen von Punkt $P(0{,}000\,32\,|\,0{,}2)$ ergibt $0{,}2 = 0{,}000\,32^{\frac{1}{n}}$.

$0{,}2^n = 0{,}000\,32$ d.h. $n = 5$.

$f(x) = x^{\frac{1}{5}}$

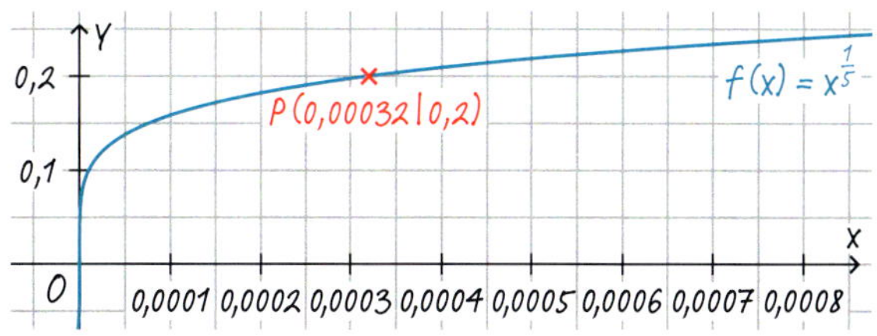

14

a) Der Graph K_1 entsteht aus dem Graphen K_f durch Spiegelung an der x-Achse. Folglich ist $f_1(x) = -x^2$.

K_2 entsteht aus K_1 durch Verschiebung um eine Einheit nach rechts. Folglich ist $f_2(x) = -(x-1)^2$.

K_3 entsteht aus K_2 durch Verschiebung um zwei Einheiten nach oben. Folglich ist $f_3(x) = -(x-1)^2 + 2$.

b) K_1 entsteht aus aus dem Graphen K_f durch Streckung mit dem Faktor $\frac{1}{4}$ in y-Richtung. Folglich ist $f_1(x) = \frac{1}{4}x^2$.

K_2 entsteht aus K_1 durch Verschiebung um $-1{,}5$ Einheiten in y-Richtung. Folglich ist $f_2(x) = \frac{1}{4}x^2 - 1{,}5$.

K_3 entsteht aus K_2 durch Verschiebung um $-2{,}5$ Einheiten in x-Richtung. Folglich ist $f_3(x) = \frac{1}{4}(x + 2{,}5)^2 - 1{,}5$.

Seite 69

5

Verschieben des Graphen von f um −2 in x-Richtung ergibt den Graphen von g mit $g(x) = \sqrt{x+2}$.
Strecken des Graphen von f mit −0,5 in y-Richtung ergibt den Graphen von h mit $h(x) = -0{,}5\sqrt{x}$.

6

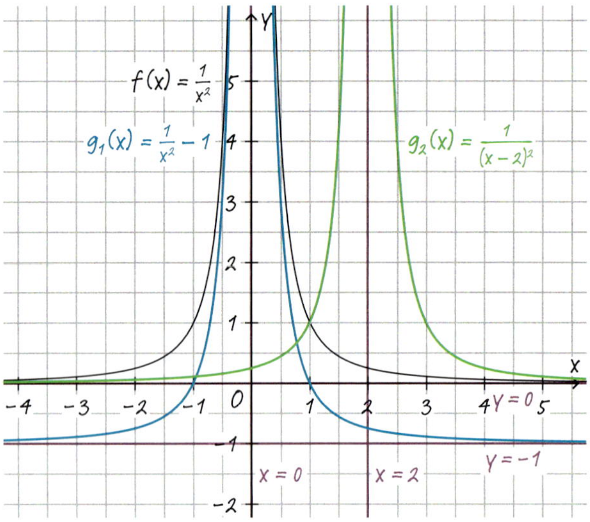

Asymptoten zum Graphen der
- Funktion f sind $x = 0$ und $y = 0$,
- Funktion g_1 sind $x = 0$ und $y = -1$,
- Funktion g_2 sind $x = 2$ und $y = 0$

Seite 70

12

(1) Der Graph der Funktion g entsteht aus dem Graphen von f durch eine Streckung mit dem Faktor $\frac{1}{4}$ in y-Richtung und anschließendes Verschieben um −1 in y-Richtung und um −2 in x-Richtung.
Scheitel $S(-2\,|\,-1)$ ergibt:
$g(x) = a(x+2)^3 - 1$
Einsetzen des Punktes $Q(0\,|\,1)$ ergibt:
$1 = a \cdot (0+2)^3 - 1$ d.h. $a = \frac{1}{4}$
$g(x) = \frac{1}{4}(x+2)^3 - 1$

(2) Der Graph der Funktion g entsteht aus dem Graphen der Funktion f durch Verschieben um −1 in y-Richtung und um 2 in x-Richtung.
Der Schnittpunkt der Asymptoten ist $P(2\,|\,-1)$: $g(x) = \frac{a}{x-2} - 1$.
Einsetzen des Punktes $Q(3\,|\,0)$ ergibt:
$0 = \frac{a}{3-2} - 1$; $0 = a - 1$; $a = 1$
$g(x) = \frac{1}{x-2} - 1$

13

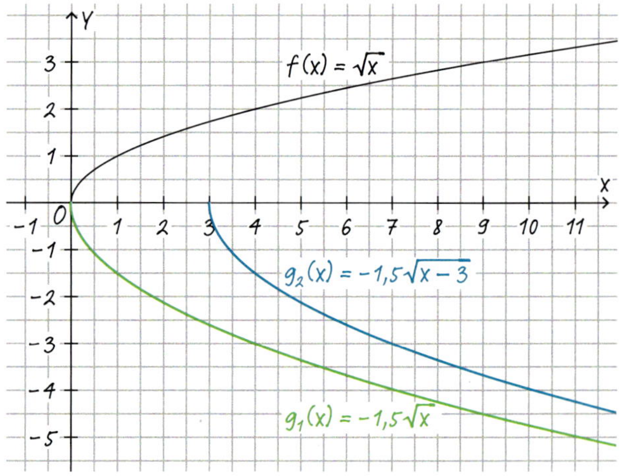

15

a) $2^3 \cdot 2^4 = 2^{3+4} = 2^7$
b) $3^4 \cdot 3^{-3} = 3^{4-3} = 3$
c) $5^3 \cdot 5^{-4} = 5^{3-4} = 5^{-1} = \frac{1}{5}$
d) $2^5 \cdot 2^3 = 2^8 = 256$
e) $a^2 \cdot a^3 = a^{2+3} = a^5$
f) $a^6 \cdot a^{-6} = a^{6-6} = a^0 = 1$
g) $x^{-5} \cdot x^6 = x^{-5+6} = x^1 = x$
h) $x^4 \cdot x^{-6} = x^{4-6} = x^{-2} = \frac{1}{x^2}$
i) $2^4 \cdot 3^4 = (2 \cdot 3)^4 = 6^4$
j) $5^4 \cdot 0{,}1^4 = (5 \cdot 0{,}1)^4 = 0{,}5^4 = \left(\frac{1}{2}\right)^4$
k) $a^n \cdot 2^n \cdot b^n = (2 \cdot a \cdot b)^n = (2ab)^n$
l) $x^{2n} \cdot (4x)^{-n} = \frac{(x^n)^2}{(4x)^n} = \frac{x^n \cdot x^n}{4^n \cdot x^n} = \frac{x^n}{4^n} = \left(\frac{x}{4}\right)^n$

Seite 72

3

a) $x = \pm\sqrt[4]{16}$ d.h. $x_1 = 2$ und $x_2 = -2$.
b) $8x^3 = 125$; $x^3 = \frac{125}{8}$; $x = \frac{\sqrt[3]{125}}{\sqrt[3]{8}} = \frac{5}{2}$
c) $x^5 = -3$; $x = -\sqrt[5]{-(-3)} = -\sqrt[5]{3} \approx -1{,}246$
d) $x^4 = -\frac{1}{137}$; Da $\sqrt[4]{-\frac{1}{137}}$ nicht definiert ist, gibt es keine Lösung.

6

a) $\frac{16}{81} = x^4$; $x = \pm\sqrt[4]{\frac{16}{81}} = \pm\frac{\sqrt[4]{16}}{\sqrt[4]{81}} = \pm\frac{2}{3}$; $x_1 = \frac{2}{3}$ und $x_2 = -\frac{2}{3}$
b) $-\frac{1}{64} = x^3$; $x = -\sqrt[3]{-\left(-\frac{1}{64}\right)} = -\frac{1}{4}$
c) $\sqrt{x} = 1$; $x = 1^2 = 1$
d) $\sqrt[3]{x-3} = 2$; $x - 3 = 2^3$; $x = 8 + 3 = 11$

7

„von links unten nach rechts oben" bedeutet für $f(x) = ax^n$, dass n ungerade und a positiv ist. Das trifft auf die Funktionen f_1 ($n = 3$ und $a = 1$) und f_3 ($n = 5$ und $a = 0{,}2$) zu.
„von links oben nach rechts oben" bedeutet für $f(x) = ax^n$, dass n gerade und a positiv ist. Das trifft auf die Funktion f_5 ($n = 12$ und $a = 0{,}2$) zu.
„von links unten nach rechts unten" bedeutet für $f(x) = ax^n$, dass n gerade und a negativ ist. Das trifft auf die Funktion f_2 ($n = 4$ und $a = -1$) zu.
„von links oben nach rechts unten" bedeutet für $f(x) = ax^n$, dass n ungerade und a negativ ist. Das trifft auf die Funktionen f_4 ($n = 9$ und $a = -1$) und f_6 ($n = 99$ und $a = -0{,}1$) zu.

Seite 79

Runde 1

1

a) $\frac{20^6}{2^6 \cdot 5^6} = \left(\frac{20}{2 \cdot 5}\right)^6 = 2^6 = 64$

b) $100\,000^{\frac{1}{5}} = (10^5)^{\frac{1}{5}} = 10$

c) $32^{\frac{3}{5}} = \left(\sqrt[5]{32}\right)^3 = 2^3 = 8$

d) $81^{-\frac{1}{4}} = \left(81^{\frac{1}{4}}\right)^{-1} = \left(\sqrt[4]{81}\right)^{-1} = 3^{-1} = \frac{1}{3}$

e) $\sqrt{6{,}4} \cdot \sqrt{10} = \sqrt{64} = 8$

f) $\sqrt[3]{\frac{16}{2}} = \sqrt[3]{8} = 2$

g) $\left(\frac{1}{3}\right)^{-4} \cdot 3^{-2} - 3^0 = 3^4 \cdot 3^{-2} - 1 = 3^2 - 1 = 8$

h) $\sqrt[4]{40 \cdot 2 \cdot 0{,}2} = \sqrt[4]{16} = 2$

2

a) Einsetzen von Punkt $P\left(1 \middle| \frac{1}{8}\right)$ ergibt
$\frac{1}{8} = a \cdot 1^3$; $a = \frac{1}{8}$; $f(x) = \frac{1}{8}x^3$.

b) Einsetzen von Punkt $P\left(-1 \middle| \frac{1}{8}\right)$ ergibt
$\frac{1}{8} = a \cdot (-1)^3$; $a = -\frac{1}{8}$; $f(x) = -\frac{1}{8}x^3$.

c) Einsetzen von Punkt $P\left(2 \middle| -\frac{1}{8}\right)$ ergibt
$-\frac{1}{8} = a \cdot 2^3$; $a = -\frac{1}{64}$; $f(x) = -\frac{1}{64}x^3$.

Die Graphen aus Teilaufgabe b) und c) haben dasselbe globale Verhalten, da sie beide von links oben nach rechts unten verlaufen.

3

Spiegelung des Graphen der Funktion f an der x-Achse und Verschieben um −2 in x-Richtung ergibt den Graphen der Funktion g mit $g(x) = -(x+2)^4$. (Das Vertauschen der Reihenfolge der beiden Transformationen führt zum selben Ergebnis.)
Strecken des Graphen der Funktion f mit dem Faktor 0,5 in y-Richtung und anschließendes Verschieben um −1 in y-Richtung ergibt den Graphen der Funktion h mit $h(x) = 0{,}5 \cdot x^4 - 1$.

4

Punktprobe mit dem Punkt $P(-4 \mid 4)$ ergibt $4 = \frac{a}{(-4)^2}$ d.h. $a = 64$ und $f(x) = \frac{64}{x^2}$.

5

A: $h(x) = \frac{1}{x^2}$, da der Punkt $P\left(2 \middle| \frac{1}{4}\right)$ nur auf A und K_h liegt.

B: $i(x) = \sqrt{x}$, da der Punkt $P(4 \mid 2)$ nur auf B und K_i liegt.

C: $j(x) = x^3$, da nur C der Graph einer Potenzfunktion mit natürlichem Exponenten ist.

D: $g(x) = x^{-4}$, da D sich schneller an die x-Achse anschmiegt als A. Für $x > 1$ gilt $\frac{1}{x^4} < \frac{1}{x^2}$.

E: $f(x) = \sqrt[3]{x}$, da E für $x > 1$ langsamer wächst als B. Für $x > 1$ gilt $\sqrt[3]{x} < \sqrt{x}$.

Runde 2

1

a) $b^{\frac{3}{2}} \cdot b^{-\frac{3}{4}} \cdot b^{\frac{1}{4}} = b^{\frac{6}{4} - \frac{3}{4} + \frac{1}{4}} = b^{\frac{4}{4}} = b$

b) $\frac{x}{x^{-3}} \cdot x^2 = x \cdot x^3 \cdot x^2 = x^6$

c) $(b^3a)^{-2} \cdot b^6a = b^{-6}a^{-2}b^6a = b^0a^{-1} = a^{-1}$

d) $\frac{u^3vw^4}{u^2v^{-4}w^3} = u^{3-2}v^{1-(-4)}w^{4-3} = uv^5w$

2

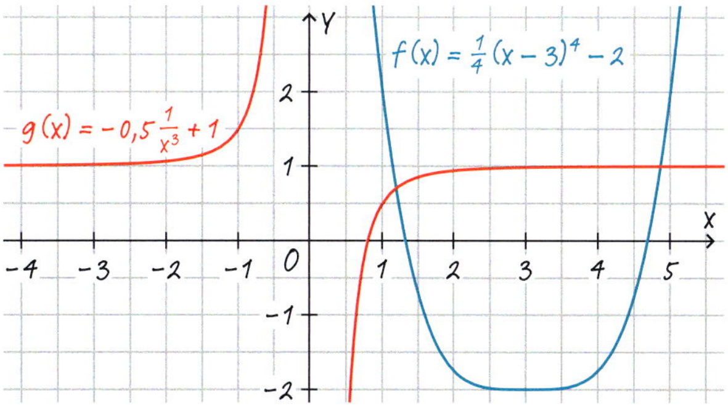

3

Einsetzen von Punkt $P(1 \mid 2)$ ergibt $2 = a \cdot 1^{-n}$; $a = 2$; $f(x) = 2 \cdot x^{-n}$.
Punktprobe mit $Q\left(2 \middle| \frac{1}{16}\right)$ ergibt $\frac{1}{16} = 2 \cdot 2^{-n}$.
Daraus folgt $2^{-5} = 2^{-n}$, also $n = 5$.
Der Graph der Funktion f mit $f(x) = 2x^{-5}$ nähert sich im I. und III. Quadranten asymptotisch der y-Achse. Für $x \to \infty$ bzw. $x \to -\infty$ nähert sich der Graph von oben (bzw. unten) der x-Achse.

4

$g(x) = -0{,}5 \cdot \sqrt{x}$; $h(x) = -0{,}5 \cdot \sqrt{x} + 2$

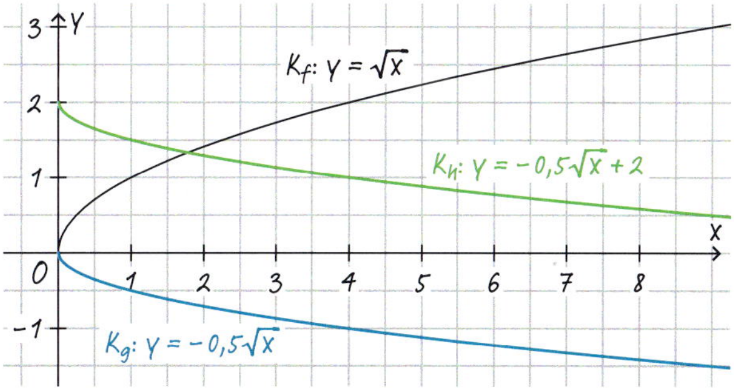

5

a) Verschieben des Graphen der Funktion f um −2 in y-Richtung und 3 in x-Richtung ergibt den Graphen der Funktion g mit $g(x) = \frac{1}{(x-3)^2} - 2$. Die Asymptoten sind $x = 3$ und $y = -2$.

b) Spiegeln des Graphen der Funktion f an der x-Achse und anschließendes Verschieben um 1 in y-Richtung und um −2 in x-Richtung ergibt den Graphen der Funktion g mit $g(x) = -(x+2)^3 + 1$.

6

a) $4x^3 = -32$; $x^3 = -8$; $x = -\sqrt[3]{-(-8)} = -\sqrt[3]{8} = -2$

b) $\frac{1}{x^2} = 25$; $\frac{1}{25} = x^2$; $x = \pm\frac{1}{5}$ d.h. $x_1 = \frac{1}{5}$ und $x_2 = -\frac{1}{5}$

c) $\sqrt[3]{x} = 5$; $x = 125$

d) $\sqrt{x-1} = 7$; $x - 1 = 49$; $x = 50$

III Polynomfunktionen

Seite 82

1

a) $f(x) = -\frac{1}{3}x^2 + 3$; $g(x) = x^2 + 2x - 3$

x	−4	−3	−2	−1	0
f(x)	−2,33	0	1,67	2,67	3
g(x)	5	0	−3	−4	−3

x	1	2	3	4
f(x)	2,67	1,67	0	−2,33
g(x)	0	5	12	21

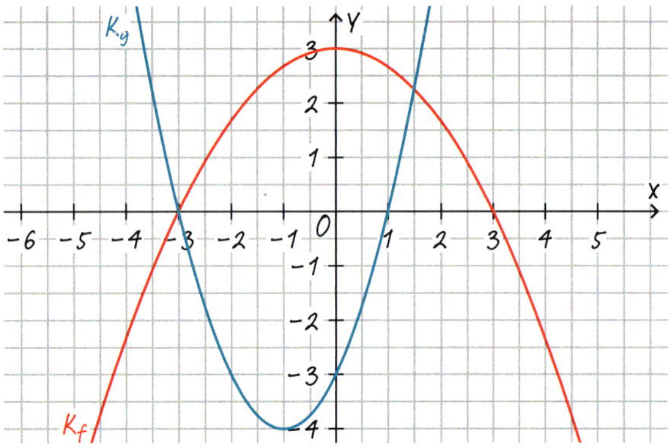

Schnittstellen mit den Koordinatenachsen:

K_f: $x_1 = -3$; $x_2 = 3$; $y = 3$

K_g: $x_1 = -3$; $x_2 = 1$; $y = -3$

b)

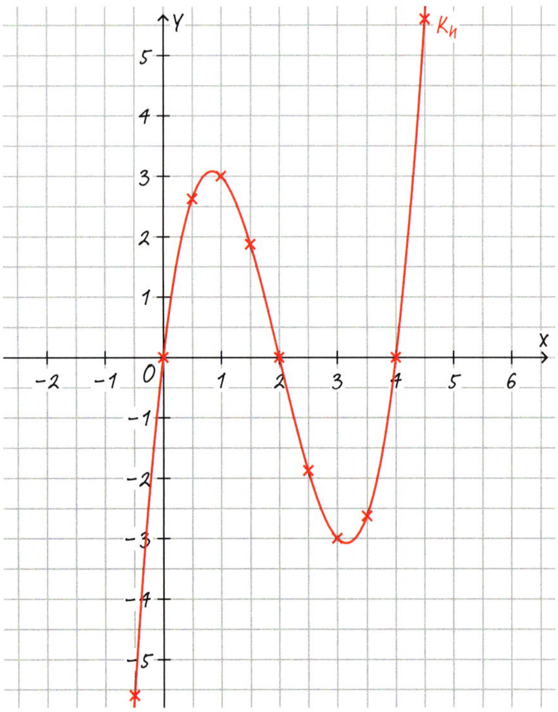

2

a) $x^2 = 9$; $x_1 = -3$; $x_2 = 3$

b) $x^2 = 5$; $x_1 = -\sqrt{5}$; $x_2 = \sqrt{5}$

c) $x^2 = -3$; keine Lösung

d) $x = 0$ oder $(x - 4) = 0$ d.h. $x_1 = 0$; $x_2 = 4$

e) $x(x - 6) = 0$ d.h. $x_1 = 0$; $x_2 = 6$

f) $x + 3 = 0$ oder $x - 4 = 0$ d.h. $x_1 = -3$; $x_2 = 4$

g) $x^2 - 2x - 8 = (x + 2)(x - 4)$ d.h. $x_1 = -2$; $x_2 = 4$

h) $x^2 + 6x + 9 = (x + 3)^2$ d.h. $x_1 = -3$

i) $x_1 = -1 + \sqrt{6} \approx 1{,}45$; $x_2 = -1 - \sqrt{6} \approx -3{,}45$

j) $x_1 = -\frac{1}{4}$; $x_2 = \frac{1}{5}$

k) $x_1 = -\frac{1}{4} - \frac{1}{4}\sqrt{33}$; $x_2 = -\frac{1}{4} + \frac{1}{4}\sqrt{33}$

l) keine Lösung

3

Mögliche Lösungen sind:

a) $(x - 2)(x - 5) = 0$ oder $3(x - 2)(x - 5) = 0$

b) $x(x - 3) = 0$ oder $-x(x - 3) = 0$

c) $(x + 4)^2 = 0$ oder $\frac{1}{2}(x + 4)^2 = 0$

d) $x^2 - 5 = 0$ oder $2x^2 - 10 = 0$

e) $x^2 + 4 = 0$ oder $x^2 + 1 = 0$

4

a)

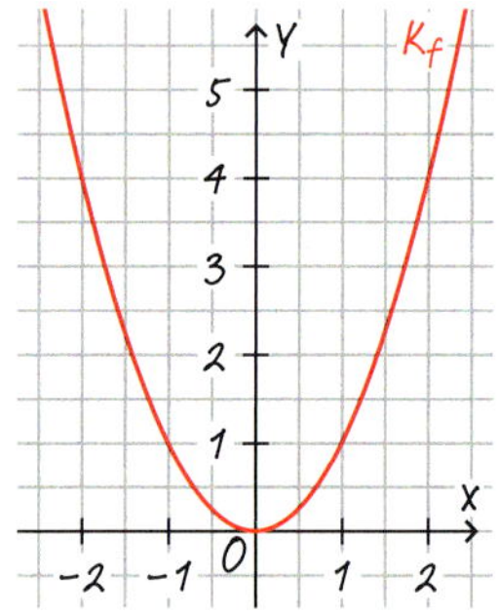

b)

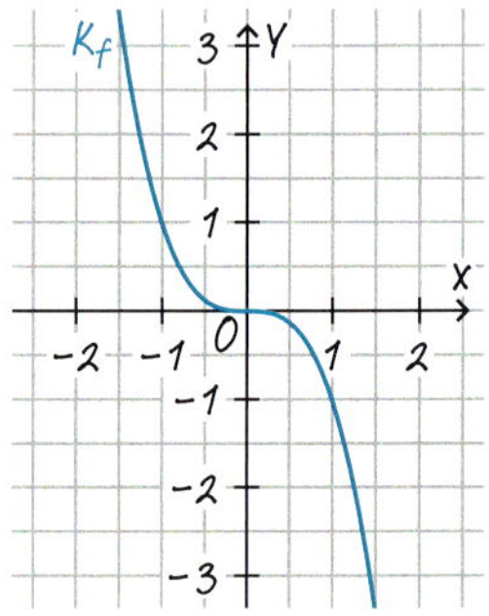

c)

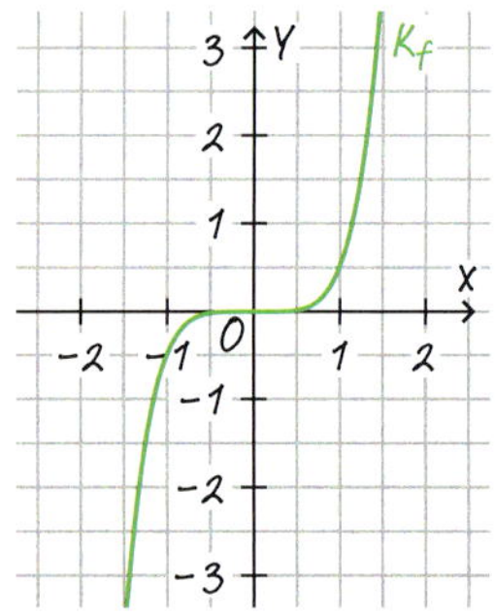

d)

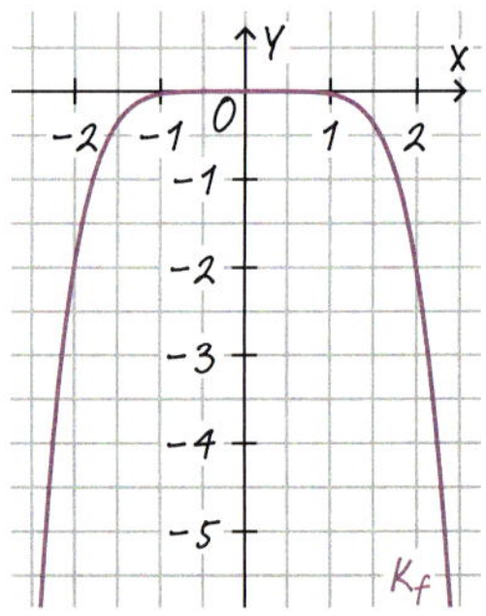

Seite 83

5

a) $f(x) = a \cdot x^3$; Punktprobe mit $P(2|16)$

$a \cdot 2^3 = 16$ ergibt $a = 2$; $f(x) = 2 \cdot x^3$

b) $f(x) = a \cdot x^n$; Punktprobe mit $P(1|3)$

$a \cdot 1^n = 3$ ergibt $a = 3$ d.h. $f(x) = 3x^n$.

Punktprobe mit $Q(4|192)$:

$3 \cdot 4^n = 192$ d.h. $4^n = 64$;

somit ist $n = 3$ d.h. $f(x) = 3 \cdot x^3$.

6

a) (1) Der Graph kommt von links unten und geht nach rechts oben.
(2) Der Graph kommt von links unten und geht nach rechts unten.
(3) Der Graph kommt von links oben und geht nach rechts oben.
(4) Der Graph kommt von links oben und geht nach rechts unten.

b) Das globale Verhalten kehrt sich durch eine Spiegelung an der x-Achse gerade um, d.h.
(1) Der Graph kommt von links oben und geht nach rechts unten.
(2) Der Graph kommt von links oben und geht nach rechts oben.
(3) Der Graph kommt von links unten und geht nach rechts unten.
(4) Der Graph kommt von links unten und geht nach rechts oben.

c) Die Graphen f und j haben das gleiche globale Verhalten:
Der Graph kommt von links oben und geht nach rechts unten.
Die Graphen g und l haben das gleiche globale Verhalten:
Der Graph kommt von links oben und geht nach rechts oben.
Die Graphen h, i und k haben das gleiche globale Verhalten:
Der Graph kommt von links unten und geht nach rechts oben.

d) Es fehlt ein Graph, der von links unten kommt und nach rechts unten geht.
Individuelle Lösungen, z.B. $f(x) = -x^2$ und $g(x) = -5x^4$.

7

a) A: achsensymmetrisch zur y-Achse
B: punktsymmetrisch zum Ursprung
C: achsensymmetrisch zur y-Achse
D: punktsymmetrisch zum Ursprung

b) Die Art der unter Teilaufgabe a) genannten Symmetrie bleibt bei einer Spiegelung an der y-Achse erhalten.

8

a) $f(x) = x^2 + c$;
Bedingung: $4^2 + c = 0$ d.h. $c = -16$; also $f(x) = x^2 - 16$. (Der Graph von f hat eine zweite Nullstelle an der Stelle $x = -4$.)

b) $f(x) = x^2 + bx$;
Bedingung: $(-3)^2 + b \cdot (-3) = 0$ d.h. $b = 3$; also $f(x) = x^2 + 3x$.
(Der Graph von f hat eine zweite Nullstelle an der Stelle $x = 0$.)

c) $f(x) = a \cdot x^2 - x$;
Bedingung: $a \cdot 2^2 - 2 = 10$ d.h. $a = 3$; also $f(x) = 3x^2 - x$.
(Der Graph von f hat eine zweite Nullstelle an der Stelle $x = 0$.)

d) Nullstellen: $x_1 = 0$; $x_2 = 4$
$f(x) = a \cdot x \cdot (x - 4)$
Einsetzen von Punkt $(2|-4)$:
$-4 = a \cdot 2 \cdot (2 - 4)$
$-4 = -4a$; $a = 1$; $f(x) = x \cdot (x - 4) = x^2 - 4x$

e) Nullstellen: $x_1 = -2$; $x_2 = 6$
$f(x) = a \cdot (x + 2) \cdot (x - 6)$
Einsetzen von Punkt $(2|4)$:
$4 = a \cdot (2 + 2) \cdot (2 - 6)$
$4 = -16a$; $a = -\frac{1}{4}$; $f(x) = -\frac{1}{4} \cdot (x + 2) \cdot (x - 6) = -\frac{1}{4}x^2 + x + 3$

Seite 87

6

a) Für $x \to +\infty$ gilt $f(x) \to +\infty$, für $x \to -\infty$ gilt $f(x) \to -\infty$.
b) Für $x \to +\infty$ gilt $f(x) \to -\infty$, für $x \to -\infty$ gilt $f(x) \to -\infty$.
c) Für $x \to +\infty$ gilt $f(x) \to -\infty$, für $x \to -\infty$ gilt $f(x) \to +\infty$.
d) Für $x \to +\infty$ gilt $f(x) \to -\infty$, für $x \to -\infty$ gilt $f(x) \to -\infty$.
Begründung: Das Verhalten richtet sich jeweils nach dem Term mit der höchsten Potenz von x.

10

n muss eine gerade natürliche Zahl $n \geq 4$ und a muss negativ sein.

12

a)

x	−4	−3	−2	−1	0	1	2	3	4
f(x)	17	10	5	2	1	2	5	10	17

Beobachtung: $f(-4) = f(4)$, $f(-3) = f(3)$ etc., d.h. die Funktionswerte von Zahl und Gegenzahl sind gleich. Rechts und links der y-Achse liegen die Punkte auf derselben Höhe. Der Graph von f ist symmetrisch zur y-Achse.

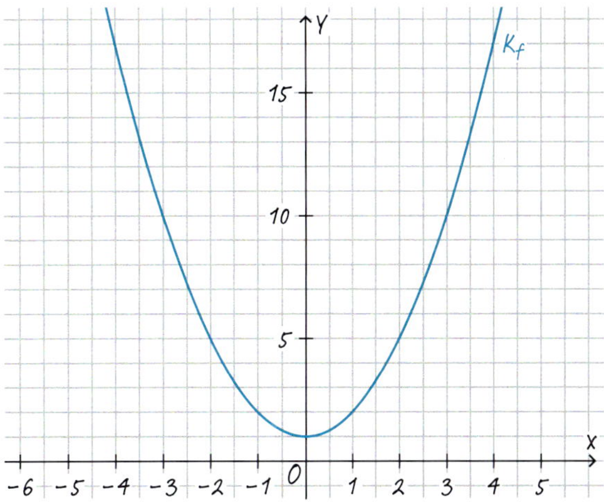

b)

x	−4	−3	−2	−1	0	1	2	3	4
g(x)	8	6	4	2	0	−2	−4	−6	−8

Beobachtung: $g(-4) = -g(4)$, $g(-3) = -g(3)$ etc., d.h. die Funktionswerte von Zahl und Gegenzahl sind bis auf das Vorzeichen gleich. Der Graph von g ist punktsymmetrisch zum Ursprung.

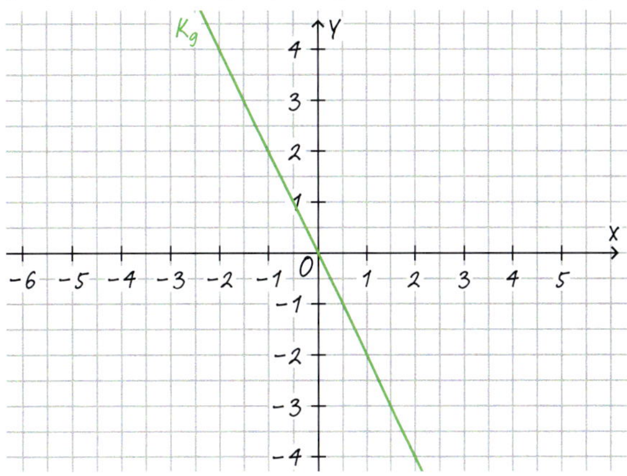

Seite 91

4

A gehört zu k(x); B gehört zu f(x);
C gehört zu g(x); D gehört zu h(x).

8

$f(x) = a \cdot x^b + x^c$

a) Individuelle Lösungen: Da die Funktion f eine gerade Funktion sein soll, müssen b und c gerade natürliche Zahlen sein, z.B. $b = 4$ und $c = 2$.
Es muss gelten $f(1) = -2$ d.h. $a \cdot 1^4 + 1^2 = -2$. Also ist $a = -3$.
Also ist $f(x) = -3 \cdot x^4 + x^2$.

b) Individuelle Lösungen: Da die Funktion f eine ungerade Funktion sein soll, müssen b und c ungerade natürliche Zahlen sein, z.B. $b = 3$ und $c = 1$.
Damit für $x \to \infty$ gilt, dass $f(x) \to -\infty$ strebt, muss a negativ sein, z.B. $a = -1{,}5$. Also ist $f(x) = -1{,}5 \cdot x^3 + x^1$.

15

a) $x^2 - 2{,}25 = 0$
$x^2 = 2{,}25$
$x_1 = +1{,}5$ und $x_2 = -1{,}5$

b) $4x^2 - 4 = 0$
$4x^2 = 4$
$x^2 = 1$
$x_1 = +1$ und $x_2 = -1$

c) $x^2 - 5x = 0$
$x(x - 5) = 0$
$x_1 = 0$ und $x_2 = 5$

d) $-x^2 + 2x = 0$
$-x(x - 2) = 0$
$x_1 = 0$ und $x_2 = 2$

e) $-x^2 + 6{,}25 = 0$
$6{,}25 = x^2$
$x_1 = +2{,}5$ und $x_2 = -2{,}5$

f) $x^2 + 2x - 15 = 0$
$x_{1,2} = -1 \pm \sqrt{1 + 15}$
$x_{1,2} = -1 \pm 4$
$x_1 = 3$ und $x_2 = -5$

g) $\frac{1}{2}x^2 + 4x + 8 = 0$
$\frac{1}{2}(x^2 + 8x + 16) = 0$
$\frac{1}{2}(x + 4)^2 = 0$; $x = -4$ ist die einzige Lösung.

h) $\frac{1}{2}x^2 + 3x - 8 = 0$
Diskriminante: $D = 9 - 16 = -7$
$D < 0$ d.h. die Gleichung hat keine Lösung.

Seite 96

8

a) $f(x) = 2 \cdot x^4 - 12$
$2 \cdot x^4 - 12 = 0$, d.h. $x^4 = 6$
Lösungen sind $x_1 = -\sqrt[4]{6}$; $x_2 = \sqrt[4]{6}$
Schnittpunkte mit der x-Achse sind $N_1(-\sqrt[4]{6} \mid 0)$ und $N_2(\sqrt[4]{6} \mid 0)$.
$f(0) = -12$
Der Schnittpunkt mit der y-Achse ist $S_y(0 \mid -12)$.

b) $f(x) = x^3 - 4x$
$x^3 - 4x = 0$ d.h. $x(x^2 - 4) = 0$.
Satz vom Nullprodukt ergibt: $x = 0$ oder $x^2 - 4 = 0$
Lösungen sind $x_1 = 0$; $x_2 = -2$ und $x_3 = 2$.
Schnittpunkte mit der x-Achse sind $N_1(0 \mid 0)$; $N_2(-2 \mid 0)$ und $N_3(2 \mid 0)$. Schnittpunkt mit der y-Achse ist $S_y(0 \mid 0)$.

c) $f(x) = -7x^3 + 6x^2 - 9x$
$-7x^3 + 6x^2 - 9x = 0$,
d.h. $x(-7x^2 + 6x - 9) = 0$
Satz vom Nullprodukt: $x = 0$ oder $-7x^2 + 6x - 9 = 0$
Lösung ist $x_1 = 0$. Sonst gibt es keine Lösungen. Schnittpunkt mit der x-Achse ist $N_1(0 \mid 0)$. Schnittpunkt mit der y-Achse ist $S_y(0 \mid 0)$.

d) $f(x) = x(x + 2)(x^2 - 3)$
$x(x + 2)(x^2 - 3) = 0$
Satz vom Nullprodukt: $x = 0$ oder $x + 2 = 0$ oder $x^2 - 3 = 0$
Lösungen sind $x_1 = 0$; $x_2 = -2$; $x_3 = -\sqrt{3}$ und $x_4 = \sqrt{3}$. Schnittpunkte mit der x-Achse sind $N_1(0 \mid 0)$; $N_2(-2 \mid 0)$; $N_3(-\sqrt{3} \mid 0)$ und $N_4(\sqrt{3} \mid 0)$. Schnittpunkt mit der y-Achse ist $S_y(0 \mid 0)$.

e) $f(x) = x^4 - 83x^2 + 162$
$x^4 - 83x^2 + 162 = 0$
Substitution $z = x^2$
$z^2 - 83z + 162 = 0$
Lösungen sind $z_1 = 2$ und $z_2 = 81$.
Resubstitution $x^2 = 2$;
Lösungen sind $x_1 = -\sqrt{2}$ und $x_2 = \sqrt{2}$.
$x^2 = 81$;
Lösungen sind $x_3 = -9$ und $x_4 = 9$.
Schnittpunkte mit der x-Achse sind $N_1(-\sqrt{2} \mid 0)$; $N_2(\sqrt{2} \mid 0)$; $N_3(-9 \mid 0)$ und $N_4(9 \mid 0)$.
$f(0) = 162$; Schnittpunkt mit der y-Achse ist $S_y(0 \mid 162)$.

f) $f(x) = (x^2 + 2)(x^4 + 3)$
$(x^2 + 2)(x^4 + 3) = 0$
Satz vom Nullprodukt: $x^2 + 2 = 0$ oder $x^4 + 3 = 0$
Beide Gleichungen haben keine Lösung. Es gibt keinen Schnittpunkt mit der x-Achse.
$f(0) = 2 \cdot 3 = 6$; Schnittpunkt mit der y-Achse ist $S_y(0 \mid 6)$.

g) $f(x) = (x + 5)(x - 1)(x - 4)$
$(x + 5)(x - 1)(x - 4) = 0$
Satz vom Nullprodukt: $x + 5 = 0$; $x - 1 = 0$ oder $x - 4 = 0$
Lösungen sind $x_1 = -5$; $x_2 = 1$ und $x_3 = 4$.
Schnittpunkte mit der x-Achse sind $N_1(-5 \mid 0)$; $N_2(1 \mid 0)$ und $N_3(4 \mid 0)$.
$f(0) = 5 \cdot (-1) \cdot (-4) = 20$; Schnittpunkt mit der y-Achse ist $S_y(0 \mid 20)$.

9

$f(x) = -0{,}5x^5 + 4x^2 + 3$
Wertetabelle mit Schrittweite 1:

x	−2	−1	0	1	2	3
f(x)	35	7,5	3	6,5	3	−82,5

Im Intervall [2; 3] liegt eine Nullstelle von f, da f dort das Vorzeichen wechselt.

Wertetabelle mit Schrittweite 0,1:

x	2	2,1	2,2	2,3	2,4
f(x)	3	0,22	-3,41	-8,02	-13,8

Im Intervall [2,1; 2,2] liegt eine Nullstelle von f, da f dort das Vorzeichen wechselt.

Wertetabelle mit Schrittweite 0,01:

x	2,10	2,11	2,12	2,13	2,14
f(x)	0,22	-0,10	-0,43	-0,77	-1,12

Im Intervall [2,10; 2,11] liegt eine Nullstelle von f, da f dort das Vorzeichen wechselt.
Es liegt f(2,11) näher bei null als f(2,10). Auf eine Stelle nach dem Komma genau ist 2,11 eine Nullstelle von f.

Seite 97

12

a) $f(x) = x^3 - 4x + 2$; $g(x) = 2$
$f(x) = g(x)$ d.h. $x^3 - 4x + 2 = 2$
Daraus folgt $x^3 - 4x = 0$
Ausklammern $x(x^2 - 4) = 0$
Der Satz vom Nullprodukt liefert $x = 0$ oder $x^2 - 4 = 0$.
Lösungen sind $x_1 = 0$; $x_2 = -2$ und $x_3 = 2$. Schnittpunkte der Graphen sind $S_1(0|2)$; $S_2(-2|2)$ und $S_3(2|2)$.

b) $f(x) = x^4 - 11x^2 + 16$; $g(x) = 2x^2 - 20$
$f(x) = g(x)$ d.h. $x^4 - 11x^2 + 16 = 2x^2 - 20$
Daraus folgt $x^4 - 13x^2 + 36 = 0$.
Substitution $z = x^2$
Die Gleichung $z^2 - 13z + 36 = 0$ hat die Lösungen $z_1 = 4$ und $z_2 = 9$.
Resubstitution $x^2 = 4$; Lösungen sind $x_1 = -2$ und $x_2 = 2$.
Resubstitution $x^2 = 9$; Lösungen sind $x_1 = -3$ und $x_2 = 3$.
Schnittpunkte berechnen:
$g(-2) = -12$ d.h. $S_1(-2|-12)$.
$g(2) = -12$ d.h. $S_2(2|-12)$.
$g(-3) = -2$ d.h. $S_3(-3|-2)$.
$g(3) = -2$ d.h. $S_4(3|-2)$.

13

a) f hat mehr als eine Nullstelle für $t > 0$, da $f(x) = x \cdot (x^2 - t)$ und $x^2 - t = 0$ eine Lösung ungleich 0 für $t > 0$ hat.

b) f hat für $t \neq 0$ mehr als eine Nullstelle, da $f(x) = x^2 \cdot (x - t^2)$.

c) f hat für ein beliebiges t mehr als eine Nullstelle, da f wegen des Satz vom Nullprodukt bereits die Nullstellen $x_1 = 1$ und $x_2 = -2$ hat.

18

a) Nullstellen sind $x_1 = +2$ und $x_2 = -2$. Der Graph ist nach oben geöffnet.

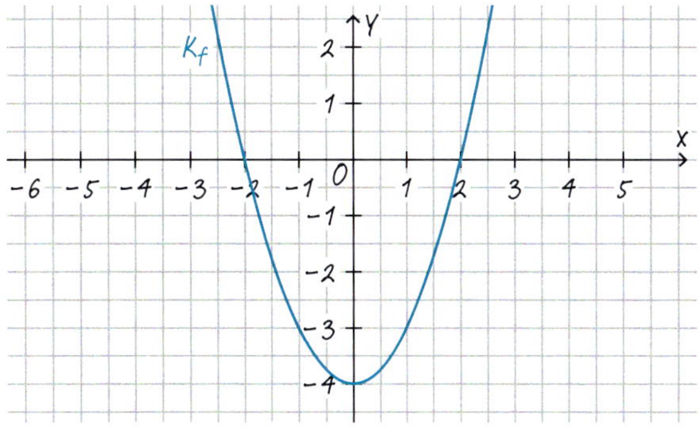

b) Nullstellen sind $x_1 = -1$ und $x_2 = +4$. Der Graph ist nach unten geöffnet.

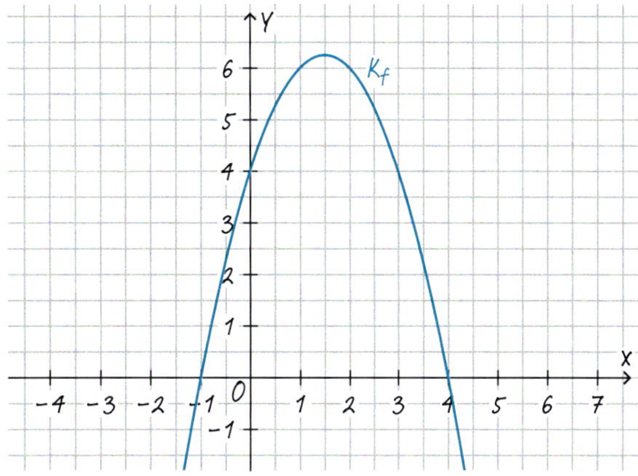

c) Nullstelle ist $x = 3$. Die Parabel berührt die x-Achse an dieser Stelle. Der Graph ist nach oben geöffnet.

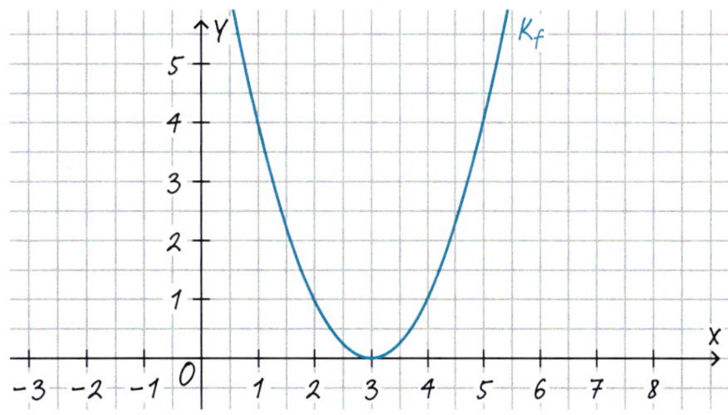

d) Nullstellen sind $x_1 = 1$ und $x_2 = 0$. Der Graph ist nach oben geöffnet.

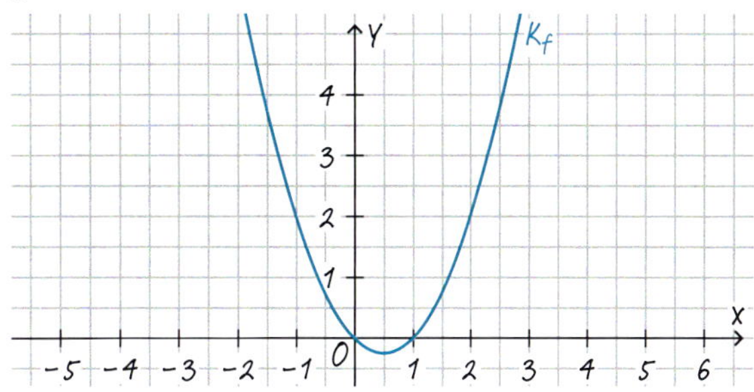

e) Nullstellen sind $x_1 = 1$ und $x_2 = 0$. Der Graph ist nach unten geöffnet.

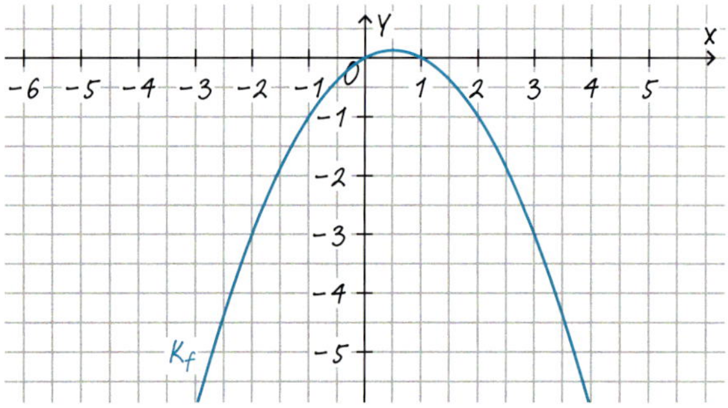

f) Nullstellen sind $x_1 = -2$ und $x_2 = +2$. Der Graph ist nach oben geöffnet.

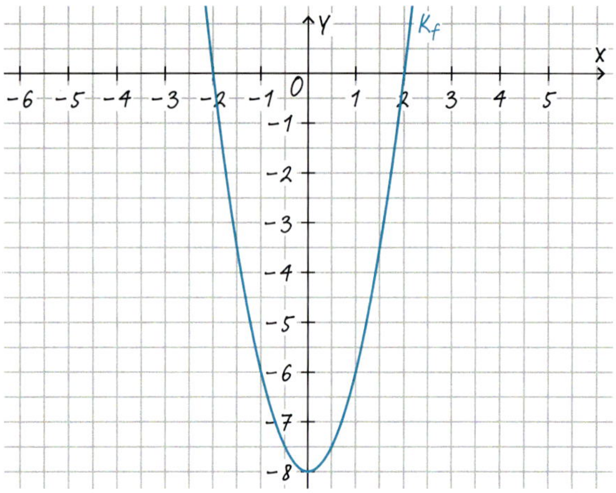

g) Nullstellen sind $x_1 = -1$ und $x_2 = 1$. Der Graph ist nach unten geöffnet.

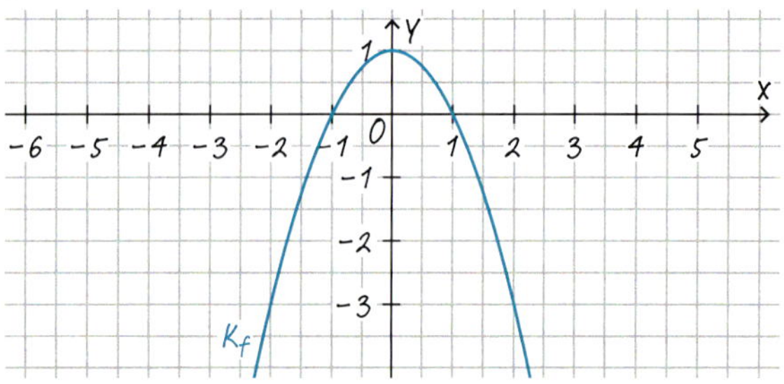

h) Nullstellen sind $x_1 = 2$ und $x_2 = 0$. Der Graph ist nach unten geöffnet.

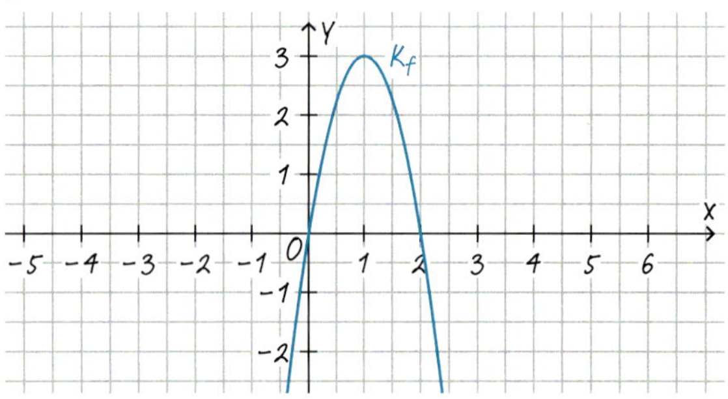

i) Nullstelle ist $x = 1$. Der Graph berührt die x-Achse an dieser Stelle. Der Graph ist nach oben geöffnet.

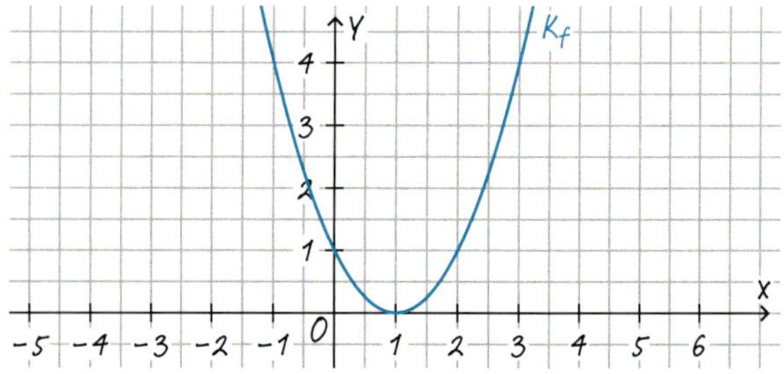

Seite 101

4

Graph A hat die doppelte Nullstelle $x = 1$ und die einfache Nullstelle $x = 3$. Also ist h die zugehörige Funktion.
Graph B hat die einfache Nullstelle $x = 1$ und die doppelte Nullstelle $x = 3$. Also ist g die zugehörige Funktion.
Die nicht zugeordnete Funktion f hat die doppelten Nullstellen $x = 1$ und $x = 3$. Der Term mit dem größten Exponenten ist $2x^4$. Die Funktion hat den Grad 4; der Graph kommt von links oben und geht nach rechts oben.
Skizze:

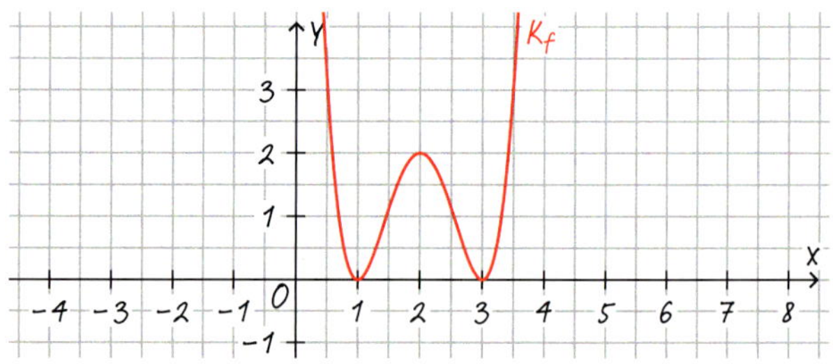

5

a) $f(x) = 3x(x+2)(x-5)$
Der Grad der Funktion f ist 3. Die Nullstellen $x_1 = 0$; $x_2 = -2$ und $x_3 = 5$ sind einfache Nullstellen. Der Schnittpunkt mit der y-Achse ist $S_y(0\,|\,0)$.

b) $f(x) = -2(x+4)^2(x-1)$
Der Grad der Funktion f ist 3. Eine einfache Nullstelle ist $x_1 = 1$; eine doppelte Nullstelle ist $x_2 = -4$.
$f(0) = -2 \cdot (4)^2 \cdot (-1) = 32$
Der Schnittpunkt mit der y-Achse ist $S_y(0\,|\,32)$.

c) $f(x) = x^3(x-3)^2$
Der Grad der Funktion f ist 5. Eine doppelte Nullstelle ist $x_1 = 3$; eine dreifache Nullstelle ist $x_2 = 0$. Der Schnittpunkt mit der y-Achse ist $S_y(0\,|\,0)$.

6

$f(x) = x(x-2)^2$
Der Grad der Funktion f ist 3. $x = 0$ ist eine einfache Nullstelle, $x = 2$ ist eine doppelte Nullstelle. Der Term mit dem höchsten Exponenten ist x^3. Also kommt der Graph von f von links unten und geht nach rechts oben.

Skizze:

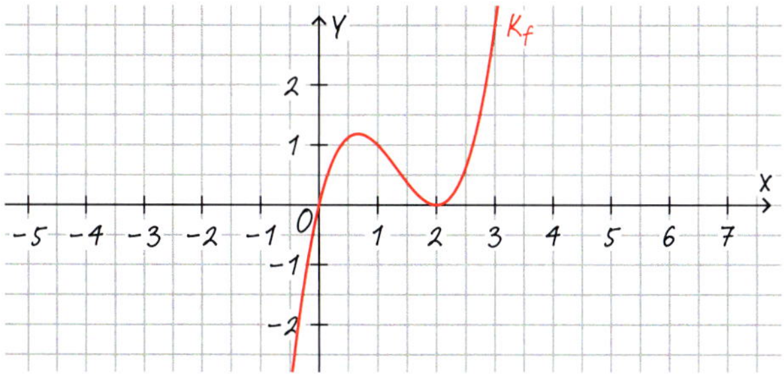

Seite 102

12

a) $x = -2$ und $x = 3$ sind beide doppelte Nullstellen. $x = 0$ ist eine einfache Nullstelle.
Ansatz für die Funktion f: $f(x) = a \cdot x(x+2)^2(x-3)^2$.
Der Punkt $P(1|6)$ liegt auf dem Graphen der Funktion f, also gilt $f(1) = a \cdot 1(3)^2(-2)^2 = 6$, d.h. $36a = 6$. Somit ist $a = \frac{1}{6}$.
$f(x) = \frac{1}{6}x(x+2)^2(x-3)^2$

b) Der Graph der Funktion f sieht an der Stelle $x = 2$ aus wie eine Potenzfunktion vom Grad 4, d.h. $x = 2$ ist eine vierfache Nullstelle.
$x = -1$ ist eine einfache Nullstelle. Somit lautet der Ansatz für f: $f(x) = a \cdot (x+1)(x-2)^4$
Der Punkt $P(0|3)$ liegt auf dem Graphen, also gilt $f(0) = a \cdot 1(-2)^4 = 3$, d.h. $16a = 3$. Somit ist $a = \frac{3}{16}$.
$f(x) = \frac{3}{16}(x+1)(x-2)^4$

13

Ansatz: $f(x) = a \cdot x^2(x+4)^2 = a \cdot (x^4 + 8x^3 + 16x^2)$.
Es muss $f(1) = -5$ gelten, also $a = -0{,}2$ und damit $f(x) = -0{,}2x^4 - 1{,}6x^3 - 3{,}2x^2$. f hat für $x \to \pm\infty$ das gleiche Verhalten wie die Funktion g mit $g(x) = -x^2$.

14

$f(x) = a \cdot (x+2)(x-b)^n$

a) $x = -3$ ist eine zweifache Nullstelle, also ist $n = 2$ und $b = -3$.
Es ist $f(0) = a \cdot 2 \cdot 3^2 = 36$ d.h. $18a = 36$. Somit ist $a = 2$.
$f(x) = 2 \cdot (x+2)(x+3)^2$

b) Da $x = -2$ die einzige Nullstelle ist, muss $b = -2$, sein. Da die Funktionswerte von f an der Stelle $x = -2$ das Vorzeichen wechseln, muss der Grad von f ungerade, d.h. n gerade sein.
Da dieser Vorzeichenwechsel von plus zu minus erfolgt, muss a negativ sein.
Z.B. $f(x) = -3(x+2)(x+2)^4$
$f(x) = -3(x+2)^5$

17

a) $f(x) = x^2 - 2$
Der kleinste Funktionswert ist -2 an der Stelle $x = 0$; also $f(0) = -2$.

b) $f(x) = -2x^2 + 3$
Der größte Funktionswert beträgt 3 an der Stelle $x = 0$, also $f(0) = 3$.

c) $f(x) = -x^2 + 4x$
Der größte Funktionswert ist 4 an der Stelle $x = 2$ d.h. $f(2) = 4$.

d) $f(x) = \frac{1}{2}x^2 + 6x$
Der kleinste Funktionswert ist -18 an der Stelle $x = -6$ d.h. $f(-6) = -18$.

e) $f(x) = -x^2 + 6x - 9$
$f(x) = -(x-3)^2$ hat den größten Funktionswert 0 an der Stelle $x = 3$ d.h. $f(3) = 0$.

f) $f(x) = -x^2 + 6x - 8$
$f(x) = -(x-2)(x-4)$ hat den größten Funktionswert 1 an der Stelle $x = 3$ d.h. $f(3) = 1$.

Seite 106

5

a)

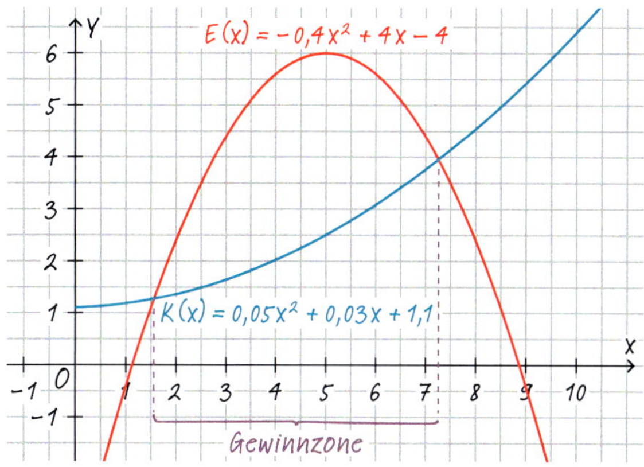

b) An den Grenzen der Gewinnzone gilt $K(x) = E(x)$.
$0{,}05x^2 + 0{,}03x + 1{,}1 = -0{,}4x^2 + 4x - 4$
$0{,}45x^2 - 3{,}97x + 5{,}1 = 0$ hat die Lösungen
$x_1 \approx 1{,}56$ und $x_2 \approx 7{,}26$.
Gewinnzone ist das Intervall $x_1 < x < x_2$ mit $x_1 \approx 1{,}56\,\text{ME}$ und $x_2 \approx 7{,}26\,\text{ME}$.
Im Bereich von 1,56 ME bis 7,26 ME wird Gewinn erzielt.

c) Gewinn G bestimmen:
$G(x) = E(x) - K(x)$ d.h.
$G(x) = -0{,}4x^2 + 4x - 4 - (0{,}05x^2 + 0{,}03x + 1{,}1)$
$G(x) = -0{,}45x^2 + 3{,}97x - 5{,}1$
Es handelt sich um eine quadratische Funktion. Der x-Wert des Scheitels einer Parabel liegt immer in in der Mitte der Nullstellen. Mit den Nullstellen aus b) gilt: $x_S \approx 4{,}41$. $G(x_S) \approx 3{,}66$
Da der Graph von G eine nach unten geöffnete Parabel ist, handelt es sich hier um ein Maximum.
Maximaler Gewinn ist 3,66 GE bei 4,41 ME Hundefutter.

6

a) Für den Flächeninhalt des Dreiecks gilt: Grundfläche = u, Höhe = f(u), Flächeninhalt = $\frac{1}{2} \cdot u \cdot f(u)$.
Flächeninhalt für $u = 2$: $\frac{1}{2} \cdot 2 \cdot 2{,}5 = 2{,}5$.
Flächeninhalt für $u = 3$: $\frac{1}{2} \cdot 3 \cdot 1{,}25 = 1{,}875$.

b)
1. Die Seitenlängen sind u und v, der Flächeninhalt ist A. Es gilt $0 \le u \le 4$ und $0 \le v \le 5$.
2. Zielgröße: Der Flächeninhalt ist $A = \frac{1}{2}u \cdot v$. A soll maximal werden.
3. Nebenbedingung: $f(x) = -\frac{5}{4}x + 5$.
Die Nebenbedingung lautet $v = f(u)$, d.h. $v = -\frac{5}{4}u + 5$.

4. Elimination (Einsetzen) von v ergibt $A(u) = \frac{1}{2}u \cdot \left(-\frac{5}{4}u + 5\right)$.
   Dies umgeformt ergibt $A(u) = -\frac{5}{8}u \cdot (u - 4)$.
   Die Definitionsmenge ist $D = [0; 4]$.
5. Graph: Der Graph von A ist eine nach unten geöffnete Parabel mit den Nullstellen $u_1 = 0$ und $u_2 = 4$. Somit beträgt der x-Wert des Scheitels $u_S = 2$.
6. Das Dreieck hat für $u = 2$ den größten Flächeninhalt.

Seite 107

10

1. Die beiden Zahlen werden mit u und v bezeichnet. Die Summe der Quadrate der beiden Zahlen ist S. $S = u^2 + v^2$
2. Zielgröße: Die Summe der Quadrate der beiden Zahlen ist $S = u^2 + v^2$. Der Wert S soll minimal werden.
3. Nebenbedingung:
   Für die beiden Zahlen u und v gilt: $u + v = 60$ bzw. $v = 60 - u$.
4. Elimination (Einsetzen) von v ergibt $S(u) = u^2 + (60 - u)^2$.
   Dies umgeformt ergibt $S(u) = 2u^2 - 120u + 3600$.
   Die Definitionsmenge ist $D = \mathbb{R}$.
5. Graph:
   Der Graph von S ist eine nach oben geöffnete Parabel. Die Gleichung $S(u) = 0$, d.h. $2u^2 - 120u + 3600 = 0$ hat keine Lösung. Zur Bestimmung des Scheitels stellt man daher eine Wertetabelle auf.

u	0	10	20	30	40	50	60
S(u)	3600	2600	2000	1800	2000	2600	3600

   An der Tabelle sieht man, dass der Scheitel an der Stelle $u = 30$ liegt.
6. Die Summe der Quadrate hat also für $u = 30$ und $v = 30$ ein Minimum.

11

a) Der Abstand von P und Q beträgt
für $u = 2$: $f(2) - g(2) = 4$;
für $u = 4$: $f(4) - g(4) = 6$.

b) 1. bis 4. zusammengefasst:
Der Abstand d der beiden Punkte P und Q beträgt $d(u) = f(u) - g(u)$.
Mit $f(u) = -\frac{1}{2}u^2 + 4u - \frac{1}{2}$ und $g(u) = \frac{1}{2}u^2 - 3u + \frac{11}{2}$ ergibt sich die Zielfunktion $d(u) = -u^2 + 7u - 6$.
Definitionsmenge von d ist $D = [1; 6]$.
5. Der Graph von d ist eine nach unten geöffnete Parabel mit den Nullstellen $u_1 = 1$ und $u_2 = 6$. Der Scheitel liegt somit an der Stelle $u_3 = 3{,}5$.
6. Optimum: Der Abstand der beiden Punkte $P(u\,|\,f(u))$ und $Q(u\,|\,g(u))$ ist an der Stelle $x = 3{,}5$ maximal.
Er beträgt 6,25.

13

a) g: $y = 3x + 1$

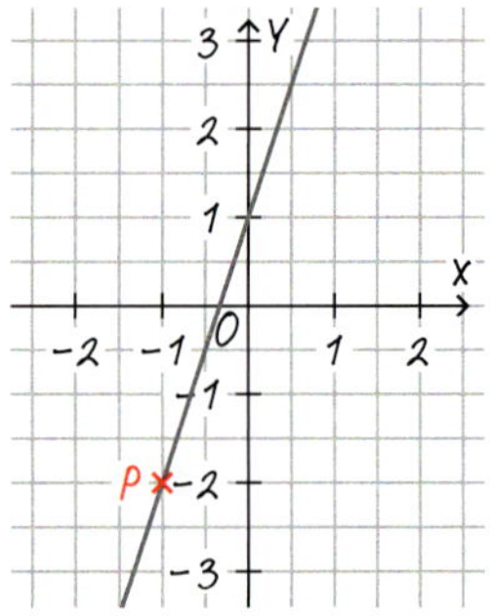

b) g: $y = -2x + 2$

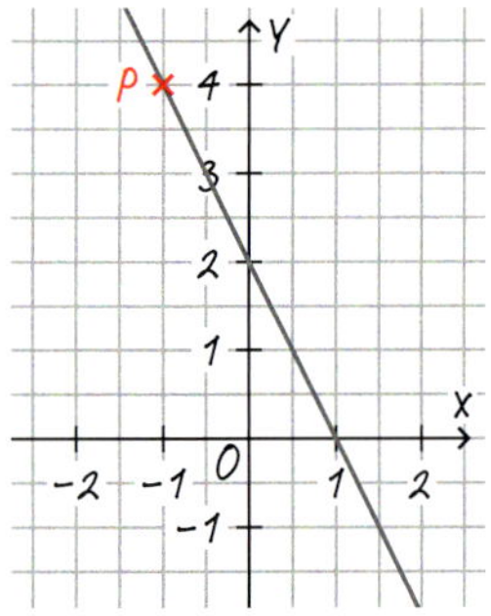

c) g: $y = -\frac{3}{2}x - 5{,}5$

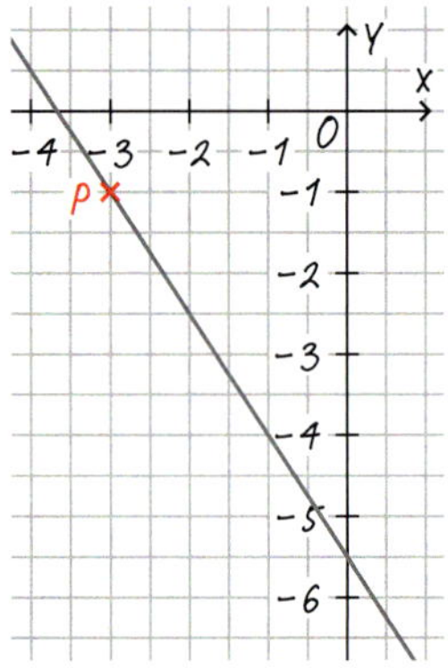

d) g: $y = \frac{5}{4}x + \frac{3}{4}$

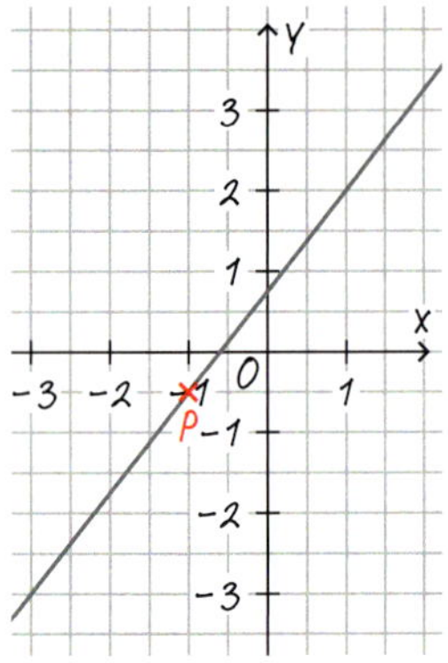

e) g: $y = \frac{1}{2}x$

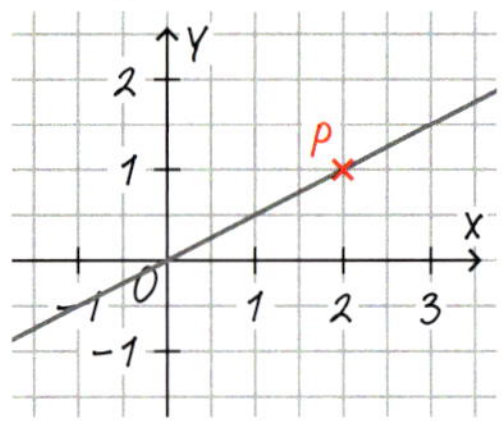

f) g: $y = -\frac{2}{3}x + \frac{1}{3}$

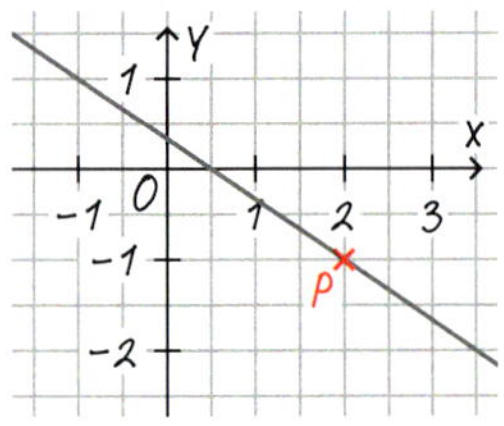

Seite 111

6

a)

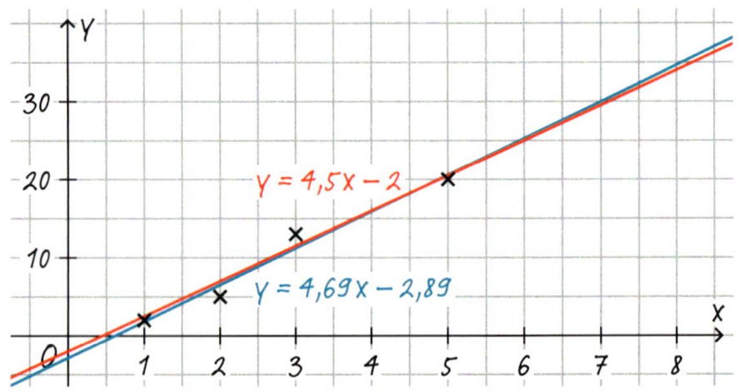

b) Individuelle Lösung, z.B. Näherungsgerade f mit $y = 4{,}5x - 2$
c) Regressionsgerade g mit $y = 4{,}69x - 2{,}89$
d) Individuelle Lösung. Die Summe der Fehlerquadrate bei der Geraden aus c) ist immer kleiner als bei der Näherungsgeraden aus b).

7

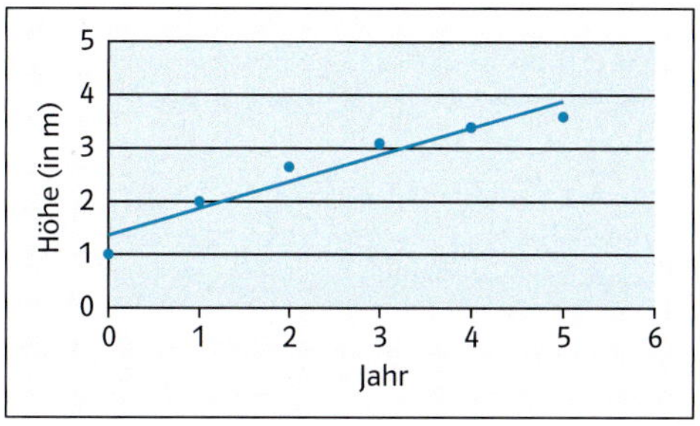

y = 0,5017x + 1,3657
Korrelationskoeffizient: 0,961548918
Die Beschreibung des Wachstums eines Kirschbaums mithilfe einer linearen Regression ist nicht sinnvoll, da das Wachstum (wie schon an den ersten 5 Jahren erkennbar) nicht linear verläuft, sondern stetig nachlässt.

Seite 111

11

a)

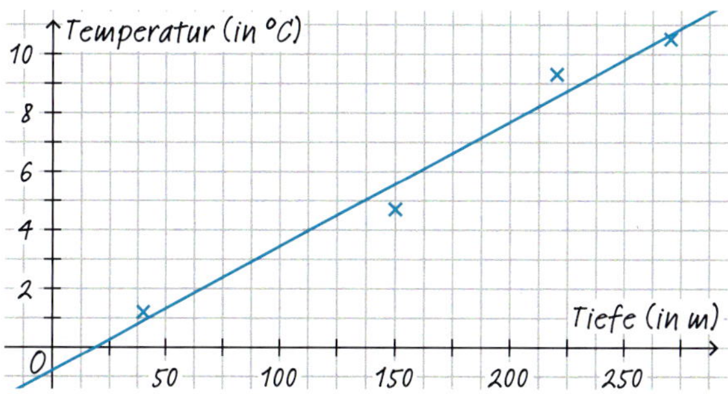

Die Gleichung der Regressionsgeraden ist $y = 0{,}0424x - 0{,}7914$.

b) Die Temperatur steigt um durchschnittlich 0,0424 °C pro Meter und damit um 4,24 °C pro 100 Meter.

c) Laut der Regressionsgeraden ist in 330 m Tiefe mit ca. 13 °C zu rechnen.

Seite 112

14

a) (1) 22 %	(2) 20 %	(3) 6,4 %
b) (1) 90 l	(2) 975 €	(3) 6765 Kinder
c) (1) 150 cm	(2) 2000 €	(3) 90 kg

Seite 119

Runde 1

1

a) $f(x) \to +\infty$ für $x \to +\infty$; $f(x) \to -\infty$ für $x \to +\infty$

b) $f(x) \to +\infty$ für $x \to -\infty$; $f(x) \to -\infty$ für $x \to +\infty$

c) $f(x) = -5x^4 + 2x^2 - 4x$; $f(x) \to -\infty$ für $x \to -\infty$; $f(x) \to -\infty$ für $x \to +\infty$

2

a) Der Graph von f ist punktsymmetrisch zum Ursprung, da nur ungerade Exponenten vorkommen.

b) Der Graph von f ist achsensymmetrisch zur y-Achse, da nur gerade Exponenten vorkommen.

c) Beim Graph von f liegt keine Punktsymmetrie zum Ursprung und auch keine Achsensymmetrie zur y-Achse vor, da sowohl gerade als auch ungerade Exponenten vorkommen.

3

a) x ausklammern, ergibt $f(x) = x(4x^2 - 36)$
d.h. $x_1 = -3$; $x_2 = 0$; $x_3 = 3$

b) Substitution $z = x^2$ ergibt $f(x) = z^2 - 9z + 20$
D.h. $z_1 = 4$ und $z_2 = 5$.
also $x_1 = -2$; $x_2 = 2$; $x_3 = -\sqrt{5}$ und $x_4 = \sqrt{5}$.

c) Satz vom Nullprodukt:
$f(x) = 0$, wenn $(x - 2) = 0$ oder $(x - 5)^2 = 0$ oder $x = 0$.
$x_1 = 2$; $x_2 = 5$ und $x_3 = 0$

4

a) Grad 3; der Faktor vor x^3 ist $\frac{1}{4}$, d.h. positiv. Also kommt der Graph von links unten und geht nach rechts oben.
Schnittpunkte mit den Koordinatenachsen: $N_1(-2|0)$; $N_2(2|0)$; $N_3(4|0)$; $y_S(0|4)$

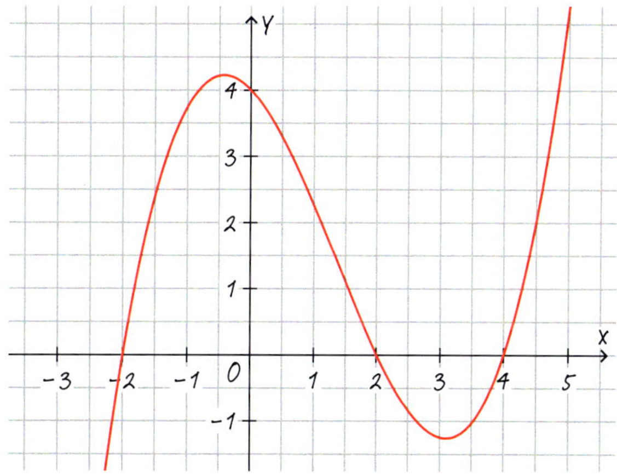

b) Grad 3; der Faktor vor x^3 ist −1, d.h. negativ. Also kommt der Graph von links oben und geht nach rechts unten.
Achsenschnittpunkte: $N_1(-1|0)$ (doppelte Nullstelle); $N_2(2|0)$; $y_S(0|2)$

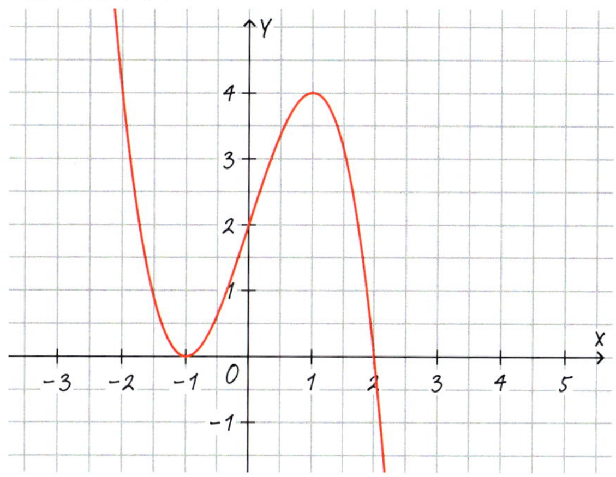

c) Grad 4; der Faktor vor x^4 ist 0,25, d.h. positiv. Der Graph kommt von links oben und geht nach rechts oben.
Achsenschnittpunkte: $N_1(-2|0)$ (doppelte Nullstelle); $N_2(2|0)$ (doppelte Nullstelle); $y_S(4|0)$
Da nur Potenzen von x^2 vorkommen, ist der Graph achsensymmetrisch zur y-Achse.

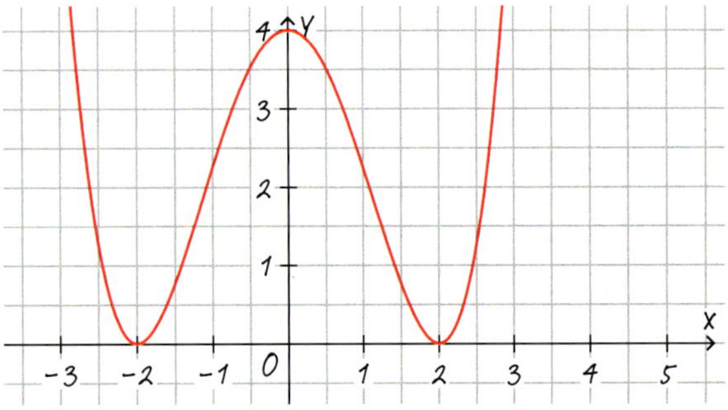

5

a) $a = 0{,}2$: $u = 2 \cdot 0{,}2 + 2 \cdot (4 - 0{,}2^2) = 8{,}32$
$a = 1{,}5$: $u = 2 \cdot 1{,}5 + 2 \cdot (4 - 1{,}5^2) = 6{,}5$

b) 1. Der x-Wert des Punktes P ist a, der Umfang des Rechtecks OAPB wird mit u bezeichnet. Da sich der Punkt P auf der Parabel zwischen $Q(2|0)$ und $R(0|4)$ befindet, gilt $0 \le a \le 2$.
2. Zielgröße: $u = 2a + 2f(a)$ soll maximal werden.
3. Nebenbedingungen: $f(a) = 4 - a^2$.
4. Damit ergibt sich $u = 2a + 8 - 2a^2$
Die Definitionsmenge ist $D = [0; 2]$.
5. Graph: Der Graph von u ist eine nach unten geöffnete Parabel. Somit liegt an der Stelle des Scheitels ein Maximum.
Nullstellen von u sind $a_1 = \frac{1}{2} - \frac{1}{2}\sqrt{17}$; $a_2 = \frac{1}{2} + \frac{1}{2}\sqrt{17}$.
(In diesem Fall ist es unerheblich, dass die ermittelten Nullstellen nicht in der Definitionsmenge von u liegen.)
Der Scheitel liegt an der Stelle $a_S = \frac{1}{2}(a_1 + a_2)$, d.h. $a_S = \frac{1}{2}$.
6. Der Umfang des Rechtecks ist für $a = \frac{1}{2}$ maximal.

Runde 2

1

$f(x) = \frac{1}{16}x^4 - x^2 = x^2\left(\frac{1}{16}x^2 - 1\right)$
Es gilt $f(x) \to +\infty$ für $x \to \pm\infty$.
Schnittpunkte von f mit den Koordinatenachsen: $(-4|0)$, $(0|0)$ und $(4|0)$. $x = 0$ ist eine doppelte Nullstelle.
Der Graph von f ist achsensymmetrisch zur y-Achse.

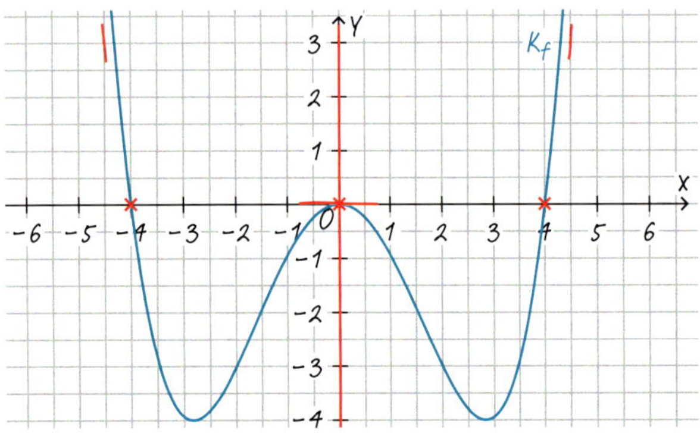

2

a) $f(x) = x^3 - 5x^2$
Da gerade und ungerade Exponenten vorkommen, liegt weder Punktsymmetrie zum Ursprung noch Achsensymmetrie zur y-Achse vor.

b) Da in jedem der Faktoren dieser Produktzerlegung nur gerade Exponenten vorkommen, ergeben sich beim Ausmultiplizieren auch nur gerade Exponenten. Es liegt somit Achsensymmetrie zur y-Achse vor.

c) $f(-x) = \frac{2(-x)^3}{(-x)^2 + 9} = \frac{-2x^3}{x^2 + 9} = -\frac{2x^3}{x^2 + 9} = -f(x)$
Es liegt somit Punktsymmetrie zum Ursprung vor.

3

a) Nullstellen sind $x_1 = 0$; $x_2 = -4$; $x_3 = -3$ und $x_4 = 3$.

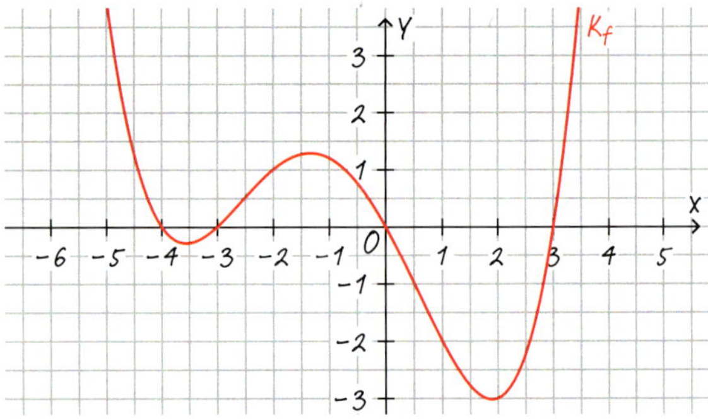

b) Es ist $f(x) = x(0{,}25x^2 - 0{,}5x - 2)$ d.h. $x_1 = -2$; $x_2 = 0$ und $x_3 = 4$.

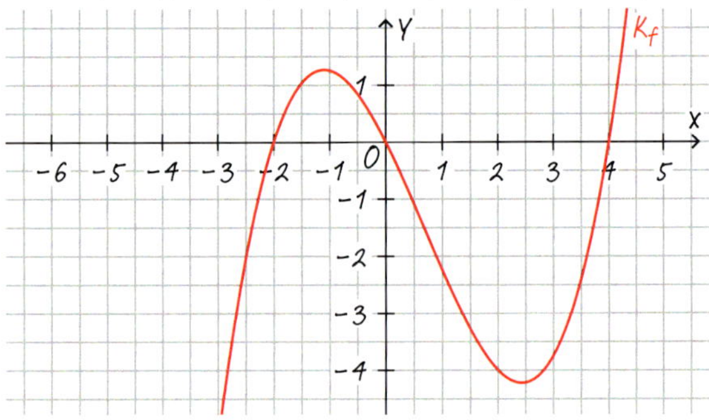

c) Nullstellen sind $x_1 = -3$; $x_2 = 3$; $x_3 = -1{,}5$ und $x_4 = 1{,}5$.

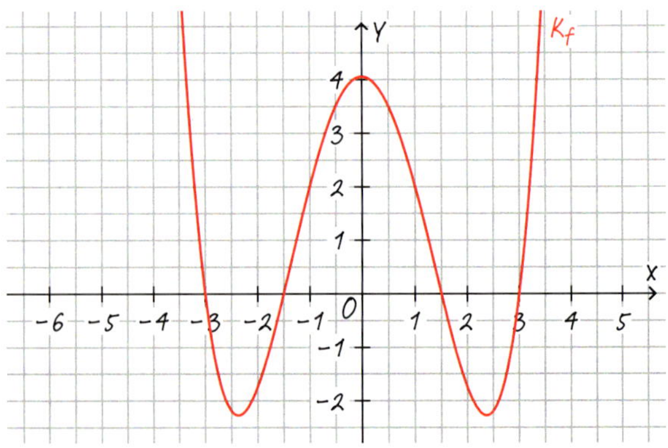

4

$f(x) = a \cdot x(x + 2)(x - 1)(x - 4)$
Da $f(x) \to -\infty$ für $x \to \pm\infty$ muss a negativ sein. Beispiel:
$f(x) = -5x(x + 2)(x - 1)(x - 4)$

5

a) $f(x) = a \cdot x(x-2)(x-4)$ und $f(1) = 2$, d.h. $a = \frac{2}{3}$.
$f(x) = \frac{2}{3}x(x-2)(x-4)$

b) $f(x) = a \cdot (x-1)(x-3)^2$ und $f(2) = 2$, d.h. $a = 2$
$f(x) = 2(x-1)(x-3)^2$.

c) $f(x) = a \cdot (x-1)(x+1)(x-2)(x+2)$ und $f(0) = 2$, d.h. $a = \frac{1}{2}$
$f(x) = \frac{1}{2}(x^2-1)(x^2-4)$.

d) $f(x) = a \cdot x(x-1)^2(x-4)^3$ und $f(2) = 2$, d.h. $a = -\frac{1}{8}$.
$f(x) = -\frac{1}{8}x(x-1)^2(x-4)^3$

IV Exponentialfunktionen

Seite 122

1

a) $0{,}25 = \frac{25}{100} = 25\,\%$

b) $0{,}88 = \frac{88}{100} = 88\,\%$

c) $1 = \frac{100}{100} = 100\,\%$

d) $1{,}2 = \frac{120}{100} = 120\,\%$

e) $\frac{1}{2} = \frac{50}{100} = 50\,\%$

f) $\frac{3}{4} = \frac{75}{100} = 75\,\%$

g) $\frac{1}{5} = \frac{20}{100} = 20\,\%$

h) $1 + \frac{15}{100} = \frac{100}{100} + \frac{15}{100} = 115\,\%$

2

a) $\sqrt[3]{\frac{125}{64}} = \sqrt[3]{\frac{5\cdot5\cdot5}{4\cdot4\cdot4}} = \frac{5}{4}$

b) $\sqrt[4]{81} = \sqrt[4]{3\cdot3\cdot3\cdot3} = 3$

c) $\sqrt[5]{32} = \sqrt[5]{2\cdot2\cdot2\cdot2\cdot2} = 2$

d) $\sqrt[3]{0{,}008} = \sqrt[3]{0{,}2\cdot0{,}2\cdot0{,}2} = 0{,}2$

3

a) (1) Ja, denn x kommt nur mit einfacher Potenz im Term vor.
(2) $f(x) = x^2 - x$; nein, es liegt eine quadratische Funktion vor, da x auch die Potenz 2 hat.
(3) Ja, denn x kommt nur mit einfacher Potenz im Term vor.

b) (1) Nein, denn der Graph ist keine Gerade.
(2) Ja, denn der Graph ist eine Gerade.
(3) Nein, denn der Graph ist keine Gerade.

Seite 123

c) (1) Ja, die zugehörige lineare Funktion ist $f(x) = 2x$.
(2) Nein, denn zwischen $x = -1$ und $x = 1$ sowie zwischen $x = 3$ und $x = 5$ wird der y-Wert um 0,4 größer, obwohl der Abstand der x-Werte 2 beträgt. Sonst nimmt der y-Wert um 0,4 zu, wenn der x-Wert nur um 1 größer wird.
(3) Nein, denn von $x = 0{,}4$ bis $x = 0{,}6$ steigt der y-Wert um 0,14, von $x = 0{,}9$ bis $x = 1{,}3$ steigt der y-Wert nur um 0,19.

4

a) $m = \frac{8-3}{2-1} = 5$

b) $m = \frac{4-8}{3-(-2)} = -\frac{4}{5}$

c) $m = \frac{5-5}{6-3} = 0$

d) $m = \frac{2-4}{0{,}5-1{,}5} = 2$

5

a) (1) $3{,}5x^2 - 2 = 12$ führt zu $x^2 = 4$.
Die Lösungen sind $x_1 = 2$ und $x_2 = -2$.
(2) $0{,}5x^5 + 4 = 20$ führt zu $x^5 = 32$.
Die Lösung ist $x = 2$.
(3) $\frac{1}{5}x^3 + 4 = 29$ führt zu $x^3 = 125$.
Die Lösung ist $x = 5$.

b) (1) $3x^3 - 6x^2 = 3x^2(x-2) = 0$
Die Lösungen sind $x_1 = 0$ und $x_2 = 2$.
(2) $\frac{1}{4}x^4 - 16x = x\left(\frac{1}{4}x^3 - 16\right) = 0$
Die Lösungen sind $x_1 = 0$ und $x_2 = 4$.
(3) $0{,}1x^5 = 10x^3$ führt zu $x^3(0{,}1x^2 - 10) = 0$.
Die Lösungen sind $x_1 = 0$, $x_2 = -10$ und $x_3 = 10$.

c) (1) Substitution $x^2 = z$ ergibt $2z^2 - 10z + 8 = 0$.
abc-Formel führt zu $z_1 = 1$ und $z_2 = 4$.
Resubstitution ergibt $x_1 = -1$; $x_2 = +1$; $x_3 = -2$; $x_4 = +2$
(2) Substitution $x^2 = z$ ergibt $3z^2 - 9z + 6 = 0$.
abc-Formel führt zu $z_1 = 1$ und $z_2 = 2$.
Resubstitution ergibt $x_1 = -1$; $x_2 = +1$; $x_3 = -\sqrt{2}$; $x_4 = +\sqrt{2}$.
(3) Substitution $x^3 = z$ ergibt $z^2 - 16z + 64 = 0$.
abc-Formel führt zu $z = 8$.
Resubstitution ergibt $x = 2$.

6

a)

x	−3	−2	−1	0	1	2	3	4
f(x)	−0,3	−0,5	−1	–	1	0,5	0,3	0,3

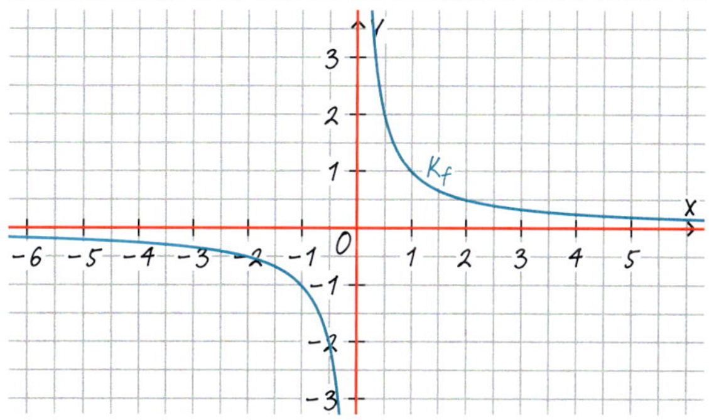

Waagrechte Asymptote ist $y = 0$.
Senkrechte Asymptote ist $x = 0$.

b)

x	−3	−2	−1	0	1	2	3	4
f(x)	≈ 0,1	0,25	1	–	1	0,25	≈ 0,1	≈ 0,05

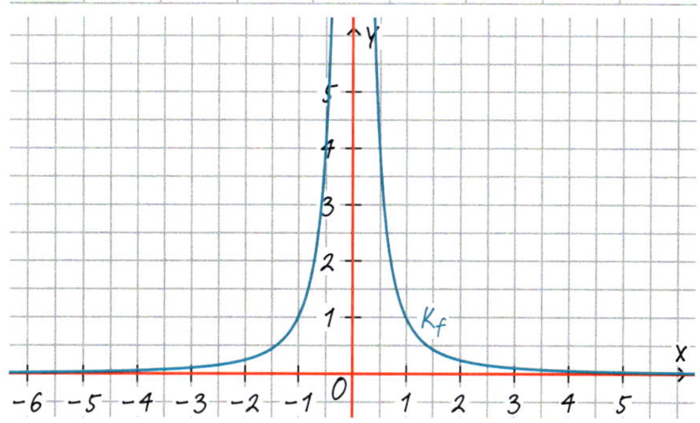

Waagrechte Asymptote ist $y = 0$.
Senkrechte Asymptote ist $x = 0$.

c)

x	−3	−2	−1	0	1	2	3	4
f(x)	2,7	2,5	2	–	4	3,5	3,3	3,3

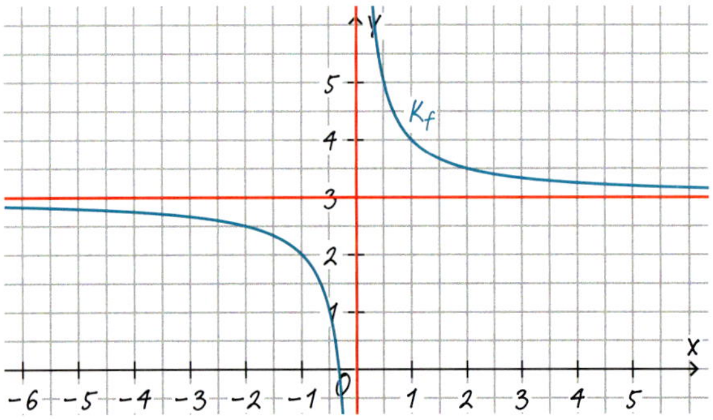

Waagrechte Asymptote ist $y = 3$.
Senkrechte Asymptote ist $x = 0$.

7

a) Der Graph von g geht aus dem Graphen von f hervor durch Verschiebung um −5 in y-Richtung.

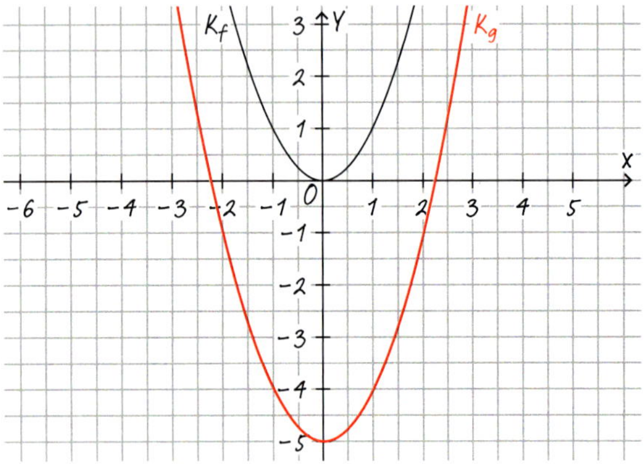

b) Der Graph von g geht aus dem Graphen von f hervor durch Streckung mit dem Faktor 3 in y-Richtung.

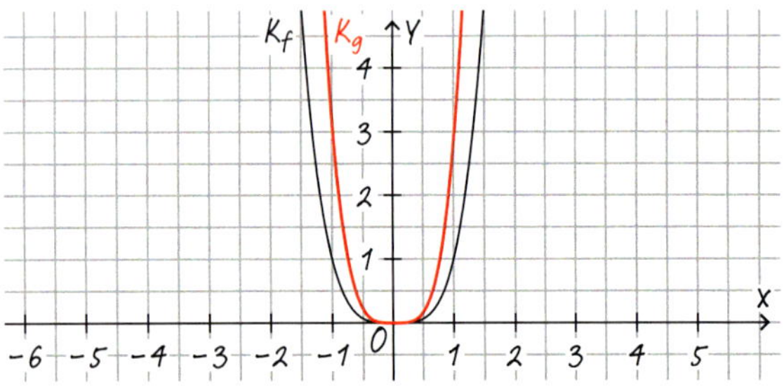

c) Der Graph von g geht aus dem Graphen von f hervor durch Verschiebung um −2 in x-Richtung.

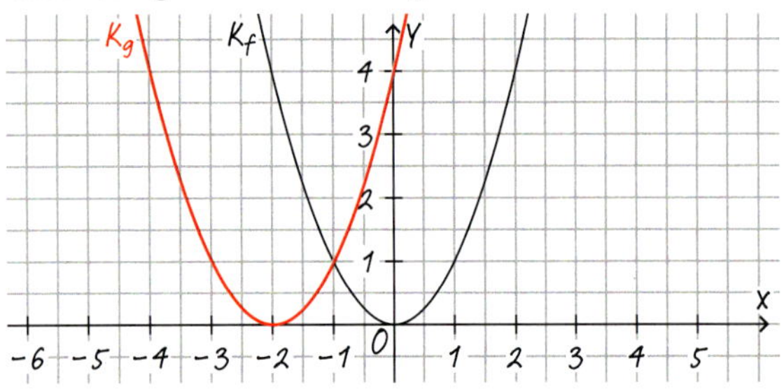

d) Der Graph von g geht aus dem Graphen von f hervor durch Spiegelung an der x-Achse.

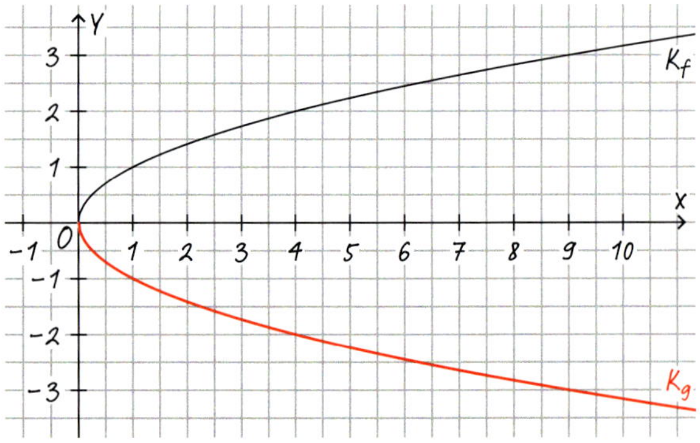

e) Der Graph von g geht aus dem Graphen von f hervor durch Streckung mit dem Faktor 0,5 in y-Richtung, Verschiebung um 4 in x-Richtung und Verschiebung um −3 in y-Richtung.

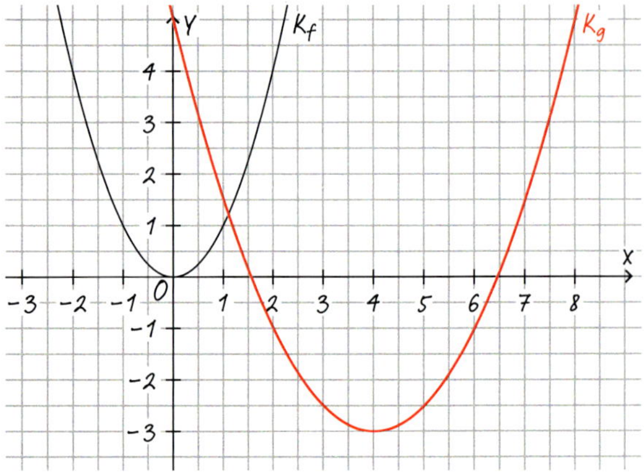

f) Der Graph von g geht aus dem Graphen von f hervor durch Spiegelung an der x-Achse, Verschiebung um −1 in x-Richtung und Verschiebung um 1 in y-Richtung.

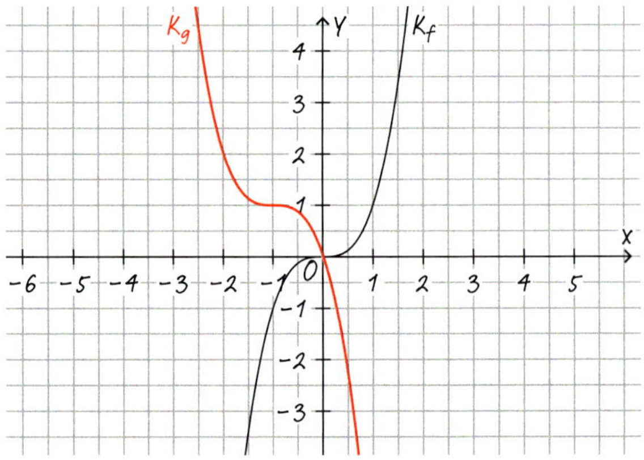

8

a) (1) $f_1(x) = x^3 + 2$
(2) $f_2(x) = (x + 3)^3$
(3) $f_3(x) = 0{,}5x^3$
(4) $f_4(x) = -x^3$

b) $f_1(x) = 1{,}5\sqrt{x - 3} - 1$

c) $g(x) = -\frac{1}{8}(x - 3)^4 + 2$

Seite 127

7

a) $\frac{f(1)}{f(0)} = 0{,}9$; $\frac{f(2)}{f(1)} = 0{,}9$; $\frac{f(3)}{f(2)} \approx 0{,}9001$; $\frac{f(4)}{f(3)} \approx 0{,}8998$

Der Quotient zweier „aufeinander folgender" Funktionswerte ist (nahezu) konstant. Deshalb liegt hier exponentielles Wachstum vor.

$f(9) \approx 12{,}78$

b) $f(1) - f(0) = f(2) - f(1) = f(3) - f(2) = f(4) - f(3) = -0{,}15$

Die Differenz zweier „aufeinander folgender" Funktionswerte ist konstant. Deshalb liegt hier lineares Wachstum vor.

$f(9) = 3{,}68$

8

Lineares Wachstum mit 5 s pro Woche.
Weitere 45 s „Vorsprung" in $45 : 5 = 9$ Wochen.

11

a) $f(x) = 150 + 0{,}4x$

b) $1800 = 150 + 0{,}4x$; $x = 4125$

c) $r_0 = 75\,\text{mm}$; $U = 2\pi r$

$r_n = r_0 + 0{,}2n$, also

$u = 2\pi(r_0 + 0{,}2n) = 2\pi r_0 + 0{,}4\pi n$

Zunahme: $0{,}4\pi \approx 1{,}26\,\text{mm}$

13

p_1 Die Parabel wurde an der x-Achse gespiegelt und um eine Einheit in y-Richtung verschoben. p_1: $y = -x^2 + 1$

p_2 Die Parabel wurde um −2 Einheiten in y-Richtung verschoben. p_2: $y = x^2 - 2$

p_3 Die Parabel wurde an der x-Achse gespiegelt, um −2 Einheiten in x-Richtung verschoben und um eine Einheit in y-Richtung verschoben. p_3: $y = -(x + 2)^2 + 1$

p_4 Die Parabel wurde um eine Einheit in x-Richtung verschoben. p_4: $y = (x - 1)^2$

p_5 Die Parabel wurde an der x-Achse gespiegelt und um −2 Einheiten in y-Richtung verschoben.

p_6 Die Parabel wurde um 2 Einheiten in x-Richtung und um −1 Einheit in y-Richtung verschoben.

p_7 Die Parabel wurde in y-Richtung mit dem Faktor 2 gestreckt und um −2 Einheiten in y-Richtung verschoben.

p_8 Die Parabel wurde mit dem Faktor $\frac{1}{2}$ gestreckt, an der x-Achse gespiegelt, um eine Einheit in x-Richtung und −3 Einheiten in y-Richtung verschoben.

p_9 Die Parabel wurde mit dem Faktor $\frac{1}{2}$ gestreckt, an der x-Achse gespiegelt, um −0,5 Einheiten in x-Richtung und −1,5 Einheiten in y-Richtung verschoben.

Seite 132

6

a) Verschiebung um −1 in y-Richtung

b) Streckung in y-Richtung mit dem Faktor −2 (oder: Streckung in y-Richtung mit dem Faktor 2 und Spiegelung an der x-Achse)

c) Spiegelung an der y-Achse und Verschiebung um 2 in y-Richtung

d) Spiegelung an der y-Achse, Streckung in y-Richtung mit dem Faktor 1,5 und Verschiebung um −4 in y-Richtung

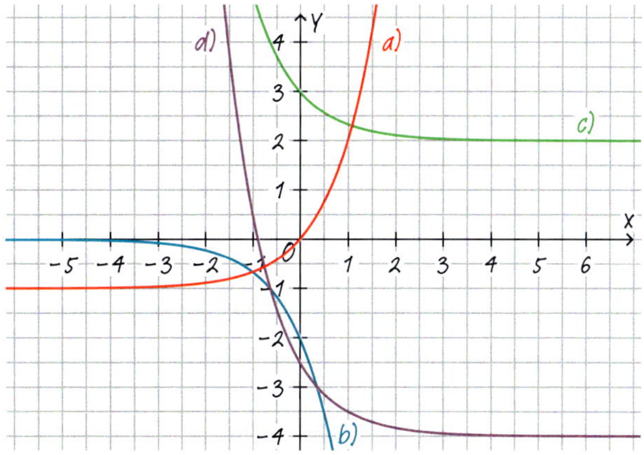

7

A: 2^{-x}; B: $2{,}5 \cdot 2^{-x} - 4$; C: $3 \cdot 2^x - 1$; D: $-1{,}5 \cdot 2^{-x} + 1{,}5$

8

a) $P(0\,|\,1{,}5) \Rightarrow a = 1{,}5$; $Q(2\,|\,6) \Rightarrow 1{,}5 \cdot q^2 = 6 \Rightarrow q = 2$

Insgesamt: $f(x) = 1{,}5 \cdot 2^x$

b) $P(-2\,|\,50) \Rightarrow a \cdot q^{-2} = 50 \Rightarrow a = 50q^2$

$Q(3\,|\,0{,}512) \Rightarrow a \cdot q^3 = 0{,}512 \Rightarrow 50q^2 \cdot q^3 = 0{,}512 \Rightarrow$

$q^5 = 0{,}01024 \Rightarrow q = \sqrt[5]{0{,}01024} = 0{,}4$

Insgesamt: $f(x) = 50 \cdot (0{,}4)^2 \cdot 0{,}4^x = 8 \cdot (0{,}4)^x$

12

a) $f(t) = 20\,000 \cdot 1{,}012^t$; t in Jahren, f(t) in Euro

b) $f(1) = 20\,240{,}00$

$f(2) = 20\,482{,}88$

$f(5) = 21\,229{,}15$

$f(10) = 22\,533{,}84$

$f(20) = 25\,388{,}69$

Nach 1 Jahr beträgt das Kapital 20 240 €, nach 2 Jahren 20 482,88 €, nach 5 Jahren 21 229,15 €, nach 10 Jahren 22 533,84 € und nach 20 Jahren 25 388,69 €.

c) $f(-2) = 19\,528{,}50$

Vor 2 Jahren betrug das Kapital 19 528,50 €.

d) $f(4) = 20\,977{,}42$

$f(5) = 21\,229{,}15$

21 229,15 € − 20 977,42 € = 251,73 €

Im 5. Jahr nimmt das Kapital erstmals um mehr als 250 € zu.

Seite 133

18

a) $2^2 = 4$	b) $2^{-3} = \frac{1}{8}$	c) $2^{\frac{1}{2}} = \sqrt{2}$	d) $2^7 = 128$
e) $3^2 = 9$	f) $3^{-4} = \frac{1}{81}$	g) $4^3 = 64$	h) $5^{-3} = \frac{1}{125}$

Seite 136

7

a) $81 = 3^4 \Rightarrow \log_3(81) = 4$

b) $\sqrt{7} = 7^{\frac{1}{2}} \Rightarrow \log_7(\sqrt{7}) = \frac{1}{2} = 0{,}5$

c) $0{,}25 = \frac{1}{4} = \frac{1}{2^2} = 2^{-2} \Rightarrow \log_2(0{,}25) = -2$

d) $1 = 10^0 \Rightarrow \log_{10}(1) = 0$

8

a) $3^x = \frac{1}{81} = 3^{-4} \Rightarrow x = -4$

b) $x = \log_5(17) \approx 1{,}760$

c) $10^{1-x} = 2{,}5 \Rightarrow 1 - x = \log_{10}(2{,}5) \Rightarrow x = 1 - \log_{10}(2{,}5) \approx 0{,}602$

d) $2^{4x} = 12 \Leftrightarrow 4x = \log_2(12) \approx 3{,}58 \Rightarrow x \approx 0{,}90$

Seite 137

17

a) $\log_{10}(4) \approx 0{,}602$

b) $\log_{10}(0{,}25) \approx -0{,}602$

c) $\log_4(30) \approx 2{,}453$

d) $\log_{0,25}(30) \approx -2{,}453$

e) $\log_4\left(\frac{1}{30}\right) \approx -2{,}453$

f) $\log_3(2) \approx 0{,}631$

g) $\log_3(6) \approx 1{,}631$

h) $\log_3(18) \approx 2{,}631$

18

a) $2^{3x} - 2^{x+4} = 2^x(2^{2x} - 2^4) = 0$
Satz vom Nullprodukt: $2^x \neq 0$, also $2^{2x} - 2^4 = 0 \Rightarrow x = 2$

b) $5 \cdot 4^x - (x^2 + 1) \cdot 4^x = 4^x(5 - x^2 - 1) = 0$
$4^x \neq 0$, also $4 - x^2 = 0 \Rightarrow x_1 = +2$ und $x_2 = -2$.

c) $5^{2x} - 4 \cdot 5^x + 3 = 0$
Substitution: $5^x = z$
$z^2 - 4 \cdot z + 3 = 0$
abc-Formel ergibt $z_1 = 1$ und $z_2 = 3$.
Resubstitution: $5^x = 1$, also Lösung $x_1 = 0$, und $5^x = 3$, also Lösung $x_2 = \log_5(3) \approx 0{,}68$.

19

a) $5 \cdot 3^{x-2} - 5 = 0$ führt zu $3^{x-2} = 1$ und somit $x = 2$.

b) $2^{-x} - 4 \cdot 2^x = 0 \quad | \cdot 2^x$
$1 - 4 \cdot 2^{2x} = 0$
Dies führt zu $2^{2x} = \frac{1}{4}$ und somit $x = -1$.

c) $(3^x - 1)(3^{-x} + 1) = 0$
Satz vom Nullprodukt:
$3^x - 1 = 0$ ergibt $x = 0$.
$3^{-x} + 1 = 0$ hat keine Lösung.

Seite 139

31

a) $q = 1{,}1$

b) $q = 0{,}9$

c) $q = 1{,}25$

d) $q = 0{,}95$

e) $q = 1{,}03$

f) $q = 0{,}99$

Seite 143

6

a) Abnahme der Beleuchtungsstärke: 40 %, d.h. $q = 0{,}6$.
$f(x) = a \cdot 0{,}6^x$; $f(1) = a \cdot 0{,}6^1 = 3000 \Rightarrow a = 5000$
Beleuchtungsstärke: $f(x) = 5000 \cdot 0{,}6^x$ (x in m, f(x) in Lux)

b)

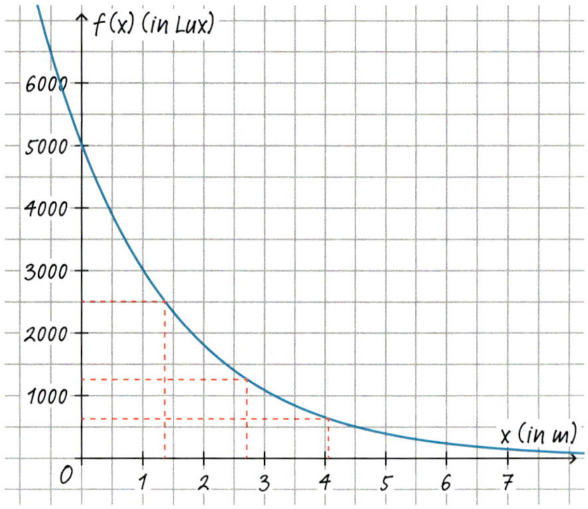

Nach jeweils ca. 1,35 Metern halbiert sich die Beleuchtungsstärke.

7

a) Regression mit dem Taschenrechner: 2005 entspricht $t = 0$.
$f(t) = 667{,}89 \cdot 1{,}1026^t$ (Korrelationskoeffizient $r = 0{,}977$)

b) 2023 entspricht $t = 18$: $f(18) = 3875$

c) 2015 entspricht $t = 10$: $f(10) = 1774$, also deutlich geringer als der tatsächliche Umsatz von 1984 Mio. €

d) Erneute Regression: $f(t) = 670{,}85 \cdot 1{,}1042^t$

e) $f(18) = 3995$
Diese Schätzung ist höher als die in b), da der hinzugefügte Wert für das Jahr 2015 höher ist als die Schätzung gemäß der ersten Regression.

Seite 144

10

Wachstumsfaktor $q = \sqrt[6]{0{,}1} \approx 0{,}6813$, also Verminderung der Sprunghöhe bei jedem Aufspringen um 31,87 %.

11

Halbwertszeit: $q^{24\,400} = 0{,}5$ ergibt $q = \sqrt[24\,400]{0{,}5} \approx 0{,}999\,97$.

a) $f(t) = 20 \cdot 0{,}999\,97^t$;
$f(-10) \approx 20{,}006$
$f(100) \approx 19{,}94$
Vor 10 Jahren waren es ca. 20,006 kg, in 100 Jahren werden noch ca. 19,94 kg vorhanden sein.

b) Nach 10^3 Jahren: $q^{1000} \approx 0{,}970 \approx 97{,}0\,\%$
Nach 10^4 Jahren: $q^{10\,000} \approx 0{,}741 \approx 74{,}1\,\%$
Nach 10^5 Jahren: $q^{100\,000} \approx 0{,}0498 \approx 5{,}0\,\%$

c) $0{,}999\,97^t = 0{,}9$ ergibt $t \approx 3512$.
$0{,}999\,97^t = 0{,}1$ ergibt $t \approx 76\,752$.
Nach ca. 3512 Jahren sind 10 % zerfallen, nach ca. 76 752 Jahren sind 90 % zerfallen.

Seite 145

16

a) $m = \frac{1-(-1)}{2-1} = \frac{2}{1} = 2$ Die Gerade steigt.

b) $m = \frac{4-3}{2-4} = -\frac{1}{2}$ Die Gerade fällt.

c) $m = \frac{-3-(-1)}{2-(-2)} = -\frac{2}{4} = -\frac{1}{2}$ Die Gerade fällt.

d) $m = 1$ Die Gerade steigt.

e) $m = -2$ Die Gerade fällt.

f) $m = \frac{28-20}{21-17} = \frac{8}{4} = 2$ Die Gerade steigt.

Seite 151

Runde 1

1

a) Lineares Wachstum:
absolute Änderung $d = -1{,}6$

x	0	1	2	3	5
y	8,3	6,7	5,1	3,5	0,3

b) Exponentielles Wachstum:
Wachstumsfaktor $q = \frac{2}{3}$

x	0	1	2	3	5
y	108	72	48	32	14,2

2

a) $x = 3$ b) $x = -0{,}5$ c) $x = 3$ d) $x = 81$

3

a) $f(x) = 6 \cdot \left(\frac{1}{3}\right)^x$ b) $f(x) = \frac{1}{9} \cdot 3^x$ c) $f(x) = 10 \cdot (\sqrt{2})^x$

4

Der Graph der Funktion f wird an der x-Achse und an der y-Achse gespiegelt und mit dem Faktor 2 in y-Richtung gestreckt. Dann wurde er um 3 Einheiten in y-Richtung verschoben.

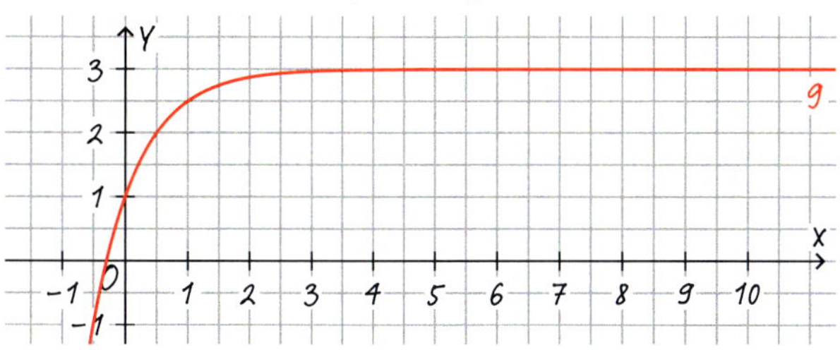

5

a) $f(x) = 102{,}8 \cdot 0{,}915^x$

b) $0{,}915 = 1 - \frac{8{,}5}{100}$
d.h. Zerfall von 8,5 % innerhalb eines Tages.
$0{,}915^{10} \approx 0{,}411$, d.h. Zerfall von ca. 58,9 % innerhalb von 10 Tagen.

c) $0{,}915^x = 0{,}1$ ergibt $x \approx 25{,}9$.
Nach ca. 26 Tagen sind nur noch 10 % der ursprünglichen Menge vorhanden.

Runde 2

1

a) $f(x) = 2{,}5 \cdot 2^x - 3{,}5$ $g(x) = -0{,}5 \cdot 2^x + 2$
$h(x) = -2^{-x} + 1$ $k(x) = 3 \cdot 2^{-x} - 3$

b) $f(0) = -3{,}5$, d.h. $S_y(0\,|\,-3{,}5)$
$f(x) = 0$, also $2{,}5 \cdot 2^x - 3{,}5 = 0$ führt zu $x = \log_2(1{,}4) \approx 0{,}49$,
d.h. Schnittpunkt mit der x-Achse ist $N(0{,}49\,|\,0)$
$g(0) = 1{,}5$, d.h. Schnittpunkt mit der y-Achse ist $S_y(0\,|\,1{,}5)$
$g(x) = 0$, also $-0{,}5 \cdot 2^x + 2 = 0$ führt zu $x = \log_2(4) = 2$,
d.h. Schnittpunkt mit der x-Achse ist $N(2\,|\,0)$
$h(0) = 0$, d.h. $S_y(0\,|\,0) = N(0\,|\,0)$
$k(0) = 0$, d.h. $S_y(0\,|\,0) = N(0\,|\,0)$

2

a) $3^{2x} - 15 = 12$ ergibt $2x = \log_3(27) = 3$ und somit $x = 1{,}5$.

b) $1{,}5^{2x} - 2 \cdot 1{,}5^x = 1{,}5^x(1{,}5^x - 2) = 0$, somit $x = \log_{1{,}5}(2) \approx 1{,}71$.

c) $2^{2x} - 4 \cdot 2^x = -3$ ergibt $2^{2x} - 4 \cdot 2^x + 3 = 0$
Substitution $2^x = z$ und Anwenden der abc-Formel ergibt
$x_1 = 0$ und $x_2 = \log_2(3) \approx 1{,}58$.

3

a) Die Aussage ist wahr, da auch stets $3^x > 0$ ist.

b) Die Aussage ist falsch, denn an der Stelle $x = 0$ ist
$f(x) = g(x) = 1$. Für $a < 0$ gilt stets $f(x) \geq g(x)$.

c) Die Aussage ist wahr, denn
$f(x+2) = a \cdot 3^{x+2} = a \cdot 3^2 \cdot 3^x = a \cdot 9 \cdot 3^x = 9 \cdot f(x)$.

d) Die Aussage ist falsch, denn
$f(2x) = a \cdot 3^{2x} \neq (a \cdot 3^x)^2 = a^2 \cdot 3^{2x} = (f(x))^2$

4

Strahlung bei x mm Plattendicke: $f(x) = 0{,}95^x$
$0{,}95^x = 0{,}5 \Rightarrow x = \log_{0{,}95}(0{,}5) \approx 13{,}5$
Die Bleiplatte müsste eine Dicke von ca. 13,5 mm haben.

V Änderungsrate und grafisches Differenzieren

Seite 154

1

a) $P(0\,|\,-1)$, $Q(2\,|\,0)$; $m = \frac{\Delta y}{\Delta x} = \frac{0-(-1)}{2-0} = \frac{1}{2}$

b) $P(1\,|\,3)$, $Q(3\,|\,-1)$; $m = -2$

c) $P(0{,}5\,|\,-0{,}5)$, $Q(2\,|\,3)$; $m = \frac{7}{3}$

2

a) $P(1\,|\,-1)$, $Q(3\,|\,3)$; $m = \frac{\Delta y}{\Delta x} = \frac{3-(-1)}{3-1} = \frac{4}{2} = 2$
Also ist $g\colon y = 2x + b$.
Punktprobe mit $P(1\,|\,-1)$: $-1 = 2 \cdot 1 + b$, also $b = -3$
und damit $g\colon y = 2x - 3$.

b) $P(0\,|\,3)$, $Q(3\,|\,-1)$; $g\colon y = -\frac{4}{3}x + 3$

c) $P(-1\,|\,1)$, $Q(2{,}5\,|\,3)$; $m = \frac{3-1}{2{,}5-(-1)} = \frac{2}{3{,}5} = \frac{4}{7}$; $g\colon y = \frac{4}{7}x + \frac{11}{7}$

d) $P(1{,}5\,|\,3)$, $Q(3\,|\,-1)$; $g\colon y = -\frac{8}{3}x + 7$

e) $P(0{,}5\,|\,2)$, $Q(3\,|\,2)$; $g\colon y = 2$

f) $P(-0{,}5\,|\,2{,}5)$, $Q(3\,|\,1)$; $g\colon y = -\frac{3}{7}x + \frac{16}{7}$

Seite 155

3

a) $f(1) = 1{,}5$

b) $f(0{,}5) = 1$

c) $f(-0{,}5) - f(-2{,}5) = -1 - 3 = -4$

d) Nullstellen: -2; 0 und 2.

4

a) $\frac{4x + 7x}{x} = \frac{4x}{x} + \frac{7x}{x} = 4 + 7 = 11 \ (x \neq 0)$

b) $\frac{3x + x^2}{x} = \frac{3x}{x} + \frac{x^2}{x} = 3 + x \ (x \neq 0)$

c) $\frac{(x-4) \cdot (x+4)}{x-4} = x + 4 \ (x \neq 4)$

d) $\frac{x^2 - 9}{x - 3} = \frac{(x+3) \cdot (x-3)}{x-3} = x + 3 \ (x \neq 3)$

5

A: Falsch. Die Ballonfahrt dauert nur 90 min.

B: Wahr. Ab $t = 50$ nehmen die Funktionswerte ab.

C: Wahr. Auf dem Intervall $[30; 35]$ sind die Funktionswerte konstant.

D: Wahr. In den ersten 10 Minuten ist der Graph linear.

6

a) Funktionsterme gleichsetzen:
$\frac{1}{2}x^2 = x + \frac{3}{2} \Leftrightarrow x^2 - 2x - 3 = 0$
Die Lösungsformel liefert $x_1 = 3$ und $x_2 = -1$.
Einsetzen in $f(x)$ ergibt $y_1 = \frac{9}{2}$; $y_2 = \frac{1}{2}$.
Die Gerade g und die Parabel f haben zwei Schnittpunkte:
$S_1\left(3 \middle| \frac{9}{2}\right)$; $S_2\left(-1 \middle| \frac{1}{2}\right)$.
Die Gerade g ist eine Sekante.

b) Funktionsterme gleichsetzen:
$\frac{1}{2}x^2 = 2x - 2 \Leftrightarrow x^2 - 4x + 4 = 0$
Die Lösungsformel liefert:
$x_{1;2} = 2 \pm \sqrt{2^2 - 4} = 2 \pm \sqrt{0} = 2$
Die Diskriminante (unter der Wurzel) ist 0, d.h. es gibt nur eine Lösung $x_1 = x_2 = 2$.
Einsetzen in $f(x)$ liefert $y_1 = y_2 = 2$.
Es gibt einen Berührpunkt $B(2|2)$.
Die Gerade g ist eine Tangente.

c) Gleichsetzen führt zu $x^2 + x - 2 = 0$.
Lösung: $x_1 = -2$; $x_2 = 1$
Es gibt zwei Schnittpunkte $S_1(-2|2)$ und $S_2\left(1 \middle| \frac{1}{2}\right)$.
Die Gerade g ist eine Sekante.

d) Gleichsetzen führt zu $x^2 + 2x + 1 = 0$.
Lösungsformel liefert:
$x_{1;2} = -1 \pm \sqrt{1^2 - 1} = -1 \pm \sqrt{0} = -1$
Die Diskriminante ist 0, also gibt es nur eine Lösung $x_1 = x_2 = -1$.
Es gibt einen Berührpunkt $B\left(-1 \middle| \frac{1}{2}\right)$.
Die Gerade g ist eine Tangente.

e) Die Gerade h geht durch die Punkte $P(1{,}5|0)$ und $Q(2|1{,}5)$; also ist $h: y = 3x - 4{,}5$.
Gleichsetzen mit f führt zu $x^2 - 6x + 9 = 0$.
Die Lösungsformel liefert:
$x_{1;2} = 3 \pm \sqrt{3^2 - 9} = 3 \pm \sqrt{0} = 3$
Die Diskriminante ist 0, also gibt es nur eine Lösung $x_1 = x_2 = 3$.
Der Berührpunkt ist $B(3|4{,}5)$.
Die Gerade ist eine Tangente.

f) Die Gerade i geht durch $R(0|3)$. Sie hat die Steigung $m = -\frac{1}{2}$; also ist $i: y = -\frac{1}{2}x + 3$.
Gleichsetzen mit f führt zu $x^2 + x - 6 = 0$.
Die Lösungen sind $x_1 = -3$ und $x_2 = 2$.
Es gibt zwei Schnittpunkte $S_1(-3|4{,}5)$ und $S_2(2|2)$.
Die Gerade i ist eine Sekante.

g) Die Gerade k geht durch $T(-4|4)$ und $U(-1|0{,}5)$; also $k: y = -\frac{7}{6}x - \frac{2}{3}$.
Gleichsetzen mit f führt zu $3x^2 + 7x + 4 = 0$.
Die Lösungsformel liefert:
$x_{1;2} = \frac{-7 \pm \sqrt{49 - 4 \cdot 3 \cdot 4}}{6} = \frac{-7 \pm 1}{6}$
Die Lösungen sind $x_1 = -\frac{4}{3}$; $x_2 = -1$.
Es gibt zwei Schnittpunkte $S_1\left(-\frac{4}{3} \middle| \frac{8}{9}\right)$ und $S_2\left(-1 \middle| \frac{1}{2}\right)$.
Die Gerade k ist eine Sekante, obwohl die Zeichnung vermuten lässt, dass es sich bei der Gerade k um eine Tangente handelt.

Tipp: Die Punkte und die Steigung der Geraden kann man bei den Teilaufgaben e) bis g) auch aus der Zeichnung ablesen.

Seite 158

5

a) $\frac{f(1) - f(-3)}{1 - (-3)} = \frac{-1 - 3}{4} = -1$ $\qquad \frac{f(3) - f(-1)}{3 - (-1)} = \frac{-15 - \left(-\frac{1}{3}\right)}{4} = \frac{-\frac{44}{3}}{4} = -\frac{11}{3}$

b) $\frac{g(1) - g(-3)}{1 - (-3)} = \frac{-1 - (-2)}{4} = \frac{1}{4}$ $\qquad \frac{g(3) - g(-1)}{3 - (-1)} = \frac{-2 - (-1)}{4} = -\frac{1}{4}$

c) $\frac{h(1) - h(-3)}{1 - (-3)} = \frac{\frac{2}{3} - \frac{1}{24}}{4} = \frac{\frac{5}{8}}{4} = \frac{5}{32}$ $\qquad \frac{h(3) - h(-1)}{3 - (-1)} = \frac{\frac{8}{3} - \frac{1}{6}}{4} = \frac{\frac{5}{2}}{4} = \frac{5}{8}$

Seite 159

10

a) $1142\,\text{km} - \frac{1}{3} \cdot 18\,\text{km} = 1136\,\text{km}$
Der Zählerstand um 11:30 Uhr betrug 1136 km.

b) Der Zählerstand um 11:40 Uhr lag zwischen 1136 km und 1142 km. Wenn der Radfahrer mit gleichmäßigem Tempo gefahren ist, lag er bei 1139 km.

13

a) Gleichsetzen von p und g_1 ergibt $x^2 - 3 = 4x - 7$
d.h. $x_1 = x_2 = 2$. $p(2) = 1$ d.h. Berührpunkt ist $B(2|1)$.
g_1 ist eine Tangente.
g_2 ist eine Passante.
g_3 ist eine Sekante; Schnittpunkte sind $S_1(-1|-2)$ und $S_2(2|1)$.
g_4 ist eine Tangente; Berührpunkt ist $B(-1|-2)$.

b) g_1 ist eine Sekante; Schnittpunkte sind $S_1(0|0)$ und $S_2(5|5)$.
g_2 ist eine Tangente; Berührpunkt ist $B(1|-3)$.
g_3 ist eine Tangente, Berührpunkt ist $B(3|-3)$.
g_4 ist eine Passante.

c) g_1 ist eine Tangente; Berührpunkt ist $B(0|0)$.
g_2 ist eine Tangente; Berührpunkt ist $B(1{,}5|-0{,}75)$.
g_3 ist eine Passante.
g_4 ist eine Sekante; Schnittpunkte sind $S_1(0|0)$ und $S_2(3|3)$.

Seite 163

6

a) $f'(1{,}5) \approx \frac{f(1{,}5 + 0{,}00001) - f(1{,}5)}{0{,}00001} = \frac{1{,}50001^3 - 1{,}5^3}{0{,}00001}$

$= 6{,}750045 \approx 6{,}75$

b) $f'(1{,}5) \approx \frac{f(1{,}5 + 0{,}00001) - f(1{,}5)}{0{,}00001} = \frac{\frac{2}{1{,}50001} - \frac{2}{1{,}5}}{0{,}00001}$

$\approx -0{,}888883 \approx -\frac{8}{9}$

c) $f'(1{,}5) \approx \frac{f(1{,}5 + 0{,}00001) - f(1{,}5)}{0{,}00001} = \frac{3^{1{,}50001} - 3^{1{,}5}}{0{,}00001}$

$\approx 5{,}708588$

7

a) $f'(1) = 1$; $f'(-2) = -3$

b) Symmetrieüberlegungen (Punktsymmetrie zum Ursprung):
$f'(-1) = f'(1) = 1$; $f'(2) = f'(-2) = 3$
Durch Einzeichnen der Tangente erhält man $f'(0) \approx 2{,}5$.

Seite 164

12

a) Intervall $[0; 5]$: $\frac{s(5) - s(0)}{5 - 0} = \frac{15 - 0}{5} = 3$, d.h. $v_1 = 3\frac{m}{s}$.

Intervall $[5; 10]$: $\frac{s(10) - s(5)}{10 - 5} = \frac{60 - 15}{5} = 9$, d.h. $v_2 = 9\frac{m}{s}$.

b) $t = 5$: $h = 1$: $\frac{s(6) - s(5)}{1} = \frac{21{,}6 - 15}{1} = 6{,}6$

$h = 0{,}1$: $\frac{s(5{,}1) - s(5)}{0{,}1} = \frac{15{,}606 - 15}{0{,}1} = 6{,}06$

$h = 0{,}01$: $\frac{s(5{,}01) - s(5)}{0{,}01} = \frac{15{,}06006 - 15}{0{,}01} = 6{,}006$

$h = 0{,}001$: $\frac{s(5{,}001) - s(5)}{0{,}001} = \frac{15{,}0060006 - 15}{0{,}001} = 6{,}0006$

vermutete Momentangeschwindigkeit: $v(5\,s) = 6\frac{m}{s}$

$t = 10$: $h = 1$: $\frac{s(11) - s(10)}{1} = \frac{72{,}6 - 60}{1} = 12{,}6$

$h = 0{,}1$: $\frac{s(10{,}1) - s(10)}{0{,}1} = \frac{61{,}206 - 60}{0{,}1} = 12{,}06$

$h = 0{,}01$: $\frac{s(10{,}01) - s(10)}{0{,}01} = \frac{60{,}12006 - 60}{0{,}01} = 12{,}006$

$h = 0{,}001$: $\frac{s(10{,}001) - s(10)}{0{,}001} = \frac{60{,}0120006 - 60}{0{,}001} = 12{,}0006$

vermutete Momentangeschwindigkeit: $v(10\,s) = 12\frac{m}{s}$

Seite 165

18

a) Die Gerade g steigt.	g: $y = 2x - 1$
b) Die Gerade g fällt.	g: $y = -x + 1$
c) Die Gerade g steigt.	g: $y = 2x - 1$.
d) Die Gerade g fällt.	g: $y = -x + 1$
e) Die Gerade g steigt.	g: $y = \frac{1}{2}x$
f) Die Gerade g ist konstant.	g: $y = -1$
g) Die Gerade g steigt.	g: $y = \frac{1}{3}x$
h) Die Gerade g steigt.	g: $y = \frac{1}{2}x$
i) Die Gerade g fällt.	g: $y = -\frac{1}{4}x - \frac{3}{4}$

Seite 169

4

a)
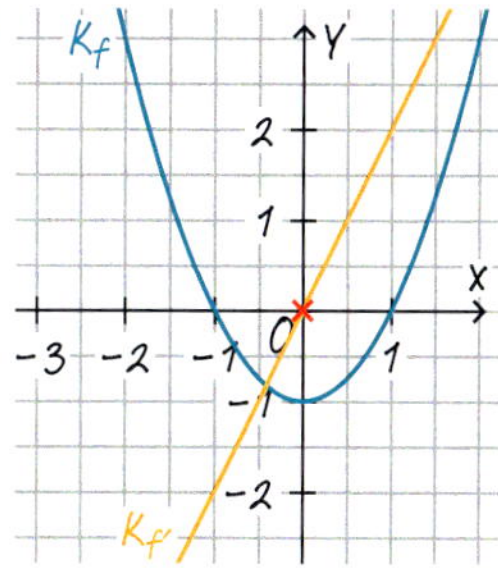

b)
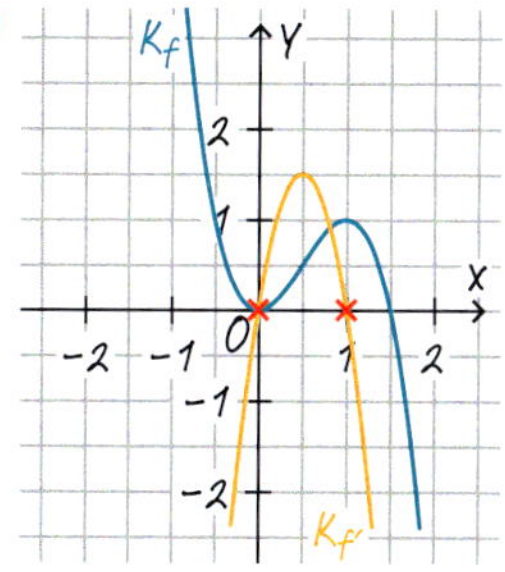

c)
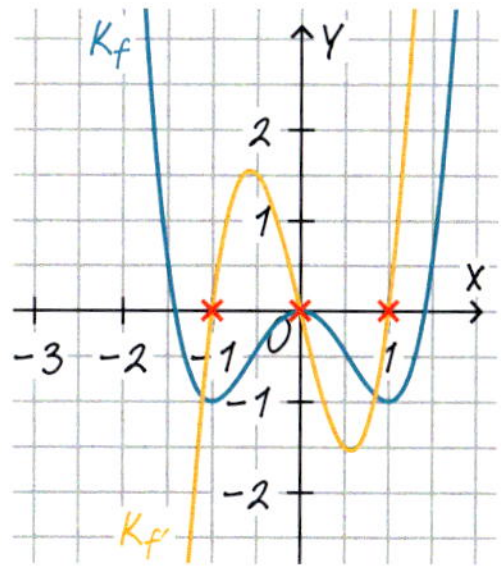

d)
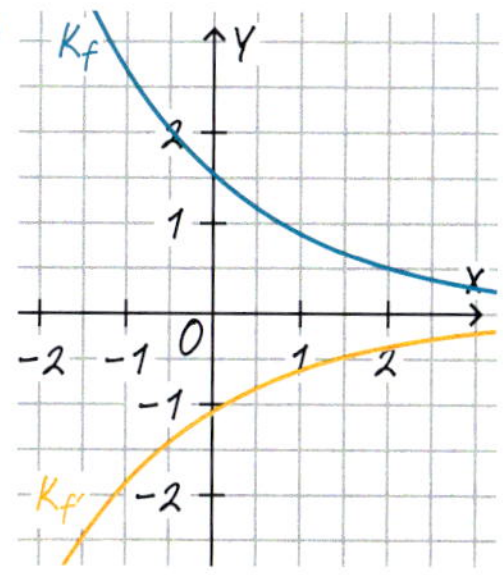

5

a)
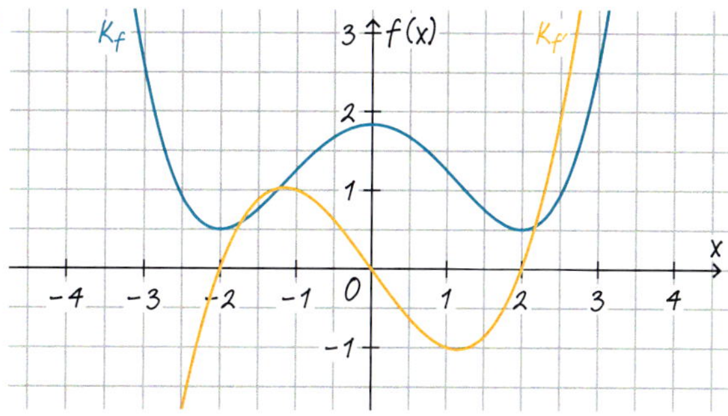

b)
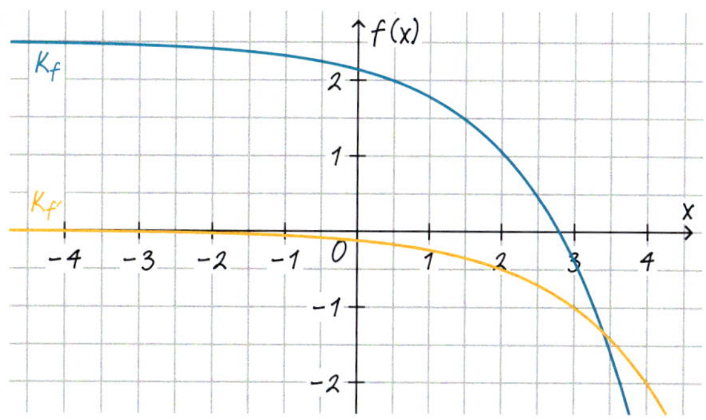

Seite 170

9

(A) Wahr. Der Graph K_f steigt von links nach rechts an.
(B) Falsch. K_f steigt an der Stelle $x = -1$.
(C) Falsch. K_f ist an der Stelle $x = 0$ steiler als an der Stelle $x = 2$.
(D) Richtig. K_f besitzt keine waagerechten Tangenten.
(E) Richtig. Die Tangente an K_f im Punkt $P(-1|0)$ schneidet die y-Achse oberhalb des Punktes $Q(0|2)$.

Seite 171

17

a) $2^5 = 32$; $x = 5$

b) $3^3 = 27$; $x = 3$

c) $3^3 = 27$; $x + 1 = 3$ d.h. $x = 2$

d) $2^7 = 128$; $2x - 1 = 7$ d.h. $x = 4$

e) $3^{3x-1} = -1$ hat keine Lösung.

f) $2 \cdot 2^x - 2^x = 64$
$2^x = 64$ d.h. $x = 6$

g) $3^{x+1} - 3^x = 54$
$3^x \cdot (3 - 1) = 54$
$3^x = 27$ d.h. $x = 3$

h) $5^{x+1} - 5^x = 20$
$5^x \cdot (5 - 1) = 20$
$5^x = 5$ d.h. $x = 1$

i) $2^{x-1} = 2^x - 16$
$16 = 2^x - 2^{x-1} = (2 - 1) \cdot 2^{x-1}$
$16 = 2^{x-1}$
$32 = 2^x$ d.h. $x = 5$

j) $54 = 3^x - 3^{x-1}$
$54 = 3^{x-1} \cdot (3 - 1)$
$27 = 3^{x-1}$ d.h. $x = 4$

k) $5^{x-1} + 20 = 5^x$
$20 = 5^x - 5^{x-1}$
$20 = (5 - 1) \cdot 5^{x-1}$
$5 = 5^{x-1}$ d.h. $x = 2$

l) $100 = 5^x - 5^{x-1}$
$100 = (5 - 1) \cdot 5^{x-1}$
$25 = 5^{x-1}$ d.h. $x = 3$

Seite 175

8

a) $\ln(e^7) = 7$

b) $e^{\ln(4x)} = 4x$

c) $2 \cdot \ln(e^{-x}) = 2 \cdot (-x) = -2x$

d) $\ln(e^x \cdot e^2) = \ln(e^{x+2}) = x + 2$

9

a) $x = \ln(12) \approx 2{,}485$

b) $x = \frac{1}{2} \cdot \ln(2) \approx 0{,}347$

c) $x = 2 \cdot (\ln(4) + 3) \approx 8{,}773$

d) $x = \frac{1}{4} \cdot \left(\ln\left(\frac{1}{4}\right) + 2\right) \approx 0{,}153$

10

a) Streckung in y-Richtung mit dem Faktor 1,5 und Verschiebung um −5 in y-Richtung

b) Streckung in y-Richtung mit dem Faktor −3 und Streckung in x-Richtung mit dem Faktor 0,5

c) Spiegelung an der y-Achse, Streckung in y-Richtung mit dem Faktor 2 und Verschiebung um −1 in y-Richtung

d) Streckung in y-Richtung mit dem Faktor −4, Streckung in x-Richtung mit dem Faktor −2 und Verschiebung um 3 in y-Richtung

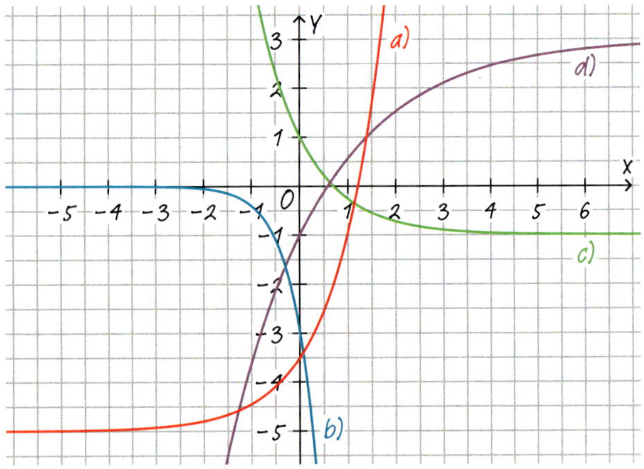

Seite 176

17

a) Gleichsetzen der Funktionsterme liefert
$e^x - e^{x-2} = 3$ | e^x ausklammern
$e^x \cdot (1 - e^{-2}) = 3$
$e^x = \frac{3}{1 - e^{-2}}$ | logarithmieren
$x = \ln\left(\frac{3}{1 - e^{-2}}\right) \approx 1{,}244$

Einsetzen in f(x):
$y = e^{1{,}244} - 3 \approx 0{,}469$
Schnittpunkt ist $S(1{,}244 \mid 0{,}469)$.

b) Gleichsetzen der Funktionsterme liefert
$e^{3x} - 7 \cdot e^x = 0$ | e^x ausklammern
$e^x \cdot (e^{2x} - 7) = 0$; $e^x \neq 0$
$e^{2x} = 7$ | logarithmieren
$x = \frac{1}{2} \cdot \ln(7) \approx 0{,}973$
Einsetzen in g(x):
$y = 7 \cdot e^{\frac{1}{2} \cdot \ln(7)} = 7 \cdot 7^{\frac{1}{2}} = 7 \cdot \sqrt{7} \approx 18{,}52$
Schnittpunkt ist $S(0{,}973 \mid 18{,}52)$.

18

a) $T(t) = 50 \Leftrightarrow 60 - 40 \cdot e^{-0{,}25t} = 50 \Leftrightarrow e^{-0{,}25t} = 0{,}25$
$\Leftrightarrow t = -\frac{1}{0{,}25} \cdot \ln(0{,}25) \approx 5{,}545$
Nach ca. 5,5 Minuten beträgt die Getränketemperatur 50 °C.

b) Frage: In welchem Zwei-Minuten-Zeitraum erhöht sich die Temperatur um 4 °C?
Lösung von $T(t + 2) - T(t) = 4$:
$60 - 40 \cdot e^{-0{,}25 \cdot (t+2)} - (60 - 40 \cdot e^{-0{,}25 \cdot t}) = 4$
$40 \cdot (-e^{-0{,}25t - 0{,}5} + e^{-0{,}25 \cdot t}) = 4$
$e^{-0{,}25 \cdot t} \cdot (1 - e^{-0{,}5}) = 0{,}1$
$t = -4 \cdot \ln\left(\frac{0{,}1}{1 - e^{-0{,}5}}\right) \approx 5{,}479$

Seite 177

24

a) $A(-1 \mid 0{,}5)$; $B(1{,}5 \mid 1{,}5)$; $C(-1{,}5 \mid 3)$; $D(-3 \mid 0)$; $E(3 \mid 0)$; $F(4 \mid 2)$; $G(-2{,}5 \mid -1{,}5)$; $H(1{,}5 \mid -1)$

b) (1)

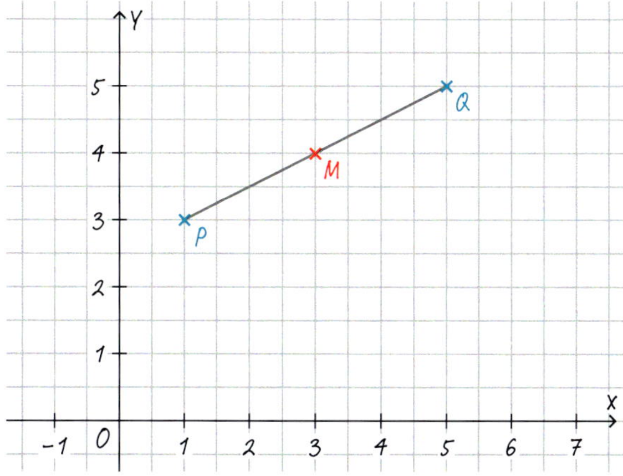

Mittelpunkt der Strecke PQ ist M(3|4).

(2)

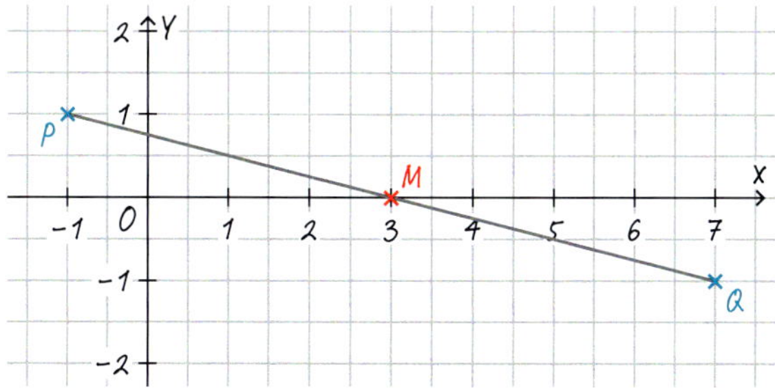

Mittelpunkt der Strecke PQ ist M(3|0).

(3)

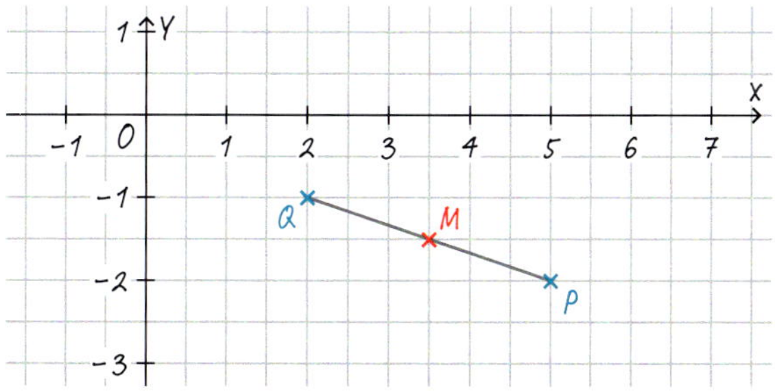

Mittelpunkt der Strecke PQ ist M(3,5|−1,5).

Seite 185

Runde 1

1

a) $I_1 = [-1; 1]$: $\frac{\Delta y}{\Delta x} = \frac{f(1) - f(-1)}{1-(-1)} = \frac{0-2}{2} = -1$

$I_2 = [1; 2]$: $\frac{\Delta y}{\Delta x} = \frac{f(2) - f(1)}{2-1} = \frac{2{,}75 - 0}{1} = 2{,}75$

$I_3 = [0; 3]$: $\frac{\Delta y}{\Delta x} = \frac{f(3) - f(0)}{3-0} = \frac{10-(-1{,}25)}{3} = \frac{11{,}25}{3} = 3{,}75$

b) $I_1 = [-1; 1]$: $\frac{\Delta y}{\Delta x} = \frac{f(1) - f(-1)}{1-(-1)} = \frac{1-0}{2} = \frac{1}{2}$

$I_2 = [1; 2]$: $\frac{\Delta y}{\Delta x} = \frac{f(2) - f(1)}{2-1} = \frac{0-1}{1} = -1$

$I_3 = [0; 3]$: $\frac{\Delta y}{\Delta x} = \frac{f(3) - f(0)}{3-0} = \frac{2-2}{3} = 0$

c) $I_1 = [-1; 1]$: $\frac{\Delta y}{\Delta x} = \frac{f(1) - f(-1)}{1-(-1)} = \frac{-2-2}{2} = -2$

$I_2 = [1; 2]$: $\frac{\Delta y}{\Delta x} = \frac{f(2) - f(1)}{2-1} = \frac{-1-(-2)}{1} = 1$

$I_3 = [0; 3]$: $\frac{\Delta y}{\Delta x} = \frac{f(3) - f(0)}{3-0} = \frac{2-(-1)}{3} = \frac{3}{3} = 1$

d) $I_1 = [-1; 1]$: $\frac{\Delta y}{\Delta x} = \frac{f(1) - f(-1)}{1-(-1)} = \frac{2-\frac{1}{2}}{2} = \frac{3}{4}$

$I_2 = [1; 2]$: $\frac{\Delta y}{\Delta x} = \frac{f(2) - f(1)}{2-1} = \frac{4-2}{1} = 2$

$I_3 = [0; 3]$: $\frac{\Delta y}{\Delta x} = \frac{f(3) - f(0)}{3-0} = \frac{8-1}{3} = \frac{7}{3}$

2

a) (A) Wahr. K_f fällt an der Stelle $x = 1{,}5$.

(B) Falsch. K_f fällt an der Stelle $x = 0{,}5$.

(C) Falsch. Die Gerade mit Steigung −1 durch P(1|1) verläuft durch die Punkte (0|2) und (2|0) und ist damit flacher als der Graph K_f im Punkt P.

(D) Wahr. K_f steigt an der Stelle $x = 3$ stärker als an der Stelle $x = 2{,}5$.

(E) Wahr. Die Steigung von K_f im Punkt (0|2) ist null und damit $f'(0) = 0$.

(F) Falsch. K_f ist zwischen $x = 1$ und $x = 2$ fallend und damit ist $f'(x)$ dort negativ. Zwischen $x = 2$ und $x = 3$ ist K_f steigend und damit ist $f'(x)$ dort positiv.

b)

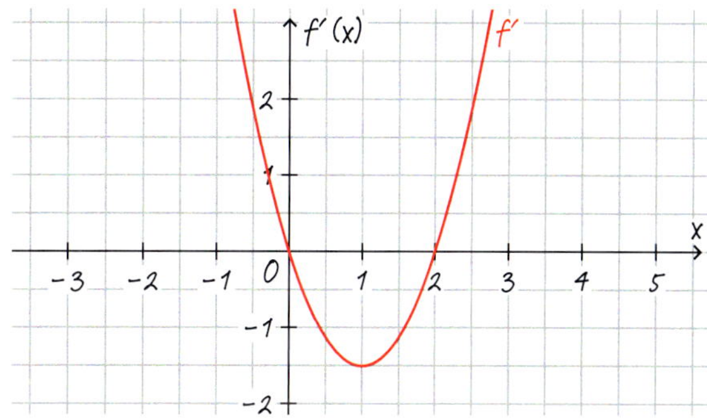

3

a) $x = \ln(4) \approx 1{,}386$

b) $x = \ln(3) \approx 1{,}099$

c) $z = 5$

d) $x = \frac{1}{3} \cdot \ln(8) \approx 0{,}693$

e) $t = \ln\left(\frac{20}{e^2 - 1}\right) \approx 1{,}141$

f) $x = \ln(5) \approx 1{,}609$

Runde 2

1

Der Graph K_f ist für $x < 2$ fallend, d.h. der Graph von f' muss dort unterhalb der x-Achse verlaufen. Damit scheiden die Graphen (A), (B) und (C) aus. (D) zeigt den Graphen von f'.

Der Graph K_g ist für $x > 2$ fallend, d.h. der Graph von g' muss dort unterhalb der x-Achse verlaufen. Damit scheiden die Graphen (B), (C) und (D) aus. (A) zeigt den Graphen von g'.

2

Gleichsetzen der Funktionsterme ergibt

$e^x = 3 - 2 \cdot e^{-x}$, d.h. $e^x + 2 \cdot e^{-x} - 3 = 0$.

Substitution $e^x = z$:

$z + \frac{2}{z} - 3 = 0$ bzw. $z^2 - 3z + 2 = 0$

Lösungen sind $z_1 = 1$ und $z_2 = 2$.

Mit $x = \ln(z)$ erhält man die Lösungen $x_1 = \ln(1) = 0$; $x_2 = \ln(2)$ und damit die Schnittpunkte $S_1(0|1)$ und $S_2(\ln(2)|2)$.

3

a) $T(0) = 60 + 27 = 87$
Die Anfangstemperatur des Tees beträgt 87 °C.

b) Die Temperatur des Tees nähert sich immer mehr der Umgebungstemperatur an. Die Asymptote $y = 27$ beschreibt also die Umgebungstemperatur von 27 °C.

c) $\frac{T(20) - T(10)}{20 - 10} = \frac{39{,}11 - 53{,}96}{10} = -1{,}485$
In den zweiten 10 Minuten nimmt die Temperatur durchschnittlich um 1,485 °C pro Minute ab.

d) $\frac{T(15{,}0001) - T(15)}{0{,}0001} \approx \frac{45{,}071\,508\,14 - 45{,}071\,652\,71}{0{,}0001} \approx -\frac{0{,}000\,144\,573}{0{,}0001} \approx -1{,}446$
Nach 15 Minuten nimmt die Temperatur des Tees etwa 1,446 °C pro Minute ab.

e) $T(t + 5) - T(t) = -12$
$60 \cdot (e^{-0{,}08(t+5)} - e^{-0{,}08t}) = -12$
$e^{-0{,}08t} \cdot (e^{-0{,}4} - 1) = -0{,}2$
$e^{-0{,}08t} \approx 0{,}606\,65$
$t \approx -\frac{\ln(0{,}606\,65)}{0{,}08} \approx 6{,}25$
Zwischen 6,25 und 11,25 Minuten nach Beobachtungsbeginn nimmt die Temperatur des Tees um 12 °C ab.

VI Vektoren

Seite 188

1

Die Punkte sind $A(4\,|\,1)$, $B(-2\,|\,1)$, $C(-1\,|\,4)$ und $D(3\,|\,-1)$.

2

a), b)

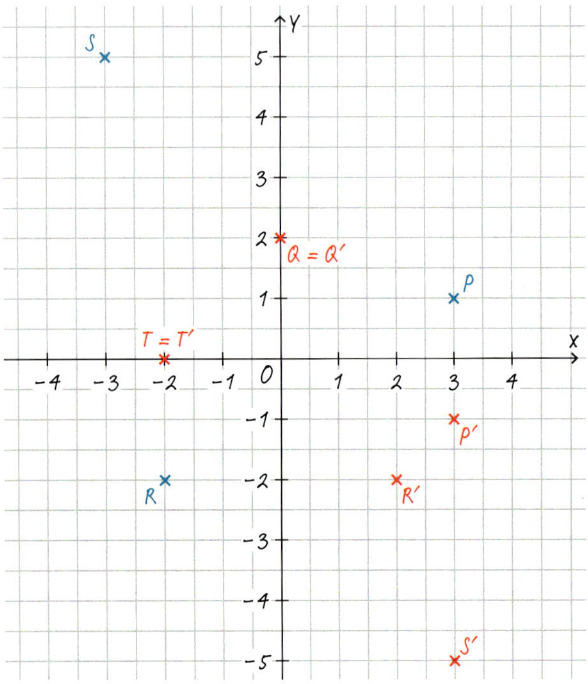

3

a) $h = \sqrt{8{,}5^2 - 6{,}8^2} = 5{,}1$
$x = \sqrt{5{,}1^2 + 3{,}2^2} \approx 6{,}0$
Die Höhe h ist 5,1 cm und die Seite x ist etwa 6,0 cm lang.

b) $m = \sqrt{0{,}3^2 + 1{,}2^2} \approx 1{,}24$
$n = \sqrt{1{,}4^2 + 1{,}2^2 + 0{,}3^2} \approx 1{,}87$
Die Seitendiagonale m ist etwa 1,24 m lang. Die Raumdiagonale n ist etwa 1,87 m lang.

Seite 189

4

a) (1) Dreieck mit drei gleich langen Seiten und drei gleich großen Winkeln.
(2) Dreieck mit zwei gleich langen Seiten, die Winkel zwischen der Basis und den Schenkeln sind gleich groß.
(3) Dreieck mit einem 90°-Winkel, mit Katheten a und b und Hypotenuse c gilt $a^2 + b^2 = c^2$.

b) (1) Rechteck: Viereck mit vier rechten Winkeln
(2) Quadrat: Viereck mit vier rechten Winkeln und vier gleich langen Seiten
(3) Parallelogramm: Viereck mit je zwei gegenüberliegenden parallelen Seiten
(4) Raute: Viereck mit vier gleich langen Seiten
(5) Trapez: Viereck mit einem Paar gegenüberliegender paralleler Seiten
(6) Drachen: Viereck mit je zwei gleich langen nebeneinander liegenden Seiten

c) (1) Falsch: Die Winkelsumme beträgt 180°.
(2) Falsch: Ein gleichschenkliges Dreieck kann zwei Winkel mit 20° und einen Winkel mit 140° haben.
(3) Wahr
(4) Wahr
(5) Falsch: Ein beliebiges Rechteck ist ein Parallelogramm mit orthogonalen benachbarten Seiten.
(6) Wahr
(7) Wahr
(8) Falsch: Ein beliebiges Parallelogramm ist ein Trapez mit gleich langen parallelen Seitenpaaren.
(9) Wahr
(10) Wahr

5

a) (1) Einsetzen von $x = 1$ und $y = -2$:
$5 \cdot 1 + 3 \cdot (-2) = -1$;
$2 \cdot 1 - (-2) = 4 \neq 0$
x und y erfüllen die zweite Gleichung nicht, das LGS hat keine Lösung.

b) (2) Einsetzen von $y = 1 - x$:
$3x + 4 \cdot (1 - x) = 5$, also $x = -1$
x einsetzen: $y = 1 - (-1) = 2$.
Lösung ist $(-1; 2)$.
(3) Gleichsetzen:
$8 - 4a = 1 + 3a$, also $a = 1$.
a einsetzen: $b = 1 + 3 = 4$.
Lösung ist $(1; 4)$.

(4) Die erste Gleichung mit 2 multiplizieren, dann zur zweiten Gleichung addieren, ergibt: $10t = 20$, also $t = 2$.
Einsetzen in die erste Gleichung:
$-3s + 4 \cdot 2 = 11$, also $s = -1$.
Lösung ist $(-1; 2)$.

Seite 194

6

a)

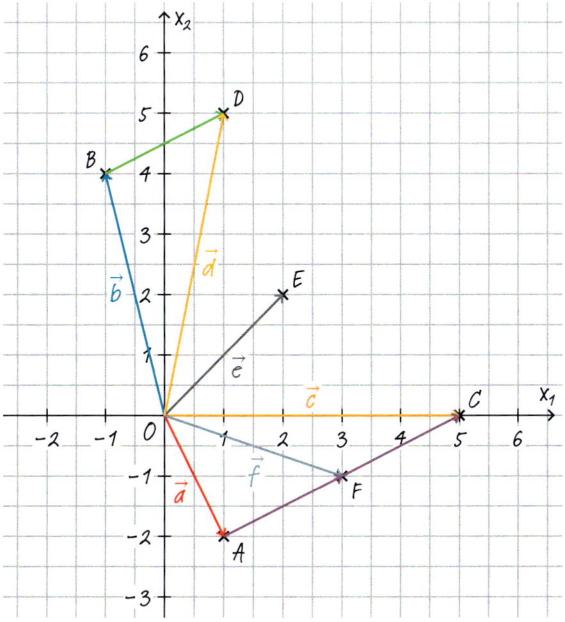

b) $\overrightarrow{EC} = \begin{pmatrix} 5-2 \\ 0-2 \end{pmatrix} = \begin{pmatrix} 3 \\ -2 \end{pmatrix}$,

$\overrightarrow{FB} = \begin{pmatrix} -1-3 \\ 4-(-1) \end{pmatrix} = \begin{pmatrix} -4 \\ 5 \end{pmatrix}$,

Gegenvektor: $-\overrightarrow{EC} = \overrightarrow{CE} = -\begin{pmatrix} 3 \\ -2 \end{pmatrix} = \begin{pmatrix} -3 \\ 2 \end{pmatrix}$,

Gegenvektor: $-\overrightarrow{FB} = \overrightarrow{BF} = -\begin{pmatrix} -4 \\ -5 \end{pmatrix}, \begin{pmatrix} 4 \\ 5 \end{pmatrix}$,

c) $\overrightarrow{AF} = \begin{pmatrix} 2 \\ 1 \end{pmatrix}$, $\overrightarrow{FC} = \begin{pmatrix} 2 \\ 1 \end{pmatrix}$, F ist Mittelpunkt der Strecke AC.

d) $\overrightarrow{AF} = \overrightarrow{FC} = \overrightarrow{BD}$ und damit ist auch $-\overrightarrow{AF} = -\overrightarrow{FC} = -\overrightarrow{BD}$.
$\overrightarrow{DE} = \overrightarrow{EF}$ und damit ist auch $-\overrightarrow{DE} = -\overrightarrow{EF}$.

11

a) Rechnerisch:

$\overrightarrow{AB} = \begin{pmatrix} 1-(-2) \\ -3-8 \end{pmatrix} = \begin{pmatrix} 3 \\ -11 \end{pmatrix}$,

$\overrightarrow{DC} = \begin{pmatrix} 7-4 \\ -1-10 \end{pmatrix} = \begin{pmatrix} 3 \\ -11 \end{pmatrix}$, $\overrightarrow{AB} = \overrightarrow{DC}$

$\overrightarrow{BC} = \begin{pmatrix} 7-1 \\ -1-(-3) \end{pmatrix} = \begin{pmatrix} 6 \\ 2 \end{pmatrix}$,

$\overrightarrow{AD} = \begin{pmatrix} 4-(-2) \\ 10-8 \end{pmatrix} = \begin{pmatrix} 6 \\ 2 \end{pmatrix}$, $\overrightarrow{BC} = \overrightarrow{AD}$

Zeichnerisch:

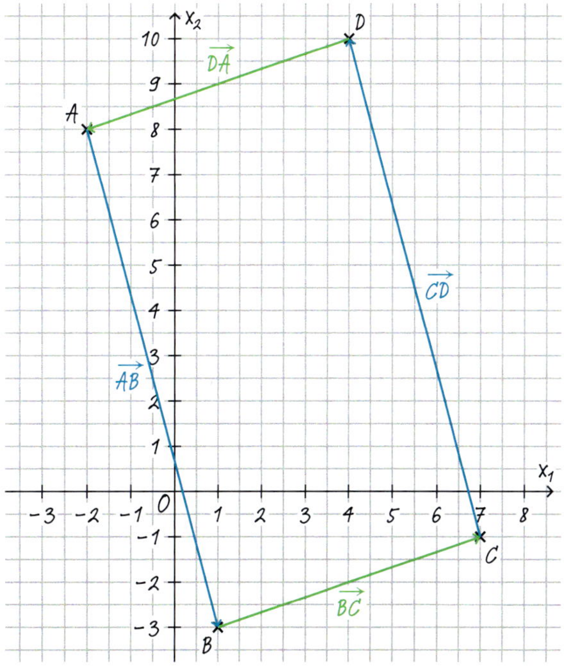

Die Seite AB ist parallel zur Seite DC; die Seite AD ist parallel zur Seite BD.
Ja, das Viereck ist ein Parallelogramm.

b) Rechnerisch:

$\overrightarrow{AC} = \begin{pmatrix} 7-(-2) \\ -1-8 \end{pmatrix} = \begin{pmatrix} 9 \\ -9 \end{pmatrix}$,

$\overrightarrow{CA'} = \begin{pmatrix} 9 \\ -9 \end{pmatrix} = \begin{pmatrix} a'_1 - 7 \\ a'_2 - (-1) \end{pmatrix}$, A′(16 | −10)

$\overrightarrow{BC} = \begin{pmatrix} 6 \\ 2 \end{pmatrix}$,

$\overrightarrow{CB'} = \begin{pmatrix} 6 \\ 2 \end{pmatrix} = \begin{pmatrix} b'_1 - 7 \\ b'_2 - (-1) \end{pmatrix}$, B′(13 | 1)

Zeichnerisch:

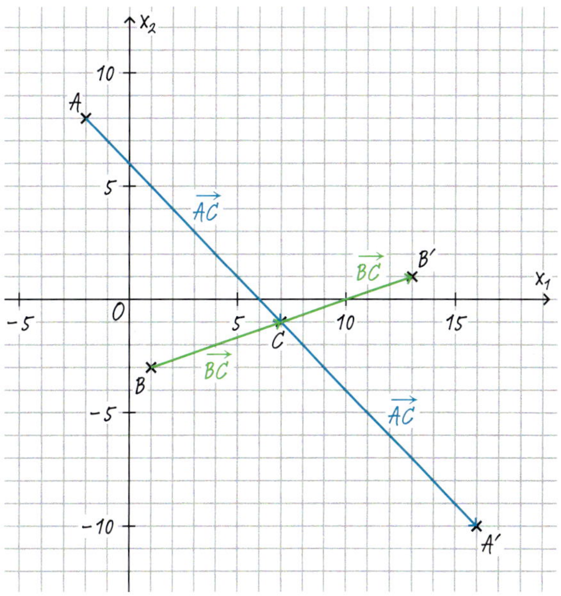

c) Rechnerisch:

$\overrightarrow{QR} = \begin{pmatrix} 5-1 \\ 1-(-6) \end{pmatrix} = \begin{pmatrix} 4 \\ 7 \end{pmatrix}$,

$\overrightarrow{PS} = \begin{pmatrix} 4 \\ 7 \end{pmatrix} = \begin{pmatrix} s_1-(-2) \\ s_2-(-3) \end{pmatrix} = \begin{pmatrix} s_1+2 \\ s_2+3 \end{pmatrix}$, S(2 | 4)

Zeichnerisch:

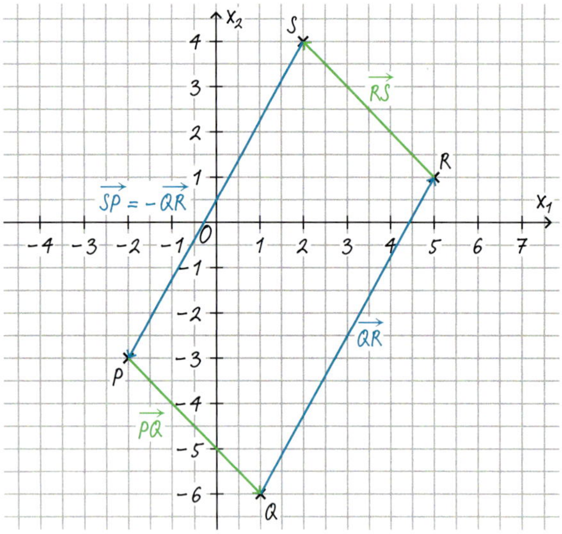

15

a) $10 - 6y - y - 2 = 8 - 7y$

b) $15a + 5b - 6b + 6a - 5a = 16a - b$

c) $4z - 3z + 9y - y + z = 2z + 8y$

d) $2 \cdot (3a + 3b - 2b) = 6a - 2b$

e) $-28x + 20y + 6 + 2x = -26x + 20y + 6$

f) $14 + 2y + 2x - 2y - 3z = 14 + 2x - 3z$

Seite 197

6

a) $\begin{pmatrix} 1 \\ -1 \end{pmatrix}$ b) $\begin{pmatrix} -0,5 \\ 6 \end{pmatrix}$ c) $\begin{pmatrix} 0 \\ 4 \end{pmatrix}$

7

a) $\overrightarrow{AC} = -\overrightarrow{OA} + \overrightarrow{OC} = \begin{pmatrix} -4 \\ 1,5 \end{pmatrix}$

$\overrightarrow{ZB} = \overrightarrow{OB} - \overrightarrow{OZ} = \begin{pmatrix} 1 \\ -3 \end{pmatrix}$

b) $\overrightarrow{m_{AB}} = \frac{1}{2}(\vec{a} + \vec{b}) = \begin{pmatrix} 2,5 \\ 0 \end{pmatrix}$, $M_{AB}(2,5 | 0)$

$\overrightarrow{m_{CZ}} = \frac{1}{2}(\vec{c} + \vec{z}) = \begin{pmatrix} 0 \\ 2,25 \end{pmatrix}$, $M_{CZ}(0 | 2,25)$

c) $\overrightarrow{BO} = \begin{pmatrix} -2 \\ 1 \end{pmatrix}$, $\overrightarrow{OB'} = \vec{0} + \overrightarrow{BO} = \begin{pmatrix} -2 \\ 1 \end{pmatrix}$, B′(−2 | 1)

$\overrightarrow{CZ} = \begin{pmatrix} 2 \\ -0,5 \end{pmatrix}$, $\overrightarrow{OC'} = \vec{z} + \overrightarrow{CZ} = \begin{pmatrix} 3 \\ 1,5 \end{pmatrix}$, C′(3 | 1,5)

Seite 198

14

a) $\vec{p'} = \vec{z} + \overrightarrow{PZ}$, P′(5 | 8)

b) $\vec{p} = \vec{z} + \overrightarrow{P'Z}$, P(−8 | 7)

c) $\vec{z} = \frac{1}{2}(\vec{P} + \vec{P'})$, Z(4,5 | −3)

Tipp: Der Punkt Z liegt in der Mitte der Strecke PP′.

18

a) $x = \sqrt{16 + 9} = \sqrt{25} = 5$; Die Hypotenuse x ist 5 cm lang.

b) $y = \sqrt{4 + 9,9^2} = \sqrt{102,01} = 10,1$; Die Hypotenuse y ist 10,1 dm lang.

c) $z = \sqrt{1,7^2 - 0,8^2} = \sqrt{2,25} = 1,5$; Die Kathete z ist 1,5 m lang.

d) $u = \sqrt{53^2 - 28^2} = \sqrt{2025} = 45$; Die Kathete u ist 45 mm lang.

e) $v = \sqrt{73^2 - 48^2} = \sqrt{3025} = 55$; Die Kathete v ist 55 m lang.

Seite 202

11

$\overrightarrow{FG} = \begin{pmatrix} 0 \\ 1 \\ 0 \end{pmatrix}$; $\overrightarrow{DB} = \begin{pmatrix} 1 \\ 0 \\ -1 \end{pmatrix}$; $\overrightarrow{CA} = \begin{pmatrix} 1 \\ -1 \\ 0 \end{pmatrix}$;

$\overrightarrow{EB} = \begin{pmatrix} 1 \\ 1 \\ -1 \end{pmatrix}$; $\overrightarrow{AD} = \begin{pmatrix} -1 \\ 1 \\ 1 \end{pmatrix}$; $\overrightarrow{CF} = \begin{pmatrix} 1 \\ -1 \\ 1 \end{pmatrix}$; $\overrightarrow{OG} = \begin{pmatrix} 1 \\ 1 \\ 1 \end{pmatrix}$

12

$M_1(2 | 4 | -1)$; $M_2(2 | 6 | 0,5)$; $M_3(1 | 4 | 0,5)$; $M_4(2 | 2 | 0,5)$

$\overrightarrow{M_1M_2} = \begin{pmatrix} 0 \\ 2 \\ 1,5 \end{pmatrix}$; $\overrightarrow{M_2M_3} = \begin{pmatrix} -1 \\ -2 \\ 0 \end{pmatrix}$; $\overrightarrow{M_3M_4} = \begin{pmatrix} 1 \\ -2 \\ 0 \end{pmatrix}$; $\overrightarrow{M_4M_1} = \begin{pmatrix} 0 \\ 2 \\ -1,5 \end{pmatrix}$

13

a) $\overrightarrow{AD} = \begin{pmatrix} 2 \\ 5 \\ -1 \end{pmatrix}$, $|\overrightarrow{AD}| = \sqrt{4 + 25 + 1} = \sqrt{30}$

$\overrightarrow{CB} = \begin{pmatrix} 5 \\ -7 \\ 2 \end{pmatrix}$, $|\overrightarrow{CB}| = \sqrt{25 + 49 + 4} = \sqrt{78}$

b) (1) $\begin{pmatrix} 7 \\ -2 \\ 1 \end{pmatrix}$ (2) $\begin{pmatrix} -2 \\ 16 \\ -2 \end{pmatrix}$ (3) $\begin{pmatrix} -12 \\ 12 \\ 0 \end{pmatrix}$ (4) $\begin{pmatrix} -57 \\ 63 \\ -30 \end{pmatrix}$

Seite 203

20

a) $\overrightarrow{AB} = \begin{pmatrix} -2 \\ -1 \\ 3 \end{pmatrix}$, $\overrightarrow{BC} = \begin{pmatrix} -3 \\ -3 \\ 0 \end{pmatrix}$, $\overrightarrow{AC} = \begin{pmatrix} -1 \\ -2 \\ 3 \end{pmatrix}$,

$|\overrightarrow{AB}| = \sqrt{14}$, $|\overrightarrow{BC}| = \sqrt{18}$, $|\overrightarrow{AC}| = \sqrt{14}$,

Das Dreieck ABC ist gleichschenklig.

b) $\overrightarrow{PQ} = \begin{pmatrix} 2 \\ -1 \\ 6 \end{pmatrix}$, $\overrightarrow{QR} = \begin{pmatrix} 1 \\ -1 \\ -5 \end{pmatrix}$, $\overrightarrow{PR} = \begin{pmatrix} 3 \\ -2 \\ 1 \end{pmatrix}$,

$|\overrightarrow{PQ}| = \sqrt{41}$, $|\overrightarrow{QR}| = \sqrt{27}$, $|\overrightarrow{PR}| = \sqrt{14}$.

Es gilt: $\sqrt{41}^2 = \sqrt{27}^2 + \sqrt{14}^2$.

Das Dreieck PQR ist rechtwinklig.

c) $\overrightarrow{AB} = \begin{pmatrix} -4 \\ -2 \\ 3 \end{pmatrix}$, $\overrightarrow{DC} = \begin{pmatrix} -4 \\ -2 \\ 3 \end{pmatrix}$, $|\overrightarrow{AB}| = \sqrt{29}$

Das Viereck ABCD ist ein Parallelogramm.

$\overrightarrow{BC} = \begin{pmatrix} -2 \\ -3 \\ 4 \end{pmatrix}$, $\overrightarrow{AD} = \begin{pmatrix} -2 \\ -3 \\ 4 \end{pmatrix}$, $|\overrightarrow{BC}| = \sqrt{29}$

Das Viereck ABCD ist eine Raute.

$\overrightarrow{AC} = \begin{pmatrix} -6 \\ -5 \\ 7 \end{pmatrix}$, $\overrightarrow{BD} = \begin{pmatrix} 2 \\ -1 \\ 1 \end{pmatrix}$, $|\overrightarrow{AC}| = \sqrt{110}$, $|\overrightarrow{BD}| = \sqrt{6}$,

Das Viereck ABCD ist kein Quadrat.

d) $\overrightarrow{PQ} = \begin{pmatrix} -5 \\ -7 \\ 5 \end{pmatrix}$, $\overrightarrow{SR} = \begin{pmatrix} -5 \\ -7 \\ 5 \end{pmatrix}$, $|\overrightarrow{PQ}| = \sqrt{99}$,

Das Viereck PQRS ist ein Parallelogramm.

$\overrightarrow{QR} = \begin{pmatrix} 1 \\ 0 \\ 1 \end{pmatrix}$, $\overrightarrow{PS} = \begin{pmatrix} 1 \\ 0 \\ 1 \end{pmatrix}$, $|\overrightarrow{QR}| = \sqrt{2}$

Das Viereck PQRS ist keine Raute.

$\overrightarrow{PR} = \begin{pmatrix} -4 \\ -7 \\ 6 \end{pmatrix}$, $\overrightarrow{QS} = \begin{pmatrix} 6 \\ 7 \\ -4 \end{pmatrix}$, $|\overrightarrow{PR}| = \sqrt{101}$, $|\overrightarrow{QS}| = \sqrt{101}$, $|\overrightarrow{PR}| = |\overrightarrow{QS}|$

Das Viereck PQRS ist ein Rechteck.

21

a) $\overrightarrow{OA} = \begin{pmatrix} -2 \\ 1 \\ 2 \end{pmatrix}$, $|\overrightarrow{OA}| = \sqrt{4+1+4} = 3$,

$\overrightarrow{OP} = \frac{2}{3} \cdot \overrightarrow{OA}$, $P\left(-\frac{4}{3}\middle|\frac{2}{3}\middle|\frac{4}{3}\right)$

$\overrightarrow{OQ} = \frac{4}{3} \cdot \overrightarrow{OA}$, $Q\left(-\frac{8}{3}\middle|\frac{4}{3}\middle|\frac{8}{3}\right)$

b) $\overrightarrow{OA} = \begin{pmatrix} 3 \\ -4 \\ 12 \end{pmatrix}$, $|\overrightarrow{OA}| = 13$,

$\overrightarrow{OP} = \frac{1}{2} \cdot \overrightarrow{OA}$, $P(1{,}5\,|-2\,|\,6)$

$\overrightarrow{OQ} = \frac{3}{2} \cdot \overrightarrow{OA}$, $P(4{,}5\,|-6\,|\,18)$

Seite 204

28

p	2	9	15	1,75
q	0,8	$\sqrt{13^2 - 12^2} = 5$	6	8
c	2,8	14	21	9,75
h	1,5	12	8	$\sqrt{10^2 - 8^2} = 6$
a	$\sqrt{1{,}5^2 + 2^2}$ $= 2{,}5$	$\sqrt{9^2 + 12^2}$ $= 15$	$\sqrt{15^2 + 8^2}$ $= 17$	$\sqrt{6^2 + 1{,}75^2}$ $= 6{,}25$
b	$\sqrt{1{,}5^2 + 0{,}8^2}$ $= 1{,}7$	13	$\sqrt{6^2 + 8^2}$ $= 10$	10
u	2,5 + 1,7 + 2,8 = 7	13 + 14 + 15 = 42	48	26
A	$\frac{1}{2} \cdot 2{,}8 \cdot 1{,}5$ $= 2{,}1$	$\frac{1}{2} \cdot 14 \cdot 12$ $= 84$	84	29,25

Seite 206

5

Skalarprodukte:

	$\vec{a}$	$\vec{b}$	$\vec{c}$	$\vec{d}$
$\vec{a}$	9	5	0	3
$\vec{b}$	5	19	−11	0
$\vec{c}$	0	−11	9	0
$\vec{d}$	3	0	0	2

Orthogonal zueinander sind die Vektoren $\vec{a}$ und $\vec{c}$; die Vektoren $\vec{b}$ und $\vec{d}$ sowie die Vektoren $\vec{c}$ und $\vec{d}$.

6

a) $\overrightarrow{AB} = \begin{pmatrix} -1 \\ -4 \\ 1 \end{pmatrix}$; $\overrightarrow{AC} = \begin{pmatrix} -2 \\ -2 \\ -1 \end{pmatrix}$; $\overrightarrow{BC} = \begin{pmatrix} -1 \\ 2 \\ -2 \end{pmatrix}$

$\overrightarrow{AB} \cdot \overrightarrow{AC} = 9$; $\overrightarrow{AB} \cdot \overrightarrow{BC} = -9$; $\overrightarrow{AC} \cdot \overrightarrow{BC} = 0$

Das Dreieck ist im Punkt C rechtwinklig.

b) $\overrightarrow{AB} = \begin{pmatrix} 4 \\ -4 \\ -1 \end{pmatrix}$; $\overrightarrow{AC} = \begin{pmatrix} 6 \\ -1 \\ -2 \end{pmatrix}$; $\overrightarrow{BC} = \begin{pmatrix} 2 \\ 3 \\ -1 \end{pmatrix}$

$\overrightarrow{AB} \cdot \overrightarrow{AC} = 30$; $\overrightarrow{AB} \cdot \overrightarrow{BC} = -3$; $\overrightarrow{AC} \cdot \overrightarrow{BC} = 11$

Das Dreieck ist nicht rechtwinklig.

Seite 207

11

a) $\overrightarrow{AB} = \begin{pmatrix} 4 \\ 4 \\ 6 \end{pmatrix}$, $\overrightarrow{DC} = \begin{pmatrix} 4 \\ 4 \\ 6 \end{pmatrix}$, $|\overrightarrow{AB}| = \sqrt{68}$,

$\overrightarrow{BC} = \begin{pmatrix} -1 \\ 4 \\ -2 \end{pmatrix}$, $\overrightarrow{AD} = \begin{pmatrix} -1 \\ 4 \\ -2 \end{pmatrix}$, $|\overrightarrow{BC}| = \sqrt{21}$,

Das Viereck ABCD ist ein Parallelogramm und keine Raute.
Das Skalarprodukt ist $\overrightarrow{AB} \cdot \overrightarrow{AD} = 0$, also ist das Viereck ABCD ein Rechteck.

b) $\overrightarrow{AB} = \begin{pmatrix} 0 \\ 1 \\ -2 \end{pmatrix}$, $\overrightarrow{DC} = \begin{pmatrix} 0 \\ 1 \\ -2 \end{pmatrix}$, $|\overrightarrow{AB}| = \sqrt{5}$,

$\overrightarrow{BC} = \begin{pmatrix} 2 \\ 1 \\ 0 \end{pmatrix}$, $\overrightarrow{AD} = \begin{pmatrix} 2 \\ 1 \\ 0 \end{pmatrix}$, $|\overrightarrow{BC}| = \sqrt{5}$,

d.h. alle vier Seiten sind gleich lang.
$\overrightarrow{AB} \cdot \overrightarrow{AD} = 1 \neq 0$, die Seiten sind nicht orthogonal zueinander.
Das Viereck ABCD ist kein Quadrat, also eine Raute.

15

a	5	9	12	8	$7\sqrt{2}$
b	8,66	12	5	15	$7\sqrt{2}$
c	10	15	13	17	14
α	30°	36,9°	67,4°	28,1°	45°
β	60°	53,1°	22,6°	61,9°	45°

Seite 210

5

Seitenlängen: $|\overrightarrow{AB}| = 6$; $|\overrightarrow{AC}| = \sqrt{29}$; $|\overrightarrow{BC}| = \sqrt{89}$
Die Seitenlängen betragen 6 LE, $\sqrt{29}$ LE ≈ 5,39 LE und $\sqrt{89}$ LE ≈ 9,43 LE.
Winkel: $\alpha \approx 111{,}8°$, $\beta \approx 32{,}0°$, $\gamma = 36{,}2°$

10

Für die Lösung wird ein Würfel der Kantenlänge 1 LE betrachtet.
Die Ergebnisse sind jedoch unabhängig von der Kantenlänge.

a) $\overrightarrow{CB} = \begin{pmatrix} 1 \\ 1 \\ 0 \end{pmatrix}$, $\overrightarrow{CA} = \begin{pmatrix} 1 \\ 1 \\ -1 \end{pmatrix}$, $\alpha \approx 35{,}3°$

b) $\overrightarrow{OB} = \begin{pmatrix} 1 \\ 1 \\ 1 \end{pmatrix}$, $\overrightarrow{CA} = \begin{pmatrix} 1 \\ 1 \\ -1 \end{pmatrix}$, $\beta \approx 70{,}5°$

14

Berechnung der Höhe h: $\frac{h}{\frac{1}{2} \cdot a} = \tan(\alpha)$ d.h. $\frac{h}{2{,}5} = \tan(70°)$.

Folglich ist $h = 2{,}5 \cdot \tan(70°) \approx 6{,}87$.

Volumen der Pyramide $V = \frac{1}{3} \cdot G \cdot h$

$V = \frac{1}{3} \cdot 25 \cdot 6{,}86 \approx 57{,}25$

Das Volumen der Pyramide beträgt 57,25 cm^3.

Oberflächendreieck:

Höhe $h_s = \sqrt{6{,}86^2 + 2{,}5^2} \approx 7{,}31$

Fläche $A = \frac{1}{2} \cdot 5 \cdot 7{,}31 \approx 18{,}27$

Oberfläche der Pyramide:

$O = G + 4A \approx 25 + 4 \cdot 18{,}27 = 98{,}08$

Die Oberfläche beträgt etwa 98,08 cm^2.

Seite 217

Runde 1

1

a) $\begin{pmatrix} 1 \\ -1 \\ 8 \end{pmatrix}$ b) $\begin{pmatrix} 22 \\ -18 \\ -8 \end{pmatrix}$ c) $\begin{pmatrix} -9 \\ -14 \\ -2 \end{pmatrix}$

2

a) z.B. $P(1|1|1)$ b) z.B. $Q(0|0|1)$
c) z.B. $R(1|1|1)$ d) z.B. $Q(0|0|1)$

3

a) $d = |\overrightarrow{AB}| = 7$; Der Abstand der Punkte A und B beträgt 7 LE.
b) $M(4|2{,}5|0)$

4

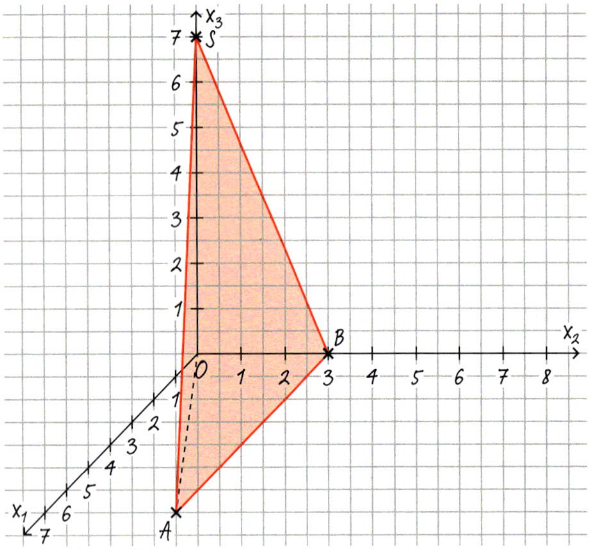

$V = \frac{1}{3} \cdot \left(\frac{1}{2} \cdot 7 \cdot 3\right) \cdot 7 = 24{,}5$

Runde 2

1

a) $\begin{pmatrix} 8 \\ -15 \\ -16 \end{pmatrix}$ b) $\begin{pmatrix} 6 \\ 6 \\ 12 \end{pmatrix}$ c) $\frac{1}{6}\begin{pmatrix} -5 \\ 13 \\ 17 \end{pmatrix}$

2

a) $C(-4|3|10)$ b) $C(-6|0|6)$ c) $C\left(113\,\middle|\,2{,}5\,\middle|\,\frac{83}{8}\right)$

3

a) $\vec{c} = -\vec{b}$; $\vec{d} = -\vec{a}$; $\vec{e} = \vec{b} - \vec{a}$ b) $\vec{a} = -\vec{d}$; $\vec{b} = \vec{e} - \vec{d}$; $\vec{c} = \vec{d} - \vec{e}$

4

a) (1) $\vec{a} \cdot \vec{b} = -12 - 2r = 0$ d.h. $r = -6$
(2) $\vec{a} \cdot \vec{b} = -18 + 6r = 0$ d.h. $r = 3$
(3) $\vec{a} \cdot \vec{b} = 2r^2 + 6r = 0$ d.h. $r_1 = 0$; $r_2 = -3$
b) (1) 140° (2) 75° (3) 57,1°

5

Abstände von S zu den Kantenmitten: $\sqrt{5}$, $\sqrt{10}$ und $\sqrt{13}$

Grundwissen

Seite 228

1

a) $-2 \notin \mathbb{N}$ b) $2 \in \mathbb{N}$ c) $4 \in \mathbb{N}$
d) $-1 \notin \mathbb{N}$ e) $3 \in \mathbb{N}$ f) $-1 \notin \mathbb{N}$

2

a) $-4 \in \mathbb{Z}$ b) $3{,}75 \notin \mathbb{Z}$ c) $-6 \in \mathbb{Z}$ d) $3 \in \mathbb{Z}$
e) $\frac{75}{8} \notin \mathbb{Z}$ f) $9 \in \mathbb{Z}$ g) $-54 \in \mathbb{Z}$ h) $-1 \in \mathbb{Z}$
i) $\frac{17}{2} \notin \mathbb{Z}$ j) $2 \in \mathbb{Z}$

3

a) $x \in \mathbb{Z}\setminus\{7\}$ b) $x \in \mathbb{Z}\setminus\{1\}$ c) $x \in \mathbb{Z}\setminus\{0\}$ d) $x \in \mathbb{Z}\setminus\{-3\}$
e) $x \in \mathbb{Z}\setminus\{3\}$ f) $x \in \mathbb{Z}\setminus\{7\}$ g) $x \in \mathbb{Z}\setminus\{-1\}$ h) $x \in \mathbb{Z}\setminus\left\{-\frac{5}{3}\right\}$

4

$\mathbb{N}^*$	$\mathbb{N}$	$\mathbb{Z}^*$	$\mathbb{Z}$
$1 \in \mathbb{N}^*$	$0 \in \mathbb{N}$	$-1 \in \mathbb{Z}^*$	
$3 \in \mathbb{N}^*$	$0 \in \mathbb{N}$	$-2 \in \mathbb{Z}^*$	
$1 \in \mathbb{N}^*$			
$2 \in \mathbb{N}^*$			

Hinweis: Zahlen, die zu $\mathbb{N}^*$ gehören, gehören auch zu $\mathbb{N}$ und $\mathbb{Z}$; Zahlen die zu $\mathbb{N}$ gehören, gehören auch zu $\mathbb{Z}$.

5

a) $3 = \frac{6}{2}$ b) $-2 = \frac{-10}{5}$ c) $10 = \frac{70}{7}$
d) $-1 = \frac{-13}{13}$ e) $0 = \frac{0}{257}$ f) $-2 = \frac{-72}{36}$
g) $11 = \frac{88}{8}$ h) $-7 = \frac{-21}{3}$ i) $-8 = \frac{-72}{9}$

6

Die Definitionsmenge ist
a) $D = \mathbb{Q}\setminus\{2\}$ b) $D = \mathbb{Q}\setminus\{-1\}$ c) $D = \mathbb{Q}\setminus\{-3; -1\}$
d) $D = \mathbb{Q}\setminus\{-1; 0\}$ e) $D = \mathbb{Q}\setminus\{1\}$ f) $D = \mathbb{Q}\setminus\{-2; 2\}$

Seite 229

7

Zahlengerade siehe unten.

8

Übrig bleiben die Zahlen $\sqrt{2}$; π und $-\frac{\sqrt{3}}{3}$.
1,41; 3,14; $\frac{2}{7}$; $\frac{2}{3}$ und 0,01 gehören zu $\mathbb{Q}$, aber nicht zu $\mathbb{Z}$.
-2 und -7 gehören zu $\mathbb{Z}$, aber nicht zu $\mathbb{N}$.
0; 100 und $\frac{8}{4}$ gehören zu $\mathbb{N}$.

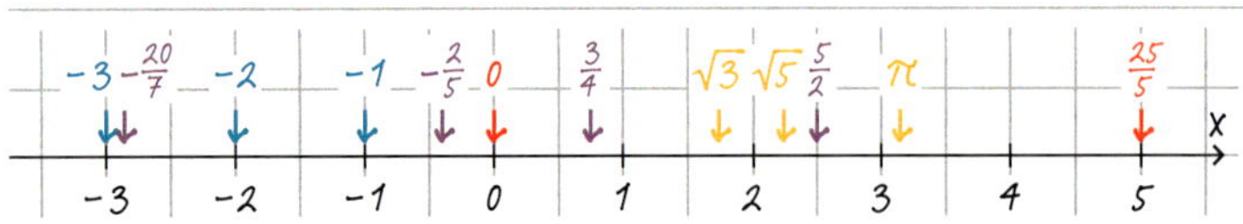

$-3 < -\frac{20}{7} < -2 < -1 < -\frac{2}{5} < 0 < \frac{3}{4} < \sqrt{3} < \sqrt{5} < \frac{5}{2} < \pi < \frac{25}{5}$

9

a)
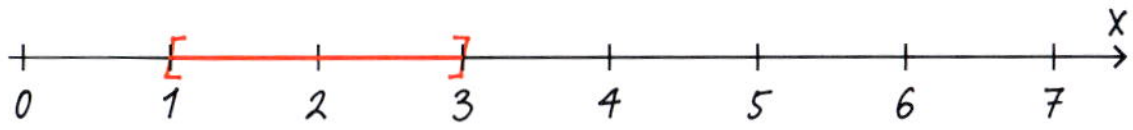

linke Grenze: 1,1; 1,01; 1,001
rechte Grenze: 2,9; 2,99; 2,999
kleinste Zahl: 1; größte Zahl: 3

b)
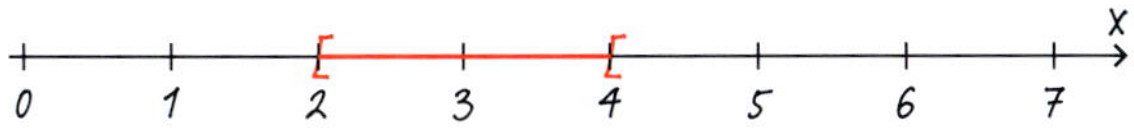

linke Grenze: 2,1; 2,01; 2,001
rechte Grenze: 3,9; 3,99; 3,999
kleinste Zahl: 2; keine größte Zahl

c)
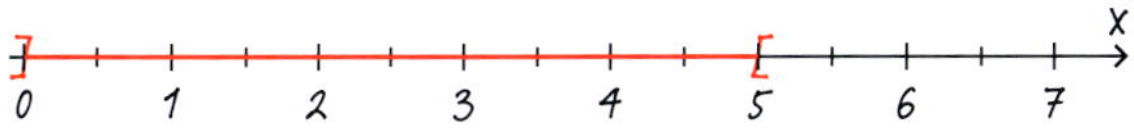

linke Grenze: 0,1; 0,01; 0,001
rechte Grenze: 4,9; 4,99; 4,999
keine kleinste Zahl; keine größte Zahl

d)
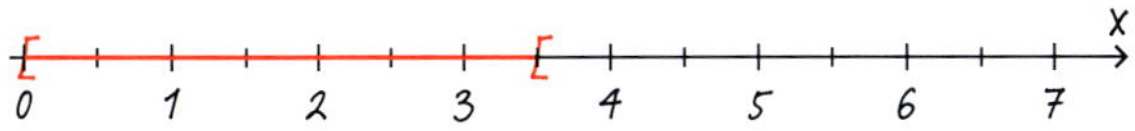

linke Grenze: 0,1; 0,01; 0,001
rechte Grenze: 3,49; 3,499; 3,4999
kleinste Zahl: 0; keine größte Zahl

e)
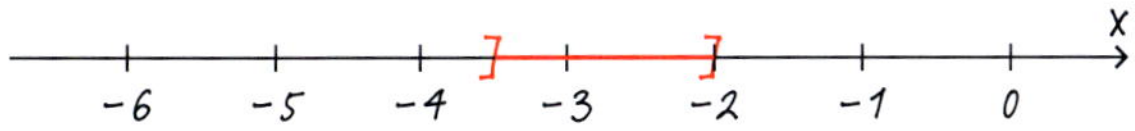

linke Grenze: -3,49; -3,499; -3,4999
rechte Grenze: -2,1; -2,01; -2,001
keine kleinste Zahl; größte Zahl: -2

f)
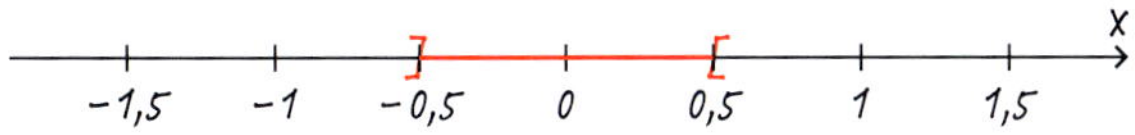

linke Grenze: -0,4; -0,49; -0,4999
rechte Grenze: 0,4; 0,49; 0,499
keine kleinste und keine größte Zahl.

10

a) [2; 5] b)]1; 4]
c) [-1; 1[d)]2; π[
e)]-∞; 1[f) [1; ∞[

11

a) $\{x \in \mathbb{R} \mid 2 \le x \le 7\}$ b) $\{x \in \mathbb{R} \mid -1 \le x < 4\}$
c) $\{x \in \mathbb{R} \mid 3 < x < 10\}$ d) $\{x \in \mathbb{R} \mid x \ge 1\}$
e) $\{x \in \mathbb{R} \mid x \le 0\}$ f) $\{x \in \mathbb{R} \mid \sqrt{2} < x < 2\}$

12

a) [3; ∞[b) [-2; ∞[
c)]-∞; ∞[d)]-∞; 0]
e)]-∞; 1] f) [-2; 2]

Seite 230

1

a) 30 b) -1 c) 4
d) 10 e) 8 f) 18

2

	Minuend	Subtrahend	Differenz
a)	a = 13 b = 9	b = 9 a = 13	13 - 9 = 4 9 - 13 = -4
b)	a = -4 b = 3	b = 3 a = -4	-4 - 3 = -7 3 - (-4) = 7
c)	a = -9 b = 13	b = 13 a = -9	-9 - 13 = -22 13 - (-9) = 22
d)	a = 15 b = 5	b = 5 a = 15	15 - 5 = 10 5 - 15 = -10
e)	a = 13 b = -5	b = -5 a = 13	13 - (-5) = 18 -5 - 13 = -18
f)	a = 27 b = -9	b = -9 a = 27	27 - (-9) = 36 -9 - 27 = -36

3

a) 63 b) -44 c) -39
d) -75 e) 72 f) -243

4

	Dividend	Divisor	Quotient
a)	a = 15 b = 5	a = 5 b = 15	15 : 5 = 3 $5 : 15 = \frac{5}{15} = \frac{1}{3}$
b)	a = -12 b = 3	b = 3 a = -12	-12 : 3 = -4 $3 : (-12) = \frac{3}{-12} = -\frac{1}{4}$
c)	a = 36 b = -9	b = -9 a = 36	36 : (-9) = -4 $(-9) : 36 = \frac{-9}{36} = -\frac{1}{4}$
d)	a = 15 b = -3	b = -3 a = 15	15 : (-3) = -5 $(-3) : 15 = \frac{-3}{15} = -\frac{1}{5}$
e)	a = -81 b = -3	b = -3 a = -81	(-81) : (-3) = 27 $(-3) : (-81) = \frac{-3}{-81} = \frac{1}{27}$
f)	a = 52 b = -4	b = -4 a = 52	52 : (-4) = -13 $(-4) : 52 = \frac{-4}{52} = -\frac{1}{13}$

5

a) 5 + (-2) + 2 = 5 b) 3 + (-3) + (-7) = -7
c) $\frac{1}{3} \cdot 3 \cdot 7 \cdot \frac{1}{7} = 1$ d) $0{,}2 \cdot 5 \cdot 11 \cdot \frac{1}{11} = 1$
e) 15 · 0,001 · 1000 = 15 f) 13 · 0,25 · (-4) = -13

6

a) 24 + (12 + 88) = 124
b) 13 · (0,25 · 40) · 0,1 = 13 · (10 · 0,1) = 13
c) 113 + (25 + 75) = 113 + 100 = 213
d) 1,8 · (0,2 · 0,5) · 10 = 1,8 · (0,1 · 10) = 1,8

7

a) 4 · 30 + 4 · 6 = 120 + 24 = 144
5 · 40 + 5 · 3 = 200 + 15 = 215
6 · 20 + 6 · 4 = 120 + 24 = 144

b) 7 · 40 + 7 · 4 = 280 + 28 = 308
8 · 50 + 8 · 3 = 400 + 24 = 424
9 · 60 + 9 · 5 = 540 + 45 = 585

c) 30 · 9 + 4 · 9 = 270 + 36 = 306
8 · 80 + 8 · 2 = 640 + 16 = 656
9 · 70 + 9 · 3 = 630 + 27 = 657

8

a) 6 · (80 − 2) = 480 − 12 = 468
8 · (40 − 2) = 320 − 16 = 304
7 · (90 − 3) = 630 − 21 = 609

b) 12 · (30 − 3) = 360 − 36 = 324
11 · (90 − 5) = 990 − 55 = 935
9 · (70 − 1) = 630 − 9 = 621

c) 13 · (20 − 1) = 260 − 13 = 247
12 · (50 − 2) = 600 − 24 = 576
15 · (40 − 1) = 600 − 15 = 585

Seite 231

9

a) 152 ist durch 2 und durch 4 teilbar, aber nicht durch 5.
b) 140 ist durch 2, durch 4 und durch 5 teilbar.
c) 132 ist durch 2 und durch 4 teilbar, aber nicht durch 5.
d) 328 ist durch 2 und durch 4 teilbar, aber nicht durch 5.
e) 128 ist durch 2 und durch 4 teilbar, aber nicht durch 5.
f) 880 ist durch 2, durch 4 und durch 5 teilbar.
g) 915 ist durch 5 teilbar, aber nicht durch 2 und 4.
h) 292 ist durch 2 und durch 4 teilbar, aber nicht durch 5.
i) 412 ist durch 2 und durch 4 teilbar, aber nicht durch 5.
j) 556 ist durch 2 und durch 4 teilbar, aber nicht durch 5.
k) 616 ist durch 2 und durch 4 teilbar, aber nicht durch 5.
l) 735 ist durch 5 teilbar, aber nicht durch 2 und 4.

10

a) 234 hat die Quersumme 9 und ist durch 3 und 9 teilbar.
b) 789 hat die Quersumme 24 und ist durch 3, aber nicht durch 9 teilbar.
c) 486 hat die Quersumme 18 und ist durch 3 und 9 teilbar.
d) 456 hat die Quersumme 15 und ist durch 3, aber nicht durch 9 teilbar.
e) 567 hat die Quersumme 18 und ist durch 3 und 9 teilbar.
f) 123 hat die Quersumme 6 und ist durch 3, aber nicht durch 9 teilbar.
g) 159 hat die Quersumme 15 und ist durch 3, aber nicht durch 9 teilbar.
h) 753 hat die Quersumme 15 und ist durch 3, aber nicht durch 9 teilbar.
i) 423 hat die Quersumme 9 und ist durch 3 und 9 teilbar.
j) 426 hat die Quersumme 12 und ist durch 3, aber nicht durch 9 teilbar.
k) 842 hat die Quersumme 14 und ist weder durch 3 noch durch 9 teilbar.
m) 862 hat die Quersumme 16 und ist weder durch 3 noch durch 9 teilbar.

11

	Zahl	Quer-summe	teilbar durch 3	teilbar durch 4	teilbar durch 6	teilbar durch 9
a)	72	9	Ja	Ja, Hälfte gerade	Ja, Teiler 2 und 3	Ja
b)	360	9	Ja	Ja, Hälfte gerade	Ja, Teiler 2 und 3	Ja
c)	456	15	Ja	Ja, Hälfte gerade	Ja, Teiler 2 und 3	Nein
d)	234	9	Ja	Nein, Hälfte ungerade	Ja, Teiler 2 und 3	Ja
e)	864	18	Ja	Ja, Hälfte gerade	Ja, Teiler 2 und 3	Ja
f)	148	13	Nein	Ja, Hälfte gerade	Nein, 3 kein Teiler	Nein
g)	324	9	Ja	Ja, 24 hat Teiler 4	Ja, Teiler 2 und 3	Ja
h)	123	6	Ja	Nein, ungerade Zahl	Nein, 2 kein Teiler	Nein
i)	2346	15	Ja	Nein, 4 kein Teiler von 46	Ja, Teiler 2 und 3	Nein
j)	3456	18	Ja	Ja, 56 hat Teiler 4	Ja, Teiler 2 und 3	Ja
k)	1212	6	Ja	Ja, 12 hat Teiler 4	Ja, Teiler 2 und 3	Nein
l)	1234	10	Nein	Nein, 4 kein Teiler von 34	Nein, 3 kein Teiler	Nein

12

Siehe Tabelle unten.

a) Jede durch 9 teilbare Zahl ist auch durch 3 teilbar, sie wurde daher bereits gestrichen. Jede durch 4 teilbare Zahl und durch 8 teilbare Zahl ist auch durch 2 teilbar. Damit wurde diese Zahl bereits gestrichen. Da die geraden und die durch 3 teilbaren Zahlen bereits gestrichen wurden, sind auch alle durch 6 teilbaren Zahlen gestrichen.

1	2	3	~~4~~	5	~~6~~	7	~~8~~	~~9~~	~~10~~
11	~~12~~	13	~~14~~	~~15~~	~~16~~	17	~~18~~	19	~~20~~
~~21~~	~~22~~	23	~~24~~	~~25~~	~~26~~	~~27~~	~~28~~	29	~~30~~
31	~~32~~	~~33~~	~~34~~	~~35~~	~~36~~	37	~~38~~	~~39~~	~~40~~
41	~~42~~	43	~~44~~	~~45~~	~~46~~	47	~~48~~	~~49~~	~~50~~
~~51~~	~~52~~	53	~~54~~	~~55~~	~~56~~	~~57~~	~~58~~	59	~~60~~
61	~~62~~	~~63~~	~~64~~	~~65~~	~~66~~	67	~~68~~	~~69~~	~~70~~
71	~~72~~	73	~~74~~	~~75~~	~~76~~	~~77~~	~~78~~	79	~~80~~
~~81~~	~~82~~	83	~~84~~	~~85~~	~~86~~	~~87~~	~~88~~	89	~~90~~
91	~~92~~	~~93~~	~~94~~	~~95~~	~~96~~	97	~~98~~	~~99~~	~~100~~

b) Die nächste nicht gestrichene Zahl ist 11. Da die Vielfachen von 11 bereits gestrichen sind, ist die nächste zu streichende Zahl $11^2 = 121$. 121 ist größer als 100. Somit gibt es keine weiteren Zahlen, die gestrichen werden können.

13

Aussage A ist wahr, $72 = 6 \cdot 12$.
Aussage B ist wahr, $75 = 5 \cdot 15$.
Aussage C ist falsch, 36 lässt sich nicht als Vielfaches von 24 schreiben.

14

a) $28 = 2 \cdot 14 = 2 \cdot 2 \cdot 7$ ergibt die Teilermenge $T_{28} = \{1; 2; 4; 7; 14; 28\}$.
b) $38 = 2 \cdot 19$ ergibt die Teilermenge $T_{38} = \{1; 2; 19; 38\}$.
c) $52 = 2 \cdot 26 = 2 \cdot 2 \cdot 13$ ergibt die Teilermenge $T_{52} = \{1; 2; 4; 13; 26; 52\}$.
d) $60 = 2 \cdot 30 = 2 \cdot 2 \cdot 15 = 2 \cdot 2 \cdot 3 \cdot 5$ ergibt die Teilermenge $T_{60} = \{1; 2; 3; 4; 5; 6; 10; 12; 15; 20; 30; 60\}$.
e) $90 = 2 \cdot 45 = 2 \cdot 3 \cdot 15 = 2 \cdot 3 \cdot 3 \cdot 5$ ergibt die Teilermenge $T_{90} = \{1; 2; 3; 5; 6; 9; 10; 15; 18; 30; 45; 90\}$.
f) $120 = 2 \cdot 60 = 2 \cdot 2 \cdot 2 \cdot 3 \cdot 5$ ergibt die Teilermenge $T_{120} = \{1; 2; 3; 4; 5; 6; 8; 10; 12; 15; 20; 24; 30; 40; 60; 120\}$
g) $132 = 2 \cdot 66 = 2 \cdot 2 \cdot 33 = 2 \cdot 2 \cdot 3 \cdot 11$ ergibt die Teilermenge $T_{132} = \{1; 2; 3; 4; 6; 11; 12; 22; 33; 44; 66; 132\}$.
h) $104 = 2 \cdot 52 = 2 \cdot 2 \cdot 26 = 2 \cdot 2 \cdot 2 \cdot 13$ ergibt die Teilermenge $T_{104} = \{1; 2; 4; 8; 13; 26; 52; 104\}$.
i) $153 = 3 \cdot 51 = 3 \cdot 3 \cdot 17$ ergibt die Teilermenge $T_{153} = \{1; 3; 9; 17; 51; 153\}$.
j) $168 = 2 \cdot 84 = 2 \cdot 2 \cdot 42 = 2 \cdot 2 \cdot 2 \cdot 21 = 2 \cdot 2 \cdot 2 \cdot 3 \cdot 7$ ergibt die Teilermenge $T_{168} = \{1; 2; 3; 4; 6; 7; 8; 12; 14; 21; 24; 28; 42; 56; 84; 168\}$.
k) $140 = 2 \cdot 70 = 2 \cdot 2 \cdot 35 = 2 \cdot 2 \cdot 5 \cdot 7$ ergibt die Teilermenge $T_{140} = \{1; 2; 4; 5; 7; 10; 14; 20; 28; 35; 70; 140\}$.
l) $272 = 2 \cdot 136 = 2 \cdot 2 \cdot 68 = 2 \cdot 2 \cdot 2 \cdot 34 = 2 \cdot 2 \cdot 2 \cdot 2 \cdot 17$ ergibt die Teilermenge $T_{272} = \{1; 2; 4; 8; 16; 17; 34; 68; 136; 272\}$.

Seite 232

1

a) $\frac{8}{12}$ b) $\frac{12}{12}$ c) $\frac{10}{12}$
d) $\frac{21}{12}$ e) $\frac{80}{12}$ f) $\frac{22}{12}$

2

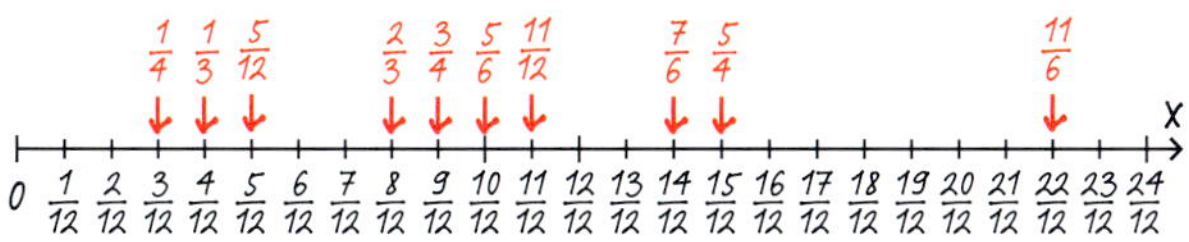

$\frac{3}{12} < \frac{4}{12} < \frac{5}{12} < \frac{8}{12} < \frac{9}{12} < \frac{10}{12} < \frac{11}{12} < \frac{14}{12} < \frac{15}{12} < \frac{22}{12}$

$\frac{1}{4} < \frac{1}{3} < \frac{5}{12} < \frac{2}{3} < \frac{3}{4} < \frac{5}{6} < \frac{11}{12} < \frac{7}{6} < \frac{5}{4} < \frac{11}{6}$

3

a) $\frac{2}{9} < \frac{1}{3}$, denn $\frac{2}{9} < \frac{3}{9}$.
b) $\frac{2}{5} < \frac{3}{7}$, denn $\frac{14}{35} < \frac{15}{35}$.
c) $\frac{2}{5} > \frac{1}{4}$, denn $\frac{8}{20} > \frac{5}{20}$.
d) $\frac{1}{3} > \frac{2}{7}$, denn $\frac{7}{21} > \frac{6}{21}$.
e) $\frac{5}{12} > \frac{3}{8}$, denn $\frac{10}{24} > \frac{9}{24}$.
f) $\frac{7}{24} < \frac{5}{16}$, denn $\frac{14}{48} < \frac{15}{48}$.

4

a) $\frac{3}{2}$ b) $\frac{3}{4}$ c) $\frac{6}{7}$
d) $\frac{5}{11}$ e) $\frac{4}{3}$ f) $\frac{7}{9}$
g) $\frac{11}{20}$ h) $\frac{4}{12} = \frac{1}{3}$ i) $\frac{6}{9} = \frac{2}{3}$

5

$\frac{8}{5} = \frac{16}{10} = 1{,}6$

$\frac{11}{25} = \frac{44}{100} = 0{,}44$

$\frac{7}{8} = \frac{7 \cdot 125}{1000} = \frac{875}{1000} = 0{,}875$

$\frac{11}{2} = \frac{55}{10} = 5{,}5$

$\frac{17}{125} = \frac{17 \cdot 8}{1000} = \frac{136}{1000} = 0{,}136$

$\frac{8}{125} = \frac{64}{1000} = 0{,}064$

$\frac{7}{4} = \frac{175}{100} = 1{,}75$

6

a) $\frac{12}{6} = 2$ b) $-\frac{3}{3} = -1$ c) $\frac{21}{7} = 3$
d) $\frac{2}{8} = \frac{1}{4}$ e) $\frac{15}{9} = \frac{5}{3}$ f) $-\frac{8}{12} = -\frac{2}{3}$
g) $\frac{-7}{7} = -1$ h) $\frac{5}{5} = 1$ i) $\frac{0}{4} = 0$

Seite 233

7

a) 21 b) 90 c) 36
d) 30 e) 65 f) 20
g) 63 h) 24 i) 60

8

a) $\frac{14}{6} + \frac{5}{6} = \frac{19}{6}$ b) $\frac{5}{12} - \frac{21}{12} = -\frac{16}{12} = -\frac{4}{3}$ c) $\frac{4}{7} + \frac{3}{7} = \frac{7}{7} = 1$
d) $\frac{6}{8} + \frac{6}{8} - \frac{1}{8} = \frac{11}{8}$ e) $\frac{7}{12} - \frac{8}{12} + \frac{2}{12} = \frac{1}{12}$ f) $\frac{15}{20} - \frac{8}{20} + \frac{2}{20} = \frac{9}{20}$
g) $\frac{21}{24} - \frac{16}{24} = \frac{5}{24}$ h) $\frac{27}{48} - \frac{20}{48} = \frac{7}{48}$ i) $\frac{1}{3} - \frac{2}{3} = -\frac{1}{3}$
j) $\frac{5}{8} - \frac{1}{2} + \frac{1}{2} = \frac{5}{8}$ k) $\frac{14}{12} + \frac{9}{12} - \frac{4}{12} = \frac{19}{12}$ l) $\frac{5}{7} - \frac{3}{2} + \frac{3}{2} = \frac{5}{7}$

9

a) $\frac{7 \cdot 15}{6 \cdot 14} = \frac{1 \cdot 5}{2 \cdot 2} = \frac{5}{4}$ b) $\frac{2 \cdot 9}{3 \cdot 4} = \frac{1 \cdot 3}{1 \cdot 2} = \frac{3}{2}$
c) $\frac{4 \cdot 15}{5 \cdot 28} = \frac{1 \cdot 3}{1 \cdot 7} = \frac{3}{7}$ d) $\frac{25 \cdot 27}{9 \cdot 45} = \frac{5 \cdot 3}{1 \cdot 9} = \frac{5}{3}$
e) $\frac{48 \cdot 50}{15 \cdot 64} = \frac{3 \cdot 10}{3 \cdot 4} = \frac{5}{2}$ f) $\frac{45 \cdot 48}{12 \cdot 36} = \frac{5 \cdot 4}{1 \cdot 4} = 5$
g) $\frac{7 \cdot 3}{12 \cdot 1} = \frac{7}{4}$ h) $\frac{2 \cdot 9}{1 \cdot 8} = \frac{9}{4}$
i) $\frac{7 \cdot 5}{1 \cdot 14} = \frac{5}{2}$ j) $\frac{15 \cdot 4 \cdot 24}{12 \cdot 8 \cdot 50} = \frac{3 \cdot 1 \cdot 2}{1 \cdot 2 \cdot 10} = \frac{3}{10}$
k) $\frac{64 \cdot 35 \cdot 5}{5 \cdot 20 \cdot 28} = \frac{16 \cdot 5 \cdot 1}{1 \cdot 5 \cdot 4} = \frac{4}{1} = 4$ l) $\frac{15 \cdot 8 \cdot 7}{28 \cdot 3 \cdot 5} = \frac{3 \cdot 8 \cdot 1}{4 \cdot 3 \cdot 1} = \frac{2}{1} = 2$

10

a) $\frac{4}{1} \cdot \frac{15}{16} = \frac{1 \cdot 15}{1 \cdot 4} = \frac{15}{4}$ b) $\frac{8}{15} \cdot \frac{1}{4} = \frac{2 \cdot 1}{15 \cdot 1} = \frac{2}{15}$
c) $\frac{4}{5} \cdot \frac{15}{28} = \frac{1 \cdot 3}{1 \cdot 7} = \frac{3}{7}$ d) $\frac{2}{3} \cdot \frac{15}{16} = \frac{1 \cdot 5}{1 \cdot 8} = \frac{5}{8}$
e) $\frac{7}{5} \cdot \frac{55}{21} = \frac{1 \cdot 11}{1 \cdot 3} = \frac{11}{3}$ f) $\frac{6}{7} \cdot \frac{28}{18} = \frac{1 \cdot 4}{1 \cdot 3} = \frac{4}{3}$
g) $\frac{25}{7} \cdot \frac{63}{45} = \frac{5 \cdot 9}{1 \cdot 9} = 5$ h) $\frac{21}{15} \cdot \frac{1}{7} = \frac{3 \cdot 1}{15 \cdot 1} = \frac{1}{5}$
i) $\frac{45}{12} \cdot \frac{36}{48} = \frac{15 \cdot 3}{1 \cdot 16} = \frac{45}{16}$ j) $\left(\frac{10}{21} \cdot \frac{14}{20}\right) : \frac{1}{3} = \left(\frac{1 \cdot 2}{3 \cdot 2}\right) \cdot \frac{3}{1} = 1$
k) $\frac{25}{7} : \left(\frac{15}{21} \cdot \frac{3}{5}\right) = \frac{25}{7} : \left(\frac{3 \cdot 1}{7 \cdot 1}\right) = \frac{25}{7} : \frac{3}{7} = \frac{25}{7} \cdot \frac{7}{3} = \frac{25}{3}$

11

a) $\left(\frac{10}{15}+\frac{8}{15}\right)\cdot 5 = \frac{18}{15}\cdot\frac{5}{1} = \frac{18}{3} = 6$

b) $3\cdot\left(\frac{3}{12}-\frac{5}{12}\right) = \frac{3}{1}\cdot\left(-\frac{2}{12}\right) = -\frac{3}{1}\cdot\frac{1}{6} = -\frac{1}{2}$

c) $\left(\frac{15}{21}-\frac{10}{21}\right):5 = \frac{5}{21}:\frac{5}{1} = \frac{5}{21}\cdot\frac{1}{5} = \frac{1}{21}$

d) $\left(\frac{28}{18}+\frac{21}{18}\right)\cdot\frac{1}{7} = \frac{49}{18}\cdot\frac{1}{7} = \frac{7}{18}$

e) $\frac{13}{4}:\left(\frac{9}{24}-\frac{22}{24}\right) = \frac{13}{4}:\left(-\frac{13}{24}\right) = -\frac{13}{4}\cdot\frac{24}{13} = -6$

f) $\frac{6}{11}\cdot\left(\frac{10}{36}-\frac{21}{36}\right) = \frac{6}{11}\cdot\left(-\frac{11}{36}\right) = -\frac{6}{11}\cdot\frac{11}{36} = -\frac{1}{6} = -\frac{1}{6}$

g) $2\cdot\left(\frac{1}{6}-\frac{1}{9}\right):\frac{1}{6} = \frac{2}{1}\cdot\left(\frac{3}{18}-\frac{2}{18}\right)\cdot\frac{6}{1} = \frac{2}{1}\cdot\frac{1}{18}\cdot\frac{6}{1} = \frac{2}{3}$

h) $\frac{4}{5}\cdot\left(\frac{3}{16}-\frac{7}{20}\right):13 = \frac{4}{5}\cdot\left(\frac{15}{80}-\frac{28}{80}\right):\frac{13}{1} = \frac{4}{5}\cdot\left(-\frac{13}{80}\right)\cdot\frac{1}{13}$

$= -\frac{1\cdot1\cdot1}{5\cdot20\cdot1} = -\frac{1}{100}$

Seite 234

1

Prozent	39 %	10 %	17 %	41 %	8,5 %	72 %	4 %
Bruch	$\frac{39}{100}$	$\frac{10}{100}$	$\frac{17}{100}$	$\frac{41}{100}$	$\frac{8,5}{100}$	$\frac{18}{25}$	$\frac{4}{100}$
Dezimalzahl	0,39	0,1	0,17	0,41	0,085	0,72	0,04

2

a) 20 %
b) 25 %
c) $\frac{2}{6} = \frac{1}{3} = 33\frac{1}{3}\,\%$
d) $\frac{8}{12} = \frac{2}{3} = 66\frac{2}{3}\,\%$

3

a) Der Prozentwert ist 235,20 €.
b) Der Prozentsatz beträgt 35 %.
c) Der Grundwert ist 480 kg.

4

$15{,}00\,€\cdot\frac{20}{100} = 3{,}00\,€$; $15{,}00\,€ - 3{,}00\,€ = 12{,}00\,€$
Lea spart 3,00 €, das T-Shirt kostet noch 12,00 €.

5

a) $q = 98\,\% = 0{,}98$
b) $q = 65\,\% = 0{,}65$
c) $q = 122\,\% = 1{,}22$
d) $q = 95\,\% = 0{,}95$
e) $q = 104{,}5\,\% = 1{,}045$

6

a) Der vermehrte Grundwert beträgt 399 €.
b) Der verminderte Grundwert beträgt 192 hl.
c) Der vermehrte Grundwert beträgt 84,70 kg.

Seite 235

1

a) $6^2 = 36$
b) $3^4 = 81$
c) $2^7 = 128$
d) $2^{10} = 1024$
e) $6^3 = 216$
f) $2^9 = 512$
g) $3^5 = 243$
h) $2^6 = 64 = 4^3$
i) $32 = 2^5 = 2\cdot2^4$
j) $5\cdot5^3 = 5^4 = 625$

2

a) 3^5
b) 6^6
c) $2^6\cdot2^4 = 2^{6+4} = 2^{10}$
d) $a^2\cdot a^7 = a^{2+7} = a^9$
e) $q^2\cdot q^3\cdot q = q^{2+3+1} = q^6$
f) z^{n+2}
g) 3^{n+1}
h) 4^{2n+1}
i) $2^n\cdot2^3 = 2^{n+3}$

3

a) $\frac{7^3}{7^2} = 7^{3-2} = 7^1 = 7$
b) $\frac{2^4}{2} = 2^{4-1} = 2^3$
c) $\frac{a^4}{a^2} = a^{4-2} = a^2$
d) $\frac{z^8}{z^5} = z^{8-5} = z^3$
e) $\frac{5^n}{5^3} = 5^{n-3}$
f) $\frac{2^{n+3}}{2^2} = 2^{n+1}$
g) $\frac{3^3}{27} = \frac{27}{27} = 1$
h) $\frac{6^{k+2}}{6^2} = 6^{k+2-2} = 6^k$

4

a) $\frac{5^7}{5^6} = 5^{7-6} = 5$

b) $\frac{2^6\cdot6^3}{16\cdot36} = \frac{2^6\cdot6^3}{2^4\cdot6^2} = 2^{6-4}\cdot6^{3-2} = 2^2\cdot6 = 4\cdot6 = 24$

c) $\frac{125\cdot243}{50\cdot3^3} = \frac{5^3\cdot3^5}{5^2\cdot2\cdot3^3} = \frac{5}{2}\cdot3^2 = \frac{45}{2} = 22{,}5$

5

$10^6 = 1$ Million $= 2^6\cdot5^6$
$15^2 = 225 = 3^2\cdot5^2 = 9\cdot25$
$6^3 = 216 = 2^3\cdot3^3$
$12^3 = 4^3\cdot3^3 = 64\cdot27$

6

a) $\frac{4^4}{2^4} = \left(\frac{4}{2}\right)^4 = 2^4 = 16$
b) $\frac{10^3}{5^3} = \left(\frac{10}{5}\right)^3 = 2^3 = 8$
c) $\frac{12^7}{6^7} = \left(\frac{12}{6}\right)^7 = 2^7 = 128$
d) $\frac{35^2}{5^2} = \frac{5^2\cdot7^2}{5^2} = 7^2 = 49$
e) $\frac{6^3}{27} = \frac{2^3 3^3}{3^3} = 2^3 = 8$
f) $\frac{10\,000}{5^4} = \left(\frac{10}{5}\right)^4 = 2^4 = 16$
g) $\frac{6^4}{3^3} = 6\cdot\left(\frac{6}{3}\right)^3 = 6\cdot2^3 = 48$
h) $\frac{4^6}{2^7} = \frac{(2^2)^6}{2^7} = 2^{12-7} = 2^5 = 32$

7

a) $\frac{15\cdot3^3\cdot5^3}{15^4} = \frac{15\cdot15^3}{15^4} = 1$
b) $\frac{10^3\cdot5}{5^4} = \frac{2^3\cdot5^3\cdot5}{5^4} = 2^3 = 8$
c) $\frac{12\cdot6^3}{6^4} = \frac{2\cdot6\cdot6^3}{6^4} = 2$
d) $\frac{6^3\cdot5^3}{3^3} = \frac{2^3\cdot3^3\cdot5^3}{3^3} = 10^3 = 1000$
e) $\frac{6\cdot18^3}{6^4} = \frac{6\cdot6^3\cdot3^3}{6^4} = 3^3 = 27$
f) $\frac{14^3\cdot3^3}{21^3} = \left(\frac{2\cdot7\cdot3}{7\cdot3}\right)^3 = 2^3 = 8$

8

a) 2^6
b) 4^{3a}
c) b^{7r}
d) 2^{5n+1}
e) 3^{5n+2}
f) 2^{2a+3}
g) 2^{6m}
h) 5^{15}
i) $a^{(n+1)^2} = a^{n^2+2n+1}$

9

a) $\frac{(2^2\cdot3^2)^3}{2^4\cdot3^5} = \frac{2^6\cdot3^6}{2^4\cdot3^5} = 2^2\cdot3 = 12$

b) $\frac{(3a^2)^3}{(\sqrt{3}a)^4} = \frac{3^3a^6}{(\sqrt{3})^4a^4} = \frac{3^3}{3^2}a^2 = 3a^2$

c) $\frac{(6x^4)^2}{18x^5} = \frac{6^2\cdot x^8}{3\cdot6\cdot x^5} = \frac{6}{3}x^3 = 2x^3$

d) $\frac{(6^3)^2}{2^4\cdot3^4} = \frac{6^6}{6^4} = 6^2 = 36$

e) $\frac{(10^2)^4}{125\cdot64} = \frac{10^8}{5^3\cdot2^6} = \frac{5^8\cdot2^8}{5^3\cdot2^6} = 5^5\cdot2^2 = 5^3\cdot10^2 = 12\,500$

f) $\frac{(2^3a)^3}{16a^2} = \frac{2^9a^3}{2^4a^2} = 2^5a = 32a$

Seite 236

1

a) 8
b) 11
c) 15
d) 18
e) 12
f) 13
g) 17
h) $\frac{18}{9} = 2$
i) $\frac{12}{6} = 2$

2

a) $\sqrt{144} = 12$ b) $\sqrt{289} = 17$

c) $\sqrt{324} = 18$ d) $\sqrt{361} = 19$

e) $\frac{\sqrt{169}}{\sqrt{49}} = \frac{13}{7}$ f) $\frac{\sqrt{121}}{\sqrt{81}} = \frac{11}{9}$

g) $\frac{\sqrt{225}}{\sqrt{625}} = \frac{15}{25}$ h) $\frac{\sqrt{400}}{\sqrt{25}} = \frac{20}{5} = 4$

i) $\frac{\sqrt{144}}{\sqrt{36}} = \frac{12}{6} = 2$ j) $\frac{\sqrt{256}}{\sqrt{144}} = \frac{16}{12} = \frac{4}{3}$

3

a) 0,02 b) 0,13 c) 1,3

d) 1,2 e) 0,17 f) 1,7

g) 0,25 h) 2,5 i) 0,15

j) 0,07 k) 0,9 l) 0,03

4

$81\,km^2 = 8100\,ha$, Kantenlänge 9 km

$6{,}25\,ha = 625\,a = 62\,500\,m^2$, Kantenlänge 250 m

$2{,}89\,m^2 = 289\,dm^2$, Kantenlänge 1,7 m

$1{,}69\,a = 169\,m^2$, Kantenlänge 13 m

$0{,}36\,dm^2 = 36\,cm^2$, Kantenlänge 6 cm

$0{,}0225\,dm^2 = 225\,mm^2$, Kantenlänge 15 mm

Seite 237

5

a) 2 b) 10 c) 3

d) $\frac{6}{3} = 2$ e) $\frac{5}{2}$ f) $\frac{8}{4} = 2$

g) 4a h) 0,1x i) 5y

j) 0,4a k) 0,5 l) 0,3

6

$0{,}125\,m^3 = 125\,dm^3 = 125\,l$, Kantenlänge 5 dm

$0{,}064\,dm^3 = 0{,}064\,l$, Kantenlänge 0,4 dm

$64\,m^3$, Kantenlänge 4 m

$0{,}216\,dm^3 = 0{,}216\,l = 216\,cm^3$, Kantenlänge 6 cm

$0{,}027\,m^3 = 27\,dm^3$, Kantenlänge 9 dm

$\frac{1}{8}\,l = 0{,}125\,dm^3$, Kantenlänge 0,5 dm

$8\,m^3$, Kantenlänge 2 m

7

a) 5 b) 2 c) 3

d) 5 e) 2 f) 2

g) 2 h) $\frac{2}{2} = 1$ i) $\frac{5}{3}$

Seite 238

1

P liegt im I. Quadranten, wenn $x > 0$ und $y > 0$.

P liegt im II. Quadranten, wenn $x < 0$ und $y > 0$.

P liegt im III. Quadranten, wenn $x < 0$ und $y < 0$.

P liegt im IV. Quadranten, wenn $x > 0$ und $y < 0$.

2

a) Einheit für Kästchen in x-Richtung ist 10;
Einheit für Kästchen in y-Richtung ist 100.

b) Einheit für Kästchen in x-Richtung ist 5;
Einheit für Kästchen in y-Richtung ist 10.

3

a)

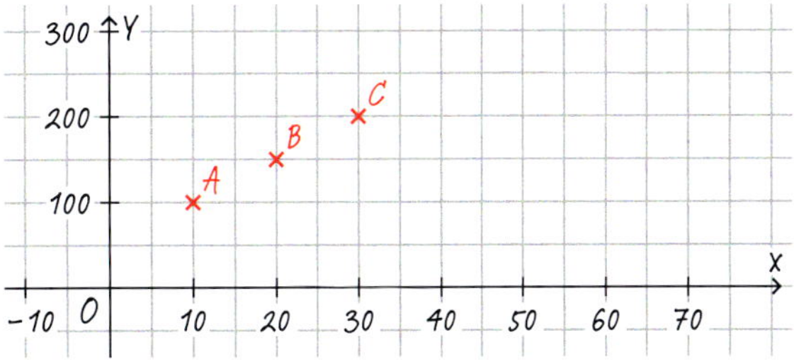

b)

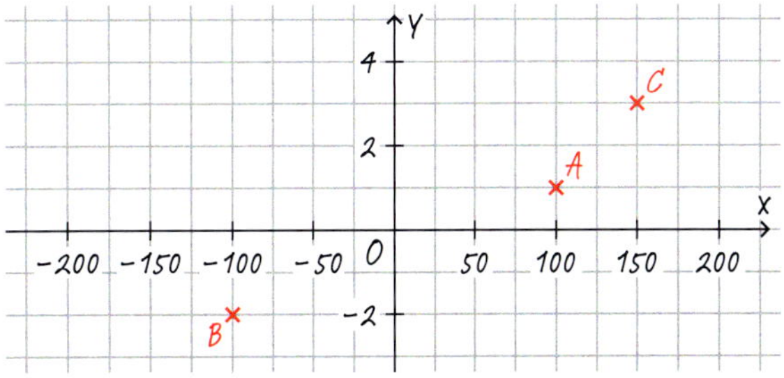

c)

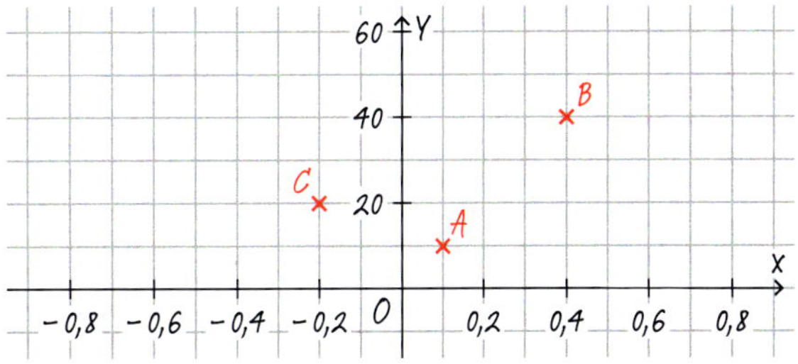

4

a)

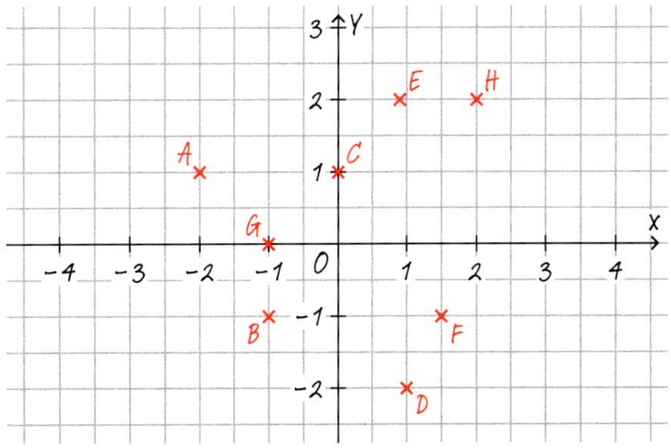

b) (1) Der Punkt G liegt auf der x-Achse, seine y-Koordinate ist 0.

(2) Die Punkte A, C, E und H liegen über der x-Achse, ihre y-Koordinate ist positiv.

(3) Die Punkte E, H, D und F liegen rechts von der y-Achse, ihre x-Koordinate ist positiv.

(4) Die Punkte A und C liegen auf der Geraden $y = 1$, sie haben die y-Koordinate 1.

(5) Die Punkte B, D, F und G liegen unterhalb der Geraden $y = 1$, ihre y-Koordinate ist kleiner als 1.

5

a) (1) A′(1 | −2), B′(3 | −2) und C′(2 | −4)
A″(−1 | −2), B″(−3 | −2) und C″(−2 | −4)

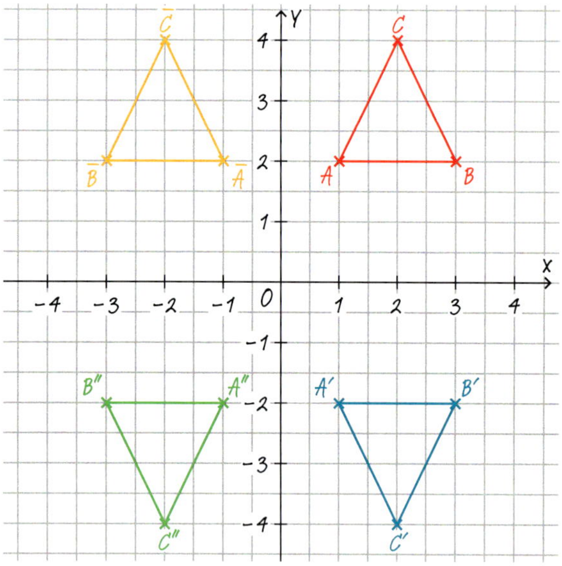

(2) A′(1 | −1), B′(3 | 0) und C′(1,5 | 2)
A″(−1 | −1), B″(−3 | 0) und C″(−1,5 | 2)

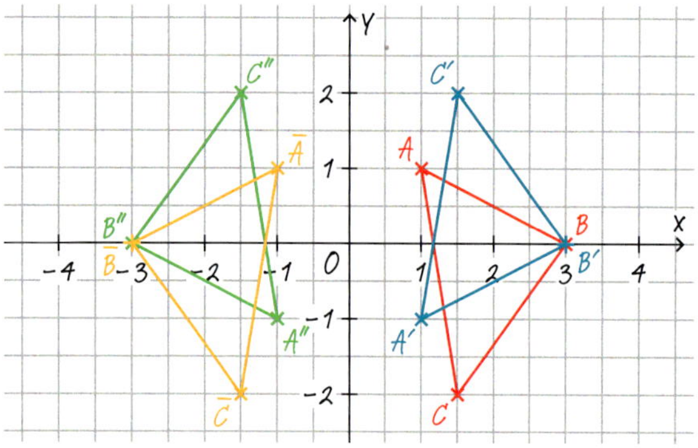

(3) A′(1 | 1), B′(2 | −0,5) und C′(0 | −2)
A″(−1 | 1), B″(−2 | −0,5) und C″(0 | −2)

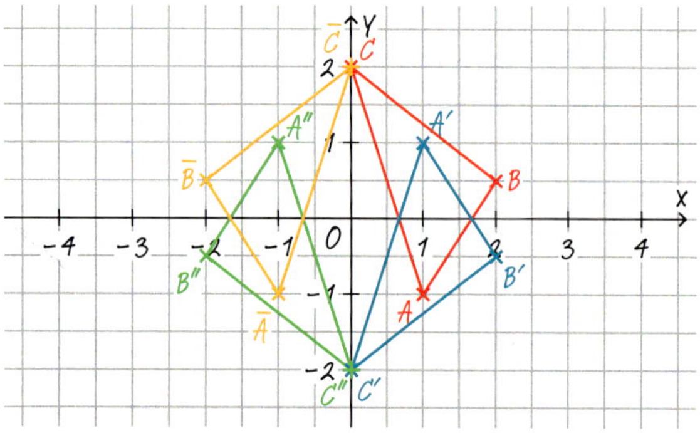

b) (1) Punkte nach Spiegelung an der y-Achse sind $\overline{A}$(−1 | 2), $\overline{B}$(−3 | 2) und $\overline{C}$(−2 | 4).
(2) Punkte nach Spiegelung an der y-Achse sind $\overline{A}$(−1 | 1), $\overline{B}$(−3 | 0) und $\overline{C}$(−1,5 | −2).
(3) Punkte nach Spiegelung an der y-Achse sind $\overline{A}$(−1 | −1), $\overline{B}$(−2 | 0,5) und $\overline{C}$(0 | 2).

Seite 239

6

a) Koordinaten der Punkte:

A(2 | 3)	B(3 | 0)	C(−1 | −1)	D(−2 | 2)
E(0 | −3)	F(−4 | 1)	G(7 | −2)	H(−3 | −3)

b) Bei den Punkten C und H sind die x-Koordinate und die y-Koordinate identisch.

c) Auf der x-Achse liegt ein Punkt, wenn die y-Koordinate 0 ist. Auf der y-Achse liegt ein Punkt mit x-Koordinate 0.

7

individuelle Lösung z. B.

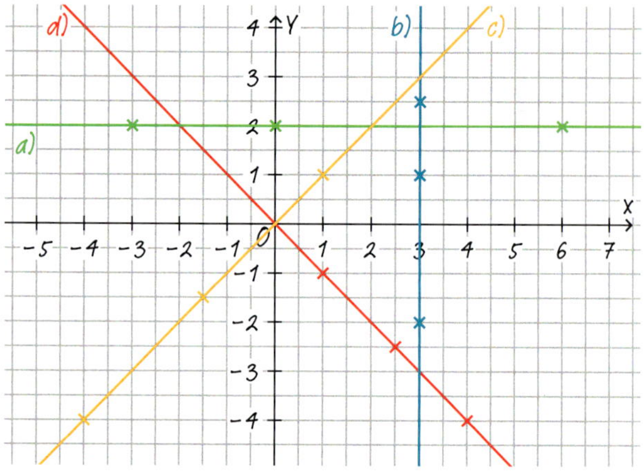

a) x = 3 b) y = 2 c) y = x d) y = −x

8

x-Achse: y = 0; y-Achse: x = 0

g_1: y = x g_2: y = −1 g_3: y = 3
g_4: x = −1 g_5: y = 2,5 g_6: x = −2
g_7: y = 0,5 g_8: x = 1,5 g_9: y = −x

Seite 240

1

a) m = 5; b = −8 b) m = 2; b = 7 c) m = 4; b = 8

2

a) S(0 | −1) b) $S\left(0 \middle| \frac{1}{3}\right)$ c) S(0 | 0)

3

a) Die Geraden g und h haben dieselbe Steigung $m = -2{,}5 = -\frac{5}{2}$. Somit sind die Geraden auf Grund des unterschiedlichen y-Achsenabschnitts b parallel zueinander.

b) Die Gerade g hat die Steigung −3. Wenn die Gerade h parallel zur Geraden g ist, muss gelten $-3 = \frac{a}{2}$. Damit ist a = −6.

4

Die Gerade g hat die Steigung 0 und den y-Achsenabschnitt 2:
g: y = 2.
Die Gerade f hat die Steigung $-\frac{1}{2}$ und den y-Achsenabschnitt 1:
f: $y = -\frac{1}{2}x + 1$.
Die Gerade h hat die Steigung 2 und den y-Achsenabschnitt −3:
h: y = 2x − 3.
Die Gerade i hat die Steigung 1 und den y-Achsenabschnitt 0:
i: y = x.

5

g: $y = \frac{2}{3}x - 2$

a) Für $x = 3$ erhält man $a = \frac{2}{3} \cdot 3 - 2 = 2 - 2 = 0$, also ist $P(3\,|\,0)$.

b) Für $x = -3$ erhält man $a = \frac{2}{3} \cdot (-3) - 2 = -2 - 2 = -4$, also ist $P(-3\,|\,-4)$.

c) Für $x = 1{,}5$ erhält man $a = \frac{2}{3} \cdot 1{,}5 - 2 = 1 - 2 = -1$, also ist $P(1{,}5\,|\,-1)$.

d) Für $y = 2$ erhält man $2 = \frac{2}{3} \cdot x - 2$; $4 = \frac{2}{3} \cdot x$, d.h. $x = 6$, also ist $P(6\,|\,2)$.

e) Für $y = -6$ erhält man $-6 = \frac{2}{3} \cdot x - 2$; $-4 = \frac{2}{3} \cdot x$, d.h. $x = -6$, also ist $P(-6\,|\,-6)$.

f) Für $y = -3$ erhält man $-3 = \frac{2}{3} \cdot x - 2$; $-1 = \frac{2}{3} \cdot x$, d.h. $x = -1{,}5$, also ist $P(-1{,}5\,|\,-3)$.

g) $y = x$, dann gilt die Gleichung $x = \frac{2}{3}x - 2 \quad | \cdot 3$
$3x = 2x - 6$ oder $x = -6$, also ist $P(-6\,|\,-6)$.

6

a) Punktprobe für $P(5\,|\,11)$: $y = 2 \cdot 5 + 1 = 11$, also liegt der Punkt P auf der Geraden g.
Punktprobe für $Q(-1\,|\,1)$: $y = 2 \cdot (-1) + 1 = -1 \neq 1$, also liegt der Punkt Q nicht auf der Geraden g.

b) $P(2\,|\,4)$: $y = -3 \cdot 2 + 2 = -4 \neq 4$, also liegt Punkt P nicht auf der Geraden g.
$Q(-1\,|\,5)$: $y = -3 \cdot (-1) + 2 = 5$, also liegt Punkt Q auf der Geraden g.

c) $P(0\,|\,1)$: $y = -0 + 1 = 1$, also liegt Punkt P auf der Geraden g.
$Q(-4\,|\,-5)$: $y = 4 + 1 = 5 \neq -5$, also liegt Punkt Q nicht auf Geraden g.

d) $P(2\,|\,3)$: $y = 3$, also liegt P auf der Geraden g.
$Q(-1\,|\,2)$: $y = 3 \neq 2$, Q liegt nicht auf der Geraden g.

Seite 241

7

a) Für $y = -2x + b$ Punktprobe mit $P(3\,|\,5)$:
$5 = -2 \cdot 3 + b$ d.h. $b = 11$.
Die Gerade ist $y = -2x + 11$.

b) Für $y = \frac{1}{2}x + b$ Punktprobe mit $P(4\,|\,-1)$:
$-1 = \frac{1}{2} \cdot 4 + b$ d.h. $b = -3$.
Die Gerade ist $y = \frac{1}{2}x - 3$.

c) $y = -0{,}1x + b$ Punktprobe mit $P(10\,|\,5)$:
$5 = -0{,}1 \cdot 10 + b$ d.h. $b = 6$.
Die Gerade ist $y = -0{,}1x + 6$.

d) $y = b$ Punktprobe mit $P(1\,|\,-0{,}5)$: $y = -0{,}5 = b$.
Die Gerade ist $y = -0{,}5$.

e) $y = \frac{4}{3}x + b$, Punktprobe mit $P(6\,|\,7)$:
$7 = \frac{4}{3} \cdot 6 + b$ d.h. $b = -1$.
Die Gerade ist $y = \frac{4}{3}x - 1$.

f) $y = -0{,}2x + b$, Punktprobe mit $P(-20\,|\,15)$:
$15 = 0{,}2 \cdot 20 + b$ d.h. $b = 11$.
Die Gerade ist $y = -0{,}2x + 11$.

8

a) $m = \frac{1-3}{4-1} = \frac{-2}{3} = -\frac{2}{3}$, Geradengleichung $y = -\frac{2}{3}x + b$
Punktprobe mit $Q(1\,|\,3)$ ergibt $3 = -\frac{2}{3} \cdot 1 + b$ d.h. $b = \frac{11}{3}$.
Die Geradengleichung ist $y = -\frac{2}{3}x + \frac{11}{3}$.

b) $m = \frac{1+2}{5-2} = \frac{3}{3} = 1$, Geradengleichung $y = x + b$
Punktprobe mit $Q(2\,|\,-2)$ ergibt $-2 = 2 + b$ d.h. $b = -4$.
Die Geradengleichung ist $y = x - 4$.

c) $m = \frac{3+1}{-1+2} = 4$, Geradengleichung $y = 4x + b$
Punktprobe mit $P(-2\,|\,-1)$ ergibt $-1 = 4 \cdot (-2) + b$ d.h. $b = 7$.
Die Geradengleichung ist $y = 4x + 7$.

d) $m = \frac{-1+1}{1-5} = 0$, Geradengleichung $y = b$
Punktprobe mit $Q(5\,|\,-1)$ ergibt $-1 = b$.
Die Geradengleichung ist $y = -1$.

e) $m = \frac{4+3}{-1-2} = -\frac{7}{2}$, Geradengleichung ist $y = -\frac{7}{2}x + b$
Punktprobe $Q(-1\,|\,4)$ ergibt $4 = -\frac{7}{2} \cdot (-1) + b$ d.h. $b = \frac{1}{2}$.
Die Geradengleichung ist $y = -\frac{7}{2}x + \frac{1}{2}$.

f) $m = \frac{2-2}{-2+1} = 0$, Geradengleichung $y = b$
Punktprobe mit $P(-2\,|\,2)$ ergibt $2 = b$
Die Geradengleichung ist $y = 2$.

9

a)

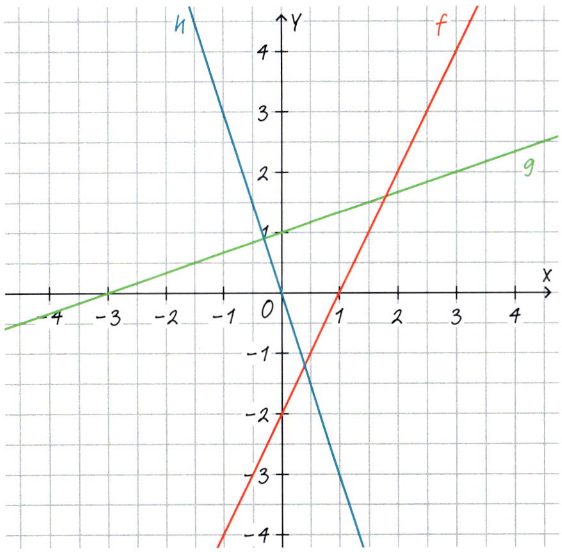

b)

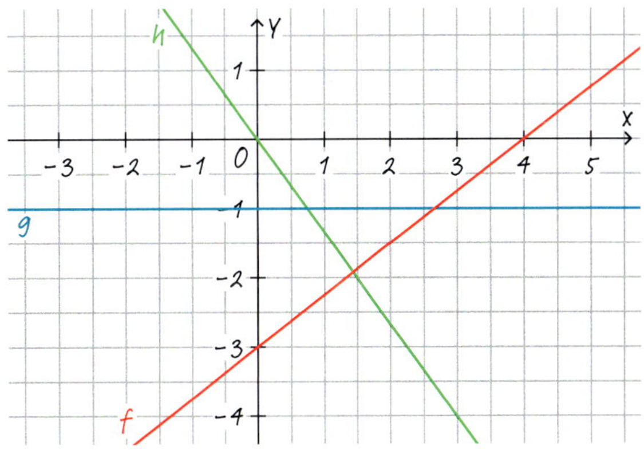

9

a)

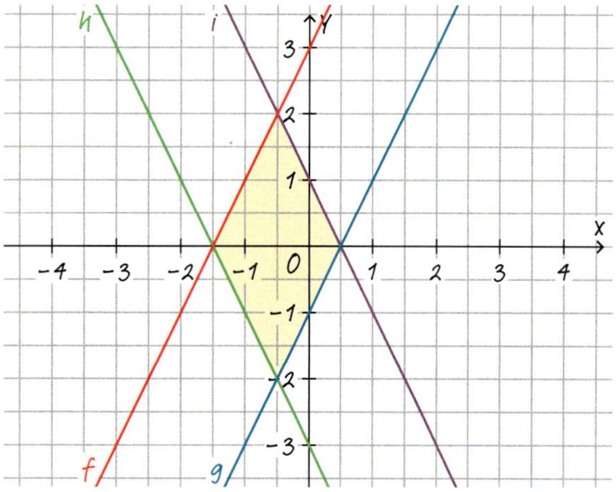

Die Figur ist eine Raute.

b)

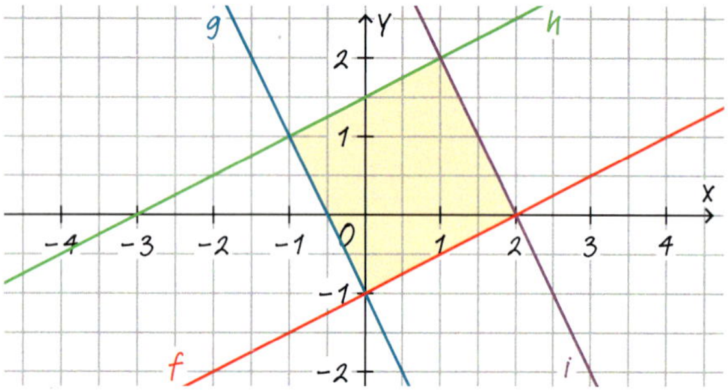

Die Figur ist ein Quadrat.

c)

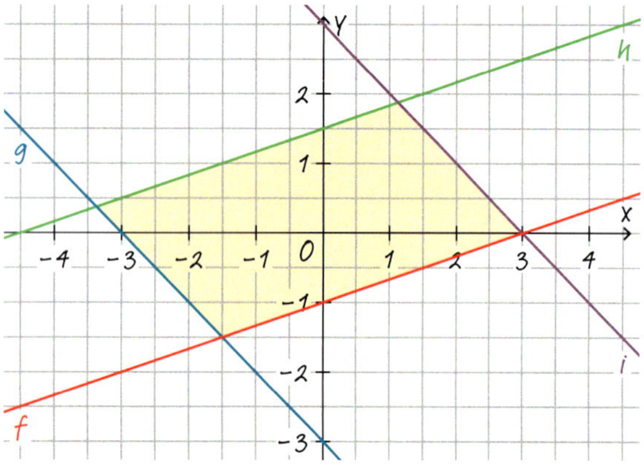

Die Figur ist ein Parallelogramm.

d)

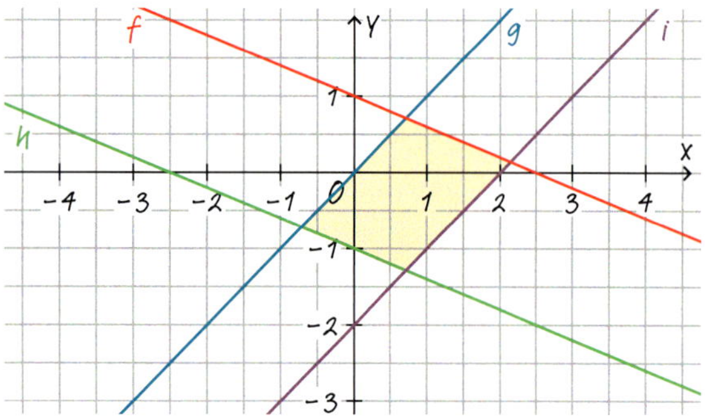

Die Figur ist ein Parallelogramm.

Seite 242

1

a) p: $y = 2x^2$

x	−2	−1	−0,5	0	0,5	1	2
y	8	2	0,5	0	0,5	2	8

b) p: $y = 1{,}5x^2$

x	−2	−1	−0,5	0	0,5	1	2
y	6	1,5	$\frac{3}{8}$	0	$\frac{3}{8}$	1,5	6

a)

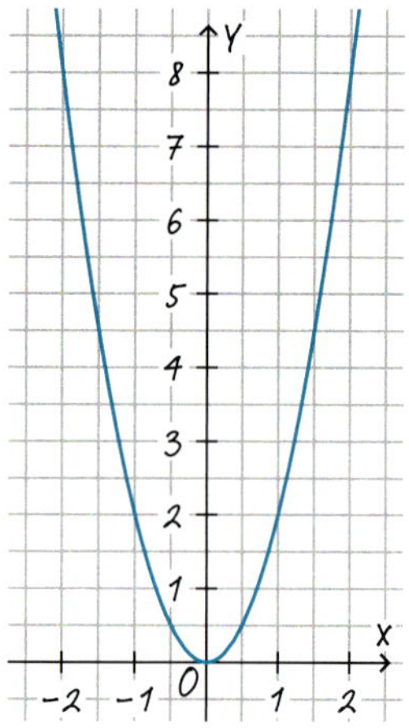

b)

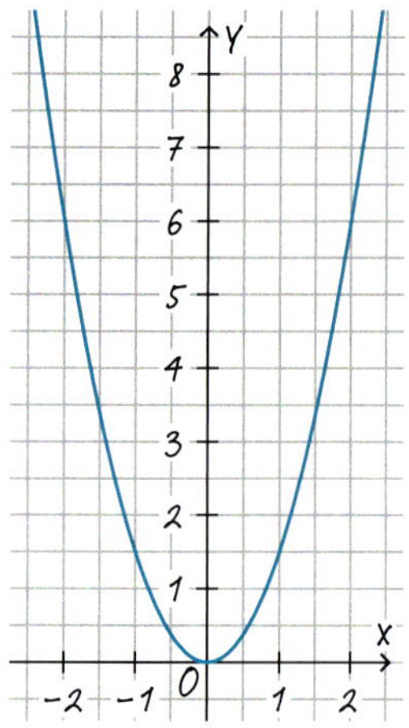

c) p: $y = \frac{1}{2}x^2$

x	−2	−1	−0,5	0	0,5	1	2
y	2	0,5	$\frac{1}{8}$	0	$\frac{1}{8}$	0,5	2

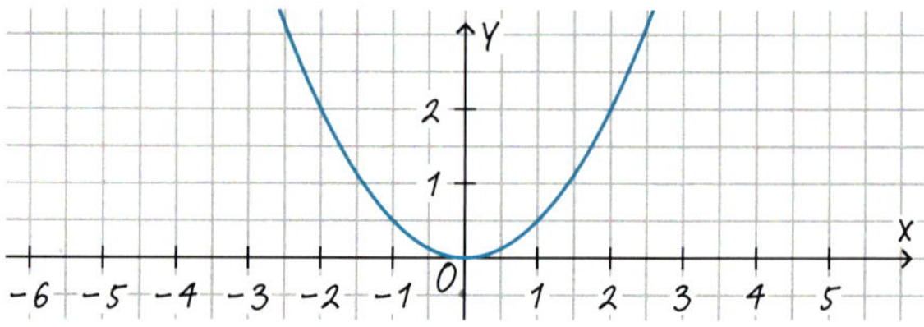

d) p: $y = \frac{1}{4}x^2$

x	−2	−1	−0,5	0	0,5	1	2
y	1	$\frac{1}{4}$	$\frac{1}{16}$	0	$\frac{1}{16}$	$\frac{1}{4}$	1

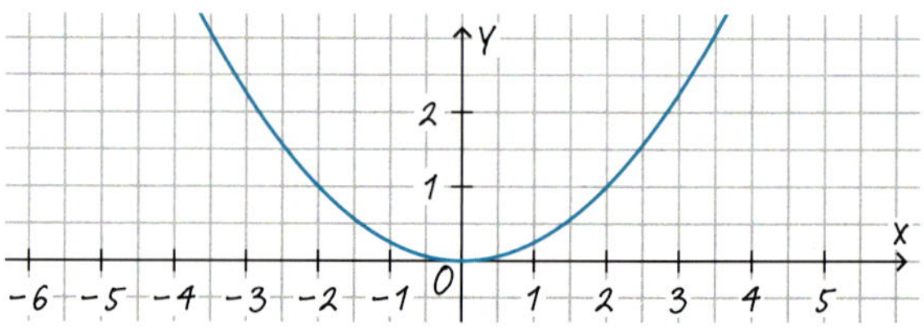

e) p: $y = -\frac{1}{2}x^2$

x	−2	−1	−0,5	0	0,5	1	2
y	−2	−0,5	$-\frac{1}{8}$	0	$-\frac{1}{8}$	−0,5	−2

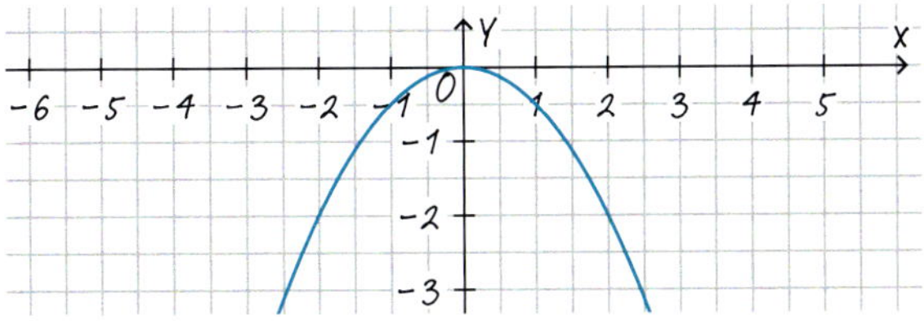

f) p: $y = -\frac{1}{4}x^2$

x	−2	−1	−0,5	0	0,5	1	2
y	−1	$-\frac{1}{4}$	$-\frac{1}{16}$	0	$-\frac{1}{16}$	$-\frac{1}{4}$	−1

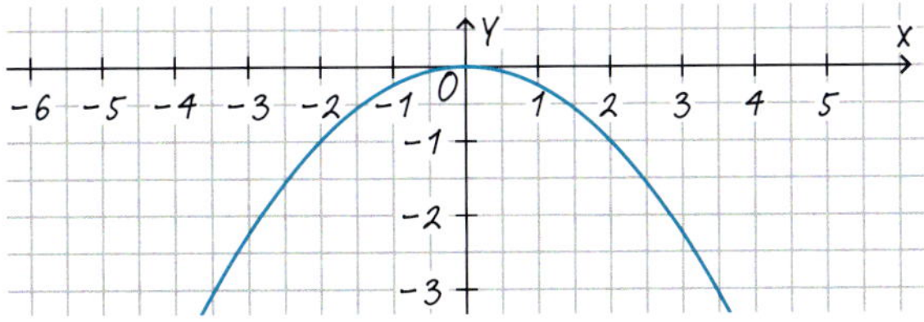

g) p: $y = -x^2$

x	−2	−1	−0,5	0	0,5	1	2
y	−4	−1	−0,25	0	−0,25	−1	−4

h) p: $y = -2x^2$

x	−2	−1	−0,5	0	0,5	1	2
y	−8	−2	−0,5	0	−0,5	−2	−8

g)

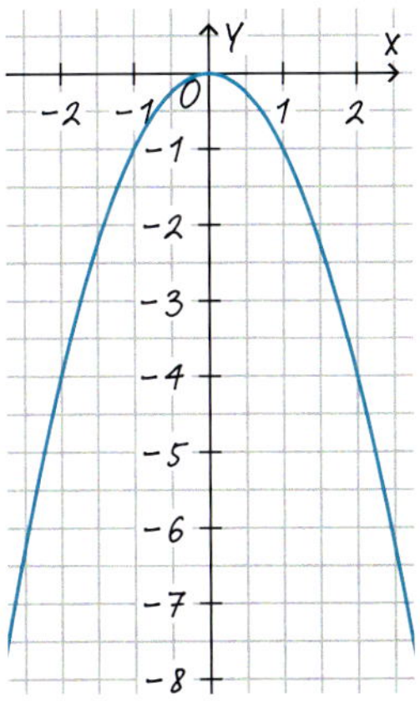

h)

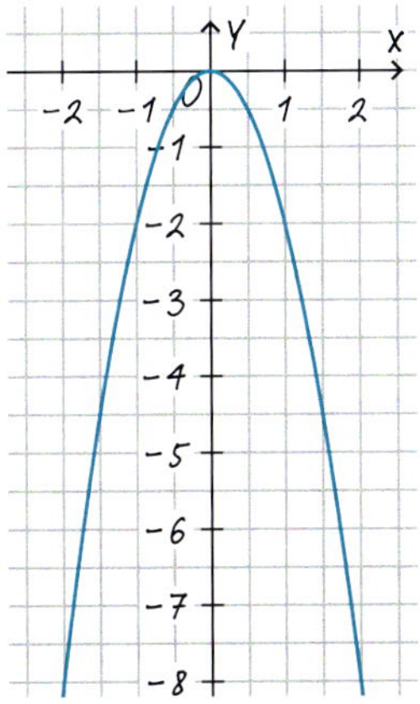

2

p_1 gehört zu einer nach oben geöffneten Parabel, die flacher als die Normalparabel verläuft. Es kommen D und F in Frage. Bei $x = 1$ liest man $a = \frac{1}{4}$ ab. p_1 gehört zu D.

p_2 gehört zu einer nach unten geöffneten Parabel, die steiler als die Normalparabel verläuft. Es kommen A und E in Frage. Bei $x = 1$ liest man $a = -2{,}5$ ab. p_2 gehört zu A.

p_3 gehört zu eine nach unten geöffneten Parabel, die flacher als die Normalparabel verläuft. Es kommen B und G in Frage. Bei $x = 1$ liest man $a = -\frac{1}{2}$ ab. p_3 gehört zu B.

p_4 gehört zu einer nach unten geöffneten Parabel, die steiler als die Normalparabel verläuft. Es kommen A und E in Frage. Bei $x = 1$ liest man $a = -1{,}5$ ab. p_4 gehört zu E.

p_5 gehört zu einer nach oben geöffneten Parabel, die steiler als die Normalparabel verläuft. Es kommen C und H in Frage. Bei $x = 1$ liest man $a = 2$ ab. p_5 gehört zu C.

p_6 gehört zu einer nach oben geöffneten Parabel, die steiler als die Normalparabel verläuft. Es kommen C und H in Frage. Bei $x = 1$ liest man $a = 1{,}5$ ab. p_6 gehört zu H.

p_7 gehört zu einer nach unten geöffneten Parabel, die flacher als die Normalparabel verläuft. Es kommen B und G in Frage. Bei $x = 1$ liest man $a = -\frac{3}{4}$ ab. p_7 gehört zu G.

p_8 gehört zu einer nach oben geöffneten Parabel, die flacher als die Normalparabel verläuft. Es kommen D und F in Frage. Bei $x = 1$ liest man $a = \frac{2}{3}$ ab. p_8 gehört zu F.

3

a) Punktprobe für $P(1|3)$: $3 = a$, folglich ist $p: y = 3x^2$.

b) Punktprobe für $P(1|-1{,}8)$: $-1{,}8 = a$, folglich ist $p: y = -1{,}8x^2$.

c) Punktprobe für $P(-1|2)$: $2 = (-1)^2 \cdot a$, folglich ist $p: y = 2x^2$.

d) Punktprobe für $P(-1|-1{,}5)$: $-1{,}5 = (-1)^2 \cdot a$, folglich ist $p: y = -1{,}5x^2$.

e) Punktprobe für $P(2|2)$: $2 = (2)^2 \cdot a$
$\frac{2}{4} = a$, folglich ist $p: y = 0{,}5x^2$.

f) Punktprobe für $P(2|-1)$: $-1 = (2)^2 \cdot a$
$\frac{-1}{4} = a$, folglich ist $p: y = -0{,}25x^2$.

g) Punktprobe für $P(3|1)$: $1 = (3)^2 \cdot a$
$\frac{1}{9} = a$, folglich ist $p: y = \frac{1}{9}x^2$.

h) Punktprobe für $P(4|-4)$: $-4 = (4)^2 \cdot a$
$\frac{-4}{16} = a$, d.h. $-\frac{1}{4} = a$ folglich ist $p: y = -0{,}25x^2$.

i) Punktprobe für $P(5|15)$: $15 = (5)^2 \cdot a$
$\frac{15}{25} = a$, d.h. $\frac{3}{5} = a$ folglich ist $p: y = 0{,}6x^2$.

Seite 243

4

a) $S(2|3)$ b) $S(-1|2)$ c) $S(-3|-6)$ d) $S(4|-7)$

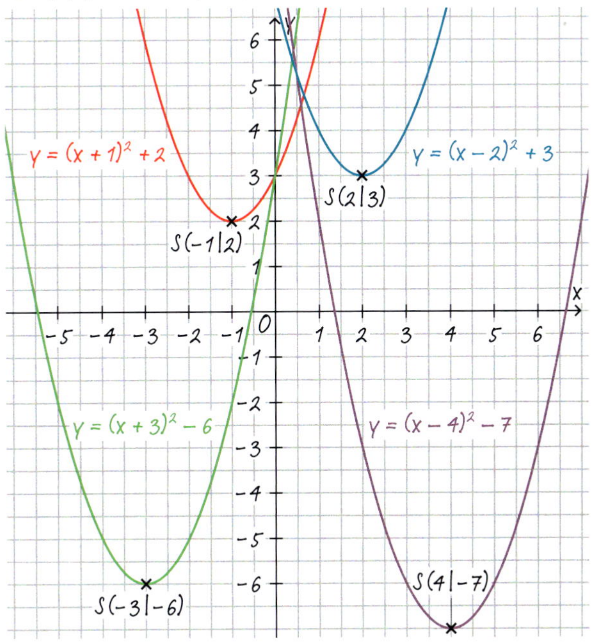

5

a) $y = (x - 3)^2 + 2$

b) $y = (x - 4)^2 - 3$

c) $y = (x + 2)^2 + 1$

d) $y = (x + 3)^2 - 6$

e) $y = (x + 0)^2 + 1 = x^2 + 1$

f) $y = (x + 5)^2 + 0 = (x + 5)^2$

6

p_1: $y = (x + 2)^2 - 1$

p_2: $y = x^2 - 2$

p_3: $y = (x - 3)^2$

p_4: $y = (x - 0{,}5)^2 + 1{,}5$

7

a)

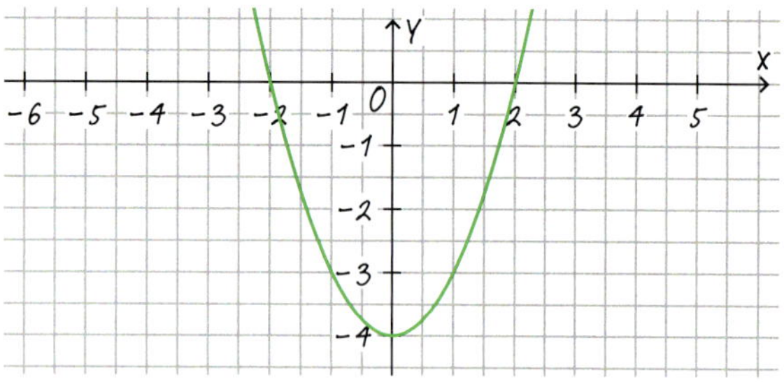

Schnittpunkte mit der x-Achse ablesen $N_1(-2|0)$ und $N_2(2|0)$.

Punktprobe N_1: $(-2)^2 - 4 = 0$

Punktprobe N_2: $(2)^2 - 4 = 0$

Schnittpunkt mit der y-Achse ist $S_y(0|-4)$.

b)

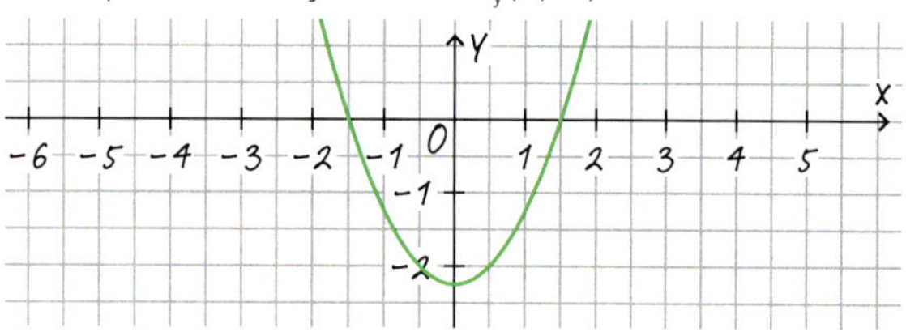

Schnittpunkte mit der x-Achse ablesen

$N_1(-1{,}5|0)$ und $N_2(1{,}5|0)$.

Punktprobe N_1: $(-1{,}5)^2 - 2{,}25 = 0$

Punktprobe N_2: $(1{,}5)^2 - 2{,}25 = 0$

Schnittpunkt mit der y-Achse ist $S_y(0|-2{,}25)$.

c)

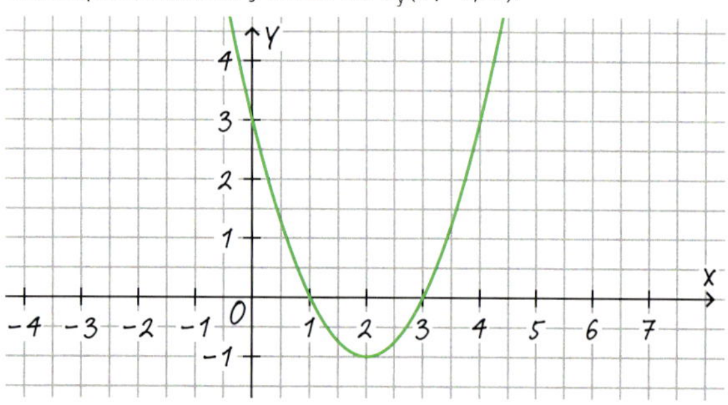

Schnittpunkte mit der x-Achse ablesen

$N_1(1|0)$ und $N_2(3|0)$.

Punktprobe N_1: $(1 - 2)^2 - 1 = 1 - 1 = 0$

Punktprobe N_2 $(3 - 2)^2 - 1 = 1 - 1 = 0$

Schnittpunkt mit der y-Achse ist $S_y(0|3)$.

d)

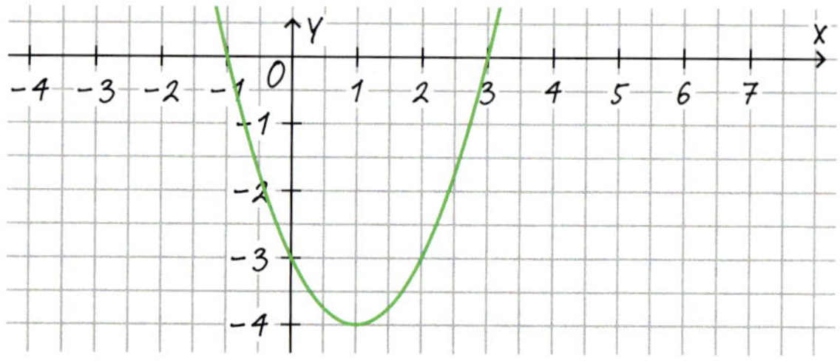

Schnittpunkte mit der x-Achse ablesen

$N_1(-1|0)$ und $N_2(3|0)$.

Punktprobe N_1: $(-1 - 1)^2 - 4 = 4 - 4 = 0$

Punktprobe N_2: $(3 - 1)^2 - 4 = 4 - 4 = 0$

Schnittpunkt mit der y-Achse ist $S_y(0|-3)$.

e)

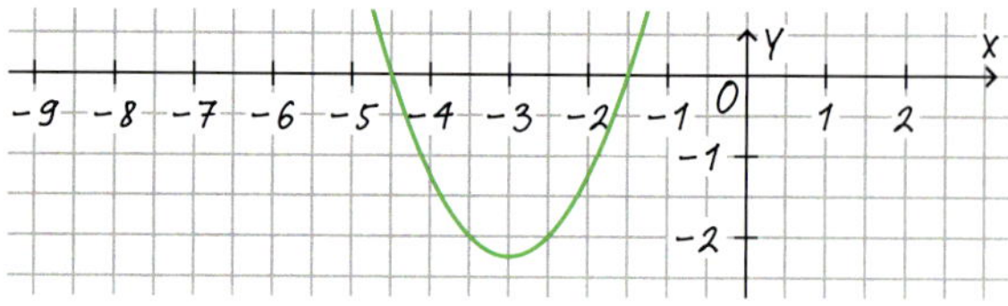

Schnittpunkte mit der x-Achse ablesen

$N_1(-4{,}5|0)$ und $N_2(-1{,}5|0)$.

Punktprobe N_1: $(-4{,}5 + 3)^2 - 2{,}25 = 2{,}25 - 2{,}25 = 0$

Punktprobe N_2: $(-1{,}5 + 3)^2 - 2{,}25 = 2{,}25 - 2{,}25 = 0$

Schnittpunkt mit der y-Achse ist $S_y(0|6{,}75)$.

f)

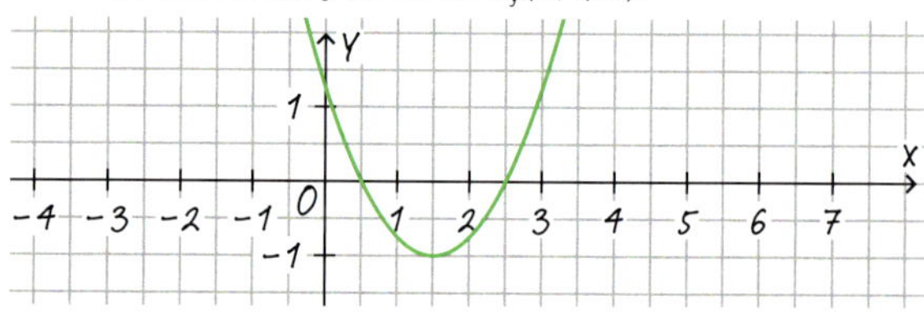

Schnittpunkte mit der x-Achse ablesen

$N_1(0{,}5|0)$ und $N_2(2{,}5|0)$.

Punktprobe N_1: $(0{,}5 - 1{,}5)^2 - 1 = 1 - 1 = 0$

Punktprobe N_2: $(2{,}5 - 1{,}5)^2 - 1 = 1 - 1 = 0$

Schnittpunkt mit der y-Achse ist $S_y(0|1{,}25)$.

Seite 244

1

a) $y - 2x$
b) $5c - a$
c) $x + 7$
d) $3b - 2$
e) $8c - 10$
f) -3
g) $6x + 2$
h) $-x$

2

a) 7
b) 22
c) 10
d) 30
e) 12,6
f) 40

3

a) $30ax$
b) $70abcr$
c) $70acx$
d) $40abxyz$
e) $3ax$
f) $4ax$
g) axz
h) $45xz$

4

a) $5x + 10$
b) $x + xy - 2xz$
c) $7a - 7$
d) $12m + 10mn$
e) $-2xy + 4x$
f) $24g - 6fg$
g) $180a - 36ab$
h) $27ab - 36a^2$
i) $3{,}5z^2 + 0{,}75z$
j) $6r^2s - 9rs^2$

5

a) $4(a + 10b)$
b) $11(a + 1)$
c) $-13(a - 2)$
d) $5c(5 - 3d)$
e) $s(2s - 5t + 7r)$
f) $8a(4a + 2b - c)$
g) $7a(3a - 4b + 1)$
h) $12y(1 + 2x - 3y)$
i) $3a(5b - 4a + 2)$
j) $7x(3x - 2y + 6)$

6

a) $6 + 2y + 3x + xy$
b) $z^2 + 10z + 24$
c) $-a^2 + 4a - 3$
d) $4 - 4y + x - xy$
e) $4 - 2y + 4x - 2xy$
f) $20 - 10c - 10a + 5ac$
g) $-14 - 7k + 2x + xk$
h) $6 - 2y + 3x - xy$
i) $-12z^2 + 4z + 1$
j) $1 - b + 5a - 5ab$
k) $-0{,}2 + 0{,}4y + x - 2xy$
l) $14ax + 0{,}7a - 7x - 0{,}35$
m) $-1{,}2 + 0{,}3y + 16x - 4xy$
n) $10a + ab - 3 - 0{,}3b$
o) $-6{,}4a + 1{,}6 + 2{,}4ax - 0{,}6x$

Seite 245

7

a) $x^2 + 6x + 9$
b) $a^2 - 10a + 25$
c) $4x^2 - 12x + 9$
d) $x^2 + 4ax + 4a^2$
e) $9x^2 - 12xy + 4y^2$
f) $a^2 - 6ab + 9b^2$
g) $4a^2 - 0{,}4ab + 0{,}01b^2$
h) $0{,}25x^2 - 3xz + 9z^2$

8

a) $x^2 - 4$
b) $9 - a^2$
c) $p^2 - 4q^2$
d) $r^2 - 9s^2$
e) $4x^2 - 9y^2$
f) $25a^2 - 4b^2$
g) $9x^2 - 9$
h) $x^2 - 0{,}01$

9

a) $(5 + x)(5 - x)$
b) $(10 + 3y)(10 - 3y)$
c) $(x + 2y)(x - 2y)$
d) $(3a + 4b)(3a - 4b)$
e) $(7r + 9s)(7r - 9s)$
f) $4(16p^2 - 9q^2) = 4(4p + 3q)(4p - 3q)$
g) $2(9a^2 - 16b^2) = 2(3a + 4b)(3a - 4b)$
b) $3(9r^2 - 4s^2) = 3(3r + 2s)(3r - 2s)$

10

a) $(2 + b)^2$
b) $(a + 2b)^2$
c) $(x - 4)^2$
d) $(4p + 9)^2$
e) $(x - 6y)^2$
f) $(3x + 2y)^2$
g) $(2a - 7y)^2$
h) $9(x - 2y)^2$

11

a) $\frac{x^2 - x}{2x} = \frac{x(x - 1)}{2x} = \frac{x - 1}{2}$

b) $\frac{3x^3 - 12x^2}{x - 4} = \frac{3x^2(x - 4)}{x - 4} = 3x^2$

c) $\frac{x^2 - 2x + 1}{2x - 2} = \frac{(x - 1)^2}{2(x - 1)} = \frac{x - 1}{2}$

d) $\frac{2h^2 - 8h + 8}{2h - 4} = \frac{2(h^2 - 4h + 4)}{2(h - 2)} = \frac{(h - 2)^2}{h - 2} = h - 2$

e) $\frac{x^2 - 25}{5x^2 - 25x} = \frac{(x + 5)(x - 5)}{5x(x - 5)} = \frac{x + 5}{5x}$

f) $\frac{(x - 2)^2 - x^2}{x} = \frac{x^2 - 4x + 4 - x^2}{x} = \frac{-4x + 4}{x}$

g) $\frac{4x^2 - 8x + 4}{x^2 - 1} = \frac{4(x^2 - 2x + 1)}{(x - 1)(x + 1)} = \frac{4(x - 1)^2}{(x - 1)(x + 1)} = \frac{4(x - 1)}{x + 1}$

h) $\frac{2x^2 - 12x + 18}{2x^2 - 18} = \frac{2(x^2 - 6x + 9)}{2(x^2 - 9)} = \frac{(x - 3)^2}{(x - 3)(x + 3)} = \frac{x - 3}{x + 3}$

12

Das Lösungswort heißt BANJO.

Seite 246

1

	x	links	rechts	Lösung
a)	2	10	10	Ja
	4	20	12	Nein
	5	25	13	Nein
b)	2	3	12	Nein
	4	7	10	Nein
	5	9	9	Ja
c)	2	0	5	Nein
	4	4	3	Nein
	5	6	2	Nein
d)	2	4	4	Ja
	4	6	12	Nein
	5	7	16	Nein
e)	2	18	48	Nein
	4	40	50	Nein
	5	51	51	Ja
f)	2	-6	-2	Nein
	4	0	0	Ja
	5	3	1	Nein
g)	2	10	13	Nein
	4	24	25	Nein
	5	31	31	Ja
h)	2	14	12	Nein
	4	32	20	Nein
	5	41	24	Nein

2

a)
$3x - 11 = 4 \quad | + 11$
$3x = 15 \quad | : 3$
$x = 5$

b)
$1 = -3x - 5 \quad | + 5$
$6 = -3x \quad | : (-3)$
$x = -2$

c)
$2x - 5 = 3x - 4 \quad | + 5$
$2x = 3x + 1 \quad | - 3x$
$-x = 1 \quad | \cdot (-1)$
$x = -1$

d)
$x - 1 = 6x - 4 \quad | + 4$
$x + 3 = 6x \quad | - x$
$3 = 5x \quad | : 5$
$x = 0{,}6$

e)
$7x + 19 = 12x + 1 \quad | - 19$
$7x = 12x - 18 \quad | - 12x$
$-5x = -18 \quad | : (-5)$
$x = \frac{18}{5}$

f)
$8z - 6 = 11z - 7 \quad | + 7$
$8z + 1 = 11z \quad | - 8z$
$1 = 3z \quad | : 3$
$z = \frac{1}{3}$

3

a) $3x - 1 = 5$ oder $x - 1 = 1$
b) $2x + 5 = 5$ oder $1 - x = 1$
c) $10x - 5 = 0$ oder $2 - 2x = 1{,}5$
d) $x + 4 = 1$ oder $3x + 6 = -3$
e) $2x + 16 = 2$ oder $1 - x = 8$
f) $3x + 6 = 1$ oder $1 - 6x = 11$

4

a) $8 + 3x = 10 - 5x \quad | -8$
$3x = -5x + 2 \quad | +5x$
$8x = 2 \quad | :8$
$x = \frac{1}{4}$

b) $18x + 24 = 10x + 40 \quad | -10x$
$8x + 24 = 40 \quad | -24$
$8x = 16 \quad | :8$
$x = 2$

c) $2y - 14 + 2y - 5 = 3y - 3 - 5$
$4y - 19 = 3y - 8 \quad | -3y$
$y - 19 = -8 \quad | +19$
$y = 11$

d) $x^2 + 2x - 8 = x^2 - 6 \quad | -x^2$
$2x - 8 = -6 \quad | +8$
$2x = 2 \quad | :2$
$x = 1$

e) $x^2 - 9 = x^2 + x - 2 \quad | -x^2$
$-9 = x - 2 \quad | +2$
$x = -7$

f) $4x^2 + 4x + 1 = 4x^2 - 4 \quad | -4x^2$
$4x + 1 = -4 \quad | -1$
$x = -\frac{5}{4}$

5

a) $\frac{2}{3}x + \frac{1}{2} = \frac{5}{6} \quad | \cdot 6$
$4x + 3 = 5 \quad | -3$
$4x = 2 \quad | :4$
Somit ist $x = \frac{1}{2}$.

b) $x + 6 = \frac{11}{4}x - 1 \quad | \cdot 4$
$4x + 24 = 11x - 4 \quad | +4$
$4x + 28 = 11x \quad | -4x$
$28 = 7x \quad | :7$
Somit ist $x = 4$.

c) $\frac{1}{2}x - 1 = \frac{9}{4}x - \frac{9}{2} \quad | \cdot 4$
$2x - 4 = 9x - 18 \quad | +18$
$2x + 14 = 9x \quad | -2x$
$14 = 7x \quad | :7$
Somit ist $x = 2$.

d) $\frac{5}{6}x - \frac{2}{3} = \frac{8}{3} \quad | \cdot 6$
$5x - 4 = 16 \quad | +4$
$5x = 20 \quad | :5$
Somit ist $x = 4$.

e) $\frac{3}{10} + \frac{1}{5}x = \frac{7}{10} - \frac{2}{5}x \quad | \cdot 10$
$3 + 2x = 7 - 4x \quad | +4x$
$3 + 6x = 7 \quad | -3$
$6x = 4 \quad | :6$
Somit ist $x = \frac{2}{3}$.

f) $\frac{1}{4}x - \frac{7}{8} = 1 - \frac{3}{8}x \quad | \cdot 8$
$2x - 7 = 8 - 3x \quad | +3x$
$5x - 7 = 8 \quad | +7$
$5x = 15 \quad | :5$
Somit ist $x = 3$.

6

a) $L = \{\ \}$ b) $L = \{2\}$ c) $L = \mathbb{R}$
d) $L = \mathbb{R}$ e) $L = \{\ \}$ f) $L = \mathbb{R}$
g) $L = \mathbb{R}$ h) $L = \{-4\}$ i) $L = \{\ \}$
j) $L = \mathbb{R}$ k) $L = \mathbb{R}$ l) $L = \{0\}$

Seite 247

1

a) $x_1 = 2$ und $x_2 = 5$
b) $x_1 = 3$ und $x_2 = 1$
c) $x_1 = -5$ und $x_2 = 1$
d) $x_1 = 4$ und $x_2 = -1$
e) $x_1 = 2$ und $x_2 = -1$
f) $L = \{\ \}$
g) $x_1 = 2$ und $x_2 = 4$
h) $x_1 = 2$ und $x_2 = -1$
i) $x_1 = -3$ und $x_2 = 4$
j) $x_1 = 1$ und $x_2 = 3$
k) $x_1 = 3$ und $x_2 = -7$
l) $x_1 = -3$ und $x_2 = 4$

2

a) $x_{1,2} = \pm 3$
b) $x_{1,2} = \pm 4$
c) $x_{1,2} = \pm 2$
d) $x_{1,2} = \pm 5$
e) $x_{1,2} = \pm 3$
f) $x_{1,2} = \pm 1$

3

a) $x_1 = 0$ und $x_2 = 1$
b) $x_1 = 0$ und $x_2 = -1$
c) $x_1 = 0$ und $x_2 = 3$
d) $x_1 = 0$ und $x_2 = 5$
e) $x_1 = 0$ und $x_2 = 1{,}4$
f) $x_1 = 0$ und $x_2 = 3$

4

a) $x^2 + 4x + 4 = 0$
gehört zu $(x + 2)^2 = 0$.
Somit ist $x = -2$ die einzige Lösung.

b) $x^2 - 10x + 25 = 0$
gehört zu $(x - 5)^2 = 0$.
Somit ist $x = 5$ die einzige Lösung.

c) $x^2 - 14x + 49 = 0$
gehört zu $(x - 7)^2 = 0$.
Somit ist $x = 7$ die einzige Lösung.

d) $2(x^2 - 2x + 1) = 0$
gehört zu $2(x - 1)^2 = 0$.
Somit ist $x = 1$ die einzige Lösung.

e) $0{,}5(x^2 - 6x + 9) = 0$
gehört zu $\frac{1}{2}(x - 3)^2 = 0$.
Somit ist $x = 3$ die einzige Lösung.

f) $\frac{1}{4}(x^2 - 8x + 16) = 0$
gehört zu $\frac{1}{4}(x - 4)^2 = 0$.
Somit ist $x = 4$ die einzige Lösung.

5

a) $(x - 2)^2 = 0$ ergibt $x = 2$.
b) $3(x + 1)^2 = 0$ ergibt $x = -1$.
c) $(x - 3)^2 = 0$ ergibt $x = 3$.
d) $(x + 2{,}5)^2 = 0$ ergibt $x = -2{,}5$.
e) $\frac{1}{2}(x - 4)^2 = 0$ ergibt $x = 4$.
f) $\frac{1}{5}(x + 5)^2 = 0$ ergibt $x = -5$.

6

a) $x(x-3)=0$
Satz vom Nullprodukt ergibt die Lösungen $x_1 = 0$ und $x_2 = 3$.

b) $x^2 = 16$ ist durch Wurzelziehen möglich $x_{1,2} = \pm 4$.

c) $x^2 + 3x + 2{,}25 = (x - 1{,}5)^2$ ist die 2. bin. Formel. Damit ist $x = 1{,}5$ einzige Lösung.

d) Mit einer Lösungsformel erhält man die Lösungen $x_1 = -3$ und $x_2 = -4$.

e) Mit einer Lösungsformel erhält man die Lösungen $x_1 = -1$ und $x_2 = -5$.

f) Die Lösungsformel liefert eine negative Diskriminante, also $L = \{\}$.

g) Mit einer Lösungsformel erhält man die Lösungen $x_1 = -\frac{1}{2}$ und $x_2 = 3$.

h) $x^2 = 9$ ist durch Wurzelziehen lösbar, d.h. $x_{1,2} = \pm 3$.

i) $2x(x-2) = 0$
Der Satz vom Nullprodukt liefert die Lösungen $x_1 = 0$ und $x_2 = 2$.

j) Mit einer Lösungsformel erhält man die Lösungen $x_1 = 2$ und $x_2 = 3$.

k) $2x(x-6) = 0$
Der Satz vom Nullprodukt liefert die Lösungen $x_1 = 0$ und $x_2 = 6$.

l) $x^2 = -4$ ist unlösbar, also $L = \{\}$.

Seite 248

1

a) (1) $3x - y = -2$
(2) $x + y = -2$
$A(-1; -1)$ einsetzen
(1) $3 \cdot (-1) - (-1) = -3 + 1 = -2$
(2) $(-1) + (-1) = -2$
Beide Gleichungen stimmen, A ist Lösung des LGS.
$B(-4; 2)$ einsetzen
(1) $3 \cdot (-4) - 2 = -12 - 2 = -14 \neq -2$
B ist keine Lösung der Gleichung (1) und damit auch keine Lösung des LGS.
$C(-1; 3)$ einsetzen
(1) $3 \cdot (-1) - 3 = -6 \neq -2$
C ist keine Lösung der Gleichung (1) und damit auch keine Lösung des LGS.
$D(-2; 4)$ einsetzen
(1) $3 \cdot (-2) - 4 = -6 - 4 = -10$
D ist keine Lösung der Gleichung (1) und damit auch keine Lösung des LGS.

b) $A(-1; -1)$; $C(-1; 3)$; $D(-2; 4)$ sind keine Lösungen der Gleichung (1), also keine Lösung des LGS. $B(-4; 2)$ ist eine Lösung des LGS.

c) $A(-1; -1)$ und $D(-2; 4)$ sind keine Lösungen der Gleichung (1), also keine Lösung des LGS. $B(-4; 2)$ und $C(-1; 3)$ sind Lösungen des LGS.

d) $A(-1; -1)$ und $B(-4; 2)$ sind keine Lösungen der Gleichung (1), also keine Lösung des LGS. $C(-1; 3)$ ist keine Lösung der Gleichung (2), also keine Lösung des LGS. $D(-2; 4)$ ist Lösung des LGS.

2

a) (1) $y = 2x - 3$; (2) $y = -2x + 7$

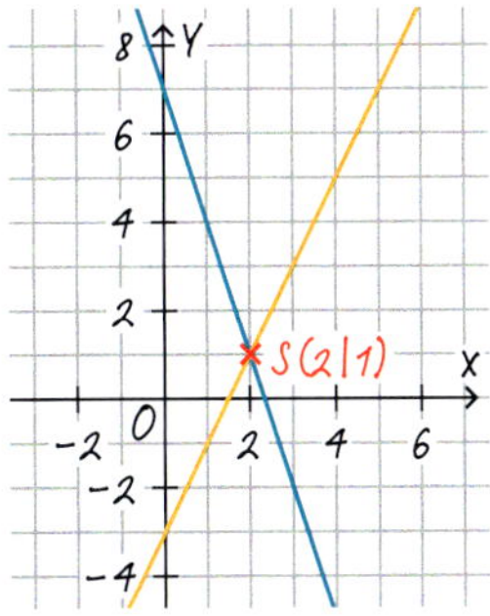

Schnittpunkt S(2|1)

b) (1) $y = x + 1$; (2) $y = -\frac{1}{2}x + 4$

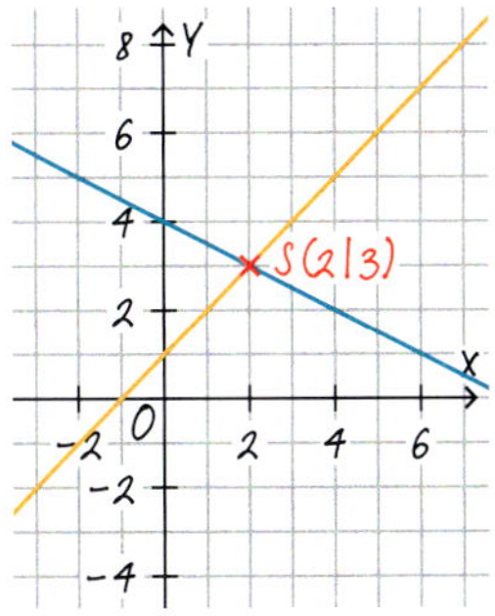

Schnittpunkt S(2|3)

c) (1) $y = -2x + 1$; (2) $y = -2x + 5$

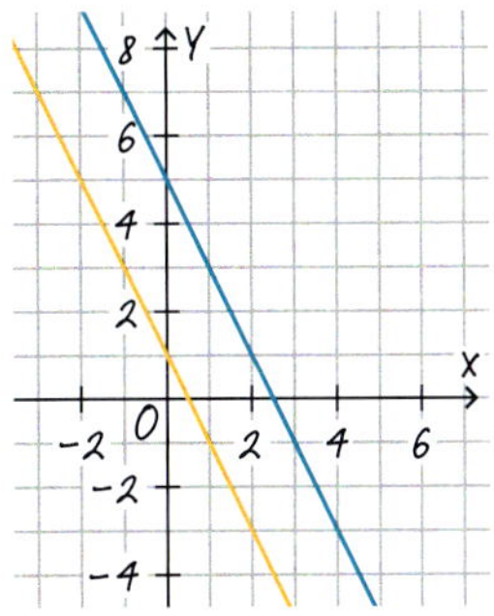

parallele Geraden, kein Schnittpunkt

d) (1) $y = -3x - 2$; (2) $y = x + 6$

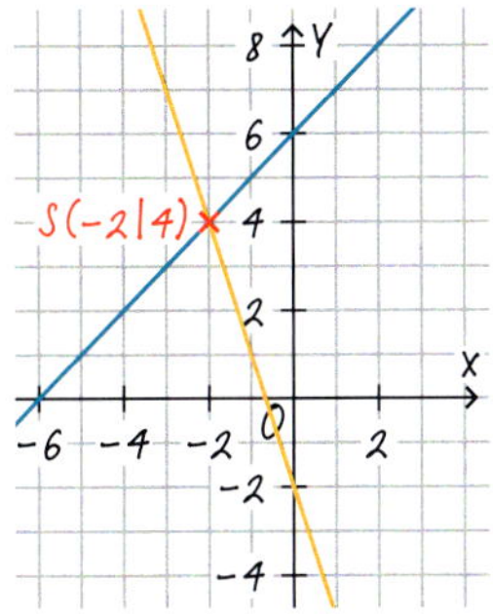

Schnittpunkt S(−2|4)

e) (1) $y = -\frac{1}{4}x - 2$; (2) $y = -2x - 5$

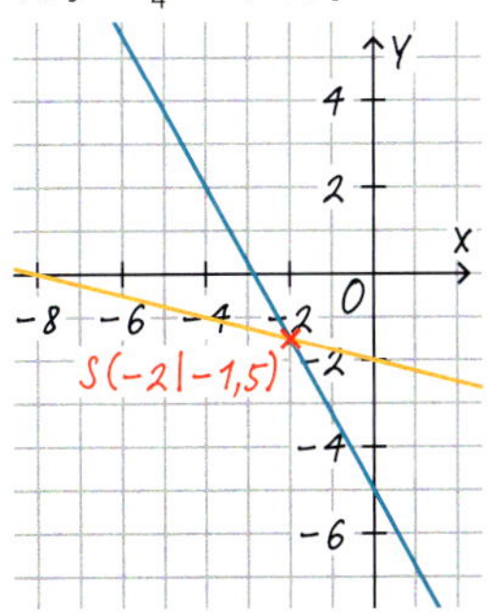

Schnittpunkt S(−2|−1,5)

f) (1) $y = 3x - 3$; (2) $y = -3x$

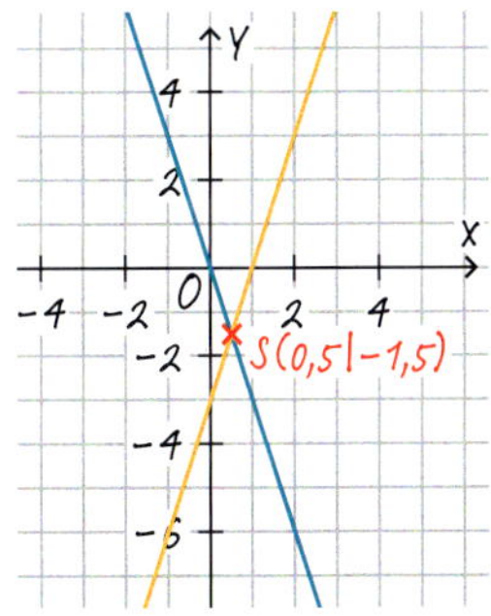

Schnittpunkt S(0,5|−1,5)

3

a)

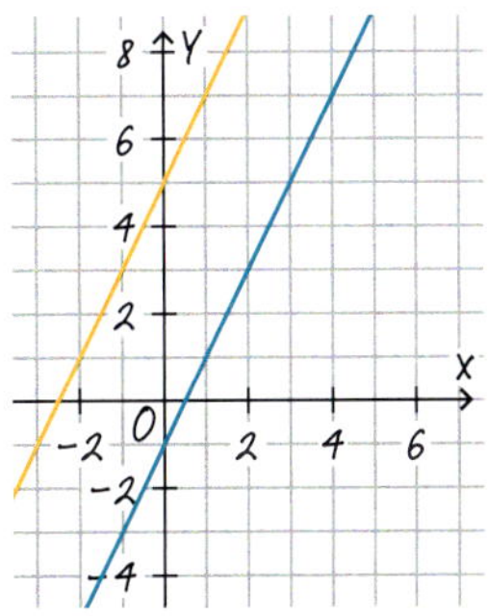

parallele Geraden, keine Lösung

b)

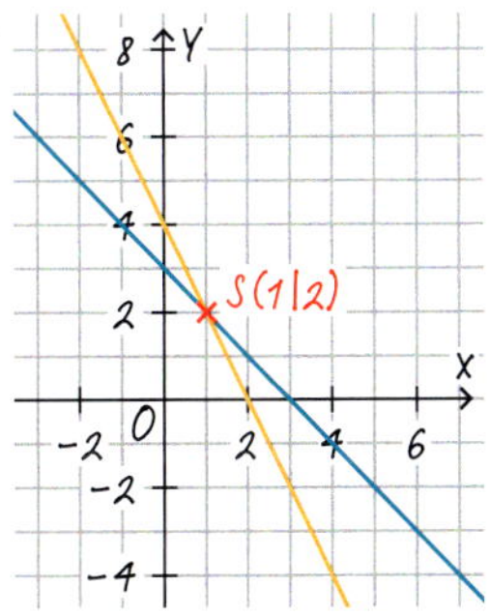

Schnittpunkt S(1|2)

c)

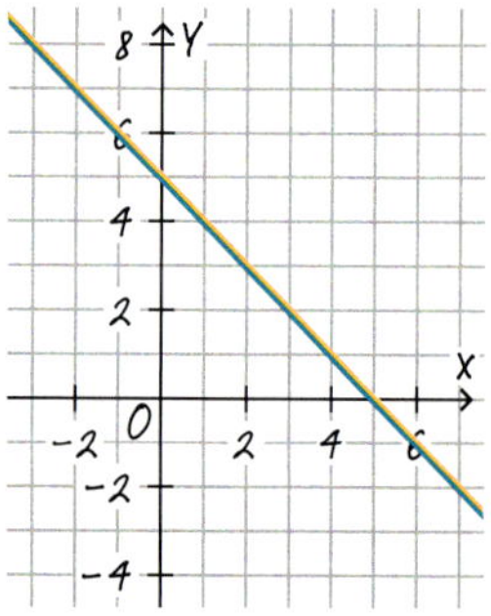

identische Geraden,
unendlich viele Lösungen

d)

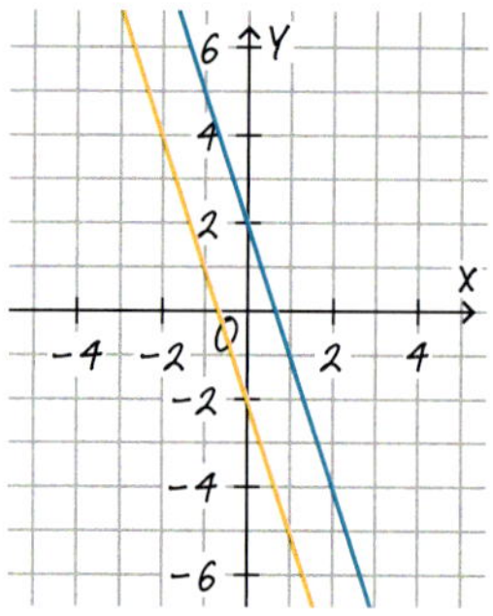

parallele Geraden,
keine Lösung

4

a)

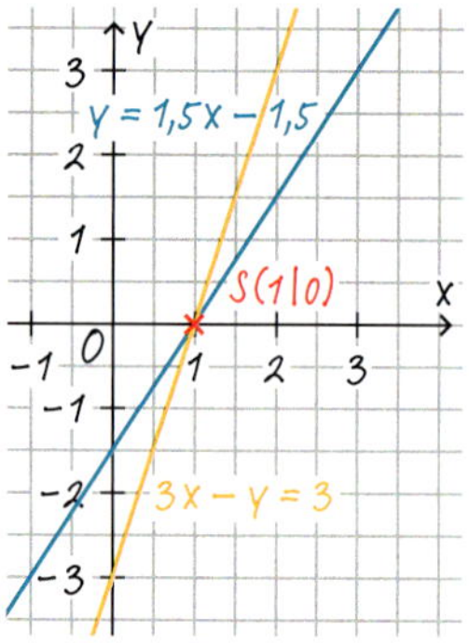

Schnittpunkt ist S(1 | 0).

b)

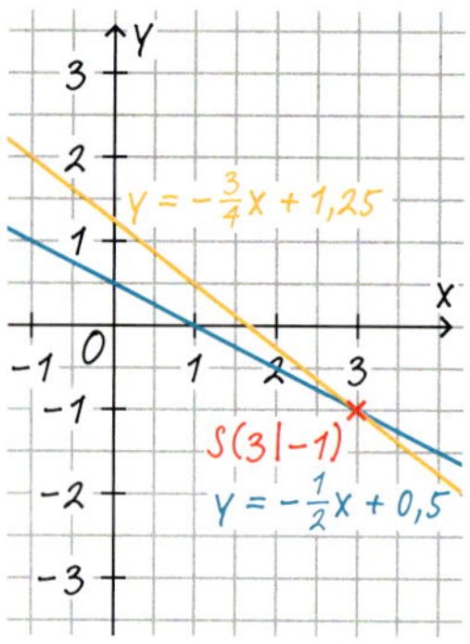

Schnittpunkt ist S(3 | −1).

c)

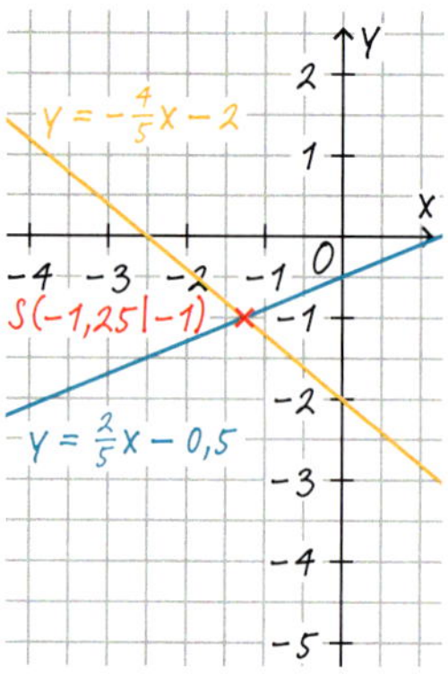

Schnittpunkt ist S(1,25 | −1).

d)

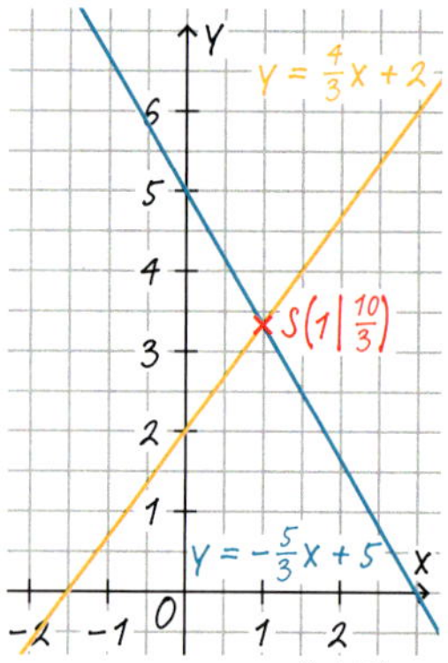

Schnittpunkt ist $S\left(1 \middle| \frac{10}{3}\right)$.

e)

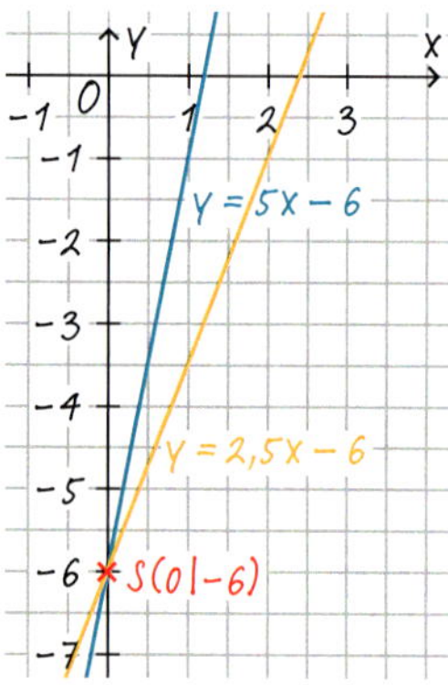

Schnittpunkt ist S(0 | −6).

f)

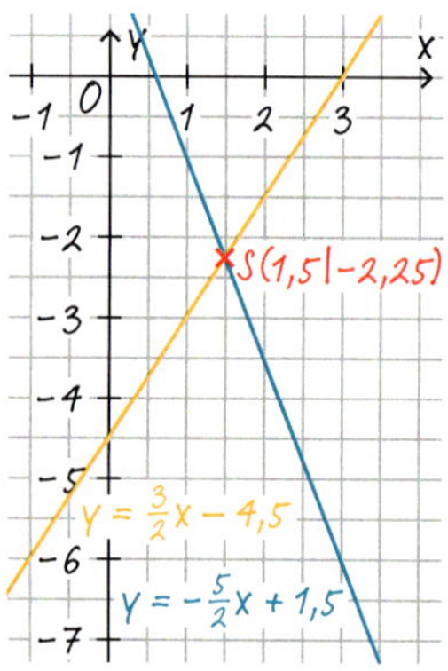

Schnittpunkt ist S(1,5 | −2,25).

Seite 249

5

a) (1) $x = 1 - 3y$
(2) $x = 5 - 7y$
Lösung ist (−2; 1).

b) (1) $y = 5x - 14$
(2) $y = 13 - 4x$
Lösung ist (3; 1).

c) (1) $x = -3y + 12$
(2) $x = 10y - 14$
Lösung ist (6; 2).

d) (1) $y = -x + 4$
(2) $y = -0{,}4x + 1$
Lösung ist (5; −1).

6

a) (2) in (1): $2(y - 1) + 3y = 8$
$5y - 2 = 8$ | + 2
$5y = 10$ | : 5
ergibt $y = 2$
in (2) einsetzen: $x = 2 - 1 = 1$
Lösung ist (1; 2).

b) (2) in (1): $3 \cdot (2y) + 5y = 11$
$11y = 11$ | : 11
$y = 1$
in (2) einsetzen: $x = 2$
Lösung ist (2; 1).

c) (2) in (1): $2x - 3 \cdot (-2x + 1) = 5$
$2x + 6x - 3 = 5$ | + 3
$8x = 8$ | : 8
ergibt $x = 1$
in (2) einsetzen: $y = -2 + 1$
ergibt $y = -1$
Lösung ist (1; −1).

d) (2) in (1): $5x - 3 \cdot (5 + 2x) = -5$
$5x - 15 - 6x = -5$ | + 15
$-x = 10$ | : (−1)
ergibt $x = -10$
in (2) einsetzen: $y = 5 - 20 = -15$
Lösung ist (−10; −15).

7

a) Gleichsetzungsverfahren:
(1) $y = 7 - 5x$
(2) $y = 4 - 2x$
(1) = (2)
$7 - 5x = 4 - 2x$ | + 5x
$7 = 4 + 3x$ | − 4
$3 = 3x$ | : 3
$x = 1$
in (2) einsetzen, ergibt $y = 2$.
Lösung ist (1; 2).

Einsetzungsverfahren:

(1) $5x + y = 7$

(2) $y = 4 - 2x$

(2) in (1): $5x + 4 - 2x = 7$

$3x + 4 = 7 \quad | -4$

$3x = 3 \quad | :3$

$x = 1$

(2) einsetzen, ergibt $y = 2$.

Lösung ist (1; 2).

Beide Verfahren sind gleich aufwändig, beim Einsetzungsverfahren gibt es leichte Vorteile.

b) Gleichsetzungsverfahren:

(1) $x = 5 - 3y$

(2) $x = 10 + 2y$

(1) = (2)

$5 - 3y = 10 + 2y \quad | +3y$

$5 = 10 + 5y \quad | -10$

$-5 = 5y \quad | :5$

$y = -1$

in (1) einsetzen $x = 5 - 3 \cdot (-1) = 8$

Lösung ist (8; −1).

Einsetzungsverfahren:

(1) $x + 3y = 5$

(2) $x = 10 + 2y$

(2) in (1): $10 + 2y + 3y = 5$

$10 + 5y = 5 \quad | -10$

$5y = -5 \quad | :5$

ergibt $y = -1$

in (1) einsetzen $x = 5 - 3 \cdot (-1) = 8$

Lösung ist (8; −1).

Beide Verfahren sind gleich aufwändig, beim Einsetzungsverfahren gibt es leichte Vorteile.

c) Gleichsetzungsverfahren:

(1) $2y = 3x - 2$

(2) $2y = -5x + 14$

(1) = (2)

$3x - 2 = -5x + 14 \quad | +5x$

$8x - 2 = 14 \quad | +2$

$8x = 16 \quad | :8$

$x = 2$

in (1) einsetzen $2y = 6 - 2$

$y = 2$

Lösung ist (2; 2).

Einsetzungsverfahren:

(1) $3x - 2y = 2$

(2) $2y = -5x + 14$

(2) in (1): $3x - (-5x + 14) = 2$

$8x - 14 = 2 \quad | +14$

$8x = 16 \quad | :8$

folglich ist $x = 2$

in (1) einsetzen $2y = 6 - 2$

$y = 2$

Lösung ist (2; 2).

Beide Verfahren sind gleich aufwändig, beim Einsetzungsverfahren gibt es leichte Vorteile.

d) Gleichsetzungsverfahren:

(1) $y = 5 - \frac{4}{3}x$

(2) $y = 2x - 5$

(1) = (2)

$5 - \frac{4}{3}x = 2x - 5 \quad | \cdot 3$

$15 - 4x = 6x - 15 \quad | +4x$

$15 = 10x - 15 \quad | +15$

$30 = 10x \quad | :10$

$x = 3$

in (1) einsetzen, ergibt $x = 5 - \frac{4}{3} \cdot 3 = 5 - 4 = 1$

Lösung ist (3; 1).

Einsetzungsverfahren:

(1) $4x + 3y = 15$

(2) $y = 2x - 5$

(2) in (1): $4x + 3(2x - 5) = 15$

$4x + 6x - 15 = 15 \quad | +15$

$10x = 30 \quad | :10$

ergibt $x = 3$

in (2) einsetzen, ergibt $y = 6 - 5 = 1$

Lösung ist (3; 1).

Der 2. Rechenweg ist bequemer; es kommen keine Brüche vor.

8

a) (2; 3) b) (5; 1) c) (−4; 5)

d) (3; −4) e) (2; 5) f) (−1; 4)

9

a) Additionsverfahren, da einfacher

$x = \frac{20}{3}$; $y = -\frac{1}{3}$

b) Additions- und Einsetzungsverfahren beide schnell

$x = -6$; $y = -6$

c) Additionsverfahren, da einfacher

$x = -12$; $y = -6$

d) $10y - x = -10 \quad | \cdot 2$

$2y + 2x = 9$

Additionsverfahren:

$20y - 2x = -20$

$2y + 2x = 9$

$22y = -11$ ergibt $x = -0{,}5$

Einsetzen:

$-1 + 2x = 9 \quad | +1$

$2x = 10$ ergibt $x = 5$

Lösung ist (5; −0,5).

e) (1) $8x + 3y = 47$

(2) $4x - 2y = 6 \quad | \cdot (-2)$

Additionsverfahren

(1) $8x + 3y = 47$

(2′) $-8x + 4y = -12$

(1) + (2)

$7y = 35$

$y = 5$

Einsetzen in (2) $4x - 10 = 6 \quad | +10$

$4x = 16$ ergibt $x = 4$

Lösung ist (4; 5).

f) (1) $14x - 5y = -1 \quad | \cdot 3$
(2) $4x + 15y = 49$
Additionsverfahren
(1) $42x - 15y = -3$
(2) $4x + 15y = 49$
(1) + (2)
$46x = 46$ ergibt $x = 1$
Einsetzen in (2) $4 + 15y = 49 \quad | - 4$
$15y = 45$ ergibt $y = 3$.
Lösung ist (1; 3).

Seite 250

1

α	45°	30°	145°	75°	90°	40°
β	55°	80°	25°	40°	45°	120°
γ	80°	70°	10°	65°	45°	20°

2
a) 60° b) 75° c) 35°
d) 15° e) 78° f) 61°

2
a) $6^2 + 8^2 = 36 + 64 = 100 = 10^2$
Das Dreieck ist rechtwinklig.
b) $36^2 + 15^2 = 1296 + 225 = 1521 = 39^2$
Das Dreieck ist rechtwinklig.
c) $15^2 + 5^2 = 225 + 25 = 250 \neq 289 = 17^2$
Das Dreieck ist nicht rechtwinklig.
d) $3^2 + 1{,}6^2 = 9 + 2{,}56 = 11{,}56 = 3{,}4^2$
Das Dreieck ist rechtwinklig.

4

a	6 cm	15 dm	50 cm = 5 dm
b	8 cm	8 dm NR 1	12 dm NR 2
c	10 cm	170 cm = 17 dm	13 dm

a	1200 m = 1,2 km	9 mm = 0,9 cm
b	1,6 km	1,2 cm NR 4
c	2 km NR 3	1,5 cm

Nebenrechnungen
NR 1: $\sqrt{17^2 - 15^2} = \sqrt{289 - 225} = \sqrt{64} = 8$
NR 2: $\sqrt{13^2 - 5^2} = \sqrt{169 - 25} = \sqrt{144} = 12$
NR 3: $\sqrt{1{,}2^2 + 1{,}6^2} = \sqrt{1{,}44 + 2{,}56} = \sqrt{4{,}00} = 2$
NR 4: $\sqrt{1{,}5^2 - 0{,}9^2} = \sqrt{2{,}25 - 0{,}81} = \sqrt{1{,}44} = 1{,}2$

5
a) $d = \sqrt{3^2 + 4^2} = \sqrt{9 + 16} = \sqrt{25} = 5$
b) $d = 10$
c) $d = \sqrt{(-3{,}6)^2 + 4{,}8^2} = \sqrt{12{,}96 + 23{,}04} = \sqrt{36} = 6$
d) $d = \sqrt{2{,}5^2 + (-6)^2} = \sqrt{6{,}25 + 36} = \sqrt{42{,}25} = 6{,}5$
e) $d = \sqrt{(-4)^2 + 7{,}5^2} = \sqrt{16 + 56{,}25} = \sqrt{72{,}25} = 8{,}5$
f) $d = \sqrt{(-2)^2 + (-1{,}5)^2} = \sqrt{4 + 2{,}25} = \sqrt{6{,}25} = 2{,}5$

6

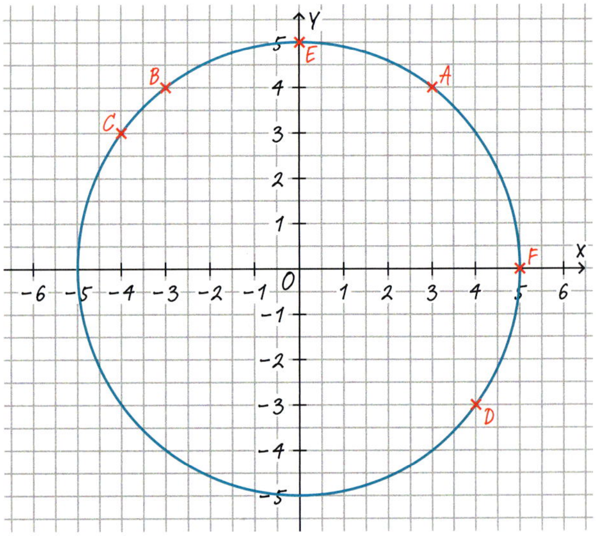

Alle Punkte haben Abstand 5 zum Ursprung.
Sie liegen auf einem Kreis mit Radius 5 um den Ursprung.
Weitere Punkte sind:
$P_1(-4|-3)$; $P_2(3|-4)$; $P_3(-3|-4)$; $P_4(0|-5)$; $P_5(4|3)$; $P_6(-5|0)$

7
a) $d = \sqrt{(4+2)^2 + (11-3)^2} = \sqrt{36 + 64} = \sqrt{100} = 10$
b) $d = \sqrt{(0+2)^2 + (1{,}5-3)^2} = \sqrt{4 + 2{,}25} = \sqrt{6{,}25} = 2{,}5$
c) $d = \sqrt{(0{,}5+2)^2 + (3+3)^2} = \sqrt{42{,}25} = 6{,}5$
d) $d = \sqrt{(2+2)^2 + (-4{,}5-3)^2} = \sqrt{16 + 56{,}25} = \sqrt{72{,}25} = 8{,}5$
e) $d = \sqrt{(-4+2)^2 + (1{,}5-3)^2} = \sqrt{4 + 2{,}25} = \sqrt{6{,}25} = 2{,}5$
f) $d = \sqrt{(-0{,}4+2)^2 + (0-3)^2} = \sqrt{2{,}56 + 9} = \sqrt{11{,}56} = 3{,}4$

8
a) Strecke AB = Seite c:
$\sqrt{(8-0)^2 + (4-0)^2} = \sqrt{64 + 16} = \sqrt{80}$
Strecke AC = Seite b: Länge = 10
Strecke BC = Seite a:
$\sqrt{(10-8)^2 + 4^2} = \sqrt{4 + 16} = \sqrt{20}$
$\sqrt{80}^2 + \sqrt{20}^2 = 80 + 20 = 100 = 10^2$
Das Dreieck ist rechtwinklig. Der rechte Winkel ist bei B.
b) Strecke AB = Seite c:
$\sqrt{(2-5)^2 + (-1-1)^2} = \sqrt{9 + 4} = \sqrt{13}$
Strecke AC = Seite b:
$\sqrt{(-2-2)^2 + (-5-1)^2} = \sqrt{16 + 36} = \sqrt{42}$
Strecke BC = Seite a:
$\sqrt{(5+2)^2 + (-1+5)^2} = \sqrt{49 + 16} = \sqrt{65}$
$\sqrt{42}^2 + \sqrt{13}^2 = 42 + 13 = 65 = \sqrt{65}^2$
Das Dreieck ist rechtwinklig. Der rechte Winkel ist bei A.
c) Strecke AB = Seite c:
$\sqrt{(-3+2)^2 + (1-4)^2} = \sqrt{1 + 9} = \sqrt{10}$
Strecke AC = Seite b:
$\sqrt{(7+3)^2 + (1-1)^2} = \sqrt{100} = 10$
Strecke BC = Seite a:
$\sqrt{(7+2)^2 + (1-4)^2} = \sqrt{81 + 9} = \sqrt{90}$
$\sqrt{10}^2 + \sqrt{90}^2 = 10 + 90 = 100 = \sqrt{100}^2$
Das Dreieck ist rechtwinklig. Der rechte Winkel ist bei B.

Seite 251

9

a) $\sin(\beta) = \frac{b}{a} = \frac{2}{4,47} = 0,447$

$\sin(\gamma) = \frac{c}{a} = \frac{4}{4,47} = 0,895$

$\cos(\beta) = \frac{c}{a} = \frac{4}{4,47} = 0,895$

$\tan(\beta) = \frac{b}{c} = \frac{2}{4} = 0,5$

b) $\sin(\beta) = \frac{b}{a} = \frac{2}{4,03} = 0,496$

$\sin(\gamma) = \frac{c}{a} = \frac{3,5}{4,03} = 0,868$

$\cos(\beta) = \frac{c}{a} = \frac{3,5}{4,03} = 0,868$

$\tan(\beta) = \frac{b}{c} = \frac{2}{3,5} = 0,571$

10

a) $\cos(60°) = \frac{5}{c}$, also gilt $0,5 = \frac{5}{c}$ und $c = 10$.
$\beta = 90° - 60° = 30°$
$a = \sqrt{100 - 25} = \sqrt{75} = 5\sqrt{3} \approx 8,66$

b) $c = \sqrt{9 + 16} = \sqrt{25} = 5$
$\sin(\alpha) = \frac{3}{5}$, somit ist $\alpha \approx 36,9°$ und $\beta \approx 90° - 36,9° = 53,1°$.

c) $c = \sqrt{3,6^2 + 4,8^2} = \sqrt{12,96 + 23,04} = \sqrt{36} = 6$
$\sin(\alpha) = \frac{3,6}{6} = 0,6$, somit ist $\alpha \approx 36,9°$ und $\beta \approx 90° - 36,9° = 53,1°$.

d) $\sin(30°) = \frac{a}{8}$, also gilt $0,5 = \frac{a}{8}$ d.h. $a = 4$.
$\beta = 90° - 30° = 60°$ und
$b = \sqrt{64 - 16} = \sqrt{48} = \sqrt{16 \cdot 3} = \sqrt{16} \cdot \sqrt{3} = 4\sqrt{3} \approx 6,93$

e) $\alpha = 45°$ und $\beta = 45°$ und $a = 3\,cm$
Damit ist $c = \sqrt{9 + 9} = \sqrt{18} = \sqrt{9 \cdot 2} = \sqrt{9} \cdot \sqrt{2} = 3\sqrt{2} \approx 4,24$

f) $c = \sqrt{25 + 144} = \sqrt{169} = 13$
$\sin(\alpha) = \frac{5}{13}$, somit ist $\alpha \approx 22,6°$ und $\beta \approx 90° - 22,6° = 67,4°$.

11

Für den Steigungswinkel gilt: $\sin(\alpha) = \frac{150}{1700}$.
Der Steigungswinkel α beträgt 5,1°.
$\tan(5,1°) = 0,089 = 8,9\,\%$
Die prozentuale Steigung beträgt 8,9 %.

12

a	4	10	5	8,5	9,1
b	4	10	5	8,5	9,1
c	$4\sqrt{2}$	$10\sqrt{3}$	6	9	7
h	$2\sqrt{2}$	5	4,8	7,6	8,4
α	45°	30°	53,1°	58,0°	67,4°
β	45°	30°	53,1°	58,0°	67,4°
γ	90°	120°	73,8°	64,0°	45,2°

13

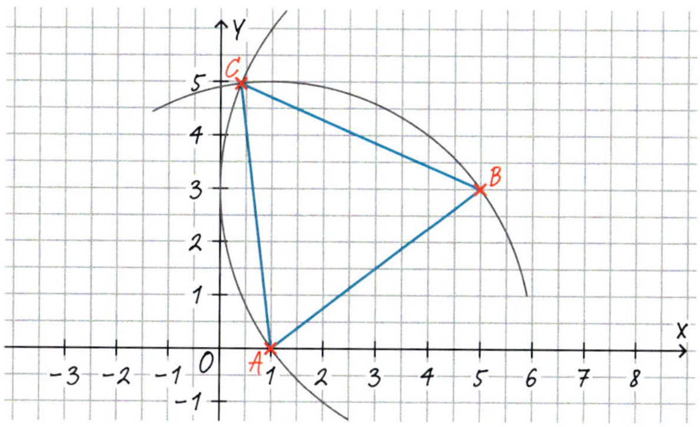

14

a) $h = \sqrt{3}$ b) $h = 2,5\sqrt{3}$ c) $h = 5\sqrt{3}$ d) $h = 3$

15

a) $a = 6$ b) $a = \frac{10}{3}\sqrt{3}$ c) $a = \frac{4}{3}\sqrt{3}$

Seite 252

1

a), b), c)

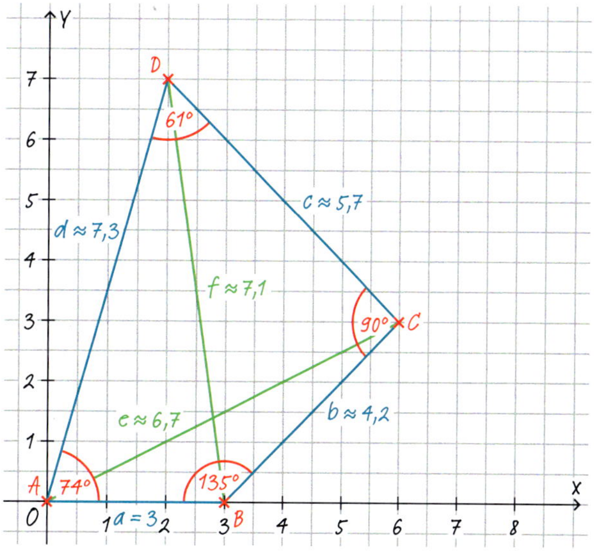

b) $a = x_B - x_A = 3$
$b = \sqrt{(x_C - x_B)^2 + (y_C - y_B)^2}$
$b = \sqrt{(6 - 3)^2 + (3 - 0)^2} = \sqrt{9 + 9} = \sqrt{18} = \sqrt{9 \cdot 2} = 3\sqrt{2} \approx 4,24$
$c = \sqrt{(x_D - x_C)^2 + (y_D - y_C)^2}$
$c = \sqrt{(2 - 6)^2 + (7 - 3)^2} = \sqrt{16 + 16} = \sqrt{32} = 4\sqrt{2} \approx 5,66$
$d = \sqrt{7^2 + 2^2} = \sqrt{49 + 4} = \sqrt{53} \approx 7,28$
$e = \sqrt{6^2 + 3^2} = \sqrt{45} = 3 \cdot \sqrt{5} \approx 6,71$
$f = \sqrt{1^2 + 7^2} = \sqrt{50} = 5 \cdot \sqrt{2} \approx 7,07$

c) $\tan(\alpha) = \frac{7}{2}$ und $\alpha \approx 74,05°$
Steigung $m_{BC} = \frac{3}{3} = 1$; also ist $\beta = 180° - 45° = 135°$.
Steigung $m_{CD} = -1$; also ist $\gamma = 90°$.
$\delta = 360° - 135° - 90° - 74,05° \approx 60,95°$

2

Zeichnung eines individuellen Vierecks
Ist ein Winkel größer als 180°, so kann höchstens ein weiterer Winkel über 90° sein.

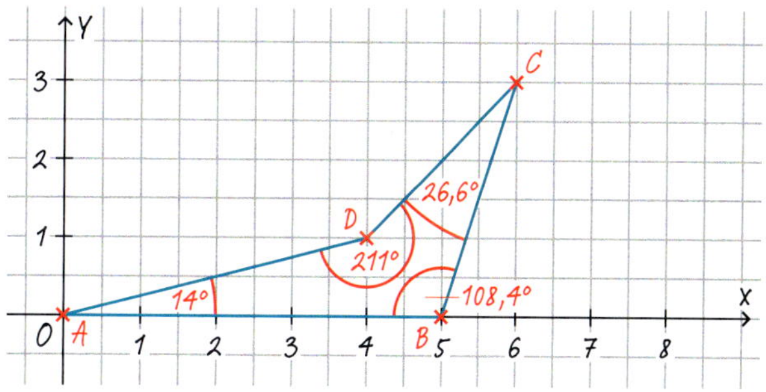

3

Es gibt die drei Möglichkeiten:

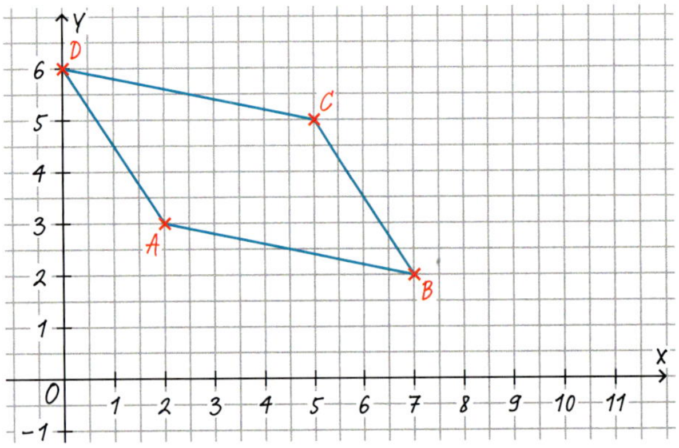

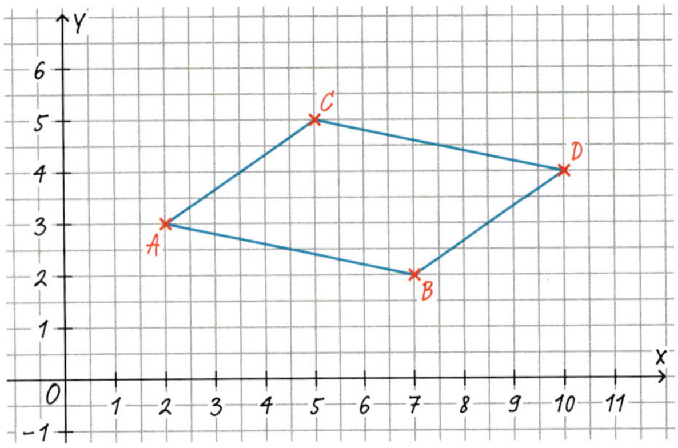

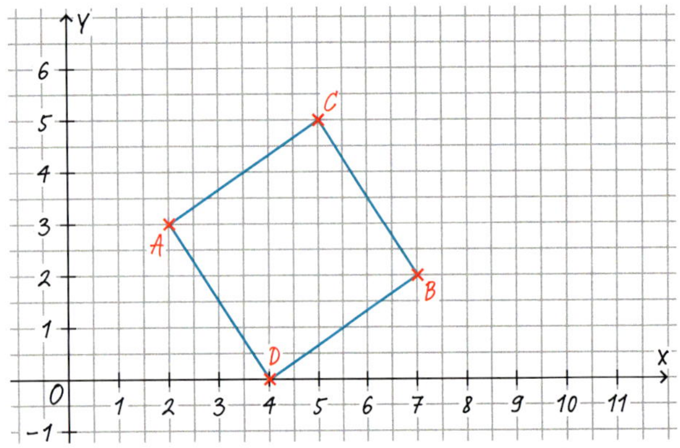

Bei der 2. und der 3. Möglichkeit müssten man die Ecken eigentlich umbenennen.

4

a) und b) Der Punkt D hat die Koordinaten D(3 | 2).

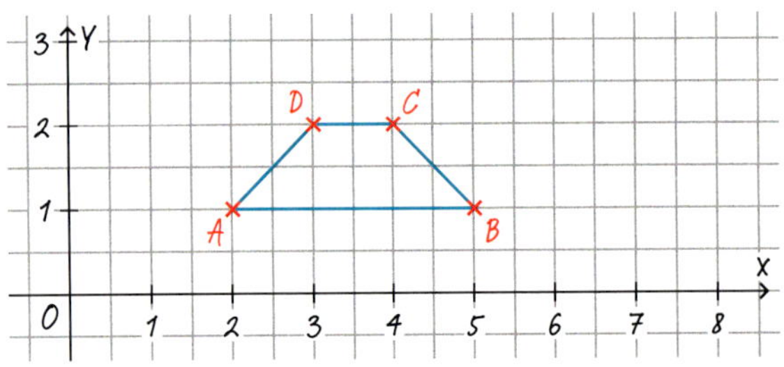

Der Punkt D kann auch die Koordinaten D(4 | −1) haben.

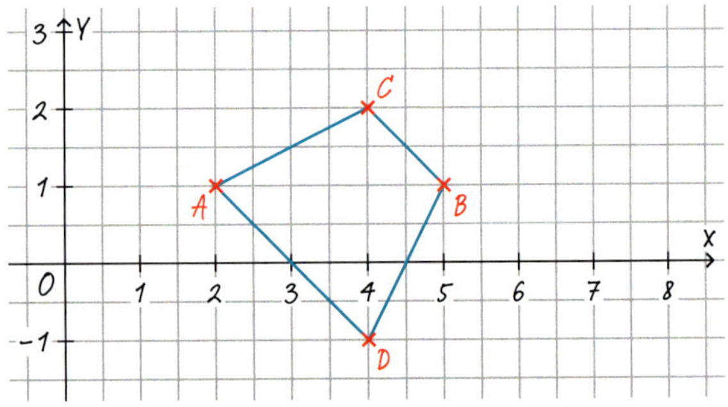

c) Der Punkt D hat die Koordinaten D(2 | 2).

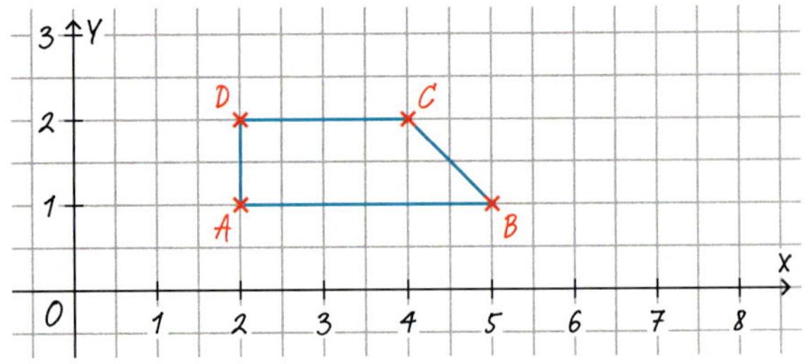

Es gibt zwei rechte Winkel bei A und D.

5

a) Aufteilung von Winkel $\alpha = \alpha_1 + \alpha_2$

Es gilt $\cos(\alpha_1) = \frac{2}{3}$ d.h. $\alpha_1 \approx 48{,}2°$. Somit gilt für $\alpha_2 \approx 80° - 48{,}2° = 31{,}8°$. Aus $\cos(31{,}8°) = \frac{2}{c}$ folgt $c = 2{,}35\,\text{cm}$.

Damit gilt für die Diagonale f:

$f = \sqrt{3^2 + 2^2} + \sqrt{2{,}35^2 + 2^2}$

$f \approx \sqrt{13} + 3{,}1$

$f \approx 6{,}7$

Aus Symmetriegründen gilt $\alpha = \gamma$.

$\beta \approx (90° - 48{,}2°) \cdot 2 = 83{,}6°$

$\delta \approx (90° - 31{,}8°) \cdot 2 = 116{,}4°$

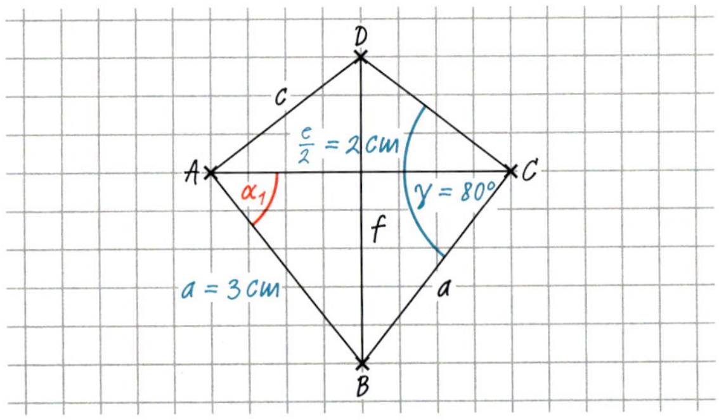

b) Berechnung von a und c:

$\sin(25°) = \frac{2}{a}$ ergibt $a \approx 4{,}73\,\text{cm}$

Damit gilt für $f_1 \approx \sqrt{4{,}73^2 - 2^2} \approx 4{,}29\,\text{cm}$

und für ist $f_2 \approx 5{,}5 - 4{,}29 = 1{,}21\,\text{cm}$.

Für c gilt

$c = \sqrt{1{,}21^2 + 2^2} = \sqrt{5{,}4641} \approx 2{,}34\,\text{cm}$.

$\tan\left(\frac{\delta}{2}\right) = \frac{2}{1{,}21}$ ergibt $\delta \approx 2 \cdot 58{,}8° = 117{,}65°$

Mit der Winkelsumme folgt

$\alpha = \gamma = 180° - 25° - 58{,}8° = 96{,}2°$.

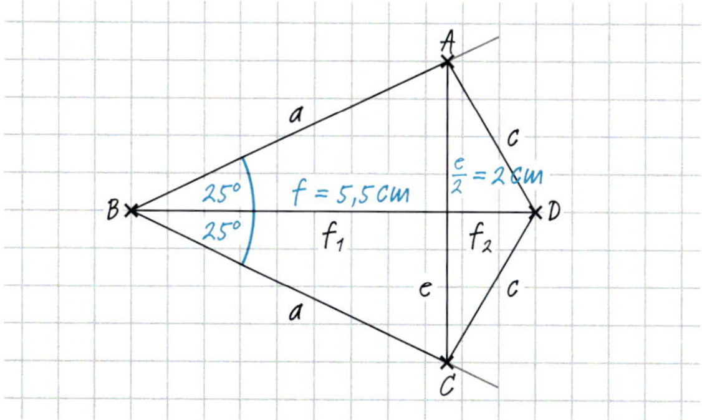

c) Winkel $\delta = 360° - 2 \cdot 35° - 135° = 155°$
Berechnung der Diagonalen e:
$\frac{e}{2} = 3 \cdot \sin(67{,}5°) \approx 2{,}77$, somit ist $e \approx 5{,}54\,cm$.
Berechnung von f_1: $f_1 = \sqrt{3^2 - 2{,}77^2} \approx 15$
Aufteilung des Winkels α:
$\alpha_1 = 90° - 67{,}5° = 22{,}5°$
$\alpha_2 = 35° - 22{,}5° = 12{,}5°$
Berechnung von c:
$\cos(12{,}5°) = \frac{2{,}77}{c}$ ergibt $c = 2{,}84\,cm$.
Berechnung von f_2:
$f_2 = \sqrt{2{,}84^2 - 2{,}77^2} \approx 0{,}63\,cm$
$f = f_1 + f_2 \approx 1{,}15 + 0{,}63 = 78$
Dies ergibt eine Länge der Diagonalen f von 1,78 cm.

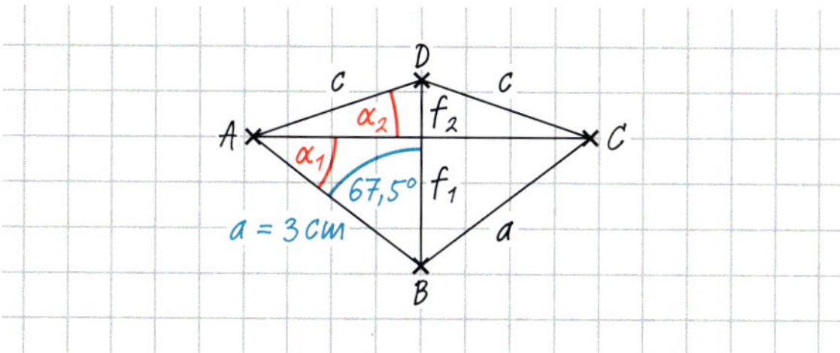

d) $\alpha_2 = 90° - \frac{\delta}{2} = 90° - 30° = 60°$
Das Dreieck ACD ist ein gleichschenkliges Dreieck, somit ist auch $c = 2\,cm$.
Berechnung von β:
$\sin\left(\frac{\beta}{2}\right) = \frac{2}{3{,}5}$ ergibt $\frac{\beta}{2} \approx 34{,}8°$
$\beta \approx 2 \cdot 34{,}8° = 69{,}6°$ und damit ist $\alpha = 180° - 30° - 34{,}8° = 115°$, also ist $\alpha = \gamma = 115{,}2°$.
Berechnung der Diagonalen f:
$f = \sqrt{3{,}5^2 - 1^2} + \sqrt{3} \approx 3{,}35 + \sqrt{3}$
$f \approx 5{,}1\,cm$.

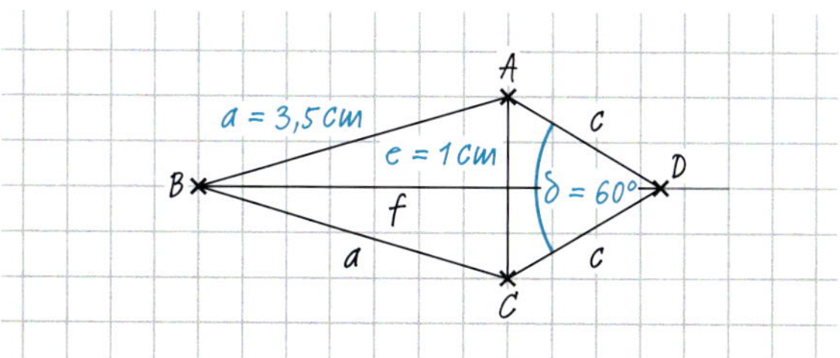

6

a) Die Figur ist achsensymmetrisch. Jeweils zwei nebeneinander liegende Seiten sind gleich lang. Damit handelt es sich um einen Drachen.
b) Die Figur ist achsensymmetrisch. Keine Paare von nebeneinander liegenden Seiten sind gleich lang. Die Figur ist ein symmetrisches Trapez, aber kein Drachen.
c) Die Figur ist punktsymmetrisch. Keine Paare von nebeneinander liegenden Seiten sind gleich lang. Die Figur ist ein Parallelogramm, aber kein Drachen.
d) Die Figur ist achsen- und punktsymmetrisch. Alle vier Seiten sind gleich lang. Die Figur ist ein Quadrat, also auch ein Drachen.

Seite 253

7

A In einem Quadrat sind die gegenüberliegenden Seiten parallel, somit es ein Parallelogramm. Außerdem hat es hat vier gleich lange Seiten und die Diagonalen sind orthogonal. Die Aussage ist wahr.
B Nicht jedes Parallelogramm ist achsensymmetrisch, alle Parallelogramme sind punktsymmetrisch. Die Aussage ist falsch.
C Ein Trapez ist ein Viereck, bei dem zwei gegenüberliegende Seiten parallel zueinander sind. In einer Raute sind jeweils gegenüberliegende Seiten parallel. Die Aussage ist wahr.
D Drachen und Rauten sind achsensymmetrische Vierecke. Beim Drachen sind zwei Paare nebeneinanderliegende Seiten gleich lang. Die Aussage ist wahr, weil bei einer Raute sogar alle vier Seiten gleich lang sind.
E Ein Trapez ist ein Viereck, bei dem zwei gegenüberliegende Seiten parallel zueinander sind. In einem Quadrat sind je zwei gegenüberliegende Seiten parallel und gleich lang. Die Aussage ist wahr.
F Bei Parallelogrammen sind gegenüberliegende Seiten parallel. In Trapezen sind zwei gegenüberliegende Seiten parallel, während die anderen beliebig liegen können. Die Aussage ist falsch.
G Parallelogramme haben je zwei gleich lange Seiten. Parallelogramme mit vier gleich langen Seiten sind Rauten, also nur spezielle Parallelogramme. Daher ist die Aussage im Allgemeinen falsch.
H Ein Quadrat ist sowohl ein Drachen als auch ein Trapez. Die Aussage ist falsch.

8

a)
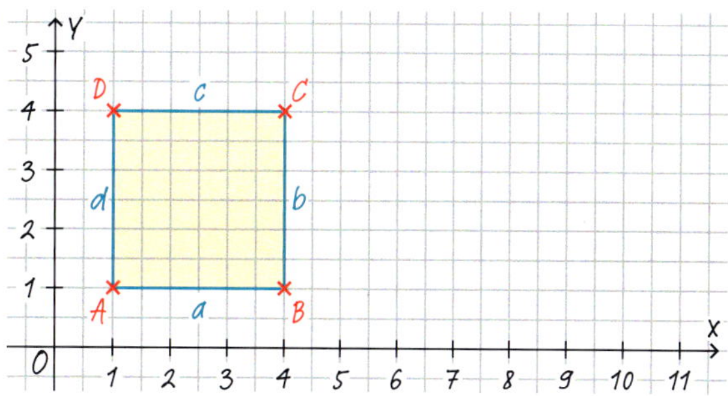

Das Viereck ist ein Quadrat.

b)

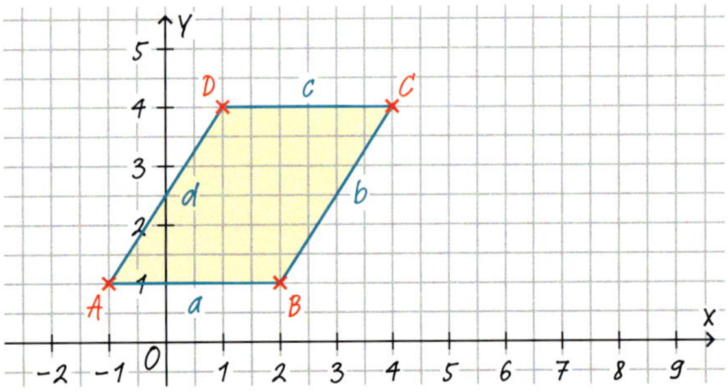

Das Viereck ist ein Parallelogramm.

c)

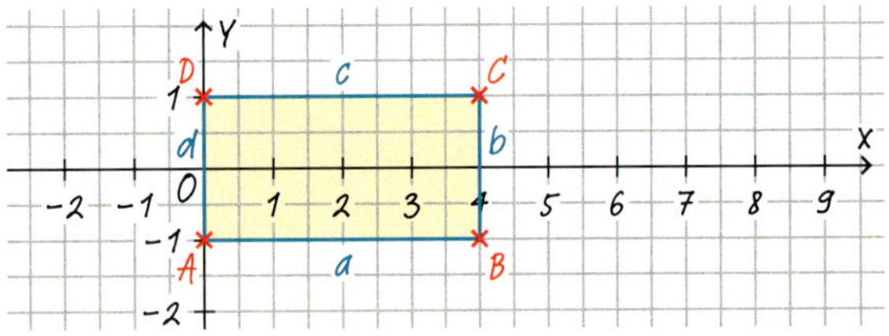

Das Viereck ist ein Rechteck.

d)

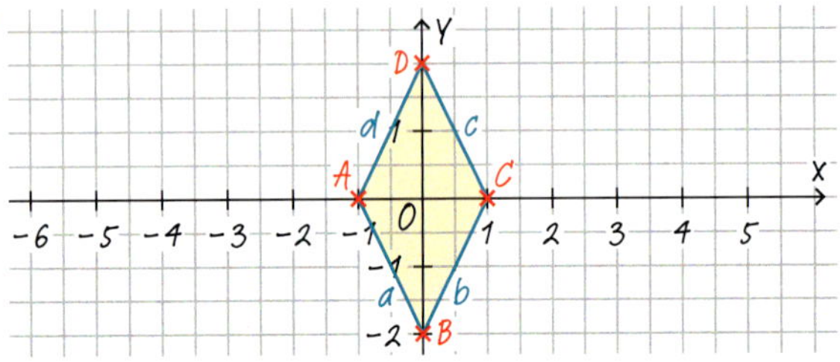

Das Viereck ist eine Raute.

e)

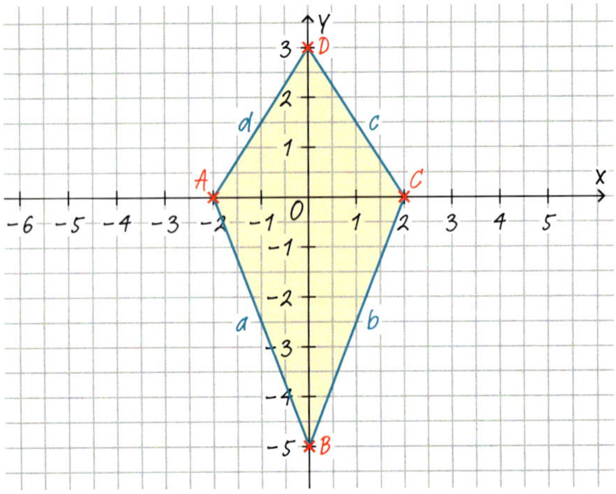

Das Viereck ist ein Drachen.

f)

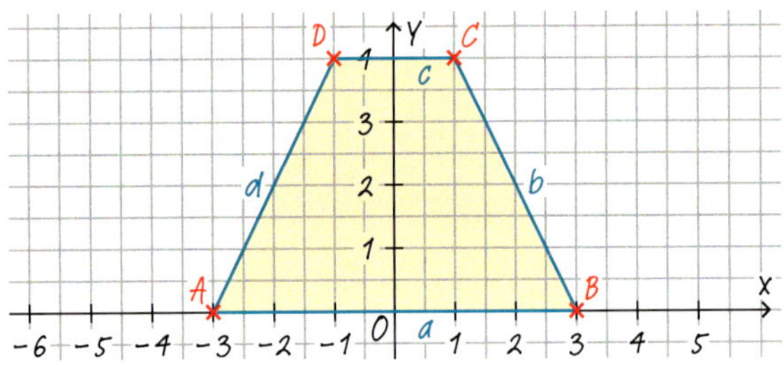

Das Viereck ist ein symmetrisches Trapez.

9

a)

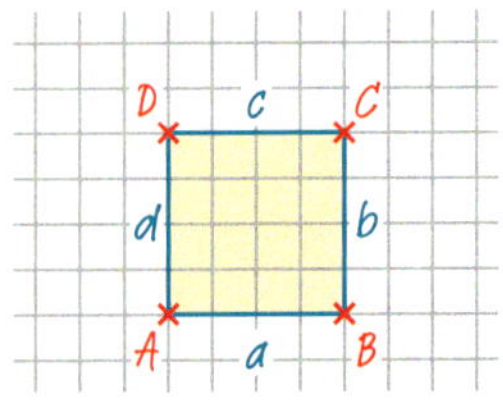

b)

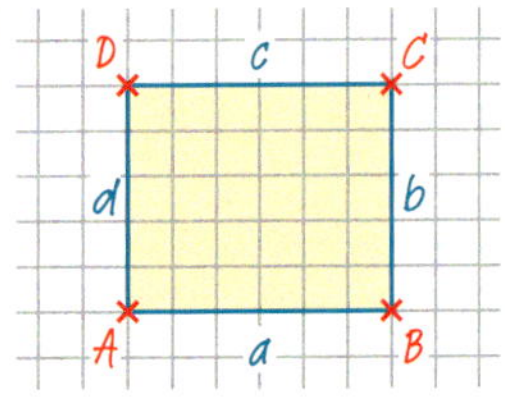

c)

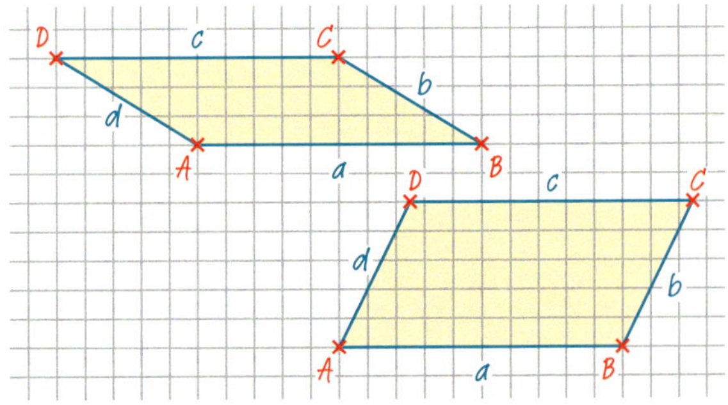

d)

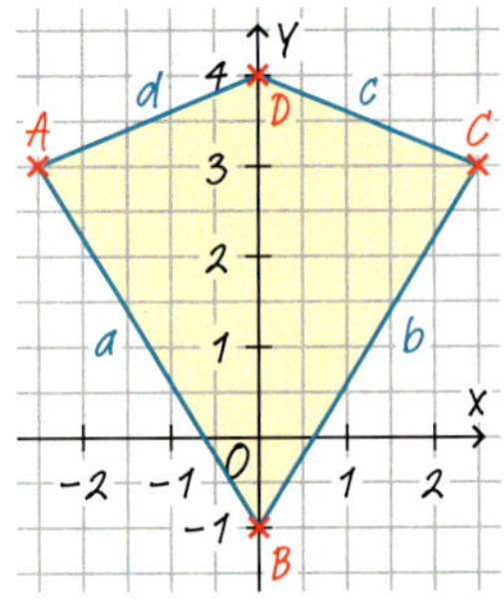

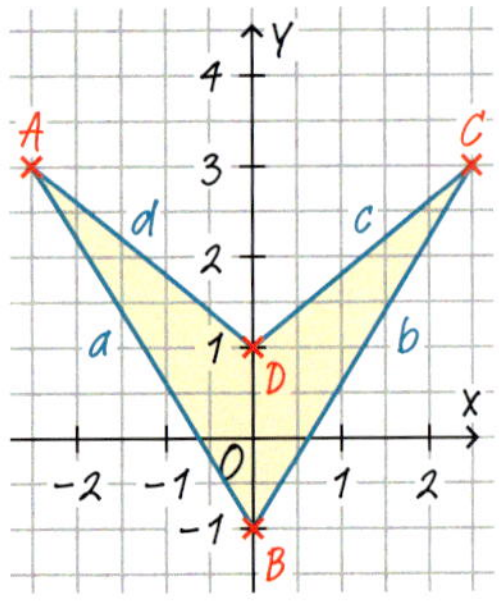

e)

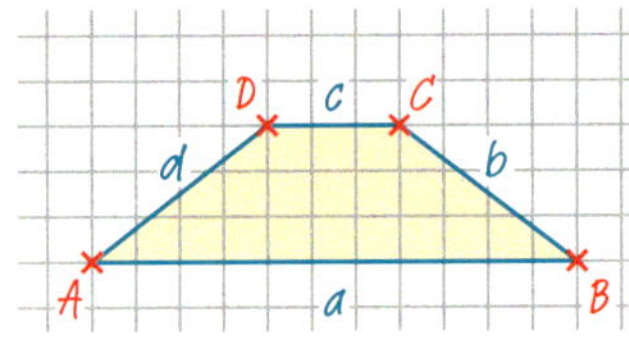

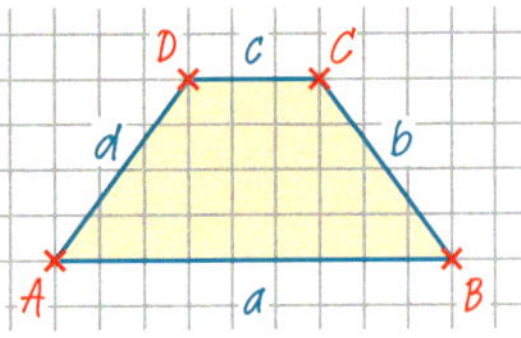

10

Raute ist das Viereck CNGL.
Drachen sind die Vierecke NFED; ABLI; CFGI und BGDC.
Ein symmetrisches Trapez ist das Viereck CEHI.

11

a) Quadrat: A(2 | −1); B(4 | −1); C(4 | 1); D(2 | 1) oder
Quadrat: A(2 | −1); B(4 | −1); C(4 | −3); D(2 | −3)

b) Raute: A(0 | 0); B(2 | −1); C(4 | 0); D(2 | 1)

c) Parallelogramm: A(1 | 1); B(5 | 0); C(6 | 3); D(2 | 4)

d) symmetrisches Trapez: A(0 | 3); B(2 | 1); C(2 | 7); D(0 | 5)

Seite 254

1

a) $A = \frac{1}{2} \cdot 5 \cdot 3 = 7{,}5$
$A = 7{,}5\,\text{cm}^2$

b) $A = \frac{1}{2} \cdot 20 \cdot 15 = 150$
$A = 150\,\text{cm}^2$

c) $A = \frac{1}{2} \cdot 8 \cdot 7 = 28$
$A = 28\,\text{cm}^2$

2

a)

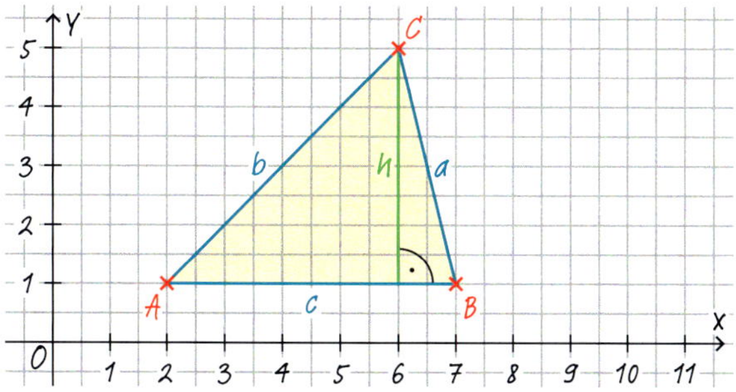

Grundseite $c = 7 - 2 = 5$

Höhe $h_c = 5 - 1 = 4$

Fläche $A = \frac{1}{2} \cdot 5 \cdot 4$

$A = 10\,\text{cm}^2$

b)

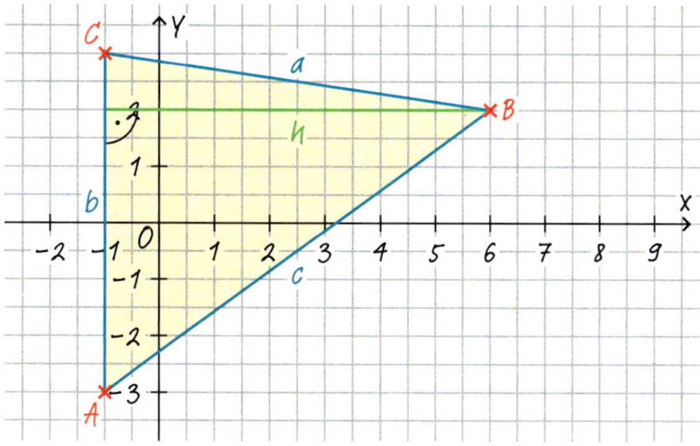

Grundseite $b = 3 + 3 = 6$

Höhe $h_b = 6 + 1 = 7$

Fläche $A = \frac{1}{2} \cdot 6 \cdot 7$

$A = 21\,\text{cm}^2$

c)

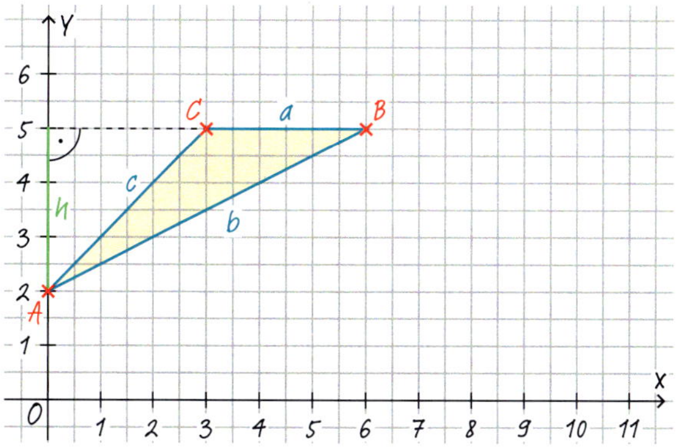

Grundseite $a = 6 - 3 = 3$

Höhe $h_a = 5 - 2 = 3$

Fläche $A = \frac{1}{2} \cdot 3 \cdot 3$

$A = 4{,}5\,\text{cm}^2$

3

a) $a = \sqrt{1^2 + 4^2} = \sqrt{17} \approx 4{,}1$

$b = \sqrt{4^2 + 4^2} = \sqrt{32} \approx 5{,}7$

$c = 5$

$u = a + b + c$

$u \approx 4{,}1 + 5{,}7 + 5 = 14{,}8$

Der Umfang u beträgt 14,8 cm.

b) $a = \sqrt{1^2 + 7^2} = \sqrt{50} \approx 7{,}1$

$c = \sqrt{5^2 + 7^2} = \sqrt{74} \approx 8{,}6$

$b = 6$

$u \approx 7{,}1 + 6 + 8{,}6 = 21{,}7$

Der Umfang u beträgt 21,7 cm.

c) $b = \sqrt{3^2 + 6^2} = \sqrt{45} \approx 6{,}7$

$c = \sqrt{3^2 + 3^2} = \sqrt{18} \approx 4{,}2$

$a = 3$

$u \approx 3 + 6{,}7 + 4{,}2 = 13{,}9$

Der Umfang u beträgt 13,9 cm.

4

a) $A = \frac{1}{2} \cdot 15 \cdot 30 = 225$

$A = 225\,\text{cm}^2$

b) $A = \frac{1}{2} \cdot 15 \cdot 8 = 60$

$A = 60\,\text{cm}^2$

c) $A = 0{,}96\,\text{m}^2$

$\frac{1}{2} \cdot 1{,}6 \cdot x = 0{,}96$

$x = 0{,}96 : 0{,}8 = 1{,}2\,\text{m}$

5

a) Es gilt $5^2 = 4^2 + 3^2$.

Das Dreieck ist rechtwinklig.

Fläche $A = 6\,\text{cm}^2$

Umfang $u = 12\,\text{cm}$

b) Es gilt $1^2 = 0{,}6^2 + 0{,}8^2$.

Das Dreieck ist rechtwinklig.

Fläche $A = 0{,}24\,\text{m}^2$

Umfang $u = 2{,}4\,\text{m}$

c) Es gilt $17^2 = 15^2 + 8^2$.

Das Dreieck ist rechtwinklig.

Fläche $A = 60\,\text{mm}^2$

Umfang $u = 40\,\text{mm}$

6

a) $24 = \frac{1}{2} \cdot a \cdot 8$ ergibt $a = 6$.

Hypotenuse $c = \sqrt{64 + 36} = 10$

$u = 6 + 8 + 10$

Der Umfang ist $u = 24$.

b) $15 = \frac{1}{2} \cdot a \cdot 7{,}5$ ergibt $a = 4$.

Hypotenuse $c = \sqrt{7{,}5^2 + 4^2} = 8{,}5$

$u = 4 + 7{,}5 + 8{,}5$

Der Umfang ist $u = 20$.

c) $6{,}3 = \frac{1}{2} \cdot a \cdot 4{,}5$ ergibt $a = 2{,}8$.

Hypotenuse $c = \sqrt{4{,}5^2 + 2{,}8^2} \approx 5{,}3$

$u \approx 2{,}8 + 4{,}5 + 5{,}3$

Der Umfang ist $u = 12{,}6$.

d) $7{,}26 = \frac{1}{2} \cdot a \cdot 3{,}3$ ergibt $a = 4{,}4$.

Hypotenuse $c = \sqrt{3{,}3^2 + 4{,}4^2} = 5{,}5$

$u = 4{,}4 + 3{,}3 + 5{,}5$

Der Umfang ist $u = 13{,}2$.

7

p	10 cm	90 cm = 9 dm
q	4 cm	NR 2 5 dm
c	14 cm	14 dm
h	7,5 cm	1,2 m = 12 dm
a	NR 1 8,5 cm	13 dm
b	NR 1 12,5 cm	NR 2 15 dm
Umfang u	35 cm	42 dm
Fläche A	52,5 cm^2	84 dm^2

Nebenrechnungen

NR 1: $a = \sqrt{4^2 + 7{,}5^2} = 8{,}5$

$b = \sqrt{10^2 + 7{,}5^2} = 12{,}5$

NR 2: $b = \sqrt{9^2 + 12^2} = 15$

$q = \sqrt{13^2 - 12^2} = 5$

p	7,5 cm	8 mm
q	3 cm	2 cm = 20 mm
c	NR 3 10,5 cm	28 mm
h	40 mm = 4 cm	NR 4 15 mm
a	NR 3 5 cm	NR 4 25 mm
b	NR 3 8,5 cm	17 mm
Umfang u	24 cm	70 mm
Fläche A	21 cm^2	210 mm^2

Nebenrechnungen

NR 3: Aus $\frac{1}{2} \cdot c \cdot 4 = 21$ folgt $c = 10{,}5$.

$a = \sqrt{4^2 + 3^2} = 5$

$b = \sqrt{7{,}5^2 + 4^2} = 8{,}5$

NR 4: $h = \sqrt{17^2 - 8^2} = 15$

$a = \sqrt{20^2 + 15^2} = 25$

Seite 255

8

a	20 cm	2 dm	0,9 m	12 mm = 1,2 cm
b	36 cm	0,5 m = 5 dm	4 m	100 m
A	720 cm^2	10 dm^2	3,6 m^2	1,2 dm^2 = 120 cm^2
u	112 cm	14 dm	9,8 m	202,4 cm

9

a	9 cm	21 m	16 cm	2 dm
c	13 cm	15 m	8 cm	3,6 dm
h	4 cm	3,5 m	4 cm	12 cm = 1,2 dm
A	44 cm	63 m^2	48 cm^2	3,36 dm^2

10

a	5 cm	2 dm = 20 cm	6 m	30 cm
b	2,5 cm	10 cm	5 m	50 cm
h_a	3 cm	16 cm	2,5 m	2,5 cm
h_b	6 cm	32 cm	3 m	15 mm = 1,5 cm
A	15 cm^2	20 cm^2	15 m^2	75 cm^2
u	15 cm	60 cm	22 m	160 cm

11

a)

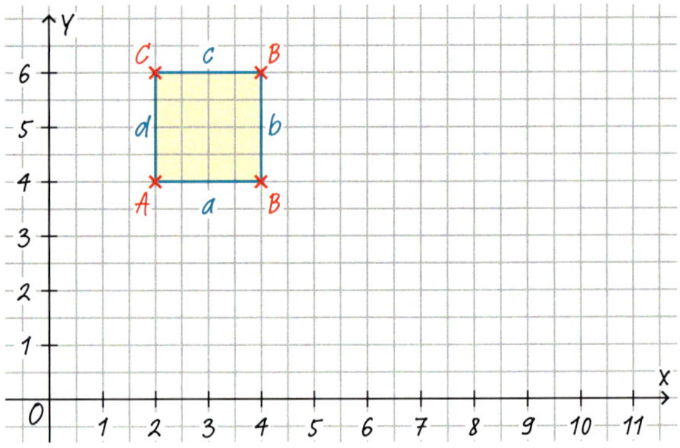

A = 4 und u = 8

b)

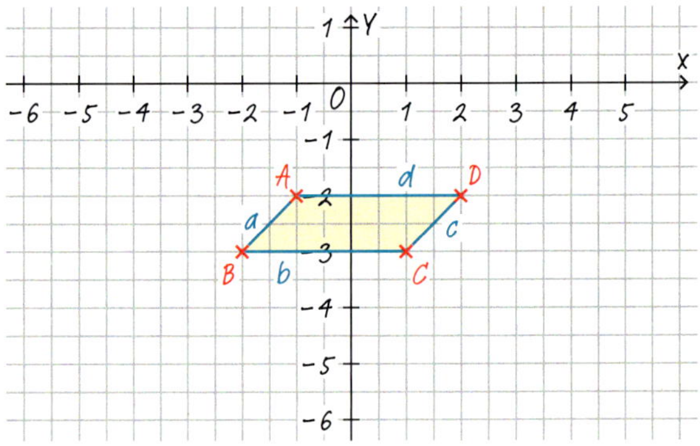

A = 3 und $u = 6 + 2\sqrt{2} \approx 8{,}8$

c)

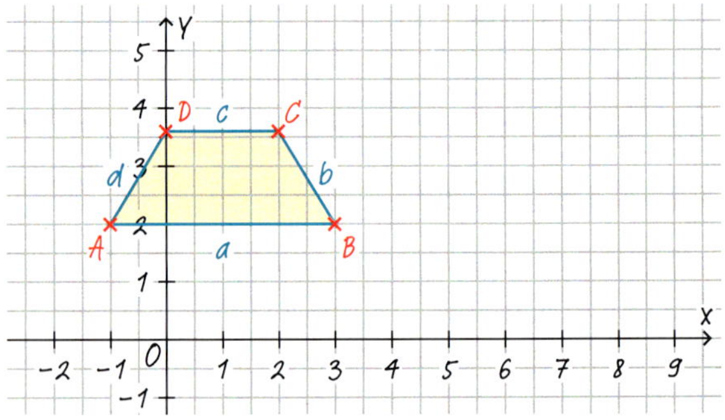

$A = 3 \cdot 1{,}6 = 4{,}8$

Seite $b = \sqrt{1^2 + 1{,}6^2} \approx 1{,}9$

$u = 2 \cdot 1{,}9 + 4 + 2 = 9{,}8$

d)

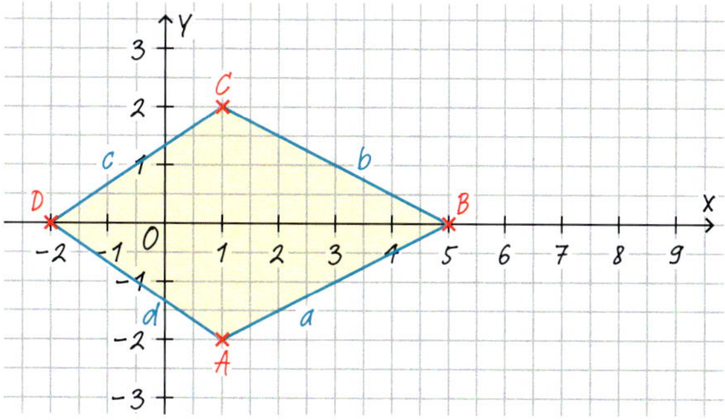

$A = \frac{1}{2} \cdot 7 \cdot 4 = 14$

$a = \sqrt{20};\ c = \sqrt{13}$

$u \approx 16{,}2$

e)

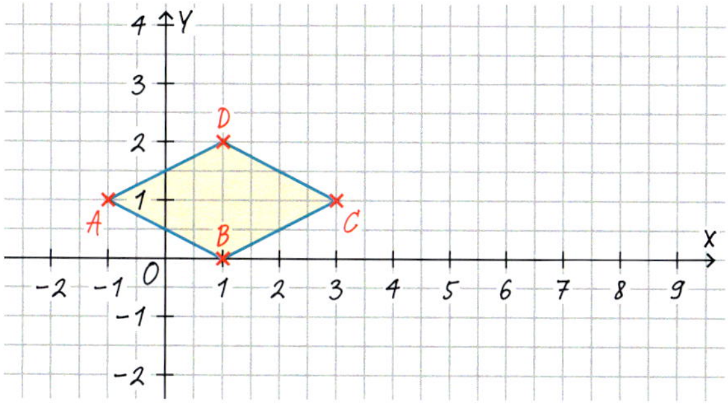

$A = 4$

$a = \sqrt{5}$ und $u \approx 8{,}9$

12

a) Die Stofffläche des fertigen genähten Drachens beträgt $A = \frac{1}{2} \cdot 50\,\text{cm} \cdot 70\,\text{cm} = 1750\,\text{cm}^2$.

b) Berechnung der Fadenlänge:
$a = \sqrt{15^2 + 25^2} \approx 29{,}2$
$b = \sqrt{55^2 + 25^2} \approx 60{,}4$
Umfang $u \approx 2 \cdot 29{,}2 + 2 \cdot 60{,}4 = 179{,}2$
Fadenlänge $2{,}5 \cdot u = 448$
Zum Nähen des Randes benötigt man $448\,\text{cm} = 4{,}48\,\text{m}$ Faden.

Seite 256

1

a) (1) $V = 15\,\text{cm}^3$
(2) $V = 25\,\text{cm}^3$
(3) $V = 50\,\text{cm}^3$

b) (1) $h = 16\,\text{cm}$
(2) $h = 9\,\text{cm}$
(3) $h = 6\,\text{cm}$

2

a) Volumen $V = 30\,\text{cm}^3$;
Oberfläche $O = 2 \cdot 6\,\text{cm}^2 + 2 \cdot 10\,\text{cm}^2 + 2 \cdot 15\,\text{cm}^2$
$O = 62\,\text{cm}^2$

b) Volumen $V = 6900\,\text{cm}^3$;
Oberfläche $O = 2 \cdot 345\,\text{cm}^2 + 2 \cdot 460\,\text{cm}^2 + 2 \cdot 300\,\text{cm}^2$
$O = 2210\,\text{cm}^2$

c) Volumen $V = 18000\,\text{cm}^3 = 18\,\text{dm}^3 = 18\,\text{l}$;
Oberfläche $O = 2 \cdot 600\,\text{cm}^2 + 2 \cdot 1200\,\text{cm}^2 + 2 \cdot 450\,\text{cm}^2$
$O = 4500\,\text{cm}^2$

3

a) $V = 24\,\text{cm}^3;\ b = 2a;\ V = a \cdot 2a \cdot 3$
Aus $24 = 2a^2 \cdot 3$ folgt $a = 2$.
Die Seitenlängen sind $a = 2\,\text{cm}$ und $b = 4\,\text{cm}$.

b) $V = 24\,\text{cm}^3;\ b = 2a;\ V = a \cdot 2a \cdot 4$
Aus $24 = 2a^2 \cdot 4$ folgt $a = \sqrt{3} \approx 1{,}73$.
Die Seitenlängen sind $a = 1{,}73\,\text{cm}$ und $b = 3{,}46\,\text{cm}$.

4

a) $d = \sqrt{6^2 + 6^2 + 3^2} = \sqrt{81} = 9$
Länge der Raumdiagonalen: $d = 9\,\text{cm}$.

b) $d = \sqrt{2^2 + 3^2 + 6^2} = \sqrt{49} = 7$
Länge der Raumdiagonalen: $d = 7\,\text{m}$

c) $d = \sqrt{30^2 + 120^2 + 40^2} = \sqrt{16\,900} = 130$
Länge der Raumdiagonalen: $d = 130\,\text{cm}$

d) $d = \sqrt{8^2 + 8^2 + 14^2} = \sqrt{324} = 18$
Länge der Raumdiagonalen: $d = 18\,\text{cm}$

5

Flächendiagonale $d_1 = \sqrt{4^2 + 3^2} = \sqrt{25} = 5$
Länge der Flächendiagonale d_1 ist $5\,\text{cm}$.
Winkelweite: $\tan(\alpha) = \frac{3}{5}$ ergibt $\alpha \approx 31{,}0°$.

6

a) Volumen $V = 27\,\text{cm}^3$
$O = 6 \cdot 9 = 54$ und $e = 3 \cdot \sqrt{3} \approx 5{,}2$
Die Oberfläche O beträgt $54\,\text{cm}^2$, die Diagonale $e = 5{,}2\,\text{cm}$.

b) Volumen $V = 216\,\text{cm}^3$
$O = 6 \cdot 36 = 216$ und $e = 6 \cdot \sqrt{3} = 10{,}4$
Die Oberfläche O beträgt $216\,\text{cm}^2$, die Diagonale $e = 10{,}4\,\text{cm}$.

c) Volumen $V = 729\,\text{cm}^3$
$O = 6 \cdot 81 = 486$ und $e = 9 \cdot \sqrt{3} \approx 15{,}6$
Die Oberfläche O beträgt $216\,\text{cm}^2$, die Diagonale $e = 15{,}6\,\text{cm}$.

d) Volumen $V = 1{,}728\,\text{m}^3$
$O = 6 \cdot 1{,}44 = 8{,}64$ und $e = 1{,}2 \cdot \sqrt{3} \approx 2{,}1$
Die Oberfläche O beträgt $8{,}64\,\text{m}^2$, die Diagonale $e = 2{,}1\,\text{m}$.

e) Volumen $V = 64\,\text{dm}^3 = 64\,000\,\text{cm}^3$
$O = 6 \cdot 16 = 96$ und $e = 4 \cdot \sqrt{3} \approx 6{,}9$
Die Oberfläche O beträgt $96\,\text{dm}^2 = 9600\,\text{cm}^2$, die Diagonale $e = 6{,}9\,\text{dm} = 69\,\text{cm}$.

f) Volumen $V = 1000\,\text{mm}^3 = 1\,\text{cm}^3$
$O = 6 \cdot 100 = 600$ und $e = 10 \cdot \sqrt{3} \approx 17{,}3$
Die Oberfläche O beträgt $600\,\text{mm}^2 = 6\,\text{cm}^2$, die Diagonale $e = 17{,}3\,\text{mm} = 1{,}73\,\text{cm}$.

7

Die Oberfläche eines Würfels besteht aus sechs Quadraten, deren Kantenlänge durch Wurzelziehen bestimmt wird.

a) $150 = 6 \cdot 25$, Kantenlänge $a = 5\,\text{cm}$
Volumen $V = 125\,\text{cm}^3$

b) $864 = 6 \cdot 144$, Kantenlänge $a = 12\,\text{cm}$
Volumen $V = 1728\,\text{cm}^3$

c) $294 = 6 \cdot 49$, Kantenlänge $a = 7\,\text{cm}$
Volumen $V = 343\,\text{cm}^3$

d) $37{,}5 = 6 \cdot 6{,}25$, Kantenlänge $a = 2{,}5\,\text{cm}$
Volumen $V = 15{,}625\,\text{cm}^3$

Seite 257

8

a) $V = 5\,cm^3$
b) $V = 6\,cm^3$
c) $V = 16\,cm^3$

9

a) $V = \frac{1}{3} \cdot \frac{3 \cdot 4}{2} \cdot 5$
$V = 10\,cm^3$
b) $V = \frac{1}{3} \cdot \frac{2 \cdot 1{,}5}{2} \cdot 3$
$V = 1{,}5\,cm^3$
c) $V = \frac{1}{3} \cdot \frac{8 \cdot 15}{2} \cdot 10$
$V = 200\,cm^3$

10

a) $12{,}5^2 = \frac{8^2}{2} + h^2$ ergibt $h = \sqrt{124{,}25} \approx 11{,}15$.
Die Höhe beträgt 11,15 cm.
b) $18^2 = \frac{14^2}{2} + h^2$ ergibt $h = \sqrt{226} \approx 15{,}03$.
Die Höhe beträgt 15,03 cm.

11

a) $5^2 = \frac{8^2}{4} + h^2$ ergibt $h = \sqrt{9} = 3$
Die Höhe beträgt 3 cm.
b) $13^2 = \frac{24^2}{4} + h^2$ ergibt $h = \sqrt{25} = 5$
Die Höhe beträgt 5 cm.

12

a) $12{,}5^2 = 10^2 + \frac{a^2}{4}$; $a^2 = 4 \cdot (12{,}5^2 - 10^2)$
$a = 2 \cdot \sqrt{56{,}25} = \sqrt{225}$
Die Grundseite beträgt $a = 15\,cm$.
b) $19{,}5^2 = 7{,}5^2 + \frac{a^2}{4}$; $a^2 = 4 \cdot (19{,}5^2 - 7{,}5^2)$
$a = 2 \cdot \sqrt{324} = \sqrt{1296} = 36$
Die Grundseite beträgt $a = 36\,cm$.

13

a) 1. Berechnung der Grundseite a
$5^2 = 4^2 + \frac{a^2}{4}$; $a^2 = 4 \cdot (5^2 - 4^2) = 36$
Grundseite: $a = 6\,cm$
2. Berechnung der Höhe h:
$5^2 = \frac{6^2}{2} + h^2$ damit ist $h^2 = 25 - 18 = 7$.
Die Höhe h beträgt $\sqrt{7}\,cm \approx 2{,}65\,cm$.
b) 1. Berechnung der Grundseite a
$9{,}7^2 = 9^2 + \frac{a^2}{4}$; $a^2 = 4 \cdot (9{,}7^2 - 9^2) = 52{,}36$
Grundseite: $a \approx 7{,}24\,cm$
2. Berechnung der Höhe h:
$9{,}7^2 = \frac{52{,}36}{2} + h^2$; $h^2 \approx 94{,}1 - 26{,}2 = 67{,}9$.
Die Höhe h beträgt $\sqrt{67{,}9}\,cm \approx 8{,}24\,cm$.

14

a) Grundfläche $A = a^2 = 36\,cm^2$
Höhe $5^2 = \frac{36}{4} + h^2$ ergibt $h = 4\,cm$.
$V = \frac{1}{3} \cdot 36 \cdot 4 = 48$
Volumen $V = 48\,cm^3$
Fläche eines Manteldreiecks $A_M = \frac{1}{2} \cdot 5 \cdot 6 = 15$.
Mantel $M = 60\,cm^2$
Oberfläche $O = A + M = 36\,cm^2 + 60\,cm^2 = 96\,cm^2$
b) Grundfläche $A = a^2 = 1\,cm^2$
Höhe $1{,}3^2 = \frac{1}{4} + h^2$ ergibt $h = 1{,}2\,cm$.
$V = \frac{1}{3} \cdot 1{,}2 \cdot 1 = 0{,}4$
Volumen $V = 0{,}4\,cm^3$
Fläche eines Manteldreiecks: $A_M = \frac{1}{2} \cdot 1{,}3 \cdot 1 = 0{,}65$.
Mantel $M = 2{,}6\,cm^2$
Oberfläche $O = A + M = 1\,cm^2 + 2{,}6\,cm^2 = 3{,}6\,cm^2$
c) Grundfläche $A = a^2 = 144\,m^2$
Höhe $10^2 = \frac{144}{2} + h^2$ ergibt $h^2 = 28$; $h = 2\sqrt{7} \approx 5{,}3$.
$V = \frac{1}{3} \cdot 144 \cdot 5{,}3 = 254{,}4$
Volumen $V = 254{,}4\,m^3$
Fläche eines Manteldreiecks: $h_s^2 = \frac{144}{4} + 28 = 64$; $h_s = 8$
$A_M = \frac{1}{2} \cdot 8 \cdot 12 = 48$.
Mantel $M = 192\,m^2$
Oberfläche $O = 144\,m^2 + M = 336\,m^2$.
d) Grundfläche $A = a^2 = 324\,cm^2$
Höhe $15^2 = \frac{324}{2} + h^2$ ergibt $h^2 = 63$; $h = 3\sqrt{7} \approx 7{,}9$.
$V = \frac{1}{3} \cdot 324 \cdot 7{,}9 = 853{,}2$
Volumen $V = 853{,}2\,cm^3$
Fläche eines Manteldreiecks: $h_s^2 = \frac{324}{4} + 63 = 144$; $h_s = 12$
$A_M = \frac{1}{2} \cdot 12 \cdot 18 = 108$
Mantel $M = 432\,cm^2$
Oberfläche $O = A + M$
$O = 324\,cm^2 + 432\,cm^2 = 756\,cm^2$
e) $V = \frac{1}{3} \cdot 81 \cdot 6 = 162$; Volumen $V = 162\,cm^3$
$h_s^2 = \frac{81}{4} + 36 = \frac{225}{4}$; $h_s = 7{,}5\,cm$
Mantel $M = 2 \cdot 7{,}5\,cm \cdot 9\,cm = 135\,cm^2$
Oberfläche $O = 81\,cm^2 + M = 216\,cm^2$
f) $V = \frac{1}{3} \cdot 5{,}76 \cdot 0{,}5 = 0{,}96$;
Volumen $V = 0{,}96\,m^3$
$h_s^2 = \frac{5{,}76}{4} + 0{,}25 = 1{,}69$; $h_s = 1{,}3\,m$
Mantel $M = 2 \cdot 1{,}3\,m \cdot 2{,}4\,m = 6{,}24\,m^2$
Oberfläche $O = 5{,}76\,m^2 + M = 12\,m^2$

H

I

K

L

M

N

O

P

Q

R

Quellennachweis

akg-images, Berlin (André Held), **2.2; 43**; Alamy stock photo, Abingdon (imageBROKER/Adelheid Nothegger), **134.2**; Alamy stock photo, Abingdon (Martin Shields), **146.1**; Arnold & Domnick GbR, Leipzig, **259.1**; By Post of Norway - http://jeff560.tripod.com/images/abel1.jpg, Public Domain, https://commons.wikimedia.org/w/index.php?curid=18450611, **92.2**; Corel Corporation Deutschland, Unterschleissheim, **23.1**; creativ collection Verlag GmbH, Freiburg, **164.1; 255.6**; Dr. Thomas Weber, Ettlingen, **176.2**; Fotosearch Stock Photography, Waukesha, WI (RF), **40.2**; F1online digitale Bildagentur, Frankfurt (Score. by Aflo), **153.1**; Getty Images Plus, München (DigitalVision/Image Source), **38.2**; Getty Images Plus, München (iStock Editoria/santirf), **35.4**; Getty Images Plus, München (iStock/Dmitriy Osiyev), **71.1**; Getty Images Plus, München (iStock/payphoto), **4.2**; Getty Images Plus, München (The Image Bank/Sidney), **58**; Getty Images, München (Sports Illustrated/Walter Iooss Jr.), **59.1**; Getty Images, München (The Image Bank/Grant Faint), **2.3; 80**; Hampp-Media, Herr Fischer, Stuttgart, **20.3; 20.4; 21.5; 22.1**; Hecker, Ruth, Singhofen, **146.2; 146.3**; Holtermann, Helmut, Dannenberg, **13.8; 13.9**; Hungreder, Rudolf, Leinfelden-Echterdingen, **38.1; 181.7; 181.8; 181.9; 190.1; 190.2; 191.1; 192.2; 195.2; 195.3; 199.1; 199.4; 199.5; 200.3; 214.1; 215.2; 215.3; 234.1; 234.2; 234.3; 234.4; 236.1**; Image Professionals GmbH/ Science Photo Library, München (Giphotostock), **165.2**; Image Professionals GmbH/ Science Photo Library, München (Patrice Latron/LOOK AT SCIENCES), **144.1**; imago images, Berlin (imagebroker/möbus), **178.1**; imprint, Zusmarshausen, **11.2; 14.2; 54.3; 54.4; 59.2; 59.3; 62.1; 62.2; 62.3; 63.2; 63.3; 77.1; 77.2; 77.3; 175.3; 256.1; 256.2; 257.1; 283.2; 291.1; 291.2; 291.3; 291.4**; iStockphoto, Calgary, Alberta (kodachrome25), **143.1**; iStockphoto, Calgary, Alberta (Kubrak78), **81**; iStockphoto, Calgary, Alberta (richcarey), **159.1**; laif, Köln (Wayne Lynch/Arcticphoto), **2.1; 5; 35.1**; laif, Köln (Xinhua/Polaris), **153.2**; Liese, Annette, Dortmund, **35.2; 204.3; 205.2; 205.3; 207.2; 208.1; 209.1; 209.2; 209.4; 210.2**; Malz, Anja, Taunusstein, **11.1; 35.3; 140.1; 149.1; 149.2; 212.4; 224.3; 229.3**; Mauritius Images, Mittenwald (Alamy/incamerastock), **15.1**; Media Office GmbH, Kornwestheim, **307.5**; Oehler, Sandra, Remseck, **7.1; 7.2; 9.2; 19.2; 19.3; 19.4; 25.1; 25.3; 29.1; 29.2; 31.2; 31.3; 31.4; 34.2; 34.3; 35.5; 37.1; 38.3; 39.1; 40.1; 41.2; 41.3; 55.11; 55.12; 57.5; 61.3; 69.7; 69.8; 69.9; 80.1; 80.2; 80.3; 80.4; 98.2; 98.3; 98.4; 103.1; 103.3; 109.1; 109.2; 109.3; 109.4; 109.5; 109.6; 112.1; 112.2; 112.3; 115.1; 119.2; 119.3; 119.4; 119.5; 123.1; 124.2; 124.3; 125.1; 125.2; 125.3; 125.4; 129.1; 131.1; 132.2; 133.3; 134.1; 134.3; 138.1; 147.2; 150.1; 156.1; 156.2; 162.3; 162.4; 162.5; 162.6; 168.1; 168.2; 168.3; 173.3; 176.1; 176.3; 177.1; 177.2; 182.1; 182.2; 190.3; 195.1; 196.1; 198.1; 199.2; 199.3; 200.1; 200.2; 201.1; 201.2; 201.3; 202.1; 202.2; 203.1; 203.3; 208.2; 208.3; 208.4; 210.4; 214.2; 214.3; 215.4; 216.1; 258.1; 258.3; 258.4; 258.6; 261.1; 266.3; 267.1; 283.1; 287.1; 292.1**; Picture-Alliance, Frankfurt/M. (Augenklick/Roth), **3.2; 152**; Rupp, Claudia, Stuttgart, **22.2; 129.4; 129.5**; Schaar, Wolfgang, Grafing, **111.1**; ShutterStock.com RF, New York (Adam Bies), **127.1**; ShutterStock.com RF, New York (hoskari), **126.1**; ShutterStock.com RF, New York (Monkey Business Images), **186.2**; ShutterStock.com RF, New York (Olaf Schulz), **124.1**; ShutterStock.com RF, New York (ShutterOK), **187.1**; stock.adobe.com, Dublin (afrutin), **36.3**; stock.adobe.com, Dublin (Aleksandr), **4.1**; stock.adobe.com, Dublin (bercikns), **14.3**; stock.adobe.com, Dublin (Bernard 63), **180.3**; stock.adobe.com, Dublin (Birgitt.Bautze), **77.4**; stock.adobe.com, Dublin (bygimmy), **U1.2**; stock.adobe.com, Dublin (Dan Race), **42.2; 42.2**; stock.adobe.com, Dublin (freeday), **179.3**; stock.adobe.com, Dublin (Gina Sanders), **19.5**; stock.adobe.com, Dublin (hean), **200.4**; stock.adobe.com, Dublin (Horticulture), **103.2**; stock.adobe.com, Dublin (hui_u), **120.3**; stock.adobe.com, Dublin (hxdyl), **3.3; 186.1**; stock.adobe.com, Dublin (ikonoklast_hh), **24.2**; stock.adobe.com, Dublin (kai), **128.1**; stock.adobe.com, Dublin (maslight), **148.2**; stock.adobe.com, Dublin (Natalya Guskova), **U1.1**; stock.adobe.com, Dublin (nosonjai), **120.2**; stock.adobe.com, Dublin (Rita Kochmarjova), **120.1**; stock.adobe.com, Dublin (Thaut Images), **140.2**; stock.adobe.com, Dublin (tivoly), **18.2**; stock.adobe.com, Dublin (Виталий Бахтин), **3.1; 121**; Thinkstock, München (Photos.com), **173.2**; Thinkstock, München (Zoonar RF), **106.1**; Tiffany, Berlin, **7.3; 8.1; 8.2; 9.1; 10.2; 10.3; 11.3; 11.4; 13.5; 13.7; 15.2; 15.3; 15.5; 16.1; 16.2; 16.3; 16.4; 16.5; 17.1; 17.2; 19.1; 20.1; 20.2; 20.5; 21.2; 21.3; 21.4; 23.2; 23.3; 24.1; 25.2; 26.1; 27.1; 27.2; 27.3; 27.4; 27.5; 28.1; 28.2; 28.3; 28.4; 28.5; 28.6; 29.3; 30.1; 30.2; 30.3; 30.4; 30.5; 31.1; 32.1; 32.2; 33.1; 33.2; 34.1; 36.1; 36.2; 39.2; 39.3; 39.4; 41.1; 45.1; 55.2; 55.5; 55.6; 55.9; 55.10; 56.1; 59.4; 59.5; 60.1; 60.2; 60.3; 61.1; 61.2; 62.4; 64.1; 64.2; 64.3; 64.4; 64.5; 64.6; 64.7; 64.8; 65.1; 65.2; 65.3; 66.1; 66.5; 67.1; 67.2; 67.3; 68.3; 68.4; 68.5; 69.4; 70.6; 74.1; 75.5; 76.2; 76.3; 76.4; 76.5; 76.6; 76.7; 76.8; 78.1; 78.2; 78.3; 78.4; 79.1; 79.2; 79.3; 79.4; 79.5; 79.6; 79.7; 79.8; 83.1; 83.2; 83.3; 83.4; 83.5; 83.6; 83.7; 83.8; 83.9; 83.11; 84.1; 84.2; 85.1; 85.2; 85.3; 85.4; 85.8; 85.12; 85.16; 85.20; 85.22; 86.1; 86.2; 86.3; 86.4; 88.3; 88.4; 88.5; 88.6; 88.7; 88.8; 89.1; 90.1; 90.2; 90.3; 90.4; 91.2; 91.4; 91.6; 91.8; 92.1; 93.1; 94.1; 96.1; 96.2; 97.1; 98.1; 98.5; 98.6; 98.7; 98.8; 98.9; 98.10; 99.1; 99.2; 99.3; 99.4; 99.5; 99.6; 100.1; 100.2; 100.3; 101.5; 101.6; 101.7; 101.8; 101.9; 102.2; 102.4; 103.4; 104.1; 104.2; 104.3; 105.1; 105.2; 106.4; 106.5; 107.1; 107.2; 108.1; 108.2; 110.1; 112.4; 114.3; 114.4; 114.5; 115.2; 115.3; 115.4; 115.5; 115.6; 115.7; 117.1; 117.2; 118.6; 118.8; 118.10; 118.12; 118.14; 118.16; 119.1; 122.1; 122.2; 122.3; 127.3; 128.3; 129.2; 129.3; 130.1; 130.2; 130.3; 133.2; 137.1; 137.2; 141.1; 142.1; 148.4; 150.2; 151.1; 154.1; 154.2; 154.3; 154.4; 154.5; 154.6; 154.7; 154.8; 154.9; 155.3; 158.2; 160.1; 161.2; 162.1; 163.5; 163.6; 165.1; 165.3; 166.2; 167.1; 167.2; 167.3; 167.4; 167.5; 167.6; 167.7; 167.8; 167.9; 168.4; 168.5; 168.6; 169.10; 169.12;**

169.13; 169.14; 170.1; 170.2; 170.3; 170.4; 171.1; 171.2; 171.3; 171.4; 171.5; 171.6; 172.1; 172.2; 172.3; 172.6; 172.7; 173.4; 175.1; 175.2; 177.3; 179.2; 180.1; 182.3; 182.4; 183.3; 183.4; 183.5; 184.1; 184.2; 184.3; 184.4; 185.1; 185.2; 185.3; 185.4; 185.5; 185.6; 188.3; 191.2; 192.1; 193.1; 193.2; 193.3; 195.4; 196.2; 197.1; 197.2; 198.2; 198.3; 198.4; 198.5; 198.6; 198.7; 201.4; 204.2; 204.4; 206.1; 207.3; 209.3; 213.1; 213.3; 213.6; 219.1; 219.2; 220.1; 220.2; 221.1; 221.2; 222.1; 222.2; 222.3; 223.1; 223.2; 223.3; 224.1; 224.2; 226.1; 226.2; 227.1; 227.2; 227.3; 229.1; 229.4; 229.5; 237.1; 237.2; 238.1; 238.2; 238.4; 239.2; 239.3; 241.1; 242.1; 242.2; 242.3; 242.4; 242.5; 242.6; 242.7; 242.8; 242.9; 242.10; 243.1; 243.2; 243.3; 250.3; 250.4; 250.5; 251.5; 251.6; 251.7; 252.1; 252.2; 252.3; 252.4; 253.1; 253.2; 253.3; 254.1; 254.2; 254.3; 254.4; 254.5; 254.6; 254.8; 255.1; 255.2; 255.3; 255.4; 255.5; 255.7; 256.5; 257.2; 257.3; 257.4; 257.5; 258.2; 258.5; 259.2; 260.1; 260.2; 260.3; 260.4; 260.5; 262.1; 262.2; 262.3; 262.4; 262.5; 262.6; 262.7; 262.8; 263.1; 263.2; 263.3; 263.4; 263.5; 264.1; 264.2; 264.3; 265.1; 265.2; 266.1; 266.2; 268.1; 268.2; 268.3; 268.4; 268.5; 268.6; 269.1; 269.2; 269.3; 269.4; 269.5; 271.1; 271.2; 272.1; 272.2; 273.1; 273.2; 273.3; 273.4; 273.5; 273.6; 274.1; 274.2; 275.1; 275.2; 276.1; 276.2; 276.3; 276.4; 276.5; 276.6; 277.1; 277.2; 279.1; 279.2; 279.3; 279.4; 280.1; 280.2; 280.3; 280.4; 280.5; 280.6; 281.1; 281.2; 282.1; 282.2; 282.3; 282.4; 282.5; 282.6; 282.7; 283.3; 283.4; 284.1; 284.2; 284.3; 284.4; 285.1; 285.2; 286.1; 286.2; 286.3; 286.4; 286.5; 286.6; 286.7; 288.1; 289.1; 291.5; 291.6; 293.1; 293.2; 293.3; 293.4; 294.1; 295.1; 295.2; 295.3; 296.1; 298.1; 298.2; 299.1; 299.2; 299.3; 299.4; 299.5; 299.6; 301.1; 303.1; 303.2; 303.3; 303.4; 304.1; 304.2; 304.3; 304.4; 305.1; 305.2; 306.1; 306.2; 306.3; 306.4; 306.5; 306.6; 306.7; 306.8; 307.1; 307.2; 307.3; 307.4; 308.1; 308.2; 308.3; 308.4; 308.5; 308.6; 311.1; 311.2; 311.3; 311.4; 311.5; 311.6; 311.7; 311.8; 312.1; 312.2; 312.3; 312.4; 312.5; 312.6; 312.7; 312.8; 314.1; 315.1; 315.2; 315.3; 316.1; 316.2; 316.3; 316.4; 316.5; 316.6; 316.7; 317.1; 317.2; 317.3; 317.4; 318.1; 318.2; 318.3; 318.4; 318.5; 318.6; 318.7; 318.8; 318.9; 318.10; 318.11; 319.1; 319.2; 319.3; 320.1; 320.2; 320.3; 321.1; 321.2; Uwe Alfer, Kråksmåla, Alsterbro, **10.1; 12.1; 13.1; 13.3; 14.1; 14.4; 18.1; 49.1; 51.1; 52.2; 53.1; 54.1; 54.2; 55.1; 57.1; 57.2; 57.3; 57.4; 62.5; 63.1; 66.2; 66.3; 66.4; 67.4; 67.5; 67.6; 68.1; 68.2; 69.2; 69.3; 69.5; 69.6; 70.1; 70.3; 70.5; 71.2; 71.3; 72.1; 73.1; 73.2; 73.3; 73.4; 73.5; 74.2; 75.2; 75.4; 76.1; 77.5; 87.1; 87.2; 87.3; 87.4; 87.5; 87.6; 88.1; 88.2; 89.2; 91.9; 97.2; 101.1; 101.2; 101.3; 101.4; 106.2; 106.3; 114.2; 118.2; 118.4; 127.2; 128.2; 145.1; 145.2; 152.1; 153.1; 155.1; 155.2; 157.2; 157.3; 157.4; 158.3; 160.3; 160.4; 160.5; 160.6; 161.1; 162.2; 163.1; 163.2; 163.3; 166.1; 168.7; 169.2; 169.4; 169.6; 169.8; 179.4; 180.5; 181.1; 181.3; 181.5; 181.6; 183.2; 188.1; 188.2; 205.1; 207.1; 208.7; 208.8; 210.1; 210.3; 210.5; 211.1; 211.2; 211.3; 212.1; 212.2; 212.3; 213.4; 213.5; 215.1; 217.1; 217.2; 229.2; 232.1; 238.3; 239.1; 240.1; 240.2; 240.3; 241.2; 245.1; 246.1; 248.1; 250.1; 250.2; 251.1; 251.2; 251.3; 251.4; 251.8; 252.5; 252.6; 252.7; 252.8; 253.4; 253.5; 254.7; 256.3; 256.4; 284.5**; Zuckerfabrik Fotodesign, Stuttgart (Ginger Neumann), **160.2**; **238.3; 246.1; 248.1**;